国家电网有限公司
技能人员专业培训教材

变电设备检修（220kV及以下）

上册

国家电网有限公司　组编

中国电力出版社
CHINA ELECTRIC POWER PRESS

图书在版编目（CIP）数据

变电设备检修：220kV 及以下：全 2 册 / 国家电网有限公司组编.—北京：中国电力出版社，2020.9（2025.8重印）

国家电网有限公司技能人员专业培训教材

ISBN 978-7-5198-4453-0

Ⅰ．①变…　Ⅱ．①国…　Ⅲ．①变电所–电气设备–检修–技术培训–教材　Ⅳ．①TM63

中国版本图书馆 CIP 数据核字（2020）第 040854 号

出版发行：中国电力出版社

地　　址：北京市东城区北京站西街 19 号（邮政编码 100005）

网　　址：http://www.cepp.sgcc.com.cn

责任编辑：岳　璐（010-63412339）

责任校对：黄　蓓　李　楠　王海南　郝军燕

装帧设计：郝晓燕　赵姗姗

责任印制：石　雷

印　　刷：北京九州迅驰传媒文化有限公司

版　　次：2020 年 9 月第一版

印　　次：2025 年 8 月北京第五次印刷

开　　本：710 毫米×980 毫米　16 开本

印　　张：86

字　　数：1653 千字

印　　数：4501—5000 册

定　　价：258.00 元（上、下册）

本书编委会

主　　任　吕春泉

委　　员　董双武　张　龙　杨　勇　张凡华

　　　　　王晓希　孙晓雯　李振凯

编写人员　徐卫东　朱金花　徐建华　曹　晖

　　　　　陈　铮　朱迎阳　钱　平　谢劲鸥

　　　　　田成凤　曹爱民　战　杰　高广玲

　　　　　赵　军

前　言

　　为贯彻落实国家终身职业技能培训要求，全面加强国家电网有限公司新时代高技能人才队伍建设工作，有效提升技能人员岗位能力培训工作的针对性、有效性和规范性，加快建设一支纪律严明、素质优良、技艺精湛的高技能人才队伍，为建设具有中国特色国际领先的能源互联网企业提供强有力人才支撑，国家电网有限公司人力资源部组织公司系统技术技能专家，在《国家电网公司生产技能人员职业能力培训专用教材》（2010 年版）基础上，结合新理论、新技术、新方法、新设备，采用模块化结构，修编完成覆盖输电、变电、配电、营销、调度等 50 余个专业的培训教材。

　　本套专业培训教材是以各岗位小类的岗位能力培训规范为指导，以国家、行业及公司发布的法律法规、规章制度、规程规范、技术标准等为依据，以岗位能力提升、贴近工作实际为目的，以模块化教材为特点，语言简练、通俗易懂，专业术语完整准确，适用于培训教学、员工自学、资源开发等，也可作为相关大专院校教学参考书。

　　本书为《变电设备检修（220kV 及以下）》分册，共分为上下两册，由徐卫东、朱金花、徐建华、曹晖、陈铮、朱迎阳、钱平、谢劲鸥、田成凤、曹爱民、战杰、高广玲、赵军编写。在出版过程中，参与编写和审定的专家们以高度的责任感和严谨的作风，几易其稿，多次修订才最终定稿。在本套培训教材即将出版之际，谨向所有参与和支持本书籍出版的专家表示衷心的感谢！

　　由于编写人员水平有限，书中难免有错误和不足之处，敬请广大读者批评指正。

目　录

下　册

第四部分　220kV 及以下变压器检修

第五部分　互　感　器　检　修

第一部分

断 路 器 检 修

第一章

断路器更换安装及验收

模块 1　35kV 真空断路器的更换安装（Z15E1001 Ⅱ）

【模块描述】 本模块包含真空断路器更换安装的作业流程及工艺要求。通过知识要点的归纳讲解、操作技能训练，掌握真空断路器的基本结构、更换安装前的准备、危险点预控、作业步骤、工艺要求及质量标准等操作技能。

【模块内容】

本模块以 ZW39–40.5（W）型户外高压真空断路器为例介绍真空断路器的更换安装。

一、ZW39–40.5（W）型户外真空断路器结构原理

1. 结构及安装尺寸

ZW39–40.5（W）型户外高压交流真空断路器配用 CT10A 弹簧操动机构，该真空断路器采用支柱式结构，三相装在一个共用的底架上，其外形尺寸如图 1–1–1 所示，主要由上、下套管组成，真空灭弧室装在上套管内，下套管为支柱，套管内有绝缘拉杆，保证带电部分对地绝缘。三相通过拐臂及相间连杆与居中布置的机构相连。

2. 动作原理

当操动机构分、合闸操作时，由传动部分（即拐臂、连杆、触头弹簧装置、绝缘拉杆等）传递给真空灭弧室进行分、合闸操作。

二、作业内容

（1）ZW39–40.5（W）型真空断路器构支架的安装。

（2）ZW39–40.5（W）型真空断路器的整体安装。

（3）ZW39–40.5（W）型真空断路器调整试验。

三、作业中危险点分析及控制措施

作业中危险点分析及控制措施见表 1–1–1。

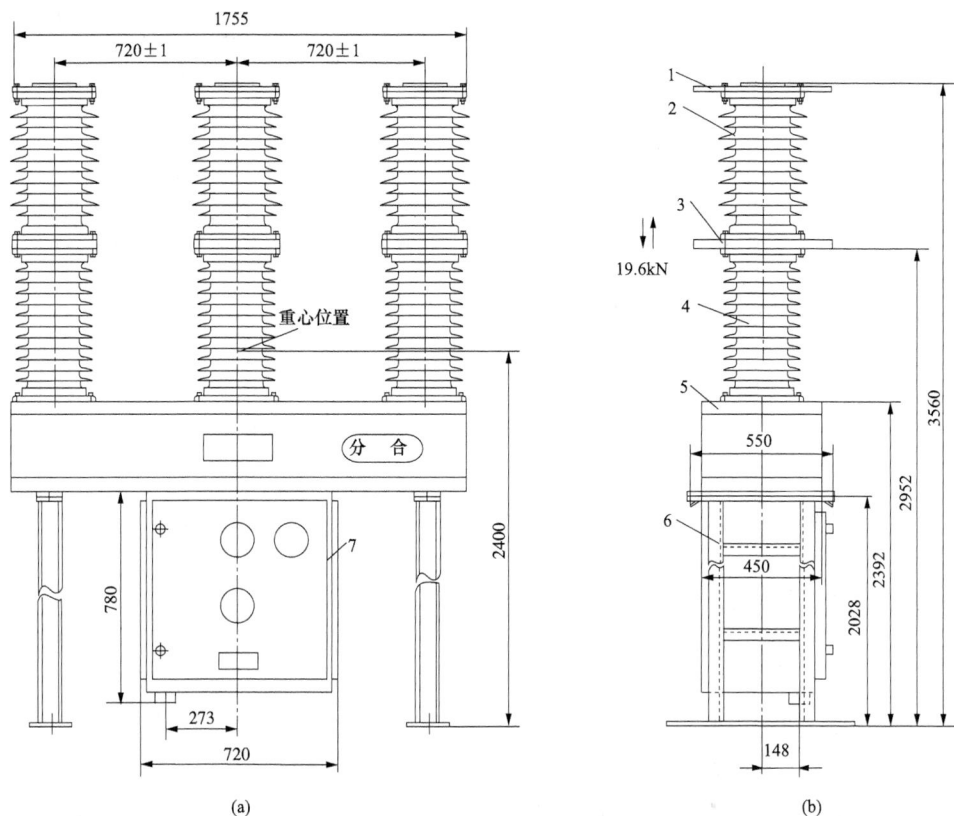

图 1-1-1 ZW39-40.5（W）型户外高压真空断路器的结构和安装尺寸

（a）三相；（b）单相

1—上出线端子；2—真空灭弧室；3—下出线端子；4—支柱绝缘子；5—基座；6—构支架；7—操动机构

表 1-1-1 作业中危险点分析及控制措施

序号	危险点	控制措施
1	高处坠落及落物伤人	（1）高处作业系好安全带；不得攀登及在瓷柱上绑扎安全带。 （2）使用的检修平台或梯子应坚固完整、安放牢固，使用梯子有人扶持。 （3）传递物件必须使用传递绳，不得上、下抛掷
2	起重伤害	（1）采用吊架拆、装断路器有专人指挥、吊物下严禁站人。 （2）起重工具使用前认真检查，并进行强度核验，严禁使用不合格的工具。 （3）拆、装设备时必须绑扎牢固，吊物起吊后应系好拉绳，防止摆动碰伤人员
3	触电伤害	（1）搬动梯子等大物体时，需两人放倒搬运，与带电部位保持足够的安全距离。 （2）拆下的引线不得失去原有接地线保护。 （3）接临时电源时，必须有专用隔离开关和漏电保护器，由运行人员来接引，从现场动力箱中取电源，严禁在断路器动力箱中取临时电源

续表

序号	危险点	控 制 措 施
4	误入、误登带电间隔	（1）工作前向作业人员交代清楚临近带电设备，并加强监护。 （2）工作人员应走指定通道，在遮栏内工作，不得移动和跨越遮栏。 （3）严禁攀登运行设备构架
5	机械伤害	（1）严格执行一般工具的使用规定，使用前严格检查，不完整的工具禁止使用。 （2）调试断路器时专人监护，进行操作时工作人员必须远离断路器传动部位

四、更换安装作业前的准备

1. 安装前的资料准备

（1）安装前应认真查阅设备安装使用说明书、设备基础制作报告、图纸和设计院设计图纸。对所查阅的资料进行详细、全面的调查分析，为现场具体安装方案的制订打好基础。

（2）准备好设备使用说明书、设计图纸、记录本、表格、安装报告等。图纸及资料应符合现场实际情况。

2. 安装方案的确定

（1）现场勘察。项目总负责人应组织有关人员深入现场，仔细勘察，了解现场设备及基础的实际情况，落实施工设备布置场所，检查安全措施是否完备。

（2）编制作业指导书。

（3）拟订安装方案，确定安装项目，编排工期进度。

3. 备品备件、工器具、材料准备

在开工前必须预先准备安装工器具、材料、备品备件、试验仪器和仪表等，并运至安装现场。

4. 安装环境（场地）的准备

（1）在安装现场四周设一留有通道口的封闭式遮栏，并在周围背向带电设备的遮栏上挂适当数量的"止步，高压危险"标示牌，在通道入口处挂"从此进出"标示牌。

（2）在作业现场指定位置摆放好安装工具、量具、材料、备品备件和测试仪器及垃圾箱。

五、更换安装作业前的开箱检查

产品到达目的地后，应将其放在干燥通风场所，不宜倒置，并尽快进行验收检查。如检查中发现异常情况应及时做好记录、报告并及时与制造厂联系尽快更换或补供。

（1）检查厂家提供的安装使用说明书、合格证、出厂试验报告、安装图纸等文件资料齐全。并妥善保管，不得丢失。

（2）检查零部件、附件及备件应齐全。

（3）核对产品铭牌、产品合格证中技术参数是否与订货单相符，装箱单内容是否与实物相符。

（4）打开包装箱后，产品外表面无损伤、瓷套有无破损、胶装处无松动。

（5）检查断路器各紧固件是否牢靠、传动件是否灵活。

（6）填写开箱检查记录和设备验收清单。

六、ZW39-40.5（W）型真空断路器更换安装作业步骤及质量标准

更换安装前应将旧断路器全部拆除，并已完成了基础浇注施工。真空断路器出厂时其技术参数已调至最佳工作状态，整体安装时不得随意调整和分解断路器与机构的任何零部件。

1. 构支架的安装

安装 ZW39-40.5（W）型真空断路器固定用的构支架应符合如图 1-1-2 中设计要求，其主要检查项目为：

（1）基础的中心距离及高度的误差符合设计要求。

（2）预留孔或预埋铁板中心线的误差符合设计要求。

（3）预埋螺栓中心线的误差符合设计要求。

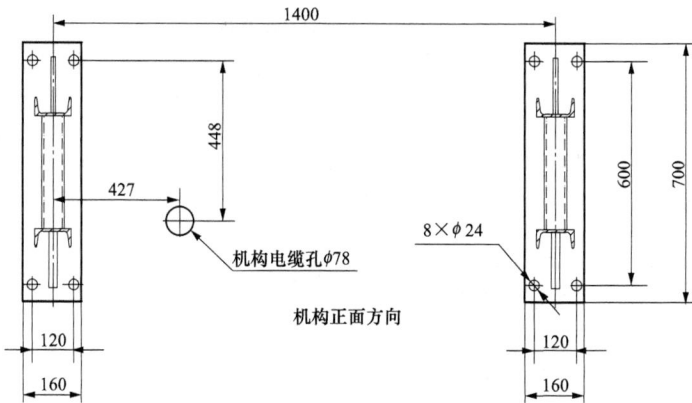

图 1-1-2　ZW39-40.5（W）型真空断路器固定用的构支架安装图

2. 真空断路器的整体安装

（1）整体安装应按产品的技术规定和重量选用吊装器具、吊点及吊装程序。吊装时应注意：

1）使用吊车必须有安全检验合格证，特殊工种人员证件齐全，持证上岗。

2）吊车位置选择要适当，活动范围与带电部分保持在安全距离（不同电压等级不同）以上，工作前负责人会同吊车司机应到工作现场进行勘查，确定吊车的最佳站位和走向。

3）吊车的使用由专人负责指挥，起重臂下严禁站人。

4）起吊物件应绑扎牢固，保证起吊点在物件的重心垂线上。

（2）其他部件安装工艺要求如下：

1）按制造厂的部件编号和规定进行组装，不可混装。

2）所有部件的安装位置正确，并按制造厂规定要求保持其应有的水平或垂直误差。

3）设备接线端子的接触面应平整、清洁、无氧化膜（用 120 号纱布去除，并用高级手纸擦净表面），并涂以电力复合脂；镀银部分不得搓磨、折损、表面凹陷及锈蚀。

4）传动机构箱盖主轴的轴向窜动不应大于 1.2mm，转动要灵活。

5）竖拉杆和横拉杆伸进各接头长度不应小于 19mm。

6）相间拉杆铜套内孔的槽应充满润滑脂。

7）各平行杆件无歪斜，轴同心，滚轮及轴套应无损伤。

8）检查各轴销、垫、开口销等齐全。

3．调整试验

ZW39–40.5 型户外高压真空断路器调试标准见表 1–1–2。

表 1–1–2　　　　　　　ZW39–40.5 型户外高压真空断路器调试标准

项目		单位	标准值
储能电动机和机构	储能电动机在 85%和 110%额定电压下操作		可靠储能
	合闸半轴与合闸掣子的扣接量调整	mm	1.8～2.5
	分闸半轴和扇形板的扣接量	mm	1.8～2.5
	保证在分闸已储能情况下扇形板 2 与分闸半轴 3 间的间隙	mm	1.5～3
机械操作试验	合闸线圈在 85%和 110%额定电压下操作		可靠合闸
	分闸线圈在 65%和 120%额定电压下操作		可靠分闸
	过流脱扣器（若安装）在 90%～110%额定电流分闸操作		可靠分闸
	分闸线圈在 30%额定电压下操作		不能分闸
	额定电压下操作"分—0.3s—合分"各 10 次		动作正常
特性试验	触头开距	mm	25^{0}_{-2}
	触头超程		6±1
	触头合闸弹跳时间	ms	≤3
	三相合分闸不同期性		≤2
	合闸时间		≤120±10
	分闸时间		≤50±10

续表

项目		单位	标准值
特性试验	平均合闸速度	m/s	0.8±0.2
	平均分闸速度		2.0±0.3
回路电阻测量	回路电阻测量	μΩ	≤50（无TA）
绝缘试验	断路器断口间施加工频电压92kV/min		无闪络击穿
	断路器相间、对地施加工频电压92kV/min		无闪络击穿

4. 验收检查

（1）检查真空断路器各紧固件是否牢靠、传动件是否灵活、外表清洁完整。

（2）检查储能电动机应在规定时间内范围可靠储能。

（3）检查机构机械操作（10次）应动作可靠，分、合闸指示正确，辅助断路器动作应准确可靠，触点无电弧烧损。

（4）检查电气连接应可靠且接触良好。

（5）检查绝缘部件、瓷件应完整无损。

（6）检查油漆应完整、相色标志正确，接地良好。

（7）电气试验符合要求。

七、收尾工作

1. 收尾工作

（1）本体和机构安装工作结束后，应连接引线。引线连接应紧密，组装时螺钉连接牢固、可靠，导电接触面涂电力脂，螺孔内注入中性凡士林，确保接触良好。

（2）对支架、基座、连杆等铁质部件进行除锈防腐处理，对导电适当部分涂以相应的相序标志（黄、绿、红）。

（3）拆除安装架，清点工器具，整理清扫工作现场，检查接地线。

（4）安装人员全部撤离工作现场，并接受现场验收，办理工作票终结手续。

（5）提交安装的技术文件资料，并存档保管。

2. 在验收时应提交的资料文件

（1）工程竣工图。

（2）变更设计的证明文件。

（3）制造厂提供的产品说明书、合格证件、设备出厂试验报告、厂家图纸等技术文件。

（4）根据合同提供的备品备件清单。

（5）施工记录、安装报告。

【思考与练习】

1. ZW39–40.5（W）型户外高压交流真空断路器主要由哪些部分组成？
2. ZW39–40.5（W）型户外高压交流真空断路器安装作业前开箱检查的内容是什么？
3. 简述 ZW39–40.5（W）型真空断路器安装作业步骤。
4. 真空断路器更换后验收检查项目是什么？

▲ 模块 2 高压断路器验收（Z15E1002Ⅱ）

【模块描述】 本模块包含高压断路器施工验收规范要求，通过图表讲解、重点归纳，达到掌握高压断路器施工验收必要的知识和技能。

【模块内容】

一、验收工作的基本概念

1. 设备验收的意义

设备验收是变电运维的重要工作，在变电站新投、设备增容改造中面临着大量的验收工作，抓好断路器设备验收的管理，及时做好设备缺陷的消缺整改，确保"零缺陷"启动，完成设备缺陷的闭环管理。设备的验收投运不仅是提高变电运维管理的需要，也是提高供电可靠性的需要，更是优质服务的可靠保障。

2. 术语和定义

交接验收：新建设备施工调试结束，由建设单位向运行单位移交前的工程验收。

修试验收：设备修试工作结束后，由变电运行人员对修试工作的结果、质量和是否达到预定目的进行确认的验收。

消缺验收：以消缺为目的的检修工作结束后，由变电运行人员对缺陷是否已经消除进行验证和确认的验收。

二、作业内容

（1）SF$_6$ 断路器的验收检查。

（2）真空断路器的验收检查。

（3）操动机构的验收检查。

（4）气动机构的验收检查。

（5）液压机构的验收检查。

（6）弹簧机构验收检查。

（7）电磁机构验收检查。

（8）断路器和 GIS 重点验收检查。

三、危险点分析及预控措施

断路器验收作业中危险点分析及控制措施见表 1–2–1。

表 1-2-1　　　　　　　　　　　　危险点分析及控制措施

序号	危险点	安全控制措施
1	防止机械伤害	（1）验收传动操作的电气设备，所有工作人员应撤离检修设备至安全距离之外，现场安全措施保持不变。 （2）验收传动操作前，运行人员和工作负责人应到现场检查设备的状态，应与许可工作前保持一致，并确认断路器在断开状态，工作负责人应向运行人员明确交代被试设备的注意事项和要求。 （3）验收传动操作应由运行人员操作（如有需要，工作负责人可配合操作）、监护，并对设备名称、编号、状态进行确认，严格执行监护、复诵制度
2	防止触电伤害	（1）遇上级验收，仍由运行人员操作和监护，验收人员实地观察。 （2）操作过程中，如遇异常情况应立即停止操作，由工作负责人安排工作班人员进行处理，工作负责人做专职监护。试操作结束，所有检修设备应恢复到许可工作前状态

四、作业顺序

1. 验收责任分工

验收工作应该按照设备管理的有关要求，明确验收职责，验收责任分工见表 1-2-2。

表 1-2-2　　　　　　　　　　　验 收 责 任 分 工 表

序号	责任人	验收职责
1	分管领导	全面负责新设备验收工作
2	专职	是新设备验收的扎口人，负责验收票的审定，指导班组开展验收工作
3	班长	负责组织运行人员对新设备进行验收
4	现场工程师	编写新建设备的验收票并参与验收
5	运行人员	运行人员按照验收票要求对新设备进行验收

2. 验收分类

对于不同类型的验收工作，按照规定进行验收工作，验收分类见表 1-2-3。

表 1-2-3　　　　　　　　　　　　验 收 分 类 表

序号	项目	内容
1	上级组织的验收	新建设备的验收由公司生产技术部门组织，变电运行单位派人参与
2	交接验收流程	（1）工程建设完工后，工程部门进行自验收。 （2）填写设备交接记录。 （3）运行人员参与验收。 （4）验收合格，办理交接手续。验收时，发现问题应及时提出并解决。对于暂时无法处理，且不影响安全运行的，应在交接记录中注明，经技术主管部门批准后方可投运

续表

序号	项目	内容
3	修试验收流程	（1）检修单位修试后进行自验收。 （2）填写设备修试记录。 （3）运行人员验收。 （4）验收合格，结束工作。验收时，发现问题应及时提出并解决。对于暂时无法处理且不影响安全运行的，应在修试记录中注明，经技术主管部门批准后方可投运
4	消缺验收流程	（1）缺陷处理完毕后，检修单位进行自验收。 （2）填写设备修试记录。 （3）运行人员验收。 （4）验收合格，确认缺陷消除后，履行消缺手续。验收时，发现问题应及时提出并解决。对于暂时无法处理，且不影响安全运行的，应在修试记录中注明，经技术主管部门批准后方可投运

3. 验收重点工作

验收的重点工作是监督安装工艺控制文件、安装过程符合相关规定。开关设备单体调试、系统调试、系统启动调试过程中所有调试方案、试验方法、重要记录、调试仪器设备和调试人员等是否满足相关规程、规范、反事故措施要求。

检查由施工单位、监理单位参加的开关设备安装前土建过程中隐蔽工程部分验收文件。检查开关设备交接试验项目是否完整，试验方法、试验结果是否正确。检查隐蔽工程验收、施工单位验收等前期验收环节。

五、高压断路器验收作业步骤和质量标准

因变电站新安装高压断路器有其代表性，本模块重点介绍新安装高压断路器设备的验收工作，鉴于断路器型号众多，安装方式、安装环境、操动机构各不相同，且断路器相关知识在前文中有详细的描述，只能依照验收规程并结合国家电网公司有关技术要求进行综合描述。本模块重点介绍有代表性的 SF_6 断路器、真空断路器的验收工作，其余设备可以参照执行。在本模块的附录部分，有相应的验收表格做参考，对于没有涉及的设备可以参照执行。

（一）SF_6 断路器的验收检查

（1）SF_6 断路器的基础或支架的安装，应符合产品技术文件要求，并应符合下列规定：

1）混凝土强度应达到设备安装要求。

2）基础的中心距离及高度的偏差不应大于 10mm。

3）预留孔或预埋件中心线偏差不应大于 10mm；基础预埋件上端应高出混凝土表面 1～10mm。

4）预埋螺栓中心线的偏差不应大于 2mm。

（2）断路器的固定应符合产品技术文件要求且牢固可靠。支架或底架与基础的垫片不宜超过 3 片，其总厚度不应大于 10mm，各垫片尺寸应与基座相符且连接牢固。

（3）同相各支柱瓷套的法兰面宜在同一水平面上，各支柱中心线间距离的偏差不应大于 5mm，相间中心距离的偏差不应大于 5mm。

（4）均压环应无划痕、毛刺，安装应牢固、平整，无变形；均压环宜在最低处打排水孔。

（5）设备接地线连接应符合设计和产品技术文件要求，且应无锈蚀、损伤，连接牢靠。

（6）断路器及其操动机构的联动应正常，无卡阻现象；分、合闸指示应正确；辅助开关动作应正确可靠。

（7）密度继电器的报警、闭锁值应符合产品技术文件的要求，电气回路传动应正确。

（8）SF_6 气体压力、泄漏率和含水量应符合 GB 50150《电气装置安装工程 电气设备交接试验标准》及产品技术文件的规定。

（9）瓷套应完整无损，表面应清洁。

（10）所有柜、箱防雨防潮性能应良好，本体电缆防护应良好。

（11）接地应良好，接地标识清楚。

（12）交接试验应合格。

（13）设备引下线连接应可靠且不应使设备接线端子承受超过允许的应力。

（14）油漆应完整，相色标志应正确。

（二）真空断路器的验收检查

（1）真空断路器的安装与调整，应符合产品技术文件的要求，并应符合下列规定：

1）安装应垂直，固定应牢固，相间支持瓷套应在同一水平面上。

2）三相联动连杆的拐臂应在同一水平面上，拐臂角度应一致。

3）具备慢分、慢合功能的，在安装完毕后，应先进行手动缓慢分、合闸操作，手动操作正常，方可进行电动分、合闸操作。

4）真空断路器的行程、超程在现场能够测量时，其测量值应符合产品技术文件要求；三相同期应符合产品技术文件要求。

5）安装有并联电阻、电容的，并联电阻、电容值应符合产品技术文件要求。

（2）真空断路器的导电部分，应符合下列要求：导电回路接触电阻值，应符合产品技术文件要求。设备接线端子的搭接面和螺栓紧固力矩，应符合现行 GB 50149《电气装置安装工程—母线装置施工及验收规范》的规定。

（3）真空断路器应固定牢靠，外观应清洁。

（4）电气连接应可靠且接触良好。

（5）真空断路器与操动机构联动应正常，无卡阻；分、合闸指示应正确；辅助开关动作应准确、可靠。

（6）并联电阻的电阻值、电容器的电容值，应符合产品技术文件要求。

（7）绝缘部件、瓷件应完好无损。

（8）高压开关柜应具备防止电气误操作的"五防"功能。

（9）手车或抽屉式高压开关柜在推入或拉出时应灵活，机械闭锁应可靠。

（10）高压开关柜所安装的带电显示装置应显示、动作正确。

（11）交接试验应合格。

（12）油漆应完整、相色标志应正确、接地应良好、标识清楚。

（三）操动机构的验收检查

（1）操动机构的安装及调整，应按产品技术文件要求进行，并应符合下列规定：

1）操动机构固定应牢靠，并与断路器底座标高相配合，底座或支架与基础间的垫片不宜超过 3 片，总厚度不应超过 10mm，各垫片尺寸与基座相符且连接牢固。

2）操动机构的零部件应齐全，各转动部分应涂以适合当地气候条件的润滑脂。

3）电动机固定应牢固，转向应正确。

4）各种接触器、继电器、微动开关、压力开关、压力表、加热装置和辅助开关的动作应准确、可靠，接点应接触良好、无烧损或锈蚀。

5）分、合闸线圈的铁芯应动作灵活、无卡阻。

6）压力表应经出厂检验合格，并有检验报告，压力表的电接点动作正确可靠。

7）操动机构的缓冲器应经过调整；采用油缓冲器时，油位应正常，所采用的液压油应适合当地气候条件。

8）加热，驱潮装置及控制元件的绝缘应良好，加热器与各元件、电缆及电线的距离应大于 50mm。

（2）控制柜、分相控制箱、操动机构箱的安装，应符合下列要求：

1）箱、柜门关闭应严密，内部应干燥清洁，并应有通风和防潮措施，接地应良好；液压机构箱还应有隔热防塞措施。

2）控制和信号回路应正确，并符合现行 GB 50171《电气装置安装工程盘、柜及二次回路结线施工及验收规范》的有关规定。

（3）操动机构应具有可靠的防止跳跃的功能；采用分相操动机构的应具有可靠的防止非全相运行的功能。

（4）断路器应能远方和就地操作，远方和就地操作之间应有闭锁。

（5）断路器装设的动作计数器动作应正确。

（6）辅助开关应满足以下要求：

1）辅助开关应安装牢固，应能防止因多次操作松动变位。

2）辅助开关接点应转换灵活、切换可靠、性能稳定。

3）辅助开关与机构间的连接应松紧适当、转换灵活，并应能满足通电时间的要求；连接锁紧螺母应拧紧，并应采取防松措施。

（四）气动机构的验收检查

（1）空气压缩机安装时，应经检查并应符合下列要求：

1）空气过滤器应清洁无堵塞，吸气阀和排气阀应完好、动作可靠。

2）冷却器、风扇叶片和电动机、皮带轮等所有附件应清洁并安装牢固、运转正常。

3）气缸用的润滑油应符合产品技术文件要求；气缸内油面应在标线位置；气缸油的加热装置应完好。

4）自动排污装置应动作正确，污物应通过管路引至集污池（盒）内。

5）空气压缩机组的安装应符合现行 GB 50231《机械设备安装工程施工及验收通用规范》的有关规定；空气压缩机组电动机的安装，应符合现行 GB 50170《电气装置安装工程—旋转电机施工及验收规范》的有关规定。

（2）空气压缩机的连续运行时间与最高运行温度不得超过产品技术文件的要求。

（3）空气压缩机组的控制柜及保护柜内的配气管应清洁、通畅无堵塞，其布置不应妨碍表计、继电器及其他部件的检修和调试。

（4）储气罐、气水分离器及截止阀、安全阀和排污阀等，应清洁、无锈蚀；减压阀、安全阀应经校验合格；阀门动作灵活、准确可靠；其安装位置应便于操作。

（5）储气罐等压力容器应符合国家现行有关压力容器承压试验标准；配气管安装后，应进行压力试验，试验压力应为 1.25 倍额定压力，试验时间应为 5min。

（6）空气管路的材料性能、管径、壁厚应符合产品技术文件要求，并具有材质检验证明。

（7）空气管道的敷设，应符合下列规定：

1）管子内部应清洁、无锈蚀。

2）敷管路径宜短，接头宜少，排管的接头应错开，空气管道接口应设置在易于观察和维护的地方。

3）管道的连接宜采用焊接，焊口应牢固严密；采用法兰螺栓连接时，法兰端面应与管子中心线垂直，法兰的接触面应平整不得有砂眼、毛刺、裂纹等缺陷；管道与设备间应用法兰或连接器连接，不得采用焊接。管道之间采用法兰或连接器连接时，管路的切割，制作应用专门工具，不得使用会产生金属屑的工具。

4）空气管道应固定牢固，其固定卡子间的距离不应大于 2m；空气管道在穿过墙壁或地板时，应通过明孔或另加金属保护管。

5）设计无规定时，管道应在顺排水方向具有不小于 3‰的排水坡度；在最低点宜设两级排水截门：第一级排水截门为球阀；管子的弯曲半径应符合选用管材的要求。

6）管道的伸缩弯宜平放或稍高于管道敷设平面，以免积水。

7）使用环境温度低于 0℃的，应在空气管路及相应的截门、阀门上采取保温或加热措施。

（8）全部空气管道系统应以额定气压进行漏气量的检查，在 24h 内压降不得超过10%，或符合产品技术文件要求。

（9）空气压缩机、储气罐及阀门等部件应分别加以编号。阀门的操作手柄应标以开、闭方向。连接阀门的管子上，应标以正常的气流方向。

（五）液压机构的验收检查

液压机构的安装及调整，应符合下列规定：

（1）油箱内部应洁净，液压油的标号符合产品技术文件要求，液压油应洁净无杂质、油位指示正常。

（2）连接管路应清洁，连接处应密封良好、牢固可靠。

（3）液压回路在额定油压时，外观检查应无渗漏。

（4）具备慢分，慢合操作条件的机构，在进行慢分、慢合操作时，工作缸活塞杆的运动应无卡阻现象，其行程应符合产品技术文件要求。

（5）微动开关、接触器的动作应准确可靠、接触良好，电接点压力表、安全阀、压力释放器应经检验合格，动作应可靠，关闭应严密；联动闭锁压力值应按产品技术文件要求予以整定。

（6）防失压慢分装置应可靠。

（7）液压机构的 24h 压力泄漏量，应符合产品技术文件要求。

（8）采用氮气储能的机构，储压筒的预充压力和补充氮气，应符合产品技术文件要求，测量时应记录周围空气温度；补充的氮气应采用微水含量小于 5μL/L 的高纯氮作为气源。

（9）采用弹簧储能的机构，机构的弹簧位置应符合产品技术文件要求。

（六）弹簧机构验收检查

弹簧机构的安装及调整，应符合下列规定：

（1）不得将机构"空合闸"。

（2）合闸弹簧储能时，牵引杆的位置应符合产品技术文件要求。

（3）合闸弹簧储能完毕后，行程开关应能立即将电动机电源切除；合闸完毕，行程开关应将电动机电源接通。

（4）合闸弹簧储能后，牵引杆的下端或凸轮应与合闸锁扣可靠地联锁。

（5）分、合闸闭锁装置动作应灵活，复位应准确而迅速，并应开合可靠。

（6）弹簧机构缓冲器的行程，应符合产品技术文件要求。

（七）电磁机构验收检查

电磁机构的安装及调整，应符合下列规定：

（1）机构合闸至顶点时，支持板与合闸滚轮间应保持一定间隙，且符合产品技术文件要求。

（2）分闸制动板应可靠地扣入，脱扣锁钩与底板轴间应保持一定的间隙，且符合产品技术文件要求。

（八）断路器和 GIS 重点验收检查

（1）现场安装过程中，应采取有效的防尘措施。

（2）抽真空处理时，应采用出口带有电磁阀的真空处理设备，同时禁止使用麦氏真空计。

（3）重点检查导体是否插接良好，重点检查可调节伸缩节及电缆连接处。

（4）应对断路器二次回路中的防跳继电器、非全相继电器进行传动，并保证在模拟手合于故障时不发生跳跃现象。

（5）应对断路器主触头与合闸电阻触头的时间配合关系进行测试，有条件时应测试合闸电阻的阻值。

（6）交接试验时，应进行断路器合–分时间及操动机构辅助开关的转换时间和断路器主触头动作时间的配合试验检查，断路器合–分时间的设计取值不应大于 60ms，推荐采用不大于 50ms。

（7）SF_6 气体必须经 SF_6 气体质量监督管理中心抽检合格，并出具检测报告。

（8）SF_6 气体注入设备后必须进行湿度试验，且应对设备内气体进行 SF_6 纯度检测，必要时进行气体成分分析。

（9）断路器防跳继电器、非全相继电器的安装应能避免震动造成的影响，不允许采用挂箱方式安装在断路器的支架上，应独立落地安装或装在汇控柜内。

（10）断路器防跳保护应采用断路器机构防跳回路。

（11）机构箱应密封良好，具有防雨、防尘、通风、防潮等性能，内部干燥清洁。

（12）加强辅助开关的检查，防止由于接点腐蚀、松动变位、接点转换不灵活、切换不可靠等原因造成开关设备拒动。

（13）所有扩建预留间隔应按在运设备管理，加装密度继电器并可实现远程监视。在完成预留间隔设备的交接试验后，应将预留间隔的断路器、隔离开关和接地开关置于分闸位置，断开就地控制和操作电源，并在机构箱上加装挂锁。

（14）GIS 配电装置室内应设置一定数量的氧量仪和 SF_6 浓度报警仪。

高压断路器的验收表见附录一～附录二。

【思考与练习】

1. 了解设备验收的重要意义？

2. 掌握设备交接验收、修试验收、消缺验收的主要区别？

3. SF_6 断路器的验收检查应注意哪些重点工作？

4. 弹簧机构验收检查的重点是什么？

附录一

支柱式 SF_6 断路器验收检查表

变电站：　　　运行名称编号：　　　型号：　　　制造厂：

施工单位：　　　验收人员：　　　验收日期：

工序	检验项目		性质	质量标准	检验方法及器具
基础检查	基础中心距离误差			≤10mm	用尺检查
	基础高度误差			≤10mm	用水准仪检查
	预留孔或预埋件中心距离误差			≤10mm	用尺检查
	预埋螺栓中心距离误差			≤2mm	用尺检查
支架安装	与基础间垫铁检查			不超过 3 片，总厚度不大于 10mm，各片间焊接牢固	用尺检查
	支架固定			牢固	扳动检查
机构箱安装	外观检查			完整，无损伤	观察检查
	机构箱固定		主要	牢固	用扳手检查
	接地	连接面检查		接触良好	导通检查
		接地连接	主要	牢固，导通良好	扳动并导通检查
支柱瓷套安装	外观检查		主要	完整，无裂纹	观察检查
	相间中心距离误差			≤5mm	用尺检查
	支柱与机构箱连接	密封圈（垫）检查		完好，清洁，无变形	观察检查
		螺栓紧固力矩	主要	按制造厂规定	用力矩扳手检查
灭弧室安装	外观检查		主要	清洁，无损伤	观察检查
	吸附剂检查			干燥	对照厂家规定检查

续表

工序	检验项目		性质	质量标准	检验方法及器具
灭弧室安装	三联箱与支柱连接	气路连接	主要	正确可靠	观察检查
		传动杆连接	主要	正确可靠	
		密封圈（垫）检查		完好，清洁，无变形	
	密封槽面检查		主要	清洁，无划痕	观察检查
	螺栓紧固力矩		主要	按制造厂规定	用力矩扳手检查
	导电部分检查		主要	清洁，无损伤，且连接牢固	观察，并用扳手检查
均压电容安装	外观检查			清洁，无损伤	观察检查
	均压电容值			按制造厂规定	检查试验报告
	安装位置		主要		对照厂家规定检查

二、资料验收

序号	资料名称	性质	质量标准	验收结论
1	安装使用说明书，图纸、出厂试验报告，维护手册等技术文件。	主要	各项资料齐全	
2	安装、调整、试验、整定记录	主要	规范、齐全、合格	
3	设备缺陷通知单、设备缺陷处理记录			
4	备品备件	主要	齐全	

三、验收总体意见

总体评价	
整改意见	
验收结论	

附录二

真空断路器验收检查表

变电站： 运行名称编号： 型号： 制造厂：

施工单位： 验收人员： 验收日期：

工序	检验项目	性质	质量标准	检验方法及器具
本体检查	外观检查		部件齐全，无损伤	观察检查
	灭弧室外观检查	主要	清洁，干燥，无裂纹、损伤	
	绝缘部件	主要	无变形，且绝缘良好	检查试验，报告
	分、合闸线圈铁芯动作检查		可靠，无卡阻	操动检查

续表

工序	检验项目		性质	质量标准	检验方法及器具
本体检查	熔断器检查		主要	导通良好，接触牢靠	万用表检查
	螺栓连接			紧固均匀	用力矩扳手检查
	二次插件检查			接触可靠	万用表检查
	绝缘隔板			齐全，完好	观察检查
	弹簧机构	牵引杆的下端或凸轮与合闸锁扣	主要	合闸弹簧储能后，蜗扣可靠	操动检查
		分、合闸闭锁装置动作检查	主要	动作灵活，复位准确、迅速，扣合可靠	
		合闸位置保持程度	主要	可靠	观察检查
导电部分检查	触头外观检查		主要	洁净光滑，镀银层完好	观察检查
	触头弹簧外观检查		主要	齐全，无损伤	
	可挠铜片检查			无断裂、锈蚀、固定牢靠	
	触头行程		主要	按制造厂规定	对照厂规定检查
	触头压缩行程				
	三相同期				
其他	辅助开关	切换触头外观检查		接触良好，无烧损	观察检查
		动作检查		准确、可靠	操动检查
	手动合闸			灵活、轻便	操动检查
	断路器与操动机构联动		主要	正确、可靠	操动检查
	分、合闸位置指示器检查			动作可靠，指示正确	观察检查
	手车推拉试验		主要	进出灵活	推动检查
	手车接地			牢固，导通良好	导通检查
	相色标志			正确	观察检查

二、资料验收

序号	资料名称	性质	质量标准	验收结论
1	安装使用说明书，图纸、出厂试验报告，维护手册等技术文件	主要	各项资料齐全	
2	安装、调整、试验、整定记录	主要	规范、齐全、合格	
3	设备缺陷通知单、设备缺陷处理记录			
4	备品备件	主要	齐全	

三、验收总体意见

总体评价	
整改意见	
验收结论	

第二章

断 路 器 检 修

模块 1　SN10-12Ⅱ（Ⅲ）型少油断路器大小修 （Z15E2001Ⅰ）

【**模块描述**】 本模块包含 SN10-12Ⅱ（Ⅲ）型少油断路器大小修的主要作业内容及质量标准。通过结构分析、图例展示、要点归纳、操作技能训练，掌握 SN10-12Ⅱ（Ⅲ）型少油断路器的基本结构、作业步骤、工艺要求及质量标准等操作技能。

【**模块内容**】

一、SN10-12Ⅱ（Ⅲ）型少油断路器的结构

SN10-12Ⅱ（Ⅲ）型少油断路器采用了纵、横吹灭弧原理，利用绝缘油作为灭弧介质，因此用油量较少。该类断路器主要配用 CD10 系列直流电磁操动机构，可以配装成固定式或手车式开关柜。SN10-12 断路器分为Ⅰ、Ⅱ、Ⅲ三种型号。

1. SN10-12Ⅱ（Ⅲ）型少油断路器的结构

SN10-12Ⅱ（Ⅲ）型少油断路器由本体、框架、传动系统、操动机构等部分组成。SN10-12Ⅱ型断路器结构剖面图如图 2-1-1 所示，SN10-12Ⅲ型（3000A）少油断路器结构剖面图如图 2-1-2 所示。

2. CD10 电磁操动机构

CD10 电磁操动机构主要由分、合闸电磁机构，四连杆机构，脱扣器，辅助开关等部分组成，CD10 电磁操动机构结构如图 2-1-3 所示。

二、作业内容

（1） SN10 型少油断路器本体小修。

（2） SN10-12Ⅱ（Ⅲ）型少油断路器大修。

1）灭弧室解体。

2）触头检修。

3）油箱的检修。

4）传动机构检修。

5）CD10 电磁操动机构的检修。

（3）SN10–12Ⅱ（Ⅲ）及 CD10 操动机构整体调试。

1）燃弧距离的调整。

2）超行程调整。

3）导电杆行程（即总行程）的调整。

4）三相不同期性调整。

三、作业中危险点分析及控制措施

作业中危险点分析及控制措施见表 2–1–1。

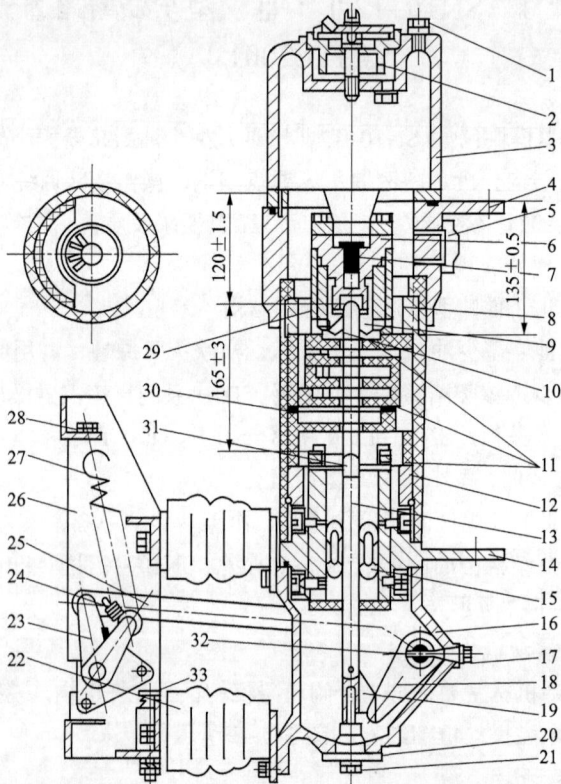

图 2–1–1　SN10–12Ⅱ型断路器结构剖面图

1—注油螺钉；2—油气分离器；3—上帽；4—上接线端子；5—油标；6—静触座；7—逆止螺钉；8—螺纹压圈；
9—指形触头；10—弧触指；11—灭弧片；12—下压环；13—动导电杆；14—下接线端子；15—滚动触点；
16—基座；17—特殊螺钉；18—拐臂；19—连杆；20—分闸缓冲器；21—放油螺钉；22—绝缘子；
23—大轴；24—分闸限位器；25—绝缘拉杆；26—框架；27—分闸弹簧；28—螺母；
29—小绝缘筒；30—绝缘衬垫；31—动触头；32—小转轴；33—合闸缓冲器

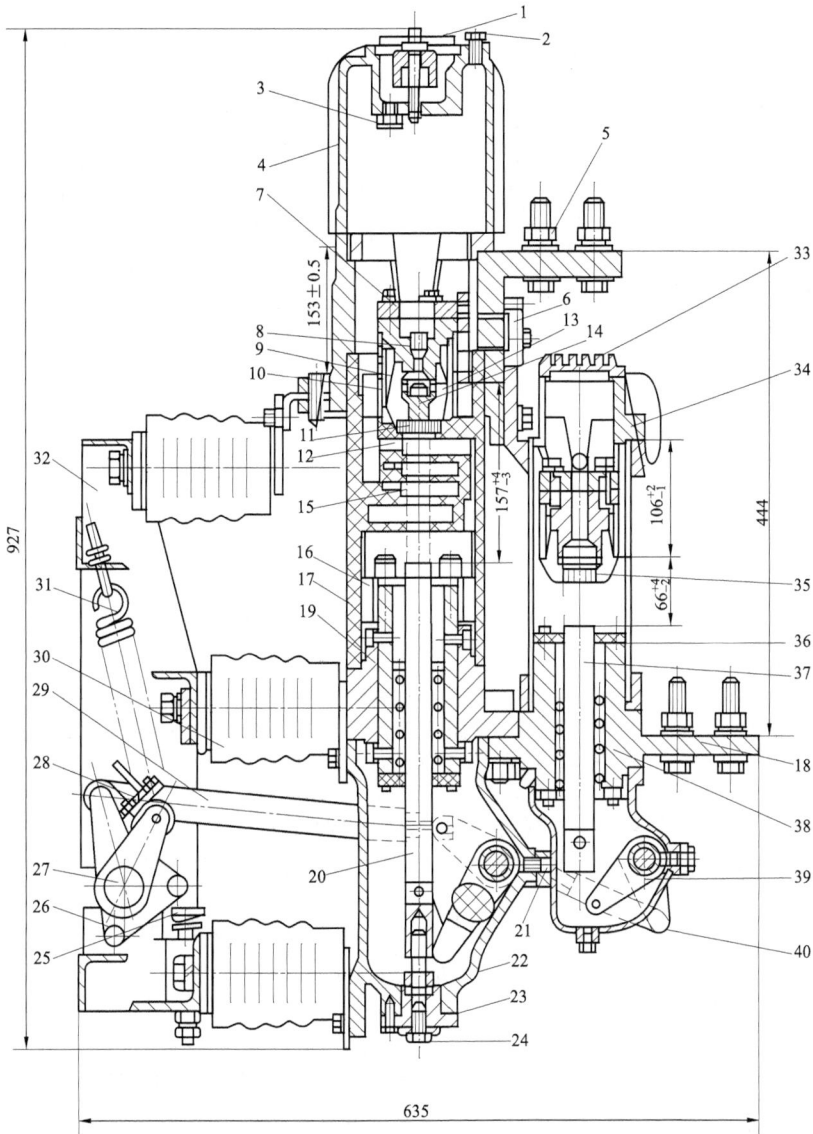

图 2-1-2 SN10-12Ⅲ型（3000A）少油断路器结构剖面图

1—帽盖；2—注油螺钉；3—活门；4—上帽；5—上出线座；6—油位指示器；7—静触座；8—止回阀；9—弹簧片；

10—绝缘套筒；11、16—压圈；12—绝缘环；13、35—触指；14—弧触指；15—灭弧室；17—绝缘筒；

18—下出线座；19—滚动触头；20—导电杆；21—螺栓；22—基座；23—阻尼器；24—放油螺钉；

25—合闸缓冲器；26—轴承座；27—转轴；28—分闸限位器；29—绝缘拉杆；30—支持绝缘子；

31—分闸弹簧；32—框架；33—上盖；34—触头架；36—副绝缘筒；37—副导电杆；

38—副下出线座；39—副基座；40—拉杆

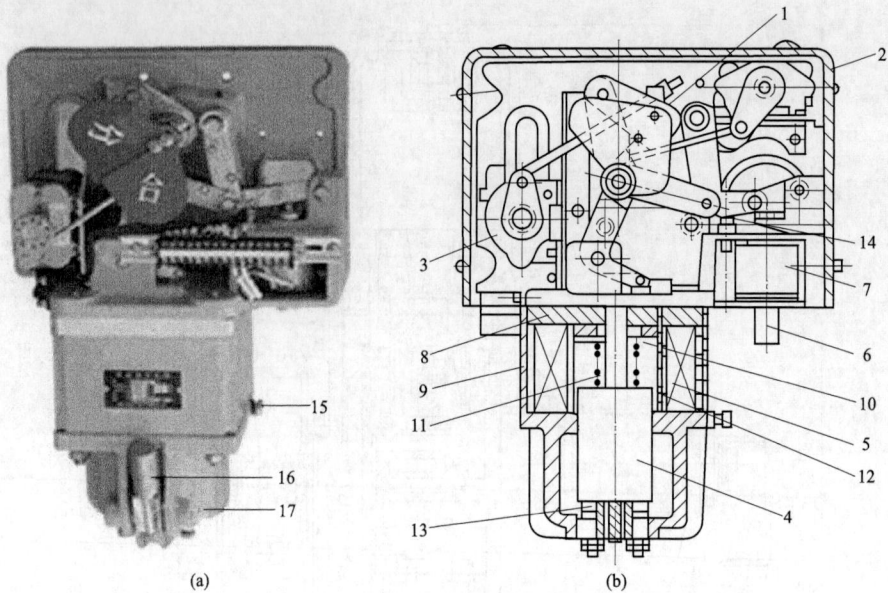

图 2-1-3　CD10 电磁操动机构结构图

（a）外形图；（b）内部结构图

1—主轴；2、3—辅助开关；4—合闸铁芯；5—合闸线圈；6—分闸铁芯；7—分闸线圈；8—方板；

9—铸铁外壳；10—黄铜垫；11—压缩弹簧；12—金属衬圈；13—缓冲器；14—死点调整螺钉；

15—接地螺钉；16—手动操作杆；17—缓冲法兰

表 2-1-1　　　　　　　　作业中危险点分析及控制措施

序号	危险点	控制措施
1	防止触电伤害	（1）工作前应向每个作业人员交代清楚邻近带电设备并加强监护，不允许单人作业； （2）进入柜子工作人员，不允许触动隔离开关连杆； （3）拆除引线时，不应失去接地保护； （4）开关两侧接线有防止误碰合隔离开关时触电的措施，如绝缘挡板、绝缘罩。不允许穿越围栏； （5）对柜下面有出线带电的固定柜，应有加锁等防止误入的措施； （6）对于施工电源、直流操作、合闸电源应有防止触电的措施
2	防止机械伤害	（1）调整操作时，相互呼应，以免断路器动作时伤人； （2）操作时，工作人员应远离运动部位
3	防止摔伤	工作人员进出柜子应有木椅（梯）上下

四、检修作业前的准备

1. 检修前的资料准备

（1）检修前应认真查阅设备安装、检修记录、设备运行记录、故障情况记录、缺陷情况记录和红外测温结果。对所查阅的资料进行详细、全面的调查分析，以判定断路器的综合状况，为现场具体的检修方案的制订打好基础。

（2）准备好设备使用说明书、记录本、表格、检修报告等。

2. 检修方案的确定

（1）编制作业指导书。

（2）拟订检修方案，确定检修项目，编排工期进度。

3. 备品备件、工器具、材料准备

在开工前必须预先准备检修工器具、材料、备品备件、试验仪器和仪表等，并运至检修现场。仪器仪表、工器具应试验合格，满足本次施工的要求，材料应齐全。

4. 检修环境（场地）的准备

（1）在检修现场四周设一留有通道口的封闭式遮栏，并在周围背向带电设备的遮栏上挂适当数量的"止步，高压危险"标示牌，在通道入口处挂"从此进出"标示牌。

（2）在作业现场指定位置摆放好检修工具、量具、材料、备品备件和测试仪器及垃圾箱。

5. 废旧物处理措施准备

准备废变压器油回收用专用油桶，且油桶应能密封和运输。

五、检修作业前的检查和试验

1. 外部检查

（1）检查引线发热情况。

（2）检查油箱本体渗漏油部位。

（3）检查油标及油位。

（4）检查排气孔的方向。

2. 机构和传动装置检查

（1）检查绝缘拉杆螺钉扣入的深度。

（2）进行手动和电动合闸、分闸操作，观察操动机构和传动机构动作是否准确可靠。

（3）检查分闸限位器的到位情况。

（4）检查合闸缓冲器的压缩位置。

3. 检修前的试验项目

（1）测量总行程、超行程及三相不同期性。

（2）每相导电回路电阻测量。

六、SN10–12Ⅱ（Ⅲ）型少油断路器检修作业步骤及质量标准

1. SN10 型少油断路器本体小修

（1）各相油标的油位及断路器的渗漏点的检查。

1）油标的油位，夏季不高于 3/4 位置，冬季不低于 1/4 位置。

2）防止油标有假油面，加油时须加合格的 45 号变压器油。

3）若断路器有渗漏点应及时清理擦拭紧固，必要时更换密封垫。

（2）检查底架固定螺栓。底座无损坏和裂纹，螺栓紧固（紧固螺栓应对角均匀地紧固）。

（3）检查传动部件。各传动部分轴销应齐全，传动部分应灵活，无卡滞现象，应对各传动部分加注机油。

（4）绝缘子、绝缘筒清扫。绝缘子表面应清洁无垢、完整无裂纹。

（5）接线端子螺栓紧固。

1）接线端子螺栓应紧固。若有发热现象，应将接线端子用 00 号砂纸打磨清理擦拭并涂导电膏后接牢。

2）紧固断路器与母线侧隔离开关的接线端子时，应均匀紧固，不可用力过猛，以防损坏绝缘子。

（6）分断 4 次故障后需要换油。

（7）动静触头的检查。

（8）分、合闸线圈启动电压试验。

2. SN10–12Ⅱ（Ⅲ）型少油断路器大修

（1）灭弧室解体。

1）检修绝缘筒：绝缘筒完好，无损坏，无起层，无裂纹情况。丝扣完整。SN10–12Ⅲ/3000 型少油断路器还应检查副筒完好。

2）检查灭弧片完好情况：灭弧片完好，表面碳化黑迹应擦洗干净。如喷口损坏过多，有破裂起层现象必须更换。

3）清洗组装灭弧室：灭弧片组装时，注意位置不能装错。各灭弧片间的定位销必须完全插入，灭弧触指与喷口同侧，测量尺寸 A 应符合要求。

（2）触头检修。

1）检修动触杆：动触杆表面光洁平整，无弯曲变形，镀银层完好，触头烧损达2mm 时应更换。铜钨触指应拧紧。

2）检查中间滚动触头：接触面无氧化膜，接触可靠，镀银层不得脱落。

3）检修静触头：触指表面应光滑烧损轻微的可锉磨修理，烧损严重的应更换，弹簧拉片应完好若弯曲度超过 0.2mm 时应更换。触指座上的止回阀动作应灵活。行程调整结束应复装好，静触头的主导电回路接触面每次拆开后应用砂布将氧化层或油膜除掉。

（3）油箱的检修。

1）检查油箱安装尺寸：油箱安装应垂直，相间中线距 250mm 相间电气距离不小于 125mm。

2）检查油箱密封：油箱外壳各密封垫圈应完好，无渗漏油现象。

3）检查油箱外绝缘：油箱的绝缘筒应完整，表面无其污渍或严重伤痕。

4）检查油气分离器：油气分离器清洁，排气畅通，止回阀动作灵活。安装上帽时注意三相排气孔方向（中间相正对底架，左右两相分别向外侧转45°）。

5）检查支柱绝缘子：支柱绝缘子表面应清洁，无裂纹，螺钉紧固。

（4）注意事项。

1）组装前要确认无漏修和漏试项目后方可进行组装。

2）组装时要避免密封圈漏装和灭弧片的方向错装。灭弧室纵吹口的方向，应与引弧触指相对应。

3）灭弧片装完后应测量灭弧室上端面距大绝缘筒（Ⅱ型上接线座端面）的距离符合要求后才能继续组装。

4）断路器组装后在没有装油时不能进行快分、合操作试验。

（5）传动机构检修。

1）检查传动拉杆拐臂及转轴：水平拉杆及垂直拉杆平直无弯曲变形接头处的螺母及圆锥紧固拐臂完好，无裂纹与轴固定的圆锥销紧固，转轴的开口销完好，开口转动部位加润滑油，拉杆清洁完好。

2）检查分闸弹簧及分闸限位缓冲器：分闸弹簧完好，固定螺钉紧固，分闸限位缓冲器的橡皮应完好，无损坏（投运前应对断路器分闸速度进行测量，投运后5年应再复查一次，如分闸速度有较明显的降低，则说明弹簧已疲劳应更换）。

（6）CD10操动机构的检修。

1）检查各转轴支架及连板：转轴、支架、连板无变形弯曲，轴孔及轴销无太大磨损，润滑良好，转动灵活，开口销齐全并开口复位弹簧完好，弹力足够，手动合闸时，铁芯顶至最高点，滚轮与支架间隙为1.5～2.5mm。

2）检查辅助触点：传动灵活，正确。触点表面清洁，无氧化及烧坏，接触良好。

3）检查直流接触器：分合应灵活，无卡涩现象，触点应接触良好、平稳，同期触片的表面应平整，无明显的突出点。

4）检查分合闸线圈：线圈绝缘良好，线圈的直流电阻应符合标准值。应用电压等级为1000V的绝缘电阻表，绝缘不得小于2MΩ，潮湿地区绝缘不得小于0.5MΩ，分闸铁芯应完好，无阻涩现象，顶杆应为非导磁材料，不变形，端部光滑，断路器处在合闸状态时，轻轻托起分闸铁芯，应无被向上吸起的感觉，放下铁芯，应自由下落为合格。

3. SN10–12Ⅱ（Ⅲ）型少油断路器及CD10操动机构整体调试

（1）燃弧距离的调整。燃弧距离是指弧触指至灭弧室内第一个横吹口的距离，这一距离通过调整灭弧室第一块灭弧片上平面的位置（即尺寸 M）来保证的，燃弧距离太小，则吹弧压力不够，影响断路器的开断能力；燃弧距离太大，有可能造成喷油或损坏灭弧室。

（2）超行程调整。断路器超行程是指在合闸操作中，断路器动导电杆从动、静刚接触后（刚合点）动触头继续运动的距离，超行程的大小将影响动、静触头间的接触电阻，从而影响断路器的发热。超行程的测量可以采用通灯法来进行，测量方法是：将通灯接入被测断路器上下位置，将测量杆有螺纹一端旋入动触头逆止螺钉孔内，然后手动慢合闸，当动、静触头刚好接触时灯亮，此时，用钢直尺量出测量杆上端高度，合闸终止位置，再测出测量杆上端高度（两次测量的基准面必须相同），两次测量高度差即为超行程。

另外，还可以通过测量、调整尺寸 H 的大小来满足超行程的要求。H 尺寸满足要求后，超行程可保证在标准范围内。

（3）导电杆行程（即总行程）的调整。导电杆行程是指断路器动触头从分闸位置至合闸位置所运动的距离。总行程的大小影响着断路器的开断能力。如果行程不符合要求可调整垂直连杆的长度，测量方法是：选一基准面，用深度游标尺分别测出分、合闸导电杆的距离，然后计算差值在与标准进行比较。

（4）三相不同期性调整。三相不同期是指断路器合闸时 U、V、W 三相导电杆与静触头接触的先后误差。其测量方法同样可采用通灯法，但应选择其中一相为基准测量。当误差超标准时可调绝缘拉杆的长度。

注意：超行程和三相不同期性调整时应与行程配合进行，在保证行程的基础上完成其他调整。

4. 调试质量标准

（1）SN10–12 系列少油断路器调试质量标准。SN10–12 系列少油断路器调试质量标准见表 2–1–2。

表 2–1–2　　　　　　　SN10–12 系列少油断路器调试质量标准

序号	项　目		单位	标　准			
				SN10–12 Ⅰ型少油断路器	SN10–12 Ⅱ型少油断路器	SN10–12 Ⅲ型少油断路器	
				630A	1000A	1250A	3000A
1	导电杆行程	主筒	mm	145^{+4}_{-3}	155^{+4}_{-3}	157^{+4}_{-3}	
		副筒				—	66^{+4}_{-3}

续表

序号	项目		单位	标　准			
				SN10-12 I 型少油断路器	SN10-12 II 型少油断路器	SN10-12 III 型少油断路器	
				630A	1000A	1250A	3000A
2	电动合闸位置时导电杆上端距（尺寸 H）	上出线上端面	mm	130±1.5	—	—	—
		触头架上端面		—	120±1.5	136^{+1}_{-2}	
		副筒上法兰上端面		—	—	—	106^{+2}_{-1}
3	灭弧室上端面距（尺寸 A）	上出线上端面		—	—	135±0.5	153±0.5
		绝缘筒上端面		63±0.5	—	—	
4	三相分闸不同期性		ms	不大于 2			
5	副触头比主触头提前分开时间			—			不小于 10
6	最小空气绝缘距离		mm	不小于 100			
7	每相导电回路电阻		μΩ	不大于 100	不大于 60	不大于 40	不大于 17

（2）CD10 操动机构测试质量标准。配 CD10 操动机构测试质量标准见表 2-1-3。

表 2-1-3　　　　　　　　配 CD10 操动机构测试质量标准

项目	单位	质　量　标　准			
		SN10-12 I /630 型少油断路器配 CD10 I 操动机构	SN10-12 II /1000 型少油断路器配 CD10 II 操动机构	SN10-12 III /1250 型少油断路器配 CD10 II 操动机构	SN10-12（III）/3000 型少油断路器配 CD10 III 操动机构
刚合速度	m/s	不小于 3.5	不小于 4	不小于 4	不小于 4
刚分速度	m/s	3+0.3	3+0.3	3+0.3	3+0.3
合闸滚轮与支架间隙	mm	1.5～2.5	1.5～2.5	1.5～2.5	1.5～2.5
最低分闸电压	V	30%～65%U_N	30%～65%U_N	30%～65%U_N	30%～65%U_N
接触器动作电压	V	30%～65%U_N	30%～65%U_N	30%～65%U_N	30%～65%U_N
接触器返回电压	V	≥15%U_N	≥15%U_N	≥15%U_N	≥15%U_N
合闸线圈电阻	Ω	1.82±0.15	1.82±0.15	1.82±0.15	1.5±0.12
分闸线圈电阻	Ω	88±4.4	88±4.4	88±4.4	88±4.4
合闸闸铁芯行程	mm	75	75	75	75
分闸闸铁芯行程	mm	20～30	20～30	20～30	20～30

七、收尾工作

（1）检修工作结束，应处理引线接触面，涂上适量导电膏，然后恢复引线，并确保接触良好。

（2）对支架、基座、连杆等铁质部件进行除锈防腐处理，对导电部分的适当部分涂以相应的相序标志（黄绿红）。

（3）拆除检修架，整理清扫工作现场，检查接地线。

（4）填写检修报告及有关记录，召开班会总结，整理技术文件资料，并存档保管。

（5）接受现场验收，办理工作票终结手续，检修人员全部撤离工作现场。

【思考与练习】

1. SN10–12Ⅱ（Ⅲ）型少油断路器主要由哪些部分组成？

2. SN10 型少油断路器本体小修项目有哪些？

3. 简述 CD10 操动机构检修步骤。

4. SN10–12Ⅱ（Ⅲ）型少油断路器及 CD10 操动机构整体调试项目有哪些？

▲ 模块 2　ZN28 型真空断路器检修（Z15E2002Ⅰ）

【模块描述】 本模块包含 ZN28 型真空断路器检修工艺内容，通过设备结构分析和修前准备、危险点预控、作业步骤、工艺要求及质量标准等操作技能训练，掌握真空断路器一般检修、调试的操作技能。

【模块内容】

一、概述

（一）型号

型号说明：

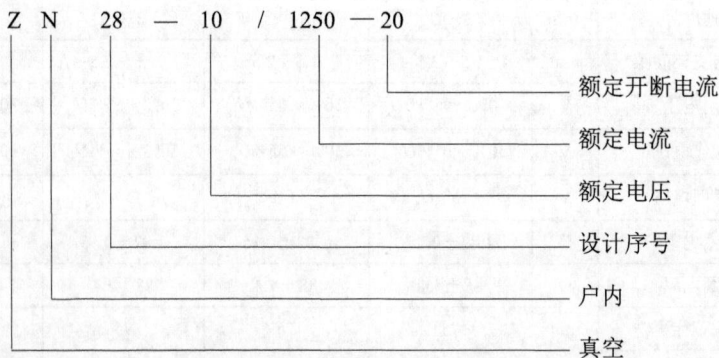

（二）结构

ZN28-10 型真空断路器本体的结构原理如图 2-2-1 所示。

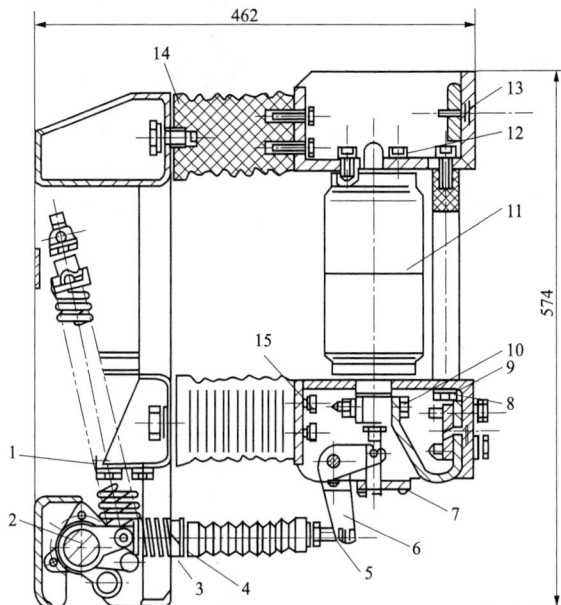

图 2-2-1　ZN28-10 真空断路器（单位：mm）

1—开距调整垫；2—主轴；3—触头压力弹簧；4—弹簧座；5—接触行程调整螺栓；6—拐臂；7—导向板；
8—螺钉；9—动支架；10—导电夹紧固螺栓；11—真空灭弧室；12—真空灭弧室固定螺栓；
13—静支架；14—绝缘子；15—绝缘子固定螺栓

ZN28-10 型真空断路器中装设中间封闭式纵磁场真空灭弧室，主轴、分闸弹簧、油缓冲器等部件安装在机架中，机架的左端设有安装孔，供断路器使用。机架上水平装有六只绝缘子（上下各三个）。上绝缘子固定静支架，下绝缘子固定动支架，动、静支架的右侧兼作出线端子。真空灭弧室设在动、静支架之间，主轴通过绝缘拉杆、拐臂与真空灭弧室动导向杆连接，动、静支架间还装有一根绝缘杆，将两者连成一个整体，提高了整体强度。

ZN28 型真空断路器配用的操动机构一般有 CD10 电磁操动机构和 CT8 弹簧操动机构。CD10 电磁操动机构结构在模块 Z15E2001 I 中如图 2-2-3 所示。CT8 弹簧操动机构结构如图 2-2-2 所示。

二、作业内容

（1）ZN28-10 型真空断路器的检查；

（2）ZN28-10 型真空断路器开距、超程的测量与调整；

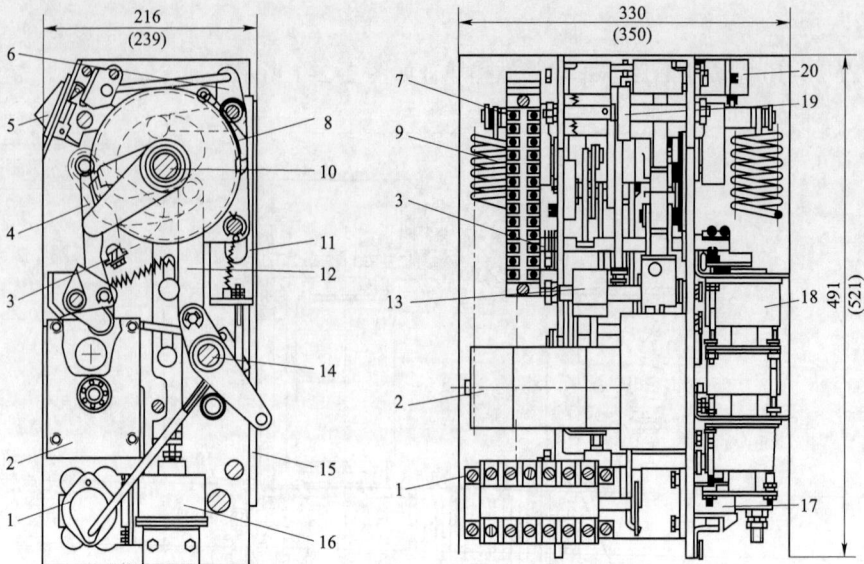

图 2-2-2　CT8 弹簧操动机构结构

1—辅助开关；2—储能电动机；3—半轴；4—驱动棘爪；5—按钮；6—定位件；7—接线端子；

8—保持棘爪；9—合闸弹簧；10—储能轴；11—合闸联锁板；12—连杆；13—分合指示牌；

14—输出轴；15—角钢；16—合闸电磁铁；17—失压脱扣器；

18—过流脱扣器及分闸电磁铁；19—储能指示；20—行程开关

（3）　机械特性试验及电气试验；

（4）　CD10 电磁操动机构检修；

（5）　CT8 弹簧操动机构的检修；

（6）　常见故障处理。

三、作业前准备

（一）检修技术资料的准备

（1）　检修前应认真查阅：

1）设备运行、检修记录；

2）故障、缺陷情况记录；

3）红外测温结果。

对所查阅的结果进行详细、全面的调查分析，以判定断路器的综合状况，为现场具体的检修方案的制订打好基础。

（2）　准备好设备使用说明书、记录本、表格、检修报告等。

（3）　编制标准化作业指导卡。

（4）拟定好检修方案，确定检修项目，编排工期进度。

（二）工器具、材料、备品备件、试验仪器、仪表和场地的准备

（1）准备工具、材料、备品备件、试验仪器和仪表等，并运至检修现场。仪器仪表、工器具应检验合格，满足本次施工的要求，材料应齐全，图纸及资料应符合现场实际情况。

主要工器具、仪器仪表与材料见表 2-2-1，备品备件见表 2-2-2。

表 2-2-1 　　　　　　　　主要工器具、仪器仪表与材料

序号	品名规格	单位	数量
1	套筒板 9 件（10-24）	套	1
2	两用扳手 10、12、14、17、19、24	把	各 1
3	梅花板 14、17、19	把	1
4	十字、平口起子 4″、6″	把	各 1
5	平口起子 8″	把	1
6	活络扳手 10″	把	1
7	活络扳手 8″	把	1
8	活络扳手 6″	把	1
9	平板细锉 6″	把	1
10	钢丝钳 8″	把	1
11	尖嘴钳 6″	把	1
12	线锤	只	1
13	榔头 1.5 磅　　木榔头	把	各 1
14	涨钳	把	1
15	150mm 钢皮尺	把	1
16	300mm 钢皮尺	把	1
17	塞尺	把	1
18	游标卡尺 0～100mm	把	1
19	数字万用表	只	1
20	1000V、2500V 绝缘电阻表	台	各 1
21	机械特性测试仪	台	1
22	单相线盘 20m	只	1
23	油盘 200×300	只	2
24	黄铜棒 ϕ12×200mm	根	1

续表

序号	品名规格	单位	数量
25	白布	块	1
26	高丽巾	块	2
27	中性凡士林	克	100
28	导电膏	克	50
29	砂皮0号	张	2
30	汽油	kg	2
31	机油	kg	若干
32	二硫化钼润滑脂	g	150
33	塑料布地毯	m²	2
34	漆刷1″、1.5″	把	各1

表 2-2-2　　　　　　　备　品　备　件

序号	品名	规格	单位	数量	备注
1	10kV真空灭弧室	—	只	1	原厂规格
2	开口销	1.5×20	只	5	—
3	开口销	2×20	只	5	—
4	开口销	3×20	只	5	—
5	开口销	4×20	只	5	—
6	行程开关	—	只	1	原厂规格

（2）场地准备。

1）在需检修的高压开关柜间隔现场前后通道两侧装设封闭式遮栏，并在背向带电设备的遮栏上挂适当数量的"止步，高压危险"标示牌，在通道入口处挂"从此进出"标示牌。

2）在作业现场按定置图摆放检修工具、量具、材料、备品备件和测试仪器及垃圾箱。

四、危险点分析与控制措施

（一）作业中危险点分析及预控措施

作业中危险点分析及预控措施见表 2-2-3。

表 2-2-3   作业中危险点分析及预控措施

序号	危险点	安全控制措施
1	误入、误登带电间隔	（1）工作前向作业人员交代清楚临近带电设备，并加强监护； （2）检修设备与相邻运行设备必须用围栏明显隔离，并悬挂"止步，高压危险"标示牌，标示牌应面对检修设备； （3）工作人员应走指定通道，在遮栏内工作，严禁擅自移动和跨越遮栏
2	触电伤害	（1）检修操作应由两人进行，一人操作，一人监护； （2）检修电源应有漏电保护器，移动电具金属外壳均应可靠接地； （3）检修前应断开交、直流操作电源及储能电机电源，严禁带电拆、接操作回路电源接头
3	机械伤害	（1）应统一指挥，做好协调配合； （2）检修前应将机构放在分闸位置； （3）机构分解前，应断开储能电机电源，将能量全部释放； （4）保护传动必须得到现场一次负责人许可，传动时本体及机构上禁止任何工作，人员撤离； （5）弹簧机构操作时，不得靠近电机和弹簧； （6）慢分操作必须由熟练工或技师进行
4	汽油失火	清洗部件时应避开火源，同时清洗用的油盘、纱布也应避开火源

（二）作业中安全注意事项

（1）参加作业人员必须经过危险点及标准化作业指导书（卡）、工作票的学习并签字后方可参加工作。

（2）开工前，工作负责人应核对设备双重名称、编号与工作票所列检修内容相同，方可带领工作班成员进入现场，工作人员应戴好安全帽。

（3）工作过程中，工作班成员因故离开现场返回时，应核对一次设备名称、编号。

（4）接取临时电源时，应从现场动力箱中接取，按规定接入漏电保护器。严禁在开关动力箱中接取临时电源。

五、操作步骤及质量控制

（一）ZN28-10型真空断路器的检查

（1）对真空断路器外观检查，重点检查绝缘子、真空灭弧室外表有无异常、缺陷，并清扫绝缘子灰尘。

（2）检查传动机构各部件、分闸弹簧、分闸缓冲器有无损坏变形及绝缘拉杆上调节螺栓的扣入深度。

（3）检查各部件的紧固情况，弹簧垫片应压紧，轴销上的蝴蝶卡片应完好不缺，传动部分应加润滑油。

（4）对操动机构及附件进行检查，有无异常情况。

（5）检查断路器接线端子、固定框架及接地、螺栓等其他部件是否良好、紧固。

（6）测量断路器的开距、超程。

（7）测量断路器接触电阻、电气绝缘试验（包括绝缘电阻、耐压试验）记录有关数据。

（8）断路器在进行检查和试验后，应切除操动机构的电源，如是弹簧操动机构，还应当切除储能电机的电源，并将弹簧能量释放。

（二）ZN28-10 型真空断路器开距、超程的测量与调整

（1）开距的测量：用 100mm 的游标卡尺分别测量动导向杆在分、合闸位置伸出导向板的长度，然后用分闸时的尺寸减去合闸时的尺寸，两者之差就是开距。

（2）开距的调整方法：真空断路器处于分闸状态，先将动导向杆与拐臂连接的轴销拆掉，旋转与真空灭弧室动导电杆连接的导向螺杆，若开距偏大，则松几圈，反之则紧几圈，调整好后要把螺栓并帽拧紧。

若是三相开距同时偏大或偏小，可以调节分闸限位器或油缓冲器的厚度，增加厚度可减小开距，反之则增大开距。使 ZN28-10 型真空断路器开距达到 11 ± 1mm。

（3）超程的测量：用 100mm 的游标卡尺分别测量绝缘拉杆上的弹簧（提供真空灭弧室触头压力）在分、合闸位置时的长度，两者之差为真空断路器的超行程。超程一般为开距的 15%～40%。

真空断路器设置超行程的作用：① 保证触头在一定程度电磨损后仍能保持一定的接触压力，保证可靠接触；② 给触头闭合时提供缓冲，减少弹跳；③ 在触头分闸时，使动触头获得一定的初始加速度，拉断熔焊点，减少燃弧时间，提高介质恢复速度。

（4）超程的调整方法：当开距已经满足断路器要求时，将真空断路器处于分闸状态，拆下拐臂与绝缘拉杆连接的轴销，调整绝缘拉杆上的螺杆长度。当超程偏小时，可以将螺杆旋出几圈，每圈螺距在 1.25mm 左右，反之则紧几圈，使 ZN28-10 型断路器的超行程达到（4 ± 1）mm。

（三）机械特性试验及电气试验

1. 机械特性试验

使用机械特性测试仪对真空断路器进行机械特性测试。测试项目与调整分别如下：

（1）平均分合闸速度。平均分闸速度为（1.0 ± 0.3）m/s；平均合闸速度为（0.55 ± 0.15）m/s。可调节分闸弹簧的长度使分合闸速度达到标准。

（2）分、合闸时间。分闸时间不应大于 0.06s，合闸时间不应大于 0.2s（配 CD10 机构）。

（3）三相不同期。分、合闸三相不同期不应大于 2ms。可通过调整断路器三相行程值基本一致来达到要求，误差不能太大，每相的超程值也应要基本一致。

（4）合闸弹跳。合闸弹跳标准要求不大于 2ms。若过大，应检查轴销与销孔的间

隙应不大于 0.3mm；检查绝缘小拉杆上的弹簧情况；检查油缓冲器，必要时给油缓冲器加油。

2. 电气试验

（1）用 2500V 绝缘电阻表测量断路器的绝缘情况，与以往测量值比较应无明显变化。

（2）断路器在分闸位置时进行交流耐压试验，加 42kV 电压，维持 1min（打耐压前将断路器上下接线拆掉）。

（3）接触电阻测量。检查断路器的导电回路，特别是软连接铜导电夹块与真空灭弧室动导电杆的接触部分应紧固，上支架与真空灭弧室上端接触应紧固。用 100A 回路电阻测试仪测量接触电阻不应大于 45μΩ 标准要求。

（四）CD10 电磁操动机构检修

1. 连板系统检修

如图 2-2-3 所示为 CD10 电磁操动机构中各连板分部情况，具体检修如下：

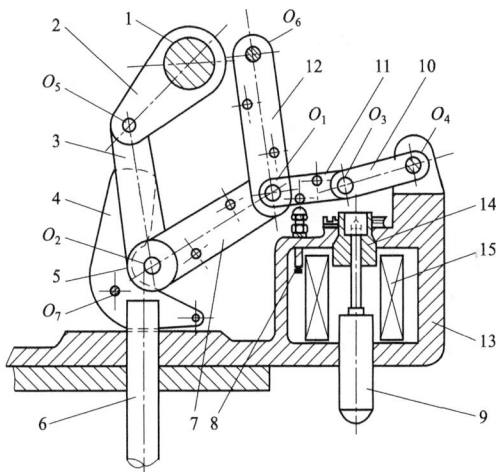

图 2-2-3 CD10 电磁操动机构在分闸状态时各连板的位置

1—输出轴；2—拐臂；3、10—连板；7、11、12—双连板；4—支架；5—滚轮；6—合闸铁芯顶杆；8—定位止钉；9—分闸铁芯；13—轭铁；14—分闸静铁芯；15—分闸线圈；O_1、O_2、O_3、O_4、O_5、O_6、O_7—轴销

（1）分解。

1）拆下操动机构的罩壳，拆开端子排、分合闸指示牌。

2）拆下分合闸辅助开关和信号辅助开关。

3）抽出轴销 O_7，卸下支架 4，取出弹簧。

4）卸下轴销 O_4、O_5、O_6，取出连板 3、10 及双连板 7、11、12，再抽出轴销 O_1、

O_2、O_3，使各连板分解。取四连板时，使连板 10、11 移至左侧，使轴销 O_6 上的弹簧的能量释放。

（2）清洗、检查。

1）用汽油清洗各零件。

2）检查拆下的各轴销、连板、支架、滚轮、拐臂、弹簧等有无弯曲、变形、磨损等。各零件应无变形损坏。焊缝无裂纹。双连板铆钉不应松动。轴销与轴孔配合间隙不应大于 0.3mm。

（3）装复。将各轴销、轴孔涂上润滑油后，按分解相反顺序装复。四连板在装复过程中应注意双连板上铆钉的位置，左侧低右侧高。当连板系统装到操动机构的机座时，应将连板 10、11 放在左侧，等套上轴销 O_6 时再将连板 10、11 移至右侧。装复好后，应从侧面观察，使各连板中心在分、合闸铁芯顶杆中心线的垂直平面内，并以此位置来调整输出轴处的垫片数量，使输出轴窜动不致过大。支架装复后，应检查轴销 O_7 上的挡板有无装上。各轴销窜动量不应大于 1mm。调整好后将输出轴上定位环的止钉顶在窝内旋紧，然后再进行下列检查试验：

1）检查动支架复归弹簧是否良好，支架在弹簧作用下应能复位自如。

2）将机构置于合闸位置后，检查滚轮在支架上的位置是否符合要求，支架两脚是否在同一平面上。如两脚不平时，可锉磨支架和机座的接触面或加点焊调平。滚轮轴扣入深度应在支架中心 ±4mm 范围内。支架两侧上端面应同时接触滚轮轴，其两脚应同时接触机座。

3）在未与断路器连接的情况下，将输出轴转动几次，检查无卡涩。转动后各部件应能靠弹簧的力量自由复位。

4）拉动"死点"连板，模拟分闸状态，以检查各部件是否灵活，双连板是否卡机座，如卡机座可将机座的棱角打掉一些。拉动"死点"连板时，双连板 7 与机座间的间隙不应小于 1mm。

5）检查定位止钉是否松动，端部和侧面有无打击变形现象。止钉如弯曲应校直，并要查出原因予以消除。定位止钉应无弯曲变形，调整后必须用螺母锁紧。

6）调整中间轴 O_3 过"死点"的距离。O_3 应低于 $O_1 \sim O_4$ 中心连线 0.5~1mm，在合闸位置测量，它可用来调整最低分闸电压。

2. 合闸电磁铁检修

（1）分解。

1）拆下左侧接线板上合闸线圈的引线端子。

2）拧下四只螺栓，卸下缓冲法兰、侧轭铁、上轭铁等，取出铁芯、弹簧、铜套、线圈等。

3）抽出操作手柄的轴，取下手柄。

（2）清扫、检查。

1）检查上轭铁板上的隔磁铜片是否完好、紧固。固定隔磁铜片的平头螺栓应无松动，且不能高出铜片平面。

2）清扫检查合闸铁芯及顶杆。铁芯顶杆应不活动，止钉应无松动、退出。

3）用毛刷清扫上下轭铁、侧轭铁、铜套、线圈、弹簧等。检查线圈及引线绝缘情况，并测量其直流电阻。

铜套应无变形，合闸线圈及引线绝缘应无破坏。线圈的直流电阻和绝缘电阻应符合标准。用 1000V 绝缘电阻表测量合闸线圈绝缘电阻，不应小于 1MΩ。

4）清扫缓冲法兰，检查下部橡胶缓冲垫及手动操作手柄是否完好。将手动操作手柄转轴及滚轮清洗后涂润滑油。橡胶缓冲垫应无损坏及严重老化现象，固定螺栓应无松脱，两螺母间应加弹簧垫。

（3）装复。

按分解相反顺序进行。装复后用手柄试操作几次，并检查铁芯运动情况，检查机构合闸滚轮轴与支架间的过冲间隙是否符合要求。若过冲间隙不符合要求，可调整铁芯顶杆的长度。铜套应正确地安装在上下轭铁的槽内。合闸铁芯运动过程中应无卡涩及严重摩擦现象。上轭铁板装隔磁板的面应向下，不得装反。合闸铁芯行程约为 78mm。合闸铁芯顶杆长度为（141±10）mm。铁芯合闸终止时，滚轮轴与支架间的间隙为 1～1.5mm。

3. 分闸电磁铁检修

（1）分解。

1）将止动垫圈及螺母卸下，然后取出分闸铁芯及铜套。

2）拆下分闸线圈引线端子，取出分闸线圈。

（2）清扫、检查。

1）检查线圈及引线绝缘情况，并测量其绝缘电阻和直流电阻。

线圈及引线绝缘无破损。直流电阻应符合标准。用 1000V 绝缘电阻表测量合闸线圈绝缘电阻，不应小于 1MΩ。

2）检查铜套固定是否牢固、有无变形，动铁芯顶杆是否弯曲。动铁芯顶杆应与动铁芯上端面垂直。

3）动铁芯顶杆长度应适宜，用手慢慢将动铁芯向上推检查能否可靠分闸。动铁芯顶杆碰到连板后，应能继续上升 8～10mm。分闸动铁芯行程为 31±10mm。

4）当运行中监视灯回路作用在分闸线圈上的电压可能影响断路器正常动作时，应将分闸铁芯顶杆换为黄铜顶杆。

（3）装复。按拆卸相反的顺序进行，然后进行下列工作：

1）将紧固螺母紧固，并将止动垫圈的突齿嵌入圆螺母槽内。

2）将动铁芯旋转各种不同角度并向上推动时应灵活。动铁芯上下运动时，各方位应无卡涩现象。

4. 辅助开关检修

（1）用毛刷清扫浮尘，打开辅助盖板检查动静触头的完好情况及切换可靠性，如有触头严重烧伤时应修理或更换。触头切换应良好，无严重烧伤。

（2）检查轴销、连杆是否完好。连杆不应弯曲，输出轴上拐臂旋入输出轴深度不小于 5mm。

（3）将辅助开关装在机座上，同时将端子排安装好。

5. 合闸接触器检修

（1）取下灭弧罩，检查触头情况，如有烧伤用细锉锉平，再用 0 号砂布打光。动静触头表面应平整。

（2）用毛刷清扫各部件。各部件应清洁、完整，无污垢、锈蚀现象。

（3）调整触头开距和超行程。

接触器的开距和超行程应符合标准。开距为 3.5～4.5mm；总行程为 5～7mm；超程为 1.5～2.5mm。

（4）装上灭弧罩后，检查动作情况。动触头应动作灵活，无卡涩现象。

（5）测量接触器线圈的绝缘电阻和直流电阻及启动和返回电压。

线圈及引线绝缘无破损。直流电阻应符合标准。用 1000V 绝缘电阻表测量合闸线圈绝缘电阻，不应小于 1MΩ。接触器的启动电压为额定电压的 30%～65%，返回电压应大于额定电压的 15%。

工作结束后应检查有无遗留物、各紧固是否紧固、开口销有无开口，分合位置是否对应。

（五）CT8 弹簧操动机构的检修

1. 储能机构、凸轮连杆机构、分合闸机构检修

（1）分解。

1）拆下操动机构的外罩。

2）拆下输出轴拐臂与传动连杆的轴销，使操动机构与断路器脱离。

3）拆下端子排、辅助开关、行程开关。

4）拆下左右侧板外面的合闸弹簧及拐臂。

5）拆下输出轴涨圈，扇形板与凸轮连杆机构的连板间的轴销。

6）拆下左侧半轴的固定螺母、储能轴左侧的固定螺母、定位件轴左侧固定螺母及

驱动块轴左侧固定螺母。

　　7）拆下左侧板与机构连接的螺栓。

　　8）拆下合闸、分闸、失压脱扣等各电磁铁。

　　9）拆下左侧板。

　　10）打开各有关的调节连杆。

　　11）抽出储能轴、输出轴、驱动块轴、半轴、定位件轴、扇形板轴等，取下储能机构、凸轮连杆机构、合闸操动机构、脱扣分闸机构、扇形板等。

　　（2）清洗、检查。

　　1）用汽油清洗各零件及轴承、滚针等。

　　2）检查拆下的各轴销、操动块、偏心轮、棘轮、棘爪、连板、滚轮、齿轮、拐臂、弹簧、扭簧等有无弯曲、变形、严重磨损等。各零件应无变形、锈蚀、损坏、焊缝应无开焊。合闸机构铆接部位应牢固、灵活。棘轮无打牙掉齿。轴销与轴孔配合间隙不应大于 0.3mm。

　　3）检查各轴承及滚针，然后涂上润滑油。轴承转动应灵活，滚针应无磨偏及破损现象。

　　4）检查端子排接线紧固情况，行程开关动作情况就辅助开关切换情况，然后用毛刷清扫。接线端子应紧固，行程开关动作可靠，辅助开关切换应准确无卡涩现象。

　　（3）将各轴销、轴孔等转动部分涂上润滑油后，按分解相反顺序装复。检查装复后各零件的紧固情况及动作情况。各轴销窜动量不应大于 1mm。各部螺栓应紧固，开口销、垫圈应齐全，开口销应开口。机构可动部分动作应灵活。各锁扣扣接及脱离应灵活可靠。

　　2. 储能电动机检修

　　（1）从右侧板上卸下电动机，打开左端盖及变速箱底盖，清洗轴承及传递齿轮。对轴承、传递齿轮及偏心轮进行检查，无问题后，重新涂上润滑油。轴承应无磨损，传递齿轮、偏心轮应无损坏。

　　（2）检查电动机转动情况，电动机定子与转子间隙应均匀，无摩擦现象。

　　（3）检查电动机碳刷及整流子磨损情况，如整流子磨出深沟时应加工平整。检查整流子间的云母片是否低于整流子。整流子磨损深度不应超过 0.5～1mm。云母片应低于整流子片 1～1.5mm。碳刷磨短时应更换，其下沿与连线点间最少应有 5～6mm。碳刷与整流子的接触应良好。碳刷在刷架内有 0.1～0.2mm 间隙，应能上下自由活动。更换碳刷时新旧牌号必须一致。

　　（4）测量电动机绝缘电阻，如受潮，应按电动机干燥方法进行干燥。用 1000V 绝缘电阻表测量，其绝缘电阻应在 0.5MΩ 以上。

3. 各电磁铁检修

（1）卸下罩、盖取出铁芯、铜套、线圈等。

（2）用毛刷清扫上下轭铁、侧轭铁、铜套、线圈等，检查线圈及引线绝缘情况，并测量其直流电阻。铜套应无变形，线圈及引线绝缘应良好。直流电阻应符合标准。

（3）检查顶杆与铁芯结合是否牢固，顶杆有无弯曲、变形等现象。铁芯与顶杆结合应牢固无松动现象，顶杆应无弯曲、变形。

（4）按相反的顺序装复。装复后的电磁铁铁芯上下运动在各方位均应灵活、无卡涩现象。过电流脱扣器及分闸电磁铁的铁芯应在一条轴线上。

4. CT8 弹簧操动机构装复后，在配断路器之前的调整

（1）机构合闸位置时，调整调节止钉［见图 2-2-4（a）］，使半轴与扇形板间的扣接量达到要求。半轴与扇形板间的扣接量应调在 1.8～2.8mm 间［见图 2-2-4（b）］。

（2）机构在合闸位置时调整手分按钮拉杆的长度［见图 2-2-4（d）］，使其螺母与脱扣板之间的间隙达到既不妨碍半轴完全复位又能满足手分按钮行程的要求。在满足手分按钮行程的前提下，间隙不应小于 0.5mm，且应尽量大些。

（3）机构脱扣后，半轴转动到极限位置时与扇形板间应仍有合乎要求的间隙。半轴转动到极限位置时与扇形板的间隙应大于 0.5mm［见图 2-2-4（c）］。

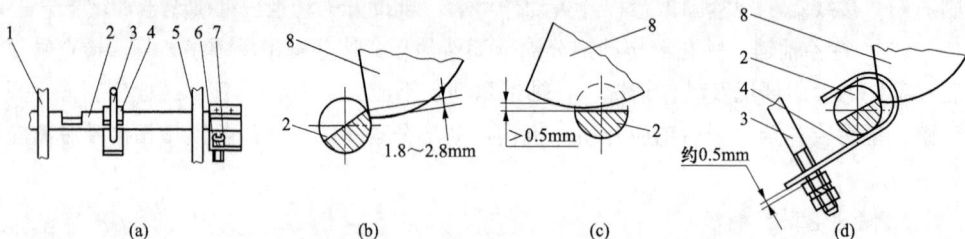

图 2-2-4 凸轮连杆机构半轴位置的调整

(a) 半轴上需调整的拉杆与止钉；(b) 半轴与扇形板间的扣接量；
(c) 半轴极限位置时与扇形板间的间隙；(d) 手分按钮拉杆的调整
1—左侧板；2—半轴；3—拉杆；4—脱扣板；5—右侧板；6—脱扣板；7—调节止钉；8—扇形板

（4）机构已储能并处于分闸位置，凸轮连杆机构的扇形板复位后与半轴间的间隙 δ_1 大于零时，调整限位止钉使 δ_2 达到要求值（见图 2-2-5）。

（5）调整调节拉杆的长度（见图 2-2-6），使合闸联锁板在机构输出轴处于分闸的极限位置时还能向下推动一定距离。机构输出轴在分闸极限位置时联锁板应还能向下推动 1～1.5mm。

（6）调整定位件与脱扣板之间的拉杆长度（见图 2-2-6），使定位件与滚轮 4 间的扣接量满足要求。使滚轮靠在定位件定位圆弧面中部偏上一些。

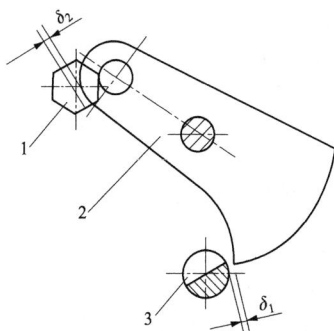

图 2-2-5 扇形板限位止钉的调整

1—限位止钉；2—扇形板；3—半轴 δ_1 值大于零，δ_2 应为 1mm 左右

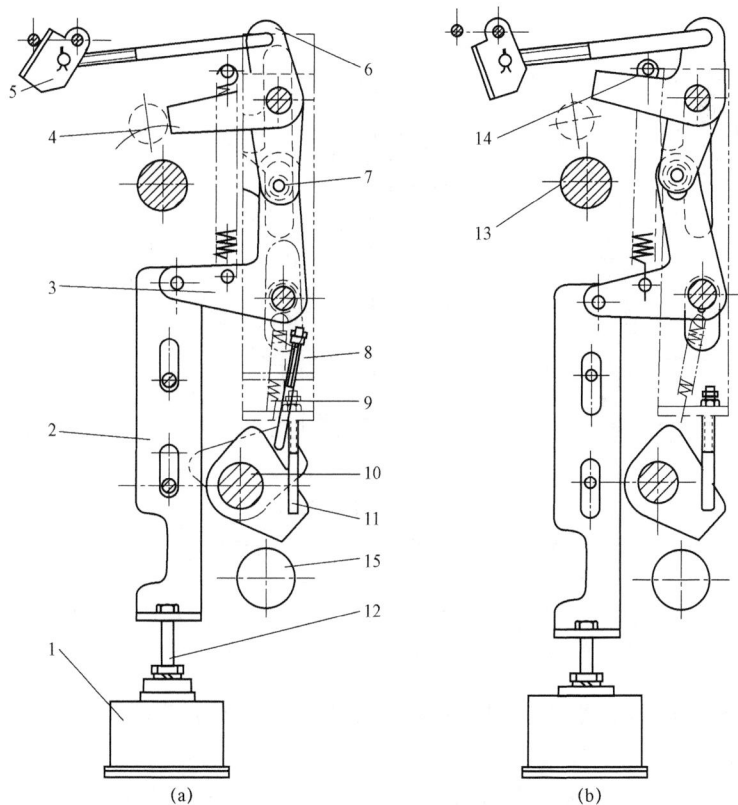

(a)   (b)

图 2-2-6 操动机构合闸动作示意图

（a）弹簧已储能位置；（b）进行合闸操作状态

1—合闸电磁铁；2—导板；3—杠杆；4—凸轮上的滚轮；5—脱扣板；6—定位件；7—滚子；8—联锁板；

9—复位弹簧；10—输出轴；11—拉杆；12—螺栓；13—储能轴；14—轴；15—分闸限位止钉

（7） 把输出轴分别处于合闸位置和分闸的极限位置，通过调整输出轴上的调节止钉和辅助拉杆，把辅助开关调整到与输出轴相对应的合、分闸位置。

辅助开关的转换应准确可靠。辅助开关转换过程中，其拐臂与拉杆不应出现"死点"。

（8） 调节"分""合"指示牌与输出轴的拉杆，使其指示与机构的实际分、合位置相对应。"分""合"指示要准确无误。

（9） 利用行程开关的安装长孔调整其位置，使挂簧拐臂转到储能位置时能使行程开关触点动作，同时还应保证留一定的超行程，以免顶坏行程开关。超行程约为 1～2mm。

（10） 失压脱扣器及有关零件的调整，如图 2-2-7 所示。

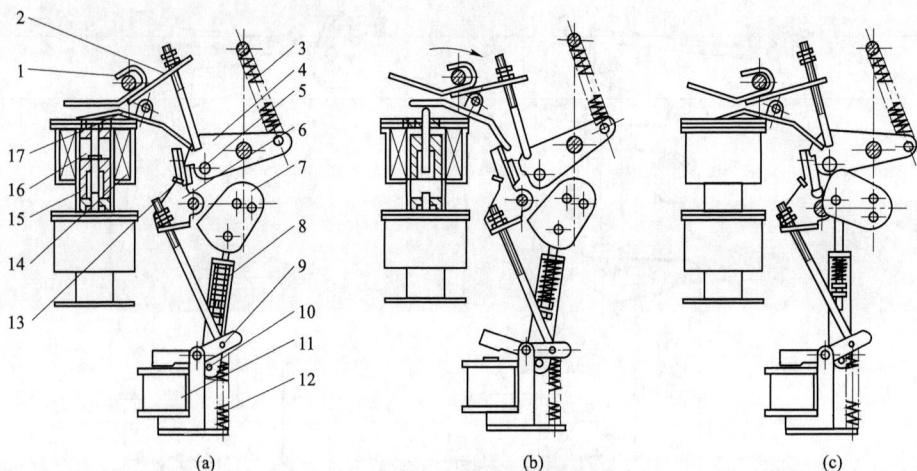

图 2-2-7 脱扣分闸机构

（a）机构处在合闸位置失压脱扣器吸合状态；（b）分闸动作状态；（c）失压动铁芯复位状态
1—半轴；2—脱扣板；3—弹簧；4—锁扣；5—滚轮；6—锁扣；7—凸轮板；8—失压复位弹簧；
9—失压脱扣器动铁芯；10—轴销；11—失压脱扣器线圈；12—失压脱扣器弹簧；
13—锁扣复位弹簧；14—脱扣器线圈；15—动铁芯；16—顶杆；17—脱扣板

1） 调整动铁芯与锁扣间连杆的长度应保证动铁芯打开后能将锁扣与锁扣间的扣接可靠的脱开。

2） 调整锁扣与脱扣板之间连杆的长度。应保证能将半轴带动到图 2-2-5（c）所示位置。

3） 调整失压复位弹簧。应保证在机构处于图 2-2-7（c）示位置时失压脱扣器动铁芯能可靠地复位。

4）调整合闸电磁铁芯拉杆的长度，当铁芯吸合到底时，使定位件能可靠地抬起，要达到能可靠地解除储能维持，且不致碰到轴，如图 2-2-6 所示。

六、ZN28 型真空断路器常见故障处理

（一）真空灭弧室故障处理

1. 故障原因

（1）真空灭弧室失去真空。真空灭弧室上施加 42kV 工频电压，维持 1min，真空灭弧时内不应有持续的放电，如发现真空灭弧室内有持续的放电或击穿现象，应更换真空灭弧室。

（2）真空灭弧室的电磨损值超过标准（最大值为 3mm）时应更换。真空灭弧室的触头接触面在经过多次开断电流后会逐渐磨损，触头行程增大，也就相当于波纹管的工作行程增大，因而波纹管的寿命迅速下降。当累计磨损值达到或超出标准时，真空灭弧室的开断性能和导电性能都会下降，真空灭弧室的使用寿命即已到期。

为了能够准确地控制每个真空灭弧室触头的磨损值，必须从灭弧室开始安装使用时起，每次预防性试验或维护时，就准确地测量开距和超程并进行比较，当触头磨损后累计减小值就是触头累计磨损值。当触头磨损使动、静触头接触不良时，也可通过回路电阻的测试发现问题。

2. 处理方法

（1）更换真空灭弧室步骤：

1）拆下断路器的上、下接线；

2）拆下绝缘拉杆与拐臂的轴销；

3）拆下导向板；

4）拆下拐臂及轴销；

5）拆下软连接夹块；

6）拆下静支架；

7）取下真空灭弧室；

8）拆下动导向杆；

9）安装顺序与拆卸顺序相反。

在装配过程中：将动导向杆装在新的真空灭弧室上时应测量其长度应与原长度一致；应将轴销清洗和擦拭干净后，检查其有无变形和磨损等；将真空灭弧室、导电夹块、静支架的导电部分用 0 号砂皮的反面擦拭后，涂上导电脂或凡士林；检查轴销与销孔的配合，其销孔的间隙不应大于 0.3mm；在真空灭弧室静支架紧固后，动支架与真空灭弧室导向套之间有 0.5～1.5mm 的间隙；动、静支架垂直度偏差不大于 2mm；在装配导向板和拐臂时不应使真空灭弧室受到拉应力和横向弯矩应力，零部件无遗漏。

在更换好真空灭弧室后，应手动慢合、慢分三次，检查动导向杆和拐臂部分有无卡涩现象。检查完毕后，应测量真空断路器的开距和超程，并进行机械特性试验。

（2）更换真空灭弧室质量要求：

1）选用同型号、同容量、同电压等级的真空灭弧室；

2）动导向杆与真空灭弧室轴线的同轴度；

3）动导向杆的运动轨迹应平直，开距要符合说明书要求，这样才能保证波纹管不会疲劳、周围不会产生火花；

4）真空灭弧室的端面在各方向上受力要均匀。

（二）断路器分闸失灵故障处理

1. 故障原因

当 ZN28 真空断路器配用 CD10 电磁操动机构时，出现分闸失灵的原因有：

（1）定位螺杆松动、变位，造成分闸连板中间轴过低。

（2）分闸电磁铁运动有卡涩现象。

（3）分闸电磁铁固定止钉松动，致使铁芯下落，甚至掉下。

（4）分闸铁芯行程过大。

（5）电气回路不通。

当 ZN28 真空断路器配用 CT8 弹簧机构时，出现分闸失灵的原因有：

（1）半轴扣入过深。

（2）各脱扣器线圈及铁芯不同轴线，铁芯运动受阻。

（3）辅助开关触点调整不当。

2. 处理方法

对于 CD10 电磁操动机构的处理方法：

（1）重新调整定位螺杆，并紧固锁紧螺母。

（2）对有卡涩的铁芯找出原因，进行针对性处理。

（3）将止钉牢固的顶入窝内，并在分闸铁芯下部装一托板。

（4）调整铁芯行程，使之适当减小。

（5）查出电气回路不通的原因（如辅助开关接触不良、分闸线圈断线、电压偏低等），予以消除。

对于 CT8 弹簧操动机构的处理方法：

（1）按照检修工艺要求进行重新调整，使之符合要求。

（2）将串接在一起的电磁铁轭螺栓松开调整，使铁芯轴线处于一条线上。

（3）重新调整辅助开关，使触点准确可靠的切换。

（三）断路器合闸失灵故障处理

1. 故障原因

当 ZN28 真空断路器配用 CD10 电磁操动机构时，出现合闸失灵的原因有：

（1）连板中间轴位置过高。

（2）上部绝缘垫圈装偏。

（3）接触器动触头卡碰灭弧罩。

（4）电气回路不通。

（5）合闸时，机构振动，分闸铁芯跳起，撞击分闸连板中间轴。

当 ZN28 真空断路器配用 CT8 弹簧操动机构时，出现合闸失灵的原因有：

（1）机构不动：

1）电气操作回路不通。

2）合闸线圈与铁芯相对位置不正确，如铁芯插入线圈内过多和过少。

3）定位件扣入过深。

（2）弹簧释放而合闸未成功。

1）半轴无扣入量。

2）输出轴连杆过长。

2. 处理方法

对于 CD10 机构的处理方法：

（1）重新调整分闸连板中间轴的位置。但应保证最低分闸电压下可靠分闸。

（2）使合闸铁芯外部铜套两端准确进入上下轭铁槽内，放正绝缘垫圈。

（3）处理合闸接触器动触头，使动触头不致卡碰灭弧罩。

（4）查出电气回路不通的原因（如辅助开关接触不良、合闸线圈断线、电压偏低等），予以消除。

对于 CT8 弹簧操动机构的处理方法：

（1）机构不动。

1）查出电气回路不通的原因（如辅助开关接触不良、合闸线圈断线、电压偏低等），予以消除。

2）适当调整铁芯插入线圈内的尺寸。

3）将扣入深度做适当调整。

（2）弹簧释放而合闸未成功。

1）重新调整扣入量。

2）重新调整连杆长度。

七、检修调试标准

（1）主接线端子无变色和过热现象，螺栓紧固。

（2）分合闸指示正确，真空灭弧室无变色异常现象。

（3）机构轴销、传动部分应加润滑油。

（4）触头开距应为 11 ± 1mm；超程应为 4 ± 1mm；触头合闸弹跳时间应不大于 2ms。

（5）分合闸速度、时间及三相同期应符合标准。

（6）行程开关、辅助开关动作正常。

（7）调试报告的数据要符合表 2–2–4～表 2–2–7。

表 2–2–4　　　　　ZN28–10 型真空断路器本体的调试标准

序号	项目	标准	实测		
			A	B	C
1	开距（mm）	11 ± 1			
2	超程（mm）	4 ± 1			
3	合闸弹跳（ms）	≤2			
4	主回路电阻（$\mu\Omega$）	≤45			
5	油缓冲器行程（mm）	$10\pm^0_3$			
6	合闸速度（m/s）	1.0 ± 0.3			
7	分闸速度（m/s）	0.55 ± 0.15			
8	合闸时间（s）（配 CD10 操动机构）	0.2			
9	分闸时间（s）（配 CD10 操动机构）	0.06			
10	三相合闸不同期（ms）	≤2			
11	三相分闸不同期（ms）	≤2			
12	工频耐压试验	42kV，1min			

表 2–2–5　　　　　CD10 电磁机构的调试标准

序号	项目	标准	实测
1	合至极限，滚轮与支架间隙（mm）	$1\sim1.5$	
2	合闸铁芯行程/冲程（mm）	$75/5\sim8$	
3	分闸铁芯行程（mm）	31^{-1}	
4	合闸线圈直流电阻/绝缘电阻（Ω/MΩ）	$1.82\pm0.15/1$	
5	分闸线圈直流电阻/绝缘电阻（Ω/MΩ）	$88\pm2.2/1$	
6	最低分闸电压 U_N（%）	$30\%\sim65\%$	

表 2-2-6　　　　　　　　　CZ0 型合闸接触器的调试标准

序号	项目	标准	实测
1	触头开距（mm）	3.5～4.5	
2	触头压缩行程（mm）	1.5～2.5	
3	总行程（mm）	5～7	
4	合闸接触器启动电压 U_N（%）	30%～65%	
5	合闸接触器返回电压 U_N（%）	≥15%	
6	合闸接触器线圈直流电阻/绝缘电阻（Ω/MΩ）	220±5%/1	

表 2-2-7　　　　　　　　　CT8 弹簧机构的调试标准

序号	项目	标准	实测
1	合闸位置时半轴与扇形板间的扣接量（mm）	1.8～2.8	
2	脱扣后半轴转动极限位置时与扇形板间隙（mm）	>0.5	
3	分闸并储能时扇形板与半轴间隙（mm）	>0	
4	分闸并储能时扇形板与限位止钉间隙（mm）	≈1	
5	分闸极限位置时合闸连锁板预留行程（mm）	1～1.5	
6	行程开关动作后的预留行程（mm）	1～2	

【思考与练习】

1. 调整 ZN28-10 型真空断路器的行程和超程的方法有哪些？
2. ZN28-10 型真空断路器有哪几部分组成？
3. 更换 ZN28-10 型真空灭弧室的步骤有哪些？
4. 更换 ZN28-10 型真空灭弧室质量要求及注意事项有哪些？
5. ZN28-10 型真空断路器拒分的原因及处理方法有哪些？
6. ZN28-10 型真空断路器拒合的原因及处理方法有哪些？

▲ 模块 3　LW8-35 型 SF_6 断路器大修（Z15E2003Ⅱ）

【模块描述】本模块包含 LW8-35 型 SF_6 断路器大修的作业流程及工艺要求。通过结构分析、图例展示、要点讲解、操作技能训练，掌握 LW8-35 型 SF_6 断路器的基本结构、修前准备、危险点预控、作业步骤、工艺要求及质量标准等操作技能。

【模块内容】

一、LW8 型断路器的结构

LW8 型断路器为三相分立结构，每相均具有压气式灭弧室，三相气体通过铜管连通。断路器由支柱绝缘子、灭弧室、吸附器、传动箱、连杆、底架及弹簧操动机构等部分组成，如图 2-3-1 所示。

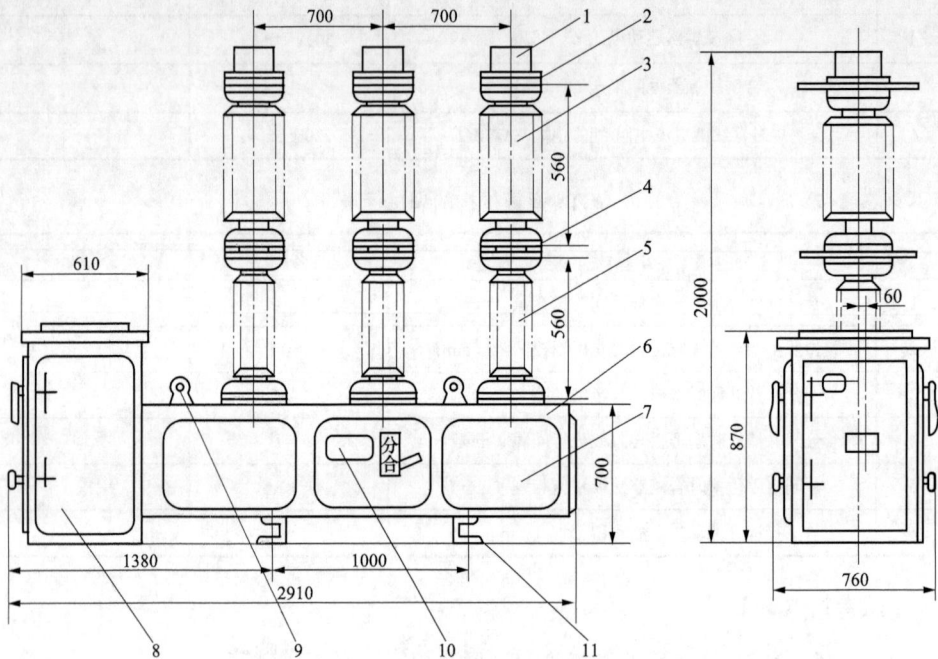

图 2-3-1　LW8 型断路器（瓷柱式）结构图

1—冷却帽；2—上接线板；3—灭弧室瓷套；4—下接线板；5—支持瓷套；
6—底架；7—盖板；8—弹簧操动机构；9—起吊环；10—铭牌；11—地脚槽钢

LW8 型断路器配用 CT14 平行传动的弹簧操动机构。机构合闸弹簧的储能方式有电动机储能和手动储能，储能电动机采用 HDZ 型交直流两用单相串激电动机，如图 2-3-2 所示。

二、作业内容

（1）LW8-35 型断路器本体检修。

（2）LW8-35 型断路器灭弧室解体及组装。

（3）机构的调整。

三、作业中危险点分析及控制措施

作业中危险点分析及控制措施见表 2-3-1。

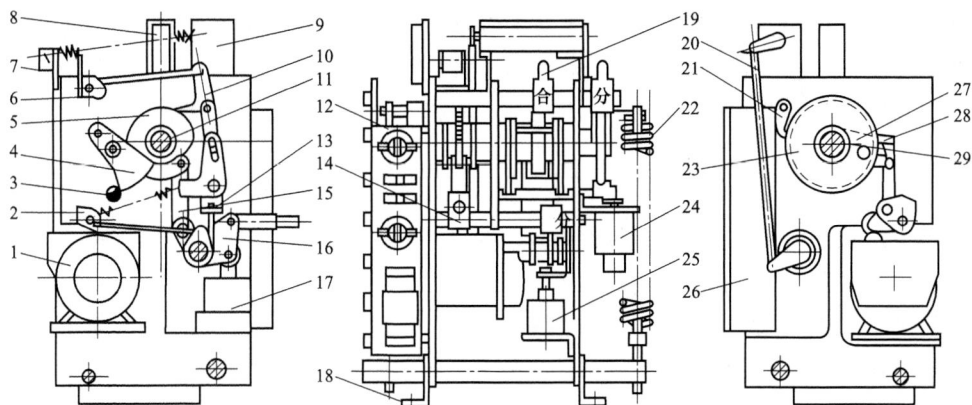

图 2-3-2　CT14 弹簧操动机构结构

1—储能电动机；2—分合闸指示；3—半轴；4—扇形板；5—凸轮；6—手动分合按板；7—计数器；
8—行程开关；9—辅助开关；10—定位件；11—储能轴；12—接线板；13—分合闸连锁板；14—驱动块；
15—顶杆；16—输出轴；17—缓冲器；18、26—角钢；19—手动合闸按板；20—拉杆；21—保持棘爪；
22—储能弹簧；23—棘轮；24—分闸电磁铁；25—合闸电磁铁；27—驱动板；28—靠轮；29—驱动棘爪

表 2-3-1　　　　　　　　　作业中危险点分析及控制措施

序号	危险点	控制措施
1	高处坠落及落物伤人	(1) 进入作业现场必须正确佩戴安全帽，高处作业按规定系好安全带。 (2) 使用的梯子是否完整坚固、安装牢固，使用梯子有人扶持。 (3) 传递工具、材料要使用传递绳，不准抛掷
2	防止误登感应电伤害	(1) 工作前向作业人员交代清楚临近带电设备，并加强监护，不允许单人作业。 (2) 装设全密封遮拦，不许越遮拦，不许攀登运行设备构架
3	防止触电伤害	(1) 工作前检查工作点是否在接地有效保护范围内。 (2) 搬动梯子等大物体时，需由两人放倒搬运，并与带电部分保持足够的安全距离。 (3) 接取低压电源要专人监护；使用电气工具时，按规定接入漏电保护装置、接地线。 (4) 高压试验时，检修人员不得在试验区随意走动。 (5) 断开操动机构所有二次电源，需用电时必须经运行人员同意。 (6) 检修电源应有触电保护器，且有明显断开点，搭接电源应两人进行
4	防止机械伤害	(1) 严格执行工机具使用规定，使用前严格检查，不完整的工器具禁止使用。 (2) 弹簧操动机构检修前，必须插入分合闸闭锁止钉，并释放弹簧能量
5	防止 SF_6 气体泄漏伤害	(1) 必须按照规定做好防护措施，接触 SF_6 气体时检修人员应穿工作服、戴上防毒面具。 (2) 进入存放有 SF_6 气体设备的室内，应开启排风扇 15min 以上进行通风。 (3) 用检漏仪检测 SF_6 气体不泄漏。 (4) 每次工作结束都应及时清洗双手及所有外露部位

四、检修作业前的准备

1. 检修前的资料准备

（1）检修前应认真查阅设备安装记录、检修记录、设备运行记录、故障情况记录、缺陷情况记录和红外测温结果。对所查阅资料进行详细、全面的调查分析，以判定断路器的综合状况，为现场具体的检修方案的制订打好基础。

（2）准备好设备使用说明书、记录本、表格、检修报告等。

2. 检修方案的确定

（1）编制作业指导书。

（2）拟订检修方案，确定检修项目，编排工期进度。

3. 备品备件、工器具、材料准备

在开工前必须预先准备检修工器具、材料、备品备件、试验仪器和仪表等，并运至检修现场。仪器仪表、工器具应试验合格，满足本次施工的要求，材料应齐全。

4. 检修环境（场地）的准备

（1）环境要求：温度在 5℃以上，相对湿度小于 80%，现场检修应考虑采用搭建塑料棚的形式进行防尘保护。

（2）在检修现场四周设一留有通道口的封闭式遮拦，并在周围背向带电设备的遮拦上挂适当数量的"止步，高压危险"标示牌，在通道入口处挂"从此进出"标示牌。

（3）在作业现场指定位置摆放好检修工具、量具、材料、备品备件和测试仪器及垃圾箱。

5. 废旧物处理措施准备

准备好废旧 SF$_6$ 气体回收用专用器具。

五、检修作业前的检查和试验

（1）对断路器本体作外部检查，内容包括瓷套有无裂纹、基础螺栓和接地螺栓是否松动、各个密封部位有无漏气现象，SF$_6$ 气体密度继电器或密度表指示是否正常，SF$_6$ 气体压力值，并做好记录。

（2）检查操动机构各部件有无损坏变形，可调部位是否产生移动，并进行电动（或手动）分、合操作，观察其动作有无异常情况。

（3）根据需要可进行的试验：

1）测量导电回路的电阻。

2）电气绝缘试验（包括绝缘电阻）。

3）按具体情况测录部分机械特性数据。

（4）断路器在进行检查和试验后，应切除操动机构的分、合闸电源。切除储能电动机的电源，以避免损坏，使断路器处于分闸状态，并且应在弹簧能量均已释放后，才能进行检修。

六、LW8–35断路器检修作业步骤及质量标准

（一）断路器本体检修

（1）在解体前先测试断路器的机械特性和导电回路的电阻，供解体检修时参考。

（2）对SF_6气体回收后，对断路器抽真空至133.32Pa，充高纯氮气至额定压力，然后排空，再抽真空，再用高纯氮气冲洗，再排空，反复冲洗两次。

（3）开启封盖，检修人员撤离现场，30min以后方可进行分解工作。

（4）解体后的零件，瓷套或壳体，可用丙酮或无水酒精进行彻底清洗。

（5）清洗后的所有零部件，应进烘房烘干处理，一般应烘12~24h，温度控制在70~80℃，待自然冷却后可进行组装。

（6）在解体拆卸过程中，对连接部件，做好标记，在组装时不可错位。

（7）断路器内的活动件，包括压气活塞、动、静触头等，应使用专用油脂均匀薄涂。注意：与SF_6气体接触的活动件，不能使用含硅的油脂。

（8）组装后，在封盖前应仔细检查内部，用真空吸尘器反复仔细地对内部清洁。

（9）密封面的处理工艺如下。

1）密封槽面不能有划伤划痕，不能有锈迹，必要时，可用800号水砂纸及金相砂纸打磨光洁。

2）用丙酮或无水酒精，清洗密封面，用无纤维高级卫生纸反复揩拭干净。

3）所有拆下的密封圈必须全部更换。新密封圈用无纤维高级卫生纸蘸丙酮或无水酒精清洗擦拭，应无气泡和划痕。

4）分别在密封槽内涂适量的密封脂。

5）对密封圈外侧的法兰面薄涂中性凡士林或2号低温润滑脂。法兰连接缝及螺栓可用703密封胶密封。

6）法兰连接或封盖时，应用力矩扳手对角均匀紧固螺栓。

7）断路器内SF_6气体少或真空状态下不可分、合断路器。

（二）灭弧室解体及组装

1. 灭弧室解体

（1）用起吊装置将灭弧室从传动箱或支持瓷套上拆下，并垂直固定于检修支架上，用厂家提供的专用工具进行分解。

（2）解体灭弧室时，应将上、下接线座（法兰）与瓷套的连接做标记，以便组装时能正确复原。

（3）静触头与支架取出时不得倾斜，不可碰擦喷口、压气缸，以防损坏灭弧喷口。

（4）解体后的零部件，应先将其表面的SF_6气体分解生成的物质（白色粉末）用真空吸尘器吸尽，并用卫生纸清洗擦拭干净，再用清洗剂清洗。工作人员必须穿防护服，戴橡胶手套。

（5）重点检查的部件有：

1）动、静触头的触指不应变形，弹簧不变形、断裂（弹簧一般应进行更换），触指的镀银层不应脱落，触指磨损不应严重，否则应更换。

2）灭弧室的导电杆应光洁、平直，表面镀银层磨损不应超过 70%，否则应更换。

3）灭弧室的滑动触头应不变形、无严重磨损，弹簧一般应更换，与压气缸的接触面应光洁，无明显凹痕。

4）喷嘴是灭弧的关键，如果出现严重烧损、开裂、孔径变大或不圆等情况，应予更换。轻微烧损可用 800 号水砂纸修磨光洁。

5）活塞组件应符合下列要求：止回阀阀片应平整，弹簧不变形、开启、关闭动作灵活。活塞与压气缸不变形、不开裂、内外表面光洁，活塞环（密封圈、聚四氟乙烯环），解体后应更换。内外活塞环及导管组件与压气缸内壁配合应严密，配合后摩擦系数不宜过大，手推拉活塞杆应能拉动。动、静弧触头烧损大于 3mm，外径严重烧损应更换。动、静弧触头应紧固，并应有防松顶丝，顶丝上应滴少许黏接剂防松。导向装置表面光洁、无碎裂，与操动杆连接良好，轴销及衬套磨损不应大于 0.2mm，连杆与导向装置的密封应更换，组装时在其空间应涂满专用油脂。连杆与导向装置运动应灵活、无卡滞。变开距灭弧室的喷口、主动触头、弧触头、压气缸与操作连杆的组合装配时，应连接紧密、牢固，相互间应垂直，长度应符合要求。

6）仔细检查灭弧室瓷套，应无碎裂损坏，法兰与瓷套浇合处良好，两端的瓷平面应平整、光洁。内壁可用丙酮或无水酒精清洗干净。

7）静触头座法兰和活塞体法兰应清洗干净，油脂、油漆、密封脂均应除去，法兰面与密封槽无划伤痕迹，应不留有尘埃、纤维等。

2. 灭弧室组装

（1）组装要求。

1）组装时按厂家提供的灭弧室装配图进行，并应使用厂家提供的专用工具。

2）动触头组合与压气活塞组合组装时，各活动部件应涂一层薄的专用油脂。

3）所有零部件或组装的组合件，均应进行烘干处理，方可进行总装配。

4）组装时，所有螺栓的紧固应使用力矩扳手。紧固力矩可按表 2-3-2 进行。

表 2-3-2　　　　　　　　螺 栓 的 紧 固 力 矩 表

螺栓规格	紧固力矩（N·m）	螺栓规格	紧固力矩（N·m）
M8	20	M16	170
M10	40	M20	340
M12	70	M24	600

（2）组装工艺质量标准。

1）组装时，应注意检查测量压气缸相对应的导电杆或活塞桶体与法兰的倾斜度，测量压气缸与导电杆或活塞桶体间的环形间隙，最大和最小尺寸差不得超过 1mm，即倾斜度不大于 0.5mm，否则应检查连接件连接的正确性，接触面的清洁度，也可转动压气缸或更换不合格的零部件，直至倾斜度满足要求。并测量动触头与压气缸、活塞桶体和下法兰座的总装长度，应符合要求。

2）组装中，应保证内部清洁，特别是灭弧室内不应有杂物，否则易发生断口击穿。

3）静触座及静触座头组装时，应保证与上法兰的垂直度，具体要求与灭弧单元组装要求相同，静触头单位的总装长度应满足要求。

4）灭弧单元与静触头单元在瓷套上装配时，应测量动、静触头的对中性能，允许中心偏移 1mm，若无测量专用工具，可将动触头放在合闸位置，将静触头插入动触头上，然后紧固静触头法兰螺栓，保证严格对中。

5）动、静触头接触面应涂薄层接触润滑的专用油脂。

6）测量灭弧室内断口的断开距离应满足尺寸要求。

3. 断路器充气

充气前应先检查所有密封法兰面的螺栓有否松动，瓷件有无破损，三相气体连通管及 SF_6 密度控制器安装是否完好。充气步骤为：

（1）将 SF_6 气瓶横倒放置，接上减压阀，并将充气管与减压阀连接好。

（2）先打开气瓶阀门，再开启减压阀，使低压侧压力为 0.02～0.04MPa，然后用一直径 8mm 的紫铜棒将充气管阀芯顶开，放气 5～10s，冲洗管道。

（3）对断路器在充气时，减压阀低压侧与断路器的压差不大于 0.05MPa。当断路器内气体压力接近额定压力时，充气应缓慢地进行，以避免断路器压力过高。

（4）当断路器内气体充到额定压力时，即关闭减压阀，先将充气管从断路器接口上卸下，并随即用堵头拧到接口上，将接头与充气管连接处旋开。关闭气瓶阀门，卸下减压阀，将减压阀和接头放到干燥的地方存放，以备下次再用。

（5）断路器在充气至额定压力后，应对所有密封面进行定性检漏。

（6）断路器内 SF_6 气体含水量的检测。水分检测应在断路器充气 12h 后进行，用微量水分检测仪进行水分测量，其数值不应超过 150μL/L（V/V）。

（三）操动机构的检修

CT 操动机构在检修时应将合闸弹簧所储能量释放，释放合闸弹簧能量的办法可以使断路器进行一次"合-分"闸操作（操作时应将电动机电源切断，以防再次储能）。

1. 弹簧操动机构的解体

（1）拆下操动机构的外罩。

（2）拆下输出轴拐臂与传动连杆的轴销，使操动机构与断路器脱离。

（3）拆下端子排、辅助开关、行程开关。

（4）拆下左右侧板外面的合闸弹簧及拐臂。

（5）拆下输出轴涨圈，扇形板与凸轮连杆机构的连板间的轴销。

（6）拆下左侧半轴的固定螺母、储能轴左侧的固定螺母、定位件轴左侧固定螺母及驱动块轴左侧固定螺母。

（7）拆下左侧板与机构连接的螺栓。

（8）拆下合闸电磁铁、过电流脱扣电磁铁及分闸电磁铁。

（9）拆下左侧板。

（10）打开各有关的调节连杆。

（11）抽出储能轴、输出轴、驱动块轴、半轴、定位件轴、扇形板轴等，取下储能机构、凸轮连杆机构、合闸操动机构、脱扣分闸机构、扇形板等。

2. 弹簧操动机构的清洗、检查

（1）用汽油清洗各零件及轴承、滚轮等。

（2）检查拆下的各轴销、操动块、偏心轮、棘轮、棘爪、连板、滚轮、齿轮、拐臂、弹簧、扭簧等有无弯曲、变形、锈蚀、严重磨损、焊缝应无开焊，轴销与轴孔配合间隙不应大于 0.3mm，棘轮无打牙掉齿等。

（3）检查各轴承及滚针转动应灵活、滚针应无磨偏及破损，然后涂上润滑油。

（4）检查端子排接线紧固情况，行程开关动作情况及辅助开关切换情况，然后用毛刷清扫。接线端子排应紧固，行程开关动作可靠，辅助开关切换应准确无卡涩现象。

（5）合闸机构铆接部位应牢固、灵活。

3. 弹簧操动机构的装复

（1）将各轴销、轴孔等转动部分涂上润滑油后，按分解相反顺序装复。

（2）检查装复后各零件的紧固情况及动作情况：

1）各轴销窜动量不应大于 1mm。

2）各部螺栓应紧固，开口销、垫圈应齐全，开口销应开口。

3）操动机构可动部分动作应灵活。

4）各锁扣扣接及脱离应灵活可靠。

4. 储能电动机的检修

（1）从右侧板上卸下电动机，打开左端盖及变速箱底盖，清洗轴承及传递齿轮。

（2）对轴承传递齿轮及偏心轮进行检查。轴承应无磨损，传递齿轮、偏心轮应无损坏，无问题后，重新涂上润滑油。

（3）电动机检查。电动机一般不进行解体检修，对有故障问题的电动机可进行整体更换。

1）检查电动机转子转动灵活，无摩擦现象。

2）检查电动机碳刷及整流子磨损情况。碳刷与整流子的接触应良好，如磨损较短时可进行更换碳刷，更换碳刷时新旧牌号必须一致。

3）用1000V绝缘电阻表测量，其绝缘电阻应在0.5MΩ以上。

5. 电磁铁检查

（1）电磁铁铁芯上下运动在各方位均应灵活、无卡涩现象。

（2）检查线圈及引线绝缘情况，并测量其直流电阻应符合标准。

（3）检查顶杆与铁芯结合是否牢固，顶杆有无弯曲、变形等现象。

（4）检查铜套应无变形，过电流脱扣器及分闸电磁铁的铁芯应在一条轴线上。

（四）操动机构的调整

操动机构在装配完成后要进行一次调整，其主要调整项目有：

（1）在操动机构处于分闸位置时，调整限位螺钉，来达到调整扇形板复位后与半轴之间的间隙 δ_1，δ_1 在 1.5~3.0mm，如图2-3-3所示。

（2）通过调节螺钉，来调整合闸位置时半轴和扇形板之间的扣接量在 1.8~2.5mm 之间，如图2-3-4（b）所示。

（3）操动机构可靠脱扣，对半轴与扇形板之间的间隙由脱扣联动杠杆调节来实现，如图2-3-4（c）所示。

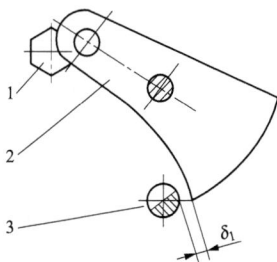

图2-3-3　扇形板限位调整
1—限位螺钉；2—扇形板；3—半轴

（4）操动机构处于分闸位置时，通过调整手分按钮拉杆来调整手分按钮拉杆与脱扣板之间的相对关系，如图2-3-4（d）所示。

（5）合闸连锁板位置的调整，如图2-3-2所示。合闸连锁板位置的调整通过调节与其相连的拉杆长度来实现，要求在机构输出轴处于分闸的极限位置时，连锁板还应能向下推动1~2mm。

（6）储能维持定位件与滚轮之间扣接量的调整，如图2-3-2所示。此扣接量通过调节定位件与脱扣板之间的拉杆长度来实现，一般应使滚轮中心线向定位件圆弧面的中间靠一些。

（7）辅助开关的调整。辅助开关与输出轴之间的动作关系由调节它们之间的拉杆长度和连接在输出轴上的调节螺钉来实现。

（8）"分""合"指示牌的调整。"分""合"指示牌的位置调整通过调节连接它和输出轴之间的拉杆来实现。

（9）行程开关的调整。行程开关位置的调整通过行程开关本身及其安装板、安装孔来实现，调整中应保证当挂簧拐臂转到储能位置时，能使行程开关触头动作，同时还应保证行程开关留有一定的超行程约 2mm，以免顶坏行程开关。

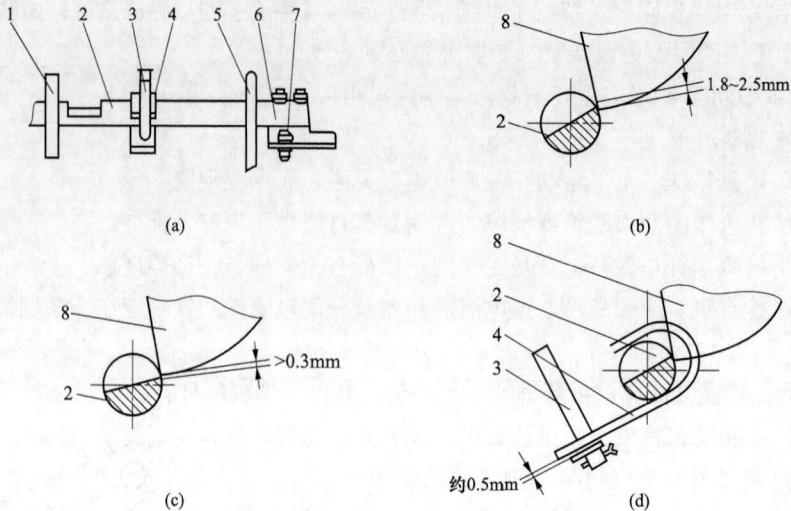

图 2-3-4 半轴与四连板结构

（a）半轴与脱扣板的相互位置图；（b）扇形板与半轴扣接量调整；

（c）扇形板与半轴间的间隙；（d）手分按钮拉杆与脱扣板的间隙

1—左侧板；2—半轴；3—拉杆；4—脱扣板；5—右侧板；6—脱扣器；7—调节螺钉；8—扇形板

（五）验收检查

检修工作完成后应进行下列检查：

（1）断路器及操动机构固定是否牢靠，电气连接接触良好，外表清洁完整。

（2）断路器及其操动机构的联动应正常，无卡阻现象，动作性能符合规定，分、合闸指示正确。

（3）辅助开关动作正确可靠，电气回路传动正确。

（4）密度继电器的报警、闭锁定值应符合规定，SF_6 气体压力和含水量应符合规定。

（5）油漆应完整，相色应标志正确，接地良好。

（6）操作试验。30%额定分闸电压连续通电 3 次，不应分闸；80%和 110%的额定合闸电压及 65%和 110%的额定分闸电压"合""分"各 2 次，能可靠合、分闸。

注意：断路器在真空状态下不允许进行"合""分"操作，以免损坏灭弧室零部件，影响断路器的正常运行。断路器只能在额定压力允许范围内进行"合""分"操作试验。

测试。LW8 型断路器测试项目及质量标准见表 2-3-3。

表 2-3-3　　　　　　　　　　LW8 型断路器测试项目及质量标准

序号	项目	单位	标准
1	合闸时间（额定操作电压下）	s	≤0.1
2	分闸时间（额定操作电压下）		≤0.06
3	SF$_6$气体额定气压（20℃时表压）	MPa	0.50
4	报警压力/最低功能压力（20℃时表压）		0.47/0.45
5	SF$_6$气体水分含量	V/V	≤150μL/L
6	合闸线圈最低动作电压	V	30%～65%U_N
7	分线圈最低动作电压		30%～65%U_N
8	动触头行程	mm	95±2
9	触头开距		60±1.5
10	相间合闸同期性	ms	≤3
11	相间分闸同期性		≤2
12	主回路电阻	μΩ	≤120（爬距 2.5cm/kV） ≤130（爬距 3.1cm/kV）
13	合闸速度	m/s	3.2±0.2
14	分闸速度		3.4±0.2
15	合闸缓冲行程	mm	$10^{+0.5}_{-0.1}$
16	合闸缓冲的定位间隙		1～2
17	合闸连锁板位置		应能向下推动 2～3
18	分闸缓冲器行程		11～14

七、收尾工作

（1）检修工作结束，应处理引线接触面，涂上适量导电膏，然后恢复引线，并确保接触良好。

（2）对支架、基座、连杆等铁质部件进行除锈防腐处理，对导电部分的适当部分涂以相应的相序标志（黄绿红）。

（3）拆除检修架，整理清扫工作现场，检查接地线。

（4）填写检修报告及有关记录，召开班会总结，整理技术文件资料，并存档保管。

（5）接受现场验收，办理工作票终结手续，检修人员全部撤离工作现场。

【思考与练习】

1. LW8 型断路器主要由哪些部分组成？
2. SF_6 断路器检修作业前的检查和试验内容是什么？
3. 在 LW8-35 型断路器检修作业中，如何对操动机构进行检修？
4. 在 LW8-35 型断路器检修作业中，机构在装配完成后如何进行调整？

◢ 模块 4　LW16（36）-40.5 型 SF_6 断路器的检修、维护以及调试（Z15E2004Ⅱ）

【模块描述】 本模块包含 LW16（36）-40.5 型 SF_6 断路器检修工艺内容，通过设备结构分析和修前准备、危险点预控、作业步骤、工艺要求及质量标准等操作技能训练，掌握 SF_6 断路器大修操作的技能。

【模块内容】

本模块以 LW16（36）-40.5 型 SF_6 断路器为例介绍 35kVSF_6 断路器的检修工艺流程。

一、概述

1. 型号

型号说明：

```
L  W  16 — 40.5 / 1600 — 25
```

- 额定开断电流
- 额定电流
- 额定电压
- 设计序号
- 户外
- 六氟化硫断路器

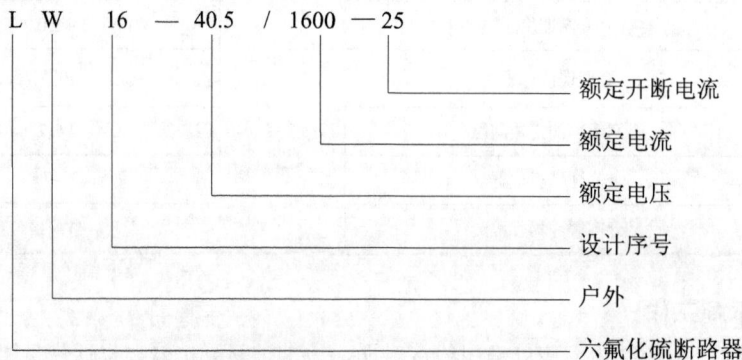

2. LW16（36）型断路器的结构

LW16（36）-40.5 型 SF_6 断路器的整体结构如图 2-4-1 所示，三个极柱安装在共同的底架上。控制柜居中吊装在底架下面，柜内装有弹簧操动机构和控制单元，机构的输出杆与中相的拐臂相连。并通过连杆与 A、C 相断路器的拐臂箱连接进行分、合闸操作。三相 SF_6 气体连通，并采用 SF_6 气体密度继电器对断路器内的 SF_6 气体密度进行监控。

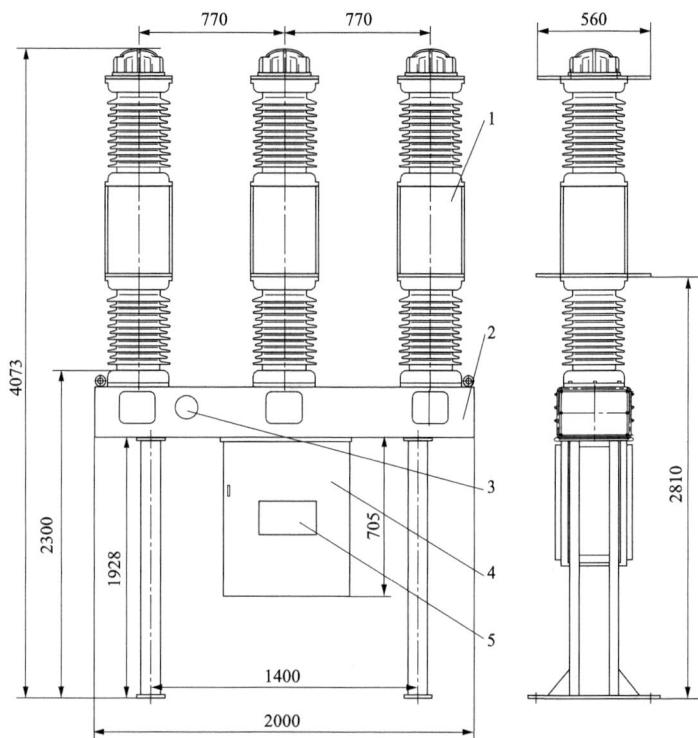

图 2-4-1　LW16（36）-40.5 型 SF₆ 断路器整体结构图（正面）

1—极柱；2—底架；3—密度继电器；4—弹簧操动机构及控制柜；5—铭牌

3. 断路器灭弧原理

LW16（36）-40.5 型 SF₆ 断路器的灭弧室在大电流阶段采用自能式灭弧原理，如图 2-4-2 所示。当断路器接到分闸命令后，以活塞、动弧触头、拉杆等组成的刚性运动部件在分闸弹簧的作用下向下运动。在运动过程中，静主触指先与动主触头（即活塞）分离，电流转移至仍闭合的两个弧触头上，随后弧触头分离形成电弧。

在开断短路电流时，由于开断电流较大，故弧触头间的电弧能量大，弧区热气流流入热膨胀室，在热膨胀室进行热交换，形成低温高压气体；此时，由于热膨胀室压力大于压气室压力，故单向阀关闭。当电流过零时，热膨胀室的高压气体吹向断口间使电弧熄灭。同时在分闸过程中，压气室的压力开始被压缩，但到达一定的气压值时，底部的弹性释压阀打开，一边压气，一边放气，使机构不需要克服更多的压气反力，从而大大降低了操作功，如图 2-4-2（b）所示。

在开断小电流时（通常在几千安），由于电弧能量小，热膨胀室内产生压力小。此时压气室内的压力高于膨胀室内压力，单向阀打开，被压缩的气体向断口吹去。在电流过零时，这些具有一定压力的气体吹向断口使电弧熄灭，如图 2-4-2（c）所示。

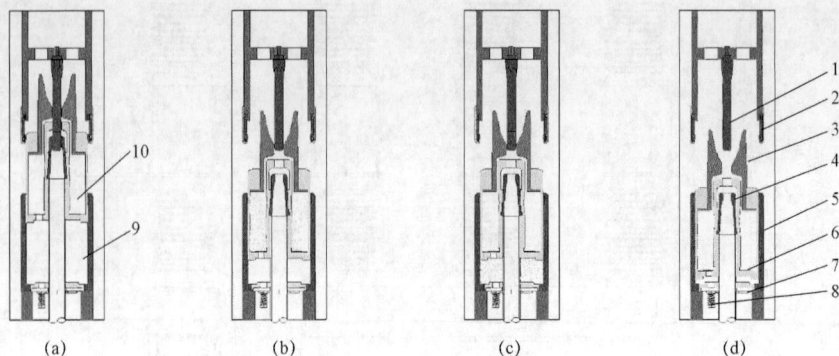

图 2-4-2　灭弧原理

（a）合闸位置；（b）开断大电流；（c）开断小电流；（d）分闸位置

1—静弧触头；2—静主触头；3—喷口；4—动弧触头；5—活塞；6—单向阀；

7—释压阀；8—减压弹簧；9—压气室；10—热膨胀室

LW16（36）型断路器配用 SRCT36A 的弹簧操动机构。机构的合同弹簧的储能方式有电动机储能和手动储能，储能电动机采用 HDZ 型交直流两用单相串激电动机。

二、作业内容

（1）LW16（36）断路器灭弧室解体；

（2）LW16（36）断路器灭弧室组装；

（3）LW16（36）断路器内充入 SF_6 气体；

（4）断路器操动机构调整与试验；

（5）LW16（36）-40.5 型 SF_6 断路器故障分析、处理。

三、作业中危险点分析及控制措施

作业中危险点分析及控制措施见表 2-4-1。

表 2-4-1　　　　　　　　　作业中危险点分析及控制措施

序号	危险点	控制措施
1	高处坠落及落物伤人	（1）进入作业现场必须正确佩戴安全帽，高处作业技规定系好安全带； （2）使用的梯子是否完整坚固、安装牢固，使用梯子有人扶持； （3）传递工具、材料要使用传递绳，不准抛掷
2	防止误登感应电伤害	（1）工作前向作业人员交代清楚临近带电设备，并加强监护，不允许单人作业； （2）装设全密封遮栏，不许越遮栏；不许攀登运行设备构架

续表

序号	危险点	控制措施
3	防止触电伤害	（1）工作前检查工作点是否在接地有效保护范围内； （2）搬动梯子等大物体时，需由两人放倒搬运，并与带电部分保持足够的安全距离； （3）接取低压电源要专人监护；使用电气工具时.按规定接入漏电保护装置、接地线； （4）高压试验时，检修人员不得在试验区随意走动； （5）断开操动机构所有二次电源，需要用电时必须经运行人员同意； （6）检修电源应有触电保护器，且有明显断开点，搭接电源应两人进行
4	防止机械伤害	（1）严格执行工机具使用规定，使用前严格检查，不完整的工器具禁止使用； （2）弹簧操动机构检修前，必须插入分合闸闭锁止钉，并释放弹簧能量
5	防止 SF_6 气体泄漏伤害	（1）必须按照规定做好防护措施，接触 SF_6 气体时要注意从上风方向接近，必要时应戴上防毒面具，穿防护衣； （2）进入存放有 SF_6 气体设备的室内，应开启排风扇15min以上进行通风； （3）用检漏仪检测 SF_6 气体不泄漏； （4）每次工作结束都应及时清洗双手及所有外露部位

四、检修作业前的准备

1. 检修前的资料准备

（1）检修前应认真查阅设备安装记录、和红外测温结果。对所查阅资料进行详细、体的检修方案的制定打好基础。

（2）准备好设备使用说明书。

2. 检修方案的确定

（1）编制作业指导书。

检修记录、设备运行记录、故障情况记录、缺陷情况记录全面的调查分析，以判定断路器的综合状况，为现场具记录本、表格、检修报告等。

（2）拟订检修方案，确定检修项目，编排工期进度。

3. 备品备件、工器具、材料准备

在开工前必须预先准备检修工器具、材料、备品备件、试验仪器和仪表等，并运至检修现场。仪器仪表、工器具应试验合格并满足本次施工的要求，材料应齐全。

4. 检修环境（场地）的准备

（1）环境要求：温度在5℃以上，相对湿度小于80%，现场检修应考虑采用搭建塑料棚的形式进行防尘保护。

（2）在检修现场四周设一留有通道口的封闭式遮栏，并在周围背向带电设备的遮栏上挂适当数量的"止步，高压危险"标示牌，在通道入口处挂"从此进出"标示牌。

（3）在作业现场指定位置摆放好检修工具、量具、材料、备品备件和测试仪器及垃圾箱。

5. 废旧物处理措施准备

准备好废旧 SF_6 气体回收用专用器具。

五、检修作业前的检查和试验

（1）对断路器本体作外部检查，内容包括瓷套有无裂纹、基础螺栓和接地螺栓是否松动、各个密封部位有无漏气现象，SF_6 气体密度继电器或密度表指示是否正常，SF_6 气体压力值，并做好记录。

（2）检查操动机构各部件有无损坏变形，可调部位是否产生移动，并进行电动（或手动）分合操作，观察其动作有无异常情况。

（3）根据需要可进行的试验：

（4）测量导电回路的电阻。

（5）电气绝缘试验（包括绝缘电阻）。

（6）按具体情况测录部分机械特性数据。

（7）断路器在进行检查和试验后，应切除操动机构的分、合闸电源。切除储能电动机的电源避免损坏，使断路器处于分闸状态，并且应在弹簧能量均已释放后，才能进行检修。

六、LW16—40.5 型断路器检修作业步骤及质量标准

（一）灭弧室解体

（1）起吊装置将灭弧室从传动箱或支持瓷套上拆下，并垂直固定于检修支架上，用厂家提供的专用工具进行分解。

（2）解体灭弧室时，应将上、下接线座（法兰）与瓷套的连接做标记，以便组装时能正确复原。

（3）静触头与支架取出时不得倾斜，不可碰擦喷口、压气缸，以防损坏灭弧喷口。

（4）解体后的零部件，应先将其表面的 SF_6 气体分解生成的物质（白色粉末）用真空吸尘器吸尽，并用卫生纸清理擦拭干净，再用清洗剂清洗。

（5）重点检查的部件有：

1）动、静触头的触指不应变形，弹簧不变形、断裂（弹簧一般应进行更换），触指的镀银层不应脱落，触指磨损不应严重，否则应更换。

2）灭弧室的导电杆应光洁、平直，表面镀银层磨损不应超过 70%，否则应更换。

3）弧室的滑动触头应不变形、无严重磨损，弹簧一般应更换，与压气缸的接触面应光洁，无明显凹痕。

4）喷嘴是灭弧的关键，如果出现严重烧损、开裂、孔径变大或不圆等情况，应予更换。轻微烧损可用 800 号水砂纸修磨光洁。

5）活塞组件应符合下列要求：逆止阀片应平整，弹簧不变形、开启、关闭动作灵

活。活塞与压气缸不变形、不开裂、内外表面光洁，活塞环（密封圈、聚四氟乙烯环），解体后应更换。内外活塞环及导管组件与压气缸内壁配合应严密，配合后摩擦系数不宜过大，手推拉活塞杆应能拉动。动、静弧触头烧损大于 3mm，外径严重烧损应更换。动、静弧触头应紧固，并应有防松顶丝，顶丝上应滴少许黏接剂防松。导向装置表面光洁、无碎裂，与操动杆连接良好，轴销及衬套磨损应不大于 0.2mm，连杆与导向装置的密封应更换，组装时在其空间应涂满专用油脂或 7501 真空硅脂。连杆与导向装置运动应灵活、无卡滞。变开距灭弧室的喷口、主动触头、弧触头、压气缸与操作连杆的组合装配时，应连接紧密、牢固，相互间应垂直，长度应符合要求。仔细检查灭弧室瓷套，应无碎裂损坏，法兰与瓷套浇合处良好，两端的瓷平面应平整、光洁。内壁可用清洗剂清洗干净。

6）静触头座法兰和活塞体法兰应清洗干净，油脂、油漆、密封脂均应除去，法兰面与密封槽无划伤痕迹，应不留有尘埃、纤维等。

（二）灭弧室组装

（1）组装时按厂家提供的灭弧室装配图进行，并应使用厂家提供的专用工具。

（2）动触头组合与应气活塞组合组装时，各活动部件应薄涂专用油脂。

（3）所有零部件或组装的组合件，均应进行烘燥处理，方可进行总装配。

（4）组装时，所有螺栓的坚固应使用力矩扳手，可按下列要求进行紧固：M8，20N·m；M10，40N·m；M12，70N·m；M16，170N·m；M20，340N·m；M24，600N·m。

（5）灭弧室单元组装时，应注意检查测量压气缸相对应的导电杆或活塞筒体与法兰的倾斜度，测量压气缸与导电杆或活塞筒体间的环形间隙，最大和最小尺寸差不得超过 1mm，即倾斜度不大于 0.5mm，否则应检查连接件连接的正确性，接触面的清洁度，也可转动压气缸或更换不合格的零部件，直至倾斜度满足要求。并测量动触头与压气缸、活塞桶体和下法兰座的总装长度，应符合要求。

（6）静触座及静触座头组装时，应保证与上法兰的垂直度，具体要求与灭弧单元组装要求相同，静触头单位的总装长度应满足要求。

（7）灭弧单元与静触头单元在瓷套上装配时，应测量动、静触头的对中性能，允许中心偏移 1mm 若无测量专用工具，可将动触头放在合闸位置，将静触头插入动触头上，然后紧固静触头法兰螺栓，保证严格对中。

（8）动、静触头接触面应薄涂接触润滑的专用油脂。

（9）测量灭弧室内断口的各项尺寸，包括开断距离、行程、接触行程应满足要求。

（10）组装中应保证内部清洁，特别是灭弧室内不应有杂物，否则易发生断口击穿。

（三）断路器内充入 SF_6 气体

首先拆下底架内充气接头的保护螺母，连接充气装置。气瓶内的 SF_6 气体通过减压阀、充气管和底架内的三通接头向三极柱充气，如图 2-4-3 所示。充气前，应先用 0.40～0.50MPa 的 SF_6 气体冲洗减压阀和充气管 5～10s，以排除管路内可能的空气和水分。充气过程中，减压阀应控制在 0.60MPa 以下，注意观察减压阀表数值和压力表数值，直至充气压力稳定达到 0.50MPa。充气完成后，将充气装置拧下，并妥善保存。

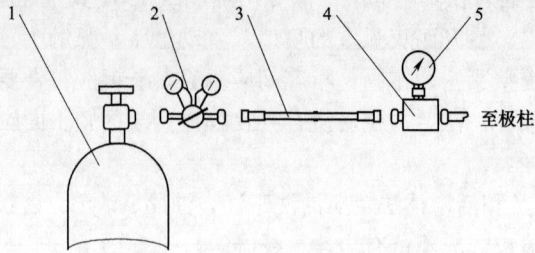

图 2-4-3　SF_6 充气装置的连接
1—SF_6 气瓶；2—减压阀；3—充气管；4—三通接头；5—指针式密度继电器

充气时应注意：

（1）指针式密度继电器表显示的数值为 20℃时的表压力值。

（2）充气过程中，充气管凝霜为正常现象，可调整减压阀门适当降低流速。

（3）充气压力最多可至 0.52MPa（20℃）。

（四）断路器操动机构调整与试验

（1）断路器的分、合闸时间和速度可用开关特性测试仪测试。

（2）断路器分、合闸速度的调整，通过分、合闸弹簧的预拉伸长度来实现。

（3）每极导电回路电阻的测量：在主回路通以 100A 直流电流，用电压降法测量，或用双臂电桥测量。

（4）驱动机构半轴位置的调整，半轴位置正确与否直接关系到机构动作的可靠性与安全性。

（5）操动机构合闸位置时半轴与扇形板之间的扣接量调整，是通过调节螺钉来实现的，按产品图纸规定应调在 1.8～2.5mm 的范围内。当操动机构处于分闸位置，扇形板复位后与半轴之间的间隙为 1.5～3.0mm，靠调整限位螺钉来实现。

（6）操动机构可靠脱扣时对半轴与扇形板之间的间隙应大于 0.3mm，可由脱扣联动杠杆调节来实现。

（7）手动按钮拉杆与脱扣板之间在操动机构处于合闸位置时的相对关系，是通过调整手动按钮拉杆来实现的。

（8）合闸联锁板位置的调整是通过调节与其相连的拉杆长度来实现的，要求在操动机构输出轴处于分闸的极限位置时，联锁板还应能向下推动 1～2mm。

（9）储能维持定位件与滚轮之间扣接量的调整，此扣接量通过调节定位件与脱扣板之间的拉杆长度来实现，一般应使滚轮中心线向定位件圆弧面的中间靠一些。

（10）辅助开关的调整。辅助开关与输出轴之间的动作关系由调节它们之间的拉杆长度和连接在输出轴上的一个调节螺钉来实现。

（11）"分""合"指示牌的调整。"分""合"指示牌的位置调整通过调节连接和输出轴之间的拉杆来实现。

（12）行程开关位置的调整，通过行程开关本身及安装板、安装孔来实现，调整中应保证当挂簧拐臂转到储能位置时，能使行程开关接点动作，同时还应保证行程开关留有一定的超行程约 2mm，以免顶坏行程开关。

（五）断路器故障分析、处理

1. SF_6 气体含水量过高

（1）原因：产品质量不良；产品结构设计不合理；零部件吸附的水分向 SF_6 气体扩散；对新气检验不严；密封不严，引起水分渗漏。

（2）处理方法：见第三章模块 3 SF_6 断路器气体微水含量超标的处理。

2. SF_6 气体泄漏

（1）原因：产品质量不良，存在 SF_6 气体泄漏的微小孔隙；密封不严，密封面加工方式不合适、尘埃落入密封面、密封圈老化、密封面紧固螺栓松动均可能导致密封不严；焊缝渗漏；压力表渗漏；瓷套管破损。

（2）处理办法：当压力表或密度继电器发信反映断路器内 SF_6 气体有明显泄漏时，首先应查明泄漏点。一般情况下，泄漏多发生在充气管路接头处。因此，首先应在机构箱和控制箱内进行检漏。如确认管接头渗漏时，断路器不需退出运行，可先补充 SF_6 气体至额定压力。然后关闭拐臂箱侧 SF_6 阀门，再将管路内 SF_6 气体放至大气，并处理漏气部位。最后进行抽真空检漏。抽真空至 133Pa 以上并保持若干小时，确认无变化时再打开全部 SF_6 阀门进行充气。如系充气管道裂缝，则需要更换新管。

如果确认断路器本体（包括灭弧室、支柱瓷套和拐臂箱）发生明显漏气，则应退出运行，并进行检漏。属于密封面泄漏，可先检查是否螺钉松动。如发现焊缝或瓷套法兰浇装部位等泄漏，则必须进行大修。

3. 弹簧操动机构的故障

弹簧操动机构的故障出现频率较高，占到断路器故障的 60% 以上，包括断路器拒合、拒分等现象，表 2-4-2 所示为 LW16（36）-40.5 型 SF_6 断路器操动机构常见的故障现象、原因分析和处理方法。

表 2-4-2　　　　　　　　LW16（36）型断路器配用 SRCT36A 弹簧
操动机构常见故障及处理方法

故障现象	可能原因	处理方法
合闸电磁铁未动，合不上闸	（1）操作回路故障	寻找原因并消除之
	（2）合闸接点接触不良	重调辅助接点的连杆长度
	（3）合闸线圈断线或合闸线圈层间短路	修复或更换线圈
电磁铁动作锁扣未释放而合不上闸	（1）操作电压过低或合闸次数过多线圈发热	消除电压过低原因或冷却后再操作
	（2）合闸电磁铁卡涩或机构变形	消除卡涩，保证工艺，消除变形
	（3）合闸电磁铁行程、冲程调节不当	按要求重新调整
分闸后不能保持又自行分合	（1）分闸跳扣的钩合面与轴在未受力时的间隙大于 0.2～0.5mm，受力后滑脱	调整以减小间隙距离
	（2）扇形板复位后与半轴之间的间隙不对	按工艺进行休整
电磁铁未动作而分不开闸	（1）操作回路中接点接触不良、断线或熔断器熔断	寻找原因，予以消除
	（2）分闸铁芯卡住	检查原因予以消除
电磁铁动作跳扣未释放而分不开闸	（1）分闸电磁铁有卡涩	消除卡涩
	（2）分闸电磁铁的行程、冲程调节不当或分闸电压过低	重新调节并兼顾各方面要求
	（3）半轴与扇形板间的扣接量不对	按工艺要求修整
断路器自行合闸	（1）保护误动	检查原因并消除之
	（2）外界振动	检查半轴与扇形板间的扣接量
合闸弹簧拉不到位置或空合上去	（1）电动机操作回路中的切换开关不良	检查修理好切换开关
	（2）弹簧的扣住构件卡入深	适当调整弹簧的扣住构件
电动机不起动	电源或电机本身故障	检查并消除之

七、验收检查

检修工作完成后应进行下列检查：

（1）断路器及操动机构固定是否牢靠，电气连接接触良好，外表清洁完整。

（2）断路器及操动机构的联动应正常，无卡阻现象，动作性能符合规定。分、合闸指示正确。

（3）辅助开关动作正确可靠，电气回路传动正确。

（4）密度继电器的报警、闭锁定值应符合规定，SF_6 气体压力和含水量应符合规定。

（5）油漆应完整，相色应标志正确，接地良好。

（6）操作试验。30%额定分闸电压连续通电 3 次，不应分闸。80%和110%的额定合闸电压及 65% 和 110% 的额定分闸电压"合""分"各 2 次，能可靠合、分闸。

注意：断路器在真空状态下不允许进行"合""分"操作，以免损坏灭弧室零部件，影响断路器的正常运行。断路器只能在额定压力允许范围内进行"合""分"操作试验。

（7）测试。LW16 型断路器测试项目及质量标准见表 2-4-3。

表 2-4-3　　　　　LW16（36）型断路器测试项目及质量标准

序号	项目	单位	标准
1	额定 SF$_6$ 气体压力（20℃ 表压）	MPa	0.5
2	报警/最低功能压力（20℃ 表压）		0.47/0.45±0.015
3	SF$_6$ 气体微量水分含量	V/V	≤150×10^{-6}
4	最小空气绝缘距离	mm	440
5	主回路电阻	μΩ	普通≤40 附 TA≤60
6	三相分闸同期性	ms	≤2
7	三相合闸同期性	ms	≤3
8	分闸速度	m/s	2.7±0.2
9	合闸速度		2.3±0.2
10	合闸时间（额定电压下）	ms	70±8
11	分闸时间（额定电压下）	ms	40^{+10}_{-5}

【思考与练习】

1. 自能式灭弧原理是什么？

2. 发现 SF$_6$ 气体明显泄漏时，应如何处理？

3. 为防止 SF$_6$ 气体泄漏伤害，应注意哪些？

4. LW16（36）-40.5 型 SF$_6$ 断路器的灭弧室分解应检查哪些内容？

5. 断路器如何正确充入 SF$_6$ 气体？

模块 5　35kV 真空断路器及操动机构检修（Z15E2005Ⅱ）

【模块描述】本模块包含 35kV 真空断路器及操动机构检修的作业流程及工艺要求。通过结构分析、知识要点的归纳讲解、操作技能训练，掌握真空断路器及操动机构的基本结构、修前准备、危险点预控、作业步骤、工艺要求及质量标准等操作技能。

【模块内容】

本模块以户内ZN23A–40.5型真空断路器为例介绍35kV真空断路器的检修工艺流程。

一、概述

（一）ZN23A–40.5真空断路器的基本结构

ZN23A–40.5断路器一般配合KYN–40.5开关柜使用，主要由真空灭弧室、机架及支撑部分组成。3AF机构、六只绝缘子固定在机架上，三只灭弧室通过铸铝的上、下出线端固定在绝缘子上。下出线端上装有软联接，软联接与真空灭弧室动导电杆上的导电夹相连。在动导电杆的底部装有导杆，该杆通过一轴销与拐臂相连，开关主轴通过三根绝缘拉杆把力传递给动导电杆使开关合、分闸如图2–5–1所示。

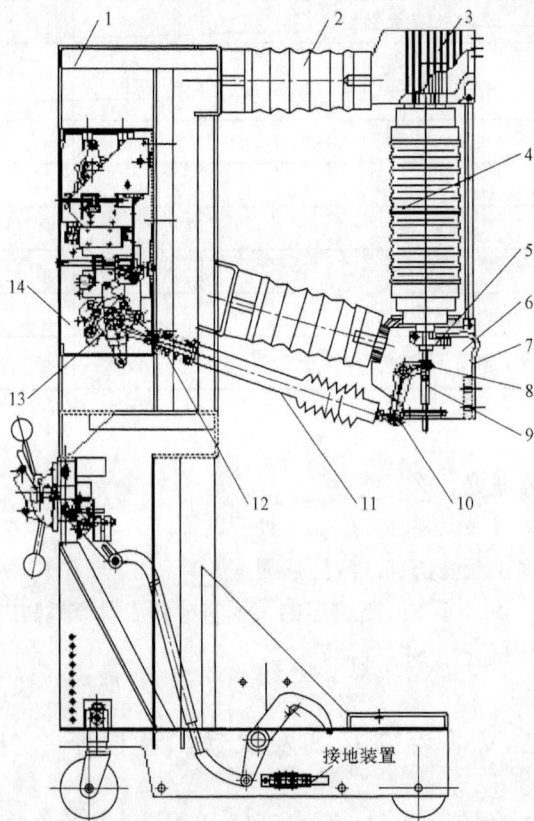

图2–5–1 ZN23A–40.5真空断路器

1—机架；2—绝缘子；3—上出线端；4—真空灭弧室；5—导电夹；6—下出线端；7—软连接；

8—轴销；9—导杆；10—拐臂；11—绝缘拉杆；12—触头弹簧；13—主轴；14—3AF机构

（二）真空灭弧室

断路器的灭弧室是由一个金属圆筒屏蔽罩和两只瓷管封在一起作为外壳如图 2-5-2 所示，上、下两只瓷管分别封在上、下法兰盘上，动、静触头分别焊在动静导电杆上。静导电杆焊在上法兰盘上，动导电杆上焊一波纹管。波纹管的另一端焊在下法兰盘上，由此而形成一个密封的腔体。该腔体经过抽真空，使灭弧室真空度在 10^{-6}Pa以上。当合、分闸操作时，动导电杆上、下运动，波纹管被压缩或拉伸，使真空灭弧室内的真空度得到保持。

（三）操动机构

操动机构主要由储能机构、锁定机构、分闸弹簧、开关主轴、缓冲器及控制装置组成，如图 2-5-3 所示。

储能机构主体是一个外壳为铸铝的减速箱。减速箱内是两套蜗轮蜗杆传动，储能轴横穿减速箱中，与蜗轮蜗杆无机械联系。储能轴上套一轴套，此轴套用键连在大蜗轮上。轴套上有一轴销，上面装一棘爪；在储能轴的右端

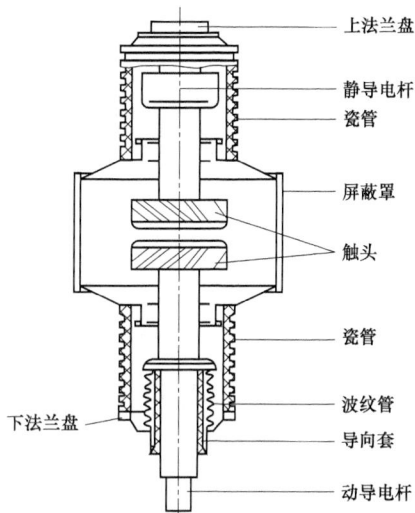

图 2-5-2　ZN23A-40.5 真空断路器灭弧室

（图中标注：上法兰盘、静导电杆、瓷管、屏蔽罩、触头、瓷管、波纹管、导向套、动导电杆、下法兰盘）

有一凸轮，凸轮上有一缺口，棘爪通过此缺口来带动凸轮转动。在储能轴的左端装有一曲柄，合闸弹簧一端挂在此曲柄上减速箱的轴销上装有一个三角形的杠杆，杠杆上装有一滚针轴承，凸轮将合闸弹簧的能量传到此轴承上。三角形杠杆的另一个孔中用轴销连接一连杆，该连杆的另一端装在主轴拐臂上，形成一套四连杆机构，合闸力通过该机构传给开关主轴。

减速箱的轴销上还装有一滚针轴承，作为锁住合闸掣子用。

在开关主轴的拐臂上装有分闸弹簧，主轴上还有三对拐臂，其中两对分别作用在合闸橡皮缓冲垫和分闸油缓冲器上，另一对拐臂上装一滚针轴承作为锁住分闸掣子用。断路器的合、分闸掣子完全相同如图 2-5-3 所示。

二、作业内容

（1）真空断路器的检查。

（2）真空断路器整体调试。

（3）真空断路器灭弧室故障处理。

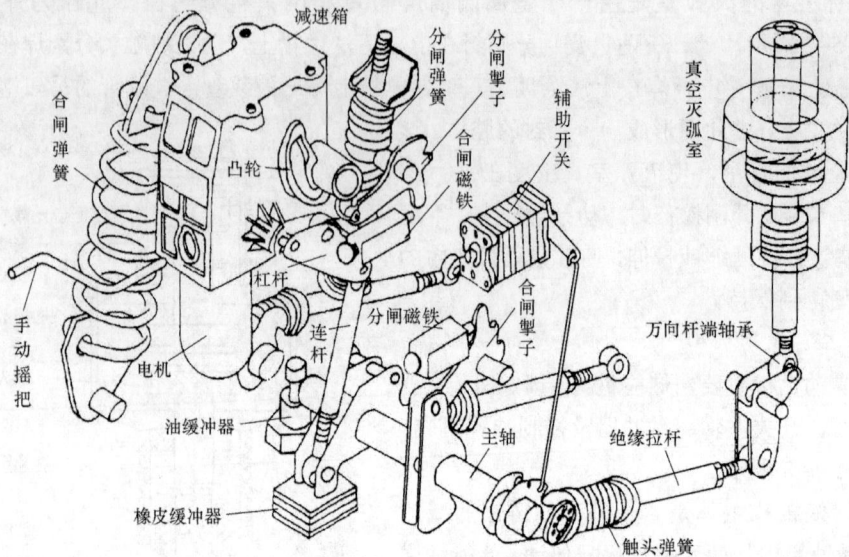

图 2-5-3　ZN23A-40.5 真空断路器操动机构原理图

三、作业前准备

（一）检修技术资料的准备

（1）检修前应认真查阅。

1）设备运行、检修记录。

2）故障、缺陷情况记录。

3）红外测温结果。

对所查阅的结果进行详细、全面的调查分析，以判定真空断路器的综合状况，为现场具体的检修方案的制订打好基础。

（2）准备好设备使用说明书、记录本、表格、检修报告等。

（3）编制标准化作业指导卡。

（4）拟定好检修方案，确定检修项目，编排工期进度。

（二）工器具、材料、备品备件、试验仪器、仪表和场地的准备

（1）准备工具、材料、备品备件、试验仪器和仪表等，并运至检修现场。仪器仪表、工器具应检验合格，满足本次施工的要求，材料应齐全，图纸及资料应符合现场实际情况，主要工器具、仪器仪表与材料见表 2-5-1、备品备件见表 2-5-2。

表 2-5-1 主要工器具、仪器仪表与材料

序号	品名规格	单位	数量
1	套筒板 9 件（10~24）	套	1
2	两用扳手 10、12、14、17、19、24	把	各 1
3	梅花板 14、17、19	把	1
4	十字、平口起子 4″、6″	把	各 1
5	平口起子 8″	把	1
6	活络扳手 6″、8″、10″	把	各 1
7	平板细锉 6″	把	1
8	钢丝钳 8″	把	1
9	尖嘴钳 6″	把	1
10	线锤	只	1
11	榔头 1.5 磅 木榔头	把	各 1
12	涨钳	把	1
13	150mm 钢皮尺	把	1
14	300mm 钢皮尺	把	1
15	塞尺	把	1
16	游标卡尺 0~100mm	把	1
17	数字万用表	只	1
18	1000V、2500V 绝缘电阻表	台	各 1
19	机械特性测试仪	台	1
20	单相线盘 20m	只	1
21	油盘 200×300	只	2
22	黄铜棒 ϕ12×200mm	根	1
23	白布	块	1
24	高丽巾	块	2
25	中性凡士林	g	100
26	导电膏	g	50
27	砂皮 0 号	张	2
28	汽油	kg	2
29	机油	kg	若干
30	二硫化钼润滑脂	g	150
31	塑料布地毯	m²	2
32	漆刷 1″、1.5″	把	各 1

表 2-5-2　　　　　　　　　　备　品　备　件

序号	品名	规格	单位	数量	备注
1	35kV 真空灭弧室		只	1	原厂规格
2	开口销	1.5×20	只	5	
3	开口销	2×20	只	5	
4	开口销	3×20	只	5	
5	开口销	4×20	只	5	
6	行程开关		只	1	原厂规格

（2）场地准备。

1）在需检修的高压开关柜间隔现场前后通道两侧装设封闭式遮栏，并在背向带电设备的遮栏上挂适当数量的"止步，高压危险"标示牌，在通道入口处挂"从此进出"标示牌。

2）在作业现场按定置图摆放检修工具、量具、材料、备品备件和测试仪器及垃圾箱。

四、作业中危险点分析及控制措施

（一）作业中危险点分析及预控措施

检修作业中危险点分析及控制措施见表 2-5-3。

表 2-5-3　　　　　　　　作业中危险点分析及控制措施

序号	危险点	安全控制措施
1	误入、误登带电间隔	（1）工作前向作业人员交代清楚临近带电设备，并加强监护； （2）检修设备与相邻运行设备必须用围栏明显隔离，并悬挂"止步，高压危险"标示牌，标示牌应面对检修设备； （3）工作人员应走指定通道，在遮栏内工作，严禁擅自移动和跨越遮栏
2	触电伤害	（1）应由两人进行，一人操作，一人监护； （2）检修电源应有漏电保护器，移动电具金属外壳均应可靠接地； （3）检修前应断开交、直流操作电源及储能电机电源，严禁带电拆、接操作回路电源接头
3	机械伤害	（1）应统一指挥，做好协调配合； （2）检修前应将机构放在分闸位置； （3）机构分解前，应断开储能电机电源，将能量全部释放； （4）保护传动必须得到现场一次负责人许可，传动时本体及机构上禁止任何工作，人员撤离； （5）弹簧操动机构操作时，不得靠近电机和弹簧； （6）慢分操作必须由熟练工或技师进行
4	汽油失火	清洗部件时应避开火源，同时清洗用的油盘、纱布也应避开火源

（二）作业中安全注意事项

（1）参加作业人员必须经过危险点及标准化作业指导书（卡）、工作票的学习并签字后方可参加工作；

（2）开工前，工作负责人应核对设备双重名称、编号与工作票所列检修内容相同，方可带领工作班成员进入现场，工作人员应戴好安全帽；

（3）工作过程中，工作班成员因故离开现场返回时，应核对一次设备名称、编号；

（4）接取临时电源时，应从现场动力箱中接取，按规定接入漏电保护器。严禁在开关动力箱中取临时电源。

五、基本规范和要求

（1）各部件在拆除前应认真查对或作好编号，并作好记录，根据需要作好技术测量的记录工作。

（2）部件分解时一般应按"先上后下，先外后内，先拔销子，后拆螺栓"的拆卸顺序进行，回装时顺序则相反。

（3）部件拆装时联接紧固力要对称均匀，力度适当。

（4）零部件存放时，小型的应分类做好标记，用布袋子或用木箱装好妥善保管，大型部件应按指定地点用垫放好，不得相互叠放。

（5）所有零件要保护其加工面，拆装时应避免直接敲击，存放时不得砸碰，精密部件的工作面不得被锈蚀并作好保护。

（6）设备分解完毕后应及时检查零部件完整情况，若有毛刺、伤痕、缺损等要进行处理修复；若不能修复的要更换或加工新的备品。

（7）检修现场应保持整洁，文明施工，部件摆放有序，并注意防火防尘。在检修现场安设置隔离带，并挂相关的标示牌。

六、检修工艺步骤及质量标准

（一）真空断路器的检查

（1）检查铭牌的参数是否正确，铭牌安装是否端正、牢固、美观、无凹凸不平现象。

（2）断路器接地应牢固可靠，并有明显接地标志。

（3）检查断路器上所有的紧固件的弹簧垫是否压平，易松动的紧固件是否已打螺纹胶，主回路紧固件用扳手复拧一下看是否已紧固，所有的卡子、销子都配齐并符合要求。

（4）表面涂层要求无划伤，不黏手，无杂色油污及杂物，无气泡透底等现象，色泽均一，附着力牢固，角落无泛锈现象，镀件要求鲜亮、光洁，并涂有防锈泊，无霉变现象。

（5）各传动部件按要求进行润滑。

（6）检查行程开关、辅助开关、分、合、贮能指示位置、计数器是否正常工作。

（7）旋转分合闸线圈，检查线圈全行程 360°范围内是否有卡涩。

（8）检查分闸限位垫片及油缓冲是否符合要求。

（9）检查真空灭弧室安装是否垂直。

（二）真空断路器的测试

（1）机械操作试验。最低合闸动作电压为交流不高于 85%额定操作电压，直流不高于 80%额定操作电压，最低分闸动作电压不高于 65%额定操作电压，且不低于 30%额定操作电压。

（2）开关机械特性测试，测试项目为开距、超行程、合闸速度、合闸时间、合闸弹跳、合闸不同期、分闸速度、分闸时间、分闸不同期、分合闸低电压动作值。

（3）用直流电阻测试仪对回路电阻进行测量，电阻值应符合附表要求。

（4）断口间、相间、相对地之间进行工频耐压试验，95kV/min 应无闪络击穿。

（5）控制回路对地耐压 2kV、1min 无闪络击穿。

（6）接线正确性检查，用对线灯或万用表根据图纸核对断路器二次线路，应与图纸相符。

七、真空灭弧室故障处理

（一）故障原因

（1）真空灭弧室失去真空。真空灭弧室上施加 95kV 工频电压，维持 1min，真空灭弧时内不应有持续的放电，如发现真空灭弧室内有持续的放电或击穿现象，应更换真空灭弧室。

（2）真空灭弧室的电磨损值超过标准（最大值为 3mm）时应更换。真空灭弧室的触头接触面在经过多次开断电流后会逐渐磨损，触头行程增大，也就相当于波纹管的工作行程增大，因而波纹管的寿命迅速下降。当累计磨损值达到或超出标准时，真空灭弧室的开断性能和导电性能都会下降，真空灭弧室的使用寿命即已到期。

为了能够准确地控制每个真空灭弧室触头的磨损值，必须从灭弧室开始安装使用时起，每次预防性试验或维护时，就准确地测量开距和超程并进行比较，当触头磨损后累计减小值就是触头累计磨损值。当触头磨损使动、静触头接触不良时，也可通过回路电阻的测试发现问题。

（二）处理方法

（1）更换灭弧室时首先将开关分闸，然后按以下顺序进行：

（2）拧松上出线端螺钉卸下上出线端如图 2-5-4 所示；

（3）卸下轴销，拧松导电夹螺钉及固定板、螺钉如图 2-5-5 所示；

（4）双手握住灭弧室往上提即可卸下；

（5）将新灭弧室导电杆用工业酒精擦干净后，涂上工业凡士林，按原位置拧上万向杆端关节轴承；

（6）双手握紧新灭弧室往下装入固定板大孔中，导电杆插入导电夹中；

（7）装上出线端，注意三相垂直及水平位值不超过1mm，拧紧螺钉；

（8）装上轴销；

（9）拧紧固定板及导电夹螺钉和万向杆端关节轴承螺母。

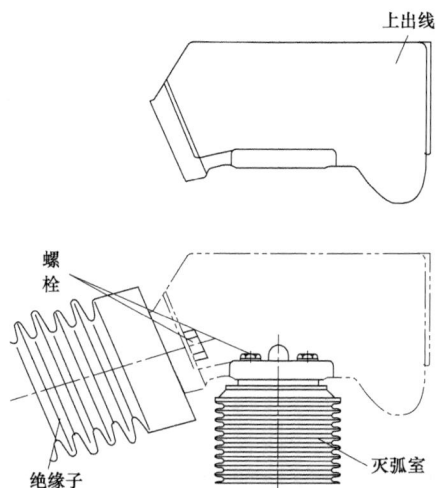

图2-5-4　卸下真空断路器上接线座

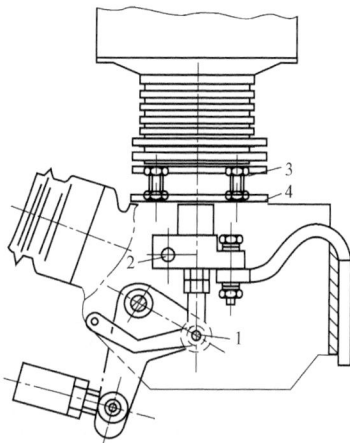

图2-5-5　拆卸真空断路器轴销螺钉
1—轴销；2—导电夹螺钉；3—螺钉；4—固定板

（三）ZN23A-40.5型真空断路器灭弧室更换后触头行程测量和调整

1. 灭弧室更换后应测量触头行程，量出分、合闸位置时的 $X_分$、$X_合$，$X_合-X_分=X_{触头行程}$。量出分、合闸位置时的 $L_分$、$L_合$，$L_分-L_合=L_{触头超行程}$。X、L测量部位如图2-5-6所示。

2. 触头行程不符合要求时，可卸下绝缘拉杆处轴销，调整绝缘拉杆的长度。行程偏小时，将特殊螺钉往里拧入，使拉杆变短；行程偏大时，将特殊螺钉往外拧出，使拉杆变长。如图2-5-7所示。

八、检修调试标准

（1）主接线端子无变色和过热现象，螺栓紧固。

（2）分合闸指示正确，真空灭弧室无变色异常现象。

（3）机构轴销、传动部分应加润滑油。

（4）触头开距应为20±2mm；压缩行程应为6±2mm；触头合闸弹跳时间≤2ms。

（5）分合闸速度、时间及三相同期应符合标准。

（6）行程开关、辅助开关动作正常。

（7）调试报告的数据要符合表 2-5-4 标准。

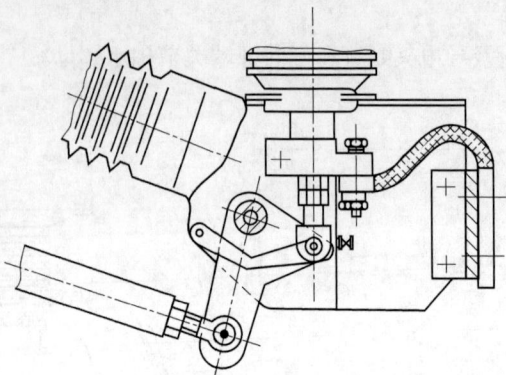

图 2-5-6 测量触头行程

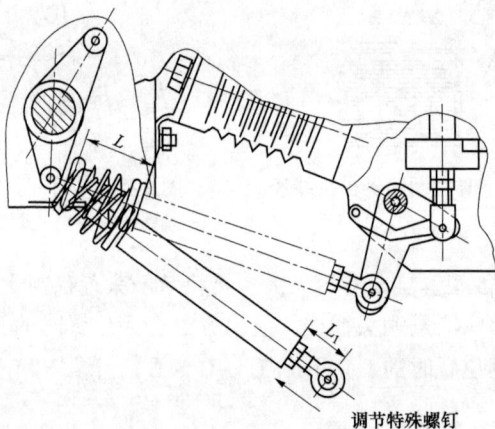

调节特殊螺钉

图 2-5-7 触头超程调整

表 2-5-4　　　　　　　ZN23A-40.5 型真空断路器本体的调试标准

序号	项目	标准	实测		
			A	B	C
1	开距（mm）	20±2			
2	超程（mm）	6±2			
3	合闸弹跳（ms）	≤3			

续表

序号	项目	标准	实测		
			A	B	C
4	主回路电阻（μΩ）	≤50			
5	合闸速度（m/s）	0.6～1.1			
6	分闸速度（m/s）	1.0～1.7			
7	三相合闸不同期（ms）	≤2			
8	三相分闸不同期（ms）	≤2			
9	合闸时间（ms）	≤90			
10	分闸时间（ms）	≤75			
11	工频耐压试验	95kV/min			

九、收尾工作

（1）检修工作结束，应处理引线接触面，涂上适量导电膏，然后恢复引线，并确保接触良好。

（2）对支架、基座、连杆等铁质部件进行除锈防腐处理，对导电部分的适当部分涂以相应的相序标志（黄绿红）。

（3）拆除检修架，整理清扫工作现场，检查接地线。

（4）填写检修报告及有关记录，召开班会总结，整理技术文件资料，并存档保管。

（5）接受现场验收，办理工作票终结手续，检修人员全部撤离工作现场。

【思考与练习】

1. 真空断路器灭弧室更换后触头行程测量和调整的方法有哪些？

2. 真空断路器真空断路器灭弧室更换的步骤有哪些？

3. 真空断路器测试的项目有哪些？

4. 真空断路器检修调试标准有哪些？

▲ 模块 6 断路器机械特性试验及电气试验（Z15E2006Ⅱ）

【模块描述】 本模块包含断路器机械特性试验及电气试验。通过作业流程的介绍、操作技能训练，掌握断路器机械特性试验及电气试验前准备、危险点预控、试验步骤及要求、测试结果分析及测试注意事项。

【模块内容】

断路器的试验主要分为机械特性试验和电气试验。本模块主要介绍断路器的低电压动作特性的测试、断路器动作时间的测试和断路器动作速度的测试；电气试验主要介绍绝缘电阻的测量、导电回路电阻的测量、断口并联电容器的电容量和介损值 $\tan\delta$ 和断路器主回路对地、断口间交流耐压试验。

一、断路器机械特性试验

1. 危险点分析及控制

作业中危险点分析及控制措施见表 2-6-1。

表 2-6-1　　　　　　　　　作业中危险点分析及控制措施

序号	危险点	控 制 措 施
1	误入、误登带电间隔	（1）工作前向作业人员交代清楚临近带电设备，并加强监护。 （2）工作人员应走指定通道，严禁擅自移动和跨越遮栏。 （3）严禁攀登运行设备构架
2	触电、仪器损坏	（1）在使用前，将机械特性测试仪接上接地线。 （2）在感应电较强的试验现场，如距离带电母线较近、临近高压设备等场所，应做好安全措施。 （3）接、拆试验电源必须在电源开关拉开的情况下进行
3	误操作损坏仪器设备	测试时，确认测试项目，选择正确的挡位和操作电压
4	触电、损坏断路器二次设备	测试线在接入断路器操作回路时，应断开断路器的操作电源

2. 试验前的准备工作

（1）查阅被试断路器运行情况、了解试验场地等条件。查阅该断路器历年试验报告、相关交接预试规程、断路器运行记录和缺陷情况记录，编写作业指导书。

（2）试验仪器的准备。准备开关机械特性测试仪，测试前应先仔细阅读测试仪的使用说明书，检查所配测试线及其附件是否齐全完好，检查仪器电源工作是否正常等。

（3）办理工作票、做好试验现场安全和技术措施。向其余试验人员交代工作内容、带电部位、现场安全措施、现场作业危险点，明确人员分工及试验程序。

3. 现场测试步骤及要求

（1）断路器低电压动作特性。将直流电源的输出，经隔离开关分别接入断路器二次控制线的合闸或分闸回路中，在一个较低电压下迅速合上并拉开直流电源出线隔离开关，若断路器不动作，则逐步提高电压值，重复以上步骤，当断路器正确动作时，记录此前的电压值。则分别为合、分闸电磁铁的最低动作电压值。

（2）断路器动作时间的测试。

1）测试接线。测试接线如图 2-6-1 所示，将断路器机械特性测试仪的合、分闸控制线分别接入断路器二次控制线中，用试验接线将断路器一次各断口的引线接入断路器机械特性测试仪的时间通道。

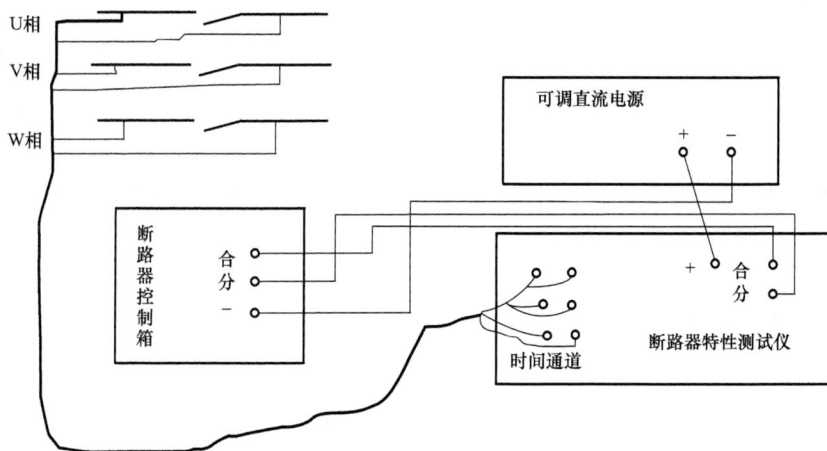

图 2-6-1　断路器机械特性测试的试验接线

2）测试步骤。① 将可调直流电源调至断路器额定操作电压，通过控制断路器机械特性测试仪，在额定操作电压及额定机构压力下对 SF_6 断路器进行分、合闸操作，测得各相合、分闸动作时间。② 三相合闸时间中的最大值与最小值之差即为合闸不同期；三相分闸时间中的最大值与最小值之差即为分闸不同期。③ 如果 SF_6 断路器每相存在多个断口，则应同时测量各个断口的合、分时间，并得出同相各断口合、分闸的不同期。④ 如果断路器带有合闸电阻，则应同时测量合闸电阻的预先投入时间。

（3）断路器动作速度的测试。可结合断路器动作时间测试同时进行，将测速传感器固定可靠，并将传感器运动部分牢固连接至断路器机构的速度测量运动部件上。利用断路器机械特性测试仪进行断路器合、分操作，即得测试结果，或根据所得的时间—行程特性计算断路器动作速度。

4. 测试结果分析

（1）断路器低电压动作特性。合闸电磁铁的最低动作电压不应大于额定电压的80%，在额定电压的 80%～110%范围内可靠动作；分闸电磁铁的最低动作电压应在额定电压的 30%～65%的范围内，在额定电压的 65%～120%范围内可靠动作。当电压低至额定电压的 30%或更低时不应脱扣动作。

（2）断路器动作时间。合、分闸动作时间、同期性与合闸电阻预先投入时间应符合制造厂家的规定。

（3）断路器动作速度。断路器动作速度的测量方法及结果应符合制造厂家的规定。

5. 测试注意事项

（1）机械特性测试仪的输出电源严禁短路。

（2）机械特性测试仪尽可能使用外接电源作为测试电源，防止因为内部电源的电力不足而影响测试结果。

（3）如果断路器存在第二分闸回路，则应测量第二分闸的低电压动作特性、分闸动作时间和动作速度。

（4）进行断路器低电压特性测试时，加在分、合闸线圈上的操作电压时间不宜过长，防止烧损线圈。

二、断路器电气试验

1. 绝缘电阻的测量

（1）危险点分析及控制措施。作业中危险点分析及控制措施见表 2-6-2。

表 2-6-2　　　　　　　　　　作业中危险点分析及控制措施

序号	危险点	控　制　措　施
1	误入、误登带电间隔	（1）工作前向作业人员交代清楚临近带电设备，并加强监护。 （2）工作人员应走指定通道，严禁擅自移动和跨越遮栏。 （3）严禁攀登运行设备构架
2	触电、损坏仪器	（1）拆、接试验接线前，应将被试设备对地充分放电。 （2）禁止在有雷电时或邻近高压设备时使用绝缘电阻测试仪。 （3）接、拆试验电源必须在电源开关拉开的情况下进行
3	误操作损坏仪器、设备	测试时，确认测试项目，选择正确的挡位和操作电压

（2）测试前准备工作。

1）查阅该断路器历年的绝缘电阻测试报告及相关交接预试规程，以备与测试结果比较。

2）选择合适的绝缘电阻测试仪、测试线、温度表、湿度表、放电棒、接地线、梯子、安全带、安全帽、电工常用工具、试验临时安全遮拦、标示牌等。

3）办理工作票、做好试验现场安全和技术措施，向其余试验人员交代工作内容、带电部位、现场安全措施、现场作业危险点，明确人员分工及试验程序。

（3）现场测试步骤及要求。

1）使用 2500V 绝缘电阻表测试仪测量断路器支持绝缘子、拉杆等一次回路绝缘电阻。

2）使用 1000V 绝缘电阻表测试仪测量断路器辅助和控制回路绝缘电阻。

3）辅助和控制回路交流耐压试验值为 1000V，可采用普通试验变压器，或 2500V 绝缘电阻表测试仪代替。交流耐压试验后的绝缘电阻值不应该降低。

（4）测试结果分析。

1）断路器一次回路绝缘电阻。一次回路绝缘电阻不低于 5000MΩ。在进行交流耐压试验后，绝缘电阻值不应降低。

2）辅助和控制回路绝缘电阻及交流耐压。辅助和控制回路绝缘电阻不低于10MΩ。在进行交流耐压试验后，绝缘电阻值不应降低。

将所测得的试验数据换算到相同温度下，参照同一设备历史数据，并结合规程标准及其他试验结果进行综合判断。

（5）测试注意事项。

1）测量时宜使用高压屏蔽线且屏蔽层接地。若无高压屏蔽线，测试线不要与地线缠绕，应尽量悬空。测试线不能用双股绝缘线和绞线，应用单股线分开单独连接，以免因绞线绝缘不良而引起误差。

2）测量时应在天气良好的情况下进行，且空气相对湿度不高于80%，并记录环境温度和湿度。

2. 导电回路电阻的测量

（1）危险点分析及控制措施。作业中危险点分析及控制措施见表2-6-3。

表 2-6-3　　　　　　　　　　作业中危险点分析及控制措施

序号	危险点	控 制 措 施
1	误入、误登带电间隔	（1）工作前向作业人员交代清楚临近带电设备，并加强监护。 （2）工作人员应走指定通道，严禁擅自移动和跨越遮拦。 （3）严禁攀登运行设备构架
2	触电、损坏仪器	（1）在使用前，将回路电阻测试仪接上接地线，防止仪器漏电。 （2）在感应电较强的试验现场，如距离带电母线较近、临近高压设备等场所，应做好安全措施。 （3）接、拆试验电源必须在电源开关拉开的情况下进行
3	误操作损坏仪器、设备	测试时，确认测试项目，选择正确的挡位和操作电压

（2）测试前准备工作。

1）查阅断路器生产厂家的标准、该断路器历年的导电回路电阻测试报告及相关交接预试规程，以备测试结果与之进行比较。

2）根据被测断路器的类型（特殊类型，如发电机出口断路器），选择输出电流合适的微欧计。

3）办理工作票、做好试验现场安全和技术措施。

（3）现场测试步骤及要求。

1）将断路器合闸。

2）将回路电阻测试仪试验线接至断路器一次接线端上，注意电压线接在内侧，电流线接在外侧。

3）将回路电阻测试仪输出电流调至 100A，进行测量，并记录结果。

（4）测试结果分析。检修后，断路器导电回路电阻数值应符合制造厂家的规定，并且不大于交接试验值的 1.2 倍。

（5）测试注意事项。

1）也可以采用直流电压降法（电流—电压表法）进行导电回路电阻的测试，但要求输出电流不小于 100A。

2）不建议采用双臂电桥法测量断路器的导电回路电阻。双臂电桥测量回路通过的是微弱电流，使测量数值比实际值偏大，不能正确地反映断路器的实际工作情况。

3. 断口并联电容器的电容量和介损值 tanδ 测量

（1）危险点分析及控制措施。作业中危险点分析及控制措施见表 2-6-4。

表 2-6-4　　　　　　　　作业中危险点分析及控制措施

序号	危 险 点	控 制 措 施
1	误入、误登带电间隔	（1）工作前向作业人员交代清楚临近带电设备，并加强监护。 （2）工作人员应走指定通道，严禁擅自移动和跨越遮拦。 （3）严禁攀登运行设备构架
2	触电、损坏仪器	（1）介质损耗测试中高压测试线电压约为 10kV，注意测试高压线对地绝缘问题和人身安全。 （2）在感应电较强的试验现场，如距离带电母线较近、临近高压设备等场所，应做好安全措施。 （3）测试介损电桥应良好接地
3	误操作损坏仪器、设备	测试时，确认测试项目，选择正确的挡位和操作电压

（2）测试前准备工作。

1）查阅断路器生产厂家的标准、该断路器电容器电容量和 tanδ 历年的测试报告及相关交接预试规程。

2）准备好介损电桥、放电棒、接地线、梯子、安全带、安全帽、电工常用工具、试验临时安全遮拦、标示牌等。

3）办理工作票、做好试验现场安全和技术措施。

（3）现场测试步骤及要求。

1）将断路器分闸。

2）参照各介损测试仪的操作方法进行试验接线。

3）将介损电桥输出电压调至 10kV，进行测量，并记录结果。

（4）测试结果分析。交接时，测量电容器和断口并联后的整体电容值和介质损耗角正切 tanδ，并作为该设备原始记录，以后试验应与原始值比较，应无明显变化。电容量无明显变化时，tanδ 仅作为参考。

（5）测试注意事项。用介损测试仪测量并联电容器的电容量和 $\tan\delta$，采用正接线法。

4. 断路器主回路对地、断口间交流耐压试验

（1）危险点分析及控制措施。作业中危险点分析及控制措施见表 2-6-5。

表 2-6-5　　　　　　　　作业中危险点分析及控制措施

序号	危险点	控　制　措　施
1	误入、误登带电间隔	（1）工作前向作业人员交代清楚临近带电设备，并加强监护。 （2）工作人员应走指定通道，严禁擅自移动和跨越遮拦。 （3）严禁攀登运行设备构架
2	触电、损坏仪器	（1）必须在试验设备周围设围拦并有专人监护，负责升压的人要随时注意周围的情况，一旦发现异常应立刻断开电源停止试验，查明原因并排除后方可继续试验。 （2）在感应电较强的试验现场，如距离带电母线较近、临近高压设备等场所，应做好安全措施
3	损坏交流耐压设备、试品	（1）交流耐压试验回路电阻要有足够的热容量，并保持稳定。 （2）电感线圈应该能满足电流和绝缘强度的要求

（2）测试前准备工作。

1）查阅断路器运行记录、出厂耐压试验报告、历史试验数据，查阅相关交接预试规程，计算并确认试品所加试验电压。

2）现场勘查场地情况，并编写作业指导书。

3）测试设备、仪器的准备。测试前，选择合适的交流耐压设备、测试线、接地线、梯子、安全带、安全帽、电工常用工具、试验临时安全遮拦、标示牌等。

4）办理工作票并做好试验现场安全和技术措施。向其余试验人员交代工作内容、带电部位、现场安全措施、现场作业危险点，明确人员分工及试验程序。

（3）现场测试步骤及要求。本模块以串联谐振耐压试验接线为例进行介绍，串联谐振耐压试验接线如图 2-6-2 所示。

将断路器合闸，对断路器进行对地的交流耐压试验；将断路器分闸，对断路器进行断口间的交流耐压试验。

（4）测试结果分析。对断路器分别进行合闸对地、断口间的交流耐压试

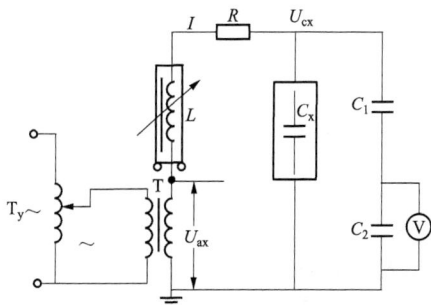

图 2-6-2　串联谐振耐压试验接线图（调感）
T_y—调压器；T—试验变压器；R—限流电阻；C_x—被试品；
C_1、C_2—电容分压器；V—电压表；L—可调电抗器

验，耐压时间为 1min，试验中无击穿、闪络为合格。所加试验电压见表 2-6-6。

表 2-6-6　　　　　　　　　　断路器交流耐压试验电压值

断路器额定电压（kV）		10	35	66	110
耐压值（kV）	出厂	42	95	140/185	200/230
	交接	33	76	112/148	160/184
断路器额定电压（kV）		220	330	500	
耐压值（kV）	出厂	395/460	510/630	680/740	
	交接	316/368	408/504	544/592	

（5）测试注意事项。

1）试验电源电压和频率要求稳定，应该避免用电阻器调压。

2）在试验过程中，如果发现电压表指针摆动很大，电流表指示急剧增加，绝缘烧焦气味或冒烟或发生响声等异常现象时，应立即降低电压，断开电源，被试品进行接地放电后再对其进行检查。

3）对于应用串联谐振的交流耐压试验，当试品被击穿时，回路中的电流减小、电压降低，所以除了正常的过流保护以外，还应该有欠压保护。

【思考与练习】

1. 画出断路器机械特性测试的试验接线图。

2. 简述断路器机械特性测试的测试步骤。

3. 对断路器绝缘电阻测试结果如何进行分析？

4. 画出断路器交流耐压试验的接线图。

▲ 模块 7　SF$_6$ 气体回收、处理（Z15E2007 Ⅱ）

【模块描述】本模块包含 SF$_6$ 气体回收、处理和充装的全项内容。通过要点归纳、图例展示，掌握 SF$_6$ 气体回收、处理、存放、抽真空、氮洗、充装等的基本操作技能及作业注意事项。

【模块内容】

一、SF$_6$ 气体回收、处理和存放

充于电气设备中的 SF$_6$ 气体，其质量能否达到标准要求，对 SF$_6$ 电气设备能否达到应有的使用性能和要求至关重要。SF$_6$ 气体的运输和储存是以高压力的状态充装在压力容器中的，使用过的 SF$_6$ 气体中又可能含有多种杂质和毒气以及毒性固态分解物。

因此，对 SF_6 气体的回收、处理、存放、充装的要求都是比较严格的，必须按照有关标准和规定严格执行。

1. SF_6 气体的回收

（1）SF_6 气体回收装置。使用专门设备对电气设备中的 SF_6 气体进行收取，以液态形式储存到储气罐或钢瓶中，称之为 SF_6 气体的回收，这种专门的设备称为回收装置。图 2-7-1 为某厂家生产的 SF_6 气体回收装置。

SF_6 气体回收装置主要由气路系统、储气罐、气体回收系统、抽真空系统、过滤器、阀门、面板控制系统、相序指示器及电源开关等部分组成。

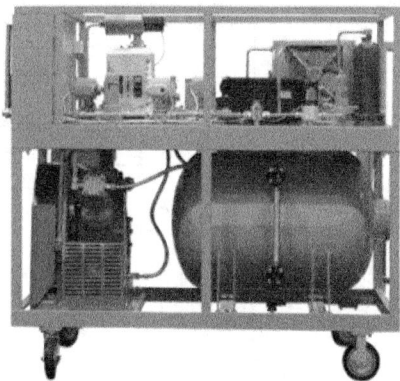

图 2-7-1　SF_6 气体回收装置

1）气路系统。整个气路系统密封良好，不给 SF_6 气体带入空气、粉尘等杂质；跟外部设备相连的接头结构，与电气设备充气接口配套。

2）储气罐。安装有压力指示器、超压监视器、安全释放装置、液位监视装置、手孔及排污孔等，有的还配备加热装置。

3）气体回收系统。包括气体压缩机、缓冲器、分离器、过滤器、热交换器、安全阀、止回阀、气体压力表等。有些气体回收系统还包括真空泵、真空表、冷冻装置。

4）抽真空系统。包括真空泵、真空表，具有防止真空泵油倒流的措施，还有排气接头，以便连接排气管。

5）过滤器。有效地过滤气体中水分和微量固体杂质，使之不重新进入净化后的气体。回收系统和充气系统分别用各自的过滤器装置。

（2）操作步骤。不同的 SF_6 气体回收装置操作程序和要求是不同的，在使用之前应该仔细阅读操作说明书，严格按照要求进行操作，一般的 SF_6 气体回收操作步骤如下：

1）对 SF_6 气体回收装置本身抽真空，如图 2-7-2 所示，SF_6 气体回收装置对电气设备抽真空之前，要把回收装置本身的管道、元件都抽真空，以保证装置内没有水分、杂物，保持清洁。

2）回收和存储 SF_6 气体，如图 2-7-3 所示，将电气设备、储气罐连至回收装置，打开储气罐的球阀，对 SF_6 气体回收和存储，注意连接管路必须抽真空或充入 SF_6 气体。

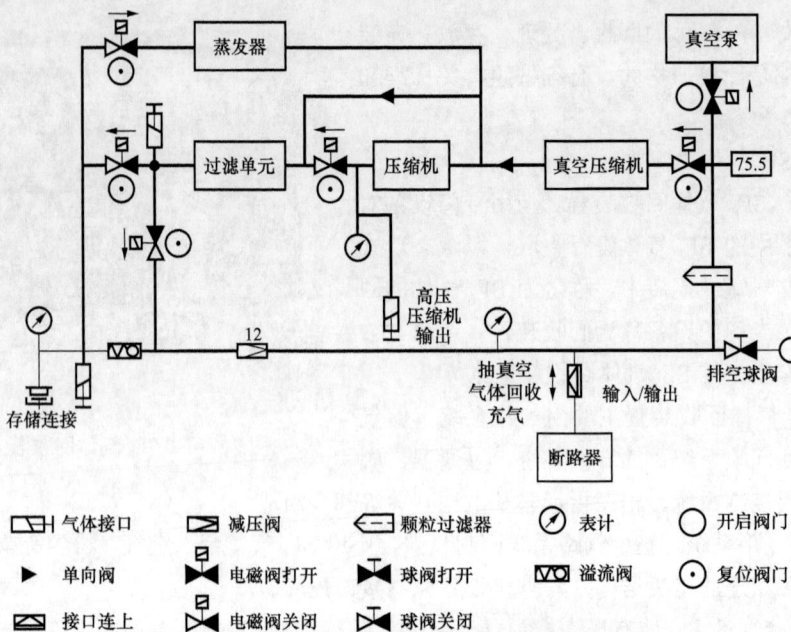

图 2-7-2　对 SF$_6$ 气体回收装置本身抽真空的连接

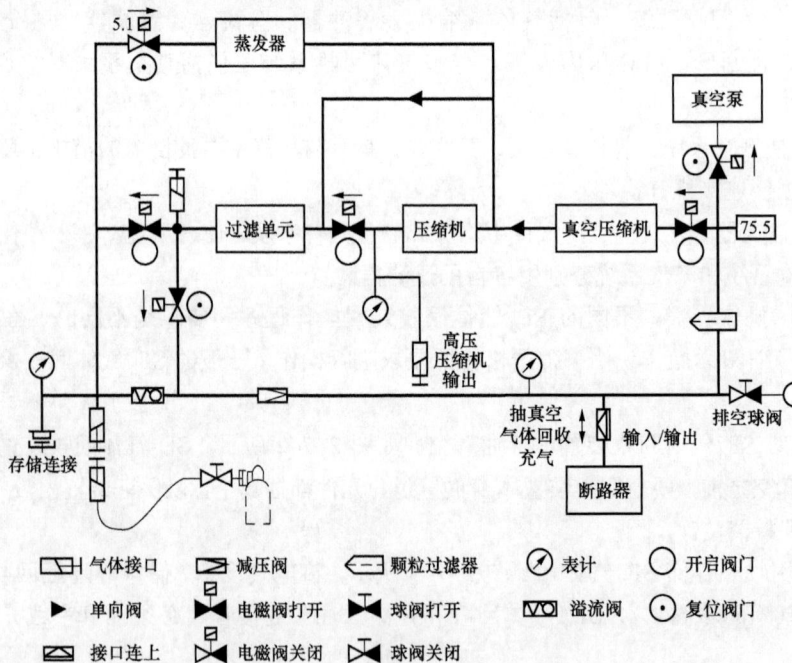

图 2-7-3　回收和存储 SF$_6$ 气体的连接

（3）注意事项。利用 SF_6 气体回收装置抽真空时，必须由专人监视真空泵的运转情况，以防止因运转中停电、停泵，而导致真空泵中的油倒吸入 SF_6 电气设备内，造成严重后果。

2. SF_6 气体的处理

充装于断路器中的 SF_6 气体在电弧的作用下，部分将进行分解，成为各种有毒的气体和固体分解物，具有相当大的毒性和腐蚀作用。此外，SF_6 气体的物理和化学性质非常稳定，排放出来将长期存在，且具有温室效应。因此断路器进行检修和报废时，应严格按照有关规定和操作程序对 SF_6 气体进行处理。

SF_6 气体中的毒性气体和分解物，有的可以用吸附剂吸收去除，有的可以与酸性或碱性溶液进行化学反应去除，用各种方法去除 SF_6 气体中毒性分解物的过程，称作 SF_6 气体的净化处理。

（1）SF_6 断路器大修和报废时的气体处理。SF_6 断路器大修和报废时，应使用专用的 SF_6 气体回收装置，将断路器内的 SF_6 气体进行过滤、净化、干燥处理，达到新气标准后，可以重新使用。这样既节省资金，又减少了环境污染。

对于从 SF_6 断路器中清出的吸附剂和粉末状固体分解物等，可放入酸或碱溶液中处理至中性后，进行深埋处理。深埋深度应大于 0.8m，地点应选择在野外边远地区、下水处。所有废物都是活性的，很快就会分解和消失，不会对环境产生长期的影响。

（2）断路器内部发生事故时的气体处理。由于断路器绝缘降低或开断能力不足以及其他原因引起的防爆膜破裂、压力释放阀释放，或者断路器爆炸等事故时，将造成大量的 SF_6 气体泄漏，应立即采取紧急防护措施，并报告上级主管部门。同时，应及时停电进行适当的处理。

若是在室外，与工作无关的人员应撤离事故现场，在没有防护用具的情况下，不能停留在能闻到有刺激性气味的地方，一直等到 SF_6 气体消失在大气中为止。投入处理事故的人员，必须穿戴防护衣帽及其他防护用品。断路器爆炸的，应首先清除地面上被破坏的设备碎片和残存的设备部件，彻底清除粉末状固体分解物之后，才能重新开始抢修工作。

若是在室内，应立即开起全部通风设备，工作人员根据事故情况，佩戴防毒面具和呼吸器进入现场进行处理。喷出的粉末状分解物，应用吸尘器或毛刷清理干净，集中深埋。事故处理后，应将所有防护用品清洗干净，工作人员要洗澡。

SF_6 气体中存在的有毒气体和断路器内产生的粉尘，对人体呼吸系统和黏膜等有一定的危害，中毒后会出现不同程度的流泪、流鼻涕、打喷嚏，鼻腔、咽喉有热辣感，发音嘶哑、咳嗽、头晕、恶心、胸闷、颈部不适等症状。若发生上述中毒现象时，应迅速将中毒者移至空气新鲜处，并及时进行治疗。

3. SF_6 气体的验收和存放

（1）SF_6 气体的验收。SF_6 气体应充装在洁净、干燥的气瓶中，充装前要进行抽真空干燥处理，使之无油污、无水分，气瓶应带有安全帽和防振胶圈，存放时气瓶要竖放，标志向外，运输时可以卧放，搬运时应轻装轻卸，严禁抛掷溜放。

充装 SF_6 气体前应检查气瓶的检验期限、外观缺陷、阀体与气瓶连接处的密封性，每批出厂的 SF_6 气瓶都必须附有一定格式的质量证明书，内容包括：生产厂名称、产品名称、批号、气瓶编号、净重、生产日期、执行的标准编号等。

SF_6 气体应由生产厂家的质量检验部门进行检验，生产厂家应保证每批出厂的产品都符合有关标准的要求。SF_6 气体生产厂家应提供产品的化学分析报告，报告中应包括的 8 项指标是：① 四氟化碳（CF_4）；② 空气（Air）；③ 水（H_2O）；④ 酸度；⑤ 可水解氟化物；⑥ 矿物油；⑦ 纯度；⑧ 生物试验无毒性合格证。化学分析报告应放在气瓶帽中随同产品一起出厂。使用单位有权按照有关标准的规定检验所收到的 SF_6 气体是否符合有关标准的要求。

SF_6 气体在常温常压下的密度约为空气密度的 5 倍，其气体有使人窒息的危险。取样场所必须通风良好，SF_6 气体抽样瓶数按表 2-7-1 中的规定执行，从每批产品中随机选取，每瓶 SF_6 气体构成单独的样品，也可在产品充装线管线上随机取样，取样气瓶上要粘贴标签，注明产品名称、批号、生产厂名称和取样日期等。

表 2-7-1　　　　　　　　　　　SF₆ 气体抽样瓶数的规定

每批 SF_6 气瓶数量	最少选取的 SF_6 气瓶数量	每批 SF_6 气瓶数量	最少选取的 SF_6 气瓶数量
1	1	41～70	3
2～40	2	71 以上	4

检验结果如有一项不符合标准要求时，则应以两倍选取的 SF_6 气瓶数量重新抽样进行复检。复检结果即使有一项不符合标准要求时，整批产品不能验收。

（2）SF_6 气体的存放。对 SF_6 气瓶的搬运和存放，应符合下列要求。

1）储存场所必须保持敞开、通风良好。

2）SF_6 气体应放在防晒、防潮和通风良好的地方。

3）不得靠近热源和有油污的地方，不准有水分和油污黏在阀门上。

4）气瓶的安全帽、防振圈齐全，安全帽应旋紧。

5）存放气瓶要使其竖起，标志向外，运输时可以卧放。

6）搬运时，把气瓶帽旋紧，轻装轻卸，严禁抛滑或敲击、砸撞。

7）SF_6 不得与其他气瓶混放。

二、吸附剂的更换

SF$_6$断路器需要大修或解体时，应根据生产厂家的规定更换吸附剂。

1. 吸附剂的介绍

用于 SF$_6$断路器的吸附剂有活性炭、活性氧化铝和分子筛，这些吸附剂都是多孔性物质，具有强吸附能力。SF$_6$气体中的水分以及在电弧作用下产生的气态分解物都可以用吸附剂来吸收，实践经验表明，在灭弧室中放置适当的吸附剂，有毒气体可大大减少。

关于吸附剂的吸附效果，国内外看法不甚一致，通常认为活性氧化铝效果最好，国外有些人认为分子筛最好。在选择分子筛时要注意不同型号，即分子筛的孔隙尺寸，以 5A 型（孔隙直径 5A）效果好，能吸附较大的分子，此外人工沸石目前也有广泛应用。我国生产的 SF-1 型吸附剂具有强度高和在高温下吸附量高的特点，特别适用于振动大、电弧温度高的 SF$_6$断路器中作为静态吸附法使用的吸附剂。

吸附剂装入量是吸附分解气和吸附水分需要量的总和。美国 Allied Chemical 公司推荐，活性氧化铝的加入量可取为 SF$_6$气体重量的 10%。

2. 吸附剂的配置、安装

（1）吸附剂的配置。由于一种吸附剂对某一成分吸附饱和后，仅能再吸附另一成分允许吸附量的一半乃至几分之一，因此与其用一种吸附剂同时吸附两种以上物质，不如根据各种吸附剂的不同吸附特性采用两种以上的吸附剂分担不同的作用，即做成几个吸附层。在 SF$_6$设备中，一般将分解气吸附剂作上流层，水分吸附剂作下流层，其优点是：

1）分解气在上流层被吸附，从而不会使下流层的吸水能力变化。

2）如有在上层未被吸附完全的气体如 SO$_2$，可选用同时能吸附 SO$_2$ 等气体和水分吸附剂。例如可先用廉价的活性氧化铝吸附 SF$_4$ 等气体，再用合成沸石吸附水、SO$_2$ 等。

3）搭配使用的成本低。

（2）吸附剂的安装。吸附装置的安装方式有两种：

1）静吸附式。指依靠气体自身的扩散对流而产生吸附，装设在断路器或隔离（接地）开关体内的过滤器（装有吸附剂的部件）就是静过滤作用。

2）动吸附式。把装有吸附剂的过滤器装在气体流动通道中，气体强制流动通过时产生吸附作用。例如装在断路器与 SF$_6$ 充放气装置之间的管路中的过滤器，在回收气体过程中起吸附作用。

动过滤的效果要比静过滤好，在国产 SF$_6$ 充放气回收装置上现都已装置了过滤器，可以有效地处理污染的 SF$_6$ 气体。

3．注意事项

（1）吸附剂在安装前原则上应按规定进行活化处理，吸附剂的活化处理，一般用干燥的方法，干燥温度及时间按制造厂规定。

（2）吸附剂从干燥装置或密封包装内取出至安装完毕，在大气中暴露时间应尽量缩短，一般不应超过 15min。吸附剂安装完到开始抽真空的时间，一般不超过 30min。

（3）产生分解气体的设备中更换下来的吸附剂不要再生，应利用 30%的氢氧化钠溶液浸泡后深埋。

（4）吸附剂应防潮、防水，置于阴凉干燥处保管。

三、SF_6 电气设备的抽真空、氮洗

1．操作步骤

每一台 SF_6 设备无论是在制造厂的生产中，还是在现场安装或修理组装中，其内部的水分含量与当时大气中水蒸气含量是相等的。若要使设备充 SF_6 气体后的含水量值满足要求，则必须将设备内的含水量降至原有的几十分之一，要达到这一目标，通常是按照一定程序采取对设备内部抽真空、充高纯氮气清洗等方法。典型的操作步骤如图 2-7-4 所示。图中水分处理程序主要分为 10 个步骤，其中第 1～4 步的作用是：

（1）将产品内部含有杂质和水分的空气抽出去。

（2）经过保持 5h 的真空度，使产品内部零件表面附着的水分向内部空间扩散，于是内部零件表面附着的水分大大减少。

（3）检验了产品的密封性能。

如果经过 5h 后的真空度比原来下降值小于 130Pa，则可以认为产品的密封性能良好，从而也可以认为产品的含水量也能够达到了要求，这样可以进行下面程序。反之，则认为产品的密封性能保证不了水分含量的要求，这时水分处理不能进入下面程序，而应当循环到第 1 步骤，再重复程序 1～4，直

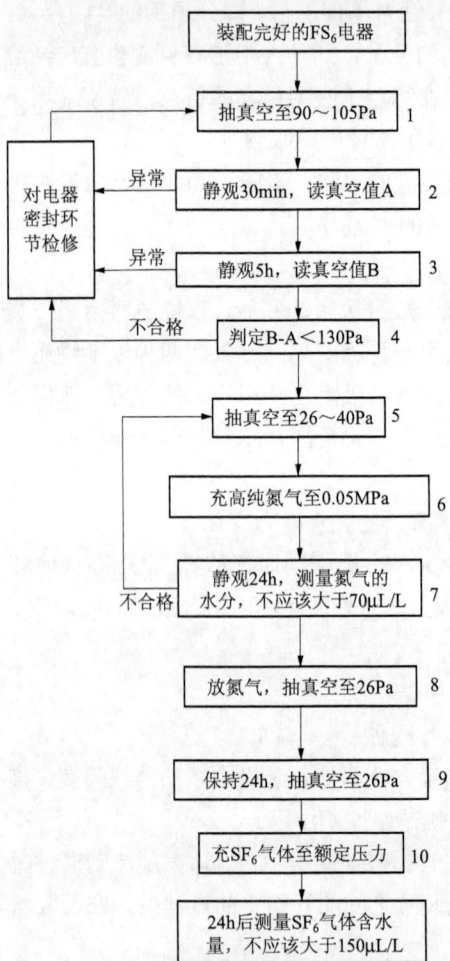

图 2-7-4　抽真空、氮洗的操作步骤

到真空度保持 5h 下降值在 130Pa 以下为止。

经过程序 1～4 的真空干燥处理合格后，则可进行程序 5～7，充高纯氮气清洁。程序 5 的作用是抽出吸收了产品内部零件表面水分的稀薄残余气体，使内部的水分含量进一步减少。然后进行程序 6，充入 0.05～0.08MPa 的高纯氮气，保持 24h，使原来水量很少的氮气充分吸收一部分水分，此时测量氮气的含水量，其值若低于 70μL/L，则可认为充入 SF_6 气体后的含水量低于 150μL/L。否则，即要循环到程序 5，再用高纯氮气清洗一次，直至氮气的含水量达到要求才可进行下面程序。

2. 连接

如图 2-7-5 连接电气设备和装置，进行 SF_6 电气设备的抽真空、氮洗。

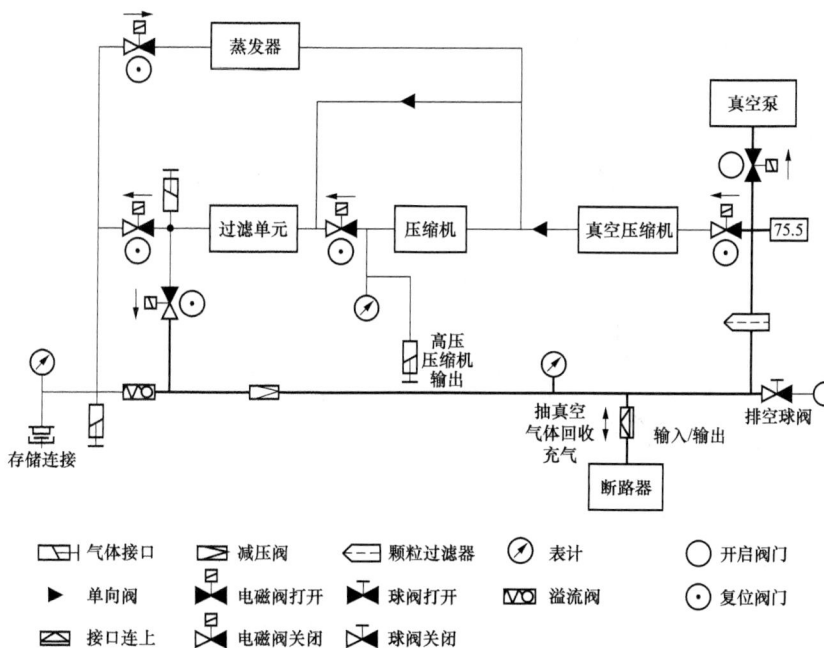

图 2-7-5　抽真空、氮洗的装置连接

3. 注意事项

（1）抽真空时连接管路必须是专用管路，必须有人监护，必须有可以检测设备真空度的仪表。真空泵电源必须可靠使用、不允许抽真空途中突然停电，不能与其他电源混用，必须有可靠的真空电子压差阀（防返油装置）。

（2）SF_6 电气设备经过上面的这个水分处理程序，其密封性能、气体的含水量的大小及增长速度就都能满足要求了，但需要的时间较长。所以对新投运的电气设备最好严格按此程序进行水分处理，而对那些密封性能及含水量均容易达到要求的设备，则可以酌情简化。

四、SF₆ 气体的充装

1. SF₆ 气体的充装

由于 SF₆ 电气设备在制造厂已进行了抽真空处理，并充入了合格的较低压力的 SF₆ 气体（一般绝对压力为 0.125～0.13MPa），设备不漏气，内部就不会受潮。充装 SF₆ 气体的连接如图 2-7-6 所示，具体操作步骤如下。

（1）按照厂家要求进行连接后，依次打开主阀、减压截止阀、减压调节阀，直到软管（尽量缩短软管的长度，以减少充入 SF₆ 气体的水分含量）的出口处可听到微弱的气流声。

（2）让气体慢慢流过软管至少 3min 以上，直到软管内壁充分干燥。

（3）关闭减压截止阀，将软管与充气接头连接紧密。

（4）在软管靠近充气接头端安装测温计。

（5）将减压截止阀稍微打开，用减压调节阀调节气流，以免充气过快时温度过低，在软管和配件上产生冷凝结冰现象。

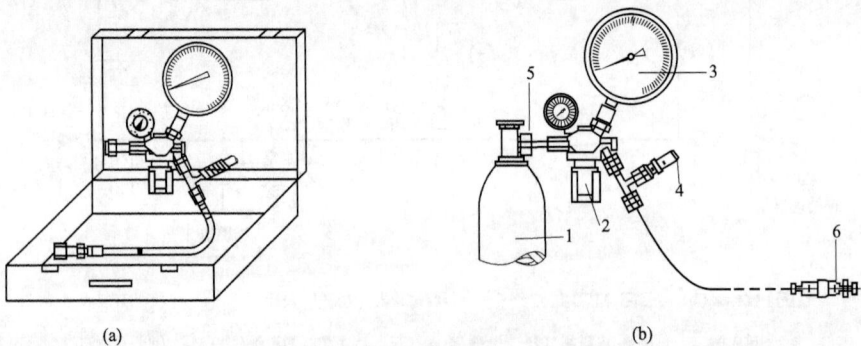

图 2-7-6 充装 SF₆ 气体的连接

(a) SF₆ 充气装置；(b) 连接

1—气瓶；2—减压调节阀；3—精密压力表（0～10bar，0.6 级）；4—减压截止阀；5—主阀；6—充气接头

（6）根据测温计的读数和"SF₆ 气体压力—温度曲线"，将 20℃时的额定压力折算到进气温度下的修正压力 P_t（与环境温度无关，这一方法与各制造厂家的产品安装使用说明书中的说明不同）。

（7）充气过程中，仔细观察精密压力表的读数至对应于进气温度的修正压力 P_t。

（8）关闭减压截止阀和主阀，等待足够的时间使电气设备内部温度与环境温度基本达到平衡后，再根据"SF₆ 气体压力—温度曲线"和环境温度进行压力修正，与电气设备上的压力表读数进行比较，调整 SF_6 气体的压力，最终使压力表的指针对准与该环境温度对应的修正压力值。

（9）如果电气设备配置的是 SF_6 气体密度表，与使用压力表时的压力修正方法不同。其压力修正方法是：根据测温计实测的进气温度和环境温度及它们之间的温差 Δt，查 "SF_6 气体压力—温度曲线"，得出由 Δt 引起的压力增量 ΔP，再由与 20℃ 对应的额定压力 P_{20} 减去 ΔP，即：$P_{20}-\Delta P=P_X$ 就是与进气温度对应的修正压力 P_X。

充气过程中，应仔细观察 SF_6 气体密度表的读数至修正压力 P_X 为止，当等待一段时间，由于热传导作用使电气设备内外温度达到平衡后，密度表的读数就会上升到与环境温度对应的密度值。如果使用密度表不进行压力修正，将会产生较大的密度（或压力）误差。误差的大小，与环境温度有关，即环境温度与 SF_6 气体的进气低温之间的温差越大，误差越大；反之，温差越小，误差也就越小。在实际工程中，当对配置密度表的电气设备充 SF_6 气体时，如果按照产品安装使用说明书的方法不进行温度修正，将会带来一定的压力（或密度）读数误差。根据对实际统计数据分析发现，由于安装时的环境温度不同，使用压力表的按环境温度与 20℃ 之间的温差进行压力修正，或者使用密度表的不进行温度修正，其结果是，安装后随着时间的推移，实际读数误差或安装报告上原始记录的充气压力误差可达 0%～10% 及以上，大于测量表计最大允许误差的若干倍，这种误差，完全可以通过正确的修正方法得到纠正。

（10）关闭减压截止阀和主阀，等待足够的时间使电气设备内部温度与环境温度达到平衡后，再根据密度表的读数，进行调整 SF_6 气体的压力（或密度），最终使密度表的指针对准额定压力（或密度）值。

一般使用的压力表或密度表，其测量范围为 -0.1～+1.0MPa，准确级为 1.0 级，即最大允许误差为 0.01MPa。充气后要等待足够的时间使电气设备内部温度与环境温度基本达到平衡后，经过调整，最终使压力表或密度表的指针对准额定压力（或密度）值。这对于 SF_6 电气设备的安装、检修时充气、运行中巡视检查及正确判断电气设备是否有漏气现象是非常重要的。

（11）当充气满足要求后，关闭减压截止阀和主阀，拆除软管以及其他充气装置，关闭充气接头，拧紧有关的阀盖，锁紧有关的螺母，同时应保持各部件的清洁。

（12）如果三相极柱分别是独立的 SF_6 气体系统，则对其他两相充气时可重复上述步骤。

（13）如果在非常严寒的地区使用 SF_6 断路器，为了避免低温下 SF_6 气体饱和液化，应根据选择要求充入混合气体，混合气体通常由 SF_6 气体和 CF_4 体组成，或者 SF_6 气体和 N_2 气体组成。充气的操作步骤为：

1）首先按照上述步骤充入 SF_6 气体至规定的压力（参照制造厂有关技术规定）。

2）关闭 SF_6 气瓶主阀和减压截止阀。

3）将软管连向其他气瓶（N_2 或 CF_4）的减压阀调节上。

4）然后充气到额定压力（或密度）值，调节方法与上述基本相同。

2. 注意事项

（1）对电气设备充 SF_6 气体，必须由经过专业技术培训的人员操作。

（2）应小心移动和连接气瓶，充气装置中的软管和电气设备的充气接头应连接可靠。

（3）从 SF_6 气瓶中引出 SF_6 气体时，必须使用减压阀降压。

（4）运输和安装后第一次充气时，充气装置中应包括一个安全阀，以免充气压力过高引起绝缘子爆炸。

（5）避免装有 SF_6 气体的气瓶靠近热源或受阳光曝晒。

（6）使用过的 SF_6 气瓶应关紧阀门，戴上瓶帽，防止剩余气体泄漏。

（7）在对户外电气设备充注 SF_6 气体时，工作人员应在上风方向操作；对户内电气设备充注 SF_6 气体时，要开启通风系统，尽量避免和减少 SF_6 气体泄漏到工作区域。要求用检漏仪检测，工作区域空气中 SF_6 气体含量不得超过 $1000\mu L/L$。

【思考与练习】

1. SF_6 气体回收装置主要由哪些部分组成？

2. SF_6 断路器大修和报废时，如何对气体进行处理？

3. SF_6 气瓶的搬运和存放的要求是什么？

4. 如何对 SF_6 断路器中安放的吸附剂进行配置？

5. 简述 SF_6 电气设备抽真空、氮洗的操作步骤。

6. 对 SF_6 断路器充装 SF_6 气体的注意事项是什么？

▲ 模块 8　SF_6 气体检漏、密度继电器校验（Z15E2008Ⅱ）

【模块描述】　本模块包含 SF_6 气体检漏的意义、方法及密度继电器校验的主要操作步骤。通过要点讲解、计算举例、结构分析、操作技能训练，掌握 SF_6 气体检漏原理、方法和密度继电器校验的步骤等操作技能及作业注意事项。

【模块内容】

一、SF_6 断路器的检漏

1. SF_6 断路器检漏的意义

对于充装 SF_6 气体的断路器，必须具有良好的密封性能。不能产生泄漏的原因是：

（1）SF_6 气体担负着绝缘和灭弧的双重任务，为了保证设备安全可靠运行，所以就要求不能漏气。

（2）密封结构越好，设备外部水蒸气往内部渗透量也越小，所充 SF_6 气体的含水量的增长就越慢，因此也必须要求漏气量越小越好。

任何一种电气设备，无论密封结构如何优良，也不能达到绝对不漏气，只是程度大小的差别。所以正常使用的气体压力是一个给定的范围，最高值为额定压力，最低值为闭锁压力，两者之差通常不超过 0.1MPa，在接近闭锁压力值的位置给出一个报警压力值。当设备内部气体泄漏到报警压力值时，由密度继电器发出电信号进行报警，这时必须对设备补气。

从原理上讲，对 SF_6 断路器应监视 SF_6 气体的密度，而不是监视气体的压力。但是在工程实践中要监视其密度是非常困难的事情。只能测量气体的压力，再通过一定的压力—温度修正，比较粗略地估计 SF_6 气体是否漏气。在现行的有关运行规程中规定，运行人员在记录气体压力的同时，要记录环境温度，再根据环境温度下的压力折算到20℃时的压力是否发生变化，通过比较来判断 SF_6 气体是否泄漏。

2. SF_6 电气设备的检漏方法

SF_6 电气设备的检漏有两种方法：① 定性检测；② 定量检测。

（1）定性检测。定性检漏只能确定 SF_6 电气设备是否漏气，判断是大漏还是小漏，不能确定漏气量，也不能判断年漏气率是否合格。定性检测的主要方法是检漏仪检测法，采用校验过的 SF_6 气体检漏仪，沿被测面以大约 25mm/s 的速度移动，无泄漏点发现，则认为密封良好。这种方法一般用于 SF_6 设备的日常维护。

（2）定量检测。可以判断产品是否合格，确定漏气率的大小，主要用于设备制造、安装、大修和验收。根据国家标准规定，SF_6 漏气程度的大小可以用绝对漏气率 F 和相对年漏气率 F_y 表示。绝对漏气率 F，简称漏气率，它是单位时间内的漏气量，以 $MPa \cdot m^3/s$ 为单位。相对年漏气率 F_y，简称年漏气率，它是设备或隔室在额定充气压力下，在一定时间内测定的漏气量换算成一年时间的漏气量与总充气量之比，以年漏气百分率表示。定量检测有四种方法：

1）扣罩法（整体检测法）。扣罩法即用塑料薄膜、塑料大棚、密封房等把试品罩住（塑料薄膜可以制成一个塑料罩，内有骨架支撑，塑料罩不得漏气），也可以采用金属罩。扣罩前吹净试品周围残余的 SF_6 气体。试品充 SF_6 气体至额定压力后不少于 6～8h 才可以扣罩检漏。扣罩 24h 后用检漏仪测试罩内 SF_6 气体的浓度。测试点通常选在罩内上、下、左、右、前、后，每点取 2～3 个数据，最后取得罩内 SF_6 气体的平均浓度，计算其累计漏气量、绝对泄漏率、相对泄漏率等。

使用塑料薄膜封闭被检测产品时，罩子的高度尺寸应比试品高度大一些，这样便于用物品将罩子底边压在地面上，同时还应当避免空气流动速度太大，只有这样才能使罩子内部气体不与上部空气产生交换作用，以保证定量检测结果的准确性。多次实践证明，这种用塑料薄膜罩定量检测的方法对安装在露天场所的产品是不适宜的。其原因是罩子的体积较大，重量又轻，就是在微风的天气条件下，塑料薄膜罩也会产生不同程度的摆动，使罩子内外气体不停地交换，使检测结果超出误差范围，甚至达到不可相信的程度。

2) 挂瓶法。SF_6 开关设备的密封结构形式主要有三种：① 平面密封，例如瓷套管两端连接处，瓷套管与瓷套管之间连接处以及各种箱、罐的孔盖等的密封形式都是平面密封，在一台设备中大部分属于这种密封形式。② 滑动密封，例如断路器的绝缘拉杆下部伸出支持瓷套外部的连杆处的密封结构就属于此种密封形式。③ 各种测量仪表和控制信号系统的管路密封。一种 SF_6 设备能否使用挂瓶法进行检漏，主要由平面密封结构形式决定。下面先分析平面密封结构情况，从而引出挂瓶法检漏法的原理。

图 2-8-1 所示是一种平面密封结构的剖视图，这种密封结构是在一个法兰盘平面上加工一方形截面的圆槽，通常称为密封槽，槽的加工精度很高。在槽中放置一个光滑的软橡胶圈，当另一个平面很光滑的法兰与之压紧时，起到密封高压力气体的作用。因为这种密封采用两个法兰平面压紧一个橡胶圈，所以称为平面密封。上面已经叙述过，无论密封结构的密封性能多么优良，也会存在程度不同的漏气现象，在这种密封结构情况下，设备内部的 SF_6 气体还是会从密封性能薄弱点透过橡胶圈向各个方向的大气中散发。有的平面密封具有两个密封圈，这种结构的设计意图是，里面的一个密封圈起主要作用，当微量的气体从内部泄漏到两道密封圈之间的小气隙后，外层密封圈又起到密封作用，使从设备内部泄漏过来的气体只有极微量泄漏到大气中去，这样使得总的密封性能在一道密封圈的基础上得到了加强。

另外，还有一种平面密封结构，如图 2-8-2 所示，它与上面叙述的密封结构基本相同，不同之处是在两个密封圈中间有一个孔通向外部大气。当试品内部的 SF_6 气体的微量部分通过内层密封圈以后，在里外两层密封圈之间的空间聚集并从小孔流向设备外部大气，这时如果在气流出口处连接一个容积数为已知的容器，等待一定时间，用前述的任何一种检漏仪检测该容器内的气体含 SF_6 成分的浓度值，就可以计算出此密封面的漏气率。

这种密封结构只有内层的密封圈起到密封作用，外层密封圈仅仅是为了检测漏气率而设置的，如果一种 SF_6 开关设备的各个平面密封结构都是如此，则可以同时检测出各个密封面的

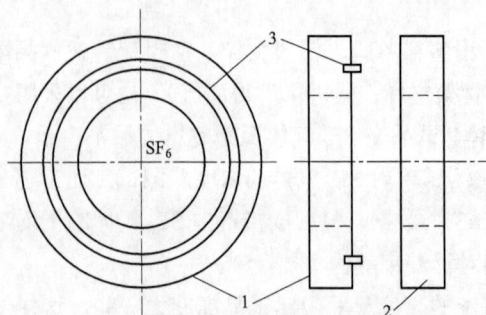

图 2-8-1 平面密封结构剖视图（不可使用挂瓶法）
1、2—法兰盘；3—密封槽以及密封圈

漏气率，这种检测方法称为分部检测方法，又因为通常用一个塑料瓶与所检测部位出气孔连接起来，使 SF₆ 气体流入瓶内，再进行检测，所以将此种方法称为挂瓶法。很显然，前面一种平面密封结构的设备不能用挂瓶法检测。

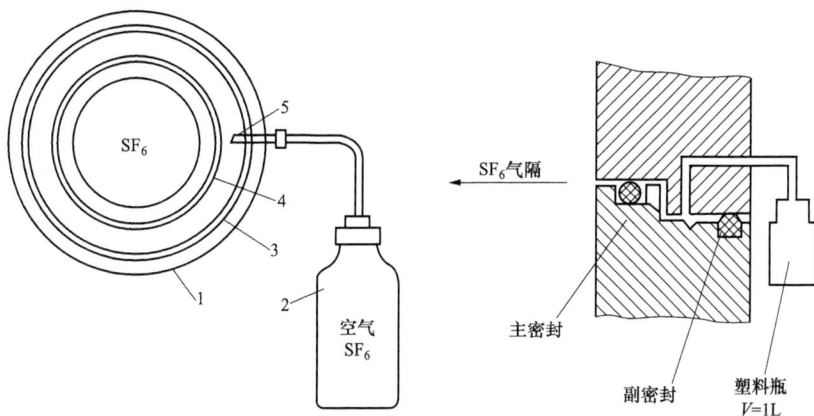

图 2-8-2　平面密封结构（可使用挂瓶法）
1—法兰；2—检漏瓶；3—外层密封圈；4—内层密封圈；5—与外部相通的孔

挂瓶法所用的检漏瓶，是在一个塑料瓶的瓶盖上钻一个孔，通过塑料瓶接头与一段约 100mm 长的软橡胶管连接，而橡胶管的另一端与被检测部位的螺孔连接上，等待预定的时间 t 后，拆下检漏瓶，用检漏仪的探头吸嘴对准瓶盖上的橡皮管口，测量瓶中的 SF₆ 气体浓度，再计算出漏气率的数值。

现场挂瓶检漏的方法和程序如下：① 将检漏瓶用氮气或压缩空气吹洗干净并用检漏仪检查确空无 SF₆ 气体，检查瓶盖连接胶管、连接螺钉密封良好。② 将瓶子挂在试品检漏孔上，拧紧螺钉，并记好挂瓶时间。③ 挂瓶 33min（约 2000s）后取下瓶子，摇动检漏瓶使瓶内 SF₆ 气体充分搅匀，用灵敏度不低于 $0.01×10^{-6}$（体积分数）的、经校验合格的检漏仪，测量挂瓶内 SF₆ 气体的浓度。根据测得的浓度计算试品累计的漏气量、绝对泄漏率、相对泄漏率等。

3）局部包扎法。局部包扎法一般用于组装单元和大型产品的情况。其原理跟扣罩法基本相同。包扎时可采用 0.1mm 厚的塑料薄膜按被试品的几何形状围一圈半，使接缝向上，包扎时尽可能构成圆形或者方形。经整形后，边缘用白布带扎紧或用胶带沿边缘粘贴密封。塑料薄膜与被试品间保持一定的间隙，一般为 5mm。包扎一段时间（一般为 24h）后，用检漏仪测量包扎腔内 SF₆ 气体的浓度。根据测得的浓度计算漏气率等指标。

4）压力降法。压力降法适用于设备气室漏气量较大的设备检漏，以及在运行中用于监督设备漏气的情况。它的原理是测量一定时间间隔内设备的压力差，根据压力降低的情况来计算设备的漏气率。方法是：先测定压降前的 SF_6 气体压力 p_1，根据 p_1 和当时的温度（T_1）换算出 SF_6 气体密度 ρ_1，过一段较长的时间间隔，如 2～3 个月或半年，再测定压降后的 SF_6 气体压力 p_2，根据 p_2 和当时的温度（T_2）换算出 SF_6 气体密度 ρ_2，根据 SF_6 气体在一定时间间隔内密度的改变计算漏气率。

3. 泄漏量计算

SF_6 电气设备中气体的泄漏直接影响电网的安全运行和人身安全，所以 SF_6 气体泄漏量检查是 SF_6 电气设备交接和运行监督的主要项目。依据 GB/T 8905—1996《SF_6 电气设备中气体管理和检测导则》，SF_6 电气设备中气体的泄漏量是以设备中每个气室的年漏气率来衡量的，规定年漏气率不应大于 0.5%。

（1）相关名词。

1）检漏：检测设备泄漏点和泄漏气体浓度的手段。

2）累计泄漏量：整台设备所有漏气量的总和。

3）绝对泄漏率：单位时间内气体的泄漏量，以 Pa·m^3/s 或 g/s 表示。

4）相对泄漏率：设备在额定充气压力下的绝对泄漏量与总充气量之比，以每年的泄漏百分率表示（%/年）。

5）补气间隔时间：从充至额定压力起到下次必须补充气体的间隔时间。

（2）漏气量以 Pa·m^3/s 表示的计算法。若用扣罩法检查设备的泄漏情况，以 F_0 表示单位时间的漏气量，F_y 表示年漏气率，则计算如下

$$F_0 = \frac{\varphi(V_m - V_1)p_s}{\Delta t} \qquad (2\text{-}8\text{-}1)$$

式中　F_0 ——单位时间漏气量，Pa·m^3/s；

　　　φ ——扣罩内 SF_6 气体的平均浓度（体积分数），10^{-6}；

　　　V_m ——扣罩体积，m^3；

　　　V_1 ——SF_6 设备的外形体积，m^3；

　　　Δt ——扣罩至测量的时间间隔，s；

　　　p_s ——扣罩内的气体压力，MPa。

$$F_y = \frac{F_0 t}{V(p_r + 0.1)} \times 100\% \qquad (2\text{-}8\text{-}2)$$

式中　F_y ——年泄漏率，%；

　　　V ——设备内充装 SF_6 气体的容积，m^3；

　　　p_r ——SF_6 设备气体充装压力（表压），MPa；

　　　t ——以年计算的时间，每年等于 31.5×10^6s。

（3）漏气量以 g/s 表示的计算法。若用局部包扎法来检查设备的泄漏情况，假设共包扎了 n 个部位，单位时间内的漏气量以 F_0 表示，年泄漏率以 F_y 表示，计算如下

$$F_0 = \frac{\sum_{i=1}^{n} \varphi_i V_i \rho}{\Delta t} \qquad (2\text{-}8\text{-}3)$$

式中　ρ ——SF$_6$ 气体的密度（6.16g/L）；

　　　φ_i ——每个包扎部位测得的 SF$_6$ 气体泄漏浓度（体积分数），10^{-6}；

　　　V_i ——每个包扎腔的体积，m^3；

　　　Δt ——包扎至测量的时间间隔，s。

$$F_y = \frac{F_0 t}{Q} \times 100\% \qquad (2\text{-}8\text{-}4)$$

式中　t ——以年计算的时间，每年等于 31.5×10^6s；

　　　Q ——设备内充入 SF$_6$ 的气体总量，g。

（4）压力降法检查泄漏的计算法。若以压力降法检查设备的漏气情况，要考虑 SF$_6$ 的温度、压力和密度三者的关系，按两次检查记录的设备 SF$_6$ 气体压力和检查时的环境温度算出 SF$_6$ 气体的密度，据此计算年泄漏率 F_y 如下

$$F_y = \frac{\Delta \rho}{\rho_1} \times \frac{t}{\Delta t} \times 100\% \qquad (2\text{-}8\text{-}5)$$

$$\Delta \rho = \rho_1 - \rho_2$$

式中　$\Delta \rho$ ——SF$_6$ 气体在两次检查时间间隔内的密度变化；

　　　ρ_1 ——第一次检查设备压力时换算出的气体密度；

　　　ρ_2 ——第二次检查设备压力时换算出的气体密度；

　　　Δt ——两次检查之间的时间间隔，月；

　　　t ——以年计算的时间，每年等于 12 个月。

（5）计算举例。采用局部包扎法检测 SF$_6$ 电气设备年漏气率。已知包扎部位与检测浓度见表 2-8-1。

表 2-8-1　　　　　　　　　　　包扎部位与检测浓度

项目	V_1	V_2	V_3	V_4	V_5	V_6	V_7
体积（L）	10	10	10	10	10	1	1
浓度（10^{-6}）	40	30	36	60	80	20	30

设备内 SF$_6$ 气体填充量为 24kg，间隔时间 24h，则

$$F_0 = \frac{\sum\limits_{i=1}^{n} \varphi_i V_i \rho}{\Delta t}$$

$$= \frac{2510 \times 10^{-6} \times 6.16}{60 \times 60 \times 24} = 1.78 \times 10^{-7} \ (\text{g/s})$$

$$F_y = \frac{F_0 t}{Q} \times 100\%$$

$$= \frac{1.78 \times 10^{-7} \times 31.5 \times 10^6}{24 \times 10^3} \times 100\% = 0.02 \ (\% / \text{年})$$

4. 注意事项

（1）现场检测方法的选择。通过以上论述和举例，可以看到，目前 SF_6 气体泄漏检测，其方法还比较粗略，检测的精度还比较低。

就几种检测方法相对比较而言，扣罩法比较准确，但由于被测设备体积大，在现场应用有一定难度。扣罩体积大，泄漏气体浓度相应降低，对检漏仪的精度要求相应提高，因此扣罩法一般只适用于生产厂家对出厂产品做密封试验时使用。

压力降法受压力表精度限制，要求两次检测时间间隔要长，这对设备安装大修后要求立即进行检漏是不适用的，只能作为一般的日常监测。

挂瓶法作为检漏的一种方法，也比较准确，但对电气设备的密封结构有特殊要求。这种方法仅仅适用于法兰面有双道密封槽并留有检漏孔的 SF_6 电气设备，一般电气设备无法应用。所以现场 SF_6 电气设备的检漏目前应用较多的还是局部包扎法。

局部包扎法在现场使用简单易行，包扎体积紧凑，泄漏气体易于检测。但包扎法的密封性差，检测精度相对较低。

（2）现场检测误差来源。扣罩法、局部包扎法、挂瓶法、压力降法测得的结果与实际泄漏值都有一定的误差。引起误差的主要原因有：

1）收集泄漏 SF_6 气体的腔体不可能做到绝对密封，泄漏气体有外泄的可能。

2）扣罩法、局部包扎法在估算收集腔体积时存在误差，包扎腔不规则，估算体积不准确。

3）环境中残余的 SF_6 气体带来影响。

4）检漏仪的精度影响造成检测误差。

（3）现场检测注意事项。为了减少测量误差，在现场进行 SF_6 电气设备气体泄漏检测时，要求做到以下事项。

1）SF_6 电气设备充气至额定压力，经过 12～24h 之后方可进行气体泄漏检测。

2）为了消除环境中残余的 SF_6 气体的影响，检测前应该吹净设备周围的 SF_6 气体，双道密封圈之间残余的气体也要排尽。

3）采用包扎法检漏时，包扎腔尽量采用规则的形状，如方形、柱形等，使易于估算包扎腔的体积。在包扎的每一部位，应进行多点检测，取检测的平均值作为测量结果。

4）采用扣罩法检漏时，由于扣罩体积较大，应特别注意扣罩的密封，防止收集气体的外泄。检测时应在扣罩内上下、左右、前后多点测量，以检测的平均值作为测量结果。

5）定性检漏可以比较直观的观察密封性能，对于定性检漏有疑点的部位，应采用定量检漏确定漏气的程度。经检查，如发现某一部位漏气严重，应进行处理，直到合格。

6）定量检漏的标准是按每台设备年漏气率小于 0.5% 来控制的。这个标准是比较宽的。设备生产厂家一般对每个密封部位的密封性能有不同的要求。现场检漏可参照生产厂家要求执行。

二、密度继电器校验

由于 SF$_6$ 气体密度继电器是通过设备内 SF$_6$ 气体与一个密封在小气室内的纯 SF$_6$ 气体的压力比较，而得到控制信息的。同时 SF$_6$ 电气设备绝对禁油，也不允许混入其他气体，因此，使用油或其他气体校验 SF$_6$ 气体密度继电器是不允许的，只能以 SF$_6$ 气体作为检测介质。为避免采用设备本体中的气体，要求校验仪器能自带 SF$_6$ 气罐，并且压力可调。同时，又要求仪器最好能对现场校验结果自动进行温度换算。

1. 密度继电器校验台的基本构造

密度继电器校验台主要由储气缸、压力显示屏、气路连接部分和触点连接 4 部分组成。图 2-8-3 为某型号 SF$_6$ 气体密度继电器校验台。

（1）储气缸。储气缸内充有一定的气体（压力在 0.7MPa 左右），调节缸内的气体压力可以上升或者下降。

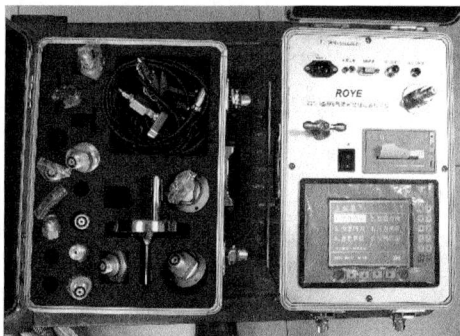

图 2-8-3　某型号 SF$_6$ 气体密度继电器校验台

（2）压力显示屏。指示气体压力，同时可提供换算到 20℃ 时的气体压力。

（3）气路连接部分。与密度继电器的气路连接。

（4）触点连接部分。与密度继电器的触点连接。

2. 校验步骤

密度继电器校验台与 SF$_6$ 电气设备的气路和触点的连接如图 2-8-4 所示。

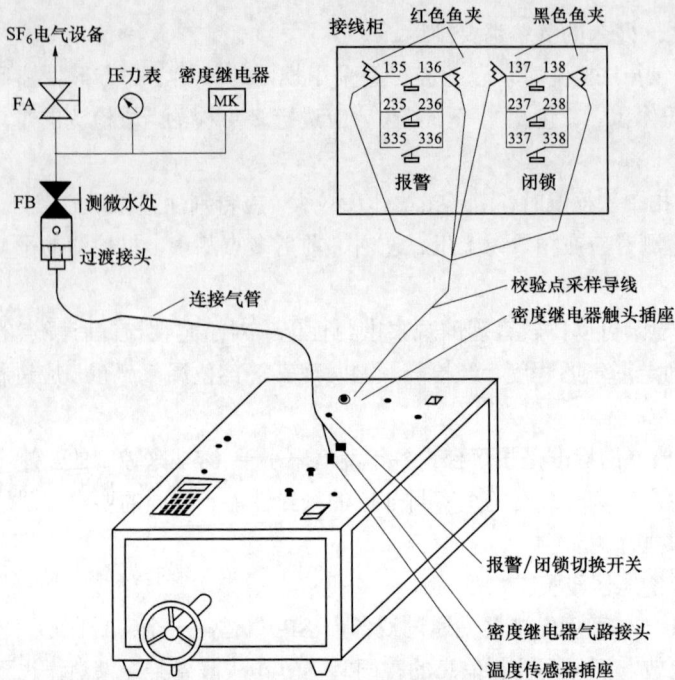

图 2-8-4　密度继电器校验台与 SF₆ 电气设备的气路和触头的连接

（1）将被测设备的密度继电器气路与设备本体气路切断。

（2）将被测设备的密度继电器控制回路电源切断。

（3）将密度继电器校验台气路连接部分与被测密度继电器的气路连接。

（4）将密度继电器校验台触点插座接到被测密度继电器的相应触点上。

（5）调节密度继电器校验台储气缸的压力，使其达到被测密度继电器的报警或闭锁压力。

（6）记录密度继电器达到报警或闭锁的动作值或返回值（记录数值应校正到 20℃时的压力值）。

（7）对于同时安装有压力表的设备，校验报警或闭锁的动作值或返回值时，可同时记录压力表的示值，与密度继电器校验台的给出压力值比对（另外可按需要增校 2～4 点不同压力值）。每块压力表应校验 5～8 点。

（8）没有安装的密度继电器校验按（3）～（6）执行。

3. 注意事项

（1）密度继电器的校验可以在现场进行，也可以把密度继电器拆下来校验。但建议在条件允许时最好现场校验，这是因为：现场的安装检修时间一般都安排比较紧张，从设备上拆下密度继电器拿到试验室检测相对浪费时间，而且这样做破坏了设备原有的密封情况，校验后重新安装不能保证原有的密封性能；密度继电器属于精密器件，校验后经过运送达到现场，安装后不一定能保持准确性和稳定性。

（2）在现场校验的密度继电器，由于是利用校验台的气缸中气体的压缩来升高或降低气体的压力，所以校验前应该首先断开密度继电器与设备主体的气路联系。没有断开可能的设备无法在现场校验。

（3）密度继电器校验台利用了 SF_6 气体的 p–V–T 的关系，在显示压力的同时，还可以将校验数据换算成20℃的压力值。所以可以同时对密度继电器的压力表进行校验。

（4）校验时应该注意的问题是触点的连接。应该根据设备继电保护图，选择适当的连接位置。避开动合或动断的位置。

（5）密度继电器校验台本身的校验可以创造条件，利用经计量部门检定合格的高精度的压力表来传递校验。

【思考与练习】

1. 为什么要对 SF_6 断路器进行检漏？

2. 定量检测主要有哪几种方法？

3. 简述现场挂瓶检漏的步骤。

4. 简述现场对 SF_6 气体密度继电器进行校验的步骤。

5. 对 SF_6 气体密度继电器进行校验的注意事项是什么？

◢ 模块9 SF_6 气体微水量测试（Z15E2009Ⅱ）

【模块描述】本模块包含 SF_6 气体微水量的测试方法、测试结果超标的原因分析和相应的处理工艺。通过知识要点的归纳讲解、操作技能训练，掌握 SF_6 气体微水量测试的操作技能。

【模块内容】

一、SF_6 电气设备中水分的来源和危害

1. SF_6 电气设备中气体水分的主要来源

（1）SF_6 新气中含有的水分，主要是生产过程中混入的。另外，SF_6 气瓶存放时间过长，气体密封不严，大气中水分也会向瓶内渗透。

（2）SF_6 高压电气设备生产装配中混入的水分是生产装配时附着在设备腔中内壁上的水分不可能完全排除干净；另外，设备中的固体绝缘材料（主要是环氧树脂浇注品）中的水分随时间延长也可以逐步地释放出来。

（3）大气中的水汽通过 SF_6 电气设备密封薄弱环节渗透到设备内部。

2. SF$_6$ 气体中的水分对设备的危害

SF$_6$ 电气设备中气体含有的水分可与 SF$_6$ 分解产物发生水解反应产生有害物质，可能影响设备性能，并危及运行人员的安全。因此，国内外对于 SF$_6$ 气体中微量水分的分析、监测和控制都十分重视。

（1）水解反应生成氢氟酸、亚硫酸，严重腐蚀电气设备。

（2）加剧低氟化物分解。

（3）使金属氟化物水解，并进一步水解成剧毒物质。

（4）在设备内部结露，容易产生沿面放电（闪络）而引起事故。

二、危险点分析及控制措施

作业中危险点分析及控制措施见表 2-9-1。

表 2-9-1　　　　　　　　作业中危险点分析及控制措施

序号	危险点	控 制 措 施
1	误入、误登带电间隔	（1）工作前向作业人员交代清楚临近带电设备，并加强监护。 （2）工作人员应走指定通道，在遮栏内工作，严禁擅自移动和跨越遮栏。 （3）严禁攀登运行设备构架
2	有毒气体毒害作业人员	（1）周围环境相对湿度应不大于 80%；工作区空气中 SF$_6$ 气体含量不得超过 1000μL/L。 （2）如果室内工作，需在工作前开启强力通风装置，工作人员需做好防护措施，如穿好防护服
3	高空坠落	在装、拆试验接线时，必须系好安全带。使用绝缘梯子时，必须有人扶持或绑牢
4	带电设备出现故障	（1）尽量避免对带电设备进行测试，特别是对于止回阀结构的设备，建议在停电状态下进行微水量的检测。 （2）必须带电检测时，如发现 SF$_6$ 气体压力异常，应立即关闭控制阀门
5	触电	在设备带电情况下进行检测时，试验人员应了解带电区域和范围，注意安全距离；临近高压电测试时，工作地点附近隔离并接地

三、测试前的准备

1. 资料准备

查阅被测试设备历年试验数据、设备运行情况记录和编写作业指导书。

2. 测试仪器、设备的准备

选择合适的水分仪、测试线、温度表、湿度表、梯子、安全带、安全帽等。

3. 办理工作票并做好试验现场安全和技术措施

向其余试验人员交代工作内容、带电部位、现场安全措施、现场作业危险点，明确人员分工及试验程序。

四、现场测试步骤及要求

1. 测试仪器和设备的连接

本模块以 SF_6 高压断路器为例，其气路系统如图 2-9-1 所示。

2. 测试步骤

（1）将仪器与被测试设备经设备检测口、连接管路、接口相连接。

（2）接通气路，用 SF_6 气体短时间的吹扫和干燥连接管路与接口。

（3）测试仪器开机检测，待仪器读数稳定后读取结果，同时记录检测时的环境温度和湿度。

五、测试结果分析

1. 测试标准

SF_6 电气设备在 20℃时气体湿度的允许值见表 2-9-2。

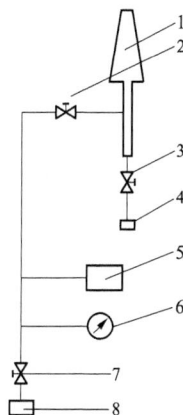

图 2-9-1　SF_6 高压断路器的气路系统
1—断路器本体；2—截止阀（常开）；
3、7—截止阀（常闭）；4—SF_6 充放气口；
5—SF_6 密度继电器；6—SF_6 压力表；
8—气体检查口

表 2-9-2　　　　　SF_6 电气设备气体湿度的允许值（20℃时）

隔室	有电弧分解物的隔室（μL/L）	无电弧分解物的隔室（μL/L）
交接验收值	≤150	≤250
运行允许值	≤300	≤500

注　SF_6 设备中气体压力在 0.1MPa 表压以下湿度允许值可以放宽。由供需双方商定。

2. 测试结果分析

（1）露点式水分仪读取的露点值，需查冰面的饱和水蒸气压力 p_W（MPa），然后通过计算即得体积分数。

（2）将测试值换算到 20℃时的数值。

六、注意事项

（1）检测工作应尽可能安排在环境温度在 20℃左右时进行（至少应考虑在 10～30℃检测），并且每次测量时的季节和环境温度应尽可能接近。

（2）每次检测尽可能使用同一仪器、固定检测人员，以便测量结果的分析与比较，提高测量数据的准确度和可比性。

（3）对变压器和互感器等有线圈的气室，如用露点仪检测的结果有疑问，应换用其他原理的仪器进行检测（如电解法或阻容法水分仪），以避免其他杂质（如烃类）对测量结果的影响。

（4）必要时，可在采样管道中加装过滤装置，以去除粉尘杂质对测量结果的影响。

（5）注意加强对微水量测试仪这类精密仪器的日常维护与保养。

（6）生产、研制、开发单位应根据现场使用情况进一步改进仪器的性能、连接气管的材质、取样阀、接头的密封性等，以提高测试结果的准确性，真正反映设备的运行情况。

（7）新安装的设备，SF_6 气体充气至额定压力，24h 以上后方可进行气体湿度检测。

（8）推荐在一个大气压下检测。推荐使用不锈钢、铜、聚四氟乙烯材质的连接管路与接口。

（9）由于受 SF_6 的液化温度的影响，对较干燥的气体，露点式水分仪不能得到确切的测试数值，即使在设备压力下测量也无法避免，此时建议不要使用露点式水分仪，推荐使用阻容式水分仪测量。

【思考与练习】

1. SF_6 电气设备中气体水分的主要来源有哪些？

2. SF_6 气体中含有水分对 SF_6 断路器的危害是什么？

3. 简述现场对 SF_6 断路器进行微水量测试的步骤。

4. 对 SF_6 断路器进行微水量测试的注意事项是什么？

◢ 模块 10 3AQ1 EE 型 SF_6 断路器检修（Z15E2010Ⅲ）

【模块描述】本模块包含 3AQ1 EE 型 SF_6 断路器的检修工艺、质量标准，通过学习，掌握 3AQ1 EE 型 SF_6 断路器的大修流程、工艺要求以及识绘各种复杂的设备施工图的能力。

【模块内容】

随着新技术的推广和新设备、新材料的应用，SF_6 断路器以其安全可靠、维护方便和使用寿命长等优势，逐渐取代少油断路器，在电力系统中得到了广泛使用，并对电力系统的安全、经济、稳定运行起到了重要的作用。本模块主要介绍目前常用的西门子（杭州）高压开关有限公司生产的型号为 3AQ1 EE-252 型 220kV SF_6 断路器。

一、结构原理

如图 2-10-1 所示为 3AQ1 EE-252 型断路器整体构造，3AQ1 EE-252 型断路器的灭弧室是一种定开距（石墨触头）结构。断路器三相瓷柱内采用 SF_6 气体作为绝缘和灭弧介质，三相设计户外式，配液压操动机构。灭弧所需的灭弧介质压力在分闸过程中通过灭弧单元中的一个压气活塞设备形成。断路器的每个相装有一液压操动机构，以使断路器适用于单相和三相的自动重合闸。

断路器的三相经由管道与一个气室相连，SF$_6$气体密度由一只密度计监控，压力由一只压力表显示；液压储能筒的压力由压力监控器监控并通过一只压力表显示。每个断路器相配有一个液压操动机构，它们都固定在开关基架上；操作能量通过液压储能筒中压缩氮气储存。固定在断路器基架上的控制箱中，装有用于断路器控制和监测的设备及所需的接线端子排。

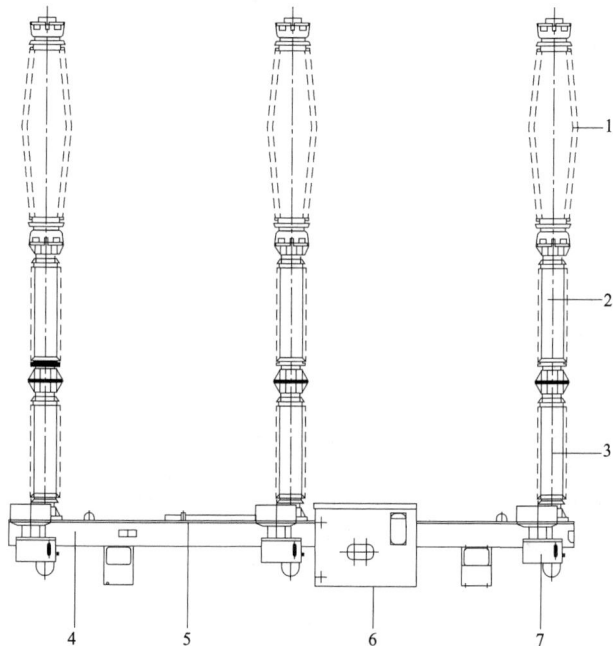

图 2-10-1 3AQ1 EE 型 SF$_6$ 断路器整体构造
1—灭弧室；2、3—绝缘支柱；4—断路器基架；5—液压储能筒；6—控制箱；7—液压机构

二、检修内容

（1）3AQ1 EE 型 SF$_6$ 断路器本体检查；

（2）3AQ1 EE 型 SF$_6$ 断路器操动机构的检修；

（3）3AQ1EE 型 SF$_6$ 断路器液压系统排气。

三、作业前准备

（一）技术资料的准备

检修前收集需检修断路器的运行、检修记录和缺陷和异常情况，分析设备运行中外部故障对设备的影响，对设备运行参数记录，如温度、电压、电流等进行分析。认真统计核实运行中记录的开关操作次数及开断短路电流的次数和使用年限，检查断路器的各项技术参数。参考定期预试报告和上次检修记录，确定检修项目，制订断路器的检修方案和作业指导书。从档案室调出需检修断路器的相关资料信息，如操作说明书、电气原理图、出厂试验报告。准备好有关资料，如检修报告等。

（二）检修场地准备

选干燥和清洁的检修场地，四周设置安全围栏并挂好安全标示牌。根据检修方案，准备检修所需要的工器具、材料、备品备件、试验仪器和仪表等，准备好专用工作服、防毒面具及其他防护用品，运至检修现场。仪器仪表、工器具应检验合格，满足本次施工的要求。材料应齐全，图纸及资料应符合现场实际情况。

（三）工器具、备品备件准备

（1）检修工器具准备如表 2-10-1 所示。

表 2-10-1　　　　　　　　检 修 工 器 具

序号	名称	型号规格（精度）	单位	数量	备注
1	开口扳手	8 件	套	1	
2	塑料桶	中号	只	1	
3	油勺	—	只	2	
4	周转箱	中号	只	1	
5	绝缘棚梯	8m	部	1	
6	减压阀	—	只	1	
7	双控双保险安全带	DW2Y	支	2	
8	力矩扳手	20～100Nm	把	1	
9	力矩扳手	80～300Nm	把	1	
10	充气装置		套	1	
11	大力钳	—	把	2	
12	绝缘电阻表	1000V	只	1	
13	电源接线盘	380V/220V	只	1	
14	单相电源接线板		块	1	
15	工具箱		只	1	
16	SF_6 检漏仪		台	1	
17	高架车	10m	辆	1	
18	标准压力表	0～1MPa	只	1	
19	回路电阻测试仪		台	1	
20	滤油机		台	1	

续表

序号	名称	型号规格（精度）	单位	数量	备注
21	断路器特性仪		台	1	
22	万用表		只	1	
23	个人 SF_6 防护装备		套	2	

（2）断路器检修所用的主要备品备件及消耗性材料如表 2-10-2 所示。

表 2-10-2   备品备件及消耗性材料

序号	名称	型号规格	单位	数量	备注
1	无纺布	—	kg	2	
2	砂纸	0、1 号	张	2	
3	无水乙醇	分析醇	瓶	1	
4	白布	漂白	m	1	
5	小毛巾	—	块	3	
6	塑料布	—	m	10	
7	铅笔	—	支	1	
8	记号笔	—	支	2	
9	洗手液	—	瓶	1	
10	纱手套	—	副	3	
11	绝缘胶布	KCJ-30	卷	0.5	
12	厌氧胶	Y-150	瓶	0.5	
13	生料带	—	卷	1	
14	油漆	防锈漆	kg	0.5	
15	油漆	醇酸漆	听	3	
16	漆刷	2 寸	把	5	
17	SF_6 气体	新气	瓶	1	
18	分、合闸线圈	3AQ 专用	只	各1	
19	辅助开关	3AQ 专用	只	1	
20	密度继电器	3AQ 专用	只	1	
21	压力开关	3AQ 专用	只	1	
22	电力脂		支	1	
23	凡士林		kg	1	
24	专用液压油		kg	15	

注：可根据实际情况而增减。

（3）故障（例如漏气）处理现场工作所需要的工具、仪器、器具以及现场易耗品：开口扳手一套、万用表一只、便携式 SF_6 气体定性检漏仪（检漏精度不低于 100ppm）一台、充气装置一套、温度表一只、相应型号断路器气管的闷头、闷盖三相套（新开关到达现场时每次均有提供）、SF_6 微水测试仪一台、SF_6 气体回收装置；清洁用纸（柔软不掉毛屑），金相砂纸或水砂纸，密封圈（种类和数量依照现场处理的部位以及现场处理的方案而定），凡士林 50g，硅胶一支（300ml），硅胶枪一把，每台足量检测合格的 SF_6 气体（事先准备好，自行采购或向西门子公司购买）。

3AQ1 EE–252 型断路器的 SF_6 气体用量，每组 20kg；配备检修人员：2 人（一次）。

四、危险点分析与控制措施

3AQ1 EE 型 SF_6 断路器检修工作的危险点分析与预控措施如表 2–10–3 所示。

表 2–10–3 危险点分析与预控措施

序号	危险点或危险因素		防范或安全措施
1	人身触电	拆、接低压电源	（1）应由两人进行，一人操作，一人监护。 （2）检修电源应有漏电保护器；电动工具外壳应可靠接地。 （3）检修前应断开交、直流操作电源及储能电机、加热器电源；严禁带电拆、接操作回路电源接头。 （4）螺钉旋具等工具金属裸露部分除刀口外包绝缘
		误碰带电设备	（1）运长物件，应两人放倒搬运。 （2）搭设脚手架，应与带电设备保持安全距离。 （3）吊车进入高压设备区必须由专人监护、引导，按照指定路线行走；工作前应划定吊臂和重物的活动范围及回转方向。确保与带电体的安全距离：220kV 不小于 6m。 （4）高架车作业时，时刻注意与相邻带电设备的电气距离，与周围相邻带电设备的安全距离 220kV 不小于 6m
		感应触电	（1）在强电场下进行部分停电工作应增加保安接地线。 （2）检修人员必须在断开试验电源并放电完毕后才能工作
		误登带电设备	（1）被修设备与相邻运行设备必须用围栏明显隔离并悬挂警示牌。 （2）中断检修每次重新开始工作前，应认清工作地点、设备名称和编号；严禁无监护一人工作
2	高空摔跌	梯子使用不当	（1）梯子应绑牢、防滑；梯上有人，禁止移动。 （2）登高时严禁手持任何工器具。 （3）使用升降梯前应仔细检查，升到一定高度后应按规定设置横绳
		高处作业	正确使用安全带，严禁低挂高用
		传动部件带落人员	手动和电动操作前必须呼唱并确认人员已离开传动部件和转动范围及动触头的运动方向
3	物体打击	引线突然弹出打击	拆、装的引线应用绝缘绳传递，引线运动方向范围内不准站人
		零部件跌落打击	（1）零部件上下应使用传递绳。工器具、物品上、下应用绳子和工具袋传递，禁止抛掷。 （2）不准在脚手板上存放零部件和其他物品

续表

序号	危险点或危险因素		防范或安全措施
3	物体打击	绝缘子突然断落	（1）拆装均压电容或合闸电阻须用吊车或专用吊具系好吊稳。 （2）不得将绝缘子作为安全带固定点
4	机械伤害	机构高压油伤人	工作前必须将机构释能
		操作伤人	就地及远方操作时应确认断路器本体无人员工作
5	其他	SF_6泄漏	注意检漏，如发现SF_6渗漏，启动通风设备。必要时应穿戴防护服及防毒面具
		SF_6生成有毒物质	必要时应穿戴防护服及防毒面具。粉末应用毛刷和吸尘器清除

五、检修工艺

（一）外观检查及修前试验

工作班成员到达现场后，按照安全工作规程的要求，先办理工作票，完成开工手续。在断路器停电后，做好安全措施，然后进行断路器的外观检查和修前试验。记录SF_6气体的压力，并与前一次检修数据进行比较；做好各组件的标记；检查液压操动机构各管道接头有无渗漏油，油位是否正常并做记录；进行电动分合闸操作，检查动作情况，测量断路器的机械特性；观察电动机运行情况；测量回路电阻。

通过修前检查、试验，并且跟踪该断路器周期运行情况，分析存在问题，确定检修重点。将断路器处于分闸位置，储能电源断开，并将液压操动机构的油压力释放至零表压后方可进行工作。

（二）检修工艺及要求

1. 断路器本体检查

由于3AQ1EE-252型SF_6断路器产品的要求，断路器本体解体检修必须返厂进行，所以在现场只进行外观检查，并且要求达到西门子公司的产品标准要求。

（1）检查断路器的接线端子连接紧密，螺栓无锈蚀；

（2）检查绝缘支柱外表无污垢，无损坏；

（3）检查绝缘子连接法兰螺栓紧固无锈蚀，用力矩扳手进行。螺栓紧固操作力矩为M12，70Nm；

（4）用检漏仪对各连接部位进行检漏，特别是如图2-10-2和图2-10-3所示的易漏气部位，检漏时尽量在无风或微风中进行，并且检漏人员站在上风口进行，根据原始SF_6气体压力表数据比较，作出判断，泄漏率应不大于1%。

2. 根据温度压力曲线表，SF_6气体压力偏低的进行补气

（1）用检测合格SF_6气体对充气管道进行冲洗；

图 2-10-2　易漏气部位（一）

图 2-10-3　易漏气部位（二）

（2）用专用充气装置的单向接头和断路器的充气接头连接；

（3）将减压调节阀在通气阀关闭时缓慢打开，以避免结冰现象；

（4）充气过程中注意环境温度并观察压力表数据，充气压力最大允许偏差 0.3bar；为防止 SF_6 气体大量泄漏，工作人员应站在上风口。

3. 断路器 SF_6 密度继电器动作值检测

SF_6 密度继电器动作值的检测必须由专业人员来进行。拆下密度计检测法兰的连接螺母，密度计与开关的连接是采用单向止回阀装置，用断路器充气装置的接头与密度计的检测法兰相连接，关闭排气阀，慢慢打开减压阀，观察并记录密度计的动作值。检测完成后，拧紧密度计检测法兰的连接螺母。如动作值超过规定公差，则必须更换密度继电器。

4. 断路器本体接地部分检查

（1）检查接地连接螺栓应紧固无松动；

（2）进行接地电阻的测量，接地电阻 $R < 0.5\Omega$ 为合格；

（3）对接地引下线进行油漆。

5. 断路器气体管道部件漏气的现场处理

先将断路器操作至检修状态，判断漏气部位，漏气是否为断路器的相关表计（压力表、密度继电器）的故障所引起；然后根据判断决定处理方案：更换压力表、密度继电器、密封圈或更换管道上相关的部件。

（1）测试断器处理之前的 SF_6 气体微水的含量；

（2）用 SF_6 气体回收装置将断路器极柱内部的 SF_6 气体减低至 0.5bar；

（3）解除断路器有漏点的管道连接，更换部件，处理漏点，重新连接断路器的管道，补充断路器的 SF_6 气体压力到对应温度下的额定压力；

（4）校验 SF$_6$ 密度继电器的动作值；

（5）在 24h 后测试断路器 SF$_6$ 气体微水含量；

（6）清扫工作现场，如果处理过程中涉及硅胶的密封面，还需要对硅胶的密封面进行处理。

6. 断路器本体转动，传动部位的检查

如图 2-10-4 所示为断路器本体极柱的转动、传动部分示意图。

（1）检查转轴的定位螺栓是否松动；

（2）检查轴销及其他部件是否锈蚀；

（3）检查各转动部位是否灵活。

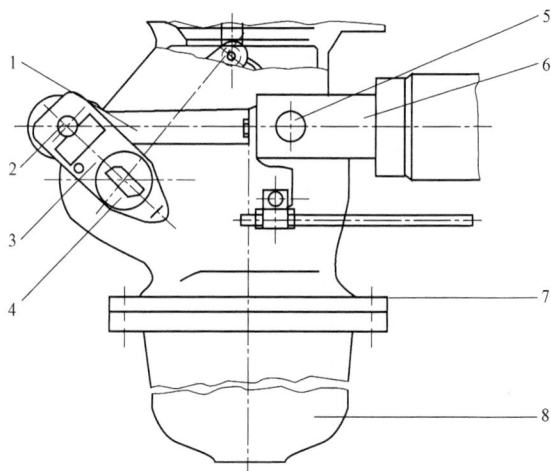

图 2-10-4　连杆的连接部位

1—操动机构连杆；2—连杆；3—传动杠杆；4—转轴；5—连杆；6—叉头；7—辅助开关的连杆；8—滤缸

7. 断路器操动机构中的电机检修、绝缘试验

首先断开操动机构的操作能源及控制能源，拆开电动机的端盖，清扫、检查轴承有无磨损并加润滑脂；然后用 500V 绝缘电阻表测量电机的绝缘电阻，其值应大于 10MΩ，电动机如受潮，应对电动机进行干燥；检查电动机的接线是否松动，接触是否良好。

8. 断路器操动机构的检修

（1）液压系统的检查，如图 2-10-5 所示，检查的项目有：

1）目测的范围包括所有从外面可以看见的液压系统的螺栓连接和接头；

2）检查液压监控单元的主阀，液压储能筒和操动机构的可见部位有无泄漏；

3）检查液压储能筒的漆面，如有损坏、脱落部分，须完整的在底层镀锌并涂上油漆；

4）检查合闸线圈和分闸线圈杠杆的损坏情况；

5）检查线圈的固定位置以及杠杆上的调节螺栓和脱扣器上的铝环螺母。

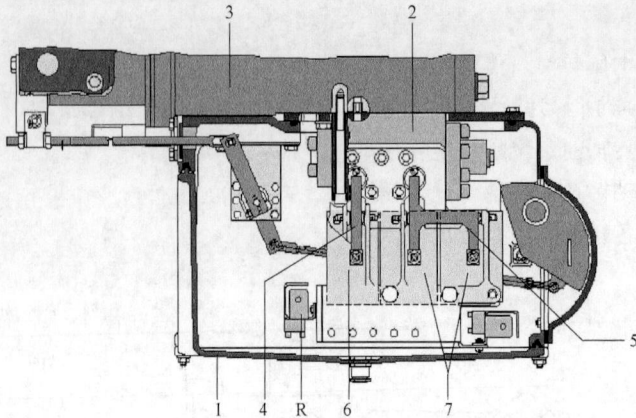

图 2-10-5　辅助开关箱和脱扣器

1—保护罩；2—主阀；3—液压缸；4—合闸线圈杠杆；5—分闸线圈杠杆；6—合闸线圈；7—分闸线圈

（2）检查操动机构液压油油位及油质。在断路器处于分闸位置时，对液压系统进行释压，将操动机构的操作电源和控制电源切断。打开控制箱内的泄压阀，如图 2-10-6 所示。通过液压油箱油位指示计检查油的状况，正常情况下，油为红色，清洁透明，如果油变色或浑油，则须更换。

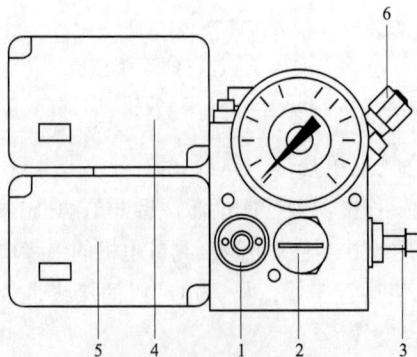

图 2-10-6　液压监控单元

1—泄压阀；2—安全阀；3—油泵吸油管；4—压力开关；5—压力开关；6—测量接头（承压油）

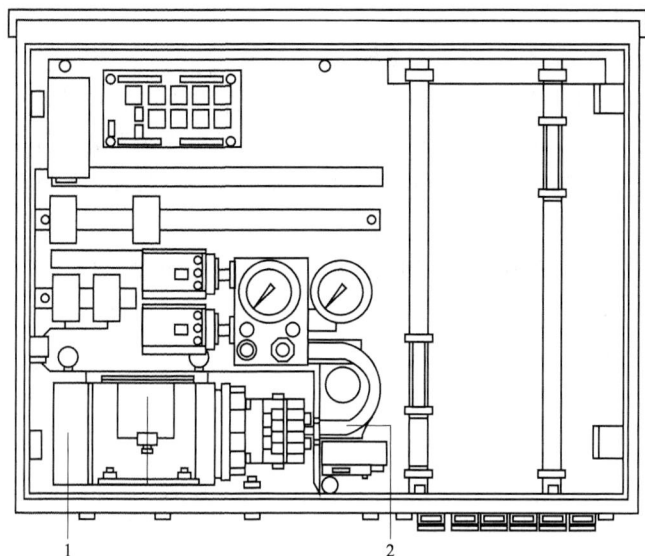

图 2-10-7　控制箱内布置

1—油泵组合；2—软管

（3）机构中液压软管及微型密封橡皮圈的更换。如图 2-10-7 所示为控制箱内布置图，液压软管在控制箱的中部偏下面位置，具体操作步骤如下：

1）打开泄压阀，使液压系统泄压，排尽液压油；

2）更换监控单元和油泵之间的软管；

3）更换完软管，微微打开泵的软管，当流出的油无气泡时，关闭排气塞；

4）松开油箱的盖板及辅助开关箱的盖板，取出微型橡皮圈，清洁螺母表面，用新的微型橡皮圈放入黏合剂固定。

（4）清洁油箱，具体操作步骤如下：

1）打开油箱盖子，从油箱上拆下板，取出滤兜，用适用的清洁剂清洗；

2）检查加油滤筛并进行清洗；

3）油箱用不掉毛的毛巾擦净，更换所有密封圈，注入合格的液压油。

（5）液压系统排气。如图 2-10-8 所示为机构油泵组合图，具体操作步骤如下：

1）加入油后，对泵的吸收腔排气。将泵上的排气塞部分拧开，当排出的油无气泡时，拧紧排气塞；

2）让泵空转约 10min，此时泄压阀应打开。在泄压阀打开的情况下，打开液压储能筒的分配器上的排气阀，当排出的油无气泡时关闭（打开泄压阀时，每个机构箱至少应放出 1L 的油，并将油注入油箱中）。

3）装上油箱盖板，使用新的密封圈。

（6）操作系统打压至额定压力。只有在断路器已充气的情况下，才可以给操动机构打压。先关闭液压控制箱的泄压阀，启动电机，液压系统开始增压。当达到正常的压力时，再次检查油箱中的油面高度，如果需要，重新充入油至标准线。

（7）检测氮气预充压力。在零压下，关闭泄压阀，启动油泵。在油泵启动较短时间后，指针指向预充压力值；松开如图 2-10-9 中的螺栓插销，插入氮气充气接头（使用的氮气 N_2 纯度为 9.99%，$O_2 < 50ppm$，$H_2O < 30ppm$），根据环境温度和机构控制箱上的曲线表调整氮气气体压力至合格值。

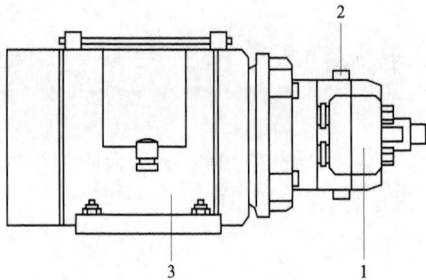

图 2-10-8 油泵组合
1—油泵；2—排气塞；3—电动机

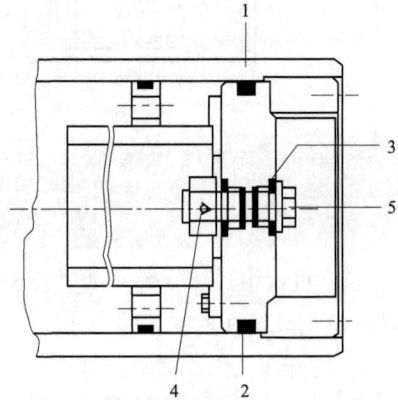

图 2-10-9 液压储能筒 N_2 侧示意图
1—液压储能筒；2—密封圈；
3—USIT-圈；4—逆址阀；5—螺栓插销

（8）检查安全阀的操作压力。在正常压力下，人为启动油泵，使得液压系统的压力超过正常范围，安全阀应启动，油由高压处流入液压系统的无压处。安全阀的动作范围为 375～412bar/20℃。

（9）液压系统检漏。在正常压力下，断开电动机电源，在断路器分、合位置都须检测（正常压力 320bar），油泵停止后，等待 15min 读第一次数据，30min 后读第二次数据，压力泄漏每小时不超出 5bar，温度变化情况大约为 1bar/1℃。

（10）油压监控操作值的检测。先关闭电动机电源，打开泄压阀，慢慢减压。检查压力开关操作值：油泵启动 320bar，自动重合闸闭锁 308bar，合闸闭锁 273bar，总闭锁 253bar。

（11）功能检查。

1）自动重合闸闭锁。切断电动机电源，打开泄压阀，将储能筒压力慢慢降低；压力监控器经过接触器 K4 激活自动重合闸闭锁；读取压力表上的动作压力，检查自动重合闸闭锁的信号和性能。

2）合闸闭锁。将储能筒压力继续慢慢下降，压力监控器和继电器 K2 动作；读取压力表上的动作压力；通过电气"合闸"指令检查合闸的闭锁的信号和性能，此时断路器不允许合闸。

3）总闭锁。接通电动机电源，启动油泵，使压力升高至取消合闸闭锁，断开电动机电源；断路器合闸，使储压筒压力缓慢下降，压力监控器和继电器 K3 动作；读取压力表的动作压力，通过在所有脱扣回路上电气"分闸"指令，检查总闭锁的信号和性能。

4）强迫同步功能。合上断路器，通过单相电气操纵分闸脱扣器 Y2 使一相脱扣；经过强迫同步继电器中所设置的时间后，另两相不许在强迫同步接触器的作用下也脱扣。重复上述步骤，在另两相也进行同样的试验。

分闸状态下，通过手动操作合闸脱扣器 Y1 使一相合闸，同步继电器中所设置的时间到达后，此相必须重新分闸；重复对其余两相进行上述检查。

5）检查断路器分、合闸脱扣器回路。

6）防跳功能。断路器处于"分闸"状态，给"合闸"指令并一直按住键；在"合闸"指令下给"分闸"指令；尽管"合闸"指令未消除，但断路器只允许合闸后分闸，不允许再次合闸。

断路器处于"合闸"状态，给"分闸"指令并一直按住键，约 1s 后，在"合闸"指令下给"分闸"指令，开关只允许分闸。

（12）机构内二次回路检查。

1）根据断路器操动机构的二次接线图，检查接线的正确性；

2）对各接线端子的螺栓进行紧固；

3）对锈蚀的接线端子螺栓进行更换；

4）用 500V 的绝缘电阻表测量二次回路的绝缘是否良好。

9. 西门子 3AQ1 EE 型 SF$_6$ 断路器试验

3AQ1 EE 型 SF$_6$ 断路器试验的项目及操作步骤见表 2-10-4。

表 2–10–4　　　　　　3AQ1 EE 型 SF$_6$ 断路器试验项目及操作步骤

序号	项目	周期	所需仪器	试验步骤
1	SF$_6$ 气体微水量（μL/L）	交接时1～3 年必要时	（1）微水仪（2）检漏仪	（1）微水量测试：测试应在充气 24h 后进行 1）连接好待测设备的取样口和仪器进气口之间的管路，确保所有接头处均无泄漏。 2）调节待测气体流量至规定范围内，一般按照说明书要求即可。 3）仪器开始自动测量，待数值稳定后读数即可。 注意事项：① 取样接头。在设备上取样应使用随设备配带或专门加工的专用接头，取样时，应先将设备取样口附近的灰尘、污垢等擦拭干净。② 取样管道。必须选用憎水性强的材料，并经适当干燥处理，通常在测试前先进行干气处理，以减少管道内测量的干扰。取样管道长度一般在 2m 左右，内径 2～3mm。③ 密封性。测试系统所有接头、阀门处应无泄漏，否则会由于空气中水分的渗入而使测量结果偏高。测试仪器的气体出口应配有 10m 以上的排气管，并引通下风处放，防止大气中的水分又从排气口进入仪器而影响测量结果，同时避免测试人员受到气体的污染。④ 环境条件。尽可能在 20℃的条件下进行，或通过设备厂家提供的温湿度关系曲线换算为 20℃时的数值，这样具有可比性。环境湿度也不宜过大，否则对取样接头、管道和仪器的干燥处理不利，同时对测量系统的密封也要求更严。⑤ 安全防护。气体取样及测试时必须采取适当的防护措施，以防操作人员中毒。 （2）检漏：现场检漏的部位主要是设备气室的接头、阀门、表计、法兰面接口等。设备充气后，将检漏仪探头沿着设备各连接口表面缓慢移动，根据仪器读数或声光报警信号来判断接口的气体泄漏情况，一般探头移动速度以 10mm/s 左右为宜。并且不应在风速过大的情况下进行，避免泄漏气体被风吹散而影响检漏工作
2	断路器的时间参量	交接时机构大修后	开关机械特性仪	
3	分、合闸最低动作动作电压	交接时机构大修后1～3 年	开关机械特性仪	
4	导电回路电阻	交接时大修后1～3 年	（1）回路电阻测试仪（2）高空接线夹	测量时应将电压测量线（细线）接内侧，电力引线（粗线）接外侧。测试电流不应小于 100A。 使用高空接线夹免去了测试人员登高危险性，但要注意防止高空接线夹连杆剧烈晃动
5	分、合闸线圈直流电阻	交接时大修后	单臂电桥	测试线分别连到线圈两端
6	分、合闸线圈绝缘电阻	交接时大修后必要时	绝缘电阻表	绝缘电阻表选用 500V 或 1000V 电压等级。将线圈两端短接后连到绝缘电阻表的相线端子，绝缘电阻表中性线端子接在断路器外壳

六、检修案例

某台杭州西门子高压开关有限公司生产的 3AQ1EE–252 型断路器，在运行了十几年后出现 A 相液压机构的主阀体下面有液压油渗漏，如图 2–10–10 所示。这主要是由于密封圈被氧化导致密封不严，使液压油渗漏，在其他地区也发生过类似情况。具体处理如下：

图 2–10–10　3AQ1EE–252 型断路器液压机构的主阀体液压油渗漏案例

（1）停电，做好安全措施。

（2）泄压，按图 2–10–11 所示的泄掉液压系统内的高压油。

泄压阀闭锁螺母

泄压阀（顶阀）：顺时针转动螺栓泄压阀打开，反之关闭

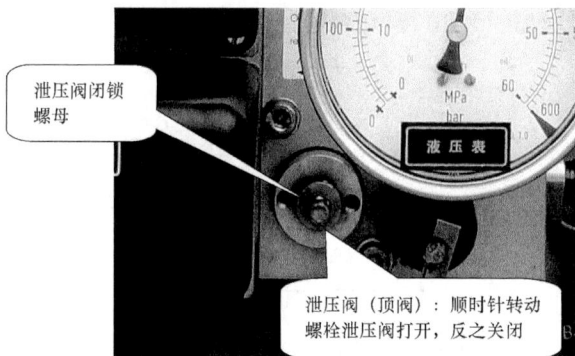

图 2–10–11　3AQ1EE–252 型断路器液压机构的泄压阀

（3）放掉液压系统内的液压油。用开口扳手拧开放油口螺母，如图 2–10–12 所示。放油口内有单向阀，拧开螺母不会流出液压油（拧开放油口螺母时，应使用两把开口扳手配合用力，以防止铜管受损）；放油接头与内径 13mm 的透明聚氯乙烯塑料软管连接；用如图 2–10–13 所示放油接头顶开单向阀，并迅速连接到放油口上，透明聚氯乙烯塑料软管的另一头与一干净的容量为 30L 的塑料桶相连,排空液压油后拆除放油接头。

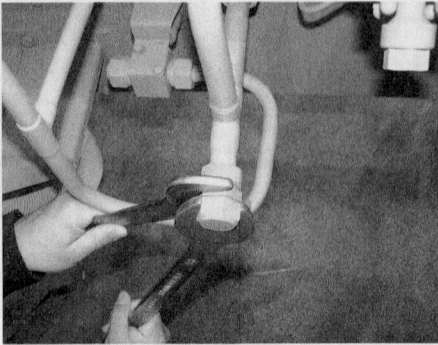

图 2-10-12　放油口　　　　　　　　图 2-10-13　放油接头

（4）主阀拆卸和组装。① 打开机构箱盖子；② 拆除加热器接线板；③ 拆除分合闸线圈；④ 拆主阀上的四颗螺栓（注：油箱和主阀内还有部分液压油未能排尽，在进行拆时要注意液压油的突然流出）；⑤ 取下主阀，进行清洗擦干，去除油污，用755 剂进行清洗，注意小心别碰伤主阀的接触表面，防止漏油，在其表面用细砂纸进行打磨，去除毛刺；⑥ 安装新密封圈；注意安装正确，用凡士林涂抹在密封圈上，再将密封圈黏在主阀的上接触面密封圈安装处；⑦ 按相反顺序安装主阀。

（5）测量调整分合闸线圈铁芯行程（分合闸线圈铁芯行程标准，分闸铁芯：动行程 1.0±0.1mm；空行程 2～4mm；合闸铁芯：动行程 1.0±0.1mm 空行程 2～4.5mm）；测量空程与动力行程如图 2-10-14 所示：空行程为 a–b；动力行程为 b–c。

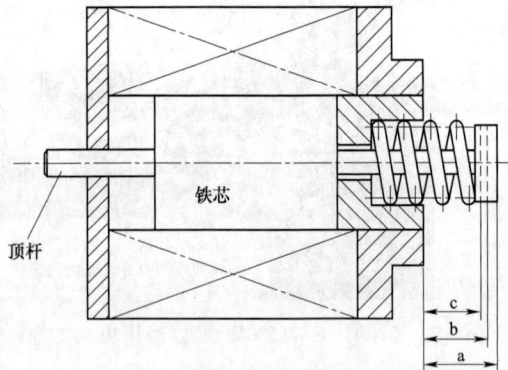

图 2-10-14　调整铁芯行程示意图

（6）向低压油箱注入液压油，液压系统排气。

1）油泵排气，如图 2-10-15 所示。关闭油泵回路的电动机电源（F1），将液压系统的油压卸到零压，将油泵上的排气孔小螺栓松开，保持在松开的状态，当排出的油无气泡时，拧紧排气孔小螺栓。油泵空转约 5min，反复多次排空。

2）储能筒、液压缸（包括液压锁定器）排气，如图 2-10-16 所示。油泵空转，将储能筒、液压缸（包括液压锁定器）内排气口流出的液压油回流到机构油箱，直至缸体储能筒排气口流出的液压油无气泡为止，然后拧紧排气孔螺栓（稍微拧紧即可）。

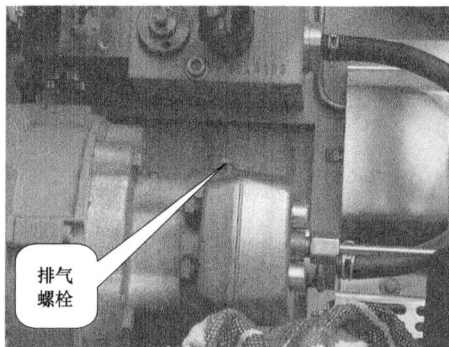

图 2-10-15　油泵排气　　　　　图 2-10-16　储能筒、液压缸排气

（7）排气结束后，检查氮气储能筒的氮气预充压力（200～5bar/20℃，$\Delta P=\Delta t$ bar，$\Delta t=t-20$，t 为环境温度）、从零压开始的储能时间以及 O-CO 操作后的压力降低以及重新储能时间。

（8）检查调整液压微动开关 B1、B2 压力值，确认相关的油压接点动作值的准确无误并符合表 2-10-5 要求。

表 2-10-5　　　　3AQ1EE-252 型断路器液压机构油压节点动作值

名称	接点名称	220kV（bar）
B2	分 2	253±4bar/20℃
	合闸	273±4bar/20℃
	分 1	253±4bar/20℃
B1	重合闸	308±4bar/20℃
	漏氮	355±4bar/20℃
	油泵启动	320±4bar/20℃

（9）机械特性试验：① 动作电压；② 分合闸时间；③ 同期；④ 速度。如果参数不符合出厂标准，调整分合闸线圈的行程，直到各参数都符合出厂标准。详见附录。

经过更换密封圈处理后，液压机构主阀没有出现渗油情况。只要有停电机会，把其他年限长的 3AQ1EE-252 型断路器没有更换过密封圈的全部更换一下，消除隐患，确保设备安全可靠运行。

七、注意事项

（1）工作负责人应是具有相关工作经验，熟悉设备情况、熟悉工作班人员工作能力和《国家电网公司电力安全工作规程　变电部分》，经工区（所、公司）生产领导书面批准的人员。

（2）现场工作人员的身体状况、精神状态良好。所有作业人员必须具备必要的电气知识，基本掌握本专业作业技能及《国家电网公司电力安全工作规程　变电部分》的相关知识，并经《国家电网公司电力安全工作规程　变电部分》考试合格。

（3）作业辅助人员（外来）必须经负责施教的人员，对其进行安全措施、作业范围、安全注意事项等方面施教后方可参加工作。

（4）特殊工种（吊车司机及起重指挥人员、电焊工）必须持有效证件上岗。

（5）新参加电气工作的人员、实习人员和临时参加劳动的人员（管理人员、临时工等），应经过安全知识教育后，方可下现场参加指定的工作，并且不得单独工作。

（6）外单位承担或外来人员参与公司系统电气工作的工作人员应熟悉本规程、并经考试合格，方可参加工作。工作前，设备运行管理单位应告知现场电气设备接线情况、危险点和安全注意事项。

（7）工作负责人（监护人）安全责任：正确安全地组织工作；负责检查工作票所列安全措施是否正确完备和工作许可人所做的安全措施是否符合现场实际条件，必要时予以补充；

工作前对工作班成员进行危险点告知，交代安全措施和技术措施，并确认每一个工作班成员都已知晓；

（8）严格执行工作票所列安全措施；督促、监护工作班成员遵守本规程、正确使用劳动防护用品和执行现场安全措施；工作班成员精神状态是否良好，变动是否合适。

（9）工作班成员安全责任：熟悉工作内容、工作流程，掌握安全措施，明确工作中的危险点，并履行确认手续；严格遵守安全规章制度、技术规程和劳动纪律，对自己在工作中的行为负责，互相关心工作安全，并监督本规程的执行和现场安全措施的实施；正确使用安全工器具和劳动防护用品。

【思考与练习】

1. 简述 3AQ1EE-252 型断路器气体管道部件漏气的现场处理方法。

2. 如何进行液压操动机构主阀体橡皮密封圈的更换？

3. 如何进行 3AQ1EE/EG 液压系统的排气操作？

附录

3AQ1EE-252型断路器检修报告

铭牌及主要技术参数

安装位置		生产厂家	SIEMENS
产品型号	3AQ1 EE	额定电流	4000A
额定电压	252kV	操动机构	液压机构
相 别	A相	B相	C相
出厂编号			

断 路 器 本 体

项目	标准	A	B	C
SF_6气体工作压力	7.0bar/20℃			
密度继电器报警压力	6.4bar/20℃			
密度继电器闭锁压力	6.2bar/20℃			
SF_6气体微水含量	≤300PPm			
主回路接触电阻	（33±9）μΩ			
本体瓷件清扫	应清洁光滑			
密封检查	无漏点			
传动部分检查	无卡涩			
均压电容绝缘电阻	≥5000MΩ			
均压电容量变化	-5%～+10%			
均压电容介损	≤0.25%			

机 构 部 分

项目	标准	A	B	C
氮气预充压力	200（-5）bar/20℃			
额定操作压力	325bar/20℃			
油泵启动压力	320（±4）bar/20℃			

续表

项目	标准	A	B	C
合闸闭锁压力	273（±4）bar/20℃			
分闸闭锁压力	263（±4）bar/20℃			
安全阀动作压力	375（+37.5，−10）bar/20℃			
漏氮闭锁压力	355（±4）bar/20℃			
补压时间	（5±1）s			
分闸时间	（24±3）ms			
合闸时间	（100±5）ms			
动作电压（合）	30%～80%U_n			
动作电压（分1）	30%～65%U_n			
动作电压（分2）	30%～65%U_n			
合闸线圈直流电阻	150Ω			
分闸线圈直流电阻（1）	150Ω			
分闸线圈直流电阻（2）	150Ω			
合闸线圈绝缘电阻	≥10MΩ			
分闸线圈绝缘电阻（1）	≥10MΩ			
分闸线圈绝缘电阻（2）	≥10MΩ			
电机绝缘电阻	≥10MΩ			
加热（驱湿）器检查	工作正常			
储能时间	8.5min			
辅助开关，二次端子检查	正确牢靠			
机构箱，管道，接头检查	清洁完好			

使用仪器：

仪器名称	型号	编号

检 修 报 告

断路器原始数据

运行变电站＿＿＿＿＿＿＿＿＿＿　　　运行编号＿＿＿＿＿＿＿＿＿＿

制造厂家＿＿＿＿＿＿＿＿＿＿　　　出厂编号＿＿＿＿＿＿＿＿＿＿

出厂日期＿＿＿＿＿＿＿＿＿＿　　　机构型号＿＿＿＿＿＿＿＿＿＿

额定电压＿＿＿＿＿＿＿＿＿＿　　　额定电流＿＿＿＿＿＿＿＿＿＿

1. 检修前情况

2. 检修项目

3. 检修情况（包括缺陷处理情况）

4. 检修后调试记录

5. 遗留问题及处理意见

6. 检修人员

a）检修工作负责人

b）检修人员

c）试验人员

7. 检修日期

8. 验收意见

验收负责人

验收人员

9. 检修总结

10. 备注

主管：　　　　　　审核：　　　　　　日期：

◢ 模块 11　AREVA 公司 GL312 型 SF$_6$ 断路器检修 （Z15E2011 Ⅲ）

【模块描述】本模块包含 AREVA 公司 GL312 型 SF$_6$ 断路器的检修工艺、质量标准，通过学习，掌握 AREVA 公司 GL312 型 SF$_6$ 断路器的大修流程、工艺要求以及识绘各种复杂的设备施工图的能力。

【模块内容】

一、作业内容

（1）GL312 型断路器本体部分检修；

（2）GL312 型断路器操动机构的检修；

（3）GL312 型断路器试验；

（4）GL312 型断路器故障原因分析及处理。

二、作业前准备

（一）技术资料的准备

检修前收集需检修 GL312 型 SF$_6$ 断路器的运行、检修记录和缺陷和异常情况，分析设备运行中外部故障对设备的影响，对设备运行参数记录，如温度、电压、电流等进行分析。认真统计核实运行中记录的开关操作次数及开断短路电流的次数和使用年限，检查断路器的各项技术参数。参考定期预试报告和上次检修记录，确定检修项目，制订断路器的检修方案和作业指导书。从档案室调出需检修断路器的相关资料信息，如操作说明书、电气原理图、出厂试验报告。准备好有关资料，如检修报告等。

（二）检修场地准备

选干燥和清洁的检修场地，四周设置安全围栏并挂好安全标示牌。根据检修方案，准备检修所需要的工器具、材料、备品备件、试验仪器和仪表等，准备好专用工作服、防毒面具及其他防护用品，运至检修现场。仪器仪表、工器具应检验合格，满足本次施工的要求。材料应齐全，图纸及资料应符合现场实际情况。

（三）工器具、备品备件准备

（1）常用检修工器具准备如表 2-11-1 所示。

表 2-11-1　　　　　　　　常 用 检 修 工 器 具

序号	名称	型号规格（精度）	单位	数量	备注
1	开口扳手	M6～M24	把		*
2	梅花扳手	M6～M24	把		*

续表

序号	名称	型号规格（精度）	单位	数量	备注
3	活络扳手	6、8、10、12″	把		*
4	套筒扳手	M6～M24	套		可配长短接杆
5	一字螺钉旋具	3.5、4、6、8″	把		*
6	十字螺钉旋具	4、6、8″	把		*
7	平口钳		把	1	
8	尖嘴钳		把	1	
9	内六角扳手		套	1	
10	铁榔头	1.5磅	把	2	
11	木榔头		把	2	
12	钢直尺	150mm 400mm	把		*
13	卷尺	5m	把	1	
14	板锉	粗 中粗 细	把		*
15	圆锉	粗 中粗 细	把		*
16	移动线盘	220V 380V	卷		带漏电保安器
17	电源接线盘	220V 380V	只		带漏电保安器
18	竹梯		张		*
19	绝缘梯		张		*
20	人字梯	1.5～2.0m	张		*
21	尼龙绳索		m		*引线绑扎
22	绳索		m		*吊装牵引
23	锯弓		把	1	
24	油漆平铲		把		*

（2）检修专用的工器具及仪器仪表如表2-11-2所示。

表 2-11-2　　　　　　　　　专用工器具及仪器仪表

序号	名称	型号规格（精度）	单位	数量	备注
1	双控双保险安全带	DW2Y	根		*
2	温湿度计		只		*
3	力矩扳手	0～150N·m	把	1	
4	力矩扳手	0～400N·m	把	1	

续表

序号	名称	型号规格（精度）	单位	数量	备注
5	弹性挡圈钳	内张　外张	把		*
6	水平尺或框式水平仪		只	1	*
7	游标卡尺	0～125mm	把	1	
8	塞尺	0.02～10.0mm	把	1	
9	剥线钳		把	1	
10	压线钳		把	1	
11	设备专用检修工具		—		*
12	万用表		只	1	
13	绝缘电阻表	500V 1000V 2500V	只		*
14	SF_6 检漏仪		台	1	
15	机械特性测试仪		台	1	
16	回路电阻测试仪	100A	台	1	
17	SF_6 微水测试仪		台	1	
18	超声波探伤仪		台	1	
19	SF_6 充放气回收装置		台	1	
20	SF_6 空气瓶		瓶		*
21	SF_6 新气		瓶		*
22	减压阀		只	1	
23	吸尘器		台	1	
24	防毒面具		副		*
25	防护手套		副		*
26	屏蔽服		身		*
27	起吊机具		—		*
28	液压升降机		台		*
29	高架车		辆		*
30	SF_6 密度继电器校验仪		台	1	
31	高纯氮	99.999%	瓶		*

（3）检修所需消耗性材料如表 2-11-3 所示。

表 2-11-3　　　　　消 耗 性 材 料

序号	名称	型号规格（精度）	单位	数量	备注
1	白布	漂白	m		*
2	无纺布		kg		*
3	无水乙醇	分析纯	kg		*
4	毛巾	—	块		*
5	漆刷	1.5 寸	把		*
6	漆刷	2 寸	把		*
7	塑料薄膜		m		*
8	油漆	断路器本色漆	kg		*
9	油漆	防锈漆	kg		*
10	乐泰胶 262	VL-01818336P	支		*
11	乐泰胶 225	VL-01818327P	支		*
12	专用防锈润滑油（脂）	美孚 VelociteNo10、美孚 VactraNo3、美孚润滑脂 EP2	瓶		*
13	润滑脂（M111）	VL-01835265P	支		* SF_6 气体的密封
14	接触面润滑脂	VL-01835118P	罐	1	电接触面用
15	凡士林 204-9	VL-01835106	kg		电接触面用
16	松动剂	WD-40	听		*
17	清洗剂		瓶		*
18	百洁布		张		*
19	干燥剂	1.5 公斤/桶	桶	1	
20	厌氧胶	Y-150	瓶		*
21	0.3%的碱性溶液		升		*
22	砂纸	0、1 号	张		*
23	砂纸 A400	VL-01831320P	张		电接触面用
24	记号笔		支		*
25	生料带		卷	2	
26	绝缘胶布	KCJ-30	卷	3	

注　1. "*" 为可根据实际情况和需要配置数量和型号；

　　2. 设备备品备件和设备专用检修工具各人根据具体设备具体配置；

　　3. 表内具体项目各人根据具体设备具体增减。

三、危险电分析与控制措施

进行 GL312 型 SF_6 断路器检修工作危险点分析与预控措施见表 2–11–4。

表 2–11–4　　　　　　　　　危险点分析与预控措施

序号	危险点或危险因素		防范或安全措施
1	人身触电	拆、接低压电源	（1）应由两人进行，一人操作，一人监护。 （2）检修电源应有漏电保护器；电动工具外壳应可靠接地。 （3）检修前应断开交、直流操作电源及储能电机、加热器电源；严禁带电拆、接操作回路电源接头。 （4）螺钉旋具等工具金属裸露部分除刀口外包绝缘
		误碰带电设备	（1）运长物件，应两人放倒搬运。 （2）搭设脚手架，应与带电设备保持安全距离。 （3）吊车进入高压设备区必须由专人监护、引导，按照指定路线行走；工作前应划定吊臂和重物的活动范围及回转方向。确保与带电体的安全距离：220kV 不小于 6m。 （4）高架车作业时，时刻注意与相邻带电设备的电气距离，与周围相邻带电设备的安全距离 220kV 不小于 6m
		感应触电	（1）在强电场下进行部分停电工作应增加保安接地线。 （2）检修人员必须在断开试验电源并放电完毕后才能工作
		误登带电设备	（1）被修设备与相邻运行设备必须用围栏明显隔离并悬挂警示牌。 （2）中断检修每次重新开始工作前，应认清工作地点、设备名称和编号；严禁无监护单人工作
2	高空摔跌	梯子使用不当	（1）梯子应绑牢、防滑；梯上有人，禁止移动。 （2）登高时严禁手持任何工器具。 （3）使用升降梯前应仔细检查，升到一定高度后应按规定设置横绳
		高处作业	正确使用安全带，严禁低挂高用
		传动部件带落人员	手动和电动操作前必须呼唱并确认人员已离开传动部件和转动范围及动触头的运动方向
3	物体打击	引线突然弹出打击	拆、装的引线应用绝缘绳传递，引线运动方向范围内不准站人
		零部件跌落打击	（1）零部件上下应使用传动绳。工器具、物品上、下应用绳子和工具袋传递，禁止抛掷。 （2）不准在脚手板上存放零部件和其他物品
		绝缘子突然断落	（1）拆装均压电容或合闸电阻须用吊车或专用吊具系好吊稳。 （2）不得将绝缘子作为安全带固定点
4	机械伤害	机构高压油伤人	工作前必须将机构释能
		操作伤人	就地及远方操作时应确认断路器本体无人员工作
5	其他	SF_6 泄漏	注意检漏，如发现 SF_6 渗漏，启动通风设备。必要时应穿戴防护服及防毒面具
		SF_6 生成有毒物质	必要时应穿戴防护服及防毒面具。粉末应用毛刷和吸尘器清除

四、作业操作步骤及质量控制

（一）断路器检修前状态检查及试验

（1）确认断路器在分闸位置。

（2）确认断路器已与带电设备隔离并两侧接地。

（3）确认断路器电动机电源和加热器电源已断开，在需检修断路器的电源箱内拉开相应的开关。

（4）对断路器弹簧储能进行释放，进行一次合–分闸操作以释放操动机构弹簧组能量。

（5）断开控制电源和信号电源，在主控室完成相关的操作。

（6）记录断路器信息。

1）记录断路器铭牌：断路器序列号、额定电压、电流、控制电压、额定 SF_6 气体压力等。

2）记录断路器的操作次数，根据机构箱内的动作计数器记录。

3）记录发生特殊情况事件的情况（设备档案或设备台账应有相关的信息），查阅该断路器短路电流开断的次数、时间、电流幅值、故障信息等，以作为是否需要打开灭弧室检查的判断依据。

4）记录 SF_6 气体压力和环境温度，并对比压力–温度曲线，结合设备的 SF_6 气体的压力巡检相关记录，判断是否出现 SF_6 气体泄漏情况。

注意：当检修工作不能在一天内完成时，当天工作结束后应将加热器电源投入，以避免机构箱内积聚潮气。

（7）进行 GL312 型断路器 A、B 类检修前的试验有：

1）断路器主回路电阻测试。

2）测量断路器的机械特性：时间、同期、速度。

3）断路器 SF_6 气体微水量测试。

（二）断路器本体部分检修

（1）断路器三相引线、线夹紧固检查。

1）对断路器三相连接部位螺栓紧固复检，紧固力矩为 50Nm。所有紧固螺栓应无锈蚀，如螺栓生锈，应立即更换。

2）检查导线引线应无断股，导线线夹接触面应无氧化。若发现导线线夹有裂纹应立即更换，线夹接触面有氧化层时应立即去除，并涂上中性凡士林重新装复。

（2）检查和清洁三相瓷套，用干净的无纺布轻擦瓷裙表面；目视灭弧室瓷套、支柱瓷套的表面，绝缘瓷裙外表应无污垢、无破损。在 C/B/A 类检修中，要进行瓷套超声探伤。

（3）检查每相极柱底部的拐臂、连杆、轴销及操动机构输出轴等传动部件。要求轴孔、轴套和轴销无伤痕、无裂纹、无变形，触头应无松动，转动灵活，无卡涩，键销齐全，润滑良好。

（4）灭弧室解体检修（由于现场没有足够的条件，这部分工作应由厂家来完成）。

1）将断路器处于未储能分闸位置，并切断所有控制电源。

2）使用 SF_6 气体回收装置回收断路器中 SF_6 气体，将回收来的气体经过滤、吸附掉杂质，检验合格后，才可以再次使用。

3）充入 99.999%的高纯氮至 0.2MPa，保持 30min 左右，然后抽真空，时间为 1h，连续操作两次，最后充高纯氮至正压力约为 0.03MPa。

4）拆下二次线，进行分闸定位，卸下机构输出连杆。

5）用慢分慢合工具使断路器合闸，打开灭弧室瓷套。检查灭弧室的静触头座、主触头、动触头、动触头座、动弧触头、静弧触头、喷口、阀门等，表面应无划伤，无裂痕，无变形，无烧损，无积尘。必要时修理或更换弧、动、静触头。

6）装复时，要更换所有的密封件，并抽真空进行密封试验。

7）充 SF_6 气体至额定压力，静止 24h 后做机械特性试验、电气试验和 SF_6 气体试验。

（5）SF_6 气体系统的检查，检查 SF_6 气体气密系统各法兰面、充气阀、密度计压力表连接面、气体管道连接面应无漏气现象，连接螺栓无腐蚀、气体管道无变形开裂漏气现象，否则应更换部件。

（三）操动机构的检修

1. 机构箱密封性能、防腐情况检查

（1）目视机构箱表面（包括指示窗表面），表面应基本没明显划伤的痕迹和脱落的现象。若有轻度划痕，可用溶剂洗去润滑脂，涂一层清漆；若是重度划痕或油漆脱落，可用 400 号砂纸摩擦油漆表面，用溶剂洗去润滑脂，涂上一层底漆，干燥 24h 后再涂一层聚氨酯清漆。

（2）检查操动机构箱指示窗，表面不清洁，有污浊时，应用肥皂水清洗，绝对不能用酒精清洗。

（3）检查操动机构箱固定螺栓，螺栓应无腐蚀现象。用 200Nm 的力矩扳手、24mm 的套筒头子和 24mm 的短插口扳手复检。如图 2-11-1 所示位置的 M16 螺栓，调整力矩为 180Nm。

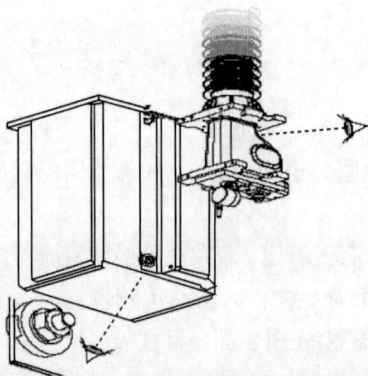

图 2-11-1　操动机构箱固定螺栓复检部位图

（4）检查操动机构箱门的密封条，如有破裂，无弹性现象应立即更换。首先拆除原有密封条，然后换上新的密封条，直接黏贴在机构门上。

2. GL312 型 SF_6 断路器操动机构内各传动部件的检查与维护

（1）分合指示器和储能指示器的检查，指示器应动作灵活，读数器表面干净无损伤、计数正确，否则应更换新的指示器。

（2）检查计数器表面是否有裂痕或破损，操作断路器时，查看计数是否正确，如破损或不计数则更换。用手检查计数器是否松动，如松动用 4mm 的梅花扳手把支架拧紧。如表面较脏，用肥皂水清洗一下表面。

（3）机构储能电动机的检查。通电查看电动机运转是否良好，有无卡涩声。用螺钉旋具检查导线和连接片连接是否牢固，如图 2-11-2 所示。目视固定电动机螺钉，查看其标记线是否移位，如移位，则用内六角扳手紧固。目视电动机外表面，查看其是否生锈，污浊，严重则更换。

储能电动机
导线和连接片
电刷

图 2-11-2　储能电动机连接线

电动机更换顺序如下：

1）断路器未储能，分闸位置；

2）拆下电动机限位开关，如图 2-11-3（a）所示；

3）拆下导线；拆下机构底部的密封盖板，如图 2-11-3（b）所示；

4）松下固定电动机螺栓，如图 2-11-3（c）所示；

5）更换电动机。最后恢复导线、辅助开关、密封盖板。

3. 分合闸线圈检修

如图 2-11-4 所示，拆下操动机构顶盖和两侧门板上的 M6 螺栓，打开两侧门和顶盖。检查分合闸线圈、连接片和支座表面，检查支架的紧固情况，用万用表量分合闸线圈的阻值，如有损坏、腐蚀应立即更换。

分合闸线圈的标准应为：分合闸线圈无松动，无损坏，无腐蚀。线圈的阻值在它标识值的 ±8%。线圈完好、紧固，电气连接完好、牢固，动作灵活无灰尘杂物附着。

更换线圈的步骤如图 2-11-5 所示。先拆除线圈两边的电源线，然后取下弹簧片如图 2-11-5（a）所示；取下电磁铁芯，如图 2-11-5（b）所示；取下线圈，然后更换新线圈，最后恢复电源线和弹簧片如图 2-11-5（c）所示。

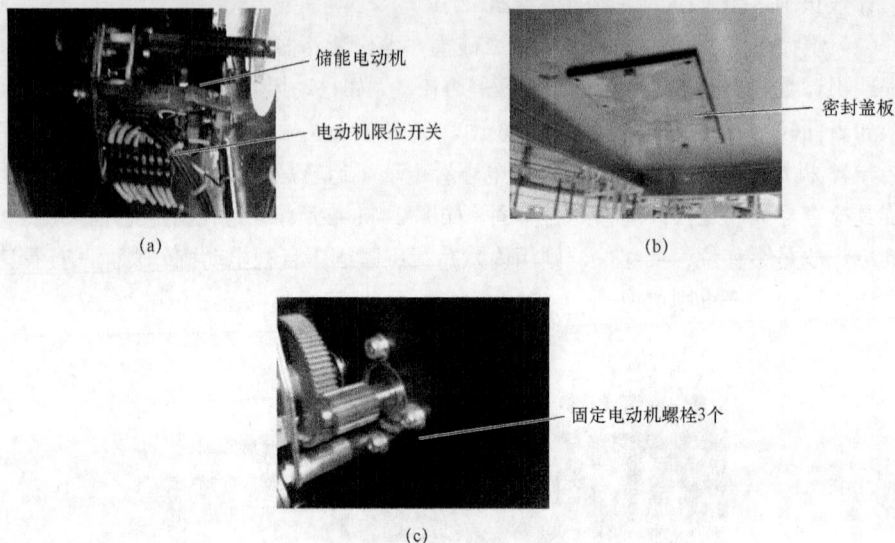

储能电动机

电动机限位开关

(a)

密封盖板

(b)

固定电动机螺栓3个

(c)

图 2-11-3　储能电动机装配位置示意图

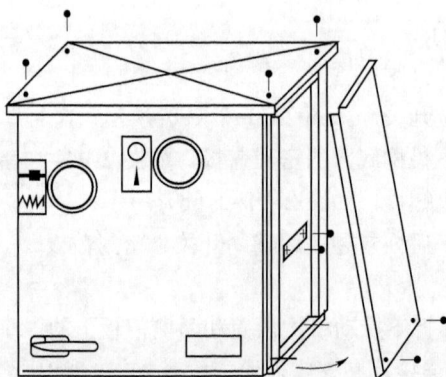

图 2-11-4　拆卸操动机构箱示意图

(a)   (b)   (c)

图 2-11-5 更换分合闸线圈示意图

4. 分、合闸弹簧检查

打开操动机构两侧门和顶盖，检查 GL312 型断路器的分合闸弹簧，如图 2-11-6 所示。测量分合闸弹簧的位置尺寸，然后和出厂时的尺寸进行对比，如有偏差应调整，将分合闸弹簧调到和出厂时的尺寸一样。

调整前，先对断路器进行机械特性测量，和出厂时的数据进行比较。如在规定的范围内，则无需调整；如机械特性不符合要求可在规定的数据内调整分、合闸弹簧，即在出厂数据基础上可调两圈调整螺母。

图 2-11-6 分合闸弹簧的检查

5. 分合闸掣子、分闸缓冲器及飞轮紧固检查并做好维护

（1）目视掣子上的滚子表面，检查表面是否氧化，裂痕；

（2）检查飞轮上的螺母是否紧固；

（3）检查缓冲器是否有漏油现象。

总之，操动机构箱内机械部分各零件都应维护到位，无氧化，无划伤，无裂痕，无变形，键销齐全。

6. 机构箱内二次元器件的维护与检修

（1）端子排检查。目视端子排表面或用手触摸其表面，检查端子表面，然后用吸尘器对其清扫，用螺钉旋具检查导线连接是否牢固。如有发现铁锈、氧化、霉点等，应更换端子。更换端子时，首先拆除导线，然后拆除端子底下的端子固定片，松开端子，直接用手拆下端子，最后换上新端子，恢复端子固定片和导线。

（2）各辅助开关及电机限位开关的检查。检查辅助开关表面是否有裂痕或损伤，

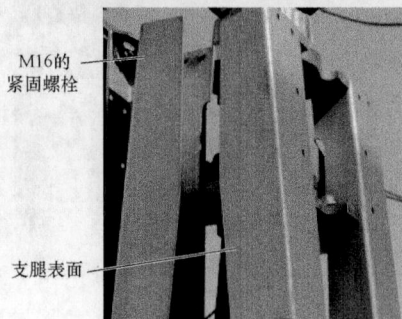

M16的
紧固螺栓

支腿表面

图 2-11-7　GL312 断路器支架

各传动连杆应固定牢靠，所有传动连杆是否都有蝴蝶销固定。用螺钉旋具检查所有辅助开关和电机限位开关上的导线连接是否牢固。经过分合闸操作来检查辅助开关所有触点转换是否可靠。

7. 支架及基础检查和维护

（1）目视支架表面，如图 2-11-7 所示。对已被氧化的镀锌钢，要彻底刷去氧化层，用溶剂洗去润滑脂，涂一层含锌的油漆。

（2）如图 2-11-7 所示，用 200Nm 的力矩扳手、24mm 的套筒头子和 24mm 的开口扳手紧固支架螺栓 M16，力矩调整为 180Nm。

（3）目视接地点连接处表面，表面应无明显氧化。对已被氧化的镀锌钢，彻底刷去氧化层，涂一层含锌的油漆；对涂有油漆的镀锌钢，若是轻度划痕，用溶剂洗去润脂后，涂上一层清漆；若是重度划痕或油漆脱落，应用 400 号砂纸摩擦油漆表面，涂上一层底漆，干燥 24h 后再涂一层聚氨酯清漆。

检查接地点紧固螺栓，螺栓的紧固力矩为：M12，50Nm；M16，180Nm。

（4）检查支架基础表面，是否有裂纹、沉陷或松动，否则应及时修补。

（四）断路器试验

1. 机械特性试验

（1）断路器分、合闸动作电压的测试。测试时，将断路器机械特性测试仪输出的试验电源加在操动机构分、合闸回路的端子排上，不能直接加在线圈两端，并应使用点动法测量。合闸线圈的可靠动作电压：$85\% \sim 110\% U_N$；分闸线圈的可靠动作电压：$65\% \sim 120\% U_N$ 分闸线圈不动作电压：$\leqslant 30\% U_N$。

（2）断路器分合闸速度、时间、同期等特性试验，试验的结果应符合附录中的标准要求。

2. 断路器电气试验

（1）一次回路接触电阻测试。测量主断口回路电阻应采用回路电阻测试仪或用直流降压法测量，测量电流应不小于 100A，电压线接在内侧，电流线接在外侧。如果测试接线不规范或不正确，会导致测量结果的不正确。主断口回路电阻的标准为 GL314：$46 \pm 2\mu\Omega$，GL312：$35 \pm 7\mu\Omega$，运行设备可在此标准上浮 20%。

（2）分、合闸线圈直流电阻测试。其标准为：DC220V、142Ω/DC110V、35.5Ω。

（3）二次回路及元器件绝缘检查。测量二次回路的绝缘采用试验电压 2kV（电机 900V）或相应等级的绝缘电阻表测试，要求绝缘电阻值不低于 2MΩ 或仪器不报警。

3. 断路器 SF_6 气体试验

（1）SF_6 气体压力检查。使用标准表直接连接到断路器本体，测量本体压力是否与密度计压力表显示值一致。

（2）使用 AREVA 专用 SF_6 密度继电器校验仪，校验 SF_6 密度继电器的报警、闭锁值，标准见附录。

（3）用 SF_6 气体检漏仪（精度大于 100ppm）环绕密度继电器、SF_6 气阀、上下瓷柱法兰连接处、瓷柱与机构连接处、SF_6 气体管道以及相关的连接点处进行检测。检测应在无风的条件下，并且 SF_6 气体压力应符合断路器铭牌要求（须与温度曲线对照判断）时进行。检测过程中如有报警，在泄漏点采用包扎法进行泄漏率测试，要求断路器年漏气率不大于 0.5%。若大于 0.5%，则立即进行密封处理。

（4）用微水测量仪或露点仪连接到断路器的充气口，测量断路器中 SF_6 气体微水含量或露点（注意：不同厂家生产的仪器有不同的要求和注意点，请参照所使用仪器的产品说明书）。标准是：运行设备的露点应小于 $-32.2℃$，微水应小于 300ppmv；大修后设备的微水含量应小于 150ppmv。

五、GL312 断路器的故障类型、故障原因及分析处理

GL312 断路器的故障类型、故障原因及分析处理方法见表 2-11-5。

表 2-11-5　　GL312 断路器的故障类型、故障原因及分析处理方法

	故障类型	可能引起的原因	判断标准或检查方法	处理
SF_6 气体压力系统	气体压力偏低，但密度继电器未发报警或闭锁信号	密度计故障，即接点不通	用标准表效验实际压力	更换密度计
	密度继电器发报警信号或闭锁信号（压力正常）	信号互串	解开报警接线，测量密度计本身的触点	如果触点正常处理信号互串问题
		电压串线	解开报警接线，测量密度计本身的触点	如果触点正常处理电压串线问题
		密度计故障	解开报警接线，测量密度计本身的触点	触点闭合更换密度计
	密度继电器发报警信号或闭锁信号（压力偏低）	断路器存在泄漏点：冲气阀、柱法兰面、转向壳体沙眼等	横向比较后只有该相压力偏低；排除了气压表计的因素	检漏，根据检漏结果处理
	压力偏高	充气压力偏高	检查相关的补气纪录，校验压力表	情况属实应泄压（不允许超过 0.3bar，与温度无关）
		密度计故障	用标准表效验实际压力	更换密度计
		电压串线	压力处于正常状态，闭锁前无电机运转信号	二次回路检查并处理

续表

故障类型		可能引起的原因	判断标准或检查方法	处理
断路器拒动		控制电源未送	目检继电器，都处于失电状态	送上控制电源
		远方/就地开关在就地位置	检查信号，是否有控制信号断线信号	切换至远方
		分、合闸回路中有接点阻值较大	测量分、合闸整个回路电阻	查出故障元件，处理或更换
		分合闸回路有元器件损坏	测量断路器分合闸回路电阻	查出故障元件，更换
		辅助开关 S1/S4 接线松脱	测量断路器分合闸回路电阻	查出松脱的接线，重新插接
		机构或辅助开关 S1/S4 损坏	目检机构和辅助开关 S1/S4	根据检查结果，制定相应处理方案
其他	最低动作电压数据不满足标准	为图方便跳过闭锁继电器接点和辅助开关 S1/S4 接点	测试线圈最低动作电压时应通过辅助开关 S1 接点、闭锁接触器接点并点动试验	在断路器汇控柜的接线端子上做最低动作电压
		未采用点动试验		采用点动试验
		测试仪功率不足	测试最低动作电压时应先测量一下测试仪器是否可靠（如是否有交流分量或直流分量等输出）	更换测试仪再做
		测试仪输出电压与指示表所指示的电压有偏差		更换测试仪或校正仪器读数
		测试仪器有交流分量输出（波形的叠加会影响低电压的准确性且易烧毁线圈和电阻，要求小于 10V 以下）	测试前用万用表的交流电压档测量测试仪的交流分量输出量	更换测试仪
		测试仪有直流分量输出	测试前用万用表的直流电压挡测量测试仪的直流分量输出量	更换测试仪
		测试仪在输出瞬间有干扰波叠加到输出脉冲上，导致最低动作电压偏低	用示波器监视输出脉冲	更换测试仪，不同的测试仪做比较

六、注意事项

（1）检查三相引线、线夹紧固情况、检查及清洁瓷套时应注意：防止高架车兜与断路器距离太近，撞坏断路器瓷套。作业人员必须系安全带，为防止感应电，工作前先挂临时接地线。

（2）对断路器机械零部件的更换和操动机构进行调整，需经断路器制造厂家许可。

（3）由于停电时间和现场环境所限，在检修弹簧操动机构时，也可以不现场解体、检修有问题的部件，而是整个进行更换。拆除的故障部件分解修好后，可当备用品。

【思考与练习】

1. 断路器本体外观检查有哪些项目？

2. GL312 型断路器三相引线、线夹紧固检查的内容有哪些？

3. GL312 型断路器的机械试验和电气试验各有哪些项目？

4. 如何对 GL312 型断路器操动机构的分、合闸弹簧进行检修调整？

5. GL312 型断路器弹簧操动机构检修时采取哪些措施对危险点进行预控？

6. 断路器压力偏高原因怎样、如何处理？

7. 断路器拒动原因怎样、如何处理？

附录一

AREVA 公司 GL314、GL312 断路器主要技术参数

开关类型	单位	开关类型		
		GL314（分相操作）	GL314 F1（三相联动）	GL312F1（三相联动）
额定电压	kV	252		126
额定频率	Hz	50		50
额定工作电流	A	4000	4000	3150
雷电冲击耐受电压：对地、断口间	kV	1050/1050+200	1050/1050+200	650/650
工频耐受电压：对地、断口间	kV	460/460+145	460/460+145	275/230+70
额定短路开断电流	kA	50	50	40
主回路的电阻值（μΩ）		44/48	44/48	35±7
分闸时间	ms	18～24（早期产品）/16～26	16～26	35～41（早期产品）/26～31
合闸时间	ms	82～102（早期产品）/58～78	98～128	59～69（早期产品）/59～71
重合闸无电流间隙时间	ms	300 及以上可调		

续表

开关类型	单位	开关类型		
		GL314（分相操作）	GL314 F1（三相联动）	GL312F1（三相联动）
电机储能时间	s	<15		
合分时间	ms	20～60（早期产品）/ 17～67	41～81	30～70（早期产品）/ 30～50
分闸时相间最大不同期时间	ms	2	2	2.5
合闸时相间最大不同期时间	ms	3	3	3
每只合闸线圈的直流电阻	Ω	注：DC220V、142Ω/DC110V、35.5Ω		
每只分闸线圈的直流电阻	Ω	注：DC220V、142Ω/DC110V、35.5Ω		
瓷套爬电距离（对地/断口间）	mm	6300/7780，8750/8668	6300/7780，8750/8668	3906/3906，4495/4495
干弧距离	mm	1870/2300	1870/2300	1210
分闸线圈可靠动作电压范围 110/220VDC	V	≤30%不动作，65%～120%额定电压可靠动作		
合闸线圈可靠动作电压范围 110/220VDC	V	≤30%不动作，80%～110%额定电压可靠动作		
合闸速度定义		刚合点到刚合点之前 8ms 内的平均速度		
分闸速度定义		刚分点到刚分点之后 8ms 内的平均速度		
合闸平均速度	m/s	5.6	3.6	4.5
分闸平均速度	m/s	7.5	7	6.4
SF_6 气体微水含量（20℃表压）	ppm	（运行）≤300		
	ppm	（安装调试后的交接试验）≤150		
SF_6 气体压力（20℃表压） 最高	MPa	0.75（绝对压力）/0.65（相对压力）		0.74（绝对压力）/ 0.64（相对压力）
额定	MPa	0.75（绝对压力）/0.65（相对压力）		0.74（绝对压力）/ 0.64（相对压力）
最低	MPa	0.61（绝对压力）/0.51（相对压力）		
报警压力（20℃表压）	MPa	0.64（绝对压力）/0.54（相对压力）		
闭锁压力（20℃表压）	MPa	0.61（绝对压力）/0.51（相对压力）		
SF_6 泄漏率	%/年	（排除测微水取样气的损耗和环境温度的变化）≤0.5		

附录二

AREVA 公司 GL312 型断路器 A 类检修报告

1. 铭牌及主要技术参数

变电所		生产厂家		AREVA
产品型号		额定电流		
额定电压		操动机构		
开关编号		设备编号		
相　　别	A 相	B 相		C 相
极柱编号				
机构编号				

2. 断路器本体

项目	标准	A	B	C
三相连接接头	无损伤、无裂纹，紧固力矩为 50Nm			
支腿的表面	无损伤、无裂纹，紧固力矩为 50Nm			
接地点表面	表面无明显氧化、锈蚀，紧固力矩，（M12.50Nm；M16.180Nm）			
基础	基础表面无裂纹，松动，沉陷			
SF$_6$ 气体工作压力	GL314（F1）0.75MPa（绝对压力）/0.65MPa（相对压力）；GL312 0.74MPa（绝对压力）/0.64MPa（相对压力）			
密度继电器报警压力	0.64MPa（绝对压力）/0.54MPa（相对压力）			
密度继电器闭锁压力	0.61MPa（绝对压力）/0.51MPa（相对压力）			
密封检查	无漏点			
SF$_6$ 微水含量	≤150ppm			

3. 机构部分

项目	标准			A	B	C
储能时间	<15s					
	GL314	GL314F1	GL312			
分闸时间	18～24ms（早期产品）/16～26ms	16～26ms	35～41ms（早期产品）/26～31ms			

续表

项目	标准			A	B	C
合闸时间	82～102ms（早期产品）/ 58～78ms	98～128ms	59～69（早期产品）/ 59～71ms			
合、分时间	20～60ms（早期产品）/ 17～67ms	41～81ms	30～70ms（早期产品）/30～50ms			
分闸时间	18～24ms（早期产品）/ 16～26ms	16～26ms	35～41ms（早期产品）/ 26～31ms			
动作电压（合）	≤30%不动作，80%～110%额定电压可靠动作					
动作电压（分1）	≤30%不动作，65%～120%额定电压可靠动作					
动作电压（分2）	≤30%不动作，65%～120%额定电压可靠动作					
合闸线圈直流电阻	DC220V、142Ω/DC110V、35.5Ω					
分闸线圈直流电阻（1）	DC220V、142Ω/DC110V、35.5Ω					
分闸线圈直流电阻（2）	DC220V、142Ω/DC110V、35.5Ω					
合闸线圈绝缘电阻	≥2MΩ					
分闸线圈绝缘电阻（1）	≥2MΩ					
分闸线圈绝缘电阻（2）	≥2MΩ					
电机绝缘电阻	≥2MΩ					

▲ 模块 12　SIEMENS 公司 3AP1–FG/FI 型 SF_6 断路器检修（Z15E2012Ⅲ）

【模块描述】本模块包含 SIEMENS 公司 3AP1 型 SF_6 断路器的检修工艺、质量标准，通过学习，掌握 SIEMENS 公司 3AP1 型 SF_6 断路器的大修流程、工艺要求以及识绘各种复杂的设备施工图的能力。

【模块内容】

一、作业内容

SIEMENS 公司 3AP1 型 SF_6 断路器三相设计为户外式，断路器本体三相瓷柱内采用 SF_6 气体作为绝缘和灭弧介质，并配用弹簧操动机构。它的检修作业内容有：

（1）3AP1 型 SF_6 断路器本体及操动机构的检修；

（2）3AP1 型 SF_6 断路器常见故障处理。

二、作业前准备

（一）技术资料的准备

检修前收集需检修断路器的运行、检修记录和缺陷和异常情况，分析设备运行中外部故障对设备的影响，对设备运行参数记录，如温度、电压、电流等进行分析。认真统计核实运行中记录的开关操作次数及开断短路电流的次数和使用年限，检查断路器的各项技术参数。参考定期预试报告和上次检修记录，确定检修项目，制订断路器的检修方案和作业指导书。从档案室调出需检修断路器的相关资料信息，如操作说明书、电气原理图、出厂试验报告。准备好有关资料，如检修报告等。

（二）检修场地准备

选干燥和清洁的检修场地，四周设置安全围栏并挂好安全标示牌。根据检修方案，准备检修所需要的工器具、材料、备品备件、试验仪器和仪表等，准备好专用工作服、防毒面具及其他防护用品，运至检修现场。仪器仪表、工器具应检验合格，满足本次施工的要求。材料应齐全，图纸及资料应符合现场实际情况。

（三）工器具、备品备件准备

3AP1 型 SF_6 断路器检修所需的主要工器具、仪器仪表见表 2-12-1，消耗性材料及主要备品备件见表 2-12-2。

表 2-12-1　　　　　　　　　　检 修 工 器 具

序号	名称	型号规格（精度）	单位	数量	备注
1	开口扳手	M6～M24	套	1	
2	套筒扳手	M6～M24	套	1	
3	梅花扳手	M6～M24	套	1	
4	铁榔头	1.5 磅	只	1	
5	木榔头		只	1	
6	一字螺钉旋具	3.5、4、6、8"	套	1	
7	十字螺钉旋具	4、6、8"	套	1	
8	力矩扳手	10～150Nm	套	1	
9	力矩扳手	10～300Nm	套	1	
10	游标卡尺	0～125mm	套	1	
11	塞尺	0.02～1.0mm	套	1	
12	回路电阻测试仪	100A	台	1	
13	绝缘电阻表	1000V、2500V	只	各1	
14	万用表	常规	只	1	

续表

序号	名称	型号规格（精度）	单位	数量	备注
15	移动线盘	220V、380V	只	各 1	带触保器
16	安全带		副	按需要配置	
17	临时接地保安线	>25mm^2	副	按需要配置	
18	绳索	能供最小负载 500kg	m	自定	
19	吊索	能供最小负载 1000kg	副	1	
20	人字绝缘梯	2.5m	张	1	
21	绝缘梯	3m	张	2	
22	登高机具	10m	台	1	
23	SF$_6$ 检漏仪		套	1	
24	机械特性仪		套	1	
25	SF$_6$ 充气装置		套	1	需要时配置
26	真空吸尘器		套	1	
27	屏蔽服	110～220kV 电压等级	套	按需要配置	
28	卷尺		把	1	
29	水平尺		把	1	
30	线锤		只	1	
31	起吊机具		套	1	
32	绝缘胶带	无弹性	卷	1	
33	机油壶		只	1	

表 2–12–2 **消耗性材料及主要备品备件**

序号	名称	型号规格（精度）	单位	数量	备注
1	白布	—	m	2	
2	无水乙醇	分析纯	kg	5	
3	毛巾	—	块	10	
4	漆刷	1.5 寸	把	4	
5	漆刷	2 寸	把	4	
6	塑料薄膜		m	6	
7	油漆	断路器本色漆	kg	0.5	
8	润滑脂	SIEMENS 专用	瓶	1	

续表

序号	名称	型号规格（精度）	单位	数量	备注
9	清洗剂		瓶	1	
10	防水胶		支	1	
11	百洁布		张	3	
12	FI O 型圈	ϕ283×12（灭弧室顶部）	只	1/相	
		ϕ218×12（灭弧室底部）	只	1/相	
		ϕ148×10（支撑瓷套密封圈）	只	4/相	
		ϕ112×4（干燥剂密封圈）	只	1/相	
		ϕ12.5×1.8（极柱与管道连接）	只	1/相	
		ϕ14×1.8（气压表，密度继电器）	只	4/相	
		ϕ9×1.5（密度继电器阀块顶针）	只	1/相	
13	FG–245kV O 型圈	ϕ283×12（灭弧室顶部）	只	1/相	
		ϕ218×12（灭弧室底部）	只	1/相	
		ϕ148×10（支撑瓷套密封圈）	只	3/相	
		ϕ112×4（干燥剂密封圈）	只	1/相	
		ϕ12.5×1.8（极柱与管道连接）	只	1/相	
		ϕ14×1.8（气压表，密度继电器）	只	4/相	
		ϕ9×1.5（密度继电器阀块顶针）	只	1/相	
14	FG（110kV）本体 O 型圈	ϕ218×12（灭弧室）	只	2/相	
		ϕ148×10（支撑瓷套密封圈）	只	2/相	
		ϕ112×4（干燥剂密封圈）	只	1/相	
		ϕ12.5×1.8（极柱与管道连接）	只	1/相	
		ϕ14×1.8（气压表，密度继电器）	只	4/相	
		ϕ9×1.5（密度继电器阀块顶针）	只	1/相	
15	干燥剂	1.5kg/桶	桶	1/台	
16	防锈油	SIEMENS 专用（Tectyl506）	g	25	
17	0.3%的碱性溶液	烧碱（NaOH）	L	10	
18	凡士林	SIEMENS 专用	g	25	

三、安全事项、防护措施

（一）人员要求

（1）工作负责人应具有相关工作经验、熟悉设备情况。

（2）专责监护人应具有相关工作经验、熟悉设备情况。

（3）维修工作应由专业技术人员负责完成。

（4）需要有操作资格和工作经验的特殊工种工作人员（吊车司机及起重指挥人员）的配合。

（5）在维修过程中配合人员需听从专业维修技术人员的安排和指挥，遇到现场问题应协商解决。

（6）对于部分厂家申明需授权的检修工作，参与检修的人员需经过厂家培训合格取得厂方授权后方可进行工作。

（二）危险点分析与预控措施

危险点分析与预控措施见表 2-12-3。

表 2-12-3　　　　　　　　　　危险点分析与预控措施

序号	危险点或危险因素		防范或安全措施
1	人身触电	拆、接低压电源	（1）应由两人进行，一人操作，一人监护。 （2）检修电源应有漏电保护器；电动工具外壳应可靠接地。 （3）检修前应断开交、直流操作电源及储能电动机、加热器电源；严禁带电拆、接操作回路电源接头。 （4）螺钉旋具等工具金属裸露部分除刀口外包绝缘
		误碰带电设备	（1）运长物件，应两人放倒搬运。 （2）搭设脚手架，应与带电设备保持安全距离。 （3）吊车进入高压设备区必须由专人监护、引导，按照指定路线行走；工作前应划定吊臂和重物的活动范围及回转方向。确保与带电体的安全距离：220kV 不小于 6m。 （4）高架车作业时，时刻注意与相邻带电设备的电气距离，与周围相邻带电设备的安全距离 220kV 不小于 6m
		感应触电	（1）在强电场下进行部分停电工作应增加保安接地线。 （2）检修人员必须在断开试验电源并放电完毕后才能工作
		误登带电设备	（1）被修设备与相邻运行设备必须用围栏明显隔离并悬挂警示牌。 （2）中断检修每次重新开始工作前，应认清工作地点、设备名称和编号；严禁无监护单人工作
2	高空摔跌	梯子使用不当	（1）梯子应绑牢、防滑；梯上有人，禁止移动。 （2）登高时严禁手持任何工器具。 （3）使用升降梯前应仔细检查，升到一定高度后应按规定设置横绳
		高处作业	正确使用安全带，严禁低挂高用
		传动部件带落人员	手动和电动操作前必须呼唱并确认人员已离开传动部件和转动范围及动触头的运动方向
3	物体打击	引线突然弹出打击	拆、装的引线应用绝缘绳传递，引线运动方向范围内不准站人
		零部件跌落打击	（1）零部件上下应使用传递绳。工器具、物品上、下应用绳子和工具袋传递，禁止抛掷。 （2）不准在脚手板上存放零部件和其他物品

续表

序号	危险点或危险因素		防范或安全措施
3	物体打击	绝缘子突然断落	(1) 拆装均压电容或合闸电阻须用吊车或专用吊具系好吊稳。 (2) 不得将绝缘子作为安全带固定点
4	机械伤害	机构高压油伤人	工作前必须将机构释能
		操作伤人	就地及远方操作时应确认断路器本体无人员工作
5	其他	SF$_6$泄漏	注意检漏，如发现 SF$_6$ 渗漏，启动通风设备。必要时应穿戴防护服及防毒面具
		SF$_6$生成有毒物质	必要时应穿戴防护服及防毒面具。粉末应用毛刷和吸尘器清除

四、检修工艺及质量标准

（一）断路器检修前状态检查

（1）确认断路器在分闸位置。

（2）确认断路器已与带电设备隔离并两侧接地。

（3）确认断路器电动机电源和加热器电源已断开，在需检修断路器的电源箱内拉开相应的开关。

（4）对断路器弹簧储能进行释放，进行合–分闸操作以释放操动机构的弹簧能量。

（5）断开控制电源和信号电源，可在主控室完成相关的操作。

（6）记录断路器信息：

1）记录断路器铭牌信息：断路器型号、序列号、出厂日期、额定电压、额定电流、控制电压、额定 SF$_6$气体压力等。

2）记录断路器的操作次数，可观察操动机构箱内的动作计数器并记录。

3）发生特殊情况事件的情况（设备档案或设备台账应有相关的信息）：短路电流开断的次数、开断时间、电流幅值、故障信息等，以作为是否需要打开灭弧室检查的判断依据。

4）记录 SF$_6$气体压力和环境温度，并对比压力–温度曲线，结合设备的 SF$_6$气体的压力巡检相关记录，判断是否出现 SF$_6$气体泄漏情况。

注意：当检修工作不能在一天内完成时，当天工作结束后应将加热器电源投入，以避免机构箱内积聚潮气。

（7）A 类检修前的试验：

1）断路器主回路电阻测试。

2）测量断路器的机械特性：时间、同期、速度。

（二）断路器本体的检查和维护

3AP1 型 SF$_6$断路器本体的检查、维护的项目及质量标准见表 2–12–4。

表 2–12–4　　　3AP1 型 SF$_6$断路器本体的检查、维护的项目及质量标准

检修工艺	质量标准	检修类型
（1）三相引线、线夹紧固检查	三相引线连接正确、可靠，线夹紧固无松动、变形、过热等现象	C/B/A
（2）检查及清洁瓷套： 1）瓷套表面清洁。 2）绝缘子超声波探伤	瓷套表面应无污垢沉积，无破损；法兰处无裂纹，与绝缘子胶合良好。 探伤中波形正常，绝缘子无缺陷	D/C/B/A
（3）传动部件检修	转动灵活，连接可靠，卡环位置正确，转动灵活	B/A
（4）灭弧室检查： 1）SF$_6$气体回收，充氮气至 0.03MPa。 2）更新过滤材料 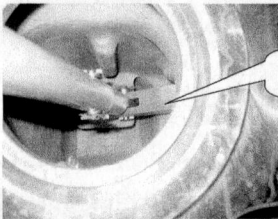 安装过滤材料处	DILO 回收装置干燥，真空处理。打开灭弧室前充氮气 0.1MPa 清洗，重复三遍。	C/B/A
	打开更换转向壳体侧面盖板，戴防护手套、防毒面具，取出吸附剂。安装新吸附剂两包（300g/包），换下的吸附剂应用塑料布包裹，并密封后集中处理，严禁再生后重新使用	B/A
（5）动、静触头检查 打开需检修相的灭弧单元，拆出接触管，对触头系统进行检查，检查静弧触头烧灼程度及长度	（因现场检修质量无法保证，建议返厂）如静弧触头长度小于规定值，需更换静触头管和动触头部分	B/A
（6）密封性能，防腐检查	各连接处无破损渗漏情况，法兰处无裂纹，与绝缘子胶合良好；无明显锈蚀情况，必要时修补	D/C/B/A

（三）断路器操动机构的检查和维护

断路器操动机构的检查和维护的内容有：

（1）机构箱的检查和维护，项目及质量见表 2–12–5。

表 2–12–5　　　　　　　机构箱的检查和维护，项目及质量

检修工艺	质量标准	检修类型
（1）密封性能，防腐检查	机构箱内无杂物，密封条平整、无损坏，箱体无明显锈蚀情况，必要时修补	D/C/B/A
（2）传动部件检查、维护： 1）操动机构各锁片固定螺栓紧固检查。 2）销子卡环检查。 3）传动件（齿轮，轴承，凸轮，销子）润滑检查。 4）启动座检查	螺栓紧固。 卡环位置正确，转动灵活。 传动件润滑完好。 启动座运动灵活	C/B/A

续表

检修工艺	质量标准	检修类型
（3）机构箱内二次元器件的检查： 1）弹簧储能行程开关（S16）检查。 	S16固定座固定可靠；S16复位弹簧润滑完好；S16动作灵活，动断动开触点切换可靠，触点引线插接可靠。	
2）储能电机固定检查。 	储能马达固定可靠（20Nm），齿轮润滑完好。	
3）缓冲器和缓冲器滑动轴承检查。 	缓冲器表面清洁，无渗漏油。轴承完好，润滑充分。	D/C/B/A
4）线圈检查。 	线圈固定可靠，引线插接可靠；线圈值阻检查：$R=50\Omega$（DC110V）$R=215\Omega$（DC220V） 线圈值阻公差：±10%	

续表

检修工艺	质量标准	检修类型
5）分合闸线圈铁芯行程检查，根据如下图示检查。 3AP线圈行程调整示意图 20.3±0.3	铁芯顶杆锁定螺母锁定可靠； 检查顶杆长度：20.3±0.3mm。	
6）辅助开关检查。	辅助开关固定可靠；触点引线插接可靠；接点通断灵活，动作位置与断路器位置相对应。	
7）辅助开关驱动杆检查。 辅助开关驱动杆	辅助开关驱动杆调节螺母固定可靠。	
8）检查弹簧储能指示	更换弹簧储能指示标签	
（4）机构更换	根据厂家要求进行返厂更换或由经厂家认证的技术人员进行指导更换	B

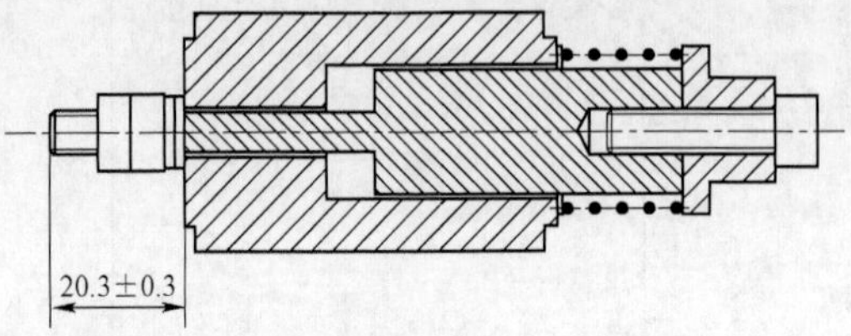

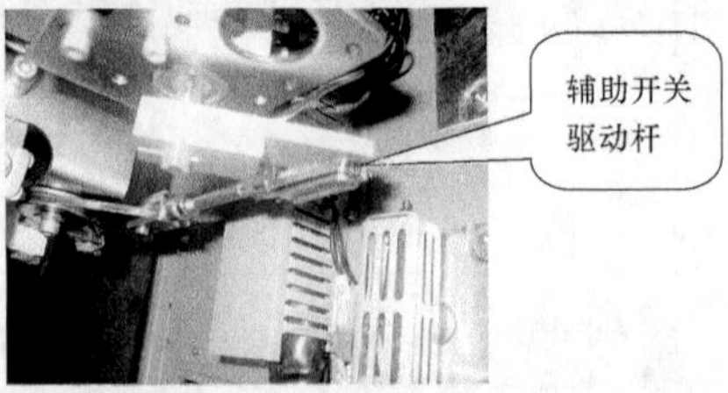

（2）汇控箱的检查和维护，项目及质量见表 2-12-6。

表 2-12-6　　　　　　　　　汇控箱的检查和维护项目及质量

检修工艺	质量标准	检修类型
（1）汇控箱的清洁检查	箱内无灰尘，无杂物	D/C/B/A
（2）汇控箱密封性检查	箱内无渗水，箱门密封条平整，无损坏	D/C/B/A
（3）二次线接线及短接片检查	二次线连接可靠，接触良好，无松动现象	D/C/B/A

续表

检修工艺	质量标准	检修类型
（4）二次回路及元件检查、维护、更换： 1）时间继电器，加热器监控继电器，储能超时继电器功能及量程检查（FI；FG–245kV）。 2）整组开关操作检查：分合闸电动操作 5 次。 3）分、合闸回路检查。 4）电动机控制（储能超时）检查。 5）照明回路检查。 6）防凝露加热回路检查。 7）断路器合位，合闸脱扣机械闭锁检查	符合标准。 分–合闸试验时必须时间间隔保证不能低于300ms，断路器应可靠动作。 回路正确，阻值正常。 功能正确，储能时间 11±4s。 打开控制箱门照明灯就应该亮；不符合要求时应进行处理。 电阻值三相均衡，无短路和开路，对地无短路；有损坏的应进行更换，加热器监控继电器功能正确，加热电阻数据： —15W：$R=560\Omega\pm10\%$ —26W：$R=180\Omega\pm10\%$ —13W：$R=100\Omega\pm10\%$ 开关合位，闭锁块落下，手按合闸启动器不应脱扣	D/C/B/A

（3）支架及基础的检查和维护，项目和质量标准见表 2–12–7。

表 2–12–7　　　　　　　支架及基础的检查和维护项目和质量标准

检修工艺	质量标准	检修类型
（1）目测检查断路器基础连接所有螺栓	应无无松动、脱离等现象	D/C/B/A
（2）目测检查断路器各钢构件	连接无松动，各部件应无锈蚀，如有锈蚀，则应除去锈斑并用刷子或喷枪施加防腐剂	D/C/B/A
（3）防腐检查	必要时修补	D/C/B/A

（4）机械特性试验，项目和质量标准见表 2–12–8。

表 2–12–8　　　　　　　机械特性试验项目和质量标准

检修工艺	质量标准	检修类型
（1）分、合闸动作电压	（1）合闸最低动作电压不应大于额定电压的80%，在额定电压的 80%～110%范围内可靠动作。 （2）分闸的最低动作电压应在额定电压的30%～65%的范围内，在额定电压的 65%～110%范围内可靠动作。 （3）当电压低至额定电压的 30%或更低时不应脱扣动作	C/B/A
（2）分闸、合闸速度、时间、同期等特性试验	标准参照出厂实验报告	B/A

（5）SF₆ 系统检查及试验，检查的项目及质量标准见表 2-12-9。

表 2-12-9　　　　　　SF₆ 系统检查及试验检查的项目及质量标准

检修工艺	质量标准	检修类型
（1）压力检查。检查、校验 SF₆ 密度监视器和气压表	气压表玻璃表面清洁，气压指示清晰可见，如严重脏污，应清洗 SF₆ 密度监视器和气压表，并校验合格。SF₆ 密度监视器与阀块连接紧密，气压表固定可靠、无松动，否则用 10Nm 的力矩扳手进行复紧	D/C/B/A
（2）泄漏检查。用 SF₆ 气体泄漏仪（精度大于 100ppm）环绕密度监视器、SF₆ 气阀、上下瓷柱法兰连接处、瓷柱与机构连接处、SF₆ 气体管道以及相关的连接头处进行检查	是否有气体泄漏，有泄漏则应进行重新装复断路器，年漏气率不大于 0.5%。检测应在无风的条件下进行，可根据运行巡视纪录和测微水、补气等记录来判断是否有泄漏，是否需要检漏和处理	B/A
（3）微水测试。测试断路器 SF₆ 气体水分含量	运行设备的露点应低于-32.2℃，微水含量应小于 300ppm；大修后的设备的露点应低于-38.5℃，微水含量应小于 150ppm	B/A
（4）特征气体测试。可测试 SF₆ 气体百分含量	如现场需要，可增加此项目，SF₆ 气体含量须大于 95%	B/A

（6）整组试验及五防检查，项目及质量标准见表 2-12-10。

表 2-12-10　　　　　　断路器整组试验及五防检查项目及质量标准

检修工艺	质量标准	检修类型
（1）三相不一致、防跳试验等 断路器功能检查（防跳功能、强迫三动作功能 FI，确认断路器防跳功能是否已被拆除，方法：远近控开关（S8）切换至就地操作，合上断路器，按住合闸按钮（S9），总闭锁继电器失磁复位，断路器防跳功能未拆除如果断路器防跳功能已被拆除，断路器防跳功能不应检查	防跳功能： 断路器处于"分闸"，给"合闸"指令并一直按住键（持续指令），在"合闸"指令下给"分闸"指令。尽管"合闸"指令未取消，但开关只允许合闸之后再分闸不允许再合闸。 断路器处于"合闸"，给"合闸"指令并一直按住键（持续指令），约 1 秒钟后，在"合闸"指令下给"分闸"指令。开关只允许分闸。 强迫三相动作功能（FI）： 断路器处于"合闸"，单分一相，紧接着分另两相；断路器处于"分闸"，合任一相，紧接着分此相；每做一次强迫三相动作功能，检查合闸电气闭锁，用 S4 复位	C/B/A
（2）传动试验	传动正常	C/B/A
（3）信号上传检查	信号传送正确	C/B/A

五、故障处理

3AP1 型 SF₆ 断路器常见故障的类型及原因和处理方法见表 2-12-11。

表 2-12-11　　　3AP1 型 SF₆ 断路器常见故障的类型及原因和处理

故障类型		可能引起的原因	判断标准和检查方法	处理
SF₆气体压力系统	气体压力偏低，但密度继电器未发报警信号	环境温度低	三相都偏低属正常现象	不必处理
		测微水未及时补充气体	运行中多次测量微水记录，但没有补气及测微水后的压力记录	必要时补气
		气压表存在微小泄漏	把气压表侧面的小黄针拨向"open"位置，气体压力可以回升到和其他两相基本一致	更换气压表
		断路器存在泄漏点：气管连接法兰面、气管焊接头、极柱法兰面、转向壳体沙眼等	横向比较后只有该气压表压力偏低，排除了气压表计的因素	检漏，根据检漏结果处理
	密度继电器发报警信号（压力偏低）	信号互串	解开报警接线测量密度计本身的触点	如果触点正常处理信号互串问题
		电压串线	解开报警接线测量密度计本身的触点	如果触点正常处理电压串线问题
		密度继电器故障	解开报警接线测量密度计本身的触点	触点闭合更换密度计
		断路器存在泄漏点：气体连接法兰面、气管焊接头、极柱法兰面、转向壳体沙眼等	横向比较后只有该相压力偏低；排除气压表计的因素	检漏，根据检漏结果处理
	压力偏高	充气	检查相关的补气记录，校验压力表	情况属实应泄压（不允许超过0.3bar，与温度无关）
其他	断路器拒动	控制电源未送	目检继电器，都处于失电状态	送上控制电源
		合闸或分闸棘爪与杠杆间隙超标	标准：1.0mm	调整或更换部件
		远方/就地在就地位置	检查信号，是否有控制信号断线信号	切换至远方
		分、合闸回路中有元器件损坏	测量分、合闸整个回路电阻	查出故障元件，更换
		辅助开关 S1 接线松脱	测量分、合闸回路电阻	查出松脱的接线，重新插接
		机构或辅助开关 S1 损坏	目检机构和辅助开关 S1	根据检查结果，制订相应处理方案
	最低动作电压数据不满足标准	为图方便跳过闭锁继电器接点和辅助开关 S1 接点		在断路器的接线端子上做最低动作电压
		未采用点动试验		采用点动试验

续表

故障类型		可能引起的原因	判断标准和检查方法	处理
其他	最低动作电压数据不满足标准	测试仪功率不足		更换测试仪
		测试仪输出电压与指示表所指示的电压有偏差		更换测试仪或校正仪器读数
		测试仪表有交流分量输出（波型叠加会影响低电压的准确性且易烧毁线圈和电阻，要求小于 10V）		更换测试仪
		测试仪在输出瞬间有干扰叠加到输出脉充上，导致最低动作电压偏低	用示波器监视输出脉冲	更换测试仪，不同的测试仪做比较
		测试仪有直流分量输出	测试前用万用表的直流电压档测量测试仪的直流分量输出量	更换测试仪

【思考与练习】

1. 对弹簧储能的行程开关应检查哪些内容？
2. 对 3AP1 型 SF_6 断路器本体检查的项目有哪些？
3. 如何对 3AP1 型 SF_6 断路器进行泄漏检查？
4. 对 3AP1 型 SF_6 断路器分合闸线圈及铁芯如何检查？

附录一

3AP1–FG/FI 型断路器 A 类检修报告

3AP1–FG/FI 型断路器 A 类检修报告

变电所：	设备编号：		
型号：	出厂编号：		
额定电压：kV	额定电流： A		
热稳定电流： kA/s	SF_6 气体额定压力（20℃）：MPa		
SF_6 气体低压报警压力（20℃）： MPa	SF_6 气体低压闭锁压力（20℃）： MPa		
维修时环境温度 ℃	SF_6 气体用量		
机构型号：	电机电压： V	控制电压： V	
操作次数：	投运日期： 年 月 日		

续表

项目	分类	标准		检修结果
绝缘子与法兰	支持绝缘子	绝缘子清洁、无损伤、无裂纹		
	法兰	无裂纹，与瓷套胶合良好		
	连接螺栓	紧固、无松动		
传动机构箱	传动连接拉杆	无变形。轴孔、轴套和轴销无伤痕，各部分连接牢固，动作灵活。指示位置正确		
	分、合闸指示位置	指示到位，并与开关位置相符		
SF$_6$密度监视器	玻璃表面	表面清洁，压力指示清晰可见		
	SF$_6$气体压力	SF$_6$压力	动作值符合铭牌参数和压力–温度曲线（单位：bar/℃）	
		报警压力		
		闭锁压力		
微水处理	SF$_6$气体微水	运行断路器不大于 300ppm（V/V）		
		大修后不大于 150ppm（V/V）		
控制箱及汇控箱检查	底部	无油迹，无杂物		
	储能电源开关	信号正确		
	计数器	工作正常		
	防凝露加热器	工作正常		
	接线端子	连接螺栓无松动		
	二次回路	接线正确，各部分螺栓及电气插件无松动		
	润滑	各动作部分清洁、润滑、动作无卡涩		
	储能电动机	工作时声音无异常，储能时间不大于 15s		
	继电器	无焦痕，动作正常		
	门、门锁	灵活、无变形、密封可靠		
	照明	功能正常		
机构检查	带辅助触点的限位开关	触点通断灵活，动作位置与开关位置相对应		
	脱扣器	线圈完好、紧固，电气连接完好、牢固，动作灵活无灰尘杂物附着		
气密检查	密封部位，气室，密度计，充气口	无泄漏，无砂眼		
合闸电阻测量与检查	电阻开关及电阻	触头对中，机构无损伤，电阻完好		
	电阻值及允许偏差			

续表

项目	分类	标准	检修结果
电气试验	防跳	动作正确	
	分、合闸线圈	线圈值阻检查：$R=50\Omega$（DC110V） $R=215\Omega$（DC220V） 线圈值阻公差：±10%	
	机械特性	标准参照出厂试验报告	
	最低动作电压	合闸：80%～110%U_n 分闸：30%～65%U_n，低于 30%不动作	
	主回路电阻	FG（72.5KV；110KV）：$R=25\pm4\mu\Omega$ FI；FG（252KV）：$R=37\pm4\mu\Omega$ 以上为新断路器标准，运行断路器允许上偏差 20%	
	二次回路绝缘电阻	用 2000V 绝缘电阻表测量，不低于 2MΩ	
	二次回路耐压试验	试验电压 2kV（电动机 900V）	
	主刀电动分、合 5 次	应正常到位无卡涩	
	整组操作试验	100%U_e电动分、合闸各三次，应正常	
问题描述			

检修日期：自   年   月   日至   年   月   日

检修中发现的问题与处理结果：

检修结论：

附录二

3AP1–FG/FI 型断路器的主要技术参数

序号	技术参数名称	技术参数标准	
		220kV	110kV
一、	环境条件		
1	海拔高度	1000m 以下	1000m 以下
2	安装地点	户外	户外

续表

序号	技术参数名称	技术参数标准	
		220kV	110kV
3	环境温度（最低，最高）	−30～40℃	−30～40℃
4	日照强度（风速 0.5m/s）	0.1W/cm²	0.1W/cm²
5	最大设计风速	35m/s	35m/s
6	覆冰厚度	10mm	10mm
7	最大日温差	25K	25K
8	最高月平均相对湿度（25℃）	90%	90%
9	耐地震能力：水平，垂直	0.2g	0.2g
10	污秽等级	Ⅲ级	Ⅲ级
11	二次系统中感应的电磁干扰	NA	NA
二、	断路器技术参数		
1	断路器型式和型号		
a	断路器型式	户外柱式	户外柱式
b	断路器型号	3AP1−FG/FI	3AP1−FG/FI
2	额定电压	245kV	145kV
3	额定电流	4000A	3150A
4	额定频率	50Hz	50Hz
5	额定操作循环	O−0.3s−CO−180s−CO	O−0.3s−CO−180s−CO
6	额定开断时间（由接受分闸脉冲起）	≤40	≤40
7	分闸时间	具体以出厂报告为准	具体以出厂报告为准
8	合闸时间	具体以出厂报告为准	具体以出厂报告为准
9	合分时间	具体以出厂报告为准	具体以出厂报告为准
10	无电流间隔时间	300ms	300ms
11	额定重合闸时间	300ms	300ms
12	分合的速度曲线	随设备提供（具体见出厂试验报告）	随设备提供（具体见出厂试验报告）

续表

序号	技术参数名称		技术参数标准	
			220kV	110kV
13	分闸不同期		≤2ms	≤2ms
14	合闸不同期		≤3ms	≤3ms
15	额定短时耐受电流及持续时间		3kA/s	3kA/s
16	额定短路关合电流		160kA	160kA
17	额定峰值耐受电流		160kA	160kA
18	额定开断电流	交流分量有效值	40kA	40kA
		开断次数	20kA	20kA
		首相开断系数	具体以设备铭牌为准	具体以设备铭牌为准
19	断路器触头温升（额定电压、额定电流、环境温度20℃下）		In	In
20	辅助和控制回路短时工频耐受电压		2kV	2kV
21	操动机构形式		弹簧机构	弹簧机构
22	电动机电压		AC/DC 220V；DC110V	AC/DC 220V；DC110V
23	弹簧储能时间		11±4	11±4
24	控制电压		DC 220V/DC 110V	DC 220V/DC 110V
25	合闸操作电源	额定操作电压	DC 220V/DC 110V	DC 220V/DC 110V
		操作电压允许范围	80%～110%	80%～110%
26	分闸操作电源	额定操作电压	DC 220V/DC 110V	DC 220V/DC 110V
		操作电压允许范围	65%～120%	65%～120%
27	加热器	工作电压	AC 380V/AC 220V	AC 380V/AC 220V
		功率及阻值	15W：$R=560\Omega\pm10\%$ 26W：$R=180\Omega\pm10\%$ 13W：$R=100\Omega\pm10\%$	15W：$R=560\Omega\pm10\%$ 26W：$R=180\Omega\pm10\%$ 13W：$R=100\Omega\pm10\%$
28	辅助开关触点	开断能力	DC 220V/3A	DC 220V/3A
29	合闸线圈电阻		50±5%	50±5%
30	分闸线圈电阻		215±5%	215±5%
31	触头行程		154.8±5.2	120±4

附录三

3AP1–FG/FI 型断路器 SF₆ 气体压力参数

名称		出厂标准参数	备注
SF₆ 气体压力（20℃表压）	最高，bar	≤6.3	
	额定，bar	6.0	具体以出厂试验报告为准
SF₆ 气体湿度 ppm（V/V）	交接验收	≤150	新安装或 A 类检修后断路器
	运行	≤300	运行中断路器
20℃时 SF₆ 泄漏报警压力，bar		5.2	具体以出厂试验报告为准
20℃时 SF₆ 泄漏闭锁压力，bar		5.0	具体以出厂试验报告为准
SF₆ 气体年泄漏率		0.5%/年	排除测微水取样气的损耗和环境温度的变化
SF₆ 纯度		≥99.8	新安装断路器
		≥95	运行中断路器

注：压力触点的相应返回值不做要求。

▲ 模块 13　高压断路器的运行与维护（Z15E3001 Ⅰ）

【模块描述】本模块介绍高压断路器的运行、维护及常见故障与异常的处理等知识。通过知识讲解，掌握高压断路器的运行与维护的基本知识，熟悉高压断路器常见故障与异常的处理方法，熟悉高压断路器的状态监测与诊断、绝缘油和 SF₆ 气体的使用管理和高压断路器验收与投运。

【模块内容】

一、高压断路器的运行

（一）高压断路器正常运行的条件

（1）断路器的运行条件符合制造厂规定的使用条件，如户内户外、防污等级、环境温度、相对湿度、海拔等。

（2）断路器的各种参数、性能符合国家标准或行业标准的要求及有关技术条件的规定。

（3）断路器应具备能长期承受最高工作电压，而且还能承受操作过电压和大气过电压，最大工作电流不得超过其额定电流，额定开断容量必须大于安装地点的最大短路容量，并有足够的动稳定性和热稳定性。

（4）断路器外观油漆完整、相序标志色正确，表面清洁无杂物，瓷套或支柱绝缘子无缺损、脏污、闪络放电现象。

（5）断路器外壳、支架、机构箱应有明显的接地标志，并可靠接地。断路器相连接的引线连接牢固、接触良好，符合规范要求。

（6）断路器本体及操动机构的分、合闸机械指示正确并与断路器的实际位置信号相符。机构箱应具有防尘、防雨、防潮、防小动物的措施，照明、加热、除湿装置工作正常，箱门关闭良好。

（7）断路器油位、油色正常，SF_6 气体压力，绝缘介质在合格范围内。

（8）断路器室通风系统运转正常，门或遮拦应关闭良好，五防闭锁装置应正确完备，无异常声音、异常气味等。SF_6 断路器室内气体监测装置指示在合格范围内。

（9）断路器的操动机构，应有合格的操作能源，分、合闸无卡涩，动作可靠。

（10）断路器各项试验合格。

（二）高压断路器的正常巡视检查

投入电网和处于备用状态的断路器必须定期进行巡视检查，对各种值班方式下的巡视时间、次数、内容，运行单位应做出明确的规定。正常巡视检查项目及标准如表 2-13-1、表 2-13-2 所示。

表 2-13-1　　　　　　　　　　　断路器正常巡视检查项目及标准

序号	检查项目	标准
1	标示牌	调度名称、编号齐全、完好
2	套管、支柱绝缘子、绝缘拉杆	外表清洁完整无杂物、损伤、闪络放电现象，无异声
3	引线、导电连接部位	引线连接牢固、接触良好、无断股、发热变色现象
4	控制、信号电源	运行正常、无异常信号发出
5	本体（油断路器）	各连接法兰和密封处无渗漏油、阀门关闭严密，油位在正常范围内、油色正常
6	灭弧室（真空断路器）	无放电、无异声、无破损、无变色
7	SF_6 气体压力表或密度继电器（SF_6 断路器）	对照压力-温度曲线，SF_6 气体压力或密度继电器在正常范围内、并记录压力值
8	连杆、转轴、拐臂	无变形、裂纹、锈蚀、螺栓紧固、轴销齐全、各转动部分润滑良好
9	位置指示器	断路器的机械指示和电气指示与实际运行状态相符
10	测温	按规定对温度监测点进行检测
11	接地	断路器的外壳和支架、操动机构有明显的接地，且标志色醒目、螺栓无锈蚀，压接良好
12	基础	无下沉、倾斜

表 2-13-2 操动机构正常巡视检查项目及标准

序号	检查项目	标准
1	机构箱	开启灵活无变形、密封良好，无锈蚀、无异味、无凝露等
2	计数器	动作正确并记录动作次数
3	检修/运行、控制、储能电源等开关	位置正确、电源正常
4	二次接线	压接良好，端子无过热变色、断股现象
5	分、合闸线圈	无冒烟、异味、变色现象
6	分、合位置指示器	操动机构的机械指示和电气指示与实际运行状态相符
7	储能信号、机械指示	信号正常、指示正确
8	储能弹簧	无锈蚀、压缩（拉伸）正常
9	行程开关（液压、弹簧机构）	无卡涩、变形，接触良好、位置正确
10	储能电机	运转正常
11	合闸保险、接触器、合闸电源（电磁机构）	无异味、变色，保险完好，电源正常
12	机构压力（液压、气动机构）	压力正常指示正确、并记录压力值
13	油箱、油管及接头、油泵（液压机构）	油位正常、无渗漏油现象
14	储压筒、工作缸（液压机构）	无渗漏、活塞杆位置正确
15	接头、管路、阀门、储气罐（气动机构）	无漏气现象、并按规定排水
16	压力开关（气动机构）	无卡涩、变形，接触良好、位置正确
17	空气压缩机（气动机构）	运转正常、油位、油色正常
18	照明、加热器（除潮器）	正常完好，投、停正确

（三）高压断路器的特殊巡视检查项目

1. 遇有下列情况，应对设备进行特殊巡视

（1）新设备投运及大修后。

（2）设备缺陷近期有发展。

（3）恶劣气候、事故跳闸和设备运行中发现可凝现象。

（4）系统异常运行时，特殊运行方式及调度要求时。

（5）法定节假日和重要供电任务期间。

（6）夜间闭灯巡视根据现场实际情况进行。

2. 特殊巡视检查项目

（1）遇有大风、沙尘暴、雷雨、大雾、冰雪、地震等异常现象时，应检查引线摆动情况及有无搭挂杂物，套管有无放电、闪络现象，重点监视污秽瓷质部分，积雪融

化情况，检查发热部位等。

（2）天气突变、气温骤降时，应检查 SF_6 气体压力和注油设备油位变化，有无渗漏油等情况。

（3）温度升高或高峰负荷时应监视设备温度、各引线接头有无过热现象，是否发热变色，并使用测温仪器检查各发热部位运行温度。

（4）事故跳闸和重合闸后：检查电气指示与机械位置指示是否正确一致，各附件有无变形、引线接头有无过热松动现象，油断路器油色和油位是否正常、有无喷油现象，测量合闸熔丝是否良好，断路器内部有无异声等。

（四）断路器运行中发生下列等现象时，应立即申请停电处理

（1）瓷套（套管）有严重破损和放电现象。

（2）油断路器内部有异常声响。

（3）油断路器严重漏油，油位过低或有大量喷油现象。

（4）SF_6 断路器气体严重泄漏或压力异常升高。

（5）液压机构严重漏油。

（6）断路器端子与连接线连接处发热严重。

（7）操作电源消失，控制回路断线告警，经检查无法处理。

（8）设备发生其他严重缺陷，不能安全运行时。

二、高压断路器的维护

高压断路器的维护工作应根据断路器运行记录、缺陷情况，制订相应的维护措施，应尽可能配合停电机会。

（1）瓷套或支持绝缘子进行清扫，并检查断路器的外绝缘部分（瓷套）、法兰连接部位应完好，无损坏、脏污及闪络放电现象。

（2）检查紧固件应无松动、脱落，分、合闸铁芯应动作灵活，无卡涩现象。

（3）按使用说明书规定，定期对操动机构及传动和转动部位添加润滑油。

（4）根据 SF_6 气体压力、油位变化情况进行必要的补充气（油）。

（5）压力表和 SF_6 密度继电器按规定校验。

（6）断路器的连接引线、导电部位发热的检查处理。

（7）检查液压机构储能正常、动作可靠，压力正常，油泵打压时间符合要求，液压油按规定要求进行过滤。

（8）清扫气动机构空气过滤器，对空气压缩机润滑油进行更换。

（9）断路器故障跳闸达到规定次数的，进行相应维护处理。

（10）完成断路器的各项试验项目不超期，试验结果符合规程要求。

（11）消除运行中发现的设备缺陷。

三、高压断路器的常见故障及处理

1. 高压断路器本体部分常见故障及处理

高压断路器本体部分常见故障及处理，如表 2-13-3 所示。

表 2-13-3　　　　　　　　　　高压断路器本体部分常见故障及处理

序号	常见故障	故障原因	处理方法
1	渗漏油 （油断路器）	1. 法兰连接处密封件失效或螺栓松动。 2. 焊缝渗漏。 3. 油标裂纹或破损。 4. 阀门关闭不严	1. 更换密封件或紧固螺栓。 2. 补焊。 3. 更换油标。 4. 阀门重新装配或更换
2	进水受潮 （油断路器）	1. 砂眼、裂纹引起的进水受潮。 2. 冒盖排气孔处进水或支柱瓷套内产生负压。 3. 油标裂纹或破损。 4. 各封板密封处	1. 补焊。 2. 加装防雨帽。 3. 更换油标。 4. 检查更换密封件
3	油位降低 （油断路器）	1. 渗漏油。 2. 多次取油后未做补充	1. 处理渗漏点。 2. 补加油
4	喷油（油断路器）	1. 断路器断流容量不够。 2. 两次故障跳闸时间间隔过短。 3. 油箱内油面过高，没有缓冲空间。 4. 油箱内油量不足，油面过低时	1. 必要时更换断路器。 2. 喷油严重应检查处理。 3. 放出多余的油。 4. 补加油
5	真空灭弧室漏气 （真空断路器）	1. 金属波纹管密封质量不良。 2. 超行程调整不当	1. 更换合格灭弧室。 2. 重新调整
6	SF$_6$气体泄漏 （SF$_6$断路器）	1. 密封失效或螺栓松动。 2. 焊缝渗漏。 3. 压力表及管路接头渗漏。 4. 瓷套管裂纹	1. 更换密封件或紧固螺栓。 2. 补焊。 3. 检查处理。 4. 更换瓷套管
7	运行中 SF$_6$ 气体微水超标 （SF$_6$断路器）	1. 气体本身含有水分。 2. 组装时进入水分。 3. 密封件密封不严渗入水分。 4. 运行中多次补气或测试中进入的水分。 5. 固体绝缘材料析出的水分	1. 对气体进行干燥处理。 2. 更换干燥的吸附剂或真空干燥处理。 3. 检查处理。 4. 补气前用合格气体冲洗管路接口。 5. 更换干燥的吸附剂
8	断路器过热	1. 过负荷。 2. 触头接触不良。 3. 接线端子接触不良	1. 调整负荷。 2. 检查处理至合格。 3. 紧固螺栓
9	绝缘不良、放电闪络	1. 瓷套管污秽严重或有杂物。 2. 瓷套管有裂纹或绝缘不良	1. 清扫瓷套管及杂物。 2. 更换合格瓷套管
10	本体内部或传动部位卡涩	1. 绝缘杆接头断裂或脱落。 2. 转动部位卡涩	1. 解体检修。 2. 添加润滑油

2. 操动机构常见故障及处理

（1）电磁机构常见故障及处理，如表 2-13-4 所示。

表 2–13–4 电磁机构部分常见故障及处理

序号	常见故障	故障原因	处理方法
1	分闸失灵	1. 分闸定位止钉螺杆松动、变位，分闸连板中间轴过低。 2. 分闸铁芯运动有卡涩。 3. 分闸电磁铁固定止钉松动。 4. 辅助开关触点接触不良或未切换。 5. 控制回路故障	1. 调整定位螺钉。 2. 清洗修理铁芯和铜套。 3. 紧固止钉。 4. 检查修理辅助开关接触不良的触点，并调整使其切换灵活。 5. 检查处理
2	合闸失灵	1. 合闸铁芯顶杆过短，滚轮顶不到位。 2. 分闸铁芯未复位。 3. 分闸后，合闸滚轮未复位。 4. 分闸连板中间轴过高，定位螺钉变形或松动，使合闸失灵。 5. 控制回路故障。 6. 接触器线圈断线或卡涩。 7. 合闸端电压过低。 8. 辅助开关切换过早	1. 调整铁芯顶杆。 2. 检查处理。 3. 机械卡涩，添加润滑油。 4. 紧固定位螺钉，调整死点位置。 5. 检查处理。 6. 调整或更换接触器。 7. 检查电源电压。 8. 调整辅助开关

（2）弹簧机构常见故障及处理，如表 2–13–5 所示。

表 2–13–5 弹簧机构部分常见故障及处理

序号	常见故障	故障原因	处理方法
1	分闸失灵	1. 分闸控制回路不通。 2. 辅助开关触点接触不良或未切换。 3. 分闸铁芯卡涩。 4. 分闸脱扣扇形板与半轴搭接过多	1. 找出原因并处理。 2. 检查修理辅助开关接触不良的触点，并调整使其切换灵活。 3. 清洗修整铁芯和铜套。 4. 调整半轴与扇形板的搭接量
2	合闸失灵	1. 合闸回路不通。 2. 辅助开关触点接触不良或未切换。 3. 弹簧机构未储能闭锁合闸回路。 4. 合闸铁芯卡涩或顶杆顶偏。 5. 脱扣连板动作后未复归或脱扣机构未锁住。 6. 合闸弹簧疲劳或传动部分卡涩	1. 找出原因并处理。 2. 检查修理辅助开关接触不良的触点，并调整使其切换灵活。 3. 检查储能电机行程开关和储能回路是否正常。 4. 清洗修整铁芯和铜套，并调整合格。 5. 检查脱扣连板弹簧有无失效，轴销有无窜动，调整半轴与扇形板的搭接量。 6. 更换合闸弹簧，检查处理卡涩部位，并添加润滑油
3	储能故障	1. 储能电机行程开关接触不良或损坏。 2. 储能接触器、热继电器接触不良或损坏。 3. 储能减速箱有卡涩或齿轮损坏。 4. 电机过热烧坏。	1. 做适当调整或更换。 2. 做适当调整或更换。 3. 检查处理或更换，并添加润滑油。 4. 检查行程开关，热继电器接点，机械传动部位，找出原因并消除

（3）液压机构常见故障及处理，如表 2–13–6 所示。

表 2-13-6　　　　　　　　　液压机构部分常见故障及处理

序号	常见故障	故障原因	处理方法
1	油泵启动频繁	1. 高压油管接头漏油。 2. 分、合闸阀钢球密封不严，一级阀阀芯、二级锥阀及各结合部位密封不良。 3. 高压放油阀、安全阀关闭不严。 4. 油泵高压出油止回阀密封不严。 5. 工作缸、储压筒活塞杆及端盖密封圈密封不严	1. 更换密封圈，紧固管接头。 2. 重新研配或更换，更换密封圈。 3. 修理或更换。 4. 检查修理或更换零件。 5. 更换密封圈
2	分闸失灵	1. 分闸线圈断线或匝间短路，辅助触点、线圈接头接触不良。 2. 分闸阀阀杆弯曲变形。 3. 分闸阀阀杆过短，钢球打开距离太小或未打开。 4. 分闸铁芯间隙不合适。 5. 分闸阀两管接头装反	1. 检查分闸回路，调整辅助开关。 2. 检查修整或更换阀杆。 3. 检查调整。 4. 重新调整间隙。 5. 重新安装
3	合闸失灵	1. 控制回路不通，辅助开关触点接触不良。 2. 电磁铁线圈断线、匝间短路或接触不良。 3. 一级阀顶杆弯曲、卡死。 4. 合闸一级阀阀杆过短，钢球打开距离太小或未打开。 5. 合闸铁芯间隙不合适。 6. 合闸阀保持回路大量泄漏	1. 检查控制回路，调整辅助开关。 2. 检查处理或更换线圈。 3. 更换零件。 4. 检查调整。 5. 重新调整间隙。 6. 检查处理
4	油泵打压时间过长或建不上油压	1. 液压回路有漏油。 2. 合闸二级阀处于半分半合状态。 3. 油泵低压侧有气体。 4. 油泵逆止阀钢球密封不严。 5. 滤油器或油泵滤网堵塞，油路不通畅。 6. 柱塞配合间隙太大或两柱塞其中一个被卡住。 7. 高压放油阀或安全阀关闭不严	1. 检查处理。 2. 检查处理，使其复位。 3. 排尽气体。 4. 检查处理或更换。 5. 清洗滤油器、油路，保证畅通。 6. 更换零件。 7. 修理或更换零件
5	储压筒压力异常升高或异常降低	1. 蓄压筒氮气侧进入液压油而引起压力异常升高。 2. 微动开关、中间继电器接触器失灵，电机继续打压。 3. 压力表失灵。 4. 蓄压筒氮气泄漏引起压力异常降低	1. 检查、处理储压筒筒壁及活塞、密封圈、逆止阀。 2. 修理或更换零件。 3. 重新校验或更换。 4. 检查处理气体密封部位，更换密封圈
6	电触点压力表失灵	断路器操作时机械振动及液压冲击	增加减振、阻尼小孔或更换压力表

（4）气动机构的常见故障及处理，如表 2-13-7 所示。

表 2-13-7　　　　　　　　　气动弹簧机构部分常见故障及处理

序号	常见故障	故障原因	处理方法
1	分、合闸失灵	1. 空气压力低闭锁。 2. 各传动部位、轴销卡涩。 3. 辅助触点、压力触点接触不良。 4. 控制回路不通或电源电压过低。 5. 铁芯卡涩。 6. 分、合闸脱扣连板、轴销卡涩	1. 检查处理，补气到额定气压。 2. 检查处理并添加润滑油。 3. 检查调整辅助触点和压力触点。 4. 找出原因并处理。 5. 清洗修整铁芯。 6. 检查处理
2	空气压缩机打压频繁或压力不能建立	1. 储气筒、管路及接头漏气。 2. 放气阀、安全阀、止回阀、电磁阀等关闭不严。 3. 压力触点接触不良或损坏。 4. 压缩机一级阀片和二级阀片密封不严或断裂，阀体密封面破损漏气。 5. 电动机储能故障	1. 查找原因，消除漏气。 2. 修理或更换零件。 3. 检查处理或更换压力触点。 4. 更换阀片、密封件。 5. 检查电动机控制回路，压力触点，找出原因并消除

四、高压断路器状态监测与诊断

高压断路器状态监测与诊断，是对高压断路器运行中的各种状态、信息、参数自动实时或定时的进行收集与整理，判断高压断路器运行状况，运行中有无异常和故障隐患。

高压断路器监测的内容有温度、压力、绝缘、位置状态、指示等，通过传感器或各种信号、数据把断路器的运行状况实时或定时的传送到控制系统，并对状态进行显示和记录，对异常状态作出报警，工作人员根据各种信息、数据和标准值（注意值）进行综合分析、比对，判断高压断路器的运行状态，有无异常或故障。

高压断路器是电力系统最重要的电气设备之一，受运行条件和环境的因素影响较大，开展和推广断路器的状态监测与诊断技术的应用，有利于提高设备的管理和维护水平，防止设备维修不足和过剩维修，给设备状态检修提供可靠的基础数据，延长高压断路器的使用寿命，降低维护成本，实现断路器的安全、经济、可靠运行。

五、绝缘油和 SF$_6$ 气体的使用管理

（1）绝缘油和 SF$_6$ 气体是高压断路器重要的灭弧、绝缘介质，绝缘油和 SF$_6$ 气体应遵循安全使用，管理规范的要求。

（2）新油、再生油、废油应分别存放，并有明显的标示牌，标明数量、试验、时间、适用范围、使用记录等。充、滤油设备合格完好、标识明确。油库消防器材配备合格并符合消防规程的要求。

（3）SF_6 气体接触使用过程中，严格执行相关的操作规程，并采取安全有效的防护措施，防止窒息和 SF_6 气体毒性分解物伤害。SF_6 气体应有制造厂名称、气体净重、灌装日期、批号及质量检验单，试验合格证明、使用记录等。

（4）SF_6 气瓶在存放时要有防晒、防潮的遮盖措施，且不准靠近热源及有油污的地方。安全帽、防振圈要齐全，气瓶要分类存放、标识明显，存放气瓶要竖立，标识向外，贮存气瓶的场所必须宽敞，通风。

（5）废油、SF_6 气体的回收和处理符合环保要求。

六、高压断路器的验收投运

高压断路器的交接验收应按有关标准、规程的要求进行。

1. 断路器验收

（1）断路器各部分应完整，外表清洁无杂物，油漆完整，相序标志色正确。

（2）安装牢固，支架及接地引下线应无锈蚀和损伤，接地良好。

（3）引线连接可靠且接触良好，整齐美观，相间及对地距离满足规程要求。

（4）断路器及其操动机构的传动装置应正常，无卡阻现象，分、合闸指示正确。

（5）压力开关、行程开关、辅助开关应准确可靠，触点无电弧烧损。

（6）瓷套及其他绝缘件应完整无损，表面清洁。

（7）操动机构箱关闭良好，封堵严密，照明、加热、除湿装置工作正常。

（8）油断路器应无渗漏油现象，油色、油位正常。

（9）SF_6 断路器的气压值、泄漏率和含水量应符合规定。SF_6 压力表、密度继电器的各整定值应符合规定，并经校验合格。

（10）各种信号应齐全正确，与断路器实际位置状态相符。

（11）气动机构，液压操动机构密封良好无渗漏。

（12）机构储能正确，储能时间符合要求。

（13）断路器各项试验合格，防误装置符合要求。

（14）设备出厂、安装的技术资料齐全完整，备品备件、专用工具按规定移交。

2. 断路器投运

（1）全部缺陷消除，运行单位组织人员对设备验收合格并办理移交手续。

（2）完善设备的调度名称编号，相应的标识应醒目齐全。

（3）技术手册及运行规程齐全，并根据系统运行方式，编制反事故预案。

（4）操作所需的专用工具、安全工器具、常用备品备件齐全、完整。

上述工作全部完结，投运手续按规定齐全完备，由设备所属主管部门按预先准备的投运方案组织投运。

【思考与练习】

1. 高压断路器的正常巡视项目有哪些？
2. 高压断路器的特殊巡视项目有哪些？
3. 高压断路器的正常维护工作有哪些？
4. 高压断路器的常见故障有哪些？

第三章

断路器故障处理

◢ 模块 1　真空断路器的常见故障处理（Z15E4001Ⅱ）

【模块描述】 本模块介绍真空断路器常见故障的处理。通过要点归纳、典型案例列举，掌握真空断路器常见故障的类型、现象，产生的原因及常见故障的处理方法。

【模块内容】

一、真空断路器常见故障类型

真空断路器的常见故障主要有真空断路器本体故障和操动机构故障。真空断路器本体故障率是比较低的，故障产生时会影响真空断路器开断过电流的能力，并导致断路器的使用寿命急剧下降，严重时会引起断路器爆炸。而现场一般没有监测真空断路器灭弧室定性、定量真空度特性的装置，所以断路器灭弧室真空度降低故障为隐性故障，其危险程度远远大于显性故障。

1. 真空断路器本体故障

（1）真空灭弧室真空度降低。

（2）回路电阻超标。

（3）本体绝缘降低。

2. 操动机构故障

（1）二次回路电气故障。

（2）储能电动机、分闸线圈、合闸线圈和行程开关等机械元件故障。

二、真空断路器常见故障原因分析

1. 真空度降低的原因

（1）真空灭弧室的材质或制作工艺存在问题，真空灭弧室本身存在微小漏点。

（2）真空灭弧室内波纹管的材质或制作工艺存在问题，多次操作后出现漏点。

2. 回路电阻超标的原因

（1）真空断路器触头烧损。

（2）导电回路接触不良。

三、真空断路器故障查找前的检查、试验和故障处理要求

1. 故障查找前的检查

（1）绝缘部件表面，检查有无裂纹、明显划痕、闪络痕迹等现象，绝缘子固定螺钉有无松动。

（2）检查引线有无发热现象，连接螺栓有无松动。

（3）检查断路器外观有无异常外观。

（4）检查操动机构应完好、无明显机械元件变形和线圈烧坏等。

2. 故障查找前的试验

（1）测量真空灭弧室的真空度。当真空灭弧室有下列情况之一时应予以更换。

1）真空度明显下降或工频耐压试验不合格。

2）灭弧室的机械寿命已达到规定值。

3）动静触头的磨损已达到规定值。

4）灭弧室受到损伤已不能正常工作。

（2）测量回路电阻。回路电阻应符合制造厂规定值，回路电阻超标时，首先检查断路器上、下接线端子、软连接和导电夹等真空灭弧室触头外围连接部件是否接触紧密、可靠，必要时可拆下清扫、打磨后，按工艺要求重新装配。如果不是触头外围连接部件问题则只能更换真空灭弧室。

（3）绝缘电阻测量。测量主回路对地、断口及相间的绝缘电阻，其阻值应符合制造厂的规定；测量辅助回路的绝缘电阻，其阻值应不小于 2MΩ。当绝缘降低时可先清洁绝缘子、绝缘提升杆及灭弧室表面、检查有无裂纹。必要时进行干燥和更换处理。

3. 故障处理要求

（1）必须正确的判断故障位置后才能进行处理，不可盲目地乱拆乱动。

（2）不允许将真空断路器当做踏脚平台，也不许把东西放在真空断路器上面。

（3）不许用湿手、脏手触摸真空断路器。

（4）更换故障部件时应先做好标记，防止更换位置和接线错误。

（5）使用表计和仪器检查时，要注意检查开关的状态，并熟悉仪器仪表的使用功能。

（6）故障处理工作结束后，一定要检查清理有没有遗忘使用过的工具和器材。

四、真空断路器故障处理案例

某 220kV 变电站在更换了 10 多台 ZN48A–40.5 型真空断路器后，初期情况运行良好，几个月后相继出现了 3 次拒合现象，并相继烧毁断路器 2 只合闸线圈。于是该供电公司组织有关专业技术人员和厂家对断路器拒动进行了认真分析，查找原因，制订出相应的技术处理措施。

1. 故障分析

（1）设备基本情况。ZN48A–40.5 型真空断路器为手车式，配用中间封接式纵磁场真空灭弧室和弹簧操动机构，但该机构多了一个在操作断路器小车时必须按下紧急分闸连锁板，操动机构和真空灭弧室采用前后布置，通过杠杆机构及绝缘拉杆与真空灭弧室导电杆连接，带动真空灭弧室动触头分合运动。该类型断路器具有维护简单、绝缘性能好、适用频繁操作等优点。

（2）初步分析。机构拒合是断路器常见故障之一，不同型号的断路器拒合的原因各有不同。拒合故障有可能是电气控制部分，也有可能是机械元件部分。但大多数电气部分故障除继电保护装置和接线端子松动外，在多数情况下也是由于机械传动部分不到位而引起的。

经过对电气控制部分的检查分析，发现断路器拒合的原因可能是操动机构的紧急分闸连锁板的 V 形槽倒角太小，导致分闸锁扣拉杆的滚轮不能完全下降至 V 形槽内，如图 3–1–1 所示。

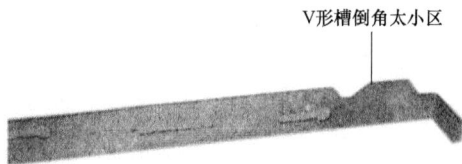

图 3–1–1 紧急分闸连锁板

2. 故障处理

（1）连锁板的 V 形槽倒角处理。根据以上故障判断，对紧急分闸连锁板的 V 形槽倒角进行了锯割、打磨处理，使分闸锁扣拉杆的滚轮能可靠、完全地下降至 V 形槽内，确保机构动作灵活、可靠。将改后连锁板就位并进行断路器机械特性试验，断路器多次分合后，仍然存在拒合现象。由此可知紧急分闸连锁板的 V 形槽倒角太小并不是造成断路器拒合的主要原因。

（2）深入分析。经过对设计图纸、使用说明书和分闸连锁板的反复多次试验，发现拒合的真正原因是分闸连锁板的材料强度不够，对断路器多次操作之后，分闸连锁板发生了弯曲变形，最终导致分闸锁扣拉杆的滚轮不能完全下降至 V 形槽内，如图 3–1–2 所示。

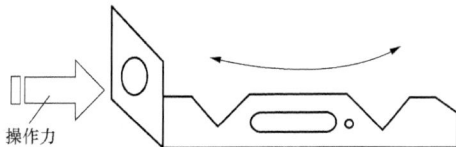

图 3–1–2 分闸连锁板变形示意图

（3）连锁板强度处理。原紧急分闸连锁板的材料太薄，将原材料加厚并在 90°拐角处加焊一块加强小钢板，防止连锁板再次弯曲变形。

经过 V 形槽略微加大，连锁板材料加厚和焊接加强小钢板的技术改进措施后，彻底消除了分闸连锁板材料强度不够而引起的分闸锁扣拉杆的滚轮不能完全下降至 V 形槽内的现象。

为了防范故障再次出现，对改进后的断路器进行了多次电气特性和机械特性试验，并反复论证及操作试验，断路器已完全恢复正常状态。投运至今，再没有出现断路器拒合现象。

从以上故障处理案例可以看到故障处理不能只处理表面现象，真空断路器的故障有时也和设计有关，出现故障时应深入分析。选择新设备时尽量防范产品的设计缺陷，并对新设备同样应加强运行维护。

【思考与练习】

1. 真空度降低的主要原因有哪些？
2. 真空断路器故障查找前的试验项目有哪些？
3. 真空断路器电磁操动机构电动合闸发生跳跃故障，如何进行处理？
4. 真空断路器弹簧操动机构发生拒分、拒合故障，如何进行处理？

▲ 模块 2　SF$_6$ 断路器常见故障的处理（Z15E4002Ⅱ）

【模块描述】 本模块介绍断路器常见故障的处理。通过图表归纳、案例分析，掌握断路器本体、各类操动机构的常见故障类型、现象、原因及处理方法。

【模块内容】

一、断路器的本体故障现象、故障原因及处理方法

断路器本体的故障现象、故障原因及处理方法见表 3-2-1。

表 3-2-1　　　　　断路器本体的故障现象、故障原因及处理方法

故障现象	故障原因	处理方法
SF$_6$ 气体密度过低，发出报警	（1）气体密度继电器有偏差。 （2）SF$_6$ 气体泄漏。 （3）防爆膜破裂	（1）检查气体密度继电器的报警标准，看密度继电器是否有偏差。 （2）检查最近气体填充后的运行记录，确认 SF$_6$ 气体是否泄漏，如果气体密度以年 0.05%的速度下降，必须用检漏仪检测，更换密封件和其他已损坏部件。 （3）检查是否内部气体压力升高而使防爆膜破裂，如果确认是电弧的原因，必须更换灭弧室

续表

故障现象	故障原因	处理方法
SF₆气体微水量超标、水分含量过大	（1）检测时，环境温度过高。 （2）干燥剂不起作用	（1）检测时温度是否过高，可在断路器的平均温度+25℃时，重新检测。 （2）检查干燥剂是否起作用，必要时更换干燥剂，抽真空，从底部充入干燥的气体
导电回路电阻值过大	（1）触头连接处过热、氧化，连接件老化。 （2）触头磨损	（1）触头连接处过热、氧化或者连接件老化，则拆开断路器，按规定的方式清洁、润滑触头表面，重新装配断路器并检查回路电阻。 （2）触头磨损，则对其进行更换
触头位置超出允许值	弧触头磨损	弧触头磨损，则需更换触头
三相联动操作时相间位置偏差	（1）操作连杆损坏。 （2）绝缘操作杆损坏	更换损坏的操作连杆，检查各触头有无可能的机械损伤

二、断路器操动机构的故障现象、故障原因及处理方法

SF₆断路器在运行中产生的故障现象，绝大多数是因为操动机构和控制回路元件故障引起的。所以要求检修人员必须熟悉断路器的操动机构以及控制保护回路，以便在断路器出现故障时能够正确地判断、分析和处理。

1. 液压操动机构故障现象、故障原因及处理方法

液压操动机构故障现象、故障原因及处理方法见表3-2-2。

表3-2-2　　液压操动机构常见故障现象、故障原因及处理方法

故障现象		故障原因	处理方法
建压时间过长或建不起压力	液压泵建压时间过长	整个建压时间过长的原因： （1）吸油回路有堵塞，吸油不畅通，滤油器有脏物堵住。 （2）液压泵低压侧空气未排尽。 （3）油箱油位过低，油量少。 （4）液压泵吸油阀钢球密封不严，或只有一个柱塞工作	（1）检查吸油回路是否堵塞而引起吸油不畅通，对其进行清理；检查滤油器是否有脏物堵住，必要时，过滤或更换新的液压油。 （2）排尽液压泵低压侧空气；拧紧接头，防止漏气。 （3）检查油箱油位是否过低，必要时加注油。 （4）检查液压泵吸油阀钢球的密封，修理，或者更换密封圈
		液压泵建立一定压力后，建压时间变长的原因： （1）柱塞座与吸油阀之间的尼龙密封垫封不住高压油。 （2）柱塞和柱塞座配合间隙过大。 （3）高压油路有泄漏。 （4）高压放油阀未关严	（1）修理或者更换柱塞座与吸油阀之间的尼龙密封垫。 （2）检查柱塞座配合间隙，重新研磨或者更换零件。 （3）检查高压油路是否有泄漏，修理或更换密封圈。 （4）检查高压放油阀是否关严，修理或更换零件

续表

故障现象		故障原因	处理方法
建压时间过长或建不起压力	液压泵建不起压力	（1）高压放油阀未关紧，或止回阀钢球没有复位。 （2）合闸二级阀未关严。 （3）液压泵本身有故障，吸油阀密封不严，柱塞与柱塞座配合间隙过大。 （4）安全阀动作未复位	（1）检查高压放油阀是否关紧，止回阀钢球是否复位，修理或更换零件。 （2）检查合闸二级阀，重新研磨或者更换零件。 （3）检查安全阀动作是否复位，必要时更换安全阀
油压下降到启泵压力但不能自动启泵		（1）电源、电动机是否完好。 （2）停/启泵微动开关触点是否卡涩。 （3）热继电器、延时继电器是否损坏	（1）检查电源和电动机，进行修理或者更换。 （2）检查停/启泵微动开关触点是否卡涩，进行修理或更换微动开关。 （3）对损坏的热继电器、延时继电器进行修理和更换
在断路器操作过程中，控制阀发生大量喷油		（1）动作电压过高。 （2）液压油工作压力过低。 （3）手动操作用力不均。 （4）一、二级阀动作不灵活等	（1）调节分合闸线圈的间隙，或者用润滑剂润滑掣子装置，防止断路器动作电压过高。 （2）检查储压器，防止漏氮气；检查控制电动机启动触点，如损坏，进行修理。 （3）检查一、二级阀动作灵活性，修理或更换零件
高低压油回路管道接头处渗漏油		在紧固接头前应先拧松接头螺母，检查卡套是否松动和有无弹性，接合面有无损伤与杂质	先拧松接头螺母，检查卡套是否松动和有无弹性，接合面有无损伤与杂质，如有损坏，进行修理或更换
拒动	拒合 / 合闸铁芯未启动	合闸线圈端子无电压： （1）二次回路接触不良，连接螺钉松。 （2）熔丝熔断。 （3）辅助开关触点接触不良或未切换。 （4）SF$_6$气体压力低或液压低闭锁	（1）检查、拧紧连接螺钉，使二次回路接触良好。 （2）修理辅助开关接触不良的触点或更换辅助开关。 （3）测量合闸线圈端子电压，如果没有电压，检查 SF$_6$ 气体压力，确定原因，必要时补气。 （4）将液压机构储能至额定压力
		合闸线圈端子有电压： （1）合闸线圈断线或烧坏。 （2）铁芯卡住。 （3）二次回路连接过松，触点接触不良。 （4）辅助开关未切换	（1）检查、拧紧连接螺钉，使二次回路接触良好。 （2）修理辅助开关接触不良的触点或更换辅助开关。 （3）测量合闸线圈端子电压，如果有电压，检查合闸线圈是否断线或烧坏，铁芯是否卡住，必要时更换线圈
		合闸铁芯已启动，工作缸活塞杆不动 / （1）合闸线圈端子电压太低。 （2）合闸铁芯运动受阻。 （3）合闸铁芯撞杆变形或行程不够，合闸一级阀未打开。 （4）合闸控制油路堵塞。 （5）分闸一级阀未复归	（1）修理或更换合闸线圈。 （2）清洗、过滤或更换液压油，防止合闸控制油路堵塞。 （3）检查分闸一级阀是否复归，必要时修理分闸一级阀

续表

故障现象			故障原因	处理方法
拒动	拒分	分闸铁芯未启动	分闸线圈端子无电压： （1）二次回路连接过松，触点接触不良。 （2）熔丝熔断。 （3）辅助开关的触点接触不良，或未切换。 （4）SF$_6$气体低压力或液压低闭锁	（1）检查、拧紧连接螺钉，使二次回路接触良好。 （2）修理辅助开关接触不良的触点，或更换辅助开关。 （3）测量分闸线圈端子电压，如果没有电压，检查 SF$_6$ 气体压力，确定原因，必要时补气，或进行修理。 （4）将液压机构储能至额定压力
			分闸线圈端子有电压： （1）分闸线圈断线或烧坏。 （2）分闸铁芯卡住。 （3）二次回路连接过松，触点接触不良。 （4）辅助开关未切换	（1）检查、拧紧连接螺钉，使二次回路接触良好。 （2）修理辅助开关接触不良的触点或更换辅助开关。 （3）测量分闸线圈端子电压，如果有电压，检查分闸线圈是否断线或烧坏，铁芯是否卡住，必要时更换线圈
		分闸铁芯已启动，工作缸活塞杆不动	（1）分闸线圈端子电压太低。 （2）分闸铁芯空程小，冲力不足或铁芯运动受阻。 （3）阀杆变形，行程不够，分闸阀未打开。 （4）合闸保持回路漏装节流孔接头	（1）修理，或者更换分闸线圈。 （2）清洗，过滤或更换液压油，防止闸控制油路堵塞。 （3）检查合闸保持回路是否漏装节流孔接头，如果是则安装节流孔
误动	合闸即分		（1）合闸保持回路节流孔受堵。 （2）分闸一级阀未复归，或密封不严。 （3）分闸二级阀活塞锥面密封不严	检查和清洗分闸一级阀、二级阀；必要时，清洗或更换液压油
液压泵频繁启动打压	分闸位置液压泵频繁启动打压		外泄漏： （1）工作缸活塞出口端密封不良。 （2）储压器活塞杆出口端密封不良。 （3）管路连接头渗漏。 （4）高压放油阀密封不良或未关严	拆下检查工作缸、储压器的活塞出口端密封性，更换接头或者密封圈；检查管路连接头密封性，更换接头或者密封圈；检查高压放油阀密封性，修理、重新研磨或更换密封圈
			内泄漏： （1）工作缸活塞上密封圈失效。 （2）合闸一级阀密封不良。 （3）合闸二级阀密封不良。 （4）液压泵卸载止回阀关闭不严	检查工作缸活塞出口端和液压泵卸载止回阀的密封性，更换密封圈；检查合闸一级阀、合闸二级阀的密封性，清洗合闸一级阀、二级阀，必要时更换液压泵
	合闸位置液压泵频繁启动打压		外泄漏： （1）工作缸活塞出口端密封不良。 （2）储压筒活塞杆出口端密封不良。 （3）管路连接头渗漏。 （4）高压放油阀密封不良或未关严	拆下检查工作缸、储压器的活塞出口端密封性，更换接头或者密封圈；检查管路连接头密封性，更换接头或者密封圈；检查高压放油阀密封性，修理、重新研磨或更换密封圈
			内泄漏： （1）工作缸活塞上密封圈失效。 （2）分闸一级阀密封不良。 （3）分闸二级阀活塞密封圈失效，或分闸二级阀活塞锥面密封不良。 （4）液压泵卸载止回阀关闭不严	检查工作缸活塞出口端和液压泵卸载止回阀的密封性，更换密封圈；检查分闸一级阀、分闸二级阀的密封性，清洗分闸一级阀、二级阀，必要时更换液压油阀关闭不严

故障现象		故障原因	处理方法
液压泵频繁启动打压	分、合闸位置液压泵均频繁启动	外泄漏： （1）工作缸活塞出口端密封不良。 （2）储压筒活塞杆出口端密封不良。 （3）管路连接头渗漏。 （4）高压放油阀密封不良或未关严	拆下检查工作缸、储压筒的活塞出口端密封性，更换接头或密封圈；检查管路连接头密封性，更换接头或密封圈；检查高压放油阀密封性，修理、重新研磨或更换密封圈
		内泄漏： 液压泵卸载止回阀关闭不严	检查液压泵卸载止回阀的密封性，更换密封圈
漏氮报警装置自动发信		漏氮	进行测量，确定原因，如确实发生漏氮，补充气体
加热器不工作		加热器或温湿控制器损坏	更换加热器；修理或更换温湿控制器

2. 弹簧操动机构故障现象、故障原因及处理方法

弹簧操动机构常见故障现象、故障原因及处理方法见表 3–2–3。

表 3–2–3　　　　　弹簧操动机构常见故障现象、故障原因及处理方法

故障现象			故障原因	处理方法
拒动	拒合	合闸铁芯未启动	合闸线圈端子无电压： （1）二次回路接触不良，连接螺钉松。 （2）熔丝熔断。 （3）辅助开关触点接触不良或未切换。 （4）SF$_6$气体低压力闭锁	（1）检查、拧紧连接螺钉，使二次回路接触良好。 （2）修理辅助开关接触不良的触点或更换辅助开关。 （3）测量合闸线圈端子电压，如果没有电压，检查 SF$_6$ 气体压力，确定原因，必要时补气
			合闸线圈端子有电压： （1）合闸线圈断线或烧坏。 （2）合闸铁芯卡住。 （3）二次回路连接过松，触点接触不良。 （4）辅助开关未切换	（1）检查、拧紧连接螺钉，使二次回路接触良好。 （2）修理辅助开关接触不良的触点，或更换辅助开关。 （3）测量合闸线圈端子电压，如果有电压，检查合闸线圈是否断线或烧坏，铁芯是否卡住，必要时更换线圈
		合闸铁芯已启动	（1）合闸线圈端子电压太低。 （2）合闸铁芯运动受阻。 （3）合闸铁芯撞杆变形，行程不足。 （4）合闸掣子扣入深度太大。 （5）扣合面硬度不够，变形，摩擦力大，"咬死"	（1）修理，或者更换合闸线圈。 （2）检查合闸掣子扣入是否过深、扣合面是否变形，进行修理，必要时更换零件
	拒分	分闸铁芯未启动	分闸线圈端子无电压： （1）二次回路接触不良，连接螺钉松。 （2）熔丝熔断。 （3）辅助开关触点接触不良或未切换。 （4）SF$_6$气体低压力闭锁	（1）检查、拧紧连接螺钉，使二次回路接触良好。 （2）修理辅助开关接触不良的触点，或更换辅助开关。 （3）测量分闸线圈端子电压，如果没有电压，检查 SF$_6$ 气体压力，确定原因，必要时补气，或进行修理

续表

故障现象		故障原因	处理方法
拒动	拒分 分闸铁芯 未启动	分闸线圈端子有电压： （1）分闸线圈断线或烧坏。 （2）分闸铁芯卡住。 （3）二次回路连接过松，触点接触不良。 （4）辅助开关未切换	（1）检查、拧紧连接螺钉，使二次回路接触良好。 （2）修理辅助开关接触不良的触点或更换辅助开关。 （3）测量分闸线圈端子电压，如果有电压，检查分闸线圈是否断线或烧坏，铁芯是否卡住，必要时更换线圈
	分闸铁芯 未启动	（1）分闸线圈端子电压太低。 （2）分闸铁芯空程小，冲力不足或铁芯运动受阻。 （3）分闸掣子扣入深度太浅，冲力不足。 （4）分闸铁芯撞杆变形，行程不足	（1）修理或者更换分闸线圈。 （2）检查分闸掣子扣入是否过浅，冲力不够，进行修理，必要时更换零件
误动	储能后自动合闸	（1）合闸掣子扣入深度太浅或扣入面变形。 （2）合闸掣子支架松动。 （3）合闸掣子变形锁不住。 （4）牵引杆过"死点"距离太大，对合闸掣子撞击力太大	检查合闸掣子扣入深度、扣入面、支架、牵引杆过"死点"距离等，进行修理、适当的调整，或者更换零件
	无信号自动分闸	（1）二次回路有混线，分闸回路两点接地。 （2）分闸掣子扣入深度太浅，或扣入面变形，扣入不牢。 （3）分闸电磁铁最低动作电压太低。 （4）继电器触点因某种原因误闭合	（1）检查二次回路是否有混线，使之控制良好。 （2）检查分闸掣子扣入深度和扣入面，修理或者更换零件。 （3）测量分闸电磁铁最低动作电压，如果其值太低，调整分闸线圈的间隙，或者更换线圈。 （4）检查继电器，修理触点或者进行更换
	合闸即分	（1）二次回路有混线，合闸同时分闸回路有电。 （2）分闸掣子扣入深度太浅，或扣入面变形，扣入不牢。 （3）分闸掣子不受力时，复归间隙调得太大。 （4）分闸掣子未复归	（1）检查二次回路是否有混线，使之控制良好。 （2）检查分闸掣子的扣入深度、复归间隙等情况，修理或者更换零件
弹簧储能异常	弹簧未储能	（1）电动机过电流时保护动作。 （2）接触器回路不通或触点接触不良。 （3）电动机损坏或虚接。 （4）机械系统故障	（1）检查储能电动机是否过电流保护。 （2）检查接触器回路和触点接触情况，进行修理，使控制良好。 （3）检查机械系统是否故障，进行修理；必要时，更换零件
	弹簧储能未到位	限位开关位置不当	检查限位开关位置，重新进行调整
	弹簧储能过程中打滑	棘轮或大小棘爪损伤	检查棘轮、大小棘爪是否有损伤，处理，必要时更换

3. 液压弹簧操动机构

液压弹簧操动机构常见故障现象、故障原因及处理方法见表 3-2-4。

表 3-2-4 液压弹簧操动机构常见故障现象、故障原因及处理方法

异常现象			故障原因	处理方法
建压时间过长或建不起压力		液压泵建压时间过长	整个建压时间过长： （1）吸油回路有堵塞。 （2）油箱油位过低，油量少	（1）检查吸油回路是否堵塞而引起吸油不畅通，对其进行清理；检查滤油器是否有脏物堵住，必要时，过滤或更换新的液压油。 （2）检查油箱油位是否过低，必要时加注油
		液压泵建压时间过长	液压泵建立一定压力后，建压时间变长： （1）柱塞座与吸油阀之间的尼龙密封垫封不住高压油。 （2）高压放油阀未关严	（1）修理或者更换柱塞座与吸油阀之间的尼龙密封垫。 （2）检查高压放油阀是否关严，修理或更换零件
		液压泵建不起压力	（1）高压放油阀未关紧，或止回阀钢球没有复位。 （2）合闸二级阀未关严。 （3）液压泵本身有故障，吸油阀密封不严，柱塞与柱塞座配合间隙过大。 （4）安全阀动作未复位	（1）检查高压放油阀是否关紧，止回阀钢球是否复位，修理或更换零件。 （2）检查合闸二级阀，重新研磨、或者更换零件。 （3）检查安全阀动作是否复位，必要时更换安全阀
油压下降到启泵压力但不能自动启泵			（1）电源、电动机是否完好。 （2）停/启泵微动开关触点是否卡涩。 （3）热继电器、延时继电器是否损坏	（1）检查电源和电动机，进行修理或者更换。 （2）检查停/启泵微动开关触点是否卡涩，进行修理；或更换微动开关。 （3）对损坏的热继电器、延时继电器进行修理和更换
拒动	拒合	合闸铁芯未启动	合闸线圈端子无电压： （1）二次回路接触不良，连接螺钉松。 （2）熔丝熔断。 （3）辅助开关触点接触不良，或未切换。 （4）SF$_6$ 气体压力低或液压低闭锁	（1）检查、拧紧连接螺钉，使二次回路接触良好。 （2）修理辅助开关接触不良的触点或更换辅助开关。 （3）测量合闸线圈端子电压，如果没有电压，检查 SF$_6$ 气体压力，确定原因，必要时补气。 （4）将液压机构储能至额定压力
			合闸线圈端子有电压： （1）合闸线圈断线或烧坏。 （2）铁芯卡住。 （3）二次回路连接过松，触点接触不良。 （4）辅助开关未切换	（1）检查、拧紧连接螺钉，使二次回路接触良好。 （2）修理辅助开关接触不良的触点，或更换辅助开关。 （3）测量合闸线圈端子电压，如果有电压，检查合闸线圈是否断线或烧坏，铁芯是否卡住，必要时更换线圈

续表

异常现象			故障原因	处理方法
拒动	拒合		合闸铁芯已启动，工作缸活塞杆不动	（1）合闸线圈端子电压太低。 （2）合闸铁芯运动受阻。 （3）合闸铁芯撞杆变形，或行程不够，合闸一级阀未打开。 （4）合闸控制油路堵塞。 （5）分闸一级阀未复归	（1）修理或者更换合闸线圈。 （2）清洗，过滤或更换液压油，防止合闸控制油路堵塞。 （3）检查分闸一级阀是否复归，必要时修理分闸一级阀
	拒分	分闸铁芯未启动	分闸线圈端子无电压： （1）二次回路连接过松，触点接触不良。 （2）熔丝熔断。 （3）辅助开关接触不良或未切换。 （4）SF$_6$气体低压力或液压低闭锁	（1）检查、拧紧连接螺钉，使二次回路接触良好。 （2）修理辅助开关接触不良的触点或更换辅助开关。 （3）测量分闸线圈端子电压，如果没有电压，检查 SF$_6$ 气体压力，确定原因，必要时补气或进行修理。 （4）将液压机构储能至额定压力
			分闸线圈端子有电压： （1）分闸线圈断线或烧坏。 （2）分闸铁芯卡住。 （3）二次回路连接过松，触点接触不良。 （4）辅助开关未切换	（1）检查、拧紧连接螺钉，使二次回路接触良好。 （2）修理辅助开关接触不良的触点或更换辅助开关。 （3）测量分闸线圈端子电压，如果有电压，检查分闸线圈是否断线或烧坏，铁芯是否卡住，必要时更换线圈
		分闸铁芯已启动，工作缸活塞杆不动	（1）分闸线圈端子电压太低。 （2）分闸铁芯空程小，冲力不足或铁芯运动受阻。 （3）阀杆变形，行程不够，分闸阀未打开。 （4）合闸保持回路漏装节流孔接头	（1）修理，或者更换分闸线圈。 （2）清洗，过滤或更换液压油，防止控制油路堵塞。 （3）检查合闸保持回路是否漏装节流孔接头，如果是则安装节流孔
误动	合闸即分			（1）合闸保持回路节流孔受堵。 （2）分闸一级阀未复归，或密封不严。 （3）分闸二级阀活塞锥面密封不严	检查和清洗分闸一级阀、二级阀；必要时，清洗或更换液压油
液压泵频繁启动打压	分闸位置液压泵频繁启动打压			外泄漏： （1）工作缸活塞出口端密封不良。 （2）高压放油阀密封不良或未关严	拆下检查工作缸的活塞出口端密封性，更换接头或者密封圈；检查高压放油阀密封性，修理、重新研磨或更换密封圈
				内泄漏： （1）工作缸活塞上密封圈失效。 （2）合闸一级阀密封不良。 （3）合闸二级阀密封不良。 （4）液压泵卸载止回阀关闭不严	检查工作缸活塞出口端和液压泵卸载止回阀的密封性，更换密封圈；检查合闸一级阀、合闸二级阀的密封性，清洗合闸一级阀、二级阀，必要时更换液压油
	合闸位置液压泵频繁启动打压			外泄漏： （1）工作缸活塞出口端密封不良。 （2）高压放油阀密封不良或未关严	拆下检查工作缸的活塞出口端密封性，更换接头或者密封圈；检查管路连接头密封性，更换接头或者密封圈；检查高压放油阀密封性，修理、重新研磨或更换密封圈

续表

异常现象		故障原因	处理方法
液压泵频繁启动打压	合闸位置液压泵频繁启动打压	内泄漏： （1）工作缸活塞上密封圈失效。 （2）分闸一级阀密封不良。 （3）分闸二级阀活塞密封圈失效，或分闸二级阀活塞锥面密封不良。 （4）液压泵卸载止回阀关闭不严。	检查工作缸活塞出口端和液压泵卸载止回阀的密封性，更换密封圈；检查分闸一级阀、分闸二级阀的密封性，清洗分闸一级阀、二级阀，必要时更换液压油阀关闭不良
	分、合闸位置液压泵均频繁启动	外泄漏： （1）工作缸活塞出口端密封不良。 （2）高压放油阀密封不良或未关严。	拆下检查工作缸的活塞出口端密封性，更换接头或者密封圈；检查管路连接头密封性，更换接头或者密封圈；检查高压放油阀密封性，修理、重新研磨或更换密封圈
		内泄漏： 液压泵卸载止回阀关闭不严	检查液压泵卸载止回阀的密封性，更换密封圈

三、SF₆断路器故障处理案例

某变电站 500kV 柱式断路器检修前进行导电回路电阻的测量，分别测得 U、V、W 三相的电阻值为 68μΩ、64μΩ、102μΩ，该断路器制造厂家规定的标准不应大于 78μΩ，W 相明显偏大、超标。

1. 分析

查阅该断路器上次的试验报告（三年前），U、V、W 三相的导电回路电阻值分别为 66μΩ、65μΩ、70μΩ，结果合格。

查阅该断路器的交接试验报告，U、V、W 三相的导电回路电阻值分别为 64μΩ、66μΩ、68μΩ，结果合格。

按照试验规程规定，断路器导电回路电阻数值应符合制造厂家的规定，并且不大于交接试验值的 1.2 倍。

查阅到该断路器在整个运行周期内，有 6 次开断短路电流的记录。

由以上初步判断，该断路器灭弧室触头可能烧损，或者触头连接处过热氧化。

2. 解体检查

将故障灭弧室返厂解体检查，发现该断路器灭弧室的动触头、静触头在电弧作用下，都有大面积的烧损。

3. 处理

在故障灭弧室返厂解体的同时，制造厂家为该变电站更换了新的灭弧室，安装调试后，断路器重新投入运行。

一般情况下，现场没有条件进行灭弧室的解体检修，甚至没有条件进行灭弧室的内部检查，判断灭弧室能否继续安全可靠运行，只有非常有限的一些试验手段，如测量断路器分、合闸时间和速度等，导电回路电阻的测量是其中很有效的一种手段。

检修前后的试验中，如果发现导电回路电阻值异常或者超标，一定要引起足够的重视，判断出原因所在，进行处理，否则继续运行安全隐患极大，可能会引起断路器触头烧熔，甚至灭弧室炸裂等非常严重的后果。

【思考与练习】

1. 检测某 SF_6 断路器的导电回路电阻超标，试分析可能的原因有哪些？怎样进行处理？

2. 配备液压机构的 SF_6 断路器液压泵建不起压力，或者建压的时间过长，引起的原因是什么？怎样进行处理？

3. 某 SF_6 断路器的弹簧操动机构无法进行储能，怎样处理？

4. 某液压弹簧操动机构在分闸位置，液压泵频繁启动打压，可能原因是什么？

模块 3　SF_6 断路器气体微水含量超标的处理（Z15E4003Ⅲ）

【模块描述】 本模块包含 SF_6 断路器气体微水含量超标的处理过程和工艺要求，通过工艺的介绍和训练，达到能处理 SF_6 断路器气体微水含量超标的能力。

【模块内容】

SF_6 断路器具有断口电压高、开断能力强、允许连续开断的次数较多、噪声低和无火花危险，而且断路器尺寸小、重量轻、容量大、维修少等优点。这使得 SF_6 断路器广泛应用于当今的电网中。然而 SF_6 断路器微水超标会对断路器使用造成很大影响，因此，我们对引起 SF_6 断路器微水超标的处理措施展开讨论。

一、SF_6 气体的优点

SF_6 的分子和自由电子有非常好的混合性。当电子和 SF_6 分子接触时几乎 100%的混合而组成重的负离子，这种性能对剩余弧柱的消电离及灭弧有极大的使用价值。即 SF_6 具有很好的负电性，它的分子能迅速捕捉自由电子而形成负离子。这些负离子的导电作用十分迟缓，从而加速了电弧间隙介质强度的恢复率，因此有很好的灭弧性能。在 $1.01×10^5Pa$ 气压下，SF_6 的灭弧性能是空气的 100 倍，并且灭弧后不变质，可重复使用。

SF_6 气体优良的绝缘和灭弧性能，使 SF_6 断路器具有如下优点：开断能力强，断口电压允许做得较高，允许连续开断次数较多，适用于频繁操作，噪声小，无火灾危险，机电磨损小等，是一种性能优异的断路器。

二、SF_6 气体微水超标的危害性

（1）SF_6 气体是非常稳定的，当温度低于 500℃时一般不会自行分解，但当水分含量较高时，温度高于 200℃时就可能产生水反应，会生成亚硫酸和氢氟酸（HF），它们都具有腐蚀性，可严重腐蚀设备。

（2）SF₆ 在电弧作用下可分解，由于水分的存在会加剧低氟化物的水解，生成氟化亚硫酰。且水分的增加会加速其反应。SF₆ 被电弧分解成原子态 S 和 F 的同时，触头蒸发出大量的金属 Cu 和 W 蒸汽，该蒸汽与 SF₆ 在高温下会发生反应，产生金属氟化物和低氟化物，生成的氟化亚硫酰、硫化氢都是剧毒，HF 还可与含 SiO₂ 元件反应，腐蚀固体元件的表面。

（3）存在于 SF₆ 气体中的水分本身一般不会对开关装置的绝缘有显著的影响。但当这些水分以液态存在于绝缘件的表面（特别是表面存在易于导电的物质）时，会降低沿绝缘件表面的电阻，并改变了绝缘件的电场。试验表明附着在绝缘件表面的水分可以使绝缘件的沿面放电电压降到无水时的 60%～80%。所以，控制 SF₆ 断路器中气体的微水含量尤为重要，规程中的标准要求请参见表 2-9-2，在检修中需经常测试断路器的微水含量。若 SF₆ 断路器中气体的微水含量严重超标，应及时停电处理。

三、SF₆ 气体微水超标的原因

（1）SF₆ 气体新气的水分不合格。造成新气不合格的原因，一是制气厂对新气检测不严格，二是运输过程中和存放环境不符合要求，三是存储时间过长。

（2）断路器充入 SF₆ 气体时带进水分。断路器充气时，工作人员不按有关规程和检修工艺操作要求进行操作，如充气时气瓶未倒立放置；管路、接口不干燥或装配时暴露在空气中的时间过长等导致水分带进。

（3）绝缘件带入的水分。厂家在装配前对绝缘未做干燥处理或干燥处理不合格。断路器在解体检修时，绝缘件暴露在空气中的时间过长而受潮。

（4）吸附剂带入的水分。吸附剂对 SF₆ 气体中水分和各种主要的分解物都具有较好的吸附能力，如果吸附剂活化处理时间短，没有彻底干燥，安装时暴露在空气中时间过长而受潮，吸附剂可能带入数量可观的水分。

（5）透过密封件渗入的水分。在 SF₆ 断路器中 SF₆ 气体的压力比外界高 5 倍，但外界的水分压力比内部高。例如，断路器的充气压力为 0.5MPa，SF₆ 气体水分体积分数为 30×10^{-6}，则水的压力为 $0.5 \times 30 \times 10^{-6} = 0.015 \times 10^{-3}$MPa，外界的温度为 20℃时，相对湿度 70%，则水蒸气的饱和压力为 $2.38 \times 10^{-3} \times 0.7 = 1.666 \times 10^{-3}$MPa，所以外界水压力比内部水分高 $1.666 \times 10^{-3}/0.015 \times 10^{-3} = 111$ 倍。而水分子呈 V 形结构，其等效分子直径仅为 SF₆ 分子的 0.7 倍，渗透力极强，在内外巨大压差作用下，大气中的水分会逐渐通过密封件渗入断路器的 SF₆ 气体中。

（6）断路器的泄漏点渗入的水分。充气口、管路接头、法兰处渗漏、铝铸件砂孔等泄漏点，是水分渗入断路器内部的通道，空气中的水蒸气逐渐渗透到设备的内部，因为该过程是一个持续的过程。时间越长，渗入的水分就越多，由此进入 SF_6 气体中的水分占有较大比重。

四、SF_6 气体含水量的控制措施

运行中的 SF_6 断路器，对于 SF_6 气体的微水量要求相当严格，因为它直接影响断路器的安全运行。如何降低运行中断路器的 SF_6 气体含水量，可采取如下措施：

（一）控制 SF_6 新气质量关

根据《安规》的规定，SF_6 新气应具有厂家名称、装灌日期、批号及质量检验单。新气到货后应按有关规定进行复核、检验，合格后方可使用。存放半年以上的新气，使用前要检验其微水量和空气，符合标准后方准使用。SF_6 气瓶放置在阴凉干燥、通风良好的地方，防潮防晒，并不得有水分或油污黏在阀门上，未经检验合格的 SF_6 新气气瓶和已检验合格的气体气瓶应分别存放，以免误用。为了保证 SF_6 气体新气的质量和纯度，充入断路器之前进行微水测试，并要符合我国的 SF_6 气体新气的质量标准。

（二）控制绝缘件的处理关

绝缘件出厂时，如果没有进行特殊密封包装，安装前又未做干燥处理，则绝缘件在运行中所释放的水分将在气体含水量占有很大比重。因此绝缘件干燥处理完毕后立即进行密封包装，在安装现场未组装的绝缘件应存放在有干燥氮气的容器中。

（三）控制密封件的质量关

采用渗透率小的密封件，加强断路器密封面的加工、组装的质量管理，保证密封良好。断路器法兰面及动密封都用双密封圈密封，一是加强密封效果，减少 SF_6 气体的漏气量，二是减少外界水分进入 SF_6 断路器中。

（四）控制吸附剂的质量关

采用高效吸附剂，使用前进行活化处理，安装时尽量缩短暴露于大气中的时间，减少吸附剂自身带入的水分。

（五）控制充气的操作关

应在晴朗干燥天气进行充气，并严格按照有关规程和检修工艺操作要求进行操作。充气的管子必须用聚四氟乙烯管，管子内部干燥，无油无灰尘，充气前用新的 SF_6 气体进行冲洗。

（六）加强运行中 SF_6 气体检漏关

断路器在运行中，当发现压力表在同一温度下前后两次读数的差值达到 $0.01\sim 0.03$ MPa 时应全面检漏，找出漏点。

（七）加强运行中 SF_6 气体微水量的监视测量关

设备安装完毕充气 24h 后，应进行 SF_6 气体微水量测量，设备通电后每三个月测量一次，直至稳定后，以后每一至三年检测一次微水量。对于微水量超过管理标准的应进行干燥处理。

通过以上 7 个环节的严格管理，可以控制 SF$_6$ 断路器 SF$_6$ 气体的微水量。

五、SF$_6$ 微水超标处理

SF$_6$ 断路器一旦检测出微水含量超标，就要对其进行处理。当含水量大于 1500～2000ppm 以上，属于严重超标，应进行停电处理并更换吸附剂。具体处理步骤如下：

（1）利用气体回收装置回收断路器内的 SF$_6$ 气体。

（2）用真空泵对断路器进行抽真空，让水分在真空状态下完全蒸发出来。

（3）当真空度达到 133.32Pa（1mmHg）以下起计时，维持真空泵运转至少 30min。

（4）停泵并与泵隔离，静止 30min 后读取真空度 A 值。

（5）再静止 5h 以上，读取真空度 B 值，要求 B–A＜66.66Pa（极限允许值为 133.32Pa）。否则要求检漏，再重复步骤（3）～（5）。

（6）对断路器充合格的 SF$_6$ 气体至 0.05～0.1MPa，静止 12h 后测量含水量应小于 450ppm V/V，即可认为处理合格，可继续充至 0.6MPa。若大于 450ppm，应重新抽真空，并采用高纯氮 N$_2$ 充至额定压力（氮气干燥），停留几小时后，再抽真空并重复步骤（3）～（5）。

（7）在充至 0.6MPa 额定压力后，静止 12h 以上，测量含水量应小于 150ppm（必要时，进行几次分、合闸操作，使灭弧室和支持瓷套内的 SF$_6$ 气体对流）。

注：非额定压力下含水量的估算，虽然 SF$_6$ 气体是非标准气体，但其中的水蒸气是标准气体，符合气态方程。由公式（3-3-1）可以换算而得。

$$\frac{P_1 H_1}{T_1} = \frac{P_2 H_2}{T_2} \qquad (3\text{-}3\text{-}1)$$

式中　P_1、P_2——分别为含水量标准值和充入时的数值；

　　　H_1、H_2——分别为额定压力值和充入的压力值，换算时应+0.1MPa 为绝对压力值；

　　　T_1、T_2——分别为换算的温度和充入 SF$_6$ 气体时的环境温度。

［例题］某 SF$_6$ 断路器额定压力为 0.6MPa（表压），当充入 0.1MPa（表压力）的 SF$_6$ 气体时，环境温度为 20℃，求断路器 SF$_6$ 气体的含水量为多少？

解：因为充气时的环境温度与标准换算温度相等，即 T_1、T_2，所以

$$P_2 = \frac{P_1 H_1}{H_2} = \frac{150 \times (0.6+0.1)}{0.1+0.1} = 525 \quad (10^{-6}\text{V/V}) \qquad (3\text{-}3\text{-}2)$$

所以，应当选择小于此值的 450ppm，才能保证充入 SF$_6$ 气体至额定压力值后的微水量小于 150ppm。

六、操作注意事项

（1）抽真空要有专人负责，要防止误操作而引起真空泵油倒灌。

（2）操作顺序：开真空泵→开断路器阀门→达到真空度后→关断路器阀门→停真空泵。

（3）真空泵电动机电源选用交流 220V 为宜，避免因真空泵反转造成真空泵油倒灌。并在真空泵的出口配置电磁阀，可防止在抽真空过程中突然断电，造成真空泵油倒灌进入断路器内。

（4）对断路器或 GIS 气室充 SF$_6$ 气体时，如果是国产气体宜采用液相法充气，将钢瓶横倒，底部垫高约 300mm，使钢瓶的出口处于液相；如果是进口气体可以使用气相法充气。充气时阀门不宜打开过大，出口压力不宜过高，应使压力指针不晃动，以缓慢上升为宜，应防止液态气体进入气室内，使气室压力升高。

（5）当气瓶内压力将至 0.1MPa 时，应即停止充气，因剩余气体中含水量杂质较高。

（6）环境温度较低时，液相不易液化，可用 1000W 碘钨灯 1 至数个对钢瓶加热，使液态气体加速汽化，提高钢瓶内 SF$_6$ 气体的压力，保持连续充气。

（7）断路器充入额定压力的 SF$_6$ 气体后，静止 12h 以上。必要时，对断路器进行几次分、合闸操作，使灭弧室和支持瓷套内的 SF$_6$ 气体对流，然后测量其含水量应小于 150ppm V/V。充气后，必须对充入气体压力值进行温度系数的修正。

（8）测量断路器内 SF$_6$ 气体的浓度或 SF$_6$ 气体中的空气含量应符合试验规程要求。保证 SF$_6$ 气体断路器的绝缘性能和灭弧性能。

【思考与练习】

1. 简述 SF$_6$ 气体微水超标的危害性。

2. 如何控制 SF$_6$ 气体中的微水含量？

3. SF$_6$ 气体微水超标的原因是什么？

4. SF$_6$ 气体微水超标如何处理？

5. SF$_6$ 气体微水超标处理时操作的注意事项是什么？

第二部分

组合电器、高压开关柜检修

第四章

高压开关柜更换安装及验收

模块 1　10kV 真空断路器高压开关柜的更换安装（Z15F1001Ⅱ）

【模块描述】 本模块包含 10kV 真空断路器高压开关柜的更换安装的作业流程及工艺要求。通过知识要点归纳讲解、操作技能训练，掌握 10kV 真空断路器高压开关柜的基本结构、更换安装前的准备、危险点预控、作业步骤、工艺要求及质量标准等操作技能。

【模块内容】

本模块以 KYN44-12 高压开关柜的更换安装为例介绍高压开关柜的安装作业工艺。

一、KYN44-12 型高压开关柜结构及安装尺寸

1. KYN44-12 型高压开关柜的结构

KYN44-12 型高压开关柜由柜体和中置式可抽出部件（即手车）两大部分组成，具有"五防"（防止误分、误合断路器；防止带负荷操作隔离开关或隔离插头；防止带电合接地开关；防止接地开关合上时送电；防止误入带电间隔）机械闭锁功能，可配置 VD4、VS1 和 ZN28（Z）型多种断路器。KYN44-12 型开关柜结构如图 4-1-1 所示。

2. KYN44-12 型高压开关柜的安装尺寸

KYN44-12 型高压开关柜外形安装尺寸和基础安装尺寸如图 4-1-2 和图 4-1-3 所示。

二、作业内容

（1）KYN44-12 型中置式开关柜的安装。

1）KYN44-12 型中置式开关柜柜体安装。

2）KYN44-12 型中置式开关柜主母线的安装及电缆连接。

3）KYN44–12型中置式开关柜二次线的穿接。

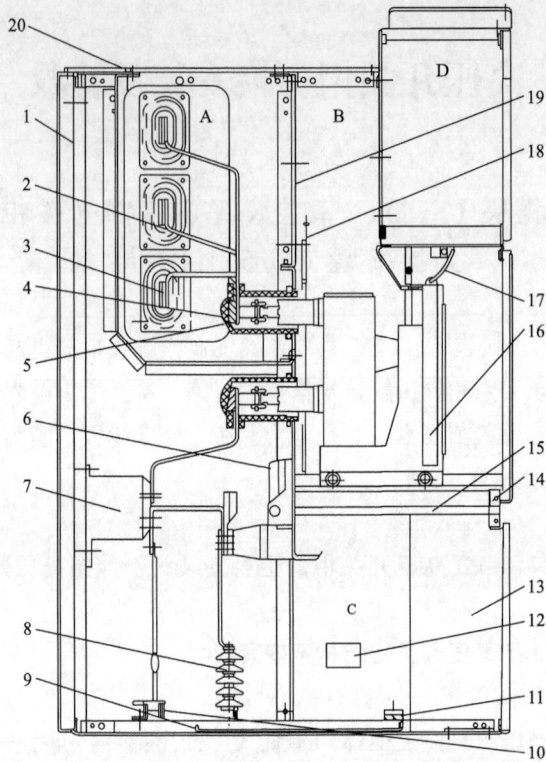

图 4-1-1 KYN44–12 型开关柜结构示意图

1—外壳；2—分支母线；3—主母线；4—静触头装置；5—静触头盒；6—接地开关；

7—电流互感器；8—避雷器；9—底板；10—电缆夹；11—接地主母线；12—加热器；

13—控制小线槽；14—可抽出式水平隔板；15—接地开关操动机构；

16—配有真空断路器手车；17—航空插头；18—活门；

19—装卸式隔板；20—泄压盖板

4）安装并紧固后封板。

（2）KYN44–12型中置式开关柜安装后的调试。

三、作业中危险点分析及控制措施

检修作业中危险点分析及控制措施见表 4-1-1。

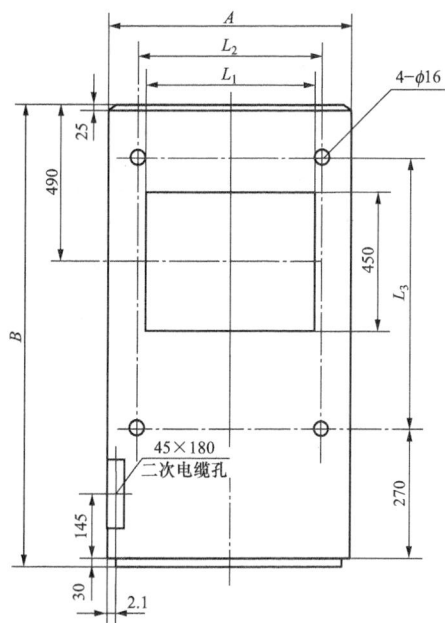

图 4-1-2　KYN44-12 型户内交流高压金属铠装中置式开关柜正面尺寸

柜宽 A（mm）	柜深 B（mm）	L_1	L_2	L_3	备注
800	1500 电缆	580	600	1050	VD4；VS1
800	1660 架空	580	600	1210	VD4；VS1
840	1700 电缆	620	640	1260	ZN28
840	1900 架空	620	640	1460	ZN28
1000	1500（1700）电缆	780（820）	800（840）	1050（1060）	括号内尺寸为 ZN28
1000	1660（1900）架空	780（820）	800（840）	1210（1460）	括号内尺寸为 ZN28

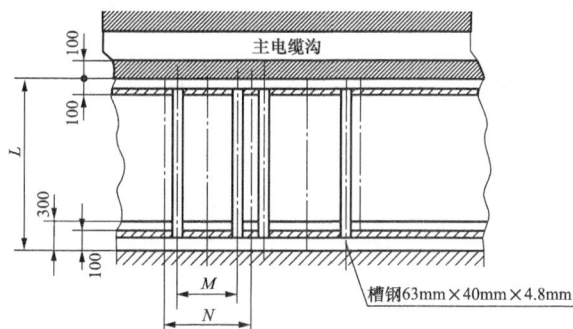

图 4-1-3　KYN44-12 型户内交流高压金属铠装中置式开关柜电缆沟尺寸

柜宽（mm）	柜深 L	M	N	备注
800	1500（1600）	600	800	括号内尺寸为架空进线
840	1700（1900）	640	840	括号内尺寸为架空进线
1000	1500（1660）	800	1000	括号内尺寸为架空进线

表 4-1-1　　　　　　　　　检修作业中危险点分析及控制措施

序号	危险点	控制措施
1	高处坠落及落物伤人	（1）高处作业系好安全带；不得攀登及在瓷柱上绑扎安全带。 （2）使用的安装平台或梯子应坚固完整、安放牢固，使用梯子有人扶持。 （3）传递物件必须使用传递绳，不得上、下抛掷
2	起重伤害	（1）采用吊架拆、装开关柜有专人指挥，吊物下严禁站人。 （2）起重工具使用前认真检查，并进行强度核验，严禁使用不合格工具。 （3）拆、装设备时必须绑扎牢固，吊物起吊后应系好拉绳，防止摆动碰伤人员
3	触电伤害	（1）搬动梯子等大物体时，需由两人放倒搬运，与带电部位保持足够的安全距离见《国家电网公司电力安全工作规程》要求。 （2）拆下的引线不得失去原有接地线保护。 （3）使用电气工具时，按规定接入漏电保护装置、接地线。 （4）手车柜在手车拉出后，插孔应有防护隔板可靠隔离。 （5）固定柜线路侧隔离开关操作手柄应设强制连锁措施，挂警示牌，并设绝缘小车隔离。 （6）固定柜母线侧隔离开关带电时，其操作手柄应设强制连锁措施，挂警示牌；隔离开关断口应用绝缘板隔离防护
4	误入、误登带电间隔	（1）工作前向作业人员交代清楚临近带电设备，并加强监护。 （2）工作人员应走指定通道，在遮栏内工作，不得移动和跨越遮栏。 （3）严禁攀登运行设备构架
5	机械伤害	（1）严格执行一般工具的使用规定，使用前严格检查，不完整的工具禁止使用。 （2）调试开关柜时专人监护，进行操作时工作人员必须离开开关柜传动部位

四、更换安装作业前的准备

1. 安装前的资料准备

（1）安装前应认真查阅设备安装使用说明书、设备基础制作报告图纸和设计院设计图纸。对所查阅的资料进行详细、全面的调查分析，为现场具体安装方案的制定打好基础。

（2）准备好设备使用说明书、设计图纸、记录本、表格、安装报告等。图纸及资料应符合现场实际情况。

2. 安装方案的确定

（1）现场勘察。项目总负责人应组织有关人员深入现场，仔细勘察，了解现场设备及基础的实际情况，落实施工设备布置场所，检查安全措施是否完备。

（2）编制作业指导书。

（3）拟订安装方案，确定安装项目，编排工期进度。

3. 备品备件、工器具、材料准备

在开工前必须预先准备安装工器具、材料、备品备件、试验仪器和仪表等，并运至安装现场。

4. 安装环境（场地）的准备

（1）在安装现场四周设一留有通道口的封闭式遮拦，并在周围背向带电设备的遮拦上挂适当数量的"止步，高压危险"标示牌，在通道入口处挂"从此进出"标示牌。

（2）在作业现场指定位置摆放好安装工具、量具、材料、备品备件和测试仪器及垃圾箱。

五、更换安装作业前的开箱检查

产品到达目的地后，应将其放在干燥通风场所，并尽快进行验收检查。如检查中发现异常情况应及时做好记录、报告并及时与制造厂联系尽快处理更换或补供。

（1）检查厂家提供的安装使用说明书、合格证、出厂试验报告、安装图纸等文件资料是否齐全。并妥善保管，不得丢失。

（2）检查零部件、附件及备件应齐全。

（3）核对产品铭牌、产品合格证中技术参数是否与订货单相符，装箱单内容是否与实物相符。元件无损坏，外观无机械损伤，几何尺寸应符合设计要求。特别指出的是柜体的几何尺寸要实测，实测的项目主要是柜体的对角线和垂直度及柜顶的水平度，其误差不应大于 1.5%，凡现场不能矫正的要通知供货单位或制造厂家修复。

（4）打开包装箱后，产品外表面无损伤、无锈蚀、漆层完整无脱落，手柄无扭斜变形，其内部的仪表、灭弧罩、瓷件等应无裂纹、伤痕、螺钉紧固无锈蚀，接地螺栓完整，紧固螺栓的平垫弹垫齐全。

（5）测量柜中带电部件之间、带电部件与地之间的电气间隙和爬电距离的值应符合规定。

（6）填写开箱检查记录和设备验收清单。

六、KYN44-12 型中置式开关柜更换安装作业步骤及质量标准

更换安装前应将旧开关柜全部拆除，并已完成了基础浇注施工。开关柜出厂时其设备的技术参数已调至最佳工作状态，但为了便于运输和吊装没有进行整体拼装。安装时应根据工程需要与图纸说明，将开关柜运至特定的位置，如果一排开关设备排列较长（为 10 台以上），拼柜工作应从中间部位开始。一般情况下，柜体拼装应与主母线的安装交替进行，这样可避免柜体安装好后，安装主母线困难。

（一）安装

1. 柜体安装

（1）卸去开关柜吊装板及开关柜后封板。

（2）松开母线隔室顶盖板（泄压盖板）的固定螺栓，卸下母线隔室顶盖板。

（3）松开母线隔室后封板固定螺栓，卸下母线隔室后封板。

（4）松开断路器隔室下面的可抽出式水平隔板的固定螺栓，并将水平隔板卸下。

（5）在此基础上，依次于水平、垂直方向拼接开关柜，开关柜安装不平度不得超过 2mm。

（6）当开关设备已完全拼接好时，可用 M12 的地脚螺栓将其与基础槽钢相连或用电焊与基础槽钢焊牢。

2. 主母线的安装及电缆连接

（1）用洁净干燥的软布擦拭母线，检查绝缘套管是否有损伤，在连接部位涂上导电膏或者中性凡士林。

（2）按照 U、V、W 三相主母线上的编号依次拼装相邻柜主母线，将主母线和对应的分支母线搭接处用螺栓穿入，上螺母扣牢但不紧固。

（3）按规定力矩紧固主母线及分支母线的连接螺栓。

（4）母线应柔顺地插入套管中绝缘隔板并定位，固定好。

（5）扣上母线搭接处的绝缘盒套。

（6）在连接电缆时，若电缆截面太大，可先拆开电缆盖板，将电缆穿过电缆密封圈后与对应的一次出线排连接，随后将此盖板合并后用螺栓紧固。电缆孔处密封圈开口大小应在安装现场视电缆截面而进行裁定。当电缆头与出线连接好后，需用专配电缆夹将电缆夹紧，以防电缆坠落。

3. 二次线的穿接

（1）将开关柜继电器、仪表室顶端的小母线顶盖板固定螺栓松开，然后移开，留出施工空间。

（2）安装并连接小母线。

（3）当二次线为电缆进出时，移开柜底左侧二次电缆盖板及柜侧走线槽盖板，进行二次电缆连接，随后将二次电缆盖板及柜侧走线槽盖板盖好。

（4）用预制的连接排将各柜的接地主母线连接在一起，并在适当的位置与建筑预设的接地网相连接，如图 4-1-4 所示。

图 4-1-4 接地连接图

（5）将所拆卸的开关柜后封板、母线隔室顶盖板（泄压盖板）、可抽出式水平隔板等复原后用螺栓紧固。

4. 安装后封板

安装并紧固后封板，确保防护等级。

5. 质量标准

（1）土建施工的质量标准。土建施工应按设计要求埋设基础型钢，工程质量应符合设备安装规范，并核对土建基础尺寸符合安装要求。基础型钢安装后，其顶部宜高出抹平地面 10mm；手车式成套柜按产品技术要求执行；开关柜单独或成列安装时，其垂直度、水平偏差以及盘、柜面偏差和盘、柜间接缝的允许偏差应符合表 4-1-2 的规定。基础型钢应有明显的可靠接地。一般在两端引出与主接地网相连，以保证设备接地。

表 4-1-2　　　　　　　　　　　开关柜单独或成列安装的允许偏差率

项目		允许偏差（mm）
垂直度（每米）		<1.5
水平偏差	相邻两盘顶部	<2
	成列盘顶部	<5
盘面偏差	相邻两盘边	<1
	成列盘面	<5
盘间接缝		<2

（2）柜体安装的质量标准。

1）将柜体按编号顺序分别抬（叉或吊）到基础槽钢之上，使之地脚螺孔和基础槽钢上面的开孔对正。先用 4 个螺钉插入孔内，然后找平找正。

2）找平找正应用水平尺、磁性吊线坠和钢板尺，并准备 0.1～1mm 厚的凹型片。先测量柜体正面的垂直度，测量方法是将磁性吊线坠分别置于柜体正面的两个前立柱上，然后把铅锤放下，再用钢板尺分别测量垂线上部和下部与前立柱的距离，如相等则说明柜体前后垂直基础槽钢；如下部距离大，则说明柜体前后面向前倾斜，应该在柜体的下框架前面的螺孔处垫凹型板调整，直至上下相等；反之，柜体向后倾斜，则在下框架后面垫凹型板调整。

3）用同样方法测量并调整柜体的倾面，最后再测量一次正面并细调一次，直至前后左右的铅垂线上下距离相等为止，其误差不应大于 0.5mm。用磁性磁吊线坠测量柜体垂直度的方法如图 4-1-5 所示。

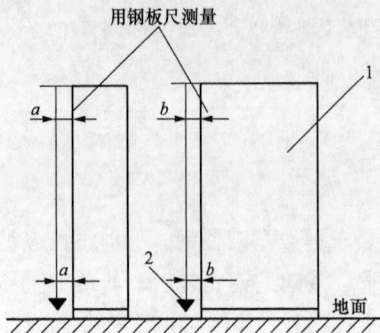

图 4-1-5　柜体垂直度的测量方法

1—柜体；2—吊线坠

4）对于多台成列安装时，应先一台一台按顺序测量校正，并调整柜间间隙为 1mm 左右，然后把柜与柜之间侧面上的螺钉上好稍紧；再进行整体的调整，误差较大的还要作个别调整。最后将柜之间的螺钉上好，放上平垫、弹簧垫拧紧，螺钉的穿过方向应一致。多台柜的安装要保证柜顶的水平度，必要时可用凹形片调整。

5）开关柜应柜面一致，排列整齐。其水平误差不应大于 1/1000，垂直误差不应大于其高度的 1.5/1000。

（3）母线安装的质量标准。

1）母线连接用的紧固件应采用符合国家标准的镀锌螺栓、螺母和垫圈。

2）母线平直时，贯穿螺栓应由下向上穿，其余情况，母线应置于维护侧，螺栓长度宜露出螺母 2～3 个丝牙。

3）螺栓的两侧均应有垫圈。相邻螺栓的垫圈应有 3mm 以上的净距离，螺母侧应装弹簧垫圈。

4）母线的着色按 U 相为黄色、V 相为绿色、W 相为红色，一般排列顺序为从上到下、从左到右、从里到外。

（4）二次安装工艺。

1）导线束穿越金属构件时，应套绝缘衬管加以保护。

2）二次铠装电缆在进入柜后，应将钢带切断，切断处的端部应扎紧，并将钢带接地。

3）接到端子和设备上的绝缘导线和电缆芯应有标记。

4）导线不应承受减少其正常使用寿命的应力。

5）电缆芯线和导线的端部应标明其正确的回路编号，字迹清晰且不易脱色。

（5）接地线安装的质量标准。外壳及其他不属于主回路或辅助回路的所有金属部件都必须接地；三芯电力电缆终端处的金属护层、控制电缆的金属护层必须接地，塑料电缆每相铜屏蔽和钢铠应锡焊接地线接地。二次回路接地应设专用螺栓，成套柜应装有供检修用的接地装置。

1）接地体（线）的连接应采用焊接，焊接牢固。接至电气设备的接地线，应用镀锌螺栓连接；有色金属接地线不能采用焊接时，可用螺栓连接。

2）接地体引出线的垂直部分和接地装置焊接部位应作防腐处理。

3）柜的接地应牢固良好。装有电器可开启的门，应以裸铜软线与接地的金属构架可靠地连接。

（6）电缆安装的质量标准。电缆头制作方法可分为普通热收缩式、普通冷收缩式和预制式 3 种。其基本要求为：

1）导体连接良好。

2）绝缘可靠。

3）密封良好。

4）有足够的机械强度。

（二）开关柜安装后的调试

（1）调整手车导轨，且应水平、平行，轨距应与轮距相配合，手车推拉应轻便灵活，无阻卡及碰撞现象。

（2）调整隔离静触头的安装位置应正确，安装中心线应与触头中心线一致，且与动触头（推进柜内时）的中心线一致；手车推入工作位置后，动触头与静触头接触紧密，动触头顶部与静触头底部的间隙应符合产品要求，接触行程和超行程应符合产品规定。

（3）调整手车与柜体间的接地触头是否接触紧密，当手车推入柜内时，其触头应比主触头先接触，拉出时应比主触头后断开。

（4）结合操动机构的试验，检查手车在工作和试验位置的定位是否准确可靠。在工作位置隔离动触头与静触头准确可靠接触，且能合闸分闸操作；在试验位置动、静触头分离，且能进行分合闸空操作。

（5）二次回路辅助开关的切换触点应动作准确，接触可靠，柜内控制电缆或导线束的位置不妨碍手车的进出，并应固定牢固。

（6）电气连锁装置、机械连锁装置及其之间的连锁功能的动作准确可靠，符合产品说明书上的各项要求。

（7）按规定项目进行电气设备的试验。

（三）验收

开关柜安装完成后应进行分、合闸操动机构机械性能，防误闭锁和连锁试验。不同元件之间设置的各种连锁均应进行不少于 3 次的试验，以检验其功能是否正确。

（1）设备安装水平度、垂直度在规定的合格范围内。

（2）所有辅助设施安装完毕，功能正常。

（3）柜门开闭良好，所有隔板、侧板、顶板、底板的螺栓齐全、紧固。

（4）开关操作顺畅，分合到位，机械指示正确，分、合闸位置明显可见。

（5）防误装置机械、电气闭锁应动作准确、可靠。

（6）外壳、盖板、门、观察窗、通风窗和排气口防护等级符合要求，有足够的机械强度和刚度。

（7）柜内照明齐全。

（8）柜的正面及背面各电器、端子排等编号、名称、用途及操作位置，标字清楚未有损伤脱色。

（9）带电部位的相间、对地、爬电距离、安全距离应符合产品的技术要求。同时检查柜中设备正常时不带电的金属部位及安装构架是否接地可靠。

（10）对照原理接线图仔细检查一次母线和二次控制操作线的接线是否正确、可靠、牢固，同时应用 1000V 绝缘电阻表测试二次线的绝缘电阻，一般应大于 10MΩ。互感器二次是否可靠接地。

（11）对于移开式（手车）柜还要检查以下项目。

1）检查防止电气误操作的"五防"装置齐全，并动作灵活可靠。

2）手车推拉应灵活轻便，无卡阻、碰撞现象，相同型号的手车应能互换。

3）手车推入工作位置后，动触头顶部与静触头底部的间隙应符合产品要求。

4）手车和柜体间的二次回路连接插件应接触良好。

5）安全隔离板应开启灵活，随手车的进出而相应动作。

6）柜内控制电缆的位置不应妨碍手车的进出，并应牢固。

7）手车与柜体间的接地触头应接触紧密，当手车推入柜内时，其接地触头应比主触头先接触，拉出时接地触头比主触头后断开。

七、收尾工作和资料整理

1. 结尾工作

（1）开关柜安装工作结束后，应将柜内工具或异物清理完，并清点工具，关好柜门。

（2）对支架、基座、连杆等铁质部件进行除锈防腐处理，对导电适当部分涂以相应的相序标志（黄、绿、红）。

（3）撤离安装使用设备，整理清扫工作现场。

（4）安装人员全部撤离工作现场，并接受现场验收，办理工作票终结手续。

（5）提交安装的技术文件资料，并存档保管。

2. 在验收时应提交的资料文件

（1）工程竣工图。

（2）变更设计的证明文件。

（3）制造厂提供的产品说明书、合格证件、设备出厂试验报告、厂家图纸等技术文件。

（4）根据合同提供的备品备件清单。

（5）施工记录、安装报告。

【思考与练习】

1. 开关柜数量较多、排列较长时应从何处开始安装？
2. 新开关柜在安装前要进行开箱验收检查，其检查项目有哪些？
3. 简述中置式开关柜安装步骤。
4. 开关柜如何安装接地？
5. 开关柜安装完成后，需要进行哪些调试？
6. 开关柜安装调试完成后，如何进行验收？

模块 2　高压开关柜验收（Z15F1002 Ⅱ）

【模块描述】 本模块包含高压开关柜施工验收规范要求，通过图表讲解、重点归纳，达到掌握高压开关柜施工验收必要的知识和技能。

【模块内容】

一、作业内容

（1）高压开关柜的出厂验收检查；

（2）高压开关柜基竣工验收；

（3）高压开关柜的重点验收检查。

二、危险点分析及预控措施

高压开关柜验收工作的危险点及预控措施见表 4-2-1。

表 4-2-1　　　　　　　　　危险点分析及控制措施

序号	危险点	安全控制措施
1	防止机械伤害	（1）被验收传动操作的电气设备，所有工作人员应撤离检修设备至安全距离之外，现场安全措施保持不变。 （2）验收传动操作前，运行人员和工作负责人应到现场检查设备的状态，应与工作许可前保持一致，并确认隔离开关在断开状态，工作负责人应向运行人员明确交代被试设备的注意事项和要求。 （3）验收传动操作应由运行人员操作（如有需要，工作负责人可配合操作）、监护，并对设备名称、编号、状态进行确认，严格执行监护、复诵制度
2	防止触电伤害	（1）遇上级验收，仍由运行人员操作和监护，验收人员实地观察。 （2）操作过程中，如遇异常情况应立即停止操作，由工作负责人安排工作班人员进行处理，工作负责人做专职监护。 （3）试验操作结束，所有检修设备应恢复到许可工作前状态

三、高压开关柜验收作业步骤和质量标准

鉴于新安装变电站内高压开关柜有其代表性，本模块重点介绍变电站新安装高压开关柜的验收工作，由于高压开关柜型号众多，且安装环境、安装方式各不相同，柜内设备在教材各部分有详细的介绍，本章只能依照验收规程并结合国家电网公司有关技术要求进行综合描述，在本模块的附录部分，有相应的验收表格作为参考，对于没有涉及的设备可以参照执行。

为防止开关柜设备给安全运行带来隐患，在开关柜设备验收环节需加强开关柜出厂验收及设备安装调试完成后的竣工验收工作。

（一）高压开关柜的出厂验收检查

开关柜设备出厂验收必须完成全部的设备配套与生产、试验。出厂验收应重点检查附件的检测报告及设备等是否满足订货合同、设计图纸及相关标准要求，对不满足技术要求的设备应督促整改。

（1）高压开关柜的外壳必须为敷铝锌钢板（除通风、排气口、观察窗外），不得用网状编织物、不耐火或类似材料制造，钢板厚度不小于 2mm，有足够的机械和耐火强度。

（2）金属封闭式高压开关柜的主回路的一切组件均安装在金属外壳内，外壳（含通风、排气口、作为外壳一部分的盖板及门）的防护等级应满足 IP4X 的要求；打开门后应满足 IP2X 的要求。

（3）各柜内主母线选用铜排，主母线在通过两个相邻的高压开关柜时，开关柜隔板应采用防涡流隔磁材料，并应有分相的绝缘穿孔安装母线套管；母线分段柜内分支引线截面与主母线相同；主母线及分支母线（含连接部分）外表面采用有机绝缘，即母线小室及电缆小室内母线不得有裸露部分（电缆接线端子除外）。其绝缘材料需提供耐压和老化试验报告。主母线搭接及其紧固件的选用应符合规定。

（4）检查开关柜内的所有套管和单芯电缆穿孔板，应采取防涡流措施。对上进出线的大电流开关柜（额定电流超过 2500A）后柜门与通流母排之间的空气距离应大于330mm，必要时应采用不锈钢板等非导磁材料，降低柜体发热。大电流柜配自动控制风机。

（5）二次接地排：$4 \times 25 \text{mm}^2$ 表面酸洗钝化，相邻柜间用相同材料规格的铜排相连。

（6）各柜内配套元件采用经全工况验证合格的产品，绝缘件优先采用瓷质、电气型 SMC 制品，禁止使用非电气型 SMC 制品及酚醛制品；断路器拉杆如果不能满足电气距离，需采用带裙边的大爬距瓷质或电气型 SMC 制品；大电流柜（2500A 及以上）、电压互感器柜活门挡板采用电气型 SMC 制品；电压互感器、电流互感器也应为大爬距加强型产品。高压开关柜柜内外绝缘件的最小标称爬电比距为：瓷质绝缘不应小于

18mm/kV、有机材料不应小于 20mm/kV。

（7）开关柜柜内空气绝缘净距离：12kV≥125mm、40.5kV≥300mm。开关柜内对采用热缩套包裹导体结构的，空气绝缘净距离不应缩小。

（8）开关柜采用硫化工艺、绝缘隔板等加强绝缘措施时，空气净距离可缩短至110mm（12kV）、150mm（24kV）、240mm（40.5kV）。

（9）高压开关柜线路侧安装感应式高压带电显示器（加压敏电阻，带试验按钮）。该装置在 65%额定相电压时应正常发光，并强制闭锁下门，外接闭锁电源：交流 220V，50Hz；高压带电显示装置的二次回路故障时，强制性闭锁元件不应解锁。开关柜下部电缆室背部应为铰链式活门，并有相应闭锁措施。

（10）电缆出线柜的电缆小室内部结构必须考虑电缆头搭接高度高于地面不小于700mm，在电缆安装后满足电气安全距离对地不小于 125mm，并可在柜内加装抱箍式零序电流互感器。柜内设置供一次电缆及二次电缆固定用卡箍，为二次电缆提供具有防电弧功能的线盒。

（11）各观察窗位置必须便于观察运行中的设备，并应达到外壳所规定的防护等级。观察窗应使用机械强度与外壳相近的耐火透明材料遮盖，并应与高压导电体保持有足够的电气间隙，后门设上下两个小观察窗。后门内装设照明灯，控制开关设在观察窗旁，并可在开关柜运行的情况下安全、方便地更换灯泡。

（12）柜内电流互感器二次引线为铜芯，绝缘线线芯截面不小于 4mm²/根；电压回路二次引线为铜芯，绝缘线线芯截面不小于 4mm²/根。二次小室应设有专用的 100mm²接地排（对地绝缘），并贯穿整列开关柜。柜顶小母线采用直径 6mm 铜棒，柜间导线连接。端子排采用凤凰端子，每柜至少留 20 个备用端子。

（13）断路器应具备防跳功能，防跳的动断触点与断路器合分闸的动断触点之间引出接至二次插座上。

（14）所有断路器设有可进行就地及远方切换操作的钥匙开关，并具备就地操作功能。

（15）装设可靠的温湿度控制装置（自动控制）及足够容量的电热器。柜内加热器采用小功率平板式结构，多点布置，手车室、电缆室都进行设置，并能长期投入运行。

（16）沿所有高压开关柜的整个长度延伸方向设有专用的接地铜导体，该接地导体设有与接地网相连的固定的连接端子，并有明显的接地标志。高压开关柜的金属骨架、柜门、手车及设备支架设有符合技术条件的接地，并且与专用的接地连接牢固。主回路中凡可能与其他部分隔离的每个部件均能接地。在正常情况下可抽件中应接地的金属部件，在试验或隔离位置，处于隔离断口规定条件下，以及当辅助回路未完全断开的任一中间位置时，均保持良好的接地连接。

（17）柜内照明、防误、储能电源分开，并采用低压断路器作为控制开关。

（二）高压开关柜的安装验收检查

高压开关柜竣工验收，应检查工程施工后开关柜的技术性能，提交的资料文件齐全、完整。相关反事故措施是否落实、交接验收试验项目试验结果合格、相关安装调试信息已录入生产管理信息系统、备品备件齐全，安装工艺、电缆及接地体连接，运行环境等是否满足运行要求。

（1）基础型钢的检查，应符合产品技术文件要求，当产品技术文件没作要求时，应符合下列规定：

1）允许偏差应符合表 4-2-2 的规定。

2）基础型钢安装后，其顶部标高在产品技术文件没有要求时，宜高出抹平地面10mm。基础型钢应有明显的可靠接地。

表 4-2-2　　　　　　　　　　基础型钢安装的允许偏差

项目	允许偏差	
	mm/m	mm/全长
不直度	<1	<5
水平度	<1	<5
位置偏差及不平行度	—	<5

（2）开关柜按照设计图纸的制造厂编号顺序安装，柜及柜内设置与各构件间连接应牢固。

（3）开关柜单独或成列安装时，其垂直度、水平偏差以及柜面偏差和柜间接缝的允许偏差，应符合表 4-2-3 的规定。

表 4-2-3　　　　　　　　　　开关柜安装的允许偏差

项目		允许偏差
垂直度		<1.5mm/m
水平偏差	相邻两盘顶部	<2mm
	成列盘顶部	<2mm
盘间偏差	相邻两盘边	<1mm
	成列盘面	<1mm
盘间接缝		<2mm

（4）成列开关柜的接地母线，应有两处明显的与接地网可靠连接点。金属柜门应

以铜软线与接地的金属构架可靠连接。成套柜应装有供检修用的接地装置。

（5）开关柜的安装应符合产品技术文件要求，并应符合下列规定：

1）手车或抽屉单元的推拉应灵活轻便、无卡阻、碰撞现象；具有相同额定值和结构的组件，应检验具有互换性。

2）机械闭锁。电气闭锁应动作准确、可靠和灵活，具备防止电气误操作的"五防"功能（即防止误分、合断路器，防止带负荷分、合隔离开关，防止接地开关合上时（或带接地线）送电，防止带电合接地开关（挂接地线），防止误人带电间隔等功能。

3）安全隔离板开启应灵活，并应随手车或抽屉的进出而相应动作。

4）手车推人工作位置后，动触头顶部与静触头底部的间隙，应符合产品技术文件要求。

5）动触头与静触头的中心线应一致，触头接触应紧密。

6）手车与柜体间的接地触头应接触紧密，当手车推人柜内时，其接地触头应比主触头先接触，拉出时接地触头应比主触头后断开。

7）手车或抽屉的二次回路连接插件（插头与插座）应接触良好，并应有锁紧措施；触头与开关设备应有可靠的机械连锁，当开关设备在工作位置时，插头应拔不出来；其同一功能单元、同一种型式的高压电器组件插头的接线应相同、能互换使用。

8）仪表、继电器等二次元件的防震措施应可靠。控制和信号回路应正确，并应符合现行 GB 50171《电气装置安装工程盘，柜及二次回路结线施工及验收规范》的有关规定。

9）螺栓应紧固，并应具有防松措施。

（6）高压开关柜内的 SF_6 断路器、隔离开关、接地开关以及熔断器、负荷开关、避雷器应按照相关规定执行。

（三）高压开关柜的重点验收检查

（1）开关柜内导体末端应采用圆弧形倒角。

（2）开关柜时母线室、断路器室、电缆室应相互独立。

（3）封闭式开关柜必须设置泄压通道，检查泄压通道或压力释放装置，确保与设计图纸保持一致。

（4）避雷器、电压互感器等柜内设备应经隔离开关（或隔离手车）与母线相连。

（5）面板模拟显示图必须与内部接线一致，开关柜可触及隔室、不可触及隔室、活门或机构等关键部位在出厂时应可靠接地。

（6）活门机构应选用可独立锁止的结构，可靠防止检修时人员误打开活门。

（7）高压开关柜内的绝缘件（如绝缘子、套管、隔板和触头盒等）应采用阻燃绝缘材料。

（8）开关柜触头盒、穿墙套管应采用均压措施。

（9）应在开关柜配电室配置通风、除湿防潮设备，防止凝露导致绝缘事故。

（10）高压开关柜在安装后应对其一、二次电缆进线处采取有效封堵措施。

（11）为防止开关柜火灾蔓延，在开关柜的柜间、母线室之间及与本柜其他功能隔室之间应采取有效的封堵隔离措施。

（四）高压开关柜的验收规范

10kV、35kV、成套配电柜高压开关柜的安装验收规范见附录一～附录三。

【思考与练习】

1. 开关柜出厂验收的重点有哪些？

2. 开关柜验收"五防"功能是指什么？

3. 开关柜基础型钢的安装尺寸有什么要求？

4. 开关柜竣工验收时主要该注意哪些？

附录一

10kV手车式高压柜安装验收规范表

变电站：　　　　　运行名称编号：　　　　　型号：　　　　　制造厂：

施工单位：　　　　　验收人员：　　　　　　　　　　　　验收日期：

一、整体验收

序号	工序	检验项目		性质	质量标准	验收结论
1	外观	油漆、敷锌		重要	油漆完好、表面干净、无焊疤、无变形、裂纹、翘曲、凹凸、损伤、油污等，敷锌均匀美观、无脱落、起皮，无老锈	
2	其他	电气距离		重要	各部电气距离不小于125mm	
3		电气连接		重要	正确、美观、各处部螺栓紧固	
4		接地装置	柜体接地	重要	可靠、规格符合要求	
5			各个柜体间接地连接		可用符合标准的小铜排连接，可靠	
6			装有电器可开启屏门的接地	重要	用4mm²软铜导线可靠接地	
7			互感器外壳、底座接地		牢固可靠	
8			备用TA二次		短路接地	
9		铭牌参数			按设计要求	
10		间隔布置			按设计规定	

序号	工序	检验项目		性质	质量标准	验收结论
11	其他	相色标志			完整、齐全	
12		辅助复合绝缘			完好、无破损	
二、柜体验收						
1	柜体安装	垂直度			<1.5mm/m	
2		水平误差	相邻两柜顶部		<2mm	
3			成列柜顶部		<5mm	
4		盘面误差	相邻两柜边		<1mm	
5			成列柜面		<5mm	
6		柜间接缝			<2mm	
7		振动场所的防震措施			按设计规定	
8		底架与基础连接			牢固	
9		与基础间垫铁检查			不超过 3 片, 总厚度不大于10mm, 各片间焊接牢固	
10	手车	手动推拉试验		重要	轻便不摆动	
11		安全隔离板开闭			上下动作灵活	
12		手车轨道			灵活、无卡阻	
13		手车上导电触头与静触头			对中、无卡涩, 接触良好	
14		触头间			涂中性凡士林	
15	接地开关	接地开关位置			分、合闸位置应明显可见	
16		与主刀闭锁		重要	符合要求	
17	其他	各部导电部分			无氧化膜、涂电力复合脂	
18		带电显示装置		重要	能自检、闭锁功能正常	
19		柜内照明装置			齐全	
20		防误操作装置			齐全、灵活可靠	
21		绝缘子外观及爬距			完好、爬距符合设计	
22		仪表保护装置防震措施			可靠	
23		加热装置			无损伤, 绝缘良好	
24		电缆密封			密封良好, 电缆孔洞封堵好	
25		风机			按温度和电流启动	
26		风道			是否合理	

续表

序号	工序	检验项目	性质	质量标准	验收结论
三、断路器验收					
1	开关本体检查	传动机构	重要	轴销齐全、光滑无刺、铸件无裂纹或焊接不良	
2		分、合闸线圈铁芯动作检查		可靠，无卡阻	
3		辅助开关检查	重要	触点无烧损，接触良好	
4		分、合闸指示		分、合位置对应	
5		操作计数器指示		正确	
		储能回路		储能正常	
		二次接线		可靠，绝缘良好	
6		电气联锁触点接触		紧密、导通良好	
四、互感器验收					
1	互感器安装	极性	重要	正确	
2		接线端子位置	重要	在维护侧	
3		一次接线	重要	接触面符合要求	
4		二次接线	重要	接触良好、可靠，按重要要求不能开路（TA）、短路（TV）	
五、资料验收					

序号	资料名称	性质	质量标准	验收结论
1	安装使用说明书，图纸、出厂试验报告，维护手册等技术文件	重要	各项资料齐全	
2	安装、调整、试验、整定记录	重要	规范、齐全、合格	
3	设备缺陷通知单、设备缺陷处理记录			
4	专用工具、备品备件	重要	齐全	
六、验收总体意见				

总体评价	
整改意见	
验收结论	

附录二

35kV 固定式高压柜安装验收规范表

变电站：　　　　　　运行名称编号：　　　　　　型号：　　　　　　制造厂：

施工单位：　　　　　验收人员：　　　　　　　　　　　　　　　　验收日期：

一、整体验收

序号	工序	检验项目		性质	质量标准	验收结论
1	外观	油漆、敷锌			油漆完好、表面干净、无焊疤、无变形、裂纹、油污等，敷锌均匀美观、无脱落	
2	其他	电气距离		重要	各部电气距离不小于 360mm	
3		电气连接		重要	正确、美观、各处螺栓紧固	
4		接地	有防震垫的柜体接地	重要	可靠、规格符合要求	
5			各个柜体间接地连接		符合标准的小铜排连接可靠	
6			装有电器可开启屏门的接地	重要	用 4mm² 软铜导线可靠接地	
7			互感器外壳、底座接地		牢固可靠	
8			备用 TA 二次		短路接地	
9		铭牌参数			按设计要求	
10		间隔布置			按设计要求	
11		相色标志			完整、齐全	

二、柜体验收

序号	工序	检验项目		性质	质量标准	验收结论
1	柜体安装	垂直度		重要	<1.5mm/m	
2		水平误差	相邻两柜顶部		<2mm	
3			成列柜顶部		<5mm	
4		盘面误差	相邻两柜边		<1mm	
5			成列柜面		<5mm	
6		柜间接缝			<2mm	
7		与基础间垫铁检查			不超过 3 片，总厚度不大于 10mm，各片间焊接牢固	
8	其他	柜内照明装置			齐全	
9		仪表保护装置防震措施			可靠	
10		避雷器、计数器		重要	齐全	
11		带电显示装置			能自检、闭锁功能正常	

续表

序号	工序	检验项目	性质	质量标准	验收结论
12	其他	"五防"装置		见专项验收卡	
13		绝缘子外观及爬距		完好、爬距符合设计	
14		电气联锁触点接触	重要	紧密、导通良好	
15		盘柜前后、内部元件标识		齐全、清晰、牢固	
16		加热装置	重要	无损伤，温控器工作正常，绝缘良好	
17		电缆孔洞密封		封堵完好	

三、断路器验收

序号	工序	检验项目	性质	质量标准	验收结论
1	断路器本体检查	传动机构	重要	轴承光滑无刺、铸件无裂纹或焊接不良	
2		分、合闸线圈铁芯动作		可靠，无卡阻	
3		辅助开关检查	重要	动作正确、可靠，触点无烧损，接触良好	
4		断路器动作	重要	正常，无卡阻	
5		分、合闸指示		与断路器分、合位置对应	
6		储能回路		储能正常	
7		二次接线		可靠，绝缘良好	
8		操作计数器指示		正确	

四、刀闸验收

序号	工序	检验项目	性质	质量标准	验收结论
1	导电部分	触头表面（镀银层）		完整，无脱落	
2		触头线接触	重要	塞尺塞不进	
3	传动装置	传动部件		咬合准确，轻便灵活	
4		辅助开关检查	重要	动作正确、可靠，触点接触良好	
5	隔离开关调整	分闸状态触头间净距或角度	重要	按制造厂规定	
6		合闸时动、静插入后上下偏差尺寸			
7		合闸时动、静插入尺寸			
8		触头接触时不同期允许值			
9	接地开关	接地开关位置		分、合闸位置应明显可见	在柜体
10		与主刀闭锁	重要	符合要求	在柜体

续表

序号	工序	检验项目	性质	质量标准	验收结论
五、互感器验收					
1	互感器安装	极性		正确	
2		接线端子位置		在维护侧	
3		一次接线	重要	接触面符合要求	
4		二次接线	重要	接触良好、可靠，按要求不能开路（TA）、短路（TV）	

序号	资料名称	性质	质量标准	验收结论
六、资料验收				
1	安装使用说明书，图纸、出厂试验报告，维护手册等技术文件	重要	各项资料齐全	
2	安装、调整、试验、整定记录	重要	规范、齐全、合格	
3	设备缺陷通知单、设备缺陷处理记录			
4	专用工具、备品备件	重要	齐全	

七、验收总体意见	
总体评价	
整改意见	
验收结论	

附录三

手车式高压成套配电柜安装验收项目及标准

变电站：　　　　　运行名称编号：　　　　型号：　　　　制造厂：

施工单位：　　　　验收人员：　　　　　　　　　　　　验收日期：

工序	检验项目			性质	质量标准	检验方法及器具
柜体就位找正	间隔布置			重要	按设计规定	对照设计图检查
	垂直度			重要	<1.5mm/m	用铅坠检查
	水平误差	相邻两柜顶部			<2mm	拉线检查
		成列柜顶部			<5mm	
	盘面误差	相邻两柜边			<1mm	
		成列柜面			<5mm	

续表

工序	检验项目		性质	质量标准	检验方法及器具
柜体固定	柜间接缝			<2mm	用尺检查
	螺栓固定			牢固	观察或扳动检查
	紧固件检查			完好，齐全	观察检查
	震动场所的防震措施			按设计规定	对照设计图检查
柜体接地	底架与基础连接		重要	牢固，导通良好	观察及导通检查
	装有电器可开启屏门的接地			用软铜导线可靠接地	
开关柜机械部件检查	柜面检查			平整，齐全	观察检查
	设备附件清点			齐全	对照设备清单检查
	门销开闭			灵活	操作检查
	柜内照明装置			齐全	观察检查
	手车推拉试验		重要	轻便不摆动	操作检查
	电气"五防"装置			齐全，灵活可靠	操作试验
	安全隔离板开闭			灵活	操作检查
开关柜电气部件检查	设备型号及规格			按设计规定	对照设计图检查
	设备外观检查			完好	观察检查
	活动接地装置的连接			导通良好，通断顺序正确	操作试验
	电气联锁触点接触			紧密，导通良好	导通检查
	触头检查	动、静触头中心线		一致	观察检查
		动、静触头接触	重要	紧密、可靠	
		动、静触头接触间隙		按制造厂规定	用尺检查
		小车与柜体接地触头接触		紧密、可靠	观察检查
	仪表继电器防震措施			可靠	观察检查
	带电部分对地距离	一次回路		按 GB 50149—2010 规定	对照规范检查

二、资料验收

序号	资料名称	性质	质量标准	验收结论
1	安装使用说明书，图纸、出厂试验报告，维护手册等技术文件	重要	各项资料齐全	
2	安装、调整、试验、整定记录	重要	规范、齐全、合格	

续表

序号	资料名称	性质	质量标准	验收结论
3	设备缺陷通知单、设备缺陷处理记录			
4	备品备件	重要	齐全	

三、验收总体意见

总体评价	
整改意见	
验收结论	

第五章

高压开关柜检修及故障处理

▲ 模块 1　"五防"闭锁装置的检修（Z15F2001 Ⅱ）

【模块描述】本模块包含"五防"闭锁装置的维护及检修的作业流程及工艺要求。通过结构分析、图例展示、要点讲解、操作技能训练，掌握"五防"闭锁装置的基本结构、修前准备、危险点预控、作业步骤、工艺要求及质量标准等操作技能。

【模块内容】

本模块主要以 KYN28（1B）–12 型高压开关柜为例介绍开关柜的"五防"闭锁装置的维护及检修。

一、高压开关柜的结构及闭锁功能

1. 高压开关柜的结构

KYN28 型高压开关柜用隔板分成 4 个不同功能单元，分别是断路器室 A、母线室 B、电缆室 C 和低压仪表室 D，柜体的外壳和各功能单元之间的隔板均采用敷铝锌板弯折而成。KYN28（1B）–12 型开关柜的结构剖面如图 5–1–1 所示。

2. 高压开关柜的闭锁功能

（1）防止带负荷操作隔离开关。断路器处于合闸状态时，手车不能推入或拉出，只有当手车上的断路器处于分闸位置时，手车才能从试验位置（冷备用位置）移向工作位置（运行位置），反之也一样。该连锁是通过连锁杆及手车底盘内部的机械装置及合、分闸机构同时实现的，断路器合闸通过连锁杆作用于断路器底盘上的机械装置，使手车无法移动。只有当断路器分闸后，连锁才能解除，手车才能从试验位置（冷备用位置）移向工作位置（运行位置）或从工作位置（运行位置）移向试验位置（冷备用位置）。并且只有当手车完全到达试验位置（冷备用位置）或工作位置（运行位置）时，断路器才能合闸。防止开关合闸后的进出连杆与底盘车进出的连锁机构如图 5–1–2 所示。

（2）防止带电合接地开关。只有当断路器手车在试验位置（冷备用位置）及线路无电时，接地开关才能合闸。

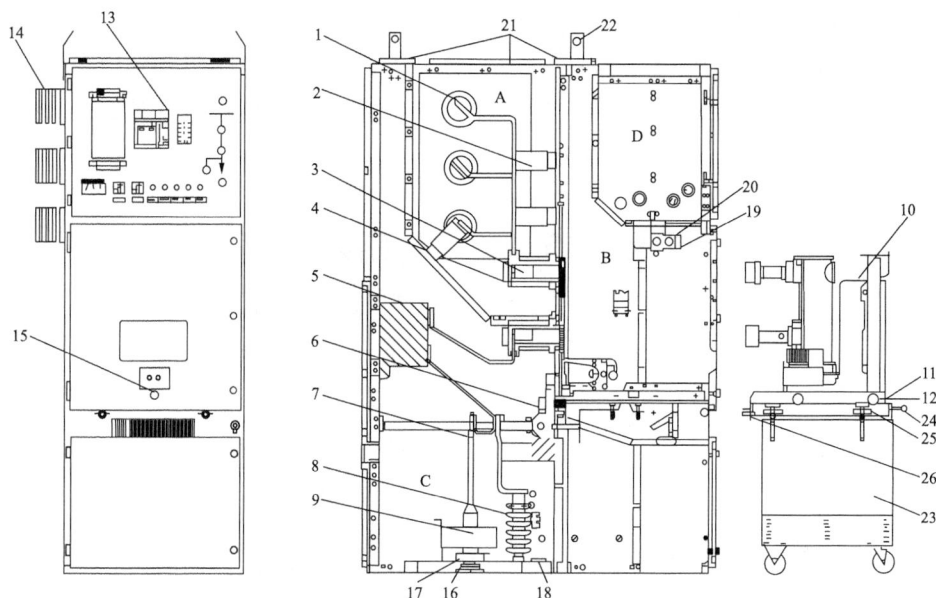

图 5-1-1　KYN28（1B）-12 型开关柜的结构剖面图

1—母线；2—绝缘子；3—静触头；4—触头盒；5—电流互感器；6—接地开关；7—电缆终端；8—避雷器；
9—零序电流互感器；10—断路器手车；11—滑动把手；12—锁键（连到滑动把手）；13—控制和保护单元；
14—穿墙套管；15—丝杆机构操作孔；16—电缆密封圈；17—连接板；18—接地排；19—二次插头；
20—连锁杆；21—压力释放板；22—起吊耳；23—运输小车；24—锁杆；25—调节轮；26—导向杆
A—母线室；B—断路器室；C—电缆室；D—低压仪表室

图 5-1-2　防止开关合闸后的进出连杆与底盘车进出连锁机构
1—连锁机构

1）采用机械强制连锁。断路器手车处于试验位置（冷备用位置）时，接地开关操作孔上的滑板应能按动自如，同时导轨上的挡板和导轨下的挡块应随滑板灵活运动，如图 5-1-3 所示。手车处于工作位置（运行位置）或工作与试验中间位置时（运行与冷备用中间位置时），滑板应无法按下。

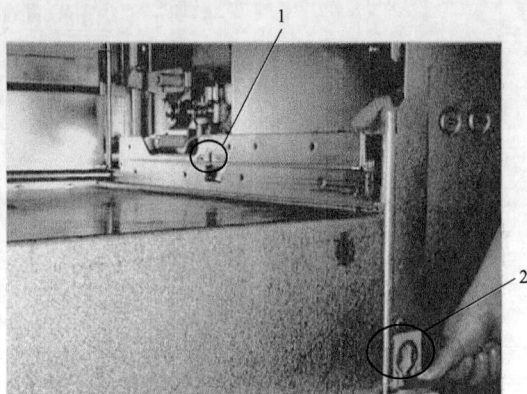

图 5-1-3 接地开关闭锁装置
1—连锁挡块；2—接地开关操作孔

2）采用电气强制连锁。只有当接地开关下侧电缆不带电时，接地开关才能合闸。安装强制闭锁型带电指示器，接地开关安装闭锁电磁铁，将带电指示器的辅助触点接入接地开关闭锁电磁铁回路，带电指示器检测到电缆带电后闭锁接地开关合闸，如图 5-1-4 所示。

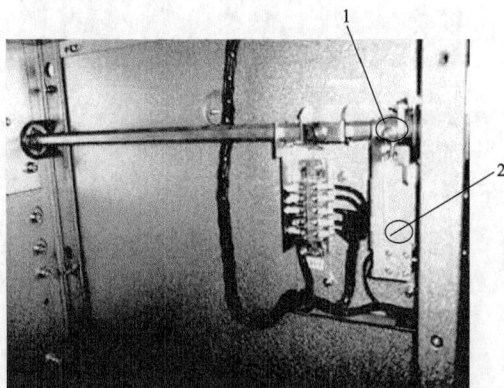

图 5-1-4 接地开关电缆门连锁
1—接地开关传动杆；2—连锁电磁铁

（3）防止接地开关合上时送电。接地开关位于合闸位置时，由于操作接地开关时按下了滑板，其传动机构带动柜内手车右导轨上的挡板挡住了手车移动的路线，同时挡板下方的另一块挡块顶住了手车的传动丝杆连锁机构，使手车无法移动；因而实现接地开关合闸时无法将手车移入工作位置（运行位置）的连锁功能，如图5-1-3所示。

（4）防止误入带电间隔。

1）断路器室门上的开门把手只有用专用钥匙才能开启。

2）断路器手车拉出后，手车室活门自动关上，隔离高压带电部分。

3）活门与手车机械连锁：手车摇进时，手车驱动器压动手车左右导轨传动杆，带动活门与导轨连接杆使活门开启，同时手车左右导轨的弹簧被压缩，手车摇出时，手车左右导轨的弹簧使活门关闭，如图5-1-5所示。

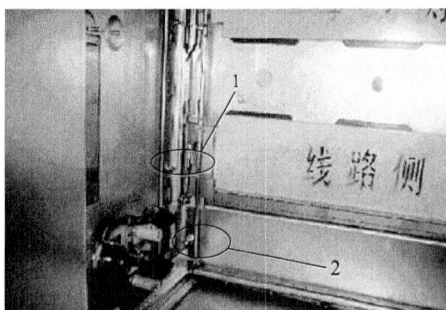

图5-1-5　活门与手车连锁
1—母线侧活门连锁；2—线路侧活门连锁

4）开关柜后封板采用内五角螺栓锁定，只能用专用工具才能开启。

5）实现接地开关与电缆室门板的机械连锁。在线路侧无电且手车处于试验位置（冷备用位置）时合上接地开关，门板上的挂钩解锁，此时可打开电缆室门板如图5-1-4和图5-1-6所示。

6）检修后电缆室门板未盖时，接地开关传动杆被卡住，使接地开关无法分闸，如图5-1-7所示。

（5）手车式开关柜有防误拔开关柜二次插头功能。手车式开关柜的二次线与手车的二次线联络是通过手动二次插头来实现的。只有当手车处于试验位置（冷备用位置）时，才能插上和拔下二次插头。手车处于工作位置（运行位置）时，二次插头被锁定，不能拔下，如图5-1-8所示。

图 5-1-6 接地开关未合闸时后门打不开
1—闭锁把手

图 5-1-7 后门接地连锁机构，后门未关时，
接地开关无法分闸
1—连锁挡块

图 5-1-8 二次插头连锁图
1—二次插头；2—二次插连锁杆

二、作业内容

（1）KYN28（1B）-12 型高压开关柜活门及活门提升机构的检修。

（2）KYN28（1B）-12 型高压开关柜底盘车的连锁检修。

（3）KYN28（1B）-12 型高压开关柜接地开关连锁功能的检修。

（4）KYN28（1B）-12 型高压开关柜防误拔开关柜二次线插头检修。

（5）开关柜"五防"闭锁装置检修后的验收。

三、作业中危险点分析及控制措施

检修作业中危险点分析及控制措施见表 5-1-1。

表 5-1-1 作业中危险点及控制措施

序号	危险点	控制措施
1	防止触电伤害	（1）应由两人进行，一人操作，一人监护。 （2）固定柜母线侧隔离开关带电时，其操作手柄应设强制连锁措施，挂警示牌；隔离开关断口应用绝缘板隔离防护。 （3）固定柜线路隔离开关操作手柄应设强制连锁措施，挂警示牌；并设绝缘小车隔离。 （4）手车柜在手车拉出后，插孔应有防护隔板可靠隔离。 （5）将其他运行中的设备门锁死并在相邻间隔挂"止步，高压危险"标示牌，在检修间隔挂"在此工作"标示牌。 （6）使用电气工具，其外壳要可靠接地；施工电源线绝缘良好，按规定串接漏电保护装置。 （7）对于施工电源、直流操作、合闸电源应有防止触电的措施
2	防止机械伤害	（1）事前把所有储能部件能量释放掉。 （2）进行参数测试调整时，严禁将手、脚踩放在断路器的传动部分和框架上。 （3）在进行机械调整时，将控制、保护回路电源断开。 （4）严禁将手、脚踩放在开关的传动部分和框架上
3	碰伤头和面部	（1）工作中必须戴安全帽。 （2）工作负责人（监护人）随时提醒作业人员可能碰到的部位

四、检修作业前的准备

1. 检修前的资料准备

（1）检修前应认真查阅设备安装记录、检修记录、设备运行记录、故障情况记录、缺陷情况记录和红外测温结果。对所查阅的资料进行详细、全面的调查分析，以判定隔离开关的综合状况，为现场具体的检修方案的制订打好基础。

（2）准备好设备使用说明书、记录本、表格、检修报告等。

2. 检修方案的确定

（1）编制作业指导书。

（2）拟订检修方案，确定检修项目，编排工期进度。

3. 备品备件、工器具、材料准备

在开工前必须预先准备检修工器具、材料、备品备件、试验仪器和仪表等，并运至检修现场。仪器仪表、工器具应试验合格，满足本次施工的要求，材料应齐全。

4. 检修环境（场地）的准备

（1）在检修现场四周设一留有通道口的封闭式遮拦，并在周围背向带电设备的遮拦上挂适当数量的"止步，高压危险"标示牌，在通道入口处挂"从此进出"标示牌。

（2）在作业现场指定位置摆放好检修工具、量具、材料、备品备件和测试仪器及垃圾箱。

五、检修作业前的检查

（1）检查操作电源、电动机储能电源、闭锁电源、照明电源均在断开位置。

（2）检查断路器开关在试验位置且在分闸状态，电动机未储能。采用手动分合断路器一次确保开关在分闸位置未储能。

（3）检查接地（线挂好）开关应处在合闸状态。可在开关柜体后观察接地开关处于合闸位置。

（4）检查指示模拟指示器在分闸位置状态。

（5）检查表计一次电流表无指示，带电显示器无指示，储能、分合闸指示灯无指示。

（6）检查控制把手各操作能源空开在断开位置。

（7）断路器分、合闸后的位置是否与试验和工作位置对应。

（8）手车处于试验位置时，接地开关操作孔上的滑板应能按动自如。

（9）接地开关联动的闭锁电磁铁应完好。

（10）活门与手车机械连锁正确。

（11）电缆室门板的机械连锁正确。

六、"五防"闭锁装置检修作业步骤及质量标准

1. 开关柜的活门及活门提升机构的检修

（1）检查所有机械件及连接件有无变形、损坏，有变形、损坏的及时进行处理或更换。

（2）活门提升机构的更换步骤。

1）按图 5-1-9（a）～图 5-1-9（c）所示，依次拆下拐臂连接处的弹性卡圈、拐臂与转轴连接处的弹性卡圈及垫片。

2）拆下下外拐臂。

3）如图 5-1-9（d）所示，拆下转轴上的钩簧后，即可更换门控机构。

4）安装时，按与上述相反的程序进行。

（3）检查活门机构及活门提升机构上的紧固件有无松动，弹簧卡圈、弹性挡圈、紧固螺钉等有无振动、断裂、脱落。弹簧卡圈、弹性挡圈弹性不足应更换。

（4）检查机构运动及摩擦部位，对导杆及转轴清理后涂润滑脂。

（5）检查手车、活门及提门机构。将手车推至柜体试验位置时，活门不应该打开，如图 5-1-10（b）所示。检查手车在推进过程中应运行自如，无卡涩受阻现象；手车动触头与活门之间应有明显间隙，手车与活门无干涉现象。检查活门是否动作自如。活门在打开时是否保持平衡如图 5-1-10（a）所示，活门复位后是否遮住触头盒，如图 5-1-10（b）所示。

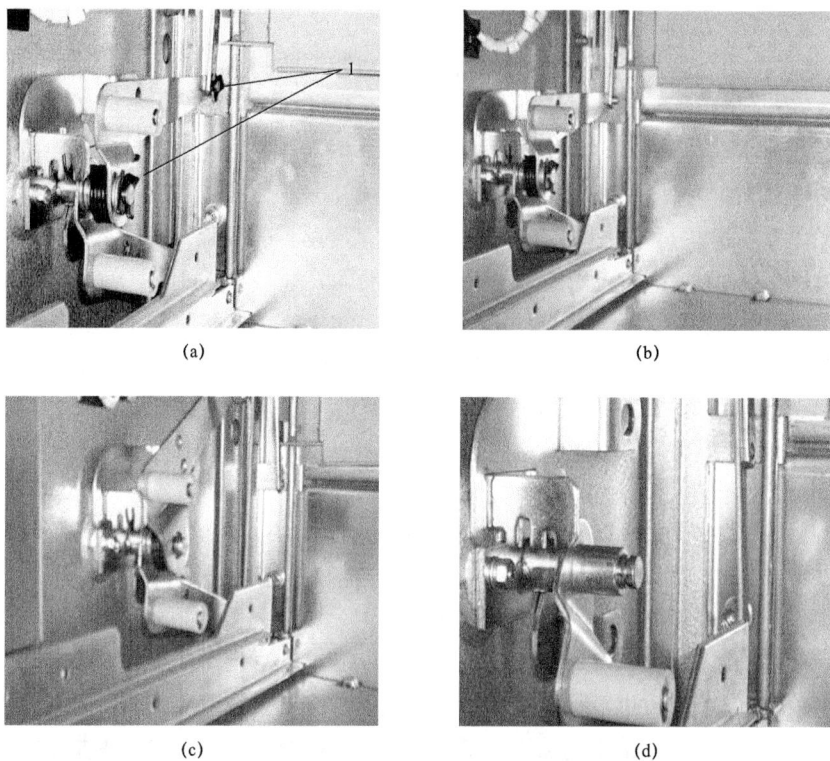

(a)

(b)

(c)

(d)

图 5-1-9 活门提升机构拆装图

（a）拆弹性卡圈；（b）拆拐臂；（c）拆转轴连接处的弹性卡圈及垫片；（d）拆下钩簧

1—弹簧卡圈

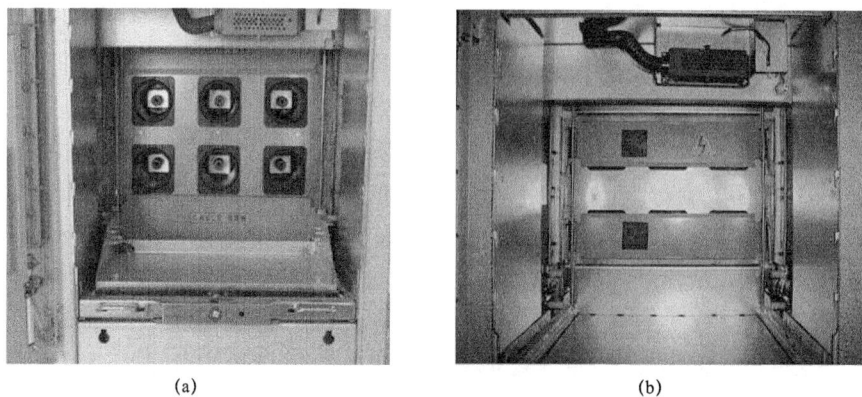

(a)

(b)

图 5-1-10 活门连锁

（a）手车移开后，活门打开时断路器室内部视图；

（b）手车移开后，活门关闭并遮住一次静触头时断路器室内部视图

2. 底盘车的连锁检修

底盘车主要由连杆机构和锁板器构成连锁装置。应检查与底盘车连接的锁板、连锁板、舌板、挡板的固定螺钉是否松脱、各连板有无变形、动作是否可靠。

（1）锁板检查。

1）手车在推进过程中锁板带动四连杆机构锁住合闸机构，使推进过程不能合闸。

2）在合闸状态下，机构上的滚轮压住锁板，使丝杆在试验位置或工作位置时被锁板锁住不能转动，达到手车不能推进或移出的功能。

（2）连锁板检查。

1）接地开关合上后，底盘车在试验位置不能推进到工作位置。

2）在转运过程中底盘车上连锁板如被碰歪不能自由活动，需将其首先校直可自由活动，否则连锁板可能锁住丝杆使其无法运动。

（3）舌板检查。

1）只有当底盘车在试验位置到位后，舌板才能动作，断路器才能退出柜体。

2）底盘车在工作位置时，舌板不能动作，手车不能退出柜体。

（4）挡板检查。只有当操作手柄插入丝杆并扣死时，手柄推动挡板，使六角套与挡板六角孔脱离，丝杆可以转动，手车可以动作。

注意：底盘车在推进过程中，如接地开关处于合闸位置，不能强行推入，否则会破坏导轨连锁；底盘车推进到工作位置后，听到"咔嗒"声或工作位置指示灯亮后需停止推进，不能强行操作，否则丝杆上螺钉断裂不能正常工作。

（5）小车底盘辅助开关的检查。小车底盘辅助开关的作用是切换断路器小车位置指示灯，控制闭锁电磁铁线圈吸合，即只有开关在工作位置或试验位置时才能对开关进行合闸操作，防止开关在摇进、摇出过程中误合闸。但是，如果辅助开关出了问题也会影响断路器正常工作。例如某变电站 10kV 开关柜配 VS1 型真空断路器，断路器出现拒合现象，原因就是小车底盘辅助开关回路问题造成的。如图 5-1-11 所示为断路器小车工作/试验位置二次接线图；图 5-1-12 所示为开关柜断路器小车内部接线端子图。

从回路中可以分析，可能是工作位置开关 S9 的 43-44 触点损坏，因为该 VS1 真空断路器在试验位置时闭锁电磁铁吸合正常，摇到工作位置后电磁铁不能吸合了。辅助开关触点在小车底盘上，所以只能在工作位置时测量开关柜断路器小车内部接线端子排 51-52 一对触点，如图 5-1-12 所示，发现 51-52 触点不通。将断路器小车拖到检修平台上将小车底盘拆下，经检查 43 触点的引出线松动，紧固后再将断路器复原到工作位置测量端子上 51-52 触点正常，就地/远方分合正常。故障原因是开关手车经常操作，使 S9 上触点接线松动，导致闭锁电磁铁不能得电，合闸电气回路不通，使电动不能合闸，同时机械上也闭锁合闸挚子动作。

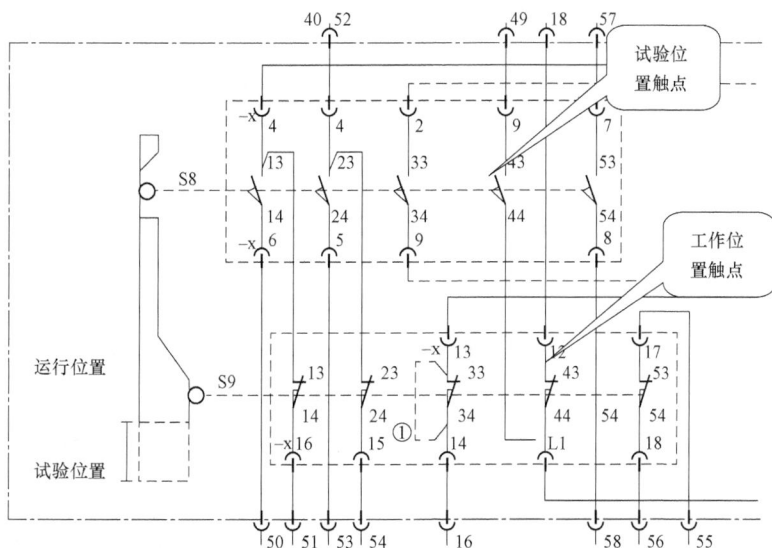

图 5-1-11　断路器小车工作/试验位置二次接线图

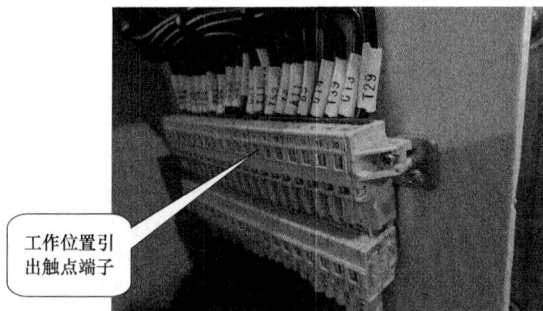

图 5-1-12　开关柜断路器小车内部接线端子

所以，在平时也应对高压开关柜小车底盘辅助开关触点回路进行仔细地检查和维护，量量触点通不通、查查接头或端子排螺栓是否松动，防止因闭锁电磁铁不能吸合而造成断路器拒合故障的发生。

3. 接地开关连锁功能的检修

（1）检查"防止带电误合接地开关"的连锁功能。

1）断路器手车处于试验位置或移开时，接地开关才能合闸。

2）断路器手车在工作位置时，接地开关操动机构处的操作压板不能动作，接地开关无法合闸，可防止带电关合接地开关的误操作事故。

3）接地开关合闸时，断路器不能合闸。接地开关分合闸指示如图 5-1-13 所示。

① 通过观察接地开关操动机构处的状态指示标签来确认。若看到绿色的分闸指示标签（O）[见图 5-1-13（a）]，则确定接地开关处于分闸状态；若看到红色的合闸指示标签（I）[见图 5-1-13（b）]，则确定接地开关处于合闸状态。② 观察接地开关位置指示装置来确认。若看到绿色的分闸指示牌（O）（见图 5-1-14），则确定接地开关处于分闸状态；若看到红色的合闸指示牌（I）（见图 5-1-15），则接地开关处于合闸状态。

(a)　　　　　　　　　　　　　　　　　(b)

图 5-1-13　接地开关分合闸指示
（a）接地开关处于分闸位置；（b）接地开关处于合闸位置

图 5-1-14　分闸指示牌（O）
1—绿色的分闸指示牌（O）

4）采用高压带电显示装置，防止带电关合接地开关时，应观察其电压指示氖灯，若指示氖灯发光时，指示馈线带电，操作人员不得关合接地开关；当指示氖灯熄灭后，接地开关才允许关合。

图 5-1-15　合闸指示牌（Ⅰ）

1—红色的合闸指示牌（Ⅰ）

（2）检查"防止接地开关处在闭合位置时关合断路器"的连锁功能。

1）接地开关合闸后，导轨连锁的挡板伸出，当断路器手车处于试验位置时，挡板挡住手车底盘，使手车不能从试验位置移至工作位置，如图 5-1-16 所示。

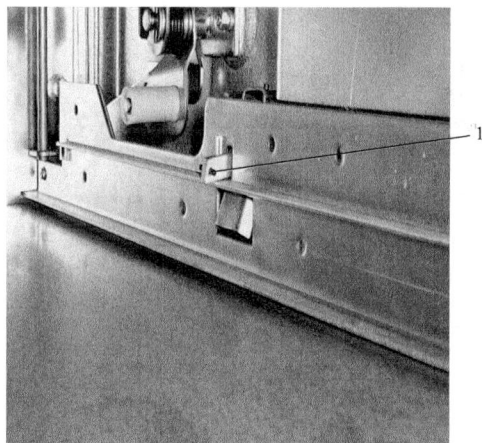

图 5-1-16　接地开关合闸时导轨连锁的挡板伸出

1—挡板

2）当接地开关处于分闸位置时，导轨连锁的挡板缩进，能将断路器手车从试验位置移至工作位置，关合断路器对线路送电；或从工作位置移至试验位置，如图 5-1-17 所示。

图 5-1-17　接地开关处于分闸位置时导轨连锁的挡板缩进
1—挡板

此连锁消除了接地开关接地时送电的可能性，即防止了带接地线合闸的误操作事故。

（3）检查"防止误入带电间隔室"的连锁功能。

1）接地开关与电缆室门的机械连锁装置如图 5-1-18 所示，图中所示为接地开关合闸时，连锁装置所处的状态。

图 5-1-18　接地开关与电缆室门的机械连锁装置图
1—锁套；2—全盘式伞齿轮

2）接地开关处于分闸位置时，接地开关连锁机构应能准确连锁，即锁套上的偏心锁钩旋转 90°（拉杆式接地开关）或 180°（伞齿轮式接地开关），卡住电缆室门，此时电缆室门应不能打开。

3）接地开关处于合闸位置时，接地开关连锁机构应能准确解锁，即锁套上的偏心锁钩恢复至图 5-1-16 所示位置，此时电缆室门应能打开。

4）电缆室门未关闭好时，锁套的方形凸台被卡住，接地开关不能分闸；只有当电缆室门关闭好后，锁套上的方形凸台被压入并让开方形锁孔时，接地开关才能分闸，可有效防止工作人员误入带电的馈线柜。

5）电缆室门装有带电强制闭锁装置的开关柜，母线侧带电时，电缆室门无法打开，如图 5-1-19 所示；只有在母线侧不带电时，电缆室门方可打开，如图 5-1-20 所示。

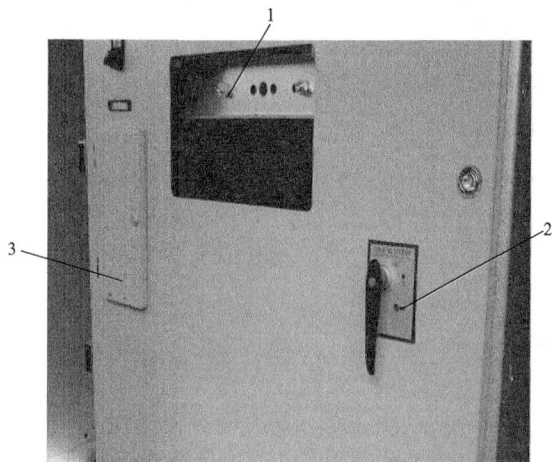

图 5-1-19　电缆室门带电强制连锁装置
1—电缆室观察窗；2—电磁门锁；3—照明灯室

图 5-1-20　带电强制连锁装置解锁
1—电缆室观察窗；2—电磁门锁

4. 防误拔开关柜二次插头检修

检查"防止手车在工作位置时，插拔二次插头"的连锁功能。

（1）手车推进至试验位置，手车上的"二次插头连锁推板"推动连锁装置上的尼龙滚轮转动，可带动同轴的锁钩动作，手车上二次航空插头应能轻松插入或拔出航空插座；当手车从试验位置推进至工作位置时，二次插头连锁准确动作，锁杆锁住二次航空插头，此时手车上二次航空插头无法退出航空插座。

（2）此连锁的目的在于保证手车在工作位置时，二次插头不能拔出，在受到强烈振动时，二次插头也不会脱离插座，确保插头可靠动作。

（3）上述连锁功能若存在动作失灵、机构故障等情况，请不要强行操作，应查明原因处理。

（4）航空插头中的插针有时会发生脱落情况，造成断路器控制回路不通，严重时将造成断路器拒分或拒合故障。所以在平时开关柜维护过程中一定要检查航空插头。

5. "五防"闭锁装置检修后的验收

（1）车推入柜内后，只有断路器手车已完全咬合在试验或工作位置时，断路器才能合闸。

（2）断路器在试验位置或工作位置合闸后，断路器手车无法移动。

（3）接地开关合闸后，当断路器手车处于试验位置时，手车不能从试验位置移至工作位置。

（4）手车在试验和工作位置之间移动时，断路器处于分闸状态，接地开关不能合闸。

（5）断路器合闸操作完成后，在断路器未分闸时将不能再次合闸。

（6）断路器手车在试验或工作位置而没有控制电压时，断路器不能合闸，仅能手动分闸等。

（7）电缆室门板未盖时，接地开关传动杆应被卡住。

（8）二次插头被锁定杆位置应正确。

七、收尾工作

（1）检修工作结束，应关闭电缆室门、操作接地开关至分闸位置，并将断路器手车推至试验或工作位置，使开关柜及手车恢复到维护前的状态。

（2）拆除检修围栏，整理清扫工作现场，检查接地线。

（3）填写检修报告及有关记录，召开班会总结，整理技术文件资料，并存档保管。

（4）接受现场验收，办理工作票终结手续，检修人员全部撤离工作现场。

【思考与练习】

1. 开关柜是如何实现"五防"要求的？

2. 开关柜检修作业前要进行哪些检查？

3. 开关柜底盘车的连锁应进行哪些检查和维护？

4. 如何检查开关柜的"防止带电误合接地开关"的连锁功能？

5. 开关柜"五防"闭锁装置检修完成后，如何进行验收？

▲ 模块2　配 VD4-12 型真空断路器高压开关柜检修 （Z15F2002Ⅲ）

【模块描述】本模块包含配 VD4-12 型真空断路器高压开关柜的结构原理、检修工艺要求，通过开关柜结构与"五防"功能、开关柜检修工艺的介绍和训练，掌握配 VD4-12 型真空断路器高压开关柜的基本结构、修前准备、危险点预控、作业步骤、工艺要求及质量标准等操作技能。

【模块内容】

一、结构原理

10kV 高压开关柜中配用的 VD4-12 型真空断路器形式较多,本文以配用厦门 ABB 公司生产的 VD4-12 型真空断路器 KYN28A-12 型 10kV 高压开关柜为例介绍结构原理、检修工艺要求。

1. 开关柜由固定的柜体和可移开部件两大部分组成

开关柜由固定的柜体和可移开部件两大部分组成。如图 5-2-1 所示，根据柜内电气设备的功能，柜体用隔板分成四个不同的功能单元，如图中的断路器室 A、母线室 B、电缆室 C 和仪表、继电器室 D。柜体的外壳和各功能单元之间的隔板均采用薄钢板构件组装而成的装配式结构。各小室设有独立的通向柜顶的排气通道，当柜内由于意外原因压力增大时，柜顶的盖板将自动打开，使压力气体定向排放，以保护操作人员和设备的安全。开关柜接地开关和接地开关的操动机构及其机械联锁设在手车室右侧中部。

2. 手车由底盘和 VD4-12 型断路器及其操动机构组成

手车由底盘和 VD4-12 型断路器及其操动机构组成，推进机构安装在底盘内部。底盘两侧面各装有 2 个轮子，内装滚轴轴承，使得手车在推进、拉出时轻便灵活。手车推进机构与柜体的连接装置设在开关柜前左右立柱中部。

手车在柜内移动和定位是靠矩形螺纹和螺杆实现的。手车在结构上可分为固定和移动两部分。当手车由运载车装入柜体完成连接后，手车的固定部分与柜体前框架连接为一体，此时断路器手车处于试验位置。用专用摇把顺时针转动矩形螺杆，推动手车向前移动可到达工作位置，若在逆时针转动矩形螺杆，手车退出工作位置，放回到试验位置。开关柜控制面板上的指示灯分别显示手车所处的两个位置情况。

手车室与主母线室和电缆室的隔板上安装有主回路静触头盒，当手车不在工作位置时主回路静触头盒由接地薄钢板制成的活动帘板盖住，以保证手车室内工作人员的安全。当手车进入工作位置时，活动帘板自动打开使动静触头顺利接通。

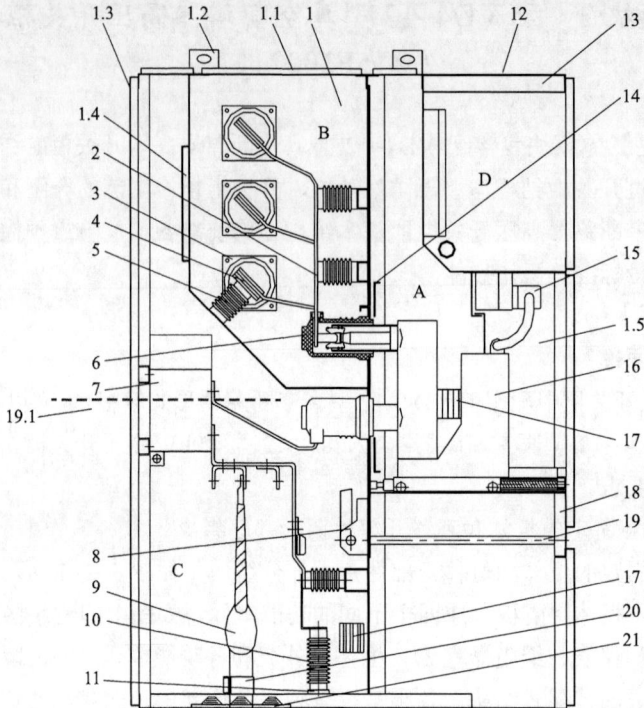

图 5-2-1 开关柜结构示意图

1—外壳；1.1—泄压盖板；1.2—吊装板；1.3—后封板；1.4—母线隔室后封板；1.5—控制线槽；
2—分支母线；3—母线绝缘套管；4—主母线；5—支持绝缘子；6—一次静触头盒；7—电流互感器；
8—接地开关；9—电缆；10—避雷器；11—接地主母线；12—小母线顶盖板；13—小母线端子；
14—活门；15—二次插头；16—断路器（或 F-C）手车；17—加热器；18—可抽出式水平隔板；
19—接地开关操动机构；19.1—电缆室后门闭锁杆；20—电缆夹；21—电缆盖板；
A—断路器室；B—母线隔室；C—电缆终端联接室；D—继电器仪表室

3. 开关柜的联锁功能

（1）"五防"功能。

1）防止误分、合断路器。仪表室面板上的断路器分、合闸控制开关加锁。只有用专用钥匙开锁后才能操作断路器。

2）防止带负荷操作隔离开关或隔离插头。靠手车底盘与操动机构的机械联锁，达到只有当手车上的断路器处于分闸位置时，手车才能从试验位置（冷备用位置）移向工作位置（运行位置），反之也一样。

3）防止带电合接地开关。开关柜装有强制闭锁型带电指示器，接地开关安装闭锁电磁铁，将带电指示器的辅助触点接入接地开关闭锁电磁铁回路。只有当断路器手车在试验位置（冷备用位置）及线路无电时，接地开关才能合闸。同时手车处于试验位置（冷备用位置），接地开关操作孔上的滑板才能按动自如。

4）防止接地开关合上时送电。接地开关合闸时无法将手车移入工作位置（运行位置）。

5）防止误入带电间隔。断路器手车拉出后，开关柜静触头帘板被自动关上，隔离高压带电部分。接地开关与电缆室门板实现机械联锁，在线路侧无电且手车处于试验位置（冷备用位置）时合上接地开关，此时可打开电缆室门板。检修后电缆室门板未盖时，接地开关传动杆被卡住，使接地开关无法分闸。

（2）其他联锁。开关柜的二次线与手车的二次线联络用的航空插头，只有当手车处于试验/隔离位置（冷备用位置）时，才能插上或拔下插头。手车处于工作位置（运行位置）时，插头被锁定，不能解下。

4. VD4-12型真空断路器的结构原理

VD4-12型真空断路器是由ABB公司设计制造的新一代真空断路器，断路器与操动机构一体化制造，具有体积小，性能优良的优点。如图5-2-2所示为VD4-12型真空断路器的外形。

VD4-12型真空断路器在设计上的独到之处在于：

（1）真空灭弧室极柱采用整体浇注绝缘。如图5-2-3所示为被整体浇注在极柱中的免维护的真空灭弧室。ABB公司采用先进的技术，将真空灭弧室以及主回路导电件，用环氧树脂进行整体浇注，使整个极柱成为一个整体部件，可以实现免维护。同时，由于整个极柱是个整体部件，就简化了真空断路器极柱的检修装配工艺和过程，最大限度降低极柱装配过程中可能出现的误差，使真空断路器整体性能和可靠性得到进一步提高。

图 5-2-2　VD4-12 型真空断路器的外形

由于主回路包括真空泡被环氧树脂浇注成一个整体，灭弧室表面和极柱内表面的绝缘成为内绝缘，内绝缘不再有爬电的问题，因此完全满足在标准规定的Ⅱ级污秽条件下使用的要求。

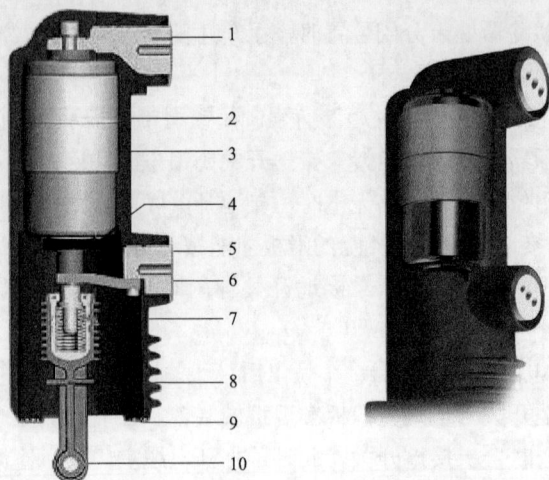

图 5-2-3　整体浇注极柱的结构

1—上出线端；2—真空灭弧室；3—环氧树脂浇注；4—出线杆；5—下出线端；6—软连接；
7—触头压力弹簧；8—绝缘拉杆；9—安装点；10—连接操动机构

（2）弹簧操动机构实现模块化。如果内部某零件损坏，可快速、简便地更换该零件模块。当 VD4-12 型断路器配上触臂和隔离触头、可摇出式手车底盘、控制线和航空插头等，就可以装配到中置式高压开关柜中，同时还要配备机械防跳装置和防误操作闭锁装置等。

二、作业内容

（1）配 VD4-12 型真空断路器高压开关柜的检查；

（2）VD4-12 型真空断路器的检查维护及常见故障处理；

（3）VD4 手车开关故障模块更换。

三、作业前准备

（一）检修技术资料的准备

（1）检修前应认真查阅。

1）设备运行、检修记录。

2）故障、缺陷情况记录。

3）红外测温结果。

对所查阅的结果进行详细、全面的调查分析，以判定隔离开关的综合状况，为现场具体的检修方案的制订打好基础；

1）准备好设备使用说明书、记录本、表格、检修报告等；

2）编制标准化作业指导卡；

3）拟定好检修方案，确定检修项目，编排工期进度。

（二）工器具、材料、备品备件、试验仪器、仪表和场地的准备

1. 工器具、材料准备

准备工具、材料、备品备件、试验仪器和仪表等，并运至检修现场。仪器仪表、工器具应检验合格，满足本次施工的要求，材料应齐全，图纸及资料应符合现场实际情况。

主要工器具、仪器仪表与材料见表 5-2-1、备品备件见表 5-2-2。

表 5-2-1　　　　　　　　　主要工器具、仪器仪表与材料

序号	品名规格	单位	数量
1	套筒板 9 件（10～24）	套	1
2	两用扳手 10、12、14、17、19、24	把	各 1
3	梅花板 14、17、19	把	1
4	十字、平口起子 4″、6″	把	各 1
5	平口起子 8″	把	1
6	活络扳手 10″	把	1
7	活络扳手 8″	把	1
8	活络扳手 6″	把	1
9	平板细锉 6″	把	1
10	钢丝钳 8″	把	1
11	尖嘴钳 6″	把	1
12	线锤	只	1
13	榔头 1.5 磅木榔头	把	各 1
14	涨钳	把	1
15	150mm 钢皮尺	把	1
16	300mm 钢皮尺	把	1
17	塞尺	把	1
18	游标卡尺 0～100mm	把	1
19	数字万用表	只	1

续表

序号	品名规格	单位	数量
20	1000V、2500V 绝缘电阻表	台	各1
21	机械特性测试仪	台	1
22	单相线盘 20m	只	1
23	油盘 200×300	只	2
24	黄铜棒ϕ12×200mm	根	1
25	白布	块	1
26	高丽巾	块	2
27	中性凡士林	g	100
28	导电膏	g	50
29	砂皮 0 号	张	2
30	汽油	kg	2
31	机油	kg	若干
32	二硫化钼润滑脂	g	150
33	塑料布地毯	m²	2
34	漆刷 1″、1.5″	把	各1

表 5-2-2　　　　　　　　备 品 备 件

序号	品名	规格	单位	数量	备注
1	10kV 真空灭弧室极柱整体装配		套	1	原厂规格
2	脱扣器模块		只	1	原厂规格
3	储能电动机模块		只	1	原厂规格
4	接地开关电磁闭锁线圈		套		原厂规格
5	开口销	4×20	只	5	
6					

2. 场地准备

（1）在需检修的高压开关柜间隔现场前后通道两侧装设封闭式遮拦，并在背向带电设备的遮拦上挂适当数量的"止步，高压危险"标示牌，在通道入口处挂"从此进出"标示牌。

（2）在作业现场按定置图摆放检修工具、量具、材料、备品备件和测试仪器及垃圾箱。

四、危险点分析与控制措施

（一）作业中危险点分析及预控措施

检修作业中危险点分析及预控措施见表 5-2-3。

表 5-2-3　　　　　　　　　　　危险点分析及预控措施

序号	危险点	安全控制措
1	误入、误登带电间隔	（1）工作前向作业人员交代清楚临近带电设备，并加强监护
		（2）检修设备与相邻运行设备必须用围栏明显隔离，并悬挂"止步，高压危险"标示牌，标示牌应面对检修设备
		（3）工作人员应走指定通道，在遮栏内工作，严禁擅自移动和跨越遮拦
2	触电伤害	（1）应由两人进行，一人操作，一人监护
		（2）检修电源应有漏电保护器，移动电具金属外壳均应可靠接地
		（3）检修前应断开交、直流操作电源及储能电动机电源，严禁带电拆、接操作回路电源接头
3	机械伤害	（1）应统一指挥，做好协调配合
		（2）检修前应将操动机构放在分闸位置
		（3）操动机构分解前，应断开储能电动机电源，将能量全部释放
		（4）保护传动必须得到现场一次负责人许可，传动时本体及机构上禁止任何工作，人员撤离
		（5）弹簧机构操作时，不得靠近电动机和弹簧
		（6）慢分操作必须由熟练工或技师进行
4	汽油失火	清洗部件时应避开火源，同时清洗用的油盘、纱布也应避开火源

（二）作业中安全注意事项

（1）参加作业人员必须经过危险点及标准化作业指导书（卡）、工作票的学习并签字后方可参加工作；

（2）开工前，工作负责人应核对设备双重名称、编号与工作票所列检修内容相同，方可带领工作班成员进入现场，工作人员应戴好安全帽；

（3）工作过程中，工作班成员因故离开现场返回时，应核对一次设备名称、编号；

（4）接取临时电源时，应从现场动力箱中接取，按规定接入漏电保护器。严禁在开关动力箱中取临时电源。

五、检修工艺

1. 配 VD4-12 型真空断路器高压开关柜的检查项目

（1）检查开关柜外观、引线等。

（2）对断路器进行手动及电动分、合闸操作是否正常。

（3）根据存在问题，检查有关部位。例如，在母线停电时应检查接地开关闭锁装置、上下活门等。

（4）对开关手车从试验位置移至工作位置的操作，检查各传动部件的动作是否正常，检查各连锁装置动作是否正常。应重点检查小车底盘，如图 5-2-4 所示，如果由于丝杠底座固定螺栓松动，造成底盘到达工作位置后丝杠底座与底盘不能完全贴合，留有 3～5mm 间隙，可能会引起操动机构机械闭锁使得 VD4 真空断路器无法合闸，合闸线圈烧毁。可以利用断路器的 C、D 类检修等工作机会，在紧固螺栓处加防松垫片并将螺栓打乐泰 243 防松胶。

图 5-2-4　VD4-12 型真空断路器小车上紧固螺栓松动使丝杠与固定处出现 3～5mm 间隙

图 5-2-5　VD4-12 型真空断路器小车底盘卡板上的顶针

还要检查小车底盘在开关柜上的卡板，卡板上有一个顶针，如图 5-2-5 所示。早期产品中的小顶针采用塑料制成，时间长了很容易断裂，造成断路器小车无法拉出开关柜外。通过检查发现问题后，可以通过厂家换成金属顶针，消除隐患。

2. 作业过程及标准

对于 VD4-12 型真空断路器及其高压开关柜的检查、维护作业过程见表 5-2-4。关于高压开关柜体部分的故障处理见 Z15F4001Ⅱ模块，本模块重点介绍 VD4-12 型真空断路器的故障检查与处理。

表 5-2-4　　　　VD4-12 型真空断路器及其高压开关柜的检查、维护作业过程及标准

序号	作业内容/项目	作业方法或标准	作业结果
1	全体工作人员就位	分工明确，任务落实到人，安全措施明确	
2	安全器具的检查	安全设施齐全、符合要求	
3	检修前检查断路器预备检修状态	断路器在分闸位置；断路器安放在检修平台上，手车应稳固无歪斜，手车卡销应在平台销口中	
4	绝缘件清扫、检查	绝缘件表面无灰尘及污垢，绝缘件表面应完好，无开裂变色等异常现象	
5	紧固件、开口销检查	各部紧固件，应齐全紧固。开口销、弹簧销齐全，开口销必须开口	
6	传动部分检查	各传动系统加注适当润滑油	
7	螺栓检查紧固	检查外插头与开关接线端子连接处，接触良好，螺栓齐全紧固	
8	插头，触指检查处理	手车式开关外插头应完整，触指清理后，涂薄薄一层凡士林	
9	手动储能检查	手动储能，检查预储能圈数满足自动重合闸的要求	
10	闭锁电磁铁 Y1 检查	VD4 开关，检查闭锁电磁铁 Y1 的闭锁功能	
11	分合闸操作检查计数器检查	分合闸操作检查计数器动作正常	
12	辅助开关检查	检查辅助开关动作性能是否正确	
13	闭锁功能检查	在专用检修平台上试验，合闸状态下断路器手车不能移动（手摇动）的闭锁功能	
14	二次线及加热器检查	辅助开关动作灵活接触良好，二次接线连接接触良好，无松动、发热现象，加热器检查完好	
15	电气试验（每相导电回路电阻）	$\leq 21\mu\Omega$（以说明书数据为准）	A B C
16	开关的动作电压、分合闸回路测量	1. 分合闸动作电压 30%～65%U_N 2. 分、合闸线圈绝缘电阻不小于 2MΩ 3. 储能电动机绝缘电阻大于 1MΩ	

续表

序号	作业内容/项目	作业方法或标准	作业结果
17	断路器分合闸试验（包括重合闸试验）	断路器分合闸试验（包括重合闸试验）动作正确，无卡涩、无拒动，无跳跃	
18	接地装置及部件固定螺栓检查。接地开关闭锁情况检查	接地部分接触良好，无严重锈蚀，螺栓齐全紧固。必要时进行除锈防锈处理。接地开关的机械、电磁闭锁正确可靠	
19	扫尾工作及自验收	检查各部件是否完好无损坏，各部位螺栓齐全并紧固	
		检查开关本体三相灭弧室极柱绝缘外壳完好、清洁	
		按相关规定，关闭检修电源	

3. VD4–12 型真空断路器的常见故障处理

VD4–12 型真空断路器的常见故障现象、产生原因及处理方法见表 5–2–5。

表 5–2–5　　　　　　VD4–12 型真空断路器常见故障判断及处理

部位	故障现象	产生原因	处理方法
手车底盘故障	断路器手车摇不到试验位置，开关柜面板上的位置指示灯都不亮，无法进行分合闸操作	断路器手车底盘内有工器具、螺钉等杂物遗留在下面卡住手车，使得底盘内行程开关无法动作，闭锁电磁铁不动作	把手车内杂物清理掉。重新将手车来回摇几下，直到底盘行程开关、闭锁电磁铁能正常动作
	手车在中途卡住，摇不动	手车底盘内矩形螺杆（又称丝杆）变形	更换手车底盘
储能故障	电动不能储能，手动可以储能	储能电机模块故障	检查控制开关、电源电压、辅助开关的接点，更换储能电机单元模块
		储能电机断路、短路及机械故障	测量储能电机的直流电阻和绝缘电阻，检查有无机械卡涩，更换储能电机
脱扣故障	电动不能分闸，手动能分	脱扣弯板与分闸电磁铁铁芯间距离太大，分闸电磁铁铁芯不能接触脱扣弯板	检查机械部分是否有卡涩，或调整分闸铁芯杆
		分闸线圈断线、烧坏和分闸回路故障	更换脱扣器模块
		分闸电压过低	检测分闸线圈两端电压是否过低，并调整电源电压
驱动机构故障	手动、电动都不能进行分、合操作	驱动机构机械故障	更换驱动机构单元模块

六、VD4 手车开关故障模块更换

由于 VD4 真空断路器采用模块化设计，故障处理时的只需要判断故障类型，然后

进行整体模块化更换，使故障处理更加方便快捷，减少了查找故障线路和元件的麻烦，提高了故障处理的效率。同时，由厂家规模化生产的模块元件，质量上可以得到保证，因此，配用 VD4 真空断路器开关柜故障率较低。

（1）储能电机模块更换　储能电机模块的更换过程如图 5-2-6 所示。

拆除储能电机模块固定螺栓　━━▶　抽出储能电机模块　　　取下储能电机模块

图 5-2-6　更换储能电机模块

安装新储能电机模块时要注意将电机模块的输出齿轮轴心调整到对准机构棘轮盘上的键销孔，然后插入并拧上储能电机与机架的固定螺栓。

（2）脱扣器模块更换　如图 5-2-7 所示为机构脱扣器模块的更换过程。

拆除脱扣器模块固定螺栓　━━▶　拉出脱扣器模块　　　取下脱扣器模块

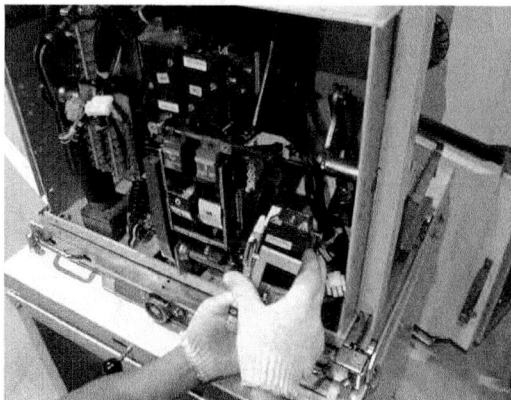

图 5-2-7　更换脱扣器模块图

更换好新的脱扣器模块后，在安装到机架上之前，应检查一下线圈的插件连接是否正确可靠，检查机架上脱扣器输出插件的插针是否有氧化现象，影响回路的连接，要先处理清洁一下插针。安装时应对准好上下两个插孔以及脱扣器的输出插件，安装好以后还要做分合闸试验，检验一下回路的正确性。最后还要进行脱扣器的动作电压试验，应符合 $30\%\sim65\%U_N$ 范围要求。

（3）驱动器单元更换　驱动器单元的更换过程见如图 5-2-8 所示。在更换过程中，要注意先将断路器处于分闸位置，所储能量全部释放掉；将每一个拆卸的轴销和螺栓都做好标记，存放在固定位置。拆卸和装配驱动器输出连板要使用专用工具，连板轴销装配后要加注润滑油。在装配后要检查储能辅助开关的联接是否正确。

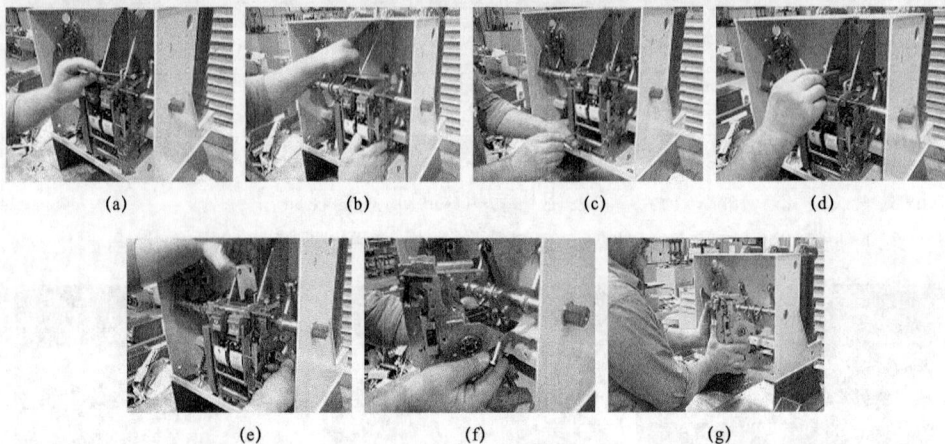

图 5-2-8　更换驱动器单元图
(a) 拆除固定螺栓；(b) 拆除固定螺栓；(c) 拆除固定螺栓；(d) 取下固定支架；
(e) 取下轴销；(f) 整体取出操动机构；(g) 相反顺序安装机构

七、注意事项

（1）对高压开关柜进行故障处理时，要尽量避免带电检查，确实需要带电检查时应作好必要的防护措施。

（2）必须正确的判断故障位置后才能进行处理，不可盲目的乱拆乱动。

（3）不允许将真空断路器当作踏脚平台，也不许把东西放在真空断路器上面。

（4）不许用湿手、脏手触摸真空断路器。

（5）更换故障部件时应先做好标记，防止更换位置和接线错误。

（6）使用表计和仪器检查时，要注意检查开关的状态，并熟悉使用的功能。

（7）故障处理工作结束后，一定要查清有没有遗忘使用过的工具和器材。

【思考与练习】

1. VD4-12 型断路器的检修内容和项目有哪些？

2. VD4-12 型断路器操动机构手动可以储能，但不能电动储能，会是哪些原因造成？

3. 如何更换 VD4-12 型断路器操动机构的储能电机，有何注意事项？

4. VD4-12 型断路器小车底盘应重点检查哪些部位？

▲ 模块 3　35kV 高压开关柜检修（Z15F2003Ⅲ）

【模块描述】 本模块包含 35kV 高压开关柜结构原理和检修工艺要求，通过开关柜结构与"五防"功能、开关柜检修工艺和故障处理方法的介绍与训练，达到能解决检修工作中出现疑难问题的能力。

【模块内容】

本模块以 KYN 口—40.5 高压开关柜检修为例，介绍 35kV 高压开关柜检修的作业工艺。

一、KYN 口—40.5 高压开关柜基本结构和尺寸

如图 5-3-1 所示，开关柜由固定的柜体和可移开部件两大部分组成。根据柜内电气设备的功能，柜体分成四个不同的功能的单元，即母线室、断路器室、电缆室、低压室。柜体的外壳和各功能单元之间的隔板均采用敷铝锌钢板弯折后铆接而成。

开关柜可移开部件可以配置 SF_6 断路器、VD4-40.5 断路器、ZN72-40.5 全绝缘小型化真空断路器及电压互感器手车。

二、作业内容

高压开关柜内母线、电磁锁、断路器、电压互感器、电流互感器、避雷器、高压熔断器、带电显示装置和绝缘子等设备的检修。

三、作业前准备

（一）检修技术资料的准备

（1）检修前应认真查阅：

1）设备运行、检修记录；

2）故障、缺陷情况记录；

3）红外测温结果等。

对所查阅的结果进行详细、全面的调查分析，以判定 35kV 高压开关柜的综合状况，为现场制订具体的检修方案打好基础。

（2）准备好设备使用说明书、记录本、表格、检修报告等。

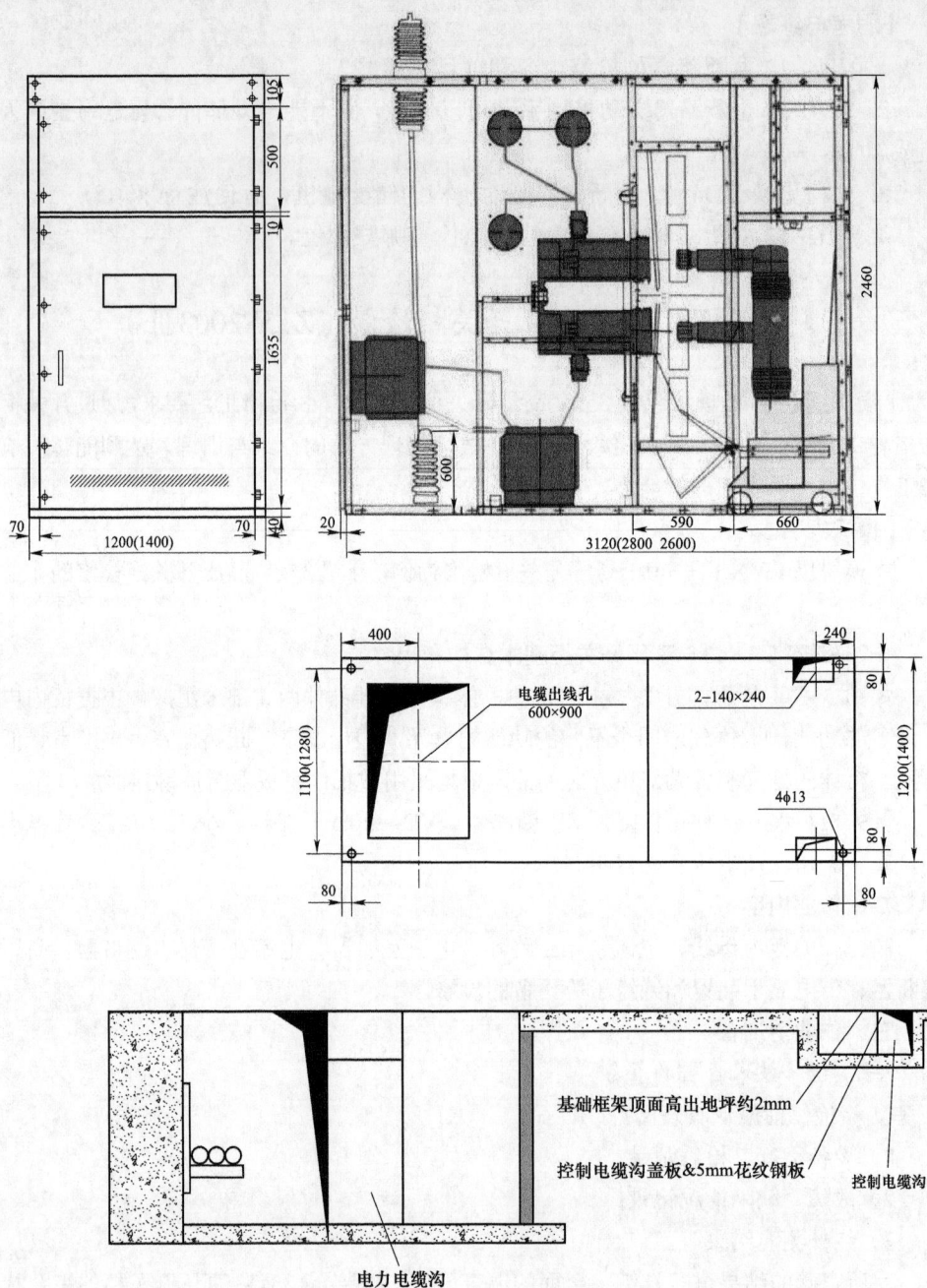

105
500
10
1635
40
70　1200(1400)　70

2460
20　590　660
3120(2800　2600)

600

400
1100(1280)
电缆出线孔
600×900
240
80
2-140×240
4φ13
80
1200(1400)
80　80

基础框架顶面高出地坪约2mm
控制电缆沟盖板δ5mm花纹钢板
控制电缆沟
电力电缆沟

图 5-3-1　KYN 口—40.5 开关柜外形及基础尺寸图

（3）编制标准化作业指导卡。

（4）拟定好检修方案，确定检修项目，编排工期进度。

（二）工器具、材料、备品备件、试验仪器、仪表和场地的准备

（1）准备工具、材料、备品备件、试验仪器和仪表等，并运至检修现场。仪器仪表、工器具应检验合格，满足本次施工的要求，材料应齐全，图纸及资料应符合现场实际情况，主要工器具、仪器仪表与材料见表 5-3-1、备品备件见表 5-3-2。

表 5-3-1　　　　　　　　主要工器具、仪器仪表与材料

序号	品名规格	单位	数量
1	套筒扳 9 件（10-24）	套	1
2	两用扳手 10、12、14、17、19、24	把	各1
3	梅花扳 14、17、19	把	各1
4	十字、平口起子 4″、6″	把	各1
5	平口起子 8″	把	1
6	活络扳手 6″、8″、10″	把	各1
7	平板细锉 6″	把	1
8	钢丝钳 8″	把	1
9	尖嘴钳 6″	把	1
10	线锤	只	1
11	榔头 1.5 磅、木榔头	把	各1
12	涨钳	把	1
13	150mm 钢皮尺	把	1
14	300mm 钢皮尺	把	1
15	塞尺	把	1
16	游标卡尺 0～100mm	把	1
17	数字万用表	只	1
18	1000V、2500V 绝缘电阻表	台	各1
19	机械特性测试仪	台	1
20	单相线盘 20m	只	1
21	油盘 200×300	只	2
22	黄铜棒 ϕ12×200mm	根	1

续表

序号	品名规格	单位	数量
23	白布	块	1
24	高丽巾	块	2
25	中性凡士林	g	100
26	导电膏	g	50
27	砂皮0号	张	2
28	汽油	kg	2
29	机油	kg	若干
30	二硫化钼润滑脂	g	150
31	塑料布地毯	m²	2
32	漆刷1″、1.5″	把	各1

表5-3-2　　　　　　　　　　备　品　备　件

序号	品名	规格	单位	数量	备注
1	真空灭弧室		只	1	原厂规格
2	开口销	1.5×20	只	5	
3	开口销	2×20	只	5	
4	开口销	3×20	只	5	
5	开口销	4×20	只	5	
6	行程开关		只	1	原厂规格

（2）场地准备。

1）在需检修的高压开关柜间隔现场前后通道两侧装设封闭式遮拦，并在背向带电设备的遮拦上挂适当数量的"止步，高压危险"标示牌，在通道入口处挂"从此进出"标示牌。

2）在作业现场按定置图摆放检修工具、量具、材料、备品备件和测试仪器及垃圾箱。

四、危险点分析与控制措施

（一）作业中危险点分析及预控措施

检修作业中危险点分析及预控措施见表5-3-3。

表 5-3-3　　　　　　　　　作业中危险点分析及预控措施

序号	危险点	安全控制措施
1	误入、误登带电间隔	（1）工作前向作业人员交代清楚临近带电设备，并加强监护
		（2）检修设备与相邻运行设备必须用围栏明显隔离，并悬挂"止步，高压危险"标示牌，标示牌应面对检修设备
		（3）工作人员应走指定通道，在遮拦内工作，严禁擅自移动和跨越遮拦
2	触电伤害	（1）应由两人进行，一人操作，一人监护
		（2）检修电源应有漏电保护器，移动电具金属外壳均应可靠接地
		（3）检修前应断开交、直流操作电源及储能电动机电源，严禁带电拆、接操作回路电源接头
3	机械伤害	（1）应统一指挥，做好协调配合
		（2）检修前应将机构放在分闸位置
		（3）机构分解前，应断开储能电动机电源，将能量全部释放
		（4）保护传动必须得到现场一次负责人许可，传动时本体及机构上禁止任何工作，人员撤离
		（5）弹簧操动机构操作时，不得靠近电动机和弹簧
		（6）慢分操作必须由熟练工或技师进行
4	汽油失火	清洗部件时应避开火源，同时清洗用的油盘、纱布也应避开火源

（二）作业中安全注意事项

（1）参加作业人员必须经过危险点及标准化作业指导书（卡）、工作票的学习并签字后方可参加工作；

（2）开工前，工作负责人应核对设备双重名称、编号与工作票所列检修内容相同，方可带领工作班成员进入现场，工作人员应戴好安全帽；

（3）工作过程中，工作班成员因故离开现场返回时，应核对一次设备名称、编号；

（4）接取临时电源时，应从现场动力箱中接取，按规定接入漏电保护器。严禁在开关动力箱中取临时电源。

五、作业基本规范和要求

（1）各部件在拆除前应认真查对或作好编号，并作好记录，根据需要做好技术测量的记录工作。

（2）部件分解时一般应按"先上后下，先外后内，先拔销子，后拆螺栓"的拆卸顺序进行，回装时顺序则相反。

（3）部件拆装时联接紧固力要对称均匀，力度适当。

（4）零部件存放时，小型的应分类做好标记，用布袋子或用木箱装好妥善保管，大型部件应按指定地点用垫放好，不得相互叠放。

（5）所有零件要保护其加工面，拆装时应避免直接敲击，存放时不得砸碰，精密部件的工作面不得被锈蚀并做好保护。

（6）设备分解完毕后应及时检查零部件完整情况，若有毛刺、伤痕、缺损等要进行处理修复；若不能修复的要更换或加工新的备品。

（7）检修现场应保持整洁，文明施工，部件摆放有序，并注意防火防尘。在检修现场安设置隔离带，并挂相关的标示牌。

六、检修工艺步骤及质量标准

35kV 高压开关柜各设备的检修项目、工艺步骤和质量标准见表 5–3–4。

表 5–3–4　　35kV 高压开关柜各设备的检修项目、工艺步骤和质量标准

序号	工序	检修项目及工艺步骤	质量标准
1	母线的检修	设备表面应清洁卫生检查：用电动吹风或小毛刷等进行清洁卫生处理。对母线外套绝缘热缩套管等进行擦拭，并将杂物清除干净	设备表面应清洁干净，母线外套绝缘热缩套管无损伤
		母线表面接触检查：使用力矩扳手，按照标准紧固螺栓	母线联接接触应紧密可靠，螺栓应紧固，接触电阻应符合厂家技术要求
2	电磁锁的检修	设备应清洁卫生检查：用电动吹风或小毛刷等进行清洁卫生处理	设备应清洁干净，无杂物
		检查机构动作检查：断路器/隔离开关处于分闸位置，用扳手或改刀拆开手车和柜体断口间金属隔板，手动动作电磁铁的铁芯，检查电磁锁机构动作是否正确灵活，可靠闭锁	检查机构，动作应正确灵活，闭锁可靠
		线圈电阻检查：工作前先拆除线圈连接线，并记好线号，检查万用表是否良好，将万用表打到欧姆挡，短接两只表笔，万用表读数应该为 0，证明万用表无问题，再用万用表欧姆挡检查线圈直流电阻，恢复线圈连接线，用扳手或改刀对接线进行紧固，并检查有无破损及烧焦的痕迹	接线应正确紧固，无破损及烧焦痕迹
3	真空断路器检修	设备外观检查：用电动吹风或小毛刷等进行清洁卫生处理	设备外观应清洁干净
		所有的接线应紧固检查：用扳手或改刀对所有接线进行紧固	所有的接线应紧固，无破损及烧焦现象
		动作机构及操动机构检查：将断路器摇到试验位置，弹簧手动储能，抽出手柄，插入孔挡板要完全关闭。给上失压闭锁电磁铁装置 220V 电压，按下合闸按钮，检查合闸机构是否灵活，用万用表检查三相触头接触紧密，分合可靠，按下分闸按钮，检查分闸机构是否灵活，万用表检查三相触头应完全分开	动作机构应灵活可靠，触头接触紧密，分合可靠，操动机构，操动应正确可靠，动作位置应与指示一致

序号	工序	检修项目及工艺步骤	质量标准
3	真空断路器检修	所有螺栓应紧固检查：断路器在检修位置，如果断路器在储能状态下要进行分合闸，释放弹簧能量，用小车使断路器本体从框架中分离，用扳手或改刀对所有螺栓进行紧固	所有螺栓应紧固
		预防性试验：按照《电力设备预防性试验规程》进行试验，其结果应符合规程和厂家技术要求	预防性试验按规程要求执行
		绝缘电阻测量：用2500V绝缘电阻表进行测量	绝缘电阻：整体绝缘电阻参照制造厂规定或规程规定
		交流耐压试验（断路器主回路对地、相间及断口）：断路器在分、合闸状态下分别进行，试验电压值按规程规定值	预防性试验按规程要求执行
		辅助回路和控制回路交流耐压试验：试验电压为2kV	预防性试验按规程要求执行
		导电回路电阻：用直流压降法测量，电流不小于100A	导电回路电阻：大修后应符合制造厂规定
		断路器的合闸时间和分闸时间，分、合闸的同期性，触头开距，合闸时的弹跳过程：在额定操作电压下进行	断路器的合闸时间和分闸时间，分、合闸的同期性，触头开距，合闸时的弹跳过程应符合制造厂规定
		操动机构合闸接触器和分、合闸电磁铁的最低动作电压	按预防性试验规程要求执行
		合闸接触器和分、合闸电磁铁线圈的绝缘电阻和直流电阻测量	合闸接触器和分、合闸电磁铁线圈的绝缘电阻和直流电阻：绝缘电阻不应小于2MΩ。直流电阻应符合制造厂规定
		检查动触头上的软联结夹片有无松动	动触头上的软联结夹片应无松动
4	电压互感器的检修	互感器表面，应无裂纹和烧焦以及绝缘击穿现象	设备应清洁干净，无杂物；互感器表面，应无裂纹和烧焦以及绝缘击穿现象
		动作机构检查：手动操作电压互感器小车，检查小车动作机构是否灵活可靠	动作机构应灵活可靠
		预防性试验：将电压互感器一、二次侧连接线拆除，按照《电力设备预防性试验规程》进行试验，其结果应符合规程和厂家技术要求	绝缘电阻：一次绕组绝缘电阻不小于10MΩ，二次绕组绝缘电阻不小于0.5MΩ
		交流耐压试验：串级式或分级绝缘式的互感器用倍频感应耐压试验，进行倍频感应耐压试验时应考虑互感器的升高电压，倍频耐压试验前后，应检查有否绝缘损伤	交流耐压试验：无击穿闪络，接地现象
		接线状况检查：恢复所有的连接线，用扳手或改刀对所有接线进行紧固，并检查有无破损及烧焦的痕迹	检查接线状况，所有的接线应紧固，无破损及烧焦
		所有固定的螺栓检查：用扳手或改刀对所有螺栓进行紧固	所有固定的螺栓应紧固；无松动

续表

序号	工序	检修项目及工艺步骤	质量标准
5	电流互感器的检修	互感器表面，应无裂纹和烧焦以及绝缘击穿现象	设备应清洁干净，无杂物；互感器表面，应无裂纹和烧焦以及绝缘击穿现象
		预防性试验，按照《电力设备预防性试验规程》进行试验，其结果应符合规程和厂家技术要求	结果应符合规程和厂家技术要求
		采用 2500V 绝缘电阻表测量绕组及末屏的绝缘电阻	绕组绝缘电阻与初始值及历次数据比较，不应有显著变化
		校核励磁特性曲线	与同类型互感器特性曲线或制造厂提供的特性曲线相比较，应无明显差别
		连接端子接触面检查：如有无毛刺和氧化层，可用 0 号水磨砂纸轻轻打磨接触面，并用破布擦拭干净	检查接触面，应清洁平整，无毛刺和氧化层，接触应紧密可靠
		接线牢固检查：拆除二次侧短接线，恢复所有连接线，用扳手或改刀对所有接线进行紧固，并检查有无破损及烧焦的痕迹	接线应牢固，接触应良好，无烧焦
		所有的固定螺栓检查：用扳手或改刀对所有螺栓进行紧固	所有的固定螺栓应紧固
6	避雷器的检修	避雷器表面，应无裂纹和烧焦以及绝缘击穿现象	设备应清洁干净，无杂物；避雷器表面，应无裂纹、烧焦以及绝缘击穿现象
		预防性试验，按照《电力设备预防性试验规程》进行试验，其结果应符合规程和厂家技术要求	结果应符合规程和厂家技术要求
		避雷器底座，基础螺丝检查：用扳手或改刀对所有基础螺栓进行紧固	检查避雷器底座，基础螺丝应无松动，基础焊接应良好，无断裂
7	高压熔断器的检修	设备表面和表面清洁卫生检查：用电动吹风或小毛刷等进行清洁卫生处理	设备应清洁干净，无杂物
		熔断器本体检查，熔断器本体应无击穿、无裂纹	三相的电阻值应基本一致，熔断器帽应无松动
8	DXN型带电指示器的检修	设备表面和表面清洁卫生检查：用电动吹风或小毛刷等进行清洁卫生处理	设备应清洁干净，无杂物
		所有的接线检查：用扳手或改刀对所有接线进行紧固，并检查有无破损及烧焦的痕迹	所有的接线应紧固，无破损及烧焦
		指示的正确性，指示应正确	指示的正确性，指示应正确
9	绝缘子的检修	设备表面和表面清洁卫生检查：用电动吹风或小毛刷等进行清洁卫生处理	绝缘支柱表面，应无裂纹、破损以及绝缘击穿现象

【思考与练习】

1. 35kV 高压开关柜有哪几部分组成？

2. 35kV 高压开关柜检修主要有哪几部分？

3. 35kV 高压开关柜电压互感器手车有哪些检修项目？

4. 你单位的 35kV 高压开关柜是什么型号的？请按照本模块的基本内容，编写符合你单位 35kV 开关柜实际的检修作业危险点预控措施。

模块 4　高压开关柜的运行维护（Z15F3001 I ）

【**模块描述**】 本模块包含高压开关柜运行维护的项目和工艺要求，通过培训掌握高压开关柜运行维护的基本技能。

【**模块内容**】

本模块以介绍高压开关柜运行维护工作。由于开关柜设备的形式种类较多，结构原理差异较大，新产品不断采用，所以本模块以 KYN61—40.5 为例介绍高压开关柜运行维护。

一、作业内容

高压开关柜的运行维护项目包括开关柜体、柜面仪表及指示装置、继电保护装置及二次回路、联锁装置和高压开关柜内的真空断路器、电流互感器、过压保护器等设备。

二、作业前准备

（一）检修技术资料的准备

（1）检修前应认真查阅：

1）设备运行、检修记录；

2）故障、缺陷情况记录；

3）红外测温结果。

对所查阅的结果进行详细、全面的调查分析，以判定高压开关柜的综合状况，为现场具体的检修方案的制订打好基础。

（2）准备好设备使用说明书、记录本、表格、检修报告等；

（3）编制标准化作业指导卡；

（4）拟定好检修方案，确定检修项目，编排工期进度。

（二）工器具、材料、备品备件、试验仪器、仪表和场地的准备

1. 工器具准备

准备工具、材料、备品备件、试验仪器和仪表等，并运至检修现场。仪器仪表、工器具应检验合格，满足本次施工的要求，材料应齐全，图纸及资料应符合现场实际情况，主要工器具、仪器仪表与材料见表 5-4-1，备品备件见表 5-4-2。

表 5-4-1　　　　　　　　　　主要工器具、仪器仪表与材料

序号	品名规格	单位	数量
1	套筒扳 9 件（10~24）	套	1
2	两用扳手 10、12、14、17、19、24	把	各 1
3	梅花扳 14、17、19	把	各 1
4	十字、平口起子 4″、6″	把	各 1
5	平口起子 8″	把	1
6	活络扳手 6″、8″、10″	把	各 1
7	平扳细锉 6″	把	1
8	钢丝钳 8″	把	1
9	尖嘴钳 6″	把	1
10	线锤	只	1
11	榔头 1.5 磅　木榔头	把	各 1
12	涨钳	把	1
13	150mm 钢皮尺	把	1
14	300mm 钢皮尺	把	1
15	塞尺	把	1
16	游标卡尺 0~100mm	把	1
17	数字万用表	只	1
18	1000V、2500V 绝缘电阻表	台	各 1
19	机械特性测试仪	台	1
20	单相线盘 20m	只	1
21	油盘 200×300	只	2
22	黄铜棒 ϕ12×200mm	根	1
23	白布	块	1
24	高丽巾	块	2
25	中性凡士林	g	100
26	导电膏	g	50
27	砂皮 0 号	张	2
28	汽油	kg	2
29	机油	kg	若干
30	二硫化钼润滑脂	g	150
31	塑料布地毯	m^2	2
32	漆刷 1″、1.5″	把	各 1

表 5-4-2　　　　　　　　　　　　　　备 品 备 件

序号	品名	规格	单位	数量	备注
1	开口销		只	1	原厂规格
2	开口销	1.5×20	只	5	
3	开口销	2×20	只	5	
4	开口销	3×20	只	5	
5	行程开关	4×20	只	5	

2. 场地准备

（1）在需检修的高压开关柜间隔现场前后通道两侧装设封闭式遮拦，并在背向带电设备的遮拦上挂适当数量的"止步，高压危险"标示牌，在通道入口处悬挂"从此进出"标示牌。

（2）在作业现场按定置图摆放检修工具、量具、材料、备品备件和测试仪器及垃圾箱。

三、危险点分析与控制措施

（一）作业中危险点分析及预控措施

作业中危险点分析及预控措施见表 5-4-3。

表 5-4-3　　　　　　　　　作业中危险点分析及预控措施

序号	危险点	安全控制措施
1	误入、误登带电间隔	（1）工作前向作业人员交代清楚临近带电设备，并加强监护
		（2）检修设备与相邻运行设备必须用围栏明显隔离，并悬挂"止步，高压危险"标示牌，标示牌应面对检修设备
		（3）工作人员应走指定通道，在遮栏内工作，严禁擅自移动和跨越遮拦
2	触电伤害	（1）应由两人进行，一人操作，一人监护
		（2）检修电源应有漏电保护器，移动电具金属外壳均应可靠接地
		（3）检修前应断开交、直流操作电源及储能电动机电源，严禁带电拆、接操作回路电源接头
3	机械伤害	（1）应统一指挥，做好协调配合
		（2）检修前应将机构放在分闸位置
		（3）机构分解前，应断开储能电动机电源，将能量全部释放
		（4）保护传动必须得到现场一次负责人许可，传动时本体及机构上禁止任何工作，人员撤离
		（5）弹簧操动机构操作时，不得靠近电机和弹簧
		（6）慢分操作必须由熟练工或技师进行
4	汽油失火	清洗部件时应避开火源，同时清洗用的油盘、纱布也应避开火源

（二）作业中安全注意事项

（1）参加作业人员必须经过危险点及标准化作业指导书（卡）、工作票的学习并签字后方可参加工作；

（2）开工前，工作负责人应核对设备双重名称、编号与工作票所列检修内容相同，方可带领工作班成员进入现场，工作人员应戴好安全帽；

（3）工作过程中，工作班成员因故离开现场返回时，应核对一次设备名称、编号；

（4）接取临时电源时，应从现场动力箱中接取，按规定接入漏电保护器。严禁在开关动力箱中取临时电源。

四、高压开关柜的运行维护

（一）开关柜运行维护的一般规定

（1）配电装置的间隔、门及设备本体应标明设备名称和编号；

（2）正常运行时，断路器应设置远方控制；

（3）为防止断路器操动机构电动机过热，连续 1 小时内断路器分合闸操作一般不允许超过 10 次；

（4）断路器切断负荷电流距离上一次切断负荷电流的时间应尽量超过 3min；

（5）断路器切断 5 次短路电流后应进行检修；

（6）断路器操作电源消失后，不允许运行人员强行分开断路器；

（7）发生短路事故时，断路器跳闸后，进入断路器现场应符合《国家电网公司电力安全工作规程 变电部分》的有关规定。

（二）开关柜日常巡视检查

（1）投入电网和处于备用状态的高压断路器必须定期进行巡视检查。

（2）巡视周期：当班人员巡视按照规定执行，一般每周不少于 1 次。

（3）巡视时应按照设备巡视卡上对应的检查项目进行检查，发现设备缺陷需及时上报相关领导，并按缺陷管理制度的分类登入缺陷记录簿。

（4）新设备投运的巡视检查，周期应相对缩短。投运 72h 以后转入正常巡视。

（5）每周夜间闭灯巡视 1 次。

（6）气象突变，增加巡视。

（7）雷雨季节雷击后应进行巡视检查。

（8）高温季节高峰负荷期间应加强巡视。

（三）高压开关柜的技术监督

（1）每年对断路器安装地点的母线短路容量与断路器铭牌作 1 次校核。

（2）每台断路器的年动作次数应作出统计，正常操作次数和短路故障开断次数应分别统计。

（3）定期对断路器作运行分析并作好记录备查，不断累积运行经验。

（4）设备运行异常现象及缺陷产生的原因和发展规律，总结发现、判断和处理缺陷的经验，对常发故障提出技改措施。

（5）发生事故和故障后，对故障原因和处理对策进行分析，总结经验教训。

（6）根据设备及环境状况作出事故预想。

（7）每年要检查断路器事故后采取的措施执行情况，有必要时补充新的反事故措施内容。

（四）开关柜断路器的绝缘监督

（1）断路器除结合设备大修进行绝缘试验外，尚需按部颁《电气设备预防性试验规程》进行预防性试验。

（2）应有当年断路器绝缘预防性试验计划，值班人员应监督其执行，试验中发现的问题已处理的登入设备专档，未处理的登入设备缺陷记录簿。

（五）断路器的检修监督

（1）应有安排当年执行的断路器检查检修计划。

（2）值班人员应监督断路器检查检修计划的执行，检查处理问题的报告存入设备专档，未能消除的缺陷记入设备缺陷记录簿。

（3）值班人员应及时记录断路器短路故障分闸次数和正常操作次数，为临时性检修提供依据。

（六）高压开关柜运行维护的工艺要点及质量标准

高压开关柜运行维护的工艺要点及质量标准见表5-4-4。

表5-4-4　　　　　高压开关柜运行维护的工艺要点及质量标准

序号	检修项目	工艺要点及注意事项	质量标准
1	开关柜体检修	（1）断路器拉至试验位置，清扫检查断路器移动轨道、挡板连杆、轴销等情况。注意：单个开关柜检修时，若母线未停电，严禁打开上挡板； （2）接地开关及闭锁机构检查； （3）柜内加热器检查； （4）开关位置接点通断情况检查	（1）开关柜内无异物，轨道润滑良好，挡板无变形、位置正确。轴销齐全、连杆无变形现象； （2）各电气连接部分可靠、无过热变色变形等现象。各闭锁装置正常并涂抹凡士林； （3）接线紧固无松动，端子编号齐全，加热器完好； （4）外壳完整无碎裂，接点动作灵活可靠，接线紧固无松动
2	辅助设备检修	（1）打开电缆仓盖板，清扫检查电缆仓； （2）TA、TV、支撑绝缘子检查； （3）动力电缆头检查； （4）接地装置检查； （5）三相过电压吸收器检查； （6）母线、各绝缘子、母线连接处各绝缘外套及接头等检查	（1）内部清洁无灰尘；孔洞封堵完好； （2）TA、TV、支撑绝缘子外表绝缘良好，无积灰、开裂、劣化现象； （3）电缆头主绝缘完好，相位标记清晰，相序对应一致； （4）操作良好，接地可靠，活动件的轴销、卡簧齐全不缺； （5）吸收器完好，安装牢固； （6）母线、绝缘子完好，无放电痕迹，无变形等现象。接头牢固无过热、变色等现象

续表

序号	检修项目	工艺要点及注意事项	质量标准
3	测量	（1）用 2500V 绝缘电阻表测量主回路对地绝缘； （2）用 2500V 绝缘电阻表测量主回路相间绝缘	（1）绝缘电阻应不小于 500MΩ； （2）绝缘电阻应不小于 500MΩ
4	二次控制回路检修	（1）有二次接线清扫、检查、紧固 （2）继电器及信号灯检查	（1）牢固，编号完整清晰，螺栓齐全无滑牙现象； （2）开关位置指示正确

五、高压开关柜维护后投运前验收的检查项目

（1）电气连接应可靠且接触良好；

（2）开关柜的固定及接地应可靠，盘、柜漆层应完好、清洁整齐；

（3）开关柜内所装电器元件应齐全完好，安装位置正确，固定牢固；

（4）电缆头安全净距符合要求；

（5）真空断路器与其操动机构的联动应正常，无卡阻；分、合闸指示正确；辅助开关动作应准确可靠，触点无电弧烧损；

（6）断路器灭弧室的真空度应符合产品的技术规定；

（7）绝缘部件、瓷件应完整无损；

（8）油漆应完整、相色标志正确，接地良好；

（9）操作及联动试验正确，符合设计要求；

（10）开关柜及电缆管道安装完后，应做好封堵。柜门密封完好，可能结冰的地区还应有防止管内积水结冰的措施。

【思考与练习】

1. 高压开关柜的工作状态有哪几种？

2. 开关柜日常巡视检查有哪些要求？

3. 高压开关柜的技术监督有哪些内容？

4. 开关柜发生故障时，应该怎样正确处理？

5. 高压开关柜投运验收的检查项目主要有哪些？

附录

高压开关柜运行维护检查表

变电站：　　　　　运行名称编号：　　　　　型号：　　　　　制造厂：

施工单位：　　　　　验收人员：　　　　　　　　　　　　验收日期：

各项记录的检查

序号	检查测试内容和测试条件	结果
1	说明书、出厂试验报告、合格证、安装指导说明齐全	
2	设计图纸	
3	油务、芯体检查、电气试验和质检记录	

开关柜本体外观检查

序号	检查测试内容和测试条件	结果
1	工完料尽场地清，无安装遗留物件，引线接头牢固、不松动	
2	绝缘件清洁无破损，构架接地良好、相色完整	
3	所有紧固件已紧，无松脱现象。传动及接触联接部分已涂黄油	
4	箱体密封完好，箱内封堵严密、平整、四方	
5	箱内二次线检查正常，无松动等异常，电缆号牌清晰	
6	开关柜内控制线连接牢固、不松动	
7	箱内各元件标识清晰正确，交直流熔丝的放置与图纸一致	
8	交流环供电源核相及标识正确	
9	合上加热器电源，加热器试验正常	
10	分合开关柜上照明开关，柜内照明应正常	
11	合上闭锁电源，电磁锁正常	
12	拉开控制及保护直流电源，应有"装置直流消失、控制回路断线"等遥信	
13	拉开控制及保护直流电源，应有"装置直流消失、控制回路断线"等遥信	

断路器分、合试验

序号	检查测试内容和测试条件	结果
1	将测控装置上就地/远控切换开关切至"就地"位置或取下"投遥控分/合闸"压板，后台无法分合断路器。用测控装置上分/合闸控制开关就地分合断路器，断路器动作正常、计数器动作正常，断路器遥信反映正确，断路器储能正常	

续表

序号	检查测试内容和测试条件	结果
2	将测控装置上就地/远控切换开关切至"远方"位置，合上"投遥控分/合闸"压板，测控装置上分/合闸控制开关无法进行分合断路器，后台分合断路器，断路器动作正常、计数器动作正常，断路器指示、遥信反映正确，断路器储能正常	
3	将测控装置上就地/远控切换开关切至"远方"位置，合上"投遥控分/合闸"压板，测控装置上分/合闸控制开关无法进行分合断路器，后台分合断路器，断路器动作正常、计数器动作正常，断路器指示、遥信反映正确，断路器储能正常	

手车操作试验

序号	检查测试内容和测试条件	结果
1	分开断路器后，将手车由"工作位置"拉至"试验位置"位置，有"手车试验位置"遥信	
2	手车到达"试验位置"时，将手车锁定在"试验位置，开关可进行分合闸	
3	拔开二次控制插头后，将其全部送入手车柜内，开关无法合闸	
4	将手车由"试验位置"拉至"检修位置"	
5	将手车由"检修位置"推至"试验位置"，并插上二次插头，到达"试验位置"时，将手车锁定在"试验位置"，有"手车试验位置"遥信	
6	将手车由"试验位置"推至"工作位置"，将手车锁定在"工作位置"，有"手车工作位置"遥信	

手车柜联锁试验

序号	检查测试内容和测试条件	结果
1	将手车由"试验位置"推至"工作位置"，将手车锁定在"工作位置"，有"手车工作位置"遥信	
2	就地合断路器后，手车电磁锁无法打开，操作手柄闭锁门关闭，无法打开。地刀电磁锁无法打开，操作手柄闭锁门关闭，无法打开	
3	分开断路器后，接地开关电磁锁无法打开，操作手柄闭锁门关闭，无法打开。可打开手车电磁锁，可拉开操作手柄闭锁门	
4	出线接地开关合上，手车无法推进	
5	出线接地开关合上，出线柜门可打开	
6	出线接地开关分开，出线柜门不可打开	
7	模拟线路有电（传感器接点闭合），出线接地开关应可靠闭锁	
8	模拟线路无电（传感器接点闭合），出线接地开关电磁锁有电，接地开关可操作	

问题与结论			
验收人		负责人	

模块 5 高压开关柜常见故障的查找、分析及 处理（Z15F4001Ⅱ）

【模块描述】 本模块介绍开关柜的常见故障处理。通过要点讲解、图表归纳、案例分析，掌握开关柜常见故障的类型、现象、原因及其处理方法。

【模块内容】

一、高压开关柜的故障类型

1. 电气回路故障

（1）不能电动合闸。

（2）不能电动分闸。

（3）不能储能。

2. 机械故障

（1）手动、电动都合不上闸。

（2）手动能分闸、电动不能分闸。

3. 防误装置故障

（1）断路器位置不对应、不到位。

（2）活门失灵。

（3）接地开关不能分、合闸。

（4）电缆门开闭失控。

4. 其他部件故障

其他部件故障包括绝缘部件、母线、电缆、避雷器、互感器等故障。

二、高压开关柜故障原因分析

1. 高压开关柜电气系统故障

高压开关柜拒分、拒合现象主要原因如下：

（1）合闸熔丝熔断、跳闸熔丝熔断、保护干线断线、控制开关损坏等原因造成的。

（2）储能电动机、储能控制电路故障，造成无法储能。

2. 操动机构及其传动系统机械故障

由于操动机构调整不到位，造成分、合闸受阻，是导致拒动占比较高的故障。

3. 开关柜防误装置失灵

开关柜防误连锁装置失灵是开关柜故障的重要原因之一，防误连锁失灵既有机械连锁原因，也有电气连锁原因。可以导致不能正常工作，甚至会危及人身和设备安全。

4. 设备绝缘部件故障

设备绝缘部件受潮、表面有裂纹和放电。

5. 母线、电缆等故障

母线、电缆等连接部件接触不良。

三、高压开关柜故障查找前的检查及故障处理要求

1. 故障查找前的检查

在打开高压开关柜柜门前应先对柜体进行安全检查，然后才能打开柜门检查柜内设备，当发现问题时应做好记录，并用仪器设备做进一步检查判断。

（1）对开关柜柜体检查的内容。

1）检查绝缘部件的表面有无裂纹、明显划痕、闪络痕迹等现象，绝缘子固定螺栓有无松动。

2）检查母线、引线有无发热现象，连接螺栓有无松动，母线接头处的示温片有无变色和脱落。

3）检查开关柜接地装置是否接地完好。

4）检查互感器、避雷器等设备外观有无异常。

5）检查隔离开关或接地开关外观有无异常。

6）检查断路器外观有无异常。

（2）对操动机构检查的内容。操动机构中重点检查的主要元件有分合闸线圈、辅助开关、合闸接触器、二次接线端子、分合闸控制开关、操作电源功率元件、电磁连锁机构的电磁线圈和储能电动机及控制元件等。

其中，分合闸线圈烧损基本上是机械故障引起线圈长时间带电所致；辅助开关及合闸接触器故障虽表现为二次电气故障，实际多为触点转换不灵或不切换等机械原因引起；二次接线故障基本是二次线接触不良、断线及端子松动引起储能电动机不能正常工作。

2. 高压开关柜故障处理要求

（1）对高压开关柜进行故障处理时，要尽量避免带电检查，确实需要带电检查时应做好必要的防护措施。

（2）必须正确地判断故障位置后才能进行处理，不可盲目地乱拆乱动。

（3）不允许将真空断路器当做踏脚平台，也不许把东西放在真空断路器上面。

（4）不许用湿手、脏手触摸真空断路器。

（5）更换故障部件时应先做好标记，防止更换位置和接线错误。

（6）使用表计和仪器检查时，要注意检查开关的状态。

（7）故障处理工作结束后，一定要查清有没有遗忘使用过的工具和器材。

四、KYN1B 型高压开关柜（配 VS1 断路器）的故障现象、故障原因及处理方法

KYN1B 型高压开关柜（配 VS1 断路器）故障现象、故障原因及处理方法见表 5-5-1。

表 5-5-1　　　　　　　KYN1B 高压开关柜（配 VS1 断路器）
故障现象、原因及处理方法

部位		故障现象	故障原因	处理方法
闭锁回路	电动合闸拒合、手动合闸拒合	闭锁线圈不吸合	闭锁线圈短路	用万用表测量开关线路板端子排 A6、A9 脚，阻值为 0
		闭锁线圈不吸合	闭锁线圈断路	用万用表测量开关线路板端子排 A6、A9 脚间不通
		控制电源开关一合闸就跳闸	闭锁回路整流桥击穿	用万用表测量开关线路板端子排 A6、A9 阻值为 4.5kΩ，线路板 V1 整流桥输入端短路
		闭锁线圈不吸合	闭锁回路整流桥断路	用万用表测量开关线路板端子排 A6、A9 阻值为 4.5kΩ，线路板 V1 整流桥输出端断路
		闭锁线圈不吸合	辅助开关触点烧坏	A6、A9 阻值为 4.5kΩ，辅助开关 73/74 脚（接线号 A7/B7 不通）
断路器部分	合闸回路 电动合闸拒合、手动合闸成功	断路器具备合闸条件（已储能、闭锁完好），转换开关合闸时，断路器无反应	辅助开关 QF 烧损	用万用表测量开关线路板端子排 A3/B3 阻值为（205Ω）正常，S2 辅助开关（A2/C54）导通，S2 辅助开关（B2/B4）导通 QF 辅助开关 53、54（B1/F33）不通
		断路器具备合闸条件（已储能、闭锁完好），转换开关合闸时控制电源空气断路器跳闸	合闸线圈短路	用万用表测量开关线路板端子排 A3/B3 导通，S2 辅助开关（A2/C54）导通，S2 辅助开关（B2/B4）导通 QF 辅助开关 53、54（B1/F33）导通
		断路器具备合闸条件（已储能、闭锁完好），转换开关合闸时，断路器无反应	合闸线圈断路	用万用表测量开关线路板端子排 A3/B3 电阻值为无穷大，S2 辅助开关（A2/C54）导通，S2 辅助开关（B2/B4）导通 QF 辅助开关 53、54（B1/F33）导通
		转换开关合闸时，控制电源空气断路器跳闸	合闸回路整流桥击穿	用万用表测量开关线路板端子排 A3/B3 阻值为（205Ω）正常，V2 整流桥输入端短路
		转换开关合闸时，断路器无反应	合闸回路整流桥断路	用万用表测量开关线路板端子排 A3/B3 阻值为（205Ω）正常，V2 整流桥输出端不通
		断路器具备合闸条件（已储能、闭锁完好），转换开关合闸时，断路器无反应	合闸回路辅助开关 S1 损坏	用万用表测量 A3/B3 阻值为（205Ω）正常，S2 辅助开关（B2/B4）导通，QF 辅助开关 53、54（B1/F33）导通，S1 辅助开关（A2/C54）不通

续表

部位			故障现象	故障原因	处理方法
断路器部分	分闸回路	电动分闸拒分、手动分闸成功	断路器在合闸位置，转换开关分闸时，断路器无反应	分闸线圈断路	用万用表测量 B13/B14 电阻值无，QF 辅助开关 11、12（B11/T30）导通
				分闸回路整流桥断路	用万用表测量 B13/B14 电阻值为220Ω，V3 整流桥输出端不通
				分闸回路辅助开关烧损	用万用表测量/电阻值为（　），辅助开关，（/）不通
			转换开关分闸时，控制电源空气开关跳闸	分闸线圈短路	用万用表测量 B13/B14 电阻值为0，V3 整流桥输入与输出端无短路
				分闸回路整流桥击穿	用万用表测量 B13/B14 电阻值为220Ω，V3 整流桥输入短路
	断路器储能故障	电动不能储能手动可以储能	储能电源开关一合上就跳	储能回路整流桥击穿	用万用表测量 B8/B9 电阻值为0，S1 辅助开关能，接线号为（T—35/B6）
			储能电源开关合上后，储能电动机不动作	储能回路整流桥断路	用万用表测量 B8/B9 无阻值，有电压输出，S1 辅助开关通，接线号为（T—35/B6），V1 整流桥输出端不通
			储能电源开关合上后，储能电动机不动作	储能电动机断路	用万用表测量 B8/B9 无阻值，有电 S1 辅助开关通，接线号为（T—35/B6）
			储能电源开关一合上就跳	储能电动机短路	用万用表测量 B8/B9 电阻值为0，S1 辅助开关通，接线号为（T—35/B6）
			储能电源开关合上后，储能电动机不动作	储能回路辅助开关 S1 烧损	测量 B8/B9 无电压输出，S1 辅助开关不通，接线号为（T—35/B6）
		电动可以储能手动不能储能	电动储能正常，手动储能失效	蜗轮内单相轴承失效	使用手动储能时小链轮不动作
		电动不能储能手动可以储能	储能电动机空转，手动储能正常	小链轮内单相轴承失效	检查链条能两方向运动
		储能完成后，电动机不停转	电动储能完成后，电动机不停转	辅助开关 S1 切换不到位	测量 S1 辅助开关（T—35/B6）在储能完成后一直导通（要求出现此现象后，迅速断开储能电源小开关）
	机械故障	电动，手动都合不上闸	扣接量太小	合闸合不上	调整扣接量直到能合闸
		电动不能分闸，手动能分	分闸电磁铁铁芯不能接触脱扣弯板	脱扣弯板与分闸电磁铁铁芯间距离太大，更换脱扣弯板	手动推动分闸电磁铁铁芯到底，检查能不能与弯板接触

续表

部位		故障现象	故障原因	处理方法
柜体部分	防误闭锁装置故障	接地开关在合位，断路器能够从试验位置进入工作位置或断路器在工作位置，可以操作接地开关	底盘车上连锁板不能动作	接地开关与断路器连锁机构失效	用手推动连锁板时不能动作
		接地开关在合位，断路器能够从试验位置进入工作位置或断路器在工作位置，可以操作接地开关	柜体导轨上连锁机构	接地开关与断路器连锁机构失效	将开关拉出柜体后，可以观察到连锁机构被拆除
		断路器在试验位置，接地开关小活门按不下	闭锁回路空开合不上或闭锁电磁铁不吸合	接地刀闸小活门闭锁电磁铁短路或断路，应能正确更换闭锁线圈	拆开护线板后用万用表量闭锁线圈两端，完好的线圈电阻在 13kΩ 左右
		断路器在试验位置，接地开关小活门按不下	闭锁回路空开合不上或闭锁电磁铁不吸合	闭锁电磁铁的整流桥损坏，能够正确更换整流桥	用万用表测量二极管挡测量整流桥，黑表棒测正，红表棒测负，完好的整流桥 1000Ω 左右
		接地开关在合闸位置电缆室门无法打开	接地开关机械反闭锁的起始位置正好与正确位置相反	机械闭锁不到位，将机械闭锁紧急解锁装置拆除后，把接地开关轴上的机械闭锁装置反装即可	合上接地开关后观察后门机械反闭锁
			接地开关合上后，后门电磁锁仍没电，打不开	后门电磁锁打不开，接地开关辅助开关 S10 上线接错位，改正接线错位	拆开护线板后，对接线图
			接地开关合上后，后门电磁锁仍没电，打不开	后门电磁锁打不开，接地开关辅助开关 S10 本身内部触点不通，更换 S10	拆开护线板后，对照图纸量电磁锁回路中用到的接地开关辅助开关 S10 触点，原始位置应为常开

五、KYN □—40.5 开关柜的常见故障现象、原因分析和处理

　　KYN □—40.5 开关柜的常见故障现象、原因分析和处理方法见表 5-5-2。

表 5–5–2 KYN 口—40.5 高压开关柜的常见故障现象、
原因分析和处理方法

部位	现象	原因	解决方法
断路器本体	断路器不能正常分、合闸	1. 手车未到工作、试验位置； 2. 分、合闸回路闭锁	1. 检查断路器是否在工作、试验位置； 2. 检查断路器分、合闸闭锁回路
手车	手车不能推进或推进不灵活	1. 断路器未分闸； 2. 接地开关未分； 3. 柜内有物件挡住手车推进机构	1. 确认断路器处在分闸状态； 2. 确认接地开关已分开； 3. 检查导轨无卡死
手车	手车在工作位置故障	1. 接地开关拉杆松脱或变形； 2. 接地开关弹簧松软； 3. 活动部件未润滑； 4. 零部件损坏	1. 调整接地开关拉杆； 2. 检查接地开关弹簧松软程度，如有需要，应更换； 3. 活动部件润滑； 4. 损坏的零部件更换
手车	手车对断路器闭锁失效	1. 底盘车未到位，零部件有损坏； 2. 接地开关不能操作或操作不到位	1. 检查底盘车，更换零有损部件； 2. 检查接地开关操作情况
活门	活门开启不灵活	1. 活门机构活动部件未润滑； 2. 手车动触头抵住活门； 3. 零件损坏	1. 润滑活门机构活动部件； 2. 调整手车动触头； 3. 更换零件
开关柜本体	回路电阻高、发热严重	1. 导电体搭接面氧化； 2. 搭接面上紧固件松脱； 3. 开关柜内散热条件差	1. 处理导电体搭接面，使其接触良好； 2. 紧固搭接面螺栓； 3. 加装散热器，降低温度
二次回路	二次仪表指示不正确	1. 二次回路接线不正确； 2. 高、低压熔断器烧断； 3. 仪表损坏	1. 检查二次回路接线； 2. 更换熔断器熔丝； 3. 更换受损仪表

六、高压开关柜故障处理案例

案例一

某供电公司新建变电站安装有十几台 10kV 中置式高压开关柜（配置的 VS1 真空断路器）运行后不久，发现开关柜储能回路的时间保护继电器大多数都存在发热现象，并有烧损继电器的故障发生。于是，该供电公司的技术专家对故障进行了认真分析查找，制订出了相应的技术处理措施。

1. 故障分析

（1）设备情况。VS1 真空断路器采用的是弹簧操动机构，在开关柜上设置的时间保护继电器是为了保护储能电动机，其整定的时间为 15s，目的是当弹簧能量释放后，储能控制的微动开关 S1 触点接通，电动机运转，使开关再次储能以备下次合闸或重合闸使用。

当储能回路发生问题微动开关断不开或电动机运转储不上能时间超过 15s 后，时间保护继电器保动作，断开电动机控制回路，使电动机停电，防止电动机长时间运转而烧损。电动机储能的时间小于 15s，完全符合保护电动机的要求。

经过现场设备和现象观察后，确认了故障的存在，但从开关柜上看时间和中间继电器都是布置在开关外部（即开关柜上门内），其目的是为保护电动机，为何会发热？仔细分析二次回路设计图纸动作原理，如图 5-5-1 所示，再核查实际接线后，便分析出了其中的原因是微动开关 S2 有错。

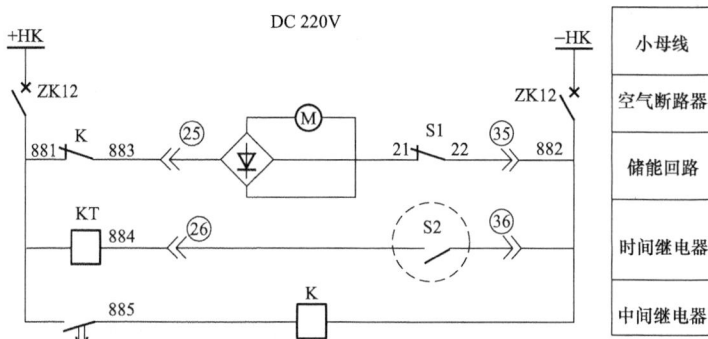

图 5-5-1　二次回路动作原理

（2）故障原因分析。当空气断路器 ZK12 在合位，电动机回路储能，微动开关 S1 为动断触点，中间继电器 K 为动断触点，储能回路接通储能电动机运转，进行弹簧拉伸储能以备开关合闸用。而时间继电器 KT 回路里串接的 S2 储能位置微动开关接成动合触点时间继电器不启动。中间继电器 K 回路的串接时间继电器 KT 触点，因时间继电器未动作所以也是断开的，中间继电器不启动。

而正常弹簧储能完成后，微动开关 S1 的动断触点断开变成开断触点，储能电动机回路断开，电动机停止运转，与此同时，串接在时间继电器 KT 回路的微动开关 S2 动作变成闭合触点。使时间继电器带电动作，经过 15s 后，时间继电器的触点接通，使中间继电器通电动作，其动断触点打开，之后时间继电器一直通电，保持动作状态，直到下一次开关合闸能量释放，微动开关 S2 转换状态，在弹簧储能电动机运转时才失电返回，但储完能后又一直处于通电动作状态。这就使时间继电器过热及烧损的原因。并且时间继电器未起到保护电动机的作用。它是在正常储能完成后微动开关 S1 转换才启动的 S2 接通，如果非正常储能微动开关不动作，电动机烧损，时间继电器也不会启动，更起不到保护电动机的作用。而时间继电器是不允许长时间通电启动的。

2. 故障处理

从以上分析可以看出在时间保护二次回路上微动开关 S2 是错误接线，应将串接在时间继电器回路里的微动开关 S2 改接成动断触点与 S1 同样状态，就可以实现时间保护的目的，时间继电器也不会长期通电，造成过热、烧损现象，并真正起到保护储能电动机的目的。

经过将 S2 动合触点改成动断触点，并进行了模拟故障和其他试验，设备完全消除了隐患，同时对该批开关柜进行了相应的改造。

通过上述故障案例分析可以发现开关柜的故障是多种多样的，即使是保护回路出问题，如果不及时加以处理也会造成严重隐患，危及安全运行。对于检修人员来说故障处理不能简单地只熟悉一次元件和机械故障，也要学会二次回路检查分析，提高综合能力，才能有效地排查故障。同时，在检修设备时更要注意防止触点接错，完善设备的闭锁保护功能。对于旧设备要进行完善化改造；对于新设备的投入，也应该注重产品的质量选择，建立厂家信誉档案库，尽量防范产品的设计缺陷，并对新设备同样应加强运行维护。

案例二：某变电所 10KV 开关柜接地开关闭锁回路故障处理

1. 情况介绍

某变电站 10kV 开关柜关型号为：KNY27-12，2004 年 6 月生产。在运行人员操作过程中发生多次接地开关闭锁回路由于整流块烧毁而引发的故障，导致操作不能进行。据统计，仅 2009 年，该变电站就发生接地开关闭锁回路故障 7 次，严重影响了运行人员正常操作，导致供电可靠性的降低。闭锁线圈在开关柜中的安装如图 5-5-2，烧毁的线圈及整流块如图 5-5-3。

图 5-5-2　闭锁线圈安装图

图 5-5-3　烧毁的线圈及整流块

2. 原因分析

（1）接地开关闭锁二次原理如图 5-5-4 所示。

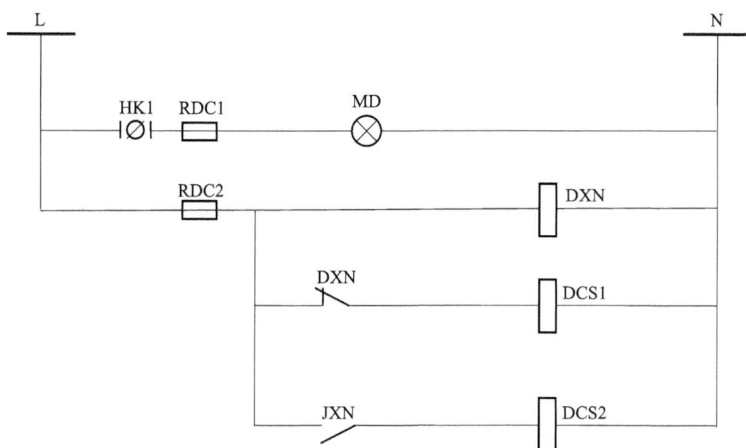

DXN：带电显示器	DCS1：地刀闭锁线圈	RDC：熔丝
JXN：地刀辅助节点	DCS2：后门闭锁线圈	HK1：低压空气开关
MD：后门灯		

图 5-5-4 地刀闭锁二次原理图

（2）闭锁回路原理分析：

1）当线路未停电时，带电显示器 DXN 带电，其常闭接点 DXN1 打开，接地开关闭锁线圈 DCS1 失电，其铁芯不吸合，闭锁接地开关合闸。当接地开关在分位时，接地开关辅助触点 JDN 打开，开关柜后门闭锁线圈 DCS2 失电，禁止打开开关柜后门。

2）当线路停电时，带电显示器 DXN 失电，其动断触点 DXN1 闭合，接地开关闭锁线圈 DCS1 带电，其铁芯吸合，允许接地开关合闸。当接地开关在合位时，接地开关辅助触点 JDN 闭合，开关柜后门闭锁线圈 DCS2 带电，允许打开开关柜后门。

（3）由于开关在检修、冷备用时，有时需要停电时间很长，根据接地开关闭锁线圈的工作原理，只要线路停电，接地开关闭锁线圈就带电，这样就使得线圈将长期带电，导致整流模块烧毁，严重的将烧毁闭锁线圈。闭锁线圈烧毁不但导致操作时间过长而延误操作，影响供电可靠性而且每次维护的费用也比较高，造成不必要的浪费。

3. 处理方法

（1）经过分析故障原因并结合现场实际，对回路进行改造。解决闭锁回路经常烧毁的问题。在回路中加装闭锁回路专用低压空气开关 HK2。闭锁回路经常烧毁的主要原因就是在线路停电时，整个闭锁回路长时间有电流流过，导致回路烧毁。所以考虑在能保证联锁功能不变的情况下，使回路断电。从而彻底解决问题。

（2）改造后的二次原理图如图 5-5-5 所示。

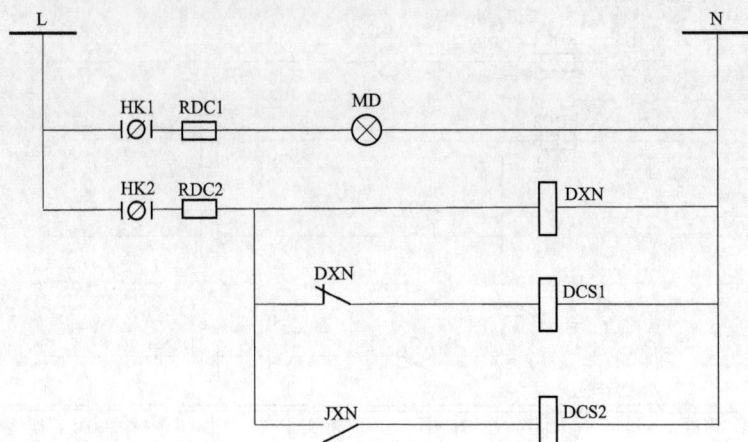

DXN：带电显示器	DCS1：地刀闭锁线圈	RDC：熔丝
JXN：接地开关辅助节点	DCS2：后门闭锁线圈	HK1：低压空气开关
MD：后门灯	HK2：低压空气开关	

图 5-5-5　改造后的二次原理图

4. 分析总结

回路经过改造后，运行人员在进行操作前，首先把低压空气开关 HK2 合上，使整个回路通电，可以操作接地开关；在操作结束时，把低压空气开关 HK2 拉开使回路断电，确保整流板和闭锁线圈断电，解决了闭锁回路经常烧毁的问题。并把操作低压空气开关 HK2 的步骤写进操作票中，防止误操作。

【思考与练习】

1. 高压开关柜常见的故障类型有哪些？

2. 开关柜发生故障时，应重点查找哪些元件？

3. KYN28 型开关柜的断路器手车在试验位置时摇不进，如何进行处理？

4. 开关柜的接地开关无法操作合闸时，如何进行处理？

第六章

组合电器检修及故障处理

▲ 模块 1 GIS 常规检修（Z15F2004Ⅲ）

【**模块描述**】 本模块包含 GIS 常规检修的作业流程及工艺要求。通过知识要点的归纳讲解、操作技能训练，掌握 GIS 常规检修的项目、修前准备、危险点预控、作业步骤、作业要求及作业安全注意事项等操作技能。

【**模块内容**】

目前使用的 GIS 型号比较多，生产厂家也较多，主要分为共箱式和分箱式。本模块以某 110kV 三相共箱式组合电器为例，介绍 GIS 的一些常规检修工艺、常见故障处理以及状态检修的方法。

一、作业内容

1. GIS 大修的主要内容

GIS 大修的项目和检修内容见表 6-1-1。

表 6-1-1　　　　　　　　　GIS 大修的项目和检修内容

序号	项目	检修内容	备注
1	灭弧室	（1）喷口烧损情况、喉径尺寸是否有变化。 （2）主触头、弧触头的镀银表面是否缺损。 （3）绝缘子表面是否有放电和污损痕迹	
2	操动机构	（1）处理零部件的锈蚀、变形和损坏部分。 （2）调整与行程有关的部分。 （3）各连接部分、销、轴类有无异常。 （4）辅助开关修理检查。 （5）油缓冲器的调整换油。 （6）各类阀的检修。 （7）更换老化、损坏部件	
3	测试	（1）分、合闸操作特性试验。 （2）测定最低动作压力、电压。 （3）防跳跃试验。 （4）密度继电器的试验（SF$_6$ 气体）。 （5）压力表的校验。 （6）回路电阻测试	

续表

序号	项目	检修内容	备注
4	密封检查、绝缘清扫	（1）密封胶圈全部更换。 （2）盆式绝缘子、支持绝缘子等清扫检查	

2. GIS 小修的主要内容

在不放气情况下对 GIS 进行外部检查、传动、电气及机械特性试验。GIS 小修的项目和检修内容见表 6–1–2。

表 6–1–2　　　　　　　　　　GIS 小修的项目和检修内容

序号	检查项目	检修内容	备注
1	分、合闸操作试验	（1）分、合闸指示情况。 （2）操作前后压力表的读数。 （3）确认动作信号及其数值是否正确。 （4）轴销检查、传动部位上润滑油。 （5）机械特性测量符合制造厂要求	
2	外部一般情况	（1）清洁出线套管，检查套管端子部分的紧固状态。 （2）外观检查是否有锈蚀情况	
3	汇控柜	（1）汇控柜内有无潮湿、锈蚀和污损情况。 （2）清扫并检查低压回路配线有无松动	
4	绝缘电阻测试	测定绝缘电阻（就结构上可能的地方进行测量）	主导电回路 1000MΩ 以上，辅助和控制回路 2MΩ 以上
5	罐体检查	（1）罐体连接部位的螺栓有无松动。 （2）油漆有无脱落，有无生锈	拧紧螺栓，涂上修补用油漆
6	气体配管（包括充放气阀）	连接螺栓有无松动	拧紧连接螺栓
7	气体压力	检查压力值在正常范围	面对密度继电器，不要斜视
8	辅助开关	检查接触状态良好	确认接触状态要从控制回路接线端子的端头开始进行
9	端子排检查	接线端子排的螺栓无松动	拧紧电线的连接处
10	气体检漏	检查气室及气体管道等气体系统无泄漏	
11	操动机构	详见各种操动机构检修项目及技术要求	

3. GIS 操动机构的检修项目及技术要求

（1）GIS 液压机构的检修项目及技术要求见表 6–1–3。

表 6-1-3　　　　　　　　　GIS 液压机构的检修项目及技术要求

序号	检修部位	检修项目	技术要求
1	储压筒	检查储压筒内壁及活塞表面	应光滑、无锈蚀、无划痕，否则应更换
		检查活塞杆	（1）表面应无划伤、镀铬层应完整无脱落，杆体无弯曲、变形现象。 （2）杆下端的泄油孔应畅通、无阻塞
		检查止回阀	钢球与阀口应密封良好
		检查铜压圈、垫圈	应良好、无划痕
		组装及充氮气	（1）各紧固件应连接可靠。 （2）充氮气后，止回阀应无漏气现象，预充氮气压力符合制造厂要求
2	阀系统	检修分、合闸电磁铁	（1）阀杆应无弯曲、无变形，不直度符合要求。 （2）阀杆与铁芯结合牢固，不松动。 （3）线圈无卡伤、断线现象，绝缘应良好。 （4）组装后铁芯运动灵活，无卡滞
		检修分、合闸阀	（1）钢球（阀锥）应无锈蚀、无损坏。 （2）钢球（阀锥）与阀口应密封严密，密封线应完整。 （3）阀杆应无变形、无弯曲，复位弹簧应无损坏、无锈蚀，弹性应良好。 （4）组装后各阀杆行程应符合要求
		检修高压放油阀（截流阀）	（1）钢球（阀锥）应无锈蚀、无损坏。 （2）钢球（阀锥）与阀口应密封严密，密封线应完整。 （3）阀杆应无变形、无弯曲、无松动，端头应平整。 （4）复位弹簧应无损坏、无锈蚀，弹性应良好
		检查安全阀	安全阀动作及返回值符合要求
3	工作缸	检查缸体、活塞及活塞杆	（1）工作缸缸体内表、活塞外表应光滑、无沟痕。 （2）活塞杆应无弯曲，表面无划伤痕迹、无锈蚀
		检查管接头	应无裂纹和滑扣
		组装工作缸	（1）应更换全部密封垫。 （2）组装后，活塞杆运动应灵活，无别动现象
4	液压泵及电动机	检修液压泵	（1）塞间隙配合应良好。 （2）高、低压止回阀密封应良好。 （3）弹簧无变形，弹性应良好，钢球无裂纹、无锈蚀，球托与弹簧、钢球配合良好。 （4）油封应无渗漏油现象。 （5）各通道应畅通、无阻塞
		检修电动机	（1）轴承应无磨损，转动应灵活。 （2）定子与转子间的间隙应均匀，无摩擦现象。 （3）整流子磨损深度不超过规定值。 （4）电动机的绝缘电阻应符合标准要求

续表

序号	检修部位	检修项目	技术要求
5	油箱及管路	清洗油箱及滤油器	油箱应无渗漏油现象，油箱及滤油器应清洁、无污物
		清洗、检查及连接管路	（1）管路、管接头、卡套及螺母应无卡伤、无锈蚀、无变形及开裂现象。 （2）连接后的管路及接头应紧固，无渗漏油现象
6	加热和温控装置	检查加热装置	应无损坏，接线良好，工作正常。加热器功率消耗偏差在制造厂规定范围以内
		检查温控装置	温度控制动作应准确，加热器接通和切断的温度范围符合制造厂规定
7	其他部位	检查机构箱	表面无锈蚀，无变形，应无渗漏雨水现象
		检查传动连杆及其他外露零件	无锈蚀，连接紧固
		检查辅助开关	触点接触良好，切换角度合适，接线正确
		检查压力开关	整定值应符合制造厂要求
		检查分合闸指示器	指示位置正确，安装连接牢固
		检查二次接线	接线正确
		校验油压表	油压指示正确，无渗漏油现象
		检查操作计数器	动作应正确
8	液压油	液压油处理	全部液压油过滤或更换
9	密封圈	部分密封圈更换	液压机构小修时损坏的密封圈更换
		全部密封圈更换	液压机构大修全部密封圈更换

（2）GIS 弹簧机构的检修项目及技术要求见表 6-1-4。

表 6-1-4　　　　　　　　　　　GIS 弹簧机构的检修项目及技术要求

检修部位	检修项目	技术要求
操动机构箱	检查机构箱	表面无锈蚀，无变形，应无渗漏雨水现象
	检查清理电磁铁扣板、掣子	（1）分、合闸线圈安装牢固，无松动、无卡伤、断线现象，直流电阻符合要求，绝缘应良好。 （2）衔铁、扣板、掣子无变形，动作灵活
	检查传动连杆及其他外露零件	无锈蚀，连接紧固
	检查辅助开关	触点接触良好，切换角度合适，接线正确
	检查分合闸弹簧	无锈蚀，拉伸长度应符合要求
	检查分合闸缓冲器	测量缓冲曲线符合要求

续表

检修部位	检修项目	技术要求
操动机构箱	检查分合闸指示器	指示位置正确，安装连接牢固
	检查二次接线	接线正确
	储能开关	动作正确
	检查储能电动机	电动机零储能时间符合要求

（3）GIS 液压弹簧操动机构的检修项目及技术要求见表 6-1-5。

表 6-1-5　　　　GIS 液压弹簧操动机构的检修项目及技术要求

序号	检修部位	检修项目	技术要求
1	弹簧储压部分	检查碟形弹簧	表面无锈蚀、压缩和释放的行程量能够符合厂家说明书要求，否则应更换
		检查储能活塞杆	表面应无划伤、镀铬层应完整无脱落，杆体无弯曲、变形现象
		检查储能单元内壁及活塞表面	应光滑、无锈蚀、无划痕，否则应更换
2	阀系统	检修分、合闸电磁铁	（1）一级阀阀杆应无弯曲、无变形，不直度符合要求。 （2）阀杆与铁芯结合牢固，不松动。 （3）线圈无卡伤、断线现象，绝缘应良好。 （4）组装后铁芯运动灵活，无卡滞。 （5）分、合闸电磁铁动作电压应满足要求，否则进行调整
		检修分、合闸阀	（1）换向阀（二级阀）应无锈蚀、无损坏。 （2）阀口应密封严密，密封线应完整。 （3）阀杆应无变形、无弯曲，复位弹簧应无损坏、无锈蚀，弹性应良好。 （4）组装后二级阀行程应符合要求
		检修高压放油阀（截流阀）	（1）阀口应密封严密，密封线应完整。 （2）阀杆应无变形、无弯曲、无松动，端头应平整。 （3）复位弹簧应无损坏、无锈蚀，弹性应良好
		检查安全阀	安全阀的启动压力以及返回值应符合厂家要求
3	工作缸	检查缸体、活塞及活塞杆	（1）工作缸缸体内表、活塞外表应光滑、无沟痕。 （2）活塞杆应无弯曲，表面无划伤痕迹、无锈蚀
		检查管接头	应无裂纹和滑扣
		组装工作缸	（1）应更换全部密封垫。 （2）组装后，活塞杆运动应灵活，无别动现象
4	液压泵及电动机	检修液压泵	（1）柱塞间隙配合应良好。 （2）高压止回阀（单向阀）密封应良好。 （3）弹簧无变形，弹性应良好，钢球无裂纹、无锈蚀，球托与弹簧、钢球配合良好。 （4）油封应无渗漏油现象。 （5）各通道应畅通、无阻塞

续表

序号	检修部位	检修项目	技术要求
4	液压泵及电动机	检修电动机	（1）轴承应无磨损，转动应灵活。 （2）定子与转子间的间隙应均匀，无摩擦现象。 （3）检查碳刷磨损情况，若磨损到 11mm 以下时应更换。 （4）电动机的绝缘电阻应符合标准要求
5	加热和温控装置	检查加热装置	应无损坏，接线良好，工作正常。加热器功率消耗偏差在制造厂规定范围以内
		检查温控装置	温度控制动作应准确，加热器接通和切断的温度范围符合制造厂规定
6	其他部位	检查辅助开关	触点接触良好，切换角度合适，接线正确
		检查限位开关	液压泵的启停、分合闸闭锁和报警信号行程开关动作整定值（储能活塞高度）应符合制造厂要求
		检查齿条齿轮传动系统	传动灵活，润滑良好
		检查分合闸指示器	指示位置正确，安装连接牢固
		检查二次接线	接线正确
		检查操作计数器	动作应正确
7	液压油及低压油箱	液压油处理	全部液压油过滤或更换
		清洗油箱	油箱应无渗漏油现象，油箱及滤油器应清洁、无污物。调整油位到厂家要求位置
8	密封圈	部分密封圈更换	液压操动机构小修时损坏的密封圈更换
		全部密封圈更换	液压操动机构大修时全部密封圈更换

（4）GIS 气动弹簧操动机构的检修项目及技术要求见表 6-1-6。

表 6-1-6　　　　　　GIS 气动弹簧操动机构的检修项目及技术要求

序号	检修部位	检修项目	技术要求
1	气罐	检查、清洗储气罐；清理密封面，更换所有密封件	（1）储气罐罐体内外均不得有裂纹等缺陷。 （2）储气罐内部应干燥、无油污、无锈蚀
2	磁阀系统	分、合闸电磁铁的检修	（1）线圈安装牢固，无松动、无卡伤、断线现象，直流电阻符合要求，绝缘应良好。 （2）衔铁、掣子、扣扳及弹簧等动作灵活，无卡滞。 （3）衔铁与掣子、扣扳与掣子间的扣合间隙符合要求
		分闸一、二级阀的检修（大修时）	（1）阀杆、阀体应无划伤、无变形，密封面无凹陷。 （2）装复后动作灵活，装配紧固
		主阀体的检修（大修时）	（1）活塞、主阀杆无划伤、无变形。 （2）弹簧无变形，弹性良好。 （3）装配紧固，不漏气
		检查安全阀	安全阀动作及返回值符合要求

续表

序号	检修部位	检修项目	技术要求
3	工作缸	检查缸体、活塞及活塞杆（大修时）	（1）工作缸缸体内表、活塞外表应光滑、无沟痕。 （2）活塞杆应无弯曲，表面无划伤痕迹、无锈蚀
		组装工作缸（大修时）	（1）应更换全部密封垫。 （2）组装后，活塞杆运动应灵活，无别动现象
4	缓冲器和传动部分	缓冲器的检修	（1）缸体内表、活塞外表应光滑、无沟痕。 （2）缓冲弹簧（若有）应无锈蚀、无变形。 （3）装配后，缓冲器应无渗漏油、连接无松动
		传动部分的检查	（1）传动连杆与转动轴无松动，润滑良好。 （2）拐臂和相邻的轴销无变形、无锈蚀，转动灵活
5	合闸弹簧	合闸弹簧的检查	（1）弹簧无锈蚀、无变形。 （2）弹簧与传动臂连接无松动
6	压缩机及电动机	压缩机的检修	（1）吸气阀上无积炭和污垢、无划伤，阀弹簧无锈蚀，弹性良好（大修时）。 （2）一级和二级缸零部件无严重磨损，连杆（滚针轴承）与活塞销的配合间隙符合要求（大修时）。 （3）空气滤清器、曲轴箱应清洁。 （4）电磁阀和止回阀应动作正确，无漏气现象。 （5）皮带的松紧度合适，且应成一条直线。 （6）若压缩机补气时间超过制造厂规定，应更换
		气水分离器及自动排污阀的检查	（1）气水分离器应能有效工作。 （2）自动排污应动作可靠
		电动机的检修	（1）轴承应无磨损，转动应灵活。 （2）定子与转子间的间隙应均匀，无摩擦现象（大修时）。 （3）整流子磨损深度不超过规定值。 （4）电动机的绝缘电阻应符合标准要求
7	压缩空气管路	检查、清洗及连接管路	（1）管路、管接头、密封面、卡套及螺母应无卡伤、无锈蚀、无变形及开裂现象。 （2）连接后的管路及接头应紧固，无渗漏气现象
8	加热和温控装置	检查加热装置	应无损坏，接线良好，工作正常。加热器功率消耗偏差在制造厂规定范围以内
		检查温控装置	温度控制动作应准确，加热器接通和切断的温度范围符合制造厂规定
9	其他部位	检查机构箱	表面无锈蚀、无变形，应无渗漏雨水现象
		检查传动连杆及其他外露零件	无锈蚀，连接紧固
		检查辅助开关	触点接触良好，切换角度合适，接线正确
		检查压力开关	整定值应符合制造厂要求
		检查分合闸指示器	指示位置正确，安装连接牢固
		检查二次接线	接线正确
		校验气压表（空气）	气压表指示正确，无渗漏气现象
		检查操作计数器	动作应正确

4. 作业内容

（1）ZF7A-126 型组合电器断路器单元的检修。

（2）ZF7A-126 型组合电器隔离开关单元的检修。

（3）ZF7A-126 型组合电器电流互感器单元的检修。

（4）ZF7A-126 型组合电器电压互感器单元的检修。

（5）ZF7A-126 型组合电器避雷器单元的检修。

（6）ZF7A-126 型组合电器母线单元的检修。

（7）ZF7A-126 型组合电器检修后的调试和试验。

二、作业中危险点分析及控制措施

作业中危险点分析及控制措施见表 6-1-7。

表 6-1-7　　　　　　　　作业中危险点分析及控制措施

序号	危险点	控制措施
1	接、拆低压电源	（1）应由两人进行，一人操作，一人监护。 （2）检修电源应有漏电保护器；电动工具外壳应可靠接地。 （3）检修前应断开交、直流操作电源及储能电动机、加热器电源；严禁带电拆、接操作回路接头。 （4）螺钉旋具等工具金属裸露部分除刀口外包绝缘
2	梯子使用不当	（1）梯子应绑牢、防滑；梯上有人，禁止移动。 （2）登高时严禁手持任何工器具。 （3）使用升降梯前应仔细检查，升到一定高度后应按规定设置横绳
	安全带使用不当	正确使用安全带，严禁低挂高用
3	零部件跌落打击	零部件上、下应用传递绳；不准在架板上存放
4	机构伤人	（1）统一指挥，做好协调配合。 （2）检修前，控制盘控制开关必须放"断开"位置。 （3）检修前，应断开储能电源，将能量全部释放。 （4）保护传动必须得到现场一次负责人许可，传动时本体及机构上禁止任何工作，人员撤离。 （5）严禁空载操动机构。 （6）测试人和操作人配合好，由测试人发令。测量时，作业人员的头、手不得接近测量上方。 （7）电动操作前必须确认手动合闸加长手柄已取下，合闸手柄摆动范围内确无人员。 （8）严禁将手、脚踩放在开关的传动部分和框架上。 （9）拆、装分闸弹簧时，必须使开关处于分闸位置，释放弹簧全部能量
5	SF_6 设备上工作	（1）室内 SF_6 设备检修前应提前通风 15min。 （2）解体前，应尽量将设备内 SF_6 气体回收干净。 （3）打开封盖后，检修人员应暂离现场通风 30min 以上；工作时应尽量站在上风口，不宜站在电缆沟等低洼区。 （4）解体时，工作人员应穿防护服、戴防护手套；皮肤不得与分解物接触

三、检修作业前的准备

1. 检修前的资料准备

（1）检修前应认真查阅设备安装、检修记录、设备运行记录、故障情况记录、缺陷情况记录和红外测温结果。并进行详细、全面的调查分析，以判定组合电器的综合状况，为现场具体的检修方案制定打好基础。

（2）准备好设备使用说明书、记录本、表格、检修报告等。

2. 检修方案的确定

（1）编制作业指导书。

（2）拟订检修方案，确定检修项目，编排工期进度。

3. 备品备件、工器具、材料准备

在开工前必须预先按要求准备检修工具（包括专用工具）、机具、材料、备品备件、试验仪器和仪表等，并运至检修现场。仪器仪表、工器具应试验合格，满足本次施工的要求，材料应齐全。

4. 检修人员、场地和环境的准备

（1）对检修人员的要求。

1）检修人员必须了解熟悉 GIS 的结构、动作原理及操作方法，并经过专业培训合格。

2）现场机构解体大修需要时，应有制造厂的专业人员指导。

3）对各检修项目的责任人进行明确分工，使负责人明确各自的职责内容。

（2）场地准备。

1）在检修现场四周设一留有通道口的封闭式遮拦，并在周围背向带电设备的遮拦上挂适当数量的"止步，高压危险"标示牌，在通道入口处挂"从此进出"标示牌。

2）在作业现场指定位置摆放好检修工具、量具、材料、备品备件和测试仪器及垃圾箱。

（3）环境的要求。GIS 本体检修对环境的清洁度、湿度的具体要求如下：

1）大气条件：温度为 5℃以上，湿度小于 75%（相对）；

2）现场应考虑采取防雨、防尘保护；

3）有充足的施工电源和照明措施。

四、检修作业前的检查、试验与综合诊断项目

1. 修前检查的项目

（1）GIS 本体的外观检查，表面油漆是否有脱落。

（2）压力表、密度计、指示器、指示灯工作是否正常，不正常的要结合检修进行更换。

（3）GIS各单元如断路器、隔离开关等操动机构分、合闸1次，检查各传动部分有无卡涩现象，操动机构是否正常。

（4）检查后释放操动机构能量，切断各回路电源。

2. 修前试验的项目

（1）各气室漏气率测量。

（2）各气室水分测量。

（3）主回路电阻测量。

（4）各开关的机械特性测量。

（5）电流互感器、电压互感器伏安特性测量。

（6）工频耐压试验。

（7）局部放电测量。

（8）避雷器性能测量。

3. 综合诊断项目

（1）绝缘性能。

（2）机械性能。

（3）二次元件性能。

（4）主导电回路性能。

（5）空气系统性能。

（6）SF_6气体密封性能。

（7）SF_6气体状况。

五、ZF7A–126型组合电器各元件检修步骤及质量要求

1. 断路器单元

（1）检查、维修。在检修前先将断路器置于分闸位置，切断各回路电源，回收断路器气室中的SF_6气体（具体操作方法参见模块 Z15E2007 Ⅱ），放掉断路器机构储气罐中的压缩空气。如图 6–1–1 和图 6–1–2 所示为 GIS 中断路器灭弧室解体演示图，具体检查、维修步骤如下：

1）用力矩扳手打开断路器顶盖板和下部罐手孔盖。

2）从断路器顶部用专用静弧触头拆装工具拆下静弧触头。

3）用专用喷口拆装工具拆下喷口。

4）用专用动弧触头拆装工具拆下动弧触头。

5）检查拆下的动弧触头、静弧触头是否有明显损伤，如有损伤可按表 6–1–8 中要求进行更换。

6）对喷口进行检查，如有损伤可按表 6–1–8 中要求进行更换。

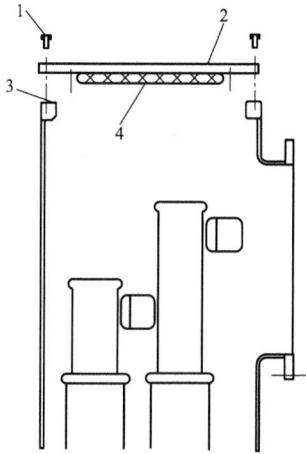

图 6-1-1 断路器灭弧室解体图（一）

1—六角螺栓；2—盖板；3—O 形圈；4—吸附剂

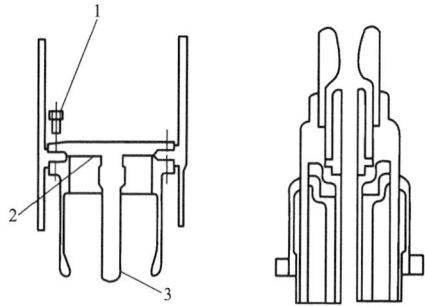

图 6-1-2 断路器灭弧室解体图（二）

1—六角螺栓；2—静触头支持导体；3—静弧触头

7）用酒精对喷口进行清理，避免有污点。

8）用三氯乙烷清洗动、静触头，并在触头头部涂上微炭润滑脂。

9）安装动、静触头和喷口，并注意将喷口螺纹拧到底部。用酒精或丙酮对断路器气室进行全面清理。

表 6-1-8 灭弧室零部件更换标准

零部件名称	更换标准	零部件名称	更换标准
静弧触头	触头端部的磨损量大于 2mm 或者出现裂痕	喷口	喷口内径的磨损量大于 1mm
动触头	触头端部的磨损量大于 1mm 或者出现大的裂痕，发生质变时		

10）更换顶盖用密封圈。先清洗密封槽和密封面，检查并确认没有刻伤痕迹和灰尘。清洗时应当使用沾有酒精的清洁软布。在密封槽内，要可靠地放置具有规定尺寸和材料的 O 型圈，更换密封圈时需使用专用的气体密封胶，把气体密封胶涂敷在外部空气侧。对装法兰时，要确保 O 型圈不被挤出。

11）更换吸附剂。更换吸附剂不能在雨中或湿度大于 80%时进行。用烘干的新的吸附剂换掉旧的吸附剂，紧固件的紧固按照规定力矩用力矩扳手紧固。更换下来的吸附剂经过处理后深埋地下。具体的工艺步骤见表 6-1-9。

表 6-1-9   更换吸附剂的步骤

序号	步骤	图例
1	从气体绝缘设备上取下带有吸附剂的盖板	
2	卸下盖板上的吸附剂盒，更换吸附剂	
3	用板盖住吸附剂盒后，用螺栓把吸附剂盒固定在盖板上。 螺栓上要涂胶，并将锁紧夹的末端折弯，防止螺栓松动	
4	清理外壳法兰和盖板的密封面，装 O 型圈和盖板	

更换吸附剂后，应在 0.5h 之内封盖并开始抽真空，当真空度达到 133Pa 以下时，继续抽真空 30min，停机保持 4h 以上，记录真空度下降的数值应不大于 133Pa，充气前再抽真空 30min，若真空度仍有下降，则应检查密封环节。

12）抽真空。① 用吸湿率低的管（一般采用不锈钢金属软管较为适宜）把真空泵（或气体回收装置）与 GIS 气隔相连接。关闭 GIS 气隔截止阀，打开真空表两侧截止阀，对管路抽真空 5min 后关闭真空表靠真空泵侧截止阀，观察管路中的真空压力 15min。如果真空压力上升，应检查气体管路的接头。② 打开 GIS 气隔截止阀，抽真空。当真空度达到 40Pa 后，应继续抽 2h，然后关闭真空表侧截止阀，打开真空泵排气阀并停泵。24h 后，进行真空度复测。真空度合格后，方可充入 SF$_6$ 气体。③ 抽真空过程中，必须有专人监护。如果真空泵由于电源中断或其他不可预见的原因中途停泵时，应立即关闭真空泵的截止阀，并打开真空泵排气阀，以防真空泵内润滑油进入 GIS 气隔内部。④ 如果真空泵在工作期间需中途停泵，应先关闭真空泵截止阀。在断开真空泵电源之前，打开真空泵排气阀。

13）SF$_6$ 气体的充注应符合下列要求：① 充注前，充气设备及管路应洁净、无水分、无油污；管路连接部分应无渗漏。② 气体充入前应按产品的技术规定对设备内部进行真空处理。③ 当气室已充有 SF$_6$ 气体，且含水量检验合格时，可直接补气。

14）充 SF$_6$ 气体及检漏：充 SF$_6$ 气体至 0.25MPa 后，对现场装配的密封面进行检漏，确认无漏点之后再充 SF$_6$ 气体至额定压力，然后再进行全面检漏，并记录环境温度。

15）检修后的断路器进行分合闸特性试验、三相同期试验、30%～65%额定操作电压试验。

（2）检修注意事项。

1）切断操作电源。

2）当检修内部或构件时，必须确认防止合闸销子和防止分闸销子已经插入。而当检修已完成时，必须确认两个销子均已拔出。

3）若必须检查罐体内部时，应切断主回路，断路器两端接地后，抽空外壳内 SF$_6$ 气体，并充分通风，然后才能进行检修工作。

4）使用指定的润滑脂，但不能将润滑脂涂敷到绝缘件上。

5）已取下的 O 形圈，按规定必须更换为新的 O 形圈。

6）液态密封胶应涂敷在 O 形圈和气体密封面的外侧（O 形圈密封槽和 O 形圈接触面）。

7）不得拆卸直动密封轴装配。

8）完成内部检修后，应更换吸附剂，并及时抽真空。

9）所有拆装过的密封环节应进行气体泄漏检测。

10）必须确认，检修前后的所有技术参数没有异常变化。

2. 隔离开关单元

检修前，将隔离开关放到分闸位置，切断各回路电源，必须使用回收装置回收隔离开关单元气室中的 SF_6 气体，具体检修步骤如下：

（1）拆除手孔盖板。

（2）通过手孔，对隔离开关单元内部进行外观检查：动、静触头是否有明显划痕；隔离开关单元内部是否有金属残屑；绝缘拉杆是否有裂痕；梅花触头、自立型触头、轴承等零件是否有变形或损伤。

（3）若在隔离开关单元的内部只有部分金属残屑，则用餐巾纸蘸酒精或丙酮进行清理。

（4）零件更换完后，用吸尘器清理、并用餐巾纸或白布对隔离开关单元内部进行全面清理。

（5）更换解体部分的 O 形圈：将设备上解体部分的 O 形圈全部换掉并作破坏处理，用非金属工具去除密封部位的原有密封胶，用酒精清洗，对密封槽、密封面及新密封圈进行严格检查后，使用规定的密封胶，换上新的 O 形圈。

（6）更换吸附剂、抽真空、充 SF_6 气体及检漏的工艺步骤和要求与前面介绍的一样。

（7）对检修好的隔离开关进行分合闸时间、三相同期试验。

（8）按相反顺序装复好，抽真空，进行密封试验，充 SF_6 气体至额定压力，再作微水试验。

3. 电流互感器单元

电流互感器是高电压、大电流回路的测量设备与保护设备。电流互感器通常与断路器是同一个气室，在断路器进行解体时，同时检查电流互感器的线圈有无异常现象，并测试其特性和测量误差。测试的结果和投运前的相比较，看有无变化。检查完后，应和断路器一起恢复原状态。

4. 电压互感器单元

正常情况下检修时一般不需要解体，应该认真检查电压互感器单元气室 SF_6 气体年泄漏量是否不大于 1%，是否需要补气；检查电压互感器外接端子是否有松动；检查电压互感器单元的防爆膜是否完好；检查电压互感器的变比是否正确。

5. 避雷器单元

避雷器在投入运行后，要定期进行检查和试验，其项目为：

（1）泄漏电流测量。当避雷器上的电压不超过持续运行电压时，其阻性电流应不大于 300μA。测量时应在无开关操作及其他异常情况下进行，以保证测试的安全和数据的可靠性。在投运的两年内，应每半年测量一次，以后每年测量一次。测量时应记录测试时间、温度、产品型号、编号、测试时的电压和测量结果。当避雷器的阻性电流大于 300μA 时，要通知制造厂，共同查找原因。

（2）密封性试验。要求避雷器气室 SF$_6$ 气体年泄漏量不大于 1%。

（3）SF$_6$ 气体水分含量检测。依照 GB/T 8905—2012《SF$_6$ 电气设备中气体管理和检测导则》的要求进行。运行中允许值为不大于 300μL/L。

（4）计数器的动作和电流情况。

（5）外观检查。检查螺钉、螺母是否有松动等。

（6）附件安装检查。126kV GIS 的其他外装附件，如电线管、平台等，也应检查其紧固情况，看有无松动，应使其与 GIS 本体连接牢靠。

6. 母线单元

（1）检查盆式绝缘子外观情况及局部放电的变化情况，根据具体情况判断是否更换盆式绝缘子。

（2）检查导体的镀银面是否有损伤，损伤处重新镀银。

（3）清洁导体、盆式绝缘子的表面及壳体内表面。

（4）更换密封圈。整个部分应按气室解体进行检修并装复。同时应进行密封试验、SF$_6$ 气体试验和母线绝缘等试验。

7. GIS 修后的调试和试验

（1）GIS 修后的调试。

1）组合电器应安装牢靠，外表清洁完整，动作性能符合产品的技术规定。

2）电器连接应可靠，且接触良好。

3）操动机构的各部件螺栓应紧固，轴销及各传动部件转动灵活，机构箱内清洁。

4）组合电器及其传动机构的联动应正常，无卡阻现象；分、合闸指示正确；辅助开关及电气闭锁应动作正确可靠。

5）支架及接地引线应无锈蚀和损伤，接地应良好。

6）密度继电器的报警、闭锁定值应符合规定；用检漏仪对组合电器进行 SF$_6$ 漏气检查应无鸣叫；电气回路传动正确。

7）SF$_6$ 气体漏气率和含水量应符合规定。

8）油漆应完整，相色标志正确。

（2）GIS 修后的试验。GIS 修后的试验项目和标准见表 6-1-10。

表 6-1-10 GIS 修后的试验项目和标准

序号	项目	标准	说明
1	GIS 内 SF_6 气体的含水量（20℃体积分数）10^{-6} 以及气体的其他检测项目	（1）断路器灭弧室气室：大修后不大于 150μL/L；运行中不大于 300μL/L。 （2）其他气室：大修后不大于 250μL/L；运行中不大于 500μL/L	（1）按 DL/T 506—2007《SF_6 电气设备中绝缘气体湿度测量方法》进行。 （2）新装及大修后 1 年内复测 1 次，如 SF_6 气体水分含量符合要求，则正常运行中 3 年 1 次
2	SF_6 气体泄漏试验	年漏气率不大于 1%或按制造厂要求	（1）按 GB/T 11023—1989《高压开关设备 SF_6 气体密封试验方法》方法进行。 （2）对电压等级较高的 GIS，因体积大可用局部包扎法检漏，每个密封部位包扎后历时 5h，测得的 SF_6 气体含量（体积分数）不大于 $30×10^{-6}$
3	辅助回路和控制回路绝缘电阻	绝缘电阻不低于 2MΩ	采用 500V 或 1000V 绝缘电阻表
4	耐压试验（大修时）	交流耐压的试验电压为出厂试验电压值的 80%	（1）试验应在 SF_6 气体额定压力下进行。 （2）对 GIS 试验时不包括其中的电磁式电压互感器及避雷器，但在投运前应对它们进行试验电压值为 U_m 的 5min 耐压试验
5	辅助回路和控制回路交流耐压试验	试验电压为 2kV，可用 2500V 绝缘电阻表代替	耐压试验后的绝缘电阻值不应降低
6	断路器的速度特性（大修时）	测量方法和测量结果应符合制造厂规定	制造厂无要求时不测
7	断路器的时间参量（大修时）	除制造厂另有规定外，断路器的分、合闸同期性应满足下列要求：相间合闸不同期不大于 5ms；相间分闸不同期不大于 3ms	在额定电压（气压、液压）下进行
8	分、合闸电磁铁的动作电压	（1）操动机构分、合闸电磁铁或合闸接触器端子上的最低动作电压应在操作电压额定值的 30%～65%。 （2）在使用电磁机构时，合闸电磁铁线圈通流时的端电压为操作电压额定值的 80%～110%可靠动作。 （3）进口设备按制造厂规定	
9	导电回路电阻	GIS 的回路电阻不大于出厂值的 20%	用直流压降法测量，电流不小于 100A
10	分、合闸线圈直流电阻	按制造厂规定	
11	SF_6 气体密度监视器（包括整定值）检验	按制造厂规定	
12	闭锁、防跳跃等的动作性能	按制造厂规定	

续表

序号	项目	标准	说明
13	GIS 中的电流互感器、电压互感器（大修时）	按制造厂规定，或按预防性试验规程相关项目进行	
14	检查放电计数器动作情况	测试 3～5 次，均应正常动作	怀疑有缺陷时

　　整体调试和试验后，拆除检修架，整理清扫工作现场，检查接地线。学员应填写检修报告及有关记录，召开班会总结并写出工作总结，整理技术文件资料，并存档保管。最后接受现场验收，办理工作票终结手续，检修人员全部撤离工作现场。

　　【思考与练习】

　　1. GIS 大修的主要内容有哪些？

　　2. GIS 检修作业前的检查、试验项目有哪些？

　　3. GIS 检修作业前的综合诊断项目有哪些？

　　4. 简述 ZF7A-126 型组合电器断路器单元的检修步骤。

　　5. GIS 检修后如何进行调试？

　　6. GIS 检修后的试验项目有哪些？

◢ 模块 2　GIS 状态检修（Z15F3002Ⅲ）

　　【模块描述】　本模块介绍 GIS 实行状态检修包含的主要内容。通过概念描述、要点讲解，了解 GIS 状态检修的信息收集、设备评价、检修策略制定的环节的主要内容及开展 GIS 状态检修工作在管理上应注意的问题。

　　【模块内容】

　　一、GIS 状态检修概述

　　GIS（包括 Compass 和 Pass 等气体绝缘开关设备）的状态检修是通过掌握其运行状态，并进行综合评价，通过采用合理的检修策略和周期，避免"过修、欠修"，做到"应修必修，修必修好"。所以 GIS 的状态检修并不是简单的减少检修工作量和拉长检修、试验周期，而是使该设备的运行管理工作更科学化、规范化。实行 GIS 状态检修要求运行、检修、预试人员具备高度的责任心和严谨的科学态度，对运行、检修工作提出了更高的要求。

　　GIS 实施状态检修的过程包括信息收集、设备状态评价、设备风险评估、制定检修策略和检修计划、实施检修、绩效评估等步骤。

二、GIS 的状态信息收集与管理

GIS 的状态信息源包括设备的静态信息、动态信息和环境信息 3 大类。静态信息是指运行前信息，可作为判断设备状态所提供的原始"指纹"信息，也是状态检修的基础信息；动态信息来源于设备运行和检修等各环境的信息，该信息是判断设备状态和检修决策的直接依据；环境信息是判断设备状态的重要基础参考信息。静态信息与动态信息组合分析，可以描述设备的变化趋势，对状态判断与检修决策具有重要意义。而通过环境信息的收集和积累，逐步找出其影响设备健康状况的内在规律，以更加科学地指导状态检修的开展。

1. 静 态 信 息

GIS 涉及的静态信息主要包括：铭牌信息、型式试验报告、订货技术协议、设备监造报告、出厂试验报告、安装调试报告、交接验收报告、设备技改及主要部件更换情况等。GIS 的静态信息，可以由各单位根据国家电网公司《110（66）kV～500kV 气体绝缘金属封闭开关设备评价标准（试行）》对设备进行评价时一并收集。对于新（扩）建工程和实施技术改造的 GIS 可以按"设备投运前性能评价"和"设备技术改造计划制定、执行及效果情况评价"部分，在投运前或相关设备技术标准更改后进行。

2. 动 态 信 息

GIS 的动态信息主要包括 GIS 跳闸记录、继电保护及自动装置提供的故障电流波形、相别、幅值、持续时间等事件记录信息、历年缺陷及异常记录、红外测温记录、设备检修报告、设备预试报告、特殊测试报告、有关反措执行情况、同型（同类）设备的运行、修试、缺陷和故障的情况等。GIS 的动态信息，同样可以由各单位根据国家电网公司《110（66）kV～500kV 气体绝缘金属封闭开关设备评价标准（试行）》对设备进行评价时一并收集。

3. 环 境 信 息

GIS 的环境信息包括环境温度、湿度、污秽信息、雷电活动、雨雪雾等信息。环境信息的收集、记录应每年年终进行 1 次。

4. SF_6 组合电器状态信息收集

依据 Q/GDW 448—2010《气体绝缘金属封闭开关设备状态评价导则》，高压 SF_6 组合电器状态信息必备的资料主要有：

（1）原始资料。原始资料包括铭牌参数、型式试验报告、订货技术协议、设备监造报告、出厂试验报告、运输安装记录、交接验收报告、交接验收资料、安装使用说明书等。

（2）运行资料。运行资料包括运行工况记录信息、历年缺陷及异常记录、巡检情况、带电检测及在线监测记录等。

（3）检修资料。检修资料包括检修报告、试验报告、设备技改及主要部件更换情况等。

（4）其他资料。其他资料包括同型（同类）设备的异常、缺陷和故障的情况、设备运行环境变化、相关反措执行情况、其他影响 GIS 安全稳定运行的因素等信息。

5. SF$_6$ 组合电器状态信息的管理

GIS 设备状态信息的管理应做到准确、完整、及时，组合电器的相关状态信息表应作为设备的健康档案长期保存，并作为设备状态评价和制定检修策略的重要依据。由于反应设备状态的信息量庞大并且处在动态的变化、更新过程中，涉及选型、订货、安装、调试、运行、检修、维护的全过程，因此，设备状态信息只有在计算机网络管理下才能充分高效地发挥作用，开展设备状态检修应及时建立相应的计算机管理信息系统。应不断推进设备状态信息与生产管理信息系统（MIS）的关联性，不断提高设备信息的共享程度。GIS 的形式种类比较多，结构原理差异较大，组合电器的新产品不断被采用，但是相关的状态检测手段尚未十分完善，因此要求我们在实施 GIS 状态检修的过程中，结合现场实际情况，不断总结经验，把 GIS 的状态检修做得更好。

三、GIS 状态信息分析与评价

1. GIS 的状态信息分析

GIS 的状态信息分析主要依据国家电网公司《110（66）kV～500kV 气体绝缘金属封闭开关设备评价标准（试行）》"设备运行维护情况评价""设备检修情况评价"和"设备技术监督情况评价"部分，并结合停电、带电、在线检测结果、设备运行状况和相关设备的运行经验进行综合评定。对 GIS 的设备状态信息进行分析时，可以采用限值比较、纵向比较、逻辑推理、同类设备缺陷分析等方法进行。

2. GIS 状态的划分与状态量权重

（1）GIS 状态的划分。正确划分 GIS 的运行状态是选择合适检修策略的基础，按照 Q/GDW 448—2010《气体绝缘金属封闭开关设备状态评价导则》分为正常状态、注意状态、异常状态和严重状态。

1）正常状态表示 GIS 各状态量处于稳定且在规程规定的警示值、注意值（以下简称标准限值）以内，可以正常运行。

2）注意状态表示设备的单项（或多项）状态量变化趋势朝接近标准限值方向发展，但未超过标准限值，或部分一般状态量超过标准限值，仍可以继续运行，应加强运行中的监视。

3）异常状态表示单项重要状态量变化较大，已接近或略微超过标准限值，应监视运行，并适时安排检修。

4）严重状态表示单项重要状态量严重超过标准限值，需要尽快安排停电检修。

（2）状态量权重。设备的状态量是直接或间接表征设备状态的各类信息，如数据、声音、图像、现象等。状态量分为一般状态量和重要状态量。一般状态量是对设备的性能和安全运行影响相对较小的状态量；重要状态量是对设备的性能和安全运行有较大影响的状态量。GIS 运行的状态量视状态量对安全运行影响的重要程度，从轻到重分为 4 个等级，对应的权重分别为权重 1、权重 2、权重 3、权重 4，其系数为 1、2、3、4。权重 1、权重 2 与一般状态量对应，权重 3、权重 4 与重要状态量对应。

（3）状态量劣化程度。视状态量的劣化程度从轻到重分为 4 级，分别为Ⅰ、Ⅱ、Ⅲ和Ⅳ级。其对应的基本扣分值为 2、4、8、10 分。

（4）状态量扣分值。状态量应扣分值由状态量劣化程度和权重共同决定，即状态量应扣分值等于该状态量的基本扣分值乘以权重系数，状态量正常时不扣分。状态量的权重、劣化程度及对应扣分见表 6-2-1。

表 6-2-1　　　　　　　　状态量的权重、劣化程度及对应扣分表

状态量劣化程度	基本扣分值	权重系数			
		1	2	3	4
Ⅰ	2	2	4	6	8
Ⅱ	4	4	8	12	16
Ⅲ	8	8	16	24	32
Ⅳ	10	10	20	30	40

3. GIS 状态评价

GIS 的状态评价，是以预防性试验、日常运行维护监视、设备检修信息、故障和事故信息、缺陷信息、落实各反措情况、环境因素、设备正常寿命周期等要素为主，以红外检测、带电测试、在线检测等手段为辅的。所以，对 GIS 要严格按规定进行预防性试验，检测的方法应正确可靠、准确，检测结果应做好记录和统计分析。当其他检测手段的结果与电气预防性试验结果出现矛盾时，以电气设备预防性试验结果为准。

高压 SF_6 组合电器的状态评价分为部件评价和整体评价 2 部分。高压 SF_6 组合电器各部件一般具有独立性，可分为断路器、隔离开关和接地开关、电流互感器、避雷器、电压互感器、套管及母线共七种部件。各部件状态量扣分标准可以参见 Q/GDW 448—2010《气体绝缘金属封闭开关设备状态评价导则》中的规定。

4. 状态评价标准

（1）高压 SF_6 组合电器部件的评价应同时考虑单项状态量的扣分和部件合计扣分

情况，部件状态评价标准见表 6-2-2。

表 6-2-2   设备部件状态总体评价标准

评价标准部件	正常状态		注意状态		异常状态	严重状态
	合计扣分（1）	单项扣分（2）	合计扣分（3）	单项扣分（4）	单项扣分（5）	单项扣分（6）
断路器	≤30	≤12	≥30	12～16	20～24	≥30
隔离开关和接地开关	≤20	≤12	≥20	12～16	20～24	≥30
电流互感器	≤20	≤12	≥20	12～16	20～24	≥30
避雷器	≤20	≤12	≥20	12～16	20～24	≥30
电压互感器	≤20	≤12	≥20	12～16	20～24	≥30
套管	≤20	≤12	≥20	12～16	20～24	≥30
母线	≤20	≤12	≥20	12～16	20～24	≥30

（2）高压 SF_6 组合电器整体评价应综合其部件的评价结果。当所有部件评价为正常状态时，整体评价为正常状态；当任一部件状态为注意状态、异常状态或严重状态时，整体评价应为其中最严重的状态。

四、GIS 风险评估

GIS 的风险评估在状态评价之后进行，通过风险评估，确定 GIS 面临的和可能导致的风险，为状态检修决策提供依据。风险评估所需要的初始信息：

（1）设备状态评价结果（设备状态评价分值）；

（2）设备故障案例（设备故障、损失程度及可能性）；

（3）设备相关信息，包括设备台账、电网结构及供电用户信息。

设备风险评估应按照国家电网公司《输变电设备风险评估导则（试行）》，利用 GIS 状态评价结果，综合考虑安全性、经济性和社会影响三个方面的风险，确定设备风险程度。GIS 风险评估每年至少 1 次。

五、GIS 状态检修策略

1. 检修的分类

高压 SF_6 组合电器状态检修工作内容包括停电、不停电测试和试验以及停电、不停电检修维护工作。根据国家电网公司的要求，设备的检修可以分为 A、B、C、D 四类，A 类检修一般指常规意义上的解体大修；B 类检修一般指常规意义上的小修（含更换部件）和特殊试验；C 类检修一般指常规电气、机械试验和检查维护；D 类检修一般指不需要停电进行的正常维护、巡视和带电测试工作。

2. 状态检修策略

（1）检修计划的制定。

1）状态检修策略既包括年度检修计划的制订，也包括试验、不停电的维护等。检修策略应根据设备状态评价的结果动态调整。

2）年度检修计划每年至少修订一次。根据最近一次设备状态评价结果，考虑设备风险评估因素，并参考厂家的要求，确定下一次停电检修时间和检修类别。在安排检修计划时，应协调相关设备检修周期，尽量统一安排，避免重复停电。

3）对于设备缺陷，应根据缺陷的性质，按照有关缺陷管理规定处理。同一设备存在多种缺陷，也应尽量安排在一次检修中处理，必要时，可调整检修类别。

4）C 类检修正常周期宜与试验周期一致。

5）不停电的维护和试验根据实际情况安排。

6）根据设备评价结果，制订相应的检修策略。

（2）正常状态的检修策略。被评价为正常状态的高压 SF_6 组合电器，执行 C 类检修。C 类检修可按照正常周期或延长 1 年并结合例行试验安排。在 C 类检修之前，可以根据实际需要适当安排 D 类检修。

（3）注意状态的检修策略。被评价为注意状态的高压 SF_6 组合电器，执行 C 类检修。如果单项状态量扣分导致评价结果为注意状态时，应根据实际情况提前安排 C 类检修。如果仅由多项状态量合计扣分导致评价结果为注意状态时，可按正常周期执行，并根据设备的实际状况，增加必要的检修或试验内容。在 C 类检修之前，可以根据实际需要适当加强 D 类检修。

（4）异常状态的检修策略。被评价为异常状态的高压 SF_6 组合电器，根据评价结果确定检修类型，并适时安排检修。实施停电检修前应加强 D 类检修。

（5）严重状态的检修策略。被评价为严重状态的高压 SF_6 组合电器，根据评价结果确定检修类型，并尽快安排检修。实施停电检修前应加强 D 类检修。

六、检修实施

（1）各检修、施工单位按照批准的 GIS 检修计划及状态评价结果所确定的检修内容和项目，按照有关状态检修导则、检修工艺规程及标准化作业指导书的要求，组织进行检修工作。

（2）各检修、施工单位提前做好施工所需的材料、备品备件、工器具准备。

（3）对于大型、复杂作业必须在年初编制出施工方案及相应的安全技术组织措施，并报相关部门进行审批。

七、检修绩效评估

绩效评估是在 GIS 状态检修工作开展过程中，依据国家电网公司《输变电设备状态检修绩效评估标准》，对执行体系的有效性、检修策略的适应性、工作目标实现程度、工作绩效等进行评估，确定 GIS 状态检修工作取得的成效，查找工作中存在的问题，提出持续改进的措施和建议。

（1）绩效评估工作由绩效评估小组每年组织一次。

（2）GIS 状态检修绩效评估采用自评、检查、互查、审核相结合的方式。

（3）GIS 状态检修绩效自评估主要采用分项和综合评分的方法，每年对 GIS 状态评价的有效性、检修策略的正确性、计划实施、检修效果、检修效益进行分项评估。

八、GIS 状态检修的管理工作（应注意的问题）

（1）断路器开断次数或开断电流累计值的统计应根据本站负荷电流和正常运行方式下的最大短路电流值进行计算。调度部门应每年给定一次变电站正常运行方式下的最大短路电流值。

（2）断路器每次分闸后，运行人员应迅速、准确地做好记录和统计工作。

（3）当断路器开断次数或开断电流累计值接近极限值时，运行人员应迅速报告本单位开关专责人和有关主管领导，以便安排检修。

（4）试验人员应迅速将预试中发现的缺陷报告本单位开关专责人和有关主管领导，以便进行分析及确定是否安排检修。

（5）运行人员应及时将运行中出现的异常情况或缺陷报告本单位开关专责人和有关主管领导，以便进行分析及确定是否安排检修。

（6）运行单位开关专责人应掌握辖内 GIS 设备的性能状态，对出现的异常情况应进行分析，提出处理意见。对需要检修的做好计划安排，检修工作完成后，应做好验收工作。

（7）高压 SF_6 组合电器的状态评价应实行动态化管理，每次检修或试验后应进行一次状态评价。

【思考与练习】

1. GIS 的状态信息都有哪些？
2. 按照 Q/GDW 448—2010，高压 SF_6 组合电器可以评定为哪些状态？
3. GIS 状态检修策略是什么？
4. 在 GIS 实施状态检修过程中，如何进行绩效评估？

▲ 模块 3　GIS 常见故障处理（Z15F4002Ⅲ）

【模块描述】 本模块介绍 GIS 常见故障的原因分析和处理方法。通过要点归纳、典型案例，熟悉 GIS 的常见故障现象，掌握各种 GIS 常见故障的处理方法。

【模块内容】

GIS 金属全封闭 SF_6 绝缘组合电器的故障可以分成两种故障：

（1）GIS 设备控制操作回路故障。包括现地控制柜二次回路接触不良及控制继电器损坏故障；隔离开关/接地开关机构、快速接地开关机构、断路器操动机构故障等。

（2）GIS 设备本体故障。包括气室密封紧密性、SF_6 气体微水超标、导体接触不良、绝缘击穿等与主回路密切相关的元件的故障等。

本模块仍以 ZF7A-126 型高压 SF_6 组合电器（配用弹簧机构）为例，介绍 GIS 常见故障现象、原因分析和处理方法。

一、ZF7A-126 型高压 SF_6 组合电器常见故障现象、原因分析及处理措施

ZF7A-126 型高压 SF_6 组合电器常见故障现象、原因分析及处理措施见表 6-3-1。

表 6-3-1　　　　　**ZF7A-126 型高压 SF_6 组合电器常见故障现象、**

原因分析及处理措施

序号	故障现象	原因分析	处理措施
1	电动操作不动作	控制或电动机回路电压降低或失压	提供正常电压，检查控制电源是否正常
		控制或电动机回路接线松动或断线	接好线，拧紧接线螺钉，更换断线的导线
		控制或电动机回路的开关、接触器的触头接触不良或烧坏	清理、检修或更换有故障的触头或开关
		接触器线圈断线或烧坏	检修或更换线圈
		热继电器动作，切断了接触器线圈回路	卸下热继电器手动复位孔孔盖，按动热继电器复位按钮。必要时检查其动作原因并采取措施
		由于 SF_6 压力低使压力开关不动作	检查 SF_6 压力是否正常，压力开关接触是否良好
		外部连锁回路不通	检查有关的设备、元件的状态是否满足外部连锁条件。检查外部连锁回路及有关设备。元件的连锁开关及触头是否完好，动作正常
		闭锁杆处于闭锁位置	释放闭锁
2	手动操作不能进行	闭锁杆处于闭锁位置	释放闭锁
		控制回路电压降低或失压，连锁电磁铁不动作	提供正常电压
		外部连锁回路不通，连锁电磁铁不能通电动作	检查有关的设备、元件的状态是否满足外部连锁条件。检查外部连锁回路及有关设备、元件的连锁开关及触头是否完好、动作正常
		连锁电磁铁线圈断线或烧坏；该回路连锁开关有故障；接线松动或断线	检修或更换线圈或开关，检修该线路
		操作手柄转动方向不对	按指示牌规定的方向操作

续表

序号	故障现象	原因分析	处理措施
3	分闸或合闸不到位或卡涩	定位器调整不当或松动，使得指示盘上小槽与指针未对准	调整定位器调节螺栓，拧紧锁紧螺母
		机构或配用开关有机械故障	慢动作合、分检查，检修排出故障
4	手动操作后，止挡复位不到位	取出操作手柄前，连锁电磁铁已经断电	不插入手柄，转动挡板使连锁电磁铁吸合后释放。或者重新插入手柄随即快速抽出
5	气体压力降低报警，气体压力降低闭锁	SF_6 气体系统漏气	补气到额定压力，可以在运行中补气，在停电时检修漏气部位
		SF_6 气体密度继电器动作值不准	调整 SF_6 气体密度继电器的整定值。在不能调整的情况下，请与制造厂联系
6	局部放电	盆式绝缘子上的颗粒	用局部放电故障检测仪检测
		自由颗粒	用酒精清洗盆式绝缘子上的颗粒
		导体上或壳体上有毛刺	用三氯乙烷清洗导体、壳体上的毛刺
		盆式绝缘子内部缺陷	消除盆式绝缘子内部缺陷
		悬浮屏蔽	紧固机械屏蔽螺栓

二、SF_6 组合电器故障处理案例

某电力公司由沿江变电站送二化区变电站的 110kV 江化Ⅱ线 712 开关距离Ⅰ段、零序Ⅰ段动作，W 相接地故障，重合失败，二化区变电站 110kV 侧为 GIS 内桥接线，二化区变电站 110kV 备自投动作。故障发生后调度通知线路巡线未发现异常，随后试送江化Ⅱ线不成功。根据沿江变电站 110kV 江化Ⅱ线保护及故障录波器信息，故障电流 4700A，测距 2.7km，怀疑二化区变电站 GIS 内部有故障。后解开二化区变电站侧线路进线搭头，线路充电正常，判断故障在 GIS 内部。

1. 故障查找

110kV 江化Ⅱ线 712 间隔组合电器侧面图如图 6-3-1 所示，通过试验，电压互感器、避雷器试验正常，初步判断故障在进线套管至进线隔离开关 QS 之间桶内，随即通知厂家来人。

回收江化Ⅱ线 712 进线气室内部 SF_6 气体，将气体回收至 0 表压，并回大气保持通风后，打开气室 1、2、3、4 检修孔观察检查，发现江化Ⅱ线的避雷器刀闸气室、电压互感器刀闸气室内部有大量黑灰色粉尘，但未发现明显放电点。而从避雷器刀闸进线桶之间绝缘盆孔洞向进线桶望去，发现有大量电弧喷射现象如图 6-3-2 所示。根据检查情况现场与厂家确认故障部位为进线套管到进线桶之间。

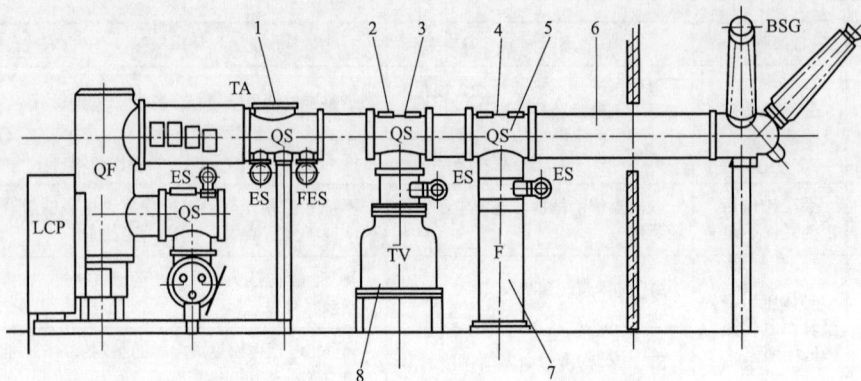

图 6-3-1　110kV 江化Ⅱ线 712 间隔组合电器侧面图

1～4—检修孔；5—进线隔离开关气室；6—进线气室；7—避雷器隔室；8—电压互感器隔室

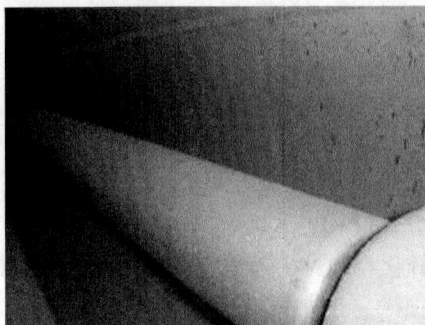

图 6-3-2　有大量电弧喷射现象图

解开进线气室和进线隔离开关气室静触头侧盆式绝缘子，发现静触头侧盆式绝缘子一侧被闪络击穿发黑，如图 6-3-3 所示。放电部位为 W 相屏蔽罩根部沿盆式绝缘子表面对桶壁放电。检查盆式绝缘子表面发现有类似油迹斑点，表面还有轻微划痕。后对故障盆式绝缘子表面用酒精清洗检查，发现有轻微放电痕迹，表面有电弧烧灼的小坑，如图 6-3-4 所示，沿盆式绝缘子边缘有多处放电烧灼痕迹。

图 6-3-3　盆式绝缘子表面放电痕迹图

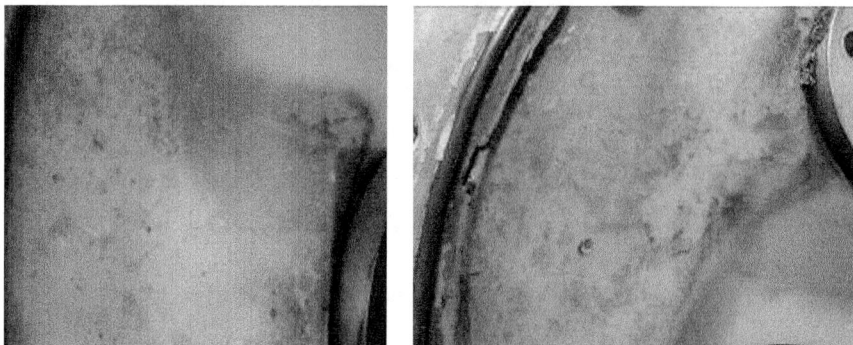

图 6-3-4　盆式绝缘子表面放电烧灼的痕迹

2. 故障原因分析

通过解体确认，故障原因为进线气室与进线隔离开关气室之间绝缘盆进线桶侧表面因油迹或轻微划痕造成沿面放电，W 相屏蔽罩根部对桶壁放电，造成接地短路故障。

3. 故障处理

厂家重新发备品到现场后，主变压器重新停电，现场再次对各气室进行清洁后，安装进线桶及套管。安装套管完毕，分别测量三相导电回路电阻，均正常，并通过了整组试验。设备投运后，由相关电试人员对二化区变电站 GIS 所有气室进行了 SF_6 气体成分检测，测试结果故障气室的 SO_2 及 H_2S 含量都为 0，检测结果正常。

4. 防范与感悟

通过本案例可认识到，在 GIS 的安装、检修过程中一定要保证各气室元件的清洁，仔细地检查每个元件表面有无油污或毛刺，发现情况一定要及时处理，保证组合电器完好，才能安全运行。

【思考与练习】

1. ZF7A-126 型高压 SF_6 组合电器断路器电动操作不动作，如何进行处理？

2. ZF7A-126 型高压 SF_6 组合电器断路器手动操作不能进行，如何进行处理？

3. ZF7A-126 型高压 SF_6 组合电器手动操作后止挡复位不到位，如何进行处理？

4. ZF7A-126 型高压 SF_6 组合电器发生局部放电的可能原因是什么？

第三部分

隔离开关检修

第七章

35kV 及以下隔离开关更换安装

▲ 模块 1　35kV 及以下隔离开关安装及本体检修 工作的基本要求（Z15G1001 I）

【模块描述】 本模块介绍 35kV 及以下隔离开关安装及本体检修工作的基本要求。通过定义讲解、要点归纳，熟悉 35kV 及以下隔离开关检修工作的内容、基本要求和主要工作流程。

【模块内容】

一、隔离开关检修作业的内容

隔离开关是高压电气装置中使用最广泛的开关电器，在电力网中用量约为断路器用量的 3～4 倍，也是变电维护和检修的主要设备之一。

1. 隔离开关的小修

隔离开关的小修是对设备不全部解体进行的检查与修理，一般应结合设备的预防性试验进行，但周期一般不应超过半年。小修时，进行清扫、触头检修、机构注油和调整。

（1）检查隔离开关外部。

（2）清扫绝缘子上的油泥和灰尘。

（3）检查隔离开关导电触头及弹簧，清除烧损点及氧化物。

（4）检查隔离开关接线座并润滑转动机构。

（5）检查隔离开关的接地线。

（6）检查各连接点的接触情况及绝缘子、母线、支架。

（7）油漆隔离开关构架。

2. 隔离开关的大修

隔离开关的大修是对设备的关键零部件进行全面解体的检查、修理或更换，使之重新恢复到技术标准要求的正常功能。大修时，导电回路和传动、操动机构应进行分解、清洗、检查、修理和调整。

（1）按小修规定项目检查并更换损坏件。

（2）检修或更换过热的导电触头。

（3）必要时解体检修转动机构。

（4）调整试验。

3. 隔离开关的临时性检修

隔离开关的临时性检修是针对设备在运行中突发的故障或缺陷而进行的检查与修理，其项目应根据设备缺陷情况而定，对有明显过热和超过允许最高温度的发热，严重卡涩，分、合闸不能正确到位，瓷柱裂纹及元件破损等情况时，影响安全运行的必须进行临时性检修。

4. 隔离开关的安装更换

隔离开关的安装更换是在原有回路单元中拆除旧隔离开关，再重新安装新的隔离开关。主要步骤如下：

（1）拆除原隔离开关。

（2）安装新的隔离开关。

（3）整体调整和试验。

二、隔离开关检修作业的基本要求

（一）检修作业的安全要求

检修作业人员必须严格执行《国家电网公司电力安全工作规程 变电部分》及相关规程规定，明确停电范围、工作内容、停电时间。

（1）施工用电设施安装完毕后，应有专业班组或指定专人负责运行及维护。

（2）现场如需进行电、气焊工作，要办理动火手续，由专业人员操作。

（3）隔离开关检修前必须对检修作业危险点进行分析。每次检修作业前，应针对被检修隔离开关的具体情况，对危险点进行详细分析，做好充分的预防措施，并组织所有检修人员共同学习。

（4）在隔离开关转动前，要进行认真检查；隔离开关转动时，应密切注视设备的动作情况，防止绝缘子断裂等造成人身伤害和设备损坏。

（二）检修作业的技术要求

1. 导电部分

（1）主触头接触面无过热、烧伤痕迹，镀银层应无脱落现象。

（2）触头弹簧无锈蚀、分流现象。

（3）导电杆应无锈蚀、起层现象。

（4）接线座无腐蚀，转动灵活，接触可靠。

（5）接线板应无变形、无开裂，镀层应完好。

2. 机构和传动部分

（1）轴承座应采用全密封结构，加优质二硫化钼锂基润滑脂。

（2）轴套应具有自润滑措施，应转动灵活，无锈蚀，新换轴销应采用防腐材料。

（3）传动部件应无变形、无锈蚀、无严重磨损，水平连杆端部应密封，内部无积水，传动轴应采用装配式结构，不应在施工现场进行切焊配装。

（4）机构箱应达到防雨、防潮、防小动物等要求，机构箱门无变形。

（5）二次元件及辅助开关接线无松动，端子排无锈蚀，辅助开关与传动杆的连接可靠。

（6）机构输出轴与传动轴的连接紧密，定位销无松动。

（7）主刀闸与接地刀闸的机械连锁可靠，具有足够的机械强度，电气闭锁动作可靠。

3. 绝缘子

（1）绝缘子完好、清洁，无掉瓷现象，上下节绝缘子同心良好。

（2）法兰无裂开，无锈蚀，油漆完好。法兰与绝缘子的结合部位应涂防水胶。

三、隔离开关检修作业的主要工作流程

1. 准备工作

（1）接受任务后进行现场勘察，收集技术资料，并熟悉图纸和安装检修工艺。

（2）编制作业指导书或"三措"（安全措施、技术措施和组织措施），危险点分析及预控措施，并审批。

（3）准备工器具，编制材料计划，并领取。

（4）场地准备。

（5）在开工前召开班前会，学习作业指导书，进行安全和技术交底，落实危险点分析及预控措施。

2. 开工作业

（1）办理工作票。

（2）安装或检修前的设备检查。

（3）作业中的工艺流程及质量标准应符合技术规范要求。

（4）作业中应严格执行安全措施要求。

3. 收尾工作

（1）工作结束后应进行班组自检并会同验收人员验收对各项检修、试验项目进行验收。

（2）按相关规定，关闭检修和试验电源。

（3）清理工作现场，将工器具全部收拢并清点，废弃物按相关规定处理，材料及备品备件回收清点。

（4）会同验收人员对现场安全措施及检修设备的状态进行检查，要求恢复至工作许可时状态。

（5）工作人员全部撤离工作现场。

（6）填写记录报告，并提交技术文件资料，办理工作票终结手续。

（7）班会总结，验收资料整理，并存档保管。

【思考与练习】

1. 隔离开关小修作业的内容有哪几些？

2. 隔离开关大修作业的内容有哪几些？

3. 隔离开关检修作业的技术要求是什么？

4. 隔离开关检修作业的主要工作流程是什么？

模块 2　GN19-10 型隔离开关安装（Z15G1002Ⅰ）

【模块描述】 本模块介绍 GN19-10 型隔离开关安装的作业流程及工艺要求。通过知识要点的归纳讲解、图例展示、操作技能训练，掌握 GN19-10 型隔离开关的基本结构、装前准备、危险点预控、作业步骤、工艺要求及质量标准等操作技能。

【模块内容】

一、GN19-10 型隔离开关的结构

GN19-10 型高压隔离开关由底座、支柱绝缘子、操作绝缘子、导电部分组成，其外形结构和安装尺寸如图 7-2-1 所示。GN19-10 型隔离开关配 CS6-1T 型手动操动机构进行三相联动操作，如图 7-2-2 所示。

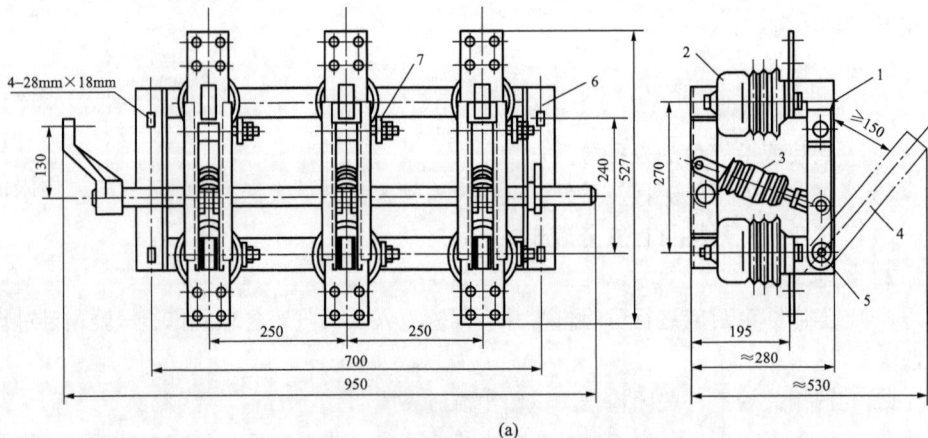

(a)

图 7-2-1　GN19-10 型隔离开关外形结构及安装尺寸（一）

(a) GN19-10 型（平装型）

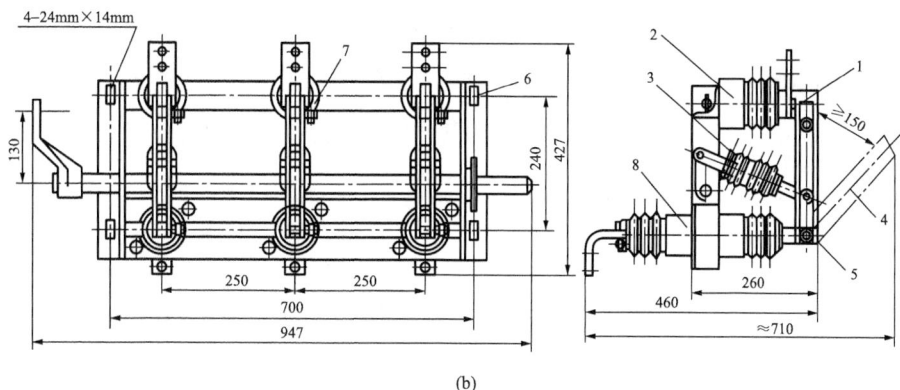

(b)

图 7-2-1　GN19-10 型隔离开关外形结构及安装尺寸（二）

（b）GN19-10C1 型（穿墙型）

1—静触头；2—支柱绝缘子；3—操作绝缘子；4—触刀；5—主轴；6—底座；7—弹簧；8—穿墙套管

二、作业内容

（1）GN19-10 型隔离开关本体安装。

（2）CS6-1T 型手动操动机构的安装。

（3）GN19-10 型隔离开关和 CS6-1T 型手动操动机构安装后的调试。

三、作业中危险点分析及控制措施

作业中危险点分析及控制措施见表 7-2-1。

四、安装作业前的准备

1. 安装前的资料准备

（1）安装前应认真查阅设备安装使用说明书、设备基础制作报告图纸和设计院设计图纸。对所查阅的资料进行详细、全面的调查分析，为现场具体安装方案的制订打好基础。

（2）准备好设备使用说明书、设计图纸、记录本、表格、安装报告等。图纸及资料应符合现场实际情况。

2. 安装方案的确定

（1）现场勘察。项目总负责人应组织有

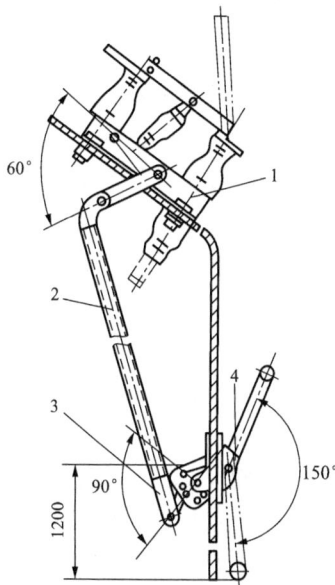

图 7-2-2　CS6-1T 型手动操动机构与GN19-10 型隔离开关配合的一种安装方式

1—GN19-10 型隔离开关；2—传动连杆；3—调节杆；4—CS6-1T 型手动操动机构

关人员深入现场，仔细勘察，了解现场设备及基础的实际情况，落实施工设备布置场所，检查安全措施是否完备。作业中危险点分析及控制措施见表 7-2-1。

表 7-2-1　　　　　　　　　　作业中危险点分析及控制措施

序号	危险点	控制措施
1	高处坠落及落物伤人	（1）高处作业系好安全带；不得攀登及在瓷柱上绑扎安全带。 （2）使用的检修平台或梯子应坚固完整、安放牢固，使用梯子有人扶持。 （3）传递物件必须使用传递绳，不得上、下抛掷
2	起重伤害	（1）采用吊架拆、装隔离开关有专人指挥、吊物下严禁站人。 （2）起重工具使用前认真检查，并进行强度核验，严禁使用不合格的工具。 （3）拆、装设备时必须绑扎牢固，吊物起吊后应系好拉绳，防止摆动碰伤人员
3	触电伤害	（1）搬动梯子等大物体时，需两人放倒搬运，与带电部位保持 1.5m 的安全距离。 （2）拆下的引线不得失去原有接地线保护。 （3）使用电气工具时，按规定接入漏电保护装置、接地线
4	误入、误登带电间隔	（1）工作前向作业人员交代清楚临近带电设备，并加强监护。 （2）工作人员应走指定通道，在遮栏内工作，不得移动和跨越遮栏。 （3）严禁攀登运行设备构架
5	机械伤害	（1）严格执行一般工具的使用规定，使用前严格检查，不完整的工具禁止使用。 （2）调试隔离开关时专人监护，进行操作时工作人员必须离开隔离开关传动部位

（2）编制作业指导书。

（3）拟订安装方案，确定安装项目，编排工期进度。

3. 备品备件、工器具、材料准备

在开工前必须预先准备安装工器具、材料、备品备件、试验仪器和仪表等，并运至安装现场。

4. 安装环境（场地）的准备

（1）在安装现场四周设一留有通道口的封闭式遮栏，并在周围背向带电设备的遮栏上挂适当数量的"止步，高压危险"标示牌，在通道入口处挂"从此进出"标示牌。

（2）在作业现场指定位置摆放好安装工具、量具、材料、备品备件和测试仪器及垃圾箱。

五、安装作业前的开箱检查

（1）安装前应按照装箱单检查零部件及附件、备件是否齐全。

（2）检查铭牌数据是否与订货合同一致。

（3）检查产品外表面有无损伤。仔细检查每支绝缘子是否有破损，胶装处是否松动。

（4）检查各部紧固件是否牢固。

（5）检查接线端子及载流部分是否清洁，接触是否良好。

（6）检查厂家提供的安装使用说明书、合格证、出厂试验报告、安装图纸等文件资料是否齐全。并妥善保管，不得丢失。

（7）填写开箱检查记录和设备验收清单。

六、GN19–10 型隔离开关安装作业步骤及质量标准

1. 隔离开关本体安装

按照图纸的设计方式将隔离开关安装在间隔墙上或支架钢构架上，如图 7-2-3 所示。图中的 a、b 为安装尺寸。

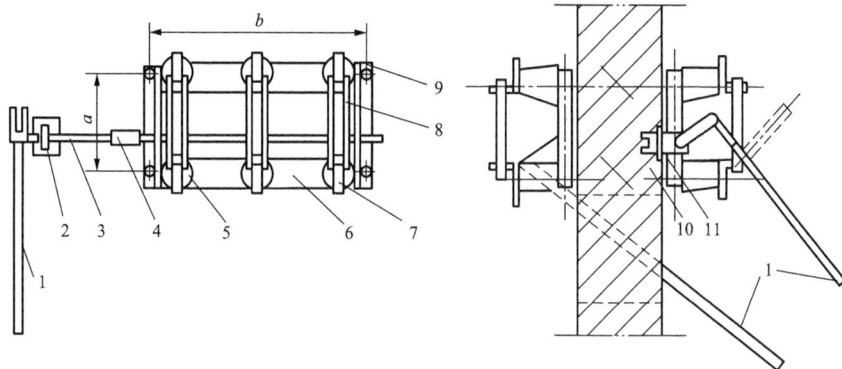

图 7-2-3　装于间隔墙两侧的隔离开关图

1—操作连杆；2—支持轴承；3—延长轴；4—连轴套；5—隔离开关支持绝缘子；6—底板；

7—静触头；8—触刀；9—开关静触头；10—埋入墙里的双头螺栓；11—预埋铁件

在墙上安装隔离开关时，应在墙内预先埋好底脚螺栓。在墙两面安装时，可用共同的双头螺栓紧固，但应保证其中一组拆除后不影响另一组的固定。若装设在钢构架上，应先在构架上钻孔，再用螺栓固定。

户内隔离开关可以立装、斜装或卧装，但安装位置应使隔离开关打开时，趋向下方。安装高度应符合手动操动机构的要求，一般为 2.5～10m，若不符合此高度，需通过改变机构后舌头的长度来调整。操动机构的安装高度为 1～1.3m。

2. CS6–1T 型手动操动机构的安装

根据设计图纸，安装操动机构和制作隔离开关与机构之间的连杆。调试连杆的长度，使隔离开关合、分闸时，开度以及拉杆与带电部分的最小距离符合安全净距要求。同时，机构向上操作达到终点时，隔离开关必须到达合闸的终点；手柄向下操作达到终点时，隔离开关必须到达分闸终点。

配置连杆应先点焊，待调好后再焊牢固。需要配制延长轴、支持轴承、联轴器及拐臂等其他传动部件时，安装位置要准确可靠。

3. 安装后的调试

当隔离开关及操动机构安装后，应进行联合调试，使分、合闸符合标准。

（1）辅助触点的调整。辅助触点应安装在操作手柄的旁边，固定后，要配制手柄与辅助触点的连杆。调整触点转臂上的一排斜孔（即调整该臂的精确角度）及连杆的长度，使发分闸信号的触点在触刀通过全部行程的 75% 后开始动作，而发合闸信号的触点不得在触刀与静触头闭合前动作。

（2）调节机构扇形板上的连接杠杆孔的位置和连杆的长度，如图 7-2-4 所示。改变调节杠杆的方位，可使隔离开关的触刀合闸时合足，分闸时，触头打开的净距和开度应符合要求，并将分合闸限位螺栓调到相应的位置。

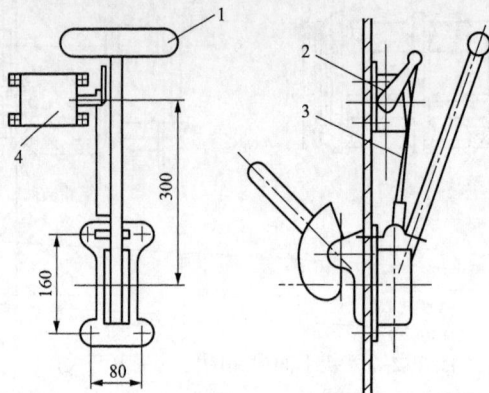

图 7-2-4　CS6-1T 型操动机构及辅助触点

1—手柄；2—辅助触点转臂；3—连杆；4—辅助触点

（3）调整三相的触头合闸同期性。可以通过调整触刀中间支持绝缘子的高度，使不同期程度不超过 3mm。

（4）调整触刀两边的弹簧压力，使接触情况符合要求。用 0.05mm×10mm 的塞尺检查，线接触的应塞不进去，面接触的塞入深度不超过 4~6mm。

（5）回路电阻符合要求。采用回路电阻仪测试每相回路电阻不应大于 80μΩ。

（6）用 2500V 绝缘电阻表测量绝缘子的绝缘电阻，应大于 1200MΩ。

隔离开关调试完毕后，应接上导线，并将底座接地。先进行粗调，再经几次试操作进行细调，完全合格后，才能固定隔离开关转轴上的拐臂位置，然后钻孔，打入圆锥销，使转轴和拐臂永久紧固。

七、验收

（1）隔离开关所有固定件螺栓紧固可靠。

（2）触头接触表面良好、无污垢，接触表面涂有中性凡士林或导电硅脂。

（3）支柱绝缘子瓷质部分清洁，无裂纹、胶装接口处无缺陷、浇铸连接情况良好，绝缘子的绝缘电阻满足要求。

（4）各转动部分轴销完整，转动灵活，无卡涩现象，且均已加注了合适的润滑油。

（5）操动机构操作灵活，分、合位置正确，辅助开关切换可靠。

（6）隔离开关安装项目无遗漏，各项调整和试验符合技术要求。

（7）提交安装的技术文件资料，并存档保管。

【思考与练习】

1. GN19–10 型隔离开关主要由哪些部分组成？

2. GN19–10 型隔离开关安装前的开箱检查项目有哪些？

3. CS6–1T 型手动操动机构辅助触点如何安装？

4. GN19–10 型隔离开关和 CS6–1T 型手动操动机构安装后应如何进行调试？

◢ 模块 3 GW4–35 型隔离开关更换安装（Z15G1003Ⅰ）

【模块描述】本模块介绍 GW4–35 型隔离开关更换安装作业流程及工艺要求。通过知识要点的归纳讲解、图例展示、操作技能训练，掌握 GW4–35 型隔离开关更换安装前准备、危险点预控、作业步骤、工艺要求及质量标准等操作技能。

【模块内容】

一、GW4–35 型隔离开关的结构

GW4–35 型隔离开关结构及安装尺寸如图 7–3–1 所示。

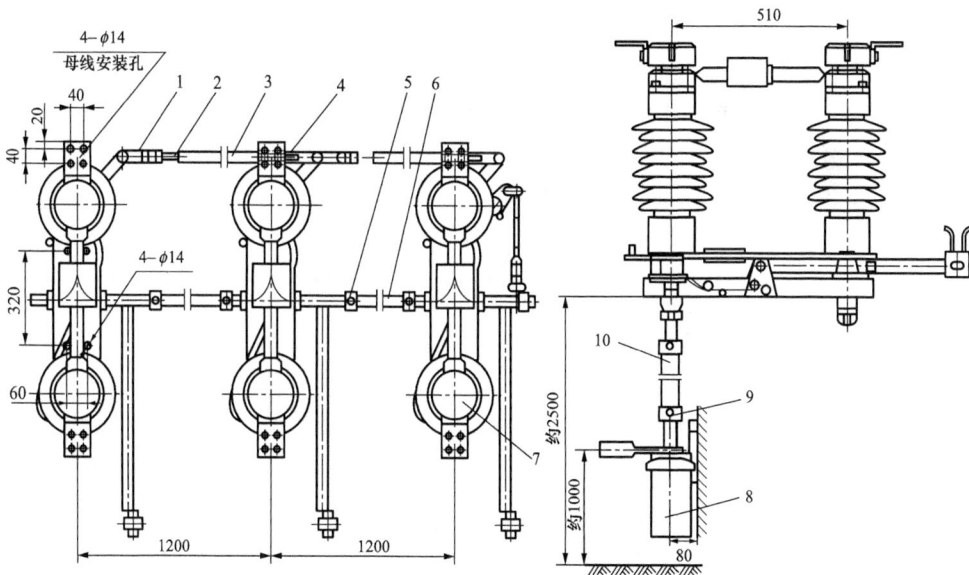

图 7–3–1 GW4–35 型隔离开关结构及安装尺寸图

1—接头及开口销；2—螺杆及 M16 螺母；3—主刀闸水平连杆；4—螺杆；5—连接套；6—接地开关水平连杆；
7—单相隔离开关；8—手动操动机构；9—连接套；10—机构垂直连杆

二、作业内容

（1）GW4–35型隔离开关构支架安装。

（2）GW4–35型隔离开关本体安装。

（3）GW4–35型隔离开关接地开关的安装。

（4）GW4–35型隔离开关传动系统和操动机构安装。

（5）GW4–35型隔离开关安装后的整体调试。

三、作业中危险点分析及控制措施

作业中危险点分析及控制措施见表7–3–1。

表7–3–1　　　　　　　　　作业中危险点分析及控制措施

序号	危险点	控制措施
1	高处坠落及落物伤人	（1）高处作业系好安全带，不得攀登及在瓷柱上绑扎安全带。 （2）使用的检修平台或梯子应坚固完整、安放牢固，使用梯子有人扶持。 （3）传递物件必须使用传递绳，不得上、下抛掷
2	起重伤害	（1）采用吊架拆、装隔离开关有专人指挥、吊物下严禁站人。 （2）起重工具使用前认真检查，并进行强度核验，严禁使用不合格的工具。 （3）拆、装设备时必须绑扎牢固，吊物起吊后应系好拉绳，防止摆动碰伤人员
3	触电伤害	（1）搬动梯子等大物体时，需由两人放倒搬运，与带电部位保持足够的安全距离。 （2）拆下的引线不得失去原有接地线保护。 （3）使用电气工具时，按规定接入漏电保护装置、接地线
4	误入、误登带电间隔	（1）工作前向作业人员交代清楚临近带电设备，并加强监护。 （2）工作人员应走指定通道，在遮栏内工作，不得移动和跨越遮栏。 （3）严禁攀登运行设备构架
5	机械伤害	（1）严格执行一般工具的使用规定，使用前严格检查，不完整的工具禁止使用。 （2）调试隔离开关时专人监护，进行操作时工作人员必须离开隔离开关传动部位

四、更换安装作业前的准备

1. 安装前的资料准备

（1）安装前应认真查阅设备安装使用说明书、设备基础制作报告图纸和设计院设计图纸等。对所查阅的资料进行详细、全面的调查分析，为现场具体安装方案的制订打好基础。

（2）准备好设备使用说明书、设计图纸、记录本、表格、安装报告等。图纸及资料应符合现场实际情况。

2. 安装方案的确定

（1）现场勘察：项目总负责人应组织有关人员深入现场，仔细勘察，了解现场设备及基础的实际情况，落实施工设备布置场所，检查安全措施是否完备。

（2）编制作业指导书。

（3）拟订安装方案，确定安装项目，编排工期进度。

3. 备品备件、工器具、材料准备

在开工前必须预先准备安装工器具、材料、备品备件、试验仪器和仪表等，并运至安装现场。

4. 安装环境（场地）的准备

（1）在安装现场四周设一留有通道口的封闭式遮拦，并在周围背向带电设备的遮拦上挂适当数量的"止步，高压危险"标示牌，在通道入口处挂"从此进出"标示牌。

（2）在作业现场指定位置摆放好安装工具、量具、材料、备品备件和测试仪器及垃圾箱。

五、更换安装作业前的开箱检查

（1）安装前应按照装箱单检查零部件及附件、备件是否齐全。

（2）检查铭牌数据是否与订货合同一致。

（3）检查产品外表面有无损伤。仔细检查每支绝缘子是否有破损，胶装处是否松动。

（4）检查各部紧固件是否牢固。

（5）检查接线端子及载流部分是否清洁，接触是否良好，触头镀银层无脱落。

（6）检查厂家提供的安装使用说明书、合格证、出厂试验报告、安装图纸等文件资料齐全，并妥善保管，不得丢失。

（7）填写开箱检查记录和设备验收清单。

六、GW4-35 型隔离开关安装作业步骤及质量标准

原隔离开关拆除时，应根据更换的计划项目有针对性地拆除，不能盲目地大拆大卸，特别要防止在拆卸过程中伤及需要继续使用的设备和部件。一般来说，更换可分为：单相更换、本体更换、操动机构更换、原隔离开关整体更换。对于整体更换的项目必须要考虑基架的安装位置和尺寸，安装前应将旧断路器全部拆除，并事先完成基础浇注施工。

1. 隔离开关构支架安装

（1）将 GW4-35 型隔离开关构支架与基础固定螺栓连接好，待支架垂直度及水平找好后，将螺母紧固；如基础水泥杆需更换，可将水泥杆放入基础坑中，找好垂直度及水平后，在坑中进行二次灌浆。

（2）将底座槽钢与水泥杆杆头钢板或构支架用螺栓连接好（焊接好），待水平找好后，将螺母紧固。

（3）隔离开关构支架安装工艺质量标准。

1）隔离开关本体及操动机构安装固定用的支架、铁件加工制作应按施工图纸和制造厂要求尺寸进行。

2）支架、铁件制作用的槽钢、封顶板等应平直，封顶板、槽钢等焊接固定时，其上部端面应保持水平，误差不得超过 2mm，可用铁平尺检查。相间高度误差：三相联动户内隔离开关应不大于 1mm；户外隔离开关不应大于 2mm；分相操作不应大于 5mm。可用水平仪及 U 形软管水准尺检查。

3）加工件相间距离与设计要求之差：三相联动户内型不应大于 3mm；户外型不应大于 5mm；分相操作的隔离开关不应大于 10mm。可以用钢卷尺测量。

4）型钢孔径与螺栓配合应符合设计要求，一般型钢孔径比螺栓大 0.5～1mm。

5）焊接应符合设计及有关标准。

2. 隔离开关本体安装

（1）安装前应先将动触头和触指之间接触部位擦干净后，再涂适量导电脂，各旋转部位也应涂适量润滑脂。

（2）本体就位。将单相隔离开关本体吊装在构支架上固定，找正水平及相间距离。

（3）吊装时应区别主动相与从动相，主动相有连接拉杆。

（4）如三相整体更换可三相联装后整体起吊。

（5）三相隔离开关安装完毕后应满足：

1）吊装就位时，隔离开关主刀闸和接地刀闸的打开方向必须符合设计的要求。

2）三间连杆中心线误差可用拉线与钢卷尺来检查，其误差应不大于 1mm。

3）同相各支柱绝缘子的中心线应在同一垂直平面内，垂直误差可用线垂和钢板尺检查，不应大于 2mm。

4）合闸后，左右触头应接触完好，插入深度应符合要求。

5）隔离开关在分合闸终点位置，绝缘子下部的限位螺钉与挡板之间的间隙应调到 0～3mm。

6）调节本相的水平连杆，使两侧支持绝缘子分合闸同步；变动水平连杆位置，使隔离开关处于合闸位置；检查触头合闸接触情况，不应发生没有备用行程的情况，使触头的相对位置及备用行程符合技术规定。

3. 接地刀闸的安装

接地刀闸的安装与调试应在主刀闸的安装与调试完毕后进行。

（1）使主刀闸处于分闸状态，接地刀闸处于合闸状态，连接相间水管，并调整拐臂杠杆及操作连杆。

（2）固定并调整接地刀闸支架轴上的扭力弹簧及定位件，以手动分、合操作力相近为宜。

（3）机构与隔离开关同时处于合闸或分闸状态，用连接套及垂直连杆连接好操作杠杆和机构输出轴，并达到以下要求：

1）操作 3～5 次后隔离开关主刀闸转角应为 90°±1°，且定位螺钉距限位板应有 0～3mm 间隙，分合闸位置正确。

2）接地刀闸与主刀闸互锁正确，主刀闸处于分闸状态时，接地刀闸才能合闸；接地刀闸处于分闸状态时，主刀闸才能合闸。

（4）安装调整只允许用手动操作。

（5）产品安装好后，应对各个外部转动部分的轴（套）进行润滑处理。

4. 传动系统和操动机构安装

（1）将主动相隔离开关置于合闸位置，在操作隔离开关的拐臂拉杆与轴承座相连接的轴上穿上开口销，将该拐臂拉杆的拐臂调整到与主动臂平行，把套的一端用圆头键装在拐臂拉杆中的传动轴上，另一端装上轴。

（2）将操动机构安装在操作方便的高度，将调角联轴器圆头键装在机构的输出轴上。取适当一段镀锌钢管，一端插入摩擦联轴器上，另一端插入轴中，然后焊牢。松开摩擦联轴器上的 6 个 M10×35 六角螺栓，用手柄将机构摆至合闸位置再倒转 1～2 圈后，拧紧 6 个 M10×35 六角螺栓。然后用手动操作观察主刀闸的运动情况，若分、合不到位，可调整拐臂拉杆中的主动臂长度，直至分、合到位。

（3）使三相隔离开关均处于合闸位置，把接头装配分别装在轴承座下方的轴上，用 M16 螺母、垫圈、弹簧垫圈压紧，穿上开口销，选取适当长度的两段镀锌钢管，与接头焊在一起。

5. GW4–35 型隔离开关安装后的整体调试

参见 GW4–35 隔离开关本体检修（模块 Z15G2001Ⅰ）中的整体调试。

七、验收

参见 GW4–35 隔离开关本体检修（模块 Z15G2001Ⅰ）中验收。

【思考与练习】

1. 简述 GW4–35 型隔离开关本体安装步骤。

2. GW4–35 型隔离开关安装后要进行哪些调试？

3. GW4–35 型隔离开关安装调整后如何进行验收？

◢ 模块 4　GW5–35 型隔离开关更换安装（Z15G1004Ⅰ）

【模块描述】本模块包含 GW5–35 型隔离开关更换安装的作业流程及工艺要求。

通过知识要点的归纳讲解、图例展示、操作技能训练，掌握 GW5-35 型隔离开关更换安装前准备、危险点预控、作业步骤、工艺要求及质量标准等操作技能。

【模块内容】

由于 GW5-35 型隔离开关安装前的准备、检查、危险点分析及控制措施、绝缘子检查等方面与 GW4-35 型隔离开关的项目相同，因此安装作业中可以借鉴 GW4-35 型隔离开关安装的相关内容。

一、GW5-35Ⅱ（1600A）型隔离开关的结构

GW5-35Ⅱ（1600A）型隔离开关安装结构尺寸如图 7-4-1 所示。按安装方式可分为水平安装和特殊安装。

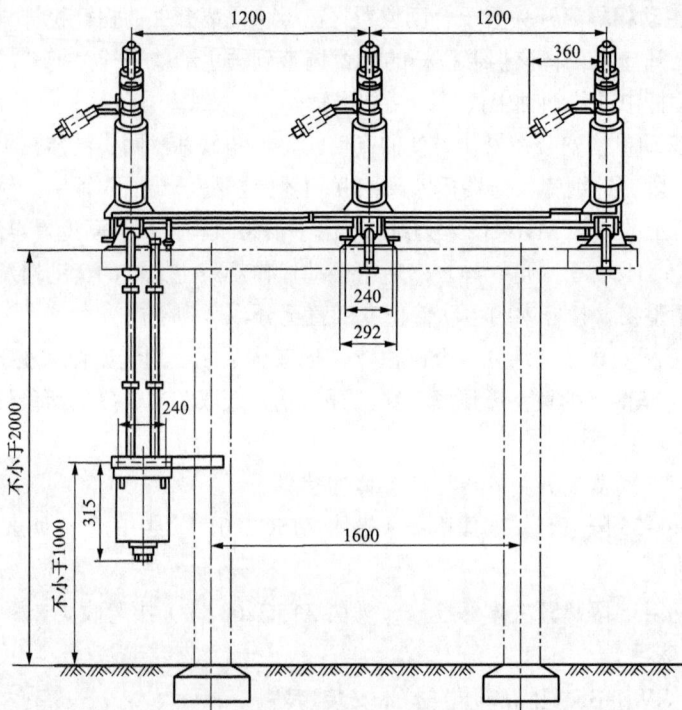

图 7-4-1　GW5-35Ⅱ（1600A）型隔离开关安装结构尺寸图

二、作业内容

（1）GW5-35 型隔离开关构支架安装。

（2）GW5-35 型隔离开关本体安装。

（3）GW5-35 型隔离开关接地刀闸的安装。

（4）GW5-35 型隔离开关传动系统和操动机构安装。

（5）GW5-35 型隔离开关安装后的整体调试。

三、作业中危险点分析及控制措施

参见 GW4-35 型隔离开关更换安装作业中危险点及控制措施（模块 Z15G1003 Ⅰ）。

四、更换安装作业前准备

参见 GW4-35 型隔离开关更换安装作业中作业前的准备（模块 Z15G1003 Ⅰ）。

五、更换安装作业前的开箱检查

参见 GW4-35 型隔离开关更换安装作业中安装前的开箱检查（模块 Z15G1003 Ⅰ）。

六、GW5-35 型户内隔离开关安装作业步骤及质量标准

1. 隔离开关构支架安装

参见 GW4-35 型隔离开关更换安装作业中的构支架安装（模块 Z15G1003 Ⅰ）。

2. 隔离开关本体安装

（1）测量隔离开关支架上平面是否水平，必要时进行调整。

（2）安装前应将右触头和左触指之间接触部位擦干净后，再涂适量导电脂，各旋转部分也应涂适量润滑脂。

（3）将单相隔离开关本体吊装在构支架上固定，找正水平及相间距离，用螺栓固定好。

（4）将主刀闸传动箱装配安放在底座槽钢的相应位置上（传动箱的安装位置，可以根据需要置于一端或任意两相之间），用螺栓固定好。

3. 接地刀闸的安装

（1）将接地刀闸操动机构（CS）固定在基础支架相应的位置上，安装时必须注意：操动机构正面要便于操作人员检查接地开关分、合位置；安装高度同隔离开关。

（2）将隔离开关主刀闸分闸。

（3）将三相接地刀闸手动合闸（用绳将刀闸杆固定在支持绝缘子上，防止自由脱落伤人及损坏设备）。

（4）将接头用 M12 螺栓、螺母固定在接地刀闸的 U 形支架上，再用连接管通过接头将各相接地刀闸连接起来焊接（点焊）。

（5）接地刀闸的操作拐臂与机构连接轴在同一垂线上，将操作拐臂焊接在相间连杆上（点焊）。

（6）用拉杆将操作拐臂与机构轴连接起来。

（7）操作接地刀闸分、合闸，接地刀闸操作正常，并且与主刀闸闭锁正常。

（8）将点焊部位全部焊牢。

（9）按安装使用说明书安装闭锁装置，观察闭锁装置的动作是否正常，检查机构

内的辅助开关动作是否于接地刀闸分合位置相协调。

4. 传动系统和操动机构安装

（1）将三个单相隔离开关处于合闸位置，然后将电动操动机构或手动操动机构安装在传动箱下方，安装高度一般距地面为 1.1m 左右为宜。

（2）将隔离开关本体和操动机构均处于合闸位置时，用厂家提供的垂直拉杆与传动箱主轴臂连接起来。

（3）检查左、右手装配合闸良好并在同一直线上，再将传动箱拐臂与操作相隔离开关用拉杆连接。然后进行单相分合闸操作检查分、合闸位置是否符合要求，无问题后用拉杆将其他两相隔离开关连接。

（4）进行隔离开关各部分尺寸初核。

（5）三相隔离开关安装完毕后，各单相隔离开关应满足：

1）合闸后，左、右触头应接触完好，右触头中心位置对正左触指缺口处。

2）左、右触头分合同步，同期差不大于厂家规定。

5. GW5-35 型隔离开关安装后的整体调试

参见 GW5-35 型隔离开关本体检修（模块 Z15G2002 Ⅰ）中整体调试。

七、验收

参见 GW4-35 型隔离开关本体检修（模块 Z15G2001 Ⅰ）中验收。

【思考与练习】

1. GW5-35 型和 GW4-35 型隔离开关安装的主要区别是什么？

2. 简述 GW5-35 型隔离开关接地刀闸的安装步骤。

3. GW5-35 型隔离开关安装后的调试项目有哪些？

第八章

66kV 及以上隔离开关更换安装及验收

◢ 模块 1　GW4 型隔离开关更换（Z15G1006 Ⅱ）

【模块描述】 本模块包含 GW4 型隔离开关更换的作业流程及工艺要求。通过知识要点的归纳讲解、操作技能训练，掌握 GW4 型隔离开关更换前的准备、危险点预控、作业步骤及质量标准等操作技能。

【模块内容】

一、作业内容

（1）旧 GW4 型隔离开关本体及操动机构拆除。

（2）旧 GW4 型隔离开关支架（水泥杆）及槽钢拆除。

（3）新 GW4 型隔离开关本体支架（水泥杆）安装。

（4）新 GW4 型隔离开关本体安装。

（5）新 GW4 型隔离开关操动机构及传动系统安装。

（6）新 GW4 型隔离开关接地刀闸安装。

（7）新 GW4 型隔离开关支柱绝缘子检查及探伤。

（8）新 GW4 型隔离开关整体调试。

二、作业中危险点分析及控制措施

作业中危险点分析及控制措施见表 8-1-1。

表 8-1-1　　　　　　　　　　　作业中危险点分析及控制措施

序号	危险点	控制措施
1	高处坠落及落物伤人	（1）高处作业系好安全带，不得攀登及在瓷柱上绑扎安全带。 （2）使用的检修平台或梯子应坚固完整、安放牢固，使用梯子有人扶持。 （3）传递物件必须使用传递绳，不得上、下抛掷。
2	起重伤害	（1）采用吊架拆、装隔离开关有专人指挥、吊物下严禁站人。 （2）起重工具使用前认真检查，并进行强度核验，严禁使用不合格的工具。 （3）拆、装设备时必须绑扎牢固，吊物起吊后应系好拉绳，防止摆动碰伤人员

续表

序号	危险点	控制措施
3	触电伤害	（1）搬动梯子等长大物件时，需两人放倒搬运，与带电部位保持足够的安全距离。 （2）使用电气工具时，按规定接入漏电保护装置和接地线
4	误入、误登带电间隔	（1）工作前向作业人员交代清楚临近带电设备，并加强监护。 （2）工作人员应走指定通道，在遮栏内工作，严禁擅自移动和跨越遮栏。 （3）严禁攀登运行设备构架
5	机械伤害	（1）严格执行一般工具的使用规定，使用前严格检查，不合格的工具禁止使用。 （2）调试隔离开关时应有专人监护，进行操作时工作人员必须离开隔离开关传动部位

三、GW4 型隔离开关更换作业前的准备

1. 技术资料的准备

（1）检修前应认真查阅设备安装使用说明书、设备基础制作报告图纸和设计院设计图纸等。对所查阅的结果进行详细、全面的调查分析，为现场具体安装方案的制订打好基础。

（2）准备好设备使用说明书、设计图纸、记录本、表格、安装报告等。

（3）编制标准化作业指导书。

（4）拟订安装方案，确定安装项目，编排工期进度。

2. 工器具、材料、备品备件、试验仪器、仪表和场地的准备

（1）准备工器具、材料、试验仪器和仪表等，并运至安装现场。仪器仪表、工器具应检验合格，满足本次施工的要求，材料应齐全，图纸及资料应符合现场实际情况。

（2）场地准备。在检修现场四周设一留有通道口的封闭式遮栏，并在周围背向带电设备的遮栏上挂适当数量的"止步，高压危险"标示牌，在通道入口处挂"从此进出"标示牌；在作业现场按定置图摆放检修工具、量具、材料、备品备件和测试仪器及垃圾箱。

四、新 GW4 型隔离开关更换作业前开箱检查项目及检查标准

（1）安装前应按照装箱单检查零部件及附件、备件应全。

（2）检查铭牌数据与订货合同一致。

（3）检查产品外表面无损伤，检查每支绝缘子无破损，胶装处无松动。

（4）检查轴承座及各传动部分应转动灵活。

（5）检查各部紧固件紧固良好。

（6）检查操动机构操作应灵活，分、合位置应正确，辅助开关切换正常；装有电磁锁的，应检查电磁锁开、闭正常。

（7）检查接线端子及载流部分应清洁，接触良好，触头镀银层无脱落。

（8）检查厂家提供的安装使用说明书、合格证等出厂文件、资料应齐全。

（9）对有导电要求的接触面（有镀层的除外），应先涂上一层医用凡士林，用砂纸或钢刷去掉表面的氧化层后，用布擦掉油污，再迅速涂一层医用凡士林后方可进行安装。

五、GW4 型隔离开关更换作业步骤及质量标准

1. 旧 GW4 型隔离开关本体及操动机构拆除

（1）断开电动操动机构箱内电动机启动电源、加热器电源和有关电气连锁回路电源；断开继电保护回路和电压回路电源。

（2）用绳索固定主刀闸触头两端的连接导线，绳的另一端固定在基座槽钢上，拧下连接引线夹与接线板（或线夹）的连接螺栓，将连接导线缓慢放下并用绳索固定。连接导线在放下前，对其导电接触面应采取防护措施。

（3）手动操作使三相主刀闸合闸。

（4）拔出主刀闸相间水平连杆上连接头与绝缘子底部中相及边相杠杆相连的开口销，取下相间水平连杆及铜套。

（5）拔（敲）出同相水平拉杆的连接头与绝缘子底部杠杆相连的开口销，取下拉杆及铜套。

（6）分别拔（敲）出主刀闸拉杆两端连接头与绝缘子底部中相杠杆及操动机构主轴拐臂连接的开口销，取下主刀闸拉杆。

（7）分别拧下垂直连杆的上下两端连接法兰的各 4 个连接螺栓（或抽出万向接头圆柱销，平高产品取下调角联轴器），取出垂直连杆。

（8）敲出操动机构主轴上法兰的紧固锥销取出法兰。

（9）敲出主轴拐臂上连接法兰（平高产品为万向接头）及套的紧固圆锥销，拧下螺栓，取下上连接法兰套，抽出主轴拐臂。

（10）对外侧布置的接地刀闸，应先拆出机械闭锁板，合上接地刀闸，用绳索将接地刀闸导电管牢固绑扎在绝缘子上。

（11）对内侧布置的接地刀闸，就将导电管绑扎在底座槽钢上，拧下接地刀闸水平连杆两端连接法兰间的连接螺栓，取下接地刀闸水平连杆。

（12）拔出拉杆两端与杠杆固定的开口销，取出拉杆。

（13）拆除垂直连杆两端连接法兰之间的各 4 个连接螺栓（或拔出万向接头的圆柱销），取下垂直连杆。

（14）敲出连接法兰的圆锥销拧下螺栓，取下连接法兰，抽出拐臂，用同样的方法取下机构输出轴上的法兰。

（15）主刀闸及接地刀闸的拆除。

1）在底座槽钢两端挂好起吊绳，将起吊绳放置于吊钩上，用起吊工具使起吊绳稍微受力，在绝缘子上端与挂钩间绑扎好牵引绳。

2）拆除底座槽钢两端与基础相连的各 4 个连接螺栓（如果是焊接的，将焊接点割开），将主刀闸系统平稳吊至地面，并做好防倾倒措施。

3）松开起吊绳及接地刀闸导电管的绑扎绳，使隔离开关及接地刀闸导电管均处于分闸位置，分别拆除固定接线座装配的 4 个螺栓，将接线座装配触头臂（触指臂）装配分别整体拆出。对平高产品，可将接地静触头装配一并取下，置于地面上。

（16）电动操动机构拆除。

1）拧下二次元件装配接线端子与进线电缆导线的固定螺钉，拆下与电动机相连的电源线；松开电缆线夹，从机构箱中抽出进线电缆；在拆下进线电缆前，应做好相应记录。

2）拆除机构箱与基础相连的 4 个螺栓，将机构箱拆下并放置在地面上。

（17）将旧 GW4 型隔离开关本体各部分及操动机构运出施工作业现场。

2. 旧 GW4 型隔离开关支架（水泥杆）及槽钢拆除

（1）更换如果还用原有支架（水泥杆）及槽钢，可不必拆除。

（2）拆除底座槽钢与水泥杆或支架的连接螺栓，取下底座槽钢。

（3）拆除支架与基础之间的固定螺栓，取下支架（为水泥杆的，拆除水泥杆）。

（4）拆除水泥杆时不能伤害原有基础。

3. 新 GW4 型隔离开关本体支架（水泥杆）安装

（1）基础工作已完成后，具备设备安装条件。

（2）将支架与基础固定螺栓连接好，支架垂直度及水平找好后，将螺母紧固。

4. 新 GW4 型隔离开关本体安装

（1）不接地隔离开关的安装。

1）安装前应将动触头和触指之间接触部位擦干净后，再涂适量导电脂，各旋转部位也应涂适量润滑脂。

2）先将主刀闸系统（左、右触头不需要再从接线座拆下，直接拆下接线座），从隔离开关底座的转轴上拆下，再将隔离开关底座安装在底座槽钢上。

3）用 M16×70 的螺栓将上节绝缘子固定在下节绝缘子上，然后吊装在隔离开关底座上，用 M16×80 的螺栓将绝缘子固定在隔离开关底座上，然后用 M12×35 螺栓（1250、1600、2000A）或 M12×45 螺栓（2500A、3150A）将新的左右触头分别固定在左右绝缘子上，注意新的左右触头（包括接线座）安装位置必须正确，不可调换左右触头及接线座的位置，然后调整同相底座上的交叉连杆，使左右触头分合同步。

4）三相隔离开关安装完毕后，各单相隔离开关应满足：

① 合闸后，左右触头应接触完好，插入深度应保证 80mm+3mm。

② 隔离开关在分合闸终点位置，绝缘子下部的限位螺钉与挡板之间的间隙应调到 1～2mm。

（2）单接地、双接地隔离开关的安装。

1）隔离开关本体部分安装同上。

2）安装接地刀杆装配，具体方法如下：先将接地刀杆装配插入到接地刀闸底座的夹头中，调整接地刀杆长度，使接地闸刀插入接地静触头深度为 40mm+10mm，然后把接地刀杆装配中软导电带用螺栓连接在接地刀闸底座上的 3 个孔处，若接地刀闸合闸时，接地刀闸与接地静触头不对中或未完全接触时，可调整接地刀闸底座的位置，必要时加调解垫，以保证接地刀闸顺利地插入静触头中。

5. 新 GW4 型隔离开关操动机构及传动系统安装

（1）将中相的隔离开关置于合闸位置，在操作隔离开关的拐臂拉杆与轴承座相连接的轴上穿上 4×36 开口销，将该拐臂拉杆的拐臂调整到与主动臂平行，把套的一端用 10×50 圆头键装在拐臂拉杆中的传动轴上，另一端装上轴。

（2）将 CJ5 电动操动机构安装在操作方便的高度，将调角联轴器用 10×50 圆头键装在 CJ5 电动操动机构的输出轴上。取适当一段镀锌钢管，一端插入摩擦联轴器上，另一端插入轴中，然后焊牢。松开摩擦联轴器上的 6 个 M10×35 六角螺栓，用手柄将机构摆至合闸位置再倒转 1～2 圈后，拧紧 6 个 M10×35 六角螺栓。然后用手动操动 CJ5 电动操动机构观察主刀闸的运动情况，若分合不到位，可调整拐臂拉杆中的主动臂长度，直至分合到位。

（3）使三相隔离开关均处于合闸位置，把接头装配分别装在轴承座下方的轴上，用 M16 螺母、垫圈、弹簧垫圈压紧，穿上开口销，选取适当长度的两段镀锌钢管，与接头焊在一起。

（4）手动操动 CJ5 电动操动机构观察三相隔离开关分合闸情况，若分合不到位，可调整三相连动杆及拐臂拉杆，使三相合闸同期性不超过 20mm；合闸终了，各相的两导电管基本成一直线；分闸终了，断口距离不小于 2.4m。

6. 新 GW4 型隔离开关接地刀闸安装

（1）使三相接地开关均处于合闸位置（此时隔离开关必须分闸到位），把接头用 10×40 圆头键固联在拐臂拉杆上。

（2）把万向接头一端用 10×50 圆头键安装在中相操作接地开关拐臂拉杆中的传动轴上。

（3）将 CSA 手动操动机构安装在操作方便的高度上，用 10×50 圆头键把摩擦联轴器装在 CSA 手动操动的输出轴上，截取适当长度镀锌钢管，一端插入摩擦联轴器上，一端插入万向接头中然后焊牢。调整摩擦联轴器使机构合闸到位，接地刀闸也相应合闸到位。

（4）截取适当长度两段镀锌钢管与接头焊接在一起，调整接地刀闸三相连动杆及拐臂拉杆，使三相合闸同期性误差不大于 10mm。

（5）按 CSA 手动操动安装使用说明书安装电磁锁，观察电磁锁的动作是否正常，CSA 手动操动机构内的辅助开关动作是否于接地开关分合位置相协调。

（6）质量标准。

1）各转动部位涂二硫化钼锂。

2）转轴与轴套间配合间隙不应大于 1mm。

3）螺杆、螺母应完整，无锈蚀，公差配合适当。

4）螺杆拧入接头的深度不应小于 20mm。

5）连接水平连杆时，操作小拐臂方向必须处于合闸位置。

7. 新 GW4 型隔离开关支柱绝缘子检查及探伤

参见 GW4 型隔离开关本体检修中支柱绝缘子检查及探伤内容（模块 Z15G2005Ⅱ）。

8. 新 GW4 型隔离开关整体调试

参见 GW4 型隔离开关整体调整及试验模块（模块 Z15G2018Ⅱ）。

六、隔离开关更换、调整、试验合格后，在投运前必做的工作

1. 工作终结前的自验收

（1）对所有紧固件进行检查。

（2）接好隔离开关连接导线，相位正确，接线端子及连接导线对隔离开关不应产生附加拉伸和弯曲应力。

（3）金属件外表面除锈、补漆。

（4）拆除工作台，清理工作现场，将工器具全部收拢并清点，废弃物按相关规定处理，材料及备品备件回收清点。

（5）做好安装记录，记录本次安装内容，反措或技改情况，有无遗留问题。

（6）自验收标准。安装无漏项目，隔离开关及操作电源、切换开关等恢复至工作许可时状态。

2. 办理工作终结手续

向运行人员交代所安装项目、发现的问题、试验结果和存在问题等，并与运行人员共同检查设备状况、状态，有无遗留物件，是否清洁等，然后在工作票上填明工作结束时间。经双方签名后，表示工作终结。

【思考与练习】

1. 新隔离开关更换前开箱检查项目及检查标准是什么？

2. 简述新 GW4 型隔离开关本体安装过程。

3. 隔离开关更换、调整、试验合格后，在投运前必做的工作有哪些？

模块 2　GW5 型隔离开关更换（Z15G1007 Ⅱ）

【模块描述】 本模块包含 GW5 型隔离开关更换的作业流程及工艺要求。通过知识要点的归纳讲解、操作技能训练，掌握 GW5 型隔离开关更换前的准备、危险点预控、作业步骤及质量标准等操作技能。

【模块内容】

一、作业内容

（1）旧 GW5 型隔离开关本体及操动机构拆除。

（2）旧 GW5 型隔离开关支架（水泥杆）及槽钢拆除。

（3）新 GW5 型隔离开关本体支架（水泥杆）安装。

（4）新 GW5 型隔离开关本体安装。

（5）新 GW5 型隔离开关操动机构及传动系统安装。

（6）新 GW5 型隔离开关接地刀闸安装。

（7）新 GW5 型隔离开关支柱绝缘子检查及探伤。

（8）新 GW5 型隔离开关整体调试。

二、作业中危险点分析及控制措施

参见 GW4 型隔离开关更换作业中危险点分析及控制措施（模块 Z15G1006 Ⅱ）。

三、GW5 型隔离开关更换作业前的准备

参见 GW4 型隔离开关更换前的准备工作（模块 Z15G1006 Ⅱ）。

四、新 GW5 型隔离开关更换作业前开箱检查项目及检查标准

参见新 GW4 型隔离开关更换前开箱检查项目（模块 Z15G1006 Ⅱ）。

五、GW5 型隔离开关更换作业步骤及质量标准

1. 旧 GW5 型隔离开关本体及操动机构拆除

（1）断开电动操动机构箱内电动机启动电源、加热器电源和有关电气连锁回路电源，断开继电保护回路和电压回路电源。

（2）将每相连接导线用绳捆好，绳的另一端固定在基座槽钢上，拆除接线夹连接螺栓，将连接导线缓慢放下，防止连接导线与接地线甩下伤到人员和设备。

（3）拆除主刀闸机构上部联轴器（或抱夹）的连接螺栓，使主刀闸机构主轴与垂直传动杆脱离。

（4）拆除主刀闸垂直传动杆上部连接套的定位螺栓（或抽出万向接头上的圆柱

销），取下垂直传动杆。

（5）拆除水平拉杆与两边相主刀闸连接的圆柱销；取下水平拉杆。

（6）拆除主刀闸传动箱拐臂与操作相隔离开关连接拉杆。

（7）将吊装绳固定在支持绝缘子上部第二、三节瓷裙中间，并挂在起吊挂钩上，并注意系好牵引绳，使吊装绳稍微受力。

（8）拆除主刀闸底座与槽钢的固定螺栓，检查主刀闸起吊重心是否与起吊挂钩位置相对应后，拧下固定螺栓，将主刀闸平稳地吊至平整的地面上，并做好防倾倒措施。

（9）拆除主刀闸传动箱装配与槽钢的固定螺栓，取下主刀闸传动箱装配。

（10）电动操动机构拆除。

1）拆除二次元件装配接线端子与进线电缆导线的固定螺钉，拆下与电动机相连的电源线；松开电缆线夹，从机构箱中抽出进线电缆；在拆下进线电缆前，应做好相应记录。

2）拆除机构箱与基础相连的四个螺栓，将机构箱拆下并放置在地面上。

（11）将旧 GW5 型隔离开关本体各部分及操动机构运出施工作业现场。

2. 旧 GW5 型隔离开关支架（水泥杆）及槽钢拆除

参见 GW4 型隔离开关支架（水泥杆）及槽钢拆除内容（模块 Z15G1006Ⅱ）。

3. 新 GW5 型隔离开关更换本体支架（水泥杆）安装

（1）此时基础工作已完成，具备设备安装条件。

（2）将 GW5 型隔离开关支架与基础固定螺栓连接好，支架垂直度及水平找好后，将螺母紧固。

4. 新 GW5 型隔离开关本体安装

（1）测量隔离开关支架上平面是否水平，必要时进行调整。

（2）安装前应将右触头和左触指之间接触部位擦干净后，再涂适量导电脂，各旋转部分也应涂适量润滑脂。

（3）将吊装绳牢固地固定在单相两个支持绝缘子上部第二、三节瓷裙中间，并挂在起吊挂钩上，并注意系好牵引绳，使吊装绳稍微受力；检查吊装绳受力情况无问题，主刀闸起吊重心是否与起吊挂钩位置相对应后，将三相隔离开关分别吊装在底座槽钢的相应位置上，用螺栓固定好。

（4）将主刀闸传动箱装配安放在底座槽钢的相应位置上（传动箱的安装位置，可以根据需要置于一端或任意两相之间），用螺栓固定好。

5. 新 GW5 型隔离开关操动机构及传动系统安装

（1）将三个单相隔离开关处于合闸位置，然后将电动操动机构或手动操动机构安装在传动箱下方，安装高度一般距地面为 1.1m 左右为宜。

（2）将隔离开关本体和操动机构均处于合闸位置时，用厂家提供的垂直拉杆与传动箱主轴臂连接起来（厂家不提供时自行准备）。

（3）检查左、右手装配合闸后接触良好并在同一直线上，再将传动箱拐臂与操作相隔离开关用拉杆连接。然后进行单相分合闸操作检查分、合闸位置是否符合要求，无问题后用拉杆将其他两相隔离开关连接。

（4）进行隔离开关各部分尺寸初核。

（5）三相隔离开关安装完毕后，各单相隔离开关应满足：

1）合闸后，左右触头应接触完好，右触头中心位置对正左触指缺口处；

2）左右触头分合同步，同期差不大于厂家规定。

6. 新 GW5 型隔离开关接地刀闸安装

（1）将接地开关操动机构（CS17–G 型）固定在基础支架相应的位置上，安装时必须注意：操动机构正面要便于操作人员检查接地开关分、合位置；安装高度同隔离操动机构开关。

（2）将隔离开关主刀闸分闸。

（3）将三相接地开关手动合闸（用绳将刀闸杆固定在支持绝缘子上，防止自由脱落伤人及损坏设备）。

（4）将接头用 M12 螺栓、螺母固定在接地刀闸的 U 形支架上，再用连接管通过接头将各相接地刀闸连接起来焊接（点焊）。

（5）接地开关的操作拐臂与操动机构连接轴在同一垂线上，将操作拐臂焊接在相间连杆上（点焊）。

（6）手动操作接地刀闸机构，使接地刀闸机构合闸。

（7）用拉杆将操作拐臂与机构轴连接起来。

（8）质量标准。

1）各转动部位涂二硫化钼锂。

2）转轴与轴套间配合间隙不应大于 1mm。

3）螺杆、螺母应完整，无锈蚀，公差配合适当。

4）螺杆拧入接头的深度不应小于 20mm。

5）连接水平连杆时，操作小拐臂方向必须处于合闸位置。

7. 新 GW5 型隔离开关支柱绝缘子检查及探伤

参见 GW4 型隔离开关本体检修支柱绝缘子检查及探伤内容（模块 Z15G2005Ⅱ）。

8. 新 GW5 型隔离开关整体调试

参见 GW5 型隔离开关整体调整及试验模块（模块 Z15G2019Ⅱ）。

六、隔离开关更换、调整、试验合格后，在投运前必做的工作

参见 GW4 型隔离开关更换、调整、试验合格后，在投运前必做的工作内容（模块 Z15G1006Ⅱ）。

【思考与练习】

1. 简述 GW5 型隔离开关更换作业的步骤。

2. 简述新 GW5 型隔离开关操动机构及传动系统安装步骤。

3. 新 GW5 型隔离开关接地刀闸安装的质量标准是什么？

◢ 模块 3　GW6 型隔离开关更换（Z15G1008Ⅱ）

【模块描述】 本模块包含 GW6 型隔离开关更换的作业流程及工艺要求。通过知识要点的归纳讲解、操作技能训练，掌握 GW6 型隔离开关更换前的准备、危险点预控、作业步骤及质量标准等操作技能。

【模块内容】

一、作业内容

（1）旧 GW6 型隔离开关本体及操动机构拆除。

（2）旧 GW6 型隔离开关支架（水泥杆）及槽钢拆除。

（3）新 GW6 型隔离开关本体支架（水泥杆）安装。

（4）新 GW6 型隔离开关本体安装。

（5）新 GW6 型隔离开关操动机构及传动系统安装。

（6）新 GW6 型隔离开关接地刀闸安装。

（7）新 GW6 型隔离开关绝缘子检查及探伤。

（8）新 GW6 型隔离开关整体调试。

二、作业中危险点分析及控制措施

参见 GW4 型隔离开关更换作业中危险点分析及控制措施（模块 Z15G1006Ⅱ）。

三、GW6 型隔离开关更换作业前的准备

参见 GW4 型隔离开关更换前的准备工作（模块 Z15G1006Ⅱ）。

四、新 GW6 型隔离开关更换作业前开箱检查项目及检查标准

参见新 GW4 型隔离开关更换前开箱检查项目（模块 Z15G1006Ⅱ）。

五、GW6 型隔离开关更换作业步骤及质量标准

1. 旧 GW6 型隔离开关本体及操动机构拆除

（1）断开电动操动机构箱内电动机启动电源、加热器电源及有关电气连锁回路电源，继电保护回路和电压回路电源。

（2）采用专用作业车或梯子将每相连接导线用绳捆好，绳的另一端固定在基座上，拆除接线夹连接螺栓，将连接导线缓慢放下，防止连接导线及接地线甩下伤及人员及设备。

（3）拆除隔离开关机构上部联轴器（或抱夹）的连接螺栓，使隔离开关机构主轴与垂直传动杆脱离。

（4）拆除隔离开关垂直传动杆上部连接套的定位螺栓（或抽出万向接头上的圆柱销），取下垂直传动杆。

（5）拆除转动绝缘子轴承座传动臂上短拉杆及相间水平拉杆两端圆柱销上的开口销，取下短拉杆及相间水平拉杆。

（6）松开垂直传动杆主动拐臂上的 2 个定位螺栓，打下主动拐臂，取下的圆头键。

（7）松开两边相轴下端的 U 形螺栓，取出被动拐臂和月形键。

（8）电动操动机构拆除。

1）拆除二次元件装配接线端子与进线电缆导线的固定螺钉，拆下与电动机相连的电源线；松开电缆线夹，从操作机构箱中抽出进线电缆；在拆下进线电缆前，应做好相应记录。

2）拆除操作机构箱与基础相连 4 个螺栓，将操作机构箱拆下并放在地面上。

（9）静触头装配的拆卸。见 GW6 型隔离开关本体检修静触头装配的拆卸方法。

（10）主刀闸的拆卸。见 GW6 型隔离开关本体检修主刀闸的拆卸方法。

（11）将旧 GW6 型隔离开关本体各部分及操动机构运出施工作业现场。

2. 旧 GW6 型隔离开关支架（水泥杆）及槽钢拆除

（1）更换如果还用原有支架（水泥杆）及槽钢，可不必拆除。

（2）拆除支架与基础之间的固定螺栓，取下支架（为水泥杆的，拆除水泥杆）。

（3）拆除原有基础。

3. 新 GW6 型隔离开关本体支架（水泥杆）安装

（1）此时基础工作已完成，具备设备安装条件。

（2）将 GW6 型隔离开关支架与基础固定螺栓连接好，支架垂直度及水平找好后，将螺母紧固。

4. 新 GW6 型隔离开关本体安装

（1）静触头装配的安装。

1）将组装好的静触头装配运至母线下面。

2）将母线安装部位及母线接线夹导电接触面用 00 号砂布清除氧化层，用清洗剂清洗干净后涂导电脂。

3）将静触头装配吊起，将连接导线上端与母线的母线夹连接，使静触头装配固定于母线上。

4）装配时，勿损伤导电接触面，且连接紧固。

5）用 100A 回路电阻测试仪测量静触头装配的整体电阻值是否符合要求。

6）如果需要安装钢芯铝绞线，可按以下步骤进行：① 在切断钢芯铝绞线前必须用 10 号铁丝绑扎接近切口处，并在距离第一个绑扎点 120mm 处再补扎一次，然后进行切断。② 切断导线的钢芯截面应涂防锈漆，与设备线夹接头接触表面用钢丝刷除掉铝绞线部分的氧化层后，用清洗剂清洗，待干后立即涂导电脂。③ 将钢芯铝绞线一端缠铝包带后放入已处理好的线夹中，拧紧螺栓。

7）安装前，在导电接触面涂导电脂，螺纹孔洞涂黄油。

（2）GW6 型隔离开关静触头装配安装质量标准。

1）各零部件完好，清洁。

2）各种标准件完好。

3）导电接触面平整，洁净。

4）导电接触面应连接可靠。

5）母线接线夹至静触头导电杆的回路电阻不大于 30μΩ。

6）导线完整，且无松散现象。

7）所有连接件连接可靠。

8）安装位置正确。隔离开关 A 形静触头装配如图 8-3-1 所示。

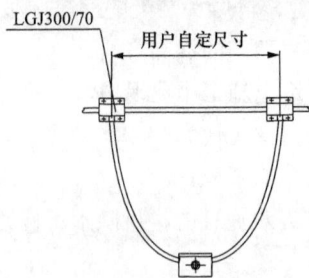

图 8-3-1 隔离开关 A 形静触头装配

（3）GW6 型隔离开关底座及支柱绝缘子的安装。

1）测量隔离开关支架上平面是否水平，必要时进行调整。

2）将组装好的底座装配分相吊于基础槽钢上，核实三相水平后固定好地脚螺栓。

3）将支持瓷套擦净，用螺栓将上、下绝缘子连接，组合好。

4）将旋转瓷套擦净，用螺栓将上、下绝缘子连接，组合好。

5）将组装好的上、下节支柱绝缘子分相吊装于底座的支柱绝缘子法兰盘上，用垫片调节绝缘子垂直度，使其中心线处于铅垂位置。

6）分别将组装好的上、下节操作绝缘子分相吊装于操作绝缘子法兰盘上，紧固连接螺栓，同时用木方隔离支柱与操作绝缘子，并用绳子捆牢，以防操作绝缘子发生倾倒与支柱绝缘子发生碰撞，然后拆下起吊绳。

（4）GW6 型隔离开关底座及绝缘子的安装质量标准。

1）起吊应首先检查吊具符合要求，捆绑牢固。

2）绝缘子铅垂线偏差不超过 6mm，瓷套干净，连接牢固。

3）操作及支柱绝缘子安装垂直，与底座连接盘连接牢固且受力均匀。

（5）GW6 型隔离开关导电折架和传动装置的安装。

1）分别将组装好的导电折架和传动装置吊至三相支柱绝缘子的上法兰盘上（吊装前，主刀闸系统应捆绑好），用水平仪测试水平后紧固连接螺栓。如水平度达不到要求时，在传动装置框架与支柱绝缘子上的法兰盘间增、减垫片调节。

2）将传动装置转轴下部法兰与操作绝缘子上法兰用螺栓连接（调整绝缘子垂直偏差前，松开操作、支柱绝缘子间绑扎绳索，取出木方），垂直度调好后，紧固法兰连接螺栓，随后，剪断导电折架绑扎铁丝。

（6）GW6 型隔离开关导电折架和传动装置的安装质量标准。

1）吊具符合起吊安全要求。捆绑牢固，传动装置框架要求基本水平。

2）螺栓连接紧固，垂直偏差不大于 6mm。

5. 新 GW6 型隔离开关操动机构及传动系统安装

（1）将电动操动机构用连接螺栓将操动机构与基础连接起来，检查操动机构水平后，拧紧操动机构与基础的连接螺栓。

（2）将主轴承座装配用连接螺栓牢固地装在中相底座装配上。

（3）将导电折架处于分闸位置，连接主刀闸三相水平连杆。

（4）从中相底座上轴承座装配里抽出主刀闸操作轴及平键。

（5）主刀闸与操动机构连接前，先将焊有垂直传动杆的连接器装入操动机构主轴上，检查两连板倾角 θ 是否调至合格（抱夹无须此过程）。

（6）将主刀闸操作轴插入垂直传动杆上接套中，紧固接套定位螺钉，注意平键不要漏装。

（7）使主刀闸、操动机构均在分闸位置，用短连杆将操动机构与主刀闸连接起来。

（8）将操动机构的进线电缆接入机构箱内端子排紧固螺钉上，并对电缆入口处进行封堵。

（9）质量标准。拐臂中心线与水平传动杆中心线装配角度符合要求；各种转动轴销及螺纹处均涂润滑油。

6. 新 GW6 型隔离开关接地刀闸安装

（1）用螺栓将接地刀闸静触头连接于传动装置底板下侧并紧固，其触指开口方向向下。隔离开关接地刀闸静触头的安装如图 8-3-2 所示。

（2）将组装好的接地刀闸支架装配牢固地安装在底座装配上（安装前接地刀闸导电管必须用 10 号铁丝与支架绑扎牢固）。

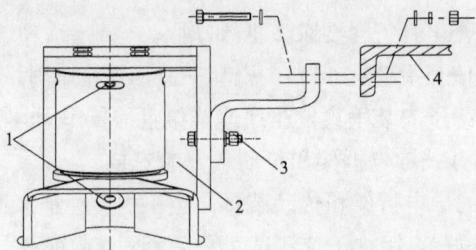

图 8-3-2 隔离开关接地刀闸静触头的安装

1—U形长孔，用于接地刀闸静触头左右方向的调节；2—接地静触头装配；

3—U形长孔，用于接地刀闸动触头插入深度的调节；4—隔离开关底座

（3）将接地刀闸手动操动机构（CS9–G型、CS17–Ⅱ型）安装在基础槽钢上，并连接牢固。

（4）主刀闸处于分闸位置时，剪断接地刀闸导电管的绑扎铁丝，在三相接地刀闸及手动操动机构处于合闸位置时，安装接地刀闸水平连杆（分相操作无此连杆），连接接地刀闸垂直传动杆，即完成接地刀闸安装。

（5）质量标准。

1）各转动部位涂二硫化钼锂。

2）转轴与轴套间配合间隙不应大于 1mm。

3）螺杆、螺母应完整，无锈蚀，公差配合适当。

4）螺杆拧入接头的深度不应小于 20mm。

5）连接水平连杆时，操作小拐臂方向必须处于合闸位置。

6）Ⅱ型接地刀闸装配如图 8-3-2 所示。

7. 新 GW6 型隔离开关绝缘子检查及探伤

参见 GW4 型隔离开关本体检修中支柱绝缘子检查及探伤内容（模块 Z15G2005Ⅱ）。

8. 新 GW6 型隔离开关整体调试

参见 GW6 型隔离开关整体调整及试验模块（模块 Z15G2020Ⅱ）。

六、隔离开关更换、调整、试验合格后，在投运前必做的工作

参见 GW4 型隔离开关更换、调整、试验合格后，在投运前必做的工作内容（模块 Z15G1006Ⅱ）。

【思考与练习】

1. GW6 型隔离开关静触头装配安装质量标准是什么？

2. 简述 GW6 型隔离开关底座及支柱绝缘子的安装步骤。

3. 简述新 GW6 型隔离开关接地刀闸安装步骤。

模块 4　GW7 型隔离开关更换（Z15G1009Ⅱ）

【模块描述】 本模块包含 GW7 型隔离开关更换的作业流程及工艺要求。通过知识要点的归纳讲解、操作技能训练，掌握 GW7 型隔离开关更换前的准备、危险点预控、作业步骤及质量标准等操作技能。

【模块内容】

一、作业内容

（1）旧 GW7 型隔离开关本体及操动机构拆除。

（2）旧 GW7 型隔离开关支架（水泥杆）及槽钢拆除。

（3）新 GW7 型隔离开关本体支架（水泥杆）安装。

（4）新 GW7 型隔离开关本体安装。

（5）新 GW7 型隔离开关操动机构及传动系统安装。

（6）新 GW7 型隔离开关接地刀闸安装。

（7）新 GW7 型隔离开关绝缘子检查及探伤。

（8）新 GW7 型隔离开关整体调试。

二、作业中危险点分析及控制措施

参见 GW4 型隔离开关更换作业中危险点分析及控制措施（模块 Z15G1006Ⅱ）。

三、GW7 型隔离开关更换作业前的准备

参见 GW4 型隔离开关更换前的准备工作（模块 Z15G1006Ⅱ）。

四、新 GW7 型隔离开关更换作业前开箱检查

参见新 GW4 型隔离开关更换前开箱检查项目（模块 Z15G1006Ⅱ）。

五、GW7 型隔离开关更换作业步骤及质量标准

1. 旧 GW7 型隔离开关本体及操动机构拆除

（1）断开电动操动机构箱内电动机启动电源、加热器电源和有关电气连锁回路电源，断开继电保护回路和电压回路电源。

（2）采用专用作业车或梯子将每相连接导线用绳捆好，绳的另一端固定在基座槽钢上。拆除接线夹连接螺栓，将连接导线缓慢放下，防止连接导线与接地线甩下伤到人员和设备。

（3）拆除主刀闸机构上部联轴器（或抱夹）的连接螺栓，使机构主轴与垂直传动杆脱离。

（4）拆除主刀闸垂直传动杆上部连接套的定位螺栓（或抽出万向节上的圆柱销），取下垂直传动杆。

（5）拆除中相转动绝缘子轴承座传动臂上短拉杆及相间水平拉杆两端圆柱销上的开口销，取下短拉杆及相间水平拉杆。

（6）主刀闸及接地刀闸的拆除。

1）在底座槽钢两端挂好起吊绳，将起吊绳放置于吊钩上，用起吊工具使起吊绳稍微受力，在绝缘子上端与挂钩间绑扎好牵引绳。

2）拆除底座槽钢两端与基础相连的各 4 个连接螺栓（如果是焊接的，将焊接点割开），将主刀闸系统平稳地吊至地面，并做好防倾倒措施。

（7）电动操动机构拆除。

1）拆除二次元件装配接线端子与进线电缆导线的固定螺钉，拆除与电动机相连的电源线；松开电缆线夹，从机构箱中抽出进线电缆；在拆下进线电缆前，应做好相应记录。

2）拆除操动机构箱与基础相连的 4 个螺栓，将操动机构箱拆下并放置在地面上。

（8）将旧 GW7 型隔离开关本体各部分及操动机构运出施工作业现场。

2. 旧 GW7 型隔离开关支架（水泥杆）及槽钢拆除

（1）更换如果还用原有支架（水泥杆）及槽钢，可不必拆除。

（2）松开支架与基础之间的固定螺栓，取下支架（为水泥杆的，拆除水泥杆）。

（3）拆除原有基础。

3. 新 GW7 型隔离开关本体支架（水泥杆）安装

（1）基础工作完成后，具备设备安装条件。

（2）将 GW7 型隔离开关支架与基础固定螺栓连接好，支架垂直度及水平找好后，将螺母紧固。

4. 新 GW7 型隔离开关本体安装

（1）新 GW7 型隔离开关底座及支柱绝缘子的安装。

1）测量隔离开关支架上平面是否水平，必要时进行调整。

2）将底座槽钢吊装在基础水泥杆或支架上，待找好水平后用螺栓固定或焊接好。

3）将组装好的转动及固定底座装配分别吊于基础槽钢上（转动底座安装在每相的中间），核实三相水平后固定好地脚螺栓。

4）将支持（转动）瓷套擦净，用螺栓将上、下节绝缘子连接，组合好。

5）将组装好的上、下节支柱（转动）绝缘子分相吊装于底座上，用垫片调节绝缘子垂直度，使其中心线处于铅垂位置。

6）同相三个绝缘子上法兰安装平面应处于同一水平面，稍有偏差可在绝缘子下法兰与底座之间加调节垫片。

（2）新 GW7 型隔离开关底座及支柱绝缘子的安装质量标准。

1）起吊应首先检查吊具是否符合要求，捆绑牢固。

2）绝缘子铅垂线偏差不超过 6mm，瓷套干净，连接牢固。

3）转动及支柱绝缘子安装垂直，与底座连接盘连接牢固且受力均匀。

（3）新 GW7 型隔离开关静触头与导电杆的安装。

1）将静触头分别安装在支持绝缘子上；如装有接地静触头，应注意接地静触头的开口方向朝向接地动触杆合闸方向一致。

2）将导电杆装配吊起并安装在每相中间转动绝缘子上，并固定好。

3）手动慢慢转动导电杆使之和静触头相接触、检查动触头是否在两侧静触头中间。

5. 新 GW7 型隔离开关操动机构及传动系统安装

（1）将电动操动机构用连接螺栓将操动机构与基础连接起来，检查操动机构水平后，拧紧操动机构与基础的连接螺栓。

（2）将主轴承座装配用连接螺栓牢固地装在中相底座装配上。

（3）从中相底座上轴承座装配里抽出主刀闸操作轴及平键。

（4）主刀闸与操动机构连接前，先将焊有垂直传动杆的连接器装入操动机构主轴上，检查两连板倾角 θ 是否调至合格（抱夹无须此过程）。

（5）手动操动机构，使电动操动机构行程开关处于合闸刚切换位置。

（6）在主刀闸处于合闸位置时，将主刀闸操作轴插入垂直传动杆上接套中，紧固接套定位螺钉，注意平键不要漏装；操动机构及垂直连杆部分的安装如图 10–17–2 所示。

（7）垂直传动杆与机构间用抱夹连接，装复时注意检查竖拉杆螺栓顶丝是否拧紧。

（8）将电动操动机构的二次接线电缆接入机构箱内相关二次端子排上，接线必须正确，并对电缆入口进行封堵。

（9）质量标准。

1）拐臂中心线与水平传动杆中心线装配角度符合要求。

2）各种转动轴销及螺纹处均涂润滑油。

6. 新 GW7 型隔离开关接地刀闸安装

参见 GW6 型隔离开关整体调试及试验中接地刀闸安装步骤（模块 Z15G2020Ⅱ）。

7. 新 GW7 型隔离开关绝缘子检查及探伤

参见 GW4 型隔离开关本体检修中支柱绝缘子检查及探伤内容（模块 Z15G2005Ⅱ）。

8. 新 GW7 型隔离开关整体调试

参见 GW7 型隔离开关整体调试及试验中隔离开关整体调试（模块 Z15G2021Ⅱ）。

六、隔离开关更换、调整、试验合格后，在投运前必做的工作

参见 GW4 型隔离开关更换、调整、试验合格后，在投运前必做的工作内容（模块 Z15G1006Ⅱ）。

【思考与练习】

1. 新 GW7 型隔离开关底座及支柱绝缘子的安装质量标准是什么？

2. 简述新 GW7 型隔离开关静触头及导电杆的安装步骤。

3. 简述新 GW7 型隔离开关操动机构及传动系统安装步骤。

▶ 模块 5　GW16 型隔离开关更换（Z15G1010Ⅱ）

【模块描述】 本模块包含 GW16 型隔离开关更换的作业流程及工艺要求。通过知识要点的归纳讲解、操作技能训练，掌握 GW16 型隔离开关更换前的准备、危险点预控、作业步骤及质量标准等操作技能。

【模块内容】

一、作业内容

（1）旧 GW16 型隔离开关本体及操动机构拆除。

（2）旧 GW16 型隔离开关支架（水泥杆）及槽钢拆除。

（3）新 GW16 型隔离开关本体支架（水泥杆）安装。

（4）新 GW16 型隔离开关本体安装。

（5）新 GW16 型隔离开关操动机构及传动系统安装。

（6）新 GW16 型隔离开关接地刀闸安装。

（7）新 GW16 型隔离开关绝缘子检查及探伤。

（8）新 GW16 型隔离开关整体调试。

二、作业中危险点分析及控制措施

参见 GW4 型隔离开关更换作业中危险点分析及控制措施（模块 Z15G1006Ⅱ）。

三、GW16 型隔离开关更换作业前的准备

参见 GW4 型隔离开关更换前的准备工作（模块 Z15G1006Ⅱ）。

四、GW16 型新隔离开关更换作业前开箱检查项目及检查标准

参见 GW4 型新隔离开关更换前开箱检查项目（模块 Z15G1006Ⅱ）。

五、GW16 型隔离开关更换作业步骤及质量标准

1. 旧 GW16 型隔离开关本体及操动机构拆除

（1）GW16 型隔离开关在合闸位置时，打开下导电杆外壁平衡弹簧调整窗盖板，将下导电杆内平衡弹簧完全放松。

（2）断开电动操动机构箱内电动机启动电源、加热器电源及有关电气连锁回路电源、继电保护回路和电压回路电源。

（3）采用专用作业车或梯子将每相连接导线用绳捆好，绳的另一端固定在基座上，拆除接线夹连接螺栓，将连接导线缓慢放下，防止连接导线及接地线甩下伤及人员及设备。

（4）拆除隔离开关机构上部联轴器（或抱夹）的连接螺栓，使刀闸机构主轴与垂直传动杆脱离。

（5）拆除隔离开关垂直传动杆上部连接套定位螺栓（或抽出万向接头的圆柱销），取下垂直传动杆。

（6）拆除垂直转动杆、主动拐臂、被动拐臂与三相水平传动杆的连接螺栓轴，取下水平传动杆。

（7）松开垂直传动杆主动拐臂上的两个定位螺栓，打下主动拐臂，取下的圆头键。

（8）松开两边相轴下端的 U 形螺栓，取出被动拐臂和月形键。

（9）电动操动机构拆除。

1）拆除二次元件装配接线端子与进线电缆导线的固定螺钉，拆下与电动机相连的电源线；松开电缆线夹，从操动机构箱中抽出进线电缆；在拆下进线电缆前，应做好相应记录。

2）拆除操动机构箱与基础相连 4 个螺栓，将操动机构箱拆下并放在地面上。

（10）静触头装配的拆卸。

1）利用专用登高作业车，用牵引绳绑紧静触头装配，将绳翻过母线，由地面人员稍微拉紧。

2）拆除连接导线上接线板与母线接线夹相连的各 4 个螺栓，将静触头装配拆下缓慢吊下，放在地面上。

（11）主刀闸的拆卸。

1）用 10 号铁丝将处于分闸位置的导电折架两端分别绑扎 3~4 圈。

2）在传动装置底板的四角挂好吊装绳，并用起吊钩将吊装绳拉紧，使吊装绳稍微受力，检查主刀闸重心是否基本保持平衡，在操作绝缘子和支柱绝缘子间用木方支撑后，以绳索捆绑，以防碰撞。

3）拆除传动装置底部法兰和支柱绝缘子连接的螺栓及与操作绝缘子相连接的螺栓，将主刀闸系统用起吊装置吊至地面上，起吊时应拉紧牵引绳，以免碰撞损伤绝缘子。

（12）绝缘子的拆卸。参见 GW16（20）型隔离开关本体检修绝缘子的拆卸内容（模块 Z15G2009Ⅱ）。

（13）底座装配的拆卸。参见 GW16（20）型隔离开关底座装配拆卸内容（模块 Z15G2009Ⅱ）。

（14）将旧 GW16 型隔离开关本体各部分及操动机构运出施工作业现场。

2. 旧 GW16 型隔离开关支架（水泥杆）及槽钢拆除

（1）更换如果还用原有支架（水泥杆）及槽钢，可不必拆除。

（2）拆除支架与基础之间的固定螺栓，取下支架（为水泥杆的，拆除水泥杆）。

（3）拆除原有基础。

3. 新 GW16 型隔离开关本体支架（水泥杆）安装

（1）此时基础工作已完成，具备设备安装条件。

（2）将 GW16 型隔离开关支架与基础固定螺栓连接好，支架垂直度及水平找好后，将螺母紧固。

4. 新 GW16 型隔离开关本体安装

（1）新 GW16 型隔离开关静触头装配安装。参见 GW6 型隔离开关本体检修中静触头装配安装内容（模块 Z15G2007Ⅱ）。

（2）新 GW16 型隔离开关静触头装配安装质量标准。参见 GW6 型隔离开关本体检修中静触头装配安装质量标准内容（模块 Z15G2007Ⅱ）。

（3）新 GW16 型隔离开关底座及操作、支柱绝缘子安装。

1）测量隔离开关支架上平面是否水平，必要时进行调整。

2）将组装好的底座装配分相吊于基础槽钢上，核实三相水平后固定好底脚螺栓。

3）将支柱（旋转）绝缘子擦净，用螺栓将上、下绝缘子连接，组合好。

4）将组装好的上、下节支柱绝缘子分相吊装于底座的支柱绝缘子法兰盘上，用垫片调节绝缘子垂直度，使其中心线处于铅垂位置。

5）分别将组装好的上、下节操作绝缘子分相吊装于操作绝缘子法兰盘上，紧固连接螺栓，同时用木方隔离支柱与操作绝缘子，并用绳子捆牢，以防操作绝缘子发生倾倒与支柱绝缘子碰撞，然后拆下起吊绳。

6）吊装绳索均应采用软绳，以避免零件的表面损伤。

（4）GW16 型隔离开关底座及操作、支柱绝缘子的安装质量标准。

1）起吊应首先检查吊具是否符合要求，捆绑牢固。

2）绝缘子铅垂线偏差不超过 6mm，瓷套干净，连接牢固。

3）操作及支柱绝缘子安装垂直，与底座连接盘连接牢固且受力均匀。

4）吊装绳索均应采用软绳，以避免零件的表面损伤。

（5）GW16 型隔离开关主刀闸的安装。

1）分别将组装好的主刀闸系统和传动装置吊至三相支柱绝缘子的上法兰盘上（吊

装前，主刀闸系统应捆绑好），用水平仪测试水平。

2）将接线底座与支持绝缘子用 4 个螺栓连接并紧固。

3）在旋转绝缘子法兰与主刀闸接线座法兰之间置橡皮垫，根据实际情况，调整旋转绝缘子高度，然后固定与旋转绝缘子相连的螺栓。

4）用手轻压动触头座，以便把转动座两边的调节拉杆拉出，再用一只手把住旋转绝缘子的伞裙并旋转它，如旋转自如即可，否则需拧动旋转绝缘子下面的调整顶杆，使之达到要求，随后将调整顶杆的锁紧螺母拧紧，这时可把捆绑主刀闸的铁丝剪断。

5）托起中间接头部分，用手动使主刀闸缓慢合闸，观察主刀闸是否垂直或水平，否则可用垫片在组合底座下进行调整。

6）检查动、静触头相对位置，将主刀闸多次慢分、慢合，不要让动静触头夹紧，以进行观察和调整，直到符合要求时为止。

（6）GW16 型隔离开关主刀闸的安装质量标准。

1）吊具安全可靠，捆绑牢固。

2）紧固牢靠，转动灵活。

3）旋转瓷套转动灵活。

4）合闸时主刀闸垂直或水平。

5）动、静触头中心偏差不大于 5mm，动触杆与动触座防雨罩上端面距离为 50mm±10mm。

5. 新 GW16 型隔离开关操动机构及传动系统安装

参见 GW6 型隔离开关本体与操动机构的连接方法（模块 ZY1400700303）。

6. 新 GW16 型隔离开关接地刀闸安装

参见 GW6 型隔离开关接地刀闸本体与操动机构的连接步骤（模块 ZY1400700303）。

7. 新 GW16 型隔离开关绝缘子检查及探伤

参见 GW4 型隔离开关本体检修中支柱绝缘子检查及探伤内容（模块 Z15G2005Ⅱ）。

8. 新 GW16 型隔离开关整体调试

参见 GW16（20）型隔离开关整体调整及试验模块（模块 Z15G2022Ⅱ）。

六、隔离开关更换、调整、试验合格后，在投运前必做的工作

参见 GW4 型隔离开关更换、调整、试验合格后，在投运前必做的工作内容（模块 Z15G1006Ⅱ）。

【思考与练习】

1. 简述旧 GW16 型隔离开关主刀闸的拆卸步骤。

2. GW16 型隔离开关底座及操作、支柱绝缘子的安装质量标准是什么？

3. 简述 GW16 型隔离开关主刀闸的安装步骤。

▶ 模块 6　GW17 型隔离开关更换（Z15G1011Ⅱ）

【模块描述】 本模块包含 GW17 型隔离开关更换的作业流程及工艺要求。通过知识要点的归纳讲解、操作技能训练，掌握 GW17 型隔离开关更换前的准备、危险点预控、作业步骤及质量标准等操作技能。

【模块内容】

一、作业内容

（1）旧 GW17 型隔离开关本体及操动机构拆除。

（2）旧 GW17 型隔离开关支架（水泥杆）及槽钢拆除。

（3）新 GW17 型隔离开关本体支架（水泥杆）安装。

（4）新 GW17 型隔离开关本体安装。

（5）新 GW17 型隔离开关操动机构及传动系统安装。

（6）新 GW17 型隔离开关接地刀闸安装。

（7）新 GW17 型隔离开关绝缘子检查及探伤。

（8）新 GW17 型隔离开关整体调试。

二、作业中危险点分析及控制措施

参见 GW4 型隔离开关更换作业中危险点分析及控制措施（模块 Z15G1006Ⅱ）。

三、GW17 型隔离开关更换作业前的准备

参见 GW4 型隔离开关更换前的准备工作（模块 Z15G1006Ⅱ）。

四、新 GW17 型隔离开关更换作业前开箱检查项目及检查标准

参见 GW4 型隔离开关更换前开箱检查项目（模块 Z15G1006Ⅱ）。

五、GW17 型隔离开关更换作业步骤及质量标准

1. 旧 GW17 型隔离开关本体及操动机构拆除

（1）GW17（21）型隔离开关在分闸位置时，打开下导电杆外壁平衡弹簧调整窗盖板，将下导电杆内平衡弹簧完全放松。

（2）断开电动操动机构箱内电动机启动电源、加热器电源及有关电气连锁回路电源，继电保护回路和电压回路电源。

（3）采用专用作业车或合梯将每相连接导线用绳捆好，绳的另一端固定在基座上，拆除接线夹连接螺栓，将连接导线缓慢放下，防止连接导线及接地线甩下伤及人员及设备。

（4）拆除隔离开关操动机构上部联轴器（或抱夹）的连接螺栓，使隔离开关操动机构主轴与垂直传动杆脱离。

（5）拆除隔离开关垂直传动杆上部连接套定位螺栓（或抽出万向接头的圆柱销），取下垂直传动杆。

（6）拆除垂直转动杆、主动拐臂、被动拐臂与三相水平传动杆的连接螺栓轴，取下水平传动杆。

（7）松开垂直传动杆主动拐臂上的 2 个定位螺栓，打下主动拐臂，取下的圆头键。

（8）松开两边相轴下端的 U 形螺栓，取出被动拐臂和月形键。

（9）电动操动机构拆除。

1）拆除二次元件装配接线端子与进线电缆导线的固定螺钉，拆下与电动机相连的电源线；松开电缆线夹，从操动机构箱中抽出进线电缆；在拆下进线电缆前，应做好相应记录。

2）拆除操动机构箱与基础相连 4 个螺栓，将机构箱拆下并放在地面上。

（10）静触头装配拆卸。

1）利用登高作业车，拆除连接引线。

2）利用登高作业车，松开单（双）静触头装配与支持瓷套相连 4 个螺栓，将静触头装配及接地静触头装配抬至作业车内，缓慢降至地面，并放置于固定地点。

（11）主刀闸的拆卸。

1）用 10 号铁丝将处于分闸位置的导电折架动触头端分别绑扎 3～4 圈。

2）在传动装置底板的四角挂好吊装绳，并用起吊钩将吊装绳拉紧，使吊装绳稍微受力，检查主刀闸重心是否基本保持平衡，在操作绝缘子和支柱绝缘子间用木方支撑后，以绳索捆绑，以防碰撞。

3）拆除传动装置底部法兰和支柱绝缘子连接的螺栓及与操作绝缘子相连接的螺栓，将主刀闸系统用起吊装置吊下放至地面上，起吊时应拉紧牵引绳，以免碰撞损伤绝缘子。

（12）绝缘子的拆卸。参见 GW16（20）型隔离开关绝缘子拆卸内容（模块 Z15G2009Ⅱ）。

（13）底座装配的拆卸。参见 GW16（20）型隔离开关底座装配拆卸内容（模块 Z15G2009Ⅱ）。

（14）将旧 GW17 型隔离开关本体各部分及操动机构运出施工作业现场。

2. 旧 GW17 型隔离开关支架（水泥杆）及槽钢拆除

（1）更换如果还用原有支架（水泥杆）及槽钢，可不必拆除。

（2）拆除支架与基础之间的固定螺栓，取下支架（为水泥杆的，拆除水泥杆）。

（3）拆除原有基础。

3. 新 GW17 型隔离开关本体支架（水泥杆）安装

（1）基础工作完成后，具备设备安装条件。

（2）将 GW17 型隔离开关支架与基础固定螺栓连接好，支架垂直度及水平找好后，将螺母紧固。

4. 新 GW17 型隔离开关本体安装

（1）静触头装配安装。

1）将组装好的静触头装配抬至安装处下面。

2）将组装好的单（双）静触头连同接地静触头装配一并吊起，装复在支持瓷套法兰上，紧固固定螺栓。

3）装好接线夹，紧固安装螺栓。

（2）GW17 型隔离开关静触头装配安装质量标准。

1）静触头装配安装水平，静触头杆垂直。

2）静触头安装位置正确。

（3）GW17 型隔离开关底座及操作、支柱绝缘子安装。参见 GW16（20）型隔离开关底座及操作、支柱绝缘子安装方法（模块 Z15G2009Ⅱ）。

（4）GW17 型隔离开关底座及操作、支柱绝缘子的安装质量标准。参见 GW16（20）型隔离开关本体检修底座及操作、支柱绝缘子的安装质量标准（模块 Z15G1010Ⅱ）。

（5）GW17 型隔离开关主刀闸的安装。

1）分别将组装好的主刀闸系统和传动装置吊至三相支柱绝缘子的上法兰盘上（吊装前，主刀闸系统应捆绑好），用水平仪测试水平。

2）将接线底座与支持绝缘子用 4 个螺栓连接并紧固。

3）在旋转绝缘子法兰与主刀闸接线座法兰之间置橡皮垫，根据实际情况，调整旋转绝缘子高度，然后固定与旋转绝缘子相连的螺栓。

4）用手轻压动触头座，以便把转动座两边的调节拉杆拉出，再用一只手把住旋转绝缘子的伞裙并旋转它，如旋转自如即可，否则需拧动旋转绝缘子下面的调整顶杆，使之达到要求，随后将调整顶杆的锁紧螺母拧紧，这时可把捆绑主刀闸的铁丝剪断。

5）托起中间接头部分，用手动使主刀闸缓慢合闸，观察主刀闸是否垂直或水平，否则可用垫片在组合底座下进行调整。

6）检查动、静触头相对位置，将主刀闸多次慢分、慢合，不要让动静触头夹紧，以进行观察和调整，直到符合要求时为止。

（6）GW17 型隔离开关主刀闸的安装质量标准。参见 GW17 型隔离开关本体检修主刀闸的安装质量标准（模块 Z15G2010Ⅱ）。

5. 新 GW17 型隔离开关操动机构及传动系统安装

参见 GW6 型隔离开关本体与操动机构的连接方法（模块 Z15G2020Ⅱ）。

6. 新 GW17 型隔离开关接地刀闸安装

参见 GW6 型隔离开关接地刀闸本体与操动机构的连接步骤（模块 Z15G2020Ⅱ）。

7. 新 GW17 型隔离开关绝缘子检查及探伤

参见 GW4 型隔离开关本体检修中支柱绝缘子检查及探伤内容（模块 Z15G2005Ⅱ）。

8. 新 GW17 型隔离开关整体调试

参见 GW17（21）型隔离开关整体调整及试验模块（模块 Z15G2023Ⅱ）。

六、隔离开关更换、调整、试验合格后，在投运前必做的工作

参见 GW4 型隔离开关更换、调整、试验合格后，在投运前必做的工作内容（模块 Z15G1006Ⅱ）。

【思考与练习】

1. 简述旧 GW17 型隔离开关本体及操动机构拆除步骤。

2. GW17 型隔离开关静触头装配安装质量标准是什么？

3. 简述 GW17 型隔离开关主刀闸的安装步骤。

模块 7　高压隔离开关验收（Z15G1005Ⅰ）

【模块描述】本模块包含高压隔离开关施工验收规范要求，通过图表讲解、重点归纳，达到掌握高压隔离开关施工验收必要的知识和技能。

【模块内容】

一、作业内容

（1）高压隔离开关支架安装的验收检查。

（2）传动装置的验收检查。

（3）操动机构的验收检查。

（4）隔离开关的导电部分验收检查。

（5）重点部分的验收检查。

二、危险点分析及预控措施

高压隔离开关施工验收的危险点分析及控制措施见表 8-7-1。

表 8-7-1　　　　　　　　　　　　危险点分析及控制措施

序号	危险点	安全控制措施
1	防止机械伤害	（1）被验收传动操作的电气设备，所有工作人员应撤离检修设备至安全距离之外，现场安全措施保持不变。 （2）验收传动操作前，运行人员和工作负责人应到现场检查设备的状态，应与工作许可前保持一致，并确认隔离开关在断开状态，工作负责人应向运行人员明确交代被试设备的注意事项和要求。 （3）验收传动操作应由运行人员操作（如有需要，工作负责人可配合操作）、监护，并对设备名称、编号、状态进行确认，严格执行监护、复诵制度
2	防止触电伤害	（1）遇上级验收，仍由运行人员操作和监护，验收人员实地观察。 （2）操作过程中，如遇异常情况应立即停止操作，由工作负责人安排工作班人员进行处理，工作负责人做专职监护。 （3）试操作结束，所有检修设备应恢复到许可工作前状态

三、作业顺序

（1）验收工作应该按照设备管理的有关要求，明确验收职责、验收责任分工，并且对于不同类型的验收工作，按照规定进行。

（2）提交的资料文件（包括订货技术协议、出厂试验报告、二次回路设计图纸、安装使用说明书、安装过程中的质量控制记录、调试和交接试验报告等）齐全、完整。

（3）前期各阶段发现的问题已整改，并验收合格。

（4）相关反事故措施是否落实。

（5）交接验收试验项目齐全且试验结果合格。

（6）相关安装调试信息已录入生产管理信息系统。

（7）备品备件齐全，资料及交接记录完整。

（8）技术人员应参加高压开关设备竣工验收，现场检查设备状况，查阅试验报告、安装记录等资料，监督设备隐患整改情况。必要时提前介入隐蔽工程验收、施工单位验收等前期验收环节。

四、高压隔离开关验收验收作业步骤和质量标准

因变电站新安装高压隔离开关有其代表性，本模块重点介绍新安装高压隔离开关设备的验收工作，鉴于高压隔离开关型号众多，且安装方式、操动机构各不相同，只能依照验收规程并结合国家电网公司有关技术要求进行综合描述。

本模块重点介绍高压隔离开关验收的基本要求，主要以表格形式介绍 110kV 隔离开关验收的重点，其余高压隔离开关设备验收可以参照执行。在本模块的附录部分，有相应的验收表格做参考，对于没有涉及的设备可以参照执行。

（一）高压隔离开关设备支架安装的验收检查

（1）设备支架的检查，应符合产品技术文件要求，且应符合下列规定

1）设备支架外形尺寸符合要求。封顶板及铁件无变形、扭曲，水平偏差符合产品

技术文件要求。

2）设备支架安装后，检查支架柱轴线，行、列的定位轴线允许偏差为 5mm，支架顶部标高允许偏差为 5mm，同相根开允许偏差为 10mm。

（2）在室内间隔墙的两面，以共同的双头螺栓安装隔离开关时，应保证其中一组隔离开关拆除时，不影响另一侧隔离开关的固定。

（3）隔离开关安装的检查，应符合下列要求。

1）隔离开关相间距离允许偏差：220kV 及以下 10mm。相间连杆应在同一水平线上。

2）接线端子及载流部分应清洁，且应接触良好，接线端子（或触头）镀银层无脱落。

3）绝缘子表面应清洁、无裂纹、破损、焊接残留斑点等缺陷，绝缘子与金属法兰胶装部位应牢固密实。

4）支柱绝缘子不得有裂纹、损伤，并不得修补。外观检查有疑问时，应作探伤试验。

5）支柱绝缘子应垂直于底座平面（V 形隔离开关除外），且连接牢固；同一绝缘子柱的各绝缘子中心线应在同一垂直线上，同相各绝缘子柱的中心线应在同一垂直平面内。

6）隔离开关的各支柱绝缘子间应连接牢固；安装时可用金属垫片校正其水平或垂直偏差，使触头相互对准、接触良好。

7）均压环和屏蔽环应安装牢固、平正，检查均压环和屏蔽环无划痕、毛刺；均压环和屏蔽环宜在最低处打排水孔。

8）安装螺栓宜由下向上穿，隔离开关组装完毕，应用力矩扳手检查所有安装部位的螺栓，其力矩值应符合产品技术文件要求。

9）隔离开关的底座传动部分应灵活，并涂以适合当地气候条件的润滑脂。

10）操动机构的零部件应齐全，所有固定连接部件应紧固，转动部分应涂以适合当地气候条件的润滑脂。

（二）传动装置的验收检查

（1）拉杆与带电部分的距离应符合现行 GB 50149《电气装置安装工程—母线装置施工及验收规范》的有关规定。

（2）拉杆的内径应与操动机构轴的直径相配合，两者间的间隙不应大于 1mm；连接部分的销子不应松动。

（3）当拉杆损坏或折断可能接触带电部分而引起事故时，应加装保护环。

（4）延长轴、轴承、连轴器、中间轴承及拐臂等传动部件，其安装位置应正确，固定应牢靠；传动齿轮啮合应准确，操作应轻便灵活。

（5）定位螺钉应按产品技术文件要求进行调整并加以固定。

（6）所有传动摩擦部位，应涂以适合当地气候条件的润滑脂。

（7）隔离开关、接地开关平衡弹簧应调整到操作力矩最小并加以固定；接地开关垂直连杆上应涂以黑色油漆标识。

（三）操动机构的验收检查

（1）操动机构应安装牢固，同一轴线上的操动机构安装位置应一致。

（2）电动操作前，应先进行多次手动分、合闸，机构动作应正确。

（3）电动机的转向应正确，操动机构的分、合闸指示应与设备的实际分、合闸位置相符。

（4）操动机构动作应平稳、无卡阻、冲击等异常情况。

（5）限位装置应准确可靠，到达规定分、合极限位置时，应可靠地切除电源；辅助开关动作应与隔离开关动作一致、接触准确可靠。

（6）隔离开关过死点、动静触头间相对位置、备用行程及动触头状态，应符合产品技术文件要求。

（7）隔离开关分、合闸定位螺钉，应按产品技术文件要求进行调整并加以固定。

（8）操动机构在进行手动操作时，应闭锁电动操作。

（9）机构箱应密闭良好、防雨防潮性能良好，箱内安装有防潮装置时，加热装置应完好，加热器与各元件、电缆及电线的距离应大于 50mm；操动机构箱内控制和信号回路应正确并应符合现行 GB 50171《电气装置安装工程—盘、柜及二次回路结线施工及验收规范》的有关规定。

（四）隔离开关的导电部分验收检查

（1）触头表面应平整、清洁，并应涂以薄层中性凡士林；载流部分的可挠连接不得有折损；连接应牢固，接触应良好；载流部分表面应无严重的凹陷及锈蚀。

（2）触头间应接触紧密，两侧的接触压力应均匀且符合产品技术文件要求，当采用插入连接时，导体插入深度应符合产品技术文件要求。

（3）设备连接端子应涂以薄层电力复合脂。连接螺栓应齐全、紧固，紧固力矩符合现行 GB 50149《电气装置安装工程—母线装置施工及验收规范》的规定。引下线的连接不应使设备接线端子受到超过允许的承受应力。

（4）合闸直流电阻测试应符合产品技术文件要求。

（五）隔离开关重点验收检查

（1）当拉杆式手动操动机构的手柄位于上部或左端的极限位置，或涡轮蜗杆式机构的手柄位于顺时针方向旋转的极限位置时，应是隔离开关的合闸位置；反之，应是分闸位置。

（2）隔离开关合闸状态时触头间的相对位置、备用行程，分闸状态时触头间的净距或拉开角度，应符合产品技术文件要求。

（3）具有引弧触头的隔离开关由分到合时，在主动触头接触前，引弧触头应先接触；从合到分时，触头的断开顺序相反。

（4）三相联动的隔离开关，触头接触时，不同期数值应符合产品技术文件要求。当无规定时，最大值不得超过 20mm。

（5）隔离开关的闭锁装置应动作灵活、准确可靠；带有接地刀的隔离开关，接地刀与主触头间的机械或电气闭锁应准确可靠。

（6）隔离开关的辅助开关应安装牢固、动作准确、接触良好，其安装位置便于检查；装于室外时，应有防雨措施。

（7）隔离开关与其所配装的接地开关间应配有可靠的机械闭锁，机械闭锁应有足够的强度。

（8）同一间隔内的多台隔离开关的电机电源，在端子箱内必须分别设置独立的开断设备。

（9）高压隔离开关的验收表见附录。

【思考与练习】

1. 验收高压隔离开关有哪些主要安全注意事项？
2. 隔离开关安装的检查，应符合哪些要求？
3. 传动装置的验收检查重点是什么？
4. 隔离开关的导电部分验收检查重点是什么？
5. 隔离开关重点验收检查的内容是什么？

附录

110kV 隔离开关安装验收规范表

变电站：　　　　运行名称编号：　　　　型号：　　　　制造厂：

施工单位：　　　　验收人员：　　　　　　　　验收日期：

一、设备验收					
序号	工序	检验项目	性质	质量标准	验收结论
1	安全距离	室内（外）配电装置的安全净距	重要	按附表1、2规定	
2		触头打开角度和距离		符合产品技术规定	

续表

序号	工序		检验项目	性质	质量标准	验收结论
3		油漆	油漆及相色标志		完整、正确	
4		接地	接地软线	重要	连接紧固、无断股	
5			整体双接地		（1）接地可靠、无锈蚀 （2）各焊接于不同干线 （3）符合热稳定校核要求 （4）导通检测	
6	总体外观	绝缘子柱	绝缘子	重要	无破损、裂纹	
7			铸铁法兰		无裂纹	
8			法兰与绝缘子连接处	重要	胶合物不脱落、表面涂防水胶	
9			绝缘子柱安装		安装牢固，垂直于底座平面，各柱中心纵横在同一垂直平面内	
10			绝缘子探伤	重要	探伤良好	
11			检查绝缘子的伞裙，测量其爬电距离		结构应符合标准规定，其爬电距离必须符合污区图要求	
12		母线引下线		重要	弯度、弛度应一致。成悬链状自由下垂	
13	接线座	轴座夹杆	密封罩		密封良好，密封圈无损坏变形	
14			轴座整体		转动灵活、不上下晃动	
15		软连接式	防雨罩	重要	完好无破损	
16			夹板或接线板		无裂纹	
17			软连接		无断裂、破损	
18			软连接、导电轴于接线板		连接正确	
19			出线座整体		转动灵活、不上下晃动	
20		导电部位接触面		重要	平整、无氧化膜，涂有一薄层电力复合脂	
21		导电部位螺栓紧固			按厂家规定或参考附表3规定	
22		电缆终端头与接线座搭接		重要	不超过允许外加应力	
23		母线引下线与接线座搭接				
24		电气连接			接触良好、可靠，铜铝搭接时铜材料应搪锡	
25	中间触头	触指	防雨罩	重要	完好无绣蚀	
26			触指		排列整齐，镀银层应完好	
27			触指弹簧		无锈蚀和变形，有防锈措施	

续表

序号	工序		检验项目	性质	质量标准	验收结论
28	中间触头	触指	触指弹簧压力	重要	压力一致	
29			触指弹簧销		无锈蚀和变形，有防锈措施	
30			卡板		无锈蚀和变形	
31			导电部位接触面		平整、无氧化膜，涂有一薄层电力复合脂	
32			导电部位螺栓紧固		按厂家规定或参考附表3规定	
33		触头	表面		无污垢，镀银层应完好	
34			与导电杆连接处		牢固、无裂纹	
35	传动连杆	相间	水平拉杆		无弯曲、变形	
36			拉杆轴孔于轴套		润滑良好、间隙不大于1mm	
37			拉杆螺纹		螺纹完整、有防锈措施	
38		垂直	与机构连接		垂直、无抗劲	
39			上端轴承		涂抹润滑脂、转动灵活	
40	转动装置	轴承	各转动部位轴承	重要	与转动部位配合良好，转动灵活，涂抹适量二硫化钼	
41		齿轮	扇形齿轮		啮合良好、准确，操作轻便、灵活	
42	接地刀		接地导电带		连接紧固、无断裂	
43			扭力弹簧		弹簧良好、有防锈措施	
44			触头接触	重要	接触紧密，接触压力均匀	
45			定位、限位板、机械联锁板		安装正确、无松动	
46	机构		传动杆于机构密封检查		密封良好	
47			机构箱密封垫检查		完整	
48			辅助开关检查		动作可靠，触点接触良好	
49			电机及传动部分		转动应灵活，有适量润滑脂	
50			微动开关	重要	通断灵活，接触良好	
51			限位弹簧片		弹性良好	
52			端子排接线		连接牢固	
53			机构箱接地		牢固，导通良好	
54			机构箱门接地		4mm² 多股铜线可靠连接	
55			加热器		工作正常	

续表

序号	工序		检验项目	性质	质量标准	验收结论
56	隔离开关调整	合闸	机构与隔离开关位置		对应	
57			触头、触指接触上下误差		＜5mm	
58			插入深度		触头中心在触指刻度线上	
59			三相不同期允许值		如无特殊规定，不应大于 10mm	
60			定位、限位板、机械联锁板	重要	安装正确、无松动	
61			动静触头接触		0.05mm 塞尺塞不进，接触电阻合格，应涂有中性凡士林	
62			导线与出线座		符合设计要求	
63		分闸	机构与隔离开关位置		对应	
64			隔离开关与操动机构联动试验	重要	动作平稳，灵活、无卡阻	
65	其他		防松件检查	重要	防松螺母紧固，开口销打开	
66			孔洞处理		密封良好	

二、资料验收

序号	资料名称	性质	质量标准	验收结论
1	安装使用说明书，图纸、出厂试验报告，维护手册等技术文件	重要	各项资料齐全	
2	安装、调整、试验、整定记录	重要	规范、齐全、合格	
3	设备缺陷通知单、设备缺陷处理记录			
4	备品备件	重要	齐全	

三、验收总体意见

总体评价	
整改意见	
验收结论	

第九章

35kV 及以下隔离开关检修

◢ 模块 1　GW4–35 型隔离开关本体检修（Z15G2001 I）

【模块描述】 本模块包含 GW4–35 型隔离开关本体检修的作业流程及工艺要求。通过知识要点的归纳讲解、图例展示、操作技能训练，掌握 GW4–35 型隔离开关本体的基本结构、修前准备、危险点预控、作业步骤、工艺要求及质量标准等操作技能。

【模块内容】

一、GW4–35 型隔离开关的结构原理

GW4–35 型隔离开关是由三个独立的单相隔离开关组成的三相高压电气设备，采用联动操作，主刀闸由电动（或手动）操动机构操作，接地刀闸由手动操动机构操作。主刀闸与接地刀闸间设有防止误操作的机械闭锁装置，同时手动操动机构可配置电磁锁闭锁构成电气防误装置，以实现机械闭锁和电气连锁，达到防止误操作的目的。

1. 结构

GW4–35 型隔离开关为户外双柱式水平布置隔离开关，主要结构包括底座、支柱绝缘子、接线座、导电部分、接地刀闸、传动系统、操动机构等。其单相结构如图 9–1–1 所示。根据使用需要，可在单侧或两侧安装接地刀闸，也可以不安装接地刀闸。

2. 动作原理

当操动机构旋转 180°，传动轴带 U 相绝缘子旋转 90°，并通过交叉连杆使另一侧绝缘子反向旋转 90°，同时通过水平连杆联动 V、W 两相绝缘子同步旋转，三相隔离开关导电管便在水平面上转动，向同一侧分开或闭合，从而达到 U、V、W 三相同时实现分、合闸。

二、GW4–35 型隔离开关本体检修的作业内容

（1）GW4–35 型隔离开关本体分解。

（2）GW4–35 型隔离开关支柱绝缘子检修。

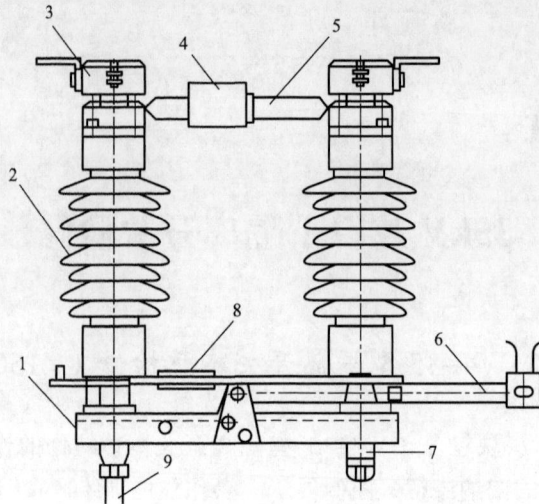

图 9-1-1 GW4-35 型隔离开关单相结构

1—底座；2—支柱绝缘子；3—接线座；4—防雨罩；5—导电杆；6—接地刀闸；

7—轴承座；8—连接杆；9—机构连接轴

（3）GW4-35 型隔离开关基座检修。

（4）GW4-35 型隔离开关导电系统检修。

（5）GW4-35 型隔离开关出线座分解检修。

（6）GW4-35 型隔离开关接地刀闸及手动机构的检修。

（7）GW4-35 型隔离开关检修后的整体调试。

三、作业中危险点分析及控制措施

作业中危险点分析及控制措施见表 9-1-1。

表 9-1-1　　　　　　　　　　　作业中危险点分析及控制措施

序号	危险点	控制措施
1	高处坠落及落物伤人	（1）进入作业现场必须正确佩戴安全帽，高处作业按规定系好安全带，安全带不得绑在隔离开关瓷柱上。 （2）拆卸引线时，要使用升降平台或梯子，并有人扶持，不得攀登隔离开关瓷柱，梯子不得以隔离开关瓷柱作为支撑点。 （3）使用升降车（平台）按说明书进行，支撑点稳固防止升降车（平台）倾斜。 （4）使用临时检修平台时，跳板应绑扎牢固。 （5）传递工具、物件应用传递绳，不得抛掷
2	防止起重伤害	（1）吊装工作时应专人指挥，起吊重物下严禁站人。 （2）吊装重物要有合格的绳索，绑扎牢固。 （3）背风绳、拉绳可靠，起吊重物移动时防止碰撞脚手架及其他物体。 （4）绝缘子吊下后平放于地面

续表

序号	危险点	控制措施
3	防止触电伤害	（1）工作前检查工作点是否在接地有效保护范围内。 （2）工作前应向每个作业人员交代清楚邻近带电设备，并加强监护，不允许单人作业。 （3）抱杆、起吊所用绳索等，在起吊全过程都应与带电部分保持足够的安全距离。 （4）拆放引线时，应用绳索挂牢，保持足够的安全距离，且不得失去原有的接地保护。 （5）高层布置的隔离开关在拆卸垂直连杆时要保证足够的安全距离，要采取可靠措施防止靠近带电部位。 （6）严禁跨越遮拦，严禁攀登运行构架。 （7）现场搬运长物件应由两人平放搬运。 （8）搭接检修电源需两人操作，检修电源具有明显的断开点，且带有漏电保护器。 （9）工作前断开操作、信号电源，闭锁回路连接点需切断，电动操作前必须经值班人员同意后方可接通电源。 （10）试验仪器、电动工器具等设备外壳有保护接地的，必须接地且接地可靠
4	防止机械伤害	（1）严格执行工器具使用规定，使用前严格检查，不完整、不合格的工器具禁止使用。 （2）调试隔离开关时统一指挥，进行隔离开关操作时相互呼应，且工作人员必须离开传动部位

四、检修作业前的准备

1. 检修前的资料准备

（1）检修前应认真查阅设备安装、检修记录、设备运行记录、故障情况记录、缺陷情况记录和红外测温结果。对所查阅的资料进行详细、全面的调查分析，以判定隔离开关的综合状况，为现场具体的检修方案的制订打好基础。

（2）准备好设备使用说明书、记录本、表格、检修报告等。

2. 检修方案的确定

（1）编制作业指导书。

（2）拟订检修方案，确定检修项目，编排工期进度。

3. 备品备件、工器具、材料准备

在开工前必须预先准备检修工器具、材料、备品备件、试验仪器和仪表等，并运至检修现场。仪器仪表、工器具应试验合格，满足本次施工的要求，材料应齐全。

4. 检修环境（场地）的准备

（1）在检修现场四周设一留有通道口的封闭式遮拦，并在周围背向带电设备的遮拦上挂适当数量的"止步，高压危险"标示牌，在通道入口处挂"从此进出"标示牌。

（2）在作业现场指定位置摆放好检修工具、量具、材料、备品备件和测试仪器及垃圾箱。

五、检修作业前的检查和试验

为了解高压隔离开关设备在检修前的状态以及为检修后试验数据进行比较，在检修前，应对被修隔离开关进行检查，必要时可作测试。

（1）检查触头接触面无过热、烧伤痕迹，镀银层无脱落现象。

（2）检查导电臂无锈蚀、起层现象。

（3）检查接线座无锈蚀、转动灵活、接触可靠；接线板无变形、开裂现象，且镀层应完好。

（4）检查支柱绝缘子清洁、完好且无裂纹现象。

（5）检查基座固定良好，隔离开关无摇晃现象。

（6）检查传动系统和操动机构是否存在卡涩、费力等现象，隔离开关开距是否符合要求。

（7）检查接地刀闸触头接触面否符合要求、无锈蚀、机械闭锁是否可靠。

（8）检查操动机构箱密封良好，内部元器件是否有异常情况。

（9）测量主回路电阻是否超过规定值要求。

六、GW4-35 型隔离开关检修作业步骤及质量标准

1. 隔离开关本体分解

（1）拆下隔离开关两端引线并固定牢靠。

（2）拆下主刀闸交叉连杆及水平拉杆。注意对极柱、出线座以及左、右导电杆等位置，必要时要做好记号。

（3）拆除基座下端平面固定螺栓将单相隔离开关整体吊装至地面再进行分解。

（4）依次拆去出线座、导电杆、支柱绝缘子、接地刀闸、轴承座等进行检查修理。

（5）质量标准。

1）拆卸时勿损伤导电接触面，起吊操作时有防止碰撞的措施，瓷柱平放在预定位置。

2）瓷柱及触头分相放置，并做好标记。

3）引线完整，无断股、散股。

2. 支柱绝缘子检修

（1）用水或清洗剂清洗绝缘子表面并擦干。

（2）检查绝缘子有无开裂或损坏，如有破损、裂纹，应予以更换。

（3）检查铸铁法兰与绝缘子浇装处有无松动、开裂和脱落，若有松动应予以更换，如铁法兰与绝缘子间浇装物脱落应进行处理，并涂防水胶。

（4）检查法兰盘有无开裂，若有开裂应更换。

（5）检查上、下法兰螺孔情况，清除灰尘和铁锈，孔内涂黄油，上、下法兰刷防

锈漆。

（6）检查支柱绝缘子瓷裙有无损坏，如损坏严重应更换。

（7）质量标准。绝缘子无损伤、裂纹，与法兰结合牢固有防水层。

3. 基座检修

轴承座采用全密封结构，如图 9-1-2 所示，轴承座内装圆锥滚子轴承，两端设计有密封装置确保轴承防雨、防尘。

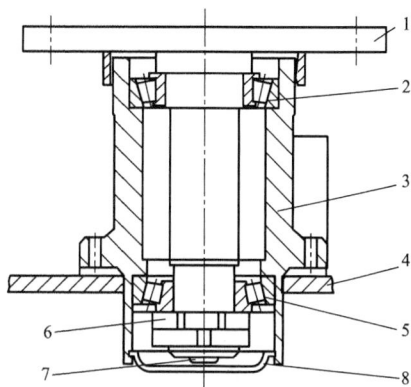

图 9-1-2　轴承座

1—转动板；2—上轴承；3—支柱；4—槽钢底座；5—下轴承；6—垫；7—螺母；8—底盖

（1）拆下底盖，拧下螺母，取出密封垫，双手握住支柱，顺瓷柱轴的方向，向外拨动使下轴承脱落，双手握住下轴承内圈，将其平行缓缓向上退出。

（2）清洗上、下轴承，检查滚柱是否磨损及锈蚀等情况，一手握住轴承内圈，另一手转动花篮，感觉有无卡涩等现象。将轴承用汽油清洗干净后甩掉汽油，晾干轴承后，涂抹适量润滑脂。

注意：基座检修主要确保轴承完好、无卡涩现象，装配时确保轴、轴承、轴承座无倾斜现象，确保轴承有合适间隙及密封良好。注入润滑脂时应从一面注入，这样杂质将会从另一面渗出。紧固底部并紧螺母时应紧度适当，既考虑转动灵活，又考虑不松动。考虑轴承属低速转动，且操作次数较少，注入的润滑脂应以 2/3 轴承内腔为宜。

（3）质量标准。

1）轴承内外圈滚珠完好无锈蚀、破损、残缺。

2）轴芯无锈蚀。

3）用清洗剂清洗内部，待干后涂上合适的润滑脂。

4）组装过程中不能用坚硬金属工具加在外圈或滚动体上，组装后转动灵活无卡涩。

4. 导电系统检修

GW4 型隔离开关导电系统如图 9-1-3 所示。

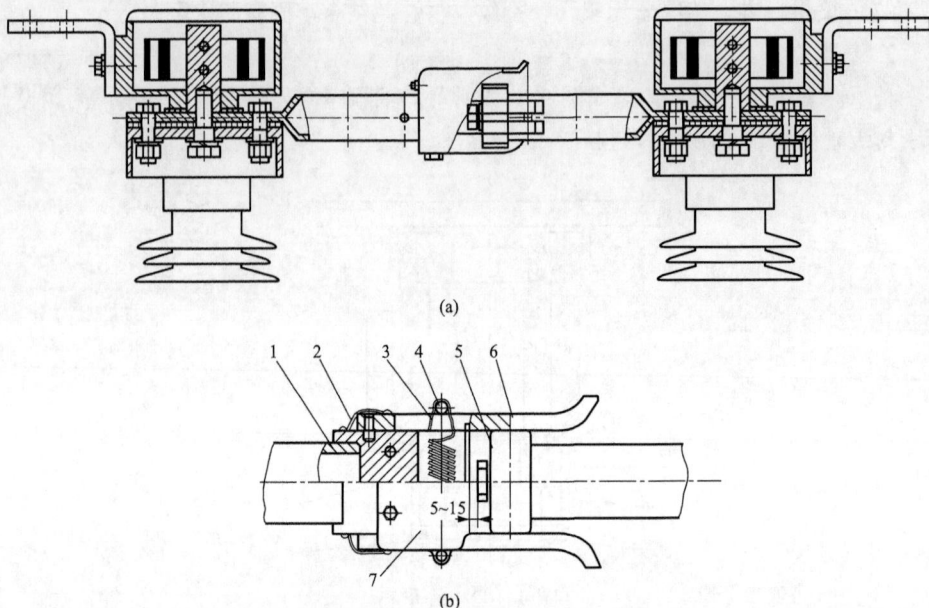

图 9-1-3　GW4 型隔离开关导电系统

（a）导电系统装配图；（b）左、右触头

1—导电管；2—镀银软导电带；3—弹簧；4—弹簧销；5—右触头触指；6—触指；7—槽形卡板

（1）旋下防雨罩上的固定螺钉，取下防雨罩。

（2）拧下槽形卡板上的 4 个 M8 螺钉，用手按住触指加力，使触指根部张开到触指定位销刚离开导电杆，另一手将导电杆拿出，则弹簧、弹簧销和触指等部件即可拆下。

（3）检查和清洗弹簧，确定弹簧无过热退火且弹性良好，无锈蚀和变形，检查弹簧两端黄蜡管无破损，必要时更换。

（4）触指接触面在电流和电弧的热作用下，以及长期暴露在空气中会产生烧伤痕迹和氧化膜，检修时应用细锉锉去凸出部分，用 00 号砂布放在平板锉下面进行细加工，使接触面平整并具有金属光泽，尽量保持镀银层少损坏。对完好触指和触头用汽油、白洁布或铜丝刷清洗接触面，并用白棉布在接触面表面抽擦，去除表面氧化膜及污垢，触指及触头表面镀银层应尽量保持光亮的镀银层。

（5）组装触指座，按拆卸相反顺序进行。

（6）导电杆与接线座的接触部分及圆形导电头，用白布或绸布条来回抽动，彻底清除氧化膜，直至表面呈现光亮的镀银层。如圆形导电头部分有灼伤痕迹，按照触指修正方法修正。

（7）所有活动接触面涂适量中性凡士林。

注意：组装触指座将触指、弹簧、弹簧销配对。将一对触指圆头销卡入触指外侧弹簧拉钩内，圆头销卡入触指座圆槽后，再略为张开一些，用槽形卡板卡住，待几对触指上完后，将槽形卡板推向触指根部，用手掌根按住触指一侧向下加力使其张开，另将导电杆塞入，使触指销进入导电杆定位孔内，拧紧4个M8螺钉即可。安装完毕用手按压触指检查各触指拉紧力一致。

（8）装上防雨罩，略紧固好固定螺钉，待整组装配后调整紧固。

注意：检查触指有无灼伤痕迹，如有轻微烧伤痕迹，应用细平板锉，轻锉去凸出部分，然后将00号砂布垫在细平板下轻轻打磨，接触面凹陷深度超过触指厚度1/5，烧伤面积超过2/5时应宜更换触指。检修过程中应检查弹簧是否拉伸变形，如有应更换。装配时弹簧两端绝缘套管应完好，触指排列整齐，拉紧力应一致，触指圆头销应进入触指的凹痕处，弹簧钩应处在圆柱销凹痕处，装配后拉簧式触头与右触头顶部保持3.8mm间隙。中间触头装孔时应上下对称，上下差不大于5mm。触指与触头间应紧密，两侧的接触压力均匀，接触部分用0.05mm×10mm塞尺检查应塞不进去。

（9）质量标准。

1）导电铜管无弯曲变形，触头与导电管结合处焊接牢固，无开裂。

2）触头无严重烧伤，烧损面不大于10%，烧伤深度不大于1mm，触头接触面光滑、平整、清洁。

3）防雨罩完好无锈蚀，开裂。

4）触指镀银层完好无脱落。

5）导电杆与触指架间焊接完好，无开裂。

6）销、卡板等无变形、损坏、锈蚀。

7）弹簧无锈蚀和永久变形。

8）触指安装平整，触头压力符合要求。

9）导电结合处平整，无污垢、杂质，清洗待干后涂抹电力脂（或中性凡士林）。

5. 出线座分解检修

GW4-35型隔离开关接线座（630～1250A）装配如图9-1-4所示。

（1）拆下防雨罩螺栓，取下防雨罩，检查是否锈蚀、破损。

（2）拆下接线板与垂直导电杆之间软连接。

（3）软连接拆装注意方向如图9-1-5所示，避免损坏铜带。

检查清除各连接处氧化膜及锈斑，并将各接触面打磨平整，清洁后涂一层导电脂。

注意：修正各接触面用铜丝刷对各接触面轻轻刷净并清洗干净，保证接触面平整无氧化膜。然后在各接触面涂抹导电脂，导电脂厚度不应超过 0.15mm。软连接应无断丝、无锈蚀、无烧损，无严重发热退火现象，组装时按拆除相反顺序装复。在垂直导电杆与防雨罩之间转动处应涂适量掺有二硫化钼的润滑脂，装配后接线板按逆时针方向 92° 范围内应转动灵活，如右接线端子应在顺时针 92° 范围内转动灵活。

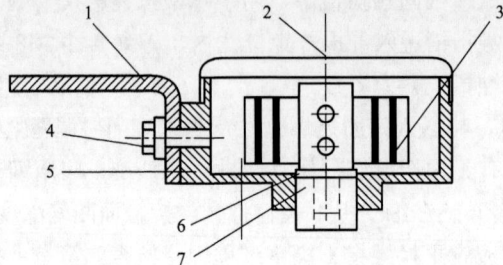

图 9-1-4　GW4-35 型隔离开关接线座（630～1250A）装配图
1—接线板；2—防雨罩；3—导电带；4—六角螺钉；5—出线罩；6—垫圈；7—导电头

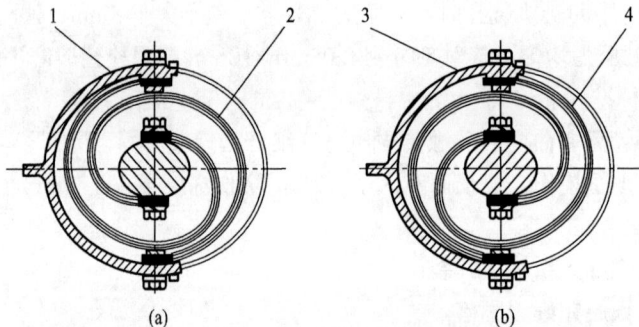

图 9-1-5　导电带连接
（a）软连接顺时针绕接于左触头装配；（b）软连接逆时针绕接于右触头装配
1、3—接线座；2、4—软导线

（4）质量标准。

1）软铜带无过热、烧伤、折断，断裂面超过总截面 10% 应更换，组装的方式无误。

2）出线座与导电管接触面无氧化、污垢。

3）导电部分涂抹电力脂或中性凡士林，螺栓紧固，导电良好，镀银层完好。

4）旋转灵活，无卡涩。

6. 接地刀闸及手动机构的检修

（1）检查接地刀闸弹簧是否变形、锈蚀等情况，如有应调换。

（2）接地刀闸是否变形、弯曲、锈蚀。锈蚀严重穿孔在不影响机械强度情况下可修补，严重应调换。

（3）接地刀闸紧固件是否松动，确保在操作时不发生位移。

（4）接地刀闸轴、销无变形锈蚀，孔光滑无磨损、无毛刺等情况，必要时应调换或处理。

（5）接地刀闸与本体软连接应接触良好，软连接无断股及严重锈蚀情况，其截面应符合短路电流要求。

（6）接地刀闸与主刀闸的连锁应牢固可靠，在主刀闸合闸时接地刀闸不应合上，连锁应确保主刀闸分→接地刀闸合→接地刀闸分→主刀闸合的顺序动作，确保安全。

在装配前应将各变形拉杆校直，装配后检查与带电部分的距离应符合相关标准。在装配时各销孔应涂适量润滑脂，润滑脂应选用满足运行环境境温度要求、不滴流且黏度不太高的材料，保证在一个小修周期内不流失。

（7）质量标准。

1）静触头导电接触面清洁、完好；弹簧无锈蚀及永久变形。

2）接地刀闸的杆无变形，锈蚀，焊接处牢固、无裂纹。

3）各紧固件牢固。

4）导电部分涂抹电力脂或中性凡士林，丝牙、轴、销、弹簧涂抹防锈及润滑脂。

5）软铜带断裂面积不超过总面积 10%，组装后表面涂抹防护脂。

7. GW4-35 型隔离开关检修后的整体调试

（1）调整项目及质量标准。用手动操作缓慢进行合闸及分闸，观察三相水平传动杆与拐臂板的连接轴销转动是否灵活，主刀闸系统动作是否灵活，有无卡涩，辅助开关切换位置是否正确；三相并能同步到位；合闸终止，检查三相主刀闸是否在同一水平线上；检查机械连锁可靠；检查隔离开关主刀闸合闸后触头插入深度，左、右触头合闸位置如图 9-1-6 所示，并调整以下项目符合检修质量标准。

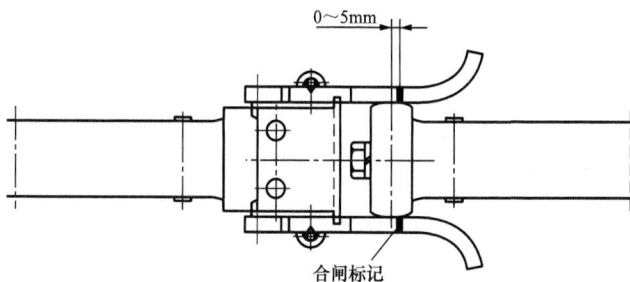

图 9-1-6　GW4-35 型隔离开关左、右触头合闸位置示意图

1）绝缘子与底座钢槽垂直，绝缘子垂直偏差不大于 6mm。

2）中间触头接触对称，上下差不大于 5mm。

3）合闸到终点，触头中心线与触指合闸标记向内偏移 0～5mm。

4）三相合闸不同期性不大于 10mm。

5）隔离开关主刀闸转角应为 90°±1°。

6）主刀闸和接地刀闸分、合闸相互闭锁的间隙 0～3mm。

7）主刀闸合闸时在同一轴线上。

8）接线板与导电杆转动角在 92°范围转动灵活。

9）接地刀闸初始位置与基座夹角不大于 20°。

（2）试验项目。

1）测量主刀闸的回路电阻：630A 的不大于 150μΩ，1250A 的不大于 110μΩ。

2）测量接地刀闸回路电阻不大于 180μΩ。

3）机构电动分、合闸时间为 6s±1s。

4）手动操作主刀闸合、分各 5 次动作可靠。用手柄操作电动机构，使主刀闸分、合 5 次，当电动操动机构限位开关刚刚切换时，检查机构限位块与挡钉之间的间隙是否符合要求。

5）手动操作接地刀闸合、分各 5 次动作可靠。

6）电动操作主刀闸合、分各 5 次动作可靠。通电前要手动将主刀闸处于半分、半合位置，接通电源，慎重按下合闸或分闸按钮，随之按下急停按钮，模拟点动操作，注意观察主轴转向，确认正确的操动方向。如果方向相反，则须调整电动机的旋转方向，进行电动分、合操作，检查电动机转向与主刀闸分、合闸运动方向是否对对应。

7）电动机构分合闸线圈及二次回路绝缘是否良好。用 1000V 绝缘电阻表测量，其绝缘电阻不应小于 2MΩ。

8）1min 工频耐压合格。

七、GW4-35 型隔离开关本体检修验收

（1）隔离开关和操动机构所有固定件螺栓紧固可靠。

（2）触头接触表面良好、无污垢，接触表面涂有中性凡士林或导电硅脂。

（3）支柱绝缘子瓷质部分清洁，无裂纹、胶装接口处无缺陷、浇铸连接情况良好，绝缘子的绝缘电阻满足要求。

（4）各转动部分轴销完整，转动灵活，无卡涩现象，且均已加注了合适的润滑脂。

（5）操动机构操作灵活，分、合位置正确，辅助开关切换可靠。

（6）隔离开关检修项目无遗漏，各项调整和试验符合技术要求。

（7）提交技术文件资料，并存档保管。

【思考与练习】

1. GW4–35 型隔离开关检修前的检查与试验内容有哪些？
2. 简述 GW4–35 型隔离开关本体检修作业步骤，其质量标准是什么？
3. GW4–35 型隔离开关导电带连接方向有什么规定？
4. GW4–35 型隔离开关检修后要进行哪些调试？

模块 2　GW5–35 型隔离开关本体检修（Z15G2002 Ⅰ）

【模块描述】 本模块包含 GW5–35 型隔离开关本体检修的作业流程及工艺要求。通过知识要点的归纳讲解、图例展示、技能操作训练，掌握 GW5–35 型隔离开关本体的基本结构、修前准备、危险点预控、作业步骤、工艺要求及质量标准等操作技能。

【模块内容】

一、GW5–35 型隔离开关结构原理

GW5–35 型隔离开关为户外双柱水平断口 V 形水平旋转式三相交流高压隔离开关。隔离开关制成单相形式，每相为 V 形双柱式结构，两个绝缘支柱呈 50° 角，分别装在与底座相连的轴承座上，以一对伞形齿轮实现啮合传动。

1. 结构

GW5–35 型隔离开关的主要结构包括转动支柱、支柱绝缘子、接线座、导电部分、接地刀闸、传动系统、操动机构等。单相结构如图 9–2–1 所示。根据使用需要，可在单侧或两侧安装接地刀闸，也可以不安装接地刀闸，隔离开关与接地开关间设有机械连锁装置。

2. 动作原理

GW5–35 型隔离开关三个单相通过相间连杆可实现三相机械联动操作，操动机构通过传动箱与主刀闸相连。手动或电动操动机构通过传动杆件，将力矩传递给隔离开关本体，带动主刀闸中的一个绝缘子转动，并通过底座伞形齿轮的转动带动另一侧绝缘子转动，同时通过水平带动另两相同步旋转，从而实现三相同时分、合闸。主刀闸的分、合闸转角为 90°，其分、合状态由传动机构在传动中的机械限位实现，电动操动机构亦可通过行程开关的切换来实现电气限位。

二、GW5–35 型隔离开关本体检修作业内容

（1）GW5–35 型隔离开关本体分解。

（2）GW5–35 型隔离开关支柱绝缘子检修。

（3）GW5–35 型隔离开关转动支柱检修。

（4）GW5–35 型隔离开关导电系统检修。

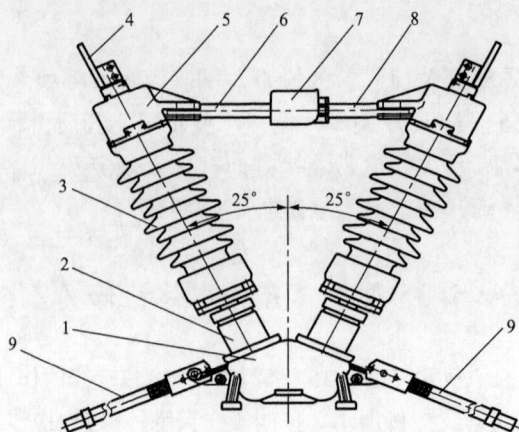

图 9-2-1　GW5-35 型单相隔离开关结构图

1—转动支柱；2—轴承座；3—支柱绝缘子；4—接线夹；5—接线座；
6—左触头；7—罩；8—右触头；9—接地刀闸

（5）GW5-35 型隔离开关出线座分解检修。

（6）GW5-35 型隔离开关接地刀闸及手动机构的检修。

（7）GW5-35 型隔离开关检修后的整体调试。

三、GW5-35 型隔离开关本体检修作业中危险点分析及控制措施

参见 GW4-35 型隔离开关本体检修作业中危险点分析及控制措施（模块 Z15G2001Ⅰ）。

四、GW5-35 型隔离开关本体检修作业前准备

参见 GW4-35 型隔离开关本体检修中作业前准备（模块 Z15G2001Ⅰ）。

五、GW5-35 型隔离开关本体检修作业前的检查和试验

参见 GW4-35 型隔离开关本体检修中的检修作业前的检查和试验（模块 Z15G2001Ⅰ）。

六、GW5-35 型隔离开关本体检修作业步骤及质量标准

1. 隔离开关本体分解

（1）断开电动操动机构箱内电动机启动电源、加热器电源及有关电气连锁回路电源、继电保护回路和电压回路电源。

（2）将每相引下线用绳捆好，绳的另一端固定在基座槽钢上，拧下接线夹连接螺栓，将引下线缓慢放下，防止引下线及接地线甩下伤及人员及设备。

（3）拆下主刀闸机构上部联轴器（或抱夹）的连接螺栓，使主刀闸机构主轴与垂直传动杆脱离。

（4）拆下主刀闸垂直传动杆上部连接套的定位螺栓（或抽出万向接头上的圆柱销），取下垂直传动杆。

（5）拆除水平拉杆与两边相主刀闸连接的圆柱销，取下水平拉杆。

（6）拆除主刀闸传动箱拐臂与操作相隔离开关连接拉杆。

（7）松开主刀闸底座与槽钢的固定螺栓，将主刀闸平稳地放至平整的地面上，并做好防倾倒措施。

（8）拆下固定接线座 4 个螺栓，取下接线座和触头装配。

（9）拆下支持绝缘子与轴承座装配固定的 4 个螺栓，取下支持绝缘子，并放置在枕木上。

（10）拆下 2 个轴承座装配之间固定用双头螺栓，然后拆下轴承座装配与底座固定螺栓，取下轴承座装配。

（11）拆下主刀闸传动箱装配与槽钢的固定螺栓，取下主刀闸传动箱装配。

2. 支柱绝缘子检修

参见 GW4-35 型隔离开关本体检修中的支柱绝缘子检修项目（模块 Z15G2001 Ⅰ）。

3. 转动支柱检修

GW5-35 型隔离开关的转动支柱结构如图 9-2-2 所示，轴承支柱装配如图 9-2-3 所示。

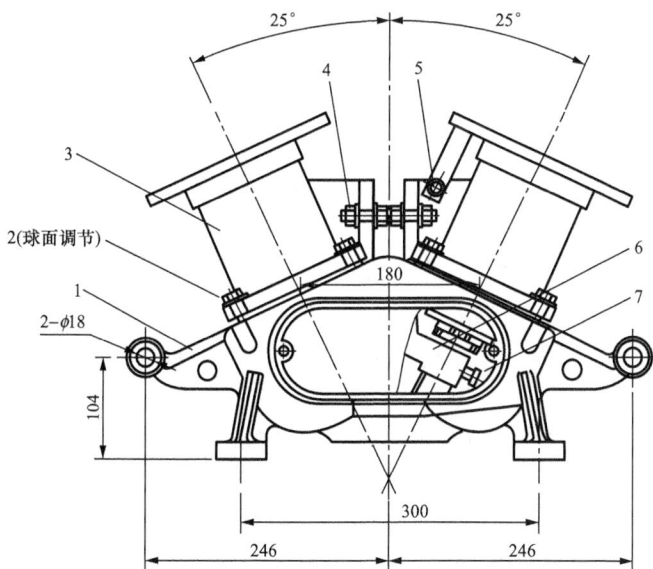

图 9-2-2　GW5-35 型隔离开关的转动支柱结构

1—底座；2—M12 球面调节螺栓；3—轴承支柱；4—M12 双头调节螺栓；5—分、合闸定块；
6—伞形齿轮；7—伞形齿轮调节螺栓

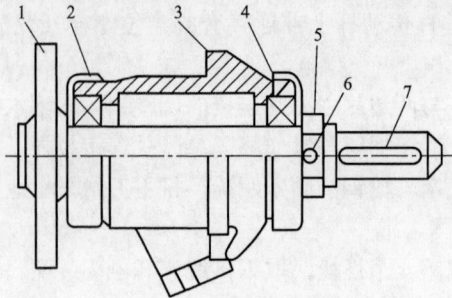

图 9-2-3　轴承支柱装配

1—轴承座；2—罩；3—支柱；4—圆锥滚子轴承；5—螺母；6—紧固螺钉；7—圆头平键

（1）转动支柱装配分解。拧松伞形齿轮的顶丝，取下伞形齿轮，圆头平键；拧松螺帽的顶丝，拆下螺母，取下轴承封盖、平垫、轴承及轴承支柱。

（2）检查清洗。

1）所拆下零件用汽油清洗干净并用布擦净。

2）检查轴承应无损坏，转动是否灵活，轴承内径与轴承座的公差配合符合。

3）检查轴承座体内、外部表面，如表面有锈蚀，应用 00 号砂布进行处理，存在严重损伤的要更换。

4）检查伞形齿轮应完整、无损坏。

5）检查防雨罩，如锈蚀严重应更换，如轻微锈蚀用钢丝刷清除，并刷防锈漆。

6）检查底座螺孔丝扣完好，无锈蚀，并用丝锥套攻，清除灰尘和铁锈，孔内涂黄油。

7）检查圆头平键表面，如表面有锈蚀，应用 00 号砂布进行处理，存在严重损伤的要更换。

（3）转动支柱装配装复。按分解相反顺序进行装复，装复时应注意以下几点：

1）轴承内应涂适合的润滑脂，涂的量应以轴承内腔的 2/3 为宜。

2）轴承与轴是紧配合，所以装复轴承要用专用工具进行或用比轴承内径稍大的铁管，用手锤慢慢打入。

3）两个齿轮咬合准确、间隙适当，咬合深度为齿高的 2/3 为宜，间隙可调整齿轮上下位置来改变间隙的大小。

4）装复后，转动轴承座应灵活。

（4）质量标准。

1）圆锥滚子轴承内外圈滚珠完好无锈蚀、破损、残缺。

2）轴芯无锈蚀。

3）用清洗剂清洗内部，待干后涂上合适的润滑脂。

4）组装过程中不能用坚硬金属工具加在外圈或滚动体上，组装后转动灵活无卡涩。

4. 导电系统检修

参见 GW4-35 型隔离开关本体检修中的导电系统检修（模块 Z15G2001Ⅰ）。

5. 出线座分解检修

GW5-35 型隔离开关接线座（630A、1000A）结构如图 9-2-4 所示。

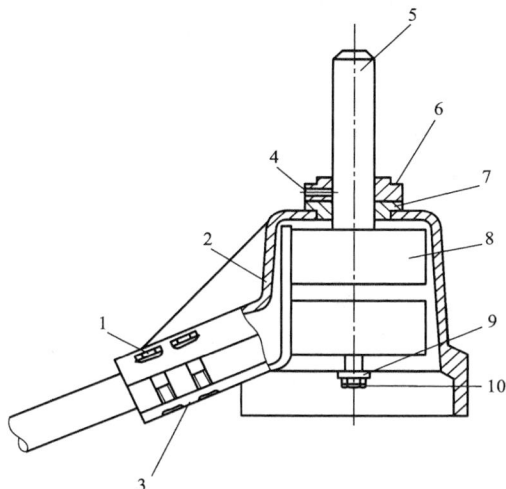

图 9-2-4　GW5-35 型隔离开关接线座（630、1000A）结构图

1—M10 螺栓；2—接线座；3—夹板；4—紧固螺钉；5—导电杆；6—罩；7—轴套；
8—软导电带；9—固定板；10—开口销

（1）隔离开关接线座分解。

1）拆下接线夹 2 个螺栓，取下接线夹。

2）拧松罩的顶丝，取下罩。

3）拆下固定板的 2 个螺栓，取下固定板和导电带装配。

4）拆下导电带两端各 4 个固定螺栓，取下导电带、夹板、导电杆。

5）取下轴套。

（2）将所拆下零件用汽油清洗并用布擦净。

（3）检查夹板、接线座与导电管的接触面有无氧化、损坏情况。如有氧化应将氧化膜清除干净，装复时应涂中性凡士林油。夹板、接线座有损坏的应更换；导电管与夹板连接长度不应小于 70mm。

（4）检查导电带两端接触面有无氧化，如有氧化应将氧化膜除净，装复时涂中性凡士林油；检查导电带的铜片有无损坏，导电带的铜片损坏超过 5 片时应更换。

（5）检查轴套与导电杆的公差配合，间隙要求为 0.2～0.3mm 为宜。

（6）接线夹外观应完整，接触面应清洁、无氧化膜。

（7）接线座装复按分解相反顺序进行装复。导电带组装时要注意方向，可参见 GW4–35 型隔离开关出线座分解检修部分的内容（模块 Z15G1003Ⅰ），以免损坏铜片。

（8）质量标准。

1）软铜带无过热、烧伤、折断，断裂面超过总截面 10%应更换，组装的方式无误。

2）出线座与导电管接触面无氧化、污垢。

3）导电部分涂抹电力脂或中性凡士林，螺栓紧固，导电良好，镀银层完好。

4）旋转灵活，无卡涩。

6. 接地刀闸及手动操动机构的检修

参见 GW4–35 型隔离开关本体检修接地刀闸及手动操动机构的检修（模块 Z15G1003Ⅰ）。

7. GW5–35 型隔离开关检修后的整体调试

（1）调整项目及质量标准。GW5–35 型隔离开关调整参数可按图 9–2–5 所标示的尺寸位置进行测量，其标准应符合产品规格使用说明书要求。

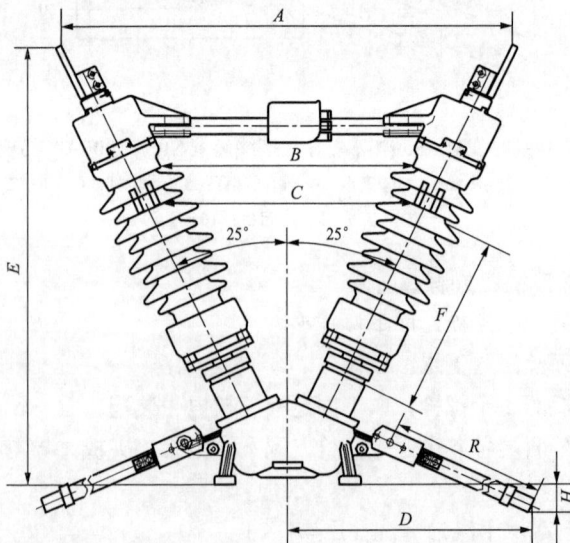

图 9–2–5　GW5–35 型单相隔离开关装配尺寸图

1）三相隔离开关装复后，相间距离为 1200mm，装横拉杆之前调整两个接线夹端部的距离。调整方法：利用底座上的球面调整环节，调整 4 个 M12 螺栓的松紧来实现。当调节合格后必须注意底座内的伞齿轮的啮合的情况，必要时重新调节伞齿轮的位置，以保证咬合的准确，操作灵活；然后测量每个绝缘子的接线夹端部至底座的下平面水平线的距离，此距离为尺寸 E，这样才能保证两绝缘子的夹角为 50°。

2）用手动操作缓慢合闸及分闸，观察主刀闸系统动作是否灵活，无有卡涩，辅助开关切换位置是否正确；三相并能同步到位。并调试图 9-2-5 所示的标注尺寸，应符合产品安装要求。

3）隔离开关主刀闸合闸后左、右触头间隙为 15～20mm，接触后应上、下对称，允许上、下偏差不大于 5mm，夹紧度用 0.05mm×10mm 的塞尺进行检查。

4）主刀闸分闸后断口距离不小于 530mm。

5）两个接线夹端的距离为尺寸 A，应符合要求。

6）隔离开关绝缘子上部两铁法兰之间的距离为尺寸 B，应符合要求。

7）每个绝缘子的接线夹端部至底座的下平面水平线的距离为尺寸 E，应符合要求。

8）同相两个触头的最小空气距离为尺寸 C，应符合要求。

9）左触头对拉杆的距离要大于或等于尺寸 F 符合要求。

10）相间距离误差不大于 5mm。

11）三相合闸不同期性不大于 6mm。

12）接地刀闸分闸位置闸刀端部（动触头）与隔离开关底座中心水平距离为尺寸 D，应符合要求。

13）接地刀闸闸刀端部至刀闸杆连接轴销中心之间的距离为尺寸 R，应符合要求。

14）测量隔离开关底座下平面至接地刀闸分闸位置闸刀端部（动触头）之间的垂直距离为尺寸 H，应符合要求。

15）接地刀闸分闸后断口距离（垂直距离）不小于 560mm。

（2）试验项目。

1）测量主刀闸的回路电阻：600A 的不大于 200μΩ，1000A 的不大于 110μΩ。

2）测量接地刀闸回路电阻不大于 180μΩ。

3）机构电动分、合闸时间为 6s±1s。

4）手动操作主刀闸合、分各 5 次动作可靠。用手柄操作电动机构，使主刀闸分、合 5 次，当电动操动机构限位开关刚刚切换时，检查机构限位块与挡钉之间的间隙是否符合要求。

5）手动操作接地刀闸合、分各 5 次动作可靠。

6）电动操作主刀闸合、分各 5 次动作可靠。通电前要将手动操作主刀闸处于半分、半合位置，接通电源，慎重按下合闸或分闸按钮，随之按下急停按钮，模拟点动操作，注意观察主轴转向，确认正确的操动方向。如果方向相反，则须调整电动机的旋转方向，进行电动分、合操作，检查电动机转向与主刀闸分、合闸运动方向是否对应。

7）电动操动机构分合闸线圈及二次回路绝缘是否良好。用 1000V 绝缘电阻表测量，其绝缘电阻应不小于 2MΩ。

8）1min 工频耐压合格。

七、GW5–35 型隔离开关本体检修验收

参见 GW4–35 型隔离开关本体检修（模块 Z15G2001Ⅰ）中验收。

【思考与练习】

1. 简述 GW5–35 型隔离开关的接线座检修步骤。

2. GW5–35 型隔离开关转动支柱装复应注意什么？

3. GW5–35 型隔离开关检修后调试项目的质量标准是什么？

4. 简述 GW5–35 型隔离开关检修后试验项目。

▲ 模块 3　GW4–35 型隔离开关传动系统及手动机构的检修（Z15G2003Ⅰ）

【模块描述】 本模块包含 GW4–35 型隔离开关传动系统及手动机构检修的作业流程与工艺要求。通过知识要点的归纳讲解、图例展示、操作技能训练，掌握 GW4–35 型隔离开关传动系统及手动机构的基本结构、修前准备、危险点预控、作业步骤、工艺要求及质量标准等操作技能。

【模块内容】

一、GW4–35 型隔离开关传动系统及手动操动机构的结构原理

1. GW4–35 型隔离开关传动系统及手动操动机构的结构

（1）GW4–35 型隔离开关传动系统的结构。GW4–35 型隔离开关传动系统主要由连杆、转轴及传动连接构件等组成，如图 9–3–1 所示。

（2）CS11–G 型和 CS14–G 型手动操动机构的结构。CS11–G 型手动操动机构的结构如图 9–3–2 所示，CS14–G 型手动操动机构如图 9–3–3 所示，其转动角度为 180°。

手动操动机构的转动角度为 90°～180°，手动操动机构一般在输出轴上设有机械连锁功能，有的还可配置电磁锁，以保证按规定的程序（主刀闸分—接地刀闸合—接地刀闸分—主刀闸合）进行操作。

2. 动作原理

当操作操动机构（手动或电动）旋转时，传动轴通过垂直连杆带动 U 相的左侧绝缘子旋转 90°，并通过转动板上连接的交叉连杆使另一侧绝缘子反向旋转 90°，同时通过转动板上连接的三相水平连杆联动 V、W 两相同步转动 90°，于是三相隔离开关的导电杆便向同一侧分开或闭合，实现主刀闸 U、V、W 三相同步分、合闸。

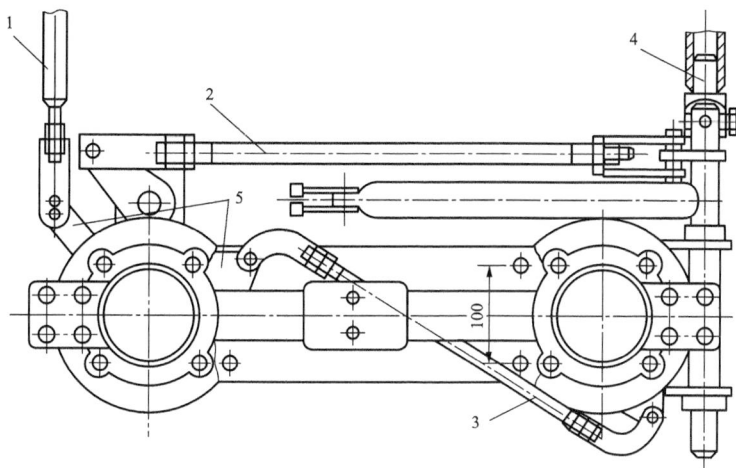

图 9-3-1　GW4-35 型隔离开关传动系统图

1—三相水平连杆；2—接地刀闸连杆；3—同相交叉连杆；4—接地刀闸水平连轴；5—转动板

二、传动系统和手动操动机构检修作业内容

（1）　GW4-35 型隔离开关传动系统检修。

（2）　CS14-G 型手动操动机构检修。

（3）　调试。

CS11-G 型、CS14-G 型手动操动机构结构图如图 9-3-2 和图 9-3-3 所示。

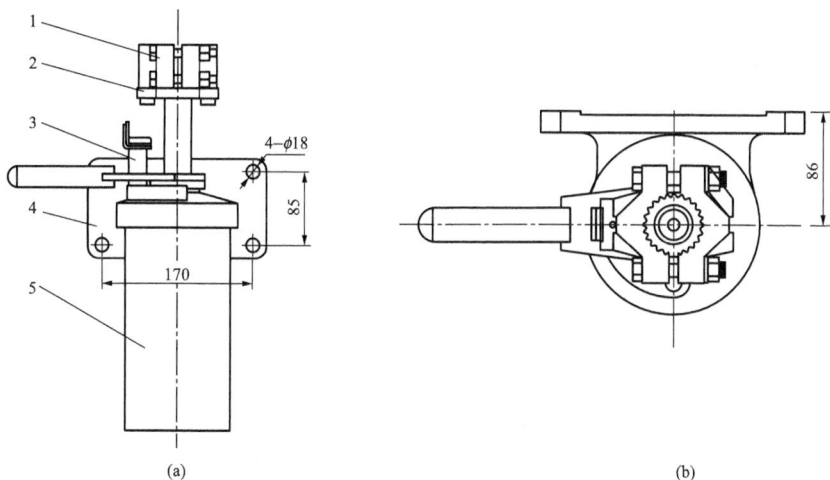

（a）　　　　　　　　　　　　　　　　　　　　（b）

图 9-3-2　CS11-G 型手动操动机构结构图

（a）主视图；（b）俯视图

1—齿形抱箍；2—锁板；3—手柄；4—底座；5—罩

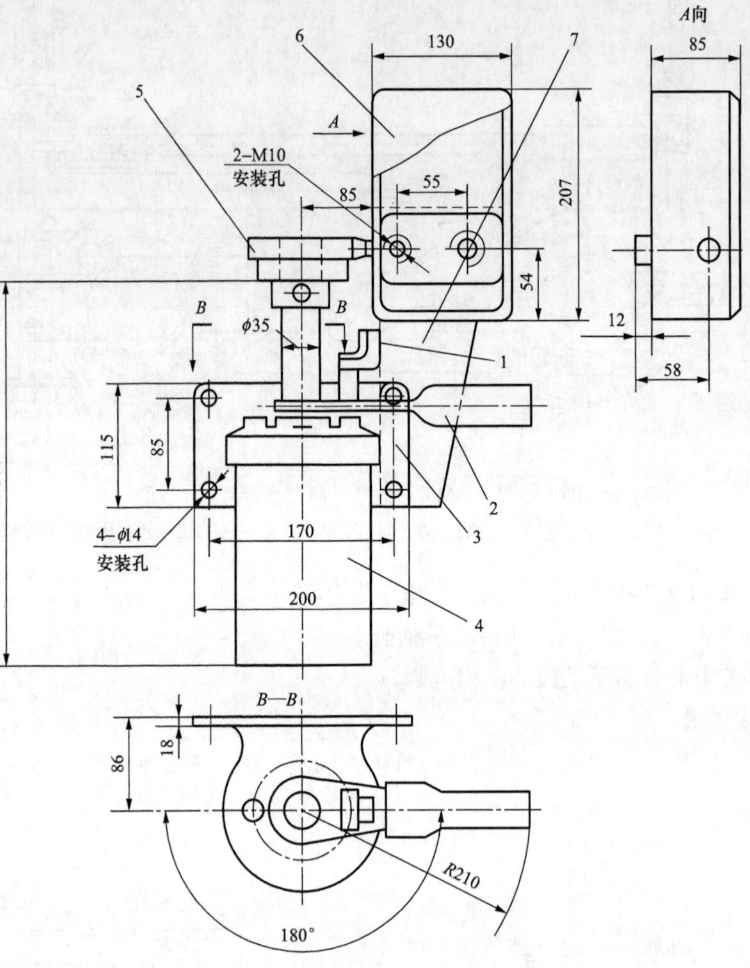

图 9-3-3 CS14-G 型手动操动机构结构图

1—锁板；2—手柄；3—基座；4—罩；5—转轴上安装的附件；6—DSW3 外电磁锁；7—安装板

三、作业中危险点分析及控制措施

作业中危险点分析及控制措施见表 9-3-1。

表 9-3-1 作业中危险点分析及控制措施

序号	危险点	控制措施
1	高处坠落及落物伤人	（1）进入作业现场必须正确佩戴安全帽，高处作业按规定系好安全带，安全带不得绑在隔离开关瓷柱上。 （2）使用临时检修平台时，跳板应绑扎牢固。 （3）传递工具、物件应用传递绳，不得抛掷

续表

序号	危险点	控制措施
2	防止触电伤害	（1）工作前检查工作点是否在接地有效保护范围内。 （2）工作前应向每个作业人员交代清楚邻近带电设备，并加强监护，不允许单人作业。 （3）严禁跨越遮拦，严禁攀登运行构架。 （4）现场搬运长物件应由两人平放搬运。 （5）搭接检修电源需两人操作，检修电源具有明显的断开点，且带有漏电保护器。 （6）工作前断开操作、信号电源，闭锁回路连接点需切断，电动操作前必须经值班人员同意后方可接通电源。 （7）试验仪器、电动工器具等设备外壳有保护接地的，必须接地且接地可靠。 （8）中断检修每次重新开始工作，应认清工作地点，设备名称和编号，严禁无监护单人工作
3	防止机械伤害	（1）调试机构应时统一指挥，得到上部检修人员许可，进行手动和电动操作前必须呼唱，并确认人员已离开传动部件和转动范围及触头的运动方向，操作时相互呼应。 （2）调整人站立位置应躲开触头动作半径，防止动触头伤人。 （3）检修调整防误装置时，应暂停其他作业。 （4）水平连杆拆装时，设专人扶持接地刀闸动触头，防止接地刀闸掉落伤人
4	防火措施	焊工应穿帆布工作服，戴工作帽，口袋需有遮盖，脚面应有脚罩，应戴防护手套，现场应配备灭火器

四、检修作业前的准备

1. 检修前的资料准备

（1）检修前应认真查阅设备安装、检修记录、设备运行记录、故障情况记录、缺陷情况记录和红外测温结果。对所查资料进行详细、全面的调查分析，以判定隔离开关的综合状况，为现场具体的检修方案的制定打好基础。

（2）准备好设备使用说明书、记录本、表格、检修报告等。

2. 检修方案的确定

（1）编制作业指导书。

（2）拟订检修方案，确定检修项目，编排工期进度。

3. 备品备件、工器具、材料准备

在开工前必须预先准备检修工器具、材料、备品备件、试验仪器和仪表等，并运至检修现场。仪器仪表、工器具应试验合格，满足本次施工的要求，材料应齐全。

4. 检修环境（场地）的准备

（1）在检修现场四周设一留有通道口的封闭式遮拦，并在周围背向带电设备的遮拦上挂适当数量的"止步，高压危险"标示牌，在通道入口处挂"从此进出"标示牌。

（2）在作业现场指定位置摆放好检修工具、量具、材料、备品备件和测试仪器及垃圾箱。

五、检修作业前的检查和试验

（1）检查连接杆和连接构件有无锈蚀、变形。

（2）检查轴销、螺栓、开口销是否缺损。

（3）检查手动操动机构箱的密封有无异常。

（4）测量分、合闸不同期。

（5）测量主刀闸和接地刀闸分、合闸相互闭锁的间隙。

（6）测量接地刀闸初始位置与基座夹角。

六、GW4–35 型隔离开关传动系统及手动机构检修作业步骤及质量标准

1. 传动系统检修

（1）拆卸各连杆连接头的防松螺母或开口销，取下连杆（应对连杆原长度做好记录，以便恢复时参考）。

（2）清洗回转板上的拐臂轴销，检查各销、孔有无锈蚀变形，磨损等情况。

（3）清洗相间连杆和水平拉杆的轴孔和螺纹，铜套内圈如有拉毛或毛刺现象应用金相砂纸打磨，所有转动部分加润滑脂。

（4）清洗垂直连杆上端的轴承座，并涂适量润滑脂。

（5）检查底座槽钢，接地螺栓，机械闭锁板等元件，有无变形、磨损及伤痕。

（6）组装按拆卸相反的顺序依次装回。

（7）检查接地刀闸与主刀闸互锁正确，主刀闸处于分闸状态时，接地刀闸才能合闸；接地刀闸处于分闸状态时，主刀闸才能合闸。

（8）质量标准。

1）在分解拐臂、连杆、拉杆及各铜套、销、孔时，应检查其是否变形、是否锈蚀，铜套或销孔是否磨损，必要时应予更换或修整各销、孔。

2）拉杆应校直，焊接处牢固，且与带电部分安全距离符合规定。

3）拉杆内径与操动机构轴的直径配合良好。两者之间的间隙不能大于 1mm，连接部分的销子不应松动。

4）连接销与销孔配合间隙为 0.4～0.5mm。

5）延长轴、轴承、联轴器、中间轴承及拐臂等转动部分安装位置正确，并应涂抹适合的润滑脂及防护脂。

6）连接螺杆拧入接头的深度不应小于 20mm。

（9）注意事项。

1）操作费力不一定是机构问题，有可能是隔离刀闸本身问题，应分清原因。

2）当相间和同相的水平转动和传动连杆未在中心线上或发生弯曲时将造成三相不同步的现象。

2. CS14-G 型手动操动机构检修

（1）手动操动机构的检修应在确认辅助电源（信号、闭锁）断开后进行。

（2）拆除电磁锁连接器及锁。

（3）拆除辅助开关外罩及辅助开关，用毛刷清扫并检查辅助开关的动、静触点是否良好。在触点未接触时检查触点表面是否锈蚀或被电弧烧伤，并推动、静触点，检查弹性是否正常。

（4）拆下手动操动机构与垂直连杆上的圆锥销，取下主轴，进行清洗修整，如铜套有锈污或机构主轴上镀锌层腐蚀，可用金相砂纸打磨光滑，并涂润滑脂后装复。

（5）锁板检查，检查弹簧是否锈蚀变形、轴销是否磨损严重或弯曲。弹簧锈蚀、轴销弯曲或磨损严重时应更换。在受到各种外力冲击或意外碰撞其连杆时，应确保隔离开关位置的可靠锁定。

（6）按分解相反顺序进行装复，并固定牢靠。

（7）质量标准。

1）辅助开关应转动灵活、切换正确、接触可靠、绝缘良好、接线牢固、外壳无锈蚀进水现象。

2）触点未接触时静触点与动触点胶木圆盘应有 0.2～2mm 间隙，并切换灵活。

3）装配好的主轴转动应轻便、灵活无卡涩，主轴与铜套间隙不应大于 0.4mm。

4）手柄转动 180° 后定位可靠。

3. 调试

装配完成后应采用手动操动分合隔离开关和接地开关 3～5 次，操作应平稳，接触良好，分、合闸位置正确。并调试达到以下标准：

（1）机构与隔离开关同时处于合闸或分闸状态。

（2）隔离开关主刀闸转角应为 90°±1°，且定位螺钉距限位板应有 0～3mm 间隙。

（3）三相合闸不同期性≤10mm。

（4）接地刀闸初始位置与基座夹角≤20°。

【思考与练习】

1. GW4-35 型隔离开关传动系统主要由哪些构件组成？

2. GW4-35 型隔离开关传动系统及手动操动机构检修前应进行哪些检查和试验？

3. 手动操作费力就一定是传动系统有问题吗，为什么？

4. 简述 CS14-G 型手动操动机构检修步骤。

模块 4 GW4–35 型隔离开关电动操动机构的检修（Z15G2004 I ）

【模块描述】 本模块介绍 GW4–35 型隔离开关的 CJ6 电动操动机构检修的作业流程及工艺要求。通过知识要点的归纳讲解、图例展示、操作技能训练，掌握 GW4–35 型隔离开关的 CJ6 电动操动机构的基本结构、修前准备、危险点预控、作业步骤、工艺要求及质量标准等操作技能。

【模块内容】

一、CJ6 电动操动机构的结构原理

1. CJ6 电动操动机构的结构

CJ6 电动操动机构主要由电动机、机械减速系统、电气控制系统及箱壳组成，其结构如图 9-4-1 所示。电气控制部分包括低压断路器、控制按钮（分、合、停各一个）、旋钮开关（就地/远方选择）、交流接触器、行程开关、温度控制器、加热器及辅助开关等。

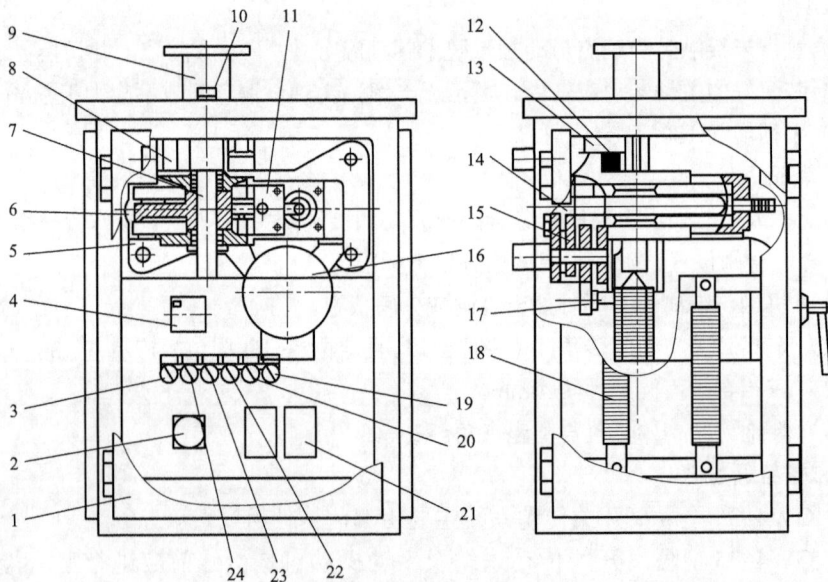

图 9-4-1 CJ6 电动操动机构结构

1—机构箱；2—温度控制器；3—就地/远方选择开关；4—低压熔断器；5—框架；6—蜗轮；7—主轴；8—定位件；
9—法兰盘；10—分、合指示器；11—手动闭锁开关；12—限位缓冲装置；13—行程开关；14—蜗杆；15—齿轮；
16—交流电动机；17—辅助开关；18—接线端子；19—照明开关；20—加热器开关；21—交流接触器；
22—合闸按钮；23—分闸按钮；24—停止按钮

2. CJ6 电动操动机构的动作原理

CJ6 电动操机构的电气控制系统控制电动机，电动机通过两级齿轮减速及一级蜗杆与蜗轮减速，带动输出主轴转动。从而控制转动连杆，进行隔离开关的分、合闸操作。由于齿轮减速机构箱使用规格不同的齿轮可组成两种传动比，故使总的传动也有两种，第一种传动使电动机机构分闸或合闸一次动作时间为 7.5s（180°）或 3.75s（90°），第二种传动使电动机机构分闸或合闸一次动作时间为 3.5s（180°）。其控制特点为：

（1）操动机构箱上的分、合闸按钮（或远方控制）控制接触器，接触器控制电动机，终止位置依靠行程开关切断控制电路。"停"按钮供异常情况时紧急停止使用。

（2）操作就地/远方选择旋钮，可以实现就地操作时不能进行远方控制操作及远方控制操作时不能进行就地操作的转换。

（3）为了避免当电动机过载、机械卡死或发生其他意外情况时烧坏电动机，该机构装有磁力启动器，可以对电动机进行短路、过载保护，磁力启动器的热保护功能还具有缺相保护。磁力启动器的电流整定值范围为 1.6～2.5A，使用时应将磁力启动器整定为电动机的额定电流值。

二、作业内容

（1）CJ6 电动操动机构分解检修。

（2）CJ6 电动操动机构内部其他电器元件的检修。

（3）CJ6 电动操动机构检修后的调试。

三、作业中危险点分析及控制措施

作业中危险点分析及控制措施见表 9–4–1。

表 9–4–1   作业中危险点分析及控制措施

序号	危险点	控制措施
1	高处坠落及落物伤人	（1）进入作业现场必须正确佩戴安全帽，高处作业按规定系好安全带，安全带不得绑在隔离开关瓷柱上。 （2）使用临时检修平台时，跳板应绑扎牢固。 （3）传递工具、物件应用传递绳，不得抛掷
2	防止触电伤害	（1）工作前检查工作点是否在接地有效保护范围内。 （2）工作前应向每个作业人员交代清楚邻近带电设备，并加强监护，不允许单人作业。 （3）严禁跨越遮拦，严禁攀登运行构架。 （4）现场搬运长物件应由两人平放搬运。 （5）搭接检修电源需两人操作，检修电源具有明显的断开点，且带有漏电保护器。 （6）工作前断开操作、信号电源，闭锁回路连接点需切断，电动操作前必须经值班人员同意后方可接通电源。 （7）试验仪器、电动工器具等设备外壳有保护接地的，必须接地且接地可靠。 （8）中断检修每次重新开始工作，应认清工作地点，设备名称和编号，严禁无监护单人工作

序号	危险点	控制措施
3	防止机械伤害	（1）调试机构应时统一指挥，得到上部检修人员许可，进行手动和电动操作前必须呼唱，并确认人员已离开传动部件和转动范围及触头的运动方向，操作时相互呼应。 （2）调整人站立位置应躲开触头动作半径，防止动触头伤人。 （3）检修调整防误装置时，应暂停其他作业。 （4）水平连杆拆装时，设专人扶持接地刀闸动触头，防止接地刀闸掉落伤人。 （5）检修过程中应将垂直连杆脱离，电动操作及远方操作时应确认刀闸上部人员已全部撤离
4	防火措施	焊工应穿帆布工作服，戴工作帽，口袋需有遮盖，脚面应有脚罩，应戴防护手套，现场应配备灭火器

四、CJ6 电动操动机构检修作业前的准备

1. 检修前的资料准备

（1）检修前应认真查阅设备安装、检修记录、设备运行记录、故障情况记录、缺陷情况记录和红外测温结果。对所查阅资料进行详细、全面的调查分析，以判定操动机构的综合状况，为现场具体的检修方案的制订打好基础。

（2）准备好设备使用说明书、记录本、表格、检修报告等。

2. 检修方案的确定

（1）编制作业指导书。

（2）拟订检修方案，确定检修项目，编排工期进度。

3. 备品备件、工器具、材料准备

在开工前必须预先准备检修工器具、材料、备品备件、试验仪器和仪表等，并运至检修现场。仪器仪表、工器具应试验合格，满足本次施工的要求，材料应齐全。

4. 检修环境（场地）的准备

（1）在检修现场四周设一留有通道口的封闭式遮拦，并在周围背向带电设备的遮拦上挂适当数量的"止步，高压危险"标示牌，在通道入口处挂"从此进出"标示牌。

（2）在作业现场指定位置摆放好检修工具、量具、材料、备品备件和测试仪器及垃圾箱。

五、CJ6 电动操动机构检修作业前的检查和试验

（1）检查操动机构箱的密封有无异常、固定是否牢固。

（2）检查联轴销、螺栓有无锈蚀和缺损。

（3）检查接线端子和电气元件有无烧损。

（4）检查箱门关闭是否可靠。

（5）检查二次回路和电动机绝缘电阻。

六、CJ6 电动操动机构检修作业步骤及质量标准

1. 分解检修

（1）断开机构箱内全部电源，用毛刷清除灰箱内尘。

（2）松开机构输出轴连接头上的止动螺钉，敲出 2 个圆锥销，取下连接头。

（3）松开轴上密封圈压板的 4 个螺钉，取下压板、封垫和护罩。

（4）拧下机构箱内两个固定辅助开关的螺母及螺杆，将辅助开关悬放到机构箱外（辅助开关上的二次线头可不拆）。

（5）拆下固定电动机的 4 个螺钉，取出电动机进行检查。

（6）拧下减速箱齿轮护罩螺钉，拆下护罩后，将千斤顶放在机构箱的木条上，升起千斤顶杆托住减速箱的重心处，用套筒扳手拧下固定减速箱的 4 个螺钉后，平稳放下千斤顶杆，抬出机构箱并使有固定螺孔的一侧平放在地面上进行分解检修。

（7）拧出输出轴限位块的沉头螺钉，取下限位块和平键。拧下减速箱上盖 4 个螺钉，用紫铜棒轻叩主轴与辅助开关连接的端部，使上盖和 2 个定位钉脱离箱体后取出主轴、蜗轮及平键。

（8）将减速箱平放在垫块上，拧下齿轮组后端盖的 2 个 M8 螺钉，取下端盖并用铜棒、手锤将齿轮组的轴向后端盖方向敲出，取下大小两个齿轮和附件。

（9）拧下蜗杆前、后两个端盖螺钉，取下端盖、推力轴承外套和蜗杆。

（10）检查轴承、齿轮、蜗轮、蜗杆和油杯环应无变形、断齿并清洗，对不能修复的部件应更换。

（11）加足适合的润滑脂后按拆卸减速箱相反顺序装复。

（12）在固定减速箱之前，应打开行程开关的盖，检查触点接触是否良好，切换时触点弹性是否正常。

（13）机构箱组装按与分解相反顺序进行。电动机固定时应调整与减速箱座之间的垫片厚度，使齿轮啮合良好；限位块被限止时行程开关触点应切换并在切换后仍有4mm 左右的剩余行程；齿轮啮合应无过松过紧及半边咬合现象。

2. 其他元件检修

机构内的其他电器元件主要进行检查，发现有问题的元件应更换。

（1）检查接触器触点有无烧伤，动作是否正确可靠。

（2）检查热继电器及控制按钮有无卡涩和接触不良。

（3）检查电源控制开关分合应可靠，端子接线牢固。

（4）检查电缆引入口封堵、输出轴与箱体防水良好。

（5）检查二次接头无锈蚀、连接牢固。

（6）检查加热器和控温器是否完好。

（7）检查电动机有无卡涩和摩擦等异常现象。电动机一般情况下不需要全部解体检修，损坏后只需更换，如为直流电动机，可拆卸更换碳刷架及碳刷。拆出电动机时应做好其相对位置及接线端子的标记；更换时应换相同规格的电动机，并作相应的电气试验和通电试运转。

3. 调试

机构全部装复后，将出输出轴与传动轴连接好，先用手动操作慢分慢合，并检查手动、电动操作相互闭锁开关是否动作，辅助开关的切换是否在分合闸进行到 4/5 时可靠切换。确定运转良好，应用 1000V 绝缘电阻表测量二次元件绝缘电阻，应大于 2MΩ。

通电操作前，应先用手动操作将接地刀闸摇至中间位置才能进行电动分合操作。防止电动分合闸因方向反向而过力矩。调试质量标准为：

（1）限位挡板（即行程开关）以及辅助开关其通断位置与主刀闸通断位置一致。调节时应将电动机运动惯性考虑在内。

（2）隔离开关主刀闸转角应为 90°±1°且定位螺钉距限位板应有 0~3mm 间隙。

（3）电动操作主刀闸合、分各 5 次动作可靠。

【思考与练习】

1. CJ6 电动操动机构主要由哪些元件组成？

2. CJ6 电动操动机构检修过程中，如何将减速箱从机构箱取出？

3. CJ6 电动操动机构检修过程中，如何调节限位挡板？

第十章

66kV 及以上隔离开关检修

▲ 模块 1　隔离开关的运行与维护（Z15G3001 I）

【模块描述】本模块介绍了高压隔离开关的运行、维护及常见故障的处理等知识；通过学习本模块，掌握高压隔离开关的运行与维护知识，熟悉高压隔离开关常见故障的处理方法，了解高压隔离开关的验收与投运方法。

【模块内容】

一、高压隔离开关运行与维护工作的基本要求

高压隔离开关因为没有专门的灭弧装置，不能单独用来切断负荷和短路电流，运行中应与断路器配合使用，只有在断路器断开时才能进行操作。隔离开关运行与维护工作必须遵守已颁布的安全运行技术规程，同时结合各变电站（所）地理环境等实际情况编制的现场运行措施及制度执行。

二、高压隔离开关的运行

1. 高压隔离开关正常巡视检查项目

投入电网运行和处于备用状态的高压隔离开关，按照各种值班方式，对巡视时间、次数、项目进行必要规定，并加以实施。如表 10–1–1 所示。

表 10–1–1　　　　　　　高压隔离开关正常巡视检查项目

序号	检查内容	标　准
1	标示牌	完好无破损，名称、编号清晰
2	导电部分	触头及其他导电部分接触良好，无过热、变色及变形等异常现象；引线无散股及断股现象
3	绝缘子	清洁，无破裂、损伤及放电痕迹；防污闪措施完好
4	法兰连接	无裂痕，连接螺栓无松动、锈蚀、变形；与瓷套相连接处的防水涂层无缺损、起皮、龟裂
5	传动连杆、拐臂	连杆无弯曲变形、锈蚀，连接无松动；轴、销齐全
6	操动机构	密封良好，无受潮，机构箱内的控制开关在相应位置

续表

序号	检查内容	标　准
7	防误闭锁装置	闭锁装置完好、齐全，无锈蚀变形
8	接地开关	位置正确，闭锁良好，分闸位置接地杆的抬高不超过规定数值；接地引下线完整且接地可靠
9	接地	有明显的接地点，且标志色醒目；螺栓压接良好，无锈蚀

2. 高压隔离开关特殊巡视检查项目

隔离开关下列情况，必须对相关项目进行特殊巡视排查：

（1）隔离开关新投运及大修后的观察期内；

（2）遇有大风、沙尘暴、雷雨、大雾、冰雪、地震等异常现象时；

（3）温度升高或隔离开关过负荷运行（对接头和接触部分用测温仪器进行测试）；

（4）隔离开关通过短路电流后；

（5）夜间闭灯巡视根据现场实际情况进行；

（6）设备缺陷近期有发展；

（7）系统异常运行时，特殊运行方式及调度要求时；

（8）法定节假日和有重要供电任务期间。

根据以上情况，结合现场设备实际运行状态，针对性进行检查。如表 10-1-2 所示。

表 10-1-2　　　　　　　　高压隔离开关特殊巡视检查项目

序号	检查内容	标　准
1	开关位置	合闸状态完好，无不到位或错位现象；分闸到位，电气距离符合技术规程要求
2	导电部分	各导电部分及引线连接牢固，无损伤；触头接触良好，无溶化、发热现象
3	绝缘子	无位移、破损、裂纹、放电痕迹
4	传动机构	运行位置正确，连杆及拐臂无损坏、变形、脱落
5	接地及接地开关	接地开关和接地引下线无烧伤和异常；各接地引线接头无溶化、发热变色现象

三、高压隔离开关的维护

高压隔离开关的维护工作应根据运行记录、缺陷情况，制订相应的维护措施，并尽可能配合停电机会进行，对负荷特别重的隔离开关根据运行情况，制定应急处理方案。

（1）对各导电部分及引线加以紧固，保证接触良好；

（2）清扫绝缘子表面，检查法兰及铁瓷结合部位；对 110kV 及以上隔离开关支柱绝缘子按规定进行绝缘子探伤检查；

（3）清除传动机构各部分锈蚀，检查传动杆件、拐臂连接是否可靠，并对传动机构转动点加注润滑脂；

（4）检查操动机构内各元器件应完好且安装牢固，二次回路接线正确，接触良好；清除机械活动部分锈蚀，按规定加注润滑脂；

（5）电动、手动操作灵活，动作准确，分合闸位置正确；

（6）按规定完成隔离开关预防性试验项目要求的各项内容，试验结果应符合规程要求。

四、高压隔离开关常见故障及处理

高压隔离开关发生故障，处理禁止强行操作，应分析原因，及时针对设备的异常现状采用相应的处理方法。如表 10-1-3 所示。

表 10-1-3 高压隔离开关常见故障及处理

常见故障	常见故障	处理方法
不能分合闸或分合闸不到位	触头烧熔黏连，触头触指变形错位	更换或修整触头
	绝缘子及操动机构连接松动，造成移位；绝缘子断裂	调整绝缘子及操动机构，更换绝缘子
	传动机构各紧固件松动或脱落	恢复紧固件，重新调整传动机构
	传动机构轴、销配合不好，间隙过大	选择匹配的轴、销
	传动机构转动部位润滑失效，引起锈蚀、卡涩	除锈，加注润滑脂
	传动杆件弯曲变形	更换或修整传动杆件
	电动机构电气回路电压不符合规定，二次回路断路	满足电气回路规定电压，解决二次故障
	操作控制箱内元件损坏	更换元件
	冬季被冰雪冻结	清除冻结点
	机械连锁防误装置变形	修整机械连锁防误装置
导电部分过热	隔离开关过负荷	调整负荷
	隔离开关合闸不到位	检查处理
	导电触头烧伤、表面氧化，触头弹簧弹性不足等导致接触电阻增大	更换或修整导电触头
	导电部分连接处松动	紧固导电部分连接处
绝缘子故障	支持绝缘子或瓷件断裂、破损	更换支持绝缘子或瓷件
	绝缘子沿面闪络放电	清洁绝缘子，完善防污闪措施
	绝缘子铁瓷结合部位发生松动	更换绝缘子

五、高压隔离开关的验收与投运

1. 高压隔离开关的验收

高压隔离开关的交接验收应按有关标准、规程的要求进行：

（1）隔离开关安装牢固，外表清洁，油漆完整，相序色标志正确，按规定接地；

（2）隔离开关引线连接可靠，整齐美观；

（3）触头接触良好，位置正确，导电固定接触面涂有电力脂，导电活动接触面涂有中性凡士林；

（4）绝缘子完好无裂纹、损伤，表面清洁；瓷、铁浇装处黏接牢固有防水措施；

（5）操动机构、传动装置、辅助开关、闭锁装置安装牢固，动作灵活，位置指示正确，各转动部分涂有润滑脂；

（6）隔离开关防误装置达到"五防"要求；

（7）操动机构箱门关闭良好，封堵严密，照明、加热、除湿装置工作正常；

（8）隔离开关分合闸位置符合技术条件要求，相间距离、带电部分对地距离满足有关规定；

（9）新安装或检修后的调试符合技术要求，安装、检修资料，产品的备品备件、专用工具按规定移交。

2. 隔离开关投运

1）全部缺陷消除，运行单位组织人员对设备验收合格并办理移交手续；

2）完善设备的调度名称编号，相应的标志应醒目齐全；

3）技术手册及运行规程齐全，并根据系统运行方式，编制反事故预案；

4）操作所需的专用工具、安全工器具、常用备品备件齐全、完整。

上述工作全部完结，投运手续按规定齐全完备，由设备所属主管部门按预先准备的投运方案组织投运。

【思考与练习】

1. 高压隔离开关正常巡视检查项目？

2. 高压隔离开关不能分、合闸或分、合闸不到位故障的原因？

3. 高压隔离开关新装或检修后的验收项目？

◢ 模块 2　GW4 型隔离开关本体检修（Z15G2005Ⅱ）

【模块描述】 本模块包含 GW4 型隔离开关本体检修的作业流程及工艺要求。通过知识要点的归纳讲解、图例展示、操作技能训练，掌握 GW4 型隔离开关本体的基本结构、修前准备、危险点预控、作业步骤、工艺要求及质量标准等操作技能。

【模块内容】

一、GW4 型隔离开关的结构

GW4 型隔离开关是由三个独立的单相隔离开关组成的三相高压电气设备。采用联动操作，主刀闸由电动（或手动）操动机构操作，接地刀闸由手动操动机构操作。主刀闸与接地刀闸间设有防止误操作的机械闭锁装置，以及手动操动机构可配置有电磁锁和辅助开关，构成电气防止误操作连锁回路，以实现机械闭锁或电气连锁，达到防止误操作的目的。

GW4 型隔离开关为户外双柱式隔离开关，由接线座装配、触头臂装配、触指臂装配、绝缘子、底座装配、轴承座装配、接地刀杆和接地开关底座、传动系统、操动机构等组成。根据使用需要可在单侧或两侧安装接地刀闸，也可以不安装接地刀闸。

1. GW4 型隔离开关单相装配

GW4 型隔离开关（126kV）单相装配如图 10-2-1 所示。

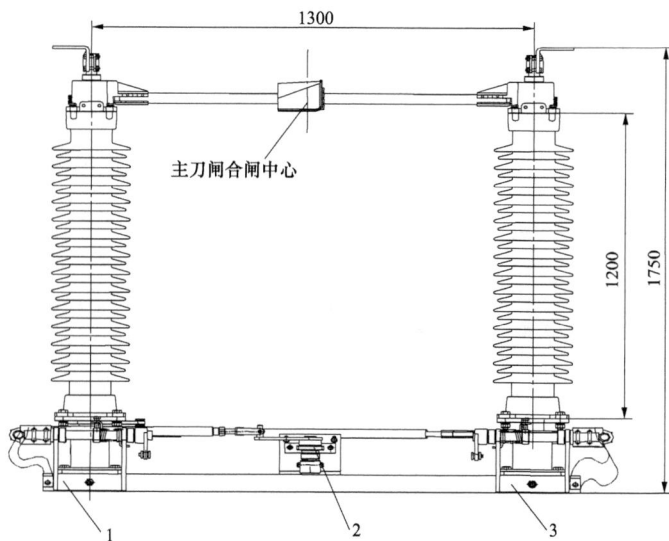

图 10-2-1 GW4 型隔离开关（126kV）单相装配图

1—左接地支架；2—主刀闸操作杠杆；3—右接地支架

2. 底座装配

底座装配为槽钢做成，每相底架两端装有轴承座装配、槽钢上有安装主刀闸操作底座和接地开关操作底座安装孔，可根据用户需要安装一个或两个接地开关，左、右接地可以任意组合。GW4 型隔离开关底座装配如图 10-2-2 所示。

3. 轴承座装配

轴承座采用全密封组合式结构，可任意配置成 U、V、W 三相的各种结构，轴承座内装圆锥滚子轴承，加二硫化钼锂，两端设有密封装置，

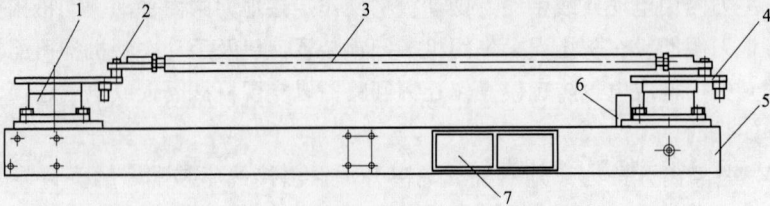

图 10-2-2　GW4 型隔离开关底座装配

1—轴承座装配；2—接头；3—交叉连杆；4—转轴；5—槽钢；6—限位钉；7—铭牌

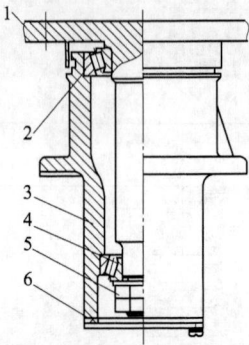

图 10-2-3　GW4 型隔离开关轴承座装配

1—转动板；2—上端圆锥滚子轴承；3—轴承座；
4—下端圆锥滚子轴承；5—并紧螺母；
6—防尘罩

可确保防雨、防潮、防凝露。金属表面全部热镀锌处理，可确保 20 年不生锈。能承受较大的径向负荷及隔离开关的轴向重力且不产生间隙，稳定性好、旋转灵活。GW4 型隔离开关轴承座装配如图 10-2-3 所示。

4. 导电系统

导电系统分成左、右两部分，分别固定在支柱绝缘子的顶端。导电系统由接线夹、接线座、导电杆、软铜导电带、触指臂导电管、触指（左触头）、触头（右触头）、触头臂导电管、软铜导电带、接线座、导电杆、接线夹组成。GW4 型隔离开关导电系统装配如图 10-2-4 所示。

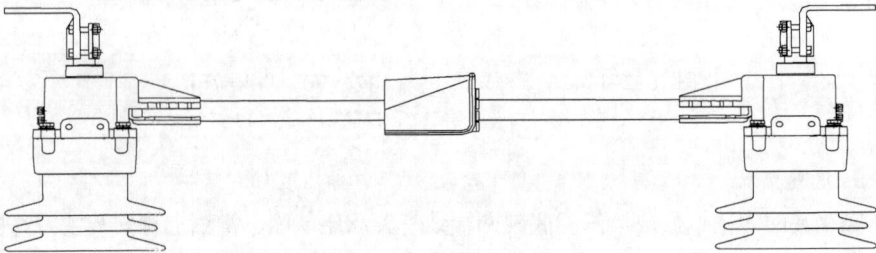

图 10-2-4　GW4 型隔离开关导电系统装配

（1）接线座装配。GW4 型隔离开关接线座装配如图 10-2-5 所示。

（2）左触头装配。GW4 型隔离开关（126kV）左触头装配如图 10-2-6 所示。

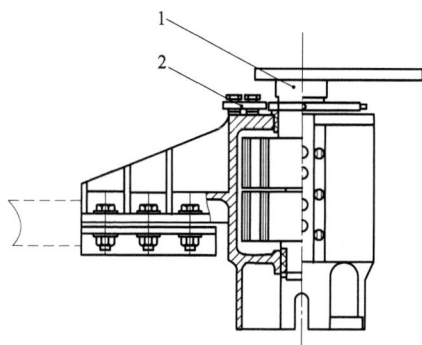

图 10-2-5 GW4 型隔离开关接线座装配
1—接线端子；2—螺钉

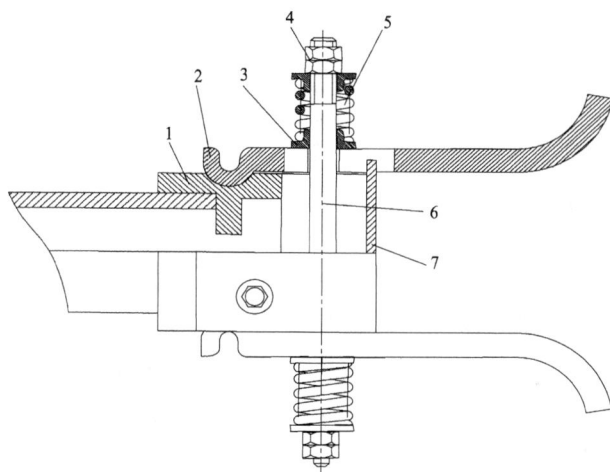

图 10-2-6 GW4 型隔离开关（126kV）左触头装配
1—触指座；2—触指；3—垫圈；4—螺母；5—弹簧；6—螺杆；7—定位板

二、作业内容

（1）GW4 型隔离开关本体分解。

（2）GW4 型隔离开关支柱绝缘子检查及探伤。

（3）GW4 型隔离开关转动底座装配分解检修。

（4）GW4 型隔离开关左、右触头装配分解检修。

（5）GW4 型隔离开关接线座装配分解检修。

（6）GW4 型隔离开关各部分连接。

三、作业中危险点分析及控制措施

作业中危险点分析及控制措施见表 10-2-1。

表 10-2-1　　　　　　　　　　作业中危险点分析及控制措施

序号	危险点	控制措施
1	高处坠落及落物伤人	（1）高处作业系好安全带，不得攀登及在瓷柱上绑扎安全带。 （2）使用的检修平台或梯子应坚固完整、安放牢固，使用梯子有人扶持。 （3）传递物件必须使用传递绳，不得上、下抛掷
2	起重伤害	（1）采用吊架拆、装隔离开关有专人指挥、吊物下严禁站人。 （2）起重工具使用前认真检查，并进行强度核验，严禁使用不合格的工具。 （3）拆、装设备时必须绑扎牢固，吊物起吊后应系好拉绳，防止摆动碰伤人员
3	触电伤害	（1）搬动梯子等长大物件时，需两人放倒搬运，与带电部位保持足够的安全距离。 （2）使用电气工具时，按规定接入漏电保护装置和接地线
4	误入、误登带电间隔	（1）工作前向作业人员交代清楚临近带电设备，并加强监护。 （2）工作人员应走指定通道，在遮栏内工作，严禁擅自移动和跨越遮栏。 （3）严禁攀登运行设备构架
5	机械伤害	（1）严格执行一般工具的使用规定，使用前严格检查，不合格的工具禁止使用。 （2）调试隔离开关时专人监护，进行操作时工作人员必须离开隔离开关传动部位

四、检修作业前的准备

1. 检修技术资料的准备

（1）检修前应认真查阅设备安装记录、大修记录、设备运行记录、故障情况记录、缺陷情况记录和红外测温结果。对所查阅的结果进行详细、全面的调查分析，以判定隔离开关的综合状况，为现场具体的检修方案的制定打好基础。

（2）准备好设备使用说明书、记录本、表格、检修报告等。

（3）编制标准化作业指导书。

（4）拟订检修方案，确定检修项目，编排工期进度。

2. 工器具、材料、备品备件、试验仪器、仪表和场地的准备

（1）准备工器具、材料、备品备件、试验仪器和仪表等，并运至检修现场。仪器仪表、工器具应检验合格，满足本次施工的要求，材料应齐全，图纸及资料应符合现场实际情况。

（2）场地准备。在检修现场四周设一留有通道口的封闭式遮栏，并在周围背向带电设备的遮栏上挂适当数量的"止步，高压危险"标示牌，在通道入口处挂"从此进出"标示牌；在作业现场按定置图摆放检修工具、量具、材料、备品备件和测试仪器及垃圾箱。

五、检修作业前检查项目及检查标准

为了解隔离开关在检修前的状态以及检修前后测量数据进行比较，在检修前，应

对隔离开关进行以下项目的检查及测量。

（1）隔离开关主回路电阻测量。

（2）隔离开关手动、电动分合操作是否良好、有无卡滞、接触是否正常。

（3）接地刀闸分合操作是否良好、有无卡滞、接触是否正常。

（4）电动操动机构急停、限位、闭锁等功能试验，动作是否可靠。

（5）各种测量数据及尺寸是否符合工艺要求。

六、GW4 型隔离开关检修作业步骤、工艺要求及质量标准

1. GW4 型隔离开关本体分解

（1）断开电动操动机构箱内电动机启动电源、加热器电源和有关电气连锁回路电源；断开继电保护回路和电压回路电源。

（2）用绳索固定主刀闸触头两端的连接导线，绳的另一端固定在基座槽钢上，拆除连接导线线夹与接线板（或线夹）的连接螺栓，将连接导线缓慢放下并用绳索固定。连接导线在放下前，对其导电接触面应采取防护措施。

（3）手动操作使三相主刀闸合闸。

（4）拔出主刀闸相间水平连杆上连接头与绝缘子底部中相及边相拐臂相连的开口销，取下相间水平连杆及铜套。

（5）拔（敲）出同相水平拉杆的连接头与绝缘子底部拐臂相连的开口销，取下拉杆及铜套。

（6）分别拔（敲）出主刀闸拉杆两端连接头与绝缘子底部中相拐臂及操动机构主轴拐臂连接的开口销，取下主刀闸拉杆。

（7）分别拆除垂直连杆的上下两端连接法兰的各 4 个连接螺栓，或抽出万向接头圆柱销，平高集团有限公司（简称平高）产品取下调角联轴器，取出垂直连杆。

（8）敲出操动机构主轴上法兰的紧固锥销，取出法兰。

（9）敲出主轴拐臂上连接法兰（万向接头）及套的紧固圆锥销，拆除螺栓，取下上连接法兰套，抽出主轴拐臂。

（10）对外侧布置的接地刀闸，应先拆出机械闭锁板，合上接地开关，用绳索将接地刀闸导电管牢固绑扎在绝缘子上。

（11）对内侧布置的接地刀闸，就将导电管绑扎在底座槽钢上，拆除接地刀闸水平连杆两端连接法兰间的连接螺栓，取下接地刀闸水平连杆。

（12）拔出拉杆两端与杠杆固定的开口销，取出拉杆。

（13）拆除垂直连杆两端连接法兰之间的各 4 个连接螺栓（或拔出万向接头圆柱销），取下垂直连杆。

（14）敲出连接法兰的圆锥销拆除螺栓，取下连接法兰，抽出拐臂，用同样的方法取下机构输出轴上的法兰。

（15）主刀闸及接地刀闸的拆卸。

1）在底座槽钢两端挂好起吊绳，将起吊绳放置于吊钩上，用起吊工具使起吊绳稍微受力。

2）松开底座槽钢两端与基础相连的各 4 个螺栓，检查主刀闸重心是否与起吊点相对应后，在绝缘子上端第三裙与挂钩间绑扎好牵引绳。

3）拆除底座槽钢两端与基础相连的各 4 个连接螺栓，将主刀闸系统平稳地吊至地面，并做好防倾倒措施。

4）松开起吊绳及接地刀闸导电管的绑扎绳，使隔离开关及接地刀闸导电管均处于分闸位置，分别拆下固定接线座装配的 4 个螺栓，将接线座装配触头臂（触指臂）装配分别整体拆出，并分相放置。对平高产品，可将接地静触头装配一并取下，置于检修平台上，并对其导电接触面做好防护措施。

5）在绝缘子上端第三裙上固定好起吊绳，拧下绝缘子与轴承座装配的连接螺栓，将绝缘子吊起并分相放置于枕木上或垫上。

6）拆除接地软铜导电带两端的连接螺栓，取下软铜导电带。

7）拆除接地刀闸架与底槽钢相连的螺栓，将接地刀闸支架与底座槽钢分离。

2. GW4 型隔离开关支柱绝缘子检查及探伤

松开上、下节支柱绝缘子间的连接螺栓，拆除连接螺栓，将上、下节支柱绝缘子分解。

（1）GW4 型隔离开关支柱绝缘子检查及质量标准。

1）用水或清洗剂清洗绝缘子表面并抹干。

2）检查绝缘子有无开裂或损坏，如有破损、裂纹，应予以更换。

3）检查铸铁法兰与绝缘子浇装处有无松动、开裂和脱落，若有松动应予以更换，如铁法兰与绝缘子间浇装物脱落应进行处理，并涂防水胶；检查法兰盘有无开裂，若有开裂应更换。

4）检查上、下法兰螺孔情况，并用丝锥套攻，清除灰尘和铁锈，孔内涂黄油，上、下法兰刷防锈漆。

5）检查支柱绝缘子瓷裙有无损坏，如有轻微缺块，可用环氧树脂或硅橡胶补齐，如损坏严重应更换。

6）新更换的瓷柱上必须烧制上不可磨损的厂家标志、生产年、月和产品代号。

（2）GW4 型隔离开关支柱绝缘子探伤。以支柱瓷绝缘子爬波探伤法为例，用 1mm 割口 DAC 曲线作为检测灵敏度，依据 GB/T 21206—2007《线路柱式绝缘子特性》和《超声波检测柱形绝缘子暂行规定》进行判断。

1）选择爬波探头，通过专用连接线与探伤仪连接，并设定具体参数。

2）将爬波探头贴适当量的耦合剂，置于支柱绝缘子与上、下铁法兰口移动一周。

3）观察超声波检测仪上的波形进行分析、判断，波形如图 10-2-7 和图 10-2-8 所示。如发现不合格的应进行更换。

4）填写高压支柱绝缘子超声波检测报告。

5）用测厚仪测量支柱绝缘子与上、下铁法兰结合部位的声速，声速必须在 6200m/s 及以上。

6）隔离开关支柱绝缘子无裂纹的超声波探伤检测波形如图 10-2-7 所示。

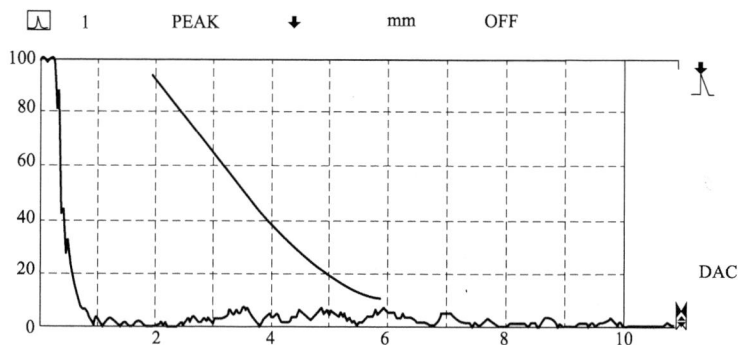

图 10-2-7　隔离开关支柱绝缘子无裂纹的超声波探伤检测波形

7）隔离开关支柱绝缘子有裂纹的超声波探伤检测波形如图 10-2-8 所示。

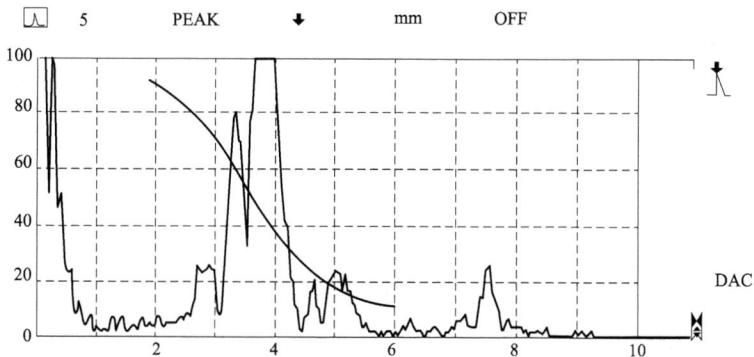

图 10-2-8　隔离开关支柱绝缘子有裂纹的超声波探伤检测波形

3. GW4 型隔离开关转动底座装配分解检修

（1）GW4 型隔离开关转动底座装配分解。

1）拆除轴承座装配与底座槽钢相连接的 4 个螺栓，取出轴承座装配放置在工作平台上，拆出防尘罩。

2）拧下轴芯下端的并紧螺母，取出毡垫，用铜棒对正轴芯丝杆尾部，用锤子敲打铜棒（敲打时用力不宜过猛），使轴芯连同转动板与轴承座分离，同时拆除定位螺栓。

3）分别取出轴承座上端圆锥滚子轴承和下端圆锥滚子轴承，剩下轴承座。

4）分解轴承装配，将内圈、滚子保持架、滚子及外圈子放于油盘中。

（2）GW4 型隔离开关转动底座装配检修工艺要求。

1）所拆下零件用清洗剂清洗干净并用布擦净。

2）检查轴承有无损坏，转动是否灵活；检查轴承内径与轴承座的公差配合。

3）检查轴承座体内、外部表面，如表面有锈蚀，应用 00 号砂布进行处理，修理时不能损坏配合表面，存在严重损伤应更换。

4）检查保持架、滚珠，如锈蚀或损坏严重应更换。

5）检查轴承座，用钢丝刷除去锈蚀。

6）检查转动板及焊接其上的轴芯表面，如焊缝有损伤应补焊，转动板如有裂纹应更换，用 00 号砂布除去锈蚀。

7）检查防雨罩。如有轻微锈蚀用钢丝刷清除，并刷防锈漆，如锈蚀严重应予更换。

8）检查圆头平键表面。如表面有锈蚀，应用 00 号砂布进行处理，存在严重损伤应更换。

9）检查底座螺孔情况，并用丝锥套攻，清除灰尘和铁锈，孔内涂黄油。

（3）GW4 型隔离开关转动底座装配装复。

按分解相反顺序进行装复，装复时应注意以下几点：

1）轴承内应涂−40℃的二硫化钼锂，涂的量应以轴承内腔的 2/3 为宜。

2）轴承与轴是紧配合，所以装复轴承要用专用工具进行或用比轴承内径稍大的铁管，用手锤慢慢打入；不能用坚硬的金属工具将作用力加在外圈或滚动体上，以免损伤外圈或滚动体。

3）更换失效的毡垫。

4）装复后，检查轴承座转动板转动是否灵活。

5）装复过程中，必须注意轴承座转动拐臂的位置与主刀闸分、合闸位置相对应。

6）检查各相两轴承座转动板是否在同一水平面（相对底部槽钢），如达不到要求，则可通过增减调节垫片来调整。

7）调试合格后，所有金属表面除锈刷漆。

（4）GW4 型隔离开关转动底座装配检修质量标准。

1）轴承工作面光洁，无锈蚀，无损伤。

2）轴承保持架及滚珠完好，无锈蚀，轴承转动板应完整，转动应灵活。

3）底座法兰盘及焊接其上的轴芯无锈蚀。

4）防尘罩完好，无锈蚀。

5）底座各零部件完整、干净。

6）轴承座完好无锈蚀，底座螺孔丝扣完好，无锈蚀。

4. GW4 型隔离开关左、右触头装配分解检修

（1）GW4 型隔离开关左、右触头装配分解。

1）将单相导电回路装配放于工作平台上，在右触头（左触头）导电管上做上标记（便于装复），拆除导电管的连接螺栓，取下导电管及夹板。

2）右触头分解。拆除固定右触头 M12 螺栓，取下 M12 螺栓、弹簧垫、平垫、触头。

3）左触头分解。

① 拆除 2 个 M6 固定螺栓，取下（防雨）罩。

② 拆除定位板上的 4 个 M8 固定螺栓，取下定位板、销、弹簧、触指。

③ 拆除固定触指座的 M12 螺栓，取下触指座。

（2）GW4 型隔离开关右触头装配检修工艺要求。

1）焊接式右触头装配的检修。① 检查触头臂。如有轻微弯曲应校正，检查触头导电接触面是否烧伤，如有轻微烧伤，用扁锉修整，如烧损严重应更换。② 将触头臂装配擦干净，检查触头与导电管的铜焊处是否有开裂、脱焊等情况，如有开裂或脱焊则应重新焊牢。③ 用清洗剂清洗干净，待干后在导电接触面涂适量导电脂。

2）组装式右触头装配的检修。① 检查导电管有无损伤，如有轻微变形应校正，用 00 号砂布除去两端导电接触面的氧化层。② 检查触头的导电接触面。如有轻微烧伤用扁锉修整，用 00 号砂布除去触头与导电管接触面上的氧化层。③ 检查螺孔内螺纹。如损伤，应用丝锥套攻。④ 检查圆柱销是否完好。如锈蚀严重或变形应更换。

（3）GW4 型隔离开关左触头装配检修工艺要求。

1）压簧结构左触头装配的检修。① 检查防雨罩是否完好，如锈蚀严重或开裂应更换。② 检查触指。如触指内、外导电接触面轻微烧伤用扁锉修理，如镀银层脱落或烧伤严重应更换。③ 检查导电管与触指架的焊接是否完好，如焊缝开裂应采取补焊措施。④ 检查卡板有无锈蚀，如锈蚀严重应更换。⑤ 检查导电管、触指架等导电接触面有无过热情况，用 00 号砂布清除接触面氧化层。⑥ 检查圆柱销有无锈蚀、变形，用 00 号砂布除去锈蚀，如严重锈蚀或变形应予更换。

2）拉簧结构触指臂装配的检修。① 检查塞。如其螺孔内螺纹损伤应用丝锥套攻。② 检查防雨罩是否完好，如锈蚀严重或开裂应更换。③ 检查触指。如触指内、外导电接触面轻微烧伤用扁锉修理，如镀银层脱落或烧伤严重应更换。④ 检查导电管与触

指架的焊接是否完好。如焊缝开裂应采取补焊措施。⑤ 检查卡板有无锈蚀。如锈蚀严重应更换。⑥ 检查导电管、触指架等导电接触面有无过热情况，用 00 号砂布清除接触面氧化层。⑦ 检查圆柱销及开口销，有无锈蚀、变形，用 00 号砂布除去锈蚀，如严重锈蚀或变形应予以更换。

（4）GW4 型隔离开关左、右触头装配检修质量标准。

1）GW4 型隔离开关右触头装配检修质量标准。① 触头烧损面积不大于 10%，深度不大于 1mm。② 触头与导电管焊接面完好平整，焊接牢固。③ 触头导电接触面平整无烧伤、无氧化，接触面光滑、清洁。④ 导电管与触头接触端面应平整，无氧化；触头相应接触面镀银层应完整，氧化膜应清洗干净。⑤ 塞应无损坏、锈蚀，塞螺孔内螺纹完好。⑥ 圆柱销无断裂、无锈蚀。

2）GW4 型隔离开关左触头装配检修质量标准。① 防雨罩完好无锈蚀、无开裂。② 触指镀银层完好、无脱落。③ 导电管与触指架间焊接完好，焊缝无开裂。④ 卡板无锈蚀。⑤ 导电管、触指架等导电接触面光滑，无过热、无氧化，端面应平整，氧化膜应清洗干净。⑥ 圆柱销无锈蚀、无变形。⑦ 触指安装平整。⑧ 触指应完整，触指表面应平整、清洁、无氧化膜，触指与触指座接触部分应平整，无凹陷及氧化。⑨ 触指弹簧应无锈蚀、过热失效，弹簧拉力应符合要求 $[P=（350\pm50）\mathrm{N}]$。⑩ 触指弹簧大修时必须更换。

（5）GW4 型隔离开关左、右触头装配装复。

1）GW4 型隔离开关右触头装配装复。按分解时的相反顺序装复，并注意以下几点：① 装复前，用清洗剂清洗各零部件，待干后，在导电接触面涂导电脂，螺纹孔洞涂润滑脂。② 更换锈蚀的连接、紧固件，潮湿或腐蚀较严重的地区应使用不锈钢螺栓。③ 装复后，检查所有连接件紧固良好、可靠。

2）GW4 型隔离开关左触头装配装复。按分解时的相反顺序装复，并注意以下几点：① 装复前，各零部件应用清洗剂清洗干净，待干后，对导电连接处涂导电脂，螺纹孔洞涂润滑脂。② 更换锈蚀的紧固件及弹簧。③ 装复时，注意其触指是否在同一平面上。④ 装复后，检查所有连接件紧固良好、可靠。⑤ 全部装复、调整合格后，测量触指压力。

（6）GW4 型隔离开关左、右触头装配装复质量标准。

1）右触头、左触头座与导电管连接的 M12 螺栓一定要拧紧，螺栓必须带有平垫、弹簧垫。

2）左右触头在合闸位置时，用 0.05mm 的塞尺检查触头与触指接触情况，以塞不进为合格。

3）触头的宽度小于规定值 0.5mm 时应更换。

4）各种型号的GW4型隔离开关，主导电回路的零件尺寸要对照进行检查。

5）触头与触指接触面的镀银层应完整，无油垢、无明显沟痕。

5. GW4型隔离开关接线座装配分解检修

（1）GW4型隔离开关触头式导电接线座装配的分解检修。

1）触头式导电接线座装配的分解。① 拔出轴的开口销，拆下垫圈、弹簧及上锥形触头。② 拆下导电杆、环、下锥形触头及轴。③ 取下轴套。

2）触头式导电接线座装配的检修。① 检修罩。如有变形应校正，如开裂或锈蚀严重应更换，轻微锈蚀应除锈、刷防锈漆。② 检查出线座。出线座与上锥形触头的接触凸面及与接线板的接触面，如轻微烧损或氧化，用00号砂布修理，严重的则应更换。③ 检查锥形触头接触面有无烧损。如烧损严重或镀银层脱落应更换。④ 检查导电杆的导电接触面有无过热、烧伤。用00号砂布除去氧化层，用扁锉除去毛刺，如烧伤严重应更换。⑤ 检查轴套有无磨损、氧化。用00号砂布除去氧化层，如损坏应更换。⑥ 检查弹簧损伤情况。如有锈蚀或变形应更换。⑦ 检查环。如锈蚀严重应更换。⑧ 检查支持件。如损伤严重应予更换，用00号砂布除去其与导电管接触面的氧化层。

3）触头式导电接线座装配检修质量标准。① 罩无锈蚀、开裂。② 出线座、出线座与上锥形触头的接触凸面与接线板的接触面无烧伤或氧化。③ 锥形触头镀银层完好。④ 导电杆无烧损，接触面光滑，与铜套的配合表面光洁。⑤ 轴套无磨损，氧化。⑥ 弹簧无锈蚀、变形。⑦ 支持件接触面光滑、无烧损。

4）触头式导电接线座装配的装复。按分解时的相反顺序装复，并注意以下几点：① 装复应在右触头或左触头检修完后一起进行。② 用清洗剂清洗各零部件，待干后，在所有导电接触面涂导电脂。③ 更换密封圈及损坏的标准件。④ 装复过程中应注意调节黄铜垫圈的高度。⑤ 装复后应保证出线座转动灵活，但不能沿导电杆轴向窜动。⑥ 检查所有连接螺栓的紧固情况。

5）触头式导电接线座装配的装复质量标准。① 各零部件清洁，完好。② 出线座转动灵活，导电杆不窜动。③ 各连接螺栓紧固。

（2）GW4型隔离开关软铜带导电型接线座装配的分解检修。

1）软铜带导电型接线座装配的分解。① 拆除底座与出线座相连的螺栓，抽出底座。② 拆除出线座与导电带间螺栓，抽出导电杆，取下导电带、罩。③ 拆除导电杆与导电带相连的螺栓或螺钉，取下导电带或复合轴套。

2）软铜带导电型线座装配的检修。① 检查夹板有无损伤，与导电杆的导电接触面有无氧化、过热，用00号砂布除去其导电接触面的氧化层，对有严重过热或损伤的应予以更换。② 检查软铜导电带是否有过热、烧伤、折断现象，对其接触面用00号砂布除去氧化层，如有烧伤、严重过热或断裂，应予以更换。③ 检查导电杆的导电接触面有无氧化、过热及烧伤，用 00 号砂布除去导电接触面的氧化层，对有严重过热或损伤的应予以更换，检查导电杆上连接软铜导电带的内螺纹有无损伤，如损伤应用丝锥套攻。④ 检查出线座与导电管的接触面有无氧化、过热、烧伤，用 00 号砂布除去导电接触面氧化层，检查座体连接软铜导电带的内螺纹有无损坏，如损坏应用丝锥套攻。

3）软铜带导电型接线座装配检修质量标准。① 夹板完好，与导电管的接触面应无氧化层，无过热、损伤。② 软铜导电带完好，无烧伤、过热现象，其断裂不超过总截面的 10%。③ 导电杆的导电接触面完好，无氧化层、无过热、损伤，连接软铜导电带的内螺纹完好。④ 出线座与导电管接触面无氧化、过热、烧伤，连接软铜导电带的螺孔完好。

4）软铜带导电型接线座装配的装复。按分解时的相反顺序装复，并应注意以下几点：① 用清洗剂清洗所有零部件，待干后，在所有导电接触面涂导电脂。② 对用于潮湿地区的产品，装复时所使用的螺栓应为不锈钢质的或选用热镀锌螺栓，开口销应更换。③ 对使用复合轴套产品，应更换复合轴套。④ 软铜导电带装复时必须注意按原旋转方向进行安装，并将螺钉拧紧，装复后，手动转动检查导电杆是否灵活，软铜导电带的旋转方向是否正确。⑤ 检查所有连接件是否紧固。导电带连接如图 10-2-9 所示。

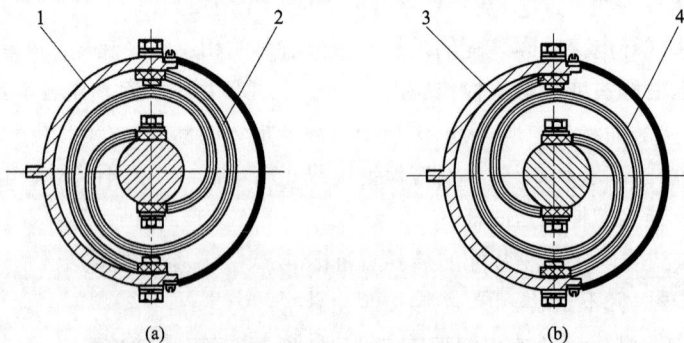

图 10-2-9　导电带连接
（a）右触头装配；（b）左触头装配
1、3—接线座；2、4—软导线

5）软铜带导电型接线座装配的装复质量标准。① 各零部件完好、清洁。② 连接、紧固螺栓完好。③ 软铜导电带安装的旋转方式无误，与触指臂装配的出线座的软铜导电带要沿导电杆逆时针旋绕，与触头臂装配的接线座的软铜导电带要沿导电杆顺时针旋绕，且导电杆能在 90° 范围内灵活转动、无卡涩。④ 连接螺栓（钉）紧固、完好。

6. GW4 型隔离开关各部分连接

（1）按分解相反顺序进行单相隔离开关组装。

（2）将三相隔离开关及传动箱装配吊装到基座槽钢并用螺栓固定好。

（3）用水平拉杆将本体三相装配连接好（防松螺母不用紧固，便于整体调试）。

【思考与练习】

1. GW4 型隔离开关主要由哪些部分组成？

2. 如何对 GW4 型隔离开关支柱绝缘子进行探伤？

3. 简述 GW4 型隔离开关右触头装配检修步骤。

4. 简述 GW4 型隔离开关左触头装配检修步骤。

5. 软铜带导电型接线座装配的检修质量标准是什么？

▲ 模块 3　GW5 型隔离开关本体检修（Z15G2006Ⅱ）

【模块描述】 本模块包含 GW5 型隔离开关本体检修的作业流程及工艺要求。通过知识要点的归纳讲解、图例展示、操作技能训练，掌握 GW5 型隔离开关的基本结构、修前准备、危险点预控、作业步骤、工艺要求及质量标准等操作技能。

【模块内容】

一、GW5 型隔离开关的结构

GW5 型隔离开关是由三个独立的单相隔离开关组成（特殊用途除外）的三相高压电气设备，采用联动操作，有电动和手动两种操作方式，其手动操动机构装有电磁锁，便于实现电气连锁，防止误操作。隔离开关按操动机构的输出轴转角可分为 180°传动或 90°传动两种方式。90°传动方式采用电动或手动操动机构，180°传动方式采用手动操动机构。

GW5 型隔离开关由接线座装配、触头臂装配、触指臂装配、绝缘子、底座装配、轴承座装配、传动箱装配、接地开关、传动系统、操动机构等组成。根据使用需要，可在单侧或两侧安装接地开关，也可以不安装接地开关。

（1）GW5 型隔离开关单相装配。GW5–72.5 型隔离开关单相装配如图 10–3–1 所示。

（2）底座装配。底座装配如图 10–3–2 所示。

（3）轴承座装配。底座上夹角为 50°的两孔上有 45°斜面，与轴承座上的对应球面组成可调环节。伞齿轮可沿轴承座上的轴作上、下移动，以调节两齿轮的啮合状态。轴承座装配如图 10–3–3 所示。

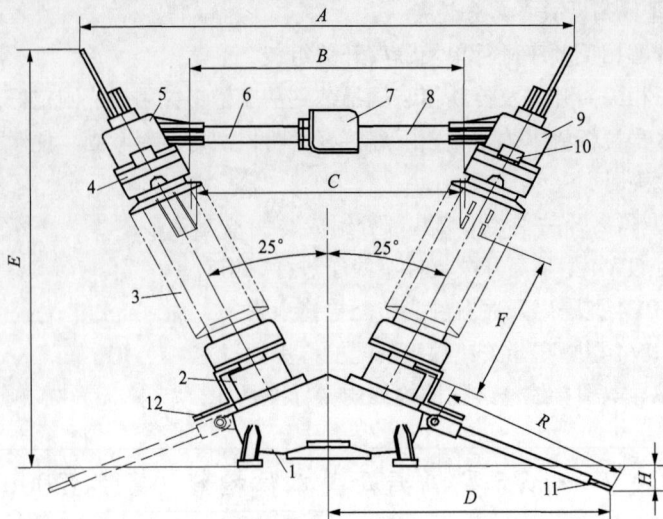

图 10-3-1 GW5-72.5 型隔离开关单相装配图

1—底座；2—支柱；3—棒型支柱绝缘子；4—垫；5—接线座；6—右触头；7—罩；8—左触头；
9—接线座；10—接地静触头；11—接地动触头（单接地在右侧）；12—闭锁板

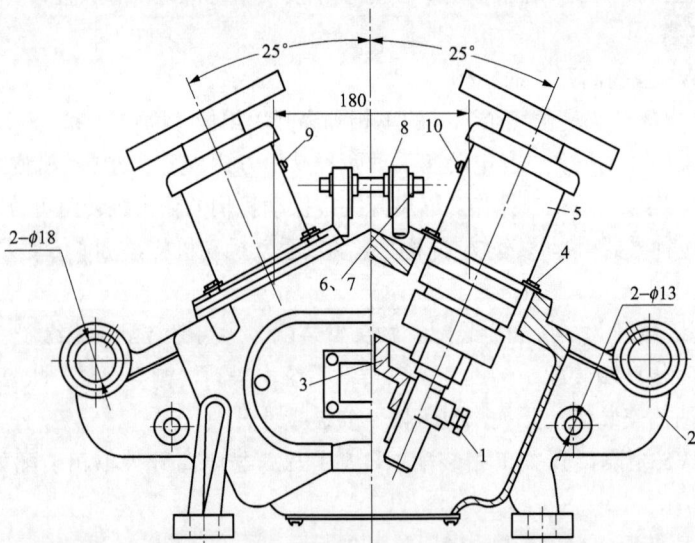

图 10-3-2 底座装配

1—伞齿轮螺钉；2—底座；3—伞齿轮；4—调节螺钉；5—轴承座；6—双头螺栓；
7—M12 螺母；8—垫；9、10—注油嘴

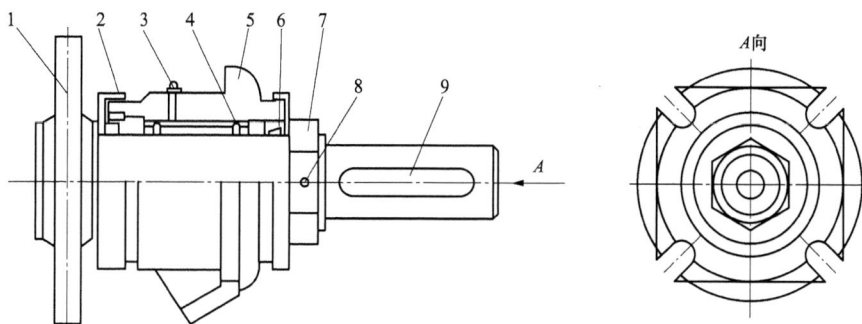

图 10-3-3 轴承座装配

1—轴承座；2—罩；3—注油嘴；4—密封胶圈；5—支柱；6—7207、7209 单列
圆锥滚子轴承；7—螺母；8—紧固螺钉；9—圆头平键

（4）导电系统。导电系统分成左、右两部分，分别固定在支柱绝缘子的顶端，导电系统由接线夹、接线座、导电杆、软铜导电带、触指臂导电管、触指（左触头）、触头（右触头）、触头臂导电管、软铜导电带、接线座、导电杆、接线夹组成。

1）接线座装配。接线座装配（1600A、2000A）如图 10-3-4 所示。

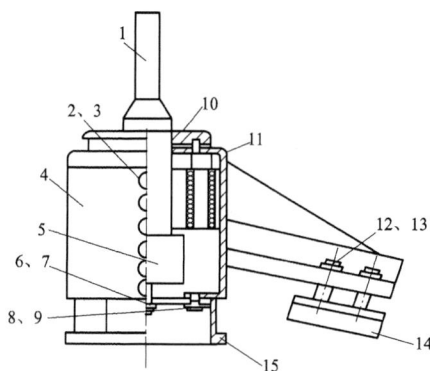

图 10-3-4 接线座装配

1—导电杆；2、3、8、9—M8 螺栓、弹簧垫圈；4—接线座；5—导电带；6、7—铁垫圈、开口销；
10—罩；11—盖；12、13—M12 螺栓、垫圈；14—夹板；15—底座

2）左触头装配。完善化后的左触头装配（630A、1000A、1250A）如图 10-3-5 所示。

（5）传动系统。传动系统由传动箱、轴承座、连臂及连杆等组成。传动箱供 180°传动的隔离开关使用。当隔离开关采用 90°传动时，无传动箱。传动箱中的臂直接与隔离开关的传动拉杆相连，圆锥销与 CS17 型操动机构输出轴连接。传动箱装配如图 10-3-6 所示。

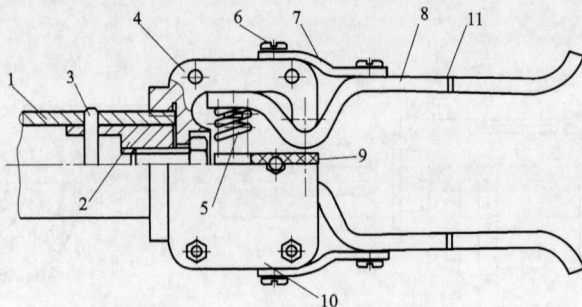

图 10-3-5　完善化后的左触头装配

1—导电管；2—塞；3—圆柱销；4—触指座；5—触指弹簧；6—M5 螺钉；7—镀银软连接；

8—触指；9—绝缘支架；10—盖板；11—左右触头接触位置

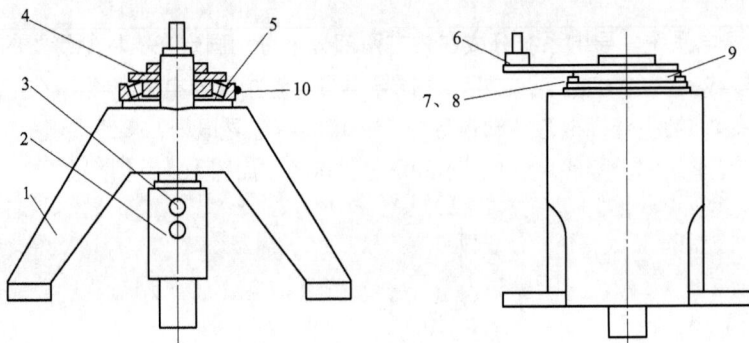

图 10-3-6　传动箱装配

1—支架；2—联轴套；3—圆锥销；4—铁垫圈；5—轴承；6—臂；

7、8—M12 螺栓、弹簧垫圈；9—罩；10—注油嘴

二、作业内容

（1）GW5 型隔离开关本体分解。

（2）GW5 型隔离开关支柱绝缘子检查及探伤。

（3）GW5 型隔离开关转动底座装配分解检修。

（4）GW5 型隔离开关左、右触头装配分解检修。

（5）GW5 型隔离开关接线座装配分解检修。

（6）GW5 型隔离开关各部分连接。

三、作业中危险点分析及控制措施

参见 GW4 型隔离开关本体检修作业危险点分析及控制措施（模块 Z15G2005Ⅱ）。

四、GW5 型隔离开关检修作业前的准备

参见 GW4 型隔离开关本体检修前的准备工作（模块 Z15G2005Ⅱ）。

五、GW5 型隔离开关检修作业前检查项目及检查标准

参见 GW4 型隔离开关本体检修作业前检查项目及检查标准（模块 Z15G2005 Ⅱ）。

六、GW5 型隔离开关检修作业步骤、工艺要求及质量标准

1. GW5 型隔离开关本体分解

（1）断开电动操动机构箱内电动机启动电源、加热器电源和有关电气连锁回路电源，断开继电保护回路和电压回路电源。

（2）将每相连接导线用绳捆好，绳的另一端固定在基座槽钢上，拆除连接导线线夹连接螺栓，将连接导线缓慢放下，防止连接导线与接地线甩下伤到人员和设备。

（3）拆除下主刀闸机构上部联轴器（或抱夹）的连接螺栓，使主刀闸机构主轴与垂直传动杆脱离。

（4）拆除主刀闸垂直传动杆上部连接套的定位螺栓（或抽出万向接头上的圆柱销），取下垂直传动杆。

（5）拆除水平拉杆与两边相主刀闸连接的圆柱销，取下水平拉杆。

（6）拆除主刀闸传动箱拐臂与操作相隔离开关连接拉杆。

（7）将吊装绳固定在支持绝缘子上部第二、三节瓷裙中间，并挂在起吊挂钩上，并注意系好牵引绳，使吊装绳微微受力。

（8）松开主刀闸底座与槽钢的固定螺栓，检查主刀闸起吊重心是否与起吊挂钩位置相对应后，拆除固定螺栓，将主刀闸平稳地吊至平整的地面上，并做好防倾倒措施。

（9）拆除固定接线座 4 个螺栓，取下接线座和触头装配。

（10）拆除支持绝缘子与轴承座装配固定的 4 个螺栓，取下支持绝缘子，并放置在枕木上。

（11）拆除两个轴承座装配之间固定用双头螺栓，然后拆下轴承座装配与底座固定螺栓，取下轴承座装配。

（12）拆下主刀闸传动箱装配与槽钢的固定螺栓，取下主刀闸传动箱装配。

2. GW5 型隔离开关支柱绝缘子检查及探伤

参见 GW4 型隔离开关本体检修中支柱绝缘子检查及探伤内容（模块 Z15G2005 Ⅱ）。

3. GW5 型隔离开关转动底座装配分解检修

（1）GW5 型隔离开关转动底座装配分解。

1）拧松伞齿轮的顶丝，取下伞齿轮，圆头平键。

2）拧松螺母的顶丝，拆下螺母，取下轴承封盖，平垫，轴承座 7207、7209 单列圆锥滚子轴承，支柱。

（2）GW5 型隔离开关转动座装配检修工艺要求。

1）所拆下零件用清洗剂清洗干净并用布擦净。

2）检查轴承有无损坏，转动是否灵活；检查轴承内径与轴承座的公差配合。

3）检查轴承座体内、外部表面，如表面有锈蚀，应用 00 号砂布进行处理，存在严重损伤应更换。

4）检查伞齿轮有无损坏。

5）检查防雨罩。如轻微锈蚀用钢丝刷清除，并刷防锈漆，如锈蚀严重应予更换。

6）检查底座螺孔情况，并用丝锥套攻，清除灰尘和铁锈，孔内涂黄油。

7）检查圆头平键表面。如表面有锈蚀，应用 00 号砂布进行处理，存在严重损伤应更换。

（3）GW5 型隔离开关转动底座装配装复。

按分解相反顺序进行装复，装复时应注意以下几点：

1）轴承内应涂–40℃的二硫化钼锂，涂的量是轴承应以内腔的 2/3 为宜。

2）轴承与轴是紧配合，所以装复轴承要用专用工具进行或用比轴承内径稍大的铁管，用手锤慢慢打入。

3）两个齿轮咬合准确，间隙适当，间隙大可调整齿轮上下位置来改变间隙的大小。

4）装复后，转动轴承座应灵活。

5）调试合格后，所有金属表面除锈刷漆。

（4）GW5 型隔离开关转动座装配检修质量标准。

1）轴承应完整，转动应灵活，轴承及轴承座工作面无锈蚀。

2）伞齿轮应完整、无损坏。

3）两个齿轮咬合深度为齿高的 2/3 为宜。

4）底座螺孔丝扣完好，无锈蚀。

4. GW5 型隔离开关左、右触头装配分解检修

（1）GW5 型隔离开关左、右触头装配分解。

1）拆除固定导电管 4 个螺栓，取下左、右触头装配。

2）右触头分解。拆除固定右触头螺栓，取下螺栓、弹簧垫、平垫、触头。

3）左触头分解。① 拆除 4 个固定螺栓，取下防尘罩。② 拆除定位板上的 4 个固定螺栓，取下定位板、销、弹簧、触指。③ 拆除固定触指座螺栓，取下触指座。

（2）GW5 型隔离开关左、右触头装配检修工艺要求。

1）将所拆下零件用清洗剂清洗并用布擦净。

2）检查右触头与导电管的配合及接触情况，装复时接触面应涂导电脂，螺栓要拧紧；检查塞有无损坏，锈蚀，若有锈蚀的应除锈刷漆处理；检查圆柱销有无松动，如有松动应铆紧。

3）检查触指接触面有无氧化，明显沟痕；检查触指弹簧有无过热失效，锈蚀现象，

弹簧性能应符合要求。

4）左触头的触指座与导电管的接触检查，同右触头检查方法。

（3）GW5 型隔离开关左、右触头装配检修质量标准。

1）导电管与触头接触端面应平整、无氧化；触头接触面镀银层应完整，氧化膜应清洗干净。

2）触头与触指接触面的镀银层应完整，无油垢、无明显沟痕。

3）塞应无损坏、锈蚀，圆柱销应牢固。

4）触指应完整。触指表面应平整、清洁、无氧化膜；触指与触指座接触部分应平整，无凹陷及氧化。

5）触指弹簧应无锈蚀、过热失效，弹簧拉力应符合要求 $[P=（350\pm50）N]$。

6）触指弹簧大修时必须更换。

（4）GW5 型隔离开关左、右触头装配装复。按分解相反顺序进行装复。

（5）GW5 型隔离开关左、右触头装配装复质量标准。

1）右触头、左触指座与导电管连接的螺栓一定要拧紧，螺栓必须带有平垫、弹簧垫。

2）左右触头在合闸位置时，用 0.05mm 的塞尺检查触头与触指接触情况，以塞不进为合格。

3）触头的宽度小于规定值 0.5mm 时应更换。

4）各种型号的 GW5 型隔离开关，主导电回路的零件尺寸要对照进行检查。

5. GW5 型隔离开关接线座装配分解检修

（1）GW5 型隔离开关接线座装配分解。

1）拆除接线夹固定螺栓，取下接线夹。

2）拧松罩的顶丝，取下罩。

3）拆除固定板的两个螺栓，取下固定板和导电带装配。

4）拆除导电带两端固定螺栓，取下导电带、夹板、导电杆。

5）取下轴套。

（2）GW5 型隔离开关接线座装配检修工艺要求。

1）将所拆下零件用清洗剂清洗并用布擦净。

2）检查夹板。接线座与导电管的接触面有无氧化，损坏情况。如氧化应将氧化膜清除干净，装复时应涂导电脂。夹板、接线座有损坏的应更换。

3）检查导电带两端接触面有无氧化。如有氧化应将氧化膜除净，装复时涂导电脂；检查导电带的铜片有无损坏，损坏的片数超过规定时应更换。

4）检查轴套与导电杆的公差配合。

5）检查接线夹有无裂纹、损坏。

（3）GW5 型隔离开关接线座装配检修质量标准。

1）导电管与夹板、接线座的接触面应清洁，无氧化膜；导电管与夹板连接长度不应小于 70mm。

2）导电带的两端接触面应平整、清洁，无氧化膜。

3）导电带的铜片损坏超过 5 片时应更换。

4）轴套与导电杆间隙要求为 0.2~0.3mm 为宜。

5）接线夹外观应完整，接触面应清洁、无氧化膜。

（4）GW5 型隔离开关接线座装配装复。

1）按分解相反顺序进行装复。

2）导电带组装时要注意方向（见图 10-3-9），以免损坏铜片。

（5）软铜带导电型接线座装配的装复质量标准。

1）各零部件完好、清洁。

2）连接、紧固螺栓完好。

3）软铜导电带安装的旋转方式无误，与触指臂装配的出线座的软铜导电带要沿导电杆逆时针旋绕，与触头臂装配的接线座的接线座的软铜导电带要沿导电杆顺时针旋绕，且导电杆能在 90°范围内灵活转动、无卡涩。

4）连接螺栓（钉）紧固、完好。

6. GW5 型隔离开关各部分的连接

（1）按分解相反顺序进行单相隔离开关组装。

（2）将三相隔离开关及传动箱装配吊装到基座槽钢上并用螺栓固定好。

（3）用水平拉杆将本体三相及传动箱装配连接好（防松螺母不用紧固，便于整体调试）。

【思考与练习】

1. GW5 型隔离开关导电系统主要由哪些部分组成？

2. GW5 型隔离开关两绝缘子夹角及主刀闸的分合闸转角各为多少？

3. GW5 型隔离开关转动座装配检修工艺要求是什么？

4. GW5 型隔离开关转动底座装配装复时应注意的问题是什么？

▲ 模块 4　GW6 型隔离开关本体检修（Z15G2007Ⅱ）

【模块描述】本模块包含 GW6 型隔离开关本体检修的作业流程及工艺要求。通过知识要点的归纳讲解、图例展示、操作技能训练，掌握 GW6 型隔离开关的基本结构、修前准备、危险点预控、作业步骤、工艺要求及质量标准等操作技能。

【模块内容】

一、GW6 型隔离开关的结构

GW6 型隔离开关是由三个单相组成一组使用的隔离开关，其相间用水平连杆连接。每组隔离开关配一台电动操动机构（或手动操动机构）。每组隔离开关主要由静触头、动触头、导电折架、传动装置、接地刀闸静触头、操作绝缘子、支柱绝缘子、接地刀闸导电管和底座装配等组成。主刀闸的操动机构分手动和电动两种工作方式，正常工作时采用电动（或手动）操作，检修调试及事故状态时可采取以手动操作手柄进行操作。GW6 型隔离开关单相装配图如图 10-4-1 所示。

1. 动触头

动触头为镀银的异形铜管，备有 4 个接触面，可以更换使用，动触头的顶端有屏蔽罩，此罩上有限位钩，使静触头不致在异常情况下滑离动触头，有的动触头上

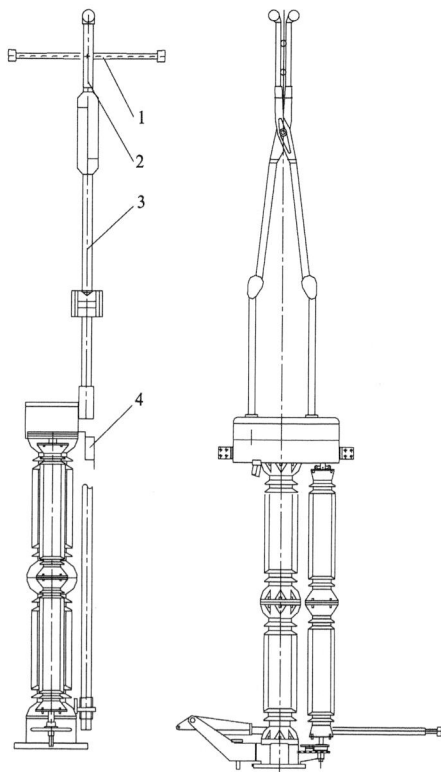

图 10-4-1　GW6 型隔离开关单相装配图
1—静触头；2—动触头；3—导电闸刀；4—接地静触头

还装有消弧触头，当隔离开关切合母线转换电流和小电感、电容电流时，避免烧损动触头。动触头固定在导电折架上，通过操作瓷柱和传动机构操作导电折架，使导电折架上下运动。GW6 型隔离开关动静触头示意图如图 10-4-2 所示。

2. 静触头

静触头为镀银铜管，它的两端有接线板，用于与上层母线连接，动静触头的接触压力，由传动机构中的弹性装置保持稳定的数值。静触头由母线接线夹、连接导线、静触头接线夹、静触头装配等组成。GW6 型隔离开关静触头装配（消振型）如图 10-4-3 所示，GW6 型隔离开关静触头装配（软母线单列型）如图 10-4-4 所示。

3. 导电折架

隔离开关主刀闸的导电折架不仅是主刀闸分合的直接传动元件，同时也是电流的通道。导电折架由调节拉杆、撑杆及上、下导电管组成。在传动装置的带动下，导电折架向合闸方向运动，实现合闸。GW6 型隔离开关导电折架示意图如图 10-4-5 所示。

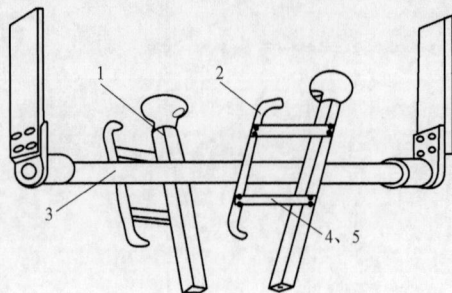

图 10-4-2　GW6 型隔离开关动静触头示意图

1—动触头；2—消弧触头；3—静触头；
4、5—弹簧板及导电片

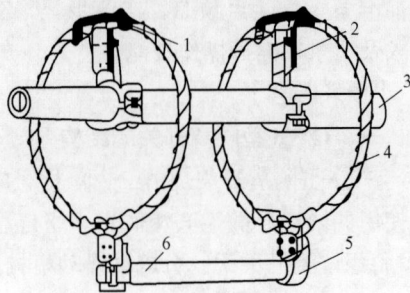

图 10-4-3　GW6 型隔离开关静触头
装配（消振型）

1—并沟线夹；2—母线接线夹；3—母线；
4—连接导线；5—静触头接线夹；6—静触头装配

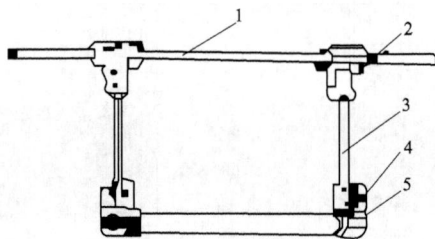

图 10-4-4　GW6 型隔离开关静触头装配
（软母线单列型）

1—母线；2—母线接线夹；3—连接导线；
4—静触头接线夹；5—静触头装配

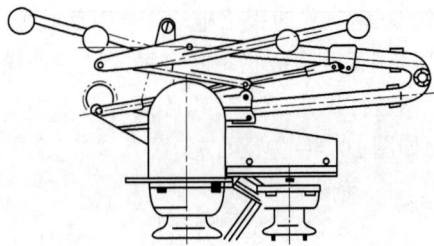

图 10-4-5　GW6 型隔离开关
导电折架示意图

4. 传动装置

导电折架的分、合闸操作是通过传动装置的推动来实现。它与操作绝缘子直接相连，由左臂、右臂和传动连杆以及连板、转轴、平衡弹簧等组成。传动装置在操作绝缘子的推动下，带动导电折架实现分、合闸操作。传动机构中的 2 个可在轴上自由转动的转动臂借反向连杆达到两臂动作的对称性。平衡弹簧用以抵消隔离开关重力所产生的合闸阻力，使操作轻便。操作绝缘子顶部的转臂经弹性装置与左侧转动臂相连，弹性装置在接近合闸终了约 20°范围内，其长度被转臂压缩 6mm 左右，使隔离开关承受稳定的推力，合闸终了，转臂被挡块限位，此时弹性装置保持在被压缩状态。

二、作业内容

（1）GW6 型隔离开关本体分解。

（2）GW6型隔离开关绝缘子检查及探伤。

（3）GW6型隔离开关底座装配分解检修。

（4）GW6型隔离开关静触头装配分解检修。

（5）GW6型隔离开关导电折架分解检修。

（6）GW6型隔离开关传动装置分解检修。

（7）GW6型隔离开关导电折架和传动装置的连接与调整。

（8）GW6型隔离开关各部分连接。

三、作业中危险点分析及控制措施

作业中危险点分析及控制措施见表10-4-1。

表10-4-1　　　　　　　　　作业中危险点分析及控制措施

序号	危险点	控制措施
1	高处坠落及落物伤人	（1）高处作业系好安全带，不得攀登及在瓷柱上绑扎安全带。 （2）使用的检修平台或梯子应坚固完整、安放牢固，使用梯子有人扶持。 （3）传递物件必须使用传递绳，不得上、下抛掷
2	起重伤害	（1）采用吊架拆、装隔离开关有专人指挥、吊物下严禁站人。 （2）起重工具使用前认真检查，并进行强度核验，严禁使用不合格的工具。 （3）拆、装设备时必须绑扎牢固，吊物起吊后应系好拉绳，防止摆动碰伤人员
3	触电伤害	（1）搬动梯子等长大物件时，需由两人放倒搬运，与带电部位保持足够的安全距离。 （2）使用电气工具时，按规定接入漏电保护装置和接地线
4	误入、误登带电间隔	（1）工作前向作业人员交代清楚临近带电设备，并加强监护。 （2）工作人员应走指定通道，在遮栏内工作，严禁擅自移动和跨越遮栏。 （3）严禁攀登运行设备构架
5	机械伤害	（1）严格执行一般工具的使用规定，使用前严格检查，不合格的工具禁止使用。 （2）调试隔离开关时专人监护，进行操作时工作人员必须离开隔离开关传动部位
6	拆下的导电底座未绑扎，动触头弹出伤人	导电底座必须绑扎牢固

四、检修作业前的准备

1. 检修技术资料的准备

（1）检修前应认真查阅设备安装记录、大修记录、设备运行记录、故障情况记录、缺陷情况记录和红外测温结果。对所有查阅资料进行详细、全面的调查分析，以判定隔离开关的综合状况，为现场具体的检修方案的制订打好基础。

（2）准备好设备使用说明书、记录本、表格、检修报告等。

（3）编制作业指导书。

（4）拟订检修方案，确定检修项目，编排工期进度。

2. 工器具、材料、备品备件、试验仪器、仪表和场地的准备

（1）准备工器具、材料、备品备件、试验仪器和仪表等，并运至检修现场。仪器仪表、工器具应试验合格，满足本次施工的要求，材料应齐全，图纸及资料应符合现场实际情况。

（2）场地准备。在检修现场四周设置留有通道口的封闭式遮栏，并在周围背向带电设备的遮栏上挂适当数量的"止步，高压危险"标示牌，在通道入口处挂"从此进出"标示牌；在作业现场指定位置摆放好检修工具、量具、材料、备品备件和测试仪器及垃圾箱。

五、检修作业前检查项目及检查标准

为了解高压隔离开关在检修前的状态以及对检修前后测量数据进行比较，在检修前，应对隔离开关进行检查及测量。

（1）隔离开关主回路电阻测量。

（2）隔离开关手动、电动分合操作是否良好、有无卡滞、接触是否正常。

（3）接地刀闸分合操作是否良好、有无卡滞、接触是否正常。

（4）电动操动机构急停、限位、闭锁等功能试验，动作是否可靠。

（5）各种测量数据及尺寸是否符合工艺要求。

（6）检查动静触头夹紧力是否符合要求。

六、GW6 型隔离开关检修作业步骤、工艺要求及质量标准

1. GW6 型隔离开关本体分解

（1）断开电动操动机构箱内电动机启动电源、加热器电源和有关电气连锁回路电源，断开继电保护回路和电压回路电源。

（2）采用专用作业车或梯子将每相连接导线用绳捆好，绳的另一端固定在基座上，拆除接线夹连接螺栓，将连接导线缓慢放下，防止连接导线与接地线甩下伤到人员和设备。

（3）拆除主刀闸机构上部联轴（或抱夹）的连接螺栓，使主刀闸机构主轴与垂直传动杆脱离。

（4）拆除主刀闸垂直传动杆上部连接套的定位螺栓（或抽出万向接头上的圆柱销），取下垂直传动杆。

（5）拆除转动绝缘子轴承座传动臂上短拉杆及相间水平拉杆两端圆柱销上的开口销，取下短拉杆及相间水平拉杆。

（6）静触头装配的拆卸。

1）利用专用登高作业车，用牵引绳绑紧静触头装配，将绳翻过母线，由地面人员

稍微拉紧。

2）拆除连接导线上接线板与母线接线夹相连的各 4 个螺栓，消振型静触头装配应先拆除环状连接导线与并沟线夹连接螺栓，打开环状连接导线，将静触头装配拆下缓慢吊下，放在检修平台上。

3）拆下的静触头装配应分相做好标记和记录。

4）GW6 型隔离开关静触头装配及吊装如图 10-4-6 所示。

（7）主刀闸的拆卸。

1）GW6 型隔离开关主刀闸绑扎、吊装示意如图 10-4-7 所示，用 10 号铁丝将处于分闸位置的导电折架两端分别绑扎 2～3 圈。

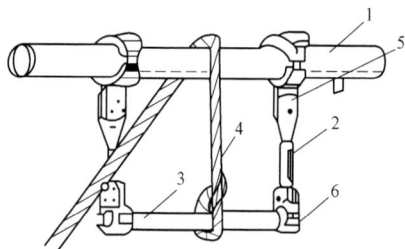

图 10-4-6　GW6 型隔离开关静触头装配及吊装
1—母线；2—连接导线；3—静触头装配；4—牵引绳；
5—母线接线夹；6—静触头接线夹

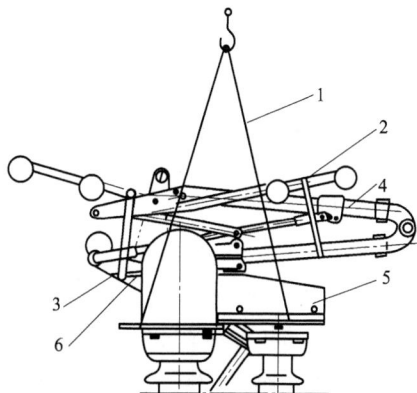

图 10-4-7　GW6 型隔离开关主刀闸
绑扎、吊装示意图
1—吊装绳；2、3—绑扎铁丝；4—导电折架；
5—传动装置；6—接线板

2）在传动装置底板的四角挂好吊装绳，并用起吊钩将吊装绳拉紧，使吊装绳稍微受力，检查主刀闸重心是否基本保持平衡，在操作绝缘子和支柱绝缘子间用木方支撑后，用绳索捆绑，以防碰撞。

3）拆除传动装置底部法兰和支柱绝缘子连接的螺栓及与操作绝缘子相连接的螺栓，将主刀闸系统用起吊装置吊下，起吊时应拉紧牵引绳，以免碰撞损伤绝缘子。

4）GW6 型隔离开关传动装置固定座如图 10-4-8 所示，将主刀闸系统固定在所示检修专用平台的传动装置固定座上，平台不小于 1.8m×1.8m，其固定方式必须与实际安装方式一致。

5）在上节操作绝缘子第三裙上固定好吊装绳（GW6-110G 型隔离开关只限于一节），用起吊工具将起吊绳稍微受力，解开与支柱绝缘子之间的保护绳，取出木方，拆

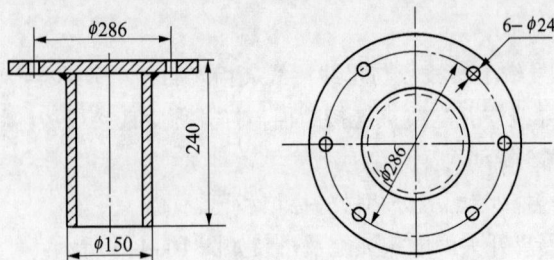

图 10-4-8　GW6 型隔离开关传动装置固定座

除操作绝缘子与底座装配相连的 4 个螺栓，将操作绝缘子缓缓吊至地面，平放于事先准备好的枕木上（吊装时应防止碰撞）。

6）在上节支柱绝缘子第三裙上固定好吊装绳（GW6-110G 型隔离开关只限于一节）且稍微受力。拆除支柱绝缘子与底座装配相连的 4 个螺栓，将支柱绝缘子平衡地吊至地面，平放在事先准备好的枕木上。

7）拆除底座装配与基础槽钢相连的紧固螺栓，将底座装配吊至检修平台上。

2. GW6 型隔离开关绝缘子检查及探伤

参见 GW4 型隔离开关本体检修中支柱绝缘子检查及探伤内容（模块 Z15G2005Ⅱ）。

3. GW6 型隔离开关底座装配分解检修

（1）GW6 型隔离开关底座装配分解。

1）从主轴承装配上拆除转动轴下部分的定位螺钉，取出定位环，将轴、轴铜套从轴承座上分离。拆卸轴承时，不能损坏轴承的配合表面，不能将作用力加在外圈或滚动体上。

2）拆除机械闭锁板装配轴套上的定位螺栓，由底座装配上抽出 2 个机械连锁板和转轴、轴套。

（2）GW6 型隔离开关底座装配检修工艺要求。

1）所有零件用清洗剂清洗干净并用布擦净。

2）检查轴承有无损坏，转动是否灵活。检查轴承内径与轴承座的公差配合。

3）检查主轴承座装配、轴承座、轴、轴套及定位环。如有裂纹应更换。用扁锉清除轴及轴上键槽毛刺。修理轴承时，不能损坏配合表面精度，如平键磨损严重应更换，用 00 号砂布清除轴承座中心内孔及轴套内的锈蚀。

4）检查底座装配。用铲刀或钢丝刷清除其上的锈蚀，发现裂纹应更换，用丝锥套攻底座上各螺孔后，在孔内涂黄油。底座外表面清除铁锈和灰尘后刷防锈漆。

5）检查传动臂及轴套。用 00 号砂布清除轴套内孔表面锈蚀。

6）检查转动盘焊装、锁条。如有轻微锈蚀，用 00 号砂布进行处理。用扁锉修整键槽上的毛刺。

7）检查防尘罩。如锈蚀严重应更换；轻微锈蚀用钢丝刷清除，并刷防锈漆。

8）检查衬套。用 00 号砂布清除衬套表面的氧化层，如果是复合衬套应更换。

9）检查机械闭锁板及转轴。如轻微变形应校正，用 00 号砂布清除机械闭锁板及转轴上的锈蚀。

（3）GW6 型隔离开关底座装配装复。按分解相反顺序进行装复，装复时应注意以下几点。

1）检查轴承座及机械闭锁板装配上轴与轴套配合间隙是否符合要求，转动是否灵活。

2）检查所有传动杆件上轴孔与轴销配合间隙是否符合要求。

3）轴承内应涂–40℃二硫化钼锂，涂的量应以轴承内腔的 2/3 为宜。

4）更换所有锈蚀严重的紧固件及复合轴套。

5）装复后，转动轴承座应灵活，有无卡涩，拧紧所有紧固件。

6）调试合格后，所有金属表面除锈刷漆。

7）所有连接件连接可靠。

（4）GW6 型隔离开关底座装配检修质量标准。

1）轴承应完整，转动应灵活，轴承及轴承座工作面无锈蚀。

2）转动盘焊接、锁条完好，无锈蚀，键槽无毛刺。

3）底座无裂纹，无锈蚀，孔内无杂物。

4）传动臂轴套内孔表面无锈蚀。

5）防尘罩、衬套完好、无锈蚀。

6）机械闭锁板及转轴完好、无锈蚀。

4. GW6 型隔离开关静触头装配分解检修

（1）GW6 型隔离开关静触头装配分解。

1）分解前应检查静触头装配各导电接触部分是否有过热、烧伤痕迹，钢芯铝绞线是否有散股、断股现象，接线板是否有开裂、变形，还应做好记录，确定应更换的零部件。

2）拆除静触头接线夹与连接导线上的连接螺栓，使静触头装配与连接导线分开。

3）拆除静触头装配两端部的静触头接线夹，使静触头装配的导电杆与静触头接线夹分开，并取下铜铝过渡片。

4）分解静触头装配时，要注意勿损伤导电接触面，导电接触面要有防护措施。

（2）GW6 型隔离开关静触头装配检修工艺要求。

1）将所有零部件用清洗剂清洗并用布擦净。

2）检查连接导线，如断股应更换，变形应校正，用 00 号砂布清除连接导线导电接触处表面的氧化层。

3）检查母线接线夹、并沟线夹（对消振型硬母线结构而言）、静触头接线夹上导电接触面。如有轻微烧伤，可用扁锉修整，烧伤严重应更换。

4）检查静触头装配导电杆接触处。如有轻微烧伤，可用扁锉修整，如严重过热应更换，静触头导电杆轻微变形应校正。

5）检查静触头接线夹是否过热。如接线夹严重过热使表面异常应更换，导电接触面如有轻微烧伤，可用扁锉修整。

6）检查铜铝过渡片及两导电接触面。如有轻微氧化，用 00 号砂布清除，严重应更换。

（3）GW6 型隔离开关静触头装配检修质量标准。

1）连接导线无散股、断股现象，导电接触面无氧化层。

2）母线接线夹、并沟线夹、接线板接触面平整，无烧伤痕迹。

3）导电接触处应整洁、无氧化膜，烧伤程度小于 1mm，静触头导电杆无变形。

4）静触头接线夹无异常过热现象，导电接触面平整光滑。

5）铜铝过渡片平整且与之相连的导线接触面无氧化层。

（4）GW6 型隔离开关静触头装配装复。按分解相反顺序进行装复，并注意以下几点。

1）装配时，勿损伤导电接触面，且连接紧固。

2）更换各锈蚀紧固件。

3）静触头与动触头接触处烧伤深度超过规定值，装复时可采用转动静触头导电杆角度的方法变更接触位置。

4）用 100A 回路电阻测试仪测量静触头装配的整体电阻值是否符合要求。

5）如果需要更换钢芯铝绞线，可按以下步骤进行：① 在切断钢芯铝绞线前必须用 10 号铁丝绑扎接近切口处，并在距离第一个绑扎点 120mm 处再补扎一次，然后进行切断。② 切断导线的钢芯截面应涂保护清漆防锈漆，与设备线夹接触表面用钢丝刷除掉氧化层后，用清洗剂清洗，待晾干后立即涂导电脂。③ 将钢芯铝绞线一端缠铝包带后放入已处理好的线夹中，拧紧螺栓。

6）装复时，在导电接触面涂导电脂，螺纹孔洞涂黄油。

（5）GW6 型隔离开关静触头装配装复质量标准。

1）各零部件完好，清洁。

2）各种标准件完好。

3）导电接触面平整，洁净。

4）导电接触面应连接可靠。

5）其接触处烧伤深度不大于 1mm。

6）母线接线夹至静触头导电杆的回路电阻不大于 30μΩ。

7）导线完整，且无松散现象。

8）连接导线接触处表面无氧化层。

9）所有连接件连接可靠。

5. GW6 型隔离开关导电折架分解检修

（1）GW6 型隔离开关导电折架分解。

1）观察整个导电部分是否有过热及烧损部位，检查撑杆、调节拉杆是否变形或锈蚀，做好记录。如需要更换的零件，同时测量折架有关尺寸，做好记录。

2）拆除传动装置防雨罩上紧固螺钉，取下防雨罩。

3）拆除引弧环与固定盘相连的螺栓，拆下两个引弧环。

4）拆除固定盘中部固定螺栓，取下固定盘及连接销。

5）拆除固定动触头的螺栓，取下动触头，并抽出其中动触头固定方条。

6）拆除弹簧板两端固定螺栓，取出轴销、尼龙垫，拆下弹簧板。

7）拆下撑杆中部固定调节拉杆的圆轴销，取下调节拉杆。

8）拆除上导电管上端与导电关节相连的螺栓，从上导电管上抽出导电关节。

9）拆除撑杆两端分别与左臂及上导电管固定夹上的螺栓，抽出圆轴销，取下撑杆。

10）分别拧下上、下导电管固定软铜导电带的 4 个螺栓，取下 2 根软铜导电带。

11）拆除上导电管与活动关节相连的螺栓，取下上导电管。拆除导电管与活动关节间的连接螺栓，取下活动关节。拆下与接线板相连的导电带，拆除右臂上管夹的紧固螺栓，抽出下导电管。

（2）GW6 型隔离开关导电折架检修工艺要求。

1）将所有零件用清洗剂清洗并用布擦净。

2）检查防雨罩。用钢丝刷除锈后刷漆，如锈蚀严重应更换。

3）检查引弧环表面。如有轻微烧损，应用扁锉修整，严重应更换。

4）检查引弧环固定盘及连接销锈蚀情况，用扁锉清除其表面锈蚀。

5）检查动触头烧损情况。如有轻微烧伤，可用扁锉修整，如按以上方法处理后仍达不到要求，在装复时应注意将导电杆旋转 180°，以改变其接触面（或者更换）。

6）检查动触头固定方条。如表面锈蚀，用扁锉修整后，进行防锈处理。

7）检查弹簧板及固定圆柱销。如有轻微锈蚀，用扁锉或 00 号砂布清除。

8）检查导电关节。如有裂纹应更换。

9）检查调节拉杆和圆柱销表面。如有轻微锈蚀，可用 00 号砂布或扁锉清除；如拉杆及接叉变形应校正，损坏严重应更换。

10）检查撑杆。如有轻微锈蚀，用扁锉或 00 号砂布清除；轻微变形应校正；严重锈蚀应更换。

11）检查管夹及所连的软铜导电带。如管夹有裂纹、软铜导电带折损严重应更换，其两者导电接触面用 00 号砂布清除氧化层。

12）检查上、下导电管两端及接触面。如有轻微氧化，应用扁锉修整。如导电管变形应校正。如过热严重而引起表面异常者应更换。

13）检查活动关节。如有轻微锈蚀，用扁锉清除，变形应校正。检查上、下导电管间连接的软铜导电带有无折损，如不符合要求应更换。用 00 号砂布清除导电接触面氧化层。

（3）GW6 型隔离开关导电折架检修质量标准。

1）防雨罩完好，无锈蚀。

2）引弧环表面完整，无严重烧伤。

3）引弧环固定盘表面无毛刺，连接销表面光滑，无锈蚀。

4）动触头导电杆接触处无严重烧损，接触面良好，烧伤不大于 1mm。

5）固定方条表面无锈蚀，无变形。

6）弹簧板及固定圆柱销表面无锈蚀。

7）导电关节无裂纹。

8）杆件无锈蚀，杆件及接叉无锈蚀变形。

9）撑杆应平直，撑杆及接叉无锈蚀变形。

10）导电带无损伤和严重过热现象，软铜导电带损坏部分不超过总截面的 10%，接触面清洁、平整。

11）导电管两端导电接触面应光滑、无氧化，导电管应无变形、过热现象。

12）活动关节无锈蚀、变形，软铜导电带截面折损不超过 10%，接触面清洁、平整。

（4）GW6 型隔离开关导电折架装复。按分解相反顺序进行装复，并注意以下几点。

1）装复前，所有转动部分涂上二硫化钼锂，导电接触面涂导电脂。

2）如导电杆烧伤深度超过规定值时，装复时可将导电杆旋转 180°，以改变导电接触面。

3）各调节尺寸必须按规定数值进行调整。

4）检查导电折架全部尺寸，调整符合要求后紧固所有连接螺栓。

5）更换有锈蚀的螺栓。

6）导电接触面连接螺栓应拧紧以保证可靠接触。

7）装复后的导电折架放置于检修平台上。

（5）GW6 型隔离开关导电折架装复质量标准。

1）各零部件清洁、完整。

2）导电杆接触面烧伤深度不大于 1mm。

3）各连接螺栓紧固。

4）各连接、固定螺栓无锈蚀。

5）所有连接件连接可靠。

6. GW6 型隔离开关传动装置分解检修

（1）GW6 型隔离开关传动装置分解。

1）拆除接线板与传动装置相连的 4 个螺栓，取下接线板。

2）拆除左臂端部连接螺栓，拆下左臂板。

3）拆除左臂、右臂、连板与传动连杆两端接叉连接的螺栓并抽出传动连杆端头的圆柱销，拆下两根传动连杆。

4）拆除框架底部转轴轴套定位螺栓，抽出操作绝缘子固定盘及平键。拆除转轴与传动装置框架相连的螺栓，取出轴承座装置和转轴承。

5）拆除传动连杆两端万向接头上的定位螺钉，记录尺寸，取下连杆。

6）拆除轴两端轴承座端盖固定螺栓，使轴从传动装置框架轴承座孔中退出，然后分别从轴上抽出轴承、轴承挡圈、定位套、左臂、右臂及平键，拆卸轴承时，不能损坏轴承的配合表面，不能将作用力加在外圈或滚动体上。

7）测量传动装置框架上的分闸限位螺钉和合闸限位螺钉外露部分长度，还应做好记录，然后拆下分闸限位螺钉和合闸限位螺钉。

8）分、合闸限位螺钉有效工作长度在拧下前应做标记。

（2）GW6 型隔离开关传动装置检修工艺要求。

1）将所有零件用清洗剂清洗并用布擦净。

2）检查接线板导电接触面。如有轻微氧化，用 00 号砂布清除，过热严重而引起表面异常则应更换。

3）检查左臂臂板、右臂及管夹。如有轻微变形应校正，轻微锈蚀用扁锉或 00 号砂布清除后作防锈处理，管夹如损伤应更换。

4）检查传动连杆及传动连杆两端万向接头。如轻微变形应校正，连杆端部调节螺纹及万向接头如锈蚀应用钢丝刷清除，并对传动连杆及两端万向接头进行防锈处理。检查万向接头活动销转动部分的磨损情况，如磨损严重则应更换。

5）检查转轴轴承座、轴承防尘罩、转轴焊缝是否有裂纹，轴承座及轴承有无破损、裂纹，如破损应更换。检查操作绝缘子固定盘及平键，如平键变形应更换。

6）检查左臂及右臂轴孔中键槽磨损情况。用扁锉除去毛刺。

7）检查轴、轴承、轴套、挡圈。轴有轻微变形应校正。轻微锈蚀，可用钢丝刷或00号砂布清除。如轴上键槽有轻微磨损，用扁锉修整。如轴承挡圈、轴承钢珠及平键磨损严重，应更换。

8）检查合闸限位螺钉及分闸限位螺钉。如变形、锈蚀应更换。

9）检查传动装置框架。如外观变形应校正，锈蚀部位用钢丝刷或铲刀清除其锈迹，同时用丝锥套攻其上所有螺纹孔洞，清除铁锈和灰尘后刷防锈漆。

（3）GW6型隔离开关传动装置检修质量标准。

1）导电接触面应平整、光洁、无氧化、无过热现象。

2）左、右臂板、管夹完好，表面无锈蚀，无变形。

3）螺杆及万向接头无变形，无锈蚀，连接活动销转动灵活，销与接叉孔公差不大于0.5mm。

4）轴承、轴承座无锈蚀、无损伤，轴承与轴承座配合应紧密，转轴焊缝应无裂纹。

5）左、右臂及轴孔中键槽无严重磨损。

6）各部件表面无锈蚀、无变形，轴及轴上键槽无毛刺、光滑，轴承转动灵活。

7）分、合闸限位螺钉应无变形，无锈蚀。

8）框架无变形，表面无锈蚀，螺纹孔洞完好。

（4）GW6型隔离开关传动装置装复。按分解相反顺序装复，并注意以下几点：

1）装复前，在转动部位涂二硫化钼锂，导电接触面涂导电脂。

2）检查轴承与轴承座配合是否紧密，轴与轴承间转动是否灵活。

3）装复时，应检查轴与左臂右臂的孔、轴配合间隙是否符合规定。

4）检查各种尺寸是否符合要求。

5）各部分尺寸调整好后，紧固所有连接件。

6）更换有锈蚀的连接和固定螺栓。

7）导电接触面连接螺栓应拧紧以保证可靠接触。

（5）GW6型隔离开关传动装置装复质量标准。

1）各零件清洁、完整。

2）轴与轴承转动灵活。孔、轴配合间隙不大于0.2mm。

3）各连接螺栓紧固。

4）各连接、固定螺栓无锈蚀。

5）所有连接件连接可靠。

7. GW6 型隔离开关导电折架和传动装置的连接与调整

（1）将装配好的导电折架的下导电管、撑杆分别与传动装置左臂、右臂连接牢固，装复时注意核对尺寸是否符合要求，各连接部分连接必须牢固。

（2）手动将导电折架向合闸方向抬起，装复两根平衡弹簧。

（3）调节平衡弹簧一端紧固螺栓长度，加大或减小弹簧的预拉力，使导电折架在550～1000mm 范围内，达到轻轻一抬可上升，轻压可下落，向上、下的推力基本一致，平衡弹簧与导电折架的重力矩基本平衡。

（4）在分闸位置时，检查导电折架的高度是否符合有关尺寸规定，若此尺寸偏大，除调整外，还应检查分闸限位螺钉外露长度。GW6 型隔离开关调整折架高度示意如图 10-4-9 所示。

（5）死点位置的调整，用手力将导电折架送入合闸位置，检查转轴的拐臂，越过死点尺寸是否符合生产厂家规定（图 10-4-10 中 b 点过 ac 连线），如不符合，应调整图 10-4-11 所示中合闸定位螺钉的外露部分的长度，过死点 4mm±1mm。GW6 型隔离开关死点位置调整如图 10-4-10 所示。

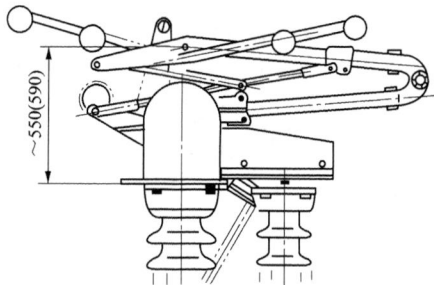

图 10-4-9　GW6 型隔离开关调整
折架高度示意图

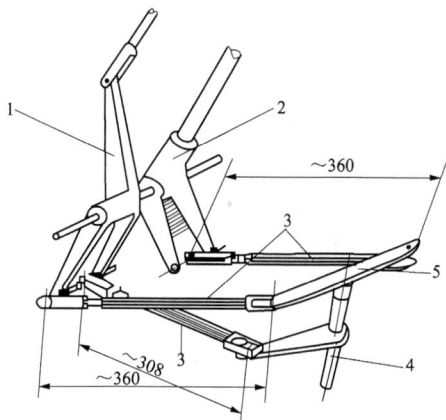

图 10-4-10　GW6 型隔离开关死点位置调整
1—左臂；2—右臂；3—传动连杆；4—转轴；5—连板

（6）接触压力的测量。

1）以手动将导电折架送入合闸位置，测量其触头的接触压力，测得的触头接触压力应符合规定。

2）检查图 10-4-11 弹簧板末端轴销，能自动移至长孔中部或另一端，则压力符合要求。如接触压力不合格，可适当伸长或缩短图 10-4-10 中传动连杆 3 使之达到要求。

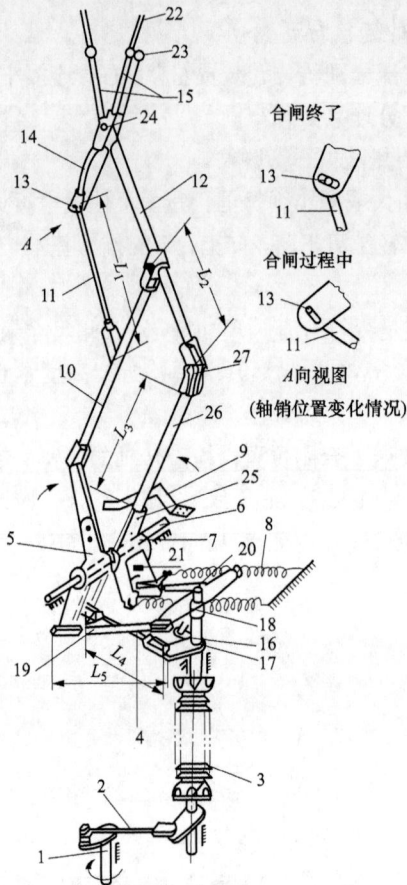

图 10—4—11 GW6 型隔离开关机械传动原理图

1—操作轴；2—连杆；3—操作绝缘子；4、19、20—传动连杆；5—左臂；6—轴；7—右臂；8—平衡弹簧；9—接线板；10—撑杆；11—调节拉杆；12—上导电管；13—轴销；14—弹簧板；15—动触头；16—合闸定位螺钉；17—转轴；18—连板；21—分闸限位螺钉；22—引弧环；23—固定盘；24—导电关节；25—管夹；26—下导电管；27—活动关节

3）动触头每侧压力：110kV≥295N、220kV≥259N。

8. GW6 型隔离开关各部分连接

（1）按分解相反顺序进行单相隔离开关组装。

（2）主刀闸静触头装配的安装。

1）静触头装配的安装，可与主刀闸安装同时进行。

2）将组装好的静触头装配运至母线下面。

3）将母线安装部位及母线接线夹导电接触面用 00 号砂布清除氧化层，用清洗剂清洗干净后涂导电脂。

4）将静触头装配吊起，将连接导线上端与母线上的母线夹连接，使静触头装配固定于母线上。

（3）主刀闸静触头装配的安装质量标准。

1）母线安装部位及母线接线夹导电接触面板无氧化、清洁。

2）安装位置正确。

（4）底座及操作、支柱绝缘子的安装。

1）将组装好的底座装配分相吊于基础槽钢上，核实三相水平后固定好地脚螺栓。

2）将支持绝缘子擦净，用螺栓将上、下绝缘子连接，组合好。

3）将旋转绝缘子擦净，用螺栓将上、下绝缘子连接，组合好。

4）将组装好的上、下节支柱绝缘子分相吊装于底座的支柱绝缘子法兰盘上，用垫片调节绝缘子垂直度，使其中心线处于铅垂位置。

5）分别将组装好的上、下节操作绝缘子分相吊装于操作绝缘子法兰盘上，紧固连接螺栓，同时用木方隔离支柱与操作绝缘子，并用绳子捆牢，以防操作绝缘子发生倾倒与支柱绝缘子发生碰撞，然后拆下起吊绳。

（5）底座及操作、支柱绝缘子的安装质量标准。

1）起吊应首先检查吊具是否符合要求，捆绑牢固。

2）绝缘子铅垂线偏差不超过 6mm，瓷套干净，连接牢固。

3）操作及支柱绝缘子安装垂直，与底座连接盘连接牢固且受力均匀。

（6）导电折架和传动装置的安装。

1）分别将组装好的导电折架和传动装置吊至三相支柱绝缘子的上法兰盘上（吊装前，主刀闸系统应捆绑好），用水平仪测试水平后紧固连接螺栓。如水平度达不到要求时，在传动装置框架与支柱绝缘子上的法兰盘间增、减垫片调节。

2）将传动装置转轴下部法兰与操作绝缘子上法兰用螺栓连接（调整绝缘子垂直偏差前，松开操作、支柱绝缘子间绑扎绳索，取出木方），垂直度调好后，紧固法兰连接螺栓，随后，剪断导电折架绑扎铁丝。

（7）导电折架和传动装置的安装质量标准。

1）吊具符合起吊安全要求，捆绑牢固，传动装置框架要求基本水平。

2）螺栓连接紧固，垂直偏差不大于 6mm。

【思考与练习】

1. GW6 型隔离开关主要由哪些部分组成？

2. 简述 GW6 型隔离开关本体分解步骤。

3. GW6 型隔离开关底座装配检修工艺要求是什么？

4. GW6 型隔离开关导电折架装复质量标准是什么？

5. 简述 GW6 型隔离开关导电折架和传动装置的连接与调整方法。

▲ 模块 5　GW7 型隔离开关本体检修（Z15G2008Ⅱ）

【模块描述】　本模块包含 GW7 型隔离开关本体检修作业流程及工艺要求。通过知识要点的归纳讲解、图例展示、操作技能训练，掌握 GW7 型隔离开关本体的基本结构、修前准备、危险点预控、作业步骤、工艺要求及质量标准等操作技能。

【模块内容】

一、GW7 型隔离开关的结构

GW7 型隔离开关由三个独立的单相组成（一个主相和两个边相）。每个单相由底座装配、支柱（操作）绝缘子、导电管及动触头、静触头、接线座以及接地刀闸等组成。主刀闸由电动（或手动）操动机构操作，主刀闸与接地刀闸间设有防止误操作的机械闭锁装置，手动操动机构均可配置电磁锁和辅助开关，构成电气防误连锁回路，以实现机械闭锁或电气连锁，达到防止误操作的目的。根据使用需要，可在单侧或两侧安装接地刀闸，也可以不安装接地刀闸。GW7-220 型隔离开关单相装配（翻转型带操动机构）如图 10-5-1 所示。

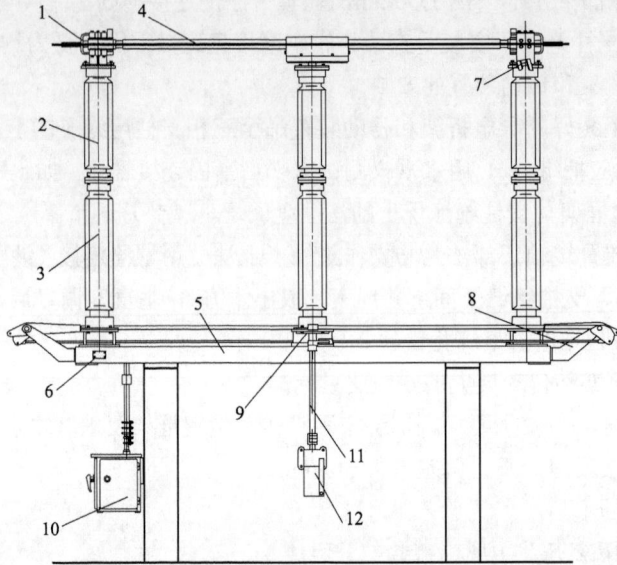

图 10-5-1　GW7-220 型隔离开关单相装配（翻转型带操动机构）

1—静触头；2—上节绝缘子；3—下节绝缘子；4—主刀闸；5—底座；6—铭牌；7—接地静触头；
8—接地刀闸；9—转动底座；10—电动操动机构；11—垂直竖拉杆；12—手动操动机构

1. 底座装配

底座由槽钢和钢板焊接而成，在槽钢上装有三个支持绝缘子固定底座，中间底座可以转动。槽钢内腔装有传动连杆及机械闭锁板，槽钢下焊有安装板，以便与现场基础固定。底座可分为无接地刀闸、单侧装有接地刀闸及双侧装有接地刀闸三种。单侧接地刀闸和双侧接地刀闸底座一端或两端焊有接地刀闸底座，底座上装接地刀闸。GW7-220 型隔离开关主刀闸合闸时拐臂及连杆状态如图 10-5-2 所示。

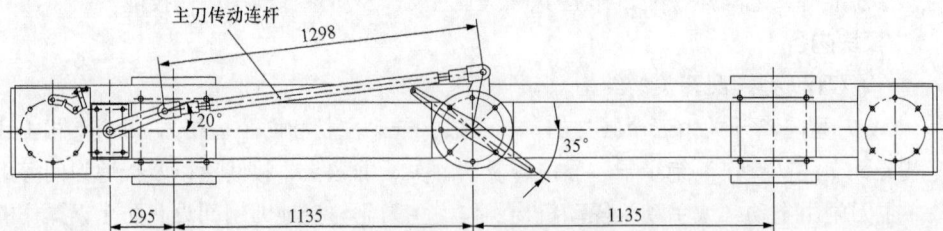

图 10-5-2　GW7-220 型隔离开关主刀闸合闸时拐臂及连杆状态

2. 轴承座装配

轴承座采用圆锥滚子轴承，同时增加了密封装置，避免灰尘及雨水的进入，GW7–220 型隔离开关轴承座装配如图 10–5–3 所示。

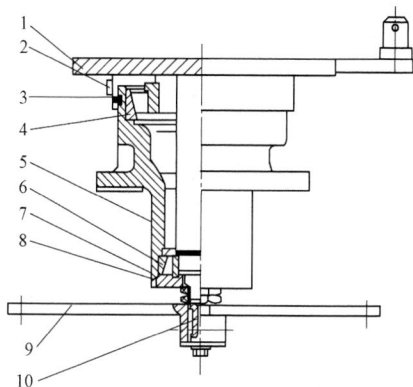

图 10–5–3　GW7–220 型隔离开关轴承座装配

1—转轴；2—堵头；3、8—O 形密封圈；4、6—圆锥滚子轴承；5—轴承座；
7—垫圈；9—主动拐臂；10—圆头键

3. 导电回路

导电回路由接线板、静触头、动触头导电管组成。导电管的端部固定（或焊接）有动触头，使导电管及动触头进入（或离开）静触头，实现合闸（或分闸）。GW7–220 型隔离开关（翻转）导电回路如图 10–5–4 所示。

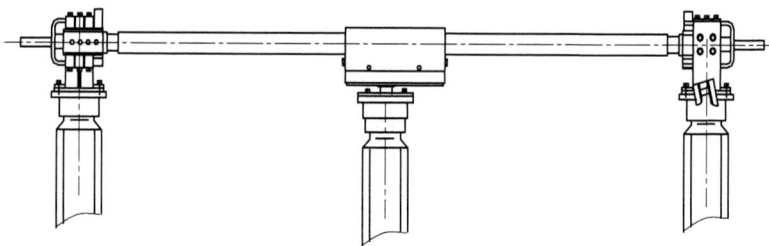

图 10–5–4　GW7–220 型隔离开关（翻转）导电回路

二、作业内容

（1）GW7 型隔离开关本体分解。

（2）GW7 型隔离开关支柱绝缘子检查及探伤。

（3）GW7 型隔离开关转动支柱装配分解检修。

（4）GW7 型隔离开关静触头装配分解检修。

（5）GW7 型隔离开关导电闸刀装配分解检修。

（6）GW7 型隔离开关主刀闸传动箱检修（翻转式闸刀）。

（7）GW7 型隔离开关各部分连接。

三、作业中危险点分析及控制措施

参见 GW4 型隔离开关本体检修作业危险点分析与控制措施（模块 Z15G2005Ⅱ）。

四、GW7 型隔离开关检修作业前的准备

参见 GW4 型隔离开关本体检修前的准备（模块 Z15G2005Ⅱ）。

五、GW7 型隔离开关检修作业前检查项目及检查标准

参见 GW4 型隔离开关本体检修前检查项目及检查标准（模块 Z15G2005Ⅱ）。

六、GW7 型隔离开关检修作业步骤、工艺要求及质量标准

1. GW7 型隔离开关本体分解

（1）断开电动操动机构箱内电动机启动电源、加热器电源和有关电气连锁回路电源，断开继电保护回路和电压回路电源。

（2）采用专用作业车或梯子将每相连接导线用绳捆好，绳的另一端固定在基座槽钢上。拆除接线夹连接螺栓，将连接导线缓慢放下，防止连接导线与接地线甩下伤到人员和设备。

（3）拆除主刀闸机构上部联轴（或抱夹）的连接螺栓，使机构主轴与垂直传动杆脱离。

（4）拆除主刀闸垂直传动杆上部连接套的定位螺栓（或抽出万向接头上的圆柱销），取下垂直传动杆。

（5）拆除中相转动绝缘子短拉杆及相间水平拉杆两端圆柱销上的开口销，取下短拉杆及相间水平拉杆。

（6）将吊装绳固定在主刀闸导电杆上，两根吊绳应在主刀闸导电杆中心两侧，使主刀闸导电杆保持起吊水平，并挂在起吊挂钩上，并注意系好牵引绳，使吊装绳微微受力。

（7）松开主刀闸导电杆固定底座与转动绝缘子的连接螺栓，拆除连接螺栓，将主刀闸导电杆平稳地吊至平整的地面上，用同样的方法分别将另外两相主刀闸导电杆吊到地面上。

（8）将吊装绳牢固地固定在支持绝缘子或转动绝缘子上、下节连接的铁法兰下部，并挂在起吊挂钩上，并注意系好牵引绳及保护绳，使吊装绳微微受力。

（9）松开绝缘子与底座的固定螺栓，检查绝缘子起吊重心是否与起吊挂钩位置相对应后，拆除固定螺栓，将绝缘子平稳地吊至平整的地面上，并放在两根枕木上。用同样的方法分别将另外 8 个绝缘子分别吊到地面上，并放在两根枕木上。

（10）拆除固定静触头 4 个 M12 螺栓，取下静触头装配。用同样的方法分别将另外 5 个静触头装配取下。

（11）拆除轴承座装配及固定底座与槽钢固定的 4 个螺栓，吊下轴承座装配及固定底座。

2. GW7 型隔离开关支柱绝缘子检查及探伤

参见 GW4 型隔离开关本体检修中支柱绝缘子检查及探伤内容（模块 Z15G2005 Ⅱ）。

3. GW7 型隔离开关转动支柱装配分解检修

（1）GW7 型隔离开关转动支柱装配分解。

1）拆除轴承座转动盘焊装下部固定螺母上的止位螺钉，旋出螺母。

2）拆除传动臂或杠杆的连接螺栓，取出传动臂或杠杆。

3）拆除防尘罩上定位螺钉，取下轴承防尘罩。

4）取下键槽。从轴承座中抽出转动轴，取下 7209 单列圆锥滚子轴承及钢球。

5）拆除转动盘焊装与拉板及锁条相连的螺栓，取下拉板及锁条。

（2）GW7 型隔离开关转动支柱装配检修工艺要求。

1）所拆下零件用清洗剂清洗干净并用布擦净。

2）检查轴承有无损坏，转动是否灵活；检查轴承内径与轴承座的公差配合。

3）检查轴承座腔内、外部表面。如表面有锈蚀，用 00 号砂布进行处理，存在严重损伤应更换。

4）检查轴承座上部配用钢球锈蚀和磨损情况。如锈蚀、磨损严重应更换。

5）检查轴承座和转动盘焊装上的钢球槽应无锈蚀。如轻微锈蚀，用 00 号砂布进行处理。

6）检查传动臂及轴套。用 00 号砂布清除轴套内孔表面锈蚀。

7）检查转动盘焊装、锁条。如轻微锈蚀，用 00 号砂布进行处理，用扁锉修整键槽上的毛刺。

8）检查防雨罩。如轻微锈蚀用钢丝刷清除，并刷防锈漆，如锈蚀严重应予更换。

9）检查衬套。用 00 号砂布清除衬套表面的氧化层，如果是复合衬套应更换。

10）检查机械闭锁板及转轴。如轻微变形应校正，用 00 号砂布清除机械闭锁板及转轴上的锈蚀。

（3）GW7 型隔离开关转动支柱装配装复。按分解相反顺序进行装复，装复时应注意以下几点：

1）轴承内应涂−40℃的二硫化钼锂，涂的量应以轴承内腔的 2/3 为宜。

2）装复后，转动轴承座应灵活，无卡涩，拧紧所有紧固件。

3）调试合格后，所有金属表面除锈刷漆。

（4）GW7 型隔离开关转动支柱装配检修质量标准。

1）轴承应完整，转动应灵活，轴承及轴承座工作面无锈蚀。

2）转动盘焊接、锁条完好，无锈蚀，键槽无毛刺。

3）钢球总数为 41 粒，直径为 12.7mm。

4）传动臂轴套内孔表面无锈蚀。

5）防尘罩、衬套完好、无锈蚀。

6）机械闭锁板及转轴完好、无锈蚀。

4. GW7 型隔离开关静触头装配分解检修

（1）GW7 型隔离开关静触头装配分解。

1）拆除固定防尘罩的 M6 螺栓，取下防雨罩。

2）拆除静触座上固定支持架的 M8 螺栓，取下支持架、触指、触头弹簧。

3）拆除支架转动轴与静触座上的止位螺钉，取出支架。

4）拆除静触座与底板的连接螺栓，取出静触座。

5）拆除静触座底板上定位螺栓，同时取下定位螺钉拉力弹簧。

（2）GW7 型隔离开关静触头装配检修工艺要求。

1）将所有零件用清洗剂清洗并用布擦净。

2）拆下防雨罩。若有开裂应更换，用钢丝刷除锈后作防锈处理。

3）检查 U 形架有无锈蚀、过热、变形及缺齿情况。若有轻微锈蚀，用 00 号砂布除锈后刷防锈漆，若严重锈蚀或过热变形、缺齿，应更换。

4）检查触指的转动接触面磨损或烧伤情况以及触指有无退火变形。如轻微烧伤，应用扁锉修整，轻微变形应校正，若严重烧伤或过热变形则应更换。

5）检查触指两个拉簧和圆柱销有无变形、锈蚀。若锈蚀、变形或未受力不复位，则应更换。

6）检查支架板是否完整。若锈蚀严重应更换，检查支架上螺孔螺纹是否完好，如轻微烧伤，先用丝锥套攻，用 00 号砂布清除锈蚀。

7）静触座的检修。① 检查与触指接触部分的圆弧表面磨损情况。② 检查静触座与线夹连接的接触面是否平整，有无氧化膜。如有不平则用扁锉修整。③ 检查静触座转动轴孔内有无损伤，孔内是否光滑，止位孔内螺纹是否完好，用丝锥套攻，清除其锈蚀后涂黄油。

8）检查底板，用 00 号砂布清除锈蚀。

（3）GW7 型隔离开关静触头装配检修质量标准。

1）防雨罩无裂纹，无锈蚀。

2）U 形架无锈蚀，无过热变形，无缺齿。

3）U 形架螺孔的螺纹完好、清洁，无锈蚀。

4）触指无烧伤，无变形。烧伤、磨损深度不大于 0.5mm。

5）触指、拉簧及圆柱销无锈蚀，无变形。拉簧圈间无间隙。

6）支架及转动杆完好无锈蚀，螺孔螺纹完好。

7）静触座光滑，无明显沟痕，沟痕深度不大于 0.3mm。

8）静触座接触圆弧面平整，无氧化膜。

9）静触座转动轴孔光滑完好，无磨损，止位孔内螺纹完好，且均无锈蚀。

10）底板完好，无锈蚀。

（4）GW7 型隔离开关静触头装配装复。按分解相反顺序进行装复，并注意以下几点。

1）装复时，在导电接触面涂导电脂，螺纹孔洞涂二硫化钼锂，弹簧内、外表面涂黄油。

2）更换各锈蚀的标准件。

3）防雨罩在调试完毕后进行装复。

4）装复后，检查其两侧触指安装是否平整、触指复位是否良好。

（5）GW7 型隔离开关静触头装配装复质量标准。

1）各零部件完好，清洁。

2）触指安装平整，弹簧作用正常，触指复位良好。

5. GW7 型隔离开关导电闸刀装配分解检修

（1）GW7 型隔离开关导电闸刀装配分解。

1）拆除屏蔽罩的固定螺栓，取下屏蔽罩。

2）拆除 U 形夹板的螺母，取出 U 形夹板和导电管及铜铝过渡片。

3）拆除导电管两头动触头的固定螺栓，取出动触头。

（2）GW7 型隔离开关导电闸刀装配检修工艺要求。

1）将所有零件用清洗剂清洗并用布擦净。

2）检查动触头圆弧接触面有无磨损，动触头与导电管的导电接触面有无烧损、过热和氧化现象，如轻微烧损可用扁锉修理。

3）检查 U 形夹板有无裂纹、锈蚀，如断裂应更换。

4）检查导电管有无过热、变形。如轻微变形应校正。若其两端导电接触面轻微锈蚀，用 00 号砂布清除。

5）检查铜铝过渡片。有轻微锈蚀，用 00 号砂布清除其氧化层，如破损应更换。

6）检查支板与螺栓固定处的焊缝有无开裂脱焊现象，底座螺栓有无锈蚀。如锈蚀严重应更换，如有开裂应补焊，用钢丝刷清除其锈蚀。

7）检查软铜导电带两端接触面有无氧化。如有氧化应将氧化膜除净，装复时涂导电脂；检查导电带的铜片有无损坏，损坏的片数超过规定时应更换。

8）检查接线夹有无裂纹，损坏。

（3）GW7 型隔离开关导电闸刀装配检修质量标准。

1）动触头及导电管无磨损，无烧损，其导电接触面无氧化层。

2）U 形夹板无锈蚀，无裂纹。

3）导电管无过热、变形，其弯曲度不大于 3‰，导电接触面无锈蚀。

4）过渡片无过热，无破损，无氧化。

5）支板无开裂，无脱焊，无锈蚀。

6）导电接触面无氧化，软铜导电带折损面积不大于截面面积的 10%。

7）动触头与导电杆连接长度不小于 35mm。

（4）GW7 型隔离开关导电闸刀装配装复。按分解相反顺序进行装复，并注意以下几点。

1）固定面接触部位涂薄薄一层导电脂，转动部位涂薄薄一层二硫化钼锂。

2）更换有锈蚀的连接件和固定螺栓。

3）装复后，对由两截组成的导电管应注意其两端动触头的插入凹形夹板中的位置应基本一致。

4）装复后，检查导电管两端的动触头上端面是否处于同一平面上。

5）导电接触面连接螺栓应拧紧以保证可靠接触。

（5）GW7 型隔离开关导电闸刀装配装复质量标准。

1）各零部件完好、清洁。

2）各连接、固定螺栓无锈蚀。

3）动触头插入凹形板位置基本一致。

4）动触头上端面处于同一平面上。

6. GW7 型隔离开关主刀闸传动箱检修（翻转式闸刀）

（1）检查定位弹簧弹有无变形、锈蚀。若锈蚀、变形，弹力不足，则应更换。

（2）检查定位弹簧弹转动轴有无锈蚀。如有锈蚀，应用 00 号砂布清除。

（3）检查定位板有无裂纹、锈蚀。如有裂纹应更换。

（4）检查操作盘，用 00 号砂布清除锈蚀。

（5）检查球轴转动是否灵活。球轴有无裂纹、锈蚀，轻微锈蚀用 00 号砂布清除，球轴有裂纹或锈蚀严重应更换。

（6）GW7 型隔离开关主刀闸传动箱检修（翻转式闸刀）检修质量标准。

1）各零部件完好、清洁。

2）各连接、固定螺栓无锈蚀。

3）定位板无裂纹、锈蚀、断裂。

4）定位弹簧弹无变形、锈蚀。

5）球轴转动灵活，无裂纹、锈蚀。

7. GW7 型隔离开关各部分连接

（1）按分解相反顺序进行单相隔离开关组装。

（2）用水平拉杆将本体三相连接好（防松螺母不用紧固，便于整体调试）。

【思考与练习】

1. GW7 型隔离开关导电回路主要由哪些部分组成？

2. GW7 型隔离开关转动支柱装配检修工艺要求是什么？

3. GW7 型隔离开关转动支柱装配装复时应注意哪些问题？

4. 简述 GW7 型隔离开关静触头装配分解检修步骤。

5. 简述 GW7 型隔离开关导电闸刀装配检修步骤。

▲ 模块 6　GW16 型隔离开关本体检修（Z15G2009Ⅱ）

【模块描述】本模块包含 GW16 型隔离开关本体检修的作业流程及工艺要求。通过知识要点的归纳讲解、图例展示、操作技能训练，掌握 GW16 型隔离开关本体的基本结构、修前准备、危险点预控、作业步骤、工艺要求及质量标准等操作技能。

【模块内容】

一、GW16（20）型隔离开关的结构

GW16（20）–252 型隔离开关由三个单相组成，相间用水平传动杆相连接。每组隔离开关配 1 台 CJ7 电动操动机构，正常工作时采用电动机操动，检修、调试及事故状态时可采用操作手柄进行手动操作，每相隔离开关可配 1 台或 2 台接地刀闸及 CS17 手动操动机构，接地刀闸的分、合闸只能采用手动操动机构操作。隔离开关由静触头装配、主刀闸装配、转动绝缘子及支持绝缘子、组合底座装配、传动系统及 CJ7 电动操动机构组成。隔离开关主刀闸装配包括上导电杆装配、中间接头装配、下导电杆装配和接线底座装配。GW16–252 型隔离开关及 GW20–252 型隔离开关因制造厂家不同而叫法也不同，其结构基本相同。GW16–252 型隔离开关主刀闸的结构如图 10–6–1 所示。

1. 静触头

GW16–252 型隔离开关静触头由母线夹、导电板、上夹板、钢芯铝绞线、夹块、静触头杆等组成。GW16–252 型隔离开关管形母线静触头装配如图 10-6-2 所示。

2. 上导电杆装配

GW16–252 型隔离开关上导电杆装配由动触片、动触头座、复位弹簧、顶杆、导电管、夹紧弹簧等组成。GW16–252 型隔离开关上导电杆装配如图 10-6-3 所示。

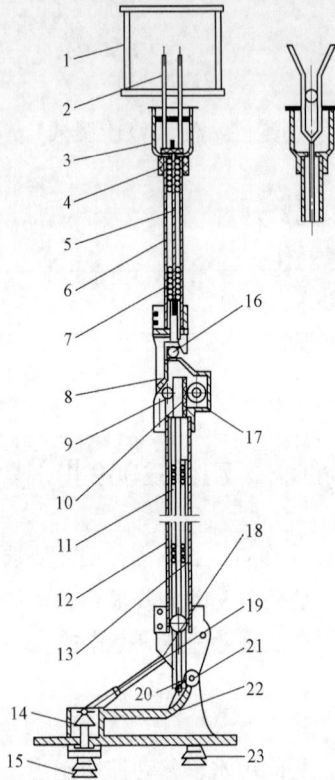

图 10-6-2　GW16–252 型隔离开关管形母线静触头装配

1—母线夹板装配；2—上夹头装配；
3—导电杆装配

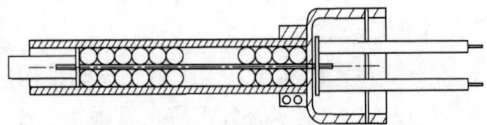

图 10-6-1　GW16–252 型隔离开关主刀闸的结构

1—静触杆；2—动触片；3—动触头座；4—复位弹簧；5—顶杆；6—上导电杆；7—夹紧弹簧；8—支轴；9—齿条；10—齿轮；11—操作杆；12—下导电杆；13—平衡弹簧；14—相啮合的伞齿轮；15—旋转绝缘子；16—滚子；17—齿轮箱；18—丝杆装配；19—平面双四连杆；20—Q1；21—Q2；22—底座；23—支持绝缘子

图 10-6-3　GW16–252 型隔离开关上导电杆装配

3. 中间接头装配

GW16–252 型隔离开关中间接头装配由齿轮箱、齿轮、滚轮等组成。GW16–252

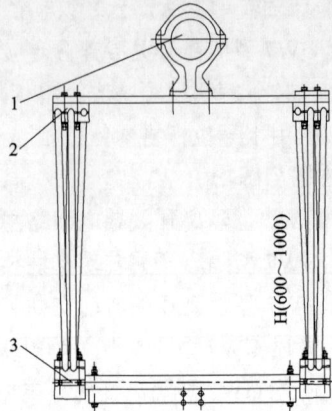

型隔离开关中间接头装配如图 10-6-4 所示。

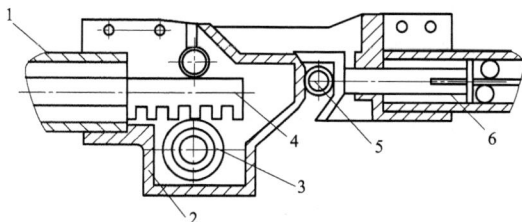

图 10-6-4　GW16-252 型隔离开关中间接头装配

1—下导电杆；2—齿轮箱；3—齿轮；4—齿条；5—滚轮；6—上导电杆

4. 接线底座装配

GW16-252 型隔离开关接线底座装配由转动座、丝杆装配、底座、平面双四连杆、相啮合的伞齿轮等组成。GW16-252 型隔离开关接线底座装配如图 10-6-5 所示。

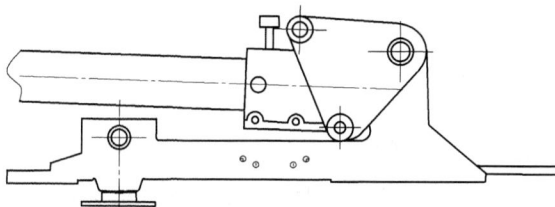

图 10-6-5　GW16-252 型隔离开关接线底座装配

5. 底座

底座分不接地与接地两种，不接地底座仅由槽钢、弯板、连接旋转绝缘子的法兰和传动轴等组成，而接地底座除这些部件外，还有接地刀闸支柱。接地刀闸支柱由门形支架、转轴焊装、夹头、支持板等组成。GW16-252 型隔离开关底座装配如图 10-6-6 所示。

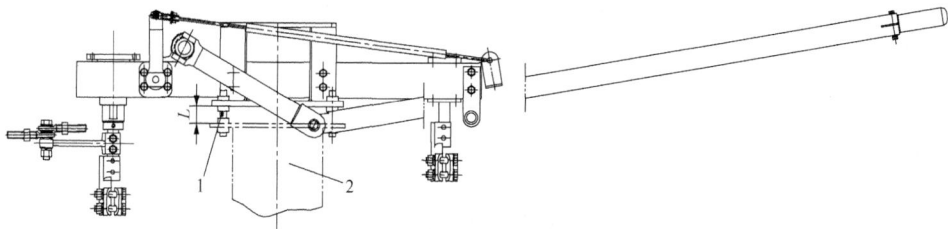

图 10-6-6　GW16-252 型隔离开关底座装配

1—螺杆（M20 全螺纹）；2—基础

二、作业内容

（1）GW16 型隔离开关本体分解。

（2）GW16 型隔离开关支柱绝缘子检查及探伤。

（3）GW16 型隔离开关静触头装配分解、检修。

（4）GW16 型隔离开关底座装配分解、检修。

（5）GW16 型隔离开关主刀闸系统分解。

（6）GW16 型隔离开关上导电管装配分解、检修。

（7）GW16 型隔离开关中间触头装配分解、检修。

（8）GW16 型隔离开关下导电管装配分解、检修。

（9）GW16 型隔离开关接线底座装配分解、检修。

（10）GW16 型隔离开关各部分连接。

三、作业中危险点分析及控制措施

参见 GW6 型隔离开关本体检修作业危险点分析及控制措施（模块 Z15G2007Ⅱ）。

四、GW16 型隔离开关检修作业前的准备

参见 GW6 型隔离开关本体检修前的准备（模块 Z15G2007Ⅱ）。

五、GW16 型隔离开关检修作业前检查项目及检查标准

参照 GW6 型隔离开关本体检修前检查项目及检查标准（模块 Z15G2007Ⅱ）。

六、GW16 型隔离开关检修作业步骤、工艺要求及质量标准

1. GW16 型隔离开关本体分解

（1）断开电动操动机构箱内电动机启动电源、加热器电源和有关电气连锁回路电源，断开继电保护回路和电压回路电源。

（2）采用专用作业车或梯子将每相连接导线用绳捆好，绳的另一端固定在基座上，拧下接线夹连接螺栓，将连接导线缓慢放下。

（3）拆除刀闸机构上部调角联轴器（或抱夹）的连接螺栓，使刀闸机构主轴与垂直传动杆脱离。

（4）拆除刀闸垂直传动杆上部连接套的定位螺栓（或抽出万向接头上的圆柱销），取下垂直传动杆。

（5）拆除垂直转动杆、主动拐臂、被动拐臂与三相水平传动杆的连接螺栓轴，取下水平传动杆。

（6）松开垂直传动杆主动拐臂上的 2 个定位螺栓，取下主动拐臂，取下圆头键。

（7）松开两边相轴下端的 U 形螺栓，取出被动拐臂和月形键。

（8）静触头装配的拆卸。

1）利用专用登高作业车，用牵引绳绑紧静触头装配，将绳翻过母线，由地面人员

稍微拉紧。

2）拆除连接导线上接线板与母线接线夹相连的各 4 个螺栓，将静触头装配拆下缓慢吊下，放在检修平台上。

3）拆下的静触头装配应分相做好标记和记录。

（9）静触头装配的拆卸安全注意事项。

1）麻绳应无散股、断股，捆绑牢固。

2）放置静触头的地面应铺草垫和塑料布，吊下后的静触头分相做标记；同时在整个检修过程中，应注意保护电气接触面。

（10）主刀闸的拆卸。

1）用 10 号铁丝将处于分闸位置的导电折架动触头端分别绑扎 3～4 圈。GW16-252型隔离开关主刀闸吊装如图 10-6-7 所示。

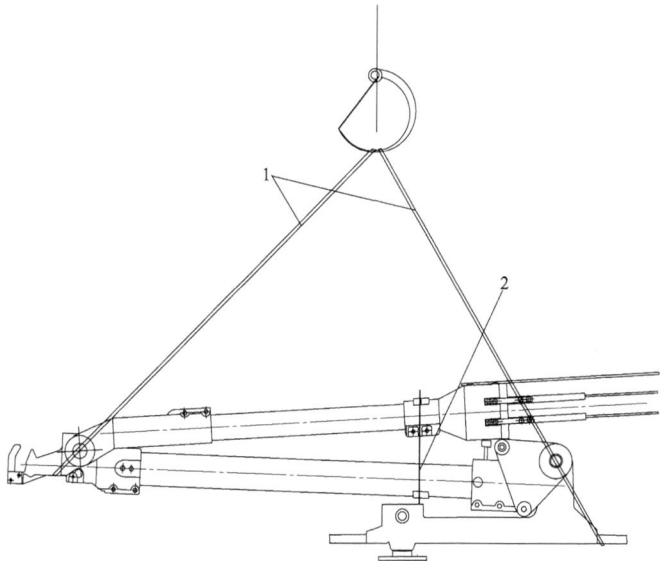

图 10-6-7　GW16-252 型隔离开关主刀闸吊装
1—吊装绳索；2—绑扎铁丝

2）在传动装置底板的四角挂好吊装绳，并用起吊钩将吊装绳拉紧，使吊装绳稍微受力，检查主刀闸重心是否基本保持平衡。在操作绝缘子和支柱绝缘子间用木方支撑后，以绳索捆绑，以防碰撞。

3）拆除传动装置底部法兰和支柱绝缘子连接的螺栓及与操作绝缘子相连接的螺栓，将主刀闸系统用起吊装置吊下，起吊时应拉紧牵引绳，以免碰撞损伤绝缘子。

4）将主刀闸系统固定在检修专用平台的传动装置固定座上，平台不小于 1.8m×

1.8m，其固定方式必须与实际安装方式一致，待固定牢固后，方能剪断绑扎铁丝。使隔离开关慢慢释放至合闸位置后，打开下导电杆外壁平衡弹簧调整窗盖板，将下导电杆内平衡弹簧完全放松。释放过程中应注意控制导电杆释放速度，防止击伤作业人员。

（11）绝缘子的拆卸。

1）在上节操作绝缘子第三裙上固定好吊装绳，用起吊工具将起吊绳稍微受力，解开与支柱绝缘子之间的保护绳，取出木方，拧下操作绝缘子与底座装配相连的 4 个螺栓，将操作绝缘子缓缓吊至地面，平放于事先准备好的枕木上（吊下时应防止碰撞）。

2）在上节支柱绝缘子第三裙上固定好吊装绳且稍微受力，拆除支柱绝缘子与底座装配相连的 4 个螺栓，将支柱绝缘子缓缓吊至地面，平放在事先准备好的枕木上。

（12）底座装配的拆卸。

1）在底座装配的四角挂好吊装绳，并用起吊钩将吊装绳拉紧，使吊装绳稍微受力，检查底座装配重心是否基本保持平衡。

2）拧下底座装配与基础槽钢相连的紧固螺栓，将底座装配吊至检修平台上。GW16–252 型隔离开关底座装配的吊装如图 10–6–8 所示。

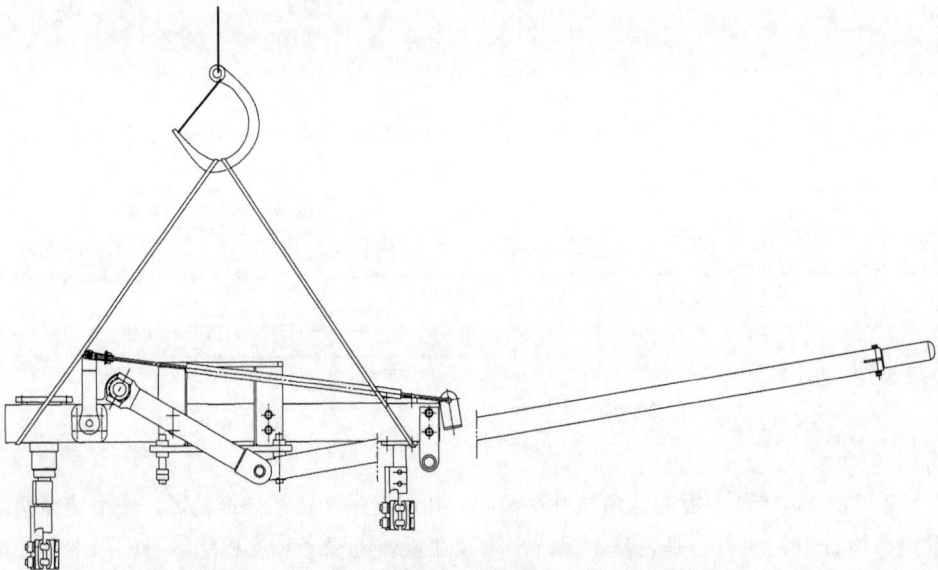

图 10–6–8　GW16–252 型隔离开关底座装配的吊装

2. GW16 型隔离开关支柱绝缘子检查及探伤

参见 GW4 型隔离开关本体检修中支柱绝缘子检查及探伤内容（模块 Z15G2005Ⅱ）。

3. GW16 型隔离开关静触头装配分解、检修

（1）　GW16 型隔离开关静触头装配分解。

1）分解前应检查静触头装配各导电接触部分是否有过热、烧伤痕迹，钢芯铝绞线是否有散股、断股现象，接线板是否有开裂、变形，还应做好记录，确定需更换的零部件。

2）分别松开静触头杆两端夹块的 4 个紧固螺栓，取下夹块、铜铝过渡套及 2 个夹块。

3）松开母线夹装配与导电板相连的 4 个螺栓，取下母线夹。分别松开导电板两端的 4 个螺栓，取下上夹板和下夹板及钢芯铝绞线（注意在此之前应将钢芯铝绞线环的两端头用铁丝绑扎紧，以防散股）。

4）分解静触头装配时，要注意勿损伤导电接触面；导电接触面要有防护措施。

（2）　GW16 型隔离开关静触头装配检修工艺要求。

1）将所有零部件用清洗剂清洗并用布擦净。

2）检查连接导线。有断股应更换，如变形应校正，用 00 号砂布清除连接导线导电接触处表面的氧化层。

3）检查母线接线夹、静触头接线夹上导电接触面。如有轻微烧伤，可用扁锉修整，如烧伤严重应更换。

4）用 00 号砂纸打磨所有非镀银导电接触面，将钢芯铝绞线与夹块、夹板的接触部分用钢丝刷和清洗剂清洗，除去污垢。

5）检查静触头装配导电杆接触处。如有轻微烧伤，可用扁锉修整，如严重过热使静触头表面异常应更换，静触头导电杆轻微变形应校正。

6）检查静触头接线夹是否过热。如接线夹严重过热使表面异常应更换，导电接触面如有轻微烧伤，可用扁锉修整。

7）检查铜铝过渡片及两导电接触面。如有轻微氧化，用 00 号砂布清除，如严重氧化应更换。

（3）　GW16 型隔离开关静触头装配检修质量标准。

1）静触头杆平直，镀银层良好，夹块无开裂，铜铝过渡套无损伤、变形，铝绞线无散股、断股，接触面清洁、光亮。

2）导电板平直，镀银层良好，母线夹、夹块无开裂、变形，铝绞线无断股、散股，铜铝过渡套无损伤，接触面清洁、光亮。

3）所有零部件清洁、完好，导电接触面光滑、平整，无严重烧伤和过热现象。

4）各连接部分紧固牢靠，导电接触面接触可靠，导电性能良好，静触杆的烧伤深度不大于 2mm。

5）静触杆、铜铝过渡片与接线夹的端面整齐，接触可靠，导电性能良好。

（4）GW16 型隔离开关静触头装配装复。按分解相反顺序进行装复，并注意以下几点：

1）装复时注意将铜铝过渡套的缺口朝下呈 90°，如静触头杆与动触头接触处的烧损超过规定值，装复时可采用将静触头杆转动角度的方法变更接触位置。

2）装配时，勿损伤导电接触面，且连接牢固。

3）更换各锈蚀紧固件。

4）用 100A 回路电阻测试仪测量静触头装配的整体电阻值是否符合要求。

5）如果要更换钢芯铝绞线，按以下步骤进行。

① 在切断铝绞线之前，必须用铁丝紧紧绑扎住切口的两侧，并在距第一个绑扎线120mm 处再绑扎一次，然后进行切断。

② 导线中的钢芯铝绞线，由于切割而露出截面，应涂保护清漆防锈，并将与夹块、夹板相接触的表面用 00 号砂布擦去氧化层后立即在其表面涂导电脂。

③ 将钢芯铝绞线放入已处理好的夹块、夹板中，使两个圆均等后方可紧固螺栓，然后可取消扎紧铁丝。

6）装复时，在导电接触面涂导电脂，螺纹孔洞涂黄油。

（5）GW16 型隔离开关静触头装配装复质量标准。

1）各零部件完好，清洁。

2）导电接触面平整，洁净。

3）导电接触面应连接可靠。

4）其接触处烧伤深度不大于 2mm。

5）母线接线夹至静触头导电杆的回路电阻不大于 40μΩ。

6）导线完整，且无松散现象。

7）连接导线接触处表面无氧化层。

8）所有连接件连接可靠。

4. GW16 型隔离开关底座装配分解、检修

（1）GW16 型隔离开关底座装配分解。

1）取下机构上方双拐臂装配上的销轴，取出联轴器下部及双四连杆被动拐臂、拉杆、调节杆。

2）用专用工具从联轴器下部拔出垂直传动轴上被动拐臂和圆头键。

3）松开机构箱输出轴顶部螺钉，取下固定端盖。

4）用两爪专用工具将机构输出轴主动拐臂取出，卸下防雨罩。

5）取下垂直传动轴上法兰与垂直传动轴相连的弹性圆柱销，取下法兰、轴和垫片。

6）将三脚支架与调节顶杆相连的 3 个螺栓取下，取出三脚支架、轴套、弹性圆柱销。

7）将槽钢与上部的弯板及与角铁相连接的螺栓全部松开，使三者分离。

8）将主动拐臂上螺帽取下，将所有零件分解。

9）将被动拐臂上螺帽取下，将所有零件分解。

（2）GW16 型隔离开关底座装配检修工艺要求。

1）将所有零部件除锈并用清洗剂清洗，将轴套及与其相接触的表面涂二硫化钼锂。如轴套损坏，则予以更换。

2）检查防雨罩有无开裂、变形，必要时应更换。如锈蚀严重应更换，轻微锈蚀用钢丝刷清除，并刷防锈漆。

3）检查轴套、弹性圆柱销有无变形、锈蚀。如轻微锈蚀，可用钢丝刷或 00 号砂布清除。如有轻微磨损，用扁锉修整；磨损严重，应更换。

4）检查三脚支架框架。如外观变形应校正，锈蚀部位用钢丝刷或铲刀清除其锈迹，同时用丝锥套攻其上所有螺纹孔洞，清除铁锈和灰尘后刷防锈漆。

5）检查底座螺孔情况，并用丝锥套攻，清除灰尘和铁锈，孔内涂黄油。

6）检查传动连杆。如轻微变形应校正，连杆端部调节螺纹如锈蚀应用钢丝刷清除，并对传动连杆进行防锈处理；检查活动销转动部分的磨损情况，如磨损严重则应更换。

（3）GW16 型隔离开关底座装配检修质量标准。

1）所有零部件无锈蚀和开裂变形。

2）三脚支架无变形和锈蚀，轴套转动灵活，配合公差小于 0.5mm。

3）转动件无卡涩，轴销孔光滑，销轴转动自如，丝扣内涂二硫化钼锂。

4）轴及轴上键槽无毛刺，光滑，转动灵活。

5）轴承座无锈蚀、无损伤，轴承座配合应紧密，转轴焊缝应无裂纹。

（4）GW16 型隔离开关底座装配装复。按分解相反顺序装复，并注意以下几点：

1）检查轴承与轴承座配合是否紧密，轴与轴承间转动是否灵活。

2）检查各种尺寸是否符合要求。

3）所有零部件无锈蚀和开裂变形。

4）各部分尺寸调整好后，紧固所有连接件。

5）更换有锈蚀的连接和固定螺栓。

6）装配正确，双拐臂装配的备帽及连接头转动自如，丝扣扣入深度大于 20mm。

7）转动件无卡涩，轴销孔光滑，销轴转动自如，丝扣内涂二硫化钼锂。

8）将组合底座的所有螺栓紧固，清除底座上面的污垢和锈蚀，先刷防锈漆，再刷灰漆。

（5）GW16 型隔离开关底座装配装复质量标准。

1）各零件清洁、完整。

2）轴与轴承转动灵活。孔、轴配合间隙不大于 0.5mm。

3）各连接螺栓紧固。

4）各连接、固定螺栓无锈蚀。

5）所有连接件连接可靠。

5. GW16 型隔离开关主刀闸系统分解

（1）用人力使刀闸合闸，将上导电杆装配下端部的滚子和橡胶波纹管取下，把上导电杆装配与中间接头装配相连的 2 个夹紧螺栓及定位螺钉放松，用斜铁把缺口楔开，抽出上导电杆装配。斜铁楔缺口时，应防止损伤导电杆。

（2）把下导电杆装配与中间接头装配相连的 2 个夹紧螺栓和定位螺钉松开，用斜铁把缺口楔开，将中间接头越过合闸位置，旋转一定角度，使齿轮齿条脱离啮合，取下中间接头装配，防止斜铁损伤中间接头和下导电杆。

（3）取出下导电杆装配上的 4 个定位螺栓，同时用手扶住下导电杆，将接线底座装配与两侧的调节拉杆拆下，慢慢地将下导电杆放倒，把下导电杆下端与转动座相连的 2 个螺栓及两侧的定位螺钉放松，用斜铁把缺口楔开，取下下导电杆装配。防止斜铁损伤下导电杆和转动座。

（4）取下拉杆装配与接线底座之间的开口销和圆柱销，将拉杆装配和平衡弹簧等从底座上卸下来。

6. GW16 型隔离开关上导电管装配分解、检修

（1）GW16 型隔离开关上导电管装配分解。

1）松开动触头座与上导电管相连的 4 个螺栓及定位螺钉，用斜铁把缺口楔开，将上导电杆与动触头座分离。

2）用专用工具将操作杆下部的夹紧弹簧固定，打出上部弹性圆柱销，取出夹紧弹簧。

3）打出操作杆下部的圆柱销，使操作杆、接管、复合轴套、防雨罩分离。

（2）GW16 型隔离开关上导电管装配检修工艺要求。

1）检查并清洗所有零部件，将所有镀银导电金属接触面用清洗剂洗净。非镀银导电金属接触面用 00 号砂纸砂光后洗净，再用卫生纸抹干，并立即涂上一层导电脂，将运动摩擦面用清洗剂擦洗干净后涂二硫化钼锂。

2）检查防雨罩有无开裂、变形，必要时应更换。如锈蚀严重应更换，轻微锈蚀用钢丝刷清除，并刷防锈漆。

3）检查所有圆柱销，如生锈、开裂、变形，应更换。

4）检查并测量夹紧弹簧，除锈、清洗、刷防锈漆并涂以黄油。

5）检查轴套，用清洗剂清洗并用卫生纸擦净，涂以二硫化钼锂。如果是复合轴套应进行更换。

6）检查动触片烧损情况。如有轻微损伤，可用 00 号砂纸打磨或采取改变接触位置的方法进行处理。

7）检查引弧角烧损情况。如有严重烧伤，则予以更换。

（3）GW16 型隔离开关上导电管装配检修质量标准。

1）各接触点在合闸位置均能可靠接触。

2）引弧角无严重烧伤或断裂情况。

3）导电带完好，无折断等损伤现象。

4）防雨罩防雨性能良好，内部零件无锈蚀。

5）操作杆、复位弹簧等无锈蚀、变形，复位弹簧自由长度为 8mm 左右。

6）所有零部件干净、无锈蚀和严重变形，动触片无锈蚀、变形、开裂等。

7）夹紧弹簧无锈蚀和严重变形，其自由长度为 340mm±5mm。

8）所有圆柱销无生锈、开裂、变形。

9）导电管两端导电接触面应光滑、无氧化，导电管应无变形、过热现象。

10）导电带无损伤和严重过热现象。软铜导电带损坏部分不超过总截面的 10%，接触面清洁、平整。

11）动触片导电杆接触处无严重烧损，接触面良好，烧伤深度不大于 1mm。

12）杆件无锈蚀，杆件及接叉无锈蚀、变形。

（4）GW16 型隔离开关上导电管装配装复。按分解相反顺序进行装复，并注意以下几点：

1）将动触头座和上导电管的导电接触面用 00 号砂纸砂光后，清洗干净并立即涂上一层导电脂。

2）装复前，所有转动部分涂上二硫化钼锂，导电接触面涂导电脂。

3）各调节尺寸必须按规定数值进行调整，符合要求后紧固所有连接螺栓。

4）更换有锈蚀的连接和固定螺栓。

5）导电接触面连接螺栓应拧紧以保证可靠接触。

6）装复后放置于检修平台上。

7）如动触片需要更换，按以下步骤进行：

① 拆除引弧角和导电带。

② 拆除动触头座上部的橡胶防雨罩，并检查其防雨性能。

③ 将连接复位弹簧的操作杆上部弹性圆柱销用冲子打出，卸下操作杆和复位弹

簧并进行检查。

④ 用长冲子将动触座上部的弹性圆柱销打出，用手把动触片、连板、接头及端杆一同拉出。

⑤ 将连板与动触片间的圆柱销打掉，使动触片与连板分离，拆卸过程中，要注意零部件之间的相互位置和方向，以及标准件的规格和长度，以免装复时发生错误。

⑥ 用清洗剂清洗所有零部件，更换弹性圆柱销和动触片，复位弹簧及操作杆刷灰漆、涂二硫化钼锂。

⑦ 换上新动触片，按照拆卸时的逆顺序装复。

（5）GW16 型隔离开关上导电管装配装复质量标准。

1）各零件清洁、完整。

2）导电杆接触面烧伤深度不大于 1mm。

3）各连接螺栓紧固。

4）各连接、固定螺栓无锈蚀。

5）所有连接件连接可靠。

7. GW16 型隔离开关中间触头装配分解、检修

（1）GW16 型隔离开关中间触头装配分解。

1）取下转动触头装配上的玻璃纤维防雨罩。

2）用专用工具逐个压下转动触头的弹簧，分别取出压片、弹簧、触指，并用清洗剂逐件清洗干净，用卫生纸抹干并涂上导电脂。

3）取下齿轮箱上部的盖板。

4）把连接叉与轴相连的两个弹性圆柱销打出，取下齿轮箱内部的 4 个弹性挡圈及轴、键和齿轮。

5）将连接叉与外触块连接的 6 个不锈钢六角螺栓松开，取下外触块和外过渡板，然后将内触块上的 6 个不锈钢六角螺栓松开，取下内触块及内过渡板。

6）松开齿条支轴两端的螺栓及挡板，打出支轴取出轴套。

（2）GW16 型隔离开关中间触头装配检修工艺要求。

1）检查连接叉、齿轮箱的损伤和开裂变形情况。如有开裂及严重变形，应予更换。

2）检查连接叉、齿轮箱有无锈蚀。如有锈蚀，用 00 号砂布进行处理。

3）检查防雨罩有无开裂、变形，必要时应更换；如锈蚀严重应更换，轻微锈蚀用钢丝刷清除，并刷防锈漆。

4）检查并用清洗剂清洗轴、键、齿轮、弹性挡圈、弹性圆柱销和绝缘垫，如有裂纹应更换。用扁锉清除轴及轴上键槽毛刺。修理时，不能损坏配合表面和精度，如平键磨损严重应更换，用 00 号砂布清除锈蚀。

5）用 400～600 号砂布将铜铝双金属过渡板、触块、触指和铸件接触面砂光，用清洗剂清洗干净，并抹干，涂上导电脂，立即按拆卸时的逆顺序进行装复，拧紧六角螺钉，注意绝缘垫应在弹性挡圈和齿轮箱之间。

6）检查支轴半圆面及轴套的磨损及变形情况，用清洗剂清洗所有零部件，并抹干，将支轴与轴套的接触面涂以二硫化钼锂。

（3）GW16 型隔离开关中间触头装配检修质量标准。

1）连接叉铸件无开裂及严重损伤。

2）防雨罩无开裂。

3）转动触头弹簧无开裂、变形，触指表面镀银层良好、光亮，压块无开裂、损坏。

4）轴无变形，弹性圆柱销无锈蚀和开裂，弹性挡圈弹力适中、无损伤，齿轮无锈蚀，丝扣完整，无严重磨损。

5）螺栓齐全、规格正确，丝扣完整，触块无严重磨损，双金属过渡板无明显电腐蚀和机械磨损。

6）各零部件完好、洁净。

7）支轴半圆面及复合轴套接触面光滑、轴套完好。

8）更换复合轴套。

（4）GW16 型隔离开关中间触头装配装复。按分解相反顺序进行装复，并注意以下几点：

1）装复前，在转动部位涂二硫化钼锂，导电接触面涂导电脂。

2）测量中间接头装配两铸件端面的回路电阻，回路电阻值小于 12μΩ。

3）更换有锈蚀的连接和固定螺栓。

4）导电接触面连接螺栓应拧紧以保证可靠接触。

（5）GW16 型隔离开关中间触头装配装复质量标准。

1）各零件清洁、完整。

2）导电杆接触面烧伤深度不大于 1mm。

3）各连接螺栓紧固。

4）各连接、固定螺栓无锈蚀。

5）所有连接件连接可靠。

8. GW16 型隔离开关下导电管装配分解、检修

（1）GW16 型隔离开关下导电管装配分解。

1）将拉杆装配上的调节螺母从齿条侧旋出，取出平衡弹簧等零件，并将导向轮和连板分解。

2）打出齿条与拉杆之间的弹性圆柱销。

（2）GW16 型隔离开关下导电管装配检修工艺要求。

1）检查平衡弹簧的疲劳、锈蚀及损坏情况。测量其自由长度，脱漆部分重新刷防锈漆，涂二硫化钼锂。

2）检查蝶形垫片有无开裂变形情况。用清洗剂清洗、抹干。

3）检查弹性圆柱销。如开裂、变形、生锈应更换。

4）检查齿条损坏情况。如缺齿、断齿应予以更换。

5）检查拉杆的生锈及变形情况。除锈并刷防锈漆。

6）检查导向轮的磨损及变形情况。如开裂或严重损坏应予更换。

（3）GW16 型隔离开关下导电管装配检修质量标准。

1）平衡弹簧无锈蚀，自由长度符合厂家要求，长度为 2×480mm。

2）碟形弹簧性能良好，无开裂、变形。

3）圆柱销无开裂、变形、生锈。

4）齿条平直，无变形、断齿等。

5）拉杆无生锈，变形。

6）滚轮无开裂及严重变形。

7）导电管两端导电接触面应光滑、无氧化，导电管应无变形、过热现象。

（4）GW16 型隔离开关下导电管装配装复。按分解相反顺序进行装复，并注意以下几点：

1）将上导电管的导电接触面用 00 号砂纸砂光后，清洗干净并立即涂上一层导电脂。

2）装复前，所有转动部分涂上二硫化钼锂，导电接触面涂导电脂。

3）装复前，应将调节螺母等零部件用清洗剂清洗干净，并应注意蝶形垫片的装配方向，拉杆涂二硫化钼锂。

4）各调节尺寸必须按规定数值进行调整。

5）检查全部尺寸，调整符合要求后紧固所有连接螺栓。

6）更换有锈蚀的连接和固定螺栓。

7）导电接触面连接螺栓应拧紧以保证可靠接触。

8）装复后放置于检修平台上。

（5）GW16 型隔离开关下导电管装配装复质量标准。

1）各零件清洁、完整。

2）导电杆接触面烧伤深度不大于 1mm。

3）各连接螺栓紧固。

4）各连接、固定螺栓无锈蚀。

5）所有连接件连接可靠。

6）装配正确，零部件干净、整洁。

9. GW16 型隔离开关接线底座装配分解、检修

（1）GW16 型隔离开关接线底座装配分解。

1）拆除调节拉杆连接的圆柱销，取下调节拉杆。

2）拆除调节拉杆接头的防松螺母，拧下接头。拆卸前，记录好拉杆有效工作尺寸。

3）取下接线底座与转动座相连的转动触头装配的防雨罩。

4）用专用工具逐个压下转动触头上的弹簧，分别取出压片、压紧弹簧、触指。

5）松开主轴后面紧固螺钉，拧下紧固螺套，用手托住转动座，取出主轴，同时抽出转动座。

6）拆除过渡板两面固定螺钉，取下 2 块过渡板。

7）取下齿轮箱上部的盖板，打掉拐臂两侧的弹性圆柱销，取下两端拐臂。

8）拆除伞齿轮轴和小伞齿轮上的弹性圆柱销，取下轴和小伞齿轮及两端的复合轴套。

9）拆除大伞齿轮下部的弹性圆柱销，取下大伞齿轮和法兰及复合轴套。

10）松开接线底座上接线板的紧固螺栓，取下接线板。

（2）GW16 型隔离开关接线底座装配检修工艺要求。

1）拆下的零件用清洗剂清洗干净并用布擦净。

2）检查调节拉杆的反顺接头及并紧螺母的螺纹是否完好，旋动是否灵活，轴孔是否光洁，可用扁锉和 00 号砂布进行修整。

3）检查防雨罩有无开裂、变形，必要时应更换。如锈蚀严重应更换，轻微锈蚀用钢丝刷清除，并刷防锈漆。

4）检查压片、压紧弹簧、触指应无变形、生锈，触指镀银层良好、光洁，压片无开裂、折断，如表面有锈蚀，应用 00 号砂布进行处理，存在严重损伤应更换。触指镀银层有严重磨损时应进行更换，压片开裂、折断必须更换。

5）检查主轴和转动座有无锈蚀、损坏，转动是否灵活。如表面有锈蚀，应用 00 号砂布进行处理，存在严重损伤应更换。

6）检查过渡板无锈蚀、损坏。如表面有锈蚀，应用 00 号砂布进行处理，存在严重损伤应更换。

7）检查拐臂、弹性圆柱销无锈蚀、损坏。如表面有锈蚀，应用 00 号砂布进行处理。

8）检查伞齿轮轴和小伞齿轮轴有无变形、锈蚀、断裂。如有锈蚀，应用 00 号砂布进行处理，存在严重损伤、断裂应更换。

9）检查衬套。用 00 号砂布清除衬套表面的氧化层，如果是复合衬套应更换。存在严重损伤、断裂应更换。

10）检查接线板无锈蚀、损坏。如表面有锈蚀，应用 00 号砂布进行处理，存在严重损伤应更换。

11）检查轴承有无损坏，转动是否灵活；检查轴承内径与轴承座的公差配合。

12）检查主轴承座装配、轴承座、轴、轴套及定位环。如有裂纹应更换。用扁锉清除轴及轴上键槽毛刺。修理轴承时，不能损坏配合表面和精度，如平键磨损严重应更换，用 00 号砂布清除轴承座中心内孔及轴套内的锈蚀。

13）检查底座装配。用扁锉、钢丝刷清除其上的锈蚀，发现裂纹应更换，用丝锥套攻底座上各螺孔后，在孔内涂满黄油，底座外表面清除铁锈和灰尘后刷防锈漆。

14）检查传动臂及轴套。用 00 号砂布清除轴套内孔表面锈蚀。

15）检查转动盘焊装。如轻微锈蚀，用 00 号砂布进行处理，用扁锉修整键槽上的毛刺。

16）检查机械闭锁板及转轴。如轻微变形应校正，用 00 号砂布清除机械闭锁板及转轴上的锈蚀。

（3）GW16 型隔离开关接线底座装配检修质量标准。

1）轴承应完整，转动应灵活，轴承及轴承座工作面无锈蚀。

2）转动盘焊接完好，无锈蚀，键槽无毛刺。

3）底座无裂纹、无锈蚀，孔内无杂物。

4）传动臂轴套内孔表面无锈蚀。

5）防雨罩完好、无锈蚀。装复时应将其排水孔朝下。

6）机械闭锁板及转轴完好、无锈蚀。

7）轴与轴套接触面涂二硫化钼锂。

8）齿轮上涂抹二硫化钼锂。

9）过渡接触面光洁，缺口位置及方向必须正确，并测量其导电回路电阻值。

10）所有导电接触面应涂导电脂。

（4）GW16 型隔离开关接线底座装配装复。按分解相反顺序进行装复，装复时应注意以下几点：

1）检查轴承座及机械闭锁板装配上轴与轴套配合间隙是否符合要求，转动是否灵活。

2）检查所有传动杆件上轴孔与轴销配合间隙是否符合要求。

3）轴承内应涂−40℃的二硫化钼锂，涂的量应以轴承内腔的 2/3 为宜。

4）更换所有锈蚀严重的紧固件及复合轴套。

5）装复后，转动轴承座应灵活，无卡涩，拧紧所有紧固件。

6）调试合格后，所有金属表面除锈刷漆。

7）所有连接件连接可靠。

（5）GW16 型隔离开关接线底座装配装复质量标准。

1）各零件清洁、完整。

2）轴与轴承转动灵活。孔、轴配合间隙不大于 0.2mm。

3）各连接螺栓紧固。

4）各连接、固定螺栓无锈蚀。

5）所有连接件连接可靠。

10. GW16 型隔离开关主刀闸系统组装

（1）按分解相反顺序装复，并注意以下几点：

1）将接线底座固定在专用检修平台上。

2）将转动座的内孔用 00 号砂纸砂光，用清洗剂清洗干净，并立即涂上导电脂。

3）将下导电杆拉杆装配等，按原拆卸时的逆顺序装复在接线底座上，注意蝶形垫片呈◇◇形装配及齿条的齿面朝上导电杆分闸弯折方向。

4）将下导电管的插入部分用 00 号砂纸砂光，用清洗剂清洗后，立即涂上导电脂，用专用工具楔开转动座的开口，将下导电管插入，紧固好夹紧螺栓，注意导电管上、下不能颠倒，下部定位孔的位置相互对准转动座的顶丝孔，旋进定位螺钉，弹簧暂不预压。

5）调节转动座两侧拉杆，使下导电管摆在垂直位置。扶住导电管，此时两个调节拉杆应等长，旋转拉杆装配上的固定套，使其 4 个螺孔对准下导电管上部的 4 个孔，并拧紧 4 个螺栓，但管内弹簧暂不预压。中间接头的连接接触面用 00 号砂纸砂光，用清洗剂清洗干净并立即涂导电脂。

6）将中间接头的连接叉越过合闸位置一定角度，把中间接头的齿轮箱装入下导电杆上部，此时将连接叉向分闸方向转动（约 45°），边转动边把齿轮箱插入下导电管上部，齿轮箱的定位螺孔应对准导电管的上定位孔，同时观察连接叉的圆柱部分是否与下导电管基本在一条直线上（为铅垂方向一条直线）。如果差别不大，可稍微上下移动齿轮箱，如果差别大，则应退出齿轮箱重新挂齿。如果导电管的定位孔已经对准齿轮箱的定位螺孔，而差别仍然很大，则松动下导电杆的下紧固螺栓，并将下导电管旋转约 20°后拧紧下导电管的下紧固螺栓，重新安装中间接头部分，使之达到垂直要求，然后拧紧紧固螺栓。重新配钻定位孔。

7）拧紧下导电管上的上、下定位螺钉。

8）将连接叉上部与上导电管下部的接触部分用 00 号砂纸砂光，用清洗剂清洗干净，用卫生纸抹干，并立即涂上导电脂。

9）将上导电杆装配装入连接叉，使导管的孔对准定位后，紧固夹紧螺栓和定位螺钉。

10）使导电系统处于分闸位置，装复橡胶防雨罩和滚轮，滚轮上涂二硫化钼锂。

11）慢慢抬起导电系统使其处于合闸位置，并检查：

① 上下导电杆是否基本成一条直线。

② 用一根 40mm±0.2mm 的铜管（或铜棒）夹在动触片之间，在合闸终了时，检查每一动触片能否夹紧该圆管（棒）。如果其中某一片夹不紧铜管，则应重新把上导电管取下进行分解和处理，如果 4 片都夹不紧铜管，应测量滚轮中心的直线行程，按要求，从动触片开始夹紧到最后夹紧铜管，滚轮中心的直线行程为 3～5mm，所达不到的行程由增加上导电管插入连接叉或动触头座中的深度来增加，此时上导电管最好旋转约 20°并重新配钻定位孔，如果滚轮中心的直线行程大于 5mm，则应由拔出上导电管来达到要求。

③ 测量从下接线端到静触头杆之间的回路电阻。

12）调节平衡弹簧压力，并测量分、合闸的操作力矩，同时比较两者之差值，如果达不到质量标准要求，则可能是：

① 弹簧与导电管内壁严重摩擦。此时应重新放松、摆正和调节平衡弹簧。

② 弹簧已经失效，应予以更换。

13）拧紧平衡弹簧上部固定套的 4 个螺栓，注意将长的定位螺栓装在窗口处，装上、下导电杆管壁上的窗口盖板，并涂上密封胶。

14）检查所有螺栓是否紧固，将主刀闸分闸，并把上、下导电杆捆绑在一起，等待吊装。

（2）GW16 型隔离开关主刀闸系统组装质量标准。

1）固定螺栓紧固良好。

2）转动座内孔光滑、无杂质。

3）齿条完好、弹簧无永久变形，齿条装设方向正确。

4）下导电管的导电接触面光滑，下导电管插入位置正确、适度。

5）下导电杆垂直，两个连杆等长，下导电管上部和齿轮箱内孔清洁、光滑，无杂质，并涂导电脂。

6）齿轮箱定位螺孔对准下导电管定位孔，连接叉圆柱部分与下导电管成一条直线，重新配钻定位孔时须将导电管旋转约 20°。

7）下导电管上的上、下定位螺钉紧固可靠。

8）连接叉上部与上导电管下部的导电接触部分清洁、光滑，无毛刺，并涂导电脂。

9）上导电管插入位置正确，定位和夹紧螺栓紧固可靠。

10）上、下导电杆成一直线。

11）动触片各触点牢靠，接触铜管（铜棒）接线底座装配上两侧的调节拉杆应等长且应在死点位置，限位螺栓应与其保持 1～2mm 的间隙。

12）回路电阻小于 $100\mu\Omega$。

13）分合闸最大操作力矩不大于 250Nm，其差值不大于 50Nm。

14）所有零部件无锈蚀和开裂、变形。

15）各部分尺寸调整好后，紧固所有连接件。

16）更换有锈蚀的连接和固定螺栓。

17）转动件无卡涩，轴销孔光滑，销轴转动自如，丝扣内涂二硫化钼锂。

11. GW16 型隔离开关各部分连接

（1）按分解相反顺序进行单相隔离开关组装。

（2）主刀闸静触头装配的安装。

1）安装时，应考虑安装地点的气候条件（风力、温度、霜冻）确定静触头的位置。

2）将组装好的静触头装配抬至母线下面。

3）在母线上测量安装点的位置，使之对准安装基础的中心线。

4）将母线安装点用钢丝刷清除氧化层，用清洗剂清洗干净后涂上导电脂。

5）将静触头装配吊起，装好接线夹，紧固安装螺栓。

6）观察安装好的静触头杆，应与母线呈 90°，同时保持水平。

（3）主刀闸静触头装配的安装质量标准。

1）母线安装部位及母线接线夹导电接触面板无氧化，无损伤，清洁。

2）在各种环境下，应满足接触区范围规定的要求。

3）安装好的静触头杆，在无风的条件下，当触头进入初期，动静触头中心偏差不大于 5mm。

4）在外温 15℃～20℃时，静触头杆在合闸位置时离动触头端面（防雨罩）距离为 50mm±10mm。

（4）底座及操作、支柱绝缘子的安装。

1）将组装好的底座装配分相吊于基础槽钢上，核实三相水平后固定好地脚螺栓。

2）将支持绝缘子擦净，用螺栓将上、下绝缘子连接，组合好。

3）将旋转绝缘子擦净，用螺栓将上、下绝缘子连接，组合好。

4）将组装好的上、下节支柱绝缘子分相吊装于底座的支柱绝缘子法兰盘上，用垫片调节绝缘子垂直度，使其中心线处于铅垂位置。

5）分别将组装好的上、下节操作绝缘子分相吊装于操作绝缘子法兰盘上，紧固连接螺栓，同时用木方隔离支柱与操作绝缘子，并用绳子捆牢，以防操作绝缘子发生倾倒与支柱绝缘子发生碰撞，然后拆下起吊绳。GW16–252 型隔离开关绝缘子的安装如图 10–6–9 所示。

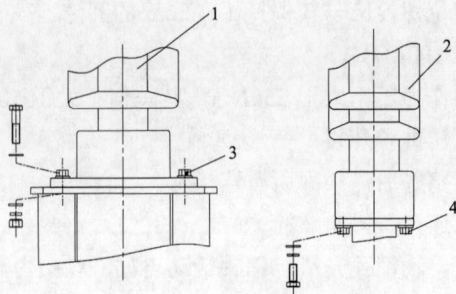

图 10–6–9　GW16–252 型隔离开关绝缘子的安装
1—支持绝缘子；2—旋转绝缘子；3—M16×65 六角螺栓；4—M16×35 六角螺栓

（5）底座及操作、支柱绝缘子的安装质量标准。

1）起吊应首先检查吊具是否符合要求，捆绑牢固。

2）绝缘子铅垂线偏差不超过 6mm，瓷套干净，连接牢固。

3）操作及支柱绝缘子安装垂直，与底座连接盘连接牢固且受力均匀。

（6）主刀闸的安装与调整。

1）分别将组装好的主刀闸系统和传动装置吊至三相支柱绝缘子的上法兰盘上（吊装前，主刀闸系统应捆绑好），用水平仪测试水平。

2）将接线底座与支持绝缘子用螺栓连接并紧固。

3）在旋转绝缘子法兰与主刀闸接线座法兰之间放置橡皮垫，根据实际情况，调整旋转绝缘子高度，然后固定与旋转绝缘子相连的螺栓。

4）用手轻压动触头座，以便把转动座两边的调节拉杆拉出，再用一只手把住旋转绝缘子的伞裙并旋转，如旋转自如即可，否则需拧动旋转绝缘子下面的调整顶杆，使之达到要求，随后将调整顶杆的锁紧螺母拧紧，这时可把捆绑主刀闸的铁丝剪断。

5）托起中间接头部分，用手动使主刀闸缓慢合闸，观察主刀闸是否垂直或水平，否则可用垫片在组合底座下进行调整。

6）检查动、静触头相对位置，将主刀闸多次慢分、慢合，不要让动静触头夹紧，以进行观察和调整，直到符合要求时为止。GW16–252 型隔离开关主刀闸与绝缘子的连接如图 10–6–10 所示。

（7）主刀闸的安装与调整质量标准。

1）吊具安全可靠，捆绑牢固。

2）紧固牢靠，转动灵活。

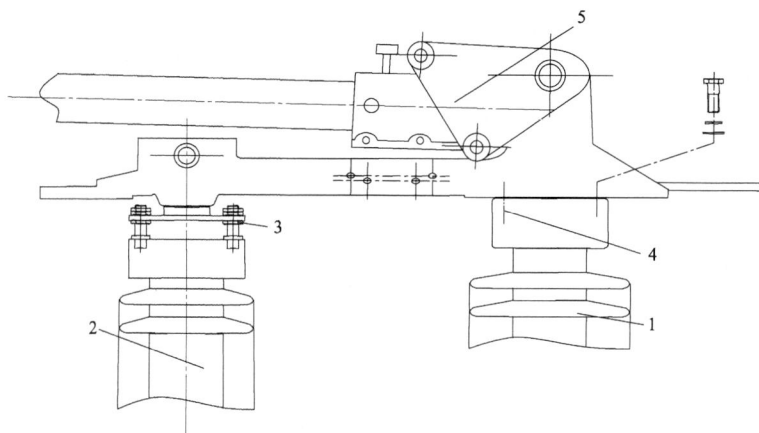

图 10-6-10　GW16-252 型隔离开关主刀闸与绝缘子的连接

1—支持绝缘子；2—旋转绝缘子；3—M16 六角薄螺母；4—M16×60 六角螺栓；5—主刀闸

3）旋转瓷套转动灵活。

4）合闸时主刀闸垂直。

5）动、静触头中心偏差不大于 5mm，动触杆与动触座防雨罩上端面距离为 50mm±10mm。

（8）用水平拉杆将本体三相连接好（防松螺母不用紧固，便于整体调试）。

【思考与练习】

1. GW16 型隔离开关主要由哪些部分组成？

2. 简述 GW16 型隔离开关本体检修步骤。

3. 简述 GW16 型隔离开关静触头装配检修步骤。

4. GW16 型隔离开关底座装配检修质量标准是什么？

5. 简述 GW16 型隔离开关主刀闸的安装与调整方法。

▲ 模块 7　GW17 型隔离开关本体检修（Z15G2010Ⅱ）

【模块描述】 本模块包含 GW17 型隔离开关本体检修的作业流程及工艺要求。通过知识要点的归纳讲解、图例展示、操作技能训练，掌握 GW17 型隔离开关本体的基本结构、修前准备、危险点预控、作业步骤、工艺要求及质量标准等操作技能。

【模块内容】

一、GW17（21）型隔离开关的结构

GW17（21）-252 型隔离开关由三个单相组成，相间用水平传动杆连接。每组隔离开关配 1 台 CJ11 电动操动机构，正常工作时采用电动机操动，检修、调试及事故状态时可采用操作手柄进行手动操作，同时，每相隔离开关可配 1 台或 2 台接地刀闸和 1 台或 2 台 CS17 手动操动机构，接地刀闸的分、合闸只能采用手动操动机构操作。隔离开关由静触头装配、主刀闸装配、转动绝缘子及支持绝缘子、组合底座装配、传动系统及 CJ11 电动操动机构组成。隔离开关主刀闸装配包括上导电杆装配、中间接头装配、下导电杆装配和接线底座装配。GW17–252 型隔离开关及 GW21–252 型隔离开关因制造厂家不同而叫法不同，其结构基本相同。GW17–252 型隔离开关主刀闸的结构如图 10–7–1 所示。

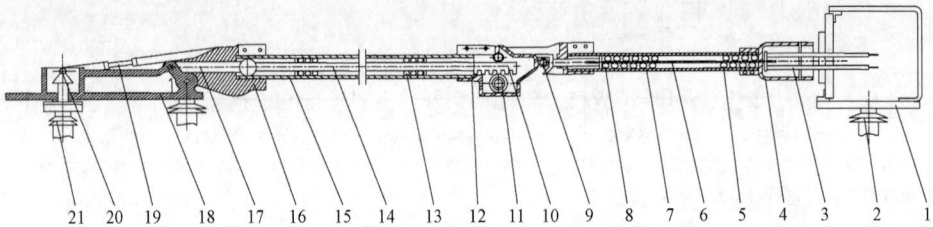

图 10–7–1　GW17–252 型隔离开关主刀闸的结构

1—静触头装配；2—支持绝缘子；3—动触片；4—动触头座；5—复位弹簧；6—顶杆；7—上导电管；
8—夹紧弹簧；9—滚轮；10—齿条；11—齿轮；12—齿轮箱；13—平衡弹簧；14—操作杆；
15—下导电管；16—转动座；17—丝杆装配；18—底座；19—平面双四连杆；
20—相啮合的伞齿轮；21—旋转绝缘子

1. 静触头

GW17–252 型隔离开关静触头由镀银层的紫铜静触头杆、铝制支架等组成。GW17–252 型隔离开关静触头装配如图 10–7–2 所示。

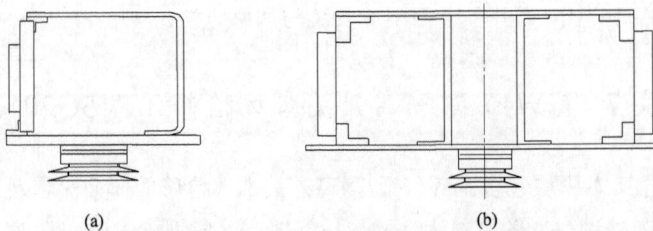

图 10–7–2　GW17–252 型隔离开关静触头装配

（a）单静触头装配；（b）双静触头装配

2. 上导电杆装配

GW17（21）–252 型隔离开关上导电杆装配由动触片、动触头座、复位弹簧、顶杆、导电管、夹紧弹簧等组成。动触头座用来支撑动触片和操作杆等，复位弹簧、夹紧弹簧、接管均与操作杆相连接。当隔离开关接近合闸时，滚子开始进入齿轮箱斜面，并沿着斜面向上运动，由于滚轮与接管连为一体，从而接管也向前运动。夹紧弹簧进一步被压缩（该弹簧预压力为1470N），推动操作杆向前运动使动触座内两连板夹角张开，从而使动触片向内平行夹紧静触头杆而合闸。当隔离开关分闸时，滚轮沿斜面向外运动，直到脱离斜面，这时操作杆在复位弹簧力的作用下向后运动，使动触片张开，脱离静触头杆而分闸。GW17（21）-252型隔离开关上导电杆装配如图10-7-3所示。

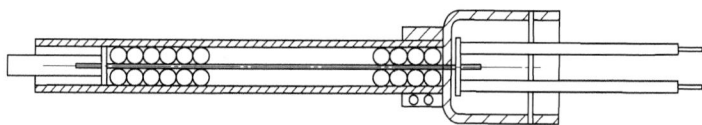

图10-7-3　GW17（21）-252型隔离开关上导电杆装配

3. 隔离开关合闸位置

（1）GW17（21）-252型隔离开关合闸位置（单触头）如图10-7-4所示。

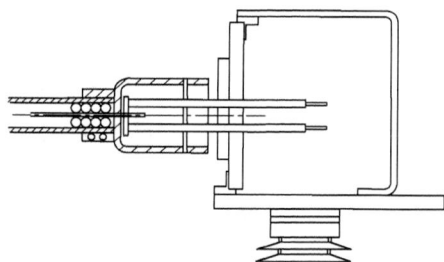

图10-7-4　GW17（21）-252型隔离开关合闸位置（单触头）

（2）GW17（21）-252型隔离开关合闸位置（双触头）如图10-7-5所示。

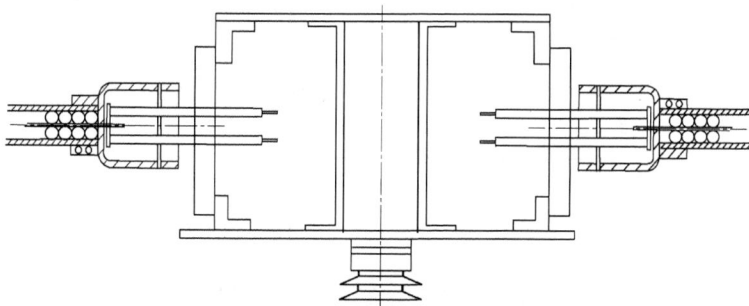

图10-7-5　GW17（21）-252型隔离开关合闸位置（双触头）

4. 中间接头装配

中间接头装配由齿轮箱、齿轮、滚轮等组成。中间接头起上、下导电杆的连接作用，并使上导电杆随下导电杆的转动而转动。齿轮箱内有一支轴托住齿条，能保证齿条与齿轮的可靠传动。齿轮通过转转轴带动连接叉，从而带动上导电杆作往复运动。转动触头的每一个触指都由一个弹簧压紧，使之保持良好的电接触，并且被密封在防雨罩中。GW17（21）–252 型隔离开关中间接头装配如图 10-7-6 所示。

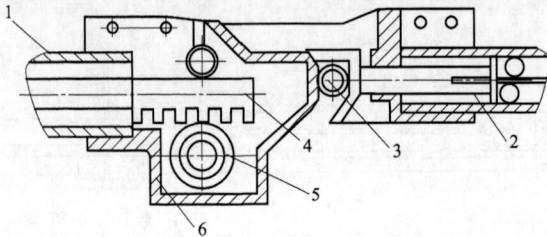

图 10-7-6　GW17（21）–252 型隔离开关中间接头装配
1—上导电杆；2—下导电杆；3—滚轮；4—齿条；5—齿轮；6—齿轮箱

5. 下导电杆装配

下导电杆装配由平衡弹簧、操作杆、导电管等组成。其中操作杆上的齿条与齿轮箱中的齿轮始终相啮合，且随着下导电管运动。但因齿条和拉杆相连而与下导电管的转动中心不同，如图 10-7-1 所示（前者为 Q1，后者为 Q2），当下导电杆处在不同的角度时，齿轮侧的啮合点到 Q1 的距离始终不变，而齿条侧的啮合点到 Q2 的距离不断改变，这样就迫使齿轮绕着自身的中心旋转。而上导电杆通过中间接头与齿轮中心轴相连为一个整体，这就带动上导电杆随下导电杆的转动而转动。管内的平衡弹簧是起平衡主刀闸的重力而协助外力进行分、合闸操作的。当隔离开关合闸时，它把吸收的能量释放出来，推动运动部分向上运动，这样就大大降低了操作力。调整螺母是用来调节平衡弹簧压缩量的，使隔离开关合闸与分闸的最大操作力矩接近。GW17（21）–252型隔离开关下导电杆装配如图 10-7-7 所示。

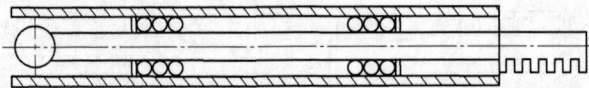

图 10-7-7　GW17（21）–252 型隔离开关下导电杆装配

6. 接线底座装配

接线底座装配由转动座、丝杆装配、底座、平面双四连杆、相啮合的伞齿轮等组成。GW17–252 型隔离开关接线底座装配如图 10-7-8 所示。

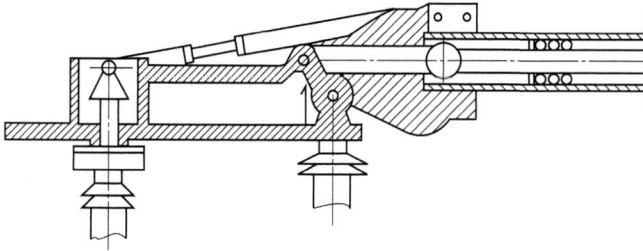

图 10-7-8　GW17-252 型隔离开关接线底座装配

7. 底座

底座分不接地与接地两种，不接地底座仅由槽钢、弯板、连接旋转绝缘子的法兰和传动轴等组成，接地底座除这些部件外，还有接地刀闸支柱。接地刀闸支柱由门型支架、转轴焊装、夹头、支持板等组成。GW17（21）-252 型隔离开关底座装配如图 10-7-9 所示。

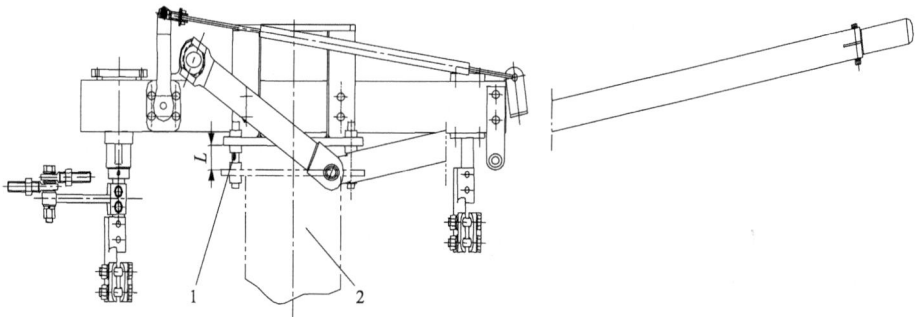

图 10-7-9　GW17（21）-252 型隔离开关底座装配
1—螺杆（M20 全螺纹）；2—基础

二、作业内容

（1）GW17 型隔离开关本体分解。

（2）GW17 型隔离开关支柱绝缘子检查及探伤。

（3）GW17 型隔离开关静触头装配分解、检修。

（4）GW17 型隔离开关底座装配及分解、检修。

（5）GW17 型隔离开关主刀闸系统分解。

（6）GW17 型隔离开关上导电管装配分解、检修。

（7）GW17 型隔离开关中间触头装配分解、检修。

（8）GW17 型隔离开关下导电管装配分解、检修。

（9）GW17 型隔离开关接线底座装配分解、检修。

（10）GW17 型隔离开关主刀闸系统组装。

（11）GW17 型隔离开关各部分连接。

三、作业中危险点分析及控制措施

参见 GW6 型隔离开关本体检修作业危险点分析及控制措施（模块 Z15G2007Ⅱ）。

四、GW17 型隔离开关检修作业前的准备

参见 GW6 型隔离开关本体检修前的准备（模块 Z15G2007Ⅱ）。

五、GW17 型隔离开关检修作业前检查项目及检查标准

参见 GW6 型隔离开关本体检修前检查项目及检查标准（模块 Z15G2007Ⅱ）。

六、GW17 型隔离开关检修作业步骤、工艺要求及质量标准

1. GW17 型隔离开关本体分解

（1）GW17 型隔离开关在分闸位置时，打开下导电杆外壁平衡弹簧调整窗盖板，将下导电杆内平衡弹簧完全放松。

（2）断开电动操动机构箱内电动机启动电源、加热器电源和有关电气连锁回路电源，断开继电保护回路和电压回路电源。

（3）采用专用作业车或梯子将每相连接导线用绳捆好，绳的另一端固定在基座上，拆除接线夹连接螺栓，将连接导线缓慢放下。

（4）拆除刀闸机构上部调角联轴器（或抱夹）的连接螺栓，使刀闸机构主轴与垂直传动杆脱离。

（5）拆除刀闸垂直传动杆上部连接套的定位螺栓（或抽出万向接头上的圆柱销），取下垂直传动杆。

（6）拆除垂直转动杆、主动拐臂、被动拐臂与三相水平传动杆的连接螺栓轴，取下水平传动杆。

（7）松开垂直传动杆主动拐臂上的 2 个定位螺栓，取下主动拐臂及圆头键。

（8）松开两边相轴下端的 U 形螺栓，取出被动拐臂和月形键。

（9）静触头装配的拆卸。

1）利用登高作业车，拆除连接引线。

2）利用登高作业车，松开单（双）静触头装配与支持瓷套相连的 4 个螺栓，将静触头装配及接地静触头装配抬至作业车内，缓慢降至地面，并放置于固定地点。

（10）静触头装配的拆卸安全注意事项。放置静触头的地面应铺草垫和塑料布，吊下后的静触头分相做标记；同时在整个检修过程中，应注意保护电气接触面。

（11）主刀闸的拆卸。

1）用 10 号铁丝将处于分闸位置的导电折架动触头端分别绑扎 3～4 圈。GW17–

252 型隔离开关主刀闸吊装如图 10-7-10 所示。

2）在传动装置底板的四角挂好吊装绳，并用起吊钩将吊装绳拉紧，使吊装绳稍微受力，检查主刀闸重心是否基本保持平衡。在操作绝缘子和支柱绝缘子间用木方支撑后，用绳索捆绑，以防碰撞。

3）拆除传动装置底部法兰和支柱绝缘子连接的螺栓及与操作绝缘子相连接的螺栓，将主刀闸系统用起吊装置吊下，起吊时应拉紧牵引绳，以免碰撞损伤绝缘子。

4）将主刀闸系统固定在检修专用平台的传动装置固定座上，平台面积不小于 1.8m×1.8m，其固定方式必须与实际安装方式一致，待固定牢固后，方能剪断绑扎铁丝。

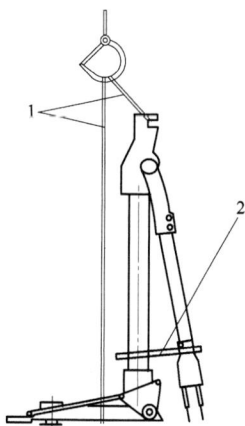

图 10-7-10　GW17-252 型隔离开关主刀闸吊装
1—吊装绳索；2—绑扎铁丝

（12）绝缘子的拆卸。参见 GW16 型隔离开关本体检修绝缘子拆卸内容（模块 Z15G2009Ⅱ）。

（13）底座装配的拆卸。参见 GW16 型隔离开关本体检修底座装配拆卸内容（模块 Z15G2009Ⅱ）。

2. GW17 型隔离开关支柱绝缘子检查及探伤

参见 GW4 型隔离开关本体检修中支柱绝缘子检查及探伤内容（模块 Z15G2005Ⅱ）。

3. GW17 型隔离开关静触头装配分解检修

（1）GW17 型隔离开关静触头装配分解。

1）将单（双）静触头装配放置在铺好塑料布的地面上，检查接触部分是否有过热及烧伤痕迹。接线板是否有开裂、变形，还应做好记录，确定需更换的零部件。

2）分别松开静触头杆和弯板两端的紧固螺栓，拆下静触头杆和弯板。

3）分解静触头装配时，要注意勿损伤导电接触面，导电接触面要有防护措施。

（2）GW17 型隔离开关静触头装配检修工艺要求。

1）将零部件用清洗剂清洗并用布擦干净。

2）用 00 号砂纸打磨所有非镀银导电接触面。

3）检查静触头装配导电杆接触处。如有轻微烧伤，可用扁锉修整，如严重过热使静触头表面异常应更换，如静触头导电杆轻微变形应校正。

4）检查静触头接线夹是否过热。如接线夹严重过热使表面异常应更换，导电接触面如有轻微烧伤，可用扁锉修整。

（3）GW17 型隔离开关静触头装配检修质量标准。

1）静触头杆平直，镀银层良好、无开裂，接触面清洁、光亮。

2）导电板平直，镀银层良好，接触面清洁、光亮。

3）所有零部件清洁、完好，导电接触面光滑、平整，无严重烧伤和过热现象。

4）各连接部分紧固牢靠，导电接触面接触可靠，导电性能良好，静触杆的烧伤深度不大于 2mm。

5）静触杆、接线夹的端面整齐，接触可靠，导电性能好。

（4）GW17 型隔离开关静触头装配装复。按分解相反顺序进行装复，并注意以下几点：

1）装复时，如果静触头杆与动触头接触处的烧损超过规定值时可采用将静触头杆转动角度的方法变更接触位置。

2）装配时，勿损伤导电接触面，且连接牢固。

3）更换各锈蚀紧固件。

4）用 100A 回路电阻测试仪测量静触头装配的整体电阻值是否符合要求。

5）装复时，在导电接触面涂导电脂，螺纹孔洞涂黄油。

（5）GW17 型隔离开关静触头装配装复质量标准。

1）各零部件完好，清洁。

2）导电接触面平整，洁净。

3）导电接触面应连接可靠。

4）其接触处烧伤深度不大于 2mm。

5）接线夹至静触头导电杆的回路电阻不大于 15μΩ。

6）所有连接件连接可靠。

4. GW17 型隔离开关底座装配及分解、检修

参见 GW16 型隔离开关底座装配分解、检修（模块 Z15G2009Ⅱ）。

5. GW17 型隔离开关主刀闸系统分解、检修

参见 GW16 型隔离开关主刀闸系统分解、检修（模块 Z15G2009Ⅱ）。

6. GW17 型隔离开关上导电管装配分解、检修

参见 GW16 型隔离开关上导电管装配分解、检修（模块 Z15G2009Ⅱ）。

7. GW17 型隔离开关中间触头装配分解、检修

参见 GW16 型隔离开关中间触头装配分解、检修（模块 Z15G2009Ⅱ）。

8. GW17 型隔离开关下导电管装配分解、检修

参见 GW16 型隔离开关下导电管装配分解、检修（模块 Z15G2009Ⅱ）。

9. GW17 型隔离开关接线底座装配分解、检修

参见 GW16 型隔离开关接线底座装配分解、检修（模块 Z15G2009Ⅱ）。

10. GW17 型隔离开关主刀闸系统组装

（1）按分解相反顺序装复，并注意以下几点：

1）将接线底座固定在专用检修平台上。

2）将转动座的内孔用 00 号砂纸砂光，用清洗剂清洗干净，并立即涂上导电脂。

3）将下导电杆拉杆装配等，按原拆卸时的逆顺序装复在接线底座上，齿条的齿面朝上导电杆分闸弯折方向。

4）将下导电管的插入部分用 00 号砂纸砂光，用清洗剂清洗后，立即涂上导电脂，用专用工具楔开转动座的开口，将下导电管插入，紧固好夹紧螺栓，注意导电管上、下不能颠倒，下部定位孔的位置相互对准转动座的顶丝孔，旋进定位螺钉，弹簧暂不预压。

5）调节转动座两侧拉杆，使下导电管摆在垂直位置。扶住导电管，此时两个调节拉杆应等长，旋转拉杆装配上的固定套，使其 4 个螺孔对准下导电管上部的 4 个孔，并拧紧 4 个螺栓，但管内弹簧暂不预压，中间接头的连接接触面用 00 号砂纸砂光，用清洗剂清洗干净并立即涂导电脂。

6）将中间接头的连接叉越过合闸位置一定角度，把中间接头的齿轮箱装入下导电杆上部，此时将连接叉向分闸方向转动（约 45°），边转动边把齿轮箱插入下导电管上部，齿轮箱的定位螺孔应对准导电管的上定位孔，同时观察连接叉的圆柱部分是否与下导电管基本上在一条直线上（为水平方向一条直线）。如果差别不大，可稍微上下移动齿轮箱；如果差别大，则应退出齿轮箱重新挂齿。如果导电管的定位孔已经对准齿轮箱的定位螺孔，而差别仍然很大，则松动下导电杆的下紧固螺栓，并将下导电管旋转约 20° 后拧紧下导电管的下紧固螺栓，重新安装中间接头部分，使之达到水平要求，然后拧紧紧固螺栓，重新配钻定位孔。

7）拧紧下导电管上的上、下定位螺钉。

8）将连接叉上部与上导电管下部的接触部分用 00 号砂纸砂光，用清洗剂清洗干净，用卫生纸抹干，并立即涂上导电脂。

9）将上导电杆装配装入连接叉，使导电管的孔对准定位后，紧固夹紧螺栓和定位螺钉。

10）使导电系统处于分闸位置，装复橡胶防雨罩和滚轮，滚轮上涂二硫化钼锂。

11）慢慢抬起导电系统使其处于合闸位置，检查：

① 上、下导电杆是否基本成一条直线。

② 用一根 40mm±0.2mm 的铜管（或铜棒）夹在动触片之间，在合闸终了时，检查每一动触片能否夹紧该圆管（棒）。如果其中某一片夹不紧铜管，则应重新把上导电管取下进行分解和处理，如果 4 片都夹不紧铜管，应测量滚轮中心的直线行程，按要

求从动触片开始夹紧到最后夹紧铜管，滚轮中心的直线行程为 3～5mm，所达不到的行程由增加上导电管插入连接叉或动触头座中的深度来增加，此时上导电管最好旋转约 20°并重新配钻定位孔，如果滚轮中心的直线行程大于 5mm，则应由拔出上导电管来达到。

③ 测量从下接线端到静触头杆之间的回路电阻。

12）调节平衡弹簧压力，并测量分、合闸的操作力矩，同时比较两者之差值，如果达不到质量标准要求，则可能是：

① 弹簧与导电管内壁严重摩擦。此时应重新放松、摆正和调节平衡弹簧。

② 弹簧已经失效，应予以更换。

13）拧紧平衡弹簧上部固定套的 4 个螺栓，注意将长的定位螺栓装在窗口处，装上、下导电杆管壁上的窗口盖板，并涂上密封胶。

14）检查所有螺栓是否紧固。将主刀闸分闸，并把上、下导电杆捆绑在一起，等待吊装。

（2）GW17 型隔离开关主刀闸系统组装质量标准。

1）固定螺栓紧固良好。

2）转动座内孔光滑、无杂质。

3）齿条完好、弹簧无永久变形，齿条装设方向正确。

4）下导电管的导电接触面光滑，电管插入位置正确、适度。

5）下导电杆垂直，两个连杆等长，下导电管上部和齿轮箱内孔清洁、光滑无杂质并涂导电脂。

6）齿轮箱定位螺孔对准下导电管定位孔，连接叉圆柱部分与下导电管成一条直线，重新配钻定位孔时须将导电管旋转约 20°。

7）下导电管上的上、下定位螺钉紧固可靠。

8）连接叉上部与上导电管下部的导电接触部分清洁、光滑，无毛刺，并涂导电脂。

9）上导电管插入位置正确，定位和夹紧螺栓紧固可靠。

10）上、下导电杆成一条直线。

11）动触片各触点牢靠，接触铜管（铜棒）接线底座装配上两侧的调节拉杆应等长且应在死点位置，限位螺栓应与其保持 1～2mm 的间隙。

12）回路电阻小于 100μΩ。

13）分、合闸最大操作力矩不大于 250N·m，其差值不大于 50N·m。

14）所有零部件无锈蚀和开裂、变形。

15）各部分尺寸调整好后，紧固所有连接件。

16）更换有锈蚀的连接和固定螺栓。

17）转动件无卡涩，轴销孔光滑，销轴转动自如，丝扣内涂二硫化钼锂。

11. GW17 型隔离开关各部分连接

（1）单相隔离开关的组装。按分解相反顺序进行单相隔离开关组装。

（2）主刀闸静触头装配的安装。

1）将组装好的静触头装配抬至安装处下面。

2）将组装好的单（双）静触头连同接地静触头装配一并吊起，装复在支持瓷套法兰上，紧固固定螺栓。

3）装好接线夹，紧固安装螺栓。

（3）主刀闸静触头装配的安装质量标准。

1）静触头装配安装水平，静触头杆垂直。

2）静触头安装位置正确。

（4）底座及操作、支柱绝缘子的安装。参见 GW16 型隔离开关底座及操作、支柱绝缘子的安装（模块 Z15G2009Ⅱ）。

（5）底座及操作、支柱绝缘子的安装质量标准。参见 GW16 型隔离开关底座及操作、支柱绝缘子的安装质量标准（模块 Z15G2009Ⅱ）。

（6）主刀闸的安装与调整。

1）分别将组装好的主刀闸系统和传动装置吊至三相支柱绝缘子的上法兰盘上（吊装前，主刀闸系统应捆绑好），用水平仪测试水平。

2）将接线底座与支持绝缘子用螺栓连接并紧固。

3）在旋转绝缘子法兰与主刀闸接线座法兰之间放置橡皮垫，根据实际情况，调整旋转绝缘子高度，然后固定与旋转绝缘子相连的螺栓。GW17-252 型隔离开关主刀闸与绝缘子的连接如图 10-7-11 所示。

4）用手轻压动触头座，以便把转动座两边的调节拉杆拉出，再用一只手把住旋转绝缘子的伞裙并旋转，如旋转自如即可，否则需拧动旋转绝缘子下面的调整顶杆，使之达到要求，随后将调整顶杆的锁紧螺母拧紧，这时可把捆绑主刀闸的铁丝剪断。

5）托起中间接头部分，用手动使主刀闸缓慢合闸，观察主刀闸是否垂直或水平，否则可用垫片在组合底座下进行调整。

6）检查动、静触头相对位置，将主刀闸多次慢分、慢合，不要让动、静触头夹紧，以进行观察和调整，直到符合要求时为止。

（7）主刀闸的安装与调整质量标准。

1）吊具安全可靠，捆绑牢固。

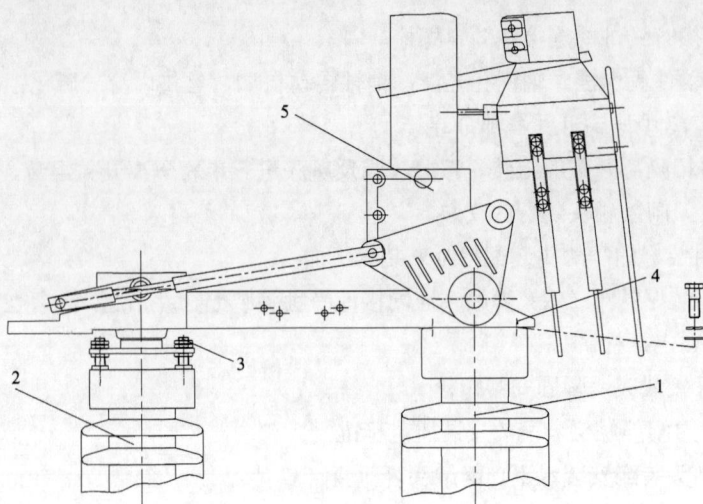

图 10-7-11　GW17-252 型隔离开关主刀闸与绝缘子的连接

1—支持绝缘子；2—旋转绝缘子；3—M16 六角薄螺母；4—M16×60 六角螺栓；5—主刀闸

2）紧固牢靠，转动灵活。

3）旋转瓷套转动灵活。

4）合闸时主刀闸水平。

5）动、静触头中心偏差不大于 5mm，动触杆与动触座防雨罩上端面距离为 50mm±10mm。

（8）三相连接。用水平拉杆将本体三相连接好（防松螺母不用紧固，便于整体调试）。

【思考与练习】

1. GW17（21）-252 型隔离开关主要由哪些部分组成？

2. 简述 GW17 型隔离开关本体检修步骤。

3. GW17 型隔离开关主刀闸系统组装时应注意哪些问题？

4. GW17 型隔离开关静触头装配装复质量标准是什么？

5. 简述 GW17 型隔离开关主刀闸静触头装配的安装方法。

▲ 模块8　GW4 型隔离开关传动系统及 CJ5 电动操动机构检修（Z15G2011Ⅱ）

【模块描述】　本模块包含 GW4 型隔离开关传动系统及 CJ5 电动操动机构检修作业流程及工艺要求。通过知识要点的归纳讲解、操作技能训练，掌握 GW4 型隔离开关传动系统及 CJ5 电动操动机构的基本结构、修前准备、危险点预控、作业步骤、工艺要求及质量标准等操作技能。

【模块内容】

一、GW4 型隔离开关传动系统及 CJ5 电动操动机构的结构

1. GW4 型隔离开关传动系统的结构

GW4 隔离开关传动系统主要由竖拉杆、水平拉杆及传动装配等组成。隔离开关主刀闸操作，由操动机构旋转 180°，通过垂直连杆和水平连杆带动 U 相的左侧杠杆旋转 90°，并通过交叉连杆使另一侧绝缘子反向旋转 90°，再通过三相连杆联动 V、W 两相同步分合。GW4 型隔离开关传动系统结构如图 10-8-1 所示。

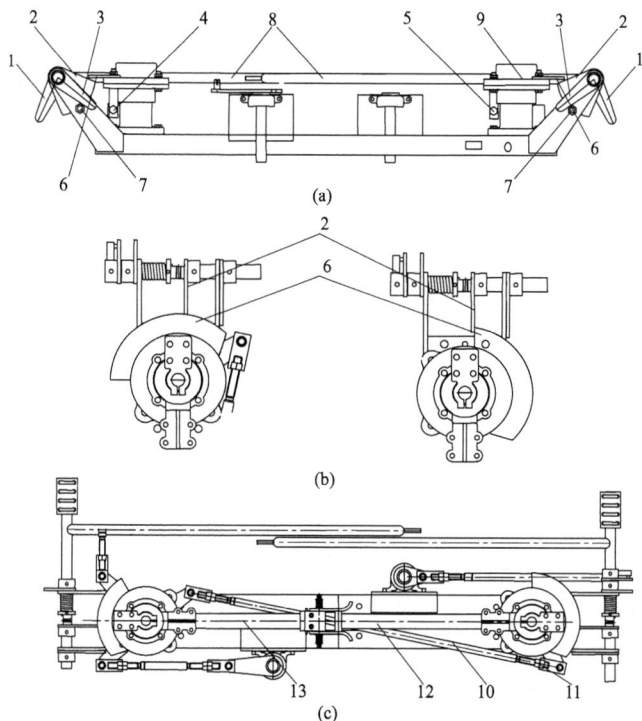

图 10-8-1　GW4 型隔离开关传动系统结构图

（a）传动系统正视图；（b）主刀闸分闸位置俯视图；（c）主刀闸合闸位置俯视图

1—接地刀闸合闸限位拐臂 A；2—机械连锁拐臂 B；3—接地刀闸合闸限位拐臂 C；4—主刀闸合闸限位螺杆 D；

5—主刀闸分闸限位螺杆 E；6—机械连锁拐臂 F；7—接地刀闸分闸限位螺杆 G；8—双接地刀闸 H；

9—绝缘子下附件 I；10—调节螺杆 J；11—调节螺母 K；12—导电管 L；13—导电管 M

2. CJ5 电动操动机构的结构

CJ5 电动操动机构主要由电动机、机械减速传动系统、电气控制系统和箱体等组成。由电动机驱动，通过齿轮、蜗杆、蜗轮减速后将转矩传至输出轴。

这种机构设有远方/停止/当地开关，当机构调整或检修时拨到当地位置，可在机构前操作（此时远动电力已切断）。拨至远动位置时，机构分、合按钮不起作用，只可远动。机构箱内装有加热器，可以驱散箱内潮湿空气，防止电器元件受潮。CJ5 电动操动机构的结构如图 10-8-2 所示。

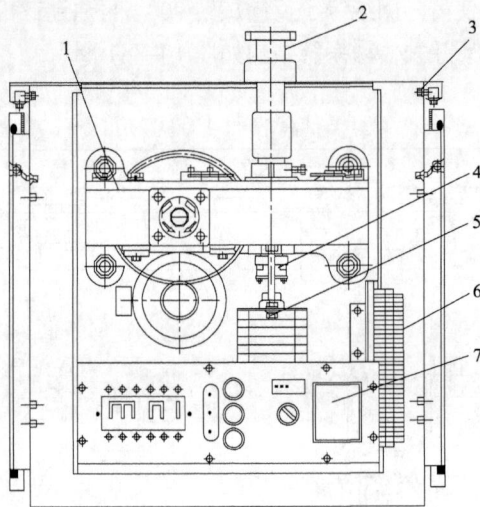

图 10-8-2　CJ5 电动操动机构的结构图

1—减速箱；2—输出轴；3—箱体；4—辅助开关连接头；5—辅助开关；6—接线端子；7—电路板

二、作业内容

（1）GW4 隔离开关传动系统分解、检修。

（2）CJ5 电动操动机构分解、检修。

（3）CJ5 电动操动机构二次回路交流耐压试验。

（4）CJ5 电动操动机构二次回路绝缘试验。

三、作业中危险点分析及控制措施

作业中危险点分析及控制措施见表 10-8-1。

四、检修作业前的准备

1. 技术资料的准备

（1）检修前应认真查阅传动系统及电动操动机构安装记录、大修记录、设备运行记录、故障情况记录和缺陷情况记录。对所查阅的结果进行详细、全面地调查分析，以判定传动系统及电动操动机构的综合状况，为现场制定检修方案打好基础。

（2）准备好电动操动机构使用说明书、记录本、表格、检修报告等。

（3）编制标准化作业指导书。

（4）拟订检修方案，确定检修项目，编排工期进度。

表 10-8-1　　　　　　　　作业中危险点分析及控制措施

序号	危险点	控 制 措 施
1	触电	（1）工作人员之间做好相互配合，拉、合电源开关时发出相应口令。 （2）使用完整、合格的安全开关，装合适的熔丝。 （3）接、拆试验电源必须在电源开关拉开的情况下进行。 （4）要正确操作绝缘电阻表，防止感电伤人
2	误入、误登带电间隔	（1）工作前向作业人员交代清楚临近带电设备，并加强监护。 （2）工作人员应走指定通道，在遮栏内工作，严禁擅自移动和跨越遮栏。 （3）严禁攀登运行设备构架
3	机械伤害	严格执行一般工具的使用规定，使用前严格检查，不合格的工具禁止使用
4	作业空间窄小，碰伤头部和手脚	（1）工作中必须戴好安全帽。 （2）统一指挥，注意作业配合和动作呼应

2. 工具、机具、材料、备品备件、试验仪器、仪表和场地的准备

（1）准备工具、机具、材料、备品备件、试验仪器和仪表等，并运至检修现场。仪器、仪表和工器具应检验合格，满足本次施工的要求，材料应齐全，图纸及资料应符合现场实际情况。

（2）场地准备。在检修现场四周设一留有通道口的封闭式遮栏，并在周围背向带电设备的遮栏上挂适当数量的"止步，高压危险"标示牌，在通道入口处挂"从此进出"标示牌；在作业现场按定置图摆放检修工具、量具、材料、备品备件和测试仪器及垃圾箱。

五、检修作业前的检查

1. 传动系统检查项目及标准

（1）竖拉杆、水平拉杆及传动箱装配操作是否灵活、可靠。

（2）主刀闸开、合是否正常。

2. CJ5 电动操动机构检查项目及标准

（1）电动机、传动齿轮、蜗轮、蜗杆、转轴、辅助开关及电动机控制附件等操作是否灵活、可靠。

（2）行程开关、按钮、交流接触器是否能正常动作，辅助开关是否正常转换，电

动机是否有异常响声，各转动部位有无松动，电动、手动是否相互闭锁等。

六、检修作业步骤、工艺要求及质量标准

1. GW4 隔离开关传动系统分解、检修

（1）GW4 隔离开关传动系统分解。

1）拧松各水平连杆连接头的防松螺母，拆下连接头（应对连杆原长度做好记录，以便恢复时参考）。

2）拆除底座槽钢与主轴轴承座装配的连接螺栓，取出轴承座装配套，用铜棒轻轻敲打出铜套。

（2）GW4 隔离开关传动系统检修工艺要求。

1）所有拆下的零件用清洗剂清洗并擦干。

2）检查拉杆件有无变形。如变形应校正，用钢丝刷或铲刀清除其锈蚀。

3）检查连接头是否变形，内螺纹有无锈蚀。如锈蚀严重或变形应更换。

4）检查各拉杆两端螺纹是否完好，有无锈蚀，连杆与螺栓焊接处有无裂纹。如开裂应补焊，螺纹锈蚀严重应更换。

5）检查主轴拐臂。如锈蚀用 00 号砂布清除。如拐臂变形应校正，连接头转动轴磨损严重应更换。

6）检查圆柱销有无变形、锈蚀。如变形或锈蚀严重应更换。

7）检查轴承座体内、外部表面。如表面有锈蚀，应用 00 号砂布进行处理，存在严重损伤应更换。

8）用 00 号砂布清除铜套表面的氧化层。

9）检查轴承有无损坏，转动是否灵活。检查轴承内径与轴承座的公差配合。

10）检查防雨罩。如锈蚀严重应更换。如轻微锈蚀用钢丝刷清除，并刷防锈漆。

11）检查底座槽钢。用钢丝刷除锈，刷防锈漆。

12）检查底座槽钢接地螺栓是否锈蚀。如锈蚀应更换。

13）检查机械闭锁板，用 00 号砂布除锈。如有变形应校正。

（3）GW4 隔离开关传动系统装复。按分解相反顺序进行装复，装复时应注意以下几点：

1）轴承内应涂−40℃的二硫化钼锂，涂的量应以轴承内腔的 2/3 为宜。

2）轴承与轴是紧配合，所以装复轴承要用专用工具进行或用比轴承内径稍大的铁管，用手锤慢慢打入。

3）拉杆装复时接头上面应有平垫后再上开口销，装复前应校直；按各拉杆分解时所作的标记的有效工作长度恢复，在转动部位及销孔涂二硫化钼锂。

4）装复过程，必须注意轴承座转动板杠杆的位置与主刀闸分、合位置相对应。

5）检查各相间两轴承座转动板是否在同一水平面（相对底部槽钢），如达不到要求，可通过增减调节垫片来调整。

6）检查竖拉杆锥型销子有无松动。

（4）GW4 隔离开关传动系统检修质量标准。

1）轴承应完整，工作面无锈蚀，转动应灵活，无卡涩。连接、固定螺栓已拧紧。

2）拉杆应完整、无损坏。

3）各连接销应无磨损、变形。

4）连接销与销孔配合间隙为 0.4～0.5mm 为宜。

5）拉杆端头螺纹完好，无损伤。

6）连接头或接叉无变形，内螺纹完好。

7）接套无锈蚀、变形、焊缝完好。

8）螺杆、螺母应完整，无锈蚀，公差配合适当。

9）螺杆拧入接头的深度不应小于 20mm。

2. CJ5 电动操动机构分解、检修

（1）CJ5 电动操动机构各单元分解。

1）断开电动机电源及控制电源。

2）拆除二次元件装配接线端子与进线电缆导线的固定螺钉，拆下与电动机相连的电源线，松开电缆线夹，从机构箱中抽出进线电缆。在拆下进线电缆前，应做好相应记录。

3）拆除机构箱与基础相连的 4 个螺栓，将机构箱拆下并放置在检修平台上。

4）拆除接线端子板与辅助开关相连的二次接线的螺钉，抽出二次接线。

5）拆除电动机接线盒上 2 个固定螺栓，取下罩。拧下其与接线端子板间二次接线固定螺钉，抽出电缆线。

6）拧下分、合闸接触器上与行程开关相连接的二次接线螺钉，拆下二次接线。

7）拆除电动机与减速器箱底座下部相连的 4 个紧固螺栓，从机构箱中取出电动机，调整垫片、橡皮垫及一级主动齿轮。

8）松开 L 形二次接线板与机构箱体相连的 4 个 M6 螺栓，从机构箱内拆下 L 形接线板装配。

9）松开机构箱内连接套螺栓，取下输出连接轴。

10）松开机构箱上盖固定螺栓，取下机构箱上盖。

11）取出输出轴连接套。

12）拆除输出轴限位挡板 M8 螺栓。

13）取下 2 个限位开关。

14）拆除电动机固定螺栓，取出电动机。

（2）CJ5 电动操动机构二次元件分解。

1）拆除接线端子板与分、合闸按钮，急停按钮，分、合闸接触器，组合开关，刀开关（空气开关）相连接的二次接线螺钉，拆除二次接线。

2）从 L 形接线板上分别拆下接线端子板，分、合闸按钮，急停按钮，分、合闸接触器，组合开关，刀开关（空气开关）。

3）拆除辅助开关上的二次接线固定螺钉，拆下二次接线，拆卸前应做好记录。

4）拆除辅助开关与减速器箱底座下部间的固定螺栓，拆下辅助开关传动板，取出辅助开关，拧下辅助开关转动盘分、合闸切换块的 2 个螺钉，取出分、合闸切换块。

（3）CJ5 电动操动机构二次元件检修工艺要求。

1）检查行程开关，分、合闸按钮，急停按钮等动作是否灵活、正确，触点是否烧伤，如有烧伤痕迹，可用 00 号砂布处理。如破损应更换。

2）检查二次线接线端子是否紧固，绝缘是否良好。

3）检查接线端子板端子排编号，缺少应补齐。端子排如有破损、裂纹应更换，压线螺钉锈蚀应更换。

4）检查分、合闸接触器的外观有无破损，如破损严重应更换；检查其动作情况，调整好触头开距和超行程后用万用表测试接触器通、断是否可靠，同时检查线圈有无烧伤，必要时更换。

5）检查接触器触点是否烧伤痕迹，必要时更换。

6）检查行程开关，分、合闸按钮，急停按钮、交流接触器、热继电器、辅助开关等弹簧及弹片，用手轻压弹簧及弹片，检查复位情况，如永久疲劳应更换。

7）检查热继电器，如破损应更换，并用清洗剂清洗热继电器外表面。

8）检查热继电器整定设置是否正确。

9）检查加热器是否良好，自动控制装置动作是否准确可靠，用 1000V 绝缘电阻表测量其绝缘电阻应符合要求。

10）检查 L 形接线板，除去锈蚀，校正变形及作防锈处理，锈蚀严重者应更换。

11）用清洗剂清洗所有零部件，待干后，在所有元件导电接触面涂少量的中性凡士林油。

（4）CJ5 电动操动机构二次元件检修后装复。分、合闸接触器，行程开关，分、合闸按钮，组合开关，空气开关及接线端子板的装复，按分解相反的顺序进行。装复时应注意以下几点：

1）更换锈蚀的紧固件及弹簧。

2）用万用表检查行程开关，分、合闸，急停按钮，接触器触点通、断情况，并检查切换是否可靠，通、断位置是否正确。

3）装复后，核对二次接线是否正确。

（5）CJ5 电动操动机构二次元件检修质量标准。

1）行程开关，分、合闸，急停按钮，接触器等触点分、合闸位置切换应正确、灵活、无卡涩。触点接触良好，弹簧及弹片的弹性良好。

2）拆下的二次回路端子线及电缆线头应有标记。

3）端子排编号清晰、完整，端子排无破损。

4）用 1000V 绝缘电阻表测量二次元件绝缘电阻应大于 2MΩ。

（6）辅助开关分解。拧下连接螺杆，取下轴承板，从转动轴上依次取下带动触点的绝缘块、静触点、静触点夹块及复位弹簧。

（7）辅助开关检修。

1）检查辅助开关动、静触点的氧化情况，用 00 号砂布除去氧化层。

2）检查辅助开关转动轴及绝缘块，磨损严重应更换。

3）检查辅助开关触点弹簧有无变形，如变形应更换。

4）检查辅助开关传动拐臂及连杆，如轻微变形应校正；用 00 号砂布清除快分弹簧的锈蚀。

5）轴承涂二硫化钼锂。

6）更换已经淘汰的 F1 系列辅助开关。

（8）辅助开关装复。按分解时的相反顺序装复，并注意以下几点：

1）装复前，用清洗剂清洗所有零部件，待干后，在动、静触点上涂导电脂。

2）装复后的辅助开关轴向窜动应符合规定。

3）用万用表检查动、静触点通、断情况，检查切换是否可靠，通、断相应位置是否正确。

4）检查辅助开关切换是否灵活，有无卡涩现象。

（9）辅助开关的检修质量标准。

1）动、静触点表面光洁。

2）转动轴与动、静点夹块配合良好，转轴无损伤。

3）触点弹簧无变形。

4）传动拐臂及连杆无变形，无锈蚀。

5）装复后的辅助开关轴向窜动量不大于 0.5mm。

6）动、静触点接触良好，通、断位置正确。

7）辅助开关转动灵活。

（10）CJ5 电动操动机构的减速器装配分解。

1）拆除减速器箱与箱体固定的 4 个螺栓，将减速器与箱体分离，取出机座放置在检修平台上。

2）拆除减速器箱盖板上的行程开关的各 4 个螺栓，取出行程开关。

3）拆除与主轴相连的限位块上的定位螺钉，从主轴上退出限位块，取出平键。

4）拆除减速器箱盖板的 4 个紧固螺栓，从主轴上抽出盖板，取下铜套及调节垫。

5）拆除蜗杆两头轴承压盖上的固定螺栓，取出轴承压盖及调节垫片。

6）将蜗杆连同两端滚动轴承、二级被动齿轮一并拆下。

7）从蜗杆上取出两端滚动轴承及二级被动齿轮，取出平键，剩下蜗杆。

8）从减速器箱中取出蜗轮、轴套及调节垫片，分离蜗轮及主轴，取出平键。

9）拆除中间轴装配两端轴承端盖的固定螺栓，取出端盖。

10）取出中间轴装配两端轴承，退出一级被动齿轮、二级主动齿轮，同时取下平键。

（11）CJ5 电动操动机构的减速器装配检修工艺要求。

1）检查大齿轮轮齿表面及齿轮中心孔键槽，如稍有磨损，用扁锉修整。

2）检查蜗轮、蜗杆轴、蜗杆、轴套、主轴及轴上键槽和平键及挡钉，如轻微变形应校正，用扁锉修整磨损处，如磨损严重应更换。

3）分解轴承，取下内圈、滚针保持架、滚针及外圈，检查轴承工作面，如有锈蚀用 00 号砂布打磨，修理时不能损坏配合表面及精度；如保持架、滚针锈蚀（损坏）严重应更换。用清洗剂清洗以上零件，待干后，将涂满二硫化钼锂的保持架放在内圈上；装入滚针后，套上外圈。检查装复的轴承、滚动体与内、外圈接触是否良好，转动是否灵活后，放在检修平台上待用。

4）用清洗剂除去轴承表面污垢，检查其磨损及锈蚀情况，用 00 号砂布除去轴承工作面的锈蚀，处理时不能损坏配合表面及精度，滚珠损坏的应更换，用清洗剂清洗干净后，在轴承工作面涂满二硫化钼锂，放在检修平台上待用。

5）检查机座、轴承座、轴承端盖外表有无损伤，用扁锉修理。

6）检查机构箱体通风、密封及驱潮措施是否良好，如密封填料失效应处理（或更换），然后除去机构箱体上锈蚀，刷防锈漆。

（12）CJ5 电动操动机构的减速器装配检修后装复。按分解时的相反顺序装复，并注意以下几点：

1）装复前，用清洗剂清洗所有零、部件，待干后，在转动件上涂二硫化钼锂。

2）装复蜗轮、蜗杆时，应在蜗轮、蜗杆轴两端加入适量调节垫片，以减小蜗轮、蜗杆轴向窜动量。

3）检查蜗轮中心平面与蜗杆轴线是否在同一平面。

4）检查蜗轮与蜗杆轴线是否相互垂直。

5）手动转动蜗杆轴，检查蜗轮、蜗杆动作是否平稳、灵活，有无卡涩。

6）在装复后的蜗轮、蜗杆轮齿表面涂二硫化钼锂。

（13）CJ5 电动操动机构的减速器装配检修质量标准。

1）各零件无损伤，零件表面清洁。

2）蜗轮、蜗轮杆、蜗杆、轴套、主轴、键槽及平键完好，无变形，无锈蚀。

3）轴承及配合表面完好，转动灵活，无卡涩。

4）壳体及端盖无变形，无裂纹，各部件无损伤。

5）机构箱体无锈蚀，密封良好。

6）轴向窜动量不大于 0.5mm。

7）蜗轮中心平面与蜗杆轴线在同一平面。

8）蜗轮与蜗杆的轴线互相垂直。

9）蜗轮、蜗轮杆动作平稳，灵活，无卡涩。

（14）CJ5 电动操动机构的电动机装配检修。电动机一般情况下不需要全部解体检修，只是拆下电动机端盖进行检查。如为直流电动机，在拆下碳刷架及碳刷之前，除先做好其相对位置及接线极性的标记外，还要做好记录，然后拆除碳刷架及碳刷。

（15）CJ5 电动操动机构检修后装复。按分解时的相反顺序装复，并注意以下几点：

1）装复前，用清洗剂清洗各零、部件，待干后，在转动件上涂二硫化钼锂。

2）装复时，注意辅助开关转动盘与分、合闸切换块的相对位置。

3）检查各连接、固定螺栓（钉）是否紧固。

4）检查一、二级齿轮啮合位置是否正确。

5）用手柄转动机构检查传动系统动作是否灵活，蜗杆及中间轴有无轴向窜动。

6）复核二次接线是否正确。

7）用手柄操动机构检查机构分、合闸位置与辅助开关切换位置是否对应，接触是否可靠。

8）检查行程开关通断是否可靠。

9）更换密封条，检查机构密封情况。

（16）CJ5 电动操动机构检修质量标准。

1）零部件完好、清洁。

2）转动盘与分、合闸切换块相对位置正确。

3）连接、固定螺栓、钉紧固良好。

4）啮合位置正确。

5）传动系统动作灵活，蜗杆及中间轴轴向窜动量不大于 0.5mm。

6）二次接线正确，接线端子牢固。

7）旋转方向与切换位置对应。

8）行程开关通断是否可靠。

9）辅助开关切换位置正确，接触可靠。

10）电动机电源线相序正确。

11）机构密封良好。

3. CJ5 电动操动机构二次回路交流耐压试验

用交流电压 2000V 对操动机构二次辅助回路及控制回路进行 1min 工频耐压试验，耐压试验合格。如果现场没有耐压试验仪器，也可用 2500V 绝缘电阻表代替进行耐压试验。

4. CJ5 电动操动机构二次回路绝缘试验

用 1000V 绝缘电阻表对操动机构二次辅助回路及控制回路进行绝缘电阻测试，绝缘电阻不低于 $2M\Omega$。

【思考与练习】

1. CJ5 电动操动机构主要由哪些部分组成？

2. GW4 型隔离开关传动系统检修工艺要求是什么？

3. 简述 CJ5 电动操动机构的电动机装配分解步骤。

4. CJ5 电动操动机构的电动机装配检修质量标准是什么？

▲ 模块 9　GW5 型隔离开关传动系统及 CJ6 电动操动机构检修（Z15G2012Ⅱ）

【模块描述】 本模块包含 GW5 型隔离开关传动系统及 CJ6 电动操动机构检修的作业流程及工艺要求。通过知识要点的归纳讲解、图例展示、操作技能训练，掌握 GW5 型隔离开关传动系统及 CJ6 电动操动机构的基本结构、修前准备、危险点预控、作业步骤、工艺要求及质量标准等操作技能。

【模块内容】

一、GW5 型隔离开关传动系统及 CJ6 电动操动机构的结构

1. GW5 型隔离开关传动系统的结构

GW5 型隔离开关传动系统主要由竖拉杆、水平拉杆及传动箱装配等组成。GW5 型隔离开关传动系统结构如图 10-9-1 所示，GW5 型隔离开关传动箱装配如图 10-9-2 所示。

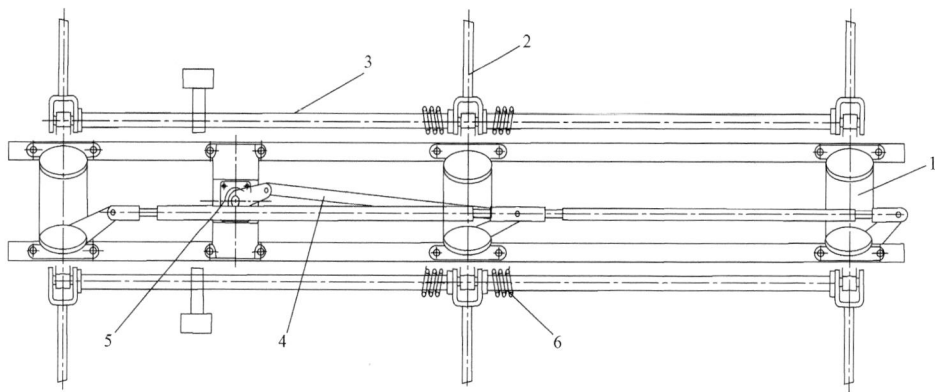

图 10-9-1 GW5 型隔离开关传动系统结构图

1—轴承座；2—接地刀闸导电杆；3、4—连杆；5—传动箱；6—弹簧

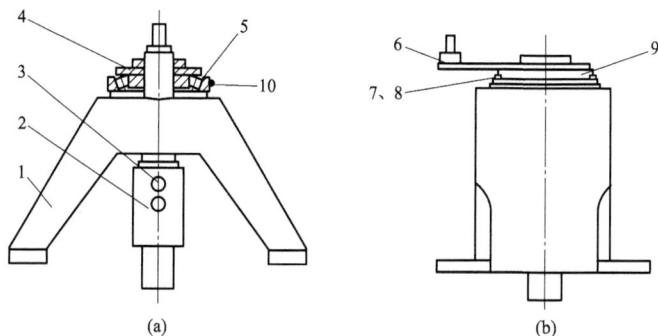

(a)　　　　　(b)

图 10-9-2 GW5 型隔离开关传动箱装配

1—支架；2—联轴套；3—ϕ10 圆锥销；4—铁垫圈；5—轴承；6—臂；

7、8—M12 螺栓、弹簧垫圈；9—罩；10—注油嘴

2. CJ6 电动操动机构的结构

CJ5 电动操动机构主要由电动机、机械减速传动系统、电气控制系统和箱体等组成。由电动机驱动，通过齿轮、蜗杆蜗轮减速后将转矩传至输出轴。箱体由钢板或不锈钢板制成，起支撑及保护作用，为便于安装和检修，在正面和侧面各开一门。CJ6 电动操动机构外部结构如图 10-9-3 所示。

二、作业内容

（1）GW5 隔离开关传动系统分解、检修。

（2）CJ6 电动操动机构分解、检修。

（3）CJ6 电动操动机构二次回路交流耐压试验。

（4）CJ6 电动操动机构二次回路绝缘试验。

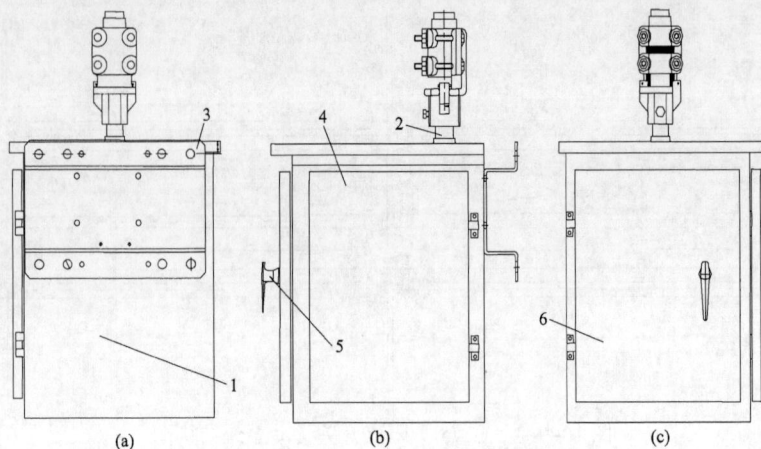

图 10-9-3　CJ6 电动操动机构外部结构
1—箱体；2—输出轴；3—挂架；4—侧门；5—手柄；6—正门

三、作业中危险点分析及控制措施

参见 GW4 型隔离开关传动系统及 CJ5 电动操动机构检修作业危险点分析及控制措施（模块 Z15G2011Ⅱ）。

四、GW5 型隔离开关传动系统及 CJ6 电动操动机构检修作业前的准备

参见 GW4 型隔离开关传动系统及 CJ5 电动操动机构检修前的准备项目（模块 Z15G2011Ⅱ）。

五、GW5 型隔离开关传动系统及 CJ6 电动操动机构检修作业前的检查

参见 GW4 型隔离开关传动系统及 CJ5 电动操动机构检修前的检查项目（模块 Z15G2011Ⅱ）。

六、检修作业步骤、工艺要求及质量标准

1. GW5 型隔离开关传动系统分解、检修

（1）GW5 型隔离开关传动系统分解。

1）传动箱装配。拧松连轴套上的螺栓，用手锤和冲子将连轴套上的两个 $\phi10$ 圆锥销打出，取下竖拉杆、拐臂、防尘罩、铁垫圈、轴承。拆下固定轴承法兰的 4 个 M12 螺栓，取下法兰。

2）拉杆的分解。拧下拉杆连接头（接叉）的防松螺母，拧下接头（接叉）。拆卸前，记录好拉杆有效工作尺寸。

（2）GW5 型隔离开关传动系统检修工艺要求。

1）所有零件用清洗剂清洗并擦干。

2）检查轴承有无损坏，转动是否灵活；检查轴承内径与轴承座的公差配合。

3）检查轴承座腔内、外部表面。如表面有锈蚀，应用 00 号砂布进行处理，存在严重损伤应更换。

4）检查防雨罩，如锈蚀严重应更换，如轻微锈蚀用钢丝刷清除，并刷防锈漆。

5）检查拉杆件有无变形，如变形应校正，用钢丝刷或扁锉清除其锈蚀。

6）检查拉杆端头螺纹，如损坏严重应更换，如轻微损伤应修整，用钢丝刷清除其锈蚀。

7）检查连接头或接叉，如轻微变形应校正，如内螺纹损坏应用丝锥套攻并清除锈蚀。

8）检查焊接在拉杆上的接套，如有变形应更换，检查焊缝有无开裂，如开裂应补焊。

（3）GW5 型隔离开关传动系统装复。按分解相反顺序进行装复，装复时应注意以下几点：

1）轴承内应涂–40℃的二硫化钼锂，涂的量应以轴承内腔的 2/3 为宜。

2）轴承与轴是紧配合，所以装复轴承要用专用工具进行或用比轴承内径稍大的铁管，用手锤慢慢打入。

3）拉杆装复时接头上面应有平垫后再上开口销，拉杆装复前应校直，其与带电部分的距离应符合各种型号的规定。

4）检查竖拉杆锥型销子有无松动。

（4）GW5 型隔离开关传动系统检修质量标准。

1）轴承应完整，转动应灵活，轴承及轴承座工作面无锈蚀。

2）拉杆应完整、无损坏。

3）轴承转动灵活，无卡涩，连接、固定螺栓已拧紧。

4）各连接销应无磨损、变形。

5）连接销与销孔配合间隙为 0.4～0.5mm 为宜。

6）拉杆端头螺纹完好，无损伤。

7）连接头或接叉无变形，内螺纹完好。

8）接套无锈蚀、变形、焊缝完好。

9）螺杆、螺母应完整，无锈蚀，公差配合适当。

10）螺杆拧入接头的深度不应小于 20mm。

2. CJ6 电动操动机构分解、检修

参见 CJ5 电动操动机构分解、检修（模块 Z15G2011Ⅱ）。

3. CJ6 电动操动机构二次回路交流耐压试验

参见 CJ5 电动操动机构二次回路交流耐压试验（模块 Z15G2011Ⅱ）。

4. CJ6 电动操动机构二次回路绝缘试验

参见 CJ5 电动操动机构二次回路绝缘试验（模块 Z15G2011Ⅱ）。

【思考与练习】

1. GW5 型隔离开关传动系统主要由哪些部分组成？

2. 简述 GW5 型隔离开关传动系统分解步骤。

3. GW5 型隔离开关传动系统检修工艺要求是什么？

4. GW5 型隔离开关传动系统检修质量标准是什么？

▲ 模块 10　GW6 型隔离开关传动系统及 CJ6A 电动操动机构检修（Z15G2013Ⅱ）

【模块描述】 本模块包含 GW6 型隔离开关传动系统及 CJ6A 电动操动机构检修的作业流程及工艺要求。通过知识要点的归纳讲解、图例展示、操作技能训练，掌握 GW6 型隔离开关传动系统及 CJ6A 电动操动机构的基本结构、修前准备、危险点预控、作业步骤、工艺要求及质量标准等操作技能。

【模块内容】

一、GW6 型隔离开关传动系统及 CJ6A 电动操动机构的结构

1. GW6 型隔离开关传动系统的结构

GW6 型隔离开关传动系统主要由竖拉杆、水平拉杆及传动底座等部分组成。GW6 型隔离开关底座传动部分及机械闭锁图如图 10-10-1 所示。

2. CJ6A 电动操动机构的结构

CJ6A 电动操动机构箱体用钢板制成，正面设有内、外两道门，内门正面装有就地、远动选择开关，装有分、合闸按钮，并有分、合闸指示灯。内门正面还装有凝露器；外门装有锁具，运行中可锁闭。

CJ6A 电动操动机构采用减速机、电动机为一体的结构，机构配有手动操动手柄，可供安装调试用，也可在停电时进行必要的操动。CJ6A 电动操动机构传动原理图如图 10-10-2 所示。

二、作业内容

（1）GW6 型隔离开关传动系统分解、检修。

（2）CJ6A 电动操动机构分解、检修。

（3）CJ6 电动操动机构二次回路交流耐压试验。

（4）CJ6 电动操动机构二次回路绝缘试验。

(a)

(b)

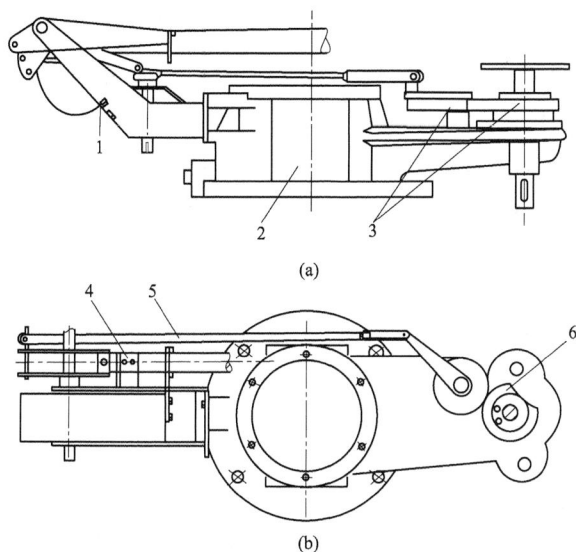

图 10-10-1 GW6 型隔离开关底座传动部分及机械闭锁图

（a）正视图；（b）俯视图

1—接线孔；2—底座；3—闭锁板；4—接地刀闸管；5—连锁连杆；6—闭锁状态

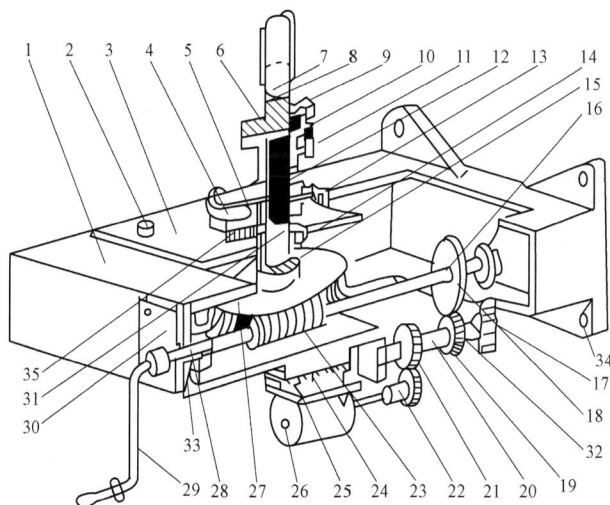

图 10-10-2 CJ6A 电动操动机构传动原理图

1—减速器箱；2—螺栓垫圈；3—盖板；4—弹簧；5—限位块；6—上法兰；7—垂直连杆；8—摩擦盘轴；9—螺钉；
10—下法兰；11—定位螺栓；12、16—平键；13—定位螺钉；14—铜套；15—调整垫片；17、28—滚动轴承；
18—二级被动齿轮；19—二级主动齿轮；20—中间轴；21—一级被动齿轮；22—一级主动齿轮；
23—蜗杆；24—螺杆；25—调整垫片；26—电动机；27—蜗轮；29—手柄；30—轴承压盖；
31—主轴；32—衬套；33—垫片；34—螺孔；35—触动开关

三、作业中危险点分析及控制措施

参见 GW4 型隔离开关传动系统及 CJ5 电动操动机构检修作业危险点分析及控制措施（模块 Z15G2011 Ⅱ）。

四、检修作业前的准备

参见 GW4 型隔离开关传动系统及 CJ5 电动操动机构检修前的准备项目（模块 Z15G2011 Ⅱ）。

五、检修作业前的检查

参见 GW4 型隔离开关传动系统及 CJ5 电动操动机构检修前的检查项目（模块 Z15G2011 Ⅱ）。

六、检修作业步骤、工艺要求及质量标准

1. GW6 型隔离开关传动系统分解、检修

（1）GW6 型隔离开关传动系统分解。

1）拧下拉杆连接头（接叉）的防松螺母，拧下接头（接叉）。拆卸前，记录好拉杆有效工作尺寸。

2）拧松连轴套上的螺栓顶丝，取下竖拉杆。拧松固连臂轴的 4 个螺栓，取下连臂轴。

（2）GW6 隔离开关传动系统检修工艺要求。

1）所有拆下的零件用清洗剂清洗并擦干。

2）检查连臂轴有无开焊；检查连臂轴与衬套的公差配合。

3）检查连臂轴表面，如表面有锈蚀，应用 00 号砂布进行处理，存在严重损伤应更换。

4）检查拉杆件有无变形，如变形应校正，用钢丝刷或铲刀清除其锈蚀。

5）检查拉杆端头螺纹，如损坏严重应更换，如轻微损伤应修整，用钢丝刷清除其锈蚀。

6）检查连接头或接叉，如轻微变形应校正，如内螺纹损坏应用丝锥套攻并清除锈蚀。

7）检查焊接在拉杆上的接套，如有变形应更换，检查焊缝有无开裂，如开裂应补焊。

8）检查连轴套有无裂纹及与竖拉杆焊接处有无开焊，如表面有锈蚀，应用 00 号砂布进行处理，存在严重损伤应更换。

9）检查圆头平键表面，如表面有锈蚀，应用 00 号砂布进行处理，存在严重损伤应更换。

10）检查各螺孔情况，并用丝锥套攻，清除灰尘和铁锈，孔内涂黄油。

（3）GW6 隔离开关传动系统装复。按分解相反顺序进行装复，装复时应注意以下几点：

1）连臂轴与衬套接触面处应涂–40℃的二硫化钼锂。

2）拉杆装复时接头上面应有平垫后再上开口销，拉杆装复前应校直。

3）检查固定竖拉杆螺栓顶丝有无松动。

（4）GW6 隔离开关传动系统检修质量标准。

1）连臂轴应完整，连臂轴及衬套工作面无锈蚀。

2）拉杆应完整、无损坏。

3）各连接销应无磨损、变形。

4）连接销与销孔配合间隙为 0.4～0.5mm 为宜。

5）拉杆端头螺纹完好，无损伤。

6）连接头或接叉无变形，内螺纹完好。

7）接套无锈蚀、变形、焊缝完好。

8）螺杆、螺母应完整，无锈蚀，公差配合适当。

9）螺杆拧入接头的深度不应小于 20mm。

2. CJ6A 电动操动机构分解、检修

参见 CJ5 电动操动机构分解、检修（模块 Z15G2011Ⅱ）。

3. CJ6A 电动操动机构二次回路交流耐压试验

参见 CJ5 电动操动机构二次回路交流耐压试验（模块 Z15G2011Ⅱ）。

4. CJ6A 电动操动机构二次回路绝缘试验

参见 CJ5 电动操动机构二次回路绝缘试验（模块 Z15G2011Ⅱ）。

【思考与练习】

1. GW6 型隔离开关传动系统主要由哪些部分组成？

2. GW6 型隔离开关传动系统检修工艺要求是什么？

3. GW6 型隔离开关传动系统检修质量标准是什么？

▲ 模块 11　GW7 型隔离开关传动系统及 CJ2 电动操动机构检修（Z15G2014Ⅱ）

【模块描述】本模块包含 GW7 型隔离开关传动系统及 CJ2 电动操动机构检修的作业流程及工艺要求。通过知识要点的归纳讲解、图例展示、操作技能训练，掌握 GW7 型隔离开关传动系统及 CJ2 电动操动机构的基本结构、修前准备、危险点预控、作业步骤、工艺要求及质量标准等操作技能。

【模块内容】

一、GW7 型隔离开关传动系统及 CJ2 电动操动机构的结构

1. GW7 型隔离开关传动系统的结构

GW7 型隔离开关传动系统主要由竖拉杆、水平拉杆及传动底座等部分组成。GW7 型隔离开关底座传动部分及机械闭锁如图 10–11–1 所示，GW7 型隔离开关底座传动部分及机械闭锁俯视图如图 10–11–2 所示。

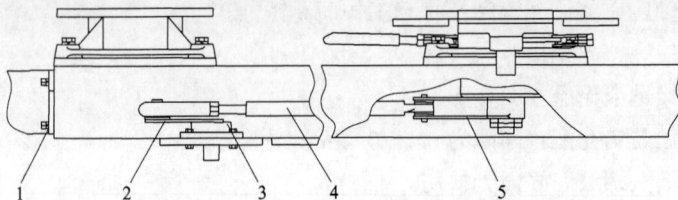

图 10–11–1　GW7 型隔离开关底座传动部分及机械闭锁图
1—接地开关；2—拐臂；3—轴承；4—连杆；5—拐臂焊接装配

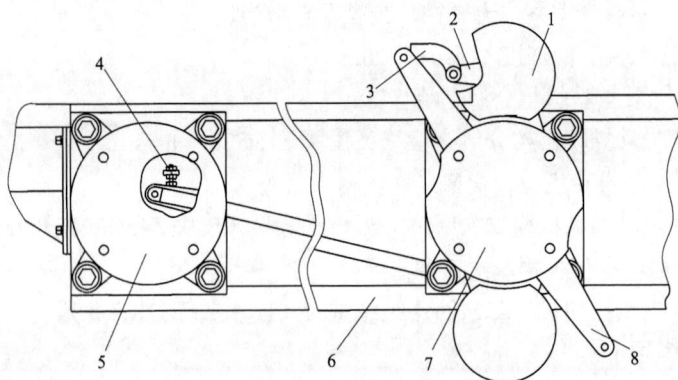

图 10–11–2　GW7 型隔离开关底座传动部分及机械闭锁俯视图
1—连锁板；2—连臂；3—接头；4—限位螺栓；5—绝缘子底座；6—底座；7—轴承座；8—连板

2. CJ2 电动操动机构的结构

CJ2 电动操动机构主要由机械传动系统、电气控制回路及箱体三部分组成。其中机械传动系统主要由电动机、多置式减速机等部分组成。电气控制部分由电源开关，按钮，近控，远控选择开关，接触器，行程开关，辅助开关，手动、电动闭锁装置、接线板及电热器等部分组成。箱体由钢板或不锈钢板制成，正面和侧面各开一门。CJ2 电动操动机构结构如图 10–11–3 所示，CJ2 电动操动机构传动原理如图 10–11–4 所示。

二、作业内容

（1）GW7 型隔离开关传动系统分解、检修。

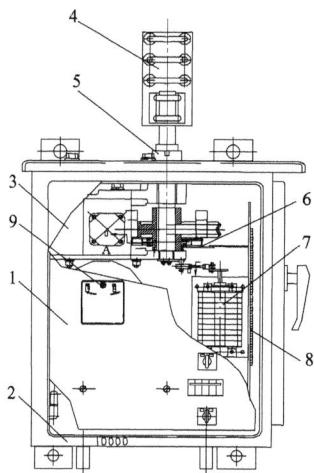

图 10-11-3　CJ2 电动操动机构结构

1—接线装配；2—机构箱体；3—减速机构；
4—抱夹装配；5—分合指示器；6—终端限位开关；
7—辅助开关；8—接线座；9—手动、电动闭锁开关

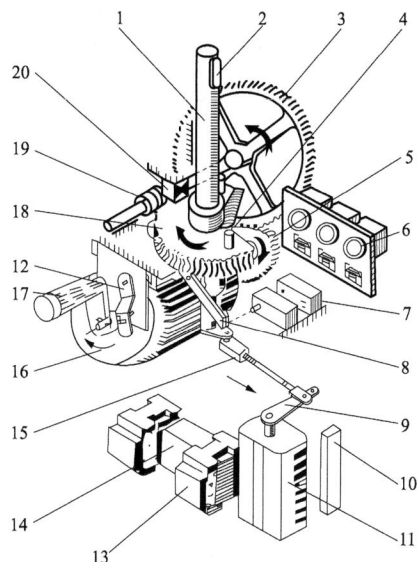

图 10-11-4　CJ2 电动操动机构传动原理

1—主轴；2—键；3—大齿轮；4—挡钉；5—小齿轮；
6—按钮；7—终端限位开关；8—弹性压片；9—连板；
10—接线座；11—辅助开关；12—手动、电动
闭锁装置；13—接触器；14—热继电器；15—连杆；
16—电动机；17—手柄；18—蜗轮；
19—蜗杆；20—限位块

（2）CJ2 电动操动机构分解、检修。

（3）CJ2 电动操动机构二次回路交流耐压试验。

（4）CJ2 电动操动机构二次回路绝缘试验。

三、作业中危险点分析及控制措施

参见 GW4 型隔离开关传动系统及 CJ5 电动操动机构检修作业危险点分析及控制措施（模块 Z15G2011Ⅱ）。

四、检修作业前的准备

参见 GW4 型隔离开关传动系统及 CJ5 电动操动机构检修前的准备项目（模块 Z15G2011Ⅱ）。

五、检修作业前的检查

参见 GW4 型隔离开关传动系统及 CJ5 电动操动机构检修前的准备项目（模块 Z15G2011Ⅱ）。

六、检修作业步骤、工艺要求及质量标准

1. GW7 隔离开关传动系统分解、检修

（1）GW7 隔离开关传动系统分解。

1）拆下拉杆连接头（接叉）的防松螺母，拧下接头（接叉）。拆卸前，记录好拉杆有效工作尺寸。

2）拧松连轴套上的螺栓顶丝，取下竖拉杆。拧松固定连臂轴的 4 个螺栓，取下连臂轴。

（2）GW7 隔离开关传动系统检修工艺要求。

1）所有拆下的零件用清洗剂清洗并擦干。

2）检查连臂轴有无开焊；检查连臂轴与衬套的公差配合。

3）检查连臂轴表面，如表面有锈蚀，应用 00 号砂布进行处理，存在严重损伤应更换。

4）检查拉杆件有无变形，如变形应校正，用钢丝刷或铲刀清除其锈蚀。

5）检查拉杆端头螺纹，如损坏严重应更换，如轻微损伤应修整，用钢丝刷清除其锈蚀。

6）检查连接头或接叉，如轻微变形应校正，如内螺纹损坏应用丝锥套攻并清除锈蚀。

7）检查焊接在拉杆上的接套，如有变形应更换，检查焊缝有无开裂，如开裂应补焊。

8）检查连轴套有无裂纹及与竖拉杆焊接处有无开焊，如表面有锈蚀，应用 00 号砂布进行处理，存在严重损伤应更换。

9）检查圆头平键表面，如表面有锈蚀，应用 00 号砂布进行处理，存在严重损伤应更换。

10）检查各螺孔情况，并用丝锥套攻，清除灰尘和铁锈，孔内涂黄油。

（3）GW7 隔离开关传动系统装复。按分解相反顺序进行装复，装复时应注意以下几点：

1）连臂轴与衬套接触面处应涂 -40℃的二硫化钼锂。

2）拉杆装复时接头上面应有平垫后再上开口销，拉杆装复前应校直。

3）检查固定竖拉杆螺栓顶丝有无松动。

（4）GW7 隔离开关传动系统检修质量标准。

1）连臂轴应完整，连臂轴及衬套工作面无锈蚀。

2）拉杆应完整、无损坏。

3）各连接销应无磨损、变形。

4）连接销与销孔配合间隙为 0.4～0.5mm 为宜。

5）拉杆端头螺纹完好，无损伤。

6）连接头或接叉无变形，内螺纹完好。

7）接套无锈蚀、变形，焊缝完好。

8）螺杆、螺母应完整，无锈蚀，公差配合适当。

9）螺杆拧入接头的深度不应小于 20mm。

2. CJ2 电动操动机构分解、检修

（1）CJ2 电动操动机构各单元分解。

1）断开电动机电源及控制电源。

2）拆下二次元件装配接线端子与进线电缆导线的固定螺钉，拆下与电动机相连的电源线。松开电缆线夹，从机构箱中抽出进线电缆。在拆下进线电缆前，应做好相应记录。

3）拆除机构箱与基础相连的 4 个螺栓，将机构箱拆下并放置在检修平台上。

4）拆除接线端子板与辅助开关相连的二次接线的螺钉。

5）拆除电动机接线盒上 2 个固定螺栓，取下罩。拧下其与接线端子板间二次接线固定螺钉。

6）拆下二次接线板上端子排与分、合闸限位开关间二次接线端子螺钉，拆下二次控制线。

7）拔出机构主轴下端与辅助开关相连的拐臂连杆两端的开口销，取下拐臂连杆。

8）拆除减速箱与分、合闸切换开关装配相连的两个螺钉，取下分、合闸切换开关装配。

（2）CJ2 电动操动机构二次元件分解。

1）拆除机构箱与二次元件装配板相连的 4 个螺钉，将二次元件装配板从机构箱中抽出。

2）分别拆下分、合闸接触器上的二次接线紧固螺钉，拆下二次接线，同时拆除分、合闸接触器与二次接线板相连的螺钉，取下分、合闸接触器。

3）拆下热继电器上的二次接线，拆除与二次接线板相连的螺钉，取下热继电器。

4）拆下三相隔离开关上的二次接线，拆除与二次接线相连的螺钉，取下三相隔离开关。

5）拆下端子排上二次接线，拧出端子排紧固螺钉，取下端子排。

6）拆下辅助开关上的二次接线，取下辅助开关端头拐臂上的切换弹簧，拆除与二次元件装配板的紧固螺钉，取下辅助开关。

7）轻轻敲出辅助开关固定架上方外拐臂固定圆柱销，从固定架上分离内、外拐臂。

8）拆下分、合闸限位开关与固定板相连的螺钉，取下限位开关。

9）拧下机构箱与分、合闸操作按钮相连的 2 个螺钉，取下分、合闸操作按钮和端子排上二次接线，从固定板上取下分、合闸操作按钮和端子排。

10）拆除机构主轴下端的 2 个螺钉，取下 L 形转换拐臂。

11）拧下机构主轴下端与弹性压片相连的 2 个螺钉，取下弹性压片。

（3）CJ2 电动操动机构二次元件检修工艺要求。

1）检查行程开关，分、合闸按钮，急停按钮等动作是否灵活、正确，触点是否烧伤，如有烧伤痕迹，可用 00 号砂布处理。如破损应更换。

2）检查行程开关，分、合闸按钮，急停按钮，交流接触器，热继电器，辅助开关等弹簧及弹片，用手轻压弹簧及弹片，检查复位情况，如永久疲劳应更换。

3）检查分、合闸接触器的外观有无破损，如破损严重应更换。检查其动作情况，调整好触头开距和超行程后用万用表测试接触器通、断是否可靠，同时检查线圈有无烧伤，必要时更换。

4）检查接触器触点是否有烧伤痕迹，必要时更换。

5）检查二次线接线端子是否紧固，绝缘是否良好。

6）检查接线端子板端子排编号，缺的应补齐。端子排如有破损、裂纹应更换，压线螺钉锈蚀应更换。

7）检查热继电器，如破损应更换，并用清洗剂清洗热继电器外表面。

8）检查热继电器整定设置是否正确。

9）检查加热器是否良好，自动控制装置动作是否准确可靠，用 1000V 绝缘电阻表测量其绝缘电阻应符合要求。

10）检查分、合闸限位开关，如破损应更换，并用手轻压检查触点动作情况。

11）用手轻压弹性压片，检查复位情况，如永久疲劳应更换。

12）检查三相刀闸绝缘件损坏情况，损坏严重应更换。用扁锉除去刀闸刀片及触片上的烧伤斑点，并检查三相刀闸分、合闸动作是否灵活，接触是否良好。

13）检查分、合闸操作按钮，用万用表测试按钮的通、断是否正常。

14）用 00 号砂布除去二次接线板上的锈蚀后，刷防锈漆。

（4）CJ2 电动操动机构二次元件检修后装复。

分、合闸接触器，行程开关，分、合闸按钮，组合开关，热继电器，刀开关及接线端子板的检修及装复，按分解相反的顺序进行。装复时应注意以下几点：

1）检查 L 形转换拐臂，除去锈蚀，校正变形及做防锈处理，锈蚀严重者应更换。

2）用清洗剂清洗所有零部件，待干后，在所有元件导电接触面涂少量的中性凡士林油。

3）更换锈蚀的紧固件及弹簧。

4）用万用表检查行程开关，分、合闸按钮，急停按钮，接触器，热继电器，辅助开关等动、静触点通、断情况，并检查切换是否可靠，通、断位置是否正确。

5）装复后，核对二次接线是否正确。

（5）CJ2 电动操动机构二次元件检修质量标准。

1）行程开关，分、合闸按钮，急停按钮，接触器，热继电器，辅助开关等触点分合闸位置切换应正确、灵活、无卡涩。触点接触良好。弹簧及弹片的弹性良好。

2）拆下的二次回路端子线及电缆线头应有标记。

3）端子排编号清晰、完整，端子排无破损。

4）用 1000V 绝缘电阻表测量二次元件绝缘电阻应大于 2MΩ。

（6）辅助开关分解、检修、装复及检修质量标准。参见 CJ5 电动操动机构辅助开关相关内容（模块 Z15G2011Ⅱ）。

（7）CJ2 电动操动机构的减速器装配分解。

1）拆除机座与机构箱顶连接的 4 个螺栓，使机座与机构箱分离，取出机座放置在检修平台上。

2）拆除蜗杆轴端部大齿轮中心定位螺钉，取下大齿轮及平键。

3）拆除蜗轮与主轴的蜗轮定位螺栓，使主轴与蜗轮分离，拆卸前，应记录各调节垫片数量，取出蜗轮及平键、滚针轴承，拧下蜗轮上的 2 个挡钉。拆卸轴承时，不能损坏轴承的配合表面，不能将作用力加在外圈滚动体上。

4）拆除机座上端 3 个螺栓，取下分、合闸限位块。

5）拆除挡板与机座相连的紧固螺钉，取下挡板。

6）拆除下蜗杆轴的轴承端盖上 4 个螺栓，取下端盖、蜗杆轴，敲出蜗杆轴套上定位销，从轴上退出两端轴承、轴套及蜗杆。

（8）CJ2 电动操动机构的减速器装配检修工艺要求。

1）检查大齿轮轮齿表面及齿轮中心孔键槽，如稍有磨损，用扁锉修整。

2）检查蜗轮、蜗杆轴、蜗杆、轴套、主轴及轴上键槽和平键及挡钉，如轻微变形应校正，用扁锉修整磨损处，如磨损严重应更换。

3）分解轴承，取下内圈、滚针保持架、滚针及外圈，检查轴承工作面，如有锈蚀用 00 号砂布打磨，修理时不能损坏配合表面及精度；如保持架、滚针锈蚀（损坏）严重应更换。用清洗剂清洗以上零件，待干后，将涂满二硫化钼锂的保持架放在内圈上。装入滚针后，套上外圈。检查装复的轴承、滚动体与内、外圈接触是否良好，转动是否灵活后，放在检修平台上待用。

4）用清洗剂除去轴承表面污垢，检查其磨损及锈蚀情况，用 00 号砂布除去轴承工作面的锈蚀，处理时不能损坏配合表面及精度，损坏的应更换，用清洗剂清洗干净后，在轴承工作面涂满二硫化钼锂，放在检修平台上待用。

5）检查机座、轴承座、轴承端盖外表有无损伤，用扁锉修理。

6）检查机构箱体通风、密封及驱潮措施是否良好，如密封填料失效应处理（或更换），然后除去机构箱体上锈蚀，刷防锈漆。

（9）CJ2 电动操动机构的减速器装配检修后装复。按分解时的相反顺序装复，并注意以下几点：

1）装复前，用清洗剂清洗所有零、部件，待干后，在转动件上涂二硫化钼锂。

2）装复蜗轮、蜗杆时，应在蜗轮、蜗杆轴两端加入适量调节垫片，以减小蜗轮、蜗杆轴向窜动量。

3）检查蜗轮中心平面与蜗杆轴线是否在同一平面。

4）检查蜗轮与蜗杆轴线是否相互垂直。

5）手动转动蜗杆轴，检查蜗轮、蜗杆动作是否平稳、灵活，有无卡涩。

6）在装复后的蜗轮、蜗杆轮齿表面涂二硫化钼锂。

（10）CJ2 电动操动机构的减速器装配检修质量标准。

1）各零件无损伤，零件表面清洁。

2）蜗轮、蜗轮杆、蜗杆、轴套、主轴、键槽及平键完好，无变形、无锈蚀。

3）轴承及配合表面完好，转动灵活，无卡涩。

4）壳体及端盖无变形、无裂纹，各部件无损伤。

5）机构箱体无锈蚀，密封良好。

6）轴向窜动量不大于 0.5mm。

7）蜗轮中心平面与蜗杆轴线在同一平面。

8）蜗轮与蜗杆的轴线互相垂直。

9）蜗轮、蜗杆动作平稳、灵活，无卡涩。

（11）CJ2 电动操动机构的电动机装配检修。电动机一般情况下不需要全部解体检修，只是拆下电动机端盖进行检查。如为直流电动机，在拆下碳刷架及碳刷之前，除先做好其相对位置及接线极性的标记外，还应做好记录，然后拆除碳刷架及碳刷。

（12）CJ2 电动操动机构的装复。将已检修好的机构各部件按分解时的相反顺序装入机构箱内，组装好的机构应进行以下检查和测试：

1）检查机构箱内二次接线是否正确，接线端子连接是否牢固。

2）以手动操作，检查蜗轮、蜗杆的旋转方向与辅助开关切换位置是否对应。

3）以手动操作，检查机构传动部分是否灵活，工作是否平稳。

4）以手动进行分、合操作，检查辅助开关切换是否可靠。

5）测试驱潮器通、断情况，检查加热器是否完好无损。

6）用1000V绝缘电阻表测量二次回路绝缘应符合要求。

7）更换密封条，检查机构密封情况。

（13）CJ2电动操动机构检修质量标准。

1）传动系统动作灵活，蜗杆及中间轴轴向窜动量不大于0.5mm。

2）二次接线正确，接线端子牢固。

3）旋转方向与切换位置对应。

4）机构转动灵活，无卡涩，无异声。

5）辅助开关切换可靠，驱潮回路完好。

6）绝缘电阻大于2MΩ。

7）机构密封良好。

3. CJ2电动操动机构二次回路交流耐压试验

用交流电压2000V对操动机构二次辅助回路及控制回路进行1min工频耐压试验，耐压试验合格。如果现场没有耐压试验仪器，也可用2500V绝缘电阻表代替进行耐压试验。

4. CJ2电动操动机构二次回路绝缘试验

用1000V绝缘电阻表对操动机构二次辅助回路及控制回路进行绝缘电阻测试，绝缘电阻不低于2MΩ。

【思考与练习】

1. GW7型隔离开关传动系统主要由哪些部分组成？

2. GW7型隔离开关传动系统检修工艺要求是什么？

3. CJ2电动操动机构的减速器装配检修质量标准是什么？

4. CJ2电动操动机构检修组装后应进行哪些检查和测试？

模块12　GW16（20）型隔离开关传动系统及CJ7电动操动机构检修（Z15G2015Ⅱ）

【模块描述】本模块包含GW16（20）型隔离开关传动系统及CJ7电动操动机构检修的作业流程及工艺要求。通过知识要点的归纳讲解、图例展示、操作技能训练，掌握GW16（20）型隔离开关传动系统及CJ7电动操动机构的基本结构、修前准备、危险点预控、作业步骤、工艺要求及质量标准等操作技能。

【模块内容】

一、GW16 型隔离开关传动系统及 CJ7 电动操动机构的结构

1. GW16 型隔离开关传动系统的结构

GW16 型隔离开关传动系统主要由竖拉杆、水平拉杆及组合底座等组成。GW16–252 型隔离开关组合底座装配如图 10–12–1 所示。

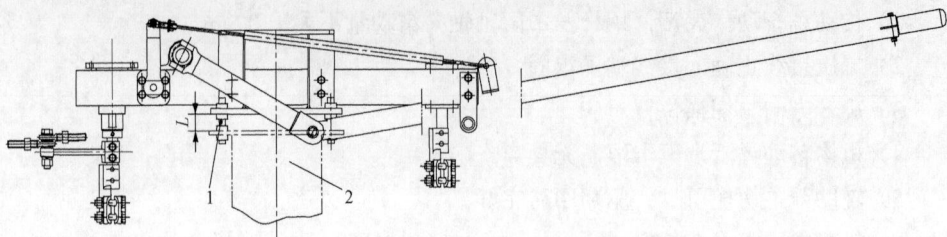

图 10–12–1 GW16–252 型隔离开关组合底座装配

1—螺杆（M20 全螺纹）；2—基础

2. CJ7 电动操动机构的结构

CJ7 电动操动机构主要由机构箱体、机械传动、控制回路三部分组成。其中机构箱体由箱体、正门、侧门、上盖等部分组成。机械传动主要由电动机、减速箱、调角联轴器组成。CJ7 电动操动机构减速箱装配图（俯视图）如图 10–12–2 所示，CJ7 电动操动机构调角联轴器结构原理如图 10–12–3 所示。

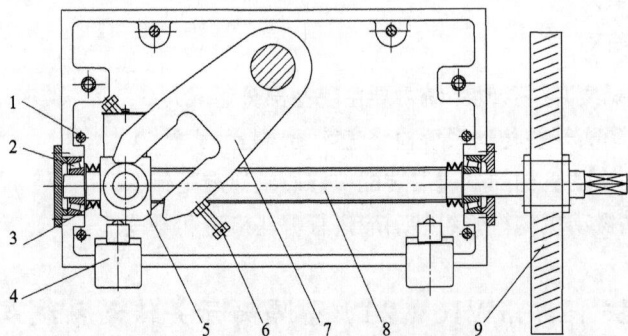

图 10–12–2 CJ7 电动操动机构减速箱装配图（俯视图）

1—连接螺栓；2—轴承；3—碟形弹簧；4—行程开关；5—丝母；6—限位螺栓；
7—叉杆焊装；8—丝杆；9—大齿轮

二、作业内容

（1）GW16 隔离开关传动系统分解、检修。

（2）CJ7 电动操动机构分解、检修。

（3）CJ7 电动操动机构二次回路交流耐压试验。

（4）CJ7 电动操动机构二次回路绝缘试验。

三、作业中危险点分析及控制措施

参见 GW4 型隔离开关传动系统及 CJ5 电动操动机构检修作业危险点分析及控制措施（模块 Z15G2011Ⅱ）。

四、检修作业前的准备

参见 GW4 型隔离开关传动系统及 CJ5 电动操动机构检修作业前的准备项目（模块 Z15G2011Ⅱ）。

五、检修作业前的检查

参见 GW4 型隔离开关传动系统及 CJ5 电动操动机构检修作业前的检查项目（模块 Z15G2011Ⅱ）。

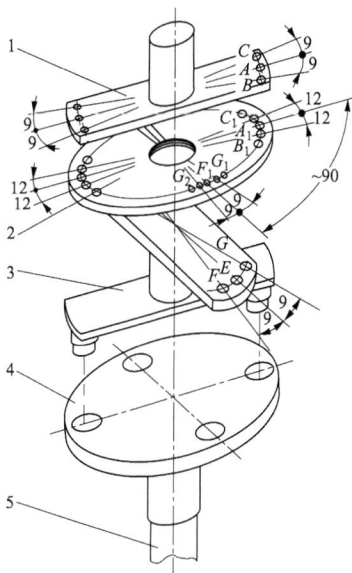

图 10-12-3 CJ7 电动操动机构调角
联轴器结构原理
1—接头焊装；2—圆板；3—拨动器；
4—连轴板焊装；5—减速箱输出轴

六、检修作业步骤、工艺要求及质量标准

1. GW16 隔离开关传动系统分解、检修

（1）GW16 隔离开关传动系统分解。

1）松开两边相轴下端的 U 形螺栓，取出被动拐臂和月形键。

2）拧下拉杆连接头（接叉）的防松螺母，拧下接头（接叉），拆卸前，记录好拉杆有效工作尺寸。

3）拧松连轴套上的螺栓顶丝，取下竖拉杆。拧松固定连臂轴的 4 个螺栓，取下连臂轴。

（2）GW16 隔离开关传动系统检修工艺要求。

1）所有拆下的零件用清洗剂清洗并擦干。

2）检查连臂轴有无开焊；检查连臂轴与衬套的公差配合。

3）检查连臂轴表面，如表面有锈蚀，应用 00 号砂布进行处理，存在严重损伤应更换。

4）检查拉杆件有无变形，如变形应校正，用钢丝刷或铲刀清除其锈蚀。

5）检查拉杆端头螺纹，损坏严重应更换，如轻微损伤应修整，用钢丝刷清除其锈蚀。

6）检查焊接在拉杆上的接套，如有变形应更换，检查焊缝有无开裂，如开裂应补焊。

7）检查连轴套有无裂纹及与竖拉杆焊接处有无开焊，如表面有锈蚀，应用 00 号砂布进行处理，存在严重损伤应更换。

8）检查圆头平键表面，表面有锈蚀，应用 00 号砂布进行处理，存在严重损伤应更换。

9）检查各螺孔情况，并用丝锥套攻，清除灰尘和铁锈，孔内涂黄油。

（3）GW16 隔离开关传动系统检修质量标准。

1）连臂轴应完整，连臂轴及衬套工作面无锈蚀。

2）拉杆应完整、无损坏。

3）各连接销应无磨损、变形。

4）连接销与销孔配合间隙为 0.4～0.5mm 为宜。

5）拉杆端头螺纹完好，无损伤。

6）连接头或接叉无变形，内螺纹完好。

7）接套无锈蚀、变形、焊缝完好。

8）螺杆、螺母应完整，无锈蚀，公差配合适当。

9）螺杆拧入接头的深度不应小于 20mm。

（4）GW16 隔离开关传动系统装复。按分解相反顺序进行装复，装复时应注意以下几点：

1）连臂轴与衬套接触面处应涂–40℃的二硫化钼锂。

2）拉杆装复时接头上面应有平垫后再上开口销，拉杆装复前应校直。

3）检查固定竖拉杆螺栓顶丝有无松动。

2. CJ7 电动操动机构分解、检修

首先打开正门及侧门，断开电动机电源及控制电源。记下电缆进线及用于外部连锁等功能线的端子编号，松开接线点，并做标记。拧下机构内二次元件装配接线端子上与进线电缆导线的固定螺钉，松开电缆线夹，从机构箱中抽出进线电缆，同时拆出与电动机相连的电源线，以上接线在拆卸前应做好记录，电缆抽出后应做好防潮措施；拆除机构箱与基础相连的 4 个螺栓，将机构拆出并安放在检修平台上。

（1）CJ7 电动操动机构各单元分解。

1）检查调角轴器、机构输出轴上的平键及防雨罩确已拆卸后，拧下上盖与机构箱间的 4 个连接螺栓，取出上盖。

2）拔出机构输出轴与辅助开关相连的拐臂连板两端的开口销，取下拐臂连板。

3）拆出门控开关上的二次接线（拆卸前应做好记录），拧下机构箱与门控开关间的连接螺栓，取下门控开关。

4）拆出分、合闸限位开关上的二次接线（拆卸前应做好记录），拧下减速器装配与分、合闸限位开关固定板的连接螺栓，取出分、合闸限位开关。

5）拆除机构箱、减速器箱装配与二次元件装配相连的螺栓，取出二次元件装配。

6）拆除减速箱装配与齿轮护罩相连的螺栓，取出齿轮护罩。

7）拆除电动机与减速装配相连的 4 个螺栓，从机构箱中取出电动机，并放至检修平台上。

8）拆下减速箱装配与机构箱相连的 4 个固定螺栓，将减速箱装配从机构箱中取出，放至检修平台上。

（2）CJ7 电动操动机构二次元件分解。

1）拆下二次线路固定在接线端子的螺钉，抽出二次接线（拆卸前应做好记录），抽出接线端子卡轨两端固定卡，从卡轨上拆下接线端子。

2）拆下辅助触头、交流接触器、两个小型断路器以及热继电器上二次接线固定螺钉，抽出二次接线（拆卸前应做好记录），将辅助触头、交流接触器、小型断路器和两个热继电器从卡轨上抽出。

3）拆下按钮上二次接线固定螺钉，抽出二次接线（拆卸前应做好记录），从安装板上拆下按钮。

4）拆下辅助开关上二次接线固定螺钉，抽出二次接线（拆卸前应做好记录），拧下安装板与辅助开关相连的 4 个螺栓，从安装板上取出辅助开关。

5）拆下驱潮电阻二次接线，拧下安装板与驱潮电阻相连接的卡子固定螺栓，取出驱潮电阻。

6）拆下安装板与卡轨相连接的螺钉，使卡轨与安装板分离。

（3）CJ7 电动操动机构二次元件检修工艺要求。

1）检查接线端子外表，如有破损应更换，用 00 号砂布清除二次接线接触处的氧化层。

2）检查二次线接线端子是否紧固，绝缘是否良好。

3）检查接线端子板端子排编号，缺的应补齐。端子排如有破损、裂纹应更换，压线螺钉锈蚀应更换。

4）检查行程开关，分、合闸按钮，急停按钮等动作是否灵活、正确，触点是否烧伤，如有烧伤痕迹，可用 00 号砂布处理。如破损应更换。

5）检查行程开关，分、合闸按钮，急停按钮，交流接触器，热继电器等弹簧及弹片，用手轻压弹簧及弹片，检查复位情况，如永久疲劳应更换。

6）检查按钮外表完好情况，如有破损应更换。手动试验按钮，检查其通、断切换是否可靠，接触是否良好。

7）检查辅助触头、交流接触器、小型断路器及热继电器、门控开关等，如严重损伤应更换。检查辅助触头、交流接触器、小型断路器及门控开关通、断是否正常，切换位置是否正确、可靠，接触是否良好。

8）检查分、合闸接触器的外观有无破损，如破损严重应更换；检查其动作情况，调整好触头开距和超行程后用万用表测试接触器通、断是否可靠，同时检查线圈有无烧伤，必要时更换。

9）检查接触器触点是否有烧伤痕迹，必要时更换。

10）检查热继电器，如破损应更换，并用清洗剂清洗热继电器外表面。

11）检查热继电器整定设置是否正确。

12）检查加热器是否良好，自动控制装置动作是否准确可靠，用 1000V 绝缘电阻表测量其绝缘电阻应符合要求。

13）用 00 号砂布清除驱潮电阻表面的锈蚀，用万用表检测驱潮电阻值，并测量电阻值是否符合厂家要求。

14）检查安装板、卡轨，用 00 号砂布清除其锈蚀，如卡轨轻微变形应校正。

15）辅助开关分解、检修、装复及检修质量标准参见 CJ5 电动操动机构辅助开关相关内容（模块 Z15G2011Ⅱ）。

（4）CJ7 电动操动机构二次元件检修后装复。分、合闸接触器，行程开关，分、合闸按钮，组合开关，热继电器等装复，按分解相反的顺序进行，装复时应注意以下几点：

1）装复前，将安装板与导轨刷防锈漆，同时更换所有锈蚀的连接紧固件。

2）用清洗剂清洗所有零部件，待干后，在所有元件导电接触面涂少量的中性凡士林油。

3）更换锈蚀的紧固件及弹簧。

4）装复后的辅助开关轴向窜动量不大于 0.5mm。

5）用万用表检查行程开关，分、合闸按钮，急停按钮，接触器，热继电器，辅助开关等动、静触点通、断情况，并检查切换是否可靠，通、断位置是否正确。

6）二次线及元件装复过程中，应检查接线是否正确，接触是否良好。

7）二次元件装配组装完成后，应检查各元件与安装板固定是否牢固。

8）用 1000V 绝缘电阻表摇测二次元件装配绝缘电阻是否符合要求。

（5）CJ7 电动操动机构二次元件检修质量标准。

1）行程开关，分、合闸按钮，急停按钮，接触器，热继电器，辅助开关等触点分、合闸位置切换应正确、灵活、无卡涩。触点接触良好。弹簧及弹片的弹性良好。

2）拆下的二次回路端子线及电缆线头应有标记。

3）端子排编号清晰、完整，端子排无破损。

4）用 1000V 绝缘电阻表测量二次元件绝缘电阻应大于 2MΩ。

（6）CJ7 电动操动机构的减速器装配分解。

1）拆下减速箱装配端部大齿轮外侧端盖上的 4 个半圆头螺钉，分别从螺杆上取出大齿轮端盖、大齿轮及平键。

2）拆下螺杆两个端盖上固定螺栓，取下端盖。

3）从机构输出轴上取出辅助开关拐臂后，拧下机构输出轴上、下端盖上的各 3 个螺栓，取下端盖。

4）拆下上减速箱与下减速箱相连的 6 个双头螺母，打开上、下减速箱体，将螺杆连同轴承、调整垫片、碟形弹簧、螺杆螺母及上的油杯一并拆出。

5）从下减速箱中取出叉杆焊装、复合轴套，在拧下叉杆焊接上的限位螺栓前应记录好螺纹外露部分的尺寸。

6）拆下油杯的螺钉，从螺杆螺母上取出油杯盖及油杯筒。

7）拔出螺杆螺母上滚轮轴两端的弹簧卡，取出滚轮。

（7）CJ7 电动操动机构的减速器装配检修工艺要求。

1）检查螺杆，如有轻微扭曲、变形应校正。

2）检查螺杆及螺杆螺母内、外梯形螺纹及螺杆端头键槽，如有轻微损伤，应用扁锉修理，如损伤严重应更换。

3）如螺杆螺母上滚轮轴轻微变形应校正，用 00 号砂布清除螺杆及螺杆螺母外表的锈蚀，检查螺杆螺母与螺杆及螺杆螺母外表的锈蚀。

4）检查螺杆螺母与螺杆的配合，转动是否灵活，轴向窜动量是否符合要求。

5）检查大齿轮的轮齿，用扁锉修整轮齿及键槽上毛刺，用 00 号砂布清除齿轮外表锈蚀。

6）检查叉杆焊装，如有轻微变形应校正，用 00 号砂布清除其表面锈蚀。

7）检查油杯、杯筒及盖，如轻微锈蚀用 00 号砂布清除，稍有变形应校正。

8）检查滚轮，如轻微变形应校正，用 00 号砂布清除锈蚀。

9）检查上减速箱、下减速箱，箱体上螺纹孔洞如有轻微损坏用丝锥套攻修理，箱体表面如损坏严重应更换。

10）检查端盖，轻微变形应校正，用 00 号砂布清除其上锈蚀。

11）检查碟形弹簧，当两片呈◇◇形后，用手轻轻按压，释放后，检查弹簧是否复位正常，如有损坏或永久变形应更换。

12）检查位置开关，如损坏应更换，用万用表检查触点的通、断和接触情况。

13）分解滚针轴承，取下内圈、滚针保持架、滚针及外圈。

14）轴承的检修。① 用清洗剂清洗轴承表面污垢，检查其磨损及锈蚀情况，用

00 号砂布清除轴承表面的锈蚀。② 如保持架、滚针锈蚀损坏严重应更换。③ 将涂满二硫化钼锂的保持架放在内圈上。

15）轴承按分解时的相反顺序装复，装复调整合格后，放在检修平台上待用。

16）轴承的检修质量标准。① 修理时不能损坏配合表面精度。② 检查装复的轴承，滚动体与内、外圈接触良好，转动灵活。③ 轴承及配合表面完好，转动灵活、无卡涩。

（8）CJ7 电动操动机构的减速器装配检修后装复。按分解时的相反顺序装复，并注意以下几点：

1）装复前，用清洗剂清洗除轴外的所有零部件，待干后，在转动件上涂二硫化钼锂；在上、下减速箱上所有螺孔中涂黄油。

2）装复前：更换所有锈蚀的连、固定件及叉杆焊装上的复合轴套。

3）装复前：螺杆螺母上的油杯中液压注满二硫化钼锂。

4）装复过程中，注意检查零部件的装复位置和尺寸。

5）螺杆螺母上油杯的安放位置。

6）碟形弹簧的装配方向呈◇◇形。

7）叉杆焊装上的限位螺栓外露长度应与原始尺寸相近。

8）装复后：手动转动螺杆，检查螺杆螺母及被带动的叉杆焊装运动是否灵活，有无卡涩，轴向窜动是否合格。

9）装复后：检查螺杆螺母能否自由脱扣及搭扣，如有偏差，可通过增减碟形弹簧及端头调整垫片的数量来解决。

10）装复后：检查螺杆螺母行至杠端头时，限位螺栓与箱体限位点间隙是否符合要求。

（9）CJ7 电动操动机构的减速器装配检修质量标准。

1）各零件无损伤，零件表面清洁。

2）轮齿及中心孔键槽无毛刺，表面无锈蚀。

3）轴承及配合表面转动灵活，无卡涩。

4）叉杆焊装无锈蚀，无变形。

5）油杯、杯筒及盖等部件无锈蚀，无变形。

6）滚轮无锈蚀，无变形。

7）上、下减速箱体无损伤，无锈蚀，表面完好。

8）碟形弹簧完好，无永久变形。

9）位置开关动作正确，接触可靠。

10）连接、固定螺栓（钉）及复合轴套无锈蚀。

11）零部件装复位置和尺寸正确。

（10）CJ7 电动操动机构的电动机装配检修。电动机一般情况下不需要全部解体检修，只是拆下电动机端盖进行检查。如为直流电动机，在拆下碳刷架及碳刷之前，除先做好其相对位置及接线极性的标记外，还应做好记录，然后拆除碳刷架及碳刷。

（11）CJ7 电动操动机构检修后装复。按分解时的相反顺序装复，并注意以下几点：

1）将已组装好的各部件装配按分解时的相反顺序装复。

2）用手柄操作，检查传动部分动作是否灵活，有无卡涩。

3）用手柄操作，使机构处于分、合闸位置时，检查位置开关与限位螺栓、辅助开关切换位置均是否对应，接触是否可靠。

4）复核二次接线是否正确。

5）检查行程开关通断是否可靠。

6）更换密封条，检查机构密封情况。

7）检查机构箱体通风、密封及驱潮措施是否良好，如密封填料失效应处理（或更换），然后除去机构箱体上锈蚀，刷防锈漆。

（12）CJ7 电动操动机构检修质量标准。

1）零部件完好、清洁。

2）转动盘与分、合闸切换块相对位置正确。

3）连接、固定螺栓（钉）紧固良好。

4）二次接线正确，接线端子牢固。

5）旋转方向与切换位置对应。

6）机构转动灵活，无卡涩，无异声。

7）辅助开关切换可靠，驱潮回路完好。

8）绝缘电阻大于 2MΩ。

9）驱潮器、加热器工作正常。

（13）调角联轴器的分解。

1）拧下接头焊装与圆板间连接的 2 个螺栓，取出接头焊接。

2）拧下拨动器与圆板相连的 2 个螺栓，取出圆板。

3）从连轴板焊装上抽出拨动器。

4）从机构减速箱输出轴取出联轴板焊装及平键。

（14）调角联轴器的检修。

1）检查接头焊装接头与焊板间焊缝是否牢固，焊板是否扭曲变形，如轻微变形，校正后，用钢丝刷清除外表锈蚀。

2）检查圆板上孔洞损伤情况，用扁锉修理后，校正其扭曲变形，用钢丝刷清除锈蚀。

3）检查拨动器，用扁锉清除孔洞毛刺，校正拨动器上、下两焊板的扭曲变形后，用钢丝刷清除其上锈蚀。

4）检查连轴板焊装，用扁锉清除孔洞、键及键槽上的毛刺，用 00 号砂布清除其锈蚀。

（15）调角联轴器的装复。按分解时相反顺序装复，并注意以下几点：

1）装复前，用清洗剂清洗所有零部件，待干后，在各零部件外表面刷防锈漆。

2）装复时，检查圆板与接头焊装与拨动器间连接是否牢固。

3）检查联轴板焊装上孔与拨动器轴间的间隙是否符合标准。

4）检查角度是否符合厂家要求。

（16）调角联轴器的检修质量标准。

1）接头焊接牢固，无变形，无锈蚀。

2）圆板上的孔洞无损伤，无变形，无锈蚀。

3）拨动器上孔洞无毛刺，焊板无变形，无锈蚀。

4）联轴板焊装孔洞、键、键槽无毛刺，联轴板焊装无锈蚀。

5）各零、部件完好、清洁。

6）圆板、接头焊装及拨动器间连接牢固。

7）孔、轴间间隙不大于 0.1mm。

3. CJ7 电动操动机构二次回路交流耐压试验

用交流电压 2000V 对操动机构二次辅助回路及控制回路进行 1min 工频耐压试验，耐压试验合格。如果现场没有耐压试验仪器，也可用 2500V 绝缘电阻表代替进行耐压试验。

4. CJ7 电动操动机构二次回路绝缘试验

用 1000V 绝缘电阻表对操动机构二次辅助回路及控制回路进行绝缘电阻测试，绝缘电阻不低于 2MΩ。

【思考与练习】

1. GW16 型隔离开关传动系统主要由哪些部分组成？

2. GW16 型隔离开关传动系统检修质量标准是什么？

3. 简述 CJ7 电动操动机构各单元分解步骤。

4. CJ7 电动操动机构的减速器装配检修质量标准是什么？

模块 13 GW17 型隔离开关传动系统及 CJ11 电动操动机构检修（Z15G2016Ⅱ）

【模块描述】 本模块包含 GW17（21）型隔离开关传动系统及 CJ11 电动操动机构检修的作业流程及工艺要求。通过知识要点的归纳讲解、图例展示、操作技能训练，掌握 GW17（21）型隔离开关传动系统及 CJ11 电动操动机构的基本结构、修前准备、危险点预控、作业步骤、工艺要求及质量标准等操作技能。

【模块内容】

一、GW17 型隔离开关传动系统及 CJ11 电动操动机构的结构

1. GW17 型隔离开关传动系统的结构

GW17 型隔离开关传动系统和 GW16 型隔离开关传动系统基本一样，参见 GW16 型隔离开关传动系统的结构（模块 Z15G2015Ⅱ）。

2. CJ11 电动操动机构的结构

CJ11 电动操动机构主要由传动部分、操动部分、辅助开关、机构箱体四大部分组成。CJ11 电动操动机构总装配（不含控制面板）如图 10-13-1 所示。

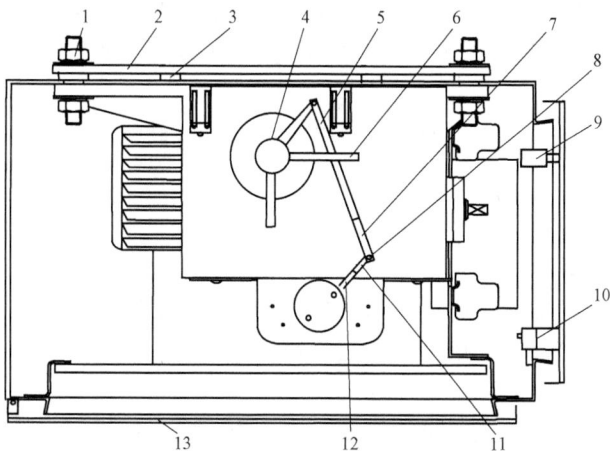

图 10-13-1 CJ11 电动操动机构总装配

1—机构安装螺母；2—安装被板；3—接地螺孔；4—启动盘焊装；5—连杆；6—铜带；7—连杆套；
8—销；9—门控开关；10—侧向机械连锁插销；11—被动拐臂套；
12—被动拐臂焊装；13—前门

二、作业内容

（1）GW17 隔离开关传动系统分解、检修。

（2）CJ11 电动操动机构分解、检修。

（3）CJ11 电动操动机构二次回路交流耐压试验。

（4）CJ11 电动操动机构二次回路绝缘试验。

三、作业中危险点分析及控制措施

参见 GW4 型隔离开关传动系统及 CJ5 电动操动机构检修作业危险点分析及控制措施（模块 Z15G2011Ⅱ）。

四、GW17 型隔离开关传动系统及 CJ11 电动操动机构检修作业前的准备

参见 GW4 型隔离开关传动系统及 CJ5 电动操动机构检修作业前的准备项目（模块 Z15G2011Ⅱ）。

五、检修作业前的检查

参见 GW4 型隔离开关传动系统及 CJ5 电动操动机构检修作业前的检查项目（模块 Z15G2011Ⅱ）。

六、检修作业步骤、工艺要求及质量标准

1. GW17 隔离开关传动系统分解、检修

（1）GW17 隔离开关传动系统分解。

1）松开两边相轴下端的 U 形螺栓，取出被动拐臂和月形键。

2）拧下拉杆连接头（接叉）的防松螺母，拧下接头（接叉）。拆卸前，记录好拉杆有效工作尺寸。

3）拧松连轴套上的螺栓顶丝，取下竖拉杆。拧松固定连臂轴的 4 个螺栓，取下连臂轴。

（2）GW17 隔离开关传动系统检修工艺要求。

1）所有拆下的零件用汽油清洗并擦干。

2）检查连臂轴有无开焊；检查连臂轴与衬套的公差配合。

3）检查连臂轴表面，如表面有锈蚀，应用 00 号砂布进行处理，存在严重损伤应更换。

4）检查拉杆件有无变形，如变形应校正，用钢丝刷或铲刀清除其锈蚀。

5）检查拉杆端头螺纹，损坏严重应更换，轻微损伤应修整，用钢丝刷清除其锈蚀。

6）检查焊接在拉杆上的接套，如有变形应更换，检查焊缝有无开裂，如开裂应补焊。

7）检查连轴套有无裂纹及与竖拉杆焊接处有无开焊，如表面有锈蚀，应用 00 号砂布进行处理，存在严重损伤应更换。

8）检查圆头平键表面，表面有锈蚀，应用 00 号砂布进行处理，存在严重损伤应更换。

9）检查各螺孔情况，并用丝锥套攻，清除灰尘和铁锈，孔内涂黄油。

（3）GW17 隔离开关传动系统检修质量标准。

1）连臂轴应完整，连臂轴及衬套工作面无锈蚀。

2）拉杆应完整、无损坏。

3）各连接销应无磨损、变形。

4）连接销与销孔配合间隙在 0.4～0.5mm 为宜。

5）拉杆端头螺纹完好，无损伤。

6）连接头或接叉无变形，内螺纹完好。

7）接套无锈蚀、变形、焊缝完好。

8）螺杆、螺母应完整，无锈蚀，公差配合适当。

9）螺杆拧入接头的深度不应小于 20mm。

（4）GW17 隔离开关传动系统装复。按分解相反顺序进行装复，装复时应注意以下几点：

1）连臂轴与衬套接触面处应涂−40℃的二硫化钼锂。

2）拉杆装复时接头上面应有平垫后再上开口销，拉杆装复前应校直。

3）检查固定竖拉杆螺栓顶丝有无松动。

2. CJ11 电动操动机构分解、检修

断开电动机电源及控制电源，拆下机构内二次元件装配接线端子上与进线电缆导线的固定螺钉，松开电缆线夹，从机构箱中抽出进线电缆，同时拆出与电动机相连的电源线，以上接线在拆卸前应做好记录，电缆抽出后应做好防潮措施，拆除机构箱与基础相连的 4 个螺栓，将机构拆出并安放在检修平台上。

（1）CJ11 电动操动机构各单元分解。

1）检查联轴板装配、限位件及防雨罩确已拆卸后，拆除上盖与机构箱连接螺栓，取出上盖。

2）拔出启动盘焊装与辅助开关相连的连杆两端的开口销，取下连杆及连杆套。

3）拆除启动盘焊装的固定螺栓，取下启动盘焊装。

4）拆除辅助开关上二次接线固定螺钉，抽出二次接线（拆卸前应做好记录），拧下固定辅助开关相连的 4 个螺栓，取出辅助开关装配。

5）拆出门控开关上的二次接线（拆卸前应做好记录），拧下机构箱与门控开关间的连接螺栓，取下门控开关。

6）拆出分、合闸限位开关上的二次接线（拆卸前应做好记录），拧下减速器装配与分、合闸限位开关固定板的连接螺栓，取出分、合闸限位开关。

7）拆除机构箱、减速箱装配与二次元件装配相连的螺栓，取出二次元件装配。

8）拧下减速箱装配与齿轮护罩相连的螺栓，取出齿轮护罩。

9）拆除电动机与减速装配相连的 4 个螺栓，从机构箱中取出电动机，并放至检修平台上。

10）拆除减速箱装配与机构箱相连的 4 个固定螺栓，将减速箱装配从机构箱中取出，放至检修平台上。

（2）CJ11 电动操动机构二次元件分解。

1）拆下二次线路固定在接线端子的螺钉，抽出二次接线（拆卸前应做好记录），抽出接线端子卡轨两端固定卡，从卡轨上拆下接线端子。

2）拆下电动机启动器、微型断路器、万能转换开关、辅助触头、交流接触器及热继电器上二次接线固定螺钉，抽出二次接线（拆卸前应做好记录），将电动机启动器、微型断路器、万能转换开关、辅助触头、交流接触器及热继电器从卡轨抽出。

3）拆下按钮上二次接线固定螺钉，抽出二次接线（拆卸前应做好记录），从控制面板上拆下按钮。

4）拆下驱潮电阻（加热器）二次接线，拧下控制面板与驱潮电阻相连接的卡子固定螺栓，取出驱潮电阻（加热器）。

5）拧下控制面板与卡轨相连接的螺钉，使卡轨与控制面板分离。

（3）CJ11 电动操动机构二次元件检修工艺要求。

1）检查接线端子外表，如有破损应更换，用 00 号砂布清除二次接线接触处的氧化层。

2）检查二次线接线端子是否紧固，绝缘是否良好。

3）检查接线端子板、端子排编号，缺的应补齐。端子排如有破损、裂纹应更换，压线螺钉锈蚀或过热应更换。

4）检查行程开关，分、合闸按钮，急停按钮等动作是否灵活、正确，触点是否烧伤，如有烧伤痕迹，可用 00 号砂布处理。如破损应更换。

5）检查行程开关，分、合闸按钮，急停按钮，电动机启动器，微型断路器，万能转换开关，辅助触头，交流接触器及热继电器等弹簧及弹片，用手轻压弹簧及弹片，检查复位情况，如永久疲劳应更换。

6）检查按钮外表完好情况，如有破损应更换。手动试验按钮，检查其通、断切换是否可靠，接触是否良好。

7）检查电动机启动器、微型断路器、万能转换开关、辅助触头、交流接触器及热继电器、门控开关等，如严重损伤应更换。检查电动机启动器、微型断路器、万能转换开关、辅助触头、交流接触器及热继电器及门控开关通、断是否正常，切换位置是否正确、可靠，接触是否良好。

8）检查分、合闸接触器的外观有无破损，如破损严重应更换；检查其动作情况，调整好触头开距和超行程后用万用表测试接触器通、断是否可靠，同时检查线圈有无烧伤，必要时更换。

9）检查接触器触点是否有烧伤痕迹，必要时更换。

10）检查热继电器，如破损应更换，并用清洗剂清洗热继电器外表面。

11）检查热继电器整定设置是否正确。

12）检查加热器是否良好，自动控制装置动作是否准确可靠，用 1000V 绝缘电阻表测量其绝缘电阻应符合要求。

13）用 00 号砂布清除驱潮电阻表面的锈蚀，用万用表检测驱潮电阻值，并测量电阻值是否符合厂家要求。

14）检查控制面板、卡轨，用 00 号砂布清除其锈蚀，如卡轨轻微变形应校正。

（4）CJ11 电动操动机构二次元件检修后装复。行程开关，分、合闸按钮，电动机启动器，微型断路器，万能转换开关，辅助触头，交流接触器及热继电器、门控开关等装复，按分解相反的顺序进行，装复时应注意以下几点：

1）装复前，将控制面故与卡轨刷防锈漆，同时更换所有锈蚀的连接紧固件。

2）用清洗剂清洗所有零部件，待干后，在所有元件导电接触面涂少量的中性凡士林油。

3）更换锈蚀的紧固件及弹簧。

4）用万用表检查行程开关，分、合闸按钮，急停按钮，接触器，热继电器等动、静触点通、断情况，并检查切换是否可靠，通、断位置是否正确。

5）二次线及元件装复过程中，应核查接线是否正确，接触是否良好。

6）二次元件装配组装完成后，应检查各元件与安装板固定是否牢固。

7）用 1000V 绝缘电阻表摇测二次元件装配绝缘电阻是否符合要求。

（5）CJ11 电动操动机构二次元件检修质量标准。

1）行程开关，分、合闸按钮，急停按钮，接触器，热继电器等触点分、合闸位置切换应正确、灵活、无卡涩。触点接触良好。弹簧及弹片的弹性良好。

2）拆下的二次回路端子线及电缆线头应有标记。

3）端子排编号清晰、完整，端子排无破损。

4）用 1000V 绝缘电阻表测量二次元件绝缘电阻应大于 2MΩ。

（6）辅助开关分解、检修、装复及检修质量标准。参见 CJ5 电动操动机构辅助开关相关内容（模块 Z15G2011Ⅱ）。

（7）CJ11 电动操动机构的减速箱装配分解。

1）拧下减速箱一、二级齿轮观察孔的盖板固定螺栓，取下盖板。

2）拧下减速箱电动机安装侧的盖板固定螺栓，取下盖板。

3）分别从减速箱取出一、二级齿轮，蜗杆，蜗轮及轴承，垫片。

（8）CJ11 电动操动机构的减速器装配检修工艺要求。

1）检查一、二级齿轮，用扁锉修整轮齿及键槽上毛刺，用 00 号砂布清除齿轮外表锈蚀。

2）检查蜗杆、蜗轮的配合情况，转动是否灵活，轴向窜动量是否符合要求。

3）检查启动盘焊装有无裂纹及开焊，如表面有锈蚀，应用 00 号砂布进行处理，存在严重损伤、裂纹及开焊应更换。

4）检查铜带有无变形，如变形应校正，用钢丝刷清除其锈蚀。

5）检查蜗杆，如轻微变形应校正，用 00 号砂布清除锈蚀。

6）检查箱体上螺纹孔洞如有轻微损坏用丝锥套攻修理，箱体表面如损坏严重应更换。

7）检查盖板，校正轻微变形后，用 00 号砂布清除锈蚀。

8）轴承的分解。分解滚针轴承，取下内圈、滚针保持架、滚针及外圈。

9）轴承的检修。① 用清洗剂清洗轴承表面污垢，检查其磨损及锈蚀情况，用 00 号砂布清除轴承表面的锈蚀。② 如保持架、滚针锈蚀损坏严重应更换。③ 将涂满二硫化钼锂的保持架放在内圈上。

10）轴承的装复。按分解时的相反顺序装复，装复调整合格后，放在检修平台上待用。

11）轴承的检修质量标准。① 修理时不能损坏配合表面精度。② 检查装复的轴承，滚动体与内、外圈接触良好，转动灵活。③ 轴承及配合表面完好，转动灵活、无卡涩。

（9）CJ11 电动操动机构的减速器装配检修后装复。按分解时的相反顺序装复，并注意以下几点：

1）装复前，用清洗剂清洗除轴外的所有零部件，待干后，在转动件上涂二硫化钼锂；在减速箱上所有螺孔中涂黄油。

2）装复前：更换所有锈蚀的连、固定件及轴套。

3）装复过程中，注意检查零、部件的装复位置和尺寸。

4）装复后：手动转动蜗杆，检查蜗杆运动是否灵活，有无卡涩，轴向窜动是否合格。

（10）CJ11 电动操动机构的减速器装配检修质量标准。

1）各零件无损伤，零件表面清洁。

2）轮齿及中心孔键槽无毛刺，表面无锈蚀。

3）轴承及配合表面转动灵活，无卡涩。

4）启动盘焊装无锈蚀，无变形、无开裂。

5）滚轮无锈蚀，无变形。

6）减速箱体无损伤，无锈蚀，表面完好。

7）连接、固定螺栓（钉）及轴套无锈蚀。

8）零部件装复位置和尺寸正确。

（11）CJ11 电动操动机构的电动机装配检修。电动机一般情况下不需要全部解体检修，只是拆下电动机端盖进行检查。如为直流电动机，在拆下碳刷架及碳刷之前，除先做好其相对位置及接线极性的标记外，还应做好记录，然后拆除碳刷架及碳刷。

（12）CJ11 电动操动机构检修后装复。按分解时的相反顺序装复，并注意以下几点：

1）将已组装好的各部件装配按分解时的相反顺序装复。

2）用手柄操作，检查传动部分动作是否灵活，有无卡涩。

3）用手柄操作，使机构处于分、合闸位置时，检查位置开关与限位螺栓、辅助开关切换位置均是否对应，接触是否可靠。

4）复核二次接线是否正确。

5）检查行程开关通断是否可靠。

6）更换密封条，检查机构密封情况。

7）检查机构箱体通风、密封及驱潮措施是否良好，如密封填料失效应处理（或更换），然后除去机构箱体上锈蚀，刷防锈漆。

（13）CJ11 电动操动机构检修质量标准。

1）零部件完好、清洁。

2）转动盘与分、合闸切换块相对位置正确。

3）连接、固定螺栓（钉）紧固良好。

4）二次接线正确，接线端子牢固。

5）旋转方向与切换位置对应。

6）机构转动灵活，无卡涩，无异声。

7）辅助开关切换可靠。驱潮回路完好。

8）绝缘电阻大于 2MΩ。

9）驱潮器、加热器工作正常。

3. CJ11 电动操动机构二次回路交流耐压试验

用交流电压 2000V 对操动机构二次辅助回路及控制回路进行 1min 工频耐压试验，耐压试验合格。如果现场没有耐压试验仪器，也可用 2500V 绝缘电阻表代替进行耐压试验。

4. CJ11 电动操动机构二次回路绝缘试验

用 1000V 绝缘电阻表对操动机构二次辅助回路及控制回路进行绝缘电阻测试，绝缘电阻不低于 2MΩ。

【思考与练习】

1. CJ11 电动操动机构主要由哪些部分组成？

2. GW17 型隔离开关传动系统检修质量标准是什么？

3. 简述 CJ11 电动操动机构分解检修步骤。

4. CJ11 电动操动机构检修后装复要注意哪些问题？

▲ 模块 14 接地刀闸及操动机构检修（Z15G2017Ⅱ）

【模块描述】 本模块包含隔离开关接地刀闸检修作业流程及工艺要求。通过知识要点的归纳讲解、图例展示、操作技能训练，掌握隔离开关接地刀闸的基本结构、修前准备、危险点预控、作业步骤、工艺要求及质量标准等操作技能。

【模块内容】

一、隔离开关接地刀闸及操动机构的结构

1. Ⅰ型隔离开关接地刀闸的结构

Ⅰ型隔离开关接地刀闸主要由操动机构、垂直竖拉杆、水平拉杆、接地刀杆、接地闸刀等组成。Ⅰ型接地刀闸分、合闸位置示意图如图 10-14-1 所示。

2. Ⅱ型隔离开关接地刀闸的结构

Ⅱ型隔离开关接地刀闸主要由操动机构、垂直竖拉杆、水平拉杆、导电管、动触头、静触头及平衡弹簧等组成。静触头安装在隔离开关静触头的底板上，动触头、导电管及传动部件附装在隔离开关底座上。Ⅱ型接地刀闸传动系统装配如图 10-14-2 所示，Ⅱ型接地刀闸动作原理示意图如图 10-14-3 所示。

3. CS17-G 手动操动机构的结构

CS17-G 手动操动机构由操作手柄、辅助开关、轴销和机械闭锁拨杆等组成，可分为水平操作和垂直操作两种；也可分为不带电器原件和带电器原件两种。CS17-G 手动操动机构的结构如图 10-14-4 所示。

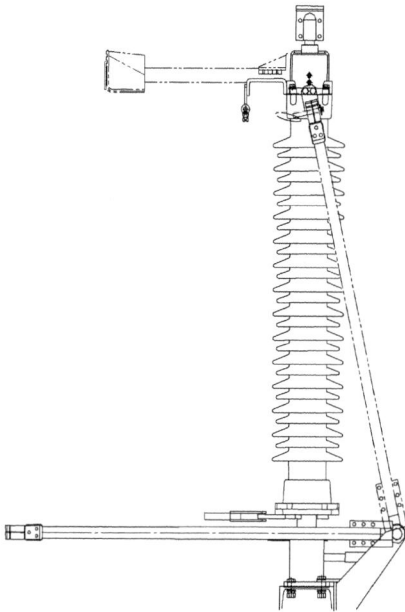

图 10-14-1 Ⅰ型接地刀闸分、
合闸位置示意图

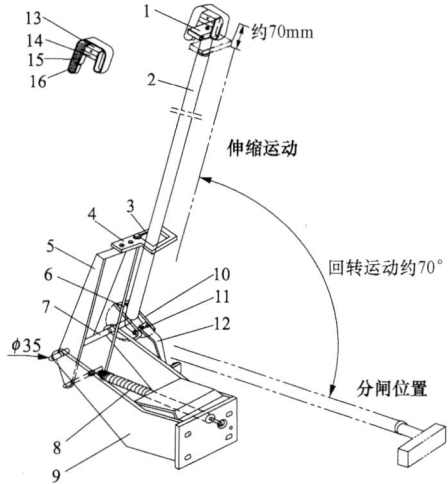

图 10-14-2 Ⅱ型接地刀闸传动系统装配

1—动触头；2—导电管；3—定位弹簧；4—托板；5—托架；
6—止位钉；7—转轴；8—平衡弹簧；9—底架；10—转板；
11—轴销；12—导电带；13—触头块；14—触头弹簧；
15—触指；16—卡罩

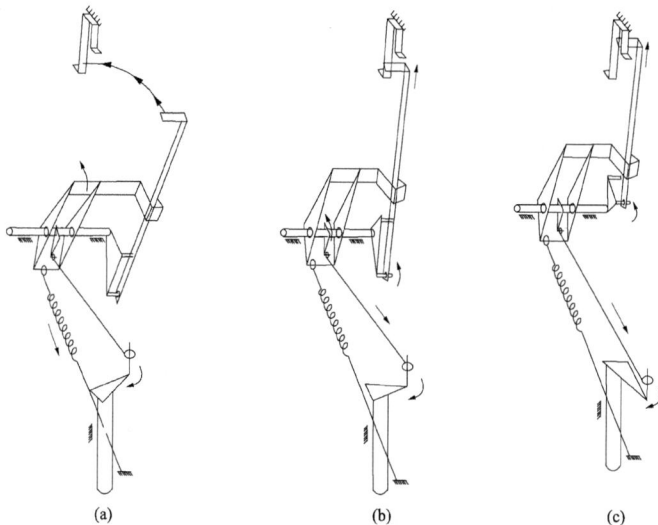

(a)　　　　　　　　(b)　　　　　　　　(c)

图 10-14-3 Ⅱ型接地刀闸动作原理示意图

（a）导电管回转运动；（b）导电管回转终了，开始上升运动；（c）导电管插进静触头中，合闸终了

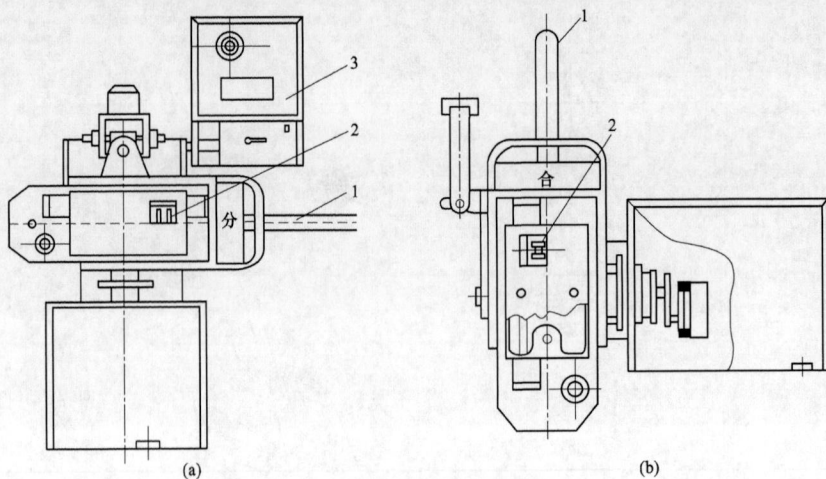

图 10-14-4　CS17-G 手动操动机构的结构

（a）水平安装带电磁锁、辅助开关；（b）垂直安装带电磁锁、辅助开关

1—手柄；2—拨杆；3—电磁锁

4. CS9 手动操动机构的结构

CS9 手动操动机构由抱夹、管接套、电磁锁、蜗轮箱、操作手柄、辅助开关等组成。附装电磁锁的 CS9 手动操动机构结构如图 10-14-5 所示。

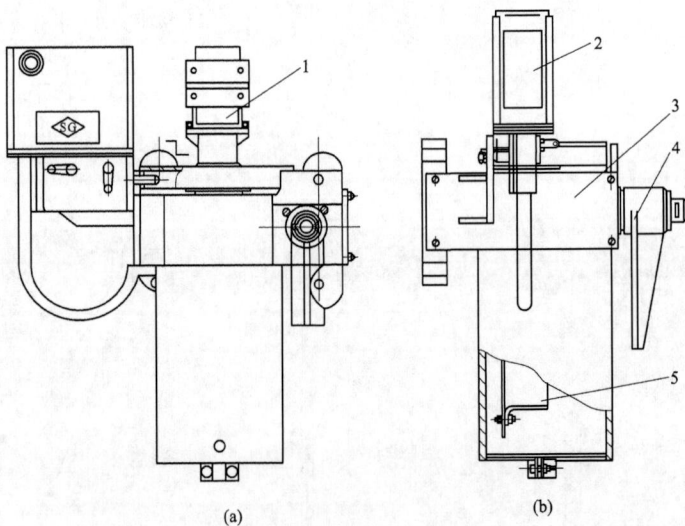

图 10-14-5　附装电磁锁的 CS9 手动操动机构结构

（a）正视图；（b）右视图

1—抱夹及管接套；2—电磁锁；3—蜗轮箱；4—手柄；5—辅助开关

二、作业内容

（1）Ⅰ型接地刀闸检修。

（2）Ⅱ型接地刀闸检修。

（3）CS17–G 手动操动机构分解检修。

（4）CS9 手动操动机构分解检修。

（5）隔离开关接地刀闸操动机构二次绝缘测试。

三、作业中危险点分析及控制措施

参见 GW4 型隔离开关本体检修作业危险点分析及控制措施（模块 Z15G2005Ⅱ）。

四、隔离开关接地刀闸及操动机构检修作业前的准备

接地刀闸及其操动机构检修备品备件可根据现场检修需要进行准备，并参照 GW4 型隔离开关本体检修前的准备工作（模块 Z15G2005Ⅱ）。

五、检修作业前的检查

1. Ⅰ型接地刀闸的检查项目及标准

竖拉杆、水平拉杆装配操作应灵活、可靠，接地刀闸开、合应正常。

2. Ⅱ型接地刀闸的检查项目及标准

竖拉杆、水平拉杆装配操作应灵活、可靠，动触头插入静触头深度应符合要求，接地刀闸开、合应正常。

3. CS17–G 手动操动机构的检查项目及标准

转轴、辅助开关、机械闭锁装置及附件等操作应灵活、可靠，辅助开关应正常转换，各转动部位无松动，机械闭锁装置正常，手动操动机构无卡滞。

4. CS9 手动操动机构的检查项目及标准

转轴、辅助开关及附件等操作应灵活、可靠，电磁锁工作正常，辅助开关正常转换，各转动部位无松动，手动操动机构无卡滞，电磁锁应可靠工作。

六、检修作业步骤、工艺要求及质量标准

1. Ⅰ型接地刀闸分解、检修

（1）Ⅰ型接地刀闸的分解。

1）拔出接地刀闸相间水平连杆及机械闭锁连杆两端接叉圆柱销上的开口销（或弹簧卡），抽出圆柱销，取下接地刀闸水平连杆及机械闭锁杆，拆卸前应测量杆件长度并做好记录。

2）拆除接地刀闸传动轴下端连接盘的连接螺栓，取下连接盘，拔出接地刀闸手动操动机构上垂直传动杆两端万向接头上圆柱销两端的弹簧卡，抽出圆柱销（或松开抱夹螺栓），取下接地刀闸垂直传动杆、万向接头及平键。

3）拆除接地刀闸支架与底座装配相连的紧固螺栓，将接地刀闸吊至地面，放在检

修平台上。

（2）Ⅰ型接地刀闸的静触头拆卸。拆除接地刀闸静触头的固定螺栓，将静触头座从 L 形固定板上拆下。

（3）Ⅰ型接地刀闸水平连杆及垂直传动杆的检修、装复。

1）Ⅰ型接地刀闸水平连杆及垂直传动杆的检修。① 检查相间水平连杆、垂直传动杆及接叉。有轻微变形应校正，用钢丝刷或铲刀清除其上锈蚀并刷防锈漆；检查平键及键槽有无变形、损伤，用扁锉修整，如平键损坏应更换。② 检查万向接头。用钢丝刷清除锈迹，接叉轻微变形应校正，焊缝裂纹应焊接牢固，损坏应更换。③ 检查接地刀闸转动轴、连臂、铜套有无变形，如锈蚀用 00 号砂布打磨。检查平键及键槽有无损伤，用扁锉修整，如平键损坏应更换。

2）Ⅰ型接地刀闸水平连杆及垂直传动杆装复。按分解相反顺序进行装复，装复时应注意以下几点：① 装复前，用清洗剂清洗各连杆、万向节、轴及键槽，对键槽涂二硫化钼锂，对易锈蚀件做防锈处理。② 更换已锈蚀的连接、紧固件。③ 装复时，应核对各水平连杆及垂直传动杆的使用有效工作长度是否与拆卸前原记录近似。④ 拉杆装复时接头上面应有平垫后再上开口销，装复前应校直，在转动部位及销孔涂二硫化钼锂。

3）Ⅰ型接地刀闸水平连杆及垂直传动杆的检修质量标准。① 拉杆应完整、无损坏。② 各连接销应无磨损、变形。③ 连接销与销孔配合间隙为 0.4～0.5mm 为宜。④ 连接头或接头无变形，内螺纹完好。⑤ 接套无锈蚀、变形，焊缝完好。⑥ 螺杆、螺母应完整，无锈蚀，公差配合适当。

（4）Ⅰ型接地刀闸装配的分解、检修、装复。

1）Ⅰ型接地刀闸装配的分解。① 剪断接地刀闸导电管绑扎铁丝，并用手动送入合闸位置，取下支架内的平衡弹簧，拧出平衡两端的固定柱销。② 拆下转动轴与接地刀闸支架相连的软铜导电带。③ 拔出转动轴端部的开口销，将焊接在转动轴上的接地刀闸导电管和转动轴从支架上抽出，同时取下调整垫片和轴套。

2）Ⅰ型接地刀闸装配的检修。① 检查平衡弹簧，如有轻微锈蚀用钢丝刷清除干净，如永久性变形应更换。② 检查软铜导电带有无折损，如折损严重应更换，软铜导电带两端接触面用 00 号砂布清除氧化层。③ 检查转动轴及焊接其上的接地刀闸导电管，如有轻微变形应校正，如转动轴和接地刀闸导电管焊接处开裂，应补焊，用 00 号砂布打磨转动轴及轴套上的锈蚀。④ 检查接地刀闸动触头，用 00 号砂布清除导电接触面氧化层。⑤ 检查支架，如稍有变形应校正，用 00 号砂布除掉支架锈蚀后刷防锈漆。

3）Ⅰ型接地刀闸装配的装复。按分解相反顺序装复，并注意以下两点：① 装复前，用清洗剂清洗所有零、部件，待干后，在所有转动部件上涂二硫化钼锂，在导电接触面涂导电脂。② 装复后，检查各部件连接是否可靠、牢固，转动部分是否灵活。

4）Ⅰ型接地刀闸装配的检修质量标准。① 连杆、传动杆接头无锈蚀、无变形，键及键槽无毛刺、无变形。② 万向接头无变形、无锈蚀，螺纹及触头完好。③ 传动轴、连臂及轴套无变形，平键完好无损。④ 各零部件完整、清洁。⑤ 转动部分无卡涩。

（5）Ⅰ型接地刀闸静触头装配的分解、检修、装复。

1）Ⅰ型接地刀闸静触头装配的分解。① 将静触头座从 L 形固定板上拆下。② 拧下弯板与静触头座相连的沉头螺钉，取下弯板。③ 从静触头座中抽出静触指，取出弹簧。

2）Ⅰ型接地刀闸静触头装配的检修。① 检查静触头座上固定销及静触头座表面，如损坏严重应更换，检查静触头座上螺孔，如轻微损伤用丝锥套攻，用 00 号砂布清除氧化层。② 检查静触指及弯板，用 00 号砂布清除其氧化层。③ 检查弹簧，观察其用手动按压再释放后是否复位良好，如锈蚀严重或永久变形应更换。

3）Ⅰ型接地刀闸静触头装配的装复。按分解时的相反顺序装复，并注意以下几点：① 装复前，用清洗剂清洗所有零、部件，待干后，在所在导电接触面涂薄层导电脂。② 更换锈蚀的连接、紧固件及变形的弹簧。③ 装复后，用手动按压静触指，检查释放后复位是否正常。

4）Ⅰ型接地刀闸静触头的装配检修质量标准。① 静触头座及固定销无损坏，无氧化层，静触头座螺孔完好。② 静触指及弯板无氧化，导电接触面完好。③ 弹簧复位良好，表面无锈蚀，无永久变形。④ 各零部件清洁。⑤ 连接、紧固件及弹簧完好，无锈蚀。⑥ 按压释放后，触指复位正常。

（6）Ⅰ型接地刀闸检修后各部分连接。按分解相反顺序进行连接，连接时应注意以下几点：

1）连接前各轴及转动部位应涂二硫化钼锂。

2）将静触头装配按分解时的相反顺序固定在接线座装配上。

3）装复时应保证触面光滑、接触可靠，并在接触面涂一层导电脂。

4）用水平拉杆将本体三相接地刀闸导电管连接好（调整用的螺栓不用紧固，便于整体调试）。

2. Ⅱ型接地刀闸分解、检修

（1）Ⅱ型接地刀闸的分解。

1）拔出接地刀闸相间水平连杆及机械闭锁连杆两端接头圆柱销上的开口销（或弹簧卡），抽出圆柱销，取下接地刀闸水平连杆及机械闭锁杆，拆卸前应测量杆件长度并做好记录。

2）拆除接地刀闸传动轴下端连接盘的连接螺栓，取下连接盘，拔出接地刀闸手动操动机构上垂直传动杆两端方向接头上圆柱销两端的弹簧卡，抽出圆柱销（或松开抱夹螺栓），取下接地刀闸垂直传动杆、万向接头及平键。

3）拆除接地刀闸支架与底座装配相连的紧固螺栓，将接地刀闸吊至地面，放在检修平台上。

（2）Ⅱ型接地刀闸的静触头拆卸。拆除接地刀闸静触头的固定螺栓，将静触头装配取下。

（3）Ⅱ型接地刀闸水平连杆及垂直传动杆的检修、装复。

1）Ⅱ型接地刀闸水平连杆及垂直传动杆的检修。① 检查相间水平连杆、垂直传动杆及接叉。有轻微变形应校正，用钢丝刷或铲刀清除其上锈蚀并刷防锈漆；检查平键及键槽有无变形、损伤，用扁锉修整，如平键损坏应更换。② 检查万向接头。用钢丝刷清除锈迹，接头轻微变形应校正，焊缝裂纹应焊接牢固，损坏应更换。③ 检查接地刀闸传动轴、连臂、铜套有无变形，如锈蚀用 00 号砂布打磨；检查平键及键槽有无损伤，用扁锉修整，如平键损坏应更换。

2）Ⅱ型接地刀闸水平连杆及垂直传动杆装复。按分解相反顺序进行装复，装复时应注意以下几点：① 装复前，用清洗剂清洗各连杆、万向节、轴及键槽，对键槽涂二硫化钼锂，对易锈蚀件做防锈处理。② 更换已锈蚀的连接、紧固件。③ 装复时，应核对各水平连杆及垂直传动杆的使用有效工作长度是否与拆卸前原记录近似。④ 拉杆装复时接头上面应有平垫后再上开口销，装复前应校直；在转动部位及销孔涂二硫化钼锂。

3）Ⅱ型接地刀闸水平连杆及垂直传动杆的检修质量标准。① 拉杆应完整、无损坏。② 各连接销应无磨损、变形。③ 连接销与销孔配合间隙在 0.4～0.5mm 为宜。④ 连接头或接叉无变形，内螺纹完好。⑤ 接套无锈蚀、变形、焊缝完好。⑥ 螺杆、螺母应完整，无锈蚀，公差配合适当。

（4）Ⅱ型接地刀闸装配的分解、检修、装复。

1）Ⅱ型接地刀闸装配的分解。① 剪断固定在检修平台上的接地刀闸绑扎铁丝，将接地刀闸导电管送入合闸位置。② 拆除平衡弹簧一端的螺栓，取出一端的固定圆柱销，取下平衡弹簧。③ 拆除导电管尾端与转动板相连的拔锥螺栓，抽出导电管。④ 拆除软铜导电带两端紧固螺栓，取下软铜导电带。⑤ 敲出转动轴上拐臂的定位锥销，抽出转动轴及上面的转动板及调节垫片和铜套，从托架上拆下定位弹簧、托板。⑥ 抽出转动板上的圆轴销及导电块。⑦ 拆除导电管上端动触头上 4 个螺栓，取下动触头上的铜铝过渡片，同时将导电管端部固定动触头的螺栓拧下，取下动触头及导电管内拔锥。

2）Ⅱ型接地刀闸装配的检修。① 检查平衡弹簧除掉锈蚀，检查弹簧端头固定卡上螺孔，如螺纹损伤应用丝锥攻丝，如弹簧永久变形应更换。② 检查导电管，如变形应校正。③ 用 00 号砂布清除动触头铜铝过渡片的氧化层。④ 检查软铜导电带，如折损严重应更换，用 00 号砂布清除导电接触面氧化层。⑤ 检查动触头与导电管连接拔锥孔完好情况，如表面损坏或掉瓣、裂纹应更换。⑥ 检查托架、底架及转动轴，用钢丝刷清除托架、底架和盖板的锈蚀后刷防锈漆；用 00 号砂布清除转动轴的锈蚀。⑦ 检查导电块及转动轴套，用 00 号砂布清除其氧化层。

3）Ⅱ型接地刀闸装配的装复。按分解时相反顺序装复，并注意以下几点：① 装复前，用清洗剂清洗所有零、部件，转动部分涂二硫化钼锂，导电接触面涂导电脂。② 安装时应将平衡弹簧调至重力矩基本平衡。③ 检查转动轴装复后动作是否灵活。④ 装复、调整合格后，将各连接件螺栓拧紧。

4）Ⅱ型接地刀闸装配的检修质量标准。① 卡板应无锈蚀。② 拉力弹簧在自由状态圈间无间隙、无锈蚀。③ 触块及触指光洁、无氧化层。④ 各零部件均完好、清洁，各部件连接螺栓应紧固。⑤ 触指表面安装平整，复位可靠。⑥ 弹簧圈间无间隙、无变形，弹簧端头固定卡螺孔螺纹无损伤。⑦ 导电管无变形。⑧ 铜铝过渡片光洁、无氧化层。⑨ 软铜导电带截面折损不超过 10%，导电接触面无氧化层。⑩ 拔锥及锥孔完好无损。⑪ 托架、底架及转动轴完好，无锈蚀。⑫ 导电块、转动轴套完好，无锈蚀。⑬ 转动轴动作灵活。

（5）Ⅱ型接地刀闸静触头装配的分解、检修、装复。

1）Ⅱ型接地刀闸静触头装配的分解。① 拧下固定卡板装配的两个螺栓，取下卡板。② 拆下销及拉力弹簧，分离触指、触块。

2）Ⅱ型接地刀闸静触头装配的检修。① 清除卡板上的锈蚀，如变形应校正。② 检查拉力弹簧，如变形或锈蚀应更换。③ 用扁锉修整触块及触指，除去氧化层。

3）Ⅱ型接地刀闸静触头装配的装复。按分解时的相反顺序装复，并注意以下几点：① 装复前，用清洗剂清洗所有零、部件，待干后，在所在导电接触面涂薄层导电脂。② 更换锈蚀的连接、紧固件及变形的弹簧。③ 装复中，检查触指表面是否平整，复位是否可靠。

4）Ⅱ型接地刀闸静触头的装配检修质量标准。① 静触头座及固定销无损坏，无氧化层，静触头座螺孔完好。② 静触指及弯板无氧化，导电接触面完好。③ 弹簧复位良好，表面无锈蚀，无永久变形。④ 各零部件清洁。⑤ 连接、紧固件及弹簧完好，无锈蚀。⑥ 按压释放后，触指复位正常。

（6）Ⅱ型接地刀闸检修后各部分连接。按分解相反顺序进行连接，连接时应注意以下几点：

1）连接前各轴及转动部位应涂二硫化钼锂。

2）将静触头装配按分解时的相反顺序固定在接线座装配上。

3）装复时应保证接触面光滑、接触可靠，并在接触面涂一层导电脂。

4）用水平拉杆将本体三相接地刀闸导电管连接好（调整用的螺栓不用紧固，便于整体调试）。

3. CS17–G 手动操动机构分解、检修

（1）CS17–G 手动操动机构分解。

1）拆除辅助开头盒面板上的螺钉，抽出面板。

2）记录好进线电缆二次接线连接位置后，拆下二次接线，松开电缆夹，从机构箱中抽出进线电缆并做好防雨、防潮措施。

3）拆除操动机构与基础槽钢间 2 个螺栓，拆下机构，放在检修平台上。

4）拆除接线端子排，拧出 4 个螺钉，取下辅助开关盒。

5）拆除分、合闸操作手柄上方 2 个螺栓，取下半圆形分、合闸定位块，拆除机构座上 2 个螺钉，打开端盖，抽出分、合闸闭锁拨杆，取出机构转动轴及壳体上轴套。

6）拆除操动机构下部转动轴端头上的 2 个螺钉，取下转向端块。

（2）CS17–G 手动操动机构检修。

1）辅助开关检修。

① 辅助开关的分解。

a. 分解前应注意各触点的位置及顺序，并做好记录。

b. 拆下连接螺杆，取出轴承板，从转动轴上依次取出夹件带动触点的绝缘块、静触点、静触点夹块及复位弹簧。

② 辅助开关的检修。

a. 检查动、静触点的氧化情况，用 00 号砂布清除其氧化层。

b. 检查转动轴及绝缘块磨损情况，如磨损严重应更换。

c. 检查触点弹簧有无变形，如变形应更换。

d. 检查传动拐臂及连杆，如轻微变形应校正，用 00 号砂布清除快分弹簧的锈蚀。

e. 轴承涂二硫化钼锂。

③ 辅助开关的装复。按分解时的相反顺序装复，并注意以下几点：

a. 装复前，用清洗剂清洗所有零部件，待干后，在动、静触点上涂导电脂。

b. 装复后的辅助开关轴向窜动应符合规定。

c. 用万用表检查动、静触点通、断情况，检查切换是否可靠，通、断相应位置是否正确。

d. 检查辅助开关切换是否灵活，有无卡涩现象。

④ 辅助开关的检修质量标准。

a. 动、静触点表面光洁。

b. 转动轴与动、静点夹块配合良好，转轴无损伤。

c. 触点弹簧无变形。

d. 传动拐臂及连杆无变形、无锈蚀。

e. 装复后的辅助开关轴向窜动量不大于 0.5mm。

f. 动、静触点接触良好，通、断位置正确。

g. 辅助开关转动灵活。

2）检查手动操动机构框架，用钢丝刷或 00 号砂布清除表面及轴孔内锈蚀，然后刷防锈漆。

3）检查轴销和机械闭锁拨杆，如轻微变形应校正，用钢丝刷除去锈蚀，刷防锈漆。

4）检查分、合闸手柄及与之相连的转动轴是否变形、锈蚀，如轻微变形应校正，锈蚀用 00 号砂布清除干净。

5）检查转向端块及转动轴的轴套，用 00 号砂布除去锈蚀及氧化层后，转向端块作防锈处理。

（3）CS17-G 手动操动机构装复。按分解时相反顺序装复，并注意以下几点：

1）装复前，用清洗剂清洗所有零部件，转动部分涂二硫化钼锂。

2）检查转轴与轴套间配合间隙是否符合要求。

3）检查辅助开关接通或切断位置与机构分、合闸位置是否对应，切换是否可靠，接触是否良好。

4）用手柄进行分、合闸操作，检查操动机构是否可靠。

5）装复后，检查连接体是否紧固、可靠。

（4）CS17-G 手动操动机构检修质量标准。

1）手动操动机构框架、轴孔无锈蚀，防锈漆完好。

2）机械闭锁拨杆无变形，无锈蚀。

3）分、合闸手柄及转动轴无变形、无锈蚀。

4）各零部件完好、清洁。

5）转轴与轴套间配合间隙不大于 0.2mm。

6）机构分、合闸时辅助开关相应的切换位置对应正确且动作可靠，接触良好。

7）机构操作灵活、可靠。

8）机构各连接件连接紧固、可靠。

4. CS9 手动操动机构分解、检修

（1）CS9 手动操动机构分解。

1）断开手动操动机构辅助开关连锁电源。

2）拆除防雨罩连接螺母，轻轻落下防雨罩筒。

3）拆除辅助开关上二次接线，并做好记录，同时从机构箱中抽出进线电缆，并做好防雨、防潮措施。

4）拆除机座与基础构件相连的 4 个螺栓，将机座放置在检修平台上。

5）松开辅助开关转换轴、传动拐臂端头与机构主轴下端连接的弹簧，拆除辅助开关 L 形固定板上 4 个螺钉，取下辅助开关。

6）拆除电缆进线夹上 3 个双头螺栓，卸下辅助开关盒底盘及进线夹。

7）拆除辅助开关 L 形固定板上方 4 个螺钉，取下 L 形固定板。

8）拆除机构主轴下端 2 个螺钉，取下辅助开关的传动拐臂。

9）拔出操作手柄端头蜗杆轴上开口销，取下操作手柄及调节垫片、平键。

10）拆除机构机座上左、右端盖各 4 个螺钉，取下两端盖。

11）取下蜗杆轴的减速箱端盖上 3 个沉头螺钉，抽出端盖。

12）敲出机构机座内蜗杆两端定位锥销，抽出蜗杆轴，取出蜗杆、密封圈及蜗杆的轴套、调节垫片。

13）拆除蜗轮上的定位螺栓，抽出主轴及轴上分、合闸限位块，取出蜗轮及主轴端面铜套，剩下机构机座。

（2）CS9 手动操动机构检修。

1）辅助开关的分解、检修。

① 辅助开关的分解。

a. 分解前应注意各触点的位置及顺序，并做好记录。

b. 拧下连接螺杆，取出轴承板，从转动轴上依次取出夹件带动触点的绝缘块、静触点、静触点夹块及复位弹簧。

② 辅助开关的检修。

a. 检查动、静触点的氧化情况，用 00 号砂布清除其氧化层。

b. 检查转动轴及绝缘块磨损情况，如磨损严重应更换。

c. 检查触点弹簧有无变形，如变形应更换。

d. 检查传动拐臂及连杆，如轻微变形应校正，用 00 号砂布清除快分弹簧的锈蚀。

e. 轴承涂二硫化钼锂。

③ 辅助开关的装复。按分解时的相反顺序装复，并注意以下几点：

a. 装复前，用清洗剂清洗所有零部件，待干后，在动、静触点上涂导电脂。

b. 装复后的辅助开关轴向窜动应符合规定。

c. 用万用表检查动、静触点通、断情况，检查切换是否可靠，通、断相应位置是否正确。

d. 检查辅助开关切换是否灵活，有无卡涩现象。

④ 辅助开关的检修质量标准。

a. 动、静触点表面光洁。

b. 转动轴与动、静点夹块配合良好，转轴无损伤。

c. 触点弹簧无变形。

d. 传动拐臂及连杆无变形，无锈蚀。

e. 装复后的辅助开关轴向窜动量不大于 0.5mm。

f. 动、静触点接触良好，通、断位置正确。

g. 辅助开关转动灵活。

2）检查防雨罩筒，用钢丝刷清除锈蚀，刷防锈漆，如变形应校正。

3）检查底盘及进线夹，用钢丝刷除去锈蚀，刷防锈漆，底盘变形应校正，损坏应更换。

4）检查 L 形固定板锈蚀情况，除去锈蚀，变形应校正。

5）检查传动拐臂是否变形，变形应校正。

6）检查分、合闸限位块，清除其上的锈蚀，刷防锈漆。

7）检查操作手柄及端盖，用 00 号砂布清除锈蚀，刷防锈漆。

8）检查平键磨损情况，如损伤应更换。

9）检查蜗杆轮齿磨损情况，用 00 号砂布除锈。

10）检查主轴及端面轴套，用 00 号砂布清除主轴及端面轴套内表面的锈蚀，用扁锉修整键槽上毛刺。

11）检查蜗杆轴，如轻微变形应校正，用 00 号砂布磨轴及轴套上锈蚀。

（3）CS9 手动操动机构检修装复。

1）装复前，用清洗剂清洗所有零部件，在辅助开关动、静触点上涂一薄层导电脂，更换密封圈。

2）装复蜗轮、蜗杆时，应在蜗轮、蜗杆轴两端加入适量调节垫片，以防止分、合闸过程中蜗轮、蜗杆轴轴向窜动量过大。

3）装复后，检查蜗轮中心平面与蜗杆轴轴线是否在同一平面上。

4）装复后，检查蜗轮与蜗杆的轴线是否互相垂直。

5）装复后，检查蜗杆端头是否漏装密封圈。

6）装复后，检查机构动作是否灵活，有无卡涩。

7）装复后，检查操动机构在分、合闸位置时与辅助开关相应的切换位置是否对应。

8）装复后，蜗轮、蜗杆轮齿间涂二硫化钼锂。

9）调整合格后，紧固机构上所有连接件螺栓。

（4）CS9 手动操动机构检修质量标准。

1）防雨罩筒无锈蚀，无变形。

2）底盘、进线夹无锈蚀，无变形。

3）L 形固定板无锈蚀，无变形。

4）传动拐臂无变形。

5）分、合闸限位块完好，无锈蚀。

6）手柄、端盖均完好，无锈蚀，平键无损伤。

7）蜗杆的齿轮无磨损，无锈蚀。

8）主轴及端面轴套完好，无锈蚀，蜗轮无磨损。

9）蜗杆轴及轴套完好，无变形，无锈蚀。

10）各零件无损伤，零件表面清洁。

11）蜗轮、蜗杆轴套窜动量不大于 0.5mm。

12）蜗轮中心平面与蜗杆轴同线在同一平面。

13）蜗轮与蜗杆的轴线互相垂直。

14）机构动作灵活，无卡涩。

15）机构分、合闸时辅助开关相应的切换位置切换正确。

5. 隔离开关接地刀闸操动机构二次绝缘测试

用交流电压 2000V 对操动机构二次辅助回路及控制回路进行 1min 工频耐压试验，耐压试验合格。如果现场没有耐压试验仪器，也可用 2500V 绝缘电阻表代替进行耐压试验。

用 1000V 绝缘电阻表对操动机构二次辅助回路进行绝缘电阻测试，绝缘电阻不低于 2MΩ。

【思考与练习】

1. Ⅱ型隔离开关接地刀闸主要由哪几部分组成？

2. 简述 Ⅰ型接地刀闸检修步骤。

3. Ⅱ型接地刀闸水平连杆及垂直传动杆的检修质量标准是什么？

4. CS17–G 手动操动机构的检修质量标准是什么？

5. 简述 CS9 手动操动机构检修装复步骤。

模块 15　GW4 型隔离开关整体调试及试验（Z15G2018Ⅱ）

【模块描述】本模块包含 GW4 型隔离开关整体调试及试验作业流程与工艺要求。通过知识要点的归纳讲解、操作技能训练，掌握 GW4 型隔离开关整体调试及试验的危险点预控、作业步骤、工艺要求及质量标准等操作技能。

【模块内容】

一、作业内容

1. GW4 型隔离开关调试项目

（1）隔离开关主刀闸合闸后触头插入深度。

（2）动、静触头相对高度差。

（3）检查机械连锁。

（4）三相不同期。

（5）每相两个支持绝缘子中线之间的距离。

（6）隔离开关分闸时触指与触头之间的最小电气距离。

（7）接线夹对底座下平面的垂线距离。

2. GW4 型隔离开关试验项目

（1）测量主刀闸的回路电阻。

（2）机构电动分、合闸时间。

（3）手动操作主刀闸合、分各 5 次。

（4）电动操作主刀闸合、分各 5 次。

3. GW4 型隔离开关接地刀闸调试项目

接地刀闸合闸后触头插入深度。

4. GW4 型隔离开关接地刀闸试验项目

（1）检修后接地刀闸回路电阻测量。

（2）手动操作接地刀闸合、分各 5 次。

5. GW4 型隔离开关和接地刀闸连锁调试项目

（1）主刀闸合闸时，接地刀闸合不上闸。

（2）接地刀闸合闸时，主刀闸合不上闸。

二、作业中危险点分析及控制措施

参见 GW4 型隔离开关本体检修作业危险点分析及控制措施（模块 Z15G2005Ⅱ）。

三、GW4 型隔离开关整体调试及试验前的准备

1. 检修技术资料的准备

（1）检修前应认真查阅设备安装记录、大修记录、设备运行记录。对所查阅的结果进行详细、全面的调查和分析，以判定隔离开关的综合状况，为现场具体调整及试验打好基础。

（2）准备好设备使用说明书、记录本、表格、检修报告等。

2. 工具、试验仪器、仪表和场地的准备

（1）准备工具、试验仪器和仪表等，并运至检修现场。试验仪器和仪表应检验合格，资料应满足本次调整及试验的要求。

（2）场地准备。在检修现场四周设一留有通道口的封闭式遮栏，并在周围背向带电设备的遮栏上挂适当数量的"止步，高压危险"标示牌，在通道入口处挂"从此进出"标示牌；在作业现场按定置图摆放好工具、试验仪器和仪表。

四、GW4 型隔离开关调试及试验前的检查

1. GW4 型隔离开关检查项目及标准

（1）隔离开关检修后组装完毕。

（2）隔离开关检修后各部螺栓均紧固良好。

（3）手动操作隔离开关能正常分、合闸。

2. GW4 型接地刀闸检查项目及标准

（1）接地刀闸检修后组装完毕。

（2）接地刀闸检修后各部螺栓均紧固良好。

（3）手动操作接地刀闸能正常分、合闸。

五、GW4 型隔离开关调试及试验步骤、方法及质量标准

1. GW4 型隔离开关本体与操动机构的连接

（1）将电动操动机构用连接螺栓将操动机构与基础连接起来，检查操动机构水平后，拧紧操动机构与基础的连接螺栓。

（2）手动操动机构，使电动操动机构行程开关处于合闸刚切换位置，在主刀闸处于合闸位置时，连接主刀闸与机构间垂直传动杆。

（3）垂直传动杆与操动机构间用抱夹连接，装复时注意检查其圆锥销是否牢固、可靠。

（4）将电动操动机构的二次接线电缆接入机构箱内相关二次端子排上，接线必须正确，并对电缆入口进行封堵。

（5）在主刀闸底座转动盘上装复机械闭锁板。

2. GW4型隔离开关主刀闸手动慢分、慢合试验

（1）手动操动机构缓慢合闸及分闸，观察三相水平传动杆与拐臂板的连接轴销转动是否灵活，主刀闸系统动作是否灵活，有无卡涩，辅助开关切换位置是否正确。三相能同步到位。

（2）以手动操作主刀闸进行分、合闸，若主刀闸与机构两者的终了位置不一致时，可改变连接器两连板间的角度（连接器改抱夹的，可松开抱夹，机构与主刀闸分、合闸位置对应后紧固抱夹螺栓）。

（3）合闸终止，检查三相主刀闸是否在同一水平线上。

（4）用手柄操作电动机构，使主刀闸分、合3～4次，当电动操动机构限位开关刚刚切换时，检查机构限位块与挡钉之间的间隙是否符合要求。

（5）质量标准。

1）传动杆与拐臂板的连接轴销转动灵活、无卡涩。

2）辅助开关切换位置正确。

3）主刀闸动作灵活，无卡涩。

4）三相操作能同步到位。

5）合闸终了，三相均在同一水平线上。

6）每相两个支持绝缘子中线之间的距离符合各种型号的规定。

7）隔离开关分闸时触指与触头中线之间的距离符合各种型号的规定。

8）接线夹对底座下平面的垂线距离符合各种型号的规定。

9）左触指两侧的接触压力应均匀。

10）主刀闸动作灵活，无卡涩，辅助开关切换位置正确。

3. GW4型隔离开关测量主刀闸合闸同期性

（1）手动操作机构缓慢合闸，测量主刀闸合闸同期性。

（2）如果同期不合格，可改变相间拉杆的长度来实现，调整合格后将拉杆接头备帽拧紧。

（3）质量标准。三相不同时接触差应符合各种型号的规定。

4. 测量主刀闸触头插入深度、夹紧度及动、静触头相对高度差

（1）手动操动机构缓慢合闸，测量左、右触头插入深度、夹紧度及动、静触头相对高度差。

（2）检查右触头接触面中心是否对准左触指标记缺口处。

（3）左、右触头插入深度不合格，可改变导电管与接线座的接触长度来实现，但是导电管与接线座接触长度应不小于70mm。

（4）测量左、右触头夹紧度：隔离开关调整合格后，用0.05mm×10mm的塞尺进

行检查左、右触头夹紧度。不合格应更换弹簧或重新检修处理，直到合格为止。

（5）测量左、右触头相对高度差：用钢板尺在左、右触头合闸位置测量右触头上、下外露部分，上、下外露部分应基本一致，如左、右触头相对高度差不合格，可在接线座与瓷柱连接处加垫片来实现。

GW4 型隔离开关左、右触头合闸位置如图 10-15-1 所示。

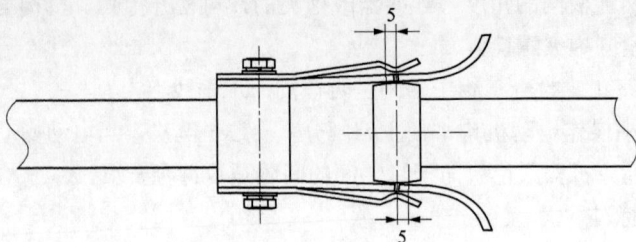

图 10-15-1 GW4 型隔离开关左、右触头合闸位置

（6）质量标准。

1）左、右触头间应接触紧密。对于线接触，塞尺塞不进去为合格，对于面接触，其塞入深度：在接触面宽度为 50mm 及以下时，应不超过 4mm；在接触面宽度为 60mm 及以上时，应不超过 6mm。

2）左、右触头接触后应上、下对称，允许上、下偏差符合各种型号的规定。

5. 测量主刀闸分闸时触头断开距离

（1）隔离开关在分闸位置测量左、右触头中线之间的距离，如果距离不合格，可通过调节同相水平连杆来完成。

（2）质量标准。同相两个触头中线之间的距离符合各种型号的规定。

6. 测量主刀闸操动机构电动分、合闸时间

（1）用手动合闸和分闸，当终点限位开关刚刚切换时，检查限位件与挡板之间的间隙，由此位置到终点位置，交流操动机构手柄应能摇动 4.8 圈±1 圈，直流操动机构手柄应能摇动 8 圈±1 圈。

（2）手动将主刀闸处于半分、半合位置，接通电源，慎重按下合闸或分闸按钮，随之按下急停按钮，模拟点动操作，注意观察主轴转向，确认正确的操动方向。如果方向相反，则须调整电动机的旋转方向，进行电动分、合操作，检查电动机转向与主刀闸分、合闸运动方向是否对应。

（3）以上各步均调整好后，操作电动机构电动机运转正常，正、反向旋转自如，无异声。分、合闸停位准确，闭锁可靠。

（4）电动操作隔离开关分、合闸，并记录分、合闸时间，分、合闸时间符合各种

型号的规定。

7. 测量主刀闸导电回路电阻

将隔离开关合闸，分别测量三相导电回路电阻，回路电阻值应符合规定。

8. GW4 型隔离开关接地刀闸本体与操动机构的连接

（1）将三相接地刀闸分别合闸。

（2）将三相接地刀闸水平拉杆连接好。

（3）将接地刀闸操动机构用连接螺栓将操动机构与基础连接起来，检查操动机构水平后，拧紧操动机构与基础的连接螺栓。

（4）手动操作接地刀闸机构，使机构合闸。

（5）将接地刀闸竖拉杆与水平拉杆及操动机构连接。

（6）质量标准。

1）各转动部位涂二硫化钼锂。

2）转轴与轴套间配合间隙应不大于 1mm。

3）螺杆、螺母应完整，无锈蚀，公差配合适当。

4）螺杆拧入接头的深度应不小于 20mm。

5）连接水平连杆时，操作小拐臂方向必须处于合闸位置。

9. GW4 型隔离开关接地刀闸手动慢分、慢合试验

（1）手动操动机构缓慢分、合闸，检查操动机构是否操作灵活、可靠。

（2）检查连接件是否紧固、可靠。

（3）检查其合闸终了动、静触头是否接触良好，分闸终了接地刀闸导电管是否处于水平偏下位置。

10. GW4 型隔离开关接地刀闸合闸同期性

（1）手动操动机构将接地刀闸合闸，测量接地刀闸合闸同期性。

（2）质量标准。三相不同时接触差不应超过 10mm。

11. 接地刀闸触头插入深度、夹紧度及动、静触头相对高度差

（1）手动操作将接地刀闸合闸，测量动触头插入深度、夹紧度及动、静触头相对高度差。

（2）检查动触头接触面中心是否对准静触指标记缺口处。

（3）如动触头插入深度不合格，可改变竖拉杆长度来实现。

（4）测量动、静触头夹紧度：用 0.05mm×10mm 的塞尺检查动、静触头夹紧度。不合格应更换弹簧或重新检修处理，直到合格为止。

（5）测量动、静触头相对高度差：用钢板尺在动、静触头合闸位置测量动触头上、下外露部分，外露部分应基本一致，如动、静触头相对高度差不合格，可加长或缩短

接地刀闸导电管的长度来实现。

（6）质量标准。动、静触头间应接触紧密；动、静触头接触后应上、下对称，允许上、下偏差不大于 5mm。

12. 测量接地刀闸接触电阻

将接地刀闸合闸，分别测量接地刀闸三相接触电阻，接触电阻不大于 180μΩ。

13. GW4 型隔离开关本体和接地刀闸连锁调试

（1）机械闭锁的检查，应分别在主刀闸和接地刀闸三相联动调整好后进行。

（2）将主刀闸合闸，检查机械闭锁板位置，接着合接地刀闸，观察机械闭锁是否可靠。

（3）将接地刀闸合闸，检查机械闭锁板间位置，接着合主刀闸，观察机械闭锁是否可靠。

（4）以上两种机械闭锁防止误操作功能验证，应连续试验 5 次以上，来证实机械闭锁措施是否可靠，如发现有失灵，应重新进行调整。

（5）质量标准。主刀闸处于合闸位置，接地刀闸合不上闸；接地刀闸处于合闸位置，主刀闸合不上闸。

14. GW4 型隔离开关本体 1min 工频耐压试验

（1）新装、大修后或更换绝缘子时应对隔离开关本体进行 1min 工频耐压试验。

（2）质量标准。1min 工频耐压合格。

15. 隔离开关在检修、调整、试验合格后，在投运前必做的工作

工作终结前做好自验收，其步骤如下：

（1）对所有紧固件进行检查。

（2）接好隔离开关连接导线，相位正确，接线端子及导线对隔离开关不应产生附加拉伸和弯曲应力。

（3）金属件外表面除锈、补漆。

（4）拆除工作台，清理工作现场，将工器具全部收拢并清点，废弃物按相关规定处理，材料及备品、备件回收清点。

（5）做好检修记录，记录本次检修内容，反措或技改情况，有无遗留问题。

自验收标准是无漏检项目，做到修必修好，隔离开关及操作电源、切换开关等恢复至工作许可时的状态。

【思考与练习】

1. GW4 型隔离开关主刀闸手动慢分、慢合试验方法是什么？

2. 在 GW4 型隔离开关整体调试及试验中，如何测量主刀闸触头插入深度、夹紧度及动、静触头相对高度差？其质量标准是什么？

3. 在 GW4 型隔离开关整体调试及试验中，如何测量主刀闸操动机构电动分、合闸时间？其质量标准是什么？

4. 在 GW4 型隔离开关整体调试及试验中，如何进行本体和接地刀闸连锁调试？

模块 16　GW5 型隔离开关整体调试及试验（Z15G2019Ⅱ）

【模块描述】本模块包含 GW5 型隔离开关整体调试及试验作业流程与工艺要求。通过知识要点的归纳讲解、操作技能训练，掌握 GW5 型隔离开关整体调试及试验前准备、危险点预控、作业步骤、工艺要求及质量标准等操作技能。

【模块内容】

一、作业内容

1. GW5 型隔离开关调试项目

（1）隔离开关主刀闸合闸后触头插入深度。

（2）动、静触头相对高度差。

（3）检查机械连锁。

（4）三相不同期。

（5）每相两个接线夹顶端之间的距离。

（6）隔离开关绝缘子上部两铁法兰之间的距离。

（7）隔离开关分闸时触指与触头间的空气间隙。

（8）接线夹对底座下平面的垂线距离。

（9）隔离开关分闸时左触头对横拉杆的距离。

2. GW5 型隔离开关试验项目

（1）测量主刀闸的回路电阻。

（2）机构电动分、合闸时间。

（3）手动操作主刀闸合、分各 5 次。

（4）电动操作主刀闸合、分各 5 次。

3. GW5 型隔离开关接地刀闸调试项目

（1）接地刀闸合闸后触头插入深度。

（2）接地刀闸分闸位置闸刀端部至隔离开关底座中心水平距离。

（3）接地刀闸闸刀端部至刀闸杆连接轴销中心之间的距离。

（4）隔离开关底座下平面至接地刀闸闸刀端部（动触头）之间的垂直距离。

4. GW5 型隔离开关接地刀闸试验项目

（1）检修后接地刀闸回路电阻测量。

（2）手动操作接地刀闸合、分各 5 次。

5. GW5 型隔离开关和接地刀闸连锁调试

（1）主刀闸合闸时，接地刀闸合不上闸。

（2）接地刀闸合闸时，主刀闸合不上闸。

二、作业中危险点分析及控制措施

参见 GW4 型隔离开关本体检修作业危险点分析及控制措施（模块 Z15G2005Ⅱ）。

三、GW5 型隔离开关整体调试及试验的准备

参见 GW4 型隔离开关整体调试及试验的准备工作（模块 Z15G2018Ⅱ）。

四、GW5 型隔离开关调试及试验前的检查

参见 GW4 型隔离开关调试及试验前的检查项目（模块 Z15G2018Ⅱ）。

五、GW5 型隔离开关调试与试验步骤、方法及质量标准

1. GW5 型隔离开关本体与操动机构的连接

（1）将电动操动机构用连接螺栓将操动机构与基础连接起来，检查操动机构水平后，拧紧操动机构与基础的连接螺栓。

（2）手动操动机构，使电动操动机构行程开关处于合闸刚切换位置，在主刀闸处于合闸位置时，连接主刀闸与机构间垂直传动杆。

（3）垂直传动杆与操动机构间用抱夹连接，装复时注意检查其圆锥销是否牢固、可靠。

（4）将电动操动机构的二次接线电缆接入机构箱内相关二次端子排上，接线必须正确，并对电缆入口进行封堵。

（5）在主刀闸底座转动盘上装复机械闭锁板。

2. GW5 型隔离开关主刀闸手动慢分、慢合试验

（1）三相隔离开关装复后，相间距离必须符合各种型号的规定，横拉杆没装之前调整两个接线夹端部的距离。调整方法：利用底座上的球面调整环节，调整 4 个 M12 螺栓的松紧来实现。当调节合格后必须注意底座内的伞齿轮的齿合的情况，必要时重新调节伞齿轮的位置，以保证咬合的准确，操作灵活；然后测量每个绝缘子的接线夹端部至底座的下平面水平线的距离，此距离必须符合各种型号的规定时才能保证两绝缘子夹角为 50°。

（2）手动操动机构缓慢合闸及分闸，观察主刀闸系统动作是否灵活，有无卡涩，辅助开关切换位置是否正确；三相能同步到位。

（3）质量标准。

1）相间距离符合各种型号的规定。

2）两个接线夹端的距离 A：72.5kV 为 1300mm；126kV 为 1660mm。

3）隔离开关绝缘子上部两铁法兰之间的距离 B：72.5kV 为 785mm；126kV 为 1140mm。

4）每个绝缘子的接线夹端部至底座的下平面水平线的距离 E：72.5kV 为 1330mm；126kV 为 1720mm。

5）左触指两侧的接触压力应均匀。

6）主刀闸动作灵活，无卡涩，辅助开关切换位置正确。

3. GW5 型隔离开关测量主刀闸合闸同期性

（1）手动操作机构缓慢合闸，测量主刀闸合闸同期性。

（2）如果同期不合格，可改变相间拉杆的长度来实现，调整合格后将拉杆接头备帽拧紧。

（3）质量标准。三相不同时接触差必须符合各种型号的规定。

4. 测量主刀闸触头插入深度、夹紧度及动、静触头相对高度差

（1）手动操作机构缓慢合闸，测量左、右触头插入深度、夹紧度及动、静触头相对高度差。

（2）检查右触头接触面中心是否对准左触指标记缺口处。

（3）左、右触头插入深度不合格，可改变导电管与接线座的接触长度来实现，但是导电管与接线座接触长度应不小于 70mm。

（4）测量左、右触头夹紧度。隔离开关调整合格后，用 0.05mm×10mm 的塞尺检查左、右触头夹紧度。不合格应更换弹簧或重新检修处理，直到合格为止。

（5）测量左、右触头相对高度差。用钢板尺在左、右触头合闸位置测量右触头上、下外露部分，上、下外露部分应基本一致，如左、右触头相对高度差不合格，可在接线座与瓷柱连接处加垫片来实现。

（6）质量标准。

1）左、右触头间应接触紧密。对于线接触，塞尺塞不进去为合格，对于面接触，其塞入深度：在接触面宽度为 50mm 及以下时，应不超过 4mm；在接触面宽度为 60mm 及以上时，应不超过 6mm。

2）左、右触头接触后应上、下对称，允许上、下偏差不大于 5mm。

5. 测量主刀闸分闸时触头断开距离

（1）隔离开关在分闸位置测量左、右触头的最小空气距离及左触头对拉杆的距离，当左触头对拉杆的距离小于各种型号的规定时，允许弯曲拉杆，但应弯成与原拉杆平行。

（2）质量标准。

1）同相两个触头的最小空气距离 C：72.5kV 为 715mm；126kV 为 1040mm。

2）左触头对拉杆的距离要大于或等于 F：72.5kV 为 650mm；126kV 为 1000mm。

6. 测量主刀闸操动机构电动分、合闸时间

（1）用手动合闸和分闸，当终点限位开关刚刚切换时，检查限位件与挡板之间的间隙，由此位置到终点位置，交流操动机构手柄应能摇动 4.8 圈±1 圈，直流操动机构手柄应能摇动 8 圈±1 圈。

（2）手动将主刀闸处于半分、半合位置，接通电源，慎重按下合闸或分闸按钮，随之按下急停按钮，模拟点动操作，注意观察主轴转向，确认正确的操动方向。如果方向相反，则须调整电动机的旋转方向，进行电动分、合操作，检查电动机转向与主刀闸分、合闸运动方向是否对应。

（3）以上各步均调整好后，操作电动机构电动机运转正常，正反向旋转自如，无异声。分、合闸停位准确，闭锁可靠。

（4）电动操作隔离开关分、合闸，并记录分、合闸时间，分、合闸时间应符合各种型号的规定。

7. 测量主刀闸导电回路电阻

将隔离开关合闸，分别测量三相导电回路电阻，回路电阻值应符合要求。

8. GW5 型隔离开关接地刀闸本体与操动机构的连接

（1）将三相接地刀闸分别合闸。

（2）将三相接地刀闸水平拉杆连接好。

（3）将接地刀闸操动机构用连接螺栓将操动机构与基础连接起来，检查操动机构水平后，拧紧操动机构与基础的连接螺栓。

（4）手动操作接地刀闸机构，使机构合闸。

（5）将接地刀闸竖拉杆与水平拉杆及操动机构连接。

（6）质量标准。

1）各转动部位涂二硫化钼锂。

2）转轴与轴套间配合间隙应不大于 1mm。

3）螺杆、螺母应完整，无锈蚀，公差配合适当。

4）螺杆拧入接头的深度应不小于 20mm。

5）连接水平连杆时，操作小拐臂方向必须处于合闸位置。

9. GW5 型隔离开关接地刀闸手动慢分、慢合试验

GW5 型隔离开关接地刀闸手动慢分、慢合试验必须在主刀闸分闸时进行。

（1）手动操动机构缓缓分、合闸，检查操动机构是否操作灵活、可靠。

（2）检查连接件是否紧固、可靠。

（3）检查其合闸终了动、静触头是否接触良好，分闸终了接地刀闸导电管是否处

于水平偏下位置。

10. GW5 型隔离开关接地刀闸合闸同期性

（1）手动操动机构将接地刀闸合闸，测量接地刀闸合闸同期性。

（2）质量标准。三相不同时接触不应超过 10mm。

11. 接地刀闸触头插入深度、夹紧度及动静触头相对高度差

（1）手动操作将接地刀闸合闸，测量动触头插入深度、夹紧度及动、静触头相对高度差。

（2）检查动触头接触面中心是否对准静触指标记缺口处。

（3）如动触头插入深度不合格，可改变竖拉杆长度来实现。

（4）测量动静触头夹紧度：用 0.05mm×10mm 的塞尺检查动、静触头夹紧度。不合格应更换弹簧或重新检修处理，直到合格为止。

（5）测量动静触头相对高度差：用钢板尺在左、右触头合闸位置测量动触头上、下外露部分，外露部分应基本一致，如动、静触头相对高度差不合格，可加长或缩短接地刀闸导电管的长度来实现。

（6）质量标准。动、静触头间应接触紧密；动、静触头接触后应上、下对称，允许上、下偏差不大于 5mm。

12. 接地刀闸分闸时触头断开距离

（1）手动操作将接地刀闸分闸。

（2）测量接地刀闸分闸位置闸刀端部（动触头）与隔离开关底座中心水平距离 D。

（3）接地刀闸闸刀端部至刀闸杆连接轴销中心之间的距离 R。

（4）测量隔离开关底座下平面至接地刀闸分闸位置闸刀端部（动触头）之间的垂直距离 H。

（5）质量标准。

1）尺寸 D：72.5kV 为 1330mm；126kV 为 1530mm。

2）尺寸 R：72.5kV 为 530mm；126kV 为 700mm。

3）尺寸 H：72.5kV 为 180mm；126kV 为 400mm。

13. 测量接地刀闸接触电阻

（1）将接地刀闸合闸，分别测量接地刀闸三相接触电阻。

（2）质量标准。接触电阻不大于 180μΩ。

14. GW5 型隔离开关本体和接地刀闸连锁调试

（1）机械闭锁的检查，应分别在主刀闸和接地刀闸三相联动调整好后进行。

（2）将主刀闸合闸，检查机械闭锁板位置，接着合接地刀闸，观察机械闭锁是否可靠。

（3）将接地刀闸合闸，检查机械闭锁板间位置，接着合主刀闸，观察机械闭锁是否可靠。

（4）以上两种机械闭锁防止误操作功能验证，应连续试验 5 次以上，来证实机械闭锁措施是否可靠，如发现有失灵，应重新进行调整。

（5）质量标准。主刀闸处于合闸位置，接地刀闸合不上闸；接地刀闸处于合闸位置，主刀闸合不上闸。

15. GW5 型隔离开关本体 1min 工频耐压试验

新装、大修后或更换绝缘子时应对隔离开关本体进行 1min 工频耐压试验，1min 工频耐压合格。

16. 隔离开关更换、调整、试验合格后，在投运前必做的工作

参见 GW4 型隔离开关检修、调整、试验合格后，在投运前必做的工作内容（模块 Z15G2018Ⅱ）。

【思考与练习】

1. GW5–72.5 型隔离开关尺寸 A、C、D 分别是多少？

2. 在 GW5 型隔离开关整体调整及试验中，如何进行 GW5 型隔离开关主刀闸手动慢分、慢合试验？其质量标准是什么？

3. 在 GW5 型隔离开关整体调整及试验中，如何测量主刀闸触头插入深度、夹紧度及动、静触头相对高度差？其质量标准是什么？

4. 简述 GW5–72.5 型隔离开关整体调试与试验步骤。

模块 17　GW6 型隔离开关整体调试及试验（Z15G2020Ⅱ）

【模块描述】 本模块包含 GW6 型隔离开关整体调试及试验作业流程与工艺要求。通过知识要点的归纳讲解、图例展示、操作技能训练，掌握 GW6 型隔离开关整体调试及试验前准备、危险点预控、作业步骤、工艺要求及质量标准等操作技能。

【模块内容】

一、作业内容

1. GW6 型隔离开关调试项目

（1）隔离开关分闸后断口距离。

（2）隔离开关主刀闸接触范围。

（3）检查机械连锁。

（4）隔离开关三相合闸同期性。

（5）刀闸合入时是否在过死点位置。

（6）合闸后动触头上端偏移。

2. GW6 型隔离开关试验项目

（1）测量主刀闸的回路电阻。

（2）合闸终了时触头间压力。

（3）机构电动分、合闸时间。

（4）手动操作主刀闸合、分各 5 次。

（5）电动操作主刀闸合、分各 5 次。

3. GW6 型隔离开关接地刀闸调试项目

接地刀闸合闸后触头插入深度。

4. GW6 型隔离开关接地刀闸试验项目

（1）检修后接地刀闸回路电阻测量。

（2）手动操作接地刀闸合、分各 5 次。

5. GW6 型隔离开关和接地刀闸连锁调试

（1）主刀闸合闸时，接地刀闸合不上闸。

（2）接地刀闸合闸时，主刀闸合不上闸。

二、作业中危险点分析及控制措施

参见 GW4 型隔离开关本体检修作业危险点分析及控制措施（模块 Z15G2005Ⅱ）。

三、GW6 型隔离开关整体调试及试验前的准备

参见 GW4 型隔离开关整体调试及试验前的准备工作（模块 Z15G2018Ⅱ）。

四、GW6 型隔离开关调试及试验前的检查

参见 GW4 型隔离开关调试及试验前的检查项目（模块 Z15G2018Ⅱ）。

五、GW6 型隔离开关调试和试验步骤、方法及质量标准

1. GW6 型隔离开关本体与操动机构的连接

（1）将电动操动机构用连接螺栓将操动机构与基础连接起来，检查操动机构水平后，拧紧操动机构与基础的连接螺栓。

（2）将检修好的主轴承座装配用连接螺栓牢固地装在中相底座装配上。

（3）将导电折架处于分闸位置，装复主刀闸三相水平连杆，核对在拆卸时所记下的各连杆的连接尺寸。

（4）从中相底座上轴承座装配里抽出主刀闸操作轴及平键。

（5）主刀闸与操动机构连接前，先将焊有垂直传动杆的调角联轴器装入操动机构主轴上，检查两连板倾角是否调至合格（抱夹无须此过程）。电动操动机构调角联轴器结构如图 10–17–1 所示。

（6）将主刀闸操作轴插入垂直传动杆上接套中，紧固接套定位螺钉，注意平键不要漏装。

（7）GW6 型隔离开关主刀闸与操动机构的连接如图 10-17-2 所示。

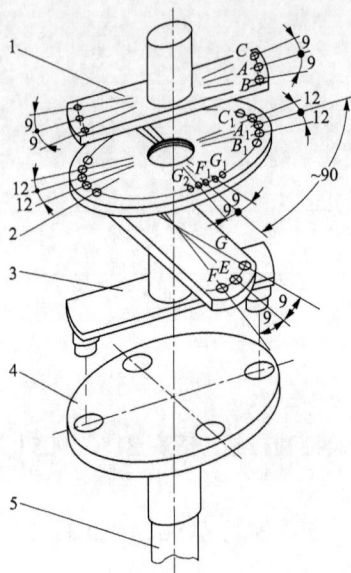

图 10-17-1　电动操动机构调角
联轴器结构

1—接头焊装；2—圆板；3—拨动器；
4—连轴板焊装；5—减速箱输出轴

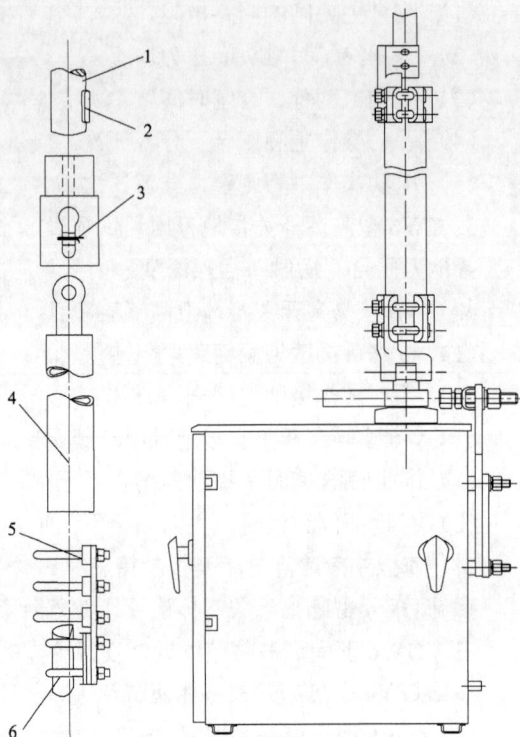

图 10-17-2　GW6 型隔离开关主刀闸与
操动机构的连接

1—开关操作轴；2—键；3—键开口销；4—连杆；
5—抱夹；6—操动机构轴

（8）使主刀闸、操动机构均在分闸位置，用短连杆将机构与主刀闸连接起来。

（9）将操动机构的进线电缆接入机构箱内端子排紧固螺钉上，并对电缆入口处进行封堵。

（10）质量标准。拐臂中心线与水平传动杆中心线装配角度符合要求；各种转动轴销及螺纹处均涂润滑油。

2. GW6 型隔离开关主刀闸手动慢分、慢合试验

（1）手动操动机构缓慢合闸及分闸，观察主刀闸系统动作是否灵活，有无卡涩，辅助开关切换位置是否正确；三相能同步到位。

（2）以手动操作主刀闸进行分、合闸，若主刀闸与机构两者的终了位置不一致时，

可改变连接器两连板间的角度（连接器改抱夹的，可松开抱夹，机构与主刀闸分、合闸位置对应后紧固抱夹螺栓）。

（3）用手柄操作电动机构，使主刀闸分、合 3～4 次，当电动操动机构限位开关刚刚切换时，检查机构限位块与挡钉的间隙是否符合要求。

（4）质量标准。定位螺钉定位牢固、可靠，限位块与挡钉的间隙为 8mm±3mm；主刀闸动作灵活，无卡涩，辅助开关切换位置正确。

3. GW6 型隔离开关测量主刀闸合闸同期性

（1）导电折架高度的调整。

1）主刀闸在处于分闸位置时，检查折架折叠高度是否符合规定尺寸，以保证断口间的绝缘距离。

2）如三相超高，说明主刀闸未分到底，可适当调节连杆。

3）中相合格、边相偏高，适当调节偏高相的主刀闸水平连杆，使该相主刀闸能分到底，同时检查该相分闸限位螺钉是否伸出过长，限制了折架的下落，应注意过分缩短分闸限位螺钉会失去限位作用而增大合闸力矩。

4）质量标准。折架折叠高度绝缘距离有关规定，在保证分闸位置时导电折架的有效开距符合有关要求后，允许折架略微偏高。

（2）合闸终了位置动触头上端偏斜的调整。GW6 型隔离开关校正主刀闸偏斜示意图如图 10-17-3 所示。

1）在合闸终了位置，如动触头偏离导电折架中心垂线 A 侧且超过 50mm，则可适当伸长传动连杆。

2）动触头偏离导电折架中心垂线 B 侧且超过 50mm，则适当缩短传动连杆长度应基本一致。

3）动触头偏斜调整好后，检查合闸终了动、静触头接触点是否在规定接触区内，合格后紧固静触头装配连接导线的接线板与母线夹接线连接螺栓。

4）质量标准。动触头合闸终了位置允许偏斜 50mm；动、静触头接触位置符合规定。

（3）合闸不同期的调整。三相合闸不同期

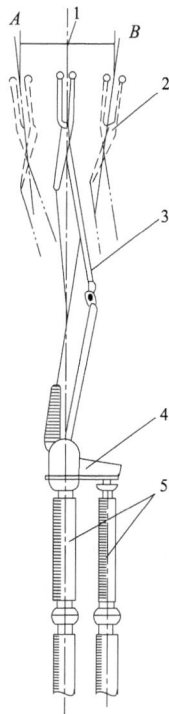

图 10-17-3　GW6 型隔离开关校正
主刀闸偏斜示意图

1—导电杆；2—动触头；3—导电折架；
4—传动装置；5—绝缘子

的调整在动触头合闸偏斜调整好后进行，调整方法与之相同，三相合闸不同期允许偏差应不大于 30mm。

4. 传动装置死点位置的调整

（1）调整 GW6 型隔离开关死点位置。

（2）以手动进行三相联动分、合闸，检查其死点位置，如未达到要求，应检查主刀闸合闸是否到位。

（3）若未到位，适当缩短主刀闸水平连杆及短连杆。

（4）若主刀闸已合到底而仍未达到死点位置，则可适当缩短传动连杆来达到，同时检查合闸定位螺钉外露部分是否过长。

（5）质量标准。B 点过 AC 连线为 4mm±1mm。

5. 测量动、静触头的接触压力

（1）以手动将导电折架送入合闸位置，测量其触头的接触压力，测得的触头接触压力应符合规定。

（2）检查弹簧板末端轴销，能自动移至长孔中部或另一端，则压力符合要求；如接触压力不合格，可适当伸长或缩短传动连杆使之达到要求。

（3）动触头每侧压力：110kV≥295N、220kV≥259N。

6. 测量主刀闸分闸时触头断开距离

（1）隔离开关在分闸位置测量每个断口动、静触头的最小空气距离应符合规定。

（2）质量标准。同相两个断口的最小空气距离：110kV≥1350（1750）、220kV≥2200（2550）。

7. 测量主刀闸操动机构电动分、合闸时间

（1）用手动合闸和分闸，当终点限位开关刚刚切换时，检查限位件与挡板之间的间隙，由此位置到终点位置，交流操动机构手柄应能摇动 4.8 圈±1 圈，直流操动机构手柄应能摇动 8 圈±1 圈。

（2）手动将主刀闸处于半分、半合位置，接通电源，慎重按下合闸或分闸按钮，随之按下急停按钮，模拟点动操作，注意观察主轴转向，确认正确的操动方向。如果方向相反，则须调整电动机的旋转方向，进行电动分、合操作，检查电动机转向与主刀闸分、合闸运动方向是否对应。

（3）手动及电动分、合闸 2～3 次，检查电动操动机构及主刀闸动作情况。

（4）进行 85%额定电压电动分、合闸动作试验，检验动作是否可靠。

（5）以上各步均调整好后，操作电动机构电动机运转正常，正反向旋转自如，无异声。分、合闸停位准确，闭锁可靠。

（6）电动操作隔离开关分、合闸，并记录分、合闸时间；分、合闸时间应符合各

种型号的规定。

（7）质量标准。

1）辅助开关切换位置正确，接触可靠。限位开关切换正确、可靠。

2）机构及主刀闸动作平稳，无卡涩，分、合闸到位。

8. 测量主刀闸导电回路电阻

将隔离开关合闸，分别测量三相导电回路电阻，回路电阻值应符合规定。

9. GW6 型隔离开关接地刀闸本体与操动机构的连接

（1）将接地刀闸操动机构用连接螺栓将操动机构与基础连接起来，检查操动机构水平后，拧紧操动机构与基础的连接螺栓。

（2）将传动底座用螺栓连接在基础上。

（3）将导电折架下导电管和支撑管分别插入连接架及传动架中，同时拧入平衡弹簧调节螺栓。

（4）装复完成后，调整平衡弹簧调节螺栓的旋入深度，调整下导电管在连接架中的位置，同时检查导电折架重力矩与平衡弹簧力矩是否平衡。

（5）将三相接地刀闸水平拉杆连接好。

（6）手动操作接地刀闸机构，使机构合闸。

（7）将接地刀闸竖拉杆与水平拉杆及操动机构连接。

（8）质量标准。

1）各转动部位涂二硫化钼锂。

2）转轴与轴套间配合间隙不应大于 1mm。

3）螺杆、螺母应完整，无锈蚀，公差配合适当。

4）螺杆拧入接头的深度不应小于 20mm。

5）连接水平连杆时，操作小拐臂方向必须处于合闸位置。

10. GW6 型隔离开关接地刀闸手动慢分、慢合试验

（1）主刀闸在分闸位置时，手动缓慢分开接地刀闸，观察传动系统运动情况。

（2）对接地刀闸进行操作，检查其合闸终了时动、静触头是否接触良好，分闸终了时接地刀闸导电管是否处于水平位置。

（3）对Ⅱ型接地刀闸手动合闸过程中，观察导电管先作回转运动，再作上升运动，如达不到要求可调整平衡弹簧预拉力，继续手动合闸操作，观察导电管上升运动是否正常，三相接触是否一致。

（4）质量标准。

1）手动操动机构安装正确、牢固。部件完整，安装正确。传动系统动作灵活。

2）合闸终了时动、静触头接触良好、可靠；分闸终了时接地刀闸导电管处于水平

位置。

3）合闸终了，动触头接触面中心基本与触指刻线重合。

11. GW6 型隔离开关接地刀闸合闸同期性

（1）手动操动机构将接地刀闸合闸，测量接地刀闸合闸同期性。

（2）质量标准。三相不同时接触不应超过 30mm。

12. 接地刀闸触头插入深度、夹紧度及动、静触头相对高度差

（1）用手柄操作使主刀闸分闸，然后将接地刀闸合闸，检查上导电管与静触头中心是否出现偏差，如有偏差，可调节机座上 4 个螺栓来实现。

（2）在合闸位置时，检查动触头插入静触头深度是否满足要求，触头与触指接触是否良好。

（3）如动触头插入深度不合格，可改变导电管长度来实现。

（4）测量动、静触头夹紧度：用 0.05mm×10mm 的塞尺检查动、静触头夹紧度。不合格应更换弹簧或重新检修处理，直到合格为止。

（5）测量动、静触头相对高度差：用钢板尺在动、静触头合闸位置测量静触头上、下外露部分，外露部分应基本一致。

（6）调整完成后，检查所有连接件是否紧固。

（7）质量标准。

1）重力矩与弹簧力矩基本平衡。

2）动、静触头间应接触紧密。

3）接地刀闸合闸时，导电管动触头已合至静触头中心位置。

4）合闸时导电管处于铅垂位置。

5）动触头插入深度为 85mm，触头触指间接触良好。

6）连接件紧固合格。

13. 测量接地刀闸接触电阻

将接地刀闸合闸，分别测量接地刀闸三相接触电阻，接触电阻不大于 290μΩ。

14. GW6 型隔离开关本体和接地刀闸连锁调试

（1）机械闭锁的检查，应分别在主刀闸和接地刀闸三相联动调整好后进行。

（2）将主刀闸合闸，检查机械闭锁板位置，接着合接地刀闸，观察机械闭锁是否可靠。

（3）将接地刀闸合闸，检查机械闭锁板间位置；接着合主刀闸，观察机械闭锁是否可靠。

（4）以上两种机械闭锁防止误操作功能验证，应连续试验 5 次以上，来证实机械闭锁措施是否可靠，如发现有失灵，应重新进行调整。

（5）质量标准。主刀闸处于合闸位置，接地刀闸合不上闸；接地刀闸处于合闸位置，主刀闸合不上闸。

15. GW6 型隔离开关本体 1min 工频耐压试验

新装、大修后或更换绝缘子时应对隔离开关本体进行 1min 工频耐压试验，1min 工频耐压合格。

16. 隔离开关更换、调整、试验合格后，在投运前必做的工作

参见 GW4 型隔离开关检修、调整、试验合格后，在投运前必做的工作内容（模块 Z15G2018Ⅱ）。

【思考与练习】

1. GW6 型隔离开关调试及试验前的检查项目及标准有哪些？

2. 在 GW6 型隔离开关整体调试及试验中，如何进行 GW6 型隔离开关主刀闸手动慢分、慢合试验？

3. GW6 型隔离开关接地刀闸本体与操动机构连接的质量标准是什么？

4. 在 GW6 型隔离开关整体调试及试验中，如何进行本体和接地刀闸连锁调试？

◢ 模块 18　GW7 型隔离开关整体调试及试验（Z15G2021Ⅱ）

【模块描述】本模块包含 GW7 型隔离开关整体调试及试验作业流程与工艺要求。通过知识要点的归纳讲解、操作技能训练，掌握 GW7 型隔离开关整体调试及试验前准备、危险点预控、作业步骤、工艺要求及质量标准等操作技能。

【模块内容】

一、作业内容

1. GW7 型隔离开关调试项目

（1）隔离开关主刀闸合闸后触头插入深度。

（2）动、静触头相对高度差。

（3）检查机械连锁。

（4）隔离开关三相合闸同期性。

（5）隔离开关分闸后断口距离（两断口之和）。

2. GW7 型隔离开关试验项目

（1）测量主刀闸的回路电阻。

（2）机构电动分、合闸时间。

（3）手动操作主刀闸合、分各 5 次。

（4）电动操作主刀闸合、分各 5 次。

3. GW7 型隔离开关接地刀闸调试项目

（1）接地刀闸合闸后触头插入深度。

（2）接地开关分闸后断口距离。

4. GW7 型隔离开关接地刀闸试验项目

（1）检修后接地刀闸回路电阻测量。

（2）手动操作接地刀闸合、分各 5 次。

5. GW7 型隔离开关和接地刀闸连锁调试

（1）主刀闸合闸时，接地刀闸合不上闸。

（2）接地刀闸合闸时，主刀闸合不上闸。

二、作业中危险点分析及控制措施

参见 GW4 型隔离开关本体检修作业中危险点分析及控制措施（模块 Z15G2005Ⅱ）。

三、GW7 型隔离开关整体调试及试验前的准备

参见 GW4 型隔离开关整体调试及试验前的准备工作（模块 Z15G2018Ⅱ）。

四、GW7 型隔离开关调试及试验前的检查

参见 GW4 型隔离开关调试及试验前的检查项目（模块 Z15G2018Ⅱ）。

五、GW7 型隔离开关调试和试验步骤、方法及质量标准

1. GW7 型隔离开关本体与操动机构的连接

参见 GW6 型隔离开关本体与操动机构的连接方法（模块 Z15G2020Ⅱ）。

2. GW7 型隔离开关主刀闸手动慢分、慢合试验

（1）手动操动机构缓慢合闸及分闸，观察主刀闸系统动作是否灵活，有无卡涩，辅助开关切换位置是否正确；三相能同步到位。

（2）质量标准。

1）相间距离误差应符合各种型号的规定。

2）静触头触指两侧的接触压力应均匀。

3）主刀闸动作灵活，无卡涩，辅助开关切换位置正确。

3. GW7 型隔离开关测量主刀闸合闸同期性

（1）手动操作机构缓慢合闸，测量主刀闸合闸同期性。

（2）如果同期不合格，可改变相间拉杆的长度来实现，调整合格后将拉杆接头备帽拧紧。

（3）质量标准。三相不同时接触差应符合各种型号的规定。

4. 测量主刀闸触头插入深度、夹紧度及动、静触头相对高度差

GW7（普通）型隔离开关动、静触头合闸位置如图 10-18-1 所示。

（1）手动操动机构缓慢合闸，测量动触头插入深度、夹紧度及动、静触头相对高

度差。

（2）动触头插入静触头深度及相对高度差
不合格，可调节固定导电杆的螺栓来实现，将 4
个固定螺母松开，导电杆便能上、下、前、后移
动，由此可改变动、静触头间的插入深度及相对
高度差，并使两端触头接触情况一致。如此时动、
静触头插入静触头深度仍然不合格，可将导电杆
上固定动触头的 4 个螺栓松开，动触头便可在导
电杆上转动和前、后移动，使之达到动、静触头插入深度的要求。

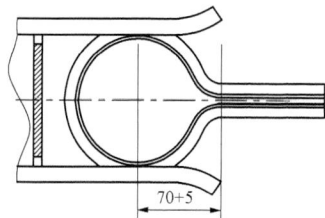

图 10-18-1　GW7（普通）型隔离
开关动、静触头合闸位置

（3）测量动、静触头夹紧度：隔离开关调整合格后，用 0.05mm×10mm 的塞尺检
查动、静触头夹紧度。不合格应更换弹簧或重新检修处理，直到合格为止。

（4）质量标准。

1）动、静触头间应接触紧密；对于线接触，塞尺塞不进去为合格，对于面接触，
其塞入深度：在接触面宽度为 50mm 及以下时，不应超过 4mm；在接触面宽度为 60mm
及以上时，不应超过 6mm。

2）动、静触头接触后应上、下对称，允许上、下偏差不大于 5mm。

3）动触头与导电杆连接长度不小于 35mm。

5. 测量主刀闸分闸时触头断开距离

（1）隔离开关在分闸位置测量每个断口动、静触头的最小空气距离不小于 1.15m。

（2）质量标准。同相两个断口的最小空气距离应不小于 2.3m。

6. 测量主刀闸操动机构电动分、合闸时间

（1）用手动合闸和分闸，当终点限位开关刚刚切换时，检查限位件与挡板之间的
间隙，由此位置到终点位置，交流操动机构手柄应能摇动 4.8 圈±1 圈，直流操动机构
手柄应能摇动 8 圈±1 圈。

（2）手动将主刀闸处于半分、半合位置，接通电源，慎重按下合闸或分闸按钮，
随之按下急停按钮，模拟点动操作，注意观察主轴转向，确认正确的操动方向。如果
方向相反，则须调整电动机的旋转方向，进行电动分、合操作，检查电动机转向与主
刀闸分、合闸运动方向是否对应。

（3）手动及电动分、合闸 2～3 次，检查电动操动机构及主刀闸动作情况。

（4）进行 85%额定电压电动分、合闸动作试验，检验动作是否可靠。

（5）以上各步均调整好后，操作电动机构电动机运转正常，正、反旋转自如，
无异声。分、合闸停位准确，闭锁可靠。

（6）电动操作隔离开关分、合闸，并记录分、合闸时间，分、合闸时间应符合各

种型号的规定。

（7）质量标准。辅助开关切换位置正确，接触可靠。限位开关切换正确、可靠；机构及主刀闸动作平稳，无卡涩，分、合闸到位。

7. 测量主刀闸导电回路电阻

将隔离开关合闸，分别测量三相导电回路电阻，回路电阻：1600A≤140μΩ；2000A≤95μΩ。

8. GW7 型隔离开关接地刀闸本体与操动机构的连接

参见 GW6 型隔离开关接地刀闸本体与操动机构的连接步骤（模块 Z15G2020Ⅱ）。

9. GW7 型隔离开关接地刀闸手动慢分、慢合试验

参见 GW6 型隔离开关接地刀闸手动慢分、慢合试验项目（模块 Z15G2020Ⅱ）。

10. GW7 型隔离开关接地刀闸合闸同期性

（1）手动操动机构将接地刀闸合闸，测量接地刀闸合闸同期性。

（2）质量标准。三相不同时接触应不超过 30mm。

11. 接地刀闸触头插入深度、夹紧度及动、静触头相对高度差

参见 GW6 型隔离开关接地刀闸触头插入深度、夹紧度及动、静触头相对高度差测量项目（模块 Z15G2020Ⅱ）。

12. 接地刀闸分闸时触头断开距离

手动操作将接地刀闸分闸；测量接地开关分闸后断口距离，断口距离不小于 1800mm。

13. 测量接地刀闸接触电阻

将接地刀闸合闸，分别测量接地刀闸三相接触电阻，接触电阻不大于 290μΩ。

14. GW7 型隔离开关本体和接地刀闸连锁调试

参见 GW6 型隔离开关本体和接地刀闸连锁调试项目（模块 Z15G2020Ⅱ）。

15. GW7 型隔离开关本体 1min 工频耐压试验

新装、大修后或更换绝缘子时应对隔离开关本体进行 1min 工频耐压试验，1min 工频耐压合格。

16. 隔离开关更换、调整、试验合格后，在投运前必做的工作

参见 GW4 型隔离开关检修、调整、试验合格后，在投运前必做的工作内容（模块 Z15G2018Ⅱ）。

【思考与练习】

1. 在 GW7 型隔离开关整体调试及试验中，如何进行主刀闸手动慢分、慢合试验？

2. 在 GW7 型隔离开关整体调试及试验中，如何测量主刀闸合闸同期性？

3. 在 GW7 型隔离开关整体调试及试验中，如何测量主刀闸触头插入深度、夹紧

度及动、静触头相对高度差？

4. 在 GW7 型隔离开关整体调试及试验中，如何测量主刀闸操动下机构电动分、合闸时间？

▲ 模块 19　GW16 型隔离开关整体调试及试验（Z15G2022 Ⅱ）

【**模块描述**】本模块包含 GW16（20）型隔离开关整体调试及试验作业流程与工艺要求。通过知识要点的归纳讲解、操作技能训练，掌握 GW16（20）型隔离开关整体调试及试验前准备、危险点预控、作业步骤、工艺要求及质量标准等操作技能。

【**模块内容**】

一、作业内容

1. GW16 型隔离开关调试项目

（1）隔离开关分闸后断口距离。

（2）隔离开关主刀闸接触范围。

（3）检查机械连锁。

（4）隔离开关三相合闸同期性。

（5）刀闸合入时是否在过死点位置。

（6）合闸后动触头上端偏移。

2. GW16 型隔离开关试验项目

（1）测量主刀闸的回路电阻。

（2）合闸终了时触头间压力。

（3）机构电动分、合闸时间。

（4）手动操作主刀闸合、分各 5 次。

（5）电动操作主刀闸合、分各 5 次。

3. GW16 型隔离开关接地刀闸调试项目

接地刀闸合闸后触头插入深度。

4. GW16 型隔离开关接地刀闸试验项目

（1）检修后接地刀闸回路电阻测量。

（2）手动操作接地刀闸合、分各 5 次。

5. GW16 型隔离开关和接地刀闸连锁调试

（1）主刀闸合闸时，接地刀闸合不上闸。

（2）接地刀闸合闸时，主刀闸合不上闸。

二、作业中危险点分析及控制措施

参见 GW4 型隔离开关本体检修作业危险点分析及控制措施（模块 Z15G2005Ⅱ）。

三、GW16 型隔离开关整体调试及试验前的准备

参见 GW4 型隔离开关整体调试及试验的准备工作（模块 Z15G2018Ⅱ）。

四、GW16 型隔离开关调试及试验前的检查

参见 GW4 型隔离开关调试及试验前的检查项目（模块 Z15G2018Ⅱ）。

五、GW16 型隔离开关调试和试验步骤、方法及质量标准

1. GW16 型隔离开关本体与操动机构的连接

参见 GW6 型隔离开关本体与操动机构的连接方法（模块 Z15G2020Ⅱ）。

2. GW16 型隔离开关主刀闸手动慢分、慢合试验

（1）手动操动机构缓慢合闸及分闸，观察三相水平传动杆与拐臂板的连接轴销转动是否灵活，主刀闸系统动作是否灵活，有无卡涩，辅助开关切换位置是否正确；三相能同步到位。

（2）以手动操作主刀闸进行分、合闸，若主刀闸与机构两者的终了位置不一致时，可改变连接器两连板间的角度。

（3）合闸终了，检查三相主刀闸是否在一垂线上。

（4）用手柄操作电动机构，使主刀闸分、合 3~4 次，当电动操动机构限位开关刚刚切换时，检查机构限位块与挡钉之间的间隙是否符合要求。

（5）质量标准。

1）传动杆与拐臂板的连接轴销转动灵活、无卡涩。

2）辅助开关切换位置正确。

3）主刀闸动作灵活、无卡涩。

4）三相操作能同步到位。

5）合闸终了，三相均在一条垂线上。

3. GW16 型隔离开关测量主刀闸合闸同期性

（1）导电折臂高度的调整。

1）分闸后断口距离小于 2600mm，是由于垂直传动杆与双四连杆的连接位置不当或摩擦法兰盘（联轴器）连接不当造成，此时应该重新调整垂直操动杆的焊接位置或改变联轴器的连接位置。

2）分闸后断口距离大于 2600mm，加长两偏心轴的距离，并保证三相合闸同期的要求：① 合闸时主刀闸在同一条垂直线，分闸时断口距离不小于 2600mm。② 折臂折叠高度绝缘距离符合有关规定。③ 在保证分闸位置时导电折臂架的有效开距符合有关要求后，允许折臂略微偏高。

（2）合闸终了位置动触头上端偏斜的调整。

1）在合闸终了位置，如动触头偏离导电折臂中心垂线且超过规定值，是由于垂直传动杆与双四连杆的连接位置不当或摩擦法兰盘（联轴器）连接不当造成，此时应该重新调整垂直操动杆的焊接位置或改变联轴器的连接位置。

2）动触头偏斜调整好后，检查合闸终了动、静触头接触点是否在规定接触区内，合格后紧固静触头装配连接导线的接线板与母线夹接线连接螺栓。

3）质量标准。① 动触头合闸终了位置偏斜不超过厂家规定值。② 动、静触头接触位置符合规定。

（3）合闸不同期的调整。

1）用手柄操动机构，观察三相主刀闸运动情况，如两边相的初始角度和主操作相不同期，可适当调整三相水平传动杆的长度，如两边相所需的角度不够或过大，即操作时边相对于主操作相较快或较慢（分、合闸两边相与主操作相不同期），可调整拐臂装配上齿板的位置，调试的方法是：松开拐臂装配上紧固螺栓，将动作较快一相的拐臂适当放长，将动作较慢一相的拐臂适当缩短，然后拧紧螺栓。通过调整，使三相主刀闸的动作速度基本一致。

2）质量标准。三相合闸不同期允许偏差应不大于 20mm。

4. 传动装置死点位置的调整

（1）以手动进行三相联动分、合闸，检查其死点位置，如未达到要求，应检查主刀闸合闸是否到位。

（2）若未到位，适当缩短主刀闸水平连杆及短连杆。

（3）若主刀闸已合到底而仍未达到死点位置，则可适当缩短传动连杆来达到，同时检查合闸定位螺钉外露部分是否过长。

（4）质量标准。距限位螺钉 0～2mm。

5. 测量动、静触头的接触压力

（1）以手动将导电折臂送入合闸位置，测量其触头的接触压力，测得的触头接触压力应符合规定。

（2）检查弹簧板末端轴销，能自动移至长孔中部或另一端，则压力符合要求；如接触压力不合格，可适当伸长或缩短传动连杆使之达到要求。

6. 测量主刀闸分闸时触头断开距离

隔离开关在分闸位置测量每个断口动、静触头的最小空气距离，同相两个断口的最小空气距离不小于 2600mm。

7. 测量主刀闸操动机构电动分、合闸时间

（1）用手动合闸和分闸，当终点限位开关刚刚切换时，检查限位件与挡板之间的

间隙，由此位置到终点位置，交流操动机构手柄应能摇动 4.8 圈±1 圈，直流操动机构手柄应能摇动 8 圈±1 圈。

（2）手动将主刀闸处于半分、半合位置，接通电源，慎重按下合闸或分闸按钮，随之按下急停按钮，模拟点动操作，注意观察主轴转向，确认正确的操动方向。如果方向相反，则须调整电动机的旋转方向，进行电动分、合操作，检查电动机转向与主刀闸分、合闸运动方向是否对应。

（3）手动及电动分、合闸 2～3 次，检查电动操动机构及主刀闸动作情况。

（4）进行 85%额定电压电动分、合闸动作试验，检验动作是否可靠。

（5）操作电动机构电动机运转正常，正反向旋转自如，无异声。分、合闸停位准确，闭锁可靠。

（6）电动操作隔离开关分、合闸，并记录分、合闸时间，分、合闸时间应符合各种型号的规定。

（7）质量标准。辅助开关切换位置正确，接触可靠。限位开关切换正确、可靠；机构及主刀闸动作平稳，无卡涩，分、合闸到位。

8. 测量主刀闸导电回路电阻

将隔离开关合闸，分别测量三相导电回路电阻，应符合规定值。

9. GW16 型隔离开关接地刀闸本体与操动机构的连接

参见 GW6 型隔离开关接地刀闸本体与操动机构的连接步骤（模块 Z15G2020Ⅱ）。

10. GW16 型隔离开关接地刀闸手动慢分、慢合试验

参见 GW6 型隔离开关接地刀闸手动慢分、慢合试验项目（模块 Z15G2020Ⅱ）。

11. GW16 型隔离开关接地刀闸合闸同期性

手动操作机构将接地刀闸合闸，测量接地刀闸合闸同期性，三相不同时接触应不超过 30mm。

12. 接地刀闸触头插入深度、夹紧度及动、静触头相对高度差

参见 GW6 型隔离开关接地刀闸触头插入深度、夹紧度及动、静触头相对高度差测量项目（模块 Z15G2020Ⅱ）。

13. 测量接地刀闸接触电阻

将接地刀闸合闸，分别测量接地刀闸三相接触电阻，接触电阻不大于 290μΩ。

14. GW16 型隔离开关本体和接地刀闸连锁调试

参见 GW6 型隔离开关本体和接地刀闸连锁调试项目（模块 Z15G2007Ⅱ）。

15. GW16 型隔离开关本体 1min 工频耐压试验

新装、大修后或更换绝缘子时应对隔离开关本体进行 1min 工频耐压试验，1min

工频耐压应合格。

16. 隔离开关更换、调整、试验合格后，在投运前必做的工作

参见 GW4 型隔离开关检修、调整、试验合格后，在投运前必做的工作内容（模块 Z15G2018Ⅱ）。

【思考与练习】

1. 在 GW16 型隔离开关整体调试及试验中，如何进行主刀闸手动慢分、慢合试验？

2. 在 GW16 型隔离开关整体调试及试验中，传动装置死点位置如何调整？

3. 在 GW16 型隔离开关整体调试及试验中，如何测量动、静触头的接触压力？

4. 在 GW16 型隔离开关整体调试及试验中，测量主刀闸操动机构电动分、合闸时间？

模块 20　GW17 型隔离开关整体调试及试验（Z15G2023Ⅱ）

【模块描述】本模块包含 GW17（21）型隔离开关整体调试及试验作业流程与工艺要求。通过知识要点的归纳讲解、操作技能训练，掌握 GW17（21）型隔离开关整体调试及试验前准备、危险点预控、作业步骤、工艺要求及质量标准等操作技能。

【模块内容】

一、作业内容

1. GW17 型隔离开关调试项目

（1）隔离开关分闸后断口距离。

（2）隔离开关主刀闸接触范围。

（3）检查机械连锁。

（4）隔离开关三相合闸同期性。

（5）刀闸合入时是否在过死点位置。

（6）合闸后动触头上端偏移。

2. GW17 型隔离开关试验项目

（1）测量主刀闸的回路电阻。

（2）合闸终了时触头间压力。

（3）机构电动分、合闸时间。

（4）手动操作主刀闸合、分各 5 次。

（5）电动操作主刀闸合、分各 5 次。

3. GW17 型隔离开关接地刀闸调试项目

接地刀闸合闸后触头插入深度。

4. GW17 型隔离开关接地刀闸试验项目

（1）检修后接地刀闸回路电阻测量。

（2）手动操作接地刀闸合、分各 5 次。

5. GW17 型隔离开关和接地刀闸连锁调试

（1）主刀闸合闸时，接地刀闸合不上闸。

（2）接地刀闸合闸时，主刀闸合不上闸。

二、作业中危险点分析及控制措施

参见 GW4 型隔离开关本体检修作业中危险点分析及控制措施（模块 Z15G2018Ⅱ）。

三、GW17 型隔离开关整体调试及试验前的准备

参见 GW4 型隔离开关整体调试及试验前的准备工作（模块 Z15G2018Ⅱ）。

四、GW17 型隔离开关调试及试验前的检查

参见 GW4 型隔离开关调试及试验前的检查项目（模块 Z15G2018Ⅱ）。

五、GW17 型隔离开关调试、试验步骤、方法及质量标准

1. GW17 型隔离开关本体与操动机构的连接

参见 GW6 型隔离开关本体与操动机构的连接方法（模块 Z15G2020Ⅱ）。

2. GW17 型隔离开关主刀闸手动慢分、慢合试验

（1）手动操动机构缓慢合闸及分闸，观察三相水平传动杆与拐臂板的连接轴销转动是否灵活，主刀闸系统动作是否灵活，有无卡涩，辅助开关切换位置是否正确；三相能同步到位。

（2）以手动操作主刀闸进行分、合闸，若主刀闸与机构两者的终了位置不一致时，可改变连接器两连板间的角度（连接器改抱夹的，可松开抱夹，机构与主刀闸分、合闸位置对应后紧固抱夹螺栓）。

（3）合闸终了，检查三相主刀闸是否在同一水平线上。

（4）用手柄操作电动机构，使主刀闸分、合 3～4 次，当电动操动机构限位开关刚刚切换时，检查机构限位块与挡钉之间的间隙是否符合要求。

（5）质量标准。

1）传动杆与拐臂板的连接轴销转动灵活、无卡涩。

2）辅助开关切换位置正确。

3）主刀闸动作灵活，无卡涩。

4）三相操作能同步到位。

5）合闸终了，三相均在同一水平线上。

3. GW17 型隔离开关测量主刀闸合闸同期性

（1）导电折臂宽度的调整。

1）分闸后断口距离小于 2600mm，是由于垂直传动杆与双四连杆的连接位置不当或摩擦法兰盘（联轴器）连接不当造成，此时应该重新调整垂直操动杆的焊接位置或改变联轴器的连接位置。

2）分闸后断口距离大于 2600mm，加长两偏心轴的距离，并保证三相合闸同期的要求。

3）质量标准。① 合闸时主刀闸在同一水平直线，分闸时断口距离不小于 2600mm。② 折臂折叠宽度绝缘距离符合有关厂家规定。③ 在保证分闸位置时导电折臂架的有效开距符合有关要求后，允许折臂略微偏宽。

（2）合闸终了位置动触头上端偏斜的调整。

1）在合闸终了位置，如动触头偏离导电折臂中心垂线且超过规定值，是由于垂直传动杆与双四连杆的连接位置不当或摩擦法兰盘（联轴器）连接不当造成，此时应该重新调整垂直操动杆的焊接位置或改变联轴器的连接位置。

2）动触头偏斜调整好后，检查合闸终了动、静触头接触点是否在规定接触区内，合格后紧固静触头装配连接导线的接线板与母线夹接线连接螺栓。

3）质量标准。动触头合闸终了位置偏斜不超过厂家规定值；动、静触头接触位置符合规定。

（3）合闸不同期的调整。

1）用手柄操动机构观察三相主刀闸运动情况，如两边相的初始角度和主操作相不同期，可适当调整三相水平传动杆的长度，如两边相所需的角度不够或过大，即操作时边相对于主操作相较快或较慢（分、合闸两边相与主操作相不同期），可调整拐臂装配上齿板的位置，调试的方法是：松开拐臂装配上紧固螺栓，将动作较快一相的拐臂适当放长，将动作较慢一相的拐臂适当缩短，然后拧紧螺栓。通过调整，使三相主刀闸的动作速度基本一致。

2）质量标准。三相合闸不同期允许偏差应不大于 20mm。

4. 传动装置死点位置的调整

（1）以手动进行三相联动分、合闸，检查其死点位置，如未达到要求，应检查主刀闸合闸是否到位。

（2）若未到位，适当缩短主刀闸水平连杆及短连杆。

（3）若主刀闸已合到底而仍未达到死点位置，则可适当缩短传动连杆来达到，同时检查合闸定位螺钉外露部分是否过长。

（4）质量标准。距限位螺钉 0～2mm。

5. 测量动、静触头的接触压力

（1）以手动将导电折臂送入合闸位置，测量其触头的接触压力，测得的触头接触压力应符合规定。

（2）检查弹簧板末端轴销，能自动移至长孔中部或另一端，则压力符合要求；如接触压力不合格，可适当伸长或缩短传动连杆使之达到要求。

6. 测量主刀闸分闸时触头断开距离

（1）隔离开关在分闸位置测量每个断口动、静触头的最小空气距离应符合厂家规定。

（2）质量标准。同相两个断口的最小空气距离不小于 2600mm。

7. 测量主刀闸操动机构电动分、合闸时间

（1）用手动合闸和分闸，当终点限位开关刚刚切换时，检查限位件与挡板之间的间隙，由此位置到终点位置，交流操动机构手柄应能摇动 4.8 圈±1 圈，直流操动机构手柄应能摇动 8 圈±1 圈。

（2）手动将主刀闸处于半分、半合位置，接通电源，慎重按下合闸或分闸按钮，随之按下急停按钮，模拟点动操作，注意观察主轴转向，确认正确的操动方向。如果方向相反，则须调整电动机的旋转方向，进行电动分、合操作，检查电动机转向与主刀闸分、合闸运动方向是否对应。

（3）手动及电动分、合闸 2～3 次，检查电动操动机构及主刀闸动作情况。

（4）进行 85%额定电压电动分、合闸动作试验，检验动作是否可靠。

（5）以上各步均调整好后，操作电动机构电动机运转正常，正、反向旋转自如，无异声。分、合闸停位准确，闭锁可靠。

（6）电动操作隔离开关分、合闸，并记录分、合闸时间，分、合闸时间应符合各种型号的规定。

（7）质量标准。辅助开关切换位置正确，接触可靠。限位开关切换正确、可靠；机构及主刀闸动作平稳，无卡涩，分、合闸到位。

8. 测量主刀闸导电回路电阻

将隔离开关合闸，分别测量三相导电回路电阻，回路电阻值符合规定要求。

9. GW17 型隔离开关接地刀闸本体与操动机构的连接

参见 GW6 型隔离开关接地刀闸本体与操动机构的连接步骤（模块 Z15G2020Ⅱ）。

10. GW17 型隔离开关接地刀闸手动慢分、慢合试验

参见 GW6 型隔离开关接地刀闸手动慢分、慢合试验项目（模块 Z15G2020Ⅱ）。

11. GW17 型隔离开关接地刀闸合闸同期性

手动操动机构将接地刀闸合闸，测量接地刀闸合闸同期性，三相不同时接触差符合规定。

12. 接地刀闸触头插入深度、夹紧度及动、静触头相对高度差

参见 GW6 型隔离开关接地刀闸触头插入深度、夹紧度及动、静触头相对高度差测量项目（模块 Z15G2020Ⅱ）。

13. 测量接地刀闸接触电阻

将接地刀闸合闸，分别测量接地刀闸三相接触电阻，接触电阻不大于 290μΩ。

14. GW17 型隔离开关本体和接地刀闸连锁调试

参见 GW6 型隔离开关本体和接地刀闸连锁调试项目（模块 Z15G2020Ⅱ）。

15. GW17 型隔离开关本体 1min 工频耐压试验

新装、大修后或更换绝缘子时应对隔离开关本体进行 1min 工频耐压试验，1min 工频耐压合格。

16. 隔离开关更换、调整、试验合格后，在投运前必做的工作

参见 GW4 型隔离开关检修、调整、试验合格后，在投运前必做的工作内容（模块 Z15G2018Ⅱ）。

【思考与练习】

1. 在 GW17 型隔离开关整体调整及试验中，如何进行主刀闸手动慢分、慢合试验？

2. 在 GW17 型隔离开关整体调整及试验中，导电折臂宽度如何调整？

3. 在 GW17 型隔离开关整体调整及试验中，如何测量动、静触头的接触压力？

4. 在 GW17 型隔离开关整体调整及试验中，如何测量主刀闸操动机构电动分、合闸时间？

第十一章

220kV 隔离开关检修

▲ 模块1　SPVT-252型隔离开关本体检修（Z15G2024Ⅲ）

【模块描述】本模块包含 SPVT-252 型隔离开关的检修工艺、质量标准，通过学习，掌握 SPVT-252 型隔离开关的大修流程、工艺要求以及识绘各种复杂的设备施工图的能力。

【模块内容】

一、SPVT-252型隔离开关的结构

SPVT-252 型隔离开关由三个单相组成，每相间用水平传动连杆相连接。每组隔离开关配有 1 台 CMM800 型号电动操动机构，在正常工作时采用电动机操动运行，检修、调试及事故状态时可采用操作手柄进行手动操作，每组隔离开关可配 3 把接地刀闸及 1 台 CML 型号手动操动机构或 1 台 CMM400 型号电动操动机构，接地刀闸的分、合闸根据所配机构型号采用手动操动机构和电动操动机构操作。SPVT-252 型隔离开关由主刀静触头单元、导电臂单元、旋转绝缘子及支柱绝缘子单元、设备底座单元、传动系统单元（操动机构）以及接地刀单元组成。SPVT-252 型隔离开关主刀闸装配包括导电臂装配、主刀静触头装配、绝缘子装配、设备底座装配及传动系统（操动机构）装配。

（1）SPVT-252 型隔离开关主刀闸的结构如图 11-1-1 所示。

（2）SPVT-252 型隔离开关悬挂式静触头结构的常用形式如图 11-1-2 所示。

二、作业内容

（1）SPVT-252 型隔离开关本体分解。

（2）SPVT-252 型隔离开关导电部件分解、维护、装配。

（3）SPVT-252 型隔离开关绝缘子检查及探伤。

（4）SPVT-252 型隔离开关接地刀闸分解、维护、装配。

（5）SPVT-252 型隔离开关设备底座分解、维护、装配。

（6）SPVT-252 型隔离开关各部件装配。

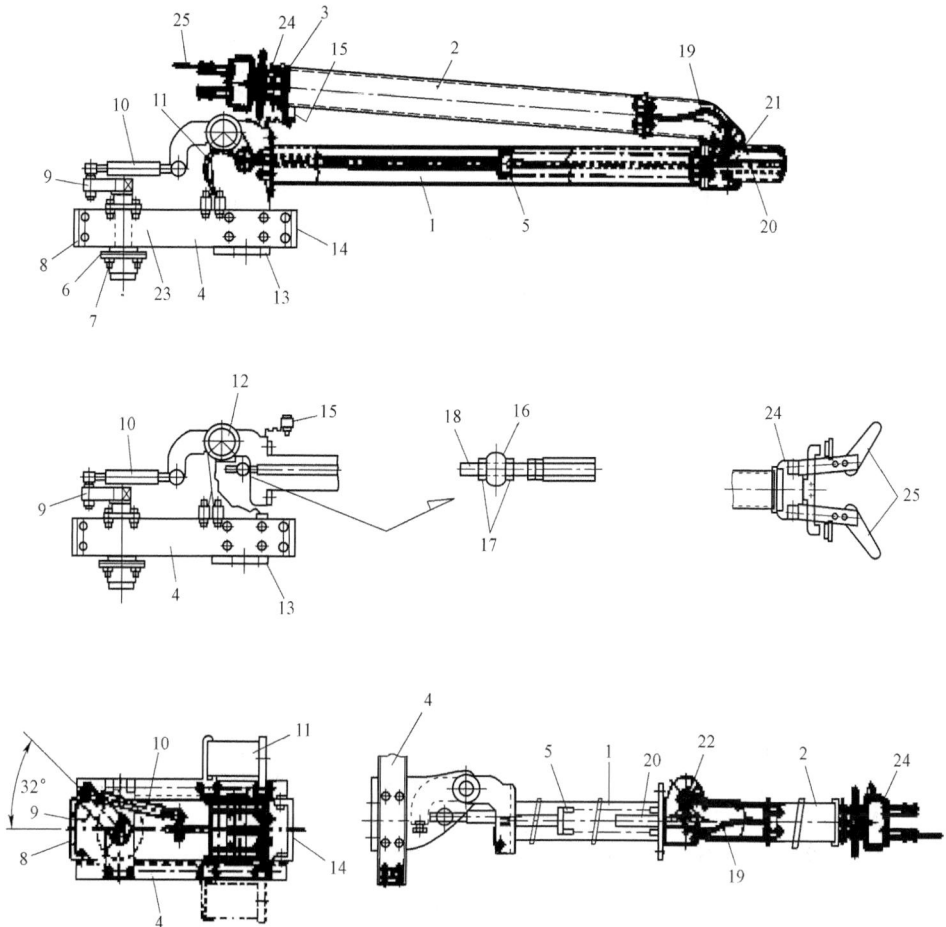

图 11-1-1　SPVT-252 型隔离开关主刀闸的结构

1—铰接于底座的下臂；2—带雄性动触头（活动抓取装置）的上刀臂；3—固定刀闸用的安全带；
4—活动带电部位承载架；5—平衡弹簧；6—旋转绝缘子紧固法兰；7—转动绝缘子的固定和调节螺栓；
8—接线端板；9—铰接臂控制杆；10—下臂的推力及调节连杆；11—承载底座和下刀臂之间
电流的柔性导体，即软连接（两侧之间额定电流 2500A）；12—下叉；13—底座上用于连接到
柱形绝缘子上法兰的法兰面；14—接线端板（操动机构侧）；15—限位装置；
16—螺杆销；17—上刀臂调整用的螺母；18—支架调整用的螺纹杆；
19—承载上、下刀臂之间电流的柔性导体，即软连接（两侧之间
额定电流 2500A）；20—齿条；21—与上臂一体的小齿轮；
22—上臂枢轴；23、24—活动抓取触头单元；
25—静触头插入导轨

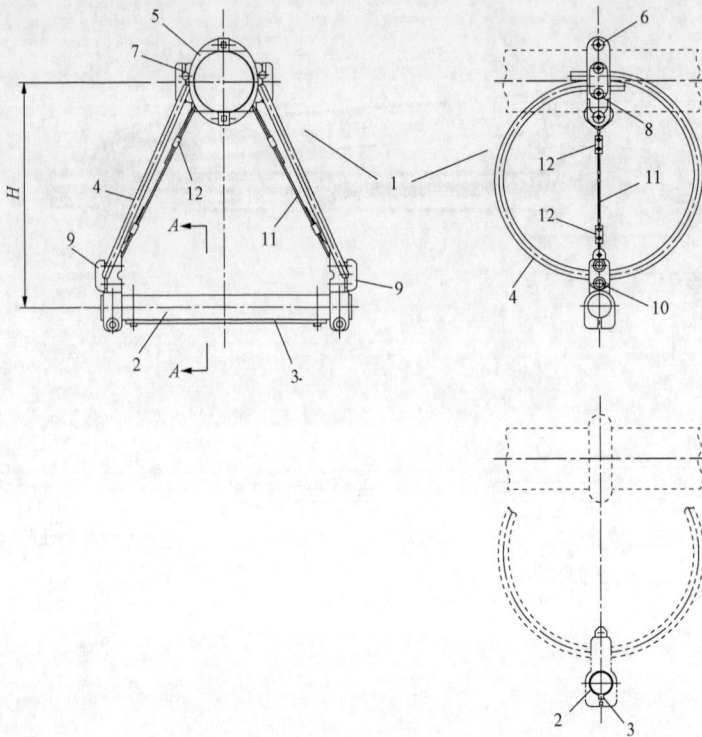

图 11-1-2　SPVT-252 型隔离开关悬挂式静触头结构的常用形式

1—悬挂静触头单元；2—主静触头；3—静弧触头（母线传导装置）仅凭要求提供；4—支架和可调节电缆；

5—母线固定卡箍；6—固定母线之螺钉；7—固定电缆之卡箍；8—固定电缆卡箍之紧固螺钉；

9—固定电缆之卡箍；10—固定电缆卡箍之紧固螺钉；11—调整用的钢丝绳；

12—固定调整钢丝绳的卡箍

三、作业前准备

1. 技术资料的准备

检修前收集需检修 SPVT 隔离开关的运行、检修记录和缺陷和异常情况，分析设备运行中外部故障对设备的影响，对设备运行参数记录，如温度、电压、电流等进行分析。认真统计核实运行中记录的隔离开关操作次数和使用年限，检查隔离开关的各项技术参数。参考定期预试报告和上次检修记录，确定检修项目，制定隔离开关的检修方案和作业指导书。从档案室调出需检修隔离开关的相关资料信息：操作说明书、电气原理图、出厂试验报告。准备好有关资料，如检修报告等。

2. 检修场地准备

选干燥和清洁的检修场地，四周设置安全围栏并挂好安全标示牌。根据检修方案，准备检修所需要的工器具、材料、备品备件、试验仪器和仪表等，准备好专用工作服及其他防护用品，运至检修现场。仪器仪表、工器具应检验合格，满足本次施工的要求。材料应齐全。

3. 对进入现场人员安全防护的要求

（1）操作人员必须进行过现场负责施工人员的安全培训；

（2）进入现场前需按施工要求佩戴好安全帽，穿上工作服及安全鞋等防护用品；

（3）在现场工作票上签好字及得到施工允许后方可进入现场；

（4）遵守现场的安全规章制度；

（5）根据现场负责人的工作安排进行工作。

4. 工器具、备品备件准备

（1）维护 SPVT-252 型隔离开关上动臂所需的工具、耗材见表 11-1-1。

表 11-1-1　　维护 SPVT-252 型隔离开关上动臂所需要的工具、耗材

序号	名　　称	数量单位	备注
1	M19 的加长套筒	1 个	
2	M17 的加长套筒	1 个	
3	M6 的内六角	1 个	
4	特制 M10 的 T 型扳手	1 把	厂内定制
5	M17.5 的麻花钻	1 个	
6	特制冲头	1 个	厂内定制
7	卷尺	1 个	或游标卡尺
8	电钻枪	1 把	
9	M17 开口梅花两用扳手	1 把	
10	M8 开口梅花两用扳手	1 把	
11	铁制榔头	1 个	
12	老虎钳	1 个	
13	力矩扳手（0～200N）	1 把	
14	移动线盘	1 卷	220V、380V 带漏电保安器
15	电源接线盘	1 只	220V、380V 带漏电保安器
16	双控双保险安全带	根	型号-DW2Y（根据人数而定）
17	尼龙手套	副	根据人员数量而定
18	升降车	辆	根据更换数量而定
19	吊带	m	吊装（拆）动臂所用

（2）维护 SPVT–252 型隔离开关所需消耗性材料一览表（以下是一组需要更换的数量）见表 11–1–2。

表 11–1–2　　　　　　维护 SPVT–252 型隔离开关维护所需消耗性材料

序号	名称	数量单位	备注
1	钳式触头传动轴套	12 个	厂内定制
2	钳式触头止挡支架	6 套	厂内定制（另配 M10×45mm 的螺栓 12 套及 M10×185mm 的螺杆 6 套与此件配套使用）
3	M10×80 特殊螺栓	12 个	厂内定制
4	SPV 剪刀头引弧	6 套	厂内定制（另配 M5×20mm 的螺栓 12 套与此件配套使用）
5	传动滚轮	3 套	厂内定制（另配定位销 3 个及开口销 6 个与此件配套使用）
6	复位弹簧	3 个	厂内定制
7	复位弹簧铜衬套	3 个	厂内定制
8	等电位线（用于导电臂）	6 根	厂内定制（另配 M6×20mm 螺栓三套及 M6×16mm 螺栓六套与此件配套使用）
9	等电位线（用于静触头）	6 根	厂内定制（此件为用于静触头耗材，在现场使用）
10	松动除锈剂	1 瓶	厂内定制
11	机械润滑油脂（蓝油）	0.4kg	厂内定制
12	导电脂	0.2kg	厂内定制
13	触子润滑油脂（白油）	0.2kg	厂内定制
14	砂皮纸	1 张	400 号厂内定制
15	专用百洁布	1 张	厂内定制
16	M6×20mm	12 套	用于动臂固定件的紧固

注　1. 以上表格内容可根据实际情况和需要配置数量和型号；

　　2. 设备备品备件和设备专用检修工具个人根据具体设备具体配置；

　　3. 表内具体项目个人根据具体设备具体增减。

四、危险点分析与预控措施

进行 SPVT–252 型隔离开关本体检修工作的危险点分析与预控措施见表 11–1–3。

表 11–1–3 进行 SPVT–252 型隔离开关本体检修工作的危险点分析与预控措施

序号	危险点及危险因素		防范或安全措施
1	人身触电	拆、接低压电源	（1）应由三人进行，两人操作，一人监护。 （2）检修电源应有漏电保护器；电动工具外壳应可靠接地。 （3）检修前应断开交、直流操作电源及储能电机、加热器电源；严禁带电拆、接操作回路电源接头。 （4）螺钉旋具等工具金属裸露部分除刀口外包绝缘
		误碰带电设备	（1）运长物件，应两人放倒搬运。 （2）搭设脚手架，应与带电设备保持安全距离。 （3）吊车进入高压设备区必须由专人监护、引导，按照指定路线行走；工作前应划定吊臂和重物的活动范围及回转方向。确保与带电体的安全距离：110kV不小于4m；220kV不小于6m；500kV不小于8m。 （4）升降车作业时，时刻注意与相邻带电设备的电气距离，与周围相邻带电设备的安全距离：110kV不小于4m；220kV不小于6m；500kV不小于8m
		感应触电	（1）在强电场下进行部分停电工作应增加保安接地线。 （2）检修人员必须在上方管母已停电及刀闸机构断电的情况下才能工作。 （3）金属脚手架应考虑接地
		误登带电设备	（1）被修设备与相邻运行设备必须用围栏明显隔离并悬挂警示牌。 （2）中断检修每次重新开始工作前，应认清工作地点、设备名称和编号；严禁无监护单人工作
2	高空摔跌	脚手架搭设不牢	（1）脚手架搭设后应立即检查牢固性；底脚稳固，护栏安装牢靠；脚手架板应放稳，厚度应不小于5cm。 （2）禁止在脚手架上超重聚集人员或放置超过载重的材料。 （3）拆除脚手架时应设专人监护；拆除区域内禁止无关人员逗留。 （4）登高时严禁手持任何工器具
		高处作业	正确使用安全带，严禁低挂高用
		传动部件带落人员	手动和电动操作前必须呼唱并确认人员已离开传动部件和转动范围
		零部件跌落打击	（1）零部件上、下应用传递绳，工具器、物品上、下应用绳子和工具袋进行传递，严禁抛掷。 （2）不准在脚手板上存放

五、SPVT–252 型隔离开关检修作业步骤、工艺要求及质量标准

1. SPVT–252 型隔离开关本体分解

SPVT–252 型隔离开关本体分解的步骤如下：

（1）将隔离开关主刀及地刀都操作至分闸状态，并将机构箱内电动机回路、控制回路及加热器回路电源断开。

（2）采用专用作业车或梯子将每相连接导线用绳捆好，绳的另一端固定在基座上，拧下接线夹连接螺栓，将连接导线缓慢放下。

（3）采用专用作业车或梯子将每相导电臂用绳捆好，上、下导电臂固定在一起，以防止导电臂弹开。

（4）拆除隔离开关机构上部抱箍的连接螺栓，使隔离开关机构主轴与垂直传动杆脱离。

（5）拆除刀闸垂直传动杆上部连接套的定位钢销，取下垂直传动杆。

（6）松开主刀水平连杆抱箍及地刀水平连杆抱箍，取下主刀及地刀水平连杆。

（7）主刀静触头的拆除。

1）利用专用登高作业车，用牵引绳绑紧静触头装配，将绳翻过母线，由地面人员稍微拉紧，如图 11-1-3 所示。

2）拆除连接导线上接线板与母线接线夹相连的各 4 个螺栓，将静触头装配拆下缓慢吊下，放在检修平台上。

3）拆下的主刀静触头应分相做好标记和记录。

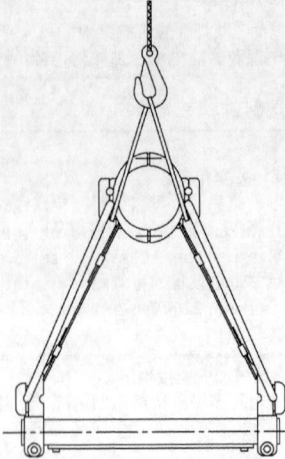

图 11-1-3　拆卸静触头

4）主刀静触头拆卸时应注意：麻绳应无散股、断股，捆绑牢固，放置静触头的地面应铺草垫和塑料布，吊下后的静触头分相做标记；同时在整个检修过程中，应注意保护电气接触面。

（8）导电臂的拆除。

1）在传动装置底板的四角挂好吊装绳，并用起吊钩将吊装绳拉紧，使吊装绳稍微受力，检查主刀闸重心是否基本保持平衡。在操作绝缘子和支柱绝缘子间用木方支撑后，以绳索捆绑，以防碰撞，如图 11-1-4 所示。

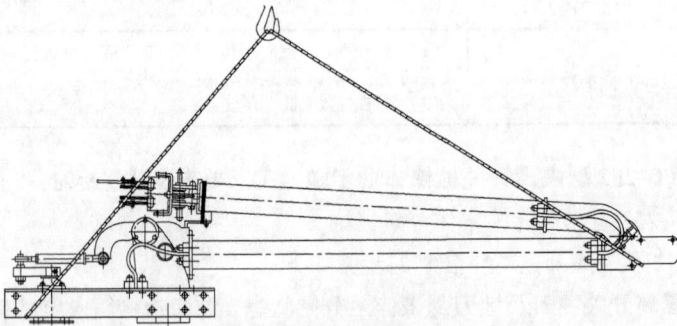

图 11-1-4　拆卸导电臂

2）拆除传动装置底部法兰和支柱绝缘子连接的螺栓及与操作绝缘子相连接的螺栓，将主刀闸系统用起吊装置吊下，起吊时应拉紧牵引绳，以免碰撞损伤绝缘子。

3）将导电臂单元固定在检修专用平台的传动装置固定座上，其固定方式必须与实际安装方式一致，待固定牢固后，方能松开固定绳。使隔离开关慢慢释放至合闸位置后，将下导电臂内平衡弹簧完全放松。释放过程中应注意控制导电杆释放速度，防止击伤作业人员。

（9）绝缘子的拆除。

1）在上节操作绝缘子第三裙上固定好吊装绳，用起吊工具将起吊绳稍微受力，解开与支柱绝缘子之间的保护绳，取出木方，拧下操作绝缘子与底座装配相连的 4 个螺栓，将操作绝缘子缓缓吊至地面，平放于事先准备好的枕木上（吊下时应防止碰撞），如图 11-1-5 所示。

2）在上节支柱绝缘子第三裙上固定好吊装绳且稍微受力，拆除支柱绝缘子与底座装配相连的 4 个螺栓，将支柱绝缘子缓缓吊至地面，平放在事先准备好的枕木上。

图 11-1-5　拆卸绝缘子

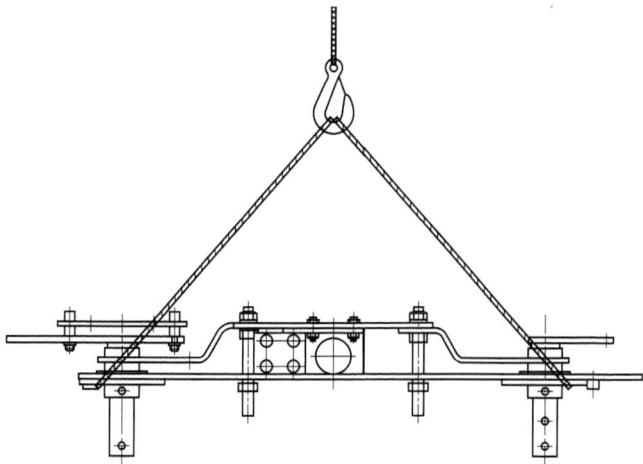

（10）设备底座的拆除。

1）在底座装配的四角挂好吊装绳，并用起吊钩将吊装绳拉紧，使吊装绳稍微受力，检查底座装配重心是否基本保持平衡，如图 11-1-6 所示。

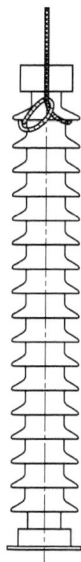

图 11-1-6　拆卸底座

2）拧下底座装配与基础槽钢相连的紧固螺栓，将底座装配吊至检修平台上。

2. 导电部件分解、检修、装配

（1）主刀静触头的分解。

1）分解前应检查各触头的镀银层厚度（不小于 20μm），静触头装配各导电接触部分是否有过热、烧伤痕迹，铝绞线是否有散股、断股现象，接线板是否有开裂、变形，并做好记录，确定需更换的零部件。

2）分别松开静触头杆两端夹块的 4 个紧固螺栓，取下夹块、铜铝过渡套及 2 个夹块。

3）松开母线夹装配与导电板相连的 4 个螺栓，取下母线夹。分别松开导电板两端的 4 个螺栓，取下上夹板和下夹板及铝绞线（注意在此之前应将铝绞线环的两端头用铁丝绑扎紧，以防散股）。

4）分解静触头装配时，要注意勿损伤导电接触面；导电接触面要有防护措施。

（2）主刀静触头的检修工艺要求。

1）将所有零部件用清洗剂清洗并用百洁布擦净。

2）检查连接导线。有断股应更换，如变形应校正，用 00 号砂布清除连接导线导电接触处表面的氧化层。

3）检查母线接线夹、静触头接线夹上导电接触面。如有轻微烧伤，可用扁锉修整，如烧伤严重应更换。

4）用 00 号砂纸打磨所有非镀银导电接触面，将铝绞线与夹块、夹板的接触部分用钢丝刷和清洗剂清洗，除去污垢。

5）检查静触头与动触头接触处。如有轻微烧伤，可用扁锉修整，如严重过热使静触头表面异常应更换，静触头导电杆轻微变形应校正。

6）检查静触头接线夹是否过热。如接线夹严重过热使表面异常应更换，导电接触面如有轻微烧伤，可用扁锉修整。

7）检查铜铝过渡片及两导电接触面。如有轻微氧化，用百洁布清除，如严重氧化应更换。

（3）主刀静触头的检修质量标准。

1）静触头杆平直，镀银层良好夹块无开裂，铜铝过渡套无损伤、变形，铝绞线无散股、断股，接触面清洁、光亮。

2）导电板平直，镀银层良好，母线夹、夹块无开裂、变形，铝绞线无断股、散股，铜铝过渡套无损伤，接触面清洁、光亮。

3）所有零部件清洁、完好，导电接触面光滑、平整，无严重烧伤和过热现象。

4）各连接部分紧固牢靠，导电接触面接触可靠，导电性能良好，静触杆的烧伤深度不大于 0.5mm。

5）静触杆、铜铝过渡片与接线夹的端面整齐，接触可靠，导电性能好。

（4）主刀静触头装配装复。按分解相反顺序进行装复，并注意以下几点：

1）装复时将铜铝过渡套的缺口朝下成 90°，如静触头杆与动触头接触处的烧损超过规定值，装复时可采用将静触头杆转动角度的方法变更接触位置。

2）装配时，勿损伤导电接触面，且连接牢固。

3）更换各锈蚀及生锈紧固件。

4）用 100A 回路电阻测试仪测量静触头装配的整体电阻值是否符合要求。

（5）如果要更换钢芯铝绞线，按以下步骤进行：

1）在切断铝绞线之前，必须用铁丝紧紧绑扎住切口的两侧，并在距第一个绑扎线 120mm 处再扎一次，然后再进行切断。

2）导线中的铝绞线，由于切割而露出截面，应去掉毛刺，并将与夹块、夹板相接触的表面用 00 号砂布擦去氧化层后立即在其表面涂导电脂。

3）将铝绞线放入已处理好的夹块、夹板中，使两个圆均等后方可紧固螺栓，然后可取消扎紧铁丝。

（6）装配时，在导电接触面涂导电脂，螺纹孔洞涂黄油。

（7）主刀静触头装配时质量标准。

1）各零部件完好，清洁。

2）导电接触面平整，洁净。

3）导电接触面应连接可靠。

4）其接触处烧伤深度不大于 0.5mm。

5）母线接线夹至静触头导电杆的回路电阻不大于 40μΩ。

6）导线完整，且无松散现象。

7）连接导线接触处表面无氧化层。

8）所有连接件必须连接可靠。

3. 导电臂的分解、检修、装配

（1）导电臂的分解。

1）松开下导电臂与导电臂底座传动拐臂相连接的 2 颗螺栓（M16），再将导电臂与导电臂底座相连接的螺栓松开（M12）。

2）将下导电臂与底座相连接的导电软连接松开，软连接松开以后应注意防摩擦保护，防止有磨损。

3）松开上导电臂与下导电臂相连接导电软连接，注意软连接防摩擦保护，并将上、下导电臂相连接处松开，分开上、下导电臂。

4）将上导电臂与主刀动触头相连接的螺栓松开，再将上导电臂拉杆与动触头连接螺栓松开。

5）松开上导电臂上等电位线。

（2）上导电臂的分解。

1）将上导电臂尾端推力拉杆定位盖板用专用工具松开，取出推力拉杆、复位弹簧、铜衬套。

2）松开上导电臂与软连接相连接螺栓，并将软连接做好标记放置事先准好的周转箱内。

（3）上导电臂的检修工艺要求。

1）检查并清洗所有零部件，将所有镀银导电金属接触面用清洗剂洗净。非镀银导电金属接触面用 00 号砂纸砂光后洗净，再用卫生纸抹干，并立即涂上一层导电脂，将运动摩擦面用清洗剂擦洗干净后涂二硫化钼锂。

2）检查并测量复位弹簧，除锈、清洗、刷防锈漆并涂以黄油，生锈严重时应进行更换。

3）将上导电臂上端原先 M14 孔，使用电钻扩大至 M17.5。

4）将上导电臂扩孔产生的废屑清洗干净，并使用圆锉处理毛刺。

5）检查动触片烧损情况。如有轻微损伤，可用百洁布打磨或采取改变接触位置的方法进行处理。

6）检查引弧角烧损情况。如有严重烧伤，则予以更换。

（4）上导电臂的检修质量标准。

1）各接触点在合闸位置均能可靠接触。

2）导电软连接完好，无折断等损伤现象。

3）推力拉杆、复位弹簧等无锈蚀、变形。

4）所有零部件干净、无锈蚀和严重变形。

5）导电管两端导电接触面应光滑、无氧化，导电管应无变形、过热现象。

6）导电软连接无损伤和严重过热现象。导电软连接损坏部分不超过总截面的 5%，接触面清洁、平整。

7）杆件无锈蚀，杆件及接叉无锈蚀变形。

8）引弧角无严重烧伤或断裂情况。

9）动触片导电杆接触处无严重烧损，接触面良好，烧伤深度不大于 0.5mm。

（5）上导电管的装配。按分解相反顺序进行装复，并注意以下几点：

1）将动触头座和上导电管的导电接触面用 00 号砂纸砂光后，清洗干净并立即涂上一层导电脂。

2）装复前，所有转动部分涂上二硫化钼锂，导电接触面涂导电脂。

3）各调节尺寸必须按规定数值进行调整，调整符合要求后紧固所有连接螺栓。

4）更换有锈蚀的连接和固定螺栓。

5）导电接触面连接螺栓应拧紧以保证可靠接触。

6）装复后放置于检修平台上。

7）如动触片需要更换，按以下步骤进行：① 拆除引弧角和等电位线。② 拆除动触头座上部的防雨罩，并检查其防雨性能。③ 将连接复位弹簧的操作杆上部弹性圆柱销用冲子打出，卸下操作杆和复位弹簧并进行检查。④ 用长冲子将动触座上部的弹性圆柱销打出，用手把动触片、连板、接头及端杆一同拉出。⑤ 将连板与动触片间的圆柱销打掉，使动触片与连板分离，拆卸过程中，要注意零部件之间的相互位置和方向及标准件的规格和长度，以免装复时发生错误。⑥ 用清洗剂清洗所有零部件，更换弹性圆柱销和动触片，复位弹簧及操作杆刷灰漆、涂二硫化钼锂。⑦ 换上新动触片，按照拆卸时的逆顺序装复。

（6）上导电臂装配质量标准。

1）各零件清洁、完整。

2）导电杆接触面烧伤深度不大于 0.5mm。

3）各连接螺栓紧固。

4）各连接、固定螺栓无锈蚀。

5）所有连接件连接可靠。

（7）下导电臂的分解。

1）取下齿轮箱上部的盖板。

2）把齿轮箱上螺栓松开，打开齿轮箱铝铸件外壳，取下齿轮箱内部的弹性挡圈以及轴、键、齿轮和齿条。

3）松开齿条支轴两端的螺栓及挡板，打出支轴取出轴套。

4）将拉杆装配上的调节螺母从齿条侧旋出，取出平衡弹簧等零件，并将导向轮和连板分解。

5）松开齿条与拉杆之间的连接。

（8）下导电臂的检修工艺要求。

1）检查连接叉、齿轮箱的损伤和开裂变形情况。如有开裂及严重变形，应予更换。

2）检查连接叉、齿轮箱有无锈蚀。如有锈蚀，用 00 号砂布进行处理。

3）检查防雨罩有无开裂、变形，必要时应更换；如锈蚀严重应更换，轻微锈蚀用钢丝刷清除，并刷防锈漆。

4）检查并用清洗剂清洗轴、键、齿轮、弹性挡圈、弹性圆柱销和绝缘垫，如有裂纹应更换。用扁锉清除轴及轴上键槽毛刺。修理时，不能损坏配合表面和精度，如平键磨损严重应更换，用 00 号砂布清除锈蚀。

5）用 400～600 号砂布将铜铝双金属过渡板、触块、触指和铸件接触面砂光，用清洗剂清洗干净，并抹干，涂上导电脂，立即按拆卸时的逆顺序进行装复，拧紧六角螺钉，注意防尘垫应在弹性挡圈和齿轮箱之间。

6）检查支轴半圆面及轴套的磨损及变形情况，用清洗剂清洗所有零部件，并抹干，将支轴与轴套的接触面涂以二硫化钼锂。

7）检查平衡弹簧的疲劳、锈蚀及损坏情况。测量其自由长度，脱漆部分重新刷防锈漆，涂二硫化钼锂。

8）检查弹性圆柱销。如开裂、变形、生锈应更换。

9）检查齿条损坏情况。如缺齿、断齿应予以更换。

10）检查拉杆的生锈及变形情况。除锈并刷防锈漆。

11）检查导向轮的磨损及变形情况。如开裂或严重损坏应予更换。

（9）下导电臂检修质量标准。

1）连接叉铸件无开裂及严重损伤。

2）防雨罩无开裂。

3）轴无变形，弹性圆柱销无锈蚀和开裂，弹性挡圈弹力适中、无损伤，齿轮无锈蚀，丝扣完整，无严重磨损。

4）螺栓齐全、规格正确，丝扣完整，触块无严重磨损，双金属过渡板无明显电腐蚀和机械磨损。

5）各零部件完好、洁净。

6）支轴半圆面及复合轴套接触面光滑、轴套完好。

7）更换复合轴套。

8）平衡弹簧无锈蚀，自由长度符合厂家要求。

9）圆柱销无开裂、变形、生锈。

10）齿条平直，无变形、断齿等。

11）拉杆无生锈，变形。

12）滚轮无开裂及严重变形。

13）导电管两端导电接触面应光滑、无氧化，导电管应无变形、过热现象。

（10）下导电管装配，按分解相反顺序进行装复，并注意以下几点：

1）装复前，在转动部位涂二硫化钼锂，导电接触面涂导电脂。

2）测量中间接头装配两铸件端面的回路电阻，回路电阻值小于 $12\mu\Omega$。

3）更换有锈蚀的连接和固定螺栓。

4）导电接触面连接螺栓应拧紧以保证可靠接触。

5）将上导电管的导电接触面用 00 号砂纸砂光后，清洗干净并立即涂上一层导电脂。

6）装复前，所有转动部分涂上二硫化钼锂，导电接触面涂导电脂。

7）装复前，应将调节螺母等零部件用清洗剂清洗干净，并应注意蝶形垫片的装配方向，拉杆涂二硫化钼锂。

8）各调节尺寸必须按规定数值进行调整。

9）检查全部尺寸，调整符合要求后紧固所有连接螺栓。

10）更换有锈蚀的连接和固定螺栓。

11）导电接触面连接螺栓应拧紧以保证可靠接触。

12）装复后放置于检修平台上。

（11）下导电管装配质量标准。

1）各零件清洁、完整。

2）导电杆接触面烧伤深度不大于 1mm。

3）各连接螺栓紧固。

4）各连接、固定螺栓无锈蚀。

5）所有连接件连接可靠。

6）装配正确，零部件干净整洁。

4. 设备底座分解、检修、装配

（1）设备底座分解。

1）拆除调节拉杆连接的圆柱销，取下调节拉杆。

2）拆除调节拉杆接头的防松螺母，拧下接头。拆卸前，记录好拉杆有效工作尺寸。

3）取下接线底座与转动座相连的转动触头装配的防雨罩。

4）用专用工具逐个压下转动触头上的弹簧，分别取出压片、压紧弹簧、触指。

5）松开主轴后面紧固螺钉，拧下紧固螺套，用手托住转动座，取出主轴，同时抽出转动座。

6）拆除过渡板两面固定螺钉，取下 2 块过渡板。

7）打掉拐臂两侧的弹性圆柱销，取下两端拐臂。

8）取下轴两端的复合轴套。

9）取下法兰及复合轴套。

10）松开接线底座上接线板的紧固螺栓，取下接线板。

（2）设备底座检修工艺要求。

1）所拆下零件用清洗剂清洗干净并用布擦净。

2）检查调节拉杆的反、顺接头及并紧螺母的螺纹是否完好，旋动是否灵活，轴孔是否光洁，可用扁锉和 00 号砂布进行修整。

3）检查防雨罩有无开裂、变形，必要时应更换。如锈蚀严重应更换，轻微锈蚀用钢丝刷清除，并刷防锈漆。

4）检查主轴和转动座有无锈蚀、损坏，转动是否灵活。如表面有锈蚀，应用 00 号砂布进行处理，存在严重损伤应更换。

5）检查过渡板无锈蚀、损坏。如表面有锈蚀，应用 00 号砂布进行处理，存在严重损伤应更换。

6）检查拐臂、弹性圆柱销无锈蚀、损坏。如表面有锈蚀，应用 00 号砂布进行处理。

7）检查衬套。用 00 号砂布清除衬套表面的氧化层，如果是复合衬套应更换。存在严重损伤、断裂的应更换。

8）检查接线板无锈蚀、损坏。如表面有锈蚀，应用 00 号砂布进行处理，存在严重损伤应更换。

9）检查轴承有无损坏，转动是否灵活；检查轴承内径与轴承座的公差配合。

10）检查主轴承座装配、轴承座、轴、轴套及定位环。如有裂纹应更换。用扁锉清除轴及轴上键槽毛刺。修理轴承时，不能损坏配合表面和精度，如平键磨损严重应更换，用 00 号砂布清除轴承座中心内孔及轴套内的锈蚀。

11）检查底座装配。用扁锉、钢丝刷清除其上的锈蚀，发现裂纹应更换，用丝锥套攻底座上各螺孔后，在孔内涂满黄油，底座外表面清除铁锈和灰尘后刷防锈漆。

12）检查传动臂及轴套。用 00 号砂布清除轴套内孔表面锈蚀。

13）检查转动盘焊装。如轻微锈蚀，用 00 号砂布进行处理，用扁锉修整键槽上的毛刺。

14）检查机械闭锁板及转轴。如轻微变形应校正，用 00 号砂布清除机械闭锁板及转轴上的锈蚀。

（3）设备底座检修质量标准。

1）轴承应完整，转动应灵活，轴承及轴承座工作面无锈蚀。

2）转动盘焊接完好，无锈蚀，键槽无毛刺。

3）底座无裂纹，无锈蚀，孔内无杂物。

4）传动臂轴套内孔表面无锈蚀。

5）防雨罩完好、无锈蚀。装复时应将其排水孔朝下。

6）机械闭锁板及转轴完好、无锈蚀。

7）轴与轴套接触面涂二硫化钼锂。

（4）设备底座装配，按分解相反顺序进行装复，装复时应注意以下几点：

1）检查轴承座及机械闭锁板装配上轴与轴套配合间隙是否符合要求，转动是否灵活。

2）检查所有传动杆件上轴孔与轴销配合间隙是否符合要求。

3）轴承内应涂–40℃的二硫化钼锂，涂的量应以轴承内腔的 2/3 为宜。

4）更换所有锈蚀严重的紧固件及复合轴套。

5）装复后，转动轴承座应灵活，有无卡涩，拧紧所有紧固件。

6）调试合格后，所有金属表面除锈刷漆。

7）所有连接件连接可靠。

（5）设备底座装配质量标准。

1）各零件清洁、完整。

2）轴与轴承转动灵活。孔、轴配合间隙不大于 0.2mm。

3）各连接螺栓紧固。

4）各连接、固定螺栓无锈蚀。

5）所有连接件连接可靠。

5. 操作、支柱绝缘子的清洗及探伤

（1）操作、支柱绝缘子的清洗。

1）用布将操作、支柱绝缘子清洗干净。

2）检查操作、支柱绝缘子外面是否有损伤，破损面积超过 1cm² 应进行更换。

（2）操作、支柱绝缘子的探伤。使用专用探伤仪器进行操作、支柱绝缘子的探伤，具体参见模块 Z15G2005Ⅱ。若不符合要求，应进行更换。

6. 接地刀的分解、检修、装配

（1）接地刀的分解。

1）将接地刀静触头与过渡板拆除。

2）将接地刀动臂连接螺栓松开。

（2）接地刀的检修工艺要求。

1）检查并清洗所有零配件接触面氧化层及污垢，可以使用百洁布擦净。

2）将所有零配件连接处涂抹导电膏。

3）将接地刀静触头触子及动触头触子涂抹油脂。

4）检查防雨罩有无开裂、变形，必要时应更换。如锈蚀严重应更换，轻微锈蚀用百洁布清除。

5）检查过渡板无锈蚀、损坏。如表面有锈蚀，应用 00 号砂布进行处理，存在严重损伤应更换。

（3）接地刀检修质量标准。

1）各零件清洁、完整。

2）各连接螺栓紧固。

3）各连接、固定螺栓无锈蚀。

4）所有连接件连接可靠。

5）各配件表面无氧化层及污垢。

（4）接地刀装配，按分解相反顺序进行装复，装复时应注意以下几点：

1）检查所有连接处是否紧固。

2）更换所有锈蚀严重的紧固件。

3）装配时注意图纸要求尺寸。

（5）接地刀装配质量标准。

1）各零件清洁、完整。

2）各连接螺栓紧固。

3）各连接、固定螺栓无锈蚀。

4）所有连接件连接可靠。

7. 隔离开关各部件组装

（1）按分解相反顺序装复，并注意以下几点：

1）将接线底座固定在专用检修平台上。

2）将转动座的内孔用 00 号砂纸砂光，用清洗剂清洗干净，立即涂上导电脂。

3）将下导电杆拉杆装配等，按原拆卸时的逆顺序装复在接线底座上，注意蝶形垫片呈◇◇形装配及齿条的齿面朝上导电杆分闸弯折方向。

4）将下导电管的插入部分用 00 号砂纸砂光，用清洗剂清洗后，立即涂上导电脂，用专用工具楔开转动座的开口，将下导电管插入，紧固好夹紧螺栓，注意导电管上、下不能颠倒，下部定位孔的位置相互对准转动座的顶丝孔，旋进定位螺钉，弹簧暂不预压。

5）调节转动座两侧拉杆，使下导电管摆在垂直位置。扶住导电管，此时两个调节拉杆应等长，旋转拉杆装配上的固定套，使其 4 个螺孔对准下导电管上部的 4 个孔，并拧紧 4 个螺栓，但管内弹簧暂不预压。中间接头的连接接触面用 00 号砂纸砂光，用清洗剂清洗干净并立即涂导电脂。

6）将导电臂中间接头的连接叉越过合闸位置一定角度，把中间接头的齿轮箱装入下导电杆上部，此时将连接叉向分闸方向转动，边转动边把齿轮箱插入下导电管上部，齿轮箱的定位螺孔应对准导电管的上定位孔，同时观察连接叉的圆柱部分是否与下导电管基本上在一条直线上（为铅垂方向一条直线）。如果差别不大，可稍微上、下移动齿轮箱，如果差别大，则应退出齿轮箱重新挂齿。如果导电管的定位孔已经对准齿轮箱的定位螺孔，而差别仍然很大，则松动下导电杆的下紧固螺栓，并将下导电管旋转后拧紧下导电管的下紧固螺栓，重新安装中间接头部分。使之达到垂直要求，然后拧紧紧固螺栓。重新配钻定位孔。

7）拧紧下导电管上的上、下定位螺钉。

8）将连接叉上部与上导电管的下部的接触部分用 00 号砂纸砂光，用清洗剂清洗干净，用卫生纸抹干，并立即涂上导电脂。

9）将上导电杆装配装入连接叉，使导电管的孔对准定位后，紧固夹紧螺栓和定位螺钉。

10）使导电系统处于分闸位置，装复防雨罩和滚轮，滚轮上涂二硫化钼锂。

11）慢慢抬起导电系统使其处于合闸位置检查：① 上、下导电杆是否基本成一直线。② 用一根 $\phi 50mm \pm \phi 0.2mm$ 的铜管（或铜棒）夹在动触片之间，在合闸终了时，检查每一动触片能否夹紧该圆管（棒）。如果其中某一片夹不紧铜管，则应重新把上导电管取下进行分解和处理，如果 4 片都夹不紧铜管，应测量滚轮中心的直线行程，按要求，从动触片开始夹紧到最后夹紧铜管，滚轮中心的直线行程为 3～5mm，所达不到的行程由增加上导电管插入连接叉或动触头座中的深度来增加，此时上导电管最好旋转约 20°并重新配钻定位孔，如果滚轮中心的直线行程大于 5cm，则应由拔出上导电管来达到要求。③ 测量从下接线端到静触头杆之间的回路电阻。

12）调节平衡弹簧压力，并测量分、合闸的操作力矩，同时比较两者之差值如果达不到质量标准要求，则可能是：① 弹簧与导电管内壁严重摩擦。此时应重新放松、摆正和调节平衡弹簧。② 弹簧已经失效，应予以更换。

13）拧紧平衡弹簧上部固定套的 4 个螺栓，注意将长的定位螺栓装在窗口处，装上、下导电杆管壁上的窗口盖板，并涂上密封胶。

14）检查所有螺栓是否紧固，将主刀闸分闸，并把上、下导电杆捆绑在一起，等待吊装。

（2）隔离开关主刀闸系统组装质量标准。

1）固定螺栓紧固良好。

2）转动座内孔光滑、无杂质。

3）齿条完好，弹簧无永久变形，齿条装设方向正确。

4）下导电管的导电接触面光滑，下导电管插入位置正确、适度。

5）下导电杆垂直，两个连杆等长，下导电管上部和齿轮箱内孔清洁、光滑、无杂质并涂导电脂。

6）齿轮箱定位螺孔对准下导电管定位孔，连接叉圆柱部分与下导电管呈一直线，重新配钻定位孔时须将导电管旋转约 20°。

7）下导电管上的上、下定位螺钉紧固可靠。

8）连接叉上部与上导电管的下部的导电接触部分清洁、光滑、无毛刺，并涂导电脂。

9）上导电管插入位置正确，定位和夹紧螺栓紧固可靠。

10）动触片各触点牢靠接触铜管（铜棒）接线底座装配上两侧的调节拉杆应等长且应在死点位置，限位螺栓应与其保持 1～2mm 的间隙。

11）分、合闸最大操作力矩不大于 300Nm，其差值不大于 50Nm。

12）所有零部件无锈蚀和开裂、变形。

13）各部分尺寸调整好后，紧固所有连接件。

14）更换有锈蚀的连接和固定螺栓。

15）转动件无卡涩，轴销孔光滑，销轴转动自如，丝扣内涂二硫化钼锂。

（3）主刀闸静触头装配的安装。

1）安装时，应考虑安装地点的气候条件（风力、温度、霜冻）确定静触头的位置。

2）将组装好的静触头装配抬至母线下面。

3）在母线上测量安装点的位置，使之对准安装基础的中心线。

4）将母线安装点用钢丝刷清除氧化层，用清洗剂清洗干净后涂上导电脂。

5）将静触头装配吊起，装好接线夹，紧固安装螺栓。

6）观察安装好的静触头杆，应与母线呈 90°，同时保持水平。

（4）主刀闸静触头装配的安装质量标准。

1）母线安装部位及母线接线夹导电接触面板无氧化、无损伤，清洁。

2）在各种环境下，应满足接触区范围规定的要求。

3）安装好的静触头杆，在无风的条件下，当触头进入初期，动、静触头中心偏差不大于 5mm。

4）在室外温度为 15～20℃时，静触头杆在合闸位置时应被动触头顶高 2～4cm。

（5）底座及操作、支柱绝缘子的安装。

1）将组装好的底座装配分相吊于基础槽钢上，核实三相水平后固定好地脚螺栓。

2）将支持绝缘子擦净，用螺栓将上、下绝缘子连接，组合好。

3）将旋转绝缘子擦净，用螺栓将上、下绝缘子连接，组合好。

4）将组好的上、下节支柱绝缘子分相吊装于底座的支柱绝缘子法兰盘上，用垫片调节绝缘子垂直度，使其中心线处于铅垂位置。

5）分别将组装好的上、下节操作绝缘子分相吊装于操作绝缘子法兰盘上，紧固连接螺栓，同时用木方隔离支柱与操作绝缘子，并用绳子捆牢，以防操作绝缘子发生倾倒与支柱绝缘子发生碰撞，然后拆下起吊绳。绝缘子的安装如图 11-1-7 所示。

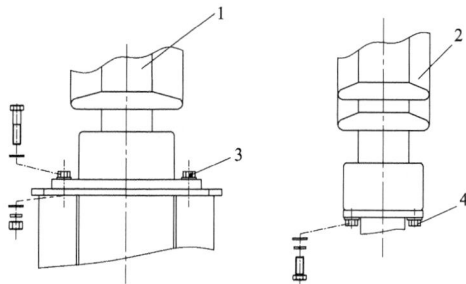

图 11-1-7　绝缘子的安装

1—支持绝缘子；2—旋转绝缘子；3—M16×65 六角螺栓；4—M16×35 六角螺栓

（6）底座及操作、支柱绝缘子的安装质量标准。

1）起吊应首先检查吊具是否符合要求，捆绑牢固。

2）绝缘子铅垂线偏差不超过 6mm，瓷套干净，连接牢固。

3）操作及支柱绝缘子安装垂直，与底座连接盘连接牢固且受力均匀。

（7）隔离开关的安装。

1）分别将组装好的主刀闸系统和传动装置吊至三相支柱绝缘子的上法兰盘上（吊装前主刀闸系统应捆绑好），用水平仪测试水平。

2）将接线底座与支持绝缘子用螺栓连接并紧固。

3）在旋转绝缘子法兰与主刀闸接线座法兰之间置橡皮垫，根据实际情况，调整旋转绝缘子高度，然后固定与旋转绝缘子相连的螺栓。

4）用手轻压动触头座，以便把转动座两边的调节拉杆拉出，再用一只手把住旋转绝缘子的伞裙并旋转，如旋转自如即可，否则需拧动旋转绝缘子下面的调整项杆，使之达到要求，随后将调整项杆的锁紧螺母拧紧，这时可把捆绑主刀闸的铁丝剪断。

5）托起中间接头部分，用手动使主刀闸缓慢合闸，观察主刀闸是否垂直或水平，否则可用垫片在组合底座下进行调整。

6）检查动、静触头相对位置，将主刀闸多次慢分、慢合，不要让动静触头夹紧，以进行观察和调整，直到符合要求时为止。

7）连接三相主刀、地刀水平及垂直连杆（螺栓预紧即可，以便整体调试）。

（8）主刀闸的安装质量标准。

1）吊具安全可靠，捆绑牢固。

2）紧固牢靠，转动灵活。

3）旋转瓷套转动灵活。

4）合闸时主刀闸垂直。

5）动、静触头中心偏差不大于 5mm，合闸到位时静触头应被动触头顶高 2～4cm。

【思考与练习】

1. SPVT–252 型隔离开关本体如何分解？

2. 简述 SPVT–252 型隔离开关主刀静触头的检修质量标准。

3. 简述 SPVT–252 型隔离开关下导电臂的检修工艺要求。

4. 简述 SPVT–252 型隔离开关上导电臂的检修质量标准。

5. 简述 SPVT–252 型隔离开关上导电臂的检修工艺要求。

▲ 模块 2　SPVT–252 型隔离开关操动机构检修（Z15G2025Ⅲ）

【模块描述】　本模块包含 SPVT–252 型隔离开关传动系统及 CMM 电动操动机构检修的作业流程及工艺要求。通过知识要点的归纳讲解、图例展示、操作技能训练，掌握 SPVT–252 型隔离开关传动系统及 CMM 电动操动机构的基本结构、修前准备、危险点预控、作业步骤、工艺要求及质量标准等操作技能。

【模块内容】

一、SPVT–252 型隔离开关传动系统及 CMM 电动操动机构的结构

1. SPVT–252 型隔离开关传动系统的结构

SPVT 型隔离开关传动系统主要由竖拉杆、水平拉杆及组合底座等组成。SPVT–252 型隔离开关组合底座装配如图 11–2–1 所示。

2. CMM 电动操动机构的结构

CMM 电动操动机构主要由机构箱体、机械传动、控制回路三部分组成。其中机构箱体由箱体、正门、侧门、上盖等部分组成。机械传动主要由电动机、减速箱、传动齿轮组成。CMM 电动操动机构减速箱装配如图 11–2–2 所示，CMM 电动操动机构传动齿轮结构原理如图 11–2–3 所示。

二、作业内容

（1）SPVT–252 隔离开关传动系统分解、检修。

（2）CMM 电动操动机构分解、检修。

（3）CMM 电动操动机构二次回路交流耐压试验。

（4）CMM 电动操动机构二次回路绝缘试验。

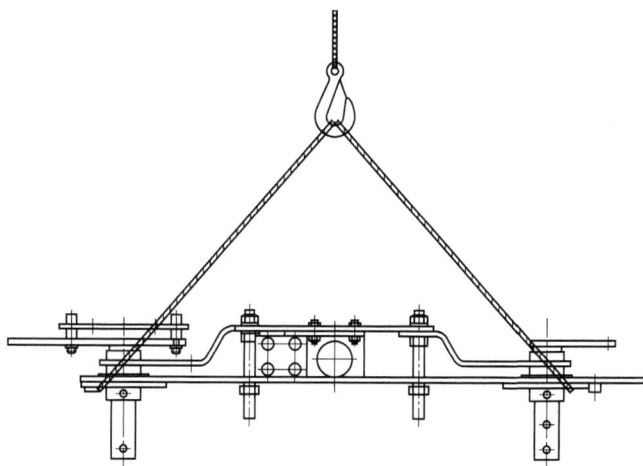

图 11-2-1　SPVT-252 型隔离开关组合底座装配

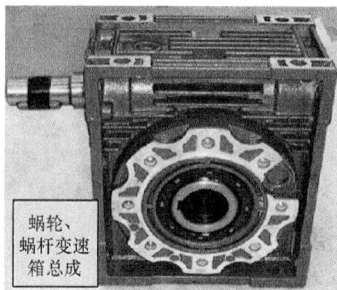

图 11-2-2　CMM 电动操动机构
减速箱装配图

图 11-2-3　CMM 电动操动机构传动齿轮结构原理

三、作业中危险点分析及控制措施

参见 SPVT-252 型隔离本体检修模块中作业危险点分析及控制措施。

四、检修作业前的准备

参见 SPVT-252 型隔离开关本体检修模块中作业前的准备项目。

五、检修作业前的检查

1. 传动系统检查项目及标准

（1）竖拉杆、水平拉杆及传动箱装配操作是否灵活、可靠。

（2）主刀闸开、合是否正常。

2. CMM 电动操动机构检查项目及标准

（1）电动机、传动齿轮、蜗轮、蜗杆、转轴、辅助开关及电动机控制附件等操作是否灵活、可靠。

（2）行程开关、按钮、交流接触器是否能正常动作，辅助开关是否正常转换，电动机是否有异常响声，各转动部位有无松动，电动、手动是否相互闭锁等。

六、检修作业步骤、工艺要求及质量标准

1. SPVT-252隔离开关传动系统分解检修

（1）隔离开关传动系统分解。

1）松开两边铝抱箍，取出抱箍。

2）拧下拉杆连接头的U形螺栓，拆卸前，记录好拉杆有效工作尺寸。

3）拆除垂直连杆顶端钢销，取下竖拉杆。拧松紧固连臂轴的4个螺栓。

（2）隔离开关传动系统检修工艺要求。

1）所有拆下的零件用清洗剂清洗并擦干。

2）检查传动拐臂轴有无开焊；检查传动拐臂轴与衬套的公差配合。

3）检查传动拐臂轴表面，如表面有锈蚀，应用00号砂布进行处理，存在严重损伤应更换。

4）检查拉杆件有无变形，如变形应校正，用钢丝刷或铲刀清除其锈蚀。

5）检查拉杆端头螺纹，损坏严重应更换，如轻微损伤应修整，用钢丝刷清除其锈蚀。

6）检查焊接在拉杆上的万向轴，如有变形应更换，检查焊缝有无开裂，如开裂应更换。

7）检查连杆轴套有无裂纹及垂直连杆是否有变形及生锈，如表面有锈蚀，应用00号砂布进行处理，存在严重损伤应更换。

8）检查各螺孔情况，并用丝锥套攻，清除灰尘和铁锈，孔内涂黄油。

（3）SPVT-252型隔离开关传动系统检修质量标准。

1）传动拐臂轴应完整，传动拐臂轴及衬套工作面无锈蚀。

2）垂直、水平拉杆应完整、无损坏。

3）各连接销应无磨损、变形。

4）连接销与销孔配合间隙为0.4～0.5mm为宜。

5）调节拉杆端头螺纹完好，无损伤。

6）万向轴无裂纹，螺纹完好。

7）接套无锈蚀、变形、焊缝完好。

8）螺杆、螺母应完整，无锈蚀，公差配合适当。

9）螺杆拧入接头的深度不应小于20mm。

（4）SPVT-252型隔离开关传动系统装复，按分解相反顺序进行装复，装复时应

注意以下几点：

1）传动拐臂轴与衬套接触面处应涂−40℃的二硫化钼锂。

2）拉杆装复时接头上面应有平垫后再上开口销，拉杆装复前应校直。

3）检查固定调节拉杆螺栓顶丝有无松动。

2. CMM 电动操动机构分解检修

首先打开操动机构箱的正门及侧门，断开电动机电源及控制电源。记下电缆进线及用于外部连锁等功能线的端子编号，松开接线点，并做标记。拧下机构内二次元件装配接线端子上与进线电缆导线的固定螺钉，松开电缆线夹，从机构箱中抽出进线电缆，同时拆出与电动机相连的电源线，以上接线在拆卸前应做好记录，电缆抽出后应做好防潮措施；拆除机构箱与基础相连的 4 个螺栓，将机构拆出并安放在检修平台上。

（1）CMM 电动操动机构各单元分解。

1）检查传动齿轮、机构输出轴上的平键及防雨罩确已拆卸后，拧下上盖与机构箱间 4 个连接锚钉，取出上盖。

2）拔出机构输出轴与辅助开关相连的拐臂连板两端的开口销，取下拐臂连板。

3）拆出门控开关上的二次接线（拆卸前应做好记录），拧下机构箱与门控开关间的连接螺栓，取下门控开关。

4）拆出分、合闸限位开关上的二次接线（拆卸前应做好记录），拧下减速器装配与分、合闸限位开关固定板的连接螺栓，取出分、合闸限位开关。

5）拆除机构箱、减速器箱装配与二次元件装配相连的螺栓，取出二次元件装配。

6）拆除减速箱装配与齿轮护罩相连的螺栓，取出齿轮护罩。

7）拆除电动机与减速装配相连的 4 个螺栓，从机构箱中取出电动机，并放至检修平台上。

8）拆下减速箱装配与机构箱相连的 8 个固定螺栓，将减速箱装配从机构箱中取出，放至检修平台上。

（2）CMM 电动操动机构二次元件分解。

1）拆下二次线路固定在接线端子的螺钉，抽出二次接线（拆卸前应做好记录），抽出接线端子卡轨两端固定卡，从卡轨上拆下接线端子。

2）拆下辅助触头、交流接触器、两个小型断路器及热继电器上二次接线固定螺钉，抽出二次接线（拆卸前应做好记录），将辅助触头、交流接触器、小型断路器和两个热继电器从卡轨上抽出。

3）拆下按钮上二次接线固定螺钉，抽出二次接线（拆卸前应做好记录），从安装板上拆下按钮。

4）拆下辅助开关上二次接线固定螺钉，抽出二次接线（拆卸前应做好记录），拧下安装板与辅助开关相连的 4 个螺栓，从安装板上取出辅助开关。

5）拆下驱潮电阻二次接线，拧下安装板与驱潮电阻相连接的卡子固定螺栓，取出驱潮电阻。

6）拆下安装板与卡轨相连接的螺钉，使卡轨与安装板分离。

（3）CMM 电动操动机构二次元件检修工艺要求。

1）检查接线端子外表，如有破损应更换，用 00 号砂布清除二次接线接触处的氧化层。

2）检查二次线接线端子是否紧固，绝缘是否良好。

3）检查接线端子板端子排编号，缺的应补齐。端子排如有破损、裂纹应更换，压线螺钉锈蚀应更换。

4）检查行程开关，分、合闸按钮，急停按钮等动作是否灵活、正确，触点是否烧伤，如有烧伤痕迹，可用 00 号砂布处理。如破损应更换。

5）检查行程开关，分、合闸按钮，急停按钮，交流接触器，热继电器等弹簧及弹片，用手轻压弹簧及弹片，检查复位情况，如永久疲劳应更换。

6）检查按钮外表完好情况，如有破损应更换。手动试验按钮，检查其通、断切换是否可靠，接触是否良好。

7）检查辅助触头、交流接触器、小型断路器及热继电器、门控开关等，如严重损伤应更换。检查辅助触头、交流接触器、小型断路器及门控开关通、断是否正常，切换位置是否正确、可靠，接触是否良好。

8）检查分、合闸接触器的外观有无破损，如破损严重应更换；检查其动作情况，调整好触头开距和超行程后用万用表测试接触器通、断是否可靠，同时检查线圈有无烧伤，必要时更换。

9）检查接触器触点是否有烧伤痕迹，必要时更换。

10）检查热继电器，如破损应更换，并用清洗剂清洗热继电器外表面。

11）检查热继电器整定设置是否正确。

12）检查加热器是否良好，自动控制装置动作是否准确可靠，用 1000V 绝缘电阻表测量其绝缘电阻应符合要求。

13）用 00 号砂布清除驱潮电阻碍表面的锈蚀，用万用表检测驱潮电阻值，并测量电阻值是否符合厂家要求。

14）检查安装板、卡轨，用 00 号砂布清除其锈蚀，如卡轨轻微变形应校正。

15）辅助开关分解、检修、装复及检修质量标准参见 CMM 电动操动机构辅助开关相关内容。

（4）CMM 电动操动机构二次元件检修后装复。分、合闸接触器，行程开关，分、合闸按钮、组合开关、热继电器等装复，按分解相反的顺序进行，装复时应注意以下几点：

1）装复前，将安装板与导轨刷防锈漆，同时更换所有锈蚀的连接紧固件。

2）用清洗剂清洗所有零部件，待干后，在所有元件导电接触面涂少量的中性凡士林油。

3）更换锈蚀的紧固件及弹簧。

4）装复后的辅助开关轴向窜动量不大于 0.5mm。

5）用万用表检查行程开关，分、合闸按钮，急停按钮，接触器，热继电器，辅助开关等动、静触点通、断情况，并检查切换是否可靠，通、断位置是否正确。

6）二次线及元件装复过程中，应核查接线是否正确，接触是否良好。

7）二次元件装配组装完成后，应检查各元件与安装板固定是否牢固。

8）用 1000V 绝缘电阻表摇测二次元件装配绝缘电阻是否符合要求。

（5）CMM 电动操动机构二次元件检修质量标准。

1）行程开关，分、合闸按钮，急停按钮，接触器，热继电器，辅助开关等触点分、合闸位置切换应正确、灵活、无卡涩。触点接触良好。弹簧及弹片的弹性良好。

2）拆下的二次回路端子线及电缆线头应有标记。

3）端子排编号清晰、完整，端子排无破损。

4）用 1000V 绝缘电阻表测量二次元件绝缘电阻应大于 2MΩ。

（6）CMM 电动操动机构的减速器装配分解。

1）拆下减速箱装配端部大齿轮外侧端盖上的 4 个半圆头螺钉，分别从螺杆上取出大齿轮端盖、大齿轮及平键。

2）拆下螺杆两个端盖上固定螺栓，取下端盖。

3）从机构输出轴上取出辅助开关拐臂后，拧下机构输出轴上、下端盖上的各 4 个螺栓，取下端盖。

4）拆下上减速箱与下减速箱相连的 8 个螺栓，打开上、下减速箱体，将螺杆连同轴承、螺杆螺母一并拆下。

5）拔出螺杆螺母上滚轮轴两端的弹簧卡，取出滚轮。

（7）CMM 电动操动机构的减速器装配检修工艺要求。

1）检查螺杆，如有轻微扭曲、变形应校正。

2）检查螺杆及螺杆螺母内、外梯形螺纹及螺杆端头键槽，如有轻微损伤，应用扁锉修理，如损伤严重应更换。

3）如螺杆螺母上滚轮轴轻微变形应校正，用 00 号砂布清除螺杆及螺杆螺母外表的锈蚀，检查螺杆螺母与螺杆及螺杆螺母外表的锈蚀。

4）检查螺杆螺母与螺杆的配合，转动是否灵活，轴向窜动量是否符合要求。

5）检查大齿轮的轮齿，用扁锉修整轮齿及键槽上毛刺，用 00 号砂布清除齿轮外表锈蚀。

6）检查叉杆焊装，如有轻微变形应校正，用 00 号砂布清除其表面锈蚀。

7）检查油杯、杯筒及盖，如轻微锈蚀用 00 号砂布清除，稍有变形应校正。

8）检查滚轮，如轻微变形应校正，用 00 号砂布清除锈蚀。

9）检查上减速箱、下减速箱，箱体上螺纹孔洞如有轻微损坏用丝锥套攻修理，箱体表面如损坏严重应更换。

10）检查端盖，轻微变形应校正，用 00 号砂布清除其上锈蚀。

11）检查碟形弹簧，当两片呈◇◇形后，用手轻轻按压，释放后，检查弹簧是否复位正常，如有损坏或永久变形应更换。

12）检查位置开关，如损坏应更换，用万用表检查触点的通、断和接触情况。

13）分解滚针轴承，取下内圈、滚针保持架、滚针及外圈。

14）轴承的检修。① 用清洗剂清洗轴承表面污垢，检查其磨损及锈蚀情况，用 00 号砂布清除轴承表面的锈蚀。② 如保持架、滚针锈蚀损坏严重应更换。③ 将涂满二硫化钼锂的保持架放在内圈上。

15）轴承按分解时的相反顺序装复，装复调整合格后，放在检修平台上待用。

16）轴承的检修质量标准。① 修理时不能损坏配合表面精度。② 检查装复的轴承，滚动体与内、外圈接触良好，转动灵活。③ 轴承及配合表面完好，转动灵活、无卡涩。

（8）CMM 电动操动机构的减速器装配检修后装复。按分解时的相反顺序装复，并注意以下几点：

1）装复前，用清洗剂清洗除轴外的所有零部件，待干后，在转动件上涂二硫化钼锂；在上、下减速箱上所有螺孔中涂黄油。

2）装复前：更换所有锈蚀的连、固定件及叉杆焊装上的复合轴套。

3）装复前：螺杆螺母上的油杯中液压注满二硫化钼锂。

4）装复过程中，注意检查零部件的装复位置和尺寸。

5）注意螺杆螺母上油杯的安放位置。

6）碟形弹簧的装配方向呈◇◇形。

7）叉杆焊装上的限位螺栓外露长度应与原始尺寸相近。

8）装复后：手动转动螺杆，检查螺杆螺母及被带动的叉杆焊装运动是否灵活，有无卡涩，轴向窜动是否合格。

9）检查螺杆螺母能否自由脱扣及搭扣，如有偏差，可通过增减碟形弹簧及端头调整垫片的数量来解决。

10）检查螺杆螺母行至杠端头时，限位螺栓与箱体限位点间隙是否符合要求。

（9）CMM 电动操动机构的减速器装配检修质量标准。

1）各零件无损伤，零件表面清洁。

2）轮齿及中心孔键槽无毛刺，表面无锈蚀。

3）轴承及配合表面转动灵活，无卡涩。

4）叉杆焊装无锈蚀、无变形。

5）油杯、杯筒及盖等部件无锈蚀、无变形。

6）滚轮无锈蚀、无变形。

7）上、下减速箱体无损伤、无锈蚀，表面完好。

8）碟形弹簧完好，无永久变形。

9）位置开关动作正确，接触可靠。

10）连接、固定螺栓（钉）及复合轴套无锈蚀。

11）零部件装复位置和尺寸正确。

（10）CMM 电动操动机构的电动机装配检修。

电动机一般情况下不需要全部解体检修，只是拆下电动机端盖进行检查。如为直流电动机，在拆下碳刷架及碳刷之前，除先做好其相对位置及接线极性的标记外，还应做好记录，然后拆除碳刷架及碳刷。

（11）CMM 电动操动机构检修后装复。按分解时的相反顺序装复，并注意以下几点：

1）将已组装好的各部件装配按分解时的相反顺序装复。

2）用手柄操作，检查传动部分动作是否灵活，有无卡涩。

3）用手柄操作，使机构处于分、合闸位置时，检查位置开关与限位螺栓、辅助开关切换位置均是否对应，接触是否可靠。

4）复核二次接线是否正确。

5）检查行程开关通、断是否可靠。

6）更换密封条，检查机构密封情况。

7）检查机构箱体通风、密封及驱潮措施是否良好，如密封填料失效应处理（或更换），然后除去机构箱体上锈蚀，刷防锈漆。

（12）CMM 电动操动机构检修质量标准。

1）零部件完好、清洁。

2）转动盘与分、合闸切换块相对位置正确。

3）连接、固定螺栓（钉）紧固良好。

4）二次接线正确，接线端子牢固。

5）旋转方向与切换位置对应。

6）机构转动灵活，无卡涩、无异声。

7）辅助开关切换可靠，驱潮回路完好。

8）绝缘电阻大于 2MΩ。

9）驱潮器、加热器工作正常。

（13）传动齿轮的分解。

1）拧下接头焊装与圆板间连接的 2 个螺栓，取出接头焊接。

2）拧下拨动器与圆板相连的 2 个螺栓，取出圆板。

3）从连轴板焊装上抽出拨动器。

4）从机构减速箱输出轴取出联轴板焊装及平键。

（14）传动齿轮的检修。

1）检查接头焊装接头与焊板间焊缝是否牢固，焊板是否扭曲变形，如轻微变形，校正后，用钢丝刷清除外表锈蚀。

2）检查圆板上孔洞损伤情况，用扁锉修理后，校正其扭曲变形，用钢丝刷清除锈蚀。

3）检查拨动器，用扁锉清除孔洞毛刺，校正拨动器上、下两焊板的扭曲变形后，用钢丝刷清除其上锈蚀。

4）检查连轴板焊装，用扁锉清除孔洞、键及键槽上的毛刺，用 00 号砂布清除其锈蚀。

（15）传动齿轮器的装复。按分解时相反顺序装复，并注意以下几点：

1）装复前，用清洗剂清洗所有零部件，待干后，在各零部件外表面刷防锈漆。

2）装复时，检查圆板与接头焊装与拨动器间连接是否牢固。

3）检查联轴板焊装上孔与拨动器轴间的间隙是否符合标准。

4）检查角度是否符合厂家要求。

（16）调角联轴器的检修质量标准。

1）接头焊接牢固，无变形、无锈蚀。

2）圆板上的孔洞无损伤、无变形、无锈蚀。

3）拨动器上孔洞无毛刺，焊板无变形、无锈蚀。

4）联轴板焊装孔洞、键、键槽无毛刺，联轴板焊装无锈蚀。

5）各零部件完好、清洁。

6）圆板、接头焊装及拨动器间连接牢固。

7）孔、轴间间隙不大于 0.1mm。

3. CMM 电动操动机构二次回路交流耐压试验

用交流电压 2000V 对操动机构二次辅助回路及控制回路进行 1min 工频耐压试验，耐压试验合格。

如果现场没有耐压试验仪器，也可用 2500V 绝缘电阻表代替进行耐压试验。

4. CMM 电动操动机构二次回路绝缘试验

用 1000V 绝缘电阻表对操动机构二次辅助回路及控制回路进行绝缘电阻测试，绝缘电阻不低于 2MΩ。

【思考与练习】

1. SPVT-252 型隔离开关传动系统主要由哪些部分组成？

2. SPVT-252 型隔离开关传动系统检修质量标准是什么？

3. 简述 CMM 电动操动机构各单元分解步骤。

4. CMM 电动操动机构的减速器装配检修质量标准是什么？

5. CMM 电动操动机构检修质量标准是什么？

▲ 模块 3 SPVT-252 型隔离开关整体调试及试验（Z15G2026Ⅲ）

【模块描述】 本模块包含 SPVT-252 型隔离开关整体调试及试验作业流程与工艺要求。通过知识要点的归纳讲解、操作技能训练，掌握 SPVT-252 型隔离开关整体调试及试验前准备、危险点预控、作业步骤、工艺要求及质量标准等操作技能。

【模块内容】

一、作业内容

（1） SPVT-252 型隔离开关调试；

（2） SPVT-252 型隔离开关试验；

（3） SPVT-252 型隔离开关接地刀闸调试；

（4） SPVT-252 型隔离开关接地刀闸试验；

（5） SPVT-252 型隔离开关和接地刀闸连锁调试。

二、作业中危险点分析及控制措施

参见 SPVT-252 型隔离开关本体检修模块中作业危险点分析及控制措施。

三、SPVT-252 型隔离开关整体调试及试验前的准备

参见 SPVT-252 型隔离开关本体检修模块中的准备工作。

四、SPVT−252 型隔离开关调试及试验前的检查

1. SPVT−252 型隔离开关检查项目及标准

（1）隔离开关检修后组装完毕。

（2）隔离开关检修后各部螺栓均紧固良好。

（3）手动操作隔离开关能正常分、合闸。

2. SPVT−252 型接地刀闸检查项目及标准

（1）接地刀闸检修后组装完毕。

（2）接地刀闸检修后各部螺栓均紧固良好。

（3）手动操作接地刀闸能正常分、合闸。

五、SPVT−252 型隔离开关调试和试验步骤、方法及质量标准

1. SPVT−252 型隔离开关本体与操动机构的连接

（1）将电动操动机构用连接螺栓将操动机构与基础连接起来，检查操动机构水平后，拧紧操动机构与基础的连接螺栓。

（2）将检修好的主轴承座装配用连接螺栓牢固地装在中相底座装配上。

（3）将导电折架处于分闸位置，装复主刀闸三相水平连杆，核对在拆卸时所记下的各连杆的连接尺寸。

（4）从中相底座上轴承座装配里抽出主刀闸操作轴及平键。

（5）将主刀闸操作轴插入垂直传动杆上接套中，紧固接套定位螺钉，注意平键不要漏装。

（6）使主刀闸、操动机构均在分闸位置，用短连杆将机构与主刀闸连接起来。

（7）将操动机构的进线电缆接入机构箱内端子排紧固螺钉上，并对电缆入口处进行封堵。

（8）质量标准。拐臂中心线与水平传动杆中心线装配角度符合要求；各种转动轴销及螺纹处均涂润滑油。

2. SPVT−252 型隔离开关主刀闸手动慢分、慢合试验

（1）手动操动机构缓慢合闸及分闸，观察三相水平传动杆与拐臂板的连接轴销转动是否灵活，主刀闸系统动作是否灵活，有无卡涩，辅助开关切换位置是否正确；三相能同步到位。

（2）以手动操作主刀闸进行分、合闸，若主刀闸与机构两者的终了位置不一致时，可改变连接器两连板间确度。

（3）合闸终了，检查三相主刀闸是否在一垂线上。

（4）用手柄操作电动机构，使主刀闸分、合 3～4 次，当电动操动机构限位开关刚刚切换时，检查机构限位块与挡钉之间的间隙是否符合要求。

（5）质量标准。

1）传动杆与拐臂板的连接轴销转动灵活、无卡涩。

2）辅助开关切换位置正确。

3）主刀闸动作灵活，无卡涩。

4）三相操作能同步到位。

5）合闸终了，三相均在一条垂线上。

3. 测量 SPVT-252 型隔离开关主刀闸合闸同期性

（1）导电折臂高度的调整。

1）分闸后断口距离小于 2550mm，是由于垂直传动杆与双四连杆的连接位置不当或摩擦法兰盘（联轴器）连接不当造成，此时应该重新调整垂直操动杆的焊接位置或改变联轴器的连接位置。

2）分闸后断口距离大于 2550mm，并保证三相合闸同期的要求：① 合闸时主刀闸在同一条垂直线，分闸时断口距离不小于 2550mm。② 折臂折叠高度绝缘距离有关规定。③ 在保证分闸位置时导电折臂架的有效开距符合有关要求后，允许折臂略微偏高。

（2）合闸终了位置动触头上端偏斜的调整。

1）在合闸终了位置，如动触头偏离导电折臂中心垂线且超过规定值，是由于垂直传动杆与双四连杆的连接位置不当或摩擦法兰盘（联轴器）连接不当造成，此时应该重新调整垂直操动杆的焊接位置或改变联轴器的连接位置。

2）动触头偏斜调整好后，检查合闸终了动、静触头接触点是否在规定接触区内，合格后紧固静触头装配连接导线的接线板与母线夹接线连接螺栓。

3）质量标准。① 动触头合闸终了位置偏斜不超过厂家规定值。② 动、静触头接触位置符合规定。

（3）合闸不同期的调整。

1）用手柄操动机构，观察三相主刀闸运动情况，如两边相的初始角度和主操作相不同期，可适当调整三相水平传动杆的长度，如两边相所需的角度不够或过大，即操作时边相对于主操作相较快或较慢（分、合闸两边相与主操作相不同期），可调整拐臂装配上齿板的位置，调试的方法是：松开拐臂装配上紧固螺栓，将动作较快一相的拐臂适当放长，将动作较慢一相的拐臂适当缩短，然后拧紧螺栓。通过调整，使三相主刀闸的动作速度基本一致。

2）质量标准。三相合闸不同期允许偏差应不大于 20mm。

（4）传动装置死点位置的调整。

1）以手动进行三相联动分、合闸，检查其死点位置，如未达到要求，应检查主刀闸合闸是否到位。

2）若未到位，适当缩短主刀闸水平连杆及短连杆。

3）若主刀闸已合到底而仍未达到死点位置，则可适当缩短传动连杆来达到，同时检查合闸定位螺钉外露部分是否过长。

4）质量标准，距限位螺钉 0～2mm。

（5）测量动、静触头的接触压力。

1）以手动将导电折臂送入合闸位置，测量其触头的接触压力，测得的触头接触压力应符合规定。

2）检查弹簧板末端轴销，能自动移至长孔中部或另一端，则压力符合要求；如接触压力不合格，可适当伸长或缩短传动连杆使之达到要求。

（6）测量主刀闸分闸时触头断开距离。隔离开关在分闸位置测量每个断口动、静触头的最小空气距离，同相两个断口的最小空气距离不小于 2550mm。

（7）测量主刀闸操动机构电动分、合闸时间。

1）用手动合闸和分闸，当终点限位开关刚刚切换时，检查限位件与挡板之间的间隙，由此位置到终点位置，操动机构手柄应能摇动 3 圈±1 圈。

2）手动将主刀闸处于半分、半合位置，接通电源，慎重按下合闸或分闸按钮，随之按下急停按钮，模拟点动操作，注意观察主轴转向，确认正确的操动方向。如果方向相反，则须调整电动机的旋转方向，进行电动分、合操作，检查电动机转向与主刀闸分、合闸运动方向是否对应。

3）手动及电动分、合闸 2～3 次，检查电动操动机构及主刀闸动作情况。

4）进行额定电压电动分、合闸动作试验，检验动作是否可靠。

5）操作电动机构电动机运转正常，正、反向旋转自如，无异声。分、合闸停位准确，闭锁可靠。

6）电动操作隔离开关分、合闸，并记录分、合闸时间，分、合闸时间应符合各种型号的规定。

7）质量标准。辅助开关切换位置正确，接触可靠。限位开关切换正确、可靠；机构及主刀闸动作平稳，无卡涩，分、合闸到位。

（8）测量主刀闸导电回路电阻。将隔离开关合闸，分别测量三相导电回路电阻，应符合规定值。

（9）测量 SPVT-252 型隔离开关接地刀闸合闸同期性，手动操动机构将接地刀闸合闸，测量接地刀闸合闸同期性，三相不同时接触误差应不超过 20mm。

（10）接地刀闸触头插入深度、夹紧度及动静触头相对高度差调试。

1）用手柄操作使主刀闸分闸，然后将接地刀闸合闸，检查上导电管与静触头中心是否出现偏差,如有偏差,可调节机座上 4 个螺栓来实现。

2)在合闸位置时,检查动触头插入静触头深度是否满足要求,触头与触指接触是否良好。

3)如动触头插入深度不合格,可改变导电管长度来实现。

4)测量动静触头夹紧度:用 0.05mm×10mm 的塞尺检查动、静触头夹紧度。不合格应更换弹簧或重新检修处理,直到合格为止。

5)测量动、静触头相对高度差:用钢板尺在动、静触头合闸位置测量静触头上、下外露部分,外露部分应基本一致。

6)调整完成后,检查所有连接件是否紧固。

7)质量标准:① 重力矩与弹簧力矩基本平衡。② 动、静触头间应接触紧密。③ 接地刀闸合闸时,导电管动触头已合至静触头中心位置。④ 合闸时导电管处于铅垂位置。⑤ 动触头插入深度为 85mm,触头触指间接触良好。⑥ 连接件紧固合格。

8)测量接地刀闸接触电阻。将接地刀闸合闸,分别测量接地刀闸三相接触电阻,接触电阻不大于 200μΩ。

4. SPVT-252 型隔离开关本体和接地刀闸连锁调试

(1)机械闭锁的检查,应分别在主刀闸和接地刀闸三相联动调整好后进行。

(2)将主刀闸合闸,检查机械闭锁板位置,接着合接地刀闸,观察机械闭锁是否可靠。

(3)将接地刀闸合闸,检查机械闭锁板间位置,接着合主刀闸,观察机械闭锁是否可靠。

(4)以上两种机械闭锁防止误操作功能验证,应连续试验 5 次以上,来证实机械闭锁措施是否可靠,如发现有失灵,应重新进行调整。

(5)质量标准。主刀闸处于合闸位置,接地刀闸合不上闸;接地刀闸处于合闸位置,主刀闸合不上闸。

5. SPVT-252 型隔离开关本体 1min 工频耐压试验

在 SPVT-252 型隔离开关新装、大修后或更换绝缘子时应对隔离开关本体进行 1min 工频耐压试验,1min 工频耐压应合格。

6. SPVT-252 型隔离开关投运前的自验收

在 SPVT-252 型隔离开关检修、调整、试验合格后,在投运前必须做好工作终结和自验收工作,其步骤如下:

(1)对所有紧固件进行检查。

(2)接好隔离开关连接导线,相位正确,接线端子及导线对隔离开关不应产生附加拉伸和弯曲应力。

（3）金属件外表面除锈、补漆。

（4）拆除工作台，清理工作现场，将工器具全部收拢并清点，废弃物按相关规定处理，材料及备品备件回收清点。

（5）做好检修记录，记录本次检修内容，反措或技改情况，有无遗留问题。

自验收标准是无漏检项目，做到修必修好，隔离开关及操作电源、切换开关等恢复至工作许可时状态。

【思考与练习】

1. 在 SPVT–252 型隔离开关整体调试及试验中，如何进行主刀闸手动慢分、慢合试验？

2. 在 SPVT–252 型隔离开关整体调试及试验中，传动装置死点位置如何调整？

3. 在 SPVT–252 型隔离开关整体调试及试验中，如何测量动、静触头的接触压力？

4. 在 SPVT–252 型隔离开关整体调试及试验中，如何测量主刀闸操动机构电动分、合闸时间？

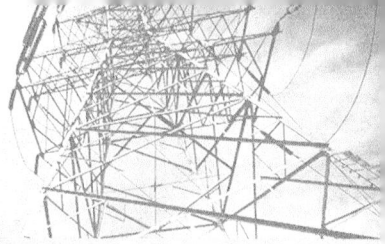

第十二章

隔离开关故障处理

▲ 模块 1 隔离开关常见故障处理（Z15G4001Ⅱ）

【模块描述】 本模块介绍隔离开关常见故障的处理。通过知识要点归纳讲解、案例分析，掌握隔离开关及各部件常见故障的类型、现象、原因及处理方法。

【模块内容】

一、隔离开关常见故障

隔离开关故障从整体结构分类可分为导电回路故障、支柱式绝缘子故障、传动部分故障、操动机构故障四种。

（一）导电回路故障

1. GW4、GW5 型隔离开关导电回路故障

（1）触头过热。

1）触指与触头接触不良，引起触头过热。

2）触指、触头烧损严重，接触不良引起过热。

3）触指弹簧失效，压力不够引起过热。

4）各连接部分松动引起过热。

（2）接线座过热。

1）导电管与接线座接触不良引起过热。

2）接线座内导电带两端接触面接触不良引起过热。

3）出线端子与接线板接触不良引起过热。

2. GW7 型隔离开关导电回路故障

（1）触指与触头接触不良，引起触头过热。

（2）触指、触头烧损严重，接触不良引起过热。

（3）触指弹簧失效，压力不够引起过热。

（4）导电管与动触头接触不良引起过热。

（5）触指与静触座接触不良引起过热。

（6）静触座与接线板接触不良引起过热。

（7）各连接部分松动引起过热。

3. GW6 型隔离开关导电回路故障

（1）触头过热。

1）动、静触头烧损严重引起过热。

2）动、静触头接触不良引起过热。

3）动、静触头各侧接触压力不够引起过热。

4）静触头装配接线板连接不紧引起过热。

5）各连接部分松动引起过热。

（2）传动装置接线板过热。

1）软铜导电带两端电接触面连接松动引起过热。

2）主刀闸接线板表面氧化、接触不良引起过热。

3）软铜导电带折断引起过热。

（3）导电折架过热。

1）上、下导电管两端导电接触面氧化严重或连接不紧。

2）活动关节软铜带接触面氧化严重或连接不紧。

3）软铜导电带折断引起过热。

4）导电系统过负荷引起过热。

4. GW16、GW17、GW20、GW21 型隔离开关导电回路故障

（1）触头过热。

1）动、静触头烧损严重引起过热。

2）动、静触头接触不良引起过热。

3）动、静触头各侧接触压力不够引起过热。

4）静触头装配接线板连接不紧引起过热。

5）各连接部分松动引起过热。

（2）上导电管装配过热。

1）导电带折断、损伤引起过热。

2）导电管两端导电接触面氧化引起过热。

3）导电管变形接触不良引起过热。

4）各连接部分松动引起过热。

（3）中间触头装配过热。

1）转动触头、触指接触不良引起过热。

2）双金属过渡板、触块接触不良引起过热。

3）各连接部分松动引起过热。

（4）下导电管装配过热。

1）导电管两端导电接触面氧化引起过热。

2）导电管变形接触不良引起过热。

3）各连接部分松动引起过热。

（5）线底座装配过热。

1）触指接触不良引起过热。

2）接线板接触不良引起过热。

3）各连接部分松动引起过热。

（二）支柱式绝缘子故障

（1）支柱式绝缘子外绝缘闪络。

（2）支柱式绝缘子断裂。

（三）传动部分故障

1. GW4、GW5 型隔离开关传动部分故障

（1）传动连杆轴销生锈卡死。

（2）转动轴承生锈损坏卡死。

（3）主刀闸与接地刀闸闭锁板卡死。

（4）伞形齿轮脱齿。

（5）垂直连杆进水，冬天冻冰，严重时使操动机构变形，无法操作。

2. GW7 型隔离开关传动部分故障

（1）传动连杆轴销生锈卡死。

（2）转动轴承生锈损坏卡死。

（3）主刀闸与接地刀闸闭锁板卡死。

（4）垂直连杆进水，冬天冻冰，严重时使操动机构变形，无法操作。

3. GW6 型隔离开关传动部分故障

（1）传动连杆轴销生锈卡死。

（2）转动轴承生锈损坏卡死。

（3）主刀闸与接地刀闸闭锁板卡死。

（4）转动绝缘子断裂。

（5）传动杆件弯曲、变形。

（6）垂直连杆进水，冬天冻冰，严重时使操动机构变形，无法操作。

4. GW16、GW17、GW20、GW21 型隔离开关传动部分故障

（1）传动连杆轴销生锈卡死。

（2）转动轴承生锈损坏卡死。

（3）主刀闸与接地刀闸闭锁板卡死。

（4）转动绝缘子断裂。

（5）传动杆件弯曲、变形。

（6）垂直连杆进水，冬天冻冰，严重时使操动机构变形，无法操作。

（四）操动机构故障

1. 电动机主回路故障

（1）电动机缺相。

（2）电动机匝间或相间短路。

（3）分、合闸交流接触器主触点断线或松动，可动部分卡住。

（4）热继电器主触点断线或松动。

（5）电动机用小型断路器触点断线或松动。

2. 控制回路公用部分故障

（1）控制用小型断路器触点断线或松动接触不良。

（2）急停按钮动断触点断线或松动接触不良。

（3）热继电器辅助动断触点断线或松动接触不良。

（4）手动机构辅助开关动断触点断线或松动接触不良。

3. 控制回路分闸部分故障

（1）分闸回路不通。

1）分闸行程开关接线断线或松动接触不良。

2）合闸交流接触器动断触点接线断线或松动接触不良。

3）分闸交流接触器启动线圈触点接线断线或松动接触不良。

4）分闸按钮触点接线断线或松动接触不良。

5）转换开关就地操动触点接线断线或松动接触不良。

6）热继电器控制用触点卡滞。

（2）分闸回路通但保持不住。

1）分闸交流接触器动合触点接线断线或松动接触不良。

2）热继电器电流动作值调整的太小，通电后马上就切断控制回路。

3）就地、远方切换开关连接线断线或松动接触不良。

4. 控制回路合闸部分故障

（1）合闸回路不通。

1）合闸行程开关接线断线或松动接触不良。

2）分闸交流接触器动断触点接线断线或松动接触不良。

3）合闸交流接触器启动线圈触点接线断线或松动接触不良。

4）合闸按钮触点接线断线或松动接触不良。

5）转换开关就地操动触点接线断线或松动接触不良。

6）热继电器控制用触点卡滞。

（2）合闸回路通但保持不住。

1）合闸交流接触器动合触点接线断线或松动接触不良。

2）热继电器电流动作值调整的太小，通电后马上就切断控制回路。

3）就地、远方切换开关连接线断线或松动接触不良。

5. 分闸终了时电动机不停止或分闸不到位

（1）分闸定位行程开关动断触点短路。

（2）分闸定位行程开关弹片调整不合理（动作太灵敏，开关没有完全分开时就把分闸控制回路切断）。

6. 合闸终了时电动机不停止或合闸不到位

（1）合闸定位行程开关动断触点短路。

（2）合闸定位行程开关弹片调整不合理（动作太灵敏，开关没有完全合上闸时就把合闸控制回路切断）。

二、常见故障处理前的原因分析

隔离开关运行中，主要存在的缺陷和故障有锈蚀严重、操作卡涩及分、合闸不到位、导电回路发热、绝缘子断裂等。在各种缺陷和故障中，比较普遍发生的是机构问题，包括锈蚀、进水受潮、润滑干涸、机构卡涩、辅助开关失灵等，这些缺陷不同程度上导致开关分、合闸不正常。因此，拒动和分、合闸不到位发生最多。其次是导电回路接触不良，正常运行时发热，严重时可使隔离开关退出运行。其主要原因是隔离开关触头弹簧失效，使接触面接触不良。对安全运行威胁最大的是绝缘子断裂故障。发生合闸后自动分闸故障也有发生，但后果却很严重。从种类看，GW4、GW5、GW6型和GW7型隔离开关发生的问题最多。另外，GW16、GW17、GW20、GW21型隔离开关的缺陷和问题也比较突出。

1. 绝缘子断裂故障

发生这种故障的隔离开关有GW4、GW5、GW6、GW7、GW16、GW17、GW20、GW21等型号，有的造成重大事故，影响极大。支柱绝缘子和旋转绝缘子断裂问题每年都有发生，运行多年的老产品居多，也有刚投运的新产品。

除了支持绝缘子外，旋转绝缘子断裂故障时有发生，旋转绝缘子操作时主要受扭力作用，例如，GW6、GW16、GW17、GW20、GW21型开关操作时都发生过转动绝缘子断裂事故。绝缘子断裂事故至今仍不能有效地予以防止。支柱绝缘子断裂，特别是母线侧支柱绝缘子断裂，会引发母差保护动作，使变电站全停，造成重大事故。

2. 传动机构问题

传动机构问题多为操作失灵，如拒动或分、合闸不到位，往往在倒闸操作时易发生。很多情况下故障不会扩大，现场可以进行临时检修和处理，当然会耽误停送电时间。发生问题的以老旧的 GW4、GW5、GW6、GW7 型隔离开关居多。还有 GW6 型隔离开关曾发生合闸后自动分闸故障（主要是平衡弹簧材质和工艺不良，甚至在运行中平衡弹簧断裂）。

隔离开关在出厂时或安装后刚投运时，分、合闸操作还比较正常。但运行几年后，就会出现各种各样问题。有的因机构进水，操作时转不动，有的会发生操作时连杆扭弯，还有的在连杆焊接处断裂而操作不动，由于机构卡涩问题会引起各种故障。操作失灵首先是机械传动问题，早期使用的机构箱容易进水、凝露和受潮，转动轴承防水性能差，又无法添加润滑油。隔离开关长期不操作，机构卡涩，轴承锈死时强行操作往往导致部件损坏变形。

隔离开关大修解体，发现底座内的轴承均有不同程度的生锈和干涩现象：

（1）有的轴承出厂时根本就没有涂黄油，锈蚀非常严重，几乎锈死。

（2）有的黄油已结成块，且藏污严重，轴承运转阻力非常大。

（3）仅有少数能够勉强转动，但也不够灵活。

因而可以肯定，底座内轴承的严重锈蚀和干涩是造成隔离开关拒动的主要原因，其他与传动系统相连部位（如机构主轴、转动臂、连杆的活动位置等）的锈蚀只是引起操作的困难。

3. 导电回路发热

GW4、GW5、GW7 型隔离开关为转动水平开启式，动触头插入静触头后，靠静触指压紧弹簧保持合闸接触状态。运行中常常发生导电回路异常发热，可能是静触指压紧弹簧压力（拉力）达不到要求，也可能是静触指接触不良造成的，还有是长期运行后，接触面氧化、锈蚀使接触电阻增加而造成。运行中弹簧长期受压缩（拉伸），并由于工作电流引起发热，使弹性变差，恶性循环，最终造成烧损。有些触头镀银层工艺差，厚度得不到保证，易磨损露铜，导电杆被腐蚀等。此外，还有合闸不到位或剪刀式钳夹结构夹紧力达不到要求等问题。导电回路接触不良发热的主要原因是弹簧锈蚀、变细、变形，以致弹力下降。机构操作困难引起分、合位置错位及插入不够。接线板螺钉年久锈死，接触压力下降。接触面藏污纳垢，清理不及时等。

涂抹导电物质不当造成隔离开关接触电阻增大发热。查资料可知，早期检修安装中经常使用的中性凡士林滴点太低，只有 54℃，在夏天正常的运行温度 70℃时就已经液化，使隔离开关接触部位间产生间隙，灰尘和水分随之进入间隙中，增加了接触电阻，引起接头发热。而近年来使用的电力复合脂，当涂抹过厚时，经过运行操作，将在触指表面产生堆积，由此引起对触头放电，导致触头烧损露铜发热。

GW4、GW5型隔离开关触头接触处是过热发生频率较高的部位，而左触头发热一般不被人们注意，因为左触头紧靠接头接触处，其发热现象容易被接头接触处发热所掩盖。在现场测量时经常发现左触头温度明显高于触头接触处，这两处发热的主要原因有：合闸不到位或合闸过度，造成接触面接触压力不够，导致发热。因过热或锈蚀等原因引起左触头弹簧弹性下降，造成左触指与触指座、右触头之间的接触压力不够，导致发热。左右触头烧伤，表面不平整，造成有效接触面减小，导致发热等。

4. 进水与防锈问题

隔离开关机构箱（传动箱）进水及轴承部位进水现象很普遍。金属零部件的锈蚀问题也十分严重。老产品，凡是金属部件，大多会发生不同程度的锈蚀，锈蚀包括外壳、连杆、轴销等。曾发生GW6型开关的中间机构箱上的防雨罩竟会锈蚀到不能碰的情况。加之连杆、轴销润滑措施不当，导致机械传动失灵。

隔离开关运行中，雨水顺着连接头的键槽流入垂直连杆内。因连杆下部与连接头焊死不通，进入垂直连杆内的雨水，日积月累后造成管内壁生锈严重，致使钢管强度大幅度降低，操作中造成多起垂直连杆扭裂的故障。冬季来临时管内结冰，体积的膨胀可能造成钢管破裂，致使本体与机构脱离。此时隔离开关失去闭锁能力，有可能在运行中自动分闸，形成严重的误分事故。

三、常见故障处理

（一）接触部分过热处理

（1）应停电处理，处理时应认真执行导电回路检修工艺及质量标准。

（2）解体检修时，严禁使用有缺陷的劣质线夹、螺栓等零部件，用压接式设备线夹替换螺栓式设备线夹，接头接触面要清洗干净并及时涂抹导电脂，螺栓使用正确、紧固力度适中。

（3）对过热频率较高的母线侧隔离开关，要保证检修到位、保证检修质量。对接线座部位，要重点检查导电带两端的连接情况，保证两端面清洁、平整，涂抹导电脂，压接紧密。对触头部位，要保证触头的光洁度，并涂抹中性凡士林，检查触头的烧伤情况，必要时要更换触头、触指，左触头的触指座要打磨干净，有过热、锈蚀现象的弹簧应更换。要保证三相分合闸同期，右触头的插入深度符合要求和两侧触指压力均匀。为检验检修质量，还应测量回路接触电阻，保证各接触面接触良好。

（4）对老型号的GW4、GW5型隔离开关左触头处过热，应采取加装分流带的处理方法，即在每个触指和触指座相应的地方，各钻一个6mm螺孔，然后用螺钉将叠起的铜质软连接片固定在触指与触指座之间。

（5）对老型号的 GW4、GW5 型隔离开关左触头更换为新式触头，新式触头弹簧中间有绝缘块，消除了弹簧分流的可能性，使弹簧不易退火变形，弹性减弱。

（6）涂在隔离开关动触头及静触杆上导电膏的量不易掌握，致使开关发热。处理方法是针对这种活动导电接触面，应严格控制导电膏的涂抹量。首先将活动接触面使用无水酒精清洗干净，在导电面上抹一层均匀少量的导电膏，马上用布擦干净，使导电面上只留下微量的薄层导电膏。

（二）支柱式绝缘子断裂和闪络放电处理

（1）应停电处理，处理时应认真执行支柱式绝缘子检修工艺及质量标准。

（2）新支柱式绝缘子采用的是高强度瓷柱，使用超声波无损探伤仪对瓷柱进行检测，测试合格后方可使用。

（3）对运行中的支柱式绝缘子加强维护工作，在探伤诊断良好的基础上，在瓷柱所在水泥结合面处涂敷绝缘子专用防护胶。

（4）更换新的瓷柱，增加爬电距离和瓷柱高度、提高整体绝缘水平。采取带电清扫，加强清扫力度，给隔离开关绝缘子增加硅橡胶伞裙以增大爬距和利用 RTV 涂料的憎水性喷涂 RTV。

（三）拒绝拉、合闸处理

1. 传动机构及传动系统造成的拒分、拒合

（1）原因。机构箱进水，各部轴销、连杆、拐臂、底架甚至底座轴承锈蚀卡死，造成拒分、拒合。

（2）处理方法。对传动机构及锈蚀部件进行解体检修，更换不合格元件。加强防锈措施，涂润滑脂，加装防雨罩。传动机构问题严重或有先天性缺陷时应更换。

2. 电气问题造成的拒分、拒合

（1）原因。三相电源开关未合上、控制电源断线、电源熔丝熔断、热继电器误动切断电源、二次元件老化损坏使电气回路异常而拒动、电动机故障等原因都会造成电动机构分、合闸时，电动机不启动，隔离开关拒动。

（2）处理方法。电气二次回路串联的控制保护元器件较多，包括小型断路器、转换开关、交流接触器、限位开关及连锁开关、热继电器等。任一元件故障，就会导致隔离开关拒动。当按分、合闸按钮不启动时，要首先检查操作电源是否完好，然后检查各相关元件。发现元件损坏时应更换，并查明原因。二次回路的关键是各个元件的可靠性，必须选择质量可靠的二次元件。

（四）分、合闸不到位

1. 机构及传动系统造成的分、合闸不到位

（1）原因。机构箱进水，各部轴销、连杆、拐臂、底架甚至底座轴承锈蚀，造成

分合不到位。连杆、传动连接部位、闸刀触头架支撑件等强度不足断裂，造成分合闸不到位。

（2）处理方法。对机构及锈蚀部件进行解体检修，更换不合格元件。加强防锈措施，采用二硫化钼锂。更换带注油孔的传动底座。

2. 隔离开关分、合闸不到位或三相不同期

（1）原因。分、合闸定位螺钉调整不当。辅助开关及限位开关行程调整不当。连杆弯曲变形使其长度改变，造成传动不到位等。

（2）处理方法。检查定位螺钉和辅助开关等元件，发现异常进行调整，对有变形的连杆，应查明原因及时消除。此外，在操作现场，当出现隔离开关合不到位或三相不同期时，应拉开重合，反复合几次，操作时应符合要求，用力适当。如果还未完全合到位，不能达到三相完全同期，应安排计划停电检修。

（五）电动操动机构不动作

（1）机构问题主要表现为操作失灵，如拒动或分合闸不到位，往往发生在倒闸操作时，影响系统的安全运行。由于机构箱密封不好或进水造成机构锈蚀严重，润滑干涸，操作阻力增大，在操作困难的同时，还会发生零部件损坏，如变速齿轮断裂，连杆扭弯等。

（2）二次回路的可靠性将直接影响高压隔离开关的动作可靠性，辅助开关和行程开关切换不到位或者触点接触不良均会造成隔离开关拒动。接线端子接触不良、接触器不吸合、电动机烧坏、二次线绝缘破坏等会造成远方操作失灵。二次回路的关键是各个元件的可靠性，必须选用质量可靠的二次元件。

（3）应停电处理，处理时应认真执行操动机构检修工艺及质量标准。

四、隔离开关故障处理案例

某变电站红外测温人员到 66kV 进行红外诊断，室外温度 28℃，发现 66kV 主进线甲刀闸 W 相线路侧线夹与接线板 136℃（160A）。同时发现主进线甲 U 相线路侧线夹与接线板 45℃，V 相线路侧线夹与接线板 49℃。经过对比属于过热故障。

1. 原因分析

2009 年 6 月 5 日上午经过检修人员结合红外热像图片及现场分析，确认隔离开关线夹过热原因可能为两个固定螺栓松动造成接触不良。

2. 故障处理

2009 年 6 月 5 日下午进行停电检修，发现两个固定螺栓松动造成两接触面接触不良，主要原因是两个固定螺栓没有弹簧垫圈，经过长时间的运行造成螺栓氧化松动。对两接触面进行打磨处理并更换带有弹簧垫圈的螺栓。

3. 防范与感悟

螺栓松动与接触面积不足是质量问题，不是疑难技术问题，设备安装时，检修人员要有强烈的质量意识和责任心，对每个部位严格把关、严格要求，首先保证设备的第一道工序合格。

【思考与练习】

1. GW4、GW5 型隔离开关导电回路故障有哪些？

2. GW7 型隔离开关传动部分故障有哪些？

3. 隔离开关电动操动机构故障有哪些？

4. 隔离开关绝缘子断裂的原因是什么？

5. 隔离开关主导电回路接触部分过热如何处理？

6. 结合实际工作，举出隔离开关实际发生故障的一个案例，分析发生故障的原因，实际是如何处理的？你对防范该类故障有何建议？

模块 2　SPVT-252 型隔离开关常见故障处理（Z15G4002Ⅲ）

【模块描述】　本模块介绍 SPVT-252 型隔离开关的常见故障的处理。通过要点讲解，掌握进口隔离开关几种常见故障的类型、现象及处理方法。

【模块内容】

一、SPVT-252 型隔离开关常见故障现象、原因分析及处理措施

SPVT-252 型隔离开关常见故障现象、原因分析及处理措施见表 12-2-1。

表 12-2-1　SPVT-252 型隔离开关常见故障现象、原因分析及处理措施

序号	故障现象	产生原因	处理措施
1	主刀合闸不到位	上导电臂内螺杆上部弹簧锈蚀未返回，造成合闸时动触指未张开	解体上导电臂，清洗后加 2 号低温脂
		上导电臂不垂直	可调节下导电臂压缩平衡弹簧螺杆的双头螺母，使之达到上臂垂直
		下导电臂未过死点	可调节上部传动机构上的主拐臂的双头调节传动杆使之达到下臂过死点 2°～3°
		垂直传动杆与操动机构连接移位	分闸位置，将初始角度放至与底座平行夹角为 22.5°时，用砂皮轻砂与夹件连接处的垂直连杆表面，并紧固 4 个螺栓
		合闸不到位	可改变辅助开关最上面一副"红色"接点的位置，使电机停止时，指示对准箭头

续表

序号	故障现象	产生原因	处理措施
1	主刀合闸不到位	动触头未剪切在静触头管中间位置	可改变静触头在母线上的固定位置
		辅助开关切换与母差保护不配合	可改变辅助开关对应的接点的位置
		上导电臂内螺杆上部弹簧锈蚀未返回,造成分闸时动触指未张开	解体上导电臂,弹簧清洗后在弹簧表面厚涂2号低温脂
2	主刀分闸不到位	分闸不到位	可改变辅助开关最上面一副"绿色"接点的位置,使电机停止时,指示对准箭头,并与止挡相碰
		三相分闸角度不一致(三相联动型)	可改变相关联的水平传动杆与夹件配合的位置
3	地刀合闸不到位	三相未分足或分过(三相联动型)	可改变辅助开关最上面第二副"绿色"接点的位置,使电机停止时,指示对准箭头
		动、静触头中心偏离	松开地刀变直机构的固定螺栓,改变变直机构的位置或改变静触头固定位置。改进型:可改变夹件在水平传动杆上的位置
		水平传动杆夹件移位	可先紧中衬圈的螺栓,然后紧固外侧两个螺栓。改进型:"U"形夹紧螺栓应紧固
		垂直传动杆与操动机构连接移位	分闸位置,将初始角度放至22.5°时,用砂皮轻砂与夹件连接处的垂直连杆表面,并紧固4个螺栓
		手动合闸操作太重	改变平衡弹簧夹件位置,重新调整扭力。改进型:分闸位置时,预压平衡弹簧的扭力约15°
		动臂爬升不灵活	可将动臂下端内臂及导向杆清洗后,涂2号低温润滑脂
4	地刀分闸不到位	分闸后地刀不水平	可调节地刀可调双头主传动杆或地刀分闸止挡螺栓使之达到要求改进型:分闸位置刀臂与水平面呈1°倾角
5	电磁锁不起作用	主刀分闸位置时,地刀电磁锁未通电	重新调整辅助开关中对应的接点使之与主刀地刀配合正确。电磁锁接触器线圈断线或烧毁,接点接触不良
		由于调整不当电磁头卡阻	可稍改变垂直连杆与机构连接的夹件位置,使地刀在分闸或合闸触最终位置时,电磁锁头能轻松进入闭锁孔内
6	手动操作孔盖打不开	手动操作回路不起作用	重新调整辅助开关中对应的接点使之与主刀解锁接触器配合正确。电磁锁接触器线圈断线或烧毁,接点接触不良

二、SPVT–252 型隔离开关故障处理案例

2009 年某 220kV 变电站有一相 2500A 的 SPVT 型隔离开关在分闸过程中主刀上、

下动臂始终处于垂直合闸状态，不能顺利分闸。

1. 原因分析

因隔离开关安装运行的时间过长，长时间处于合闸状态，又是户外设备，长年在各种气候下运行，剪刀头上的铝铸件产生氧化，与剪刀头的固定传动销发生卡涩现场及剪刀头与铝上导电臂相连接的内孔中夹有空气中的杂质与鸟的排泄物，导致铝导电臂内孔中开始氧化与堵塞，使之复位弹簧铜衬套被卡死。

2. 处理方案

（1）简单处理方法：把隔离开关上方带电母线停掉，将上导电臂拆下，把剪刀头与导电臂分离，用松动剂将剪刀头卡涩部位与传动部位进行喷射，然后抹上机械润滑脂，对导电臂内孔进行现场扩孔作业，最后将其恢复。

（2）复杂处理方法：把隔离开关上方带电母线停掉，准备好专业的工具，将上导电臂拆下，把剪刀头与导电臂分离，用松动剂将剪刀头卡涩部位与传动部位进行喷射，把卡涩部分拆卸解体，更换新的对应部件（厂家特制），把导电臂解体并进行内孔扩孔作业，更换导电臂内相应已老化的零部件（厂家特制），抹上专业所需润滑脂油（厂家特制），最后将其组装恢复。

【思考与练习】

1. 简述 SPVT–252 隔离开关主刀闸合不到位的原因及处理措施。

2. 简述 SPVT–252 隔离开关电磁锁不起作用的原因及处理措施。

国家电网有限公司
技能人员专业培训教材

变电设备检修（220kV及以下）

下册

国家电网有限公司　组编

中国电力出版社
CHINA ELECTRIC POWER PRESS

图书在版编目（CIP）数据

变电设备检修：220kV 及以下：全 2 册 / 国家电网有限公司组编. —北京：中国电力出版社，
2020.9（2025.8重印）

国家电网有限公司技能人员专业培训教材

ISBN 978-7-5198-4453-0

Ⅰ．①变…　Ⅱ．①国…　Ⅲ．①变电所–电气设备–检修–技术培训–教材　Ⅳ．①TM63

中国版本图书馆 CIP 数据核字（2020）第 040854 号

出版发行：中国电力出版社

地　　址：北京市东城区北京站西街 19 号（邮政编码 100005）

网　　址：http://www.cepp.sgcc.com.cn

责任编辑：岳　璐（010-63412339）

责任校对：黄　蓓　李　楠　王海南　郝军燕

装帧设计：郝晓燕　赵姗姗

责任印制：石　雷

印　　刷：北京九州迅驰传媒文化有限公司

版　　次：2020 年 9 月第一版

印　　次：2025 年 8 月北京第五次印刷

开　　本：710 毫米×980 毫米　16 开本

印　　张：86

字　　数：1653 千字

印　　数：4501—5000 册

定　　价：258.00 元（上、下册）

本书编委会

主　　任　吕春泉

委　　员　董双武　张　龙　杨　勇　张凡华

　　　　　王晓希　孙晓雯　李振凯

编写人员　徐卫东　朱金花　徐建华　曹　晖

　　　　　陈　铮　朱迎阳　钱　平　谢劲鸥

　　　　　田成凤　曹爱民　战　杰　高广玲

　　　　　赵　军

前　言

为贯彻落实国家终身职业技能培训要求，全面加强国家电网有限公司新时代高技能人才队伍建设工作，有效提升技能人员岗位能力培训工作的针对性、有效性和规范性，加快建设一支纪律严明、素质优良、技艺精湛的高技能人才队伍，为建设具有中国特色国际领先的能源互联网企业提供强有力人才支撑，国家电网有限公司人力资源部组织公司系统技术技能专家，在《国家电网公司生产技能人员职业能力培训专用教材》（2010 年版）基础上，结合新理论、新技术、新方法、新设备，采用模块化结构，修编完成覆盖输电、变电、配电、营销、调度等 50 余个专业的培训教材。

本套专业培训教材是以各岗位小类的岗位能力培训规范为指导，以国家、行业及公司发布的法律法规、规章制度、规程规范、技术标准等为依据，以岗位能力提升、贴近工作实际为目的，以模块化教材为特点，语言简练、通俗易懂，专业术语完整准确，适用于培训教学、员工自学、资源开发等，也可作为相关大专院校教学参考书。

本书为《变电设备检修（220kV 及以下）》分册，共分为上下两册，由徐卫东、朱金花、徐建华、曹晖、陈铮、朱迎阳、钱平、谢劲鸥、田成凤、曹爱民、战杰、高广玲、赵军编写。在出版过程中，参与编写和审定的专家们以高度的责任感和严谨的作风，几易其稿，多次修订才最终定稿。在本套培训教材即将出版之际，谨向所有参与和支持本书籍出版的专家表示衷心的感谢！

由于编写人员水平有限，书中难免有错误和不足之处，敬请广大读者批评指正。

目 录

下　　册

第四部分　220kV 及以下变压器检修

第五部分　互 感 器 检 修

第六部分 其他变电设备检修

第四部分

220kV 及以下变压器检修

第十三章

变压器的大修、现场安装及验收

▲ 模块1 变压器的结构（Z15H1001 I）

【模块描述】本模块介绍了变压器的铁芯、绕组、绝缘、引线及油箱等部件结构，通过概念介绍、结构分析，熟悉变压器及其部件的基本结构和作用。

【模块内容】

一、变压器的基本结构概述

变压器是具有两个或多个绕组的静止设备，为了传输电能，在同一频率下，通过电磁感应将一个系统的交流电压和电流转换为另一个系统的电压和电流，通常这些电流和电压的值是不同的。应用最广泛的油浸式电力变压器一般由铁芯、绕组、引线、油箱及外围附件等组成。其中，绕组和铁芯是变压器实现电磁转换的核心部分，而油箱、引线及各种附件是保证油浸式变压器运行所必需的。

二、变压器的铁芯

1. 铁芯的作用

铁芯是变压器的基本部件。从工作原理方面讲，铁芯是变压器的导磁回路，它把两个独立的电路用磁场紧密联系起来，电能由一次绕组转换为磁场能后经铁芯传递至二次绕组，在二次绕组中再转换为电能。从结构方面讲，铁芯一般都是一个机械上可靠的整体，在铁芯上套装线圈，铁芯夹件可以支撑引线，变压器内部几乎所有的部件都安装或固定在铁芯上。

2. 铁芯的结构

变压器铁芯的结构形式可分为壳式和芯式两大类，我国变压器制造厂普遍采用芯式结构。芯式铁芯又可分为单相双柱、单相三柱、三相三柱、三相五柱式等。大多数电力变压器通常为三相一体形势，常常采用三相三柱或三相五柱式铁芯，特大型变压器因为体积大运输困难，一般由三台单相变压器组成，其铁芯常采用单相三柱式。

变压器铁芯结构有多种形式，但其紧固结构和方法却大体相似，一般由夹件、铁芯绑扎带、紧固螺杆（拉板）绝缘件、横梁、垫脚等将叠积的硅钢片绑扎固定成为一个牢固的整体,作为变压器器身装配的骨架。典型的变压器铁芯结构如图 13-1-1 所示。

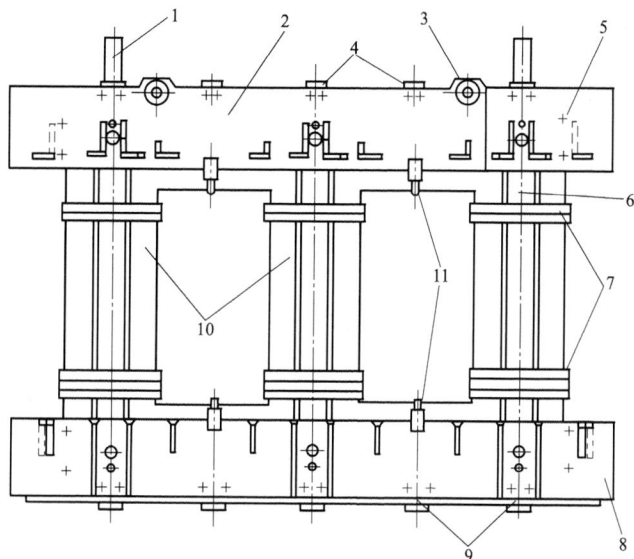

图 13-1-1 典型变压器铁芯结构示意图
1—上部定位件;2—上夹件;3—上夹件吊轴;4—横梁;5—拉紧螺杆;6—拉板;
7—环氧绑扎带;8—下夹件;9—垫脚;10—铁芯叠片;11—拉带

　　硅钢片是高导磁材料,它是铁芯的最重要部分。将含有一定比例硅元素的钢材轧制成片,两面涂敷绝缘层后即成硅钢片。硅钢片按制法可分为冷轧和热轧两类,按轧制后的晶粒排列规律可分为取向硅钢片和无取向硅钢片。其中冷轧取向硅钢片因为具有磁饱和点高、损耗和励磁容量低的显著优点在电力变压器领域被广泛应用。冷轧取向硅钢片也有缺点,例如其磁化特性的方向性强(沿轧制方向磁化特性好,损耗小;沿其轧制的正交方向不易磁化,损耗大),为了减少变压器角部损耗,设计时一般采用多级斜接缝,叠积难度相对较大,工艺要求高。又如冷轧取向硅钢片抗机械冲击能力差,加工、运输甚至叠积过程中的磕碰、弯曲均会导致硅钢片性能劣化。常用冷轧硅钢片的厚度有 0.23、0.27、0.30、0.35mm,越薄的硅钢片损耗水平越低,但叠片系数(导磁面积与几何面积的比值)也低,工艺难度相对较大。除硅钢片外,非晶合金也是一种重要的铁芯材料,非晶带材的厚度仅为硅钢片的 1/10,其涡流损耗水平较普通硅钢片可降低约 80%,在倡导节能环保的大背景下,非晶合金在配电变压器制造领域的应用越来越多。

　　大多数的铁芯由硅钢片叠积而成,也有部分小型变压器采用卷制工艺制作铁芯,相比而言卷铁芯有损耗低、噪声低的优点,但其工艺难度相对较高。铁芯的截面大多为多级圆形［见图 13-1-2（a）］，在旁轭、上轭、下轭等部位也有采用多级椭圆形［见图 13-1-2（b）］、多级 D 形截面［见图 13-1-2（c）］。

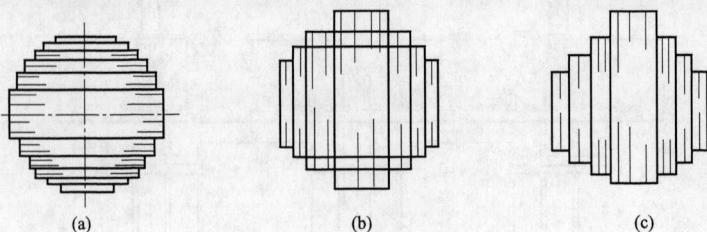

图 13-1-2 铁芯截面
（a）多级圆形；（b）多级椭圆形；（c）多级 D 形

变压器运行过程中，铁芯中有交变的磁场，该磁场在铁芯中会产生涡流损耗（变压器空载损耗的主要部分），大型变压器的铁芯发热量较大，为防止铁芯过热，可在铁芯叠片中设置冷却油道，一般情况下冷却油道由绝缘材料制成。

3. 铁芯的绝缘

铁芯的绝缘包括铁芯的片间绝缘和铁芯片与结构件之间的绝缘。硅钢片两面涂有极薄的绝缘膜（无机磷酸盐膜），即铁芯的片间绝缘，它把硅钢片彼此绝缘开来，以避免铁芯片间形成大的短路环流。在大型变压器中，为避免铁芯叠片中因感应电位累加而放电，在铁芯叠片中每隔一定厚度应放置 0.5～1mm 厚的绝缘纸板，把铁芯分隔为几个部分。此外，铁芯片与结构件的短路可以造成多点接地，可能产生短路回路而烧毁接地片甚至铁芯，因此铁芯片与夹件、侧梁、垫脚、拉板等结构件之间必须有良好的绝缘。

4. 铁芯的接地

铁芯及金属结构件由于所处的电场及磁场位置不同，产生的电位和感应电动势也不同，当两点的电位差达到能够击穿两者之间的绝缘时，相互之间便产生放电，放电的结果使变压器油分解，并容易将固体绝缘破坏，导致事故的发生，为了避免上述情况的出现，铁芯及其他金属结构件（夹件、绕组的金属连接片等）必须接地，使它们处于等电位（零电位）。需要注意的是，铁芯油道、片间绝缘纸板等两侧的铁芯片必须用金属接线片短接起来以保证整个铁芯可靠接地。

铁芯的接地必须是一点接地。虽然相邻铁芯片间绝缘电阻较大，但因绝缘膜极薄、正对面积大，所以片间电容很大，对于在交流电磁场中工作的铁芯来说通过片间电容的耦合，整个铁芯电位接近，可视为有效接地。但当铁芯两点（或多点）接地时，若两个（或多个）接地点处于不同的叠片级上，因处于交变电磁场中，两个接地点之间的铁芯片将有一定的感应电动势，并经大地形成回路产生一定的电流，这个电流将导致局部过热，严重的将烧毁接地片甚至铁芯，影响变压器的安全运行。

三、变压器的绕组

1. 绕组的作用

绕组是变压器的最主要构成部件之一，是变压器的导电部分。变压器的一次绕组通过铁芯将电能转换为磁场能，二次绕组通过铁芯将磁场能还原为电能并输出。

2. 常见绕组的结构

总的来说，电力变压器的绕组根据结构形式可分为层式线圈和饼式线圈两大类。线圈的线匝沿其轴向按层依次排列的为层式线圈；线圈的线匝在辐向形成线饼（线段）后，再沿轴向排列的为饼式线圈。层式线圈主要有圆筒式和箔式两种结构，饼式线圈主要有连续式、纠结式、内屏蔽式、螺旋式等结构。各种线圈在结构、电气和机械性能、绕制工艺等方面有很大区别，以下简单介绍几种常见的线圈结构及其特点。

（1）圆筒式线圈。圆筒式线圈是目前配电变压器高、低压绕组的主要结构形式。圆筒式线圈又可分为单圆筒式、双层（四层）圆筒式、多层圆筒式、分段圆筒式等。其共同的结构特点是线圈一般沿其辐向有多层，每层内线匝沿其轴向呈螺旋状前进（见图 13-1-3 和图 13-1-4）。圆筒式线圈层间有油道作为绝缘，垂直布置的层间油道的冷却效果优于水平油道。同时，圆筒式线圈层间紧密接触，层间电容大，在冲击电压下，有良好的冲击分布，因此，多层圆筒式线圈可应用于高电压产品上。但是圆筒式线圈抗短路能力相对较差，在大容量电力变压器上鲜见应用。

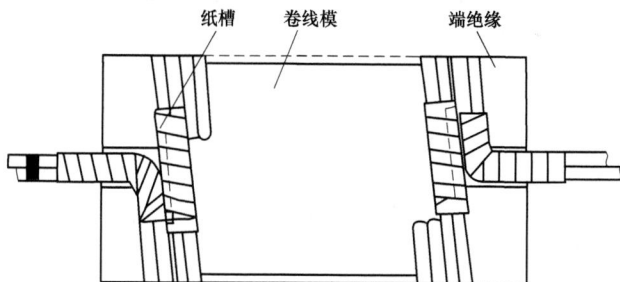

图 13-1-3　单层圆筒式线圈的结构

（2）箔式线圈。箔式线圈由铜箔或铝箔代替导线绕制而成。将绝缘材料和导电材料一起放在专用的箔式绕线机上连续绕制，每一层为一匝，每层铜或铝箔之间用绝缘材料隔开。绝缘的宽度大于铜箔或铝箔的宽度，两侧所差的尺寸，用与导电箔材厚度相同的绝缘带同时卷入形成端绝缘。箔式线圈的安匝分布均匀，辐向漏磁少，轴向电动力小，机械稳定性较好。其层间绕制紧密，层间电容远大于对地电容，在冲击电压下电压梯度分布均匀。箔式线圈目前主要用于变压器的低压绕组，也有厂家采用分段箔式结构增加匝数将箔式绕组用于高压绕组。

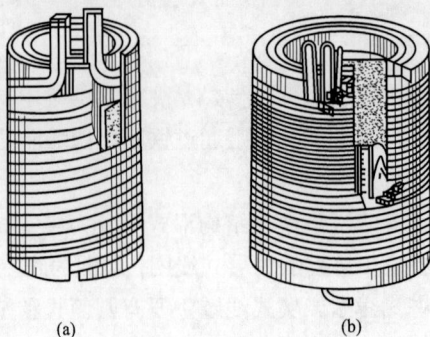

图 13-1-4　双层圆筒式和多层圆筒式线圈的结构
（a）双层圆筒式；（b）多层圆筒式

（3）连续式线圈。连续式线圈是最常见的饼式线圈之一。饼式线圈的主要特点是把导线沿绕组的辐向排列成圆饼状，而后把各个圆饼状的线饼用不同的方式串联起来构成不同型式的绕组，各个线饼之间放置作为饼间绝缘和构成饼间冷却油道的绝缘件。饼式线圈的机械强度要好于圆筒式，因而在大中型变压器中被广泛采用。

连续式线圈是典型的饼式线圈，一般用扁导线绕制，线段数为 30～100 段，采用特殊的工艺方法（倒饼）连续绕成，饼间没有焊接头，所以称为连续式线圈，其结构示意如图 13-1-5 所示。连续式结构在大型变压器中应用较多，既可用于低压绕组，也可全部或部分用于高压绕组中。

（4）螺旋式线圈。简单地说，螺旋式线圈就好似一支弹簧，其匝数一般为 10～150。虽然螺旋式线圈本质上应看作是多根导线叠、并绕的单层圆筒式线圈，但由于其匝间有辐向油道而形成了线饼，所以将其结构归为饼式，如图 13-1-6 所示。一匝为一个线饼的称为单螺旋，一匝为两个线饼的称为双螺旋，一匝为四个线饼的称为四螺旋式线圈。螺旋式线圈匝数少、并绕导线多，一般用于低电压、大电流的变压器的低压绕组。

（5）纠结式线圈。从外形上看纠结式线圈与连续式线圈基本相同，区别仅在于相邻线饼之间导线连接的方法不同。纠结式线圈的线匝是在相邻数序线匝间插入不相邻数序的线匝。原连续式线圈段间线匝须借助于纠结换位，交错纠连形成纠结线段，从而形成纠结线圈。纠结式线圈常以两段组成纠结单元，称为双段纠结。双段纠结中按每段匝数的奇、偶数的不同，分为双—双、单—单、双—单和单—双纠结。此外，还有四段纠结和部分纠结等。纠结绕组绕制过程中不可避免要焊接导线，对制作工艺水平要求较高。但纠结式线圈的匝间电容和饼间电容大于连续式线圈，在冲击电压作用下电压分布比连续式好得多。因此，在大型变压器的高压绕组中经常使用。

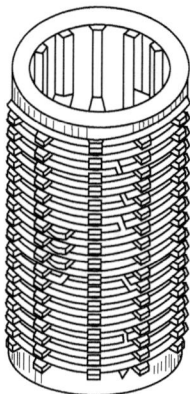

图 13-1-5　连续式线圈

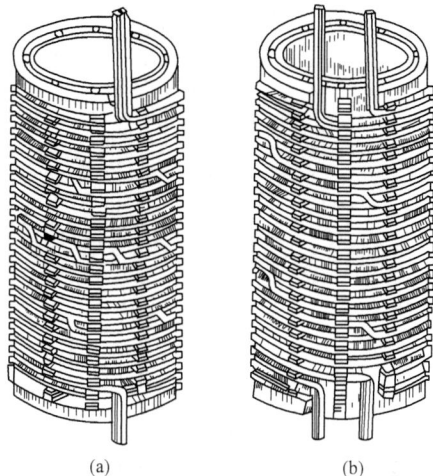

图 13-1-6　螺旋式线圈
（a）单螺旋式；（b）双螺旋式

（6）内屏蔽式线圈。内屏蔽式线圈也称插入电容连续式绕组。它是通过增大线段的串联电容来达到改善冲击电压分布的目的，其结构特点是将厚度较小的导线作为附加电容（屏蔽）线匝，直接绕于连续式线段内部，并将端头包好绝缘悬空，所以电容不参与变压器的正常运行，只在冲击电压下起作用。内屏蔽式线圈在超高压变压器绕组中，采用分区补偿时，由于调节串联电容方便而多被采用。

四、变压器的器身

变压器的铁芯、绕组、绝缘件和引线装配成为器身。器身绝缘的布置与变压器的电压等级有关，并随线圈结构（圆筒式或饼式）、线圈个数（双绕组或三绕组）、出线方式（端部或中部出线）、压紧方式（拉螺杆或连接片）、调压方式（无励磁或有载分接）的不同而不同。图 13-1-7 是某高压 110kV 级分级绝缘端部出线的器身绝缘结构示意（低压不大于 45kV）。

从图 13-1-7 可以看到，低压绕组和高压绕组同心套装在铁芯上，绕组的下部有水平托板作为支撑，上部有连接片和压钉压紧，整个器身被紧固成一个机械上稳定的整体。铁芯、低压绕组、高压绕组三者之间用撑条纸板间隔填充成为绝缘，绕组上、下端部用角环、端圈作绝缘，引线由绕组端部引出并用皱纹纸包裹，各带电部分之间、带电部分与接地部分之间必须保持足够的绝缘距离。

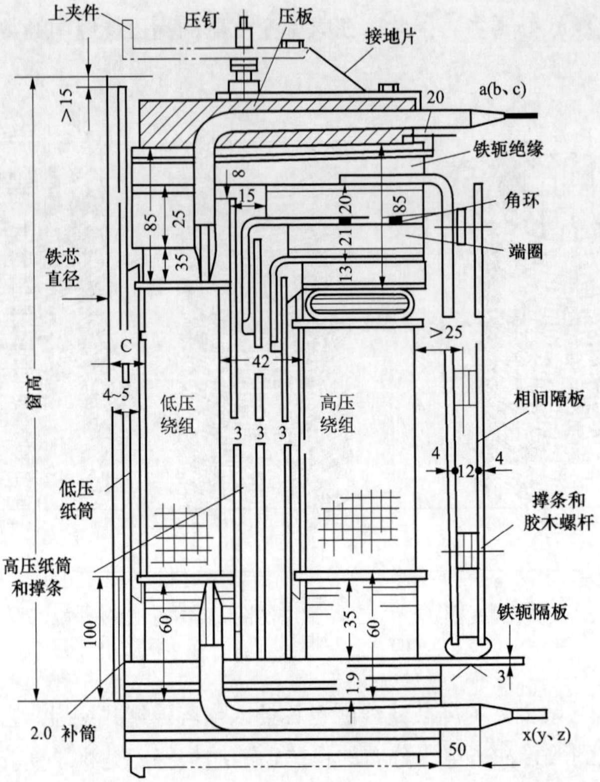

图 13-1-7　某高压 110kV 级分级绝缘端部出线的器身绝缘结构

五、变压器的引线

变压器中连接绕组端部、开关、套管等部件的导线称为引线，它将外部电源电能输入变压器，又将传输电能输出变压器。引线一般有三类：绕组线端与套管连接的引出线、绕组端头间的连接引线及绕组分接与开关相连的分接引线。对引线有三个方面的要求：电气性能、机械强度和温升。在尽量减小器身尺寸的前提下，引线应保证足够的电气强度；为承受运输的颠簸、长期运行的振动和短路电动力的冲击，应具有足够的机械强度；对长期运行的温升、短路时的温升和大电流引线的局部温升，不应超过规定的限值。

变压器的引线有裸圆线、纸包圆线、裸铜排、电缆和铜管等型式。一般而言，纸包铜缆（棒）曲率半径较大，绝缘较好，多用于高压引线；铜排、铜管截面积大，载流能力强，机械强度好，多用作低压引线。

变压器引线必须用支架可靠固定，支架材料一般选用色木、水曲柳、层压木或层压纸板。其中层压纸板材料电气性能好，机械强度也满足要求，一般用于电压等级高的变压器。引线支架一般固定在铁芯夹件或下节油箱上。

变压器引线必须与其他部件之间可靠绝缘，引线绝缘主要取决于所连接绕组的电压等级和试验电压的种类、大小和分布状况。电压较低的引线可以是裸露（或覆盖绝缘漆）的铜排，电压较高的引线一般采用多层皱纹纸叠包的厚绝缘。因引线电场情况比较复杂，引线绝缘的厚度和绝缘距离一般根据实验数据来确定。

六、变压器的油箱

1. 油箱的作用

油浸式变压器的油箱是保护变压器器身的外壳和盛装变压器油的容器，又是变压器外部结构件的装配骨架，同时通过变压器油将器身损耗产生的热量以对流和辐射的方式散至大气中。

2. 油箱的基本要求

作为盛装变压器油的容器，油箱的第一个要求就是要密封而无渗漏，它包含两个方面的含义：① 所有钢板和焊线不得渗漏，这决定于钢板的材质，焊接技术工艺水平和焊接结构的设计是否合理；② 机械连接的密封处不漏油，这决定于密封材料的性能和密封结构的合理性。其次，作为保护外壳支持外部结构件的骨架，油箱应有一定的机械强度和安装各外部构件所需要的一些必备的零部件。

对机械强度的要求，主要来自五个方面：① 承受变压器器身和油的重量及总体的起吊重量；② 承载变压器的所有附件（如套管、储油柜、散热器或冷却器等）；③ 在运输中承受冲击加速度的作用和运行条件下地震力或风力载荷的作用；④ 对于大型变压器而言，器身在油箱内真空注油或在现场修理时要利用油箱对器身进行干燥处理，要求油箱能够承受抽真空时大气压力的作用，而不产生损伤和不允许的永久变形；⑤ 除承受内部油压的作用外，还应保证在变压器内部事故时油箱不爆裂。对于安装各外部件所需的必备零部件的要求，是指根据产品的规格、容量和一台完整的油箱必须具备的部分或全部零部件。

3. 变压器油箱的结构

变压器油箱按其结构形式一般可分为桶式和钟罩式两种。

桶式油箱的特点是下部是长方形或椭圆形（单相小容量变压器也有用圆形）的油桶结构，箱沿设在油箱的顶部，顶盖与箱沿用螺栓相联，顶部为平顶箱盖。桶式油箱的变压器大修时需要吊芯检修，对大型变压器而言工作难度较大，以前主要在小型变压器及配电变压器上应用。随着变压器质量水平提升和定期检修概念的淡化，大型变压器也越来越多地开始采用桶式结构的油箱。

钟罩式变压器油箱常见的几种纵剖面的形状如图 13-1-8 所示。

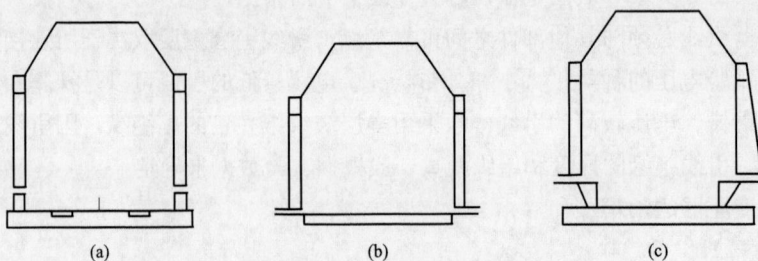

图 13-1-8　钟罩式变压器油箱纵剖面形状示意图
(a) 典型结构；(b) 无下节油箱；(c) 槽形箱底

图 13-1-8（a）所示为钟罩式油箱的典型结构。为了适应运输外限的要求，顶部做成三个部分（顶盖、高压侧盖、低压侧盖）呈尾脊形。下节油箱较小，只包含一部分下轭，除去钟罩后绕组部分可完全外露。当采用强油循环导向油冷却结构时，常利用箱底上两条长轴方向的加强槽钢兼作导油通道。

图 13-1-8（b）所示为油箱无下节油箱，钟罩直接与箱底用螺栓连接密封。其优点是当吊开钟罩后，器身完全暴露。缺点是降低了箱底的结构钢性，另外，当拆除上罩后，残存的变压器油将从箱底四周溢出，造成油的损失且污染周围环境。

图 13-1-8（c）所示是槽形箱底的钟罩式油箱，而且有时可利用槽形箱底的侧壁紧固下轭。铁芯完成后先装入槽形箱底再套装绕组，绕组就坐落在槽形箱底的平板上，这种结构很紧凑，可省掉一些结构件，减少变压器油用量，从而减轻变压器的总重量。但是绕组端部坐落在大面积的钢板上，会增加结构损耗，并且在冲击电压下，使绕组端部钢板充磁。

【思考与练习】

1. 简述变压器铁芯的结构。
2. 变压器铁芯正常时为什么一点接地？
3. 什么是连续式线圈、纠结式线圈？
4. 变压器油箱的作用是什么？

▲ 模块 2　变压器的主要标志及含义（Z15H1002 Ⅰ）

【模块描述】　本模块介绍了变压器铭牌上的字符、字母、数字等主要标志的含义，通过概念介绍及解释，掌握变压器的种类特征、技术参数及使用条件。

【模块内容】

一、变压器铭牌标志及含义

变压器的铭牌包含了变压器的基本信息，因此，要了解和掌握一台变压器特征必须正确认识和理解铭牌标志及含义。按照国家标准，铭牌上除标出变压器名称。型号、产品代号、制造厂名（包括国名）、出厂序号、制造年月等以外，还需标出变压器相应的技术数据，见表13-2-1。

表 13-2-1 电力变压器铭牌所标出的项目

项目	标准项目	附加说明
所有情况	相数（单相、三相）	
	额定容量（kVA 或 MVA）	多绕组变压器应给出每个绕组的额定容量
	额定频率	
	各绕组额定电流（A）	三绕组自耦变压器应注出公共绕组中长期允许电流
	联结组标号，绕组联结示意图	6300kVA 以下的变压器可不画联结示意图
	额定电流下的阻抗电压	实测值
	冷却方式	有几种冷却方式时，还应以额定容量百分数表示相应的冷却容量
	使用条件	户外，户内，使用超过或低于 1000m 海拔等
	总重量（kg 或 t）	
	绝缘油重量（kg 或 t）	
某些情况	绝缘的温度等级	油浸或变压器 A 级绝缘可不标出
	温升	当温升不是标准规定值时
	联结图	当联结组标号不能说明内部的全部情况时
	绝缘水平	额定电压在 3.6kV 以上的变压器
	运输重（kg 或 t）	
	器身吊重、上节油箱重（kg 或 t）	器身吊重在变压器超过 5t 时标出，上节油箱在钟罩式油箱时标出
	绝缘液体名称	在非矿物油时标出
	有关分接的详细说明	8000kVA 及以上变压器
	空载电流	实测值 8000kVA 及以上变压器
	空载损耗和负载损耗	

下面介绍变压器铭牌中主要标志的含义。

1. 型号标志的含义和辨识

变压器型号采用汉语拼音的大写字母表示，为了表达变压器的所有特征，往往用多个合适的字母，同时，用阿拉伯数字表示产品性能水平代号或设计序号和规格代号。图 13-2-1 给出了电力变压器产品型号的组成型式。

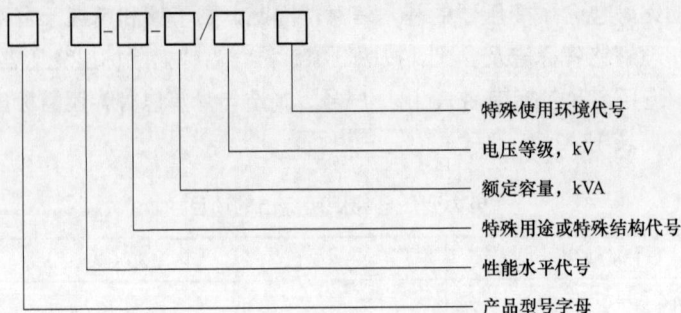

图 13-2-1 电力变压器产品型号的组成型式

例如：OSFPSZ-250000/220 表示自耦三相强迫油循环风冷三绕组铜线有载分接开关，额定容量 250 000kVA，高压绕组额定电压 220kV 级电力变压器。

电力变压器的分类及代表符号含义见表 13-2-2。

表 13-2-2 电力变压器的分类及代表符号

分 类	类 别	代表符号	分 类	类 别	代表符号
绕组耦合方式	自耦	O	绕组数	双绕组 三绕组	— S
相数	单相 三相	D S	绕组导线材质	铜 铜箔 铝 铝箔	— B L LB
冷却方式	油浸自冷 干式空气自冷 干式浇注绝缘 油浸风冷 油浸水冷 强迫油循环风冷 油强迫循环水冷	—或 J G C F S FP SP	调压方式	无励磁调压 有载调压	— Z

2. 变压器容量

变压器的重要作用是传输电能，因此额定容量是其主要数据。额定容量是表现容量的惯用值，表征传输能量的大小，以视在功率表示，单位是 kVA。

变压器额定容量与绕组额定容量有所区别：双绕组变压器的额定容量即为绕组的额定容量；多绕组变压器应对每个绕组的额定容量加以规定，其额定容量为最大的绕组额定容量；当变压器容量由冷却方式而变更时，则额定容量是指最大的容量。

我国现在变压器额定容量等级是按 10 的 10 次方根倍数增长的 R10 优先数列，即每个容量（50kVA 开始），乘以 10 的 10 次方根即为下一容量的额定值系列。

变压器容量的大小对变压器结构和性能影响很大，单台容量越大，其材料利用率越高；经济指标越好。同时，变压器额定容量的大小与电压等级也是密切相关的；电压低，容量大时电流大。因此，一般情况下，电压低的容量小，电压高的容量大。

3. 相数与频率

变压器分单相和三相两种，一般均制成三相变压器以直接满足输配电的要求，小型变压器有制成单相的，特大型变压器为了满足运输要求，做成三台单相后组成三相变压器组。

变压器额定频率是所设计的变压器的运行频率，也是输变电网络的频率，在我国为 50Hz。

4. 电压组合

变压器的额定电压是指各绕组的额定电压，是施加的或空载时产生的电压，是以有效值表示的线电压。组成三相组的单相变压器，如绕组为星形连接，则绕组的额定电压以线电压为分子，$\sqrt{3}$ 为分母，如 $380/\sqrt{3}$。

变压器的电压组合是指变压器各绕组的额定电压，其比称为电压比。绕组之间的电压组合是有规定的，变压器各绕组的额定电压与其所连接的输变电线路相符合。

5. 额定电流

变压器的额定电流是指绕组的额定容量除以该绕组的额定电压及相应的相系数（单相为 1，三相为 $\sqrt{3}$）而算得的流经线端的电流。因此，变压器的额定电流就是各绕组的额定电流，是指线电流，也以有效值表示，但是，组成三相组的单相变压器，如绕组为三角形连接，绕组的额定电流以线电流为分子，$\sqrt{3}$ 为分母，例如 $500/\sqrt{3}$ A。变压器的额定电流是允许长期通过的电流。

6. 联结组别

运行中的变压器的同侧绕组按一定的联结顺序构成了联结组，对于单相变压器而言，没有绕组的外部联结，所以其联结符号用 I 表示。

对于三相变压器，则存在着星形、三角形、曲折形连接，高压绕组分别用 Y、D、Z 表示，中压和低压绕组则用 y、d、z 表示。有中性点引出则分别用 YN、ZN 和 yn、zn 表示。自耦变压器有公共部分的两绕组中额定电压低的一个用符号 a 表示。

变压器同侧绕组联结后，不同侧间电压相量有角度差——相位移，这种相位移作用是指绕组各相应端子与中性点间的电压相量角度差，在变压器中以钟时序来表示，称为联结组别。

联结组和联结组别组合在一起就是铭牌上所标注的联结组标号。

单相变压器不同侧绕组相位移为 0°或 180°，因而其联结组别只有 0 和 6 两种，但是通常绕组的绕向相同，端子标志一致，所以电压相量为同一方向，因此双绕组单相变压器的实用联结组标号只有 I、i_0。三相双绕组变压器的相位移为 30°的倍数，所以有 0、1、2、…、11 共 12 种组别。同样由于绕组绕向相同，端子标志一致，联结组别仅为 0、11 两种。因此，三相双绕组实用的联结组标号为 Yyn0、Yzn11、Yd11、YNd11、Dyn11 等。

三绕组变压器的联结组由高中和高低两个联结组组成，所以在联结组标号中有两个联结组，实用的三绕组的联结组标号为 $I_{i0}i_0$ 和 $I_{a0}i_0$（单相），YNyn0d11 和 YNa0d11（三相）。

三相变压器并联运行时，每台变压器的联结组别必须完全一致。

7. 阻抗电压

双绕组变压器当二次绕组短接，一次绕组流通额定电流而施加的电压称为阻抗电压 U_k，多绕组变压器则有任意一对绕组组合的 U_k。

铭牌上标注的变压器的阻抗电压为实测值，它是变压器的并联运行的条件之一，因而必须引起重视。

8. 冷却方式

变压器的冷却方式由冷却介质种类及循环方式来标志，一般由 2 个或 4 个字母代号标志，依次为线圈冷却介质及种类，外部冷却介质及循环种类。冷却方式的代号标志及应用范围见表 13-2-3。

表 13-2-3　　　　　　　　冷却方式及标志代号

冷却方式	代号标志	冷却方式	代号标志
干式自冷式	AN	强油风冷式	OFAF
干式风冷式	AF	强油水冷式	OFWF
油浸自冷式	ONAN	强油导向风冷和水冷式	ODAF 或 ODWF
油浸风冷式	ONAF		

9. 绝缘水平

变压器的绝缘水平也称绝缘强度，即变压器绕组耐受电压。耐受电压包括雷电冲击耐受电压（LI），工频耐受电压（AC）和操作冲击耐受电压（SI），在变压器铭牌上按照高压、中压和低压绕组的线路端子和中性点端子顺序列出（冲击电压在前），其间用斜线分开。分级绝缘的中性点端子与线路端子绝缘水平不同时应分别列出。

例如：一台变压器高压绕组 U_{N1}=252kV，中压绕组 U_{N2}=126kV 均为星形连接，分级绝缘，低压绕组 U_{N3}=11.5kV，三角形连接，则绝缘水平标志：

h·v·线路端子	LI/AC	850/360kV
h·v·中性点端子	LI/AC	400/200kV
m·v·线路端子	LI/AC	480/200kV
m·v·中性点端子	LI/AC	250/95kV
l·v·线路端子	LI/AC	75/35kV

变压器绕组的线路端子及中性点端子的绝缘水平在 GB 311.1《高压输变电设备的绝缘配合》中给出了已确定的标准值。

10. 重量

在变压器的安装与运输过程中，因为载重及吊装设备的需要，要了解变压器的重量值。在小型变压器中，由于不需要拆卸运输，因而只给出了总重量及变压器油的参考重量。在容量大于 8000kVA 的变压器中，还给出了运输重量，同时器身重量超过 5t 时还要标出器身重量。对于钟罩式油箱，铭牌上还有上节油箱重量及添加油重量等。

11. 附加项目

在变压器的容量大于 8000kVA 时，除前面 10 项外，还要标出变压器的空载电流、空载损耗、负载损耗的实测值。此外，还需要给出变压器的端子位置示意图。

二、其他标志

1. 接地标志

变压器的外壳必须接地，一般通过在油箱下部的接地螺栓来实现，在接地螺栓的旁边，给出显著的接地标识。大型变压器的铁芯和夹件大都单独引出至变压器下部，便于接地电流的检测。

2. 变压器的接线端子

变压器的接线端子是变压器能量输入和输出的通道，一般用英文字母 A、B、C 表示高压，Am、Bm、Cm 表示中压，而用 a、b、c 表示低压端子，中性点用阿拉伯数字 0 表示。各端子的布置与绕组及铁芯的分布相一致，一般为面对高压侧，自左向右依次为 A、B、C。

【思考与练习】

1. 变压器铭牌应包含哪些内容？

2. 变压器的额定容量是如何规定的？

▲ 模块 3　变压器各组部件的结构和作用
（Z15H1003 I）

【模块描述】本模块介绍了变压器的保护装置、测温装置、冷却装置、套管和调压装置等组部件的基本原理、结构和作用，通过原理讲解、结构介绍，掌握变压器各组部件的结构及在变压器运行中的作用。

【模块内容】

一、变压器各组件的种类

变压器组件是变压器类产品的一个重要组成部分，是变压器安全可靠运行的一个重要保证，按照其在变压器运行中的作用，可以大致分为以下几类：

（1）在变压器运行起到安全保护类组件。包括气体继电器、油位计、压力释放阀、多功能保护装置等。

（2）测温装置。主要指各类温度计及测温元件。

（3）油保护装置。主要有储油柜、吸湿器等。

（4）变压器冷却装置。如散热器、风冷却器、水冷却器等。

（5）各类套管。

（6）调压装置。分为无励磁调压开关和有载分接调压开关。

二、变压器各组件的结构和作用

（一）保护类装置

1. 气体继电器的原理和结构

气体继电器用于 800kVA 及以上的变压器中，它可以在变压器内部发生故障时产生气体或油面过度降低时发出报警信号，严重时将变压器电源切断。目前常用的是 QJ（挡板）型气体继电器。

QJ 型气体安装于连接变压器与储油柜的联管上，当变压器内部出现轻微故障时，则因油分解而产生的气体聚集在容器的上部，迫使油面下降，开口杯降到某一限定位置时，磁铁使干簧触点闭合，接通信号电路，发出信号。若因变压器漏油而使油面降低时，同样会发出信号。当变压器内部发生严重故障时，将会产生大量的气体，在连接管中产生油流，冲动挡板，当挡板运到某一限定位置时，磁铁使干簧触点闭合，接通跳闸电路，切断与变压器连接的所有电源，从而起到保护变压器的作用。QJ 型气体继电器结构如图 13-3-1 所示。

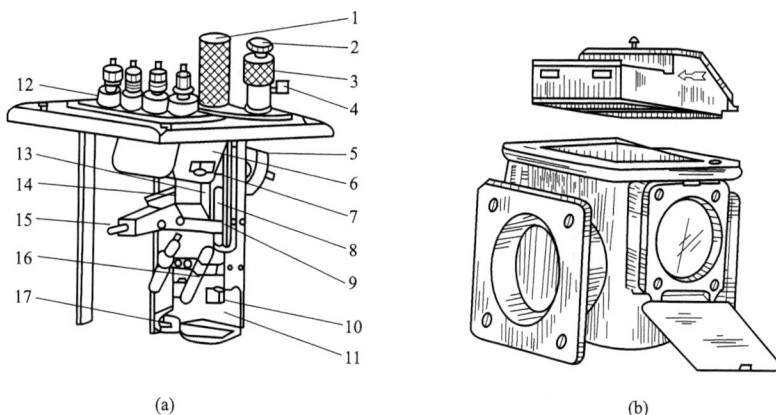

图 13-3-1　QJ 型气体继电器的结构

(a) 内部结构；(b) 外壳

1—罩；2—顶针；3—气塞；4—气嘴；5—重锤；6—开口杯；7—磁铁；8—干簧触点（信号用）；

9—弹簧；10—磁铁；11—挡板；12—套管；13—探针；14—开口销；15—调节杆；

16—干簧触点（跳闸用）；17—螺杆

2. 油位计的结构和作用

油位计也称油表，用来监视变压器的油位变化，主要分为管式、板式和表盘式几种形式。板式油表结构简单，由法兰盘、反光镜、玻璃板、密封垫圈、衬垫及外罩组成，一般用于小容量的变压器和电容式套管的储油器上。

管式油位计有两种，一种是普通的管式油位计，即除上下与储油柜连接管外，中间为一根玻璃管；另一种是带浮子式管式油位计，即在玻璃管中带一个红色的浮球，如图 13-3-2 所示。

表盘式油位计分为磁铁式（浮球式）和铁磁式两种。磁铁式油表如图 13-3-3 所示。

永久磁铁 A 通过轴 9 与指针 10 相连，永久磁铁 B 通过轴 15 与连杆 14 相接，连杆的两端分别装有浮子和平衡锤。

当变压器的油温变化而使储油柜油面升降时，浮子也随着升降，通过连杆使永久磁铁 B 转动，并驱动永久磁铁 A 转动，从而带动指针转动，指针在表盘上指出的刻度，即是储油柜中油的位置。表盘上刻有温度线并标上温度值。

铁磁式油表以全密封储油柜中的密封隔膜为感受元件。通过连杆与隔膜上稳定板的铰链相连，连杆随隔膜做垂直升降运动，连杆的另一端连接表体传动机构，把油面的上、下线位移变成连杆绕固定轴的角位移，再通过齿轮副、磁偶等传动机构使指针转动，从而间接地显示出油位，如图 13-3-4 所示。

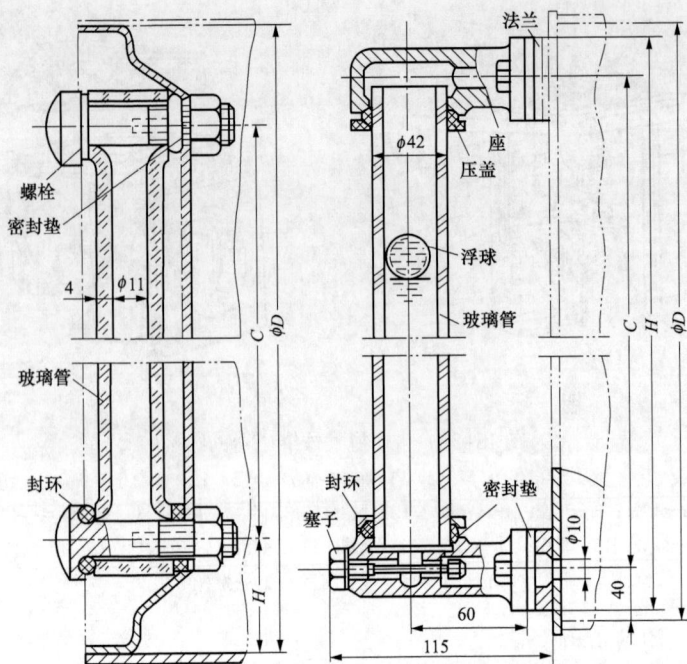

图 13-3-2　管式油位计

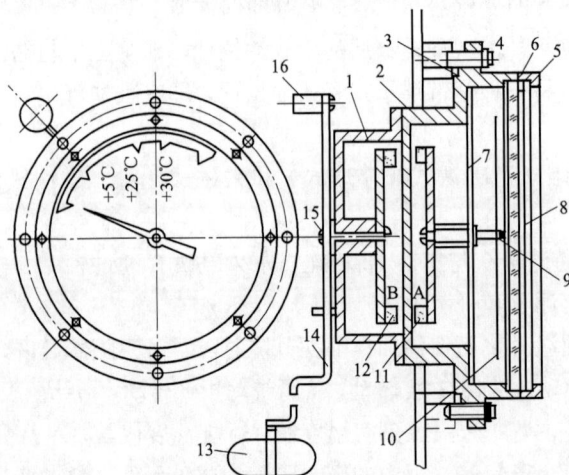

图 13-3-3　磁铁式油表

1—端盖；2—表座；3、6—密封垫圈；4—螺栓；5—表盖；7—表盘；8—玻璃板；9—轴；
10—指针；11—永久磁铁 A；12—永久磁铁 B；13—玻璃或紫铜浮子；
14—连杆；15—轴；16—平衡锤

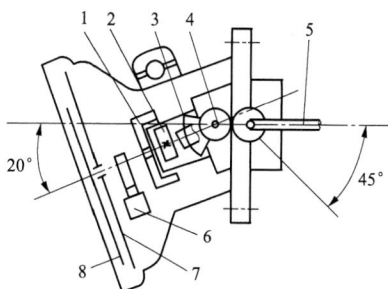

图 13-3-4　铁磁式油表

1—从动磁铁；2—主动磁铁；3—伞齿轮副；4—正齿轮副；5—连杆；

6—报警机构；7—刻度盘；8—指针

3. 压力释放阀的结构和作用

压力释放阀又称为释压阀，其型号用字母及数字表示为：YSF□-□/□□。其中，YSF 代表压力释放阀；从左至右，第一个方框表示设计序号，第二个方框表示压力释放阀的开启压力，第三个方框代表有效喷油口径，第四个方框表示报警信号方式及环境条件。例如：YSF4-55/130KJ（TH），即为喷油口径为 130mm，开启压力为 55kPa，带机械电气报警信号，湿热带适用，第四次设计的压力释放阀。

压力释放阀结构及工作原理如图 13-3-5（a）所示，图中 7 是用金属材料压制而成的膜盘，在膜盘上面压着控制弹簧 10，弹簧的上部在护盖 9 的下面，护盖则通过螺杆 15 固定在底座 1 上。膜盘通过密封用胶圈 8，被弹簧的压力压在底座上，底座由密

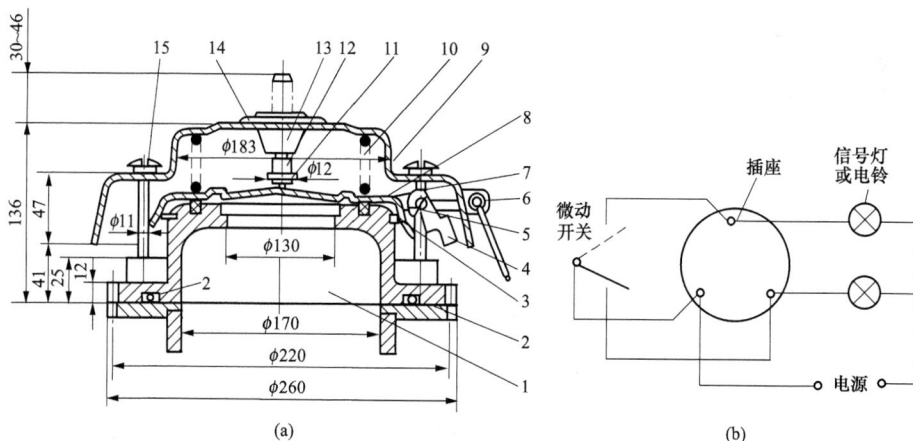

图 13-3-5　压力释放阀

（a）结构及原理；（b）微动开关接线图

1—底座；2—密封圈；3、8—胶圈；4—复位扳手；5—锁板；6—接线盒；7—膜盘；

9—护盖；10—弹簧；11—锁垫；12—标志杆；13—胶套；14—铭牌；15—螺杆

封圈 2 密封后，被固定在变压器的箱顶上。所以变压器内部的油，全部充满至膜底下面。调整护盖的高度，当高度一定时，弹簧的膜盘压力也就一定，不再变化。当变压器内部发生故障时，产生很高的压力，压力传至膜盘下面，如果压力超过弹簧的压力，膜盘即被向上顶起，于是压力油（或气体）就从膜盘下面与胶圈 8 之间的开口处喷向外部，压力即被释放掉。当弹簧全部被压缩时，开口达到最大，压力释放最快。阀动作后，膜盘外圆处顶起锁板 5，使其相关联的信号开关动作，由接线盒 6 的电缆传输出去。信号开关是一个微动开关，其接线方式如图 13-3-5（b）所示。

压力释放阀动作以后，动作标志杆升起，突出护盖，表明压力释放阀已动作。当油箱中压力减少到关闭压力时，弹簧带动膜盘复位密封，由于标志杆仍在动作位置上，可手动复位。

4. 多功能保护器的结构和作用

多功能保护器是近年来针对配电变压器而开发的综合保护装置，因为密封式变压器取消了储油柜，因而也就无处安装气体继电器，但根据继电保护的要求，800kVA 以上的变压器必须安装气体继电器。而多功能保护器不但具有温度远程显示及保护，而且也具有气体继电器的全部功能。其结构如图 13-3-6 所示。

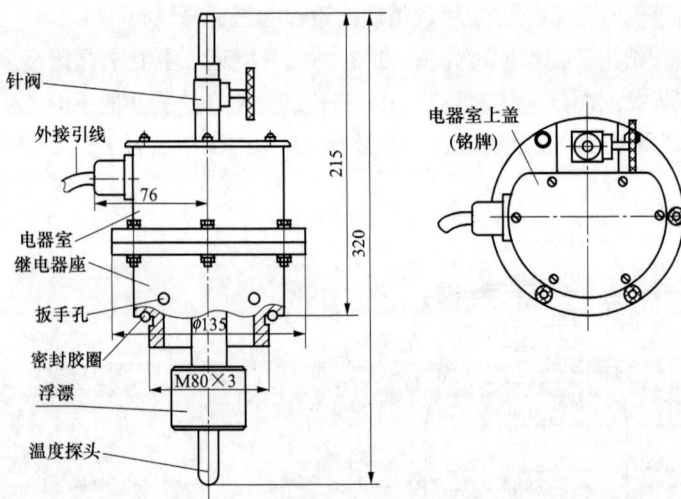

图 13-3-6　多功能保护器

多功能保护器主要由电器室和继电器座组成，在电器室内装有压力继电器，轻瓦斯继电器用穿墙式插座，温度保护器用热电阻插座及外接线端子板。在继电器座的下部，有一个水平旋转的干簧开关。其浮漂在保护器下端的温度探头上可上下移动。浮漂上有一块永久磁铁，当油面下降时，浮漂下降，上面的磁铁与干簧开关距离拉大，干簧触点自动闭合，轻瓦斯继电器动作。当变压器发生故障时，气体（或油流）产生的压力推动压力继电器，使压力继电器的动合触点闭合，重瓦斯继电器动作。

（二）测温装置

温度计一般用来测量变压器油箱中油的上层油温，也有埋入绕组中用于测量绕组温度的电阻式温度计，一般多用于干式变压器。一般油浸变压器所使用的温度计主要有水银温度计、信号温度计和电阻温度计三种类型。

水银温度计用于所有的电力变压器上，但是在 6300kVA 以下的变压器中，其结构为玻璃管式，使用时通常放在薄钢制作的外罩中，将测温筒插入油箱中。

信号温度计应用于 800kVA 及以上的变压器上，又称为电触点压力式温度计，如图 13-3-7 所示。它包括一个带电气触点的温度计表盘 10 和一个测温管 3，两者之间用金属软管 2 连接。

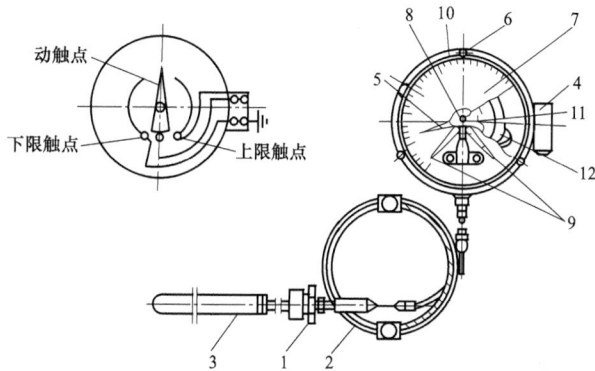

图 13-3-7　信号温度计

1—管接头；2—金属软管；3—测温管；4—接线盒；5—指针；6—固定孔；7—外壳；
8—调节孔；9—上、下限触点指针；10—表盘；11—齿轮传动机构；12—气压弹簧管

电阻温度计一般配置在 8000kVA 及以上的大型变压器上。它除了与信号温度计一样能发送信号或启动冷却装置外，还能远距离测量温度和发送温度信号。电阻温度计由电阻测量元件和温度指示仪构成。温度指示仪内部为电桥构造，桥的一臂接到电阻测温元件，测温电阻元件接到电力变压器的油箱上，如图 13-3-8 所示。

（三）油保护装置

1. 储油柜的结构和作用

储油柜是一个与变压器本体连通的储油容器，装设于高于箱盖的位置，当变压器温度变化引起变压器油体积变化时，储油柜可以容纳或对本体补充变压器油，从而保证本体内变压器油处于正常压力并且充满状态。同时，储油柜的采用减小了变压器油

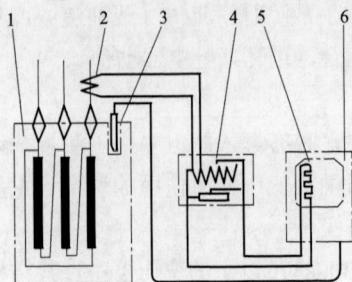

图 13-3-8　电阻温度计

1—变压器；2—电流互感器；3—温包；
4—匹配器；5—电热元件；6—仪表

与空气的接触面，从而减缓了油的劣化速度。储油柜的侧面还装有油位计，可以监视油位的变化。目前，常用的储油柜大致可分为普通型和密封型两大基本类型。

普通型储油柜中不加任何防油老化装置，其油面通过呼吸器（吸湿器）或呼吸孔和大气接触。其中，小容量的变压器储油柜是由薄钢板制成的简单圆筒，两端用翻边封头圆板焊接，一端装有玻璃管油位计，另一端有手孔盖，便于打开清理内部油污。而用于较大容量的变压器油箱的储油柜，则在其一端改为法兰与端盖连接的可打开的方式，更便于内部清理。

密封型储油柜是加装了防油老化装置的与外界空气完全隔离的结构型式，包括胶囊式、隔膜式和波纹膨胀式储油柜。

胶囊式储油柜如图 13-3-9 所示，其胶囊内部与大气相通，当温度升高时，油面上升，胶囊中的气体通过与吸湿器相通的联管排出，胶囊缩小；反之，油面下降，胶囊通过吸湿器吸入空气，体积增大。

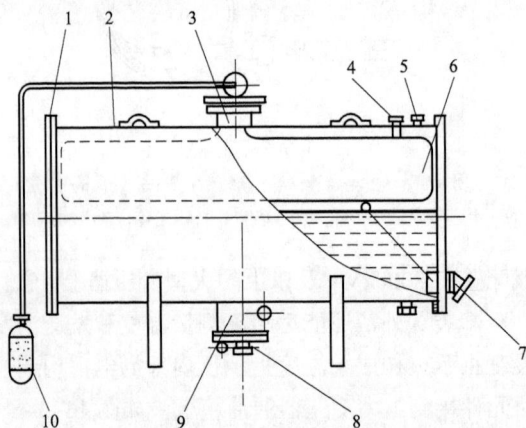

图 13-3-9　胶囊式储油柜

1—端盖；2—柜体；3—罩；4—胶囊吊装器；5—塞子；6—胶囊；7—油位计；8—蝶阀；
9—集气室；10—吸湿器

隔膜式储油柜如图 13-3-10 所示。隔膜周边压装在上、下柜沿之间，隔膜的内侧紧贴在油面上，外侧和大气相通。集聚在隔膜外部的凝露水可以通过放水阀排出。这种储油柜一般采用连杆式铁磁油位计。在储油柜底部有个集气盒，变压器运行中油体积的膨胀和收缩都要经过集气盒进入或排出储油柜，而伴随油流中的气体被集聚在集气盒中，不能进入储油柜，从而可避免出现假油面，集气盒中集聚的气体可以通过排气管端部的阀门放出。

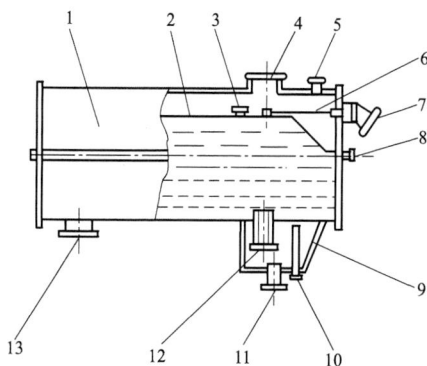

图 13-3-10　隔膜式储油柜

1—柜体；2—橡胶隔膜；3—放气塞；4—视察窗；5、11—管接头；6—油位计拉杆；7—磁力式油位计；
8—放水塞；9—集气盒；10—放气管接头；12—注放油管；13—集污盒

波纹膨胀式储油柜如图 13-3-11 所示。它由柜罩、柜座、波纹膨胀芯体、输油管路、注油管、排气管、输油软连接管、油位指示、语言报警装置等构成。当油温上升时油箱内的变压器油通过输油软连接管流入波纹膨胀芯体，波纹片膨胀展开，当油位上升到一定高度时，语言报警器接通，发出警报。

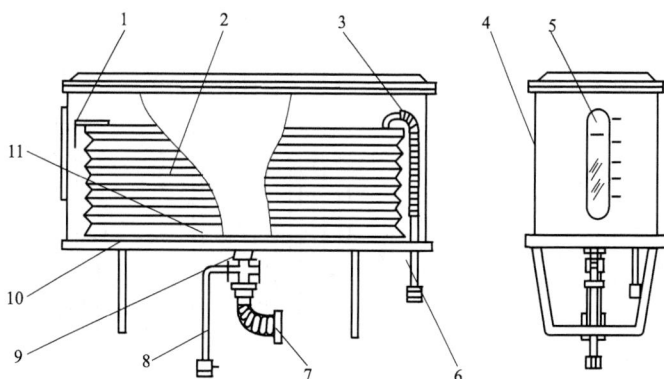

图 13-3-11　波纹膨胀式储油柜

1—油位指示；2—储油柜膨胀节；3—金属软管；4—储油柜外壳；5—视察窗；6—抽真空（排气）管及阀门；
7—连接软管；8—注（补）油管及阀门；9—蝶阀；10—吊装环；11—压力保护装置

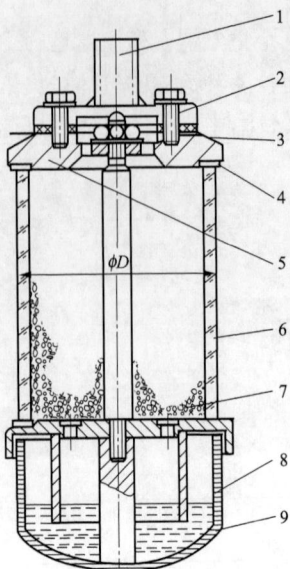

图 13-3-12　吸湿器的典型结构

1—储油柜联管；2—固定螺钉；3—螺母；
4—密封垫；5—下盖板；6—玻璃筒；
7—变色硅胶；8—盛油盅；9—变压器油

2. 吸湿器的结构和作用

吸湿器是一个圆形的容器，上端通过联管接到变压器的储油柜上，下端有孔与大气相通，其主体为玻璃管，内部盛有变色硅胶（或活性氧化铝）作为干燥剂。其下部带有油杯（盛油器），作为空气进口处的过滤装置。当变压器由于负载或环境温度的变化而使变压器油体积发生胀缩时，储油柜内的气体通过吸湿器来吸气和排气。吸湿器的典型结构如图 13-3-12 所示。

（四）变压器的冷却装置结构和作用

1. 片式散热器

片式散热器由上、下两个集油管与一组焊在集油管上的散热片组成，散热片一般由 1.2～1.5mm 厚的低碳钢板制成，如图 13-3-13 所示。

片宽为 320～535mm，中心距 H 有多种规格，以适应不同高度的油箱高度。每个散热片都是一样的，由两个单片合成。每组散热器根据散热容量，由不同规格和数量的散热片组成。可以分为

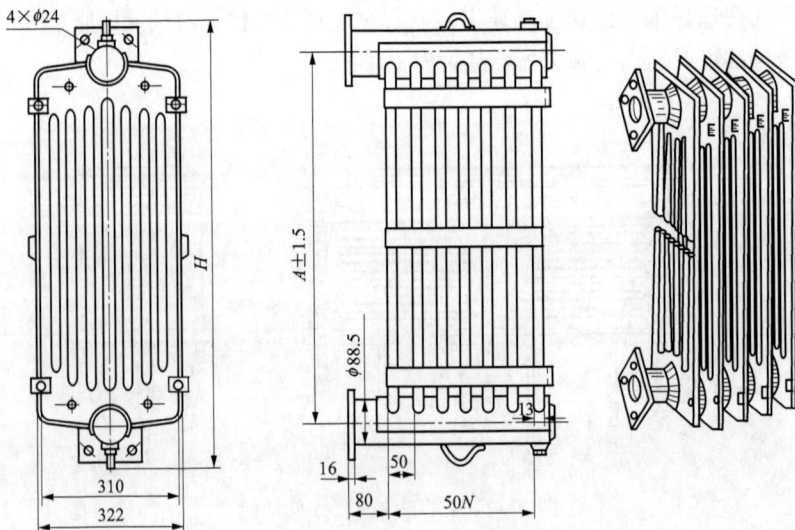

图 13-3-13　片式散热器

固定式（PG）和可拆式（PC）两种，固定式片式散热器直接焊在变压器箱壁上，可拆式则用集油管上的法兰与油箱上焊接的管接头连在一起。可拆式的散热器片组的上集油管上部有排气用的油塞，下集油管下部有放油塞。并且均焊有吊环利于散热器与油箱的连接装配。对于中心距较大的散热片组，沿片组的两侧，往往点焊一到两处固定板以增加片组的钢性，以减少振动，降低噪声。

大型变压器采用片式散热器时，常需加吹风，风扇装置可装在片组的侧面或下方。

2. 管式散热器

管式散热器与管式油箱采用同样的扁管，弯管的曲率半径也相同，只是不直接焊在油箱壁上，而是焊到上、下两个集油盒上，集油盒每侧焊有两排扁管，每只散热器有四排管，上、下集油盒的一端有连接法兰，经蝶阀与油箱的上、下管接头连接。根据上、下集油盒连接法兰的中心距尺寸和管数，组成若干种标准散热器供不同规格的变压器选用。散热器的上集油盒上有吊拌及放气塞，下集油盒下部有放油塞。管式散热器需加装冷风时，风扇安装在左、右双排管中间的空当内，风向上直吹上部集油盒及弯管的水平部分，这样散热效果最好。风扇支架直接固定于油箱壁，不可固定在散热管上，以防风扇转动引起散热器的振动。管式散热器的体积较大，单位散热量的重量较重，目前已逐步为片式散热器所取代。

3. 强迫油循环风冷却器

强迫油循环风冷却器是对油浸变压器运行中所产生的热量进行冷却的装置，与风冷散热器的区别主要在于强迫油进行循环。其构成主要有风冷却器本体、油泵、风扇、油流继电器等，如图 13-3-14 所示。

风冷却器的本体由一簇冷却管构成。冷却管一般采用翅片管，其结构是在钢管上卷绕薄钢带然后搪锌焊接而成为整体，或由钢管串上带孔的散热片形成管束，再搪锌焊接；或采用铜、铝管轧制成的整体翅片等。

油泵是一种特制的油内电动机型离心泵。电动机的定子和转子浸在油中使油系统构成密闭的循环系统。油泵通过法兰连接到冷却管的管路中。

风扇则由轴流式单机叶轮与三相异步电动机两部分构成，型式为 BF 型。

油流继电器（YJ 型）是监视强油风冷却器或水冷却器中油泵是否反转、阀门是否打开和油流是否正常的保护装置，安装在冷却器和油泵之间的联管上，其挡板伸入联管中。当联管中油流达到一定值时挡板被冲动，传动轴旋转。其上磁铁带动隔着薄板的另一磁铁转动，微动开关的动断触点打开，动合触点闭合，发出正常工作信号，指针指到流动位置。反之，当油流量减少到一定值时，挡板借弹簧力量作用返回，微动开关动合触点打开，动断触点闭合，发出故障信号，如图 13-3-15 所示。

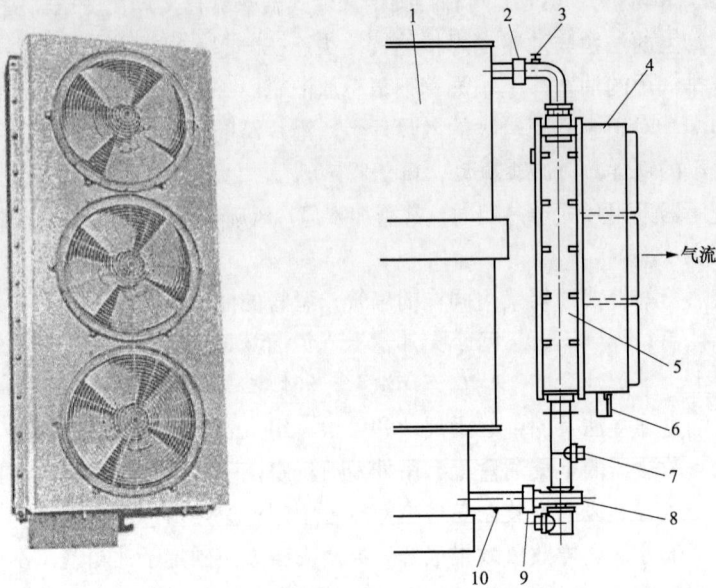

图 13-3-14 风冷却器的外形及在变压器上的安装
1—变压器；2、9—蝶阀；3—放气塞；4—风扇箱；5—冷却管；6—端子箱；
7—油流指示器；8—油泵；10—排污阀

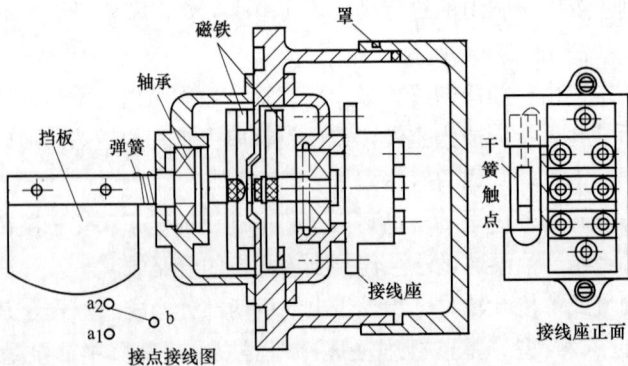

图 13-3-15 YJ 型油流继电器的结构

4. 强迫油循环水冷却器

强迫油循环水冷却器是油浸式变压器，强迫油循环、水冷却的装置。它是以水作为冷却介质，用于大型变压器且具有水源的情况下。水冷却器可以是单台的，也可以由几个单台组成水冷却器组。每台水冷却器由冷却器本体和附件构成。

水冷却器的本体结构如图 13-3-16 所示，由一个油室（钢圆筒），两个水室以及水管簇组成。热油流入油室，在管簇的空间从上往下流，且在隔板作用下呈 S 形流动。水流从下水室的一部分进入，沿着其连接的多水管区上升到上水室，再从少水管区下流入下水室流出，呈 n 形流动。这样，形成油水热量交换的冷却系统，使变压器油充分冷却。

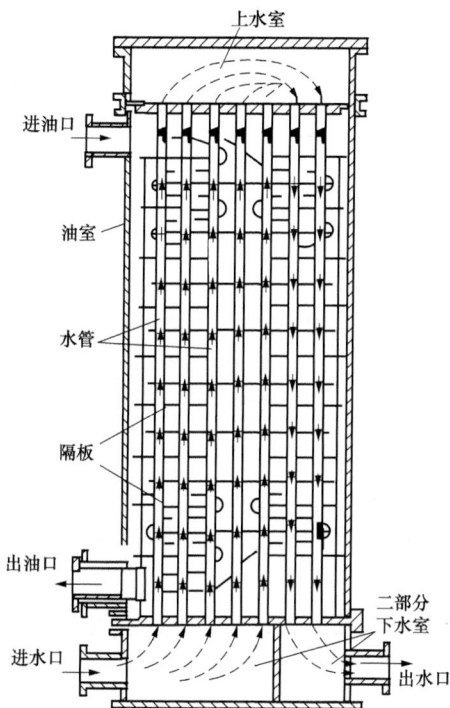

图 13-3-16　水冷却器的本体结构

水冷却器的附件有油泵、油流继电器和压差继电器，前几种与风冷却器附件基本一致。而压差继电器则是水冷却器的重要保护装置。其高压侧接于油出口处，低压侧接到水进口处，正常运行时，为了避免发生泄漏时水进入到油中，要求油压大于水压 58.8kPa，当小于这一压力差时，油压继电器则发出报警信号。

（五）套管

1. 套管标志代号的含义

套管的型号标志采用一连串字母、符号和数字组成，其字母排列顺序及含义见表 13-3-1。

表 13-3-1　　　　　　　　　　　变压器套管型号中字母的含义

序号	字母符号和代表的含义
1	B—变压器用
2	F—复合瓷绝缘；D—单体瓷绝缘；J—有附加绝缘；R—电容式
3	Y—充油式；L—穿缆式；D—短尾，长尾不表示
4	L—可装电流互感器的（后面小写数字代表可装电流互感器的数量）
5	W—耐污型，普通型不表示，W 后数字表示爬电比距
6/7	数字/数字—额定电流（A）

2. 纯瓷套管

纯瓷套管可分为复合式、单体式、带附加绝缘的瓷套管和充油式套管等。

（1）复合式（BF 型）的额定电压在 1kV 以下，额定电流为 300～4000A。套管由上瓷套、下瓷套组成绝缘部分，导电杆由瓷套中心穿过，利用导电杆下端焊接的定位件和上端的螺母将上、下瓷套串在变压器安装孔周围的箱盖上。

（2）单体式瓷绝缘式套管只有一个瓷套，瓷套中部有固定台，以便卡装在变压器的箱盖上，瓷件用压板或压脚及焊在箱盖上的螺杆将瓷套固定在变压器的箱盖上。穿缆式套管上部有一个固定槽，而穿杆式则在下部有固定槽，以便在连接引线时导杆不致转动。

（3）带附加绝缘的瓷套管也有导杆式（BJ 型）和穿缆式（BJL 型），其结构就是在单体瓷绝缘或瓷套上增加了绝缘而形成的。由于单体瓷绝缘套管径向电场不均匀，瓷套的介电系数大，而空气或变压器油的介电系数小，电位降主要分布在空气或变压器油上。为了改善电场分布，需要在导电杆外面套有绝缘管或在电缆上包以 3～4mm 厚的绝缘纸以加强绝缘。常用于 35kV 电压等级中。在套管最下部一个瓷伞至安装固定台之间的瓷套外表面涂以半导体漆（含锌或铝粉）改善接地处的电场。其安装方式与单体式套管安装方式相同。

（4）充油式套管常用于 66kV 有小容量的变压器中，没有下部瓷套，其瓷绝缘体结构与单体或相似。套管内的油从变压器油箱内进入瓷套内，套管下部伸入油箱内部相对较短，用油和绝缘纸筒组成绝缘屏障作为主绝缘，中间穿过铜管，在铜管的下端有均压球；焊有导电杆的引线电缆从铜管中间穿过。

3. 电容式套管

电容式套管应用于 60kV 级以上的变压器中。一般 60kV 级以上的电容式套管的典型结构如图 13-3-17 所示。在图中，L 是套管的总高度，与套管的电压等级、全部结构以及套管的外绝缘有关；L_1 是上部外绝缘高度；L_2 是中间接地法兰高度，与套管上安装的套管电流互感器数量和型号有关；L_3 是下部绝缘高度。通常套管的上部和下部绝缘都用瓷绝缘。

其各部分结构及作用如下：

（1）套管上部接线头。它是将变压器绕组引线连接到外部电力线路用，其结构与额定电流的大小有关。

（2）套管的储油柜。其作用和变压器的储油柜作用一样，为了补偿套管内部变压器油随温度变化而引起体积的变化。在储油柜上设有油标，用以指示套管内部变压器油位。内部有强力弹簧，用以将套管连成一个整体，不发生渗漏油。

（3）上部瓷件。为了保证在污秽和淋雨条件下套管仍有足够的爬电距离，套管上部瓷件根据需要，常设计成具有大小伞的形状。

（4）导电结构。油浸式电容套管的导电结构可分为穿缆结构和导杆结构两种。

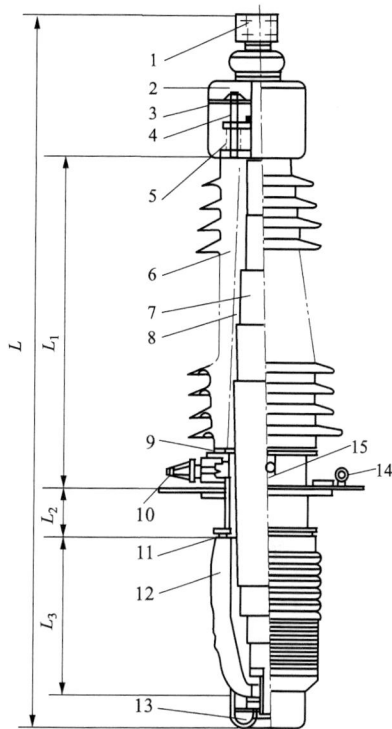

图 13-3-17　电容式套管的典型结构

1—接线端子；2—均压罩；3—压圈；
4—螺栓及弹簧；5—储油柜；6—上节瓷套；
7—电容芯子；8—变压器油；9、11—密封垫圈；
10—测量端子（电容末屏）；12—下节瓷套；
13—均压罩；14—吊环；15—放油塞

1）穿缆结构的套管。变压器绕组引线是用电缆穿过套管的铜管，上端和接线头连接引出，接线头用销钉固定后，与接线端子固定在一起。一般用于电流为 1250A 以下。

2）导杆式连接套管。用于电流大于 1250A 时，常用导杆式连接，其导电连接是绕组引线在套管下部的均压罩内直接和下部接线头连接，不使用电缆通过铜管，电流直接用铜管传导，套管上部的接线头直接和铜管连接。

（5）中间接地法兰。图 13-3-17 中的接地法兰长度 L_2 与套管所安装的装入式电流互感器的数量和规格有关，通常测量级互感器的高度比保护级的高度小，套管额定电压比较低的电流互感器的高度比额定电压高的电流互感器的高度小；而电流互感器的数量则根据需要设定。

（6）电容芯子。电容式套管的内绝缘是电容式结构，以高压电缆和导电铝箔组成油纸电容芯子，在套管中心，铜导电管处于额定电压电位，而其最外侧接近接地法兰处是地电位，电位必须由中心的高电位降低到最外侧的地电位。

（7）测量端子和电压抽头。在中间接地法兰布置了测量端子或电压抽头。测量端子是从电容芯子最外层电容屏通过绝缘套管引出的，该层电容屏主要用来测量电容套管的介质损耗因数和电容量。在局部放电测量时，用该电容屏对中间法兰的电容和电容芯子主电容形成分压器，用来测量变压器的局部放电，该端子对地电容比较少，且受变压器布置的影响。

电压抽头和测量端子的不同是从套管的最外第二层屏通过绝缘套管引出的，其对地电容比较大，可以输出一定功率。无论是测量端子还是电压抽头，其对地电容相对套管的主电容来说是比较小的，因此，在套管运行带电时，该端子必须接地以保证套管安全运行。因此，此端子相连接的电容屏常称为末屏或地屏。其典型结构如图 13-3-18 所示。

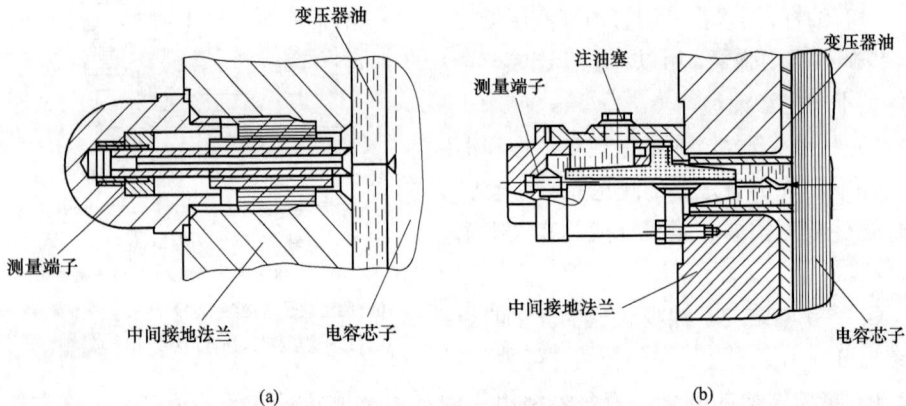

图 13-3-18　测量端子与电压抽头
（a）测量端子；（b）电压抽头

4. 其他类型的套管

除上述结构的套管外，套管还有干式变压器用的环氧浇注式套管，硅橡胶绝缘的油纸电容式套管及环氧浸纸式油-绝缘套管等。这些套管的安装与其他套管没有太大的区别。所不同的是油-SF$_6$ 绝缘套管，其上部在运行时处于 SF$_6$ 气体中，下部浸在变压器油里。其外形结构如图 13-3-19 所示，套管分为 SF$_6$ 侧和变压器油侧，中部两个法兰分别用于与 SF$_6$ 出线装置的密封连接和与变压器油箱的连接，以防止

变压器油进入上部 SF_6 中；同时，在两个密封法兰之间，有可以使 SF_6 排出的阀门，防止 SF_6 进入变压器中。

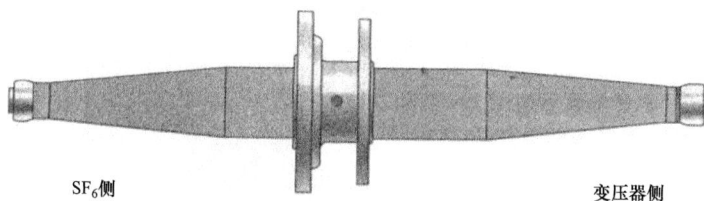

SF₆侧　　　　　　　　　　　　　　　　　　　变压器侧

图 13-3-19　油-SF_6 套管的外形

（六）调压装置

参照变压器分接开关相关章节。

【思考与练习】

1. 变压器用的组部件主要有哪几类？
2. 简述 QJ 型气体继电器的工作原理。

▲ 模块 4　配电变压器的修复计算（Z15H1004 I）

【模块描述】 本模块介绍了配电变压器修复计算的准备工作和计算程序，通过概念描述、要点介绍，了解配电变压器绕组修复的计算方法。

【模块内容】

一、计算前的准备工作

配电变压器绕组的修复计算是针对因故障而损坏的配电变压器而言，它要求修复后的产品性能应符合原设计的技术参数的要求，因此，在计算前应针对要修复的产品，尽可能多地收集所需要的数据和技术参数，对采集的数据和参数进行分析和整理，为计算工作做好准备。这些数据应包括：

（1）铭牌数据。包括额定容量、额定电流、阻抗电压、联结组标号。

（2）铁芯数据。包括铁芯直径、窗口高度、心柱中心距等，如图 13-4-1 所示。

（3）绕组数据。包括绕组型式、绕组匝数、导线规格等。

（4）计算产品的原技术参数和要求。

以上数据有些在损毁的变压器上可以采集到，有的是国家标准规定的而无法收集到的数据，则需要通过计算来求得。

二、计算程序

配电变压器的绕组修复计算一般按以下程序进行。

1. 相电压和相电流的计算

变压器的额定电压与额定电流，在技术文件和铭牌上都是以线电压和线电流的方式给出的。而在变压器的电磁计算中，必须以相电压和相电流计算。

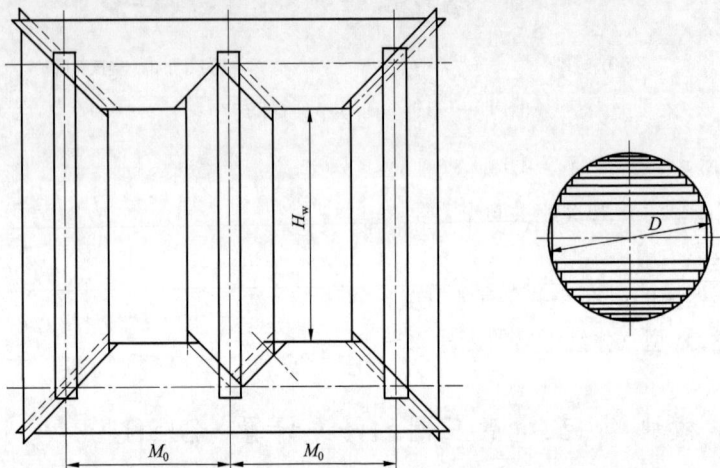

图 13-4-1　铁芯各部位尺寸名称

D—铁芯直径；H_w—窗口高度；M_0—心柱中心距

2. 绕组计算

（1）绕组匝数的计算。计算绕组的匝数，必须先计算出每匝电压，然后用各个绕组的相电压除以匝电压得到每个绕组的匝数。因为高压绕组通常有分接，所以需用各个分接的相电压分别除以匝电压，这样就可以求得高压绕组各个分接的匝数。

（2）绕组型式的选择。应尽可能与原产品保持一致。

（3）导线尺寸的选择。应在保证温升，损耗不超过保证值，阻抗电压在允许范围的前提下，合理选择。

（4）绕组的辐向及轴向尺寸的计算。首先必须计算绕组的高度，变压器绕组的高度对阻抗电压值以及变压器的温升、机械力、材料消耗和重量等技术经济指标均有影响。确定了绕组的高度后，可以根据匝数和导线规格来计算绕组的层数及辐向尺寸。辐向尺寸计算完成后，应将绕组的电抗高度计算出来，因为计算阻抗电压时要用到此值。

3. 绝缘半径的计算

计算完绕组的辐向尺寸后，就可以进行绕组绝缘半径的计算，在计算绕组导线的重量、绕组电阻、阻抗电压及绕组的散热面积时都要用到。

4. 阻抗电压的计算

阻抗电压是变压器的重要参数之一，它对变压器的正常运行和突发短路都有很大影响。它涉及变压器的制造成本、效率、机械强度、短路电流的大小等。为了降低损耗，提高效率，阻抗电压应减小；为了降低短路电流和增加机械上的可靠性，阻抗电压应增大。国家标准规定了标准系列的变压器的阻抗电压值。产品的实测值与其偏差不超过±10%。在计算时应控制在 3%～4% 以内。

阻抗电压包括电阻电压降和电抗电压降两个分量，一般电阻电压降很小，对于 8000kVA 以上变压器可以忽略不计，而 6300kVA 以下则应计算该分量。阻抗电压的计算往往不能通过一次计算就符合标准要求，而要做适当的调整。调整的方法主要有以下三种：

（1）阻抗电压做小幅调整时，可通过调整漏磁场的宽度来实现。

（2）当调整幅度较大时，可调整绕组的电抗高度。

（3）当以上两种调整均不能到标准要求时，可以改变匝电压，通过改变匝数来调整。在变压器绕组的修复计算时，这种调整的前提是必须保证铁芯的窗口高度和宽度能够满足绝缘尺寸和装配要求的前提下进行。

5. 负载损耗的计算

确定了绕组的辐向和轴向尺寸及绝缘半径以后，利用这些已知数据，就可以进行绕组损耗的计算。绕组的损耗包括基本损耗和附加损耗，基本损耗即电阻损耗。绕组的附加损耗是指由于漏磁通以及制造尺寸偏差等造成的损耗，它的计算是通过一个附加损耗系数来完成的，这个系数分为涡流损耗系数和杂散损耗系数，一般可以在基本损耗（指负载）的基础上乘以一个经验系数 K 来计算。在计算绕组的负载损耗时，其值应符合原技术参数的要求。

6. 导线重量计算

确定了绕组导线的总长度和总截面积就可以计算导线重量。导线的绝缘重量为导线重量与绝缘重量占导线重量的百分数的乘积。

【思考与练习】

1. 在计算阻抗电压不达标时，有哪些调整方法？

2. 绕组的负载损耗由哪两部分构成？

▲ 模块 5 变压器大修周期、内容和质量要求
（Z15H1005 Ⅱ）

【模块描述】 本模块介绍了变压器的铁芯、线圈、引线、油箱及组部件的大修内容和质量标准，通过工艺要求介绍，掌握变压器大修周期、项目、内容和质量要求。

【模块内容】

本模块主要以变压器大修工作的具体内容为重点，所介绍的大修工作内容可满足开展状态检修工作的需要，大修周期和项目的确定仍以国家电网公司《110（66）kV～500kV 油浸式变压器（电抗器）检修规范》为依据。对已推行状态检修的地区，在开展检修工作时，可按照 2017 年《国家电网公司变电检修管理规定》相关标准或规定要求进行确定检修周期和项目。

一、概述

根据国家电网公司《110（66）kV～500kV 油浸式变压器（电抗器）检修规范》（简称《检修规范》）的规定，本模块所述变压器大修是指现场对变压器进行吊罩（芯）检修或不吊罩进入变压器本体的检修，变压器是指国家电网公司系统的 110～500kV 油浸式变压器。组部件现场检查和维护主要是变压器部分附件的解体检修，不涉及附件的更换。模块中所涉及的变压器结构为现场检修所需了解的大型变压器的基本结构，详细的变压器结构知识请参照模块 Z15H1001 Ⅰ 和 Z15H1004 Ⅰ，变压器各组部件的结构和作用参照模块 Z15H1003 Ⅰ。

目前，国家电网公司大力推行变压器的状态检修。状态检修是企业以安全、环境、效益等为基础，通过设备的状态评价、风险分析、检修决策等手段开展设备检修工作，达到设备运行安全可靠、检修成本合理的一种设备检修策略。开展状态检修的主要目的是提高检修的针对性和有效性，从而提高设备可靠性，降低设备的维修成本。

在定期检修工作模式下，检修工作有明确固定的周期。在状态检修工作模式下，检修工作虽然也有周期，但这个周期是可以根据此类设备甚至某台设备的状态来进行调整的，是相对灵活的。

按照设备状态检修的要求，设备检修应该是基于巡检及例行试验、诊断性试验、在线监测、带电检测、家族缺陷、不良工况等状态信息作出设备状态的评价。根据评价结果选择合适检修方式。

二、变压器的大修周期

变压器检查大修周期取决于变压器在供电系统中所处的重要性和运行环境、安装现场的环境和气候及历年运行和预防性试验等情况。结合国家电网公司《110kV～

500kV 油浸式变压器（电抗器）管理规范》及检修规范的相关规定，变压器的大修周期如下：

（1）1998 年后投运的 110～220kV 变压器大修周期，调整为寿命检修，不再执行原来的 12～15 年大修周期的规定。同时，强调执行好有关设备评价和评估的要求。

（2）经过检查与试验并结合运行情况，判定存在内部故障或本体严重渗漏油时，或制造厂对大修周期有明确要求时，应进行本体大修。对由于制造质量原因造成故障频发的同类型变压器，可进行大修。

三、变压器的大修项目

变压器的大修一般包括以下项目（检修人员可根据变压器的检修要求确定相应的检修项目）：

（1）绕组、引线及磁（电）屏蔽装置的检修。

（2）铁芯、铁芯紧固件（穿芯螺杆、夹件、拉带、绑带等）、压钉、压板及接地片的检修。

（3）油箱检查与修理。

（4）分接开关、套管、吸湿器、油泵、风扇等附属设备的检修。

（5）阀门及全部密封胶垫的更换和组件试漏。

（6）器身干燥处理及油箱复位。

（7）清扫油箱并进行喷涂油漆。

（8）大修的试验和验收。

四、变压器大修的检查内容及质量要求

变压器内部的检修，主要是针对器身的检修工作。根据器身结构可分为铁芯、绕组、引线部分的检修。

（一）变压器铁芯的大修内容及质量要求

（1）检查铁芯表面，要求铁芯应平整、清洁，无片间短路或变色、放电烧伤痕迹；铁芯应无卷边、翘角、缺角等现象；油道应畅通，无垫块脱落和堵塞，且应排列整齐。

（2）检查铁芯结构紧固情况，要求紧固件应拧紧或锁牢。

（3）检查铁芯绝缘。

1）铁芯绝缘应完整、清洁，无放电烧伤和过热痕迹。

2）铁芯组间、夹件、穿芯螺栓、钢拉带绝缘良好，其绝缘电阻应无较大变化，并有一点可靠接地。

3）铁芯接地片插入深度应足够牢靠，其外露部分应包扎绝缘，防止铁芯短路。

4）铁芯对夹件及地绝缘电阻不应小于 100MΩ。

（二）变压器绕组的大修内容及质量要求

（1）检查相间隔板和围屏有无破损、变色、变形、放电痕迹。

1）围屏应清洁，无破损、无变形、无发热和树枝状放电痕迹，绑扎紧固完整，分接引线出口处封闭良好。

2）围屏的起头应放在绕组的垫块上，接头处应错开搭接，并防止油道堵塞。

3）检查支撑围屏的长垫块应无爬电痕迹，相间隔板应完整并固定牢固。

4）静电屏应清洁完整，无破损、无变形、无发热和树枝状放电痕迹，对地绝缘良好，接地可靠。

5）若发现异常应打开围屏做进一步检查。

（2）检查绕组表面是否清洁，匝绝缘有无破损，油道是否畅通。

1）绕组应清洁、无油垢、无变形、无过热变色、无放电痕迹。

2）整个绕组无倾斜、位移，导线辐向无明显弹出现象。

3）油道应保持畅通，无油垢及其他杂物积存。

4）导线缠绕应紧密，绝缘完好无缺。

5）绕组圆整度，内、外径尺寸，高度等应符合技术要求。

6）外观整齐清洁，绝缘及导线无破损。

（3）检查绕组各部垫块有无位移和松动情况。垫块应无位移和松动情况；各部垫块应排列整齐，辐向间距相等，轴向成一条垂直线，支撑牢固，有适当压紧力，垫块应外露出绕组的导线。

（4）绕组轴向压紧（必要时）。绕组垫块的轴向预紧力应大于 20kg/cm²；绝缘老化状态在三级，不宜再进行液压。

（5）检查绝缘状态（必要时）。绝缘老化状态分为以下四级：

1）良好绝缘状态，又称一级绝缘：绝缘有弹性，用手指按压后无残留变形；或聚合度在 750mm 以上。

2）合格绝缘状态，又称二级绝缘：绝缘稍有弹性，用手指按压后无裂纹、脆化；或聚合度在 750～500mm 之间。

3）可用绝缘状态，又称三级绝缘：绝缘近脆化，呈深褐色，用手指按压时有少量裂纹和变形；或聚合度在 500～250mm 之间。

4）不合格绝缘状态，又称四级绝缘：绝缘已严重脆化，呈黑褐色，用手指按压时即酥脆、变形、脱落；或聚合度在 250mm 以下。

（三）变压器引线及绝缘支架的检查内容及质量要求

（1）检查引线及引线锥的绝缘包扎有无变形、变脆、破损，引线有无断股，引线与引线接头处焊接情况是否良好，有无过热现象。

1）引线绝缘包扎应完好，无变形、起皱、变脆、破损、断股、变色现象。

2）对穿缆套管的穿缆引线应用白纱带半叠包一层；35kV 及以上变压器引线应进行圆化处理，不应有毛刺和尖角；引线绝缘的厚度及间距应符合标准的规定。

（2）检查引线（必要时）。

1）引线应无断股损伤现象。

2）接头表面应平整、光滑，无毛刺、过热性变色现象。

3）接头面积应大于其截面积的 1.5 倍以上；引线长短应适宜，不应有扭曲和应力集中现象。

（3）检查绝缘支架。

1）绝缘支架应无破损、裂纹、弯曲变形及烧伤现象。

2）绝缘支架与铁夹件的固定可用钢螺栓，绝缘件与绝缘支架的固定应用绝缘螺栓。

3）两种固定螺栓均需有防松措施（220kV 及以上变压器不得应用环氧螺栓）。

4）绝缘固定应可靠，无松动和串动现象。

5）绝缘夹件固定引线处应垫以附加绝缘，以防卡伤引线绝缘。

6）引线固定用绝缘夹件的间距，应考虑在电动力的作用下不致发生引线短路。

（4）检查引线与各部位之间的绝缘距离。

1）引线与各部位之间的绝缘距离应不小于标准的规定。

2）对大电流引线（铜排或铝排）与箱壁间距，一般应大于 100mm（这里是指大型变压器而言），并在铜（铝）排表面应包扎一层绝缘。

3）紧固所有螺栓，均应处在合适紧固状态。

五、变压器油箱的大修内容及质量要求

（1）检查油箱焊缝应无渗漏点。

（2）油箱外面应洁净，无锈蚀，漆膜完整。

（3）油箱内部应洁净，无锈蚀、放电现象，漆膜完整。

（4）磁（电）屏蔽装置固定牢固，无放电痕迹，可靠接地。

（5）器身定位装置不应造成铁芯多点接地现象。

（6）结构件应无松动放电现象，固定应牢固。

（7）管道内部应清洁，无锈蚀、堵塞现象。

（8）管道连接应牢固，在易变形之处可采用软连接方式（如波纹管）。

（9）固定于下夹件上的导向绝缘管，连接应牢固。

（10）法兰结合面应光滑、平整、清洁。

（11）密封试验，在储油柜内施加 0.03～0.05MPa 压力，24h 不应渗漏。

六、变压器组部件大修内容及质量要求

变压器组部件包括无励磁开关、有载分接开关、套管、油泵、风扇、储油柜、吸湿器和冷却装置等主要部件，这里介绍变压器组部件的大修内容及质量要求。

（一）变压器无励磁开关的检查内容及质量要求

变压器常用的无励磁开关包括盘形无励磁开关、鼓形无励磁开关、筒形（管形）无励磁开关。无励磁开关的检修项目、内容和质量要求详见模块 Z15H2005 Ⅱ。

（二）变压器有载分接开关的检查内容及质量要求

变压器的有载分接开关可分为箱顶式安装和钟罩式安装两种方式，变压器吊罩（吊芯）时有载分接开关的拆装应根据安装方式进行。有载分接开关的检修项目、内容和质量要求详见模块 Z15H2006 Ⅱ、Z15H2007 Ⅱ。

（三）套管的检查内容及质量要求

套管与绕组相连接，绕组的电压等级决定了套管的绝缘结构。套管的使用电流决定了导电部分的截面积和接线头的结构。所以，套管由带电部分和绝缘部分组成。带电部分包括导电杆、导电管、电缆或铜排。绝缘部分分为外绝缘和内绝缘，外绝缘为瓷套，内绝缘为变压器油、附加绝缘和电容型绝缘，内绝缘又称为主绝缘。套管可分为纯瓷套管、充油式套管和电容式套管。

1. 纯瓷套管的检查内容及质量要求

（1）外表面应完整性和清洁度，瓷套表面应清洁，无放电、裂纹、破损、渗漏现象。

（2）密封应无渗漏。

2. 导杆式套管的检查内容及质量要求

（1）外表面完整性和清洁度，瓷套表面应清洁，无放电、裂纹、破损、渗漏现象。

（2）导电杆与连接头应完整无损，无放电、油垢、过热、烧损痕迹。

（3）绝缘筒（包括带覆盖层的导电杆）应完整，无放电、油垢痕迹，并处于干燥状态。

（4）密封应无渗漏。

3. 电容式套管

不推荐解体检修，应对套管外表面进行检查，瓷套表面应清洁，无放电、裂纹、破损、渗漏现象。

（四）变压器油泵检查内容及质量要求

油泵是一种特制的潜在油内电动机型离心泵。电动机定子、转子均在油中使油系统构成密封循环系统。油泵通过法兰连接到冷却器的管路中。目前逐步采用低扬程、大流量、低转速的油泵，以降低噪声。

（1）叶轮应无变形及磨损，牢固平稳。

（2）轴承挡圈及滚珠应无损坏。

（3）轴承转动应灵活。

（4）轴承累计运行时间 10 年左右应予以更换。

（5）前后轴应无损坏，直径允许公差为±0.006 5mm。

（6）前后端盖应清洁、无损坏。

（7）转子短路环无断裂，铁芯无损坏及磨损，无放电痕迹，绕组应无过热现象。

（8）定子外壳应清洁，绕组绝缘良好，铁芯无损坏放电痕迹，绕组应无过热现象。

（9）油泵各处的间隙应符合厂方的规定。

（10）引线与绕组的焊接应无脱焊及断线。

（11）法兰、压盖及过滤网应洁净，无损坏、堵塞，材质符合要求。

（12）油路应清洁，畅通。

（13）接线盒中引线、绝缘板与接线柱尾部应焊接牢固，无脱焊及断线，接线盒内部清洁、无油垢及灰尘。

（14）绝缘电阻值不应小于 1MΩ。

（15）直流电阻，三相互差不超过 2%。

（16）运转试验，运转应平稳、灵活、声音和谐，无转子扫膛、叶轮碰壳等异声，三相空载电流基本平衡，不渗漏。

（五）变压器风扇检查内容及质量要求

（1）叶轮应无变形及磨损，牢固平稳；外表应清洁，通风畅通。

（2）轴承挡圈及滚珠应无损坏。

（3）轴承转动应灵活。

（4）轴承累计运行时间 10 年以上可予以更换。

（5）前、后轴应无损坏，直径允许公差为±0.006 5mm。

（6）前、后端盖应清洁、无损坏。

（7）转子短路环无断裂；铁芯无损坏及磨损，无放电痕迹；绕组绝缘良好，应无过热现象。

（8）定子外壳应清洁，绕组绝缘良好，应无过热现象；铁芯无损坏放电痕迹。

（9）接线盒检查，引线、绝缘板与接线柱尾部应焊接牢固，无脱焊及断线，接线盒内部清洁、无油垢及灰尘。

（10）绝缘电阻值不应小于 1MΩ。

（11）直流电阻试验，三相互差不超过 2%。

（12）运转试验，运转应平稳、灵活、声音和谐，无转子扫膛、叶轮碰壳等异声，三相空载电流基本平衡，不渗漏。

（六）变压器储油柜检查内容及质量要求

1. 胶囊式储油柜

（1）外表面应清洁，无锈蚀。

（2）内表面应清洁，无毛刺、锈蚀和水分。

（3）管式油位计内油清晰、无杂质，油位清晰可见，油位标示线指示清晰；指针式油位计内部无油垢，指针偏转灵活，可见清晰正确；无假油位现象。

（4）管道表面应清洁，管道应畅通无杂质和水分。

（5）胶囊无老化开裂现象，密封性能良好；压力 0.02～0.03MPa，时间 12h，应无渗漏；胶囊洁净，联管口无堵塞。

（6）更换密封件，密封良好无渗漏，应耐受油压 0.05MPa，6h 无渗漏。

2. 隔膜式储油柜

（1）外表面应清洁，无锈蚀。

（2）内表面应清洁，无毛刺、锈蚀和水分。

（3）指针式油位计内部无油垢，指针偏转灵活，可见清晰正确；指示清晰正确，无假油位现象。

（4）管道表面应清洁，管道应畅通无杂质和水分；若有安全气道，则应和储油柜间互相连通，呼吸畅通。

（5）隔膜无老化开裂、损坏现象，清洁、密封性能良好；压力 0.02～0.03MPa，12h 应无渗漏；油位计的伸缩杆伸缩自如，无折裂现象。

（6）更换密封件，密封良好无渗漏，应耐受油压 0.05MPa，6h 无渗漏。

（七）变压器储油柜用吸湿器检查内容及质量要求

（1）玻璃罩应清洁完好。

（2）检查吸附剂，新装变色吸附剂应经干燥，颗粒不小于 3mm；在顶盖下应留出 1/6～1/5 高度的空隙；失效的吸附剂由蓝色变为粉红色，经干燥后可还原呈蓝色；吸附剂不应碎裂、粉化。

（3）管道应畅通无堵塞现象。

（4）密封完好应无渗漏。

（5）检查油封罩是否完整、安装是否正确，油位线应高于呼吸管口，并能起到长期呼吸的作用。

（八）冷却装置检查内容及质量要求

1. 散热器

（1）内外表面应无渗漏点，表面应洁净，无锈蚀，漆膜完整。

（2）密封试验。试漏标准：片式散热器 0.05MPa、10h；管状散热器 0.1MPa、10h。与本体相符。

2. 冷却器

（1）表面清洁，无锈蚀，漆膜完整。

（2）冷却管应无堵塞，密封良好。

（3）密封试验。试漏标准：0.25～0.275MPa，30min 应无渗漏；与本体相符。

3. 强油水冷却器

（1）表面应清洁，无锈蚀，漆膜完整。

（2）冷却器本体内部洁净，无水垢、油垢，无堵塞现象。

（3）密封试验。试漏标准：0.4MPa，30min 应无渗漏或遵制造厂要求进行；与本体相符。

【思考与练习】

1. 变压器铁芯的检修内容有哪些？

2. 变压器附件中散热器、冷却器及强油水冷却器的试漏标准是什么？

3. 变压器绝缘老化如何分类？

模块 6　变压器器身的现场大修（Z15H1006Ⅲ）

【模块描述】本模块介绍了变压器现场吊罩检修和现场不吊罩进入变压器检修，通过工艺流程及相关注意事项的介绍，掌握变压器现场大修的工艺要求及质量标准。

【模块内容】

一、概述

变压器在长期运行中，由于受到电磁振动、氧化作用、电腐蚀、热老化、事故的电磁力、电击穿及外界因素的作用，造成变压器的零部件质量下降，影响到变压器的性能或者危及安全可靠运行。这时可根据变压器的缺陷程度，对变压器进行检修。本模块介绍了电力变压器器身现场大修的作业内容、危险点分析与控制措施、作业前准备工作和操作步骤及工艺要求。按现场情况，器身现场大修可分为吊罩（芯）检修和不吊罩进入变压器本体检修，着重介绍了变压器内部器身中铁芯、绕组、引线等部件的检查方法和修理工艺。制定本模块的目的是规范操作，保证检修的合理性、准确性，指导变压器器身现场检修工作，提高检修后变压器设备运行的可靠率。

二、变压器吊罩（芯）进行器身大修

（一）作业内容

对于平顶式油箱结构的变压器需将器身从油箱中吊出进行器身检修，称之为吊芯；

而钟罩式油箱结构的变压器将上节油箱吊起即可进行器身检修，称之为吊罩；变压器吊罩（芯）进行器身大修工艺流程如图 13-6-1 所示。

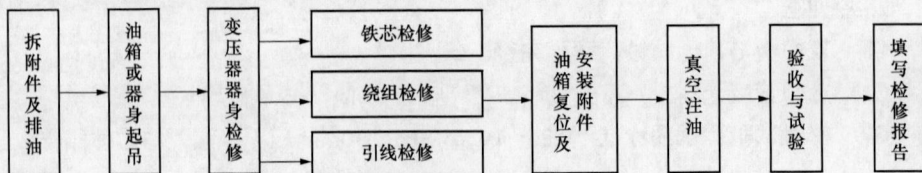

图 13-6-1　变压器吊罩（芯）大修工艺流程

（二）危险点分析与控制措施

变压器器身现场大修的危险点分析与控制措施见表 13-6-1。

表 13-6-1　　　　　　　变压器器身现场大修的危险点分析与控制措施

序号	危 险 点	控 制 措 施
1	吊臂回转时相邻设备带电，距离过近，会引起放电	吊车进入检修现场后，合理布置其位置。确保吊臂回转时与周围带电部位有足够的距离
2	起吊时引起误操作	指挥规范或监护人员到位
3	吊臂回转引起吊起重心偏移和失稳	确认吊车撑脚撑实
4	起重引起设备损坏或人员伤亡	起重工作规范并使用工况良好的起重设备
5	低压触电	检修电源设备应正常或接线应规范
6	高空坠落	高空作业时佩戴安全带并按规定挂靠
7	拆卸、装配附件等野蛮操作造成损坏	拆装时应轻拿轻放，禁止野蛮施工
8	吊罩（芯）时晃动、钩挂损坏变压器的器身	起吊时应操作规范，指挥规范
9	器身检查时触电	在做检修过程中试验时，工作负责人应确认无检修人员在器身上工作
10	冷却系统启动伤人	工作人员间协调好，不得擅自启动冷却系统
11	变压器绝缘受潮、受损、受污、着火	在检修器身时应按要求穿着，不得吸烟
12	异物遗留在变压器内	工器具编号，由专人保管
13	变压器抽真空时，真空泵电源失电，真空泵油被吸入变压器油箱，污染变压器绝缘	确保检修电源正常工作
14	明火操作时，防火安全	动火时，应有专人监护，并准备好灭火器

（三）作业前准备

（1）在检修前应熟悉现场工作环境，了解检修目的及检修方案的各个环节，根据检修方案准备检修工具、设备及相应的附件。

（2）在检修前，检查所需要的施工（含起重）设备、仪器、仪表、工器具应满足检修工艺要求，附件、材料的规格正确齐全。

（3）工器具的准备。

1）设备和工具。① 起重设备和专用吊具，载荷应大于 2.5 倍的被吊物重量。② 专用工、器具及各种规格的扳手。③ 真空注油设备。包括真空滤油机或板式滤油机、真空机组、真空测量表计等。④ 露点低于−40℃的干燥空气或氮气。⑤ 气割设备、电焊设备等。

2）材料。① 绝缘材料。如各种规格、干燥的绝缘纸板、皱纹纸、电缆纸、收缩带、白布带和绝缘油等。② 密封材料。如各种规格的条形、板型或成型密封胶垫。

3）电源。根据真空滤油机、真空机组等设备的电源功率选择合适的电源、接线盘和电源线。

4）测试设备。① 常规测试设备。如变比电桥、介质损耗因数仪、电阻电桥，各种规格的绝缘电阻表等。② 高压测试设备。如工频试验变压器、中频发电机、耐压设备和局部放电测试设备等。

（四）操作步骤及工艺要求

1. 拆附件及排油

拆附件及排油前应清洁油罐、油桶、管路、油泵等，保持清洁干燥，无灰尘、杂质和水分，清洁完毕后做好密封措施。然后进行拆附件及排油工作。

（1）按工艺步骤拆卸所有套管，拆卸工艺可参照模块 Z15H3005Ⅱ。

（2）气体继电器、磁力式油位计、温度计、升高座、压力释放阀、油泵、冷却风扇电动机等二次接线应分别拆开，拆除二次电缆前做好标记，接线头用塑料薄膜包扎。

（3）对需要对位复装的部位做记号，对联管、升高座、冷却器等附件做好编号和连接记号并防止记号被擦掉，记录开关的挡位位置，对油箱渗漏油点做好标记。

（4）排油前，关闭冷却器蝶阀并打开储油柜顶部放气塞。

（5）冷却器逐只放油，用开口油桶置于冷却器下部，拧开冷却器底部放油塞放油，然后打开上部放气塞，加快放油速度，开口油桶中的油用滤机抽至油罐。

（6）变压器吊芯。

1）从变压器注放油阀门排油，当变压器内油面处于箱顶以下 100～150mm，即可开始拆卸上部定位装置、储油柜、箱盖上套管、开关法兰等部件。

2）将变压器内剩余油排尽，拆卸箱沿上的螺栓，吊开箱盖，箱盖不能直接放在地上，应将其放置在预先准备的方木上。

3）检修人员穿上专用衣裤、戴上鞋套，由人孔处进入油箱内部拆卸器身下部定位。

4）吊出器身，把器身放在预先准备的油盘上，开始检修工作。

（7）变压器吊罩。

1）从变压器注放油阀门排油，当油位低于变压器各附件位置即可开始拆卸储油柜、套管、开关法兰等附件。

2）排出全部的油，拆卸箱沿上的螺栓。

3）吊起上节油箱，上节油箱不能直接放在地上，应将其放置在预先准备的方木上，开始检修工作。

2. 上节油箱或器身的起吊工作要求

（1）起重工作应分工明确，专人指挥，并有统一信号。

（2）根据变压器钟罩（或器身）的重量选择起重工具，包括起重机、钢丝绳、吊环、U 形挂环、千斤顶、枕木等。

（3）起重前应先拆除影响起重工作的各种连接。

（4）如系吊器身，应先紧固器身有关螺栓。

（5）起吊变压器整体或钟罩（器身）时，钢丝绳应分别挂在专用起吊装置上，遇棱角处应放置衬垫；起吊 100mm 左右时，应停留检查悬挂及捆绑情况，确认可靠后再继续起吊。

（6）起吊时钢丝绳的夹角不应大于 60°，否则应采用专用吊具或调整钢丝绳套。

（7）起吊或落回钟罩（或器身）时，四角应系缆绳，由专人扶持，使其保持平稳。

（8）起吊或降落速度应均匀，掌握好重心，防止倾斜。

（9）起吊或落回钟罩（或器身）时，应使高、低压侧引线，分接开关支架与箱壁间保持一定的间隙，防止碰伤器身。

（10）当钟罩（或器身）因受条件限制，起吊后不能移动而需在空中停留时，应采取支撑等防止坠落措施。

（11）吊装套管时，其斜度应与套管升高座的斜度基本一致，并用缆绳绑扎好，防止倾倒损坏瓷件。

（12）采用汽车吊起重时，应检查支撑稳定性，注意起重臂伸张的角度、回转范围与临近带电设备的安全距离，并设专人监护。

3. 器身检修

变压器器身大修包括铁芯、绕组、引线的检修工作。

（1）变压器铁芯检修。

1）用清洁无绒白布擦净铁芯表面的油垢和杂质。

2）硅钢片如果有卷边、翘角等现象出现，则应用木槌仔细修复。

3）检查铁芯油道垫块应排列整齐，轻敲油道垫块应无松动现象；检查铁芯油道内应无异物。

4）检查压板与上铁轭间应有明显的均匀间隙；检查钢压板的接地片螺栓应无松动；绝缘压板应保持完整，无破损和裂纹，并有适当紧固度。

5）使用 1000V 绝缘电阻表测量铁芯与穿芯螺杆、钢拉带间的绝缘电阻，与历次试验相比较无明显变化。

6）打开上夹件与铁芯间的连接片和钢压板与上夹件的连接片，使用 2500V 绝缘电阻表（对于运行年久的变压器可使用 1000V 绝缘电阻表）测量铁芯对夹件及地绝缘电阻不应小于 100MΩ，测量完毕后将连接片复位牢靠。

7）使用扳手及力矩扳手逐个紧固铁芯上、下夹件，上梁，侧梁，垫脚，压钉，穿芯螺杆的紧固件。

8）检查铁芯电屏蔽情况，用 1000V 绝缘电阻表测量铁芯电屏蔽对地的绝缘电阻，绝缘电阻应大于 100MΩ。

9）检查铁芯接地片的连接及绝缘状况，铁芯只允许一点接地，接地片一般用厚度为 0.5mm、宽度不小于 30mm 的紫铜片，插入 3～4 级铁芯间，对大型变压器插入深度不小于 80mm，其外露部分应包扎绝缘，防止短路铁芯。

10）必要时应该检查铁芯硅钢片是否有短路现象，可采用以下方法进行初步测量：将铁芯与夹件连接的接地片打开，将 12～24V 的直流电压施加在铁芯上铁轭的两端，然后用毫伏计分别测量各级铁芯段的电压降，如图 13-6-2 所示。对称级的电压降应相等，如果测量时发现某一级电压降非常小，则说明可能有片间局部短路故障。对电压降小的一级进行检查，找出短路点，并对硅钢片短路点进行短路修理。撞击或电弧烧伤的短路铁芯片，要撬开铁芯片，塞入薄绝缘或云母片。如发现大范围损坏的硅钢片，应考虑返厂检修。

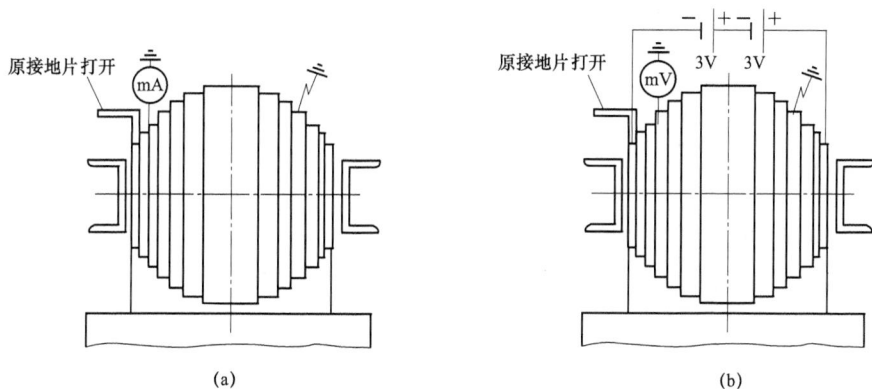

图 13-6-2　检测铁芯是否接地

（a）用交流法检测铁芯接地点；（b）检测电压接线图

（2）变压器绕组检修。

1）检查相间隔板和围屏应无破损、变色、变形、放电痕迹，经过评估怀疑变压器绕组有异常时则应解开围屏对绕组进行检查。

2）检查绕组的绝缘应无破损，检查绝缘的老化程度，可分为四个等级（具体分级要求参见模块 Z15H1005Ⅱ），属四级绝缘的绕组，必须进行恢复性大修更换绕组。

3）检查绕组应无变形，包括整个绕组无倾斜、移位，绕组幅向无变形。

4）检查线饼之间的垫块应无松动位移，若有松动则应在原来松动的垫块之间垫入干燥的垫块并打紧，垫块不可垫在线饼与原垫块之间，以防将绕组绝缘碰破；如绕组垫块有位移应用木槌对发生位移的垫块部分进行整形。

5）检查绕组出线的外包绝缘应良好，若有枯焦的现象，则应拆开检查，对大电流的接头更应加强检查。

6）清洁绕组表面及油道，不能有泥污和纤维毛头附在表面和油道中，必要时可用软刷子刷清，导线绝缘表面不能有毛刺、划痕、起皱。

7）检查上、下端绝缘距离、相间绝缘距离有无异常。

8）检查器身的紧固情况，三相绕组应进行轴向压紧、紧固。

9）如果发现有金属粉末和粒子，应分析原因和来源，并采取相应措施。

（3）变压器引线检修。

1）引线大都凸出于绕组，交错的与其他部件连接，在检查中，要仔细检查其对各部件的绝缘距离，机械强度的可靠性。

2）引线对各部件的绝缘距离应满足原结构绝缘要求，在检查过程中，若超过规定，需与有关人员商量作改进措施，对引线进行整形或加包绝缘。

3）检查引线完整性，引线外包绝缘应完整、紧密，不得有碰伤痕迹、松动现象，否则用干燥后皱纹电缆纸或白纱带弥补加固。

4）检查裸露的引线焊接处，焊接应平整，其接触面积至少要大于截面积的 2 倍以上，不得附有任何砂粒和虚焊现象。检查引线绝缘若有异常，应打开绝缘检查引线内部。

5）检查引线及支架的牢固性，为防止短路时的剧烈振动和变形，引线应具有足够的机械强度，紧固所有支架上的螺栓，引线不得有摇晃现象，如发现支架间距过大应用母线将引线绑扎加固。

4. 复装变压器

（1）用无绒白布清洁油箱内表面，按上节油箱或器身的起吊工作要求复装上节油箱或箱盖。

（2）更换箱沿密封垫，最好使用制造厂所提供专用密封件，必要时可由检修人员进行配制。密封件对接处采用斜接,斜接长度为直径的 3～5 倍,用专用胶粘牢,最后装上钟罩或箱盖。钟罩安装前,必须注意在上、下节油箱分节处的密封垫条和限位钢丝的状态(密封垫条不应有损伤和残余变形,而且接缝中心应放在任意一个螺栓的附近),然后压紧箱沿螺栓,把密封垫压紧到 2/3 起始厚度,就认为达到了标准。

(3)更换其他拆卸过的密封垫,应选用优质耐油橡胶垫,要求其弹性、硬度、吸油率、抗老化性能等均符合质量标准规定;清洁法兰密封面,对于不平整的法兰面应用锉刀锉平。

(4)安装压紧橡胶垫时,要保持压缩率在 1/3。对于多螺栓的盖板密封时,长方形盖板、圆形法兰密封、箱沿密封紧螺栓顺序如图 16-1-1～图 16-7-3 所示。

(5)压缩时,密封胶条不得挤出法兰限位槽。所有紧固螺栓不得一次紧到底,应按顺序循环紧固,至少循环 2～3 次以上。

5. 真空注油

在变压器复装结束后,检查分接开关挡位正确后进行真空注油。真空注油参见模块 Z15H1009Ⅲ。

6. 大修后进行试验和验收

(1)变压器大修后的试验。在变压器大修后应根据实际情况选择相应的试验项目,以达到考核变压器状态的目的。对检修人员而言,应该了解试验项目的目的,根据需要在现场做好相应的配合工作。

(2)变压器大修后验收内容。

1)实际检修项目是否按计划全部完成,检修质量是否合格。

2)审查全部试验结果和试验报告。

3)整理大修原始记录资料,特别注意对结论性数据的审查。

4)作出大修技术报告(应附有试验报告单、气体继电器电器试验单等必要表格)。

5)如有技术改造项目,应按事先签订的施工方案、技术要求及有关规定进行验收。

(3)投运前的项目检查。

1)各部位是否漏油,各项电气试验是否合格。

2)变压器的储油柜和充油套管的油位正常,隔膜式储油柜的集气盒内应无气体。

3)所有温度计读数是否一致、正确,整定值应符合要求。

4)各项分接开关指示位置是否一致并已固定。

5)进行各升高座的放气,使其完全充满变压器油,气体继电器内应无残余气体。

6)吸湿器内的吸附剂数量充足、无变色受潮现象,油封良好,能起到正常呼吸作用。

7）无励磁分接开关的位置应符合运行要求，有载分接开关动作灵活、正确，闭锁装置动作正确，控制盘、操动机构箱和顶盖上三者分接位置的指示应一致。

8）储油柜、冷却装置、净油器等油系统上的阀门均在"开"的位置，储油柜油温标示线清晰可见。

9）高压套管的接地小套管应接地，套管顶部将军帽应密封良好，与外部引线的连接接触良好并涂有电力脂。

10）风扇电动机旋转方向是否正确，有无碰撞和振动。

11）信号温度计的触点指针是否调到要求位置。

12）冷却器电源回路及控制回路是否正确可靠，潜油泵旋转方向是否正确、控制开关手柄是否在需要的位置上。

13）各组件有无损伤。

14）相色标志、铭牌、字牌是否齐全正确。

15）建议在投运前于各组件再排一次残余气体。

16）变压器箱盖上及本体有无遗留杂物及现场清理。

7. 填写检修报告

变压器检修记录及报告是记载变压器运行、检修过程状态和运行、检修过程结果的文件，是变压器运行质量管理体系文件的一个重要组成部分，它在变压器运行质量管理体系中发挥着重要的作用。报告填写时按填写要求进行填写，应注意记录用笔要求，记录的原始性，记录的清晰、准确性，笔误的处理，空白栏目的填写及签署要求。

（五）注意事项

（1）器身检查如在露天进行时，应选在无尘土飞扬及其他污染的晴天进行。

（2）器身暴露在空气中的时间应不超过如下规定：空气相对湿度不大于 65% 时为 16h，空气相对湿度不大于 75% 时为 12h；器身暴露时间是从变压器放油时起至开始抽真空或注油时为止，如超出规定时间不大于 4h，则可延长持续高真空时间至器身暴露空气中的时间。

（3）若器身暴露在空气中进行检查，则周围空气温度不宜低于 0℃，且器身温度不应低于周围环境温度，否则应用真空滤油机循环加热油，将变压器加热，使器身温度高于环境温度 5℃以上。

（4）检查器身时，应由专人进行，穿着无纽扣、无金属挂件的专用检查工作服和鞋，并戴清洁手套，寒冷天气还应戴口罩。

（5）进行器身检查所使用的工具应由专人保管并应编号登记，防止遗留在油箱内或器身上。

三、变压器不吊罩进入变压器本体的器身大修

（一）作业内容

变压器不吊罩进入变压器本体的器身大修是指检修人员由变压器人孔进入变压器内部，对变压器器身上的绕组、引线、铁芯等组件进行检查和维修的一种检修方法。其检修工艺流程与吊罩（芯）检修的检修工艺流程略有不同，如图13-6-3所示。

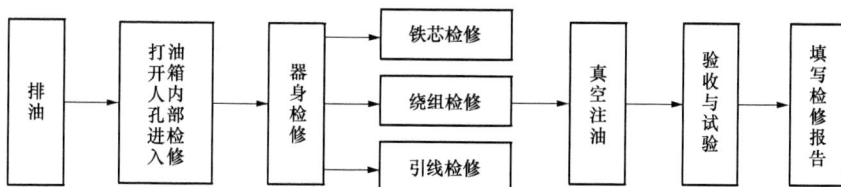

图 13-6-3 变压器不吊罩进入变压器本体大修工艺流程

（二）危险点分析与控制措施

变压器不吊罩进入变压器本体大修危险点分析与控制措施见表13-6-2。

表 13-6-2 变压器不吊罩进入变压器本体大修危险点分析与控制措施

序号	危 险 点	控 制 措 施
1	低压触电	检修电源设备应正常或接线应规范
2	高空坠落	高空作业时佩戴安全带并按规定挂靠
3	拆卸、装配附件等野蛮操作造成损坏	拆装时应轻拿轻放，禁止野蛮施工
4	吊罩（芯）时晃动、钩挂损坏变压器的器身	起吊时应操作规范，指挥规范
5	器身检查时触电	在做检修过程中试验时，工作负责人应确认无检修人员在器身上工作
6	冷却系统启动伤人	工作人员间协调好，不得擅自启动冷却系统
7	变压器绝缘受潮、受损、受污、着火	在检修器身应按要求穿着，不得吸烟
8	异物遗留在变压器内	工器具编号，由专人保管
9	变压器抽真空时，真空泵电源失电，真空泵油被吸入变压器油箱，污染变压器绝缘	确保检修电源正常工作
10	明火操作时，防火安全	动火时，应有专人监护，并准备好灭火器

（三）作业前准备

不吊罩进入变压器本体检修前的准备工作可以参照"吊罩（芯）检修前的准备工

作"部分。而在采用该种检修方法应特别注意以下事项：

（1）对于充油变压器，工作人员到达现场后，先记录环境温度和湿度，进行排油工作。在油排尽后，使用氧气测量仪测量油箱内部空气，达到规定数值后（含氧量大于18%）工作人员方可进入油箱内。

（2）对于充氮气变压器，工作人员到达现场后，首先记录剩压，环境温度、湿度和气压，必须打开所有通气孔，排尽氮气后并充以干燥空气，使用氧气测量仪测量油箱内部空气，达到规定数值后（含氧量大于18%）工作人员方可进入油箱内。

（3）进行器身检查所使用的工具应由专人保管并应编号登记，防止遗留在油箱内或器身上。

（四）操作步骤及工艺要求

（1）排油工艺方法如图 13-6-4 所示。按充干燥空气排油回路示意图，接好全部充干燥空气管路，用铜丝将橡胶管头扎紧，使之不漏气，并将回油管一端接在下节油箱的闸阀上，另一端接油泵及回油管，并将回油管通入油罐或油桶。检查整个回路，无误后，将回油管所连下节油箱的放油阀打开。开启油泵和干燥空气发生器，开始充干燥空气回油。

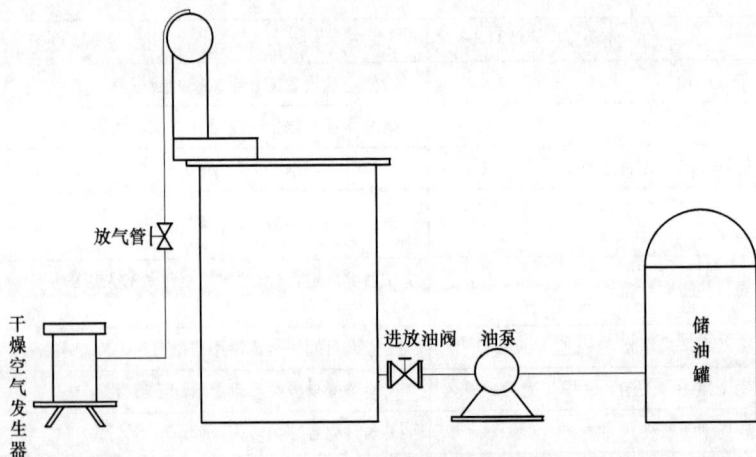

图 13-6-4　变压器充干燥空气排油回路示意图

（2）器身检修工艺。不吊罩进入变压器本体检修有一定的局限性，通常是针对变压器某一方面进行检修，亦可认为是对器身的一种检查工作，检修人员可以根据变压器内部环境、结构空间来进行检修工作。对不吊罩进入变压器本体检修的工艺要求与吊罩（芯）器身检修的要求一样。因此，检修人员进入油箱内部后，可以根据吊罩（芯）

器身检修的要求对器身进行检修。对于发现问题但无法检修的情况，应找出对策以确定检修方案。

（3）更换相关密封件（参照吊芯检修部分）。

（4）真空注油（详见模块 Z15H1008Ⅲ）。

（5）不吊罩进入变压器本体检修后验收和试验（参照吊芯检修部分）。

（6）填写检修报告（参照吊芯检修部分）。

【思考与练习】

1. 铁芯片若有铁锈应如何处理？铁芯片涂漆的目的是什么？

2. 油箱复位的注意事项有哪些？

3. 变压器大修后有哪些验收内容？

4. 试画出变压器充干燥空气排油回路示意图。

◢ 模块 7　变压器箱体及各组部件的现场大修（Z15H1007Ⅲ）

【模块描述】　本模块介绍了变压器油箱及分接开关、套管、油泵、风扇等组部件的现场大修工作程序及相关注意事项，通过作业流程和检修方法介绍，掌握变压器油箱及各组部件现场检修的工艺要求和质量标准。

【模块内容】

一、概述

本模块包含了电力变压器现场检修的油箱及组部件的检修流程、检修注意事项、工具设备要求、检修项目、作业程序、检修后试验和验收等。制订本指导书的目的是规范操作、保证检修的合理性、准确性，为电力变压器检修提供依据，提高检修后变压器设备运行的可靠率。

二、作业内容

在变压器进行器身大修时，油箱及其他组部件的检修可以同时进行，没有明确的层次关系。而在实际的大修工作中，可多项检修工作同时进行，以达到缩短检修时间的目的。

油箱的检修主要是对油箱的渗漏油处理及对油箱内部磁（电）屏蔽的检查。组部件的检修是以解体检修为主，包括对套管、储油柜、油泵、风扇等部件的检修。

三、危险点分析与控制措施

变压器油箱及组部件大修危险点分析与控制措施见表 13-7-1。

表 13-7-1　　　　变压器油箱及组部件大修危险点分析与控制措施

序号	危　险　点	控　制　措　施
1	低压触电	检修电源设备应正常或接线应规范
2	高空坠落	高空作业时佩戴安全带并按规定挂靠
3	拆卸、装配附件等野蛮操作造成损坏	拆装时应轻拿轻放，禁止野蛮施工
4	异物遗留在变压器油箱或附件内	工器具编号，由专人保管
5	明火操作时，防火安全	动火时，应有专人监护，并准备好灭火器

四、作业前准备

（1）在检修前，应充分、详细地了解检修方案的各个环节。根据检修方案准备检修工具、设备及相应的附件。熟悉现场工作环境，了解检修目的。

（2）检修工器具、材料的准备。现场检修应具备充足合格干燥的材料和应有的组部件，完备的工艺装备和测试设备。在检修前，对检修项目中所需要的施工（含起重）设备应满足检修工艺要求；仪器仪表、工器具应试验合格，满足本次施工的要求；附件、材料的规格正确齐全。

1）工器具。① 起重设备和专用吊具，载荷应大于 2.5 倍的被吊物吨位。② 专用工、器具。如力矩扳手、各种规格的扳手等。③ 气割设备、电焊设备等。

2）材料。① 绝缘材料。如各种规格大小的干燥绝缘纸板、皱纹纸、电缆纸、收缩带、白布带和绝缘油等。② 密封材料。如各种规格的条形、板型或成型密封胶垫。③ 油漆。如绝缘漆、底漆和面漆等。

3）电源。根据设备选择合适的电源、接线盘和电源线。

4）测试设备。各种规格的绝缘电阻表等。

五、操作步骤及工艺要求

（一）油箱检修方法

（1）对油箱上焊点、焊缝中存在的砂眼等渗漏点进行补焊，消除渗漏点。

（2）清扫油箱内部，清除积存在箱底的油污杂质，油箱内部洁净，无锈蚀，漆膜完整。

（3）清扫强油循环管路，检查固定于下夹件上的导向绝缘管，连接是否牢固，表面有无放电痕迹，打开检查孔，清扫联箱和集油盒内杂质。导向管连接牢固，绝缘管表面光滑，漆膜完整，无破损、无放电痕迹。

（4）检查钟罩（或油箱）法兰结合面是否平整，发现沟痕应补焊磨平，法兰结合面清洁平整。

（5）检查器身定位件及绝缘（有的是压钉，有的是压圈），防止定位件造成铁芯多点接地。

（6）在检查磁（电）屏蔽装置时，应检查屏蔽板与油箱连接应无松动放电现象，固定应牢固，无放电痕迹并可靠接地。

（二）变压器组部件大修方法

变压器组部件大修一般包括分接开关、套管、油泵和储油柜等组部件的检修，在变压器大修时，并不是每个组部件都要进行检修，应按照检修方案的要求，对相应的组部件进行检修。

1. 变压器无励磁分接开关的检修

详见模块 Z15H2005Ⅱ。

2. 变压器有载分接开关的检修

详见模块 Z15H2001Ⅰ、Z15H2002Ⅰ、Z15H2003Ⅰ、Z15H2011Ⅲ。

3. 变压器套管的检修

（1）变压器纯瓷式套管的检修。

1）检查瓷套有无损坏，瓷套应保持清洁，无放电痕迹，无裂纹，裙边无破损。

2）密封应无渗漏。

（2）变压器导杆式套管的检修。

1）检查瓷套有无损坏，瓷套应保持清洁，无放电痕迹，无裂纹，裙边无破损。

2）套管解体时，应依次对角松动法兰螺栓，防止松动法兰时受力不均损坏套管。

3）拆卸瓷套前应先轻轻晃动，使法兰与密封胶垫间产生缝隙后再拆下瓷套，防止瓷套碎裂。

4）拆导电杆和法兰螺栓前，应防止导电杆摇晃损坏瓷套，拆下的螺栓应进行清洗，丝扣损坏的应进行更换或修整，螺栓和垫圈的数量要补齐，不可丢失。

5）取出绝缘筒（包括带覆盖层的导电杆），擦除油垢，绝缘筒及在导电杆表面的覆盖层应妥善保管（必要时应干燥），防止受潮和损坏。

6）检查瓷套内部，并用无绒白布擦拭，瓷套内部清洁、无油垢。

7）有条件时，应将拆下的瓷套和绝缘件送入干燥室进行轻度干燥，然后再组装，干燥温度为 70～80℃，时间不少于 4h，升温速度不超过 10℃/h，防止瓷套裂纹。

8）组装时与拆卸顺序相反，注意绝缘筒与导电杆相互之间的位置，中间应有固定圈防止窜动，导电杆应处于瓷套的中心位置，更换拆卸过的。

9）套管复装后可根据情况在套管外侧根部喷涂半导体漆，半导体漆应喷涂均匀。

10）密封应无渗漏。

4. 变压器油泵的检修

（1）油泵的解体检修。

1）更换油泵马达轴承。

2）检查油泵内各部件，并进行清洗，清除法兰上的密封胶，要求油泵内部干净、整体无损坏。

3）检查叶轮，应无变形及磨损。

4）检查轴承挡圈，应无损坏。

5）检查转子短路环及铁芯，转子短路环应无断裂，铁芯应无损坏及磨损。

6）检查并清扫定子外壳、绕组及铁芯，定子外壳应清洁、绕组绝缘良好、铁芯无损坏。

7）检查引线与绕组的焊接情况，应无脱焊及断线。

8）清洗分油路内的污垢，分油路应洁净、畅通。

9）清洗接线盒内部，更换接线盒及接线柱的密封胶垫，引线与接线柱尾部应焊接牢固，用 500V 绝缘电阻表测量绝缘电阻不应小于 0.5MΩ。

10）大修后应更换全套密封垫圈。

（2）油泵检修后回装。

1）大修后应更换所有密封处的胶垫和密封环，并重新进行组装，其中包括前、后端盖，过滤网，压盖，法兰，各部油塞的密封胶垫及密封环。

2）将轴承放入油中加温至 120～150℃时取出，安装在转子后轴上（或用特殊的套筒，顶在轴承的内环上，用手锤轻轻敲击套筒顶部，将轴承嵌入）。

3）将后端盖放在工作台上，首先放入过滤网及两侧胶垫，再放入 O 形胶圈。

4）将转子后轴承对准后端盖轴承室，在前轴头上垫木方，用手锤轻轻敲击木方后轴承即可进入轴承室。

5）在后端盖安装法兰处套上主密封胶垫。

6）将定子放在工作台上，转子穿入定子腔内，此时后端盖上的分油路孔要对准定子上的分油路孔，再拧紧前端盖与定子连接的螺栓。

7）把前端盖放入定子止口处，再拧紧前端盖与定子连接的螺栓。

8）将两个前轴承放在油中加热至 120～150℃取出，套在前轴上，或用特制的套筒顶在轴承的内环上，用手锤轻轻敲击套筒顶部，将轴承嵌入前轴承室，再用特制的两爪扳手将轴承挡圈拧紧。

9）将圆头平键装入转轴的键槽内，再将叶轮嵌入轴上。

10）带上止动垫圈，拧紧圆头螺母，将止动垫圈撬起锁紧。

11）用磁力千分表测量叶轮跳动及转子轴向窜动间隙。

12）在定子外壳的法兰处套上主密封胶垫，扣上蜗壳，拧紧蜗壳与定子连接的螺栓。

13）各部油塞，包括放气塞、测压塞，均应采用橡胶封环或橡胶平垫密封。

14）运转试验。

5. 变压器风扇的检修

变压器风扇的检修包括叶轮解体检修和电动机解体检修。

（1）叶轮解体检修。

1）将止动垫圈打开，旋下盖形螺母，退出止动垫圈，把专用工具（三角爪）放正，勾在轮壳上，用力均匀缓慢拉出，将叶轮从轴上卸下，锈蚀时可向键槽内、轴端滴入螺栓松动剂，同时将键、锥套取下保管好。

2）检查叶片与轮壳的铆接情况，松动时可用铁锤铆紧。

3）将叶轮放在平台上，检查叶片安装角度。

（2）电动机解体检修。

1）首先拆下电动机罩，然后卸下后端盖固定螺栓，从丝孔用顶丝将后端盖均匀顶出，拆卸时严禁用螺钉旋具或扁铲撬开。

2）检查后端盖有无破损，清除轴承室的润滑脂，用内径千分尺测量轴承室尺寸，检查轴承室的磨损情况，严重磨损时应更换新端盖。

3）卸下前端盖固定螺栓，从顶丝孔用顶丝将前端盖均匀顶出，连同转子从定子中抽出。

4）用三角爪将前端盖从转子上卸下（前端盖尺寸较小时，可将转子直立，轴伸端朝下，下垫木方，将前端盖垂直用力使其退出）。

5）卸下轴承挡圈，取出轴承，检查前端盖有无损伤，清除轴承室润滑脂并清洗干净，测量轴承尺寸，严重磨损时，应更换前端盖。

6）将转子放在平台上，用平板爪取下前后轴承；不准用手锤敲打轴承外环卸轴承。

7）检查转子短路条及短路环有无断裂，铁芯有无损伤。

8）测量转子前、后轴直径，超过允许公差或严重损坏时应更换。

9）清扫定子线圈，检查绝缘情况。

10）打开接线盒，检查引线是否牢固地接在接线柱上。

11）检查清扫定子铁芯。

12）用 500V 绝缘电阻表测量定子线圈绝缘电阻标准。

（3）风扇回装。

1）将洁净的转子放在工作台上，把轴承挡圈套在前轴上。

2）把在油中加热到 120～150℃的轴承套在前、后轴上或用特制的套筒顶在轴承内环上，垂直用手锤嵌入，注意钢球与套不要打伤。

3）将转子轴伸端垂直穿入前端盖内，之后在后轴头上垫木方，用手锤将前轴承轻轻嵌入轴承室中，再从前端盖穿入圆头螺栓，将轴承挡圈紧牢，圆头螺栓处涂以密封胶。

4）将定子放在工作台上，定子止口处涂密封胶。

5）将前端盖和转子对准止口穿进定子内，拧紧前端盖与定子连接的螺栓，再将后端盖放入波形弹簧片，对准止口，用手锤轻轻敲打后端盖，使后轴承进入轴承室，拧紧后端盖与定子连接的圆头螺栓，最后将电动机后罩装上；装配端盖螺栓时，要对角均匀地紧固，用油枪向后、前轴承室注入润滑脂，约占轴承室 2/3；装配时注意钢球与套不要打伤。

6）将电动机安装在风冷却器上，用螺栓固定在风筒内。

7）更换密封垫和胶圈，将垫圈、密封胶垫、锥套、平键、护罩、叶轮安装在电动机轴伸端，叶轮与锥套间用密封胶堵塞，拧紧圆螺母和盖型螺母，将止动垫圈锁紧撬起。

8）试运转。

6. 变压器储油柜的检修

（1）胶囊式储油柜的检修。

1）打开储油柜的盖板，放出储油柜内的存油，取出胶囊并倒出积水，清洁储油柜。

2）检查胶囊的密封性能，进行气压试验，压力为 0.02～0.03MPa，时间为 12h，应无渗漏。

3）用白布擦净胶囊，从端部将胶囊放入储油柜，将胶囊挂在挂钩上，连接好引出口。

4）更换密封胶垫，复装盖板。

（2）隔膜式储油柜的检修。

1）拆下各部联管（吸湿器、注油管、排气管、气体继电器联管等），清扫干净，妥善保管，管口密封。

2）拆下指针式油位计连杆，卸下指针式油位计。

3）拆卸储油柜法兰的螺栓，卸下储油柜上节油箱，检查隔膜应无渗漏痕迹并清洁隔膜。

4）清洁上、下节储油柜并更换密封胶垫。

5）检修后按解体相反顺序进行组装。

（3）油位计的检修。

1）管式油位计检修。

a. 油位计玻璃管应透明，没有浮球的可增加浮球，使油面显示清楚。

b. 更换油位计的密封件。

c. 油位计应标有–30、20、40℃三条油面线，油面线位置为：① –30℃应能见到油面，位于油位计下孔处，不得过高或过低；② 20℃位于储油柜直径垂直高度的45%～50%处；③ 40℃位于储油柜直径垂直高度的55%～60%处。

2）指针式油位计的检修。① 首先将油位计整体拆卸。② 检查传动机构是否灵活，有无卡轮、滑齿现象。要求传动机构工作正常，转动灵活。③ 检查主动磁铁和从动磁铁是否耦合和同步转动，指针指示是否与表盘刻度相符，否则应调节限位块，调好后紧固螺栓以防松脱。连杆摆动 45°时，指针应旋转 270°。从 "0" 位置指示到 "10" 位置，应传动灵活，指针正确，如图 13-7-1 所示。④ 检查限位报警装置动作是正确，否则应调节凸轮或开关位置。当指针在 "0" 最低油位和 "10" 最高油位时，应分别发出信号。⑤ 更换密封垫后进行复装，应使密封良好，无渗漏现象。

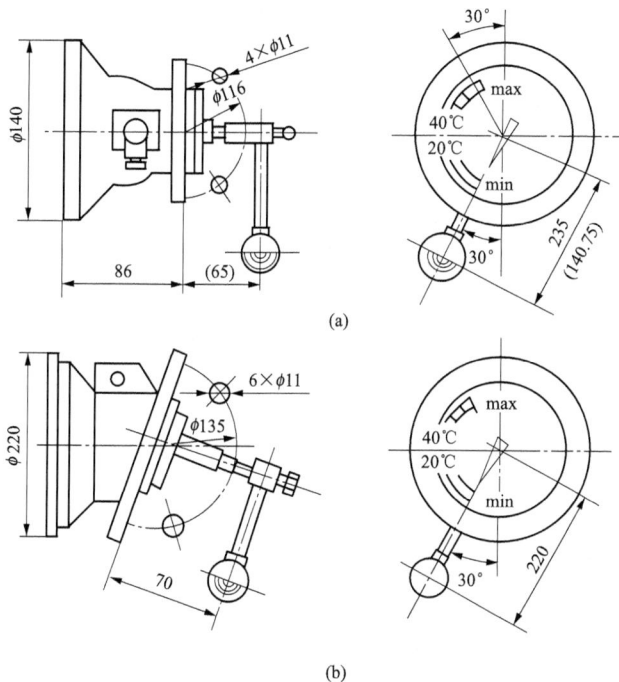

(a)

(b)

图 13-7-1　UZF 型铁磁式油位计

（a）UZF–A 型；（b）UZF–B 型

（4）变压器吸湿器的检修。

1）将吸湿器从变压器上卸下检查玻璃罩并清扫。

2）把干燥的吸附剂装入吸湿器内，并在顶盖下面留出 1/6～1/5 高度的空隙。

3）失效的吸附剂置入烘箱干燥，干燥温度从 120℃升至 160℃，时间为 5h，还原后再用。

4）更换胶垫（密封件）。

5）在油杯中注入变压器油，油面应高于吸湿器的呼吸口，并将罩拧紧（新装吸湿器，应将密封垫拆除）。

6）为防止吸湿器摇晃，可用卡具将其固定在变压器油箱上。

（三）大修后试验和验收

1. 油箱及各组部件大修后的试验

（1）油箱渗漏试验，在储油柜内施加压力 0.03～0.05MPa，24h 不应渗漏。总体试漏合格。

（2）油泵检修后的主要试验项目。

1）用 500V 绝缘电阻表测量电动机定子绝缘电阻不应小于 0.5MΩ。

2）测量绕组的绝缘电阻，三相互差不超过 2%。

3）将泵内注入少量合格的变压器油，接通电源试运转，运转应平稳、灵活、声音和谐。

4）转子扫膛、叶轮碰壳等异声，三相空载电流基本平衡。

5）油压密封试验，各部密封良好，无渗漏。

（3）风扇检修后的主要试验项目。

1）用 500V 绝缘电阻表测试定子绕组绝缘电阻，绝缘电阻值不应小于 0.5MΩ。

2）测量定子线圈的直流电阻，三相互差不超过 2%。

3）拨动叶轮转动灵活后，通入 380V 交流电源，运行 5min，风扇电动机运行平稳、声音和谐、转动方向正确。

2. 油箱及各组部件大修后的验收

（1）实际检修项目是否按计划全部完成，检修质量是否合格。

（2）审查全部试验结果和试验报告。

（3）油箱及各组件表面漆膜喷涂均匀，有光泽，无漆瘤。

（4）油箱及各组件铭牌、标牌及油面标志齐全，固定牢靠。

（5）油箱真空注油后，应无明显变形或变形小于箱壁厚度的 1.5 倍。

（四）填写检修报告

变压器油箱和组部件的检修报告都是变压器检修报告的组成部分，因此检修报告的填写要求与器身检修的报告一致。

【思考与练习】

1. 简述油浸式变压器油箱的检修工艺。

2. 简述变压器油泵的检修工艺。

模块 8　变压器现场滤油（Z15H1008Ⅲ）

【模块描述】 本模块介绍了变压器现场滤油的工器具准备、操作步骤及相关注意事项，通过作业流程介绍，掌握变压器现场滤油的方法。

【模块内容】

一、作业内容

当变压器油的品质达不到运行变压器油的要求，变压器应进行现场滤油，现场滤油的重点为：过滤掉油中的杂质、除去油中的水分和气体，使油的工频击穿电压、含水量、含气量符合变压器投运前油的要求。变压器现场滤油设备采用板式滤油机和真空滤油机，板式滤油机专门过滤杂质和过多水分，一般用于 35kV 及以下变压器的现场滤油；真空滤油机可除去油中的杂质、水分及气体，一般用于 110kV 及以上变压器的现场滤油；但应根据变压器油的污染程度及现场滤油要求采用板式滤油机或真空滤油机。

二、危险点分析与控制措施

变压器现场滤油危险点分析与控制措施见表 13-8-1。

表 13-8-1　　　　　　　　变压器现场滤油危险点分析与控制措施

序号	危 险 点	控 制 措 施
1	电气设备绝缘不良而带电	外露的可接地的部件及变压器外壳和滤油设备都应可靠接地
2	检修电源设备损坏或接线不规范，有可能导致低压触电	根据真空滤油机的电源功率选择合适的电源、接线盘和电源线，检查检修电源设备应良好，接线应根据设备使用说明书进行复核
3	吊臂回转引起起吊重心偏移和失稳	确认吊车撑脚撑实
4	起重引起设备损坏或人员伤亡	起重工作规范并使用工况良好的起重设备
5	吊臂回转时相邻设备带电，距离过近，会引起放电	吊车进入检修现场后，合理布置其位置，注意吊臂与带电设备保持足够的安全距离：500kV 电压等级不小于 8m，220kV 电压等级不小于 6m，110kV 电压等级不小于 4m，35kV 电压等级不小于 3.5m

三、工作前准备

1. 编制方案

工作前应先勘察变电站现场，了解电源的电压、容量及位置，确定真空滤油机、储油罐等设备的定置图并编制检修方案，根据变压器的滤油要求，确定变压器现场滤油所需的设备及工器具，根据变压器结构及滤油要求，确定滤油管道连接方式及滤油工艺过程。

2. 主要设备和工器具

（1）采用板式滤油机进行现场滤油所需的主要设备和工器具。包括压力式滤油机、储油罐、注油用管道、干燥硅胶罐（内装粒度为 3～7mm 的硅胶）。

（2）采用真空滤油机进行现场滤油所需的主要设备和工器具。包括真空滤油机、储油罐、油泵、注油用管道、电阻真空表或麦氏真空表、真空压力表、干燥空气或氮气。

四、操作步骤

1. 采用板式滤油机进行现场滤油

（1）滤油前先将滤纸放在温度为 80℃±5℃的烘箱内烘干 24h 后放入干净的密封箱内备用。

（2）进行滤油管路连接，当将变压器内的油通过板式滤油机抽入储油罐时，板式滤油机的进油阀接变压器的放油阀，出油阀接储油罐；当将储油罐内的油通过板式滤油机抽入变压器时，板式滤油机的进油阀接储油罐，出油阀接变压器的放油阀。

（3）在滤油管路中串入干燥硅胶罐用以吸附油中的酸性氧化物及树脂、纤维杂质等，用过的硅胶经筛选后在 400℃的干燥炉中加热，烘干后可恢复其性能重复使用。

（4）启动板式滤油机，先打开出油阀再打开油泵，然后慢慢打开进油阀，使压力升到 2～3kgf/cm²。

（5）通过板式滤油机将变压器内的变压器油抽入储油罐中，完成一次滤油。将储油罐中的油注入变压器前在板式滤油机出口取油样进行油试验，如油试验的结果符合验收标准，则将储油罐中的油注入变压器；如油试验的结果不符合验收标准，则将储油罐中的油注入变压器后再次进行滤油，直至油试验合格。

（6）滤油过程中不断检查滤油机各部件的运行情况，发现异常和漏油及时处理，并不断清除滤网内的杂物。

（7）根据油质不同，决定更换滤纸的次数，换出滤纸，将滤纸清洁后放入烘箱干燥后使用。

（8）滤油结束，停机时先关进油阀再停机，最后关闭出油阀。

2. 采用真空滤油机进行现场滤油

（1）在变压器储油柜的放气管上接干燥空气或氮气（露点不大于 40℃）。

（2）进行滤油管路连接，当将变压器内的油通过真空滤油机抽入储油罐时，真空滤油机的进油阀接变压器的放油阀，出油阀接储油罐；当将储油罐内的油通过板式滤油机抽入变压器时，真空滤油机的进油阀接储油罐，出油阀接变压器的放油阀。

（3）通过真空滤油机从变压器的放油阀将变压器油抽出储存在储油罐中，在变压器排油时注入干燥空气或氮气并保持油箱中 0.005～0.01MPa 的正压。

（4）通过真空滤油机将变压器内的油抽入储油罐中，完成一次滤油。

（5）将储油罐中的油注入变压器前在真空滤油机出口取油样进行油试验，如油试验的结果符合验收标准，变压器进行真空注油（真空注油按模块 Z15H1009Ⅲ）。如油试验的结果不符合验收标准，则将储油罐中的油注入变压器后再次进行滤油，直至油试验合格才能进行真空注油。

（6）如变压器的电压等级为 35kV 及以下，直接通过真空滤油机将储油罐中的油从变压器的注油阀注入变压器中。

（7）变压器真空滤油结束，先关闭加热器，为了冷却加热器应让油继续循环 15min，然后关闭罗茨泵，真空泵继续运行 30min 后可关闭真空滤油机。

3．滤油后的排气

（1）对本体储油柜进行排气。

1）胶囊式储油柜排气。拆下本体储油柜的呼吸器，防止呼吸器损坏，将空压泵与储油柜的呼吸器联管连接，启动空压泵加压至 0.025～0.03MPa，直至储油柜放气阀出油。对于采用管式油位计的储油柜，应用密封件密封管式油位计上部进气孔，以防止管式油位计内的绝缘油溢出。

2）隔膜式储油柜排气处理。打开储油柜顶部的盖板，拉出隔膜上排气孔的密封塞，用手不断将隔膜内的空气从排气孔排出，排尽隔膜内的空气后回装密封塞。

（2）打开升高座导油管、充油瓷套管、冷却器等附件最高位置放气塞进行排气，出油后即旋紧放气塞，并对本体气体继电器放气。

（3）变压器静置，在变压器投运前，再次对变压器进行放气。

4．验收

变压器现场滤油后应取油样进行油试验，变压器油的性能应符合出厂技术资料要求及相关技术标准，但不得低于表 13-8-2 的要求。

表 13-8-2　　　　　变压器油性能要求

电压等级（kV）	耐压值（2.5mm, kV）	含水量（mg/L）	tanδ（90℃）	油中气体含量
35	≥35	≤20	≤0.01	—
66	≥40	≤20	≤0.01	—
110	≥40	≤20	≤0.01	—
220	≥40	≤15	≤0.01	—
330	≥50	≤10	≤0.01	≤1%
500	≥60	≤10	≤0.007	≤1%

五、注意事项

（1）检查注油设备、注油管路是否清洁干净，新使用的油管亦应先冲洗干净。

（2）检查清洁油罐、油桶、管路、滤油机、油泵等，应保持清洁干燥，无灰尘杂质和水分，清洁完毕应做好密封措施。

（3）雨雪天或雾天不宜进行现场滤油工作。

（4）滤油过程中会损失少许变压器油，如需补充不同牌号的变压器油时，应先做混油试验，合格后方可使用。

【思考与练习】

1. 变压器现场滤油勘查变电站现场，需了解哪些要点？

2. 进行真空滤油时应注意哪些异常情况？

3. 变压器排油的同时为什么要注入干燥空气或氮气？

▲ 模块 9　变压器的真空注油工艺（Z15H1009Ⅲ）

【模块描述】 本模块介绍了变压器真空注油的准备工作、操作步骤及相关注意事项，通过作业流程介绍，掌握变压器真空处理的过程控制和真空注油的要求。

【模块内容】

一、作业内容

大型油浸式电力变压器在器身检修或接触空气后，必须进行真空注油。变压器在持续抽真空的情况下，把已经处理合格的变压器油通过真空滤油机从注油口注入变压器。一般来说，330kV 及以上的变压器还需要进行热油循环，以进一步除去变压器器身上的水分和气体。

二、危险点分析与控制措施

变压器真空注油危险点分析与控制措施见表 13-9-1。

表 13-9-1　　　　　　变压器真空注油危险点分析与控制措施

序号	危 险 点	控 制 措 施
1	电气设备绝缘不良而带电	外露的可接地的部件及变压器外壳和滤油设备都应可靠接地
2	检修电源设备损坏或接线不规范，有可能导致低压触电	根据真空滤油机的电源功率选择合适的电源、接线盘和电源线，检查检修电源设备应良好，接线应根据设备使用说明书进行复核
3	吊臂回转引起起吊重心偏移和失稳	确认吊车撑脚撑实
4	起重引起设备损坏或人员伤亡	起重工作规范并使用工况良好的起重设备

续表

序号	危 险 点	控 制 措 施
5	吊臂回转时相邻设备带电，距离过近，会引起放电	吊车进入检修现场后，合理布置其位置，注意吊臂与带电设备保持足够的安全距离：500kV 电压等级不小于 8m，220kV 电压等级不小于 6m，110kV 电压等级不小于 4m，35kV 电压等级不小于 3.5m

三、工作前准备

1. 编制方案

工作前应先勘查变电站现场，了解电源的电压、容量及位置，确定真空滤油机、储油罐等设备的定置图并编制检修方案，根据变压器的实际情况，确定变压器真空注油所需的设备及工器具，根据变压器安装使用说明书的要求，确定变压器极限真空和维持时间，根据变压器结构，确定真空注油方式，即带储油柜或不带储油柜。

2. 真空机组的检查

（1）检查真空泵内的油位。

（2）检查真空泵内的油中应没有液态水。

3. 主要设备及工器具

真空滤油机、真空泵机组、注油用管道、电阻真空计、真空压力表、连通管（本体与有载分接开关抽真空连接）、储油罐、油泵。

四、操作步骤

变压器真空注油包括管路连接及管路泄漏检查、变压器的真空处理、注油、排气、静置、验收等过程。

1. 管路连接及管路泄漏检查

（1）使用可抽真空储油柜时，抽真空管路安装时应打开储油柜本体内部和胶囊呼吸管道间的隔离阀以保持负压平衡（应参照该储油柜使用说明书进行），连接图如图 13-9-1 所示。

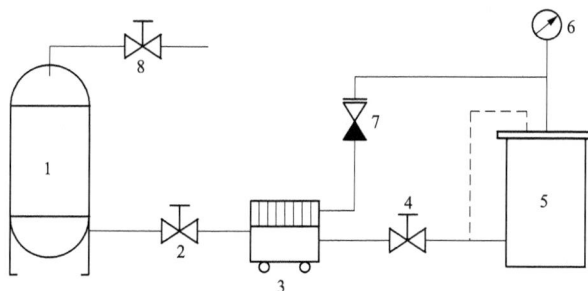

图 13-9-1　不带储油柜进行真空注油连接示意图

1—油罐；2、4、8—阀门；3—真空滤油机；5—变压器；6—真空计；7—止回阀

（2）储油柜不具备抽真空条件时，可在油箱顶部蝶阀处或在气体继电器联管法兰处，安装抽真空管路和真空表计，接至抽真空设备，连接图如图 13-9-2 所示。

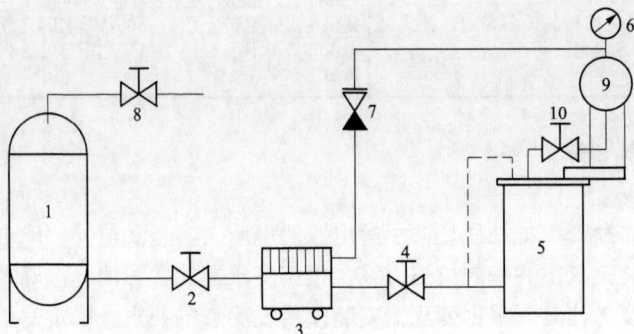

图 13-9-2　带储油柜进行真空注油连接示意图

1—油罐；2、4、8、10—阀门；3—真空滤油机；5—变压器；

6—真空计；7—止回阀；9—储油柜

注：图中虚线表示真空注油宜从油箱顶部管道注入。

（3）有载分接开关变压器，应抽出有载分接开关油室内变压器油单独储存，用连通管将有载分接开关油室与变压器油箱连通，使有载分接开关与变压器本体同时抽真空。

（4）检查抽真空设备管路不得漏气，注油用管路必须接在油箱底部的注油阀上，通过滤油机接至油罐。

（5）启动真空泵并当真空计开始读数时，检修人员应在变压器本体上、下巡视所有法兰密封位置，巡视过程中可以用耳朵靠近听或用手掌贴近方式检查密封位置是否有漏气情况。

（6）巡视检查情况正常后，可均匀提高真空度到 0.067MPa，关闭抽真空管路，在 30min 内油箱内真空度下降不超过 670Pa，可视为密封良好，否则应检查所有法兰密封位置。

2. 变压器真空处理

（1）密封检查合格后，再打开抽真空管路，变压器的极限真空按变压器出厂技术资料要求，220kV 电压等级均匀提高真空度到 0.1MPa，500kV 电压等级真空残压小于 13Pa（330kV 电压等级参照 500kV 电压等级执行）。抽真空时，应监视并记录油箱的变形情况（一般不应超过油箱壁厚两倍），发现异常立即停止抽真空。

（2）当变压器的真空度达到规定要求后，关闭真空泵和变压器本体间的阀门并停止抽真空，进行真空泄漏检验：真空泄漏 $V \leqslant 15\,000$ L·Pa/min。

$$V=(P_2-P_1)V_1/30 \qquad (13-9-1)$$

式中　P_1——停止抽真空后 5min 时的真空度，Pa；

　　　P_2——停止抽真空后 35min 时的真空度，Pa；

　　　V_1——变压器本体油的体积，L。

（3）真空泄漏检验合格后继续抽真空，抽真空维持时间按原出厂技术资料要求进行，一般情况下真空维持时间 220kV 电压等级不少于 12h，500kV 电压等级不少于 24h。

3. 变压器真空注油

（1）真空注油。

1）在真空状态下注入合格的、加温到 50～60℃的变压器油，注油速度应小于 5t/h，注油时应继续抽真空。

2）注油开始时，工作人员应仔细检查注油用透明管是否有气泡等异常情况，如有应立即停止注油，并检查注油管道系统各接口的密封情况。

3）在注油过程中，工作人员应每小时检查注油管道系统各接口的密封情况及有无异常现象。

4）通过储油柜抽真空进行注油时，无有载分接开关的变压器可一次将油注到储油柜离底部 1/3 刻度处；带有载分接开关的变压器注油至箱盖 100～200mm 时停止注油，保持真空维持时间可按原出厂技术资料要求，一般情况下 220kV 电压等级不少于 4h，拆除有载分接开关与本体间的连通管。

5）未通过储油柜抽真空进行注油时，注油至箱盖 100～200mm 时停止注油，保持真空维持时间可按原出厂技术资料要求，一般情况下 220kV 电压等级不少于 4h，注入变压器内油的性能应符合出厂技术资料要求及相关技术标准，但不得低于表 13-8-2 的要求。

（2）变压器补油。

1）变压器经真空注油后补油时，需经储油柜注油管注入，严禁从下部注油阀注入，注油时应使油流缓慢注入变压器至规定的油面为止。

2）变压器补油时，应先打开将散热器或冷却器、集油联管、储油柜的蝶阀及储油柜的放气管。

3）为保证变压器本体油面不会下降过快致使器身暴露，开始注油时，先打开散热器或冷却器的上部位置蝶阀，待储油柜油位计有显示油位上升后，再打开散热器或冷却器的下部位置蝶阀。

4）按油面上升高度逐步打开升高座导油管、冷却器（散热器）等最高位置放气塞进行排气，出油后即旋紧放气塞。

（3）热油循环。

1）对于 220kV 及以上的变压器，需要进行热油循环。

2）关闭冷却装置与变压器本体之间的阀门，然后接通热油循环系统的管路，通过真空滤油机进行热油循环，使热油从专用滤油阀或油箱顶盖上的蝶阀进入油箱，从油箱下部的活门流回真空滤油机。

3）在循环过程中，滤油机的出口油温控制在（65±5）℃范围内。当环境温度低于 15℃（全天平均温度）时，应在油箱外表面采取保温措施。

4）热油循环的时间要同时满足两条规定：① 不少于 48h；② 不小于 3 倍的变压器总油重除以通过滤油机的每小时油量。

4. 变压器排气

（1）胶囊式储油柜充油排气。由储油柜注油管将油注满储油柜，直至放气管或放油塞出油，再关闭注油管和放气管或放油塞，管式油位计上部呼吸塞处应该用密封垫密封，以防止管式油位计中的油溢出。从变压器储油柜注油管排油，此时空气经吸湿器自然进入储油柜胶囊内部，至油位计指示规定油位为止。

（2）胶囊式储油柜充气排气。加油至油位计指示规定油位，用干燥空气或氮气连接吸湿器法兰进行缓慢充气，充气压力控制在 0.025～0.03MPa 内，直至放气管或放油塞出油，再关闭注油管和放气管或放油塞。解除干燥空气或氮气与吸湿器的连接，此时空气经吸湿器处排出，至油位计指示规定油位为止。

（3）隔膜式储油柜排气。将磁力油位计调整至零位，拉出隔膜上排气孔的密封塞，用手不断将隔膜内的空气从排气孔排出，排尽隔膜内的空气后回装密封塞。由注油管向隔膜内注油达到比指定油位稍高，再次打开排气孔的密封塞充分排除隔膜内的气体，经反复调整达到指定油位。发现储油柜下部集气盒油标指示有空气时，应用排气阀进行排气。

5. 静置

真空注油后变压器静置时间按变压器出厂技术资料要求进行，在静置期间，应每隔 12h 进行放气。

6. 验收

（1）校准油位。用透明塑料软管一头连接气体继电器放气塞，另一头拉至油位计或示油管处，打开气体继电器放气塞，检查油位计或示油管液面与透明塑料软管液面是否一致，如不一致调整油位计齿轮或示油管液面使得油位计指针或示油管液面与透明塑料软管液面处于同一高度，回复气体继电器放气塞。

（2）密封性能试验。从储油柜顶部加气压 Δp（MPa），气压值按下式规定计算

$$\Delta p = 0.045\ h\rho \times 10^{-2} \tag{13-9-2}$$

式中 h ——储油柜中油面至压力释放阀法兰的高度；

ρ——变压器油密度，取 0.85kg/dm^2。

加气压维持时间 24h，应无渗漏和损伤。

（3）注油 24h 后，应从变压器底部放油阀（塞）采取油样进行化验与色谱分析。

五、注意事项

（1）检查注油设备、注油管路是否清洁干净，新使用的油管亦应先冲洗干净。检查清洁油罐、油桶、管路、滤油机、油泵等，应保持清洁干燥，无灰尘杂质和水分，清洁完毕应做好密封措施。变压器抽真空时，防止真空泵电源失电，真空泵油被吸入变压器油箱，污染变压器绝缘。

（2）变压器的抽真空应按制造厂图纸要求并遵守制造厂规定，防止胶囊袋破裂或不能承受全真空变压器油箱、附件（储油柜、散热器等）在抽真空时的过度变形。抽真空前应关闭不能抽真空的附件阀门，如储油柜（可抽真空储油柜阀门可不关闭）、有载分接开关储油柜阀门，其他阀门应处于开启位置。

（3）雨雪天或雾天不宜进行真空注油工作。

（4）补充不同牌号的变压器油时，应先做混油试验，合格后方可使用。

【思考与练习】

1. 变压器现场滤油勘查变电站现场时需要了解哪些要点？

2. 补充不同牌号的变压器油时，为什么应先做混油试验？

3. 变压器注油后应如何补油？

◢ 模块 10 变压器的现场安装工作内容和 质量标准（Z15H1010Ⅲ）

【模块描述】 本模块介绍了变压器现场安装的前期工作、安装工作质量标准、投入运行前的试验及工程交接验收等工作内容，通过作业流程介绍，掌握变压器的现场安装工作内容和质量标准。

【模块内容】

一、变压器现场安装的作业内容

本模块所述内容为各类大、中型变压器新购置或大修后，由制造厂或修理厂运至使用现场，进行安装前验收，合格后进行安装、试验、试运行及安装使用交接的全过程。变压器的现场安装类似于变压器的总装配，是在现场的重新装配。中、小型变压器多是整体运输，或是只拆下少量组件运输，安装工作较为简单。大型变压器的安装工作则较为复杂，其安装工作流程如图 13-10-1 所示。

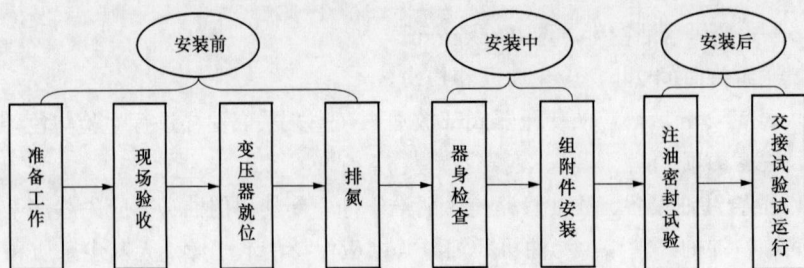

图 13-10-1 变压器现场安装工作流程图

（1）准备工作。包括技术资料的准备，安装计划的制订，起重、真空干燥、试验等设备和工器具的准备，消防安全器材的配置，场地布置与清理。

（2）现场验收。是指出厂文件和资料的核对与验收，主体、组附件的验收。

（3）变压器就位。指变压器牵引、顶升就位。

（4）排氮。充氮运输的变压器需将内部氮气排尽。

（5）器身检查。指器身的检查、试验和回装。因现多为免吊芯变压器，故此项工作可省略。

（6）组部件安装。安装变压器升高座、套管、储油柜、气体继电器等组部件。

（7）注油、密封试验。变压器真空注油、热油循环（必要时）、补油、静置，进行整体密封检查。

（8）交接试验、试运行。包括交接试验、冲合闸试验、试运行及交接验收。

二、危险点分析与控制措施

变压器现场安装的危险点分析与控制措施见表 13-10-1。

表 13-10-1　　　　　　　变压器现场安装的危险点分析与控制措施

序号	危 险 点	安全控制措施
1	起重不规范，会引起设备损坏或人员伤亡	注意吊臂与带电设备保持足够的安全距离
2	高空作业时高空坠落	登高工作人员必须系保险带工作，且保险带必须正确悬挂
3	非免吊芯变压器身检查时触电，或吊时晃动、钩挂损坏变压器器身	吊罩时，在变压器钟罩 4 个方向都需定位，4 面设专人监视，注意观察钟罩与器身附件的间隙，严防偏位而碰撞器身
4	不能承受全真空变压器油箱和附件（储油柜、散热器等），在抽真空时的过度变形而报废	在抽真空前，首先应确定变压器油箱的机械强度、允许抽真空的范围。最简便的方法是装置油箱变形的标志
5	免吊芯进箱检修时，出现人员不适、遗留异物或损伤绝缘等	应注意箱内的氧气含量、湿度、人员清洁。设立现场工器具管理专职人员，做好发放及回收清点工作，并做记录

三、变压器现场安装的前期工作

（一）变压器的现场验收检查

变压器运到现场后，应核对确认到货设备本体、附件及资料齐全、规格正确，如发现存在缺陷和问题及时处理。

1. 文件核对

按订货合同逐项与产品铭牌进行校对，查其是否相符。按变压器"出厂技术文件一览表"查对技术文件、组件、附件、备品备件是否齐全。出厂技术文件根据 GB 1094 中规定，制造厂每台设备（包括标准组件）应该有全套的安装使用说明书、产品合格证书、出厂试验记录、产品外形尺寸图、运输尺寸图、产品拆卸件一览表、装箱单、铭牌或铭牌标志图及备件一览表等。这些技术文件应当妥善保管，以备日后工作中查阅。

2. 外观检查

大型变压器运输时油箱上部安装有冲击记录仪，以记录设备在运输和装卸过程中受冲击的情况。验收时应检查并记录冲击记录仪上的数据，以判断设备内部是否有可能受损伤。一般心式变压器控制冲击力在 3g 以下，其他类型的变压器可按制造厂的要求；当冲击力超出时，必须与运输方、制造厂和甲方用户共同验证，检查内部器身受冲击力的情况。

检查油箱及附件应无锈蚀及机械损伤，外观正常。检查油箱的密封性，有无因运输之故造成新的渗漏和密封损坏、紧固螺栓松动等。因为带油运输的变压器顶部一段一般无油，只有要求每个螺栓都紧固良好，才能防止进水，而油位以下部分应无渗漏。充气运输的设备，检查压力可以作为油箱是否密封良好的参考，必要时，应对油箱中的残油进行含水量的测量。组、附件管路中应清洁、无异物和油水。

（二）变压器的卸车和就位

1. 卸车

卸车的基本方法有起重法和牵引法两种，前者运用垂直力，而后者运用水平力。

（1）用起重法卸车时，必须使用特大型起重机。起吊钢丝绳必须挂在起吊整体的吊拌上。为了防止事故，必须进行静载检查和动载试吊。按预定目标将变压器放到另一运输车的平台上，或者放在预先准备好的枕木垛上，便完成了卸车。

（2）用牵引法卸车时，需先在运输车附近用枕木或钢材筑起坚实的平台，然后用千斤顶将变压器顶起，在运输车平台和筑起的平台上敷设钢轨。变压器上专设的千斤顶支架都要使用，并尽量同步提升，以均匀受力。当把变压器用千斤顶降落到钢轨上，并拖离运输车后，便完成了卸车。

2. 就位

可使用滚杠运输就位或液压顶推滑移法就位。滚杠运输是机械设备最简便、最常用的运输方法。利用滚杠搬运设备的主要工具有滚杠、滑车及牵引设备等，使用时应注意：

（1）滚杠的数量和间距应该根据设备的重量来决定。

（2）放置时应将滚杠的端头放整齐，避免长短不一，两端应伸出设备外面 300mm 左右。

（3）搬运设备遇有上下斜坡时，要用拖拉绳索牵制。

（4）牵引时应时刻注意各牵引工具的受力，不能疏忽而因受力过度造成断裂、弹出，使设备或人身受到伤害。

（三）排氮

现大型变压器大都采用充氮运输，为了人身安全、避免窒息，安装前必须将内部氮气排尽。

注油排氮是方法之一。进口设备大都采用充干燥空气运输，也可采用注油排气方法。排氮前，应将油箱内的残油排放干净。排氮时，注入的绝缘油电气强度应达到油的交接标准，绝缘油经真空净油机从变压器下部油门注入，氮气经顶部排出。为将氮气排尽，需将油充至顶部。为防止由于温度变化油膨胀，排完氮后，应将油位下降，降到高出铁芯上沿 100mm 以上，以免内部绝缘受潮。注油后需静置 12h 以上，以使内部绝缘件浸透油。

另外，可采用抽真空排氮的方式，较为简单，但要注意油箱的强度。当油箱内含氧浓度大于 18% 时，可判断氮气已排尽，人能进入内部。

若变压器需吊芯检查，则可吊罩后将器身暴露 15min 以上，待氮气充分扩散后，人员才可以接近。

四、变压器现场安装的内容和质量要求

（一）安装的现场要求

安装主要成套组件（套管、分接开关的驱动机构、压力释放阀等）时，必须在相对湿度不大于 75% 的干燥晴朗的天气下进行。安装过程中，要把打开盖板和人（手）孔的时间控制到：空气相对湿度不大于 65% 时，不应超过 16h；空气相对湿度不大于 75% 时，不应超过 12h。

（二）组部件的安装及质量要求

1. 套管的安装

（1）40kV 及以下套管的安装。40kV 及以下绕组引线通常采用便于安装和拆卸的导杆式或穿缆式套管引出。穿缆式套管即在变压器制造时导杆已直接焊到绕组的软引线上。这两种套管的固定和密封方法类似。安装套管时应注意，电气接触可靠，套管和导电杆密封要严密，软连接线在变压器里的分布位置要正确。套管软连接线之间、套管各相与其他接地部分和导电部分之间的绝缘距离，通常应不小于 50mm（连接线每边包绝缘厚 3mm 时）。

（2）63kV 及以上套管的安装。63kV 及以上引线的引出，采用油纸电容式套管及复合绝缘的高压套管。这些套管体积大、重量重。安装前，将经试验和检查过的套管放在专用支架上，以便利用现成的起吊机械进行套管安装。套管的起吊、安装如图 13-10-2 所示。

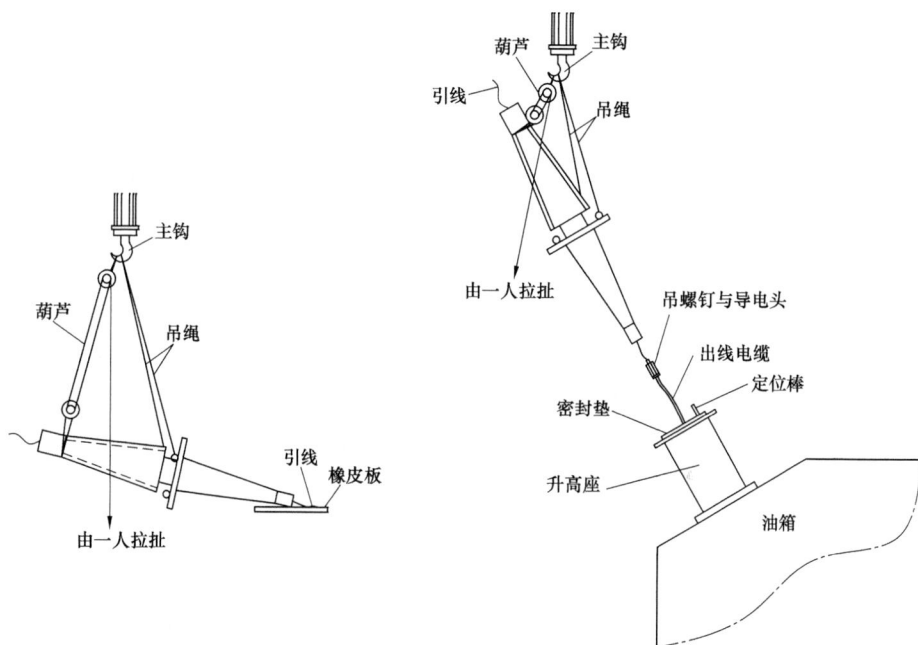

图 13-10-2　63kV 以上套管的起吊、安装图

吊起时，检查均压罩应完整，其绝缘覆盖层应没有损伤。倾斜时，应注意套管支撑法兰上的管接头和塞子在最高位置；将套管垂直放置，注意起吊时下部不要着地，利用滑轮将套管垂直竖立。

套管装入油箱时通过视察窗观察套管的位置和引线的拉紧状况及引线在均压罩里和套管中心管里的位置。如果升高座内部有酚醛纸筒结构，套管均压罩应在酚醛纸筒的轴线上，仔细检查均压罩与变压器绝缘之间的距离及均压罩与纸筒之间的距离，都应符合各种电压等级规定的绝缘距离尺寸等技术要求。

当套管法兰与变压器盖板之间存在设计间隙，避免单边过度紧固螺栓导致套管法兰出现裂纹。套管安装法兰螺栓的紧固力矩应根据螺栓和盖板的尺寸进行调整，必须逐渐的对侧交叉紧固，确保法兰使每个螺栓受力均匀，避免对法兰造成损坏。

为了避免出现将军帽密封不良导致破坏变压器密封等问题，套管可采用导杆式结构。导杆式套管的连接可根据套管的型号选用不同的连接方式。对于导杆连接方式的套管，在变压器绕组的绝缘引线与套管底部端子连接后通过顶推和旋转均压球，即可方便安装固定均压球或拆卸均压球。

均压罩的安装和绕组引线的连接都是在油箱里面进行的，如图 13-10-3 所示。

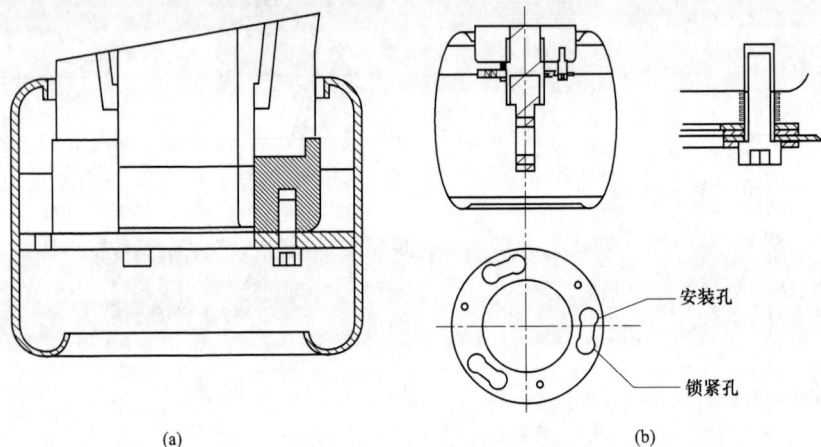

图 13-10-3 连接均压球装配
（a）穿缆式连接均压球；（b）穿杆式连接均压球装配

绕组的绝缘引线焊上一个接触片，接触片连接在套管的接触螺杆上。套管均压罩上有两个孔：侧面的孔用于通过绕组的引线，下面的孔用于固定套管。为了减轻在油箱里操作的工作量，建议在安装套管之前对均压罩和电缆接头紧固件进行试装配。套管顶部结构的密封至关重要，由于顶部结构密封不良而导致水分沿引线渗入变压器线圈造成烧坏事故者不少。

现在一些电容芯套管为了试验方便将末屏引出。末屏应良好接地。

（3）封闭母线接线变压器用的 110～220kV 套管的安装。封闭母线与变压器的连接常采用竖直、倾斜和水平三种安装方式的充油式套管，一些新结构的变压器主要采用竖直和倾斜两种方式。安装与相应电压等级的一般套管相同。

安装后，变压器套管在密封外罩里，高压电缆套管也是安装固定在这个外罩里，电缆套管和变压器套管的载流导杆用连接线连接起来。密封外罩安装在变压器的油箱上。在安装外罩及注油时，必须遵守电缆套管的安装要求。

2. 储油柜的安装

储油柜是用于保持和控制油箱里所必需的油量。一般有载分接开关变压器的储油柜里有一个专用的间隔，用于保持和控制有载分接开关油室里所需的油位，也有装单独储油柜的。

安装前要检查储油柜、连接管内部表面清洁情况，无机械损伤，必要时用干燥的变压器油冲洗，并进行密封试验。应注意连接管焊缝的完整性，排除因运输时连接管损坏的缺陷。

安装指针式油位计前，先检查油位计传动机构的完整性，擦净防腐油，检查油位计的工作情况。然后把带浮筒的连杆固定到磁铁联轴节的轴上，检查连杆和油位计指针位置是否一致。油位计安装后，检查指针与外壳的保护玻璃、连杆与储油柜的凸出部分是否接触。检查过程中，要修复好在组装成套件及运输和储存期间造成的所有密封不严的地方。可以用热的干燥变压器油（50～60℃）充到油位计的上限标志并在此状态下至少静置 3h，发现有渗油痕迹时及时处理。

在安装油位计、油位继电器等拆卸运输的组件后，将储油柜固定至变压器油箱上。有些大型变压器的储油柜是安装和固定在单独的基础上。

安装吸湿器前必须检查其玻璃筒是否破损，硅胶是否呈蓝色（国产）或橙色（进口），若变色及时更换。对吸湿器油封油位的要求，是为了清除吸入空气中的杂质和水分。注入吸湿器油杯的油量要适中，应略高于油面线，油位线应高于呼吸管口，并能起到长期呼吸的作用。

3. 保护装置的安装

（1）气体继电器。气体继电器安装在变压器油箱和储油柜之间的油管上，盖上的箭头应指向油从变压器油箱向储油柜流动的方向。大型变压器的气体继电器配有取气样装置，该装置的连接应在气体继电器安装和充油之后进行。

气体继电器安装前应检验其严密性、绝缘性能并作流速整定，一般根据各运行单位技术要求执行。根据运行经验，以下数据供参考。继电器整定范围：自然冷却的变压器为 0.8～1.0m/s，强油循环冷却的变压器为 1.0～1.3m/s，500kV 等级的变压器为 1.3～1.4m/s，一般大型变压器宜取上限值，偏差不应大于 0.05m/s。容量为 8000kVA 及以上的变压器，连接管径为 80mm；容量为 6300kVA 及以下的变压器，连接管径为 50mm。有载分接开关的气体继电器连接管径为 25mm，其流速整定为 1.0m/s 以上。

（2）压力释放阀。压力释放阀装在箱盖或箱壁相对的法兰上，一般大型变压器安装两个压力释放阀，并借助管接头装有定向排油的导油管。安装时，如制造厂图纸无明确表示时应注意方向，使喷油口不要朝向邻近的设备。压力释放阀出厂时已经过严格试验和检查，各紧固件和接合缝隙均涂有固封胶，阀门的各零件不应自行拆动，以免影响其密封和灵敏度。凡拆动过的阀门必须重新试验，合格后方能使用。

（3）信号式（压力式）温度计。检查和调整接触系统之后，将信号式温度计测温筒完全插进并固定在专用管座里（管座在油箱的上部，内填入 2/3 容积的变压器油）。安装温度计外壳时应注意使刻度盘处于竖直方向。金属细管不许急剧弯曲（弯曲半径不小于 75mm），否则会导致金属细管堵塞损坏密封性。

4. 冷却装置的安装

冷却装置安装前应按标准或制造厂规定的压力值进行密封试验。一般散热器，规定用 0.05MPa 表压力的压缩空气进行检查应无渗漏。强迫油循环风冷却器，制造厂规定为 0.25MPa 的压力。强迫油循环水冷却器，应分别检查水、油系统无渗漏，一般水压在 0.5MPa 左右。

安装散热器时注意散热器法兰与蝶阀的配合、密封。安装后打开蝶阀，向散热器注油，并打开放气塞放出空气。油浸风冷系统装有带有三相异步电动机的轴流式风扇。安装之前，特别注意风扇电动机和叶轮。长期储存的，还要检查电动机轴承中的润滑油和测量定子绕组的电阻。电动机受潮时，安装前要进行干燥。风扇安装后，先用手转动一下，然后试验性地投入电动机，检验风扇的运行情况。当出现风扇振动时，必须校正平衡。风冷自动控制箱装在变压器的油箱上或单独的基础上，以方便操作维修为准。安装时，必须注意控制箱门和电力电缆、控制电缆接头的密封质量。冷却系统安装之后进行自动控制和手动控制时的电路运行试验。试验之前，必须用 500V 的绝缘电阻表测量所有电路对地的绝缘电阻和检查风扇叶轮的旋转方向，所有电路的绝缘电阻（包括电动机的定子绕组）应不低于 0.5MΩ。当叶轮的旋转方向不正确时，必须改变电动机的旋转方向。

应特别注意，有些变压器制造厂生产的 YF 型强迫油循环风冷却器，早期的净油器只在出口处装有滤网，这就规定了油流方向，不得装反，否则吸附剂会被冲入变压器内。

5. 开关的安装

参见第十二章和第十三章的相关部分。

6. 二次回路电缆的安装

装在变压器上的保护装置和装入式电流互感器的所有两次回路电缆都放在一个金属软管内，并顺着油箱引到端子接线盒上。金属软管用金属夹子和螺栓固定在箱壁上，软管端头固定在配电端子接线盒的密封盖内。配电端子接线盒通常固定在变压器的油箱上。盒的侧壁上装有密封进线电缆和固定电线的金属软管用的密封盖，下壁上装有密封出线电缆的密封盖，其他不用的密封盖都应关死。

由变压器的配电箱来的冷却器风扇电源和保护、信号回路导线，为避免这些导线损伤或腐蚀，靠近设备箱壁处应有保护措施，如使用铁管、金属板或用金属软管等。安装时应注意美观、整齐。

7. 本体、中性点和铁芯接地安装

（1）变压器本体油箱应在不同位置分别有两根引向主接地网不同地点的水平接地体。每根接地线的截面积应满足设计的要求，油箱接地引线螺栓紧固，接触良好。

（2）110kV（66kV）及以上绕组的中性点接地引下线的截面积应满足设计的要求，并有两根分别引向主接地网不同地点的水平接地体。

（3）铁芯接地引出线（包括铁轭有单独引出的接地引线）的规格和与油箱间的绝缘应满足设计的要求，接地引出线可靠接地。引出线的设置位置有利于监测接地电流。

（三）真空注油、补油和静置、整体密封检查

变压器安装完毕，应进行真空注油、补油和静置、整体密封检查等工作，其内容及要求见模块 Z15H1009Ⅲ。检查各部位应无渗漏油现象，油位高低符合规定，且无假油位。密封试验应合格。

（四）交接试验及试运行

1. 交接试验

安装后的试验用于检查变压器及组件在投入运行前的基本参数，发现潜在的故障。大型电力变压器从工厂出厂试验合格到投入电网运行，要经过一个复杂的运输和安装过程，此过程之后的变压器的质量状况，与出厂试验时相比较，可能会发生不同程度的变化，有时甚至可能发生破坏性的变化。为了验证这种变化的程度是否会影响变压器安全运行，国家标准规定要进行交接试验。由于变压器安装后的质量状况与出厂试验时的状况有所不同，作为运行的比较基准，交接试验结果更为直接。

根据 GB 50150—2006《电气装置安装工程　电气设备交接试验标准》规定，电力变压器的交接试验项目应包括下列内容：

（1）绝缘油试验或 SF_6 气体试验。

（2）测量绕组连同套管的直流电阻。

（3）检查所有分接头的变压比。

（4）检查变压器的三相接线组别和单相变压器引出线的极性。

（5）测量与铁芯绝缘的各紧固件（连接片可拆开者）及铁芯（有外引接地线的）绝缘电阻。

（6）非纯瓷套管的试验。

（7）有载调压切换装置的检查和试验。

（8）测量绕组连同套管的绝缘电阻、吸收比或极化指数。

（9）测量绕组连同套管的介质损耗角正切值 $\tan\delta$。

（10）测量绕组连同套管的直流泄漏电流。

（11）变压器绕组变形试验。

（12）绕组连同套管的交流耐压试验。

（13）绕组连同套管的长时感应电压试验带局部放电试验。

（14）额定电压下的冲击合闸试验。

（15）检查相位。

（16）测量噪声。

试验时，所列试验必须按规定的顺序进行。GB 50150—2006 对交接试验的程序没有做明确规定。但实际执行时分成四个步骤：

（1）第一步——性能参数测定，其中包括直流电阻、变压比、检查接线组别和极性。

（2）第二步——绝缘性能试验，其中包括绝缘电阻、$\tan\delta$、直流泄漏电流和绝缘油试验。

（3）第三步——绝缘耐压试验，其中包括交流耐压试验和局部放电试验。

（4）第四步——试运行试验，其中包括有载分接开关检查、冲击合闸试验、声级测定以及绝缘油中溶解气体的色谱分析。

特别要注意操作的安全问题。试验时应大声呼唱。

2. 试运行及交接验收

变压器经交接试验、验收，符合试运行条件后开始试运行。试运行期间应带额定负荷，若无此条件，一般按系统情况可供给的最大负荷，连续运行 24h 后即可认为试运行结束，可移交生产。一些工厂企业变电站完工后，而其他生产用电工程尚未完工，无负荷可带，故提出空载运行 24h 也可交工。但变压器不经带负荷 24h 考核就移交生产，是不合适的，有些情况应有其他办法来解决。

大型变压器的铁芯和夹件都经过套管引出接地，故规定铁芯和夹件的接地套管应予以测试绝缘电阻后可靠接地。

为了尽量放出残留空气，强迫油循环的变压器应启动全部冷却装置，进行循环，220kV 变压器都规定循环时间在 4h 以上。

有中性点接地的变压器，在进行冲击合闸时，中性点必须接地。在以往工程中由于中性点未接地而进行冲击合闸，造成变压器损坏，故应引起十分注意。

为了避免变压器承受冲击电流，易从高压侧冲击合闸为宜。变压器中如三绕组的中压侧过电压较高，也不强行非从高压侧冲击合闸。对发电机变压器组接线的变压器，当发电机与变压器间无操作断开点时，可以不做全电压冲击合闸。对此问题，应由各方协商决定。

进行交接验收时，应同时移交技术文件，这是新设备的原始档案资料和运行及检修时的依据。移交的资料应正确齐全。

五、变压器现场安装的注意事项

（1）盖板打开后，变压器里不许落进灰尘、污物和无关的东西，这些东西在工作开始前必须仔细地从油箱盖板四周和成套组件外清除掉，而且把安装场地的尘源也清除掉。

（2）目前国内的变压器渗漏油现象仍较普遍，其密封是关键。各种法兰连接的安装时，除了可靠的固定以外，要特别注意保证法兰连接的密封性，均匀地把密封垫厚度压缩 1/3。连接前先检查一下连接的状况，这时必须注意：

1）连接法兰的平行度，法兰面不应有凹陷和其他的损伤，保证机械完整性、接缝质量；限位钢丝的分布应当紧密地布置在法兰的表面上，并没有妨碍、碰擦密封垫的突出部分和弯曲部分。

2）密封垫不应有裂痕、断裂和残余变形，即使有一点损伤，也必须更换新的。密封垫条的所有对接端头，都要有一个坡度，并打平用胶水仔细地黏合，接头坡度的长度应大于垫条厚度的 1～2 倍。

3）不要把油弄到密封垫的表面上，否则会造成密封渗油。

（3）变压器上装有各种口径和规格的阀门及排气、放油的密封塞。要保证阀门在变压器油介质中正常工作，不成为渗漏油的隐患。平面蝶阀切合时活门处允许稍有小漏，在变压器安装工艺里，必须考虑到这一点，但要保证转轴的密封。密封塞安装时，必须注意塞体和管接头的螺牙松动和完整状况。

（4）总装完毕后，应接好接地线及避雷装置。应注意变压器绕组不允许通过油箱或外壳（干式）接地，变压器油箱必须与变电站的总接地回路相连接，操作过程中不可疏忽大意。

【思考与练习】

1. 变压器安装前的准备工作有哪些？
2. 变压器安装 63kV 及以上电压等级的套管有什么技术要求？
3. 变压器投入运行前要做哪些电气试验？

◢ 模块 11　变压器验收（Z15H1011Ⅲ）

【模块描述】 本模块包含变压器的验收规范和验收标准，通过本模块的学习，掌握变压器的验收内容和要求。

【模块内容】

一、新设备验收的项目及要求

（一）设备运抵现场、就位后的验收

（1）油箱及所有附件应齐全，无锈蚀及机械损伤，密封应良好。

（2）油箱箱盖或钟罩法兰及封板的连接螺栓应齐全，紧固良好，无渗漏；浸入油中运输的附件，其油箱应无渗漏。

（3）套管外表面无损伤、裂痕，充油套管无渗漏。

（4）套管升高座（TA 安装在内）不随主油箱运输而单独运输时，套管升高座是否注满合格的绝缘油。

（5）充气运输的设备，油箱内应为正压，其压力为 0.01～0.03MPa 高纯氮气。残油中微水不应大于 25ppm，残油耐压试验在 220kV 及以下者不低于 35kV。

（6）检查三维冲击记录仪，设备在运输及就位过程中受到的冲击值，应符合制造厂规定。一般小于 3g。

（7）设备基础的轨道应水平，轨距与轮距应配合。装有滚轮的变压器，应将滚轮用能拆卸的制动装置加以固定。

（8）变压器（电抗器）顶盖沿气体继电器油流方向有 1%～1.5%的升高坡度，制造厂家不要求的除外。

（9）与封闭母线连接时，其套管中心应与封闭母线中心线相符。

（10）组部件、备件应齐全，规格应符合设计要求，包装及密封应良好。

（11）随产品提供的产品清单、产品合格证书（含组附件）、出厂试验报告、产品使用说明书（含组附件）等资料齐全完整。

（12）变压器绝缘油应符合国家标准规定。

（二）变压器安装、试验完毕后的验收

1. 变压器本体和附件

（1）变压器本体和组部件等各部位均无渗漏。

（2）储油柜油位合适，油位表指示正确。

（3）套管：

1）瓷套表面清洁无裂缝、损伤；

2）套管固定可靠、各螺栓受力均匀；

3）油位指示正常。油位表朝向应便于运行巡视；

4）电容套管末屏接地可靠；

5）引线连接可靠、对地和相间距离符合要求，各导电接触面应涂有电力复合脂，引线松紧适当，无明显过紧、过松现象；

6）与硬质母排连接应采用软连接过渡，避免套管桩头受力，如铁芯、夹件接地小套管引出不能直接用铜排等。

（4）升高座和套管型电流互感器：

1）放气塞位置应在升高座最高处；

2）套管型电流互感器二次接线板及端子密封完好，无渗漏，清洁无氧化；

3）套管型电流互感器二次引线连接螺栓紧固、接线可靠、二次引线裸露部分不大于 5mm；

4）套管型电流互感器二次备用绕组经短接后接地，检查二次极性的正确性，电压比与实际相符。

（5）气体继电器：

1）检查气体继电器是否已解除运输用的固定，继电器应水平安装，其顶盖上标志的箭头应指向储油柜，其与连通管的连接应密封良好，连通管应有 1%～1.5%的升高坡度；

2）集气盒内应充满变压器油且密封良好；

3）气体继电器应具备防潮和防进水的功能，如不具备应加装防雨罩；

4）轻、重瓦斯触点动作正确，气体继电器按 DL/T 540 校验合格，动作值符合整定要求；

5）气体继电器的电缆应采用耐油屏蔽电缆，电缆引线在继电器侧应有滴水弯，电缆孔应封堵完好；

6）观察窗的挡板应处于打开位置。

（6）压力释放阀：

1）压力释放阀及导向装置的安装方向应正确；阀盖和升高座内应清洁，密封良好；

2）压力释放阀的触点动作可靠，信号正确，触点和回路绝缘良好；

3）压力释放阀的电缆引线在继电器侧应有滴水弯，电缆孔应封堵完好；

4）压力释放阀应具备防潮和防进水的功能，如不具备应加装防雨罩。

（7）压力突变继电器：

1）安装垂直，放气塞在上端；

2）密封良好、无渗漏，与本体之间的蝶阀打开；

3）触点动作可靠，信号正确，触点和回路绝缘良好；

4）电缆引线在继电器侧应有滴水弯，电缆孔应封堵完好；

5）应具备防潮和防进水的功能，如不具备应加装防雨罩。

（8）无励磁分接开关：

1）挡位指示器清晰，操作灵活、切换正确，内部实际挡位与外部挡位指示正确一致；

2）机械操作闭锁装置的止钉螺栓固定到位；

3）机械操作装置应无锈蚀并涂有润滑脂。

（9）有载分接开关：

1）传动机构应固定牢靠，连接位置正确，且操作灵活，无卡涩现象；传动机构的摩擦部分涂有适合当地气候条件的润滑脂；

2）电气控制回路接线正确、螺栓紧固、绝缘良好；接触器动作正确、接触可靠；

3）远方操作、就地操作、紧急停止按钮、电气闭锁和机械闭锁正确可靠；

4）电机保护、步进保护、连动保护、相序保护、手动操作保护正确可靠；

5）切换装置的工作顺序应符合制造厂规定；正、反两个方向操作至分接开关动作时的圈数误差应符合制造厂规定；

6）在极限位置时，其机械闭锁与极限开关的电气连锁动作应正确；

7）操动机构挡位指示、分接开关本体分接位置指示、监控系统上分接开关分接位置指示应一致；

8）压力释放阀（防爆膜）完好无损。如采用防爆膜，防爆膜上面应用明显的防护警示标示；如采用压力释放阀，应按变压器本体压力释放阀的相关要求；

9）油道畅通，油位指示正常，外部密封无渗油，进出油管标志明显；

10）单相有载调压变压器组进行分接变换操作时应采用三相同步远方或就地电气操作并有失步保护；

11）带电滤油装置控制回路接线正确可靠；

12）带电滤油装置运行时应无异常的振动和噪声，压力符合制造厂规定；

13）带电滤油装置各管道连接处密封良好；

14）带电滤油装置各部位应均无残余气体（制造厂有特殊规定除外）。

（10）吸湿器：

1）吸湿器与储油柜间的连接管的密封应良好，呼吸应畅通；

2）在呼吸器顶盖下应留出 1/5～1/6 高度的空隙；

3）吸湿剂应干燥；油封油位应在油面线上或满足产品的技术要求。

（11）测温装置：

1）温度计动作触点整定正确、动作可靠；

2）就地和远方温度计指示值应一致；

3）顶盖上的温度计座内应注满变压器油，密封良好；闲置的温度计座也应注满变压器油密封，不得进水；

4）膨胀式信号温度计的细金属软管（毛细管）不得有压扁或急剧扭曲，其弯曲半径不得小于 50mm；

5）记忆最高温度的指针应与指示实际温度的指针重叠。

（12）净油器：

1）上、下阀门均应在开启位置；

2）滤网材质和安装正确；

3）硅胶规格和装载量符合要求。

（13）本体、中性点和铁芯接地：

1）变压器本体油箱应在不同位置分别有两根引向不同地点的水平接地体。每根接地线的截面积应满足设计的要求；

2）变压器本体油箱接地引线螺栓紧固，接触良好；

3）110kV（66kV）及以上绕组的每根中性点接地引下线的截面积应满足设计的要求，并有两根分别引向不同地点的水平接地体；

4）铁芯接地引出线（包括铁轭有单独引出的接地引线）的规格和与油箱间的绝缘应满足设计的要求，接地引出线可靠接地。引出线的设置位置有利于监测接地电流。

（14）控制箱（包括有载分接开关、冷却系统控制箱）：

1）控制箱及内部电器的铭牌、型号、规格应符合设计要求，外壳、漆层、手柄、瓷件、胶木电器应无损伤、裂纹或变形；

2）控制回路接线应排列整齐、清晰、美观，绝缘良好无损伤。接线应采用铜质或有电镀金属防锈层的螺栓紧固，且应有防松装置，引线裸露部分不大于 5mm；连接导线截面积符合设计要求、标志清晰；

3）控制箱及内部元件外壳、框架的接零或接地应符合设计要求，连接可靠；

4）内部断路器、接触器动作灵活无卡涩，触头接触紧密、可靠，无异常声音；

5）保护电动机用的热继电器或断路器的整定值应是电动机额定电流的 0.95～1.05 倍；

6）内部元件及转换开关各位置的命名应正确无误并符合设计要求；

7）控制箱密封良好，内外清洁无锈蚀，端子排清洁无异物，驱潮装置工作正常；

8）交直流应使用独立的电缆，回路分开。

（15）冷却装置：

1）风扇电动机及叶片应安装牢固，并应转动灵活，无卡阻；试转时应无振动、过热；叶片应无扭曲变形或与风筒碰擦等情况，转向正确；电动机保护不误动，电源线应采用具有耐油性能的绝缘导线；

2）散热片表面油漆完好，无渗油现象；

3）管路中阀门操作灵活、开闭位置正确；阀门及法兰连接处密封良好无渗油现象；

4）油泵转向正确，转动时应无异常噪声、振动或过热现象，油泵保护不误动；密封良好，无渗油或进气现象（负压区严禁渗漏）。油流继电器指示正确，无抖动现象；

5）备用、辅助冷却器应按规定投入；

6）电源应按规定投入和自动切换，信号正确。

（16）阀门开闭状态：

1）分接开关与本体之间的阀门应关闭位置；

2）通往储油柜的蝶阀、散热器上下的阀门、充氮消防系统与变压器本体连接的蝶阀应打开位置；

3）储油柜上的平衡阀、分接开关与本体之间的阀门应关闭位置；

4）加油阀、排油阀、油样阀、排气阀应处于关闭状态，密封良好、无渗漏。

（17）其他：

1）所有导气管外表无异常，各连接处密封良好；

2）变压器各部位均无残余气体；

3）二次电缆排列应整齐，绝缘良好；

4）储油柜、冷却装置、净油器等油系统上的油阀门应开闭正确，且开、关位置标色清晰，指示正确；

5）感温电缆应避开检修通道。安装牢固（安装固定电缆夹具应具有长期户外使用的性能）、位置正确；

6）变压器整体油漆均匀完好，相色正确；

7）进出油管标识清晰、正确。

2. 交接试验项目

（1）绕组连同套管的绝缘电阻、吸收比、极化指数。

（2）绕组连同套管的介质损耗因数。

（3）绕组连同套管的直流电阻和泄漏电流。

（4）铁芯、夹件对地绝缘电阻。

（5）变压器电压比、连接组别和极性。

（6）变压器局部放电测量。

（7）外施工频交流耐压试验。

（8）套管主屏绝缘电阻、电容值、介质损耗因数、末屏绝缘电阻及介质损耗因数。

（9）本体绝缘油试验（必要时包括套管绝缘油试验）：

1）界面张力；

2）酸值；

3）水溶性酸（pH 值）；

4）机械杂质；

5）闪点；

6）绝缘油电气强度；

7）油介质损耗因数（90℃）；

8）绝缘油中微水含量；

9）绝缘油中含气量（330kV 及以上）；

10）色谱分析。

（10）套管型电流互感器试验：

1）绝缘电阻；

2）直流电阻；

3）电流比及极性；

4）伏安特性。

（11）有载分接开关试验：

1）绝缘油电气强度；

2）绝缘油中微水含量；

3）动作顺序（或动作圈数）；

4）切换试验；

5）密封试验。

（12）绕组变形试验。

3. 竣工资料

变压器竣工应提供以下资料，所提供的资料应完整无缺，符合验收规范、技术合同等要求。

（1）变压器订货技术合同（或技术合同）。

（2）变压器安装使用说明书。

（3）变压器出厂合格证。

（4）有载分接开关安装使用说明书。

（5）无励磁分接开关安装使用说明书。

（6）有载分接开关在线滤油装置安装使用说明书。

（7）本体油色谱在线监测装置安装使用说明书。

（8）本体气体继电器安装使用说明书及试验合格证；压力释放阀出厂合格证及动作试验报告。

（9）有载分接开关、气体继电器安装使用说明书。

（10）冷却器安装使用说明书。

（11）温度计安装使用说明书。

（12）吸湿器安装使用说明书。

（13）油位计安装使用说明书。

（14）变压器油产地和牌号等相关资料。

（15）出厂试验报告。

（16）安装报告。

（17）内检报告。

（18）整体密封试验报告。

（19）调试报告。

（20）变更设计的技术文件。

（21）竣工图。

（22）备品备件移交清单。

（23）专用工器具移交清单。

（24）设备开箱记录。

（25）设备监造报告。

（三）验收和审批

（1）变压器整体验收的条件：

1）变压器及附件已安装调试完毕；

2）交接试验合格，施工图、各项调试或试验报告、监理报告等技术资料和文件已整理完毕；

3）预验收合格，缺陷已消除；场地已清理干净。

（2）变压器整体验收的要求和内容：

1）项目负责单位应在工程竣工前十五天通知有关单位准备工程竣工验收，并组织相关单位参加，监理单位配合；

2）验收单位应组织验收小组进行验收。在验收中检查发现的施工质量问题，应以书面形式通知相关单位并限期整改。验收合格后方可投入生产运行；

3）在投产设备保质期内发现质量问题，应由建设单位负责处理。

（3）审批：

验收结束后，将验收报告交启动委员会审核批准。

二、检修设备验收的项目和要求

（一）大修验收的项目和要求（包括更换线圈和更换内部引线等）

1. 变压器绕组

（1）清洁无破损，绑扎紧固完整，分接引线出口处封闭良好，围屏无变形、发热和树枝状放电痕迹。

（2）围屏的起头应放在绕组的垫块上，接头处搭接应错开不堵塞油道。

（3）支撑围屏的长垫块无爬电痕迹。

（4）相间隔板完整固定牢固。

（5）绕组应清洁，表面无油垢、变形。

（6）整个绕组无倾斜，位移，导线辐向无弹出现象。

（7）各垫块排列整齐，辐向间距相等，轴向成一垂直线，支撑牢固有适当压紧力，垫块外露出绕组的长度至少应超过绕组导线的厚度。

（8）绕组油道畅通，无油垢及其他杂物积存。

（9）外观整齐清洁，绝缘及导线无破损。

（10）绕组无局部过热和放电痕迹。

2. 引线及绝缘支架

（1）引线绝缘包扎完好，无变形、变脆，引线无断股卡伤。

（2）穿缆引线已用白布带半迭包绕一层。

（3）接头表面应平整、清洁、光滑无毛刺及其他杂质：

1）引线长短适宜，无扭曲；

2）引线绝缘的厚度应足够；

3）绝缘支架应无破损、裂纹、弯曲、变形及烧伤；

4）绝缘支架与铁夹件的固定可用钢螺栓，绝缘件与绝缘支架的固定应用绝缘螺栓；两种固定螺栓均应有防松措施；

5）绝缘夹件固定引线处已垫附加绝缘；

6）引线固定用绝缘夹件的间距，应考虑在电动力的作用下，不致发生引线短路；线与各部位之间的绝缘距离应足够；

7）大电流引线（铜排或铝排）与箱壁间距，一般应大于 100mm，铜（铝）排表面已包扎一层绝缘。

3. 铁芯

（1）铁芯平整，绝缘漆膜无损伤，叠片紧密，边侧的硅钢片无翘起或成波浪状。铁芯各部表面无油垢和杂质，片间无短路，搭接现象，接缝间隙符合要求。

（2）铁芯与上下夹件、方铁、压板、底脚板间绝缘良好。

（3）钢压板与铁芯间有明显的均匀间隙；绝缘压板应保持完整，无破损和裂纹，并有适当紧固度。

（4）钢压板不得构成闭合回路，并一点接地。

（5）压钉螺栓紧固，夹件上的正、反压钉和锁紧螺母无松动，与绝缘垫圈接触良好，无放电烧伤痕迹，反压钉与上夹件有足够距离。

（6）穿心螺栓紧固，绝缘良好。

（7）铁芯间、铁芯与夹件间的油道畅通，油道垫块无脱落和堵塞，且排列整齐。

（8）铁芯只允许一点接地，接地片应用厚度为 0.5mm，宽度不小于 30mm 的紫铜片，插入 3～4 级铁芯间，对大型变压器插入深度不小于 80mm，其外露部分已包扎白布带或绝缘。

（9）铁芯段间、组间、铁芯对地绝缘电阻良好。

（10）铁芯的拉板和钢带应紧固并有足够的机械强度，绝缘良好，不构成环路，不与铁芯相接触。

（11）铁芯与电场屏蔽金属板（箔）间绝缘良好，接地可靠。

4. 无励磁分接开关

（1）开关各部件完整无缺损，紧固件无松动。

（2）机械转动灵活，转轴密封良好，无卡滞，并已调到吊罩前记录挡位。

（3）动、静触头接触电阻不大于 500μΩ，触头表面应保持光洁，无氧化变质、过热烧痕、碰伤及镀层脱落。

（4）绝缘筒应完好、无破损、烧痕、剥裂、变形，表面清洁无油垢；操作杆绝缘良好，无弯曲变形。

5. 有载分接开关

（1）切换开关所有紧固件无松动。

（2）储能机构的主弹簧、复位弹簧、爪卡无变形或断裂。动作部分无严重磨损、擦毛、损伤、卡滞，动作正常无卡滞。

（3）各触头编织线完整无损。

（4）切换开关连接主通触头无过热及电弧烧伤痕迹。

（5）切换开关弧触头及过渡触头烧损情况符合制造厂要求。

（6）过渡电阻无断裂，其阻值与铭牌值比较，偏差不大于 ±10%。

（7）转换器和选择开关触头及导线连接正确，绝缘件无损伤，紧固件紧固，并有防松螺母，分接开关无受力变形。

（8）对带正、反调的分接开关，检查连接"K"端分接引线在"+"或"−"位置上与转换选择器的动触头支架（绝缘杆）的间隙应不小于 10mm。

（9）选择开关和转换器动静触头无烧伤痕迹与变形。

（10）切换开关油室底部放油螺栓紧固，且无渗油。

6. 油箱

（1）油箱内部洁净，无锈蚀，漆膜完整，渗漏点已补焊。

（2）强油循环管路内部清洁，导向管连接牢固，绝缘管表面光滑，漆膜完整、无破损、无放电痕迹。

（3）钟罩和油箱法兰结合面清洁平整。

（4）磁（电）屏蔽装置固定牢固，无异常，可靠接地。

（二）小修验收的项目和要求

见第十五章相关内容。

（三）试验项目

见第十五章相关内容。

（四）竣工资料

检修竣工资料应含检修报告（包括器身检查报告、整体密封试验报告）、检修前及修后试验报告等：

（1）本体绝缘和直流电阻试验报告；套管绝缘试验报告。

（2）本体局部放电试验报告。

（3）本体、套管油色谱分析报告。

（4）本体、有载分接开关、套管油质试验报告。

（5）本体油介质损耗因数试验报告。

（6）套管型电流互感器试验报告。

（7）本体油中含气量试验报告。

（8）本体气体继电器调试报告。

（9）有载分接开关气体继电器调试报告。

（10）有载分接开关调试报告；本体油色谱在线监测装置调试报告。

（五）验收和审批

（1）变压器整体验收的条件：

1）变压器及组部件已检修调试完毕；

2）交接试验合格，各项调试或试验报告等技术资料和文件已整理完毕；

3）施工单位自检合格，缺陷已消除；

4）场地已清理干净。

（2）变压器整体验收的内容要求：

1）项目负责单位应提前通知验收单位准备工程竣工验收，并组织施工单位配合；

2）验收单位应组织验收小组进行验收。在验收中检查发现的施工质量问题，应以书面形式通知有关单位并限期整改。验收合格后方可投入生产运行。

（3）审批：

验收结束后，将验收报告报请设备主管部门审核批准。

三、投运前设备的验收内容

（一）投运前设备验收的项目、内容及要求（包括检修后的验收）

（1）变压器本体、冷却装置及所有组部件均完整无缺，不渗油，油漆完整。

（2）变压器油箱、铁芯和夹件已可靠接地。

（3）变压器顶盖上无遗留杂物。

（4）储油柜、冷却装置、净油器等油系统上的阀门应正确"开、闭"。

（5）电容套管的末屏已可靠接地，套管密封良好，套管外部引线受力均匀，对地和相间距离符合要求，各接触面应涂有电力复合脂。引线松紧适当，无明显过紧、过松现象。

（6）变压器的储油柜、充油套管和有载分接开关的油位正常，指示清晰。

（7）升高座已放气完全，充满变压器油。

（8）气体继电器内应无残余气体，重瓦斯必须投跳闸位置，相关保护按规定整定投入运行。

（9）吸湿器内的吸附剂数量充足、无变色受潮现象，油封良好，呼吸畅通。

（10）无励磁分接开关三相挡位一致，挡位处在整定挡位，定位装置已定位可靠。

（11）有载分接开关三相挡位一致、操作机构、本体上的挡位、监控系统中的挡位一致。机械连接校验正确，电气、机械限位正常。经两个循环操作正常。

（12）温度计指示正确，整定值符合要求。

（13）冷却装置运转正常，内部断路器、转换开关投切位置已符合运行要求。

（14）所有电缆应标志清晰。

（15）经缺陷处理的设备的验收见第六条的相关内容。

（二）投运前设备验收的条件

（1）变压器及组部件工作已结束，人员已退场，场地已清理干净。

（2）各项调试、试验合格。

（3）施工单位自检合格，缺陷已消除。

（三）投运前设备验收的方法

（1）项目负责单位应在工作票结束前通知变电运行人员进行验收，并组织相关单位配合。

（2）运行单位应组织精干人员进行验收。在验收中检查发现缺陷，应要求相关单位立即处理。验收合格后方可投入生产运行。

【思考与练习】

1. 新变压器运抵现场，就位后验收的项目及要求。
2. 变压器安装、试验完毕后验收的项目及要求。

◢ 模块 12 变压器干燥方法和要求（Z15H1012Ⅲ）

【模块描述】 本模块介绍了变压器现场干燥的各种方法，通过案例介绍，掌握变压器现场常用干燥的操作技能，掌握真空条件下干燥程度的判断标准。

【模块内容】

一、概述

变压器干燥的目的是除去变压器绝缘材料中的水分，增加其绝缘电阻，提高其闪络电压。在现场条件下，大型电力变压器绝缘的干燥通常是在自身的油箱中进行，220kV 级及以上的大型变压器必须采用高真空的干燥技术。较低电压的中、小型变压器的绝缘干燥，根据油箱的抽真空强度可以抽低真空进行。多年来的现场实践证明：热油循环真空干燥法、热油喷淋干燥法、涡流加热和热风真空干燥法、零序短路干燥法是可行的干燥方法。

现场对变压器绝缘进行干燥时有三种情况：

（1）变压器绝缘表面轻微受潮、绝缘特性降低较轻、绝缘电阻偏低和绝缘系统的介质损耗因数偏高。此时可使用热油循环真空干燥法。

（2）绝缘件局部更新、保留大部分浸过油的部件混合干燥时，对绝缘施加的温度保持在（95±10）℃。此时可使用热油喷淋法。

（3）若器身绝缘经全新改造，它所采用的干燥温度可达 110℃，以便使绝缘尽快排水并使绝缘处在最佳状态。此时可使用热油喷淋法、涡流加热连续热风真空干燥法。

二、危险点分析与控制措施

危险点分析与安全控制措施见表 13-12-1。

表 13-12-1　　　　　　　危险点分析与安全控制措施

序号	危 险 点	安全控制措施
1	火灾	防止加热系统故障或绕组过热烧损变压器
2	低压触电	检修电源设备无损坏，接线应规范。干燥过程中，所有外露的可接地的部件及变压器外壳和干燥设备都应可靠接地

续表

序号	危 险 点	安全控制措施
3	抽真空时，油箱和附件过度变形、胶囊袋破裂	不能承受全真空的变压器油箱和附件（储油柜、散热器等），在抽真空前，首先应确定变压器油箱的机械强度、允许抽真空的范围。变压器的抽真空应按制造厂图纸要求并遵守制造厂规定。在抽真空过程中，随时检测油箱变形情况，要求油箱局部最大凹陷尺寸不得超过箱壁厚度的 2 倍。最简便的方法是装置油箱变形的标志
4	真空泵电源失电	变压器抽真空时，保证真空泵电源不失电，避免真空泵油被吸入变压器油箱而使变压器绝缘受污染
5	混油	补充不同牌号的变压器油时，应先做混油试验，合格后方可使用。有载分接开关油室内的绝缘油应单独储存在空油桶内

三、热油循环真空干燥法

1. 概述

热油循环真空干燥法是现场最容易实现的方法，对去除老化物质及杂质有较好效果，所以对被确认为有污染的变压器（例如故障后）和运行已久的变压器应选用此干燥方法。处理过程中绝缘中的水分被热油携带进入真空滤油机脱气罐进行真空脱水并滤去污染物，或变压器顶部留出一定空间抽真空，油经过管路由变压器下部抽出，经过加热器（加热）和油泵，由变压器顶部注入油箱进行循环。为了减少由于油箱壁和冷却器的热辐射产生的热损耗，油箱应采取保温措施，并把冷却器与油箱之间的上、下部阀门关闭。

这种干燥方法需要具备外部加热系统，包括真空滤油机（净油能力不小于 6000L/h）和加热器或一组将油加热至 85℃ 的电加热器和油泵。

2. 工艺过程

热油循环干燥系统如图 13-12-1 所示。

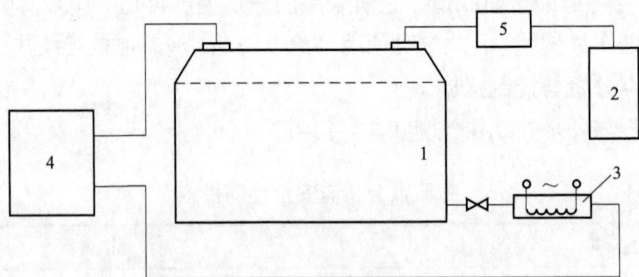

图 13-12-1 热油循环干燥系统
1—油箱；2—真空泵；3—加热器；4—真空滤油机；5—过度罐

（1）注油或放油至油面距油箱顶部 200～300mm（或浸没绝缘 50mm），不耐全真空的油箱不得低于储油柜最低油位。

（2）先打开热油循环系统进、出油阀门，然后开动真空滤油机，再投入加热器进行加热。油从变压器下部注放油阀抽出，再从油箱顶部进入本体。真空滤油机（或油泵—加热系统）出口油温控制在 95℃，最高不超过 105℃。注意油路运转情况，如有异常需要停机，必须先切断加热器，后停泵。

（3）当回油温度高于环境温度 15～20℃时启动真空泵打开真空阀门，对本体抽真空，全真空油箱应逐级提高真空度到规定真空，一般按下列规定进行：抽至 0.053MPa（残压 0.048MPa）保持 2h；抽至 0.08MPa（残压 0.021MPa）保持 2h；抽至 0.09MPa（残压 0.011MPa）保持 2h。然后提高真空度到表 13-12-2 所列值，如果影响到循环油泵排油，可适当降低真空度。

表 13-12-2　　　　　不同电压等级变压器热油循环油面最高真空

额定电压等级		真 空 度
≤66kV		0.05MPa
110kV	半真空	0.063MPa
	全真空	0.1MPa
220kV		残压≤260Pa
330～500kV		残压≤133Pa

（4）循环油温度的控制，主要是测量变压器进、出口处油流温度，故应在变压器进油及回油口处放置温度计。由于真空滤油机及油泵—加热器组的出油口和进油口离变压器进、出口有一定距离，故变压器的进油口温度会低于滤油机出口温度，而变压器回油口温度会高于滤油机回油口温度，两者之间有一定差别。

（5）连续进行热油循环加温（并抽真空）直到回油温度（即变压器出口油温）达到 70～75℃，保持此温度继续连续循环。

（6）每 12h 测量 1 次，连续 12h 无冷凝水时，可判定干燥基本结束。

（7）当油箱出口油温（回油温度）达到 70～75℃时，如果接有测量绕组绝缘电阻的测量线时，应定时测量一次各绕组的绝缘电阻（对地及对其他绕组间），绝缘电阻的曲线随干燥时间下降，然后上升至稳定（额定电压小于等于 110kV，连续 6h，额定电压大于等于 220kV，连续 12h 不变）。

（8）满足上述（6）、（7）两项指标后，继续热油循环 48h。取油样，击穿电压、介质损耗因数、含水量指标达到规定，干燥结束。

3．注意事项

（1）变压器油温小于 95℃。

（2）顶层油温达 80～90℃的连续循环干燥应小于 48h，如仍达不到要求需采用其他方法。

（3）因为真空度和水沸点的关系，真空度为 0、54、80、97.3、100kPa 时，水沸点分别为 100、80、61.5、29.5、10℃，所以滤油机真空度应大于 97.3kPa。

四、热油喷淋真空干燥法

1．概述

热油喷淋真空干燥法类似变压器制造厂中的煤油气相干燥法。煤油气相干燥法被认为是超高压、大容量变压器最合理的干燥方法，采用一种汽化点高于水的煤油蒸气作载热介质。热油喷淋法是用热变压器油从变压器顶部喷淋到变压器器身上，热量由喷射的油流扩散及整个器身，同时对油箱抽真空，绝缘内部水分蒸发成水蒸气，被抽出油箱外。热油喷淋法不需分阶段抽真空，而是器身在较高且较稳定的温度下连续地抽真空将绝缘中水分排出。由于干燥是在高真空无氧的条件下进行，所以绝缘温度可适当提高，较热油循环真空干燥法或热油循环排油真空干燥法的干燥速度更快、更好、更彻底。

热油喷淋真空干燥法适用于油箱能承受高真空的所有变压器。对绝缘受潮较严重，现场更换绕组和施工期限紧急的变压器采用此法最好。

2．工艺过程

热油喷淋循环干燥系统如图 13-12-2 所示。

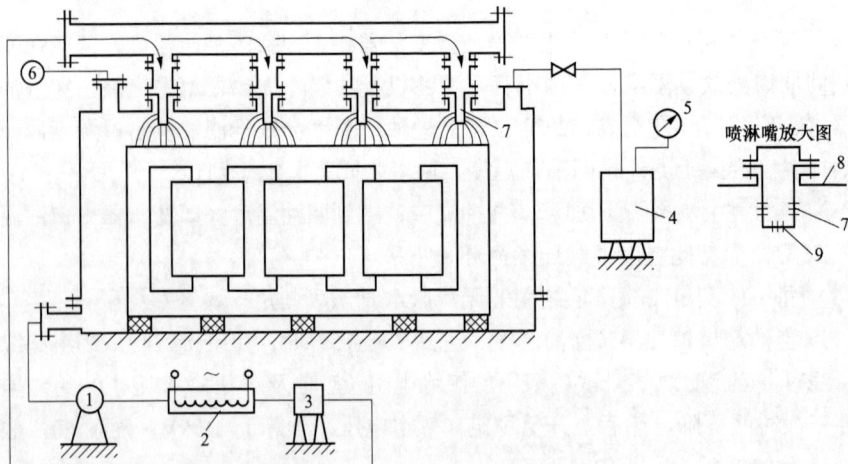

图 13-12-2 热油喷淋循环干燥系统

1—油泵；2—电加热器；3—真空滤油机；4—真空泵；5—真空表；6—麦氏真空计；

7—喷淋嘴；8—油箱；9—2mm 小孔

首先进行变压器的密封检漏，然后向变压器油箱内注入适量合格的变压器油。注入的油通过循环油泵和真空滤油机进行循环（要注意循环油泵与真空滤油机的油流量匹配），由外装的加热器和真空滤油机内的内加热器对油进行加热，注入变压器喷淋的油温最好能达到 90℃，不能低于 80℃。如果进入变压器中的油达不到 80～90℃的要求，则需增加热源，可以在油箱底部用电热器加热。为保持油箱底部温度均匀，应在电热器和油箱底部之间放入薄钢板，油箱底部表面的温度控制在 100℃左右，以防止铁芯垫脚与油箱底之间的绝缘纸板老化。

（1）器身预热阶段。只喷淋可不抽真空，热油带出的水分经过真空滤油机脱水，待进口油温达到 85～90℃，回油温度不低于 65～75℃时，保持 2～3h。

（2）停止喷淋只抽真空。在监控器身温度时，可采用测量绕组直流电阻的办法来推算绕组平均温度。连续抽真空 8～12h，如果器身温度（绕组温度）降低到 40℃左右，即使连续抽真空的时间不足 8h，也要停止抽真空。

（3）停止抽真空再次喷淋，给器身升温。待循环的变压器油（进口）温达 90℃，回油温度 75℃左右时保持 2～3h。

（4）第二次停止喷淋，抽真空 8～12h。

如此往复循环 3～4 个周期即可完成干燥。

（5）"热油喷淋—抽真空"一个循环都要测量绕组的绝缘电阻。为测量准确常需降低真空或解除真空（为防潮要吸入干燥空气）。

（6）用热油喷淋干燥法时，少量的热油可能有所老化，其介质损耗因数要增大，故必须进行油质化验，经认定合格时才能继续使用，否则需将油经吸附处理合格才能继续使用。

3. 注意事项

（1）油加热的温度应不超过 100℃，以减少油在高温下的老化。

（2）要经常注意监视喷淋热油化学性质的变化，注意油的劣化。

五、涡流加热和热风真空干燥法

1. 概述

为了提高干燥速度，提高器身温度和油箱内真空度，大型变压器可以采用涡流加热连续热风真空干燥法。其原理是：在油箱壁上缠以涡流线圈后，利用涡流线圈产生的磁通，在油箱壁和铁芯中产生涡流损耗，引起发热，再加送热风，此热量可以加到器身和绝缘中。在完成器身的预热阶段后停止送风，即可启动真空系统并逐步地提高油箱中的真空度，依据油箱中真空度逐步提高、器身绝缘中所含水分沸点降低的特点，就可使器身绝缘中所含水分易于汽化蒸发，并被真空系统排到油箱外部。若在此时连续不断地向油箱内部补入干燥的热风，热风源源不断在油箱中扩散，与油箱内器身绝缘物所产生的水蒸气混合后又被真空泵抽到油箱外部，提高排出速度。采用这种干燥法，大型变压器的干燥时间在 9～11 天。

2. 工艺装置

此干燥系统包括加热装置和连续抽真空装置，如图 13-12-3 所示。

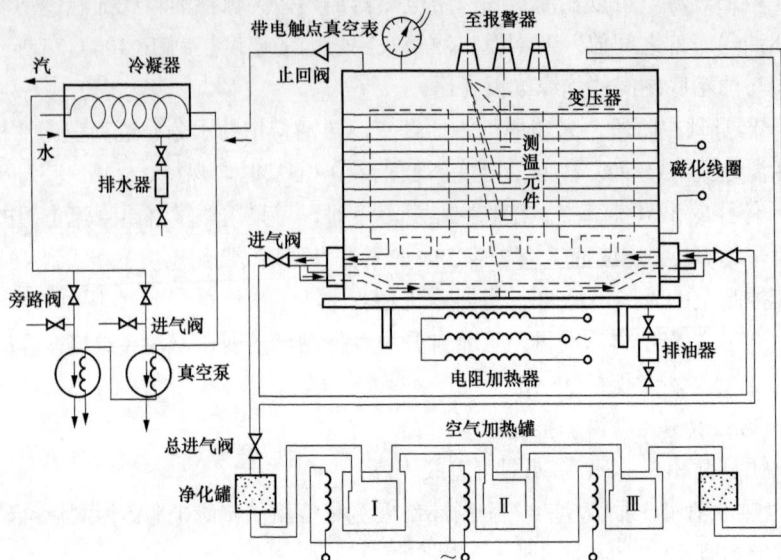

图 13-12-3 变压器涡流加热连续热风真空干燥系统

（1）加热装置。

1）产生涡流损耗的涡流线圈。加热电源可以采用三相四线，也可以采用单相，单相的绕组在油箱下部 1/3 高所布匝数约占总匝数的 50%，中部 1/3 高占 20%，上部则占 30%。在油箱的中、下部的邻近处，涡流线圈应备有供可调整的匝数以调整电流的大小。三相电源可以将 U、V、W 三相绕在上、中、下部位，V 相绕组的绕向与 U、W 相绕向相反，V 相匝数可略少几匝。

2）油箱底部加热器。使器身底部受热均匀，此加热器距油箱底部 100～150mm，加热功率为 2.5～3kW/m² 较合适。

3）热风加热。被加热的空气由变压器油箱下部经隔板导向后，输入到器身内部，对内部的器身和绝缘物进行加热，热风温度控制在 90～100℃。热风是靠抽真空进入油箱中的。热空气与水蒸气混合，把潮气抽出带走，从而提高干燥速度。

4）保温设施。油箱壁外加保温层，再绕涡流线圈，再包绝缘层。

（2）连续抽真空装置。连续抽真空装置由抽真空装置、破真空系统和冷凝结水收集装置三部分组成。

1）抽真空装置采用 2 台真空泵并联使用，当真空度达到预定值时，可停掉 1 台泵作为备用。此时可调节油箱下部的进气阀达到规定真空度，在此真空度下稳定运行。抽真空的管道接在油箱体的最高点，一般接于气体继电器的联管处。

2）破真空系统主要由空气加热罐、干燥净化罐和进气管道系统三部分组成。

3）冷凝结水收集装置包括冷凝器和集水罐。

在干燥变压器过程中，绕组绝缘电阻是先下降后上升的。如在 90～100℃ 范围内，绝缘电阻 12h 保持不变，吸收比或极化指数大于 1.3；或在规定的最高真空度下，绕组温度稳定在额定值下无凝结水，油的工频耐压不低于 40kV，则可判定变压器干燥完毕。

3. 注意事项

（1）由于油箱壁较薄，功率因数很低，因此绕制涡流线圈时应尽量靠近油箱壁。在绕制涡流线圈时，应事先清除油箱壁上的油污，而后再包保温层并绕制涡流线圈，以防止油污燃烧。

（2）为减少干燥时的局部过热，对于油箱壁和距器身最近的部位及缠绕涡流线圈较密集并紧贴箱壁的部位（加强油箱的圆弧部分及直立加强铁部位），均应装设温度计，并限制这些箱壁部位的温度不超过 120℃。

六、其他现场干燥方法

其他现场干燥方法，还有零序短路干燥法、涡流感应加热法、零序电流加热法、短路干燥法及热风加热干燥法等。

（一）零序短路干燥法

三相绕组变压器可以采用零序短路干燥法。如 YNynd 连接的变压器，可在中压加零序电压 400V，其零序电流约为 $30\%I_N$，其接线如图 13-12-4 所示。这种方法使热量集中在器身上，温升较快，油箱发热量小，不需保温，所需功率也小。

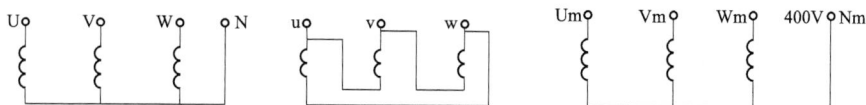

图 13-12-4　零序短路干燥法接线

零序短路干燥法的注意事项：

（1）除了要严格控制通过零序电流绕组的温度（一般为 100～105℃）外，在短路绕组的附近及钢夹件、压板和油箱各处的温度亦应按此数值严格控制。

（2）要求对油箱进行认真的保温，以缩小绕组与铁芯两者间温度差异。

（二）涡流感应加热法

油箱涡流感应加热法是在油箱外表面加石棉等绝热保温层，再绕上导线通以交流电而加热的方法。由于交流电的感应作用，使箱壁产生涡流而发热，从而可使箱内空间的温度升高到 90～110℃，达到干燥的温度。通常电流为 150A 左右，导线截面积为 40mm² 左右，电压为 400V 或 220V，缠绕的匝数不宜过多，所组成的磁化绕组应备有调整的匝数。

（三）零序电流加热法

零序电流加热法适用于中、小型心式变压器。零序电流加热法是把变压器自身一侧的三相绕组依次串联或并联起来，通入电压为 220V 或 400V 的单相交流电，而其余绕组开路，如图 13-12-5 所示。这样，三相铁芯的磁通是同向的零序磁通，在三柱心式铁芯中（只适用于这种铁芯）无回路而经油箱闭合。油箱因涡流发热使保温的箱内空间温度升高，而铁芯中也因涡流而发热，通电的绕组也产生热量，均起到加热作用。

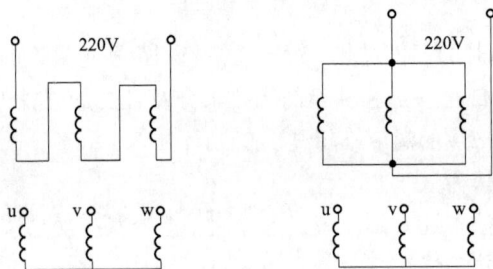

图 13-12-5　零序电流加热法接线

绕组中通过零序电流，使零序磁通经过铁芯、夹件和油箱产生涡流而发热。Yyn 接线不用改变绕组的连接，Yd 接线则需拆开 d 接线，较繁杂。

零序电流干燥法的注意事项：

（1）壳式铁芯变压器的漏磁通能经铁轭而闭合，热量小，不宜采用此法。

（2）器身中的热量不易传出，保温要求差，但要加强温度的监视，防止升温不均衡而损害绝缘。

（四）短路干燥法

短路干燥法也叫铜损干燥法，适用于小型变压器带油干燥。变压器一侧绕组施加电压，另一侧短路，如是三绕组变压器则有一侧绕组开路。

短路干燥法的注意事项如下：

（1）升温快，但温度控制不好，可能产生局部过热，有时施加电压高，不安全。

（2）当绕组平均温度超过 75℃时应断续供电，达 85～95℃时应停止短路加热。

（3）绕组平均温度应以直流电阻换算值为准。

（4）套管型电流互感器应拆除，防止升高座有冷凝水使互感器受潮。

（五）热风加热干燥法

热风加热干燥法是将干燥热空气送入真空罐，用来加热器身，使器身内部均匀受热，并提高温度，以达到蒸发水分的目的。对于大容量变压器，加热和抽真空需反复交替进行。如先用热风加热 40h，抽真空 10～15h，再加热 10～20h，抽真空 10～15h，如此反复进行。所反复的次数取决于电压等级，电压等级越高，反复次数越多。这是由于超高压变压器绝缘件多、引线包扎厚，油道间隙更小的缘故。

当内部温度升高到一定程度时，水分大量蒸发，油隙中的湿度较大，继续通热风难以进入器身内部，绝缘体温度就会显著下降，热风循环加热效果很小。在此情况下抽真空，降低气压，绝缘件和油隙间的水分得到较快的蒸发，就可使绝缘体中的水汽浓度下降。达到一定程度时，再次进行热风加热，就可保持变压器内部的温度下降不会太大，且下降后又较快得到恢复，因而得到较好的干燥效果。

热风真空干燥真空管路系统连接示意图如图 13-12-6 所示。由于真空罐的真空度要求较高（10～133Pa），真空管路中应选配二级真空泵。

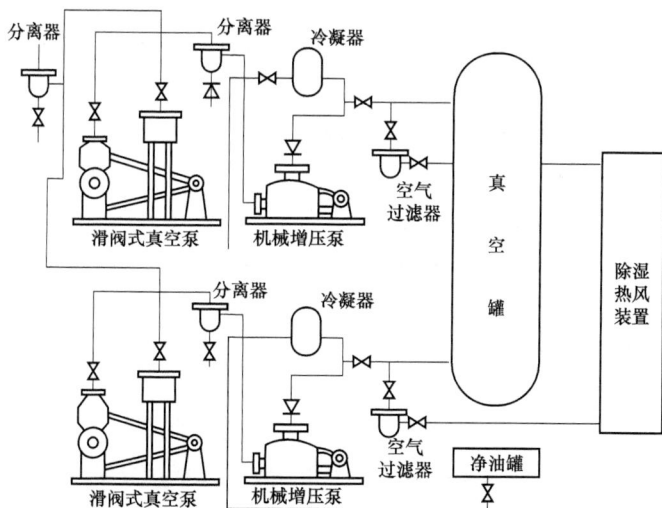

图 13-12-6 热风真空干燥真空管路系统连接示意图

热风干燥法的注意事项如下：

（1）热风最高温度小于 105℃。

（2）热风应从下至上均匀吹向油箱各方，不直接吹向器身。

（3）热风进、出口处应装设温度计，器身上适当埋入热电偶。

【思考与练习】

1. 变压器现场干燥有哪些常用方法？
2. 变压器现场干燥的危险点有哪些？有什么安全预防措施？
3. 简述热油循环真空干燥法的工艺过程。

▲ 模块 13　变压器监造内容（Z15H1013Ⅲ）

【模块描述】　本模块介绍了变压器监造的基本概述、工作内容和要求，通过概念介绍，熟悉变压器监造的基本内容，掌握变压器制造的质量、进度及文件控制要求。

【模块内容】

一、变压器制造过程监造的基本概述

（一）监造的目的

严格把好质量关、控制进度节点，努力消灭常见性、多发性、重复性质量问题，提供优质产品按期出厂，确保电力工程建设项目顺利实施。

（二）监造依据和方式

1. 监造依据

（1）设备采购合同：项目单位与制造单位签订的设备供货合同（含技术协议等附件）。

（2）标准：与该设备相关的国际、国家、行业、国家电网公司标准及制造单位企业标准。

（3）技术文件：监造大纲、监造实施细则和该设备的技术文件。

（4）法律：国家和行业的有关设备监造的法律、法规、规定。

2. 监造方式

监造方式一般采用现场见证（W 点）、文件见证（R 点）及监造单位专门规定停工见证（H 点）。

（1）现场见证（W 点）。由于是复杂的关键工序，测试、试验项目应有监造人员在场见证。制造单位应提前通知监造单位（具体时间见双方协议），如监造人员不能按期参加，W 点可自动转为 R 点。

（2）文件见证（R 点）。是指需要进行文件见证的质量管理点，由监造人员查阅制造单位的技术文件、试验记录、试验报告、包装储运规定和配套件等合格证明等，可以不在现场见证。

（3）停工待检（H 点）。是指重要工序、关键的试验验收点，制造单位必须提前通知，等待监造人员或项目单位代表在场时进行见证。

3. 监造的责任和义务

（1）监造的责任。设备的制造质量由制造单位全面负责，监造过程不代替项目单位对设备的质量最终验收，监造单位对监造设备的制造质量承担监造责任。

（2）监造的义务。

1）监造协议书中的知情权必须明确。制造厂应尽力提供监造所需的技术资料，对于制造厂的技术保密原则下不宜公开的内容应该在双方订合同前就协商一致。

2）监造方必须认真履行的义务。监造人员必须保守供方提前声明的业务和技术秘密，否则应承担相应的法律责任。

4. 监造人员的素质要求

（1）基本素质要求。

1）具备本专业丰富的技术经验，熟悉与设备监造有关的国家标准和行业标准。

2）遵守设备监造行业职业道德准则，具有协调和处理问题的能力。

3）身体健康，责任心强，适应监造工作，具有独立工作、团结协作的能力。

4）项目总监应具有国家注册设备监理师证书或具有电力工程专业高级工程师职称且有 8 年及以上电力设备的设计、制造、检验、安装、调试等工作经历，一般驻厂监造工程师应具有工程技术类中级及以上职称，所从事的专业与所学专业一致或相近。

（2）专业水平要求。

1）设备专业。具有相当大专及以上的学历，所从事的专业与所学专业一致或相近；了解所从事专业设备的国内外技术动态；具有 5 年以上设备监造工作经验或从事过相关设备的设计、制造、检验、安装、调试等工作 5 年以上。

2）相关专业。了解设备生产及运行的基本知识，熟悉并掌握质量文件体系要求，了解工程管理和项目管理知识。

5. 监造的工作程序

（1）项目单位与受委托的监造单位签订委托服务协议，明确双方的权利、义务和违约罚则。

（2）项目单位提交设备采购合同、设计文件等相关技术资料。

（3）监造单位制订监造计划。

（4）监造单位派员参加项目单位主持的设计联络会。

（5）监造单位编写监造实施细则，驻厂实施监造。

（6）监造单位根据监造工作需要召开协调会。

（7）监造单位进行信息收集、汇总，上报项目单位。

（8）监造单位组织出厂试验见证。

（9）监造单位在监造工作完成后形成监造总结，报送项目单位。

二、变压器制造过程监造的质量控制要求

变压器制造过程监造的具体内容和重点，一般可根据变压器的电压等级、结构特点和制造工艺情况等编制设备监造实施细则执行。

（一）质量控制的主要内容

质量控制的主要内容如下：

（1）对制造单位的质量管理体系进行审查，审核设备制造过程中拟采用的重大新技术、新材料、新工艺的鉴定和试验报告，提出审查意见，要求或建议制造单位澄清或纠正，以便预防根本性的质量缺陷。

（2）查验制造厂的生产工艺设备、操作规程、检测手段和关键岗位的上岗资格、设备制造和装配场所环境。

（3）查验设备主要原材料、外购组配件的质量证明文件和制造厂提交的检验资料。

（4）在制造现场对主要及关键组配件的工序质量进行检查。

（5）审查制造厂试验大纲，监督整体试验等过程。

（6）检查设备包装质量和资料清单并监督装车情况。

（7）对监造过程中发现质量缺陷的处理。

（二）监造的现场工作内容

监造人员在制造单位现场工作，具体分为文件资料见证和现场见证两部分。

1. 文件资料见证

（1）范围：

1）变压器的主要原材料包括硅钢片、换位导线、铜导线、绝缘材料、变压器油、钢材、密封件等。

2）组部件包括冷却器或散热器、潜油泵、风机、套管、套管式电流互感器、调压开关、储油柜、油流控制继电器、压力释放阀、压力突变继电器、测温装置、灭火装置和油色谱在线监测装置（如有时）、变压器油泵、气体继电器、蝶阀及阀门等。

（2）依据：技术协议及已审定的设计文件。

（3）内容：品种、厂家、型号规格和性能指标。

（4）方式：质量保证书、出厂（试验报告）文件、进厂验收记录等。

注：如果设备组、部件不开箱直接发往现场，由用户现场验收。

2. 现场见证

监造人员在工作现场旁站见证变压器各阶段制作工序（参见表 13-13-1），并签署见证单。

表 13-13-1　　　　　　　　　　变压器现场见证项目表

序号	监造项目	监造内容	现场见证	文件见证	监造依据
1	油箱制作	（1）外观及焊接	W	R	工厂相关图纸、工艺文件
		（2）机械强度试验	W	R	
		（3）油箱试漏	W		
		（4）油箱清洁度	W		
2	铁芯装配	（1）铁芯剪片	W		工厂相关图纸、工艺文件
		（2）铁芯叠片	W		
		（3）铁芯屏蔽	W		
		（4）装配紧固			
		（5）工序检验*	W		
		（6）铁芯油道	W		
		（7）绝缘电阻*	W		
		（8）清洁度	W		
3	绕组绕制及干燥处理	（1）导线	W		工厂相关图纸、工艺文件
		（2）绕组换位	W		
		（3）出头位置	W		
		（4）垫块和撑条	W		
		（5）绕制	W		
		（6）工序检验*	W		
		（7）清洁度	W		
		（8）绕组相套装	W		
		（9）绕组干燥处理	W		
4	器身装配	（1）铁芯检查*	W		工厂相关图纸、工艺文件
		（2）下铁轭绝缘	W		
		（3）绕组套装*	W		
		（4）插上铁轭	W		
		（5）引线制作和装配	W		
		（6）分接开关装配	W		
		（7）器身固定	W		
		（8）各部分间绝缘检查			
		（9）铁芯、夹件及其附件接地检查	W		

续表

序号	监造项目	监造内容	现场见证	文件见证	监造依据
4	器身装配	（10）半成品试验*	W		工厂相关图纸、工艺文件
		（11）清洁度	W		
5	器身干燥	（1）干燥处理过程及结果（真空度、温度、时间、出水率）		R	工厂相关图纸、工艺文件
		（2）器身干燥后的清洁度和压紧检查、处理	W		
6	总装配	（1）油箱及其连接管道	W		工厂相关图纸、工艺文件
		（2）油箱屏蔽	W		
		（3）下箱（扣罩）*	W		
		（4）工序检验*	W		
		（5）组件装配（附件的试装）	W		
		（6）真空注油（热油循环）	W		
		（7）静放	W		
		（8）工序检验	W		
7	出厂例行试验，型式试验及特殊试验	（1）绕组直流电阻测量	W		技术协议、GB 1094.1—1996《电力变压器　第1部分：总则》等
		（2）电压比测量及接线组别检定	W		
		（3）绕组连同套管介质损耗及电容测量	W		
		（4）套管介质损耗及电容测量			
		（5）绕组连同套管绝缘电阻，吸收比或极化指数测量*	W		
		（6）铁芯和夹件绝缘电阻测量	W		
		（7）长时感应耐压试验（ACLD）	W		技术协议、GB 1094.1—1996、GB 1094.3—2003《电力变压器　第3部分：绝缘水平、绝缘试验和外绝缘空气间隙》等
		（8）操作冲击试验*			
		（9）雷电（全波、截波）冲击试验*	W		
		（10）外施工频耐压试验*	W		技术协议、GB 1094.3—2003 等
		（11）短时感应耐压试验（ACSD）*	H		
		（12）长时感应耐压试验（ACLD）	H		

续表

序号	监造项目	监造内容	现场见证	文件见证	监造依据
7	出厂例行试验，型式试验及特殊试验	（13）空载损耗和空载电流测量（提供 380V 测量数据）*	H		技术协议、GB 1094.3—2003 等
		（14）长时间空载运行	W		技术协议、GB 1094.1—1996、GB 1094.2—1996《电力变压器　第 2 部分：温升》、GB 1094.3—2003 等
		（15）短路阻抗和负载损耗测量*	H		
		（16）绝缘油化验及色谱分析	W		
		（17）温升或发热试验	W		
		（18）噪声水平测量	W		
		（19）绕组变形测试*	W		
		（20）油流带电试验	W		
		（21）分接开关试验*	W		
		（22）直流偏磁	W		
		（23）零序阻抗	W		
		（24）无线电干扰	W		
8	二次吊芯	（1）紧固件检查	W		
		（2）清洁度检查	W		
9	变压器整体试漏	整体试漏检查符合工厂的工艺文件	W		
10	包装、保管、待运	（1）附件箱包装牢固，防潮，标志清晰	W		依据双方技术协议及制造厂的工艺文件
		（2）本体外壳完好	W		
		（3）充气运输压力检查	W		
		（4）冲撞记录仪的安装检查	W		
		（5）装箱清单	W		
11	供需双方商定的其他项目				依据双方技术协议及制造厂的工艺文件

注　1. 上述见证项目，根据具体设备制造单位工艺要求执行。

2. 出厂试验应通知项目单位派人参加。

3. 表中带*者属于关键、复杂、容易出现问题的工序段，应全程跟踪见证。

4. 对于目前没有国家标准规定的试验项目，如直流偏磁试验等，应根据技术协议的具体要求来进行。

3. 变压器主要材料在制造厂的重点监造内容

（1）硅钢片见证要点。

1）检查所用硅钢片的型号、规格是否符合技术协议要求，如有代用，须经业主认可并在监造总结中说明。

2）检查供货厂的出厂检验项目是否齐全，数据是否符合检验标准。

3）检查进厂抽样数量、性能（磁感应强度、铁损等）是否符合经常检验标准。

（2）电磁线见证要点。

1）检查电磁线型号、规格、生产厂家是否符合设计和技术协议要求，如有代用，须经业主认可并在监造总结中说明。

2）检查供货商出厂检验报告是否齐全（绝缘结构、电磁、机械性能，外形尺寸），数值是否符合设计要求。

3）检查进厂抽样数量和检验项目数据是否符合检验标准要求。

（3）绝缘纸板与成形件见证要点。

1）检查供货厂家是否与设计和技术协议一致，如有代用，须经业主认可并在监造总结中说明。

2）检查供货厂家检验项目和数据是否符合检验标准，出厂报告是否合格。

3）检查进厂纸板的抽样数量和外观、尺寸是否符合检验标准。

4）检验进厂绝缘成形件形状、尺寸是否与设计图纸相符。

（4）绝缘油见证要点。

1）检查所供变压器油牌号、产地是否符合技术协议要求，如有代用，须经业主认可并在监造总结中说明。

2）检查随油提供的试验报告的项目、数据是否符合国家标准。

3）了解装油容器装油前是否严格检查，符合变压器油的要求。

（5）普通钢板和无磁性钢板见证要点。

1）检查普通钢板和无磁性钢板有无供货厂出厂检验报告，检验项目是否齐全，数据是否符合国家标准。

2）进厂检验项目、数据是否符合检验标准。

（6）密封件见证要点。

1）检查供货厂家是否与设计和技术协议一致，如有代用，须经业主认可并在监造总结中说明。

2）检查供货厂家检验项目和数据是否符合检验标准，出厂报告是否合格。

3）检查进厂密封件的抽样数量和外观、尺寸是否符合检验标准。

4. 变压器主要组附件在制造厂的重点监造内容

（1）冷却器、散热器见证要点。

1）检查供货厂家是否与设计和技术协议一致，如有代用，须经业主认可并在监造总结中说明。

2）检查供货厂提供的检验报告是否符合标准，重点关注清洁度（无焊渣等）、密封性。

（2）潜油泵和风机见证要点。

1）检查有无出厂合格证或出厂试验报告，型号、规格、产地是否符合技术协议要求。

2）进厂检查项目和数据是否符合检验标准。

（3）套管见证要点。

1）检查供货厂家是否与设计和技术协议一致，如有代用，须经业主认可并在监造总结中说明。

2）检查供货厂出厂合格证和检验报告，项目、数据是否符合国家标准。

3）允许取油样的套管应进行油的化验。

（4）有载分接开关和无载分接开关见证要点。

1）检查供货厂家是否与设计和技术协议一致，如有代用，须经业主认可并在监造总结中说明。

2）检查供货厂家出厂检验报告的项目是否符合标准。

（5）储油柜见证要点。

检查供货厂家的出厂合格证（包括金属膨胀波纹管或胶囊）。

（6）油面温度计和绕组温度计见证要点。

1）检查供货厂家是否与设计和技术协议一致，如有代用，须经业主认可并在监造总结中说明。

2）检查供货厂家检验项目和数据是否符合检验标准，出厂报告是否合格。

（7）气体继电器和压力释放阀见证要点。

1）检查供货厂家是否与设计和技术协议一致，如有代用，须经业主认可并在监造总结中说明。

2）检查供货厂家检验项目和数据是否符合检验标准，出厂报告是否合格。

（8）油箱见证要点。

1）现场查证焊工资质。

2）焊接质量检查（焊缝外观检查，对于厚板拼接焊缝要求进行探伤检测）。

3）外观、定位尺寸及内部检查。

4）磁（电）屏蔽安装检查。

5）按技术协议要求进行油箱强度试验（真空及正压力）。

6）密封试验。

5. 变压器主要工序在制造厂的重点监造内容

（1）铁芯工序审查要点。

1）剪切（纵剪、横剪）。硅钢片冲剪整齐，符合技术协议和工厂工艺要求，表面平整、无锈迹、尖角等。

2）叠片。提供叠片偏差记录（尺寸、厚度、片数）。应紧密平整，边侧无翘起或呈波浪状，检查端面是否参差不齐，检查铁芯接地片（位置、数量与图纸相符）、油道（油道数量、尺寸与图纸相符）。

3）绑扎。检查绑扎带的数量、尺寸应符合图纸要求。

4）紧固。检查夹件尺寸是否符合图纸要求，为防止悬浮电位的发生，接地处必须接地良好。

5）竖立。检查铁芯叠厚、波浪度、直径偏差、中心距、窗高、芯柱倾斜度应符合图纸要求。

6）中间试验检查，符合技术协议要求。

（2）绕组绕制工序审查要点。

1）检查绕组绕制车间温度、湿度、粉尘是否符合工艺要求。

2）检查导线焊接工的资质并在有效期内。

3）绕组换位、"S"弯应符合工艺要求。

4）出头位置符合图纸要求，出头包扎符合工艺要求。

5）垫块和撑条应均匀分布，偏差在允许范围内。

6）检查内外径（幅向尺寸）偏差在允许范围内，并联导线间无短路。

7）中间试验检查，应符合技术协议要求。

8）清洁度应符合要求。

（3）绕组干燥处理工序审查要点。

1）冷态整形检查。

2）检查恒压干燥工艺参数（压力、温度、真空度、时间），符合工艺要求。

3）干燥后整形检查（绕组高度、油道宽度、垫块位置）符合图纸要求。

（4）绕组套装工序审查要点。

1）检查绕组和绝缘件清洁，下铁扼绝缘的摆放、同相绕组的高度偏差、绕组出头位置和包扎符合图纸要求。

2）垫块及撑条的位置偏差符合图纸要求。

3）绝缘筒搭接长度符合图纸要求。套装符合工艺要求。角环位置符合图纸要求，搭缝均匀分布。

4）套装后绕组出头位置符合图纸要求。

5）上铁扼绝缘、上压板的安装符合图纸要求。绕组组合压装力、高度及绕组段间油隙符合图纸要求。

6）绕组幅向撑紧。

7）中间试验检查，符合技术协议要求。

8）清洁度符合工艺要求。

（5）器身装配工序审查要点。

1）套装前的检查，包括铁芯、绕组、下铁扼绝缘件、支撑件的摆放、主油道的组装和清洁度、铁芯低压绝缘筒外径、主柱、旁柱和下铁轭屏蔽检查。

2）绕组套装检查（松紧度、出线头的位置符合图纸要求）。

3）插上铁扼的检查（按制造厂工艺）。

4）器身紧固应符合工艺要求。

5）铁芯、夹件及附件必须各自分别接地，并按工艺文件要求进行测试。

6）绕组清洁程度符合要求。

（6）引线工序审查要点。

1）引线连接、出头、位置符合图纸要求，绝缘件应符合相应电压等级要求，绝缘线夹无变形、无损伤，夹持牢固。

2）引线焊接（压接）及包扎（包括屏蔽层）符合工艺要求。

3）分接开关型号符合图纸和技术协议。固定牢靠，接线正确并无明显受力。

4）不同电压等级引线绝缘距离符合图纸要求。

5）中间试验（接线组别、变比、直流电阻、分接开关等）符合技术协议要求。

6）清洁度符合标准要求。

（7）器身干燥工序审查要点。

器身汽相干燥处理过程和最终的工艺参数（真空度、温度、时间、出水率、无水持续时间），符合工艺要求。

（8）总装配工序审查要点。

1）油箱清洁度的检查及内部相关连接尺寸、位置符合图纸要求。

2）器身整理。紧固件的紧固，压钉检查符合工艺及图纸要求。

3）下箱（罩）。引线对地、引线间绝缘距离符合要求。铁芯、夹件分别对地，铁芯对夹件绝缘电阻的测试符合要求。

4）组件装配（冷却器、套管、压力释放器、开关的传动机构、控制箱等）符合制造厂的图纸和工艺要求。

5）器身暴露时间应符合制造厂的工艺要求。

（9）真空注油、热油循环、静置工序审查要点。

1）总装配后抽真空，残压及真空时间、注油速度符合工艺要求，查验原始记录。

2）热油循环符合工艺要求。

3）静置时间符合制造厂的工艺要求。

（10）二次吊芯工序审查要点。

1）绕组、铁芯、引线、分接开关等部件的外观检查。

2）紧固件检查。

3）铁芯、夹件对地绝缘电阻测量。

4）清洁度检查应符合要求。

（11）包装、保管、待运工序审查要点。

1）包装前的检查（二次吊芯后的真空注油、油密封试验、气体置换、渗漏试验）。

2）检查充气运输压力记录。

3）检查冲撞记录仪的安装。

4）附件箱包装牢固，防潮，标志清晰。绝缘油附油质量化验单。

5）装箱清单检查。

三、变压器制造过程监造的进度控制要求

（1）根据设备交货期要求，随时掌握设计、排产、加工、装配、试验及包装发运的进展情况。

（2）监督设备采购合同的执行情况，当实际工期与合同工期不一致时，及时通知项目单位。

（3）对制造单位的委托加工分包合同要进行检查，要确保分包合同的执行情况符合设备制造的总体进度，否则应及时指出，并组织协调解决。

四、变压器制造过程监造的文件控制要求

1. 监造的主要工作文件

（1）监造大纲。监造大纲也常被称为监造方案。

（2）监造协议。监造协议是项目单位与设备监造单位就设备制造监理签订的委托协议。

（3）监造三方协议。监造三方协议是监造方和业主与变压器制造厂签订的规定监造范围、职责、权利、方式、程序和人员组织的协议。

（4）监造实施细则。监造实施细则结合被监造变压器和该变压器制造厂的特点编制，内容比监造大纲更有针对性、更详尽、更具操作性，是规范和指导监造人员实施监造的行为指南。其内容应完全符合供货合同及监造协议的所有规定。

（5）监造日志。监造日志是监造人员每天就监造工作所做的日记。所记内容应务求详尽、准确。

（6）监造工作联系单。监造人员就监造工作与制造厂监造接待部门或监造接待人员的书面联系，制造厂必须受理。监造工作联系单有多种形式，由总监签发，如缺陷报送单、停工通知单等。

（7）监造总结（报告）。

2. 监造总结的编制

（1）监造单位在监造工作完成后按双方约定的时间形成监造总结，报送项目单位，总结报告应包括以下内容：

1）产品设计、制作和试验中出现的问题、处理情况和处理结果。

2）对本产品的技术水平、工艺、质量、整体状况的综合评价。

3）对本变压器的运输、现场安装、调试、运行、检修及维护的建议或注意事项。

（2）总结报告格式可参照下面的格式编写：

1）设备概述。

2）原材料组配件的检验报告。

3）产品出厂试验报告。

4）监造过程的描述及各类见证表格的填写。

5）制造过程中发生的问题处理过程和结果。

6）对产品制造质量的评价。

7）设备安装的建议、注意事项等。

【思考与练习】

1. 试编制超高压大容量变压器的监造计划。

2. 试述超高压大容量变压器的监造总结编制要点。

第十四章

变压器分接开关的检修

◢ 模块 1　有载分接开关的检修基础（Z15H2001Ⅰ）

【模块描述】 本模块介绍了有载分接开关的用途、类别及基本工作原理，通过概念介绍、原理讲解，熟悉有载分接开关的基本电路构成和触头动作过程，掌握其基本的工作原理。

【模块内容】

一、有载分接开关的工作原理

有载分接开关是在变压器励磁状态下变换分接位置的设备，它必须满足两个基本条件：① 在变换分接过程中，保证电流的连续，也就是不能开路；② 在变换分接过程中，保证分接间不能短路。因此，在切换分接的过程中必然要在某一瞬间同时连接（桥接）两个分接以保证负载电流的连续性。而在桥接的两个分接间，必须串入阻抗以限制循环电流，保证不发生分接间短路，开关就可由一个分接过渡到下一个分接。该电路称为过渡电路，该阻抗称为过渡阻抗。过渡电路的原理就是有载分接开关的原理，其阻抗是电抗的，称为电抗式有载分接开关；其阻抗是电阻的，称为电阻式有载分接开关。另外，调压变压器绕组有多个分接头，就需要有一套电路来选择这些分接头，该电路称为选择电路。而不同的调压方式要求有不同的调压电路。

二、有载分接开关的类别

1. 有载分接开关的分类

（1）按整体结构分类，分为组合式有载分接开关和复合式有载分接开关。

1）组合式有载分接开关的结构特点：切换开关和分接选择器功能独立，分步完成。即分接选择器触头是在无负载电流的状况下选择分接头之后，切换开关触头再进行切换把负荷电流转换到已选的另一个分接头上。

2）复合式有载分接开关把分接选择器和切换开关功能结合在一起，其触头是在带负荷状况下一次性完成选择切换分接头任务的。

（2）按过渡阻抗分类，分为电阻式有载分接开关和电抗式有载分接开关两种。目前国内生产的有载分接开关均为电阻式。按过渡电阻的数量又分为单电阻过渡式有载分接开关、双电阻过渡式有载分接开关、四电阻过渡式有载分接开关和六电阻过渡式有载分接开关。

（3）按绝缘介质和切换介质分类，分为油浸式有载分接开关、油浸式真空有载分接开关、干式有载分接开关。干式有载分接开关；按其绝缘介质和灭弧介质又分为干式真空有载分接开关、干式 SF_6 气体有载分接开关和空气式有载分接开关。

（4）按相数分类，分为单相有载分接开关、三相有载分接开关和特殊设计的（Ⅰ+Ⅱ）相的有载分接开关。

（5）按调压方式分类，分为线性调压有载分接开关、正反调压有载分接开关和粗细调压有载分接开关三种。

（6）按安装方式分类，分为埋入式安装与外置式安装有载分接开关、顶部引入传动与中部引入传动有载分接开关、平顶式（连箱盖）安装与钟罩式安装有载分接开关等方式。

（7）按触点方式分类，分为有触点有载分接开关与无触点有载分接开关两种。无触点有载分接开关也称为电子式有载分接开关，负载从一个分接转换到另一分接时由晶闸管这类电力电子器件来完成，因而无电弧产生，从根本上解决了有载分接开关电气寿命短的问题。

2. 有载分接开关的型号含义

（1）仿 MR 型有载分接开关型号如图 14-1-1 所示。

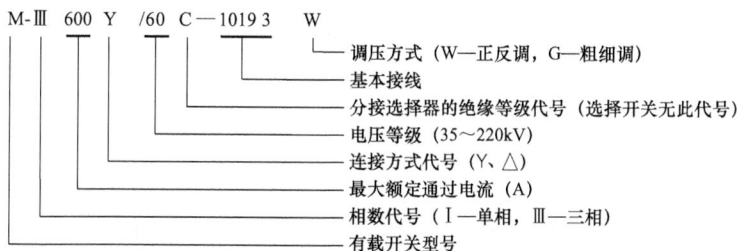

$$M\text{-}Ⅲ\quad 600\quad Y\quad /60\quad C—1019\,3\quad W$$

- 调压方式（W—正反调，G—粗细调）
- 基本接线
- 分接选择器的绝缘等级代号（选择开关无此代号）
- 电压等级（35～220kV）
- 连接方式代号（Y、△）
- 最大额定通过电流（A）
- 相数代号（Ⅰ—单相，Ⅲ—三相）
- 有载开关型号

图 14-1-1　仿 MR 型有载分接开关型号说明

注：基本接线 10 193W，指固有分接位置为 10，
工作分接位置数为 19，中间位置数为 3。

（2）简易复合式有载分接开关型号如图 14-1-2 所示。

```
S Y X Z Z-35/200-8 X
                      └── 带引出端子时加X
                   └───── 工作位置数
              └────────── 最大额定通过电流（A）
           └───────────── 电压等级（35kV）
        └──────────────── 直接切换
     └─────────────────── 电阻过渡
   └───────────────────── 调压方式（X—中性点调压，J—中部跨接调压，
                                  T—端部或中部调压）
 └─────────────────────── 有载调压
└───────────────────────── 三相
```

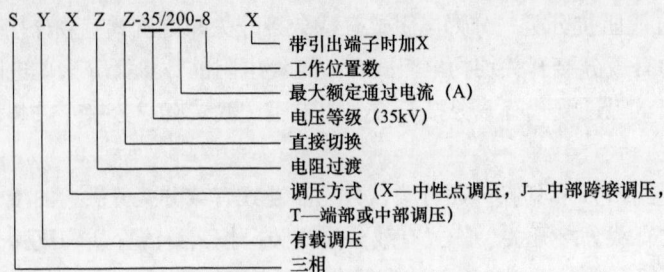

图 14-1-2 简易复合式有载分接开关型号说明

三、有载调压变压器绕组分接头的引出常规

1. 分接头引出的绕组

因为一般变压器高压绕组套在低压绕组的外面，而且高压侧一般电流较小，所以分接头一般都从高压侧引出。有载调压变压器调压级数较多，大部分有载调压变压器分接绕组单独做成，套在高压绕组的外部。

2. 常见的分接头引出部位

一般按分接头引出部位将有载分接开关的对地绝缘水平分为两类：用于绕组中性点开关的为Ⅰ类，用于除绕组中性点以外部位的为Ⅱ类。对于绕组为分级绝缘的变压器，用于绕组中性点调压的有载分接开关，对地绝缘水平只需满足中性点对地绝缘水平的需要就可以了。电力系统常见的电力变压器高压绕组几乎全是星形接线，所以常见的有载调压变压器大多为中性点调压。

3. 常见的绕组分接头级电压及调压范围

电力系统常见的绕组分接头级电压及调压范围：一般 10（6）～35kV 电力变压器，选用 7～9 级，每级电压为线电压的 1.25%；110kV 级以上电力变压器，选用 ±8 级较多，每级电压为线电压 1.25%。电网结构不尽合理，按上述调压范围选择不能满足要求时，可以扩大调压范围。现有的有载分接开关产品完全能满足需要。

四、有载分接开关名词术语定义

1. 有载分接开关的定义

（1）有载分接开关：能在变压器励磁或负载状态下进行操作，用以调换绕组的分接连接位置的一种装置，通常它由一个带过渡阻抗的切换开关和一个能带或不带转换选择器的分接选择器组成，整个开关是通过驱动机构来操作的。在有些类型的分换开关中，切换开关和分接选择器的功能被结合成为一个选择开关。

（2）分接选择器：能承载但不能接通或断开电流的一种装置，与切换开关配合使用，以选择分接连接位置。

（3）切换开关：与分接选择器配合使用，以承载、接通和断开已选电路中的电流

的一种装置。

注：弹簧操作型的切换开关，包括用来操动开关的一个独立的储能装置（即快速机构）。

（4）选择开关：具有分接选择器和切换开关的功能，能承载、接通和断开电流的一种装置（即复合开关）。

（5）转换选择器：这种装置是按能载流，但不能接通或断开电流设计的。它与分接选择器或选择开关配合使用，当从一个极限位置移到另一个极限位置时，能使分接选择器或选择开关的触头和连接到触头上的分接头使用一次以上。

1）粗级选择器。将分接绕组接到粗调绕组上或者接到主绕组上的一种转换选择器。

2）极性选择器。将分接绕组的一端或另一端接到主绕组上的一种转换选择器。

（6）过渡阻抗：由一个或几个单元组成的电阻器或电抗器，桥接于正在使用的分接头和将要使用的分接头上，以达到将负载电流无间断地或无显著变化地从一个分接转到另一个分接的目的。与此同时，在两个分接头被跨接的期间限制其循环电流。

（7）驱动机构：驱动分接开关的一种装置。

注：该机构可以包括储能控制机构。

（8）触头组：实质上是同时起作用的动、静触头对或动、静触头对的组合。

（9）切换开关和选择开关的触头：

1）主触头。承载通过电流、不经过过渡阻抗而与变压器绕组相连接的，并且也不能接通和断开任何电流的触头组。

2）主通断触头。不经过过渡阻抗而与变压器绕组相连接的，并能接通和断开电流的触头组。

3）过渡触头。经过串联的过渡阻抗而与变压器绕组连接的，并能接通和断开电流的触头组。

（10）循环电流：在分接变换中，当两个分接头"桥连"时，由于分接头之间的电压差所产生并流过过渡阻抗的那部分电流。

（11）开断电流：当分接变换时，在切换开关或选择开关中所包含的每个主通断触头组或过渡触头组所预计断开的电流。

（12）恢复电压：在切换开关或选择开关的每个主通断触头组或过渡触头组上的开断电流被切断之后，其动、静触头之间出现的工频电压。

（13）分接变换（操作）：通过电流从绕组的一个分接开始并完全转移到相邻一个分接的全部过程。

（14）操作循环：分接开关从一个极限位置变换到另一个极限位置，再回到开始位置的动作。

（15）绝缘水平：对地的、多相相间的和其他需要绝缘的那些部分之间的冲击和工频试验的耐受电压值。

（16）额定通过电流：通过分接开关流到外部电路的电流，这个电流在相关级电压下，能被分接开关从一个分接转移到另一个分接，并能被分接开关连续承载而符合本标准的要求。

（17）最大额定通过电流：用来进行触头温升试验和工作负载切换试验的额定通过电流。

（18）额定级电压：对于每个额定通过电流，接到变压器相邻分接上的分接开关端子间的最大允许电压。

注：对于某个额定通过电流所给出的额定级电压称为"相关额定级电压"。

（19）最大额定级电压：分接开关设计的额定级电压的最大值。

（20）额定频率：分接开关设计的交流频率。

（21）分接开关的分接位置数：

1）固有分接位置数。在设计上，一个分接开关在半个操作循环中所能使用的最多分接位置数。

2）工作分接位置数。变压器中的分接开关在半个操作循环中的分接位置数。

注：变压器用"分接位置数"一词，常指分接开关的工作分接位置数。

2. 电动机构的定义

（1）电动机构：由驱动机构与电动机和控制线路结合而成的一种驱动机构。

（2）逐级控制：不管指令的发出方式如何，在一个分接变换完成之后，能使电动机构停止的电气和机械装置。

（3）分接位置指示器：能指示分接开关的分接位置的一种电气和（或）机械的装置。

（4）分接变换在进行的指示：指示电动机构正在运转的一种装置。

（5）极限装置：

1）极限开关。能防止分接开关的操作超越任一极限位置，但允许处于极限位置的分接开关反向转动的由电气开关和操动机构组成的一种装置。

2）机械的极限止动装置。机械地防止分接开关的操作超越任一极限位置，但允许处于极限位置的分接开关反向转动的一种机械装置。

（6）并联控制装置：能把并联运行的几台有载调压变压器的所有分接开关移到指定的位置上，而避免各个电动机构操作不协调的电气控制装置。

（7）紧急脱扣装置：能在紧急情况下使电动机构停止的一种电气的和（或）机械的装置。无论何时遇到不能再操作分接开关的情况，就用它来使电动机构停止，以便进行特殊处理。

（8）过电流闭锁装置：在流过变压器绕组的过电流超过预定值的期间，能阻止或中断电动机构运转的一种电气装置。

注：对于由弹簧储能系统操动的切换开关，只要释放机构已经动作，即使中断电动机构的运转也不能阻止切换开关的操作。

（9）重启动装置：在中断的操作电源恢复后，能使电动机构重启动，并使一度开始了的一个分接变换操作得以完成的一种机械和（或）电气装置。

（10）计数器：指示分接变换完成次数的一种装置。

（11）电动机构的手动操作：使用一种机械装置用于手动进行分接开关的操作，同时能将电动机的操作予以闭锁。

（12）电动机构箱：电动机构的机座箱。

五、真空有载分接开关概述

1. 真空有载分接开关的术语和定义

（1）真空有载分接开关。采用真空灭弧室开断和接通负载电流与循环电流的有载分接开关。分接开关本体的绝缘介质为油（包括矿物油和其他阻燃或环保的替代油，以下简称油）或气体（空气或 SF_6 气体）。

（2）转换触头（连接真空灭弧室）。某些真空有载分接开关配有的，与真空灭弧室串联，并和真空灭弧室组合完成分接头变换任务的电气触头。

（3）主真空灭弧室。接通和开断负载电流和（或）环流的真空灭弧室，它与变压器绕组之间没有过渡电阻。

（4）过渡真空灭弧室。与过渡电阻串联的，能接通和开断负载电流和（或）环流的真空灭弧室。

（5）组合式有载分接开关。由切换开关与分接选择器两个部分组合进行分接变换的有载分接开关。

（6）复合式有载分接开关。由选择开关进行分接变换的有载分接开关。

2. 分类及安装方式

（1）真空有载分接开关的分类。

1）长期载流型真空有载分接开关和短时载流型真空有载分接开关。

a. 长期载流型真空有载分接开关。切换开关或选择开关无长期承载负载电流的主触头，由主真空灭弧室承担长期负载电流及接通/开断切换电流的任务。典型的原理图如图 14-1-3 所示。

b. 短时载流型真空有载分接开关。切换开关或选择开关设置有长期承载负载电流的主触头，主真空灭弧室仅在切换操作过程中承担接通/开断电流的任务，切换操作完成后，负载电流仍然由主触头承载。典型的原理图如图 14-1-4 所示。

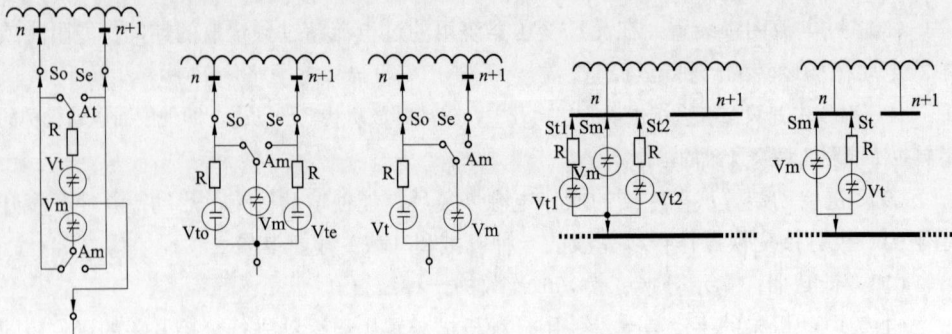

图 14-1-3　长期载流型原理图

注：Vm 为长期载流的真空灭弧室，Am（或 Sm）为长期载流的转换触头。

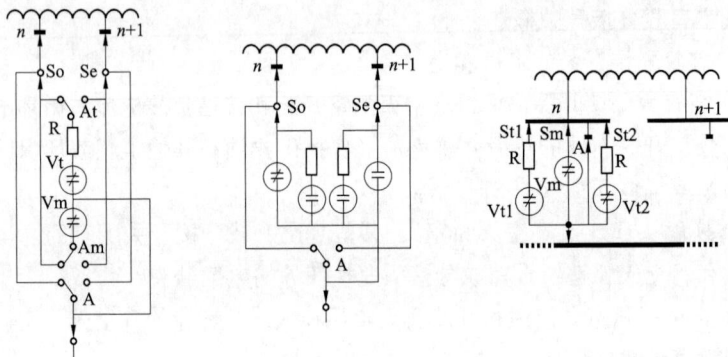

图 14-1-4　短时载流型原理图

注：A 为长期载流的主触头。

2）真空有载分接开关的绝缘介质。

a. 油浸式真空有载分接开关。以变压器绝缘油为绝缘介质，以真空灭弧室开断和接通负载电流与循环电流的有载分接开关。切换开关或选择开关需有单独的油室以与变压器本体的绝缘油隔绝。

b. 干式（空气）真空有载分接开关。以空气为绝缘介质，以真空灭弧室开断和接通负载电流与循环电流的有载分接开关。分接开关的绝缘介质是大气压中的空气，这种分接开关通常被安装在干式变压器上，它可以带（或不带）独立的气室（箱），且通常用于室内。

当连同变压器在户外使用时，整体外壳应符合规定，不低于 IP23D 的防护等级，电动操动机构箱的防护等级应满足规定为 IP44，并满足相关的要求。

c. 干式（SF$_6$）真空有载分接开关。以 SF$_6$ 气体为绝缘介质，以真空灭弧室开断和接通负载电流与循环电流的有载分接开关。切换开关或选择开关需有单独的气室以与

变压器本体的 SF_6 气体隔绝。

（2）真空有载分接开关的安装方式。目前在电力变压器上使用了多种类型的真空有载分接开关，因真空有载分接开关整体技术要求全部符合规定，故各种安装方式均适用。

3. 技术性能指标

（1）真空有载分接开关的整体技术性能指标应符合规定，并在铭牌和出厂文件中提供以下主要内容。

1）铭牌中应提供的主要技术参数。

a. 型号规格。标注方式中应能明确表达：设备最高电压、最大额定通过电流、分接位置数、选择器的绝缘等级、复合式或组合式。

设备最高电压：指该分接开关允许的最高运行电压；

最大额定通过电流：指该分接开关的设计值；

分接位置数：指该分接开关的实际工作分接位置数，可用相关数的"±"值表示（如"±8"表示 17 个工作分接位置数）；

选择器（选择开关）的绝缘水平：指雷电冲击和短时工频电压耐受水平，如用英文字母表示，应在出厂文件中提供与英文字母对应的雷电冲击和短时工频电压耐受值；

复合式或组合式：当制造商自定的表示方式中看不出是复合式还是组合式时，应另行标注"组合式"或"复合式"。

b. 除型号规格外还应标注的内容如下：

额定通过电流：指该分接开关所配变压器的最大工作电流；

额定级电压：指该分接开关所配变压器的相邻两个分接头间的最大允许电压；

过渡电阻值：指该分接开关内（单只）过渡电阻标称值；

制造编号及日期：制造编号表示方式由制造商自定，日期指该分接开关出厂日期。

2）出厂文件中应提供的对应该分接开关的其他主要技术数据如下：

最大额定级电压：指该分接开关的设计值。

额定级容量：指该分接开关的设计值。

额定绝缘水平：指分接选择器或选择开关的英文字母代号及所对应能够承受的同相及异相间的分接绕组级间、首末端之间的绝缘水平，主要是全波和截波雷电冲击耐受电压值、外施耐受电压值以及操作冲击耐受电压值。

恢复电压：指该分接开关的转换选择器实际可以承受的恢复电压。

传动扭矩：指该分接开关传动轴允许的扭矩范围。

电动机构：指该分接开关实际配置的电动机构的型号规格。

保护配置：指该分接开关的保护元件及整定值。

（2）真空灭弧室的技术要求。

1）断口间工频耐压水平不应低于分接开关标称最大级电压的 6 倍。

2）长期载流型的最大额定通过电流应不大于其标称的额定电流；短时载流型的最大额定通过电流应通过切换试验的验证。

3）在分接变换的开断过程中燃弧时间不得大于（1.2/2f）s。（电源频率 50Hz 为 12ms）。

4）油浸式的分合动作应不受变压器绝缘油的影响。

5）满负荷分合的电气寿命不少于 20 万次（应提供实验数据，试验折算值无效）。

（3）转换触头的技术要求。

1）某些真空有载分接开关需要转换触头配合真空灭弧室来完成切换。由于该触头与真空灭弧室串联，在切换过程中该触头与所串联的真空灭弧室在动作程序上应有大于 12ms 的配合时间，以保证正常情况下转换触头在真空灭弧室开断电流后动作，完成分接头变换过程中转换触头不开断和接通电流。

2）如果转换触头设计为具有一定应急开断电流能力，在当真空灭弧室因绝缘性能而下降不能可靠熄灭电弧时，仍能靠该触头可靠地熄灭电弧和接通电流，完成切断环流和分接变换的任务，避免造成分接头级间发生短路事故。该转换触头应符合以下要求：

a. 在切换过程中转换触头与后续触头动作程序上应有大于 12ms 的配合时间，以保证转换触头能可靠熄灭电弧。

b. 对于长期载流型的真空有载分接开关，与主真空灭弧室串联的转换触头应符合触头温升试验、切换试验、短路电流试验、转换触头开断电流能力试验的要求，与过渡真空灭弧室串联的转换触头至少应符合切换试验、转换触头开断电流能力试验的要求。

c. 对于短时载流型的真空有载分接开关，转换触头如果长期通过的电流小于主触头长期通过电流的十分之一，可以不考虑触头温升试验、短路电流试验的要求，但是应符合切换试验、转换触头开断电流能力试验的要求。

3）如果转换触头的设计不具有一定应急开断电流能力，在当真空灭弧室因绝缘不良不能可靠熄灭电弧时，靠该触头在完成切断环流和分接变换的任务时可能造成分接头级间发生短路事故，分接开关制造厂必须将对避免此事故的措施在出厂技术文件中进行说明。

（4）其他技术性能指标。

1）分接开关的主绝缘水平应不低于额定耐受电压的规定。

2）独立油室（除防爆装置外）的压力耐受水平最低为外部常压时内部加压 0.4MPa

（表压）维持 1h，如含防爆膜（或防爆盖板）的压力耐受水平最低为外部常压时内部加压 0.1MPa（表压）维持 1h，真空耐受水平 110kV 及以下为外部常压时内部抽真空 133Pa 维持 1h，220kV 及以上为外部常压时内部抽真空 13Pa 维持 1h，分接开关无渗漏、变形和损坏。

3）独立 SF_6 气室（除防爆装置外）的压力耐受水平为外部常压时内部加压 0.3MPa（表压）维持 1h，如含防爆膜（或防爆盖板）的压力耐受水平最低为外部常压时内部加压 0.1MPa（表压）维持 1h，以及内部为常压时外部加压 0.3MPa（表压）维持 1h，分接开关无渗漏、变形和损坏。

4）其他技术性能指标和要求同有载分接开关规定。

4. 电动操动机构

真空有载分接开关的电动操动机构要求与有载分接开关的电动机构技术要求相同。

5. 保护要求

（1）油浸式真空有载分接开关。

1）切换开关和选择开关的独立油室（箱）必须是密封的。压力及真空的耐受要求应符合标准。

2）应安装独立储油柜，储油柜应装设便于观察的油位计和吸湿器，吸湿器应引下至便于更换干燥剂的合适高度。如与变压器共用一个储油柜，储油柜内部应分隔为两个不相通的部分，分别设置油位计和吸湿器。有载分接开关储油柜的储油量应满足运行温度变化和定期采集油样的要求，油面应略低于变压器的储油柜油面。

3）为能够预警和快速反映真空有载分接开关内部的异常情况，独立的油室（箱）应安装以下至少一种保护装置：

a. 带有气体（轻瓦斯）保护及油流速（重瓦斯）保护的气体继电器：轻瓦斯作为气体监测器，当气体继电器内部存气量超过 200mL 时能发出报警信号；重瓦斯作为故障监测器，当气体继电器内部油流速度超过整定值时能发出跳闸信号。轻、重瓦斯动作（带动作记忆）必须通过手动才能复位；气体继电器及连接的管道采用标称口径 25mm，安装方式为法兰接口，串接在有载分接开关顶部与专用储油柜之间并保持 2% 左右的倾斜（储油柜侧略高），尽量靠近分接开关一侧。

b. 只有油流速（重瓦斯）保护的气体继电器（流速继电器）：重瓦斯作为故障监测器，当气体继电器内部油流速度超过设定值时能发出跳闸信号；重瓦斯动作（带动作记忆）必须通过手动才能复位；其余符合相关标准。气体继电器及连接的管道采用标称口径 25mm，安装方式为法兰接口，串接在有载分接开关顶部与专用储油柜之间并保持 2% 左右的倾斜（储油柜侧略高），尽量靠近开关一侧。因该型气体继电器无气体监测功能，对切换开关和选择开关异常发热及油中电弧等产气情况无预警功能，如未采用气体监测器，应在出厂文件中规定分接开关采油样分析的周期（至少应与变压器同步），定期监测分接开关是否发生异常情况。

c. 油压力继电器：其结构及保护特性应符合规定，安装方式为法兰接口，跳闸压力整定值与分接开关储油柜的油面高度有关，应按照制造商的要求进行整定。因该继电器对分接开关异常发热及油中电弧等产气情况无预警功能，如未采用气体监测器，应在出厂文件中规定分接开关采油样分析的周期（至少应与变压器同步），来监测分接开关是否发生异常情况。

4）为了防止油室（箱）因内部短路故障引起燃弧导致爆炸的危险，还应装有下列之一种防爆装置：

a. 防爆膜（或爆破盖板）：爆破孔的直径不小于130mm，爆破压力不得大于0.5MPa，安装于开关顶部并有防止踩踏的装置。

b. 压力释放阀：应根据油浸式真空有载分接开关的切换级容量和储油柜与分接开关的高度差来配置压力释放阀，开启压力宜高于135kPa。因有载分接开关的故障能量强大，35kV 及以上的产品所配置的压力释放阀口径不得小于130mm。

c. 防爆装置如果有动作信号开关，该开关及接线盒的防护等级应不低于IP55，触点容量和绝缘性能应分别符合规定。

（2）SF_6 真空有载分接开关。

1）切换开关和选择开关的独立气室（箱）必须是密封的，耐受压力的要求符合规定。正常运行时独立的气室（箱）内 SF_6 气体压力随温度升高而增加，20℃时应为0.025MPa 左右或按照分接开关制造商的规定执行。

2）为保证快速反映 SF_6 真空有载分接开关内部的异常情况，独立的气室（箱）应同时安装以下两种压力保护装置：

a. 压力式 SF_6 气体密度控制器或电子式 SF_6 气体密度变送器：除要求符合规定之外，SF_6 气体密度探测器的使用温度范围应满足-30℃到115℃，SF_6 气体密度表的示值范围应优先采用-0.1MPa 到 0.5MPa，SF_6 气体密度继电器的低压报警信号整定值为0.01MPa，过压跳闸信号整定值为 0.07MPa。安装方式推荐采用法兰接口。

b. 突发压力继电器：其动作特性应符合 SF_6 气体突发压力继电器动作特性，并能可靠发出跳闸信号；信号触点的容量应符合继电保护的相关规定。突发压力继电器应提供附带的试验阀，应可用该试验阀检查突发压力继电器及微动开关的动作发信情况。安装方式应采用开关顶盖法兰接口。

（3）限制瞬时过电压的防护装置。

1）真空组合式有载分接开关应对变压器在运行中及试验时在分接开关内部产

生的可能危及开关绝缘的瞬时过电压设置限制装置，一般为放电间隙或金属氧化物（ZnO）非线性电阻。

2）如装有放电间隙，型式试验报告中应提供该放电间隙连续工频放电（或雷电冲击）三次的实测值。

3）如装有金属氧化物（ZnO）电阻，该金属氧化物（ZnO）电阻的性能应符合要求；例行试验报告中应提供所配置金属氧化物（ZnO）电阻的持续电流、直流参考电压和 0.75 倍直流参考电压下的泄漏电流或工频参考电压试验的实测值。

（4）转换选择器的恢复电压保护。

1）对于组合式有载分接开关的转换选择器，当恢复电压不小于 35kV 时；复合式有载分接开关的转换选择器，当恢复电压不小于 15kV 时，应配置电位电阻来连接变压器调压绕组和分接开关，或采用其他经过验证的方法来有效地限制此恢复电压低于分接开关的绝缘水平，保证转换选择器的正常操作。

2）对线性调分接开关，主绕组与调压绕组为固定连接，不存在恢复电压的问题，无需加装电位电阻。

（5）限位装置。为防止超过有载分接开关的允许操作范围而造成分接开关损坏及变压器事故，电动机构应安装电气的与机械的双重限位装置；有载分接开关应安装机械的端位止动装置，当达到机械极限位置时，这个端位止动装置应能阻止、控制机械冲击超过极端位置，杜绝有载分接开关因越位而损坏。

【思考与练习】

1. 有载分接开关按调压方式分为哪几类，各有什么特点？
2. 有载分接开关的切换原理是什么？
3. 真空有载分接开关按绝缘介质如何分类？
4. 有载分接开关的保护装置由哪些部分构成？
5. 组合型有载分接开关主要由哪几部分组成？

◢ 模块 2　有载分接开关的过渡电路分析
（Z15H2002 Ⅰ）

【模块描述】 本模块介绍了有载分接开关常用的过渡电路基本工作原理，通过概念介绍、原理讲解，掌握有载分接开关单电阻、双电阻过渡电路理论分析方法，了解切换开关触头开断容量以及负载功率因数的影响，掌握过渡电阻阻值的计算。

【模块内容】

一、单电阻过渡电路分析

有载分接开关（以下简称有载分接开关）的单电阻过渡电路，其过渡电阻为非对称单臂接线，主通断触头和过渡触头接通过程一般为"2—7—2—1—2"程序，其切换过程如图 14-2-1 所示，相量图如图 14-2-2 所示。

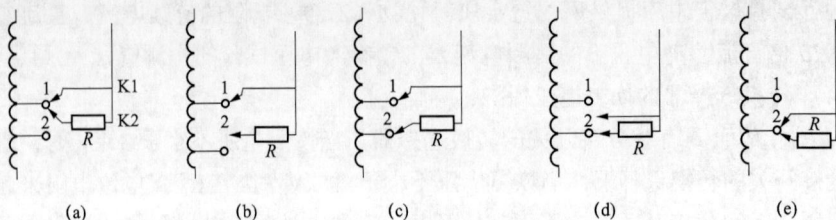

图 14-2-1　单电阻过渡电路切换过程

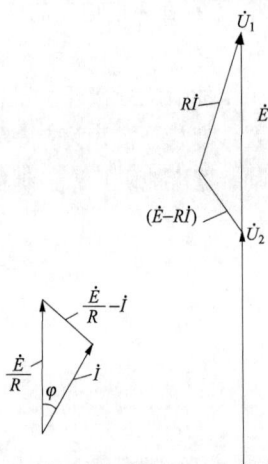

图 14-2-2　单电阻"2—1—2"
过渡电路相量图

（1）图 14-2-1（a）：起始状态，对应图 14-2-2 中的输出电压为 $\dot{U}_1$、电流为 $\dot{I}$，负载电流 $\dot{I}$ 与 $\dot{U}_1$ 的相位角为 φ。

（2）图 14-2-1（b）：触头 K2 离开分接头 1 还未到达分接头 2 时，输出电压仍为 $\dot{U}_1$、电流仍为 $\dot{I}$，均不变。

（3）图 14-2-1（c）：触头 K2 切换到分接头 2 上，K2 通过的电流对应图 14-2-2 中的环流 $\dot{E}/R$ 并与 $\dot{U}_1$ 同相，触头 K1 通过的电流为 $\dot{E}/R-\dot{I}$。输出电压为 $\dot{U}_1$、电流为 $\dot{I}$，仍不变。

（4）图 14-2-1（d）：触头 K1 已离开分接头 1 而尚未到达分接头 2，对应图 14-2-2 中输出电压 $\dot{U}_1$ 降低了 $\dot{I}R$，触头 K1 开断电流为 $\dot{E}/R-\dot{I}$，恢复电压为 $\dot{E}-\dot{I}R$。

（5）图 14-2-1（e）：触头 K2 已切换到分接头 2，至此，切换过程即全部结束。对应图 14-2-2 中输出电压 $\dot{U}_1$ 降低了一个分接级电压 $\dot{E}$ 到 $\dot{U}_2$。

从以上切换过程分析得出，输出电压两次变化，其相量图像一面尖旗，故称为非对称尖旗循环电路。

二、双电阻过渡电路分析

双电阻过渡电路为对称双臂接线，触头接通程序有"1—2—1—2—1—2—1"和"2—3—2—3—2"两种。

1. 双电阻"1—2—1"程序变换的过渡电路分析

双电阻按"1—2—1—2—1—2—1"程序变换的过渡电路的切换过程如图 14-2-3 所示，相量图如图 14-2-4 所示。

（1）图 14-2-3（a）：切换前运行状态，主通断触头 K 闭合，接通分接头 1 电路。对应图 14-2-4 中输出电压为 $\dot{U}_1$，通过 K 的为负载电流 $\dot{I}$，负载电流 $\dot{I}$ 与 $\dot{U}_1$ 的相位角为 φ。

（2）图 14-2-3（b）：主通断触头 K 和过渡触头 K1 均闭合，仍接通分接头 1 电路。输出电压为 $\dot{U}_1$、电流为 $\dot{I}$，仍不变。

（3）图 14-2-3（c）：主通断触头 K 分离而燃弧，其开断电流为 $\dot{I}$，K 断口的恢复电压为 $\dot{I}R$。

对应图 14-2-4，主通断触头 K 开断息弧后，因 $\dot{I}$ 通过 R，使输出电压 $\dot{U}_1$ 降低了 $\dot{I}R$，即 $\dot{U}' = \dot{U}_1 - \dot{I}R$。

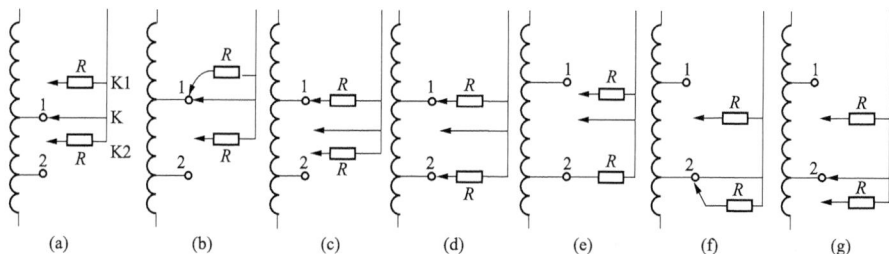

图 14-2-3 双电阻"1—2—1—2—1—2—1"过渡电路切换过程

（4）图 14-2-3（d）：过渡触头 K1、K2 桥接分接头 1、2 电路，这时 K1、K2 通过的负载电流均为 $\dot{I}/2$。同时在这一分接绕组中产生环流为 $\dot{E}/(2R)$，且与 $\dot{U}_1$ 同相。对应图 14-2-4 中，K1、K2 通过的合电流分别为 $\dot{I}_{K1} = \dot{E}/(2R) + \dot{I}/2 = (\dot{E}/R + \dot{I})/2$，$\dot{I}_{K2} = \dot{E}/(2R) - \dot{I}/2 = (\dot{E}/R - \dot{I})/2$。对应图 14-2-4，输出电压降低了 $\dot{U}'' = \dot{U}_1 - \dot{I}_{K1}R = \dot{U}_1 - \dot{E}/2 - \dot{I}R/2$。

（5）图 14-2-3（e）：过渡触头 K1 分离而燃弧，则开断的电弧电流为 $\dot{I}_{K1}$，恢复电压为 $\dot{U}_{K1} = \dot{E} + \dot{I}R$。过渡触头 K1 开断而熄弧后，分接头 2 只接过渡触头 K2，这时 K2 通过的为负载电流 $\dot{I}$，对应图 14-2-4，则输出电压 $\dot{U}_1$ 降到 $\dot{U}''' = \dot{U}_1 - \dot{E} - \dot{I}R$。

（6）图 14-2-3（f）：K、K2 均闭合，接通分接头 2 电路，负载电流 $\dot{I}$ 通过 K，输出电压 $\dot{U}_1$ 恢复到 $\dot{U}_2 = \dot{U}_1 - \dot{E}$。

（7）图 14-2-3（g）：过渡触头 K2 断开，K 接通分接头 2 运行，输出电压仍为 $\dot{U}_2 = \dot{U}_1 - \dot{E}$。切换过程全部结束。

由分接头 2 向分接头 1 变换，原理与结果是相同的。通过以上对切换过程的分析，

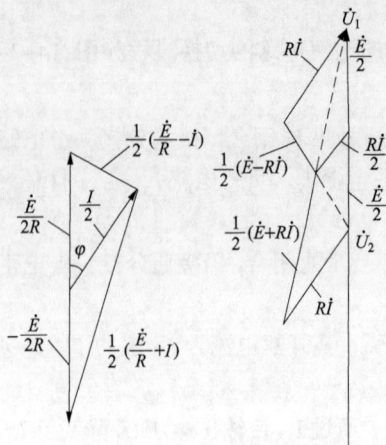

图 14-2-4　双电阻"1—2—1"
过渡电路相量图

按"1—2—1—2—1—2—1"程序变换的过渡电路输出电压共经过 4 次变化，其相量图像一面旗子，故称其为对称旗循环过渡电路。

2. 双电阻"2—3—2"程序变换的过渡电路分析

双电阻按"2—3—2—3—2"程序变换的过渡电路的切换过程如图 14-2-5 所示，相量图如图 14-2-6 所示。

（1）图 14-2-5（a）：切换前运行状态，主通断触头 K1 闭合，接通分接头 1 电路。对应图 14-2-6 中输出电压为 $\dot{U}_1$，通过 K1 的为负载电流 $\dot{I}$，负载电流 $\dot{I}$ 与 $\dot{U}_1$ 的相位角为 φ；过渡触头 K2 通过单数侧电阻 R 与分接头 1 电路接通，单数侧 R 中无电流通过。

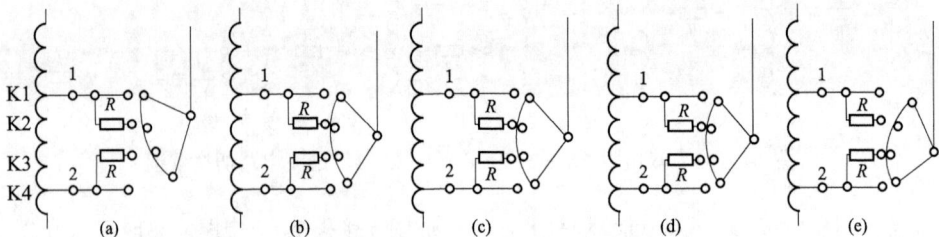

图 14-2-5　双电阻"2—3—2—3—2"过渡电路切换过程

（2）图 14-2-5（b）：主通断触头 K1 和过渡触头 K2 仍在闭合状态，过渡触头 K3 再通过双数侧电阻 R 与分接头 2 电路接通，这时通过 K1、双数侧电阻 R、分接绕组形成回路，通过双数侧电阻 R 回路的环流为 $\dot{E}/R$。通过 K1 回路的电流为 $\dot{E}/R+\dot{I}$，输出电压仍为 $\dot{U}_1$，单数侧 R 中仍无电流通过。

（3）图 14-2-5（c）：主通断触头 K1 分离而燃弧，其开断电流为 $\dot{E}/R+\dot{I}$。这时，单数侧电阻 R 与双数侧电阻 R 桥接分接绕组，形成的环流为 $\dot{E}/(2R)$，每个电阻上的负载电流为 $\dot{I}/2$，通过单数侧电阻 R 回路合电流为 $\dot{E}/(2R)+\dot{I}/2$。通过双数侧电阻 R 回路的环流为 $\dot{E}/(2R)\dot{I}/2$。输出电压变为 $\dot{U}'=\dot{U}_1-[\dot{E}/(2R)+\dot{I}/2]R=\dot{U}_1-1/2(\dot{E}+\dot{I}R)$。K1 断口恢复电压为 $1/2(\dot{E}+\dot{I}R)$。

（4）图 14-2-5（d）：过渡触头 K2、K3 仍在闭合状态，主通断触头 K4 与分接头 2 电路接通，这时通过 K4、单数侧电阻 R、分接绕组形成回路，通过单数侧电

阻 R 回路的环流为 $\dot{E}/R$。通过 K4 回路的电流为 $\dot{E}/R\dot{I}$，输出电压变为 $\dot{U}_2=\dot{U}_1-\dot{E}$，双数侧 R 中无电流通过。

（5）图 14-2-5（e）：过渡触头 K2 分离而燃弧，其开断电流为环流 $\dot{E}/R$。通过 K4 回路的电流为负载电流 $\dot{I}$，输出电压仍为 $\dot{U}_2=\dot{U}_1-\dot{E}$。过渡过程全部结束。

由双数侧向单数侧变换，原理与结果是相同的。通过以上对切换过程的分析，按"2—3—2—3—2"程序变换的过渡电路输出电压共经过 2 次变化，其相量图像一面尖旗，故称其为对称尖旗循环过渡电路。

3. 双电阻"1—2—1"电路和"2—3—2"电路比较

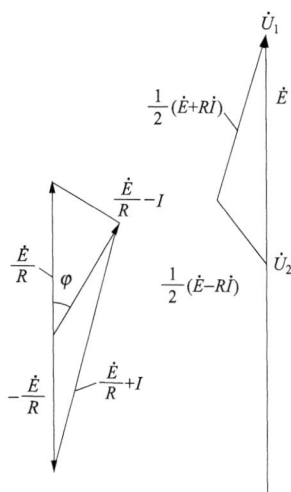

图 14-2-6　双电阻"2—3—2"
过渡电路相量图

对双电阻"1—2—1—2—1—2—1"变换程序（对称旗循环过渡电路）与"2—3—2—3—2"变换程序（对称尖旗循环过渡电路）这两种电路的输出电压和电流变化以及主通断触头、过渡触头开断电流和恢复电压的安全可靠性进行比较，结论见表 14-2-1。

表 14-2-1　　　　　　　　双电阻不同触头变换程序性能比较

序号	项目	"1—2—1—2—1—2—1"程序	"2—3—2—3—2"程序
1	过渡电路	对称双臂接过渡电阻，V 型开关 3 个触头，M 型开关 4 个触头（不包括主触头）	对称双臂接过渡电阻，V 型开关 3 个触头，M 型开关 4 个触头（不包括主触头）
2	输出电压变化	4 步变化，相量图外观像一面旗子，故称对称旗循环	2 步变化，相量图外观像一面尖旗，故称对称尖旗循环
3	安全性	主通断触头开断电流为 $\dot{I}$，断口恢复电压为 $\dot{I}R$，切换任务轻，安全性能好	主通断触头开断电流为 $\dot{E}/R+\dot{I}$，断口恢复电压为 $1/2(\dot{E}+\dot{I}R)$，切换任务重，安全性能差

从表 14-2-1 看出，"1—2—1—2—1—2—1"变换程序优于"2—3—2—3—2"变换程序，因此，V 型与 M 型有载分接开关均采用"1—2—1—2—1—2—1"对称旗循环过渡电路。

双电阻式结构简单，经济性好，适用中小容量有载分接开关。

三、选择电路的工作原理

选择电路是为选择绕组分接头所设计的一套电路，其对应的元件是有载分接开关的分接选择器。图 14-2-7 所示为选择电路示意图。

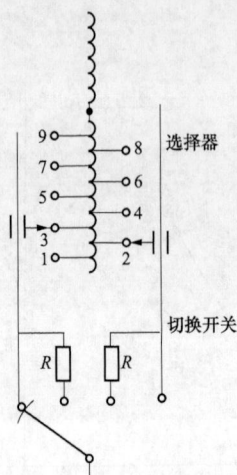

图 14-2-7　选择电路示意图

复合式有载分接开关直接在各个分接头上依次选择与切换。

组合式有载分接开关的分接选择器设置单、双数触头组，并分别对应切换开关的单、双数侧。有载分接开关变换操作在两个转换方向交替组合，如图 14-2-8 所示。假定有载分接开关原运行于 4 挡，双数侧分接选择器触头 4 运行，设单数侧分接选择器触头 3 已接通。此时若要将有载分接开关从 4 挡调至 3 挡，切换过程分接选择器不动，切换开关从双数侧切换至单数侧即可。此时若要将有载分接开关从 4 挡调至 5 挡，切换过程分接选择器单数侧首先从 3 切换至 5，切换开关再从双数侧切换至单数侧即可完成操作。

组合式有载分接开关的分接选择器的特点：结构上采用笼式结构，圆周旋转切换方式，结构简便，易实现分接头按单、双数两层设置，动触头与中心环相连，级进转动切换犹如人的双腿，依次选择相邻分接头。

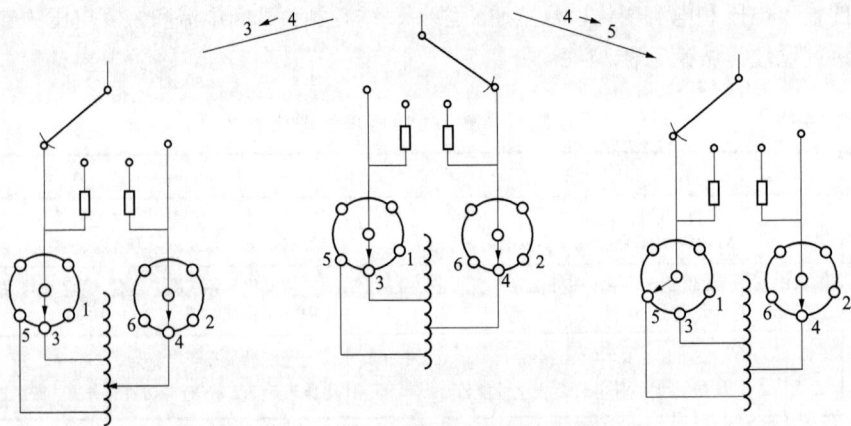

图 14-2-8　分接选择器动作顺序

四、基本调压电路的工作原理

基本调压电路分为线性调、正反调和粗细调三种，其对应变压器绕组和分接头及转换选择器。

（1）线性调。如图 14-2-9（a）所示，基本绕组连接调压绕组，无转换选择器，调压范围一般不大于 15%。

（2）正反调。如图 14-2-9（b）所示，基本绕组与极性选择器连接，可正接或反接调压绕组，调压范围增大 1 倍。

（3）粗细调。如图 14-2-9（c）所示，基本绕组上有一粗调段，用于"+"或"-"接分接绕组，调压范围扩大 1 倍。从绝缘方面看，绕组布置复杂，绝缘强度要求较高。粗细调以节能、安匝易平衡和抗短路能力强等优点在电力变压器和工业变压器上获得应用。

五、有载分接开关电路组合及整定工作位置

将有载分接开关过渡电路、选择电路、基本调压电路这三部分电路进行组合，就构成了完整的有载分接开关调压电路。在实际工作中，制造厂将有载分接开关各种电路进行组合时，即各部件进行组装时，给各部件规定了一定的位置，即整定工作位置。有载分接开关在整定工作位置下总装、连接、调试后，方能保证其工作的可靠性，一旦连接错位就会造成有载分接开关故障。由此可见，有载分接开关的整定工作位置对指导有载分接开关的总装、连接、调试是非常重要的。

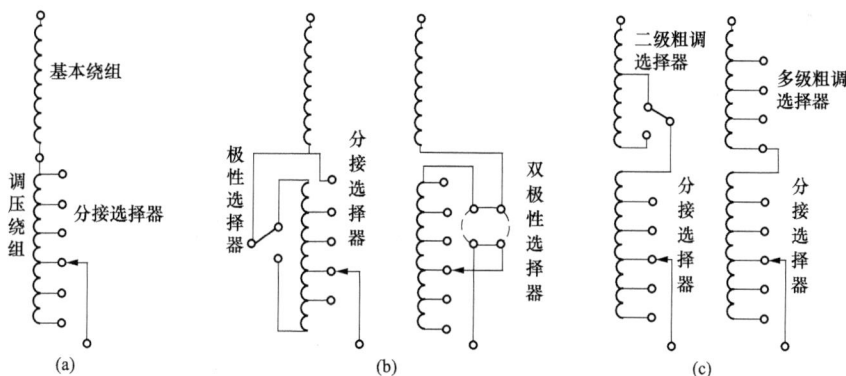

图 14-2-9　三种基本调压电路
（a）线性调；（b）正反调；（c）粗细调

有载分接开关整定工作位置图是有载分接开关一张极其重要的指导性图。它不仅示意了各有载分接开关的接线端子的实际布置和相应的调压电路，还反映出有载分接开关变换操作中各触头的动作顺序，更重要的是指出了特定有载分接开关的整定工作位置，即有载分接开关各触头所处的工作位置。

不同规格的有载分接开关，有不同的整定工作位置图。下面分别以线性调和正反调的调压电路为例来确定整定工作位置。

（1）线性调压电路的整定工作位置。线性调压电路的整定工作位置实质上就是分接选择器的固有分接位置数的中间位置，其调压级数等于分接头最大工作位置数。以9 挡有载分接开关为例，它的整定工作位置数是在"5"分接位置上。若线性调的调压

电路有 n 级调压，其整定工作位置 $m=(n+1)/2$，并规定整定位置应在 $n \to 1$ 变换方向的第 m 位置上。它的典型例子如图 14–2–10 所示。

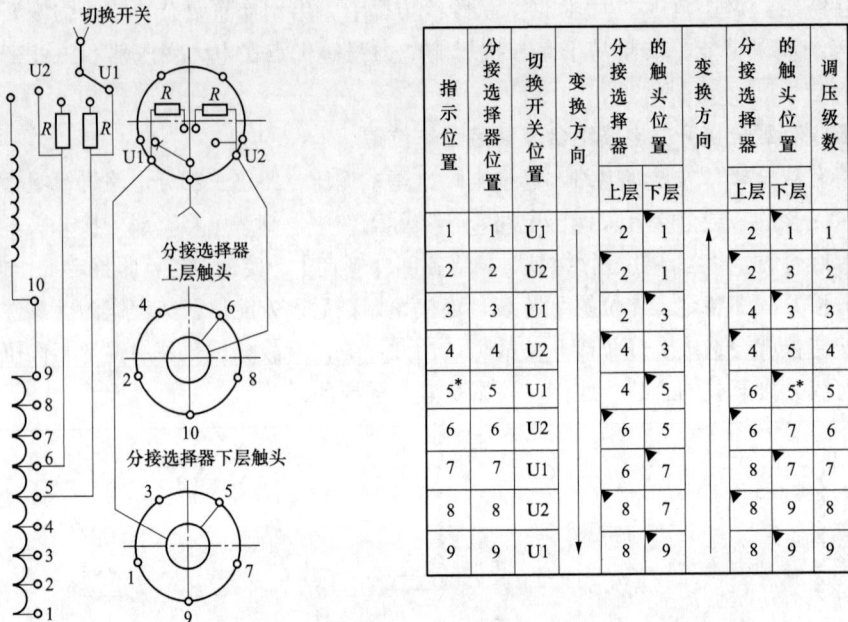

指示位置	分接选择器位置	切换开关位置	变换方向	分接选择器的触头位置		变换方向	分接选择器的触头位置		调压级数
				上层	下层		上层	下层	
1	1	U1		2	1		2	1	1
2	2	U2		2	3		2	3	2
3	3	U1		2	3		4	3	3
4	4	U2		4	3		4	5	4
5*	5	U1		4	5		6	5*	5
6	6	U2		6	5		6	7	6
7	7	U1		6	7		8	7	7
8	8	U2		8	7		8	9	8
9	9	U1		8	9		8	9	9

图 14–2–10 线性 10090 调压电路的整定工作位置图

注：1. 图示位置为整定工作位置，标有*符号标志。

2. 分接选择器触头位置▶标志系工作触头。

（2）正反调压电路的整定工作位置。对于正反调的调压电路，整定工作位置就是分接选择器的工作位置数的中间位置。假定为 n 级调压，其中间位置数为 m，则整定工作位置数 $K=(n+m)/2$。例如：10 191W 调压电路中，n 为 19 级，m 为 1，K 必然是 10；而 10 193W 调压电路，n 为 17 级，m 为 3，K 也等于 10。它们的典型调压电路及整定工作位置如图 14–2–11 所示。

（3）依据整定工作位置图，各调压电路位置变化的规律如下：

1）有载分接开关在任何位置反向操作时，不需要进行分接选择，只需切换开关进行切换。

2）有载分接开关如从 2 挡调至 3 挡，单数分接选择器 1→3，切换开关双→单；有载分接开关如从 3 挡调至 4 挡，双数分接选择器 2→4，切换开关单→双。这就是说：双数选择器接通电路，下一个动作一定是单数选择器预选；单数选择器接通电路，下一个动作一定是双数选择器预选，而且两者的动作都符合级进原则。

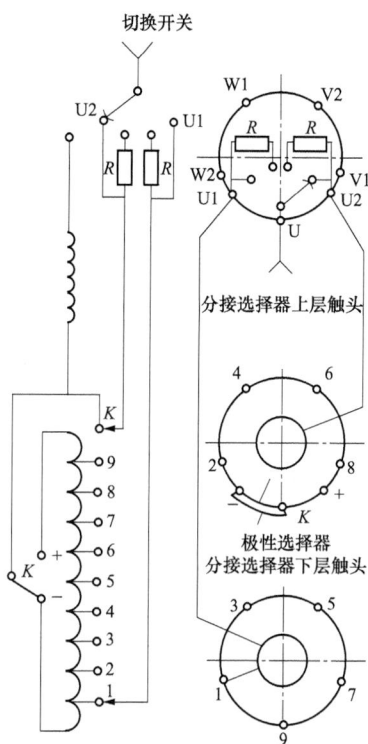

指示位置	分接选择器位置	极性选择器位置	切换开关位置	变换方向	分接选择器的触头位置 上层	下层	变换方向	分接选择器的触头位置 上层	下层	调压级数
1	1		U1		2	1		2	1	1
2	2		U2		3	1		3	2	2
3	3		U1		3	3		4	3	3
4	4		U2		4	3		4	4	4
5	5	*K，+*	U1		4	5		6	5	5
6	6		U2		6	5		6	7	6
7	7		U1		6	7		8	7	7
8	8		U2		8	7		8	9	8
9	9		U1		8	9		K	9	9
10	K		U2		K	9		K*	1	10
11	1		U1		2	1		2	1	11
12	2		U2		2	3		2	3	12
13	3	*K，-*	U1		4	3		4	3	13
14	4		U2		4	3		4	5	14
15	5		U1		4	5		6	5	15
16	6		U2		6	5		6	7	16
17	7		U1		6	7		8	7	17
18	8		U2		8	7		8	9	18
19	9		U1		8	9		8	9	19

图 14-2-11　10 191W（±9 级）正反调压电路及整定工作位置图

注：1. 图示位置为整定工作位置，标有*符号标志。

2. 分接选择器触头位置▶标志系工作位置。

3）正反调和粗细调（一个粗调级）的调压电路中，其整定工作位置是分接选择器工作位置数的中间位置，它取决于调压级数 n 和中间位置数 m，即 $K=(n+m)/2$。

4）整定工作位置在 $n \to 1$ 变换方向上进行确定，即极性选择器处在"K，—"位置接通，粗调选择器处在"0，—"位置接通。

5）从 $1 \to n$ 方向调整与 $n \to 1$ 方向调整，极性选择器或粗调选择器在通过其整定工作位置时动作。如 10 191W 电路，当从 $1 \to n$ 操作时，随触头从 10 → 11 挡一起动作；$n \to 1$ 操作时，随触头从 10 → 9 挡一起动作。

六、切换开关触头开断容量

有载分接开关过渡电路对应的部件为切换开关，其主要作用是带负荷变换分接位置，它是有载分接开关的心脏，其安全可靠性取决于主、弧触头的开断电流和恢复电压。

采用电阻式过渡电路的原理实现分接变换，归纳起来分为对称旗循环、对称尖旗循环以及非对称尖旗循环操作法三大类。按照前面对各式过渡电路分析结论，将各触头切换任务汇总归纳，见表 14-2-2。

表 14-2-2　　　　　电阻式有载分接开关主通断触头和过渡触头任务

序号	开关形式	变换操作循环	电路图	触头操作顺序	主（通断）触头任务				过渡触头任务			
					触头	开断电流	恢复电压	操作次数	触头	开断电流	恢复电压	操作次数
1	切换开关	对称旗循环		W 开断	W	I	IR	$N/2$	X	$(E/R+I)/2$	$E+IR$	$N/4$
				Y 接通						$(E/R-I)/2$	$E+IR$	$N/4$
				X 开断	Z	I	IR	$N/2$	Y	$(E/R+I)/2$	$E+IR$	$N/4$
				Z 接通						$(E/R-I)/2$	EIR	$N/4$
2		对称尖旗循环		L 接通	J	$E/R+I$	$(E+IR)/2$	$N/4$	K	E/R	E	$N/2$
				J 开断		E/RI	$(E+IR)/2$	$N/4$				
				M 接通	M	$E/R+I$	$(E+IR)/2$	$N/4$	L	E/R	E	$N/2$
				K 开断		E/RI	$(E+IR)/2$	$N/4$				
3	选择开关	对称旗循环		C 开断	B	I	IR	N	A	$(E/R+I)/2$	$E+IR$	$N/2$
				B 开断								
				C 接通								
				A 开断					C	$(E/R+I)/2$	$E+IR$	$N/2$
				B 接通								
				A 接通								
4		非对称尖旗循环		T 开断	T	I	IR	$N/2$	S	E/R	E	$N/2$
				T 接通								
				S 开断		$(E/R+I)$	$(E+IR)$	$N/2$		0	0	$N/2$
				S 接通								

　　表 14-2-2 中 1、3 项为对称旗循环过渡，在对称旗循环这种分接变换的操作法中，在两个方向，主通断触头均于循环电流开始流过前断开通过的负荷电流，过渡触头要断开通过的负荷电流和循环电流的合电流。主通断触头开断任务较轻。

　　表 14-2-2 中第 2 项为对称尖旗循环过渡，在对称尖旗循环这种分接变换的操作法中，在两个方向，主通断触头于循环电流开始流过后断开通过的负荷电流和循环电流的合电流，过渡触头只断开通过的循环电流。主通断触头开断任务较重。

　　表 14-2-2 中第 4 项为非对称尖旗循环过渡,在非对称尖旗循环的分接变换的操作法中,当有载分接开关转向一个方向时,主通断触头于循环电流开始流过前断开通过的负荷电流,过渡触头要断开循环电流;而有载分接开关转向另一个方向时,过渡触头不开断电流,主通断触头于循环电流开始流过后断开通过的负荷电流和循环电流的合电流。主通断触头在两个方向的开断任务不等。

　　有载分接开关的触头切换任务与它所采用的循环操作法的方式有关。不同的循环操作法虽都能满足全部的切换过程,但它们的相应触头切换任务是不相同的。鉴于组合式切换开关和复合式选择开关都承担负载电流的转换任务,所以在设备制造和选型时按其特点合理应用。

七、负载功率因数对触头开断容量的影响

　　由于切换开关其主、副触头在切换过程中的开断电流与负荷电流密切相关,所以负载的功率因数对触头开断容量必然有一定影响。下面以双电阻对称旗循环过渡电路为例进行分析。

　　(1) 主通断触头 W、Z 开断容量由式 (14-2-1) 确定:

$$P_{\mathrm{W}} = P_{\mathrm{Z}} = U_{\mathrm{W}} I_{\mathrm{W}} = I^2 R \qquad (14\text{-}2\text{-}1)$$

　　(2) 过渡触头 X、Y 开断容量由式 (14-2-2) 确定:

$$P_{\mathrm{X}} = P_{\mathrm{Y}} = U_{\mathrm{X}} I_{\mathrm{X}} = \frac{E^2}{2R} + \frac{I^2 R}{2} \pm EI\cos\varphi \qquad (14\text{-}2\text{-}2)$$

　　因 $\dot{I}R$ 与 $\dot{I}$ 同相位,所以主通断触头 W、Z 开断容量与负载功率因数无关。因环流与负荷电流相位不同,过渡触头的开断容量与负载的功率因数有关。其负载功率因数对开断任务的影响见表 14-2-3。

表 14-2-3　　电阻式有载分接开关负载功率因数对开断任务的影响

开关型式	操作循环	主通断触头		过渡触头	
		触头	负载功率因数的影响	触头	负载功率因数的影响
切换开关	对称旗循环	W 和 Z	无	X 和 Y	在功率因数为 1.0 时,任务最重
	对称尖旗循环	J 和 M	在功率因数为 1.0 时,任务最重	K 和 L	无
选择开关	对称旗循环	B	无	A 和 C	在功率因数为 1.0 时,任务最重
	非对称尖旗循环	T	有 N/2 次操作无影响	S	无
			有 N/2 次操作在功率因数为 1.0 时,任务最重		

八、双电阻旗循环过渡电路阻值的计算

仍以双电阻对称旗循环过渡电路为例进行分析，其结论为：仅考虑主通断触头开断容量选择过渡电阻，R 越小，主通断触头的开断容量越小；仅考虑过渡触头开断容量选择过渡电阻，对式（14-2-2）求导并令其等于零得 $R = E/I$ 时开断容量为最小。兼顾主通断触头、过渡触头的开断容量选择过渡电阻，即

$$\sum P = P_W + P_X = I^2 R + \frac{E^2}{2R} + \frac{I^2 R}{2} \pm EI \cos\varphi$$

对其求导并令等于零，解得

$$R = 0.577E/I \qquad\qquad (14\text{-}2\text{-}3)$$

由上述可见，过渡电阻选用系数 $n=0.577$。显然，当 n 取得小对主通断触头灭弧有利，当 n 取得大对过渡触头灭弧有利，一般应综合考虑。选用过渡电阻，一般忽略暂态，只按交流稳态考虑匹配，选用原则如下：

（1）有利于改善触头切换任务；

（2）有利于提高触头寿命；

（3）有利于提高工作可靠性。

综合上述三原则外，考虑实际运行负荷状况，过渡电阻匹配值见表 14-2-4。

表 14-2-4　　　　　　　　**过 渡 电 阻 匹 配 值**

匹配值	单电阻过渡 $R=nU_s/I_N$	双电阻过渡 $R=nU_s/I_N$		备注
		V 型	M 型	
理论最佳值	1	0.577	0.577	
实际匹配值	1.2	0.8~0.9	0.6~0.8	

注　M 型单相有载分接开关（三相触头直接并联而成），n 应取 0.3~0.4。

U_s—级电压；I_N—负载电流；R—过渡电阻。最重要的是切换开关的切换时间要快，过渡电阻和分接绕组的热稳定（温升）要满足要求，主触头和过渡触头的耐电弧性能要好。

【思考与练习】

1. 试画出对称旗循环过渡电路的切换过程及相量图。

2. 为什么说双电阻"1—2—1"程序变换的过渡电路要优于双电阻"2—3—2"程序变换的过渡电路？

3. 对称旗循环过渡电路，负荷功率因数对触头开断容量有哪些影响？

4. 对称旗循环过渡电路，过渡电阻选用系数 $n=0.577~1$，选大一点好还是选小一点好？

模块 3 有载分接开关的控制原理（Z15H2003 I）

【模块描述】本模块介绍了有载分接开关常用电动操动机构工作原理，通过原理讲解、概念介绍，掌握有载分接开关对控制装置功能的要求，掌握常用电动操动机构工作原理，掌握电动操动机构检修方法。

【模块内容】

一、常用电动操动机构的结构原理

1. 概述

国内各有载分接开关生产厂家，均以生产仿西德 MR 技术的 M 型和 V 型有载分接开关为主，目前这些类型开关在系统运行的数量最多。与 M 型和 V 型有载分接开关配套的同类型电动操动机构，各生产厂家的型号编码均不同，详见表 14-3-1。

表 14-3-1　　　　　各生产厂家电动操动机构编码

生产厂家	M 型开关电动操动机构编码	V 型开关电动操动机构编码
上海华明电力设备制造有限公司	CMA7 型-SHM Ⅲ	CMA9 型-SHM Ⅰ（Ⅱ）
贵州长征电气股份有限公司	MA7、MA7B（DCJ10）、MAE	MA9、MA9B（DCJ30）、MAE
吴江远洋电气有限责任公司	DQB2 型	DCF1 型
西安鹏远开关有限责任公司	DCY3	DCF

同类开关配用的同类型操动机构，虽然国内各生产厂家型号编码不同，但结构原理几乎完全相同。

近年来，某制造厂采用机电分装和无触点转换的创新理念，研发的 SHM Ⅰ（Ⅱ）、SHM Ⅲ 型电动机构，是 CAM7 和 CMA9 电动机构的更新换代的产品，已在系统运行一定数量，运行情况良好。某制造厂研发生产的 MAE 型智能电动机构，与 100B CZK 智能控制器连接，可以取代 MA7、MA7B、MA9、MA9B 实现对 M、V、MD 等型有载分接开关的驱动和控制，使接线进一步简化。

2. 结构原理

下面以 MA7 型电动操动机构（以下简称电动机构）为代表进行介绍。该型电动机构由箱体、传动装置、控制装置和电气控制设备等组成。

（1）传动装置包括电动机、楔形皮带轮、终端位置保护机械制动装置、手动操作装置等。传动机构安装在铸铝合金的箱内，电动机通过十齿的楔形皮带减速。手动操作是通过与大楔形轮上一对伞齿轮传动，并带有手动与电动操作的安全联锁保护装置。

（2）控制装置由控制行程开关的凸轮盘、分接位置变换指示轮、机械位置指示器、操作次数计数器、远方位置信号发送器等组成。分接位置变换指示轮和凸轮盘均为每个分接变换操作转动一圈。分接位置变换指示轮分成 33 格，红线左右两格的绿色带域指示凸轮行程开关的"停止"工作位置。机械位置指示器上还带有两端点位置的机械限位和电气限位的保护机构。远方位置信号发送器与控制室内的分接位置显示器联用。

（3）电气控制设备由交流接触器、顺序开关、控制回路等组成。在电动机构中，电器元件几乎是集中布置。为了避免布置错误，制造厂一般均提供二次回路及电器元件布置图和相应符号标志。

（4）机械动作原理。电动机构采用逐级控制的工作原理，它的动作由单一控制信号启动后不受外界干扰而完成。此动作取决于每一分接变换操作过程转动一圈的级进控制凸轮盘。

当电动机启动时，经小楔轮带动大楔轮转动，由于大楔轮与传动轴是一套轴结构，并用机械离合器连接。因此，大楔轮传动力经机械离合器传至传动轴，从而带动有载分接开关进行分接变换操作。

控制器的控制齿轮经传动轴上的轴齿轮传动，带动分接位置变换指示轮及行星齿轮机构转动，于是机械位置指示器跟随转动，并指示机构动作的工作位置。远方位置信号发送器根据不同位置传送出分接变换工作位置的信号。计数器由分接位置变换指示轮控制，每一次分接变换操作，计数器动作一次，显示有载分接开关累计操作的次数。当分接位置变换指示轮上出现 4 格绿色带域时，机械控制的凸轮开关处于"停止"位置，电动机经交流接触器短接制动，完成一次分接变换操作。

当电动机操作至 1 或 n 两个终端极限位置时，机械位置指示盘继续转动，带动该盘槽内限位挡块，拨动终端位置杠杆机构拨指，断开相应 1 或 n 位置的电气限位开关（先断开控制回路，再断开电动机回路），使电动机构不能向超越 1 或 n 位置的方向转动。当限位开关失灵时，电动机构继续向超越 1 或 n 的位置方向转动，终点位置杠杆机构拨动掣爪插入大楔轮的楔槽内，掣住大楔轮和小楔轮，使电动机构堵转至电源开关 Q1 动作，从而实现终端极限位置机械限位。

极限位置保护装置 3 级，动作顺序为：先由控制回路的电气限位开关动作，再由电动机主回路的电气限位开关动作，最后由机械制动装置动作。

3. M 型有载分接开关配用电动机构技术参数

M 型有载分接开关配用 MA7 型电动机构技术数据见表 14-3-2。

表 14-3-2　　　　　M 型有载分接开关配用 MA7 型电动机构技术数据

电动机参数	功率	0.75kW	1.1kW	每级变换手柄转数	33
	电压	220/380V 三相		最大工作位置数	35
	电流	3.48/2.01A	4.76/2.75A	控制加热回路电压	AC220V
	频率	50Hz		控制回路激励功率	120W
	额定转速	1400r/min		固定加热器功率	50W
每级变换传动轴转数		33		绝缘水平（50Hz，1min）	2000V
传动轴输出转矩		18N·m	26N·m	机械寿命	50 万次以上
每级变换电动时间		约 5s		质量	84kg

4. V 型有载分接开关配用电动机构技术数据

V 型有载分接开关配用 MA9 型电动机构技术数据见表 14-3-3。

表 14-3-3　　　　　V 型有载分接开关配用 MA9 型电动机构技术数据

电动机参数	功率	0.37kW	每级变换手柄转数	30
	电压	220/380V 三相	最大工作位置数	27
	电流	1.94/1.12A	控制加热回路电压	AC220V
	频率	50Hz	控制回路激励功率	60W
	额定转速	1400r/min	固定加热器功率	30W
每级变换传动轴转数		2	绝缘水平（50Hz，1min）	2000V
传动轴输出转矩		45N·m	机械寿命	50 万次以上
每级变换电动时间		约 4.5s	质量	63kg

二、常用电气二次回路控制原理分析

下面以 M 型有载分接开关电动机构（MA7 型）电气二次回路原理为例介绍，V 型有载分接开关电动机构（MA9 型）电气回路原理大同小异，原理接线如图 14-3-1 所示。

（一）正常启动操作

1. 操作准备

合上电源保护开关 Q1，主回路触点 Q1（1，2）、（3，4）、（5，6）及控制回路触点 Q1（13，14）接通，主回路和控制回路电源接通。

2. 启动（1→n 方向分接变换操作）

按动线路 13 上的操作按钮 S1，S1（3，4）闭合，同时 S1（1，2）打开，接触器

K1 吸合，线路 12 上 K1（13，14）闭合，K1 自锁。线路 20 中 K1（53，54）闭合，接触器 K3 吸合，电动机 M1 启动，朝 1→n 方向运转。

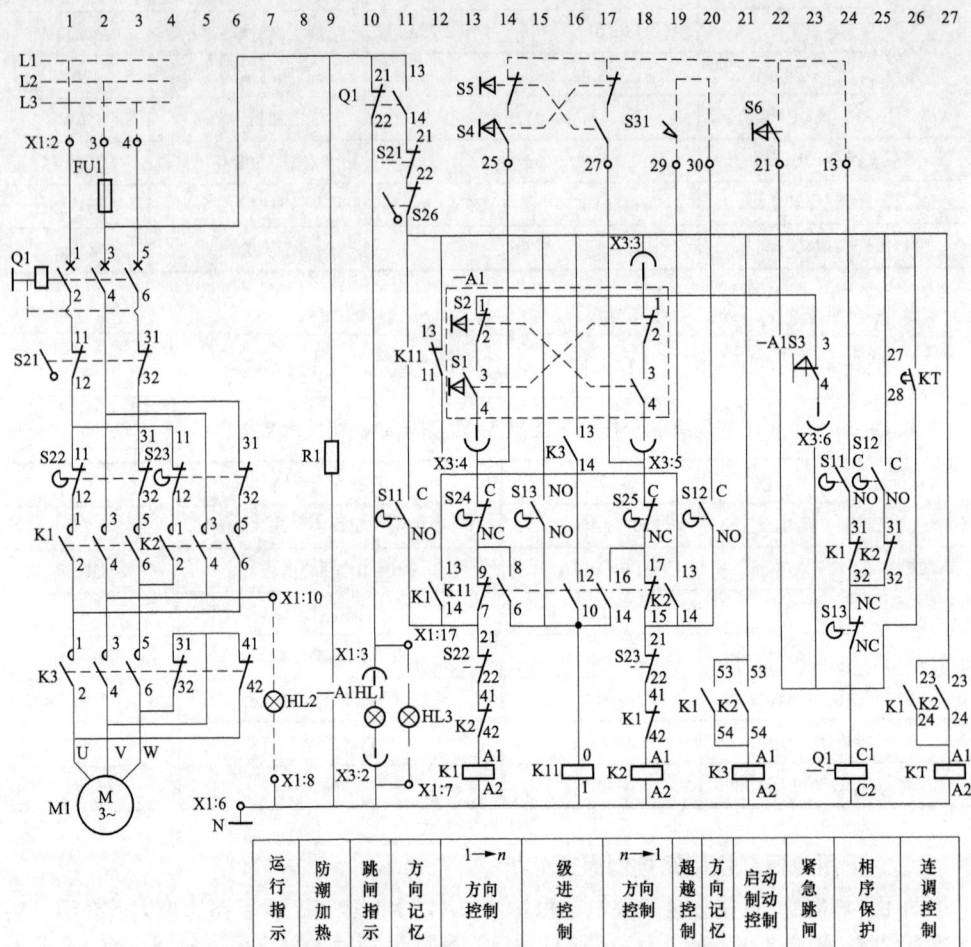

运行指示	防潮加热	跳闸指示	方向记忆	1→n 方向控制	级进控制	n→1 方向控制	超越控制	方向记忆	启动制动控制	紧急跳闸	相序保护	连调控制

图 14-3-1 MA7 型电气二次回路原理接线图

3. 逐级操作

S11、S12、S13 为顺序操作的凸轮组行程开关，其动作顺序及时间如图 14-3-2 所示。电动机朝 1→n 方向运转，S11 动作，线路 11 上的 S11（C，NO）触点闭合，此时接触器 K1（A1，A2）可由 S11（C，NO）供电，接触器 K1 仍吸合，电动机构继续朝 1→n 方向运转。

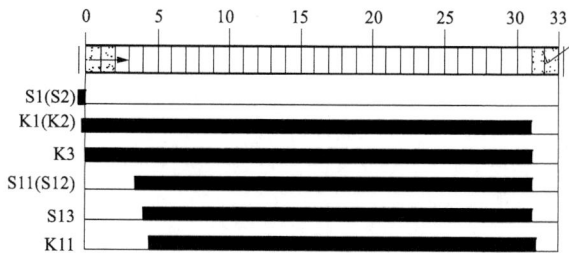

图 14-3-2 凸轮行程开关动作顺序

注：各控制元件的动作闭合顺序为 S1（S2）、K1（K2）、K3、S11（S12）、S13、K11；

断开顺序为 S1（S2）、S13、S11（S12）、K1（K2）、K3、K11。

电动机继续运转至 S13 动作，线路 15 上 S13（NO，NO）触点闭合，中间继电器 K11 吸合，K11（13，11）、（9，7）断开，K11（8，6）、（12，10）、（16，14）闭合，此时 K11 通过线路 15 上的 S13（NO，NO）和线路 16 上的 K3（13，14）、K11（12，10）通电，由于线路 12 中的 K11（13，11）断开，K1 仅由线路 11 上的 S11 保持。电动机运转至停止前，凸轮行程开关 S13（NO，NO）先断开，K11 仍通过线路 16 中 K3（13，14）、K11（12，10）通电保持吸合。

一旦电动机构运行，就与按钮 S1（或 S2）所处状态无关。这是因为运行过程中 K11 一直处于吸合状态，断开了 S1（或 S2）操作 K1（或 K2）的线路。假如一直按住 S1（或 S2）不放，K11 在线路 14（或 17）上的触点（6，8）（或 14，16）使之保持吸合。K1（或 K2）、K3 释放后，电动机停转。但因 K11 保持吸合，K1（或 K2）就不能再次吸合。所以，电动机构只能完成一级分级变换操作。

4. 停止

当一级分接变换操作结束时，凸轮行程开关 S11（C，NO）断开，K1 失电释放，线路 20 中的 K1（53，54）断开，K3 失电释放，断开电动机主回路。同时 K3 的（31，32）、（41，42）接通，电动机自激能耗制动，电动机迅速停转。K3 释放的同时，使线路 16 中 K3（13，14）断开，K11 释放，为下次分接变换操作做好准备，即电动机构处于待操作状态。

5. $n{\rightarrow}1$ 方向分接变换操作

按动操作按钮 S2，接触器 K2 吸合，接触器 K3 通电吸合，电动机朝 $n{\rightarrow}1$ 方向运转，直至凸轮行程开关 S12 动作，其后运行原理与 $1{\rightarrow}n$ 方向的原理相似。

6. 超越中间位置控制性能

对于三个中间位置的有载分接开关（如 10 193W），在超越中间位置时，要求电动机构备有超越触点，使进入或离开中间位置时电动机构自动再操作一次。这一要求由超越控制回路（线路 19）上的超越触点 S31 完成，它利用远方位置信号发送器上的触点来实现。

（二）安全保护功能

1. 两端点位置保护

两端点位置保护包括电气限位保护和机械限位保护两种，如图 14-3-3 所示。

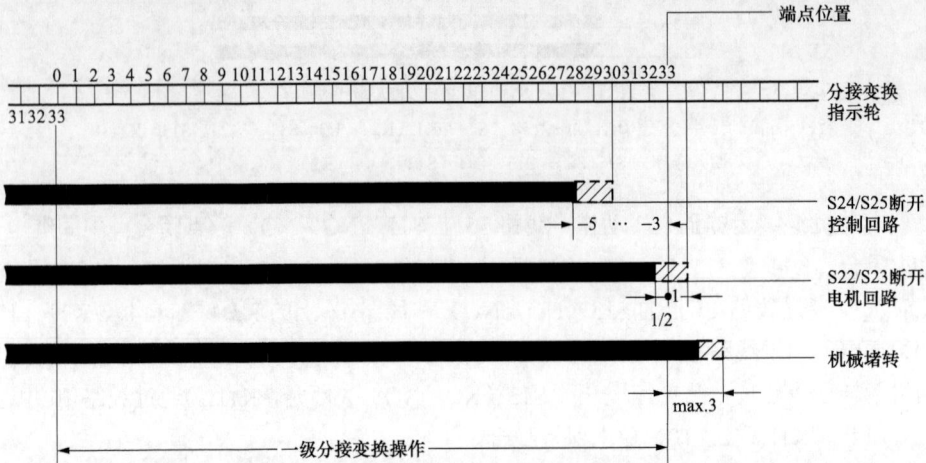

图 14-3-3　电气限位保护以及机械限位保护的动作程序

电气限位保护分控制回路保护和主回路保护两种，当电动机构即将到达两端点位置时，控制回路的行程开关 S24 或 S25 动作，使 S24（或 S25）的动断触点（C，NC）断开，使接触器 K1 或 K2 不能通电激励。若行程开关 S24 或 S25 失灵，向超越终端位置方向继续运转时，S22 或 S23 行程开关动作，断开 K1 或 K2 的控制线路和电动机主回路，电动机停转。

机械限位保护是从保护的安全可靠出发而设置的。MA7 型和 MA9 型电动机构均设置有机械堵转的极限位置保护方式。它采用釜底抽薪方式，在达到极限位置后，当电气极限位置保护失灵时，电动机构堵转，迫使电源保护开关跳闸，切断电动机主回路，于是电动机构停止转动。

2. 手动操作保护

手柄插入手动操作轴孔，此时安全保护开关 S21 和 S26 动作，从而断开主回路及控制回路电源。此时电动机构不能电动操作。手动操作后，从轴孔中拔出手柄时，S21、S26 复位。

3. 旋转方向保护

为了保证电动机构按要求的方向旋转，对电动机三相电源的相序应有识别的要求。若电源相序不符合要求时，以按动按钮 S1 为例，K1 吸合，电动机错误地朝 $n \rightarrow 1$ 方向旋转，S12（C，NO）闭合，则通过 S12（C，NO）、K2（31，32）、S13（NC，NC）使电动机保护开关 Q1 跳闸，电动机停转。此时调换电源相序，手动返回原工作位置，合闸 Q1，即可正常工作，否则 Q1 合不上或合闸后返回原工作位置。

4. 电源电压中断恢复后电动机构自动再启动

电动机构操作过程中，电源电压若中断，因 S11（或 S12）已动作，电源恢复后，K1（或 K2）由于 S11（或 S12）没有复位而重新吸合，电动机构朝未完成的运行方向继续运转，直到完成一级分接变换。

5. 紧急断开电源

电动机构运转过程中，如需使电动机构停止运转，按紧急脱扣按钮 S3 或与 S3 并联的远端紧急脱扣按钮 S6，使 Q1 分励脱扣，断开电动机电源，电动机构停止运转，Q1 分闸后指示灯 HL1 亮。

6. 联动保护

为防止电动机构出现不正常的联动，导致有载分接开关联调（滑挡），电动机构内装有时间继电器 KT。当一次分接变换操作启动时，K1（或 K2）在线路 26（或 27）中的触点（23，24）闭合，KT 通电开始计时。一次分接变换正常完成后，K1（或 K2）的触点（23，24）打开，则 KT 断电复位。若电动机构发生联动，导致 K1（或 K2）持续吸合，KT 持续通电，到了整定时间后 KT 动作，使 KT 在线路 26 中的触点（27，28）闭合，Q1 激励跳闸，断开电动机的电源及控制回路电源，阻止分接变换的继续进行，防止了开关的滑挡联调。

KT 动作的整定时间有两种：带有中间超越位置的电动机构的动作时间整定为 13.5s，无中间超越位置的动作时间整定为 7s。

（三）信号指示功能

电动机构为了运行安全可靠，应带有操作方向指示、分接变换在进行中指示、紧急断开电源指示、完成分接变换次数指示、就地和遥远工作位置指示等指示装置。

1. 操作方向的指示

操作方向指示有电动操作方向指示和手动操作方向指示两种。电动操作方向指示是在箱盖或箱体内按钮处标有操作方向 $1 \rightarrow n$ 或 $n \rightarrow 1$ 的符号牌。手动操作方向指示是在手柄孔处及其两侧标有操作方向指示箭头，并且手柄孔盖板上标有手动操作转数的标志，以免操作方向发生错误。

2. 分接变换在进行中的指示

分接变换在进行中的指示采用信号灯法。该信号灯安装在远方的控制室内。标准设计是在分接位置指示器上带有该信号灯指示；特殊设计是利用控制机构上转轴附加一组凸轮控制行程开关动作与否来指示。当电动机构分接变换操作时，指示灯亮；电动机构停止转动时，指示灯熄灭。

3. 紧急断开电源指示

当紧急断开电源时，电源保护开关 Q1 跳闸，辅助触点 Q1（21，22）闭合，接通紧急跳闸指示回路指示红灯亮。合上电源保护开关，辅助触点 Q1（21，22）断开，指示红灯（HL1 或 HL3）熄灭。

4. 完成分接变换次数指示

电动机构带有一个 5 位或 6 位的机械计数器。每完成一次分接变换之后，机械计数器累计完成操作的次数。这个计数可直接通过观察窗阅读，不必打开箱盖。

5. 就地和遥远工作位置指示

（1）就地工作位置指示。就地工作位置指示指的是电动机构本身工作位置的指示，它通过分接指示轮和机械位置指示器把工作位置反映出来，分接变换指示轮转动一圈就完成一次分接变换操作，机械位置指示器上标牌转过一个相应级数。这个位置指示可以直接从箱盖上观察窗看到。

（2）遥远工作位置指示。为了在远离有载分接开关和电动机构的控制室了解有载分接开关所处的分接位置，需要遥远工作位置的指示。它利用电动机构中远方位置信号发送器把有载分接开关分接位置信号通过电缆传到远方控制室内，并通过相应的接收装置显示分接装置。

三、电动机构的检修

1. 电动机构的检修

（1）打开机构箱门，切断电源开关或将就地/远方转换开关切到"就地"位置。

（2）观察电动机构上的计数器，记录计数器上的操作次数。

（3）检查机构箱的密封性能：门封条是否老化龟裂，上面是否有油迹（通常门封条为非耐油橡胶，油浸后会变形失效），机构箱内应无潮气、灰尘，金属件表面应无锈蚀，电器元件应无霉变痕迹，机构箱应密封良好，应符合防潮、防尘、防小动物的要求。

（4）对机构箱进行清扫，要求清洁干净。

（5）检查电动机构、传动齿轮、各元器件应完好无损。检查各元器件是否安装牢固。用扳手逐个检查并紧固各部位固定螺栓。

（6）检查连线接头应连接牢靠；检查箱内是否有掉落下的螺钉，用螺钉旋具逐个紧固端子排上连接线。

（7）对机械滑动接触部位加适量润滑脂，如手动操作的轴上、限位开关的滑动支架、位置信号输出盘的触头和轴承处、控制齿轮的接触部分。检查制动部位无油迹。

（8）早期的电动机构采用齿轮传动，观察孔内润滑油位是否符合要求，若油的颜色浑浊且呈乳黄色，需及时更换，注意油不能加太满防止溢出，同时检查齿轮盒是否有渗漏现象。

（9）检查加热器及恒温控制器是否完好，用手靠近加热器但不能触摸它有明显热感（未切断电源开关情况下），若加热器不能正常工作，必须及时更换。

（10）检查电动机构与有载分接开关的分接位置指示应完全一致。

（11）检查电动机电源熔丝匹配正确，一般取电动机额定电流的 2～2.5 倍。

（12）检查电动机构箱安装垂直度不大于 5°，检查垂直传动轴是否垂直，传动轴的连接螺栓是否紧固，紧锁片是否锁定。早期传动轴用销子和螺母固定，检查螺母是否松脱，开口销是否止退。

（13）用 500～1000V 绝缘电阻表摇测二次回路应绝缘良好。

（14）检查顺序开关动作程序应正常。用手柄操动电动机构，在 S11（S12）由凸轮驱动动作后，继续转动手柄 1/8～1/2 圈（手柄转 1 圈等于分接变换指示轮转 1 格）后 S13 才动作。在分接变换完成后，分接变换指示轮上的红线到观察孔中央前 2～1.5 圈 S11（S12）释放，S13 释放略比 S11（S12）早一点。1→n 方向检查 S11、S13，n→1 方向检查 S12、S13，如图 14-3-4 所示。

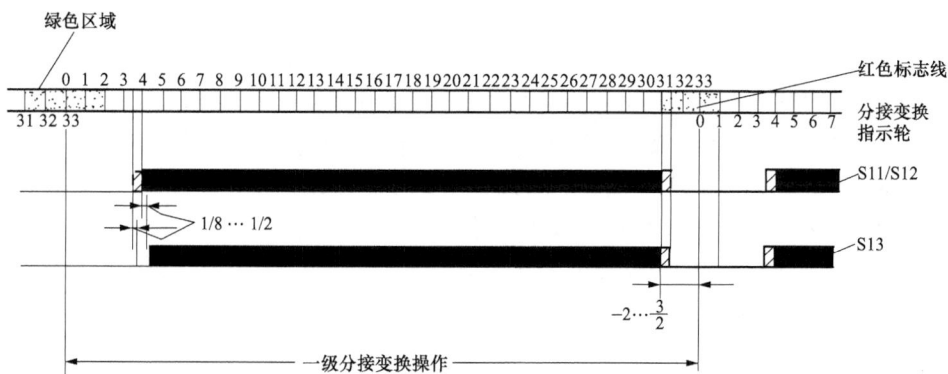

图 14-3-4　凸轮控制的 S11（S12）与 S13 动作程序

2. 手摇操作检查

（1）手摇操作有载分接开关，逐挡检查 1→n 和 n→1 方向电动机构、传动齿轮连接正确，动作灵活，无卡滞现象。

（2）检查电动机构与有载分接开关的分接位置指示在每挡是否一致。

（3）检查电动机构分接位置指示与远方分接位置指示在每挡是否一致。

（4）检查计数器动作应正确，无论哪个方向，每完成一级分接变换，计数器在原数字上加 1。

（5）检查听觉测试电动机构与有载分接开关的动作程序是否符合产品要求。

（6）检查电气限位开关：手摇到两个端点位置时，缓慢地向超极限方向转动，仔细听可听见两级限位开关的动作声响，返回时可听见两级限位开关的返回声响。

（7）检查机械限位：手摇到两个端点位置时，缓慢地向超极限方向转动，仔细听可听见两级限位开关的动作声响，继续向超极限方向转动，若手感有明显的阻碍，即已发生机械堵转，说明机械限位功能完好。若转动 1.5～3 圈后无明显的阻碍，应做出正确判断，不得继续强制向超极限方向转动，查明原因进行处理。

3. 电动操作检查

（1）检查保护回路。在电动机保护开关断开情况下，用手柄操作电动机至 S11 或 S12 动作时停止，这时必须是 S13 还没动作，合上电源保护开关，抽出手柄，这时电机保护开关应动作跳闸。

（2）将开关手摇调至整定工作位置，给上电源，检查电源指示灯亮。做好就地电动操作准备。

（3）检查电源相序。按 $1\rightarrow n$ 或 $n\rightarrow 1$ 按钮，观察机构转动的方向与所按按钮方向相符（S1 启动时电动机转动方向为逆时针，S2 启动时电动机转动方向为顺时针）。若不符，电源相序保护应动作跳闸，或立即按紧急停车按钮，断开电源进行调整。

（4）完成一级分接变换后，检查电动机构内的分接位置变换指示轮是否停在规定的绿色区域内，中间的红线是否停在观察孔内，否则应检查原因并处理。

（5）检查紧急停车功能。按 $1\rightarrow n$ 或 $n\rightarrow 1$ 按钮，电动机构正常启动，随后按紧急停车按钮，电源保护开关跳闸，电动机构应立即停运。

（6）检查继电功能。当电动机构在进行一个分接变换操作未完成之前，人为使电源突然中断，电动机构动作中断，一旦电源恢复后，电动机构自动再启动，继续完成这一级分接变换操作。

（7）检查逐级控制功能。

1）每操作一次只能前进一挡。若操作一次后动了一挡仍不停车，立即按紧急停车按钮，断开电源检查顺序开关。

2）始终保持操作指令不撤除，观察电动机构在进行一个分接变换之后，是否能自动停止操作，且分接变换指示轮是否停在规定的绿色区域内。

（8）检查中间挡位超越功能。在 9a、9b、9c 切换时，在 9a、9c 挡不停车实现超越。

（9）检查手摇闭锁功能。插上手摇柄时，电气回路应被闭锁，电动机构应不能操作。

（10）检查两个端点位置电气闭锁功能。当开关运行至极限挡位时，继续按超极限方向按钮，电气回路应被闭锁，机构应不动作。若机构被启动，立即按紧急停车按钮，断开电源进行闭锁回路检查。

（11）将就地/远方转换开关切到"远方"位置，在主控室进行远方操作，检查1→n 或 n→1 操作时挡位指示正确，操动机构动作正常，重点再检查一下远方紧急停车功能正常。

【思考与练习】

1. MA7 和 MA9 型电动操动机构每级分接变换时间和手摇圈数有哪些不同？

2. 局部画出 MA7 型电动操动机构电机保护回路图，并对照图简述旋转方向保护工作原理。

3. 局部画出 MA7 型电动操动机构联动保护回路图，时间继电器整定有何规定？并对照图简述联动保护工作原理。

4. 如何手摇检查 MA7 型电动操动机构顺序开关功能？

5. 如何手摇检查 MA7 型电动操动机构限位功能？

6. 如何检查判断 MA7 型电动操动机构保护回路是否正常？

▲ 模块 4　无励磁分接开关的检修基础（Z15H2004Ⅱ）

【模块描述】本模块介绍了无励磁分接开关的基本工作原理、变压器绕组分接头的引出常规、无励磁分接开关的分类及接线方式和技术要求，通过概念介绍、原理讲解，掌握无励磁分接开关的基本知识。

【模块内容】

一、无励磁分接开关的基本工作原理及用途

变压器调压的基本工作原理建立在变压器的变比 $K = U_1/U_2 = N_1/N_2$ 的理论基础上。在变压器停电（无励磁）状态下，通过调整无励磁分接开关（以下简称无励磁开关）的挡位，来改变变压器分接头的工作位置，以达到调整变压器输出电压的目的。常见的两种无励磁开关原理接线如图 14-4-1 所示。

图 14-4-1（a）为一个三相无励磁开关、中性点线性调压方式接线图，动触头每转动一个挡位，就同时将变压器三相分接绕组从一个分接头调整至另一个分接头而实现调压。图 14-4-1（b）为单相无励磁开关、中部单桥跨接调压方式接线图，分相依次转动动触头，即可以实现调压绕组的分接头 A2A3、A3A4、A4A5、A5A6、A6A7 的跨接，从而实现调压。

(a)

(b)

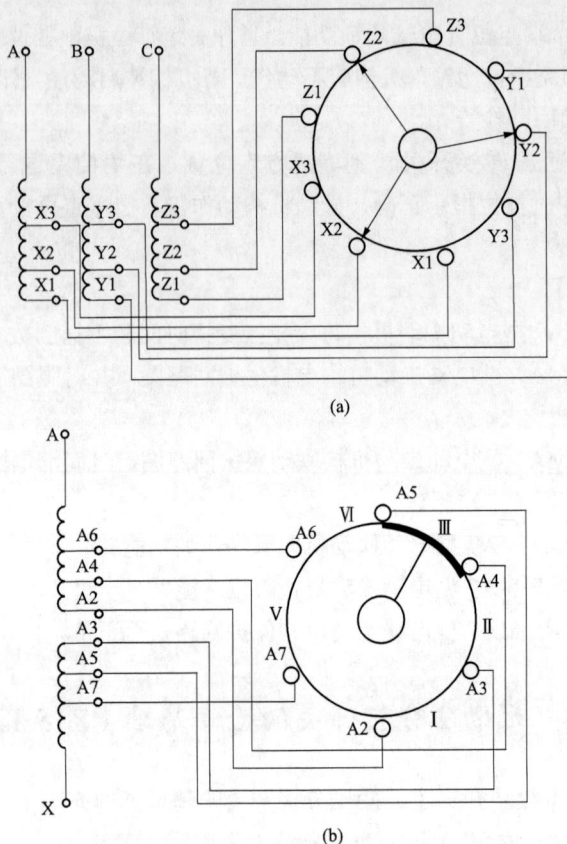

图 14-4-1　常见的无励磁开关原理接线图

（a）三相无励磁开关、中性点线性调压方式接线；

（b）单相无励磁开关、中部单桥跨接调压方式接线

二、变压器绕组分接头的引出常规

1. 分接头引出的绕组

从理论上讲，分接头从哪一侧绕组引出都可以，但一般都从高压侧引出，这是因为一般变压器高压绕组套在低压绕组的外面，分接头引出和连接方便一些。同时高压侧一般电流较小，分接引线和无励磁开关的载流部分截面可以选小一些，触点接触不良的问题也较易解决。

2. 分接头引出的部位

从调压的角度来讲，分接头从变压器绕组首端、中部或末端引出都可以。但从绝缘的角度考虑，一般按分接头引出部位将无励磁开关的对地绝缘水平分为两类，见表 14-4-1。

表 14-4-1　　　　　　　　　　无励磁开关对地绝缘水平分类

类别	I	II
用途	用于绕组的中性点	用于除绕组中性点以外的部位

对于绕组为分级绝缘的变压器，用于绕组中性点调压的无励磁开关，对地绝缘水平只需满足中性点对地绝缘水平的需要就可以了。

3. 绕组分接头级电压及调压范围

电力变压器常见的级电压及调压范围：6～10kV 一般为 3 挡，调压范围为±5%；35kV 及以上一般为 5 挡，调压范围为±2×2.5%。对于电网结构不尽合理，按上述调压范围选择不能满足要求时，可以扩大其调压范围，现有的无励磁开关产品完全能满足需要。

三、无励磁开关的分类

（一）分类和标识代号

（1）按结构方式分类。共分五类，其结构方式的标志代号见表 14-4-2。

表 14-4-2　　　　　　　　　　无励磁开关结构方式分类

结构方式	盘形	鼓形	条形	笼形	筒形（管形）
结构特征	分接端子分布在一个圆形盘上。立式布置	分接引线柱沿圆周方向均布，并置于一绝缘筒内	分接端子分布在一条直线上	分接端子分布在笼式绝缘杆上	在笼形开关上引进了绝缘筒和纯滚动动触头
代号	P	G	T	L	C

（2）按相数分类。分为三相（代号 S）、单相（代号 D）和特殊设计的两相（代号 L）；三个单相无励磁开关组合可由一个操动机构进行机械联动。

（3）按调压方式分类。分为线性调（丫接或△接）、正反调（丫接或△接）、单桥跨接（中部）、双桥跨接。

（4）按操动方式分类。分为手动操作（无标识）和电动操作（代号 D）两类。电动操作按其电动机构与无励磁开关连接方式分为复合式（头部电动）和分开式（箱壁安装）。

（5）按触头结构分类。分为夹片式（代号 A）、滚动式（代号 B）和楔形式（代号 C）。

（6）按安装结构分类。分为立式（L）和卧式（W）。

（7）按安装方式分类。分为箱顶式和钟罩式。

（8）按调压部位分类。分为中性点调压、中部调压和线端调压三类。

调压方式和调压部位的标志代号见表 14-4-3。

表 14-4-3　　　　　　　　无励磁开关调压方式和调压部位的标志代号

结构方式＼调压方式	线性调	中性点调压	正反调	中部调单桥跨接	双桥跨接
盘形无励磁开关	Ⅰ	Ⅲ	—	Ⅱ	—
条形无励磁开关	—	Ⅲ	—	Ⅱ	—
鼓形无励磁开关	Ⅰ	—	Ⅵ	Ⅱ	Ⅲ
笼形无励磁开关	Ⅳ	—	Ⅱ	Ⅴ	Ⅶ
筒形无励磁开关	Ⅰ	—	Ⅵ	Ⅱ	Ⅲ

（二）安装方案（配置模块）

由于无励磁开关品种规格较多，其操作方式、安装方式、开关出线方式多种多样，为了避免用户、变压器制造商、开关供应商在沟通上有障碍或失误以及相互确认的烦琐，最有效的办法是提高无励磁分接开关的安装标准化水平。有些制造厂将条形、鼓形和筒形三种基本结构的无励磁分接开关，按其安装方式进行模块化配置，分为操作方式、安装方式和出线方式的三种组合，每种方式又有五种配置，所以行业里将其称为"555"模块化配置，详见表 14-4-4。

表 14-4-4　　　　　　　　无励磁开关安装"555"模块化配置表

模块序号	1	2	3	4	5
操作方式	手动上操作	手动侧操作	手动地面操作	电动上操作	电动侧操作
安装方式	夹件式安装	落地式安装	卧式安装	平顶式安装	钟罩式安装
出线方式	轴向单出线	轴向双出线	径向单出线	径向双出线	仅有接线端子

"555"模块化配置的平台建立，使产品型号与实物具有唯一对应，即无励磁分接开关型号的前缀与原标准统一。其后缀为三个模块化配置，其中第一模块为 5 种不同标准的操作方式由业主选择，第二模块中 5 种不同标准的安装方式、第三模块中 5 种不同标准的出线方式可供变压器制造者选择。这给变压器设计者在进行安装结构设计时带来较大方便。

（三）型号含义

无励磁开关型号说明举例如图 14-4-2 所示：

WSL □ V 500 △/35-6 ×5 A L D　（配置模块）

电动操作
立式结构
夹片式触头
分接位置5挡
分接抽头6根
额定电压35kV
△接线
额定电流500A
单桥跨接
工厂设计序号
笼式结构
三相
无励磁开关

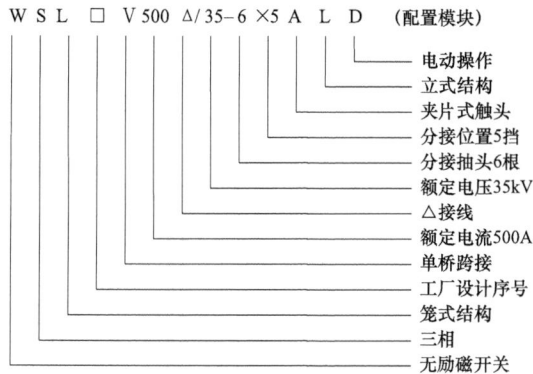

图 14-4-2　无励磁开关型号说明

四、常用无励磁开关的接线方式

无励磁开关基本接线方式分为线性调（丫接或△接）、单桥跨接（中部）、双桥跨接、正反调（丫接或△接）四种，如图 14-4-3 所示。

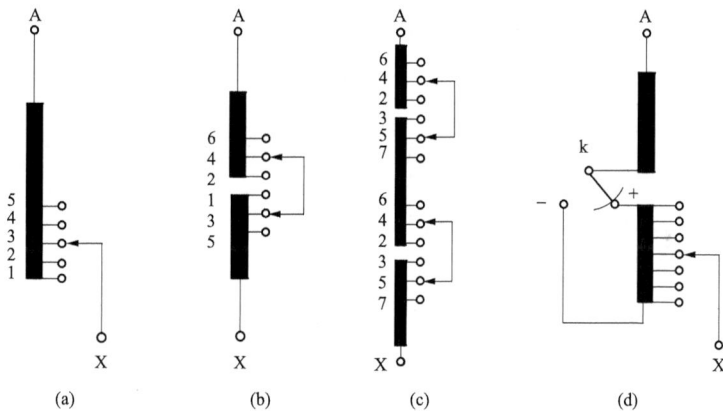

图 14-4-3　无励磁开关基本接线图
（a）线性调；（b）单桥跨接；（c）双桥跨接；（d）正反调

图 14-4-3 中，图（a）为线性调压接线，特点为基本绕组加上线性调压绕组，调压范围一般为 10%，通常用于电压为 35kV 及以下配电变压器或电力变压器。图（b）为单桥跨接调压接线，实质是中部调压电路，也是无励磁调压常用的调压方式，主要适用于电力变压器。图（c）双桥跨接接线，实质是中部并联调压方式，适用于容量较大电力变压器。图（d）为正反调压接线，正反调为基本绕组加上可正接或反接的调压绕组，在相同的调压绕组上，调压范围增加了一倍，或在相同的调压范围下，可减少调压绕组抽头数目，一般适用于电力变压器或配电变压器的无励磁调压。

五、无励磁开关技术要求

（一）使用条件

（1）无励磁开关的环境温度见表 14-4-5。

表 14-4-5 无励磁开关的环境温度

无励磁开关环境	温度（℃）	
	最低	最高
空气	25	40
油（或液体）	25	100

（2）电动机构的环境温度：最低温度 25℃，最高温度 40℃（配用电动机构的）。

（二）额定值

（1）额定通过电流（A）：20、63、125、250（300）、400、630、800、1000、1250、1600、2000、2500、3150、4000、5000、6300。

（2）额定电压（kV）：10、(15)、35、66、110、(150)、220、330、500。

（3）额定调压范围：电力变压器 ±5%、±2×2.5%、±3×2.5%、±4×2.5%。

（4）分接位置数：电力变压器 3、5、7、9。

（5）额定频率（Hz）：50（60）。

（6）相数：无励磁开关本身结构的相数，一般有三相、单相、"1+2 相"或特殊设计的两相。

（三）性能要求

1. 触头接触电阻

一般制造厂给出的保证值不大于 350μΩ。GB/T 10230.2—2007《分接开关应用导则》中规定，接触电阻测量可作为诊断性检查或检修制度的一部分，以识别或防止因触头弹簧老化和触头过热引起的问题。作为指导性判断，如果接触损耗 $P=I^2R$（其中，I 为电流，R 为接触电阻）大于 100W，则可能出现过热。

2. 触头温升

GB 10230.1—2007《分接开关性能要求和试验方法》规定，连续载流触头在通以 1.2 倍最大额定通过电流下，对变压器油的温升一般不超过表 14-4-6 中规定值。

表 14-4-6 无励磁开关的触头温升限值 （K）

触头材料	空气中	油（或液体）中
裸铜	25	15
表面镀银的铜/合金	40	15
其他材料	协商	15

3. 抗短路能力

连续载流触头承受的短路电流值见表 14-4-7。

表 14-4-7　　　　　　　　连续载流触头承受的短路电流值

额定通过电流（A）	20	63	125	250	400	500	630	1000	1250
热稳定电流（kA）	0.5	1.57	2.5	5.0	6.0	7.5	9.45	10	12.5
动稳定电流（kA）	1.25	3.9	6.25	12.5	15	18.75	23.5	25	31.25
短路电流/额定通过电流	25 倍		20 倍		15 倍			10 倍	
动稳定电流/热稳定电流	2.5 倍								

注　表中数值 630A 及以下开关较 GB 10230.1—2007 规定稍严格。

4. 机械寿命

GB 10230.1—2007 规定，手动操作的无励磁开关机械寿命大于 2000 次，带电动机构的无励磁开关机械寿命大于 2 万次。

5. 密封性能

无励磁开关所有密封件和密封部位应能耐受住 60kPa 的压力及真空试验。密封试验通常采用油柱静压法或泵压法进行。型式试验：油温 90℃±10℃、压力 60kPa、24h。出厂试验：室温的油、压力 200kPa、5min。

6. 绝缘性能

无励磁开关的绝缘水平与其所连接的变压器绕组有关。

（1）对于 I 类无励磁开关的对地绝缘，或 II 类无励磁开关的对地绝缘和相间绝缘，其绝缘水平应符合表 14-4-8 规定的要求。

表 14-4-8　　　　　　无励磁开关的对地（或相间）绝缘水平　　　　　（kV）

电压等级	设备最高工作电压（有效值）	额定雷电冲击耐受电压（峰值）全波（1.2/50μS）		工频耐受电压（有效值 1min）		额定操作冲击耐受电压（峰值）
		对地	相间	对地	相间	
10	12	75	75	35	35	—
15	17.5	105	105	45	45	—
20	24	125	125	55	55	—
35	40.5	250	250	95	95	—
66	72.5	325	325	140	140	—
110	126	550	550	230	230	—

续表

电压等级	设备最高工作电压（有效值）	额定雷电冲击耐受电压（峰值）		工频耐受电压（有效值 1min）		额定操作冲击耐受电压（峰值）
		全波（1.2/50μS）				
		对地	相间	对地	相间	
220	252	1050	1050	460	460	850
330	363	1175	1175	510	510	950
500	550	1675	1675	680	680	1300

注　应符合 GB 10230.1—2007 规定。

（2）对于无励磁开关的内部绝缘水平，通过在相关绝缘部位上所进行的雷电冲击（全波与截波）和外施 1min 交流工频的电压试验来验证。每一特定结构方式的无励磁开关，制造厂在产品使用说明书中均应给出其内部绝缘水平值。

7. 局部放电试验

只对设备最高电压 U_m 为 126V 及以上的 Ⅱ 类无励磁开关进行本试验（Ⅰ 类无励磁开关不要求进行此试验）。

【思考与练习】

1. 为什么变压器无励磁开关一般都装在高压侧？

2. 无励磁开关按对地绝缘水平分几类？是如何划分的？

3. 无励磁开关按调压接线方式分几类？试画出四种常用的调压接线原理图。

4. 无励磁开关触头接触电阻、触头温升是如何规定的？

5. 一台型号为 WDG–1000/110–6×5 无励磁开关，请解释其含义。

6. 一台 20 000kVA 的 110kV 电力变压器，无励磁调压，标称电压为 110±2×2.5%/35±2×2.5%/10.5kV。现高压侧分接头运行在额定电压挡位，中压侧运行在最高电压挡位，实际输出电压中压侧偏高，低压侧偏低，如何调整其分接头？

▲ 模块 5　无励磁分接开关的检修和故障处理
（Z15H2005Ⅱ）

【模块描述】本模块介绍了无励磁分接开关的检修和故障处理，通过原理讲解、工艺要求及处理方法介绍，了解无励磁分接开关的结构原理，掌握无励磁分接开关的调整、检修和常见故障处理的基本方法。

【模块内容】

一、常用无励磁分接开关（简称无励磁开关）结构简介

（一）盘形无励磁开关结构原理

盘形无励磁开关在安装结构上为立式设置。尽管它的结构型式较多，但结构原理都大同小异。它由接触系统、绝缘系统和操动机构三部分组成。按其触头结构分为滚动式和夹片式两种，如图 14-5-1 所示。

盘形无励磁开关具有结构合理、手感强、转动灵活、到位准确、密封性能好、接触电阻小等特点，按其调压方式分为中性点调压（Ⅲ）、中部调压（Ⅱ）、线端调压（Ⅰ）三种，按相数又分为三相（S）和单相（D）两种，主要供 10～35kV 配电变压器选用。

（二）鼓形无励磁开关结构原理

鼓形无励磁开关静触头为多柱触头式，如图 14-5-2 所示，动触头嵌入两相邻静触头之间，并跨接该两分接头。动触头采用滚环式结构，早期采用的盘形弹簧，现用圆柱式弹簧取代，接触稳定可靠。近年来部分制造厂家还在触环内增设滚动轴承，实现了动触环的纯滚动运动，使其转动更灵活，到位更准确，触头接触压力更均匀可靠。部分公司还在开关本体上增设了触头自动定位器，在变压器外部操作时能准确判断无励磁开关定位在正中位置，进一步提高了可靠性，同时还消除了机构与本体离合时可能产生的悬浮电位放电现象。

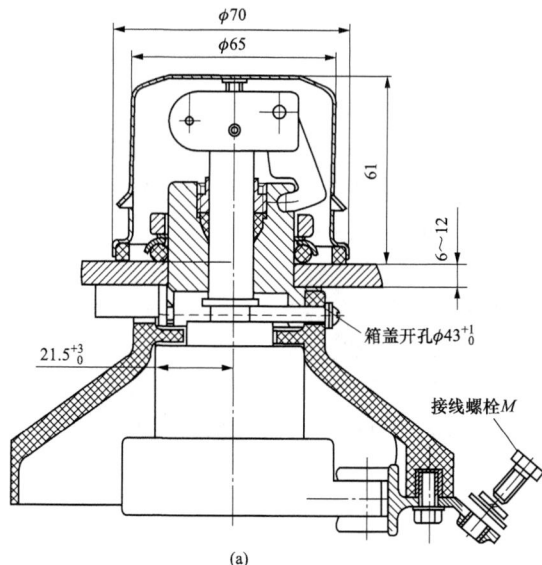

(a)

图 14-5-1　盘形无励磁开关触头结构图（一）

（a）滚动式

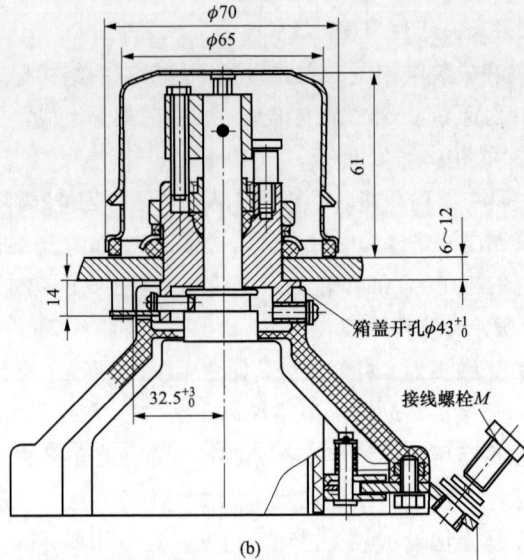

图 14-5-1　盘形无励磁开关触头结构图（二）

（b）夹片式

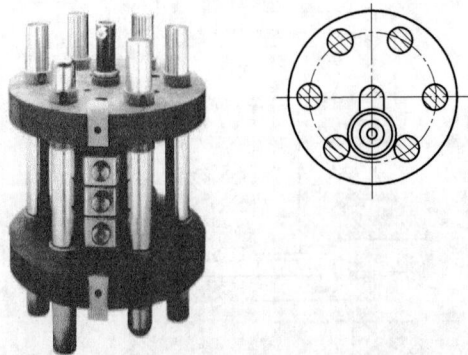

图 14-5-2　鼓形无励磁开关静触头结构原理图

鼓形无励磁开关由操动机构和开关本体两大部分组成。操动机构中设有工作指示和定位锁紧装置，具有操作方便、手感极强、接触压力均匀、定位准确的优点。这类开关的动触头采用偏转推进机构，主轴转过死点后自动归位，从而可靠地完成分接变换操作。开关本体采用绝缘筒隔离，体积小，静触头电场分布好。主要绝缘结构件均采用 E 级以上绝缘材料,具有电气和机械强度好的优点。为了便于观察触头接触及核对接线,主绝缘筒上设有观察窗口。小电流无励磁开关静触头为柱上端进线,大电流无励磁开关静触头为柱上、下端并联进线。结构上有卧式和立式之分;传动方式分为上部传动和下部传动,相数分为单相和三相,部分生产厂还有特殊生产的"1+2"相。接线原理覆盖了线性调、单桥跨接、双桥跨接、丫-△转换、串并联及正反调多种接线原理。电压可到 420kV,电流可到 6300A,被广泛地应用于各种类型的电力变压器。

(三)筒形(管形)无励磁开关结构原理

近年来,有些制造厂研发的筒形无励磁开关,把笼形无励磁开关与鼓形无励磁开关的技术进行组合,结构如图 14-5-3 所示。

本系列产品特点:在笼形无励磁开关基础上引进了纯滚动触头,使其既具备笼形无励磁开关操作的特点又具备鼓形无励磁开关触头的特点;由于采用筒形结构,外观简洁明快;转动力矩轻盈,到位手感清晰;采用外封闭内循环散热系统,散热效果好,触头温升低;其电流大小仅通过并联动触环数量及静触头轴向增长来达到目的。因而该系列无励磁开

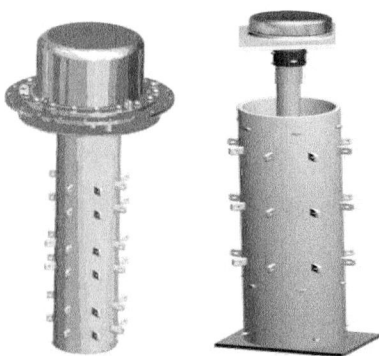

图 14-5-3　筒形无励磁开关

关比夹片式触头无励磁开关外形尺寸要小,电场分布也更均匀,局部放电量较低。将笼形无励磁开关绝缘杆撑条结构变为整体绝缘筒结构,刚度与电场大大改善。其一般安装于变压器一端,相对于笼形无励磁开关占用变压器内部空间较小。筒形无励磁开关按相数分为单相和三相两种;按传动方式分为上部传动和下部传动两种;按操作方式分为手动操作和电动操作两种,操作可靠性高,杜绝了误操作事故的发生。分别适用于箱顶式和钟罩式变压器安装,尤其适用于大容量的变压器配套使用。

二、无励磁开关调整操作

过去,大部分电力变压器无励磁开关均采用手动操作,并将操作手柄设置于变压器顶盖上。近年来对于一些大型变压器,由于操作无励磁开关时爬高不便,通过传动系统,采用了地面或侧面手动操作方式,个别一些电力变压器也有采用电动操作方式。由于无人值守变电站的发展,智能化要求不断提高,无励磁开关带远程位置显示器的也越来越多。

（一）调整操作顺序

（1）将变压器停电并做好安全措施，办理工作票。

（2）测量变压器运行分接头的直流电阻。

（3）松开无励磁开关的定位螺栓。

（4）将无励磁开关转动几次，以消除氧化膜，再旋转到所需分接头位置。

（5）连同变压器绕组测量调整后分接头的直流电阻，确认调整后分接头位置与调度通知相符。

（6）拧好定位螺栓，结束工作票，方可将变压器投运。

（二）调整操作注意事项

（1）盘形和鼓形等部分无励磁开关，调整操作时有明显的手感；而条形等部分无励磁开关，调整操作时手感不强，应由有经验的调整人员操作。目前条形无励磁开关使用得已较少。

（2）对 220kV 及以上的大型变压器，调整分接头后，除测量直流电阻外，建议增加变压器的变比试验再进行确认。

（3）电动操作的无励磁开关，在正常情况下，建议将电动操动机构的操作电源断开。

（4）操动机构引至变压器下部的无励磁开关，务必采取严密的防误操作措施。

（5）当变压器的直流电阻不平衡，通过调整无励磁开关得以消除时，不宜简单认为是无励磁开关接触不良，应反复地测试确认。

三、无励磁开关检修周期及检修项目

1. 检修周期

正常情况下无励磁开关的大修和小修与变压器的大修和小修周期同步进行。

2. 大修项目

（1）对触头系统进行检查检修，并测量接触电阻确保接触良好。

（2）检查绝缘杆、绝缘件无剥裂变形。

（3）检查传动系统良好并处理渗漏油、更换密封垫。

（4）连同变压器绕组测量直流电阻正常。

3. 小修项目

（1）紧固操动机构法兰螺栓，检查处理操动机构部位的渗漏油。

（2）连同变压器绕组测量直流电阻正常。

4. 危险点预控、工器具与材料准备

与变压器大修和小修相同，参照相关模块进行。

四、无励磁开关检修工艺、质量标准及检修注意事项

（一）无励磁开关检修工艺及质量标准

（1）无励磁开关拆卸前做好相别和位置标志，装复时核对相别和位置标志。拆装前后指示位置必须一致，各相手柄及传动机构不得互换。

（2）操作杆拆下后，放入变压器油中或用干净塑料纸包上，防止受损、受潮。检查操作杆绝缘良好，应无弯曲变形。

（3）检查无励磁开关绝缘件无剥裂变形及损伤，发现有剥裂变形及损伤的绝缘件应予以更换。

（4）检查无励磁开关各零部件螺栓紧固，对部分硬木螺栓紧固时用力均匀，防止损坏。要求各部位零部件螺栓紧固无松动。

（5）检查无励磁开关触头无烧伤痕迹、氧化变色（镀银层有轻微变色属正常现象）、镀层脱落、碰伤痕迹，弹簧无松动，弹力良好，触头接触严密。

（6）检查分接引线连接牢靠无松动。

（7）用0.02mm塞尺检查触头接触是否良好，要求触头接触紧密无间隙。

（8）必要时，测量接触压力，用专用的测压计或弹簧秤来测量。测量的触头最小接触压力是在触头串联的信号灯熄灭时，或动静触头间放置的厚度小于0.1mm的塞片能自由活动时的分离力。接触压力应在20～50N或符合制造厂规定。

（9）测量接触电阻，用电桥法或电压降法来测量。使用电压降法测量时电流应小于额定通过电流的1/3。测量前应对无励磁开关进行1～3个操作循环的分接变换。接触电阻应小于350μΩ。

（10）用干净变压器油对无励磁开关触头、绝缘件、操作杆进行清洗，用无绒毛白布擦拭干净。

（11）装复前检查操作杆传动机构操作灵活，无卡滞。定位螺钉固定后，动触头应处于静触头中间。定位螺钉不别劲。

（12）装复前检查操作杆转轴部位密封良好，安装注油后应无渗漏。

（13）检查无励磁开关绝缘操作杆下端槽形插口与开关转轴上端圆柱销的接触是否良好，如有接触不良或放电痕迹应加装弹簧片。

（14）更换箱盖与无励磁开关法兰盘之间的密封垫，确保安装后无渗漏。

（二）无励磁开关检修注意事项

（1）对于三个单相无励磁开关采用三相联动时，拆卸前应做好定位标记，连接前检查三相位置必须一致，复装后检查三相联动位置指示和各相实际动作应一致。

（2）对于箱壁或地面操作的传动机构，对传动轴及传动机构进行检修，连轴正确、牢靠并进行校验，复装后滑动部位加润滑油，操作灵活无卡滞。

（3）带远程位置显示器的无励磁开关，远方位置指示和就地操动机构位置指示与各相分接开关实际位置应一致。

（4）带电动操动机构的无励磁开关，参照有载分接开关电动操动机构的检修项目进行。

（5）对于箱顶式结构的三相笼式、管式无励磁开关，主变压器吊罩前必须从人孔进入变压器箱体内，拆除分接引线。复装分接引线时核对标记，检查分接引线各部的带电距离符合要求，检查分接引线松紧程度，不得使分接开关受力变形。

五、无励磁开关常见故障及处理

1. 触头接触不良导致发热

（1）故障特征：触头接触不良导致发热，变压器油色谱分析指标超标。

（2）原因分析：① 定位指示与开关接触位置不对应，使动触头不到位；② 触头接触压力不够（压紧弹簧疲劳、断裂或接触环各向弹力不均匀）；③ 部分触头接触面有缺陷，接触面小使触点烧伤；④ 穿越性故障电流烧伤开关接触面。

（3）检查与排除方法：首先连同变压器绕组一起做直流电阻，其运行挡位的直流电阻明显升高；另调整一个挡位再做直流电阻，若直流电阻仍然偏高，可初步判断确为无励磁开关触头过热，必要时进行吊芯检查。若另调整一个挡位再做直流电阻，其阻值不大时，可将变压器暂时加运，继续进行色谱跟踪并进一步判断故障点。

2. 变压器箱盖上无励磁开关密封渗漏油

（1）故障特征及原因分析：如系箱盖与无励磁开关法兰盘之间渗漏油，可能是箱盖与无励磁开关法兰盘之间静密封圈失效。如系转轴与法兰盘或座套之间渗漏油，可能是转轴与法兰盘或座套之间动密封圈失效。

（2）检查与排除方法：首先用扳手轻轻紧固无励磁开关法兰盘螺栓或轴套的压紧螺母，看是否奏效。若不奏效，将变压器油位放至箱盖以下，更换密封圈。近年来部分制造厂家给无励磁开关转轴密封设置了内、外两级，可不放油进行外级密封圈更换，较好地解决了操动机构部位的渗漏油问题。

3. 操动机构不灵，不能实现分接变换

（1）故障特征及原因分析：① 操作杆转轴与法兰盘或座套之间密封过紧；② 无励磁开关触头弹簧失效，动触头卡滞。均可造成操动机构不灵，不能实现分接变换。

（2）检查与排除方法：若是操作杆转轴与法兰盘或座套之间密封过紧，调整操作杆转轴与法兰盘或座套之间密封环塞子，既要不渗漏油，还要保证操作灵活。若是无励磁开关触头弹簧失效，动触头卡滞，则要将变压器进行吊罩，对无励磁开关进行检修或更换。

4. 挡位变动，电阻值不变，且机构转动力矩很小

（1）故障特征及原因分析：① 绝缘操作杆下端槽形插口未插入开关转轴上端圆柱销；② 操作杆断裂。

（2）检查与排除方法：将变压器油位放至箱盖以下进行检查，若是绝缘操作杆下端槽形插口未插入开关转轴上端圆柱销，拆卸操作杆，重新安装即可；若是操作杆断裂，则检查操作杆并更换。

5. 变压器直流电阻不稳定或增大

（1）故障特征：变压器直流电阻不稳定或增大。

（2）原因分析：① 分接引线与无励磁开关连接的螺栓松动；② 触头接触压力降低，表面烧伤；③ 长期不运行的触头表面有油膜或氧化膜。

（3）检查与排除方法：若是分接引线与无励磁开关连接的螺栓松动，检查紧固分接引线与无励磁开关连接的螺栓。若是触头接触压力降低，表面烧伤，更换触头弹簧，触头轻微烧伤时用砂纸打磨，烧伤严重时，更换触头。若是长期不运行的触头表面有油膜或氧化膜，操作 3～5 个循环后再测试。

6. 变比不符合规律

（1）故障特征：变比不符合规律。原因分析：① 分接位置乱挡；② 分接引线接错。

（2）检查与排除方法：若是操动机构和分接开关的连接有误，重新连接并效验。若是分接引线接错，配合直流电阻试验确认，重新连接分接引线。

7. 变压器油色谱分析有微量放电故障

（1）故障特征：变压器油色谱分析有微量放电故障。

（2）原因分析：绝缘操作杆下端槽形插口与开关转轴上端圆柱销的接触不良，发生悬浮电位放电。

（3）检查与排除方法。绝缘操作杆下端槽形插口与开关转轴上端圆柱销之间加装弹簧片，确保接触良好。

【思考与练习】

1. 无励磁开关有哪些类型？试简述其工作原理，并指出各有哪些优缺点。（变压器班、修试班）

2. 如何调整无励磁开关？有哪些注意事项？

3. 简述无励磁开关检修工艺过程和质量标准。

4. 无励磁开关常见的故障有哪些？如何进行处理？

5. 有一台变压器在运行中色谱指标偏高，用三比值法判断为过热性故障，怀疑无励磁开关可能有问题，如何对该故障进行查处？

▶ 模块 6 油中灭弧有载分接开关的结构、检修周期及项目（Z15H2006Ⅱ）

【模块描述】 本模块包含油中灭弧有载分接开关的结构、检修周期及项目，检修前期准备工作，变压器吊罩时分接开关的拆装。通过本模块的学习，掌握油中灭弧有载分接开关的结构、检修项目。

一、油中灭弧有载分接开关的结构

（一）组合（M）型有载分接开关的结构

M 系列有载分接开关适用于额定电压 35kV、63kV、110kV 及 220kV，最大额定通过电流三相 600A、单相 800A、1200A，频率 50Hz 的电力变压器或整流变压器，在负载下变换分接头以达到调节电压的目的。三相有载分接开关用于 Y 接法中性点调压，单相有载分接开关则用于任意的调压方式。M 系列有载分接开关是一种典型的组合式有载分接开关，它由油室、切换开关本体及分接选择器三大部分组成。

M 有载分接开关借助开关头部法兰安装于变压器箱盖上，通过其上的蜗轮蜗杆减速器，伞齿轮盒（附件）与控制箱 MA7 联结，以达到分接切换的目的。

M 有载分接开关不带极性选择器时，最大分接位置为 17；带极性选择器时，分接位置数可达 35，特殊设计除外。

1. M 型有载分接开关型号说明（如图 14-6-1 所示）

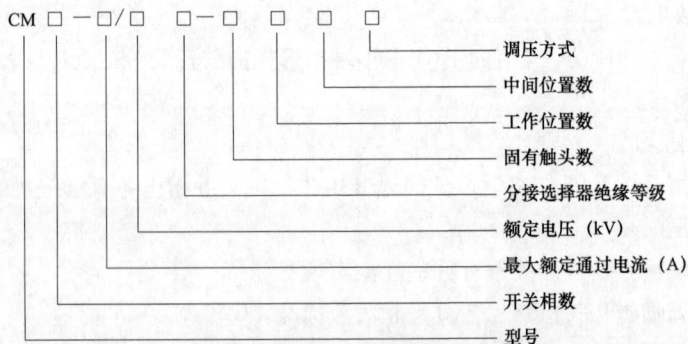

图 14-6-1 M 型有载分接开关型号说明

（1）开关调压级数表示。

1）线性调压：用 5 位数字表示。如 14140 表示工作触头数 14，工作位置数为 14，中间位置数为 0 的线性调压开关。

2）正反调压：5 位数字后加一字母 W，如 14131W，表示工作触头数为 14，工作位置数为 13，中间位置数为 1 的正反调压开关。

3）粗细调压：5 位数字后加一字母 G，表示工作触头数为 14，工作位置数为 13，中间位置数为 1 的粗细调压开关。

（2）开关额定使用条件。

1）开关在最大额定通过电流下，各长期载流触头及导电部件对油的温升不超过 20℃。

2）开关在 1.5 倍最大额定通过电流下从第一位置连续变换半周，其过渡电阻温升的最大值不超过 350K（油中）。

3）开关长期载流触头应能承受短路电流。

4）开关应能承受额定级容量下负载切换，其触头电气寿命不低于 20 万次。

5）开关应能承受 2 倍额定电流 100 次开断能力的试验。

6）开关的机械寿命不低于 80 万次。

（3）调压方式。M 有载分接开关调压方式有线性调、正反调、粗细调 3 种，如图 14-6-2 所示。

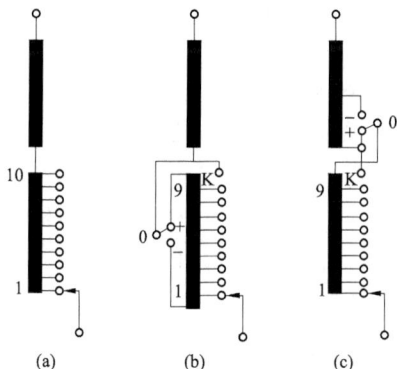

图 14-6-2　M 有载分接开关调压方式
(a) 线性调；(b) 正反调；(c) 粗细调

2. M 有载分接开关的结构

M 有载分接开关为埋入型组合式有载分接开关，由切换开关本体、切换开关油室（简称油室）和分接选择器（带或不带极性选择器）组成，如图 14-6-3、图 14-6-4 所示。

图 14-6-3　M 有载分接开关外形图　　　图 14-6-4　M 有载分接开关透视图

（1）切换开关本体。切换开关本体包括传动装置、绝缘转轴、储能机构、切换结构（触头系统）和过渡电阻。储能机构直接置于切换结构上并由绝缘转轴传动，绝缘转轴上部是一个传动装置，便于安装在切换开关油室之内。

1）绝缘转轴。绝缘转轴由特制绝缘棒、均匀环和轴销组成，它既是传动轴，带动切换开关和分接选择器动作，又是开关的主绝缘，承受开关对地耐压。

2）储能机构（又称快速机构）。切换开关的动作由储能机构来实现，储能机构采用枪机释放原理，包括带有偏心轮操纵的上板、下滑板、储能压簧、导轨、爪卡、凸轮盘、基座托架等。压簧装在上、下滑板之间的导轨上，由上滑板侧壁控制的爪卡锁定凸轮盘，使下滑板保持在原位上，当偏心轮带动上滑板沿着导轨移动时，弹簧压缩储能，一旦上滑板侧壁将相应的爪卡从锁定的凸轮盘移开，下滑板的滑板就会将转动力传至凸轮盘的套轴上，使切换开关动作。

3）切换结构触头（触头系统）。切换开关触头系统用"双电阻过渡"，并联双断口"尾椎补偿"对开式接触，它包括静触头系统和动触头系统。

触头系统分为三部分，三相分接开关其三部分动触头内部为星形连接，单相分接开关其三部分触头并联，每部分有两对主弧触头和两对过渡触头，过渡触头与过渡电阻器相连，主弧触头和过渡触头由铜钨合金制成，以提高触头寿命，动触头安装在绝缘性能良好的上下导板的导槽内，并与转换扇形件的曲槽滚销相连。在扇形件的两侧，还安装有一"羊角形"并联主触头，保证开关长期运行接触良好。静触头由灭弧室相互隔开，并置于一绝缘弧形板上。

当切换机构动作时，动触头由转换扇形件控制沿导板的导槽做直线运动，与布置在弧形板内壁的静触头按规定程序进行切换。扇形件尾部装有一补偿弹簧，以保证触头烧损后切换程序不乱。

4）过渡电阻。过渡电阻按径向辐射方向均匀分布，并与切换开关过渡触头相连。过渡电阻是由具有高耐热性能的镍铬丝绕成回旋形状，用陶土夹片相互隔开装在绝缘框架内。

（2）切换开关油室。切换开关油室使开关被电弧碳化的油与变压器油箱内的油隔离开来，以保证变压器油的清洁，包括头部法兰、顶盖、绝缘筒、筒底四部分。

1）头部法兰。头部法兰用铝合金精铸而成，用铆钉与绝缘筒相连，分箱顶式法兰与钟罩式法兰，分接开关利用头部法兰安装在变压器箱盖上。

分接开关头部法兰上有三个弯管及联通管，继电器经弯管 R 通过分接开关气体继电器与储油柜相连；吸油管 S 是切换开关换油时从油室底部内吸油用的，通过分接开关头部法兰与一绝缘油管连接，此吸油管一直伸至油室的底部；注油弯管 Q 是切换开关回油管，另有一通管 E 是变压器溢油排气孔，所有连接管根据安装需要旋转角度，最后用套圈固定。

2）顶盖。分接开关顶盖装有一爆破盖，以防油室因超压而损坏，头盖上还有连接水平传动轴的蜗轮蜗杆减速箱、分接位置观察窗以及溢油排气螺栓。头盖采用 O 形密封圈来密封，以防开关渗油。

3）绝缘筒。绝缘筒是环氧玻璃丝绕制而成的，具有良好的绝缘性能与机械性能，上端用铆钉与头部法兰连接，下端用铆钉与筒底连接，连接处均用 O 形密封圈密封，绝缘筒的侧壁上装有静触头，通过外壁上的螺栓、导电杆与分接选择器导电环相连。绝缘筒通过筒底与分接选择器连接。

4）筒底。筒底由铝合金精铸而成，其上有穿过筒底的传动轴，轴的上端连接器与切换开关本体相连，轴下端通过筒底齿轮装置带动分接选择器，筒底上有一分接位置指示自锁机构，当切换开关本体吊芯时，位置指示传动机构自锁，以防位置错乱。

（3）分接选择器。分接选择器由级进机构和触头系统组成，分接选择器可带或不带极性选择器。

1）级进机构（又称槽轮机构）。槽轮机构是由两个槽轮和一个拨槽件组成的级进传动装置，这个装置每一分接变换操作时，拨槽件转动半圈，运动转换成一个不规则的 72°或小于 72°的级进运动，从而把分接选择器上的桥式触头从一个分接头移到另一个分接头上，两只槽轮是交替工作的。槽轮机构中的机械定位销是防止分接选择器超越首末端位置用的。

2）触头系统。分接选择器触头系统采用笼式"外套内引"套轴结构，包括装有接触环的中心绝缘筒、带有静触头的绝缘板条、传动管、桥式触头及上下法兰。

绝缘板条排列在上下法兰圆周上，板条上装有单双数静触头，还装设桔形屏蔽罩，使表面电场均匀，静触头通过桥式触头与中心绝缘筒上的接触环相连，接触环的连线由中心绝缘筒引出与切换开关相连。

分接选择器桥式触头采用"山"字形的上下夹片式结构，经传动管由槽轮机构带动，沿中心绝缘筒上的接触环旋转，由于桥式触头的两只主弹簧紧扣在动触头上，因此，始终保持四点接触，可以起到自动调节和有效冷却的作用。

3）极性选择器。极性选择器分正反调和粗细调两种，是一种简单而紧凑的装置，极性选择器静触头的绝缘杆在分接选择器的上下法兰圆周上。极性选择器由槽轮机构的下槽轮操动。

3. 技术数据

（1）分接开关技术数据见表 14-6-1。

表 14-6-1 **M 型有载分接开关技术数据**

序号	型号		CMⅢ350 CMⅠ350	CMⅢ500 CMⅠ500	CMⅢ600 CMⅠ600	CMⅢ800 CMⅠ800	CMⅠ1200	CMⅠ1500
1	最大额定通过电流（A）		350	500	600	800	1200	1500
2	额定频率（Hz）		50～60					
3	连接方式		三相丫接，单相任意连接					
4	最大级电压（V）		3300					
5	额定级容量（kVA）		1000	1400	1500	2000	3100	3500
6	承受短路能力（kA）	热稳定（3s）	6	8	8	16	24	24
		动稳定（峰值）	15	20	20	20	60	60
7	工作位置数		见基本电路图					
8	开关绝缘水平	电压等级（kV）绝缘水平	35	63	110	150	220	
		最高设备电压（kV）	40.5	69	126	170	252	
		工频试验电压（1min）（kV）	85	140	230	325	460	

续表

序号	型号		CMⅢ350 CMⅠ350	CMⅢ500 CMⅠ500	CMⅢ600 CMⅠ600	CMⅢ800 CMⅠ800	CMⅠ1200	CMⅠ1500
8	开关绝缘 水平	冲击试验 电压 （1.2/50） （kV）	200	350		550	750	1050
9	分接选择器		按绝缘水平分为4种规格，编号A、B、C、D					
10	机械寿命		不低于80万次					
11	电气寿命		不低于20万次					
12	切换开关 油室	工作压力	$3 \times 10^4 Pa$					
		密封性能	$6 \times 10^4 Pa$，24h 不渗漏					
		超压保护	爆破盖 0.35～0.6MPa 超压爆破					
		保护继电器	整定油速 1.0m/s±10%					
13	配用电动机构		GMA7 或 SHM-1					
14	开关重量 （kg）		MⅢ350， 500，600	MⅠ350， 500，600	MⅠ1800	MⅠ1200	MⅠ1500	
		不带转换 选择器	265	240	250	260	270	
		带转换选 择器	280	260	270	285	295	
15	开关 排油量 （dm³）	35.63kV	200	190	195	200	210	
		110kV	225	225	220	225	215	
		150kV	245	235	240	245	235	
		220kV	260	255	260	265	275	
16	充油量 （dm³）	35.63kV	130					
		110kV	150					
		150kV	170					
		220kV	190					

注　级容量等于级电压和负载电流的乘积，额定级容量是连续允许的最大级容量。

（2）电动机构技术数据见表14-6-2。

表 14-6-2　　　　　　　　　　电 动 机 构 技 术 数 据

项目 ＼ 电动机构		CMA7	SHM-1	
电动机	额定功率（W）	750	750	1110
	额定电压（V）	三相 380	交流单相 220	
	额定电流（A）	3.4	3.4	7.2
	频率（Hz）	50～60	50	
	转速（r/min）	1400	1400	
输出轴上转动力矩（Nm）		18	45	66
每级分接变换传动轴转数		33	16.5	
每级分接变换手柄转数		33	33	
每级分接变换电动操作时间（s）		约 5	约 4	
最大工作位置数		35	35	
控制回路及加热器电压（V）		220		
控制回路激励功率（VA）		52 启动/24 工作		
加热器功率消耗（W）		50		
绝缘等级工频（50Hz，1min）		2kV	2kV	
重量（kg）		90	73	
防护等级		IP54	IP66	
电动机构机械寿命（万次）		＞80	＞80	

注　当分接开关有三个中间位置时，操动机构带有中间位置超越触点。

（3）分接开关其他主要参数。

1）触头各单触点的接触电阻不大于 500μΩ。

2）切换开关的油中切换时间（直流示波检查）为 0.035～0.05s。

3）分接开关经 $5×10^4Pa$ 油压 24h 密封试验无渗漏。

4）切换开关油压大于 $2×10^5Pa$，爆破盖能起超压保护作用。

5）切换开关油箱应承受 $4×10^6Pa$ 压力试验。

6）分接开关在最大额定通过电流下，各长期载流触头及导电部件对油的温升不超过 20K。

7）分接开关在 1.5 倍最大额定电流从第一位置连续变换半周，其过渡电阻温升的最大值不超过 350K（油中）。

8）分接开关应能承受表 4 所示的额定级容量下负载切换，其触头电气寿命不低于

5 万次。

9）分接开关应能承受 2 倍额定级容量下 100 次开断能力试验。

10）分接开关的机械寿命不低于 50 万次。

（二）复合（V）型有载分接开关的结构

V 型有载分接开关是一种典型的筒式结构复合式开关，选择开关的动作原理中包含切换开关和分接选择器的功能。用于额定电压 35～110kV，电流 200～500A，频率为 50Hz，三相接法为△或丫接中性点调压的电力变压器。有载分接开关不带转换选择器时，操作位置最多为 14 个，带转换选择器时，操作位置最多为 27 个。

1. V 型有载分接开关型号说明（如图 14-6-5 所示）

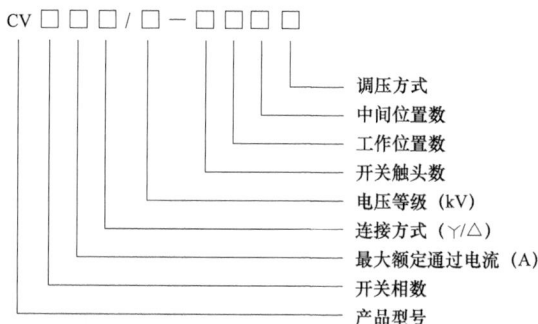

图 14-6-5　V 型有载分接开关型号说明

V 型开关，三相，最大额定通过电流 350A，电压等级 110kV，丫接法，19 个工作位置，带转换选择器。

额定绝缘等级：35、63、110kV 三种。

分接开关触头数：有 10、12、14 个触点，带转换选择器，其工作位置数可达到19、23、27 个。

（1）分接开关额定使用条件和要求。

1）开关在油中使用温度不高于 100℃，不低于-25℃。

2）开关使用场所周围的空气温度不高于 40℃，不低于-25℃。

3）开关安装在变压器上与地平面不垂直度不超过 2%。

4）开关安装场所无严重尘埃及其他爆炸性和腐蚀性气体。

5）开关在储放过程中不能受潮气。

（2）分接开关性能参数。

1）开关各触点接触电阻不大于 500μΩ。

2）开关每操作一次时间为 4.4s。

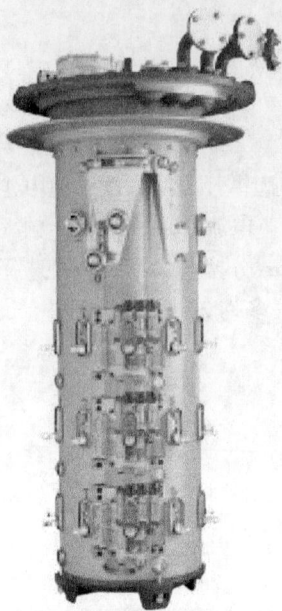

图 14-6-6 V 型有载
分接开关透视图

3）开关由 MA9 电动机构驱动手摇 30 转切换一次。

4）开关在额定容量下工作触头寿命可达 20 万次以上，机械寿命 80 万次以上。

2. V 型有载分接开关的结构

V 型有载分接开关透视图如图 14-6-6 所示。

V 型有载分接开关本体结构可解体为顶部圆盖、弹簧储能机构、吸油管、主轴、油室五大件。

（1）顶部圆盖。顶部圆盖由铝合金压制成形，头盖上有齿轮传动机构、观察孔、油气排溢阀、防爆盖。顶部圆盖与法兰间连接由耐油密封圈密封。

（2）弹簧储能机构。位于顶盖下，在头部法兰中，由精铸钢件的齿轮、槽轮、拨槽件、弹簧等组成一个单独可拆的机构组，作用是将电动机构传来的运动转变为主轴上的触头运动。

（3）吸油管。取下快速切换机构，便是吸油管，位于主轴的中间，既是吸油管又是主轴定位件。

（4）主轴。此件是以 $\phi130mm$ 绝缘管为基件，在基件上装有两类触头组，上部为转换选择器，下部为三组相同的分接开关动触头组。

（5）油室。油室头部有铝合金压力浇铸成形的法兰，中间为 $\phi395mm$ 的绝缘筒，底部为绝缘筒底，三部分连接均有耐油橡胶圈作密封。油室的作用是使开关油与变压器油分离，同时也是静触头的支撑件。

3. V 型有载分接开关检修

（1）分接开关技术数据，见表 14-6-3。

表 14-6-3　　　　　　　　　V 型分接开关技术数据

型号		CV200			CV350			CV500	SV500		CV700
最大额定通过电流（A）		200			350			500	500		700
相数		1	3	3	1	3	3	3	3	3	1
连接方式		—	Y	△	—	Y	△	Y	△	Y	△	—
承受短路能力（kA）	热稳定（3s）	4			5			7			10
	动稳定（峰值）	10			12.5			17.5			25

续表

型号		CV200	CV350	CV500		SV500		CV700
级电压（V）	10 接点	1500	1500	1500				1500
	12 接点	1400	1400	1400				1400
	14 接点	1000	1000	—				1000
额定级容量（kVA）	10 接点	300	525	400	525*	400	525*	560
	12 接点	280	420	280	420	325	420	520
	14 接点	200	350	—	—	—	—	450
分接位置数（最大）		线性调 14 正反调或粗细调 27		线性调 12 正反调或粗细调 23			线性调 12 正反调或粗细调 23	
对地绝缘（kV）	绝缘等级	35		63				
	设备最高电压	40.5		72.5				
	工频试验电压	85		140				
	冲击试验电压	225		350				
密封试验	工作压力	$3×10^4Pa$						
	试验压力	$6×10^4Pa$，24h 不渗漏						
开关重量（不含油）kg		100～150						
配用电动机构		SHM–1 或 CMA9						
保护继电器		QJ_4–25 整定油速 1.0m/s±10%						

（2）电动机构的技术数据，见表 14–6–4。

表 14–6–4　　　　电 动 机 构 技 术 数 据

项目	电动机构	CMA9	CMA7	SHM–1	
电机	额定功率（W）	370	750	750	1110
	额定电压（V）	380 三相	380 三相	交流单相 220	
	额定电流（A）	1.1	3.4	3.4	7.2
	频率（Hz）	50～60	50～60	50	
	转速（r/min）	1400	1400	1400	
输出轴上转动力矩（N·m）		40	18	45	66

续表

电动机构 项目	CMA9	CMA7	SHM-1
每级分接变换传动轴转数	2	33	16.5
每级分接变换手柄转数	30	33	33
每级分接变换电动操作 时间（s）	约 4.4	约 5	约 4
最大工作位置数	27	35	35
控制回路及加热器电压 （V）	-220	220	
控制回路激励功率（VA）	52	52 启动/24 工作	
加热器功率消耗（W）	30	50	
绝缘等级工频（50Hz， 1min）	2kV	2kV	2kV
重量（kg）	70	90	73
防护等级	IP54	IP54	IP66
电动机构机械寿命（万次）	>80	>80	>80

（3）分接开关其他主要参数。

1）分接开关油室能承受 6×10^4Pa 压力，24h 不渗漏油，并能长期承受 3×10^4Pa 的压力差。

2）分接开关每对触头的接触电阻不大于 500μΩ。

3）分接开关任一分接变换，用示波器记录电流波形，不应出现回零现象，切换时间为 45～65ms。

4）分接开关在额定级电压下负载切换不小于 5 万次。

5）分接开关机械寿命不小于 50 万次。

二、油中灭弧有载分接开关的检修周期及项目

（一）组合（M）型有载分接开关的检修周期及项目

1. 检修周期

（1）大修周期：

1）有载调压变压器大修的同时，进行分接开关大修。

2）分接开关分接变换累计次数达到检修周期分接变换次数（见表 14-6-5）时或每 5～6 年 1 次。

表 14-6-5　　　　　　　M 有载分接开关检修周期分接变换次数

分接开关型号	CMⅢ350 CMⅢ500/600	CMⅠ350 CMⅠ500/600	CMⅠ800	CMⅠ1200
工作电流（A）	350/500/600	350/500/600	800	1200
操作次数	50 000	70 000	50 000	35 000

（2）小修周期：

1）有载调压变压器小修的同时，进行分接开关小修。

2）每年 1 次。

2. 检修项目

（1）大修项目：

1）切换开关芯体吊芯检查、维修、调试；

2）切换开关的油室清洗、检漏与维修；

3）驱动机构检查、清扫、加油与维修；

4）储油柜及附件的检查与维修；

5）油流控制继电器（或气体继电器）、过压力继电器、压力释放装置的检查与校验；

6）自动控制装置的检查；

7）储油柜及油室中绝缘油的处理；

8）电动机构及其他器件的检查、维修与调试；

9）各部位密封检查及渗漏油处理；

10）电气控制回路的检查、维修与调试；

11）分接开关与电动机构的联结校验、调试及整组传动试验；

12）头盖齿轮盒与传动齿轮盒清洗、检查并换润滑脂。

（2）小修项目：

1）传动齿轮的检查与维护；

2）电动机构箱的检查与清扫；

3）各部位的密封检查；

4）油流控制继电器（或气体继电器）、过压力继电器、压力释放装置的检查；

5）电气控制回路的检查。

（3）临时性检修：

1）新投运 1～2 年或运行中分接变换 0.5 万～1 万次或切换开关油室绝缘油击穿电压低于 25kV 或含水量大于 40μL/L（110kV 及以下分接开关的含水量不作规定）时，

应更换或过滤油室绝缘油。

2）新投运 1～2 年或运行中分接变换 2 万次，应进行切换开关吊芯检查；绝缘油的更换或过滤；电动机构的检查、清扫与维修；密封检查；缺陷处理及整组传动试验。

3）根据缺陷性质和情况进行必要项目的检修与调试。

（二）复合（Ｖ）型有载分接开关的检修周期及项目

1. 检修周期

（1）大修周期：

1）有载调压变压器大修时。

2）分接开关分接变换累计次数达到检修周期次数时（见表 14-6-6）或每 5 年 1 次。

表 14-6-6　　　　　　　　Ｖ 型分接开关检修周期分接变换次数

型号	检修周期分接变换次数	型号	检修周期分接变换次数
ＶⅢ200Ｙ/△，ＶⅠ200	40 000	ＶⅢ500Ｙ/△，ＶⅠ500	30 000
ＶⅢ350Ｙ/△，ＶⅠ350	40 000	ＶⅠ700	30 000

（2）小修周期：

1）有载调压变压器小修时；

2）每年 1 次。

2. 检修项目

（1）大修项目：

1）选择开关芯体吊芯清洗检查、维修、调试；

2）油室的清洗与维修；

3）驱动机构的检查、清扫、加油与维修；

4）储油柜及其附件的检查与维修；

5）油流控制继电器（或气体继电器）、过压力继电器、压力释放装置的检查、维修与校验；

6）自动控制装置的检查；

7）储油柜及其油室中绝缘油的处理；

8）电动机构及其他器件的检查、维修与调试；

9）密封系统检查、油室检漏；

10）电气控制回路的检查、维修与调试；

11）分接开关与电动机构的联结校验、调试及整组传动试验；

12）头部齿轮与传动齿轮盒更换润滑脂。

（2）小修项目：

1）电动机构传动齿轮的检查与维修；

2）电动机构箱的检查与清扫；

3）各部位的密封检查；

4）油流控制继电器（或气体继电器）、过压力继电器、压力释放装置的检查；

5）电气控制回路的检查。

（3）临时性检修：

1）新投运 1～2 年或运行中分接变换 5000 次或选择开关油室绝缘油击穿电压低于 25kV 时，应更换或过滤油室绝缘油。

2）新投运 1～2 年或运行中分接变换 1 万～2 万次，应进行选择开关吊芯检查、绝缘油的更换或过滤、电动机构传动齿轮的检查与维修、添加润滑脂、传动试验、电气控制回路的检查与维修、密封检查、缺陷处理及整组转动的试验。

3）根据缺陷性质和情况进行必要项目的检修与调试。

【思考与练习】

1. 组合（M）型有载分接开关主要由哪几部分组成？

2. 复合（V）型有载分接开关带转换选择器时，其工作位置数最多可达到多少个？

3. V 型有载分接开关本体结构可解体为哪几个部件？

模块 7　真空灭弧有载分接开关的结构、检修周期及项目（Z15H2007Ⅱ）

【模块描述】本模块包含真空灭弧有载分接开关的结构、检修周期及项目，检修前期准备工作，变压器吊罩时分接开关的拆装。通过本模块的学习，掌握真空灭弧有载分接开关的结构及检修项目。

一、真空灭弧有载分接开关的结构

（一）组合型有载分接开关的结构

VCM 系列有载分接开关适用于额定电压 35、63、110、150kV 及 220kV，最大额定通过电流三相 600A、单相 1500A，频率 50Hz 或 60Hz 的电力变压器或工业变压器，在负载下变换分接头以达到调节电压的目的。三相有载分接开关用于Y接中性点调压，单相有载分接开关则用于任意位置的调压方式。

（1）VCM 型有载分接开关型号说明如图 14-7-1 所示。

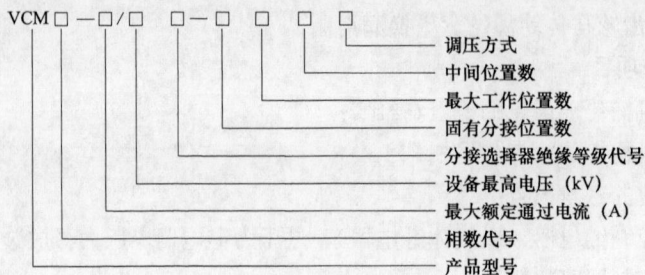

图 14-7-1 VCM 型有载分接开关型号说明

开关调压级数表示

线性调：用 5 位数字表示。如 14140 表示每相触头位置 14，工作位置数为 14，中间位置数为 0 的线性调开关。

正反调：5 位数字后加一字母 W，如 14131W，表示每相触头位置数为 14，工作位置数为 13，中间位置数为 1 的正反调开关。

粗细调：5 位数字后加一字母 G，如 14131G，表示每相触头位置数为 14，工作位置数为 13，中间位置数为 1 的粗细调开关。

（2）开关额定使用条件。

1）开关在油中使用温度不高于 100℃，不低于−25℃。

2）开关使用场所周围的空气温度不高于 40℃，不低于−25℃

3）开关安装在变压器上与地平面不垂直度不超过 2%。

4）开关安装场所无严重尘埃及其他爆炸性和腐蚀性气体。

（3）VCM 系列有载分接开关技术数据见表 14-7-1。

表 14-7-1　　　　　　　　VCM 系列有载分接开关的技术数据

	型号	VCMⅢ500Y VCMⅠ500	VCMⅢ600Y VCMⅠ600	VCMⅠ800	VCMⅠ1200	VCMⅠ1500
最大额定通过电流（A）		500	600	800	1200	1500
额定频率（Hz）		50～60				
连接方式		三相Y接　　　单相任意连接方式				
最大级电压（V）		3300				
额定级容量（kVA）		1400	1500	2000	3100	3500
承受短路能力（kA）	热稳定（3s 有效值）	8	8	16	24	24
	动稳定（峰值）	20	20	40	60	60

续表

型号	VCMⅢ500Ｙ VCMⅠ500	VCMⅢ600Ｙ VCMⅠ600	VCMⅠ800	VCMⅠ1200	VCMⅠ1500
工作位置数	见基本电路图（图15H2007Ⅱ-2）				
开关对地绝缘水平 — 设备最高电压（kV）	40.5	72.5	126	170	252
开关对地绝缘水平 — 额定工频耐受电压（50Hz/1min）	85kV	140kV	230kV	325kV	460kV
开关对地绝缘水平 — 额定冲击耐受电压（1.2/50μs）	200kV	350kV	550kV	750kV	1050kV
分接选择器	按绝缘等级分为编号 B、C、D、DE 四种规格				
机械寿命	150 万次				
切换开关油室 — 工作压力	0.03MPa				
切换开关油室 — 密封性能	0.06MPa　24h 不渗漏				
切换开关油室 — 超压保护	压力释放膜 300（1±20%）kPa 超压爆破				
切换开关油室 — 保护继电器	整定冲击油速 1.0（1±10%）m/s				
配用电动机构	SHM-Ⅲ				

（4）调压方式。VCM 有载分接开关调压方式有线性调、正反调、粗细调三种。

（5）开关在最大额定通过电流下，各长期载流触头及导电部件对油的温升不超过 20K。

（6）开关在额定级电压和 1.5 倍最大额定通过电流下从首端连续变换半个操作循环，其过渡电阻温升的最大值不超过 350K（油中）。

（7）开关长期载流触头应能承受表 14-7-1 的短路电流试验。

（8）开关应能承受表 14-7-1 所示的 2 倍最大额定通过电流与相关额定级电压的 100 次开断容量试验。

（9）开关的机械寿命不低于 150 万次。

（10）开关结构。本产品是埋入型组合式有载分接开关，它由切换开关（包括切换开关本体和切换开关油室）和分接选择器（带或不带转换选择器）组成，如图 14-7-2 所示。

图 14-7-2　VCM 有载分接开关外形

1）切换开关本体。切换开关本体包括传动装置、绝缘转轴、快速机构、切换系统和过渡电阻器组成。快速机构直接置于切换系统上，并由绝缘转轴传动，绝缘转轴上部是一传动装置；真空管部件下装有过渡电阻器。整体构成一个插入式装置，便于安装在切换开关油室之内，如图 14-7-3 所示。

a. 绝缘转轴。绝缘转轴由环氧玻璃丝挤拉绝缘棒、均压环和轴销组成。它既是传动轴，带动切换开关和分接选择器动作；又是开关的主绝缘，承受开关对地耐压。

b. 快速机构（又称储能机构）。切换开关的动作由快速机构来实现。快速机构采用枪机释放原理，包括带有偏心轮操纵的上滑板、下滑板、储能压簧、导轨、爪卡、凸轮盘、基座托架等，如图 14-7-4 所示。

图 14-7-3　切换开关本体　　　　　图 14-7-4　储能机构

枪机释放机构特点：初始力矩大，定位好；机构采用并列压簧，可靠性比拉簧高；机构采用立体布置，占位小；快速机构直接置于切换机构上，结构紧凑，切动作准确地传输切换机构；快速机构配有惯性转盘，协助真空管顺利进行开闭动作；机构配置碟形弹簧组合的缓冲装置，简单可靠。

c. 切换系统。双电阻过渡，"1—2—1"旗循环的触头变换程序，输出电压变化四步；采用真空管灭弧，绝缘油不会碳化，无需更换触头、寿命长，如图 14-7-5 所示。开关长期载流由主触头承担，主触头采用触钉式双排接触，结构紧凑；引出联结触头采用抽出式接触结构，便于吊芯检查和检修。

2）切换开关油室。切换开关油室包括头部法兰、顶盖、绝缘筒、筒底四部分，如图 14-7-6 所示。

图 14-7-5　EATON 真空管　　　　图 14-7-6　切换开关油室

a. 头部法兰。头部法兰用耐腐蚀的铸铝合金精铸而成，它用铆钉与绝缘筒相连，分箱顶式法兰与钟罩式法兰两种，以适应箱盖式与钟罩式安装方式。分接开关利用头部法兰安装在变压器箱盖上。

分接开关头部法兰上有三个弯管及一个直通管，继电器弯管 R 通过分接开关气体继电器与储油柜相连；吸油弯管 S 是切换开关换油时从油室底部内吸油用的，它穿过分接开关头部法兰与一绝缘油管连接，此吸油管一直伸至油室的底部；注油弯管 Q 是切换开关回油管；另有直通管 E 是变压器溢油排气孔。R 管与管可以互易。所有连接管根据安装需要旋转角度，最后用套圈固定。

b. 顶盖。分接开关顶盖装有一爆破盖，以防油室因超压而损坏；头盖上还有连接水平传动轴的蜗轮蜗杆减速箱、分接位置观察窗以及溢油排气螺栓。

c. 绝缘筒。绝缘筒是环氧玻璃丝缠绕制而成的，具有良好的绝缘性能与机械性能，它的上端用铆钉与头部法兰连接，下端用铆钉与筒底连接，连接处均用 O 形密封圈密封。筒上带有联结触头与中性点引出触头。

d. 筒底。筒底由铸铝合金精铸而成，其上有穿过筒底的传动轴，轴的上端连结器与切换开关本体相连，轴下端通过筒底齿轮装置带动分接选择器。筒底上有一分接位置指示自锁机构，当切换开关本体吊芯时，位置指示传动机构自锁，以防分接位置错乱。此外，筒底上还有一个排油螺栓，气相干燥，螺栓打开，干燥后，须重新拧紧。

3）分接选择器。分接选择器由级进传动机构和触头系统组成，分接选择器可带或不带转换选择器，如图 14-7-7 所示。

a. 级进传动机构（又称槽轮机构）。槽轮机构是由立体布置的两个槽轮和一个拨槽件组成的级进传动装置。

b. 触头系统。分接选择器触头系统采用笼式"外套内引"套轴结构，包括装有接触环的中心绝缘筒、带有静触头的绝缘板条、传动管、桥式触头及上下法兰等。

绝缘板条排列在上下法兰圆周上，板条上装有单、双静触头，还装设均压罩，使表面电场均匀。静触头通过桥式触头与中心绝缘筒引出环相连，接触环的引线由中心绝缘筒引出与切换开关相连。

分接选择器桥式触头采用"山"字形的上下夹片式结构。由于桥式触头的两只主弹簧紧扣在动触头上，因此，始终保持四点接触，可以起到自动调节和有效冷却的作用。

c. 转换选择器。转换选择器分极性选择器（正反调）和粗调选择器（粗细调）两种。

（二）复合型有载分接开关的结构

VCV 型真空有载分接开关（以下简称分接开关）是一种复合式分接开关，切换和选择功能合二为一，如图 14-7-8 所示。

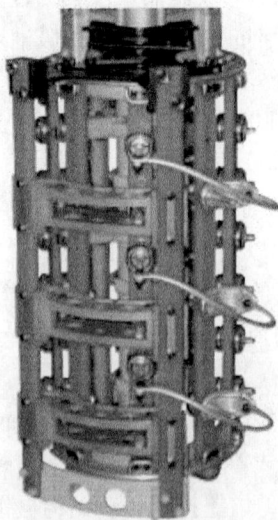

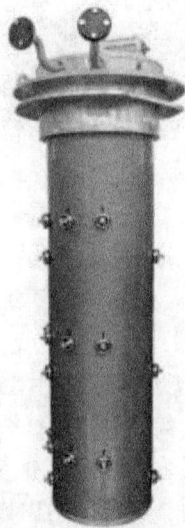

图 14-7-7 分接选择器（带转换选择器） 图 14-7-8 VCV 有载分接开关外形

本型分接开关借助开关头部法兰安装于变压器箱盖上。

分接开关可带或不带装转换选择器，分接开关不带转换选择器时，分接工作位置最多为 12 个，带转换选择器时，分接工作位置最多为 23 个。

（1）VCV 型有载分接开关型号说明，如图 14-7-9 所示。

例：VCVIII500Y/72.5-10193W

VCV 型分接开关，三相，最大额定通过电流 500A，设备最高工作电压 72.5kV，丫接，19 个工作位置，3 个中间位置，带极性选择器。

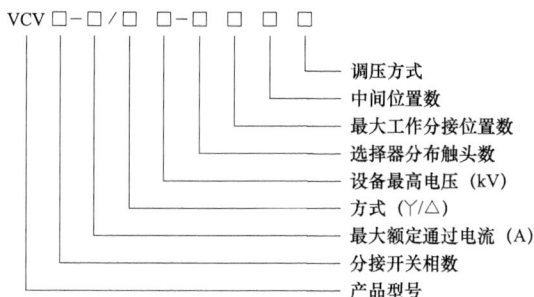

VCV □-□/□ □-□ □ □ □

- 调压方式
- 中间位置数
- 最大工作分接位置数
- 选择器分布触头数
- 设备最高电压（kV）
- 方式（丫/△）
- 最大额定通过电流（A）
- 分接开关相数
- 产品型号

图 14-7-9　VCV 型有载分接开关型号说明

（2）设备最高电压等级。分 40.5、72.5、126kV 和 145kV 四种。

（3）分接开关工作位置。不带转换选择器其分接工作位置数可分别达到 10、12 个。带转换选择器，其分接工作位置数可分别达到 19、23 个。

（4）带转换选择器连接有正反调和粗细调两种，正反调为 W，粗细调为 G，中间位置数 1 个或 3 个，不带转换选择器的线性调方式表示为 0。

（5）开关在变压器上的安装方式分钟罩式和箱顶式两种。

（6）分接开关性能参数。

1）分接开关各触点接触电阻不大于 300μΩ；

2）分接开关每操作一次时间为 4.4s；

3）分接开关在额定级容量下切换时，电气寿命可达 60 万次；

4）分接开关 30 万次免维护；

5）分接开关机械寿命 150 万次以上。

（7）分接开关的结构。分接开关本体结构可解体为顶盖、选择开关、油室三大件。

1）顶盖。顶盖由铝合金低压精密铸造成形，顶盖上有齿轮传动机构、挡位观察孔、油气排溢阀、防爆盖，顶盖与头部法兰间连接由耐油密封圈密封。

2）选择开关。选择开关作为一个整体部件，上部有一槽轮机构，中部是开关的切换和选择部分。

a. 槽轮机构。槽轮机构位于选择开关的上部，由精铸的齿轮、槽轮、拔槽件和弹簧等组成一单独可拆的构件组，它的作用是将电动机构传来的运动转变为绝缘主轴上的触头运动，如图 14-7-10 所示。

图 14-7-10 槽轮机构

b. 绝缘主轴。绝缘主轴上装有触头部件以及过渡电阻部件。

c. 中间触头支撑笼。在这个笼子上安装了静触头以及与油室相连的浮动触头。

3）油室。油室头部有铝合金压力浇铸成形的法兰，中间为固定静触头的绝缘筒，底部为金属筒底，三部分连接均有耐油橡胶圈作密封。对于带转换器的分接开关，油室的外部固定安装着分接开关的转换选择器。

（三）SHZⅤ有载分接开关结构

SHZⅤ油浸式真空熄弧有载分接开关（下称分接开关），用真空管替代电弧触头，具有非常显著的优点：

（1）电流在真空管内开断，产生的电弧在真空管内熄灭，从熄弧介质上解决了油的碳化问题。因此，一般来说不需要加装在线净油装置。

（2）由于分接开关油室内的油没有碳化，不存在碳粒吸附在绝缘材料表面的问题，因此分接开关的绝缘性能从根本上得到保证。

（3）分接开关的长期载流由专用的机械主触头来承担，真空管只是在切换过程中瞬时承载，开关的过载能力强。

（4）所有真空管可靠固定安装，真空管不会产生误动作。SHZⅤ有载分接开关设备最高电压为 252kV，三相开关适用于设备最高电压为 550kV 及以下各类变压器的中性点调压，单相开关适用任何接线方式；三相最大额定电流（常规）为三相 1000A、单相 2400A，见表 14-7-2。

表 14-7-2 SHZⅤ型（常规）有载分接开关

序号	型号	SHZVⅢ			SHZVⅠ				
1	最大额定通过电流（A）	400	600	1000	400	600	1000	1600	2400
2	额定频率（Hz）	50 或 60							
3	连接方式	三相丫接中性点			单相任意连接				
4	最大工作分接位置数	不带转换选择器：最多 14 个；带转换选择器：最多 27 个							

（5）开关结构：SHZⅤ型有载分接开关是组合式有载分接开关，它由切换开关和分接选择器两大部分组成（见图 14-7-11 和图 14-7-12）。

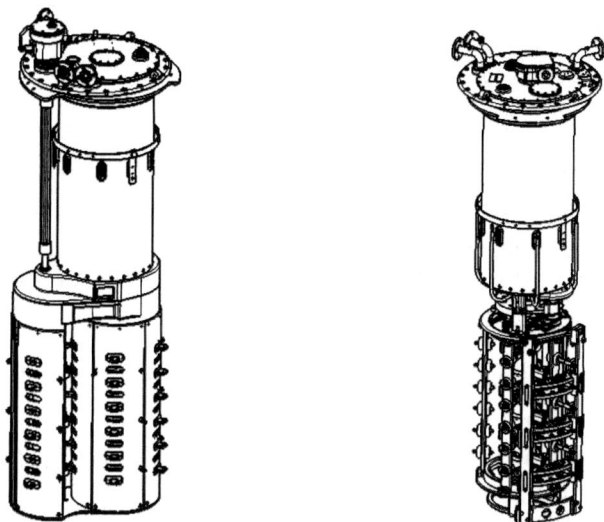

图 14-7-11　常规 SHZ V 有载分接开关　图 14-7-12　带条板选择器 SHZ V 有载分接开关

SHZ V 型有载分接开关利用头部法兰安装在变压器箱盖上，通过其上的减速机构、伞齿轮盒（附件）、传动轴（水平、垂直）与电动机构连接，实现电动或远控分接变换操作。

二、真空灭弧有载分接开关的检修周期及项目

（一）根据真空有载分接开关的特点，除参照"油中灭弧有载分接开关的检修周期及项目"的内容之外，增加以下要求

（1）油浸式真空有载分接开关正常使用过程中检修周期遵循开关制造商的规定。一般在带负荷切换 50 000 次或 5 年以内不需要吊芯检查，运行正常及周期油试验合格的油浸式真空有载分接开关每 5～10 年或 10 万次进行一次吊芯检查。干式真空有载分接开关在带负荷切换满 20 000 次或每 2 年进行一次吊芯检查。

（2）油浸式真空有载分接开关内绝缘油耐压或微水检测不合格，只需要清洗、换油或滤油处理，一般不需要吊芯处理。

（3）SF_6 真空有载分接开关内 SF_6 气体的湿度不合格，只需要抽真空换气处理，一般不需要开关吊芯处理。

（4）变压器大修时真空有载分接开关也不需要吊芯检查，仅换油或换气即可。如要进行现场吊芯检查，应在有载分接开关制造商技术人员指导下进行。

（5）真空有载分接开关发生异常情况时应立即通知开关制造商，与开关厂技术人员协商确定检修项目，并尽量在分接开关制造商的技术人员到现场以后再吊芯

检查。

（二）检修周期及项目

（1）油浸式真空有载分接开关的绝缘油检测周期与变压器同步，项目与标准按照表 Z15H2007Ⅱ–1 的规定。

（2）油浸式真空有载分接开关的轻瓦斯动作发信，或在分接开关制造商规定的时间周期或操作次数内超过允许积气量发出报警信号时可对绝缘油进行色谱分析；无轻瓦斯保护（或气体监测器）的油浸式真空有载分接开关，则在变压器进行绝缘油周期检测的同时进行分接开关绝缘油的色谱分析，以确定分接开关内部是否发生发热或电弧；绝缘油色谱中乙炔的含量一般不应超过 100μL/L。

（3）运行达到规定的带负荷切换次数或年限的有载分接开关的吊芯检查项目和要求如下：

1）检查所有触头（含开关芯体上的所有触头）的表面：应无任何电弧痕迹；如发现某一触头表面有电弧烧灼点或烧损，应深入检查该触头回路的其他元件（含真空灭弧室）及切换机构的动作正确性。

2）测量单、双主触头回路，真空灭弧室、转换触头回路在闭合状态下的接触电阻：测量接触电阻应按照制造商规定的方法和标准进行。

3）测量单、双主触头，真空灭弧室，转换触头在断开状态下断口间的绝缘电阻：测量绝缘电阻应使用 2500V 绝缘电阻表，油中应为∞。

4）测量真空灭弧室在断开状态下断口间的工频耐压：在额定开距下进行 1min 工频耐压试验应无击穿，工频耐压值为制造商规定值的 80%。

5）SF_6 真空有载分接开关的快速切换机构应按规定更换润滑脂。

6）SF_6 气体的检测周期与标准：气体湿度的检测周期与变压器同步，运行中应不大于 300μL/L。

7）非电量保护装置的定期校验：气体继电器、SF_6 气体密度继电器、压力突变继电器、过压力继电器、压力释放装置的校验周期为 5 年或与变压器大修同期。

8）SF_6 气体密度继电器、压力突变继电器、过压力继电器、压力释放装置的动作信号开关及接线盒经检修仍应达到 IP55 的防护等级，用 1000V 绝缘电阻表测量应大于 2MΩ，对比上次有明显下降时即使大于 2MΩ 也仍应检查是否受潮，检测周期宜与变压器预防性试验同步。如果用于跳闸的动作信号开关及接线盒达不到 IP55 的防护等级，应每年检测微动开关的绝缘电阻，否则宜改接报警。用于报警的动作信号开关检测周期宜与变压器预防性试验同步。

9）如装有金属氧化物（ZnO）电阻，每 5 年进行一次直流参考电压及 0.75 倍直流参考电压下漏电流或工频参考电压试验，试验结果与原始值对比。直流参考电压偏差超过±5%或 0.75 倍直流参考电压下的泄漏电流值大于 50μA 应进行更换；工频参考电压小于其标称额定电压应进行更换。

10）用千分卡尺测量放电间隙的间距，偏差应在 5±0.2mm 之内，否则应进行更换。

【思考与练习】

1. 请写出组合型真空灭弧有载分接开关（VCM）的型号说明：VCM□—□/ □ □—□ □ □ □。

2. 请写出组合型真空灭弧有载分接开关（VCM）的额定使用条件。

3. 请写出复合型真空灭弧有载分接开关（VCV）设备的四个最高电压等级。

▲ 模块 8　油中灭弧有载分接开关的检修工艺及质量标准（Z15H2008Ⅲ）

【模块描述】 本模块包含油中灭弧有载分接开关的结构和检修工艺。通过本模块的学习，掌握油中灭弧有载分接开关的检修工艺和质量标准及变压器吊罩时分接开关的拆装方法。

一、组合型有载分接开关（CM）检修工艺

CM 系列有载开关适用于额定电压 35、63、110、150 及 220kV，最大额定通过电流三相 600A、单相 800、1200A，频率 50Hz 的电力变压器或整流变压器，在负载下变换分接头以达到调节电压的目的，三相有载分接开关用于丫接法中性点调压。

1. 技术数据

（1）分接开关技术数据见表 14–8–1。

表 14–8–1　　　　　　　　CM 型有载分接开关技术数据

序号	型号	CMⅢ 350 CMⅠ 350	CMⅢ 500 CMⅠ 500	CMⅢ 600 CMⅠ 600	CMⅢ 800 CMⅠ 800	CMⅠ 1200	CMⅠ 1500
1	最大额定通过电流（A）	350	500	600	800	1200	1500
2	额定频率（Hz）	50～60					
3	连接方式	三相丫接，单相任意连接					
4	最大级电压（V）	3300					
5	额定级容量（kVA）	1000	1400	1500	2000	3100	3500

续表

序号	型号		CMⅢ350 CMⅠ350	CMⅢ500 CMⅠ500	CMⅢ600 CMⅠ600	CMⅢ800 CMⅠ800	CMⅠ1200	CMⅠ1500
6	承受短路 能力（kA）	热稳定 （3s）	6	8	8	16	24	24
		动稳定 （峰值）	15	20	20	20	60	60
7	工作位置数		见基本电路图					
8	开关绝缘 水平	电压等级 （kV）	绝缘水平					
			35	63	110	150	220	
		最高设备 电压（kV）	40.5	69	126	170	252	
		工频试验 电压 （1min） （kV）	85	140	230	325	460	
		冲击试验 电压 （1.2/50） （kV）	200	350	550	750	1050	
9	分接选择器		按绝缘水平分为 4 种规格，编号 A、B、C、D					
10	机械寿命		不低于 80 万次					
11	电气寿命		不低于 20 万次					
12	切换开关 油室	工作压力	3×10^4Pa					
		密封性能	6×10^4Pa，24h 不渗漏					
		超压保护	爆破盖 0.35～0.6MPa 超压爆破					
		保护 继电器	整定油速 1.0（1±10%）m/s					
13	配用电动机构		GMA7 或 SHM-1					
14	开关重量 （kg）		MⅢ350， 500，600	MⅠ350， 500，600	MⅠ1800	MⅠ1200	MⅠ1500	
		不带转换 选择器	265	240	250	260	270	
		带转换选 择器	280	260	270	285	295	
15	开关排油 量（dm³）	35.63kV	200	190	195	200	210	
		110kV	225	225	220	225	215	
		150kV	245	235	240	245	235	
		220kV	260	255	260	265	275	

续表

序号	型号		CM Ⅲ 350 CM Ⅰ 350	CM Ⅲ 500 CM Ⅰ 500	CM Ⅲ 600 CM Ⅰ 600	CM Ⅲ 800 CM Ⅰ 800	CM Ⅰ 1200	CM Ⅰ 1500
16	充油量 （dm³）	35.63kV	130					
		110kV	150					
		150kV	170					
		220kV	190					

注　级容量等于级电压和负载电流的乘积，额定级容量是连续允许的最大级容量。

（2）电动机构技术数据见表 14-8-2。

表 14-8-2　　　　　　　　　DCJ10 电动机构技术数据

序号	参数名称		技术数据	
1	电动机 参数	电动机额定功率（kW）	0.75	1.1
		额定电压（V）	220/380 三相	220/380 三相
		额定电流（A）	3.4/2.0	5.0/2.8
		额定频率（Hz）	50	50
		同步转速（r/min）	1500	1500
2	每级分接变换转动轴转数		33	
3	每级分接变换的时间（s）		约 5	
4	每级分接变换手柄操作转数		33	
5	输出轴的传动力矩（N·m）		14.7	24.5
6	工作位置数		最大 35	
7	控制回路及加热器电压（V）		～220	
8	控制回路功率（VA）		启动时为 65，运转中为 10	
9	加热器的功率（W）		防潮加热器为 50，恒温器控制为 100	
10	绝缘试验		工频 2kV，持续 1min（除电动机、6V 低压线路、 空气开关的辅助开关外）	
11	机械寿命		50 万次以上	
12	重量（kg）		约 110	

注　当分接开关有三个中间位置时，操动机构带有中间位置超越触点。

（3）分接开关其他主要参数。

1）触头各单触点的接触电阻不大于 500μΩ。

2）切换开关的油中切换时间（直流示波检查）为 0.035～0.05s。

3）分接开关经 5×10⁴Pa 油压 24h 密封试验无渗漏。

4）切换开关油压大于 2×10⁵Pa，爆破盖能起超压保护。

5）切换开关油箱应承受 4×10⁶Pa 压力试验。

6）分接开关绝缘水平见表 14-8-3。

7）分接开关在最大额定通过电流下，各长期载流触头及导电部件对油的温升不超过 20K。

8）分接开关在 1.5 倍最大额定电流从第一位置连续变换半周，其过渡电阻温升的最大值不超过 350K（油中）。

表 14-8-3　　　　　　　　分接开关绝缘水平　　　　　　　　　（kV）

额定电压	最高工作电压	交流工频试验电压 1min	冲击试验电压	
			全波 1.2/40	截波 2～5μs
35	40.5	85	200	225
60	69	140	330	390
110	126	230	550	630
220	252	460	1050	1210

9）分接开关长期载流触头能承受的短路电流，见表 14-8-4。

表 14-8-4　　　　　分接开关长期载流触头能承受的短路电流

型号		ZY1A Ⅲ300	ZY1A Ⅲ500	ZY1A Ⅰ300	ZY1A Ⅰ500	ZY1A Ⅰ800	ZY1A Ⅰ1200
额定电流（A）		300	500	300	500	800	1200
短路电流（kA）	热稳定（3s 有效值）	8	8	8	8	16	40
	动稳定（峰值）	20	20	20	20	40	60

10）分接开关应能承受表中所示的额定级容量下负载切换，其触头电气寿命不低于 5 万次。

11）分接开关应能承受表中所示的 2 倍额定级容量下 100 次开断能力试验。

12）分接开关的机械寿命不低于 50 万次。

2. 检修周期

（1）大修周期：

1）有载调压变压器大修的同时，进行分接开关大修。

2）分接开关分接变换累计次数达到检修周期分接变换次数（见表 14-8-5）时或每 5～6 年一次。

表 14-8-5　　　　　　　　　ZY 型有载分接开关检修周期分接变换次数

型号	ZY1A-Ⅲ300/Ⅲ500	ZY1A-Ⅰ300/Ⅰ500	ZY1A-Ⅰ800	ZY1A-Ⅰ1200
工作电流（A）	300/500	300/500	800	1200
分接变换次数	50 000	70 000	50 000	35 000

（2）小修周期：

1）有载调压变压器小修的同时，进行分接开关小修。

2）每年 1 次。

3. 检修项目

（1）大修项目：

1）切换开关芯体吊芯检查、维修、调试；

2）切换开关的油室清洗、检漏与维修；

3）驱动机构检查、清扫、加油与维修；

4）储油柜及其附件的检查与维修；

5）油流控制继电器（或气体继电器）、过压力继电器、压力释放装置的检查与校验；

6）自动控制装置的检查；

7）储油柜及油室中绝缘油的处理；

8）电动机构及其他器件的检查、维修与调试；

9）各部位密封检查及渗漏油处理；

10）电气控制回路的检查、维修与调试；

11）分接开关与电动机构的联结校验、调试及整组传动试验；

12）头盖齿轮盒与传动齿轮盒清洗、检查并换润滑脂。

（2）小修项目：

1）传动齿轮的检查与维护；

2）电动机构箱的检查与清扫；

3）各部位的密封检查；

4）油流控制继电器（或气体继电器）、过压力继电器、压力释放装置的检查；

5）电气控制回路的检查。

（3）临时性检修：

1）新投运 1～2 年或运行中分接变换 0.5 万～1 万次或切换开关油室绝缘油击穿电压低于 25kV 或含水量大于 40μL/L（110kV 及以下分接开关的含水量不作规定）时，应更换或过滤油室绝缘油。

2）新投运 1～2 年或运行中分接变换 2 万次，应进行切换开关吊芯检查；绝缘油的更换或过滤；电动机构的检查、清扫与维修；密封检查；缺陷处理及整组传动试验。

3）根据缺陷性质和情况进行必要项目的检修与调试。

4. 变压器吊罩时分接开关的拆装

（1）钟罩式变压器用箱顶式分接开关的拆装。

1）按说明书规定检查电动机构应在整定工作位置。

2）排放变压器本体绝缘油，然后打开人孔盖板。

3）从人孔处检查分接选择器的闭合位置是否与电动机构一致，分接选择器的闭合位置应与电动机构工作位置一致。

4）检查分接开关连接导线是否正确、绝缘有无受伤、紧固是否可靠、是否使分接选择器受力变形、动静触头啮合是否正确；导线应连接正确、绝缘完好、连接紧固；分接引线不应过紧过松，使分接选择器受力变形；动静触头啮合正确。

5）对带正、反调的转换选择器，检查连接"K"端的分接线圈引线与转换选择器的动触头支架（绝缘杆）在"+""−"位置上的间隙，间隙应不小于 10mm。

6）逐根拆除分接线圈至分接选择器及变压器中性线的连线，确保分接开关与变压器线圈脱离，使其具备变压器钟罩的吊罩条件。

7）复装时按相反顺序进行。

（2）钟罩式变压器用钟罩式分接开关的拆装。

1）按说明书规定检查电动机构应在整定工作位置。

2）排放变压器本体绝缘油，然后打开人孔盖板。

3）检查分接选择器的闭合位置应与电动机构一致，分接选择器的闭合位置应与电动机构工作位置一致。

4）拆除电动机构与分接开关的水平连杆，注意保存固定轴上定位销。

5）打开抽油管阀门，排放绝缘油，降低油室油位至变压器箱盖平面为止，松开头盖上排气溢油螺栓。

6）松开油室头盖上 24 只 M10 螺栓，然后卸除头盖，注意保存头盖密封圈。

7）卸除分接位置指示盘上 M5 固定螺栓，然后向上拨出指示盘，卸下头部法兰边上红色区域内的 7 只 M6 螺母。

8）利用专用吊板，吊紧切换油室芯体，缓慢地放下吊板。当油室头部法兰与中间法兰之间脱开间隙至 15～20mm（如图 14-8-1 所示）时，检查变压器器身上的分接开关预装支架的高度，调整至上述间隙尺寸，最后去掉吊板。

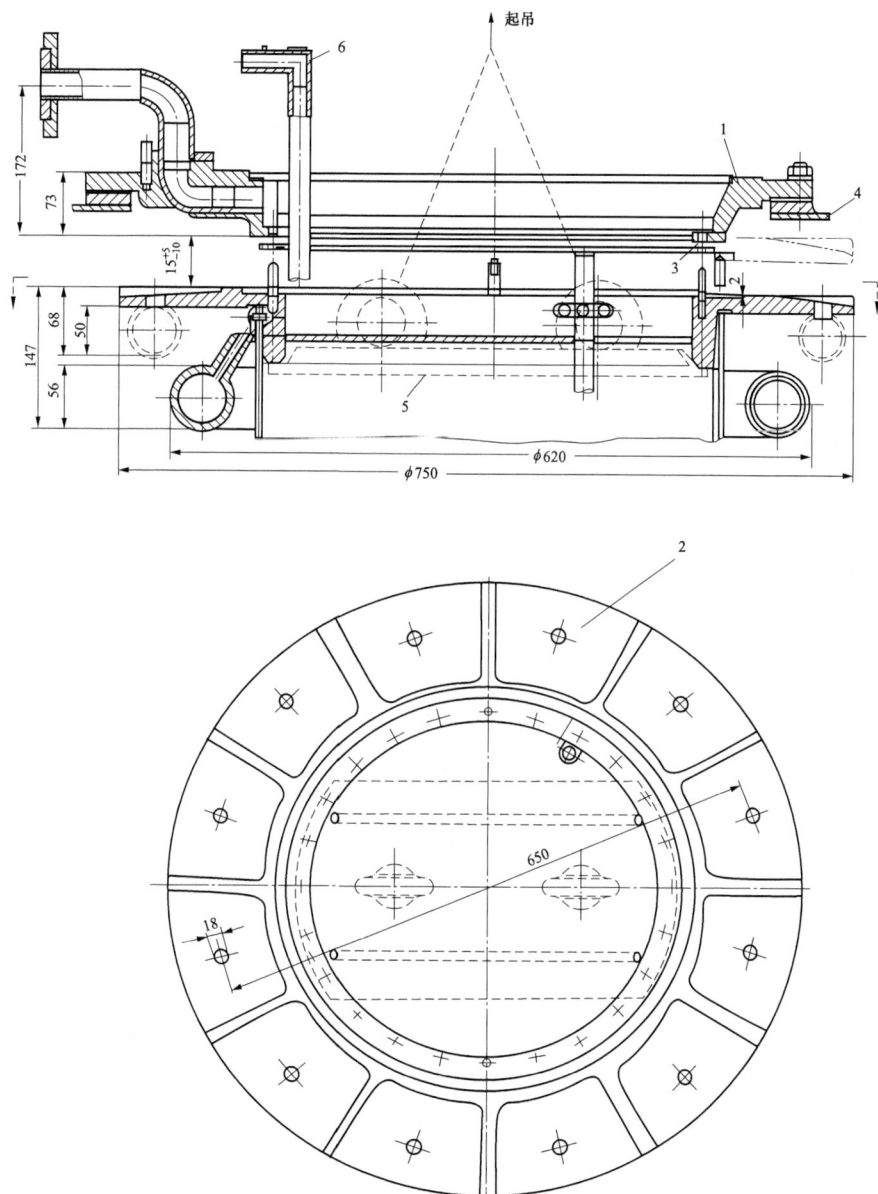

图 14-8-1　钟罩式分接开关的拆装

1—头部法兰；2—中间法兰；3—密封垫；4—变压器罩；5—吊板；6—吸油管

9）卸除固定在变压器钟罩上的分接开关头部，安装法兰上的 48 只 M12 固定螺栓，此时分接开关与变压器钟罩已经脱离，具备变压器钟罩的吊罩条件。

10）复装时按相反顺序进行。

5. 切换开关及油室的检修

（1）切换开关吊芯。

1）按说明书整定工作位置表调整分接开关到整定工作位置。

2）打开抽油管阀门，降低油室油位至变压器箱盖平面为止，并松开头盖上的排气溢油螺钉。

3）松开电动机构与分接开关的水平传动轴，保存好固定轴上定位销。

4）拆除分接开关头部的接地联结，松开切换油室头盖的 24 只 M10 联结螺栓，卸除头盖，注意保存好密封垫圈。

5）卸除分接位置指示盘上的 M5 固定螺栓，然后向上取出分接位置指示盘。

6）卸除切换开关本体支撑板上 7 只 M8 螺母（钟罩式）或 M8×20 螺栓（箱顶式），不得拆除红色区域内的固定螺母。

7）使用起重吊攀垂直缓慢地吊起切换开关芯体，并安放在平坦清洁的地方，然后用清洁布盖好，防止异物落入，期间不得碰坏吸油管和位置指示传动轴。

（2）切换开关及其油室的清洗。

1）油室的清洗。

a. 排尽切换开关油室污油，取出抽油管，期间防止损坏抽油管弯头上的 2 只密封圈。

b. 用合格绝缘油冲洗切换开关油室及抽油管，然后用刷子或无绒干净白布擦净油室内壁、连接触头及抽油管中碳粉，反复冲洗，排尽残油，复装抽油管，然后将清洗干净的油室用头盖盖好。

2）切换开关的清洗：用合格绝缘油冲洗，再用刷子洗刷，用无绒干净白布擦净，清除切换开关芯体及触头的积污。

（3）切换开关的检查。

1）检查切换开关所有紧固件，尤其是 3 块弧形板上的紧固件是否松动；所有紧固件应紧固，无松动。

2）使用专用工具（如图 14-8-2 所示）来回动作 2 次，检查储能机构工作状态是否正常，然后返回起始状态；储能机构动作正常，无卡滞。

3）检查储能机构的主弹簧、复位弹簧、爪卡是否变形或断裂，应无变形或断裂。

4）检查各触头编织线有无损坏，应完整无损。

5）检查切换开关联结主通触头是否有过热及电弧烧伤痕迹，应无过热及电弧烧伤痕迹。

6）检查过渡电阻是否有断裂，并测量其阻值，过渡电阻应无断裂，其阻值与铭牌值比较偏差不大于±10%。

7）测量每相单、双数与中性引出点间的回路电阻，每对触头接触电阻不大于500μΩ。

8）检查切换动作，必要时测定动触头的变换程序，符合制造厂要求。

9）解体拆开切换开关芯体，清洗、检查和更换零部件。

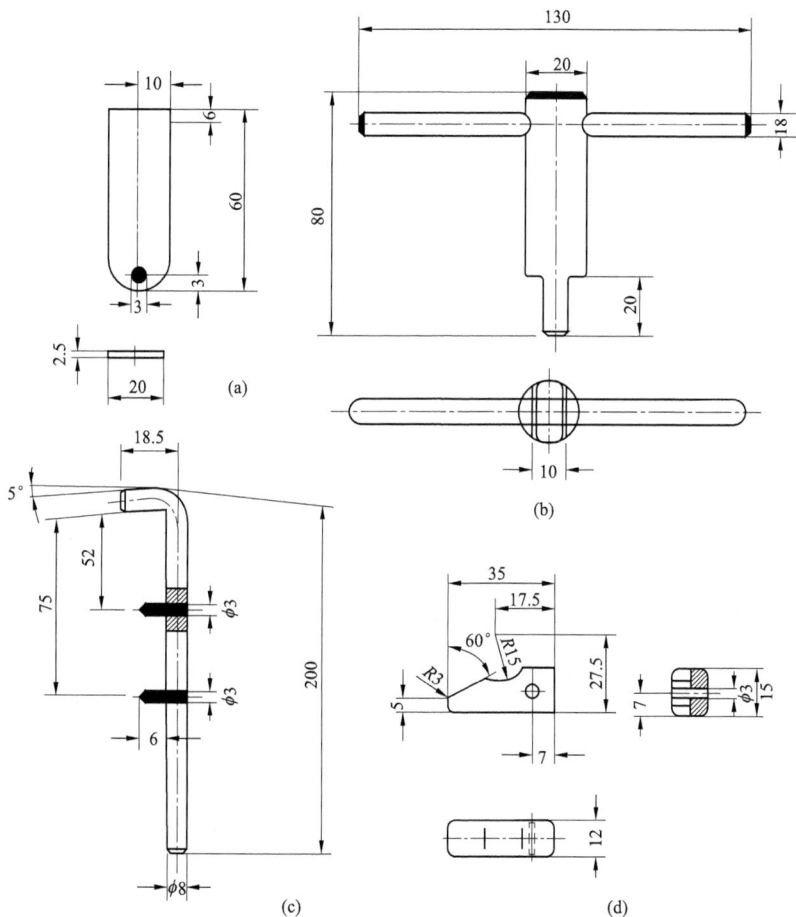

图 14-8-2　检修专用工具（一）

（a）用于测量切换开关弧触头烧损程度；（b）快速机构上扣工具；
（c）操作切换芯子（用偏心轮结构）；（d）安装切换芯子弧形板的楔子；

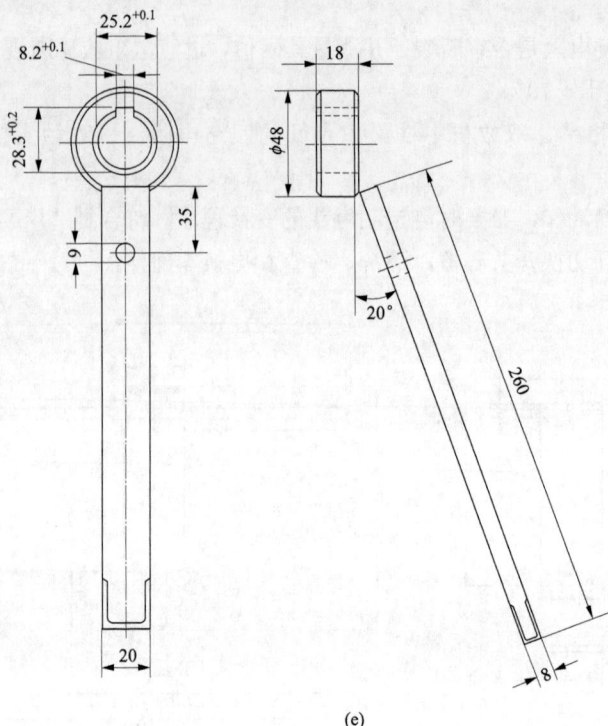

(e)

图 14-8-2 检修专用工具（二）

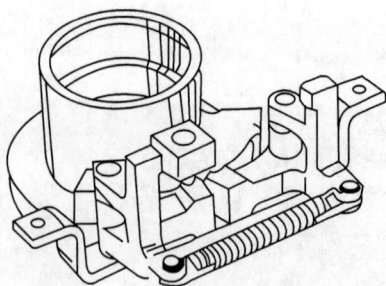

图 14-8-3 储能机构释放位置

（4）切换开关芯体解体检修。

1）记录切换开关凸轮机构的实际位置和凸轮方向（作为复装依据）。

2）释放储能机构爪卡，将储能机构移至切换开关过渡弧触头桥接位置（便于拆开和装配），如图 14-8-3 所示。

3）测量过渡电阻测值，与铭牌值相比较偏差不大于±10%。

4）拆卸绝缘弧形板上的联结螺钉（一块弧形板上的 8 只 M6×20 固定螺栓），打开锁紧片，先卸下边缘两侧上的 4 只螺栓，再卸下里面的 4 只螺栓，然后取下绝缘弧形板；拆卸切换开关触头机构时，拆开一相，清洗一相，装配一相，三相不得同时拆开。

5）取下隔弧片。

6）彻底清洗被拆开的扇形部件的触头系统与隔弧片。

7）使用专用工具，检查动静触头的烧损量，记录实测值。触头烧损测量的测量如图 14-8-4 所示，动静弧触头中任一触头的烧损量达到或超过 4mm，就必须更换全部弧触头。

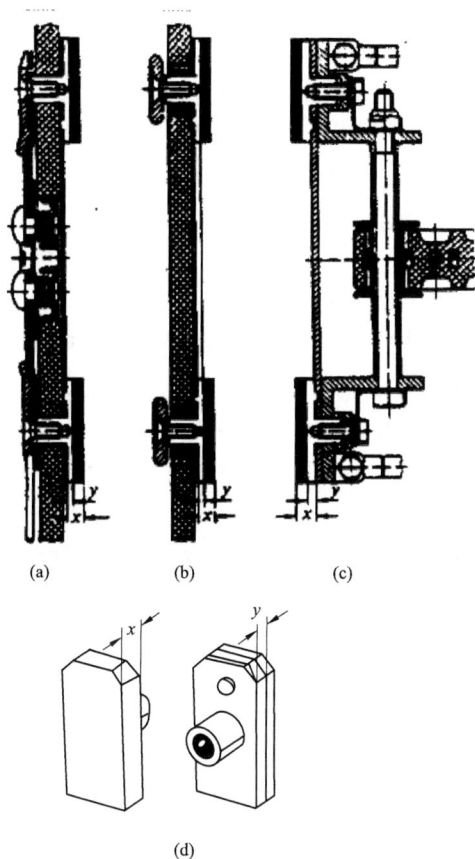

图 14-8-4　触头烧损量的测量

（a）主弧触头；（b）过渡（静）弧触头；（c）动弧触头；（d）新触头动

注：静弧触头允许的最大烧损量 $x-y=4$mm；新触头 $x=8\pm0.3$mm，$y=4$mm。

8）检查主触头、过渡触头的引出编织软线应完好无损，其中有一根编织软线断裂或 10 万次分接变换后，必须更换。

9）检查动触头滑槽是否损伤，应无裂缝及破碎，完好无损。

10）检查全部动、静触头的紧固情况及止退片是否松动，应紧固，无松动。

11）检查保护间隙，最小间隙为 5mm；记录烧损程度，必要时更换。

12）卸除尼龙罩，清洗过渡电阻。

13）绝缘驱动轴的清洗。

a. 拆除每根支撑绝缘杆与储能机构联结处 2 个 M8×40 螺栓，及 M8 自锁螺母与 4 片蝶形弹簧垫圈。

b. 卸下切换开关芯体中 4 根绝缘杆的支撑板。

c. 取下绝缘驱动轴，清洗内外壁。

d. 复装绝缘驱动轴时，应将其槽对准偏心轮，然后插入驱动轴。

e. 绝缘杆的复装：将储能机构安装板上的"△"标记对准带"△"标记的绝缘杆，4 片蝶形弹簧垫圈的方向应正确。螺栓及自锁螺母按图 14–8–5 方式安装，最大紧固力矩为 22N·m。

14）触头的更换。

a. 静触头的更换：每一触头由一个内六角带切口的 M6×16 沉头螺栓固定，更换触头时，其压板及 M6×16 螺栓同时更换。最大紧固力矩为 9N·m，并用冲头在沉头螺栓的圆头上切口处冲眼防松止退，冲头口用力方向应与螺栓旋紧方向一致。

b. 动触头的更换：每个触头由 1 个 M6×16 螺栓，1 个 M6 自锁螺母及 2 个蝶形垫圈固定。最大紧固力矩为 9N·m，并用锁片锁定，锁片应锁在六角螺母平面上。

15）动触头编织线的更换。

a. 每两根编线用 1 个带自锁螺母及垫圈的 M6×28 螺栓固定到输出端，紧固最大力矩为 6N·m。

b. 连接到主弧触头及过渡弧触头上的每个触头，由 1 个带 M6 自锁螺母及垫圈的 M6×18 螺栓固定，力矩为 9N·m，拆装过程应注意螺杆方向，更换编织线时，相应更换 M6 自锁螺母及 M6×8 螺杆。

（5）切换开关芯体的装配。

1）装入触头的隔弧片。

2）安装绝缘弧形板，紧固和锁紧 8 只 M6 螺栓（中间 4 只螺栓先紧固，然后再紧固两侧 4 只螺栓），锁紧片紧贴 M6 六角螺栓的边。

3）使用专用工具使储能机构回到原工作位置（如图 14–8–6 所示）。锁住储能机构下滑板，同时使专用工具顺时针转动切换开关，使上滑板挡块与另一侧爪卡接触，此时立刻放掉专用工具，回到工作位置，期间当储能机构上滑块挡板与另一侧爪卡接触后才能动作。

4）使用专用工具，使储能机构转动 2 次，用以检查储能机构动作是否正常。

（6）切换开关芯体的复装。

1）卸下分接开关头盖。

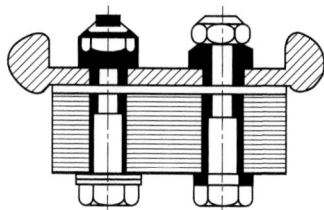

图 14-8-5　绝缘杆的安装　　　图模 14-8-6　储能机构工作位置

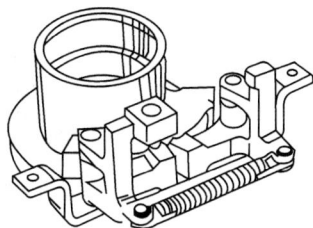

2）将切换开关芯体吊至油室顶部开口上方，转动芯体使芯体支撑板抽油管切口位置对准抽油管。缓慢小心地放入油室，同时轻轻转动切换开关芯体，使其对准定位销下降到底。

3）套上蝶形垫圈及弹簧夹，并用 7 只 M8 螺母（钟罩式）或 M8×20 螺栓（箱顶式）将切换开关芯体固定，紧固最大力矩为 14N·m。

4）安装好分接位置指示盘，盘及定位件必须进入定位销。

5）注入合格绝缘油至切换开关芯体支撑板止。

6）切换开关的变换程序试验，变换程序正确（如图 14-8-7 所示），变换时间为 35～50ms，过渡触头桥接时间为 2～7ms。

7）擦净头盖密封面，密封面应清洁，装置正确；正确旋转密封垫圈，将头盖齿轮装置的输出轴对准支撑板上联轴器，盖好分接开关头盖。检查分接开关与电动机构的位置应一致。

（7）联接传动轴。

1）检查分接开关与电动机构的位置应一致。

2）联结分接开关水平与垂直传动轴，联结两端应自然对准并留有轴向间隙。

3）进行联结校验，联结校验正确，正确后锁定联杆上的锁紧片。

（8）注油。

1）检查分接开关与其储油柜之间的阀门是否在开启状态。通过储油柜补充绝缘油，拧松头盖上溢气螺孔的螺栓和抽油弯管上溢气螺孔的螺栓，直至油溢出后拧紧，如图 14-8-8 所示。

2）继续通过储油柜补充合格绝缘油至规定油位，储油柜油位应符合要求。

（9）维护换油。

1）从头部抽油管放尽污油。

2）从头部注油管注入合格绝缘油，同时松开头盖上溢气孔和抽油管上溢气孔的螺栓，直至油溢出后拧紧，必要时进行冲洗或过滤。

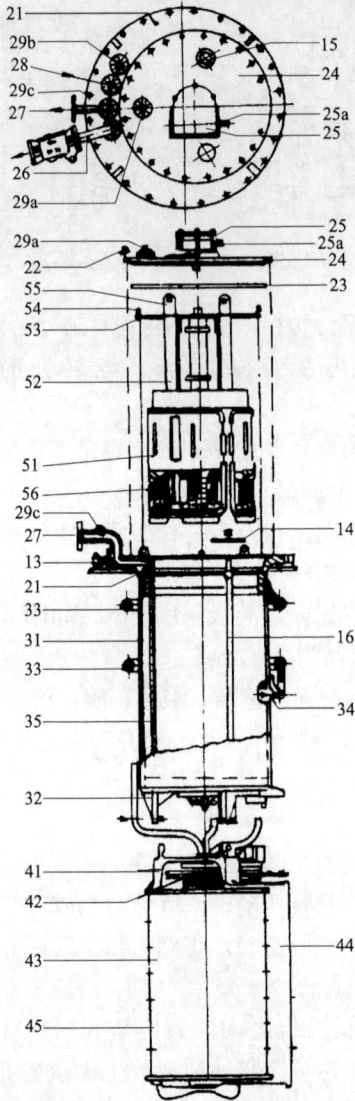

图 14-8-8 分接开关主要部件

13—头部密封壁；14—位置指示盘；15—观察窗；16—位置指示传动杆；21—头部；22—头盖螺栓；23—头盖密封圈；
24—头盖；25—带输出轴；25a—的头部齿轮盒；26—联接油流控制继电器弯管 R；27—抽油弯管 S；28—回油管 Q；
29a—头盖上溢气孔；29b—抽油管上溢气孔；31—油室；32—油室底部；33—均压环（110kV 以上有）；34—输出端；
35—抽油管；41—选择器上部；42—槽轮机构；43—选择器；44—转换选择器；45—接线端；51—切换开关；
52—绝缘支撑杆；53—直撑板；54—固定螺栓；55—吊攀；56—过渡电阻

3）通过储油柜继续注入合格绝缘油直至规定油位，储油柜油面表油位符合要求。

6. 分接选择器及转换选择器的检修

（1）检查分接选择器和转换选择器触头的闭合位置，与电动机构工作位置一致。

（2）检查分接开关连接导线是否正确，绝缘杆有无损伤及变形，紧固件是否紧固，连接导线的松紧程度是否使分接选择器受力变形；导线连接应正确，绝缘件无损伤，紧固件紧固，分接开关无受力变形。

（3）对带正、反调的分接选择器，检查连接"K"端分接引线在"+""－"位置上与转换选择器的动触头支架（绝缘杆）的间隙，间隙不应小于 10mm。

（4）检查其他紧固件和分接选择器与切换开关的 6 根连接导线及绝缘距离与紧固情况；其中紧固件应紧固，连接导线正确完好，与油室底部法兰应有 10mm 间隙。

（5）检查传动机构应完好无损。

（6）手摇操作分接选择器 $1{\rightarrow}n$ 和 $I{\rightarrow}1$ 方向分接变换，逐档检查分接选择器触头分、合动作和啮合情况，分合慢动作应平滑渐进，触头接触应符合要求，如图 14-8-9 所示。

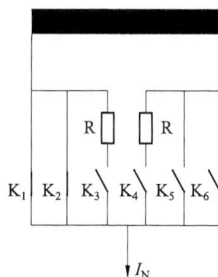

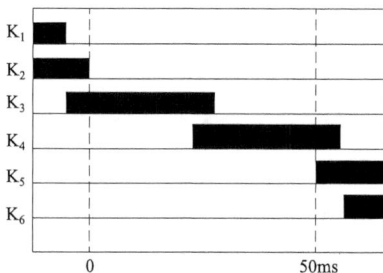

图 14-8-7 切换开关触头程序

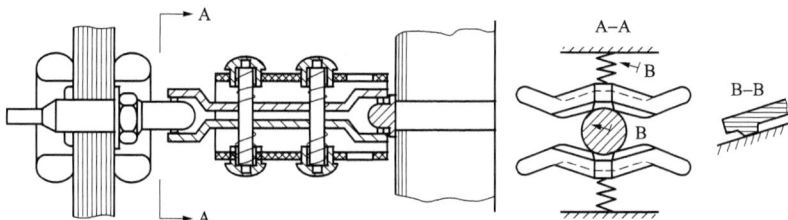

图 14-8-9 ZY1A 型分接选择器动、静触头的啮合

（7）检查分接选择器和转换选择器动、静触头有无烧伤痕迹与变形，动、静触头应无烧伤痕迹与变形。

（8）检查切换油室底部放油螺栓是否紧固，如图 14-8-10 所示。

7. 分接开关与电动机构的联结

（1）分接开关与电动机构均应在整定工作位置，然后联结传动轴。

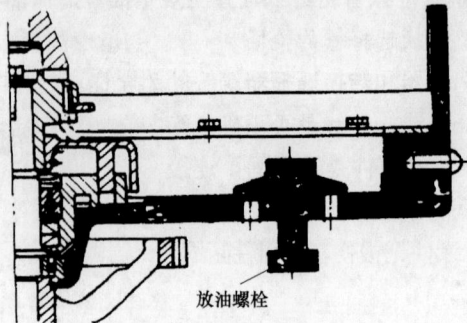

图 14-8-10　油室放油螺栓

（2）手动操作 $1 \rightarrow n$ 方向分接变换，记录切换开关切换时（以切换响声为据）至电动机构分接变换指示轮上绿色区域内的红色中心标志出现在观察窗中心线时止的转动圈数 m。

（3）手动操作 $n \rightarrow 1$ 方向分接变换，记录切换开关切换时（以切换响声为据）至电动机构分接变换指示轮上绿色区域内的红色中心标志出现在观察窗中心线时止的转动圈数 k。

（4）若两个方向的转动圈数 $m=k$，说明联结正确。若 $|m-k|>1$，应脱开分接开关与电动机构的垂直转动轴，手动操作，向手摇圈数多的方向转动 $1/2 |m-k|$ 圈；注意每次复装传动轴后均应进行两个方向（$1 \rightarrow n$ 与 $n \rightarrow 1$）转动，圈数之差应符合要求。

（5）恢复联结分接开关与电动机构的垂直转动轴。

（6）重复上述（2）、（3）项操作，直至差数小于 1 为止。

8. 电动机构的检修

（1）切断操作电源，对电动机构箱进行清扫，并检查电动机构箱的密封性能；电动机构箱应清洁，密封性良好，符合防潮、防尘、防小动物的要求。

（2）检查连线接头应牢固，各元器件应完好。

（3）检查电动机构、传动齿轮是否安装牢固，动作灵活，连接正确，无卡滞现象，对滑动接触部位应加适量润滑脂（刹车部位除外）；注意操作正确、灵活，观察孔内油位符合要求，刹车可靠。

（4）检查加热器及恒温控制器应完好无损。

（5）检查电动机构逐级控制性能，逐级分接变换应可靠、不连动。

（6）检查电动机构与分接开关的分接位置指示应一致且联结正确。

（7）按说明书检查电动机电源熔丝应匹配。

（8）检查电动机构箱安装是否水平，垂直传轴是否垂直，传动轴的联结螺栓是否紧固，紧锁片是否锁定；动作应灵活，无卡滞，联结可靠，锁紧片锁定。

（9）检查电动机构的电气与机械限位装置闭锁应正确。

（10）检查电动机构手动与电动的联锁性能应可靠。

（11）检查电动机构紧急脱扣装置应可靠。

（12）检查电源相序应正确。

（13）检查电源中断后自动再启动性能，操作过程中操作电源中断恢复后电动机能重新启动。

（14）检查电动机构操作方向指示、分接变换在运行中的指示、紧急断开电源指示、完成分接变换次数指示及就地和远控工作位置指示的正确性，指示均应一致正确。

9. 附件的检修

（1）垂直与水平传动轴：联结的两端自然对接，紧固螺栓，锁紧锁定片，并有足够的轴向间隙；其中螺栓应紧固可靠，锁定片应锁定正确，轴向间隙为3mm，见图14-8-11。

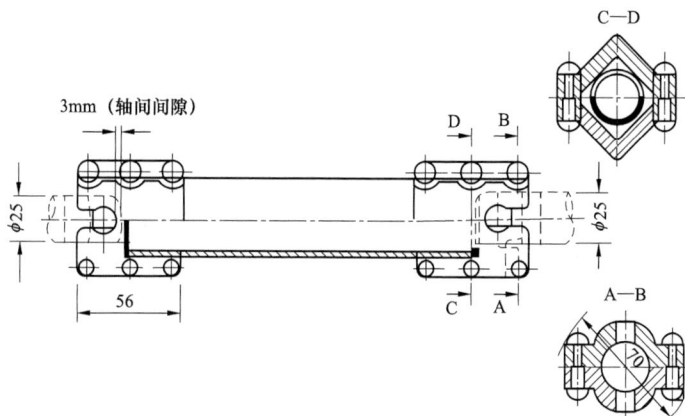

图 14-8-11　垂直与水平传动轴向间隙

（2）油流控制继电器或气体继电器的装置位置应尽可能靠近切换油室头部，安装水平倾斜度不超过2%，继电器箭头标志必须指向储油柜，油流控制继电器或气体继电器的跳闸触点必须接入变压器跳闸回路，气体继电器的信号触点接发信回路，对油流控制器或气体继电器进行的动作试验应正确。

（3）检查清洗储油柜。

（4）检查头盖上的齿轮盒与传动齿轮盒（连接水平及垂直传动轴）的密封并更换润滑脂，正常情况下应无渗漏，无不正常磨损。

10. 调整与测试

（1）使用电桥法测量切换开关过渡电阻的阻值，与铭牌值比较偏差不大于±10%。

（2）必要时使用测压计测量触头的接触压力（见表14-8-6）与超程，主通触头超程为 2～3mm（可调整垫圈数量，达到要求值）。

表 14-8-6　　　　　　　　　ZY1 型分接开关触头接触压力表　　　　　　　　　（N）

技术要求	触头名称				分接选择器动触头	转换选择器触头
	切换开关					
	主触头		联接触头			
接触压力	80～100	140～170	80～100	80～100	60～80	80～100

（1）必要时使用电桥法或压降法测量切换开关、分接选择器、转换选择器触头接触电阻。

（2）手摇操作，用听觉及指示灯法测试分接开关的动作顺序。

（3）必要时采用油中电流示波图法进行切换程序及时间的测量（推荐直流示波图法）。

（4）采用静压试漏法对油室进行密封检漏。

（5）必要时对分接开关带电部位对地、间间、分接间、相邻触头间的绝缘进行油中工频耐压试验。

（6）分接选择器、转换选择器和切换开关整定位置的检查、调整。

（7）分接开关与电动机构的联结校验。

（8）分接开关不带电进行 10 个循环分接变换操作。

（9）油流控制继电器或气体继电器的动作校验。

（10）切换油室内绝缘油的击穿电压与含水量的测定。

（11）分接开关逐级控制分接变换操作每对触头接触电阻不大于 500μΩ

（1）每对触头接触电阻不大于 500μΩ。

（2）分接选择器、转换选择器和切换开关触头动作顺序应符合要求，选择器应合上至切换开关动作之间至少有两圈的间隙。

（3）切换波形应符合要求，无明显回零断开现象，总切换时间为 35～50ms，过渡触头桥接时间为 2～7ms。

（4）油室各部位均无渗漏油。

（5）应符合产品技术要求。

（6）符合产品整定位置表中的规定。

（7）应在整定位置上联接，并校验正反两个方向，手柄转动圈数应平衡。

（8）无任何误动作。

（9）符合技术指标。

（10）应符合要求。

（11）按下启动按钮，直至电机停止，可靠地完成一个分接位置的变换

11. 检修专用工具

（1）分接开关吊装专用吊板如图 14-8-12 所示。

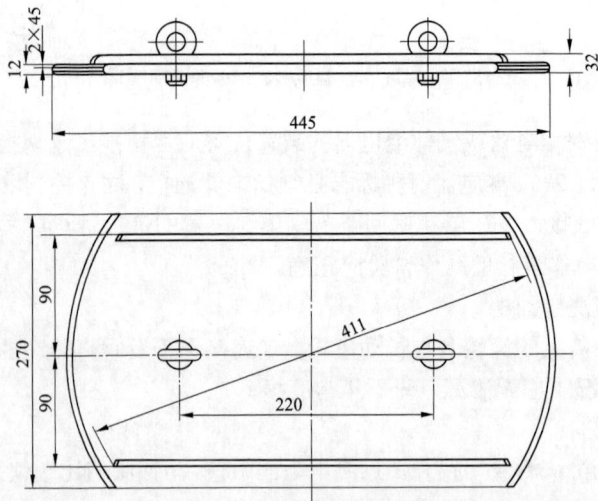

图 14-8-12　分接开关吊装专用吊板

（2）分接开关起吊装置如图 14-8-13 所示。

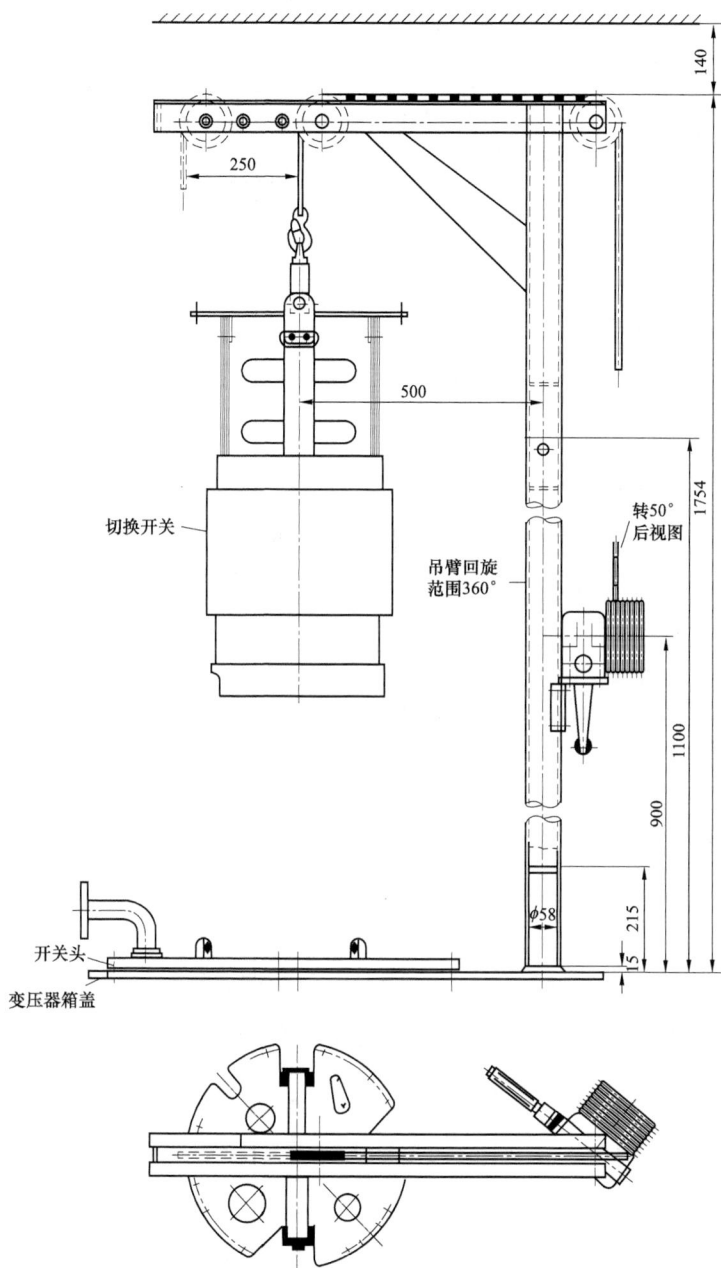

图 14-8-13　分接开关起吊装置

（3）专用工具见表 14-8-7。

表 14-8-7　　　　　　分接开关维护、检修专用工具

序号	数量（个）	名称	扳手尺寸（mm）	序号	数量（个）	名称	扳手尺寸（mm）
1	1	套筒扳手（加摇把）	12	7	1	双头开口手	17×19
2	1	套筒扳手（加摇把）	13	8	1	双头开口手	22×24
3	1	套筒扳手（加摇把）	14	9	1	内六角扳手	4
4	1	套筒扳手（加摇把）	17	10	1	内六角扳手	5
5	1	双头开口扳手	8×10	11	1	内六角扳手	6
6	1	双头开口扳手	13×17	12	1	内六角扳手	8

12. 备品备件见表 14-8-8

表 14-8-8　　　　　　备 品 备 件 明 细 表

序号	名称	台用量	用　　途	说明
1	尼龙垫	2 只	用作头盖及 S 管放气螺栓的密封垫	一般易损件
2	尼龙垫	2 只		
3	密封圈	1 只	用于头盖密封	
4	锁紧片	24 只	用于切换开关三弧形板固定及止退	
5	螺栓	24 只		
6	导电片	12 组	用于静弧触头与过渡电阻的联结	
7	门封条	3m	用作电动机构门封	
8	锁紧片	8 只	用于水平及垂直轴联结止退	
9	开口销	4 只	用于水平及垂直轴联结	
10	数码管	2 根	用作显示器	
11	压板	12 个	用于切换静触头固定（新结构用）	
12	沉头螺栓	12 只		
13	编织线	12m	用于切换开关动触联接	更换切换动触头、联接编织线用
14	编织线	12m		
15	自锁螺母	30 只	用于固定编织线	

续表

序号	名称	台用量	用　途	说明
16	螺杆	6个		
17	螺杆	24个	用作高强度螺杆	
18	铜钨触头	24个		
19	铜钨触头	24个		更换切换开关弧触头用
20	六角螺栓	24只	用于动触头固定	
21	锁紧片	24片	用于动触头锁定止退	

二、复合（CV）型有载分接开关检修工艺

CV 型有载分接开关是一种典型的筒式结构复合式开关,选择开关的动作原理中包含切换开关和分接选择器的功能。用于额定电压 35～110kV，电流 200～500A，频率为 50Hz，三相接法为△或丫接中性点调压的电力变压器。有载分接开关不带转换选择器时，操作位置最多为 14 个，带转换选择器时，操作位置最多为 27 个。

1. 技术数据

（1）分接开关技术数据，见表 14-8-9。

表 14-8-9　　　　　　　　　CV 型分接开关技术数据

序号	参数名称		技术数据								
			CVⅢ 200丫	CVⅢ 200△	CVⅠ 200	CVⅢ 350丫	CVⅢ 350△	CVⅠ 350	CVⅢ 500丫	CVⅢ 500△	CVⅠ 700
1	相数		3	3	1	3	3	1	3	3	1
2	连接方式		中性点	绕组的任何部位		中性点	绕组的任何部位		中性点	绕组的任何部位	
3	最大额定通过电流（A）		200			350			500		700
4	最大级电压(V)	10触头	1500			1500			1500		1500
		12触头	1400			1400			1400		1400
		14触头	1000			1000			—		1000
5	额定开断容量（kVA）	10触头	300			525			400		660
		12触头	280			420			325		520
		14触头	200			350			—		450

续表

序号	参数名称		技术数据								
			CVⅢ 200Y	CVⅢ 200△	CVⅠ 200	CVⅢ 350Y	CVⅢ 350△	CVⅠ 350	CVⅢ 500Y	CVⅢ 500△	CVⅠ 700
6	固有工作位置数	不带转换选择器	最大 14						最大 12		最大 14
		带转换选择器	最大 27						最大 23		最大 27
7	绝缘水平		符合 GB 10230—1988《有载分接开关》标准								

（2）电动机构的技术数据，见表 14-8-10。

表 14-8-10　　　　　　　　　　　　电动机构的技术数据

序号	参　数　名　称		技术数据
1	电动机参数	额定功率（kW）	0.37
		额定电压（V）	380 三相
		额定电流（A）	1.16
		额定频率（Hz）	50
		额定转速（r/min）	1500
2	每次分接变换输出轴转动圈数		2
3	每次分接变换时间（s）		约 4.4
4	输出轴的传动力矩（N·m）		45
5	每次分接变换手柄转动圈数		30
6	工作位置数		最大 35
7	加热和控制回路的额定电压（V）		交流 220
8	绝缘试验		工频电压 2kV 持续 1min

（3）分接开关其他主要参数。

1）分接开关油室能承受 $6 \times 10^4 Pa$ 压力，24h 不渗漏油，并能长期承受 $3 \times 10^4 Pa$ 的压力差。

2）分接开关每对触头的接触电阻不大于 $500 \mu \Omega$。

3）分接开关任一分接变换，用示波器记录电流波形，不应出现回零现象，切换时间为 45～65ms。

4）分接开关在额定级电压下负载切换不小于 5 万次。

5）分接开关机械寿命不小于 50 万次。

2. 检修周期

（1）大修周期：

1）有载调压变压器大修时。

2）分接开关分接变换累计次数达到检修周期次数时（见表 14-8-11）或每 5 年一次。

表 14-8-11　　　　　　　　CV 型分接开关检修周期分接变换次数

型号	检修周期分接变换次数	型号	检修周期分接变换次数
CVⅢ200Y/△，FⅠ200	40 000	CVⅢ500Y/△，CVⅠ500	30 000
CVⅢ350Y/△，FⅠ350	40 000	CVⅠ700	30 000

（2）小修周期：

1）有载调压变压器小修时；

2）每年 1 次。

3. 检修项目

（1）大修项目：

1）选择开关芯体吊芯清洗检查、维修、调试；

2）油室的清洗与维修；

3）驱动机构的检查、清扫、加油与维修；

4）储油柜及其附件的检查与维修；

5）油流控制继电器（或气体继电器）、过压力继电器、压力释放装置的检查、维修与校验；

6）自动控制装置的检查；

7）储油柜及其油室中绝缘油的处理；

8）电动机构及其他器件的检查、维修与调试；

9）密封系统检查、油室检漏；

10）电气控制回路的检查、维修与调试；

11）分接开关与电动机构的联结校验、调试及整组传动试验；

12）头部齿轮与传动齿轮盒更换润滑脂。

（2）小修项目：

1）电动机构传动齿轮的检查与维修；

2）电动机构箱的检查与清扫；

3）各部位的密封检查；

4）油流控制继电器（或气体继电器）、过压力继电器、压力释放装置的检查；

5）电气控制回路的检查。

（3）临时性检修：

1）新投运 1～2 年或运行中分接变换 5000 次或选择开关油室绝缘油击穿电压低于 25kV 时，应更换或过滤油室绝缘油。

2）新投运 1～2 年或运行中分接变换 1 万～2 万次，应进行选择开关吊芯检查、绝缘油的更换或过滤、电动机构传动齿轮的检查与维修、添加润滑脂、传动试验、电气控制回路的检查与维修、密封检查、缺陷处理及整组转动的试验。

3）根据缺陷性质和情况进行必要项目的检修与调试。

4. 变压器吊罩时分接开关的拆装工艺参见组合式有载开关工艺，其中钟罩式变压器用钟罩式分接开关利用专用水平吊板起吊

5. 选择开关的吊芯检修

（1）头盖的拆卸。

1）调整分接开关从 $n \to 1$ 方向至整定工作位置，其中，带转换选择器的分接开关整定工作位置：10191W/G 型为 10；12231W/G 型为 12；14271W/G 型为 14；10193W/G 型为 9b；12233W/G 型为 11b；14273W/G 型为 13b。

不带转换选择器的分接开关整定工作位置即为中间挡位置，如 1009 为 5；特殊规格的分接开关，按产品说明书整定。

2）切断分接开关操作电源。

3）打开抽油阀门，排放绝缘油。

4）从传动水平轴联结托架上卸除 6 只 M6 螺栓，拆去转动方管，拆开头盖上接地螺栓和 20 只 M10 螺栓，然后移开头盖；注意应保存好所有螺栓、螺母、锁紧垫片、联接销、弹簧垫圈及头盖的 O 形密封圈。

（2）驱动机构的拆卸。

1）检查分接开关应在整定工作位置，必要时应使用装卸扳手调整正确，"▲"

红色标记对齐如图 14-8-14 所示。

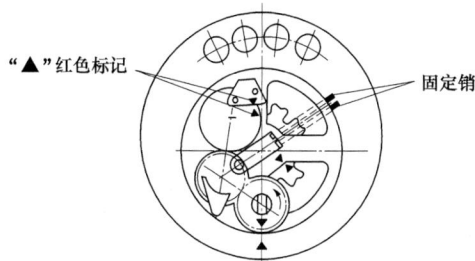

图 14-8-14　分接开关整定工作位置

注："▲"红色标记对齐。

2）借助 M5×20 螺栓，取出拉伸弹簧装置中的固定销。

3）松开吸油管螺母，并将油管转向中间，保存好抽油弯管与接头间的密封垫和拉簧销。

4）用套筒扳手拆开 5 只 M8 螺栓并提出驱动机构，保存好弹簧垫圈，并记录整定工作位置和"▲"标志的正确方向，如图 14-8-15 所示。

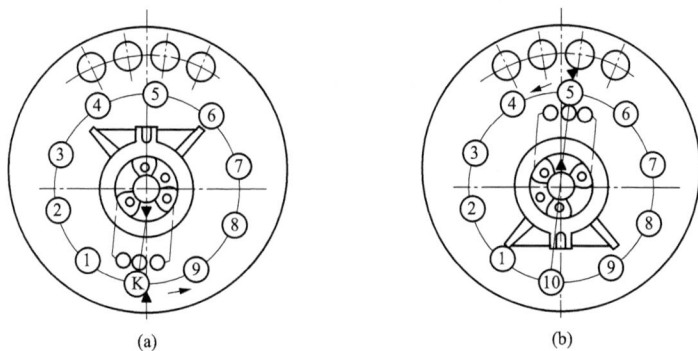

图 14-8-15　主轴的整定工作位置

（a）10191W/G 型或 10193W/G 型主轴的整定工作位置；

（b）1009 主轴的整定工作位置

（3）吊芯。

1）使用装卸扳手和 3 只 M10 螺栓联结主轴的轴承座，并按顺时针方向转动，使转换选择器的动触头脱离静触头，如图 14-8-16 中虚线位置。

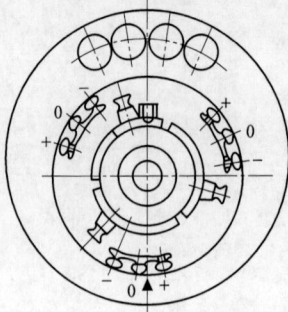

图 14-8-16 吊芯时动触头位置

2）使用专用工具插入抽油管槽内，慢慢往上撬起，然后插入第二槽内，轻轻摇动拔出抽，注意不得损坏油管。

3）使用装卸扳手使之与主轴的轴承座联结，然后在扳手上系结吊绳，用起吊设备将芯体缓缓吊出。芯体起吊时，主轴上的动触头组应始终处于转换选择器静触头空挡位置，主轴应垂直，起吊缓慢，不得碰伤动静触头与均压环。

4）将芯体上的油滴尽后，轻轻放下并使主轴卧放于木质支架上，进行检查与调整，注意保持环境清洁并不得碰伤动触头与均压环。

5）盖上头盖，防止污物和潮气浸入。

（4）驱动机构检修。

1）将卸下的驱动机构安放于临时木质支架上。

2）清洗机构全部零部件。

3）复紧各个紧固件后转动齿轮，检查各机械传动件的动作和磨损情况，机械传动件应转动灵活、无卡滞，位置显示清晰正确，如有严重磨损应进行检修或更换。

4）检查拉伸弹簧应无变形，如有严重变形应予更换。

5）检查机构底板应平整、无变形，严重变形的底板应予以更换。

6）调整机构至整定工作位置，"▲"红色标记应对齐。

6. 主轴的检修

（1）动触头组、转换选择器与主轴的联结。

1）检查每相动触头组支架和转换选择器与主轴联接是否牢固，联接应可靠无松动，紧固件应紧固。

2）检查转换选择器的动触头应无弯曲变形，必要时更换动触头。

3）检查绝缘主轴应无弯曲变形。

4）检查滚动触头应滚动灵活，无卡滞。

5）检查电阻丝与动触头的软连接线应无损伤，紧固件联结应完好、可靠。

（2）使用电桥测量过渡电阻值，与出厂铭牌值比较，其偏差应不大于±10%。

（3）主轴上动触头组的滚动触头检修。测量滚动触头直径，更换接近表 14-8-12 最小直径值的弧触头，所有触头中其中有一个达到最小直径值时，应更换全部弧触头；更换弧触头时，相应的支撑弹簧同时更换。

表 14-8-12　　　　　　　　　　主 弧 触 头 最 小 直 径　　　　　　　　　　（mm）

型号	触头数	标准弧触头直径		触头最小直径
		主弧触头	副弧触头	
CV 200	10	$\phi 22$	$\phi 22$	$\phi 16$
	12	$\phi 22$	$\phi 22$	
	14	$\phi 22$	$\phi 20$	
CV 350	10	$\phi 22$	$\phi 22$	$\phi 17$
	12	$\phi 22$	$\phi 22$	
	14	$\phi 22$	$\phi 20$	
CV 500	10	$\phi 22$	$\phi 22$	$\phi 17$
	12	$\phi 22$	$\phi 22$	

1）CV 200A 型弧触头的更换如图 14-8-17 所示。

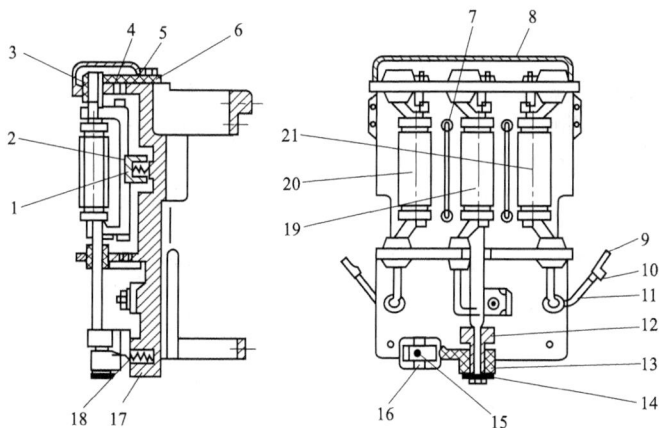

图 14-8-17　CV 200A 型弧触头的更换

1—弹簧；2—支撑件；3—绝缘支架；4—M6 沉头螺栓；5—M6 螺栓；6—止动垫片；
7—隔弧板；8—均压环；9—接线头；10—连接线；11—绝缘套管；12—主触头；
13—主触头支架；14—挡圈；15—圆柱紧固螺栓；16—轴销；17—铝支架；
18—弹簧；19—主弧触头；20—左副弧触头；21—右副弧触头

a. 翻开止动垫片 6，旋出 2 只 M6 螺栓 5，拆去均压环 8。

b. 拆开弧触头与过渡电阻的连接线 10。

c. 松开圆柱紧固螺栓 15，取出 $\phi 8$ 轴销 16，卸除 $\phi 12$ 性轴用挡圈 14，取下调整垫圈主触头支架 13 与弹簧 18，此时应记录调整垫圈数量与装配位置，并保管好卸下的零件。

d. 抽出三根连接线 10，并剪去连接线端的接线头 9，露出绝缘套管 11。

e. 卸除绝缘支架 3 上的 6 只 M6 沉头螺栓 4 并按顺序将要更换的弧触头及绝缘支架同时拆除，触头结构的隔弧板仍保留在铝支架上。注意：各螺栓紧固无松动，滚动弧触头转动灵活、无卡滞情况，止动锁片应翻起，并紧贴六角螺母边上。

f. 更换弧触头时应按拆卸的相反顺序进行装配。安装弧触头时，应同时安装弹簧 1 和弹簧支撑件 2，弹簧应正确嵌装在支持件内及铝支架凸台上，套进绝缘支架 3 并旋紧 6 只 M6 沉头螺栓 4。

连接线的长短，应与原弧触头的连接线相同，并使连接线长出绝缘套管 5~6mm，装上接线头，用夹钳夹紧。

2）CV 350A 型弧触头的更换如图 14-8-18 所示。

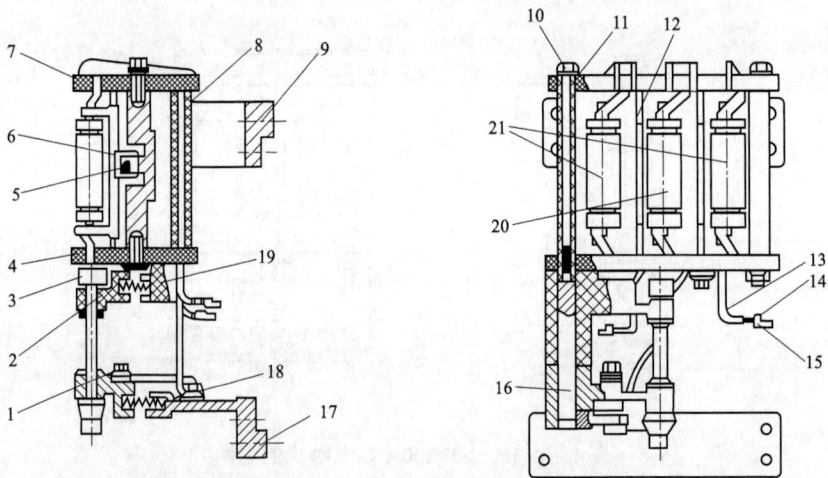

图 14-8-18 CV 350A 型弧触头的更换

1—M5 螺栓；2—紧固用 M6 螺栓；3—输出动触头；4—下绝缘支架；5—弹簧；6—弹簧支撑件；
7—顶部绝缘支架；8—绝缘支撑管；9—上铝支架；10—螺杆；11—止动垫片；12—隔弧片；
13—绝缘套管；14—连接线；15—接线头；16—轴销；17—下铝支架；18—弹簧；
19—弹簧；20—主弧触头；21—副弧触头

a. 翻开顶部绝缘支架 7 两边锁住 M6 螺杆 10 的止动垫片 11，旋松螺杆 10 使轴销 16 脱离螺杆，并轻轻敲打螺杆轴使销稍有伸出，取出轴销 16。

b. 按下输出动触头 3，轻轻向外移动，使其脱离下绝缘支架 4；注意支架下的两个弹簧不能互换，必要时做好标记，以便复原装配。

c. 松开主弧触头 20 与下铝支架 17 连接线的 M5 螺栓 1，取下输出动触头。

d. 拆开弧触头与过渡电阻间的连接线 14，并剪去接线头 15，使连接线滑出绝缘支撑管 8，卸除绝缘套管 13。

e. 翻开下绝缘支架上的止动垫片，旋出紧固用 M6 螺栓 2 和另一个 M6 螺杆，取下绝缘支架 4。

f. 取去弧触头及有关支撑。

g. 更换弧触头的输出动触头时应按拆卸的相反顺序进行。弧触头装配时，同时放置弹簧 5 与弹簧支承件 6。连接线的长短与原来相比较，连接线套上绝缘套管后，端部露出 5～6mm，并通过弧触头下方的绝缘支撑管穿到另一面，再通过下支架，装上接线头。隔弧板 12 和绝缘支撑管 8 必须嵌入相应槽内。注意各紧固件应无松动，滚动触头转动灵活、无卡滞，止退片应翻起止退，连接线不得交叉混淆。

3）CV 500A 型主动触头组的更换如图 14-8-19 所示。

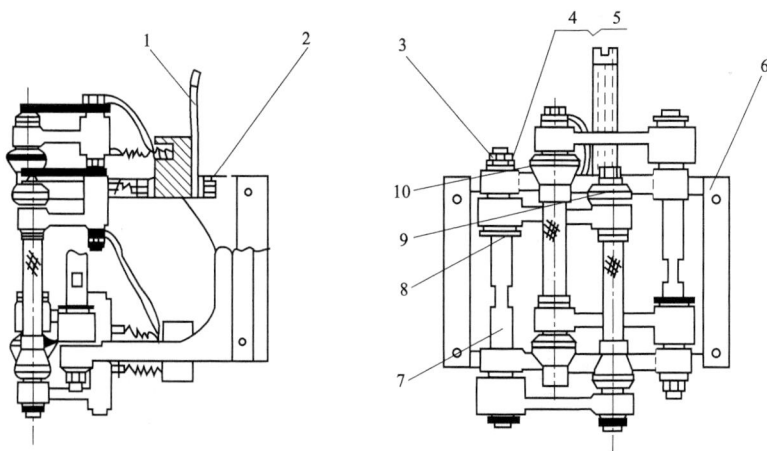

图 14-8-19　CV 500A 型主动触头组的更换
1—软连接线；2—M5 螺栓；3—螺母；4—弹簧垫圈；5—平垫圈；6—铝支架；
7—小轴；8—挡圈；9—右动触头；10—左动触头

CV 500A 型主动触头组由上层的弧触头组同下层的主动触头组构成，上层的弧触头的更换工艺同 CV 200A 弧触头更换工艺，主动触头组的更换工艺如下：

a. 拧去 M5 的六角螺栓，使各个软接线与相应触头脱离。

b. 拧去小轴 7 上的螺母 3，取下弹簧垫圈 4、平垫圈 5，并同时松开小轴上各挡圈 8，用木槌轻轻敲打小轴（有螺纹的一端），卸除小轴。

c. 将触头与铝支架 6 脱离，注意保管好弹簧及有关零件。

d. 更换触头的装配，按拆卸的相反顺序进行。注意两组触头方向不能互换。在拆装时应做好记录，防止错位。各紧固件无松动，滚动触头转动灵活，无卡滞。

7. 油室的检修

（1）油室检修。

1）移开分接开关头盖，排尽油室内污油，用合格绝缘油冲洗。

2）用无绒干净白布擦洗油室内壁，注意清洁，无纤维沾污。

3）检查静触头及支座的紧固情况，应紧固无松动。

4）检查静主通触头应无电弧烧伤痕迹，如必要时更换触头。

5）检查接触铜环应无明显电弧烧伤。

6）检查静弧触头电弧烧伤程度，应无严重烧损和渗漏油，严重烧损应予更换。

7）检查油室内绝缘筒表面应无爬电烧伤痕迹，绝缘应良好。

8）利用变压器本体及其储油柜的绝缘油对油室的压差，检查油室是否渗漏油，应无渗漏油。

9）处理渗漏点，更换密封圈（密封结构如图 14-8-20 所示）。如处理渗漏油必须使分接开关与变压器绕组分离，CM 型起吊切换开关芯体，而 CV 型起吊驱动机构起吊时使用专用水平吊板。

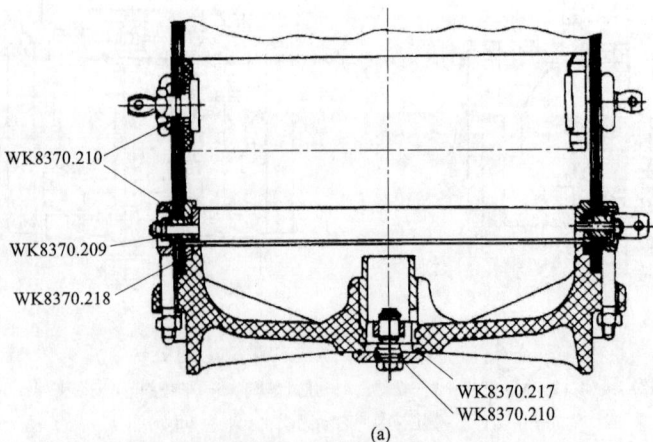

WK8370.210
WK8370.209
WK8370.218
WK8370.217
WK8370.210

(a)

图 14-8-20　密封结构（一）

（a）200A 静触头及绝缘筒与筒底密封结构

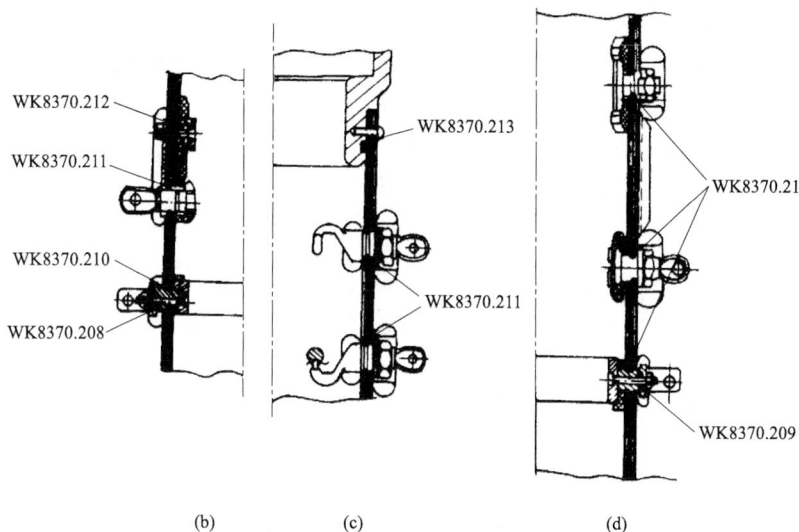

图 14-8-20　密封结构（二）

（b）350A 静触头密封结构；（c）法兰与绝缘筒及转换选择器静触头密封结构；
（d）500A 静触头密封结构

（2）注油。

1）将合格绝缘油注入分接开关油室内，直至油面升至分接开关头盖平面。安装好头盖 O 形密封圈，盖上头盖，紧固 20 只 M10 螺栓。

2）检查储油柜至分接开关之间的阀门是否开启，然后从储油柜继续注油，并分别拧松头部和抽油管的放气溢油孔的螺栓，直至放气溢油孔溢油后拧紧螺栓，并调整储油柜油面到规定油位。

8. 电动机构的检修

（1）切断电源，对电动机构箱进行清扫并检查密封性能。电动机构箱应清洁，密封措施符合防潮、防尘、防小动物的要求。

（2）检查连接接头应牢固，各元器件应完好。

（3）电动机构包括齿轮箱、传动齿轮机构等应安装牢固，动作灵活，连接正确，无卡滞；对转动部位加润滑脂。注意操作正确、灵活，刹车可靠，传动齿轮无严重磨损。

（4）检查加热器应良好。

（5）检查电源相序应正确。

（6）检查电动机构的逐级控制性能应符合逐级分接变换要求，不连动。

（7）检查电动机构与分接开关的分接位置应指示一致。

（8）检查电动机构箱安装是否水平，垂直转动轴是否垂直。

（9）检查电动机构的电气与机械限位闭锁应正确，限位挡块无松动。

（10）检查电动机手动与电动的联锁性能应可靠。

（11）检查电动机构紧急脱扣装置应可靠。

（12）检查电源中断后自动再启动性能应符合要求。

（13）检查电动机构操动方向指示、分接变换运行中指示、紧急断开电源指示、完成分接变换次数指示、就地和远方工作位置指示是否正确，指示应正确。

（14）检查电气回路的绝缘性能，测量其绝缘电阻并进行工频耐压试验，应使用 500～1000V 绝缘电阻表，绝缘电阻不小于 $1M\Omega$，工频交流耐压 1kV，持续 1min。

（15）手摇操动机构一个循环，动作灵活、正确，然后置于中间分接位置，合上操作电源，电动操动机构一个循环。

9. 附件的检修

（1）拆卸转动轴、托架、油流控制继电器或气体继电器，传动齿轮箱等附件。

（2）清洗各附件然后复装。

（3）检查清洗储油柜。

（4）检查清洗转动齿轮盒（包括头部齿轮盒）并加润滑脂。

10. 整体组装

（1）分接开关本体的装配。

1）移去头盖，将芯体吊起置于油室上方，然后慢慢放入油室内，使主轴底部的轴承座与油室底部的嵌件正确衔接并贴紧。

2）插入抽油管，并用手将其压入筒底，再借助装卸扳手，将动触头转动至"K"位置（整定工作位置）。对带转换选择器的分接开关，将其动触头同时置于"一"位置。注意抽油管应插入筒底嵌件内，并正确到位。

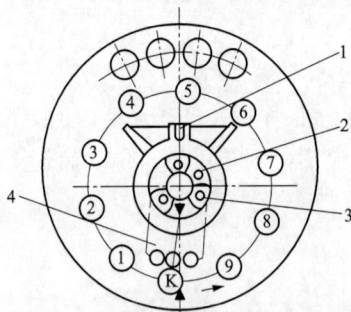

3）将在整定工作位置的驱动机构置于油室内，借助安装法兰面上定位销使驱动机构正确到位，机构底板紧贴法兰面，用螺栓紧固底板。注意机构上的传动拐臂插入主轴的轴承座传动槽内（无转换选择器的分接开关除外）。机构上的槽轮正确地与轴承座三凸台连接，轴承座凸台上的弹性定位销插入槽轮的孔上，如图 14-8-21 所示。

4）连接抽油弯管，借助装卸扳手安装拉伸弹簧固定销，转动两个位置，然后返回原

图 14-8-21　定位销的位置

1—传动槽；2—定位销；3—凸台；4—传动拐臂

来位置，弹簧销应固定，不得漏装抽油弯管中间密封垫，抽油弯管与槽轮应有充分的间隙。

5）将合格绝缘油注入分接开关油室内，直至驱动机构底板为止，安放好 O 型密封圈，然后盖上分接开关头盖，用 20 只 M10 螺栓紧固。

6）开启油流控制继电器或气体继电器和储油柜之间的阀门，补充绝缘油，并利用放气溢油孔放尽分接开关头盖和抽油管中的气体，直至溢气孔溢油为止，关闭溢气孔，然后继续补充合格绝缘油，直至储油柜规定的油位。

（2）分接开关与电动机构的连接。

1）检查分接开关与电动机构必须均在整定工作位置，注意头盖视察窗观察的数字应与电动机构指示位置一致。

2）用传动轴连接分接开关与电动机构。

11. 调整与测试

（1）必要时测量分接开关触头接触电阻，每对触头接触电阻应不大于 500μΩ。

（2）使用电桥测量过渡电阻值，与铭牌值比较，偏差应不大于 ±10%。

（3）必要时用直流电流示波图法进行切换程序试验，应无断开现象，切换时间为 45～65ms。

（4）选择开关与电动机构的联结校验，注意每次复装传动轴后必须进行，联结校验应合格。

手摇操作向一个方向转动，从分接开关切换（以切换响声为据）时算起到完成一个分接变换（指示盘中红线在视察孔中间出现）时的转动圈数 n_1，再向另一个方向操作其转动圈数 n_2，$|n_1-n_2| \leqslant 3.75$ 为合格，若 $|n_1-n_2| > 4$ 时应松开垂直传动轴，使电动机构输出轴脱离，然后手摇操作手柄，朝圈数大的方向转动，使输出轴转动 90°（约 3.75 圈），再恢复联结垂直传动轴，进行联结校验，直至合格为止。

（5）检查相序应正确。

（6）逐级分接变换检查，应符合逐级分接变换要求，不连动。

（7）采用静压检漏法，对切换油室进行密封检查，油室各部位均应无渗漏油。

（8）必要时在分接开关带电部位对地、相间、分接间、相邻触头间进行工频耐压试验，应符合产品技术要求。

（9）按说明书规定检查电动机构限位位置的限位闭锁性能、重启动性能、紧急制动性能、相序保护性能及分接位置指示。

（10）检查手动与电动的联锁性能，当手柄放于电动机构手动轴上后，安全开关动作，切断电源。取下手柄，能电动启动。

（11）电动机构电气回路的绝缘试验，工频耐压 2kV，持续 1min。

（12）油室绝缘油的击穿电压测定应符合产品技术要求和本标准规定。

12. 检修专用工具

（1）用于钟罩式变压器的支撑法兰如图 14-8-22 所示。

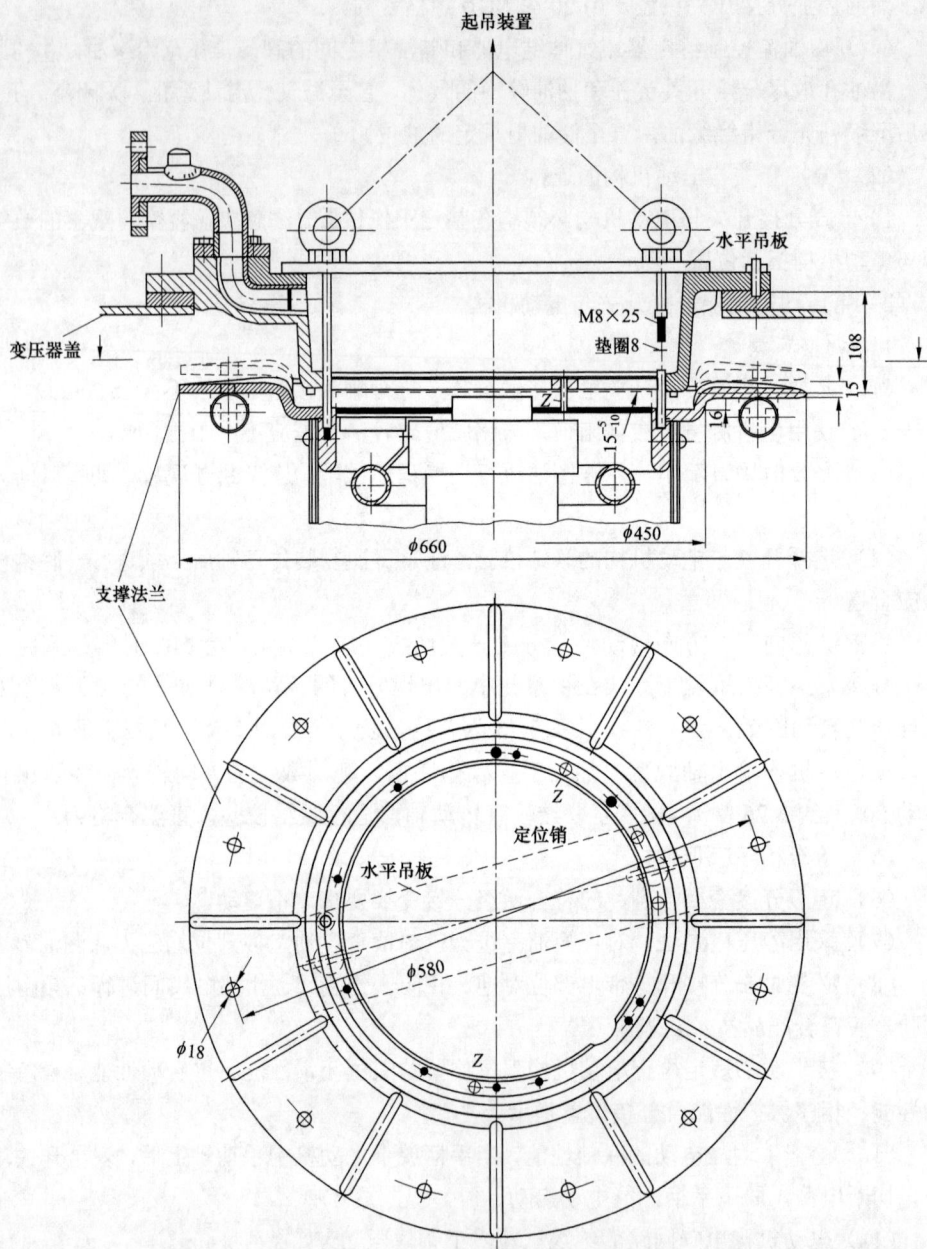

图 14-8-22 用于钟罩式变压器的支撑法兰

（2）专用工具如图 14-8-23 所示。

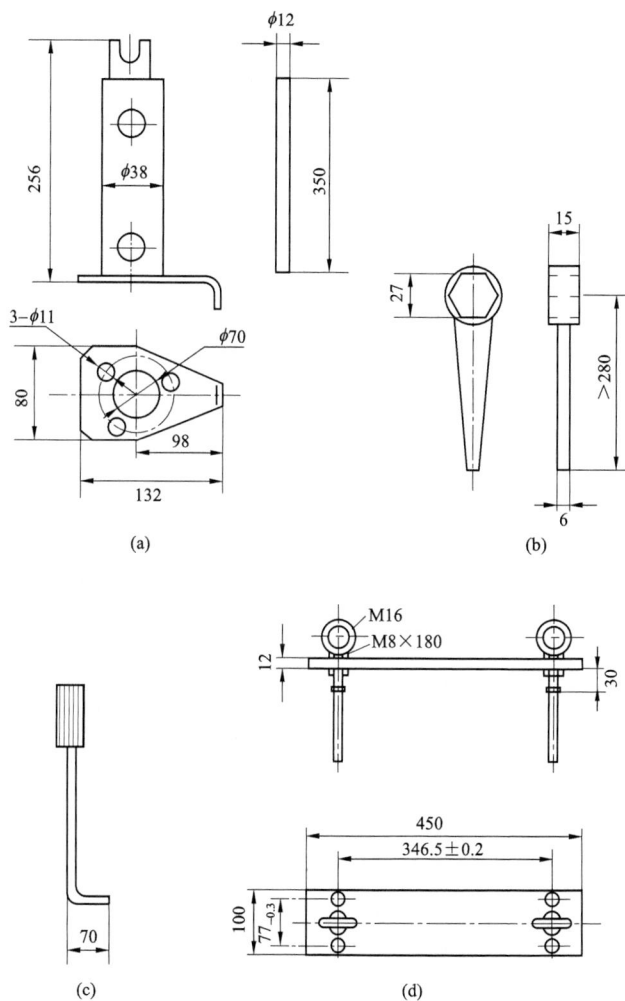

图 14-8-23　检修专用工具

（a）装卸扳手（附件）；（b）更换油室"O"形密封圈专用扳手；

（c）卸下油箱专用起子；（d）水平吊板（附件）

13. 备品备件

备品备件见表 14-8-13、表 14-8-14。

表 14-8-13　　　　　　　　　　　O 形 密 封 圈

序号	尺寸（D×d）mm	形　　状	备　注
1	7.5×2.5		
2	15×3		
3	19.5×3		
4	10×3.5		
5	46×5.7		
6	347×10		绝缘筒与筒底间
7	360×8		绝缘筒与法兰间
8	371×6		钟罩式法兰面
9	415×4.5		头盖上

表 14-8-14　　　　　　　　　　　弧　触　头

序号	名称	数量（个）	规格	形　　状
1	左副弧触头	1	200A 10、12 触头	
2	主弧触头	1		
3	右弧触头	1		
4	左副弧触头	1	200A 14 触头	
5	主弧触头	1		
6	右副弧触头	1		
7	副弧触头	2	350A 10、12 触头	
8	主弧触头	1		
9	副弧触头	2	350A 14 触头	
10	主弧触头	1		
11	副弧触头	2	500A 10、12 触头	
12	主弧触头	1		

三、SYXZ 型有载分接开关检修工艺

1. 技术数据

（1）分接开关技术数据见表 14-8-15。

（2）电动机构技术数据见表 14-8-16。

表 14-8-15　　　　　　　　　SYXZ 型有载分接开关技术数据

序号	参数名称		技术数据	
			SYXZ-400	SYXZ-200
1	额定电压（kV）		35、110	35、110
2	最大额定通过电流（A）		400	200
3	最大级电压（V）		1800	1800
4	调压级数	无转换选择器	7、13	7、13
		带转换选择器	15、27	15、27
5	连接方式		三相、Y接线、中性点调压	
6	每次分接变换时间（s）		约 6	

表 14-8-16　　　　　　　　　电动机构技术数据

序号	参数名称		技术数据	
			SYXZ-400	SYXZ-200
1	电动机参数	电动额定功率（kW）	0.75	0.25
		额定电压（V）	380	380
		额定频率（Hz）	50	
		转速（r/min）	1440	
2	每次分接变换输出轴转数		2	1
3	每次分接变换手柄操作转数		4	2
4	工作位置数		最大 27	

（3）分接开关其他主要参数。

1）每对触头接触电阻不大于 500μΩ。

2）切换开关油中切换时间（直流示波图法）为 30～65ms。

3）分接开关经 $6×10^4$Pa 油压密封试验 24h 无渗油。

4）分接开关在额定电流通过的情况下，各长期载流触头及导电部件对油的温升不超过 20K。

5）分接开关在短路试验中（热稳定试验 3s）触头不熔接，无严重烧伤，传送电流各部位无永久性机械变形（200A 与 400A 分接开关短路电流分别为 3000A 与 4000A 有效值）。

6）分接开关能承受在额定级容量下的负载切换，其触头的电气寿命不低于 2 万次，有在额定级电压和 2 倍额定电流下的开断能力。

7）分接开关的机械寿命不低于 20 万次。

2. 检修周期

（1）大修周期：

1）有载调压变压器大修的同时，进行分接开关大修。

2）分接开关分接变换累计次数达到 2 万次或每 5 年一次。

（2）小修周期：

1）有载调压变压器小修的同时，进行分接开关小修。

2）每年一次。

3. 检修项目

（1）大修项目：

1）切换开关芯体吊芯清洗、检查、维修、调试；

2）油室的清洗与维修；

3）分接选择器与转换选择器的检查与维修；

4）快速机构的检查、清洗、加油与维修；

5）储油柜及其附件的检查与维修；

6）油流控制继电器（或气体继电器）、压力释放装置的检查与校验；

7）自动控制装置的检查；

8）储油柜及其油室中绝缘油的处理；

9）电动机构及其他器件的检查、维修与调试；

10）密封系统检查、油室检漏；

11）电气控制回路的检查、维修与调试；

12）整组转动试验。

（2）小修项目：

1）传动齿轮的检查并加润滑油；

2）电动机构箱的检查、清扫，传动联结各部位加润滑脂；

3）各部位密封检查，更换吸湿器硅胶；

4）油流控制继电器（或气体继电器）、压力释放装置的检查；

5）电气控制回路的检查。

（3）临时性检修：

1）新投运 1～2 年或分接变换 0.5 万～1 万次或油室绝缘油击穿电压低于 25kV 时，应更换或过滤油室绝缘油。

2）新投运 1～2 年或分接变换 1 万～1.5 万次应吊芯检查。

3）根据缺陷性质和情况进行必要项目的检修与调试。

4. 切换开关吊芯

调整分接开关至中间挡（整定）分接位置。手摇操作时，必须先切换操作电源，旋松"1→n"指示牌的螺栓，并抬高"1→n"指示牌，卸除连接套，然后将手柄摇把套装在蜗轮轴上，转动摇把调整分接位置至中间挡（整定）位置，见图 14-8-24。注意分接开关吊芯必须在分接中间挡（整定）位置。分接变换最大级数为 7 级的中间挡（整定）分接位置为 4 分接。分接变换最大级数为 15 级的中间挡（整定）分接位置为 8 分接。

(1) 记录分接开关实际分接位置；

(2) 切断操作电源；

(3) 开启抽油阀门，排尽油室绝缘油；

(4) 卸除分接开关头盖；

(5) 拆除切换开关与绝缘护筒之间的软连接线：

1）SYXZ-200A 型分接开关应先拆除切换开关至绝缘护筒侧的 7 根连接线的 M8 联接螺栓，将软连接线置于芯体侧，注意软连接线不应妨碍芯体的起吊，然后卸除固定螺杆顶端的 3 只 M12 螺母，如图 14-8-25 所示。

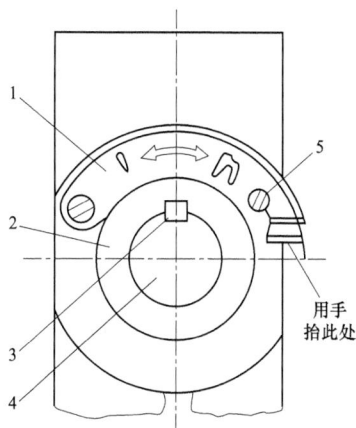

图 14-8-24　连接套位置

1—指示牌；2—连接套；3—停车后键正常位置；
4—蜗轮轴；5—螺栓

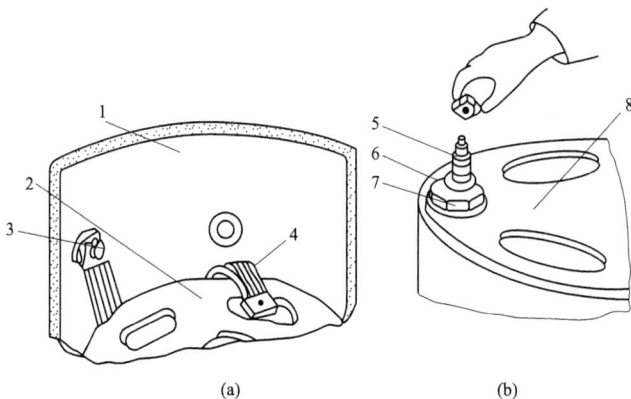

(a)　　　　　(b)

图 14-8-25　SYXZ-200A 型切换开关软连接线的拆除

（a）拆开软连接线；（b）拆开固定螺母

1—护筒；2—切换开关；3—螺栓；4—拆开的软连接线；
5—固定螺杆；6—钢管；7—大螺母；8—切换开关

2）SYXZ–400A 型分接开关应先卸除固定螺杆上的 3 只 M16 螺母，然后旋松 6 根软连接线与过渡电阻的 M8 联接螺母，并取下其软连接线，注意软连接线不应妨碍芯体的起吊，置于绝缘护筒侧，如图 14-8-26 所示。

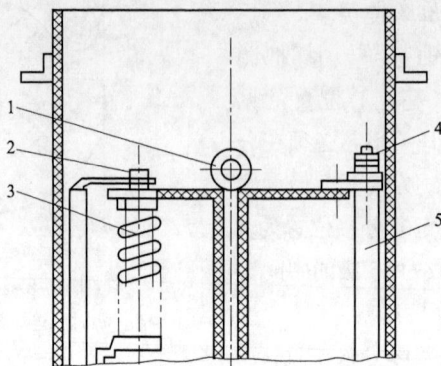

图 14-8-26　SYXZ–400A 型切换开关软连接线的拆除
1—吊环；2—M8 螺母；3—电阻器；4—M16 螺母；5—螺杆

（6）利用切换开关吊环，起吊切换开关芯体，并置于清洁平台上，注意起吊缓慢平稳，防止损伤芯体与软连接线。

（7）盖好分接开关头盖，防止水分与杂物进入绝缘护筒内。

5. 切换开关检修

（1）SYXZ–200A 型切换开关检修。

1）从切换开关顶部的 3 个窗口检查触头的烧伤程度，其中工作触头不应有烧伤痕迹，弧触头的烧伤程度三相均匀，不允许有严重烧损和镀层剥落，弧触头严重烧伤应予更换，如图 14-8-27 所示。

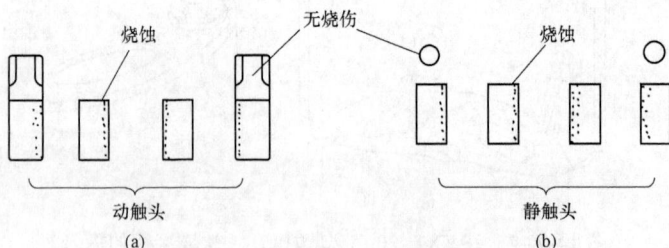

图 14-8-27　切换开关触头烧蚀形状
（a）动触头；（b）静触头

2）切换开关倒置，然后转动切换开关拐臂，逐个检查触头的伸缩动作情况，并测量静触头的伸缩量 Δ1 与 Δ2 的值，必要时进行伸缩量的调整。

3）调整静触头伸缩量：

a. 拆除静触头尾端全部螺母和连接软线，取下调节垫圈。将调节垫圈反装，面向外复装，并复紧各个螺母及其连接软线，如图 14-8-28 所示。

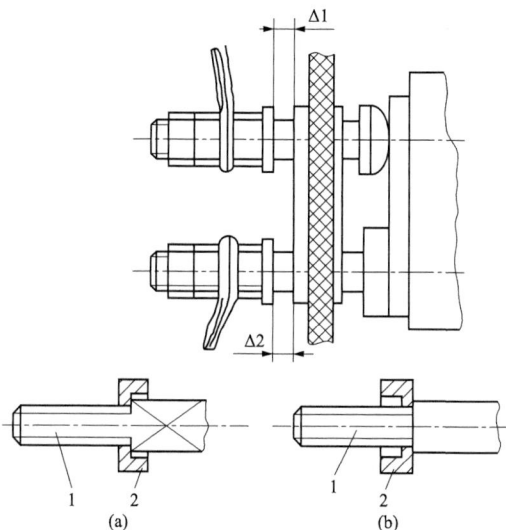

图 14-8-28　切换开关静触头的缩量

b. 复测静触头伸缩量 Δ1 与 Δ2，注意 Δ2 与 Δ1 伸缩量差值为 1～2mm，各电弧触头 Δ2 之间的差值不大于 1mm。

4）反复转动拐臂，检查切换开关动作是否灵活到位，切换开关动作应正确动作，灵活无卡滞。

5）使用电桥测量切换开关单、双数触头的接触电阻，每对触头接触电阻不大于 500μΩ。

6）使用电桥测量过渡电阻阻值，同时检查过渡电阻有无过热有及断裂现象，必要时更换过渡电阻；过渡电阻值与铭牌值比较偏差不大于 ±10%，过渡电阻完好，无过热与断裂现象。

7）检查并复紧全部紧固件。

8）SYXZ-200A 型切换开关触头的更换，如图 14-8-29 所示。

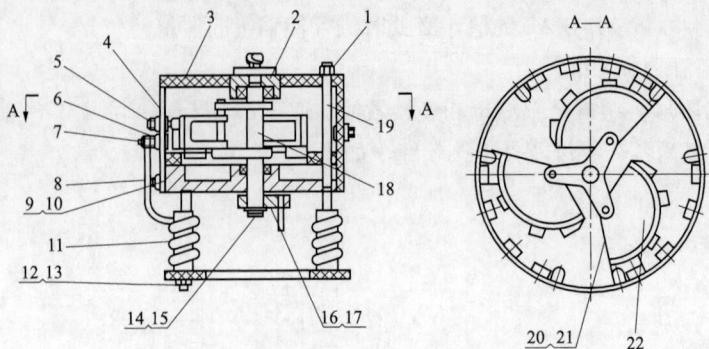

图 14-8-29　SYXZ-200A 型切换开关触头的更换

1、5、7、12—螺母；2—轴承座组件；3—绝缘板；4—绝缘筒；6—静触头；8—软连接线；

9—螺栓；10—止退垫圈；11—电阻盘；13—弹簧垫圈；14—垫圈；15—轴用挡圈；16—摇臂；

17—平键；18—转轴；19—套管；20—开口销；21—长销；22—扇形件

a. 卸除静触头紧固螺母 7 和电阻盘与触头连接的全部软连接线 8。

b. 卸除紧固螺母 12，取下弹簧垫圈 13 和电阻盘 11。

c. 卸除套管 19 上的紧固螺母 1，然后使用起子撬出绝缘板 3，取下轴承座组件 2。

d. 使用挡圈钳取下轴用挡圈 15 和垫圈 14，卸除摇臂 16 和平键 17。

e. 通过木块垫轻敲转轴 18 的端面，取出转轴及整个扇形组件。

f. 取下扇形组件中长销 21，上开口销 20，然后抽出长销，拆下扇形件 22。

g. 卸除螺栓 9，取出止退垫圈 10，卸除绝缘筒 4。

h. 卸除绝缘筒中静触头 6 上紧固螺母 5 及其垫圈，最后卸除静触头。

i. 检查绝缘筒是否有裂纹或电弧损伤，应无裂纹或放电损伤，必要时予以更换。

j. 清洗全部零部件，然后按相反顺序复装。

k. 测量工作触头与电弧触头的差值，工作触头与电弧触头的差值 $\Delta 3$ 为 2～2.5mm，如图 14-8-30 所示。

l. 复测静触头伸缩量 $\Delta 1$ 和 $\Delta 2$。

m. 测量触头的接触电阻和过渡电阻值。

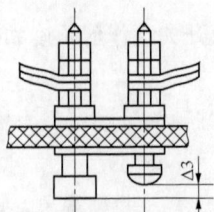

图 14-8-30　工作触头与
电弧触头的差值

（2）SYXZ-400A 型切换开关检修。SYXZ-400A 型切换开关与 SYXZ-200A 切换开关的结构区别在于 SYXZ-400A 型工作触头和电弧触头是互相分开的，其工作触头安装在绝缘筒筒底的法兰上，通过引出软连线与电弧触头相连，过渡电阻为四电阻，其他结构与 SYXZ-200A 型切换开关相似，如图 14-8-31 所示。

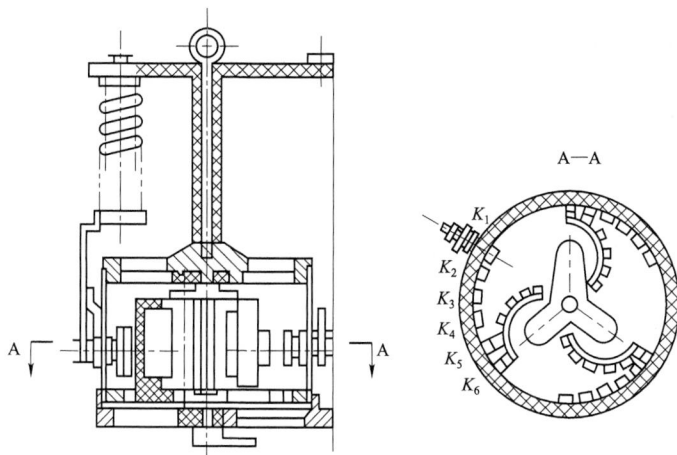

图 14-8-31　400A 型切换开关的结构

1）从切换开关顶部窗口检查触头的烧损程度，各个触头的烧损程度应基本均匀，无严重烧损，严重烧损的触头应予以更换。

2）将切换开关倒置，并转动切换开关拐臂，逐个检查静触头的伸缩动作情况（静触头伸缩量标准见表 14-8-17），并测量其伸缩量 Δ 值，如图 14-8-32 所示，必要时按 SYXZ-200A 型切换开关静触头伸缩量调整工艺进行。

表 14-8-17　　　　　　　　静 触 头 伸 缩 量 标 准　　　　　　　（mm）

静触头名称	伸　　缩　　量		
	运行前	允许运行	必须调整
静触头 Δ	4.5～5.5	>2.5	2.5

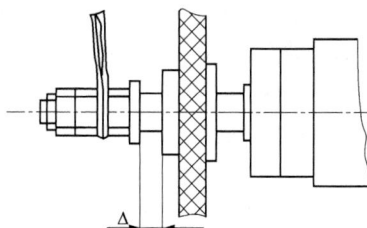

图 14-8-32　SYXZ-400A 型开关静触头伸缩量

3）反复转动拐臂，检查切换开关动作是否灵活到位，应无卡滞。

4）测量切换开关单、双数触头的接触电阻，每对触头接触电阻不大于 500μΩ。

5）使用电桥测量过渡电阻阻值，同时检查过渡电阻有无过热及断裂现象，过渡电阻阻值与铭牌值比较，偏差不应大于±10%，过渡电阻完好，无过热及损伤，如有必要时应更换过渡电阻。

6）检查并复紧全部紧固件。

7）切换开关触头的更换：更换工艺参见 SYXZ–200A 切换开关触头的更换工艺。

6．油室的检修

（1）卸除分接开关头盖。

（2）用合格绝缘油冲洗油室，同时用刷子或无绒干净白布擦净油室内壁，清除游离碳等积污，确保油室清洁、无积污，必要时反复冲洗。

（3）利用变压器本体及其储油柜绝缘油的静压力，检查切换油室密封情况，油室各部位应无渗漏油。

7．分接选择器与转换选择器的检修

调整分接开关至中间档（整定）分接位置。

排放变压器本体绝缘油至低于齿轮盒约 20cm，如图 14–8–33 所示。

排尽油室绝缘油。

打开齿轮盒上视察窗，通过视察窗孔用吊绳拴住水平绝缘传动轴，拆卸齿轮盒的固定螺栓和齿轮盒，然后取出水平绝缘传动轴。

（1）起吊分接开关。

1）对箱盖联接器身的变压器，同时起吊变压器器身与分接开关。

2）对钟罩式变压器，首先卸除分接开关头盖及密封圈，然后拆卸偏心法兰及密封垫，取出抽油管起吊变压器钟罩。

3）拆除各引线和分接开关固定螺栓，使分接开关与变压器绕组脱离。

（2）分接选择器和转换选择器的检修，如图 14–8–34 所示。

1）检查并复紧全部紧固件，紧固件应齐全紧固，无松动。

2）检查动、静触头接触面的磨损程度和镀层剥落情况，触头接触面无烧损，镀层无严重剥落，如有必要时应予以更换。

3）动触头的更换：手压弹簧 7，拔出短销 10，取下弹簧及垫圈 8，挟出销钉 9，最后卸除动触片，更换新的动触片。复装顺序按拆装相反顺序进行。

4）静触头的更换：卸除紧固螺母 4 及其垫圈 5，使用木棒敲打静触头 3 外端面，取出并更新静触头，复装时按拆卸相反顺序进行。

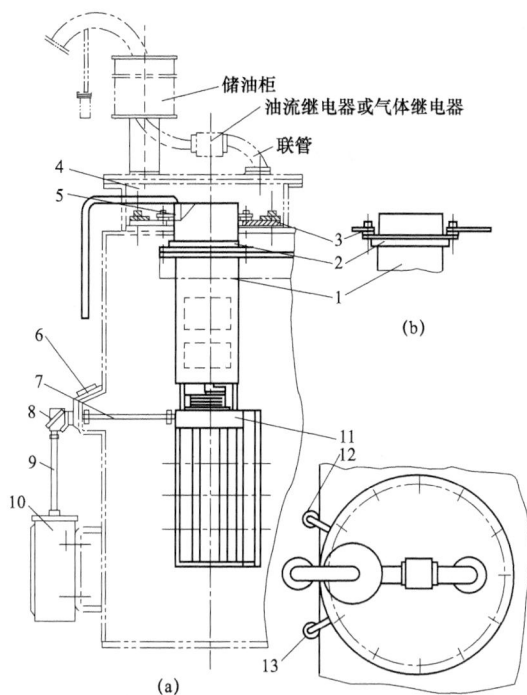

图 14-8-33 有载分接开关安装图

（a）开关装在夹件上；（b）开关连箱盖

1—绝缘筒；2—法兰盘；3—密封垫；4—油室；5—胶纸管；6—视察窗；7—绝缘水平轴；
8—齿轮盘；9—垂直轴；10—电动机构；11—有载分接开关；12—抽油管；13—注油管

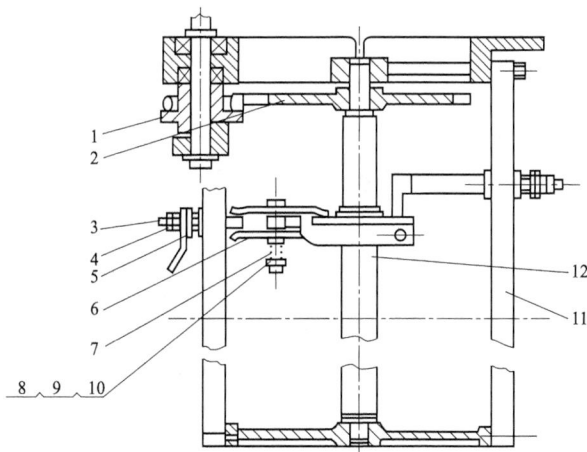

图 14-8-34 分接选择器、转换选择器

1—拨盘；2—槽轮；3—静触头；4—螺母；5、8—垫圈；6—动触片；7—弹簧；
9—销钉；10—短销；11—绝缘杆；12—主轴

5）检查槽轮与拨盘间的间隙与传动情况，间隙为 0.2～0.4mm，切换传动可靠灵活，无卡滞，必要时应更换磨损严重的零部件。

6）手动操作，检查全部动、静触头是否位置正确，紧固可靠；分接选择器与转换选择器动作正确，接触可靠，紧固件紧固。

7）测量动、静触头接触电阻，每对触头接触电阻不大于 500μΩ。

8）对带极限位置功能的分接开关，应检查极限限位的正确与可靠性，限位应正确、可靠。

8. 快速机构的检修

（1）检查传动齿轮是否传动正常，间隙是否适宜。检查主弹簧 8 与挂板 5 联结是否可靠，主弹簧是否疲劳损伤，主弹簧与挂板应联结可靠，无疲劳损伤，主弹簧自由长度与拉力见表 14-8-18。必要时检查主弹簧的自由长度与拉力，不符合要求时应予以更换，如图 14-8-35 所示。

表 14-8-18 主弹簧自由长度与拉力

分接开关型号	SYXZ-400		SYXZ-200	
自由长度（mm）	154		102	
拉伸长度（mm）	187	275	123	183.5
拉力（N）	44^{+15}_{-0}	172^{+20}_{-0}	67^{+0}_{-7}	225^{+0}_{-20}

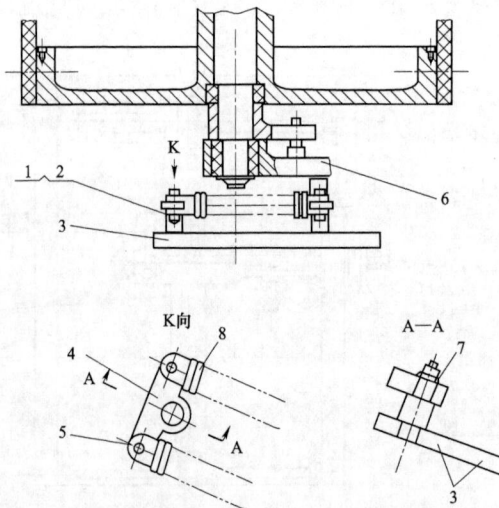

图 14-8-35 快速机构

1—圆柱销；2—开口销；3—摇臂；4—拉板；5—挂板；6—拐臂；7—轴用挡圈；8—主弹簧

（2）主弹簧更换。

1）使用轴用挡圈钳取出摇臂 3 轴上挡圈，松脱拉板 4 及拐臂 6 轴上的拉板，然后卸除主弹簧及其拉板。

2）松开拉板上开口销 2，拔出圆柱销 1，分离主弹簧与挂板。

3）更换主弹簧与挂板，注意联结应可靠。

4）按拆卸相反顺序复装。

5）手摇转轴，检查快速机构与切换机构动作的正确性，动作应正确灵活、无卡滞，缓冲无回弹。

9. 电动机构检修

（1）切断电动机构操动电源，对电动机构进行清扫及密封性能检查；机构箱应清洁、无脏物，密封应符合防潮、防尘、防小动物的要求。

（2）检查电气回路连线接头有无松动，各元件器件是否完好；连线接头应牢固，接触良好，元器件应完好无损。

（3）对电动机构、传动部位、油杯及齿轮箱添加润滑脂，检查动作应正确，灵活无卡滞，刹车可靠，刹车皮上无油迹。

（4）检查相序应正确。

（5）检查电动机构的电气闭锁与机械限位装置是否正确，在极限位置继续向超越极限方向手动与电动操动是否限位止动；闭锁应正确，限位止动应可靠。

（6）检查电动机构逐级控制性能，逐级应分接变换、不连动。

（7）检查全部分接位置的电动机构与远方控制分接位置指示是否一致，电动机构与远方控制全部分接位置指示均应一致。

（8）检查电动机构箱安装是否水平，垂直转轴是否垂直，传动轴连接是否可靠；转轴与传动轴应联结可靠，动作灵活，无卡滞。

（9）检查电动机构箱手动与电动的联锁性能，联锁应正确。

10. 附件的检修

（1）拆卸传动轴、联轴器、油流控制继电器或气体继电器及齿轮盒等附件。

（2）清洗各附件，做到清洁、无油污。

（3）检查清洗储油柜。

（4）检查清洗齿轮盒并加润滑脂。

11. 整体组装

（1）切换开关的复装。

1）将切换开关的拐臂转向拆卸时工作位置，用合格绝缘油将芯体冲洗干净，然后吊入油室内，此时切换开关的拐臂与油室底部的快速机构拨臂必须方向一致，即切换

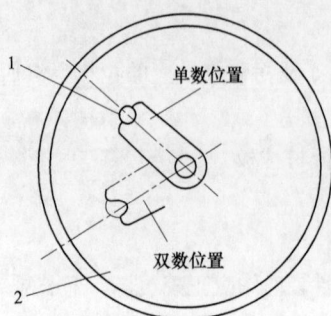

图 14-8-36　拐臂位置
1—曲柄钉；2—护筒

开关的拐臂与快速机构的拨臂应方向一致，拨臂的曲柄钉应在拐臂凹槽内，正确到位。油室内 3 个长螺栓应对准切换开关 3 个钢管中心，如图 14-8-36 所示。

2）复装切换开关至绝缘护筒的软连接线及切换开关 3 个长螺栓的固定螺母；软连接线应连接正确，全部紧固件应紧固可靠。

（2）按拆卸相反顺序将分接开关复装至变压器上。

（3）将分接开关齿轮盒复装于变压器上，并紧固固定螺栓。

（4）复装分接开关水平绝缘传动轴。

（5）检查电动机构与分接开关分接位置一致后，复装垂直传动轴。

（6）复查切换开关软连接线和电动机构与分接开关联结正确后，将合格绝缘油注入油室。

（7）手动操作分接开关，观察切换开关单、双数两个方向动作切换是否正常，然后于中间分接（整定）位置；切换开关单、双数两个方向切换动作应正常，分接位置置于中间挡（整定工作位置）。

（8）复装分接开关头盖及储油柜管道等。

（9）检查切换开关至储油柜的阀门是否打开，然后从储油柜注油，直至规定油位，注意储油柜油位应符合规定油位。

（10）对切换开关油室绝缘油采油样，并进行绝缘油的测试，应与变压器本体绝缘油一致。

12. 调整与测试

（1）使用电桥测量切换开关过渡电阻值，与铭牌值比较，偏差应不大于±10%。

（2）必要时测量切换开关、分接选择器与转换选择器触头接触电阻（不含副弧触头），每对触头接触电阻应不大于 $500\mu\Omega$。

（3）必要时采用油中电流示波图法进行切换程序和时间测量（推荐直流示波图法）；切换程序应正确，切换时间：SYXZ-200A 型开关为 0.03～0.04s，SYXZ-400A 型开关为 0.05～0.06s；电流示波图基本对称，无回零断开现象。

（4）利用变压器本体及其储油柜油压对切换油室及其他部位进行密封检漏，切换油室及其他部位应无渗漏油。

（5）必要时分接开关带电部位对地、相间、分接间、相邻触头间进行工频耐压试验，应符合产品技术要求。

（6）动作顺序试验，分接选择器、转换选择器与切换开关触头动作顺序应正确，符合产品技术要求。

（7）分接开关逐级分接变换操作，应可靠地完成每一个分接变换，不发生连动。

（8）分接开关不带电进行 10 个循环分接变换操作，无任何误动作。

（9）油室绝缘油的击穿电压试验，绝缘油击穿电压应符合要求。

（10）油流控制继电器（或气体继电器）的动作校验，符合产品技术要求。

13. 备品备件

备品备件见表 14–8–19。

表 14–8–19　　　　　　　　　　备 品 备 件 明 细 表

序号	名称	台用量	简　　图	使用部位
1	静触头	12 个		SYXZ–200A 型 开关接触器静 触头部分
2	动触头	6 个		SYXZ–200A 型 开关接触器动 触头支持件部位
3	弹簧	1 个		快速机构部分
4	密封圈	20 个		绝缘筒密封部位
5	密封圈	1 只		绝缘筒底部 密封处

续表

序号	名称	台用量	简 图	使用部位
6	动触头	12 个		选择器主轴密封处
7	静触头	42 个		选择器条架密封处
8	动触头	18 个		SYXZ–400A 型开关接触器内动触头支持件部位
9	静触头	18 个		SYXZ–400A 型开关接触器内
10	弹簧	2 只		SYXZ–400A 型开关快速机构
11	密封圈	1 只		SYXZ–400A 型开关绝缘筒密封处
12	密封圈	8 只		SYXZ–400A 型开关绝缘筒密封处

续表

序号	名称	台用量	简　图	使用部位
13	动触头	12 个		SYXZ–400A 型 开关选择器 主轴
14	静触头	21 个		SYXZ–400A 型 开关选择器条架

四、SYJZZ 型有载分接开关检修工艺

1. 技术数据

（1）分接开关技术数据见表 14–8–20。

表 14–8–20　　　　　　　　　SYJZZ 型有载分接开关技术数据

序号	参数名称	技术数据	
		SYJZZ–35/200–7	SYJZZ–35/400–7
1	额定电压（kV）	35	
2	额定频率（Hz）	50	
3	最大额定电流通过（A）	200	400
4	相数	三相	
5	连接方式	Y或△	
6	最大级电压（V）	600	
7	工作位置数	最大 7	

（2）分接开关其他主要参数。

1）每对触头的接触电阻不大于 500μΩ；

2）选择开关油中切换时间为 30～50ms；

3）分接开关经 $6×10^4$Pa 油压，24h 密封试验无渗漏；

4）分接开关在最大额定通过电流下，各长期载流触头及导电部件对绝缘油的温升不超过 20K；

5）分接开关能承受额定级容量下负载切换，其触头电气寿命不低于 5 万次；

6）分接开关长期载流触头能承受 4000A（有效值）3s 短路电流；

7）分接开关在 1.5 倍最大额定电流从第一位置连续变换半周，其过渡电阻温升的最大值不超过 350K（油中）；

8）分接开关的机械寿命不低于 50 万次。

2. 检修周期

（1）大修周期：

1）有载调压变压器大修时。

2）分接开关分接变换累计次数达到检修周期分接变换次数或每 5 年一次。

（2）小修周期：

1）有载调压变压器小修时。

2）每年一次。

3. 检修项目

（1）大修项目：

1）选择开关吊芯检查、维修与调试；

2）油室清洗与维修；

3）驱动机构检查与维修；

4）储油柜及其附件的检查与维修；

5）油流控制继电器（或气体继电器）的检查与校验；

6）电气控制回路的检查；

7）油室及其储油柜绝缘油的处理；

8）密封系统检查与油室检漏；

9）整组传动试验。

（2）小修项目：

1）各部位密封检查；

2）油流控制继电器（或气体继电器）检查；

3）电气控制回路检查及整体传动试验。

（3）临时性检修：

1）新投运一年或运行中分接变换 5000 次或油室绝缘油击穿电压低于 25kV 时，

应过滤或更换绝缘油。

2）新投运 1～2 年或运行中分接变换 1 万次应吊芯检查。

3）根据缺陷性质和情况进行必要项目的检修与调试。

4. 选择开关吊芯

（1）调整分接开关至中间挡（整定挡）分接位置，即第 4 分接位置。

（2）切除分接开关操作电源。

（3）打开抽油管阀门，排尽油室绝缘油。

（4）拆除附件与分接开关头盖上 12 只 M8 螺栓，卸除头盖及其密封圈。

（5）取下油室内控制回路接插件，接插件及其引线不应妨碍选择开关吊芯。

（6）拆除选择开关定位螺栓上 2 只 M12 螺母及其垫圈。

（7）借助 2 只吊环，用钢丝绳缓慢起吊约 10cm 后将芯体旋转 10°～20°，使芯体与绝缘护筒的两侧触头错开，芯体呈自由状态，然后再继续缓慢吊出；选择开关芯体起吊时，起吊中心应与芯体中心轴线重合，起吊应缓慢，防止碰伤触头与芯体。

（8）将选择开关芯体置于清洁油盘内，并防止积污与受潮。

5. 选择开关检修

（1）用合格绝缘油冲洗选择开关，并用刷子及无绒干净白布擦净和清除选择开关芯体及触头积污，确保清洁无脏污。

（2）检查选择开关联结导线是否正确，有无损伤，紧固件是否紧固；确保联结正确，紧固件紧固。

（3）检查动触头支持件及法兰与绝缘转轴间的联结情况，绝缘转轴应无开裂，联结可靠；如联结松动应解体检查处理，检查销孔处绝缘管，如挤压裂缝应予更换。

（4）临时接通电动机电源，检查选择开关动作情况，选择开关应动作灵活、无卡滞，主轴窜动不大于 0.1～0.2mm；如有卡滞应调整消除，如主轴轴向窜动超标应调整垫片。

（5）检查过渡电阻与动触头的联结情况，并测量过渡电阻值；联结可靠无松动，过渡电阻无过热断裂现象，其阻值与铭牌值比较偏差不大于 ±10%。

（6）检查主、副动触头在支持绝缘板上的弹动是否灵活，联结是否可靠；全部动触头弹动应灵活无卡滞，联结可靠，压簧无疲劳变形。

（7）检查静触头是否固定可靠，接触片弹动是否卡滞；静触头应固定可靠，接触片自由弹动，无卡滞。

（8）检查主、副动触头与静触头的烧伤程度，触头工作面应光滑，无烧伤痕迹；轻度烧损可用 0 号砂皮打光，严重烧损，如图 14-8-37 所示，应更换触头。

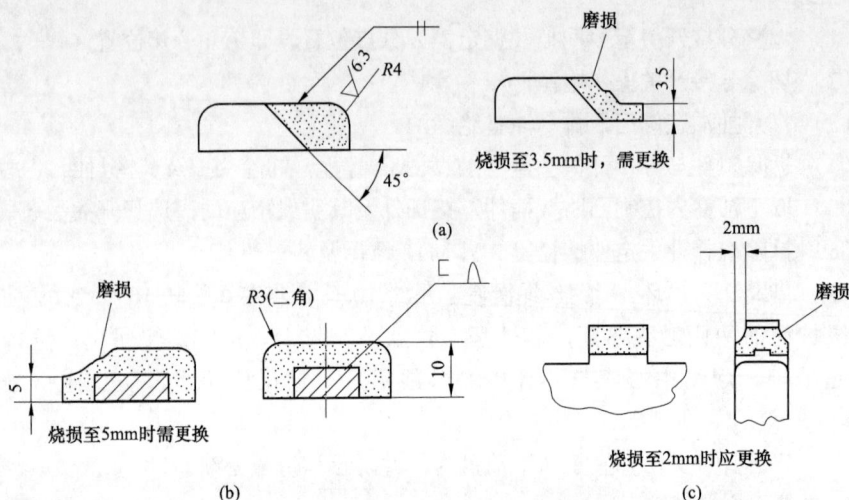

图 14-8-37 主、副动触头与静触头

（a）主动触头；（b）副动触头；（c）静触头

（9）检查触头支撑绝缘件是否损伤、电弧烧伤，必要时予以更换；触头支撑绝缘件应完好无损和无爬电现象。

6. 油室检修

（1）排尽油室中绝缘油，用合格绝缘油冲洗油室，并用刷子或无绒干净白布擦净油室内壁，注意排尽污油，冲洗清洁。

（2）利用变压器本体及其储油柜油压，检查油室应无渗漏油。

（3）检查绝缘筒壁上触头有无松动、放电痕迹，接触面是否过热或损伤，绝缘护筒内侧静触头应固定牢固，表面平整光洁，内壁无放电痕迹；如筒壁破损严重应予更换。

（4）处理渗漏油，更换 O 形密封圈，同时加润滑脂，注意更换密封圈时加适度润滑脂。

1）将切换油室与变压器绕组分离。

2）绝缘筒与上法兰接合处渗漏油时，拆除绝缘筒内壁 16 只沉头螺栓，然后用木条轻轻叩击底盘（叩击部位靠近绝缘筒壁，力度适宜，防止击伤筒壁与底盘），使绝缘筒与上法兰分离，更换 O 形密封圈，然后复装。

3）绝缘筒与底盘接合渗漏油时，先用手电钻将绝缘筒外壁上 12 只环氧铆钉钻孔剔除，然后用木条轻轻叩击底盘（穿孔方向要正确，应剔除残屑，叩击部位靠近筒壁，力度应适宜），可使绝缘筒与底盘分离，最后更换 O 形密封圈复装。

4）静触头处渗油时，卸除螺母后再用木槌由绝缘筒外侧螺孔处向内侧轻轻敲击，敲击力度应适宜，防止损伤绝缘筒并无渗漏油；如筒壁有轻度破伤，应砂光揩净后加适量环氧树脂或密封胶，更换 O 形密封圈，然后复装出线桩头。

5）复装完毕后再次进行密封检漏，应无渗漏油。

7. 电动机构的检修

（1）传动机构检修。

1）拆除 2 只吊环螺母和 4 只螺杆上 M12 螺母及垫片，取下开口销，卸除 M16 螺母及垫片。

2）卸下传动机构，安放在检修平台上。

3）清洗传动机构各个零部件。

4）检查蜗杆齿面磨损程度和蜗杆与电动机轴的配合情况，蜗杆齿面应光滑，无毛刺和无严重磨损；壳槽应无裂纹，蜗杆与电动机轴应配合良好，无松动。

a. 齿面轻微磨损可用什锦锉修锉，磨损严重应予更换。

b. 蜗杆与电动机轴配合松动，则紧固螺母，若壳槽破裂则应更换。

c. 检查二级蜗轮与轴及拨臂与输出轴的配合情况和齿面磨损程度，蜗轮蜗杆应配合适度、啮合良好，其间隙为 0.5～1mm；拨臂与输出轴应配合良好，无松动；齿面光滑无毛刺。

5）检查全部紧固件及插销，紧固件应紧固，插销无断裂。

（2）快速机构检修。

1）清洗快速机构各零部件。

2）检查拉伸弹簧及其连接板的联结情况，拉伸弹簧应无疲劳、损伤，拉伸弹簧与连接板联结可靠。

3）检查拉伸弹簧在快速切换动作时应转动灵活、无卡滞，转动零部件无锈蚀、无严重磨损。

4）检查拨盘与槽轮弧之间的配合应配合良好，转动灵活，无卡滞，无严重磨损，磨损严重时应予更换，如图 14-8-38 所示。

5）检查拨盘与槽轮相对转动时，轴向高度上两侧间隙是否相同，必要时可加装调整垫圈，调整相对高度；注意转动时应互不干涉，最小间隙大于 1mm。

6）检查拨盘上滚子的转动情况，转动应灵活、无卡滞。

7）检查各部位的铆接情况，铆接应可靠、无松动。

（3）电气控制回路检修。

1）检查控制回路元器件，如电压表、继电器、电源变压器、熔丝、计数器及电容器等是否完好；电气控制回路全部元件应完好无损、工作正常。

2）检查控制回路连线是否完好、正确紧固，并使用 500～1000V 绝缘电阻表测量绝缘电阻，控制回路应联结正确完好，绝缘电阻值不低于 1MΩ。

3）检查限位触点的闭合动作情况，限位触点动作应正常。

4）检查在槽轮顶端的指示限位杆外舌部位的磨损情况，如图 14-8-39 所示，磨损部位厚度磨损至 1mm 时，应予以更换，即磨损后厚度应大于 1mm。

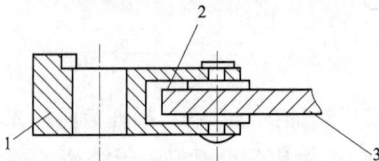

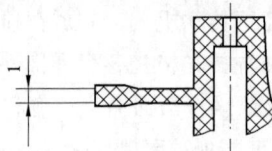

图 14-8-38　拨盘与槽轮的配合　　　图 14-8-39　指示限位杆外舌部位
1—拨盘；2—间隙；3—槽轮

5）检查指示限位杆内 3 个动触头的弹动和触头球面磨损情况，动触头的弹跳应灵活、无卡滞，其球面应光滑无毛刺；如卡滞，应解体检修，触头球面轻度磨损时，进行表面处理，若磨损量达 1.5mm 时，应予更换，如图 14-8-40 所示。

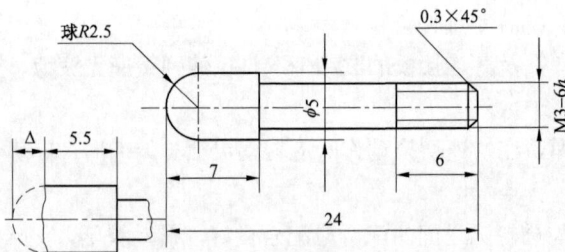

图 14-8-40　指示限位杆内动触头

8. 整体组装

（1）在选择开关芯体上安装快速机构。

（2）将指示限位杆安装在主轴顶端。

（3）将传动机构安装在快速机构上，传动机构的拨臂工作面应对准快速机构拐臂的臂杆，如图 14-8-41 所示，底板螺丝紧固。

（4）必要时测量动、静触头接触电阻和相间、级间对地绝缘件绝缘电阻，每对触头接触电阻应不大于 $500\mu\Omega$，绝缘电阻不小于 2500MΩ。

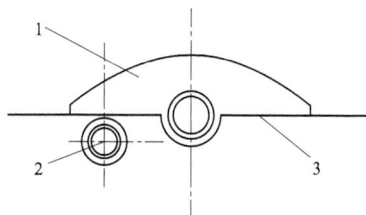

图 14-8-41　传动机构拨臂与快速机构臂杆
1—传动机构拨臂；2—快速机构臂杆；3—工作面

（5）调整选择开关至中间档（整定）分接位置，注意选择开关芯体及油室触头不得碰伤。

（6）起吊选择开关芯体并使下夹板卸口对准吸油管方向，缓慢吊入绝缘筒，安装法兰后旋转约 15°，使其芯体弹性触头与筒体侧面出线静触头错开，自由下落；当芯体下夹板下落至距安装法兰面 10cm 时，将芯体旋 15°左右，使芯体法兰安装孔对准导向定位螺钉，继续下落直至芯体触头与筒体触头接触，然后用手压芯体，使芯体到位；注意起吊应缓慢，不得碰伤触头，损伤绝缘，支撑件芯体正确就位。

（7）复装并紧固芯体上两个 M12 紧固螺母及平垫圈和弹簧垫圈。

（8）复装并旋紧油室中控制回路接插件。

（9）对油室注入合格绝缘油，并采油样。

（10）将选择开关复装于变压器上，并恢复控制回路连线。

9. 调整与测试

（1）使用电桥测量过渡电阻，与铭牌值比较偏差应不大于±10%。

（2）必要时测量触头的接触电阻，每对触头接触电阻应不大于 $500\mu\Omega$。

（3）采用电流示波图法测量每相切换时间，主弧触头分开至另一副触头闭合的时间间隔不小于 10ms；切换时间 30～50ms；切换过程中无回零开断。

（4）采用变压器及储油柜油压对油室进行密封检漏，或对油室本体施加 6×10^4Pa 油压持续 24h 无渗漏。

（5）必要时，在分接开关带电部位对地、相间、分接间、相邻触头间进行油中耐压试验，应符合产品技术要求。

（6）分接开关逐级控制分接变换操作，可靠地完成每一个分接变换，应不连动、误动与拒动。

（7）分接开关不带电进行 10 个循环分接变换操作，动作应正确，分接位置指示正确，电气限位可靠。

（8）在操作电源为 85%和 110%额定电压下，分别进行分级变换一个循环，动作应正常。

　　10. 备品备件

　　SYJZZ 型有载分接开关备品备件见表 14–8–21。

表 14–8–21　　　　　　　**SYJZZ 型有载分接开关备品备件明细表**

序号	名称	台用量	简　图	安装部位
1	主动触头	6 个		选择开关
2	主动触头	6 个		选择开关
3	副触头	12 个		选择开关
4	主、副触头	18 个		选择开关

续表

序号	名称	台用量	简　图	安装部位
5	静触头	24 个		选择开关
6	接触片	24 个		选择开关
7	触头	1 个		指示限位杆

序号	名称	台用量	简　图		安装部位
8	密封圈	16 只		$D=19.5\ \pm0.2$ $+0.12$ $d=2.5-0.10$	二次端子
9	密封圈	16 只		$D=18\ \pm0.2$ $+0.2$ $d=4-0.1$	二次端子
10	密封圈	1 只		$D=21.8\ \pm0.2$ $+0.12$ $d=3.1-0.10$	储油柜
11	密封圈	1 只	ϕd	$D=31.8\ \pm0.2$ $+0.12$ $d=3.1-0.10$	储油柜
12	密封圈	1 只		$D=249\ \pm10$ $+0.18$ $d=8.6-0.16$	储油柜
13	密封圈	1 只		$D=410\ \pm1.3$ $d=8+0.18$ -0.16	油室
14	密封圈	1 只		$D=382\ \pm1.0$ $+0.1$ $d=8+0.18$ -0.16	油室
15	密封圈	25 只		$D=11.5\ \pm0.13$ $+0.11$ $d=2.4-0.09$	出线桩头放气孔螺塞
16	密封圈	1 只		$D=520\ \pm1.5$ $+0.18$ $d=10-0.16$	顶法兰
17	密封圈	2 只	$\phi55\pm0.15$　$6-\phi5.8$　$\phi21$　$\phi75$　$\delta3$		油室

续表

序号	名称	台用量	简　图	安装部位
18	密封圈	2只		油室
19	熔丝管 （0.5A）			控制器
20	熔丝管 （2A）			控制器
21	电容 （8μF/75）	1		控制电路

【思考与练习】

1. 请写出组合（CM）型油中灭弧有载开关的切换开关及油室的检修过程。

2. 请写出复合（CV）型油中灭弧有载开关的电动机构的检修过程。

3. 请画出 SYXZ 型有载分接开连接套位置的示意图。

▲ 模块 9　真空灭弧有载分接开关的检修工艺及质量标准（Z15H2009Ⅲ）

【模块描述】 本模块包含真空灭弧有载分接开关的结构和检修工艺。通过本模块的学习，掌握真空灭弧有载分接开关的检修工艺和质量标准及变压器吊罩时分接开关的拆装方法。

一、真空有载分接开关检修管理

根据真空有载分接开关的特点，除参照 DL/T 574—2010《变压器分接开关运行维修导则》第 7 章检修管理"的内容之外，增加以下要求：

（1）油浸式真空有载分接开关正常使用过程中检修周期遵循开关制造商的规定。一般在带负荷切换 50 000 次或 5 年以内不需要吊芯检查，运行正常及周期油试验合格的油浸式真空有载分接开关每 5～10 年或 10 万次进行一次吊芯检查。干式真空有载分接开关在带负荷切换满 20 000 次或每 2 年进行一次吊芯检查。吊芯检查的具体要求见本标准。

（2）油浸式真空有载分接开关内绝缘油耐压或微水检测不合格，只需要清洗、换油或滤油处理，一般不需要吊芯处理。

（3）SF_6 真空有载分接开关内 SF_6 气体的湿度不合格，只需要抽真空换气处理，一般不需要开关吊芯处理。

（4）变压器大修时真空有载分接开关也不需要吊芯检查，仅换油或换气即可。如要进行现场吊芯检查，应在有载分接开关制造商技术人员指导下进行。

（5）真空有载分接开关发生异常情况时应立即通知开关制造商，与开关厂技术人员协商确定检修项目，并尽量在分接开关制造商的技术人员到现场以后再吊芯检查。

二、检修周期、项目与标准

（1）油浸式真空有载分接开关的绝缘油检测周期与变压器同步，项目与标准按照 DL/T 574—2010 的规定。

（2）油浸式真空有载分接开关的轻瓦斯动作发信，或在分接开关制造商规定的时间周期或操作次数内超过允许积气量发出报警信号时可对绝缘油进行色谱分析；无轻瓦斯保护（或气体监测器）的油浸式真空有载分接开关，则在变压器进行绝缘油周期检测的同时进行分接开关绝缘油的色谱分析，以确定分接开关内部是否发生发热或电弧；绝缘油色谱中乙炔的含量一般不应超过 $100\mu L/L$。

（3）运行达到规定的带负荷切换次数或年限的有载分接开关的吊芯检查项目和要求如下：

1）检查所有触头（含开关芯体上的所有触头）的表面：应无任何电弧痕迹；如发现某一触头表面有电弧烧灼点或烧损，应深入检查该触头回路的其他元件（含真空灭弧室）及切换机构的动作正确性。

2）测量单、双主触头回路，真空灭弧室，转换触头回路在闭合状态下的接触电阻：测量接触电阻应按照制造商规定的方法和标准进行。

3）测量单、双主触头，真空灭弧室，转换触头在断开状态下断口间的绝缘电阻：测量绝缘电阻应使用 2500V 绝缘电阻表，油中应为 ∞。

4）测量真空灭弧室在断开状态下断口间的工频耐压：在额定开距下进行 1min 工频耐压试验应无击穿，工频耐压值为制造商规定值的 80%。

5）SF_6 真空有载分接开关的快速切换机构应按规定更换润滑脂。

（4）SF_6 气体的检测周期与标准：气体湿度的检测周期与变压器同步，运行中应不大于 $300\mu L/L$。

（5）非电量保护装置的定期校验：气体继电器、SF$_6$ 气体密度继电器、压力突变继电器、过压力继电器、压力释放装置的校验周期为 5 年或与变压器大修同期。

（6）SF$_6$ 气体密度继电器、压力突变继电器、过压力继电器、压力释放装置的动作信号开关及其接线盒经检修仍应达到 IP55 的防护等级，用 1000V 绝缘电阻表测量应大于 2MΩ，对比上次有明显下降时即使大于 2MΩ 也仍应检查是否受潮，检测周期宜与变压器预防性试验同步。如果用于跳闸的动作信号开关及其接线盒达不到 IP55 的防护等级，应每年检测微动开关的绝缘电阻，否则宜改接报警。用于报警的动作信号开关检测周期宜与变压器预防性试验同步。

（7）如装有金属氧化物（ZnO）电阻，每 5 年进行一次直流参考电压及 0.75 倍直流参考电压下漏电流或工频参考电压试验，试验结果与原始值对比。直流参考电压偏差超过 ±5% 或 0.75 倍直流参考电压下的泄漏电流值大于 50μA 应进行更换；工频参考电压小于其标称额定电压应进行更换。

（8）用千分卡尺测量放电间隙的间距，偏差应在（5±0.2）mm 之内，否则应进行更换。

三、真空有载分接开关检修工艺

（1）维护和检修前应确定变压器已经断电并可靠接地，没有 SF$_6$ 气体回收装置或氧气检测仪器切勿检查切换开关气室，在变压器顶部检修分接开关请搭建脚手架，保持检修现场的通风畅通，气候条件和检修时间满足 DL/T 574—2010 的规定。

（2）有载分接开关的检修周期为操作达到 20 000 次或者运行 3 年（取先到者）；电动机构的检修周期为 50 000 次或者运行 3 年（取先到者）；一般可与变压器检修或预防性试验同步进行。

（3）切换开关的检修：脱开切换开关与电动机构的传动联结，打开分接开关顶盖，取出切换开关进行以下检查：目视检查，检查切换开关的动作程序，真空灭弧室的耐压试验，测量过渡电阻。

1）切换开关气室的检修。

a. 顶部盖板的检修：

a）检查螺栓螺母应无松动，如有松动，则紧固螺栓螺母，同时最好使用锁紧装置，注意确定齿轮盒的安装状态和兴奋剂盒等。

b）蜗轮轴及联轴节的表面应无磨损及生锈，如果发现生锈则用砂皮纸打磨表面后涂上润滑脂，如果发现异常磨损或划伤则应更换。

b. 动触头表面应无熔化和放电痕迹，如果发现异常的熔化和放电痕迹则需要进行更换，并应经过测试确定切换开关动作程序及时间都正常。

c. 气室底部应无异物，如果发现异物应清理干净，查清异物来源并制定对策。

d. 分接位置指示盘应与电动机构内指示的分接位置一致，如果发现不一致应调整到一致，并查清原因，操作一个全循环确保每个分接位置都一致。

2）切换开关芯体的检修。

a. 应检查绝缘驱动轴表面无放电痕迹和裂纹，如果发现放电痕迹和裂纹则进行更换，并应经过测试确定切换开关动作程序及时间都正常。

b. 绝缘支撑板的检修：

a）检查螺栓螺母应无松动，如有松动则紧固螺栓螺母，同时最好使用锁紧装置，注意应用扳手检查。

b）检查表面应无放电痕迹和裂纹，如果发现放电痕迹和裂纹则进行更换，并应经过测试确定切换开关动作程序及时间都正常。

c. 屏蔽帽的检修：

a）检查螺栓螺母应无松动，如有松动则紧固螺栓螺母，同时最好使用锁紧装置，注意应用扳手检查。

b）检查表面应无放电痕迹和裂纹，如果发现放电痕迹和裂纹则进行更换，并应经过测试确定切换开关动作程序及时间都正常。

d. 储能机构的检修：

a）检查齿条应无异常磨损和划伤，如果发现异常磨损和划伤应进行更换；如果发现润滑油干涸应全部清除并重新涂润滑油（如果距上次吊芯超过 1 年建议更换润滑油）；如果齿条松动应进行紧固并采取锁紧装置。

b）检查导向轴应无异常磨损和划伤，如果发现异常磨损和划伤应进行更换；如果发现润滑油干涸应全部清除并重新涂润滑脂，如果距上次吊芯超过 1 年建议更换润滑脂。

c）检查棘爪应无异常磨损和划伤，如果发现异常磨损和划伤应进行更换，更换应涂润滑油。

d）检查曲柄应无异常磨损和划伤，如果发现异常磨损和划伤应进行更换，更换应涂润滑油。

e）检查棘爪弹簧和储能弹簧应无生锈，如果发现生锈应进行更换，更换应涂润滑油。

e. 真空灭弧室的检修：

a）检查真空灭弧室是否有松动，如果发现松动应进行紧固并采取锁紧措施，注意手试即可。

b）检查真空灭弧室的磨损及耐压，如果发现过度磨损或耐压水平下降应进行更换，耐压试验为直流 20kV、1min 无击穿。

c）检查连接端子应无松动，如果发现松动应进行紧固并采取锁紧措施，注意用扳手检查。

f. 传动部件的检修：

a）检查槽轮和滚轮应无异常磨损，如果发现异常磨损和划伤应进行更换；如果发现润滑油干涸应全部清除并重新涂润滑油。

b）检查轴承应无异常磨损和划伤，如果发现异常磨损和划伤应进行更换；如果发现润滑油干涸应全部清除并重新涂润滑油。

c）检查滑竿应无异常磨损和划伤，如果发现异常磨损和划伤应进行更换；如果发现润滑油干涸应全部清除并重新涂润滑油。

d）检查传动轴应无松动、无放电痕迹和裂纹，如果发现异常应进行更换。

g. 过渡电阻的检修：

a）检查过渡电阻应无熔化或破损，如果发现熔化或破损应进行更换，注意应更换相同规格的过渡电阻。

b）用扳手检查过渡电阻的连接引线应无松动或目视检查无熔化，如果发现引线破损应进行更换；如果发现松动应进行紧固并采取锁紧装置。

c）测量过渡电阻的阻值，如果电阻值偏差超过铭牌值的8%应进行更换。

h. 电路流通的检查：

a）检查动触头应无熔化或电弧痕迹，如果发现熔化或电弧痕迹应进行更换，分析原因并有防止措施。

b）检查编织线应无断股或散开，如果发现编织线有断股或散开应进行更换，并应检查新更换的编织线材质，确保符合要求。

i. 传动元件的检修：

a）检查绝缘支撑件表面应无异物，如果发现表面有异物应清理干净，查清异物来源并有防止措施。

b）检查绝缘支撑件应无变形或裂纹，如果发现变形或裂纹应进行更换，更换后应进行传动试验，确保合格。

j. 检查过渡触头接触部位应无过度磨损，如果发现过度磨损应进行更换，更换过渡触头应经过测试确定切换开关动作程序及时间都正常；如果发现润滑油干涸应全部清除并重新涂润滑油。

（4）分接选择器的检修：分接选择器不需要定期检修，只需在变压器的器身检查时同时进行检查。

1）分接选择器和转换选择器的检修：

a. 检查动触头应无扭曲，表面应无过度磨损及变色，切换过程中触头的闭合和分离过程应平滑，注意可以通过测试选择器切换力量的大小来判断轴承的磨损情况；发现触头有变形应更换；发现触头表面变色或过度磨损应更换；触头的闭合和分离过程有停顿应检查轴承的磨损情况。

b. 用手移动触头来检查和判断动触头的弹簧张力，发现动触头的接触压力小应更换触头弹簧，注意采用互相比较来判断弹簧张力。

2）引线的检查及处理：

a. 检查引线接线端子的螺栓螺母应无松动，注意不要遗留松动磨损散落的金属粉末和破损碎屑；如果发现松动应检查接线端子表面是否平整，将端子表面处理平整后重新紧固螺栓螺母，并确保锁紧；发现接线端子或螺栓螺母有发热变色应更换；如果发现接线端子有破损或散脱，在进行更换的同时应查找到散落的破损件。

b. 检查引线支撑夹件应无松动，引线应无严重下垂，引线绝缘应无磨损，但不能改变引线的原来走向；如果发现异常则进行相应的处理；仔细检查连接到切换开关的引线的压紧和绝缘。

3）检查绝缘件应无变形、裂纹、膨胀等损坏，如果发现异常应更换，应分析并排除异常机械力损坏的原因，避免继续发生损坏。

（5）电动机构的检修。以下零部件每 10 年应进行更换：低压断路器，升压、降压、止动电磁接触器，升压、降压凸轮微动开关，步进继电器，顺序开关，按钮开关，拨号盘式开关，温度调节器，电热器。

1）检查计数器应计数正确，如不正确，操作时观察其动作情况，必要时予以更换，更换时应记录已经动作的次数。

2）分接转换指示盘应检查动作过程中转动均匀，停止后分接级数字应停在视窗中央，红线应停在视窗内。如果数字或红线不是停在视窗内，应查找出原因并进行调整，使之达到基本要求；如不能达到基本要求应立即通知制造商。

3）操作机构的检查：

a. 检查电磁接触器动作，减速齿轮啮合和储能装置动作过程中应无异常噪声，如有噪声应检查并清除电磁接触器内的铁锈和灰尘，清除减速齿轮的污垢和添加润滑油，切换开关吊芯检查储能装置及切换情况。注意切换开关吊芯检查储能装置及切换情况属于切换开关的检修项目，应在变压器停电后进行。

b. 检查齿轮、轴、轴承座及其他运动部件应无严重磨损，必要时可测试分接开关的操作转矩，以排除电动机构过载的情况；注意定期清除齿轮、轴、轴承座及其他运动部件的污垢和添加润滑油，有严重磨损或齿表面倒塌或单边磨损应进行更换。

c. 检查螺栓螺母、键、销、弹簧垫、挡圈等应无松动、颤动、失落。注意定期紧固松动的螺母，采用合理有效的防松动措施；对有生锈、破损、脱落的进行更换并涂防锈脂。

d. 限制开闭器、拨码开关、计数器等的弹簧应间距均匀、拉力符合要求，定期检查发现弹簧生锈或变形应进行更换。

e. 检查减速齿轮箱的润滑油液面应符合要求、无渗漏，注意每 5 年或操作满 50 000 次应更换润滑油；如果油位低于要求应补充润滑油致正常油位，如果齿轮箱渗漏油请联系制造商要求处理。

4）继电器和开关的检修：

a. 检查各继电器和开关的可见触点应无烧损和锈蚀，注意检查应在确定操作电源被切除以后进行；如果触点有烧损和锈蚀应更换该继电器或开关。

b. 检查插入手动摇把后电动机回路被切断，控制按钮应失去作用，检查时应小心避免被手摇把摔打；如果插入手动摇把不能闭锁电动功能，应与制造商联系。

5）配线的检修：

a. 检查配线应无断线，接线端子护套应无变色，端子拧紧处应无松动、烧熔或锈蚀；如有断线、变色和烧熔应更换，如有松动应重新紧固或更换烂丝扣的端子，如有锈迹应进行除锈，如果影响接触面和紧固应进行更换，注意如有锈蚀应排除箱体进水缺陷。

b. 用 500V 绝缘电阻表检查对地的绝缘阻抗，20℃时应大于 1MΩ；如果绝缘低于要求应排查原因，更换绝缘不合格的部件，如果判断为受潮造成绝缘下降，应排除箱体内加热器缺陷或进水缺陷。

（6）突发压力继电器的检查和校验：

1）校验周期与变压器的大修同步；

2）突发压力继电器可用附带的试验阀进行检查，当试验阀打开时突发压力继电器的微动开关应动作发信。

（7）其他注意事项：

1）切换开关与电动机构的传动联结尽量少拆；

2）检修前后 SF_6 气体的放气与充气应严格按照检修工艺的要求；

3）现场检修应事先与制造商的技术服务部门联系，制定检修方案并由制造商派技术人员到现场指导或检修。

（8）切换次数达到 20 万次时必须更换真空灭弧室和过渡触头，有载分接开关的操作次数达到 80 万次时寿命终止。

四、现场检修工艺

1. 检修用材料、设备及工具

（1）材料：分接开关顶盖 O 形密封圈、润滑脂、油封膏、清洗液。

（2）设备及工具：切换开关起吊设备、真空灭弧室。

2. 切换开关起吊时的注意事项

（1）将变压器停电，所有套管端子接地。

（2）切断电动机构电源，防止发生电动操作。

（3）手动操作将操动机构停在整定位置并拔出操作手柄。

（4）确定突发压力继电器和分接开关之间的阀门处于打开状态。

3. 切换开关的起吊步骤

（1）起吊拉耳的尺寸如图 14-9-1 所示。

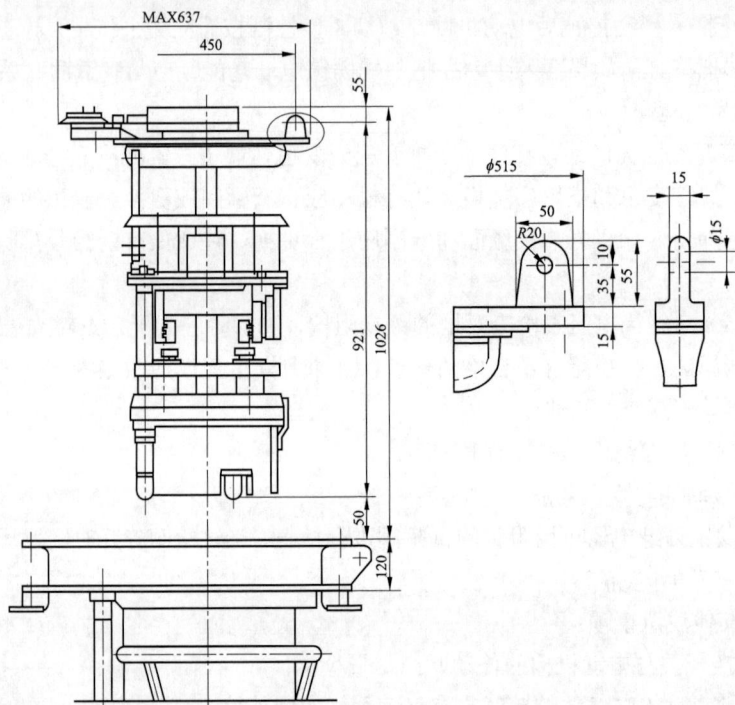

图 14-9-1　切换开关吊芯的有关尺寸及示意图

（2）卸下分接开关顶盖上齿轮盒上的螺栓，往反方向移动齿轮盒直至球肘节和销子脱离后，作为防护措施，暂时将齿轮盒安装于起始位置。

（3）卸下分接开关顶盖上的 20 个 M20×65 螺栓（包括螺母、平垫圈和弹簧垫圈），卸下分接开关顶盖。

（4）卸下切换开关的 4 个 M10×70 的螺栓（包括平垫圈和蝶形弹簧垫圈）。

（5）用吊钩将切换开关芯体吊出，过程中应足够小心，防止触头和绝缘件的碰撞与钩挂。

（6）将吊出的切换开关芯体放置在平坦、清洁和便于检修的地方。

（7）切换开关芯体吊出后，应如图 14-9-2 所示，用 M6×35 的螺栓将分接开关顶部的分接位置指示器机构锁住。

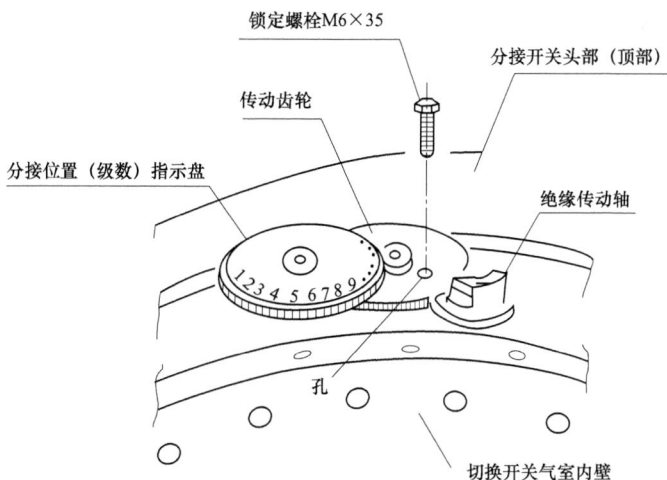

图 14-9-2　分接指示盘及绝缘传动轴锁定示意图

（8）注意，M6×35 的螺栓应事先准备。如果分接不在整定位置切勿移动分接位置指示器机构，只能记录实际的分接位置。安装切换开关芯体前一定要卸掉 M6×35 螺栓。

4. 切换开关的检修

（1）按照切换开关气室的检查项目和要求进行检查。

（2）检查切换开关动作的程序，真空灭弧室和过渡触头的动作顺序及时间与原始情况应无明显变化。

（3）对真空灭弧室进行耐压试验，施加直流 20kV 持续 1min 无击穿。

（4）测量过渡电阻值与分接开关铭牌上的标称值偏差小于 8%。

5. 切换开关的复装

（1）确定切换开关的安装位置处于检修前同一位置。

（2）卸下锁住分接位置指示器机构的 M6×35 螺栓。

（3）非常小心地将切换开关芯体吊入开关气室内，注意不要让切换开关芯体倾斜，同时不要让滑动触头的绝缘零件碰撞到切换开关芯体的零件。

（4）用 4 个 M10×70 的螺栓（包括平垫圈和蝶形弹簧垫圈）将切换开关固定。

（5）清洗分接开关顶部的 O 形密封圈槽和顶盖密封面。

（6）安装新的 O 形密封圈，涂上油封膏。

（7）用 20 个 M20×65 螺栓（包括螺母、平垫圈和弹簧垫圈）紧固分接开关顶盖，紧固扭矩为 1.8N·m。

6. 传动轴的安装

（1）卸下暂时安装在开关顶部的齿轮盒，重新用销子将其与球肘节联结起来。

（2）确保电动机构的分接位置与切换开关顶部分接位置指示器的分接位置一致。

（3）手动操作或调整分接开关，确保分接开关在上升和下降两个方向的切换时间点对称。

【思考与练习】

1. 请写出真空灭弧有载分接开关的现场检修用材料。

2. 请写出真空灭弧有载分接开关分接选择器和转换选择器的检修要点。

3. 请写出真空灭弧有载分接开关切换开关起吊时的注意事项。

▲ 模块 10 有载分接开关的验收投运及运行维护 （Z15H2010 Ⅱ）

【模块描述】 本模块介绍了有载分接开关的验收投运的基本要点和有载分接开关运行维护的基本要求，通过原理讲解、工艺要求介绍，掌握有载分接开关的验收投运项目、内容、方法和步骤，掌握有载分接开关的日常运行、操作、巡检、维护等有关要求。

【模块内容】

一、有载分接开关的验收投运

（一）外部检查验收

（1）检查有载分接开关的头盖、压力释放装置、挡位指示孔、溢油放气阀孔、机械传动轴、油流控制继电器（或气体继电器）、在线净油装置、储油柜及管路和蝶阀，螺栓紧固，密封良好，无渗漏油现象。

（2）检查有载分接开关的储油柜上部补油孔螺帽、呼吸器及联管螺栓紧固，密封良好。呼吸器内的吸湿剂无变色受潮。

（3）检查有载分接开关储油柜油位符合相应温度要求，且较变压器本体储油柜油位明显偏低（一般要求低 100～150mm）。

（4）检查储油柜管路上的阀门均已开启。

（5）检查油流控制继电器（或气体继电器）安装正确，通向储油柜的联管向上倾斜度不大于 2%，拧开头盖、抽油管、气体继电器上的溢油放气阀孔进行排气。

（6）检查有载分接开关的头盖上接地螺栓紧固，接地良好。

（7）检查电动机构箱门密封良好，内部清洁干净，无进水现象和杂物，机械零件无锈蚀，电器元件无霉变痕迹，加热器工作正常，手柄保管良好，而且符合防潮、防尘、防小动物的要求。

（8）检查电动机构箱安装位置高度合适，站在地面（或永久性台阶）可方便地扣上机构箱门的上下门闩锁扣。

（9）检查水平和垂直连杆安装符合要求，两轴端对准且留有 2～3mm 轴向间隙，联轴器上固定螺栓紧固，止退片翻起。

（10）检查有载分接开关和电动机构连接校验准确，有载分接开关、电动机构、远方位置指示器位置显示一致。

（二）技术资料验收

1. 新投运的有载分接开关，投运前应提交的出厂文件

（1）有载分接开关的安装使用说明书、出厂试验报告、出厂合格证。

（2）电动操动机构的安装使用说明书、出厂试验报告、出厂合格证。

（3）远方位置显示器的安装使用说明书、出厂试验报告、出厂合格证。

（4）油流控制继电器（或气体继电器）的安装使用说明书、出厂试验报告、出厂合格证。

（5）过压力保护装置（释压器）的使用说明书、出厂试验报告（整定值记录）、出厂合格证。

（6）有载分接开关控制器安装使用说明书、出厂试验报告、出厂合格证（简易复合式有载分接开关用）。

2. 安装和检修后的有载分接开关，投运前应提交的资料

（1）有载分接开关的安装、调试、检查记录。

（2）电动操动机构的安装、调试、检查记录。

（3）有载分接开关的油质试验报告。

（4）油流控制继电器（或气体继电器）的安装和试验报告。

（5）连同变压器整体做的直流电阻和变比试验报告。

（三）技术数据复核

（1）有载分接开关油质试验报告应符合规程要求和制造厂要求。安装及大修后，注入切换开关或选择开关油室前，油质的酸值、闪点、介损、击穿电压和微水含量等要求与变压器油质达到同等水平。注入油室后符合表 14-10-1 的要求。

表 14-10-1　　　　　　　　　　　有载分接开关油质电气强度标准

有载分接开关类型	I 类	II 类
油的击穿电压（kV）	≥30	≥40
微水含量（μL/L）	≤40	≤30

（2）有载分接开关油流控制继电器（或气体继电器）试验报告应符合规程要求。油流速度按 1～1.2m/s 整定。气体继电器气体积累触点投信号位置，油流冲动触点投跳闸位置。对于油浸式真空有载分接开关，气体继电器可以替代油流控制继电器。

（3）有载分接开关控制回路加装了电流闭锁装置时，其整定值按 1.2 倍额定电流，返回系数按大于或等于 0.9 考虑。

（4）有载分接开关安装有自动控制装置时，动作电压在满足用户受电端的供电电压允许偏差规定的基础上，一般按系统电压质量控制标准整定。

（5）复核有载分接开关直流电阻和变比试验报告应符合规程要求，并逐级全挡位做了试验，电阻和变比的试验数据、误差、变化规律均正常。

（6）有载分接开关加装有联动保护时，时间继电器整定时间与有载分接开关相符。中间位置为 1 的有载分接开关整定时间为 7s，中间位置为 3 的有载分接开关整定时间为 13.5s。

（四）有载分接开关及操动机构的性能检查验收

（1）以有载分接开关头盖上挡位指示器指示的分接位置为基准，检查核对电动操动机构的位置指示、主控室远方位置指示必须一致。

（2）电动操动机构，包括驱动机构、电动机传输齿轮、控制机构等应固定牢靠，连接部位正确，操作灵活，无卡滞现象。齿轮盒注入符合制造厂规定的润滑油。滑动部位加了润滑脂，刹车皮上无油迹，制动可靠。

（3）手摇操作验收。

1）将有载分接开关手摇至整定工作位置。正向和反向各手摇一挡，有载分接开关与电动机构的连接校验应准确。

2）检查合格后，手摇操作一个循环，检查传动机构是否灵活，检查有载分接开关位置指示与操作箱的位置指示及远方位置指示应在每挡一致，检查计数器应动作正确。

3）手摇到两个极限位置，检查两级限位开关动作正常，机械限位功能完好。

4）大型变压器，一般由 1 台电动操动机构控制 3 台单相有载分接开关。组式变压器，一般每相各配置 1 台电动操动机构控制 1 台单相有载分接开关。这时，要求各相有载分接开关切换动作同步，一般要求不超过 1 圈。

（4）就地电动操作验收。

1）将有载分接开关手摇调至整定工作位置，检查电动机保护回路正常后给上电源，做好就地电动操准备，"就地/远方"转换开关切换至"就地"位置。

2）按 1→n 或 n→1 按钮，检查电源相序与旋转方向应相符。

3）分步检查紧急停车功能、继电功能、逐级控制功能、中间挡位超越功能、手摇闭锁功能、两个方向极限位置电气闭锁功能均正常。

4）将"就地/远方"转换开关切到"远方"位置，在主控室进行远方操作，检查 1→n 或 n→1 操作时挡位指示正确，操动机构动作正常，重点再检查一下远方紧急停车功能正常。

（五）传动投运

（1）与变压器整体进行油流控制继电器（或气体继电器）及回路、过负荷闭锁装置及回路等相关保护的传动试验正常。

（2）对变压器带电进行冲击合闸试验，冲击合闸次数符合相关规定。

（3）变压器空载情况下，在主控室对有载分接开关电气控制操作一个循环（若变压器已经带上负荷，空载分接变换有困难时，可在电压允许偏差范围内进行几个分接的变换操作），检查挡位指示变换应正确，检查电压表变化范围和规律与产品出数据相比应无明显差别。然后调至所要求的分接位置带负荷运行，并加强监视。

二、有载分接开关的运行及操作

（一）运行及操作的一般规定

（1）正常情况下，有载分接开关一般使用远方电气控制操作。当检修、调试、远方电气控制回路故障和必要时，可使用就地电气控制操作。当远方和就地电气控制回路均故障时，也可使用手摇操作（尽可能不用）。当开关在极限位置时，使用手摇操作必须确认操作方向无误。就地操作按钮应有防误操作装置，手摇操作的手柄应妥善保管。

（2）分接变换操作必须在 1 个分接变换完成后方可进行第 2 次分接变换，操作时应密切关注挡位显示器的指示以及电压表和电流表的指示，不允许出现回零、突跳、无变化等异常现象。

（3）有载分接开关每操作一挡算一次，每次分接变换操作都应将操作时间、分接位置、电压变化情况及累计动作次数记录在有载分接开关操作记录本上。

（4）当变动电动机构的操作电源后，在未确证电源相序是否正确前，禁止在极限位置进行电气控制操作。

（5）有载调压变压器可按各单位批准的现场运行规程规定过载运行，但过载 1.2

倍以上时，禁止分接变换操作。

（6）有载分接开关调压后一般应自动启动在线净油装置，有载分接开关长期无操作，也应半年手动启动一次在线净油装置。

（7）由 3 台单相变压器构成的有载调压变压器组，在进行分接变换操作时，应采用三相同步（远方或就地）电气控制操作并必须具备失步保护。在实际操作中如果出现因一相开关操动机构故障导致三相位置不同时，应利用就地电气或手动将三相分接位置调齐，并且在修复前不允许进行分接变换操作。原则上运行时不允许分相操作，只有在不带负荷的情况下，充电后的试验操作或控制室远方控制回路故障而又急需操作时，方可在分相电动机构箱内操作，同时应注意下列事项：

1）只有在三相有载分接开关依次完成 1 个分接变换后，方可进行第二次分接变换，不得在一相连续进行两次分接变换。

2）分接变换操作时，应与控制室保持联系，密切注意电压表和电流表的变动情况。

3）操作结束，应检查各相分接开关的分接位置指示是否一致。

（8）2 台有载调压变压器并联运行时，允许在 85%变压器额定负荷及以下进行分接变换操作。操作时，不得在一台变压器上连续进行 2 个分接变换操作，必须一台变压器的分接变换完成后，再进行另一台变压器的分接变换操作。每进行一次分接交换后，都要检查电压和电流的变化情况，防止误操作和过负荷。升压操作，应先操作负荷电流相对较少的一台，再操作负荷电流相对较大的一台，以防止产生过大的环流。降压操作时与此相反。操作完毕，应再次检查并联的两台变压器的电流大小和负荷分配情况。三台及以上变压器并联运行时，进行分接变换操作应符合以上原则。

（9）有载调压变压器与无载调压变压器并联运行时，应预先将有载调压变压器分接位置调到与无载调压变压器相对应的分接位置，然后切断电源再并列运行。一般情况下，不允许与无载调压变压器并联的有载调压变压器进行分接变换操作。

（10）对装有自动控制器有载分接开关的要求：

1）装有自动控制器的有载分接开关必须装有计数器，每天定时记录分接变换次数。当计数器失灵时，应暂停使用自动控制器，查明原因，故障消除后，方可恢复自动控制。

2）两台及以上并联运行的有载调压变压器或有载调压单相变压器组，必须具有可靠的失步保护，当有载分接开关不同步时，发出信号，闭锁下一分接变换。由于自动控制器不能确保两台同步切换时，此类变压器不能投入自动控制器。

3）当系统中因倒闸操作或其他原因，可能造成电压大幅度波动时，调度应预先下令将有关变压器有载分接开关的自动控制器暂停使用，待操作完毕恢复正常后，再下令恢复自动控制。

（11）有载分接开关出现下列现象时应中止操作并查处：

1）分接变换操作后，挡位指示器不变位。

2）挡位指示器有变位，而电流表和电压表无变化。

3）操作一挡后不停车发生联动，立即按紧急停车按钮。

4）有载分接开关发生拒动、误动，电压表和电流表变化异常，电动机构或传动机械故障，分接位置指示不一致，内部切换异声，过压力保护装置动作跳闸，看不见油位或大量喷漏油并危及有载分接开关和变压器安全运行的其他异常情况时。

5）系统发生短路等故障时。

6）变压器的负载电流超过 1.2 倍额定电流时禁止调压操作。

（二）有载分接开关每天调整次数规定

（1）有载调压装置的分接变换操作，由运行人员按调度部门确定的电压曲线或调度命令，在电压允许偏差范围内进行。为保证用户受电端的电压质量和降低线损，220kV 及以下电网电压的调整宜采用逆调压方式。

（2）如有载调压变压器自动调压装置及电容器自动投切装置同时使用，应使按电压整定的自动投切电容器组的上、下限整定值略高于有载调压变压器的整定值。

（3）有载分接开关每天调整次数依据系统电压波动情况而确定，当母线电压能满足逆调压原则并且在合格范围时，尽可能地减少操作次数，一般不应超过表 14-10-2 的规定。

表 14-10-2　　　　　　　　有载分接开关每天调整次数

开关类型	35kV 及以下简易复合式有载分接开关	110kV 中部调压的有载分接开关	M、V 系列有载分接开关	220kV 及以上主变压器用有载分接开关	老旧式有载分接开关
级电压（%）	1.25	2.5	1.25	1.25	1.25
正常次数	20	6	15	不规定	10
最多次数	30	10	20	—	15

注　1. 有载调压变压器一般级电压均为 1.25%。凡 110kV 中部调压、级电压为 2.5% 的有载分接开关，基本上全部是对无励磁调压变压器后期改造所使用的有载分接开关。

　　2. 老旧式有载分接开关系指 20 世纪 80 年代以前西变（西安西电变压器有限责任公司）生产的 C、D 型，沈变（沈阳变压器有限责任公司）生产的 SYXJ 型有载分接开关，目前这些开关已停止生产，但系统仍有相当数量的设备在运行。

（三）有载分接开关日常巡检及维护项目

1. 日常巡检项目

（1）母线电压指示应在规定的电压偏差范围内。

（2）电动操动机构或控制器电源指示灯显示正常。

（3）控制室分接位置指示器与电动操动机构分接位置指示器指示正确一致。

（4）有载分接开关储油柜油位、油色应正常。

（5）有载分接开关吸湿器干燥剂无受潮变色。

（6）有载分接开关及其附件、联管各部位无渗漏油。

（7）计数器动作正常，及时记录分接变换次数。

（8）有载分接开关在线净油装置按设定的启动、停止程序运行正常。

（9）电动机构箱内部应清洁，润滑油位正常，机构箱门关闭严密，符合防潮、防尘、防小动物要求，密封良好。

（10）电动机构箱内加热器应完好，并按要求及时投切。

2. 定期检查维护项目

定期检查维护项目由运行人员完成，一般 1～3 个月一次，通常在变压器不停电情况下进行，工作现场不少于 2 人，且经过技术培训具有一定的专业知识。

（1）呼吸器的吸湿剂变色超过 2/3 时必须进行更换或干燥处理。通常呼吸器的吸湿剂都是从底部出气口与进气口开始变色，若发现吸湿剂从呼吸器的上部开始变色，说明呼吸器与储油柜的联管密封不良，存在泄漏点，应查明原因并处理。

（2）操动机构箱门密封良好，符合防潮、防尘、防小动物要求。正常运行时，要求机构箱门的上下门闩都锁扣到位（不允许只锁一侧）。

（3）操动机构箱内部应清洁，必要时进行清扫，清扫时应断开电源，用干净的小毛刷从上到下清扫一遍。

（4）操动机构箱下部若发现有掉落的小螺栓，要仔细查找掉落的部位并恢复固定牢靠，同时用扳手将所有固定件检查一遍，用螺钉旋具将所有端子排连线螺栓检查一遍。

（5）操动机构润滑油位应正常，齿轮盒油位在中间位置，且油色呈淡黄色可视为正常。若油色浑浊且呈乳黄色，应换油。油量约 1.5kg。

（6）传动部位加适量润滑脂，如手动操作的轴上、限位开关的滑动支架、位置信号输出盘的触头和轴承处、控制齿轮的接触部分等。同时检查制动部位无油迹（加润滑脂时制动部位除外）。

（7）机构箱内加热器应完好，并按要求及时投撤。部分机构箱内有一组加热器，则要求该加热器长期运行。还有些机构箱内有两组加热器，则要求一组加热器长期运行，另一组加热器由温控器控制，当环境温度低于 5℃时加运，高于 10℃时停运。

（8）在线滤油装置按其技术文件要求检查滤芯。

（四）运行中有载分接开关的油务监督

（1）运行中的有载分接开关油室内绝缘油击穿电压和微水含量应符合表 14-10-3 的规定。

表 14-10-3　　　　　　　　运行中的有载分接开关油质量标准

有载分接开关类型	Ⅰ类	Ⅱ类
油的击穿电压（kV）	≥25	≥35
微水含量（μL/L）	≤40	≤30

（2）油浸式真空有载分接开关，采集油样后还应做色谱分析，应无过热和放电特征气体。

（3）运行中有载分接开关油室内的绝缘油，每 6 个月至 1 年或分接变换 2000～4000 次，至少采样一次。一般级电压为 2.5% 的有载分接开关和老旧式有载分接开关按下限控制，其他有载分接开关按上限控制，分接变换次数和时间以先到为准。油浸式真空有载分接开关不按分接变换次数只按时间控制，一般为 1 年。

（4）运行中分接变换操作频繁的有载分接开关（除油浸式真空有载分接开关外），宜采用带电滤油或装设在线净油装置，在线净油装置宜自动控制，并加强其运行管理和维护。

（5）凡已装设在线净油装置的有载分接开关，可有效解决油采样问题，运行维护单位应按规定定期采样试验。

（6）运行单位应定期向主管部门和运行维护单位上报有载分接开关分接变换操作次数、上次换油至今的分接变换操作次数、上次吊芯检修至今的分接变换操作次数，应分别统计上报。有载分接开关检修超周期或累计分接变换次数达到所规定的限值时，应按有关规定进行维修。

三、在线净油装置简介

1. 在线净油的必要性

实践证明，安装在线净油装置后，吊芯检查时油室中油透明、清洁，无明显游离碳沉积，油的击穿电压始终处于合格及较好的状态，其清洁度可达到变压器本体绝缘油的水平，且无须变压器停电进行油的过滤或更换。加装在线净油装置后，过滤回路无死角污油的存在，采油样时，没有必要每次放掉一部分出油管中的污油，无油量消耗，且油样正确有效。

2. 滤芯的精度及净油效果

绝缘油在一定微水含量的情况下，油中颗粒杂质的大小及数量对击穿电压的影响是十分明显的。试验证明：当滤芯精度大于等于 5μm 即油中颗粒直径小于 5μm 时，击穿电压可从 23kV 提高到 38kV；当使用滤芯精度大于等于 2μm 即颗粒直径小于 2μm 时，其击穿电压可从 23kV 上升到 49kV。这充分说明滤芯精度越高，击穿电压改善效果越好。但滤芯精度越高，运行中更换滤芯的次数会较频繁。

3. 在线净油装置性能介绍

在线净油装置一般均采用两级过滤，前级去除游离碳及杂质，后级去除水分。进、出油管路与油室的出、进油管路相连接。装置上带有采样阀，便于抽取油样。在变压器停运状态下，还可通过在线净油机给油室补油。

装置配有专用控制器，具有手动、定时启动、自动启动、工作时间设定功能，有动作次数记录、滤芯维护报警等多种功能。

当选择手动运行方式时，按启动键，滤油机开始工作，按停止键，滤油机停止工作。若不按停止键，根据系统设定时间自动停止工作，出厂一般设定为 4h。

当选择定时运行方式时，滤油机在系统设定的时间内自动启动、自动停止滤油。出厂一般设定为每天 12:00～16:00 滤油。

当选择自动运行方式时，滤油机接收有载分接开关调压信号自动滤油。出厂设定为有载分接开关每切换一次自动滤油 1h。

滤芯的进出油端压力差达到 0.35MPa 时，系统发出报警信号，提示更换滤芯（滤水滤芯可再生使用）。

此外，还配置温度和湿度控制器，当温度低于 5℃或湿度达到 80%时，加热器开始工作，当温度达到 45℃时，风扇开始工作，能适用于各种环境，实现全天候无人监控自动工作。

油流量和压力不会造成气体继电器动作跳闸，也不会造成开关头盖上安装的压力释放阀动作。一般油的流速控制在 10～12L/min 较为适宜。

4. 在线净油装置的安装检查与调整

（1）装置进出油的引出管与油室连接正确，进油和出油的管接头上应安装截止阀。

（2）连接管路长度及角度适宜，使在线净油装置不受应力。装置的箱体安装平面平整，箱体没有变形，内部无异物，未进水及受潮。

（3）在线净油装置的滤油回路应充满油，无空气进入和残留空气，处于密闭循环状态，以防止空气带有潮气入侵，对有载分接开关的绝缘水平造成不良影响，并造成轻瓦斯异常发信。安装后对管路系统和过滤罐完全排气。

（4）按制造厂的说明书接入电源，检查油泵电动机相序应正确。检查手动、定时及自动启动控制功能应正常。用手动启动的方式运行 1h 后检查管路及箱内各部位应无渗漏油的现象后，加入试运行。

（5）在线净油装置的启动方式可选用手动、定时及自动启动。实践证明有载分接开关每次动作切换时自动启动在线净油装置并能持续过滤一段时间（如 30~60min），这样的方式效果较好。

（6）检查在线净油装置，除颗粒滤芯寿命终止或滤芯阻塞失效报警、停机功能正常。

5. 在线净油装置维护

（1）外观检查。接地装置可靠，金属部件无锈蚀，承压部件无变形，各部位无渗油。

（2）缺相试验。电源缺相时滤油装置应退出运行并发信。

（3）油路堵塞试验。油路堵塞时，净油装置应能够显示压力异常，并能够抑制压力上升或退出运行，连接部位无渗漏油。

（4）绝缘电阻。使用 500~1000V 绝缘电阻表测量电气回路绝缘电阻值良好。

（5）交流耐压试验。在线净油装置动力电路与保护接地电路及金属外壳之间应能承受工频 2kV、1min 的耐压试验。

（6）在线净油装置的加装、检修、更换滤芯和部件在不停电状况下进行时，检修完毕后要在滤油机内部进行循环、补油、放气，投入运行时应短时退出有载分接开关气体继电器跳闸压板，并将有载分接开关控制方式转换到"就地"，滤油 30min 无异常后恢复。

（7）在线净油装置故障及滤芯失效应及时处理。

（8）装有在线净油装置的变压器有载分接开关油的耐压、含水量测试取样一律从滤油机管路上的取样阀抽取。投运 24h 后分别从滤芯进出油口取样进行微水、耐压测试，比较在线净油装置的使用效果。

（9）在线净油装置可在停电或不停电状态下方便地更换滤芯，并且可以借助更换干燥滤芯 [经 4~6h，（85±5）℃干燥] 的方法吸收油中微水而提高油的击穿电压，用以消除油耐压不合格缺陷。这是变压器不停电在运行中行之有效的消缺方法。

【思考与练习】

1. 对有载分接开关的油位有何要求？

2. 安装和检修后的有载分接开关，投运前应提交哪些技术资料？

3. 安装和检修后的有载分接开关，直流电阻只做了部分挡位行不行？为什么？

4. 安装和检修后以及运行中的有载分接开关，绝缘油质量标准是如何规定的？

5. 如何对有载分接开关及操动机构的性能进行检查验收？

6. 有载分接开关的定期检查维护项目有哪些？

▲ 模块 11　有载分接开关常见缺陷和处理方法
（Z15H2011Ⅲ）

【模块描述】 本模块介绍了有载分接开关常见的缺陷原因、现象和处理方法，以及因联轴错位造成的事故原因，通过案例分析，掌握有载分接开关常见缺陷和处理方法，落实提高有载分接开关安全运行的各项技术措施。

【模块内容】

一、电动操动机构及二次回路常见故障及处理方法

电动操动机构在长期使用过程中，与有载分接开关（以下简称有载开关）本体相比，出现故障的几率要高得多。据统计，在有载开关发生的故障中，电动操动机构故障的几率占到 60%～70%。虽然在运行中电动操动机构出现故障一般不会导致有载开关发生大问题，但会直接影响有载开关的变换操作。现将电动操动机构及二次回路常见故障及处理方法表述如下（如图 14-11-1 所示）。

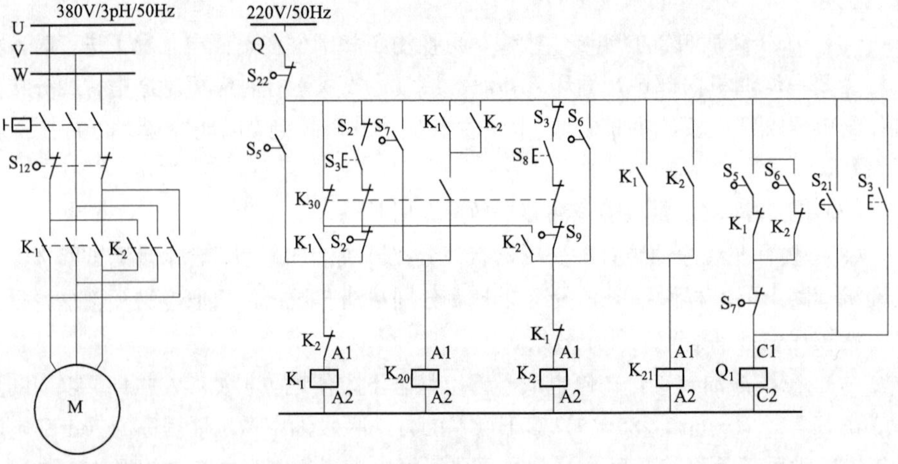

图 14-11-1　电动机构电气原理图

（1）给上电源即跳闸。

1）故障特征及原因分析。一般发生在安装阶段后期，准备给上电源对电动操动机构进行调试，结果刚一合上电动机保护开关，就发生跳闸。出现这种情况，最大的可能是电动机保护开关跳闸回路接线不正确。

2）检查与排除方法。首先检查紧急停车按钮回路接线是否错误，该按钮应接动合触点而接为动断触点。其次检查联动保护回路接线是否错误，时间继电器应接动合触

点而接为动断触点。然后检查电动机保护开关跳闸绕组回路与电源某处是否有短路故障而导致跳闸。再检查电动机保护开关电动机回路是否有短路故障，因热偶元件动作而发生跳闸。最后检查电动机保护开关本身是否故障，必要时更换断路器。

（2）给上电源就启动。

1）故障特征及原因分析。一般发生在安装阶段后期，准备给上电源对电动操动机构进行调试，结果刚一上电动机保护开关，电动机构就启动。这种现象有时也会发生在就地/远方开关位置转换时。遇到这种情况时，应立即拉开电动机保护开关进行检查。出现这种情况，最大的可能是启动操作回路接线不正确。

2）检查与排除方法。首先检查就地/远方开关位置，若在就地（远方）位置，重点检查就地（远方）$1 \to n$ 和 $n \to 1$ 启动操作按钮回路，是否按互相闭锁关系接线（应接一个动合触点，一个动断触点）。

（3）启动操作后电机保护开关跳闸。

1）故障特征。一般发生在安装阶段后期，准备对电动操动机构进行调试，结果给上电源，按下启动操作按钮电动操动机构在运行中发生跳闸。

2）原因分析。一是电源相序有可能接反；二是联动保护时间继电器整定时间不合适；三是在极限位置电气限位开关失灵；四是凸轮开关控制的微动开关组动作配合失常。

3）检查与排除方法。首先检查电源相序，一般因电源相序接反导致的跳闸，往往发生在启动按钮后初期，且两个方向都出现，经判断确系电源相序接反，将三相任倒两相后重试。其次检查联动保护时间继电器整定时间，一般因联动保护时间继电器整定时间太短（有载开关 1 个中间位置整定时间 7s，3 个中间位置整定时间 13.5s）导致的跳闸，往往发生在启动操作后一级分接变换快要结束时，且两个动作方向都出现（有3 个中间位置的有载开关，在其他位置正常，只在中间超越位置时出现），经判断确系联动保护时间继电器整定时间太短所致，对时间继电器进行调整后重试。

对于 MA7、MA9 等型号电动机构，有时有载开关在极限位置，若继续向极限位置方向操作，由于电气限位开关失灵，机械限位堵转，电动机力矩增大而电流剧增，热偶元件动作也会使电动机保护开关跳闸。这时，重点检查电气限位开关是否失灵，按照先断控制回路，后断电动机回路，调整后重试。

有时凸轮开关控制的微动开关组因固定螺栓松动，导致微动开关组位移时，即 S13未断开或已返回后，误接通反向动作的微动开关 S11（S12），造成电动机保护开关跳闸；还有一种情况，当分接变换快要结束时，即 S13 已返回，S11（S12）在将要返回过程中，由于凸轮装置上的复位弹簧复位时反作用力误接通反向动作的微动开关 S12（S11），而造成电动机保护开关跳闸。对上述两种情况，重点检查微动开关组固定螺栓是否松动，按照动作程序的要求调整凸轮开关组。

（4）联动。

1）故障特征。一般发生在有载开关运行较长一段时间后，当一级分接变换后不能停机而继续运转，有些连续运行几挡后自动停机，有些一直运行至极限位置被极限保护开关断开才停机。遇到这种情况时，应立即拉开电动机保护开关进行检查。

2）故障原因。一是交流接触器失电延时所致；二是顺序开关与交流接触器动作配合不当造成；三是电动机制动性能不符合要求；四是联动保护不起作用。

3）检查与排除方法。首先检查 $1\rightarrow n$ 或 $n\rightarrow 1$ 启动回路交流接触器 K1（K2），由于剩磁或油污黏合或卡滞造成失电延时所致，一般因剩磁造成失电延时，拉开电源后 K1（K2）和 K3 有可能返回正常位置，因油污黏合或卡滞造成失电延时，拉开电源后 K1（K2）和 K3 仍在不正常位置。其次检查顺序开关 S13 是否故障失效，不能按规定的程序时段接通，使交流接触器 K20 一直未吸合，K1（K2）的自保持回路一直断不开。然后检查顺序开关 S11（S12）触点是否因油污黏合或卡滞而断不开，使交流接触器 K1（K2）和 K3 一直处于励磁状态。再检查是否由于电动机制动性能不符合要求，停车后向前滑动超越停车区域，使顺序开关 S11（S12）触点未得到操作命令又自由接通。以上故障原因分析查处后，最后再检查联动保护为什么不起作用。早期的一些电动操动机构未带联动保护功能，必要时增加设置。

（5）手摇操作正常，而就地电动操作正、反两个方向均拒动。

1）故障特征。一般发生在有载开关运行较长一段时间后，手摇操作时正常，而就地电动操作正、反两个方向均拒动。

2）故障原因。一是电源电压不正常；二是手摇闭锁开关触点未接通；三是控制回路和电动机电源回路某处导线松脱或接触不良。

3）检查与排除方法。首先检查电源电压是否无电源或缺相。其次检查手摇机构中弹簧片是否未复位，造成手摇闭锁开关 S21 和 S26 触点未接通，必要时更换手摇闭锁开关。然后检查控制回路和电动机电源回路某处是否导线松脱或接触不良，重点是公用部分如 Q1 和 K3 的接点回路等。

（6）电动机构仅能做一个方向分接变换操作。

1）故障特征。一般发生在有载开关运行较长一段时间后，电动机构仅能一个方向分接变换。

2）故障原因。一是另一方向的限位开关未复位；二是 $1\rightarrow n$ 或 $n\rightarrow 1$ 启动回路交流接触器互锁的动断触点失效。

3）检查与排除方法。首先检查该方向的限位开关是否未复位，如 $n\rightarrow 1$ 方向不能操作，应检查 $n\rightarrow 1$ 方向的限位开关 S25 和 S23 是否未复位，用手拨动限位机构，并在滑动接触处加少量油脂润滑，确认限位开关复位后重试。其次检查 1→n 或 n→1 启动回路交流接触器互锁的动断触点是否正常，如 n→1 方向不能操作，检查 1→n 启动回路交流接触器 K1 互锁的动断触点 K1（41、42）是否不能复归，始终处断开状态。

（7）有载开关操作无法控制方向。

1）故障特征及原因分析。一般发生在简易复合式有载开关，由 220V 供电的单相电动机构的有载开关运行较长一段时间后，有载开关操作时无法控制方向。出现这种情况，最大的可能是电动机电容器回路断线或接触不良或电容器故障。

2）检查与排除方法。简易复合式有载开关，电动机构与有载开关一体化，均置于油室中，需将变压器转检修状态，打开有载开关头盖，检查电动机电容器回路，并处理接触不良回路、断线或更换电容器后重试。有时，电动机电容器回路接触不良、断线或电容器损坏后，有载开关就完全不能操作。

（8）远方控制操作拒动，而就地电动操作正常。

1）故障特征及原因分析。一般发生在有载开关运行较长一段时间后，远方控制操作拒动，而就地电动操作正常。出现这种情况，基本属远方控制操作回路故障所致。

2）检查与排除方法。重点检查远方控制回路在电动机构输出端子排和控制室接线端子排接线端子是否有松脱现象，消除故障后重试。

二、有载开关本体常见故障及处理方法

有载开关本体故障率相对电动操动机构故障率低一些，但若不能及时发现和及时处理，往往会引发较为严重的设备事故，甚至会造成分接绕组损坏使整个变压器运行瘫痪。有载开关经过较长一段时间运行后，一部分缺陷和故障会在运行操作中暴露出来，这需要运行人员每天定点巡视和操作后检查，认真、仔细地通过听、闻、观察仪表来发现。另一部分缺陷和故障是由检修试验人员在对设备进行小修、大修、试验时通过试验数据或解体检查来发现。无论运行中和检修试验中发现的缺陷，均要做出正确的分析判断，确认缺陷和故障排除后方可继续运行。现将有载开关本体常见故障及处理方法表述如下。

（1）运行中油流控制继电器（或气体继电器）动作跳闸。

1）故障特征。一般发生在有载开关新投运或正常运行中或分接变换操作后，油流控制继电器（或气体继电器）动作跳闸，主变压器停运。

2）故障原因。如果在油流控制继电器（或气体继电器）动作跳闸的同时，主变压器差动保护和压力释放阀均动作，可初步判断有载开关油室必定有短路故障。若仅油流控制继电器（或气体继电器）动作跳闸，其他保护未动，可怀疑是否属保护误动。

3）检查与排除方法。如果判断有载开关油室有短路故障，安排对有载开关进行吊芯检查，同时对变压器本体油采样进行色谱分析；有些变压器分接绕组动稳定不足，有载开关油室有短路故障时，容易造成变压器分接绕组损坏变形，必要时安排对变压器进行吊芯检查。若怀疑是否保护误动，安排对保护进行传动检查。

（2）电动机构完成一级分接变换，有载开关却没有动作。

1）故障特征。一般发生在有载开关运行较长一段时间后，电动机构完成一级分接变换，有载开关却没有动作。调压后从电压表上观察无变化，在变压器旁边听不到有载开关动作的声响。

2）故障原因。一是有载开关联轴脱落；二是储能机构可能失灵；三是组合型有载开关发生了机械断轴。

3）检查与排除方法。首先检查有载开关水平和垂直连接轴是否脱开，出现这种情况的原因大多属联轴节上的螺栓没拧紧或止退片没锁定，或连接轴长短不合适。原因查清后重新联轴（注意核对有载开关与电动机构位置一致），拧紧螺栓锁定止退片，做联结校验。排除以上原因之后，对于复合（V）型有载开关，则有可能是储能机构失灵，储能弹簧断裂或弹簧拉攀处脱焊所致，这两种情况都必须将变压器转检修，打开头盖吊出芯子检查处理。对于组合（M）型有载开关，也有可能是发生了机械断轴，若是在极限位置发生的断轴，有可能是有载开关与电动机构连接错位造成，若是在中间位置发生的断轴，有可能是分接选择器严重变形，传动系统阻滞力较大造成。原因查清后，更换储能弹簧或机械限位轴，重新安装调试。

有载开关干燥后无油操作，或异物落入切换开关芯体内，或误拔枪机使机构处于脱扣状态（带枪机式储能机构易发生），也容易造成储能机构损伤失灵。

（3）有载开关拒动同时电动机烧损。

1）故障特征及原因分析。一般发生在有载开关安装或检修后，有载开关拒动同时电动机烧损。最大的可能是有载开关与电动机构连接错位，使电动机构造成机械堵转的同时电动机会被烧损。无堵转功能的其他类型的电动机构不易发生。

2）检查与排除方法。首先检查有载开关与电动机构位置是否一致，若有载开关与电动机构错位，即有载开关已在 1 挡，电动操动机构还在 2 挡，当电动机构从 2→1 挡运行时，则有载开关发生机械堵转同时电动机会被烧损。还有一种可能，虽然有载开关与电动机构联轴正确，在极限位置，由于误操作向极限方向继续运行且电气限位开关失灵时，也会发生机械堵转同时电动机会被烧损。原因查清后，消除缺陷并更换电动机，重新联轴校验。

（4）切换开关切换时间延长或不切换。

1）故障特征及原因分析。通常采用拉簧储能的有载开关，一般发生在有载开关检修试验过程中，最大的可能是储能机构的储能拉簧疲劳、拉力减弱或断裂，或机械传动有卡滞现象。

2）检查与排除方法。检查储能拉簧是否疲劳、拉力减弱或断裂，检查机械传动是否卡滞。必要时更换储能拉簧。

（5）变压器变比与出厂数据不符。

1）故障特征及原因分析。一般发生在有载开关检修试验过程中，最大的可能是电动机构指示的分接位置与实际不符，也有可能是分接引线连接有错误。

2）检查与排除方法。首先检查有载开关与电动机构分接位置是否一致，并与历史数据相比较确认电动机构指示的分接位置与实际是否不符。排除以上原因后，检查分接引线连接是否有错误并处理。

（6）连同变压器测量直流电阻不合格或直流电阻呈不稳定状态。

1）若在个别位置上直流电阻异常，且三相在这一位置都出现这种情况，有可能是该分接位置经常不运行，触头表面形成银硫化物或铜硫化物造成，操作 5 个循环后再测试。

2）对于复合（V）型有载开关，若在两个方向某一相每个分接位置直阻均偏大，有可能这一相输出动触头接触面烧伤或连线焊接不良或动触头绝缘支架断裂所致。若在两个方向某一相或两相每个分接位置直阻均偏大，有可能是芯体绝缘转轴出现不允许的变形。经反复测试确认后，安排吊芯进行检查。

3）对于组合（M）型有载开关，若在两个方向某一相上单数或双数位置直阻均偏大，可能是切换开关某处接触不良，吊芯检查切换开关主动触头与静触头的接触；检查油室上抽出式触头的接触；检查切换开关油室至分接选择器的连接引线联结是否良好；检查分接选择器动、静触头啮合情况。若在两个方向某一相或两相每个分接位置直流电阻均偏大，则有可能是分接选择器某处接触不良，将变压器放油，从人孔进入检查分接选择器是否变形。

若发现分接选择器或转换选择器静触头支架弯曲变形，造成变压器绕组直流电阻超标，或分接变换拒动或内部放电等，最大的可能是分接选择器或转换选择器绝缘支架材质不良，或分接引线对其受力较大或安装垂直度不符合要求。查明原因，纠正分接引线不应使分接选择器受力，调整有载开关安装的垂直度使其呈自由状态，必要时更换静触头绝缘支架。

（7）切换开关吊芯复装后，测量连同变压器绕组直流电阻，发现在转换选择器不变的情况下，相邻两分接位置直流电阻值相同或为两个级差电阻值。

1）故障特征及原因分析。最大的可能是切换开关拨臂与拐臂错位，不能同步动作，造成切换开关拒动，仅选择开关动作（SYXZ 型有载开关）。

2）检查与排除方法。重新吊装切换开关，将拨臂与拐臂置于同一方向，使拨臂在拐臂凹处就位。手摇操作，观察切换开关是否左右两个方向均可切换动作，然后注油复装，并测量连同变压器绕组直流电阻值，以复核安装的正确性。

（8）有载开关有局部放电或爬电痕迹。

1）故障特征及原因分析。一般在有载开关检修过程中发现，最大可能是紧固件或电极有尖端放电或紧固件松动造成悬浮电位放电。

2）检查与排除方法。根据放电现象，分析放电原因，排除和打磨尖端，排除尖端放电的因素，加固紧固件，消除悬浮放电。另需强调的是：每次注油后，务必打开吸油弯管上部排气溢油螺栓，排完吸油管残留气体。若吸油管内残留气体未排尽，极容易造成吸油管绝缘击穿或放电。

三、有载开关联轴错位的事故案例

（一）联轴错位导致有载开关事故

1. 事故状态

某变电站将主变压器的有载开关由 2 挡调到 1 挡后，随即有载开关发生爆炸，主变压器和有载开关的气体保护均动作，主变压器的差动保护动作，主变压器跳闸停运。

（1）有载开关状态。防爆玻璃炸碎，油向变压器周围喷出 20 多米远。有载开关本体挡位指示已看不清。

（2）操动机构状态。位置指示在 1 挡，状态指示盘已超越 1 挡自然位置，且上限位开关推动杆已断裂失灵，总闭锁开关齿轮已损坏，总闭锁开关已不起作用，主控室同步位置指示器指示在 1 挡。

（3）有载开关解体检查情况。切换开关在 S2 位置，极性开关在"+"位置，分接选择开关在 10 挡，切换开关动静触头全部烧损，油全部炭化变黑，主变压器调压绕组在电动力作用下已严重变形。

2. 事故原因分析

根据以上现场情况分析认为，这次事故的主要原因是有载开关的挡位与操动机构的位置不对应。也就是说，在事故前，有载开关本体已调至 1 挡，而操动机构的位置仍在 2 挡，主控室同步位置指示器位置与操动机构位置一致也在 2 挡，值班人员以操动机构的位置指示为依据，从 2 挡向 1 挡调整时，导致有载开关超越极限位置而发生事故。

图 14-11-2 为有载开关事故后解体看到的状态，从图中看到：有载开关原在 1 挡运行，则切换开关应原在 S1 位置运行，事故后切换到了 S2 位置；极性转换器原在"+"位运行，事故后仍在"+"位；分接选择器单数组原在 1 挡，事故后仍在 1 挡，双数组原在 2 挡，事故后切换到 10 挡。这时可清楚地看到，在切换开关的 S1 动、静触头间加上了全部分接绕组的电压，造成切换开关的 S1 动、静触头间放电短路而酿成事故。

分析认为，这台变压器安装试验后，有载开关与操动机构曾解过轴，而联轴后未再做联结校验，也未再次做直流电阻和变比进行验证，导致有载开关的挡位与操动机构的挡位不一致，这是造成事故的主要原因。而每年的预防性试验，只做运行挡直流电阻和变比，此隐患一直未被发现。变电站在运行中只在 2～16 挡之间变换操作，但事故隐患一直存在。

该型开关为 D 型有载开关，开关内部无机械限位装置。

（二）联轴错位导致有载开关异常

1. 异常现象

某变电站新投运 1 号有载调压变压器，采用复合（V）型有载开关。现场已经过验收且主变压器已投运带电，在带上负荷后将 2 台主变压器分列运行做调压试验时，

图 14-11-2　事故后状态

发现从 8 挡到 9 挡变换后，电压表变化比较明显，而从 9 挡调至 10 挡时，电压表没有变化。

2. 现场检查

发现异常后当即停止试验，将主变压器停运转检修，对有载开关进行检查，发现操动机构位置在 10 挡，而有载开关 10 挡位置指示还未出来，将操动机构向 1→n 方向转动 16 圈后，有载开关 10 挡位置指示才显出，即操动机构比有载开关位置超前了 16 圈。随后查阅了投运前的试验报告，发现试验班在做直流电阻试验时只抽检了几个挡位，没有全挡位试验，不能正确地分析和判断问题。接着安排对有载开关的直流电阻和变比重新逐级做了试验，发现从 8 挡到 9 挡直流电阻变化较大，而从 9 挡调至 10 挡时，直流电阻不变。

3. 原因分析

根据以上情况及有载开关触头切换顺序进行了分析，状态如图 14-11-3 所示。

根据图 14-11-3 所示动作顺序可明显看出，当机构指示在 8 挡时，有载开关触头 6→7 已切换，而 7→8 未切换，实际反映的是 7 挡直流电阻。当机构指示在 9B 挡时，有载开关 7→8 和 8→9 两次切换，实际反映的是 9 挡直流电阻。当操动机构指示在 10 挡时，有载开关 9→K 和 +→已切换，而 K→10 未切换，所以实际反映的仍是 9 挡直流电阻。因此在做调压试验时即出现上述不正常现象。

造成这一异常现象的主要原因是安装人员对有载开关安装、调试工艺方法不熟悉，联轴时未核对挡位，未做联结校验，试验时项目不全。运行人员对有载开关验收项目

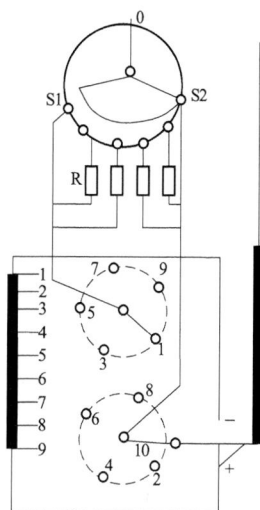

不熟悉，验收不细致，导致缺陷未在投运前发现。

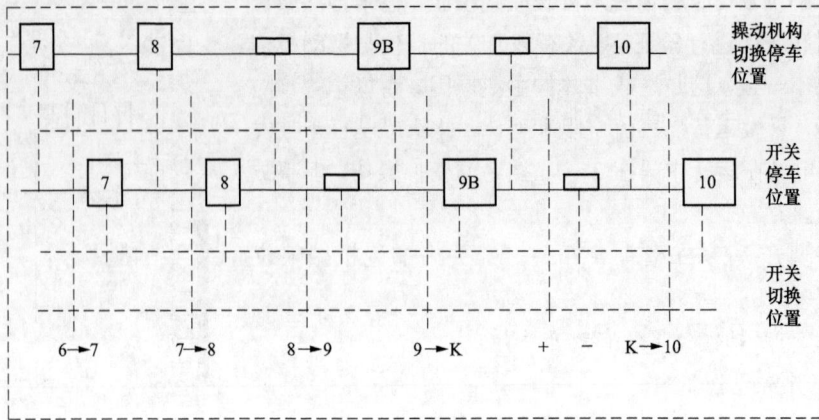

图 14-11-3 1 号主变压器缺陷状态

四、提高有载开关安全运行的措施

（1）对于老旧有载开关加快更换进度。这些开关属早期的淘汰产品，本身安全可靠性差，无机械限位装置。当电动机构与开关联轴错误或电气限位触点失灵时，极易发生事故，对主变压器安全运行构成较大威胁。

（2）系统在 20 世纪 80 至 90 年代将一部分 110kV 无励磁变压器改造为有载调压变压器时，选用 SYJZZ 型开关，其结构不合理，产品质量较差，运行中如油箱渗漏、触头烧损、过渡电阻烧断等问题较多，再不宜选用。

（3）对于 DCJ-10 型操动机构，由于受运行工况的影响，有些会出现联动现象，对此类开关应将控制回路予以改进。

（4）有载开关投运前验收，必须认真检查以下项目：

1）核对有载开关挡位指示与操动机构挡位指标一致。检查有载开关与机构的联轴校验正常。

2）查阅直流电阻和变化试验报告，看项目是否齐全，数据是否正确。

3）检查电动机相序正确。

4）检查紧急停车功能正常。

5）检查逐级控制功能正常。

6）检查手摇闭锁功能正常。

7）检查中间超越功能正常。

8）检查上、下限位功能正常。

9）检查极限限位闭锁功能正常。

10）检查电动机制动功能正常。

11）检查机构箱内加热器工作正常。

当以上项目经检查确认正常后，有载开关方可投运。

（5）加强运行维护管理，一是要求有载开关验收时对直流电阻和变比进行全挡位复验；二是有载开关与机构运行中若解轴后，连接时必须做联结校验，并复核直流电阻和变比；三是每年的预防性试验，要求在整定工作位置直流电阻和变比最少做 3 挡以上。

（6）加强有载开关的业务和技术培训，提高有载开关安装、检修、运行的业务和技术管理水平。

（7）有载开关检修时，必须按照 DL/T 574—2010 标准工艺进行，吊芯检查时必须用专用的工具吊装。对 110kV 及以上有载开关，严禁用人力吊芯或装复芯体。

（8）有载开关每操作一挡记一次，运行中应将每天调整的次数、每月调整的次数、换油后调整的次数、大修后调整的次数做好记录。以此为依据，安排好有载开关的换油周期和检修周期，以保证有载开关安全地运行。

（9）建议有载开关全部加装带电净油器，以减少主变压器停电次数，同时解决运行中油样采集问题。

【思考与练习】

1．有载开关启动操作后电机保护开关跳闸，请分析判断原因，简述查处方法。

2．有载开关分接变换时发生联动，请分析判断原因，简述查处方法。

3．有载开关电动机构仅能一个方向分接变换，请分析判断原因，简述查处方法。

4．电动机构完成一级分接变换，有载开关却没有动作，请分析判断原因，简述查处方法。

5．连同变压器直流电阻不合格或直流电阻呈不稳定状态，请分析判断原因，简述查处方法。

第十五章

变压器小修及维护

模块 1 变压器及组部件检修维护周期、项目及内容和质量标准（Z15H3001 I）

【模块描述】本模块介绍了变压器本体及冷却装置、套管、分接开关等组部件例行检查和定期检查的项目、内容和要求，通过概念描述、检查方法介绍，掌握变压器及各组部件的检查维护周期、项目及内容和质量标准。

【模块内容】

本模块主要介绍变压器检查维护工作的具体内容，检查的项目和周期以国家电网有限公司《110（66）kV～500kV 油浸式变压器（电抗器）检修规范》（以下简称《检修规范》）为依据。本模块所介绍的变压器检查维护工作的具体内容可以满足变压器状态检修相关工作的需要，对于已推行状态检修的地区，在开展具体检查维护工作时，检查的项目和周期应按照 2017 年《国家电网公司变电检修管理规定》相关标准或规定要求进行。

一、概述

变压器在运行过程中，常常因外界异常因素影响或自身质量瑕疵发展而产生缺陷，变压器带缺陷运行又常常导致设备故障，因此，及时发现并消除缺陷对提高变压器运行可靠性来说是非常重要的，变压器的检查维护工作便是以此为目的开展的。

多年来，变压器检修一直沿用定期检修和事后检修相结合的模式。在这种模式下，变压器的检查处理工作主要是为了发现缺陷和消除缺陷。随着国家电网有限公司状态检修工作的推进，检查维护工作又有了为设备状态评估提供信息和依据的重要意义。

根据《检修规范》的规定，变压器及组部件的检查维护项目可分为例行检查和定期检查两类。例行检查一般是指为了及时掌握变压器运行情况，在变压器正常运行过程中进行的经常性检查项目；除例行检查外，还有一些检查项目因周期较长或必须在变压器停运后方可进行被归入定期检查范围。需停电方可进行的定期检查项目一般与变压器预试等停电相结合。关于例行检查和定期检查，应注意以下几点：

（1）检查处理过程中必须与带电部分保持足够的安全距离。

（2）定期检查时应包含可进行的所有例行检查项目。

（3）对于例行检查中发现的问题，若在不停电条件下无法处理的，则应根据具体情况安排停电检修。

二、变压器及组部件检查的周期

在定期检修工作模式下，检查维护工作有明确固定的周期。在状态检修工作模式下，检查维护工作规定了基准周期，检查维护的周期是以基准周期为基础，根据某类设备甚至某台设备的状态来进行调整的，总体来说是相对灵活的，但在每次调整确定后又是固定的，一般来说基准周期每 6 年调整一次。显然，在两种不同的检修工作模式下，检查周期的概念存在较大区别。

此外，变压器检查维护的项目及周期取决于变压器在供电系统中的重要性和运行条件、现场环境、气候以及变压器具体状况等因素。《检修规范》中所给出的检查维护项目和周期指的是大型变压器在正常工作条件下应进行的常规检查和维护，可根据具体情况并结合运行经验，有针对性地进行检查和维护工作。

（1）例行检查的周期。为及时了解变压器的运行情况，对于关系到变压器本体、冷却装置、套管、储油柜、压力释放阀、气体继电器等的工作状态、完整性的检查项目，《检修规范》要求此类项目的检查周期为 1～3 个月。在 Q/GDW 168—2008《输变电设备状态检修试验规程》中对此类项目的检查周期有更明确的要求：220kV 变压器的巡检周期为 1 个月，110kV/66kV 变压器的巡检周期为 3 个月，在必要时还可缩短检查周期。

（2）定期检查的周期。根据《检修规范》规定，变压器本体、冷却装置、储油柜、压力释放阀的定期检查周期为 1～3 年或必要时；套管、低压控制回路、气体继电器、温度计等的定期检查周期为 2～3 年或必要时；红外测温项目根据电压等级的不同一般为 1 个月到半年。实际工作中，需停电方可进行的定期检查工作经常与停电检修或预防性试验相结合进行。

（3）变压器油的检查周期。根据《检修规范》规定，变压器油化试验属定期检查，各项目的检查周期见表 15-1-1。

表 15-1-1　　　　　　　　变 压 器 油 检 查 周 期

项目	周期	项目	周期
1. 外观	1～3 年	3. 酸值测定	1～3 年
2. 耐压	35kV 及以下变压器为 3 年，66kV 及以上变压器为 1 年	4. 含气量	330～500kV 变压器，新投运 24h 内取油样分析，以后每年进行

续表

项目	周　　期	项目	周　　期
5. 油中溶解气体分析	新投运 1、4、10、30 天各进行一次本项试验，如无异常，以后按周期进行，220kV 及以下变压器为 6 个月，330kV 及以上变压器为 3 个月	7. 介质损耗因数	220kV 变压器为 1 年，其他为必要时
6. 含水量	220kV 变压器为 1 年，其他为必要时	8. 体积电阻率	330～500kV 变压器为 1 年，其他为必要时

此外，还应注意当变压器运行过程中发生以下特殊情况时，应有针对性地进行部分项目的检查：

（1）对于持续过负荷运行或高温天气运行的变压器，应当加强温度和油位、压力释放阀、噪声和振动、红外测温、变压器油、散热装置、套管、气体继电器的检查。

（2）对于受到短路冲击的变压器，应进行温度和油位、压力释放阀、变压器油、绝缘电阻、气体继电器的检查。必要时还可进一步进行电压比校核、低电压阻抗测量（或绕组频谱试验），以判断变压器受损情况。

（3）对于受到大气或操作过电压冲击的变压器，应进行绝缘电阻、变压器油、套管、气体继电器等的检查。必要时还可进行局部放电测量以判断变压器受损情况。

三、变压器及组部件例行检查的项目及内容和质量要求

1. 变压器的例行检查

（1）检查温度和油位。

1）查看油面温度计和绕组温度计的指示，确认读数在正常范围之内，查看油位计指示，确认读数在正常范围之内。

2）核对油温和油位之间的关系，确认其符合标准曲线。

3）检查各温度指示器和铁磁式油位计的刻度盘上无潮气凝结。

（2）渗漏油检查。检查油箱、阀门、油管路等各密封处无明显渗漏油情况。

（3）噪声和振动。检查并确认运行中的变压器无不正常的噪声和振动。

2. 冷却装置的例行检查

（1）管（片）式散热器。

1）检查法兰、蝶阀等处无渗漏油情况。

2）检查冷却器上不存在明显的脏污。

3）检查冷却风扇运转正常。

（2）强油风（水）冷却器。

1）检查冷却器连接管、阀门、油泵、油流指示器等连接处无渗漏油情况。

2）检查冷却器上不存在明显的脏污。

3）检查冷却器运转过程中无不正常的噪声和振动。

4）检查冷却风扇和油泵运转正常，油流指示器工作正常。

3. 套管的例行检查

（1）检查套管外部及其安装法兰等处无明显的渗漏痕迹。

（2）检查套管外部无明显的裂纹、破损、放电痕迹、严重的脏污等异常现象。

（3）检查套管油位计指示在正常范围内，油位无突变。套管油色正常，不应有发黑、浑浊现象。检查油位计内不应有潮气凝结。

4. 其他组部件的例行检查

（1）储油柜。

1）检查储油柜各部位及相关联管、阀门等附件不存在渗漏油现象。

2）检查油位计外观良好，指示清晰。

3）检查干燥剂的状态，常用的干燥剂在状态良好时应是蓝色。检查油盒的油位是否正常，呼吸器及管道畅通，呼吸功能正常。

（2）气体继电器。检查集气盒中的气体集聚集情况，正常情况应无气体聚集。

（3）低压控制回路。检查端子箱、控制箱等的密封情况，不应有进水或积灰等现象。检查接线端子应无松动、锈蚀现象，电气元件应完整无缺损。

（4）有载分接开关操动机构。检查有载分接开关操动机构的密封情况，不应有进水或积灰等现象。检查接线端子应无松动、锈蚀现象，电气元件应完整无缺损。检查有载分接开关的分接位置及电源指示正常，操动机构中机械指示器与控制室内的分接开关位置指示一致。

（5）压力释放阀。检查本体压力释放阀无明显的渗漏痕迹，无曾经动作过的迹象。

四、变压器及组部件定期检查的项目及内容和质量要求

1. 变压器的定期检查

（1）红外测温。测量箱壁、套管及连接接头温度。额定负载条件下，箱壁不应有超出 80K 的局部过热现象；套管内部不应有局部过热现象；外部连接接头不应有超过 80K 的过热现象。

（2）绝缘电阻。测量连套管的绕组对地及绕组之间的绝缘电阻、吸收比和极化指数，测量结果同最近一次的测定值应无显著差别。一般而言，110kV 及以下变压器绕组的绝缘电阻不应小于 1000MΩ（20℃），220kV 及以上变压器绕组不应小于 2000MΩ（20℃）。

（3）介质损耗因数。测量连套管的绕组的介质损耗因数。测量结果与同类设备或历史数据相比应无显著差别并符合相应的标准。

（4）直流泄漏电流。测量绕组直流泄漏电流，测量结果与同类设备或历史数据相比应无显著差别。

（5）铁芯接地电流。测量铁芯及夹件的接地电流，测量结果应小于 100mA。

（6）铁芯绝缘电阻。测量铁芯对地及夹件的绝缘电阻，测量结果与历史数据比较应无显著差别。

（7）绕组直流电阻。测量连套管的各绕组的直流电组，测量结果同历史数据比较应无显著差别。

（8）表面和油漆。检查本体及附件的外观清洁状况，应无严重的锈蚀、脏污。

（9）变压器油。状态良好的变压器油外观应透明，无杂质或悬浮物。对变压器油一般进行耐压、酸值、含气量、介质损耗因数等项目的试验，试验结果应符合相应标准。

2. 套管的定期检查

（1）纯瓷套管。检查套管外部无裂纹、破损、脏污及放电痕迹，瓷套根部无放电痕迹。

（2）电容式套管。

1）瓷套。检查套管外部无裂纹、破损、脏污及放电痕迹，硅橡胶增爬裙或防污闪涂料（如 RTV）上无放电痕迹，瓷套根部无放电现象。

2）注油孔密封检查。检查注油孔螺栓胶垫密封良好。

3）末屏绝缘电阻。测量套管末屏对地的绝缘电阻，测量结果同历史数据相比应无显著差别。一般而言，绝缘电阻值不应小于 1000MΩ。

4）末屏接地。检查套管末屏的接地良好，无放电痕迹。

5）介质损耗因数和电容值。测量套管电容芯的介质损耗因数，测量结果同出厂值或历史数据比较不应有显著变化，一般而言，20℃时的介质损耗因数应不大于 2%。测量套管的电容值，测量结果同出厂值或历史数据比较不应有显著变化，一般而言，变化量不应大于 ±5%。

6）套管油分析。套管油中 H_2、CH_4、C_2H_2 含量超过以下值时应引起注意。

a. $H_2 \leqslant 500\mu L/L$。

b. $CH_4 \leqslant 100\mu L/L$。

c. $C_2H_2 \leqslant 2\mu L/L$（110kV 及以下），$1\mu L/L$（220～500kV）。

3. 其他组部件的定期检查

（1）储油柜。

1）检查浮球和指针的动作同步，核对油位计指示是否真实准确。对于带有低油位报警功能的油位计，还应检查触头的动作正常。

2）检查储油柜下部集污盒，不应有杂质和水。

（2）气体继电器。检查气体继电器内部结构完好和动作可靠。

（3）低压控制回路。测量气体继电器、温度指示器、油位计、压力释放阀、冷却风扇、油泵、油流继电器、电流互感器、温控器等部件及其信号或控制回路的绝缘电阻，所有测量结果应不小于 1MΩ。

（4）压力释放阀。检查压力释放阀微动开关的电气性能良好、连接可靠、绝缘良好，避免误发信。

（5）温度计。检查温度计座内有适量的变压器油，检查温度指示，压力式温度计和热电阻温度计的指示差值应在 3℃之内。

【思考与练习】

1. 变压器及其组部件需要进行哪些项目的例行检查维护工作？分别有哪些检查内容？

2. 变压器及其组部件需要进行哪些项目的定期检查维护工作？分别有哪些检查内容？

3. 当变压器运行过程中发生以下特殊情况时，应有针对性地进行哪些项目的检查？

（1）持续过负荷运行或高温天气运行。

（2）受到短路冲击。

（3）受到雷电冲击。

▲ 模块 2　变压器及组部件例行检查与处理（Z15H3002Ⅰ）

【模块描述】本模块介绍了变压器及冷却装置、套管、分接开关等组部件例行检查的项目、内容和故障处理方法，通过故障分析、处理方法介绍，掌握变压器及组部件例行检查与处理的方法。

【模块内容】

一、变压器及组部件例行检查与处理的前期准备工作

1. 例行检查处理前的资料准备

查看变压器及相关附件的技术资料、检修记录及报告，了解其类型、参数、结构及特点，以便有针对性地对可能出现的、危害大的问题进行重点检查与维护。

2. 例行检查处理工作常用工、器具及材料的准备

（1）变压器例行检查及现场处理工作中常用的工、器具包括：钥匙、记录卡、对讲机、应急灯、红外线测温仪、扳手、钳子、螺丝刀、锤子、油盘、铁撬棍等。

（2）变压器例行检查及现场处理工作中常用的材料包括：橡胶板、堵漏胶、密封胶、螺栓、螺母、垫圈、清洁抹布等。

二、危险点分析与控制措施

变压器及组部件例行检查和处理的危险点分析与控制措施见表 15-2-1。

表 15-2-1　　变压器及组部件例行检查和处理的危险点分析与控制措施

序号	危　险　点	控　制　措　施
1	头部碰伤	进入设备区必须戴好安全帽，值班员应互相监督、提醒
2	触电事故	检查和处理的全过程必须与带电部分保持足够的安全距离
3	高压设备发生接地故障时进入危险区	高压设备发生接地故障时室内应保持 4m 以上的距离，室外应保持 8m 以上的距离，如需靠近或接触设备外壳应穿绝缘靴，戴绝缘手套

三、变压器及组部件的例行检查与处理

（一）变压器的例行检查与处理

1. 温度和油位

变压器长期过高温度运行会导致油质劣化、绝缘老化，甚至局部绝缘损坏等严重后果。运行过程中必须定期检查、记录变压器油温及曾经到过的最高温度值，并按照油温变化控制冷却装置的投切。

变压器油温检查时，主要查看油面温度计和绕组温度计指示值，油面温度计的读数应符合表 15-2-2 的要求。如油温异常，检查人员还应进一步根据检查时的负荷情况、环境温度、冷却装置投入情况以及历史记录进行综合分析判断和处理。

表 15-2-2　　　　　　　　油　面　温　度　计　读　数　　　　　　　　　（℃）

冷却方式	冷却介质最高温度	变压器最高顶层油温
自然循环自冷、风冷	40	95
强迫油循环风冷	40	85
强迫油循环水冷	30	70

变压器的绕组温度计并不是完全准确地反映绕组的实际温度，故其读数仅作参考。但应注意，当变压器空载时，绕组温度计的读数应与油温指示器基本相同。

变压器油位检查时，主要查看油位计指示，确认读数应在正常范围之内。储油柜采用管式油位计时，储油柜上会标有油位监视线，分别表示环境温度为-20℃、+20℃、+40℃时变压器对应的油位；如采用铁磁式油位计，在不同环境温度下指针应停留的位置由制造厂提供的曲线确定。

若油位指示突变为零或随温度变化异常，首先应确认设备是否漏油，若无漏油现象，则可初步判断为出现了假油位，应停电进行进一步检查处理。

检查油温和油位后，还应核对油温和油位之间的关系是否符合标准曲线。变压器油温和油位之间关系的偏差超过标准曲线，一般由以下原因引起：

（1）变压器本体内残存气体未排放干净或储油柜中有空气。

（2）变压器油箱漏油。

（3）油位计或温度计故障。

（4）胶囊（或隔膜）破损。

（5）局部过热。

对于判断为可能存在局部过热的变压器，应进行油色谱分析，必要时可用红外测温设备进行进一步检测判断。当原因确定后应尽快解决或安排停电检修。

油温和油位检查过程中还应注意各温度指示器和铁磁式油位计的刻度盘上是否有潮气凝结，若有应查明原因并处理，对于无法解决的应尽快更换。

2. 渗漏油

常见的变压器渗漏主要是密封性渗漏和焊缝渗漏两种类型。密封性渗漏一般与密封件、密封面、装配等方面的质量缺陷有关，而焊缝和钢板沙眼的渗漏则是油箱等部件制造过程中的材料或工艺缺陷引起的。一般而言，密封性渗漏问题较好解决，而焊缝渗漏彻底解决的难度较大。

渗漏油检查主要是查看油箱、阀门、油管路等各密封处及焊缝是否有渗漏痕迹，对于发现的密封性渗漏问题，应考虑更换密封件或渗漏部件。对于带电状态下无法更换，但是不影响安全运行的问题，可留待变压器停电检修时一并处理。对于发现的焊缝渗漏问题，轻者可用堵漏胶等暂时处理，待变压器停电检修时一并修理；可能威胁安全运行的严重渗漏应尽快停电处理。具备条件的也可带电补焊。

3. 噪声和振动

变压器正常运行时铁芯、线圈、风机、油泵等部件会轻微振动并发出噪声，但其幅度有限且强度稳定、较均匀。变压器特殊的运行工况、内部出现缺陷或外部连接结构松动等会导致异常的噪声和振动。根据不正常的噪声和振动迹象往往能及时地发现一些重要的问题。以下是《110（66）kV～500kV 油浸式变压器（电抗器）运行规范》中关于异常声音的判断及处理方法：

（1）变压器声响明显增大，内部有爆裂声时，应立即查明原因并采取相应措施，如对变压器进行电气、油色谱、绕组变形测试等试验检查。有条件者可进行变压器空载、负载试验，必要时还应对变压器进行吊罩检查。

（2）若变压器响声比平常增大且均匀时，应检查电网电压情况，确定是否为电网电压过高引起，如中性点不接地电网单相接地或铁磁共振等，也可能由变压器过负荷、负载变化较大（如大电机、电弧炉等）、谐波或直流偏磁作用引起。

（3）声响较大且嘈杂时，可能是变压器铁芯、夹件松动的问题，此时仪表一般正常，变压器油温与油位也无大变化，应将变压器停运，进行检查。

（4）音响夹有放电的"吱吱"声时，可能是变压器器身或套管发生表面局部放电。若是套管的问题，在气候恶劣或夜间时，可见到电晕或蓝色、紫色的小火花，应清除套管表面的脏污，再涂 RTV 涂料或更换套管。如果是器身的问题，把耳朵贴近变压器油箱，则可能听到变压器内部由于有局部放电或电接触不良而发出的"吱吱"或"噼啪"声，此时应停止变压器运行，检查铁芯接地或进行吊罩检查。

（5）若声响中夹有水的沸腾声，可能是由绕组有较严重的故障或分接开关接触不良而局部严重过热引起，应立即停止变压器的运行，进行检修。

（6）当响声中夹有爆裂声时，既大又不均匀，可能是变压器的器身绝缘有限击穿现象，应立即停止变压器的运行，进行检修。

（7）响声中夹有连续的、有规律的撞击或摩擦声时，可能是变压器的某些部件因铁芯振动而造成机械接触。如果是箱壁上的油管或电线处，可用增加距离或增强固定来解决。另外，冷却风扇、油泵的轴承磨损等也发出机械摩擦的声音，应确定后进行处理。

（二）冷却装置的例行检查与处理

冷却装置的重要性在高温季节或重负荷情况下显得尤其突出。冷却装置的例行检查可以及时发现冷却装置上存在的影响运行或散热效率的因素。变压器冷却装置有管式散热器、片式散热器、风冷却器、水冷却器等多种形式，此处根据检查处理工作的特点，将其分为管（片）式散热器和风（水）冷却器两类，分别叙述如下。

1. 管（片）式散热器

管式散热器和片式散热器都是自然油循环形式的散热装置，不包括油泵、油流继电器等附件，因结构简单、运行维护方便而被广泛使用。有些片式散热器也与风机组合成为自然油循环吹风冷却形式使用，对于此类风机的检查也归入此处。

管（片）式散热器的例行检查内容主要是渗漏油、清洁和风机三个方面：

（1）渗漏油检查主要查看法兰、蝶阀等处有无密封性渗漏情况，对于连接法兰处的密封性渗漏，先重新紧固螺栓，若无效则应考虑更换密封件或渗漏部件。

（2）散热器的清洁不仅关系到设备的美观，更关系到散热器的散热效率。因此，当检查发现散热器表面及缝隙中的脏污附着严重时，应安排进行停电清洗。

（3）对于带有吹风装置的管（片）式散热器，例行检查时应注意散热风扇运转是否正常。对于不转的散热风扇，应查明原因并修复或更换。对于有异常噪声和振动的风扇，首先应检查并排除支架或悬挂装置松动的情况，有些时候，风扇安装不当也会导致噪声和振动，可针对具体情况检查解决。对于确定是风扇或电动机损坏的情况，应尽快进行修复或更换。

2. 风（水）冷却器

风冷却器和水冷却器均是采用强迫油循环方式，一般由油泵、散热器、风扇（或水循环管路和水泵）及油流继电器等部分组成。风冷却器以空气为散热介质，而水冷却器以冷却水为散热介质。风（水）冷却器因散热容量大、体积小的特点被广泛用于大型电力变压器的散热。相对风冷却器而言，水冷却器的单位体积散热容量更大，但因其需要附加冷却水循环系统，并且运行维护不便，因此仅限于有特殊要求或条件的场合采用。

冷却器的例行检查内容主要是渗漏油、清洁、噪声振动和运转情况四个方面：

（1）渗漏油检查主要查看连接管、阀门、油泵、油流指示器等连接处有无渗漏油情况，对于连接法兰处的密封性渗漏，先重新紧固螺栓，若无效则考虑更换密封件或渗漏部件。带电状态下无法处理的渗漏可用堵漏胶等暂时处理，待变压器停电检修时一并处理。

（2）风冷却器的散热翅片密集，常年吹风很容易导致灰尘、异物堆积，从而导致散热效率的降低，因此对风冷却器应注意散热翅片的清洁。对于积污严重的风冷却器，可在停电时使用高压力（约500kPa）的水进行冲洗，清洗程度可根据排水的清浊来判定，水洗后应启动风扇使冷却器干燥。

（3）冷却器的油泵、风机（风冷却器）、循环水泵（水冷却器）是转动部件，运行过程中会有正常的声音和轻微的振动。检查过程中若发现明显的振动或金属碰撞等异常的声音时应确定声音或振动的来源，部件松动、变形或损坏常常是引起异常噪声、振动的原因，可针对具体情况进行维修或更换。需要注意的是，油泵的轴承是容易磨损的高转速部件，而且磨损产生的金属碎屑容易跟随油流进入变压器器身，成为故障隐患。因此油泵应采用 E 级或 D 级轴承，且油泵选型时应选用较低的转速（小于1500r/min）。对于运行中的高转速油泵应结合检修更换相应流量的低转速油泵。

（4）查看所有投运的风（水）冷却器的油泵是否运转正常，所有的风机（循环水泵）是否运转正常，油流指示器的指示是否与油泵的运行状态相符合。对于没有按照控制指令运行的设备，应对其电源、控制电路和设备本身进行进一步检查。油流继电器指示异常经常是因为其挡板损坏或脱落。

（三）套管的例行检查与处理

此处将套管的例行检查及异常情况处理分为纯瓷套管和电容式套管两类，分别叙述如下。

1. 纯瓷套管

纯瓷套管有充油与不充油两类，35kV 纯瓷套管多为充油类型，不充油结构一般用于 10kV 及以下。充油套管顶部有放气孔，变压器投运前应进行放气，以保证套管内部充满变压器油。纯瓷套管的检查内容主要包括渗漏油、瓷套两方面。

（1）渗漏油检查主要是查看套管的固定法兰、头部密封、放气孔等处是否存在明显的渗漏痕迹（注意保持安全距离）。对于严重的渗漏应尽快安排停电处理，处理过程中应注意查找渗漏的原因，及时发现并处理瓷套开裂导致渗漏的情况。

（2）瓷套检查主要是查看瓷套上有无明显的裂纹、破损、放电痕迹、严重的脏污等异常现象（注意保持安全距离）。对于存在裂纹、破损的套管应尽快安排更换；对于有放电痕迹和脏污的套管，若情况严重，也应尽快停电检查清洗。

2. 电容式套管

电容式套管的例行检查内容主要包括渗漏油、瓷套和油位三个方面。

（1）渗漏油检查主要是查看套管外部的瓷套接缝、安装法兰等密封处有无明显的渗漏痕迹（注意保持安全距离）。若发现瓷套接缝部位渗漏，则需立即安排停电检查处理；对于无法修复的套管必须更换。若发现安装法兰处的渗漏，视渗漏情况的严重程度决定是否立即检修。

（2）电容式套管的瓷套检查方法与纯瓷套管相同。

（3）电容式套管内充有变压器油，电容芯即浸泡在油中，保持足够的油量是电容式套管正常工作的前提。检查时应确认套管油位计指示在正常范围内，连续的几次检查中套管油位不应有突然的变化。油位的突变一般是由渗漏引起，这种渗漏可能在套管外部无法找到迹象，因为套管油是可能从下节漏入变压器本体的，对于油位异常的套管，应尽快安排停电检修或更换。通过油位计，还可以观察套管的油色，若有发黑、浑浊等现象，往往是套管内部放电或进水受潮，应进行套管油色谱和含水量测定。油位检查过程中还应注意油位计内不应有潮气凝结。

（四）储油柜的例行检查与处理

目前最常用的储油柜仍以胶囊式和隔膜式为主，以下内容主要围绕这两种形式进行。储油柜的例行检查内容主要包括渗漏油、油位计和吸湿器三个方面。

（1）渗漏油检查主要查看储油柜各部位及相关联管、阀门等附件是否存在渗漏油现象。储油柜一般装设在最高位置，运行时油压较低，故渗漏油多以密封件损坏或安装不良等因素引起。鉴于与带电部分距离较近、高度较高等，对储油柜渗漏的处理一般在停电检修时进行。

（2）油位计检查主要是确认其外观完好、指示清晰。对于脏污的管式油位计应尽快清洁，对于开裂的管式油位计应安排停电更换；对于刻度盘上有潮气凝结的铁磁式油位计，也应尽快处理或更换。

（3）吸湿器检查时主要应进行以下内容：

1）检查干燥剂的状态，常用的变色硅胶干燥剂在状态良好时应是蓝色，潮解变色后成为浅紫色或红色。如果干燥剂的变色部分超过总量的 2/3，应重新干燥或更换。吸湿器中的干燥剂应是从下向上变色，检查时若发现上部吸附剂先发生变色，可能是吸湿器上部密封不可靠，应仔细检查。对于使用中的白色干燥剂，由于观察判断困难，建议更换。

2）查看吸湿器油盒中的油位。油位过低，干燥剂与空气长时间连通，失效加快，此时应清洁油盒，重新注入变压器油；油位也不可过高，否则可能在储油柜呼吸时将油吸入干燥剂中使之作用减弱。

3）检查确认吸湿器及管道畅通，呼吸功能正常。随着负荷或油温的变化，储油柜会有呼吸现象，此时油盒中应有气泡产生，如无气泡，则可能呼吸管道有堵塞现象，应及时处理。

（五）气体继电器的例行检查与处理

气体继电器的例行检查主要是查看集气盒中是否有气体聚集。若有气体，应密切观察气体的增量来判断变压器产生气体的原因，有气时，取瓦斯气体和变压器本体油进行色谱分析，综合判断。

若气体继电器内的气体为无色、无臭且不可燃，分析结果若是氧和氮含量较高，则可能是变压器渗漏所致。油泵负压区密封不良常常是变压器进水进气受潮和轻瓦斯发信的原因，此时应立即查清并停用渗漏管路对应的油泵，并及时消除进气缺陷。变压器充氮灭火装置（若有）漏气也可能造成气体继电器中积气，检查冲氮灭火装置气源即可发现此类问题。

若色谱分析结果证明积气中含有 H_2、CO、CO_2、CH_4、C_2H_2、C_2H_4、C_2H_6 等故障特征气体，则可能是变压器内部存在放电或过热，应进一步跟踪检查并结合其他手段进行分析判断。

为保证保护的可靠性，气体继电器每隔 3 年应进行校验。每 6 年测量一次气体继电器二次回路的绝缘电阻，应不低于 $1M\Omega$，采用 $1000V$ 绝缘电阻表测量。

（六）低压控制回路的例行检查与处理

此处低压控制回路包括端子箱、控制箱及与之相关的二次信号和控制线路。低压控制回路的例行检查内容主要集中在密封性和完整性两方面。

（1）密封性检查是指查看端子箱、控制箱等的密封情况，若发现进水或积灰等现象，应进行清扫处理，查找出进水或积灰的原因并妥善解决。

（2）完整性检查是指检查所有接线端子和电气元件的完好程度，对于松动的接线端子应重新紧固，对于锈蚀、损坏、缺失的端子及电气元件应及时处理或更换。

（七）有载分接开关操动机构的例行检查与处理

有载分接开关操动机构的例行检查内容主要包括密封性、完整性和挡位核对三个方面。

（1）密封性检查是指查看有载分接开关操动机构的密封情况，若发现进水或积灰等现象，应进行清扫处理，查找出进水或积灰的原因并妥善解决。

（2）完整性检查是指检查有载分接开关操动机构箱内所有接线端子和电气元件的完好程度，对于松动的接线端子应重新紧固，对于锈蚀、损坏、缺失的端子及电气元件应及时处理或更换。

（3）挡位核对主要是确认有载分接开关的分接位置及电源指示正常，操动机构中的机械指示位置与控制室内的分接开关位置指示一致。

（八）压力释放阀

压力释放阀是变压器油箱的压力保护装置，其例行检查内容主要包括渗漏油和动作情况两方面。

（1）渗漏油检查主要是查看本体压力释放阀安装法兰及喷油口附近是否有渗漏痕迹，若发现渗漏油，首先应考虑本体内有异常压力存在，可重点检查以下各项内容：

1）储油柜呼吸器有否堵塞。

2）油位是否过高。

3）油温及负荷是否正常。

在以上原因均被排除后，应在停电检修时，进一步检查压力释放阀的弹簧、密封是否失效。

（2）动作情况主要是查看本体压力释放阀指示杆是否突出，是否有喷油痕迹。如有以上现象，说明压力释放阀曾动作过，除检查上面三项内容外，应进一步检查以下几项内容：

1）变压器是否受到短路电流冲击。

2）二次回路是否受潮。

3）储油柜中是否有空气。

4）气体继电器与储油柜间的阀门是否开启。

确定原因后应详细记录。若变压器曾受短路电流冲击，需对变压器绕组紧固及变形情况做进一步分析。

【思考与练习】

1. 变压器例行检查维护工作的特点及安全注意事项有哪些？

2. 变压器油温和油位之间为什么有着密切的关系？

3. 变压器渗漏油分为哪两类？引起的原因有哪些？

▲ 模块3　变压器及组部件的定期检查与处理（Z15H3003Ⅰ）

【模块描述】本模块介绍了变压器及冷却装置、套管、分接开关等组部件定期检查的项目、内容和故障处理方法，通过故障分析、处理方法介绍，掌握变压器及组部件定期检查与处理的方法。

【模块内容】

一、变压器及组部件定期检查与处理的前期准备工作

1. 定期检查处理前的资料准备

查看变压器及相关附件的技术资料、检修记录及报告，了解其类型、参数、结构及特点，以便有针对性地对出现概率高、危害大的问题进行重点检查与维护。

2. 定期检查处理工作常用工、器具及材料的准备

（1）变压器定期检查及现场处理工作中常用的工、器具包括：红外线测温仪、钳形电流表、绝缘电阻表、玻璃钢梯子、扳手、钳子、螺丝刀、测量尺、锤子、刮刀、锉、凿、吸尘器、铁撬棍、户外灯、容器、漏斗、油盘、透明软管等。

（2）变压器定期检查及现场处理工作中常用的材料包括：表面油漆、防腐漆、刷子、溶剂、砂纸、金属刷、电线、焊锡、橡胶板、堵漏胶、螺栓、螺母、垫圈、清洁抹布等。

二、危险点分析与预控措施

变压器及组部件定期检查与处理的危险点分析和控制措施见表15-3-1。

表15-3-1　变压器及组部件定期检查与处理的危险点分析和控制措施

序号	危　险　点	控　制　措　施
1	碰伤	进入设备区必须正确佩戴安全帽，值班员应互相监督、提醒
2	高处跌落	高处作业时应使用安全带，严禁低挂高用
3	误入带电区域	检查和处理的全过程必须在指定的工作区域内进行
4	靠近带电部分	与变电站内带电部分保持足够的安全距离

三、变压器及组部件的定期检查与处理

（一）变压器的定期检查与处理

1. 红外测温

大型变压器因电流大、漏磁损耗大等原因，容易在油箱局部位置或套管接头等部

位产生局部过热。长期的局部过热会引起变压器油劣化、连接部件烧蚀、密封件老化等问题。使用红外测温装置可有效发现此类问题。红外测温作为一种非接触的温度测量方法，因具有使用安全、方便、准确等显著优点，近年来在电力设备在线检查方面得到了广泛的应用。

检查时使用红外测温装置对箱壁、套管及其接头进行测量，并记录当时负荷电流及环境温度等。在额定负载条件下测量结果应符合以下要求：

（1）箱壁不应有超出 80K 的局部过热现象。

（2）套管内部不应有局部过热现象。

（3）外部连接头不应有超过 80K 的过热现象。

若发现局部过热问题，首先应排除当时的特殊环境、运行等条件引起的短时异常。对于确定的设备缺陷应根据过热的程度采取措施；对于套管及其接头过热问题应尽快停电检修；对于油箱局部过热问题应及时记录，必要时可监测油样以确认过热的危害程度。

2. 绝缘电阻

绝缘电阻测量只需要一只绝缘电阻表即可进行，且是非破坏性试验，因此该试验是评价电气设备绝缘状况最基本、最简便的方法，在电气设备的制造、安装、运行的检查和检修过程中应用十分广泛，它对于绝缘中存在的局部集中缺陷非常敏感。

变压器绕组绝缘电阻测量应使用 2500V 或 5000V 绝缘电阻表，测量绕组对地或对其他绕组的绝缘电阻、吸收比和极化指数，测量结果同最近一次的测定值应无显著差别。较全面判断绝缘状况应是以绝缘电阻值为基础，结合吸收比甚至极化指数来进行。一般而言，110kV 及以下变压器绕组的绝缘电阻不应小于 1000MΩ（20℃），220kV 及以上变压器绕组不应小于 2000MΩ（20℃），极化指数（R10m/R60s）应大于 1.5。

需要说明的是，随着绝缘材料及处理工艺的进步，经常出现变压器的绝缘电阻很高但吸收比较低的情况，这是变压器绝缘良好的表现。对于绝缘电阻过低而吸收比高的变压器，应进一步进行后面的介质损耗因数测量，以便找出原因。

3. 绕组的介质损耗因数

变压器介质损耗因数测量是在非测试绕组接地或屏蔽情况下，对测试绕组施加 10kV 电压，用介质损耗测量仪进行。此时测量的结果是连套管的绕组的介质损耗因数。将测量结果与同类设备或历史数据相比应无显著差别。一般而言，20℃时的绕组介质损耗因数不应大于下列数值：

（1）330～500kV 电压等级不大于 0.005。

（2）66～220kV 电压等级不大于 0.008。

（3）35kV 电压等级不大于 0.015。

若介质损耗因数测量值明显偏低或下降，则说明变压器绝缘存在受潮等非集中性的缺陷，如绝缘受潮、绝缘油受污染等，视具体情况选择如热油循环、现场干燥、真空滤油等措施来处理。

若介质损耗因数测量值正常而绝缘电阻测量值偏低，则说明变压器绝缘中存在局部缺陷影响了绝缘电阻值。在排除外绝缘存在缺陷的可能性后，应进一步结合大修对内部绝缘进行检查和处理。

4. 绕组直流泄漏电流

绕组直流泄漏电流测量是在非测试绕组接地或屏蔽情况下，对测试绕组施加高压直流电压，测量其直流电流。其测量原理与绝缘电阻测量相同，但所加电压远高于绝缘电阻测量，故本试验有一定的破坏性。正因为试验电压较高，本试验常可发现绝缘电阻测试未能发现的缺陷。测试结果与同类设备或历史数据相比不应有显著差别，如有，可逐步提高测试电压，如直流泄漏电流相应变化，则很可能是套管瓷套开裂或绝缘受潮，应更换套管或针对绝缘进行干燥处理。

5. 铁芯接地电流

用钳形电流表测量铁芯、夹件的接地电流，测量值一般应小于100mA。若铁芯、夹件的接地电流过大，则意味着铁芯内可能存在多点接地故障，应进一步对变压器油进行取样分析，以判断故障的严重程度；对于轻度故障，可将铁芯经电阻接地，限制铁芯接地电流至100mA以下暂时运行，铁芯多点接地故障应在检修时彻底处理。

6. 铁芯绝缘电阻

用2500V绝缘电阻表测量铁芯对地及夹件的绝缘电阻，测试结果与历史数据比较应无显著差别。若测量结果明显降低，则可能是铁芯与夹件间的绝缘损坏或积存有垃圾，应在检修时彻底处理。

7. 绕组直流电阻

绕组直流电阻测量是一项较为方便而有效的判定绕组、分接开关、套管等部件导电状况的试验，它能够反映绕组匝间短路、绕组断股、分接开关异常及套管接头接触不良等缺陷。实际的检查维护工作中，常常可有效判断出调压开关挡位异常等问题。一般而言，每隔1~3年或在变压器大修、无励磁开关调级后、变压器出口短路等情况下必须进行该试验。

对于大容量变压器，因绕组的直流电阻值很小，应使用精度较高的方法（如双臂电桥）进行测量。目前，操作简便且精度可靠的专用直流电阻测量仪已被广泛采用，使用此类仪器可高效准确地得到试验结果。测量绕组直流电阻时应当注意，由于材料的电阻率与其温度关系密切，所以在测量绕组直流电阻时必须注意记录其温度。一般而言，对于油浸式变压器，常使用顶层油温替代绕组平均温度，但必须确认这种替代的可靠性。例如，对于刚退出运行的变压器，其本体上、下温差明显，绕组温度肯定会高于油温，这种替代就是不可靠的。对于没有可靠温度信息的直流电阻测量结果，若仅是同时进行的三相测量，则三相之间的电阻比较是有价值的，但无论如何，其绝对电阻值是没有意义的。因此，无论是三相变压器还是单相变压器组的三相，都应尽可能同时间测量以减少温度引起的误差。

绕组直流电阻的测量结果（折算至同一温度）同历史数据比较应无显著差别。DL/T 596—1996《电力设备预防性试验规程》规定：1600kVA 以上的变压器，各相绕组电阻相互间的差别不应大于三相平均值的 2%；无中心点引出的绕组，线间差别不应大于三相平均值的 1%；1600kVA 及以下的变压器相间差别不大于三相平均值的 4%，线间差别不大于三相平均值的 2%；变压器的直流电阻，同时要求与同温度下产品出厂实测值比较，相应变化不应大于 2%。Q/GDW 168—2008《输变电设备状态检修试验规程》要求：有中心点引出线时，应测量各个绕组的电阻；若无中心点引出线，可测量各线端的电阻，然后换算到相绕组，同一温度下各相绕组电阻的互差不大于 2%。此外，还要求同一温度下，测量值与初值的偏差不超过±2%。当变压器某相出现明显测量阻值异常时，首先应排除测量导线断股、套管头部接触不良等测量原因。对于确实存在绕组直流电阻异常的变压器，应根据情况进一步检查套管、引线、开关甚至绕组，然后针对性地解决问题。

8. 表面和油漆

检查本体及附件的外观清洁状况，对于脏污处应进行清洁，对于脱漆、锈蚀的地方，应用金属刷彻底清除锈蚀后再补刷底漆和面漆。

9. 变压器绝缘油

变压器油在油浸式变压器中起着散热和绝缘的作用，变压器油的质量对变压器的可靠运行非常重要。对变压器油进行各种试验是判断变压器油品质的最有效方法。为了确保试验结果的准确性，我们首先应当保证取油样工作的正确，因为介质损耗因数、含水量、含气量、油中溶解气体分析等项目受取样方法的影响相当大。关于取油样工作，至少有以下几方面需要注意：

（1）取样工具。若需进行含气量、油中溶解气体分析等项目，应使用密封良好的玻璃注射器取油样；进行其他项目时，使用磨口瓶既可。取样工具一般是对于用注射器取样而言的，被广泛采用的工具是耐油橡胶管，但必须注意所用的橡胶管的材料和清洁程度都不应当污染油样。

（2）取样部位。取样部位应根据具体情况确定，但总体原则是所取油样应有代表性，一般从油箱下部取样。

（3）取样操作。取样容器应经过可靠的清洗并烘干；取样前用干净的滤纸擦净出油嘴；正式取样前放掉一些油冲洗管路，并将取样容器用油冲洗至少三遍；取样时应尽量避免气泡混入，若有气泡，应重新取样。

一般而言，常用的变压器油试验有以下几种：

（1）外观。本项目检查油中杂质情况。优质的变压器油应透明，无杂质或悬浮物。对于浑浊、有杂质的变压器油，可采取过滤的方法处理，还可使用真空滤油的方法进一步提高油的品质。

（2）耐压。本项目用于测定油的绝缘能力。试验时将变压器油按要求注入标准油杯中，施加工频电压直至油隙击穿，记录击穿时的电压值。按照 GB/T 507—2002《绝缘油　击穿电压测定法》的要求，一杯油应当重复以上测试步骤六次，取六次击穿电压的平均值作为其击穿电压。变压器的电压等级不同，对其变压器油的耐压要求也不同，具体如下：

1）新投运变压器油的工频击穿电压测试结果应满足以下要求：

a. 35kV 及以下电压等级不小于 35kV。

b. 66～220kV 时电压等级不小于 40kV。

c. 330kV 时电压等级不小于 50kV。

d. 500kV 时电压等级不小于 60kV。

2）运行中变压器油的工频击穿电压测试结果应满足以下要求：

a. 35kV 及以下电压等级不大于 30kV。

b. 66～220kV 时电压等级不大于 35kV。

c. 330kV 时电压等级不大于 45kV。

d. 500kV 时电压等级不大于 50kV。

（3）酸值测定。酸值是油中含有酸性物质的量。中和 1g 油中的酸性物质所需的氢氧化钾的毫克数称为酸值。以上所说的酸性物质包含有机酸和无机酸，但在大多数情况下，油中只含有机酸。新油所含有机酸主要为环烷酸。在储存和使用过程中，油因氧化而生成的有机酸为脂肪酸。酸值对于新油来说是精制程度的一种标志，对于运行中的变压器油来说，则是油质老化程度的一种标志，是判定变压器油是否能继续使用的重要指标之一。一般要求变压器油的酸值满足以下要求：

1）新投运变压器油的酸值不大于 0.03mgKOH/g。

2）运行中变压器油的酸值不大于 0.1mgKOH/g。

对于酸值超标的变压器油应进行处理。

（4）含气量。变压器油的含气量是指溶解在油中的所有气体的总量，用气体体积占油体积的百分数表示。变压器油溶解气体的能力较强，溶解气体的主要来源是空气，氢和烃类气体是在设备运行过程中由变压器油裂解而生成，一氧化碳和二氧化碳是固体绝缘自然劣化或遭破坏时被释放到油中的，这些气体的含量都很低，通常说的含气量实际上是指变压器油中的空气含量。

变压器油中溶解空气不多时，对油本身的绝缘性能并无明显危害。但当油中溶解气体较多时，易在油中产生气泡，引起局部放电危害绝缘。此外，油中溶解的氧气是导致变压器油老化氧化的直接原因。

330kV 及以上变压器用油的含气量测定的结果应符合以下要求：

1）交接试验或新投运变压器：不大于 1%。

2）运行中变压器：不大于 3%。

对于含气量超标的变压器油，可进行脱气处理。

（5）油中溶解气体分析。变压器油和纤维绝缘材料受到水分、氧气、热量以及铜和铁等材料的催化作用会老化分解，生成 H_2、CO、CO_2、CH_4、C_2H_2、C_2H_4、C_2H_6 等气体并溶解于油中，这些气体被称为故障特征气体。正常运行情况下，变压器油中产生气体的速率是相当缓慢的，当变压器内部存在初期的故障或形成新的故障条件时，油中这些气体的含量会明显增加，因此，对变压器油中溶解气体进行分析是发现与判断变压器内部故障的有效手段。

变压器油中故障特征气体主要由以下原因引起：

1）变压器油过热分解。

2）油中固体绝缘介质过热。

3）火花放电引起油分解。

4）火花放电引起固体绝缘分解。

当发现变压器油中故障特征气体超标时，应缩短取样周期并密切监视气体增加的速率，为故障的判定和处理提供依据。用特征气体判断故障可参考 GB/T 7252—2016《变压器油中溶解气体分析和判断导则》。

（6）含水量。微量的水是可以溶解于油的，虽然量不大，但却会大大降低油的击穿电压和绝缘材料的绝缘性能，加快其老化速度。过量的水甚至会使油发生乳化，丧失绝缘能力。本项目即是用于监测变压器油中水的含量。

1）新投运变压器油中含水量测定的结果应符合以下要求：

a. 110kV 及以下电压等级应不大于 20mg/L。

b. 220kV 电压等级应不大于 15mg/L。

c. 330～500kV 电压等级应不大于 10mg/L。

2）运行油中含水量测定的结果应符合以下要求：

a. 110kV 及以下电压等级应不大于 35mg/L。

b. 220kV 电压等级应不大于 25mg/L。

c. 330～500kV 电压等级应不大于 15mg/L。

当油中含水量超标时，可用真空滤油设备对油进行处理。当出现绝缘受潮时，还应采用热油循环方法脱去绝缘中的过量水分。对于严重的绝缘受潮引起的油中含水超标，应对器身进行干燥处理。

（7）介质损耗因数。由于存在着杂质、水分等成分，因此变压器油也有介质损耗现象。一般来说，新油受到污染、运行油老化程度加深都会使油的介质损耗因数升高，油中若存在游离水或乳化水，对介质损耗因数也有严重影响。因此，通过测量介质损耗因数可以监测变压器油的状态。

1）新投运变压器油的介质损耗因数测量结果应符合以下要求：

a. 330kV 及以下电压等级应不大于 0.01（90℃）。

b. 500kV 电压等级应不大于 0.007（90℃）。

2）运行油中介质损耗因数测量结果应符合以下要求：

a. 330kV 及以下电压等级应不大于 0.004（90℃）。

b. 500kV 电压等级应不大于 0.02（90℃）。

介质损耗因数超标的变压器油应进行进一步的分析，对于杂质、水分等因素引起的情况，可以通过滤油、脱水等方法处理。

（8）体积电阻率。变压器油的体积电阻率定义为：直流电压作用下，变压器油内部电场强度与稳态电流密度之比。显然，体积电阻率反映的是绝缘油中电导电流的大小，变压器油体积电阻率的大小与变压器的绝缘电阻密切相关。

1）新投运变压器油的体积电阻率测量结果应大于 $6\times10^{10}\Omega\cdot m$（90℃）。

2）运行中变压器油的体积电阻率测量结果应符合以下要求：

a. 330kV 及以下电压等级应不小于 $5\times10^{9}\Omega\cdot m$（90℃）。

b. 500kV 电压等级应不小于 $1\times10^{10}\Omega\cdot m$（90℃）。

若变压器油的体积电阻率过低，说明油中混入或老化生成了较多的导电物质。

（二）冷却装置的定期检查与处理

1. 管（片）式散热器

管（片）式散热器定期检查时首先应检查管式散热器和片式散热器及其管路、支架的脏污、锈蚀情况，必要时应进行清洁和油漆。然后用 1000V 绝缘电阻表测量冷却风机（若有）电气部分的绝缘电阻，测量结果应不低于 1MΩ。

2. 强油风（水）冷却器

强油风（水）冷却器定期检查时首先应进行清洁状况、运行状态和绝缘电阻三方面的检查。

（1）清洁检查主要是查看冷却器及管路、支架的脏污、锈蚀情况。每年至少用高压水清洁冷却管一次，每三年用高压水彻底清洁冷却管并重新油漆支架、外壳等部分。

（2）运行状态主要是检查油泵的运行状态，对于累计运行 10 年以上或运行时有异常声音的油泵轴承应予以更换。

（3）绝缘电阻测量主要是检查电器部件绝缘的状态。使用 1000V 绝缘电阻表测量油泵、油流继电器、风机等部件的绝缘电阻，测量结果应不低于 1MΩ。

对于风冷却器，还应用真空压力表检查其进油管道（或冷却器顶部）的压力，在开启油泵时进油管道的压力应大于大气压力。若压力表指示小于大气压力，应检查冷却管道是否有堵塞现象（如进油口阀门关闭），此外应核对油泵的型号及性能参数是否匹配。

对于水冷却器，还应检查确认压差继电器或压力表的指示正常，压力值应符合制造厂的规定。检查时若发现冷却水中有油花，则很可能是水冷却器内部发生了漏水，该冷却器必须立即与变压器本体隔离以防止更多冷却水进入变压器内部，同时应对变压器油进行取样分析，以判断变压器内部进水的程度。

（三）套管的定期检查与处理

1. 纯瓷套管

纯瓷套管定期检查时，应仔细检查瓷套有无裂纹、破损、脏污及放电痕迹，瓷套根部有无放电痕迹。对于存在裂纹的瓷套必须更换；对于轻度破损的瓷套，可修复后继续使用；对于脏污的瓷套应用中性清洗剂清洗，然后用清水冲洗净后擦干；对于有污闪痕迹的瓷套，可考虑加装硅橡胶增爬裙或涂防污闪涂料。

2. 电容式套管

电容式套管定期检查时，除按照与纯瓷套管相同的方法检查瓷套外，还应进行注油孔密封检查、末屏绝缘电阻、末屏接地、介质损耗因数及电容值、套管油分析等检查内容，具体如下：

（1）注油孔密封检查。电容式套管注油孔的螺栓胶垫容易老化开裂，导致进水受潮。对于老化开裂的胶垫应及时更换。

（2）末屏绝缘电阻。电容式套管安装法兰位置附近有一小套管，用于将电容芯的最末一屏引出接地。本项目即使用绝缘电阻表测量该引出线对地的绝缘电阻。测量结果同历史数据相比应无显著差别。一般而言，该绝缘电阻值不应小于 1000MΩ。对于末屏绝缘电阻值过低的套管，应进一步对套管油进行取样分析。

（3）末屏接地。检查套管的末屏附近有无放电痕迹，若有则说明末屏接地不良，应重新确认末屏可靠接地。

（4）介质损耗因数和电容值。用介质损耗测量仪测量套管的介质损耗因数和电容值，测量结果同出厂值或历史数据比较不应有显著变化。一般而言，20℃时的介质损耗因数应不大于 2%，电容值的变化量不应大于±5%。介质损耗因数过大的套管，一般是因为受潮或套管油劣化引起，可对套管油取样进行进一步的分析。

（5）套管油分析。有时候需要对套管油进行取样分析，应当注意的是，由于套管内充油量有限且补油不便，因此在取样时放油量应尽量控制。对套管而言，含水量测定和油中溶解气体分析是两个有用且常用的项目。

套管油中溶解气体分析可以有助于判定套管内部的故障类型。套管油中常见的气体为 H_2、CH_4、C_2H_2。当套管油中气体含量超过以下值时应引起注意：

1）H_2 含量≤500μL/L。

2）CH_4 含量≤100μL/L。

3）C_2H_2 含量≤2μL/L（110kV 及以下），1μL/L（220～500kV）。

（四）其他组部件的定期检查与处理

1. 储油柜

储油柜定期检查内容主要包括油位计和集污盒两方面。

（1）油位计的检查主要查看浮球和指针的动作是否同步，不能同步动作时应进行调整或更换。对于带有低油位报警功能的油位计，应检查确认触头工作可靠。由于假油位现象经常存在，定期检查时可用透明软管判断油位计指示是否准确，具体为：将一端连通储油柜底部以下的阀门，依管中油位高度可以检查油位指示的准确性。若出现假油位，应进行进一步检查处理。造成假油位现象的原因很多，常见的主要有以下几种：储油柜内残存气体、呼吸管不畅、管式油位计上部堵塞、铁磁式油位计机械故障等。一般情况下，将这些因素消除即可解决假油位问题。

（2）集污盒是一个装设在储油柜最低位置的容器，可以存积储油柜中可能析出的游离水和较重的杂质。集污盒下部装有阀门，可将这些有害物排出。定期检查时，应从集污盒下部放出的一些油进行检查。若含有杂质，应继续放油，直到积存的杂质排完为止；若是放出的油中含有水分，则不但应将水分排完，更需要进一步取变压器本体油样进行分析判断。

2. 气体继电器

定期检查时应对气体继电器进行开盖检查，确认其内部结构完好，动作可靠。对保护大容量、超高压变压器的气体继电器，还应加强其二次回路的检查维护工作。

3. 低压控制回路

定期检查时应用 1000V 绝缘电阻表测量气体继电器、温度计、油位计、压力释放阀、冷却风扇、油泵、油流继电器、电流互感器、温控器等部件及其信号或控制回路的绝缘电阻，所有测量结果应不小于 1MΩ。对绝缘电阻过低的部件或导线应进一步地检修或更换。

4. 压力释放阀

定期检查时应检查压力释放阀微动开关的电气性能、连接状况和绝缘状态，避免误发信号。为保证压力释放装置的可靠性，还应每隔三年对其进行校验。

5. 温度计

变压器温度计是一个由指示仪表、温包和毛细管三部分组成的密闭系统。温包放置在和变压器油温相同的温度计座内，温包内充有感温液体，当变压器油温变化时，感温液体的体积也随之变化，这一体积变化通过毛细管传递到指示仪表。在指示仪表内有弹性元件，将体积变化转变成机械位移，通过机械放大后，带动仪表指示，表示变压器的油温。指示仪表上还有可以设置超温报警的开关，当温度超过设定值时可以发出信号或跳闸。

为满足大型变压器使用单位远距离采集温度数据的需要，也有将温包做成复合结构的，即能输出 R100 铂电阻的信号，与 XMT 数显温控仪配合使用，可以远距离传输温度信号。

定期检查时应检查各温控器的指示，压力式温度计和热电阻温度计的指示差值应在 3℃ 之内。现场温度指示、控制室温度指示、监控系统的温度指示三者基本保持一致，误差一般不超过 5℃。对于偏差过大的温度指示，应查明原因并对故障部件进行检修或更换。温度计座内缺油常常是导致其测量不准的原因，因此检查时应确认温度计座中注有适量的变压器油，温包浸没在变压器油中。为保证温度数据的准确性，温度计应每隔三年进行校验。

【思考与练习】

1. 变压器定期检查维护工作的特点及安全注意事项有哪些？

2. 变压器绝缘电阻、吸收比、极化指数、介质损耗因数都是判断绝缘状况的重要依据，具体应用中有何侧重？

3. 变压器油的取样工作有哪些注意事项？变压器油试验有哪些常见项目？

▲ 模块 4　变压器及组部件小修周期、项目、内容和质量标准（Z15H3004Ⅱ）

【模块描述】本模块介绍了变压器及冷却装置、套管、分接开关、非电量保护装置等组部件小修的内容和质量要求，通过概念描述、检查方法介绍，掌握变压器及组部件小修周期、项目、内容和质量标准。

【模块内容】

本模块主要以小修工作的具体内容为重点，所介绍的内容可满足开展状态检修工

作的需要，小修周期和项目的确定仍以国家电网有限公司 2005 年《110（66）kV～500kV
油浸式变压器（电抗器）检修规范》（简称《检修规范》）为依据。对已推行状态检修
的地区，在开展检修工作时，检修周期和项目的确定按照 2017 年《国家电网公司变电
检修管理规定》相关标准或规定要求进行。

一、概述

1. 小修

根据《检修规范》的规定，无需吊罩或进油箱内部进行的检修工作称为小修。

2. 小修周期和项目

根据《检修规范》的要求，小修的项目应该是结合预防性试验进行相应的清洗（如
冷却装置的散热管、片等）、检查、缺陷处理、校验、调整等检修工作，小修周期可以
参照预防性试验周期执行。另外，《检修规范》还要求：油泵、风扇、温度计、气体继
电器、油位计、二次控制电路、接地、紧固件等，应每 2～3 年检查一次，根据检查结
果确定检修计划。

《检修规范》中给出的小修项目和周期指的是在通常情况下进行的检修工作，根据
状态检修的要求，设备的检修周期和项目是可以根据此类设备甚至某台设备的状态来
进行调整的，运行单位可根据具体情况结合多年的运行经验，制定具体的检修、维护
方案和计划。

二、变压器及组部件小修的内容和质量标准

变压器的局部缺陷检查及处理工作在模块 Z15H4001Ⅲ中有详细介绍。本模块重点
介绍的是变压器及组部件的基本检查内容，现场操作时可根据各单位情况和设备状
态，在确保安全和检修质量的前提下组织实施。

1. 主变压器各侧套管检查

（1）检查套管油位，要求油位正常，无渗漏油。

（2）清洁各套管瓷伞，要求套管表面清洁、无积灰。对涂刷 RTV 防污闪涂料的套
管，应检查涂层的完整性和有效性，必要时进行补涂。

（3）检查各套管瓷套，要求套管表面无闪络、放电、破损痕迹。

（4）检查套管末屏小瓷套，要求末屏瓷套密封良好、无渗漏，末屏接地可靠。

2. 分接开关

（1）有载分接开关。其检修内容和质量标准参照模块 Z15H2008Ⅲ相关规定。

（2）无励磁分接开关。主要检查其手柄操作机构，具体内容是紧固螺栓，并转动
检查。

1）操作机构转动灵活，转轴密封良好，无卡滞。

2）操作杆无弯曲变形，U 形拨叉应有弹簧，防止悬浮电位。

3）转动检查后测量直流电阻应合格。

3. 散热器和冷却器

常用冷却装置根据使用要求不同，可分为散热器、风冷却器和水冷却器等。

（1）检查冷却器表面脏污附着程度，要求表面清洁无损坏，各阀门连接处无渗漏现象。冷却器管束间洁净，无堆积灰尘、昆虫、草屑等杂物。

（2）强油水冷却器应检查水室密封性，要求油样、水样化验合格。

4. 油泵检查

（1）检查油泵密封情况，要求密封良好无渗油。

（2）检查油泵出口油流继电器指示，启动油泵进行试验，油泵启动时油流继电器应指向蓝色区域（油流继电器指针的指示方向应与油流方向一致），指针无抖动。

（3）检查油泵运转情况，应运转平稳无杂音。

（4）用 2500V 绝缘电阻表检查电动机绝缘，绝缘电阻应不小于 1MΩ。

5. 风扇

（1）检查风扇叶轮与导风洞间隙，应无相互摩擦。

（2）用 2500V 绝缘电阻表检查风扇电动机绝缘，要求绝缘电阻不小于 1MΩ。

（3）检查风扇电动机运转情况，要求运转平稳无杂音。

6. 储油柜油位及油位计检查

（1）检查储油柜油位，按温度曲线查对油位计指示正常。

（2）检查储油柜及联管、油位计密封情况，要求密封良好无渗漏油及油位计无进水痕迹。

（3）检查储油柜油位计信号回路，要求高、低油位发信正确。

7. 变压器非电量保护装置

（1）测温装置检查。

1）检查温度计、温控器，要求指示正确。

2）检查温度计、温控器信号回路，要求回路良好发信正确。

（2）压力释放阀检查。

1）检查压力释放阀密封情况，要求密封良好，无渗油痕迹。

2）检查压力释放阀信号回路及动作情况，要求信号回路良好，发信正确，动作无卡死和脱扣情况。

（3）气体继电器检查。

1）检查气体继电器密封情况，要求密封良好，无渗油痕迹。

2）检查气体继电器信号回路，要求信号回路良好，发信正确。

3）检查气体继电器跳闸回路，要求跳闸回路良好，动作正确。

4）检查气体继电器取气装置，阀门开启，集气盒和管道要求无渗油。

8. 吸湿器

（1）检查外观，玻璃罩清洁完好，管道连接无渗漏。

（2）吸附剂外观呈蓝色，说明吸附剂干燥完好；如吸附剂呈粉红色，则应干燥处理。

（3）吸附剂颗粒完整，有距顶盖 1/6～1/5 高度的空隙。

（4）油位线应高于呼吸管口。

9. 冷却器总控箱

（1）对冷却器总控制箱进行内部清扫，要求无积灰。

（2）对总控箱内各接线端子连接线、接线螺栓进行检查，要求连接导线无发热、烧焦现象，接线端子无松动。

（3）强油循环冷却器的控制箱应进行两个独立工作电源的自动切换试验。

（4）检查冷却器能按温度和负载控制冷却器的投切。

（5）检查冷却器故障后信号动作正确，并能自动投入备用冷却器。

（6）检查电动机过载、短路、断相保护动作正常。

10. 其他组件

（1）油箱及全部阀门塞子检修。

1）检查油箱，要求整体密封可靠，无渗漏油。

2）检查各阀门接头密封，要求无渗漏，密封可靠。

（2）接地系统检查。

1）要求接地无锈蚀，油漆色标正确清晰。

2）要求所有螺栓连接处应连接紧固。

【思考与练习】

1. 变压器及组部件的小修一般包括哪些内容？

2. 在小修过程中，如何根据现场检修情况进行测量和试验？

3. 实行状态检修后，原有的小修工作应如何进行？

◢ 模块 5　变压器及组部件的小修及更换（Z15H3005Ⅱ）

【模块描述】本模块介绍了套管、冷却装置、油泵、风扇、非电量保护装置等变压器组部件的小修更换工作程序及相关注意事项，通过工艺流程及工艺要求介绍，掌握变压器及组部件检查及更换的方法和要求。

【模块内容】

变压器小修工作是无需吊罩或进油箱内部进行的检修工作，其中局部缺陷检查、处理工作在模块 Z15H4001Ⅲ中有详细介绍。本模块重点介绍的是变压器组部件的现场更换内容，因为对于现场不能及时修复的组部件，推荐进行更换，以保证变压器小修工作按时顺利完成。

一、作业内容

（一）变压器小修内容和流程

根据国家电网有限公司 2005 年《110（66）kV～500kV 油浸式变压器（电抗器）检修规范》，小修的工作内容应该是结合定期预防性试验进行相应的清洗（如冷却装置的散热管、片等）、检查、缺陷处理、校验、调整等检查工作，包括对套管瓷套表面、温度计、油位计、气体继电器、压力释放装置、控制箱及其二次回路等，或对于例行检查中发现的问题，因为在不停电条件下无法处理而安排的停电检修项目。

通常小修工作的基本流程可参照图 15-5-1。

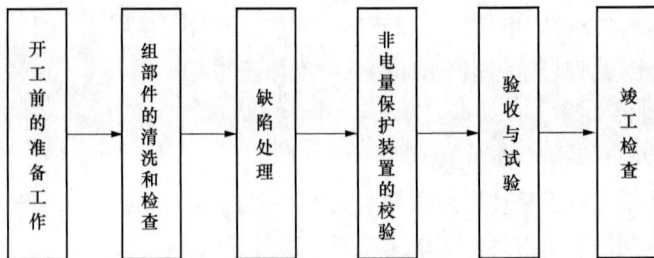

图 15-5-1　作业流程图

（二）工作重点程序

（1）检查导电排的紧固螺栓是否有松动现象，导电排的接头有无过热现象。

（2）清扫套管的瓷裙，检查瓷裙外表有无放电痕迹，表面有无碎裂、破损现象。

（3）清扫变压器的箱壳，并检查有无渗漏油的地方，如有应予以消除。

（4）检查全部冷却系统的设备是否完好，例如对自冷式变压器应清扫散热器表面的积灰，检查焊缝处有无渗漏油的地方；对风冷式变压器除与自冷式变压器相同的检查项目外，还应检查冷却风扇的工作情况是否正常；而对强迫油循环风冷式变压器，还应检查潜油泵的工作情况是否正常；对强迫油循环水冷式变压器，则应检查潜油泵及冷却水泵的工作情况是否正常，冷却器的外表有无渗漏油和渗漏水的现象。

（5）检查气体继电器有无渗漏油的现象，阀门的开闭是否灵活，动作是否正确可靠，控制电缆和继电器触点的绝缘电阻是否良好。

（6）检查储油柜的油面是否正常，油位计的表面应擦得清晰透明，以便观察。应放掉储油柜底部集污盒内的污油，同时要检查吸湿器的吸湿剂是否失效。

（7）对变压器各部位，例如本体、净油器、充油套管等处，均应取油样进行油化试验。

（8）测量上层油温的温度计应拆下进行校验，并检查测温管内是否充满变压器油。

（9）变压器绝缘预防性试验。

二、危险点分析与控制措施

变压器组部件小修及更换时危险点分析与控制措施见表 15-5-1。

表 15-5-1　　　　　变压器组部件小修及更换时危险点分析与控制措施

序号	危 险 点	控 制 措 施
1	现场安全措施不合理或遗漏	核对确认现场安全措施与工作票所列安全措施一致
2	施工期间发生触电事故	确认主变压器各侧所连隔离开关、断路器均处于分闸状态，并挂"禁止合闸，有人工作"标示牌。确认主变压器各侧接地，确认主变压器四周已装设围栏并挂"在此工作"标示牌
3	检修变压器未退出保护，造成误动作	变压器所有保护均应退出，并注意电流互感器的二次回路对变电站继电保护的影响
4	使用吊车时，吊臂与相邻带电设备距离过近，会引起放电	注意吊臂与带电设备保持足够的安全距离：500kV 电压等级应不小于 8m，220kV 电压等级应不小于 6m，110kV 电压等级应不小于 4m，35kV 电压等级应不小于 3.5m
5	起吊时指挥不规范或监护人员不到位，易引起误操作	起重指挥及监护人员应是起重专业培训合格人员
6	吊臂回转引起起吊重心偏移和失稳	任务、分工明确，起重专人指挥使用统一标准信号、专人监护吊臂回转方向
7	登高设备使用不正确，会引起设备损坏或人员伤亡	上、下主变压器用的梯子应用绳子扎牢或派人扶住，梯子不能搭靠在绝缘支架、变压器围屏及线圈上
8	检修电源设备损坏或接线不规范，有可能导致低压触电	根据真空机组、空气压力泵等设备的电源功率选择合适的电源、接线盘和电源线。接线应根据设备使用说明书进行复核
9	高空作业（瓷套外观检查及搭头检查等工作）时高空坠落	高空作业时注意防滑，工作人员必须系保险带工作，若使用高架车，工作人员应将保险带拴在高架车作业斗上
10	拆卸、装配附件等野蛮操作造成损坏	拆装套管搭头时，套管上表面应覆盖，防止螺栓及工具跌下打破套管
11	工作人员间不协调好，擅自启动冷却系统伤人	启动冷却系统前，应通知全体工作人员，并在启动前大声呼唱
12	细小物件落入器身中	全体工作人员必须正确、合理使用劳保和安全防护用品，不允许带金属物品（如戒指、手表等）上变压器的器身检查
13	异物遗留在变压器内	设立现场工器具管理专职人员，做好发放及回收清点工作，并做记录

三、作业前准备

（一）作业施工方案

检修前应熟悉作业施工方案，包括本次检修的组织措施、安全措施和技术措施。其主要内容如下：

（1）人员组织及分工，并负责以下任务：安全、技术、起重、试验、工具保管、油务、质量检验等。

（2）施工项目及进度表。

（3）特殊项目的施工方案。

（4）检查项目和质量标准。

（5）关键工序质量控制内容及标准。

（6）试验项目及标准。

（7）确保施工安全、质量的技术措施和现场防火措施。

（8）主要施工工具、设备明细表，主要材料明细表。

（9）必要的施工图。

（二）检修场地

变压器的检修场地可以视检修项目及其实施的可行性来确定，同时应根据场所的具体情况做好防火、防雨、防潮、防尘、防摔落、防触电等质量安全措施。油罐、大型机具、拆卸组部件和消防器材应事先合理规划，实行定置管理。

（三）工艺装备

现场检修应具备充足、合格、干燥的材料和应有的组部件，以及完备的工艺装备和测试设备。在检修前，对检修项目中所需要的施工（含起重）设备应满足检修工艺要求；仪器仪表、工器具应试验合格，满足本次施工的要求；附件、材料的规格正确齐全；图纸及资料应符合现场实际情况。

1. 工器具

（1）起重设备和专用吊具，载荷应大于 2.5 倍的被吊物吨位。

（2）专用工、器具。如力矩扳手、各种规格的扳手等。

（3）滤油机、真空泵、空气压力泵等。如处理能力 3000～12 000L/h 的滤油机、每小时抽气量大于 2.5 倍变压器体积的真空泵、真空测量表计等。如检修 500kV 变压器还应配置两级真空泵。

（4）气割设备、电焊设备等。

2. 材料

（1）绝缘材料。如各种规格的干燥绝缘纸板、皱纹纸、电缆纸、收缩带、白布带和绝缘油等。

（2）密封材料。如各种规格的条形、板形或成型密封胶垫。

（3）油漆。如绝缘漆、底漆和面漆等。

3. 备品备件

主要包括气体继电器、风扇电动机、油流指示器、变压器油、油泵、密封件、变色硅胶等，应根据实际需要配备。

4. 电源

根据滤油机、真空泵、空气压力泵等设备的电源功率选择合适的电源、接线盘和电源线。

5. 测试设备

（1）常规测试设备。如变比电桥、介质损耗因数仪、电阻电桥，各种规格的绝缘电阻表等。

（2）高压测试设备。如工频试验变压器、中频发电机、耐压设备和局部放电测试设备等。

四、更换操作步骤

变压器组部件的种类繁多，同时随着制造技术、工艺的不断进步，不同的生产厂家、不同的型号规格，在结构原理上存在一定的差别，因此这里主要介绍常见的变压器组部件更换的通用方法。在施工前应根据设备的具体情况编制相关作业指导书，确定具体的操作步骤和质量要求。

（一）变压器套管的更换方法

1. 纯瓷套管的更换

（1）拆除套管引线接头及安装螺母，将套管拆下。

（2）将准备换上的瓷套内、外表面擦洗干净。检查确认瓷件无损伤，零件完整。特别要注意密封面平整。

（3）拆下安装套管法兰上的盖板。通过法兰孔检查引线上端焊接是否可靠，引线外包绝缘是否完好。如存在问题，需经处理后再安装。

（4）清理安装套管的法兰，放置好密封胶垫。将导电杆穿过瓷套，再在导电杆上套上封环、瓷盖、衬垫，并旋上螺母。然后先将瓷套安放在密封胶垫上，用压脚将瓷套压紧。瓷套固定后，再将导电杆上的螺母和锁紧螺母拧紧。

2. 穿缆式油纸电容套管的更换

（1）拆除高压套管引线接头及连接螺母（使用专用扳手），使引线头完全脱离套管接线头，将专用拉绳（端部拴有一个 M12 螺栓的直径为 8～12mm 的尼龙绳）的螺栓拧在套管引线头上，专用拉绳通过滑轮挂在起重机的吊钩上，控制引线在套管起吊时落下的速度，以确保引线头螺纹完好，防止引线头突然坠落损伤绕组和螺纹。

（2）使用专用钢丝，用卸扣固定在专用吊环上，钢丝绳套在吊机钩上。用一只手动链条葫芦通过钢丝套于起重机吊钩上，在套管储油柜下部 2～3 裙用 ϕ10 白棕绳打绳扣，葫芦钩子与绳扣相连。调整好套管起吊的倾斜角度，拆除套管法兰的安装螺栓。在负责人的指挥下，随时调整套管起吊的倾斜角度，同时控制引线落下速度，将套管逐个拆离本体，垂直放置于套管专用架上并用螺栓固定。

（3）用布或棉纱擦去准备换上的瓷套表面的尘土和油污。如有干擦不下的油漆之类沾污物，应使用溶剂擦洗。应把全部瓷裙擦净，直到显现本色。

（4）可拆卸的零件，如导电头（俗称将军帽）及 O 形密封垫圈等，擦净后用布包好备用。对 O 形密封垫圈应细心检查，如发现损伤、老化或与密封槽不配合必须更换，以免密封不可靠。

（5）用铁丝牵引白布球的方法检查和清理导管的内壁，直到无绒白布上不见脏污颜色，然后用塑料布将导管的两头包封好。

（6）仔细检查瓷套（特别是注意两端头和黏合面）有无裂缝，瓷套两头的密封胶垫是否完好。如果发现有渗漏现象，一定要查明原因，并进行处理。现场无法处理时，则应更换套管。

（7）高压引线的引线接头的焊接应采用磷铜焊或冷压焊，不可用锡焊（锡焊时，如果与引线接头接触不良，会因温升过高使锡熔化流进变压器中造成重大事故）。焊接以前须认真核算引线长度，使在最后穿入套管时长度适宜，不会有多余电缆积存于套管下部。按在出线电缆上所做标记的铜线芯长度，减去接头长度，加上引线接头的孔深，再放适当裕度（220kV 级套管裕度为 50～100mm，110kV 级套管裕度为 30～50mm，60kV 级套管裕度为 20～40mm），然后将多余部分铜线芯剪断，焊接完毕后，除去尖角、毛刺、焦斑、氧化皮，并在裸铜部位补刷 1032 号醇酸漆。

（8）当套管起吊到适当位置时，在导管中穿入提升引线的专用拉绳，拉绳通过滑轮挂在起重机的吊钩上。挂好专用拉绳后，便可把套管竖立到一定倾斜度。

（9）待套管吊到油箱上的安装法兰上方时，先从油箱中取出套管引线。如发现引线的外包白布带脱落露铜，应重新包扎好。然后将专用拉绳上的螺栓拧入引线接头的螺孔中。理顺套管引线（防止打结和划伤）和专用拉绳，将套管徐徐吊入升高座内，同时慢慢拉紧专用拉绳，使套管引线同步向上升，直到套管就位。套管就位过程中，应有一位主装人员通过视察孔监视套管是否平稳地就位，及时指挥校正套管的吊装位置，防止碰伤绝缘或电缆。

（10）套管是否可下落到位，对于一般穿缆式引线，应检查引线的绝缘锥是否已进入套管均压球；对于使用成型绝缘件的引线，应检查套管端部的金属部件是否已进入引线的均压球。查明无误后，即可将套管下落到位，并可以拧紧固定套管法兰的螺栓。

（11）待拧紧套管法兰的固定螺栓后，将引线接头从套管顶部提出合适高度。提升时切勿强拉硬拽，以防引线根部绝缘或夹件损坏。然后一手抓住引线接头，另一手拆除拉绳，并旋上定位螺母。定位螺母的圆形端必须朝上而方形端向下。定位螺母拧到与引线接头上的定位孔对准时，插入圆柱销。在导电座上放好 O 形密封圈后，用专用扳手卡住定位螺母，便可旋上导电头，再用专用扳手将导电头和定位螺母用力拧紧。然后撤去专用扳手，将导电头用螺栓紧固在导电座上。紧固时要将 O 形密封垫圈放正，并将其压紧到合适程度，以确保密封性能良好。

（12）经检查确认，引线进入均压球的位置合适，等电位联线的联结可靠，便可将视察孔盖板密封。

必须注意，如果不按上述要求进行操作，将可能引起以下事故：

1）导电头下的 O 形密封垫圈密封不严，水从此处渗漏到绕组上，引起绕组烧毁。

2）套管直立保存待装时，均压球内积水。安装时没有再检查一遍，套管插进油箱后，均压球中积水倾倒到绕组上，引起绕组烧坏。

3）高压套管的下瓷套安装时碰裂，引起缓慢渗漏。运行一段时间后套管上部无油部分发生放电击穿，造成套管爆炸。

4）220kV 级以上引线绝缘锥与套管均压球挤压太紧，引起引线绝缘折断，运行中引线对油箱放电。

5）高压引线的绝缘锥未进入套管均压球造成变压器跳闸事故。

6）均压球未拧紧，成为悬浮导体，局部放电试验时发现局部放电量超标，或者在运行中发现油中乙炔（C_2H_2）含量不断增加。

7）穿过套管铜线的引线外包白布带脱落，引线与铜导管相碰，形成环流，造成引线烧伤，并使油中总烃增高。

8）高压引线接头上的定位螺母台面朝下，无法用专用扳手与导电头拧紧，在正常运行中或线路短路时导电头过热烧坏。

9）升高座的电流互感器引线小套管未拧紧，运行发生渗漏油。需放油后才能处理，避免引起不必要的停电事故。

10）末屏接地小套管必须可靠接地，电容屏的最外层屏蔽极板（即接地屏），用一根不小于 $1mm^2$ 的软绞线套上塑料管引到接地小套管内的导电杆上，此套管称为测量端子，测量套管的介质损耗时才用它。当变压器正常运行或产品做耐压试验时，小套管用一个接地罩与中间法兰接通，此时，小套管必须良好、可靠地接地。末屏接地小套管发生断线大多由于运输或试验造成，可以测小套管绝缘，若为无限大或为零（是断线又接地）可判断为断线。小套管断线时可以将套管吊下平放于地上，拆下小套管进行锡焊。

（二）变压器散热器及冷却器的更换

在更换前应注意切断相应回路电缆的电源，拆前应注意妥善保护和防止工作时损坏电缆，接线头用塑料薄膜包扎，做好标记，标号套应完整无缺少。

1. 散热器的更换

（1）关闭散热器与油箱间的蝶阀，用开口油桶置于散热器下部，拧开散热器底部放油塞螺栓放油，然后打开上部放气塞，加快放油速度，开口筒中油用滤机抽至油罐。

（2）拆除散热器后放尽剩油，并用盖板密封。

（3）散热器安装前应用合格油进行清洗，散热器进出油管法兰直接与油箱上的蝶阀联结并靠联管支撑，打开蝶阀及散热器顶部的放气塞进行注油，待放气塞出油后将其关闭。散热器吊装时，如果安装法兰与油箱联管法兰的尺寸有偏差，可暂时将下法兰对正戴上螺母，然后将散热器提升或下降安装法兰。

（4）吹风冷却的散热器，将风扇电动机按图纸规定固定在支架上（加防振胶垫），装好风扇叶（均为向上吹风），紧固风扇叶的螺母均为反扣，一定要旋紧、锁紧。安装风扇电动机、接线盒、控制线和控制箱等。片式散热器底部吹风时风筒要固定均匀平衡。散热器之间用拉带联上防止强烈振动。强油风冷散热器在相邻两组散热器下部共用一组风机，用可前后伸缩的升降车将风机拖起至安装位置，然后用连接板将风机可靠固定在相邻两组散热器的下部。风扇的旋转方向一定要向上吹风，否则可将接线盒内任意两根引线调换一下。

2. 冷却器的更换

（1）关闭冷却器与油箱间的蝶阀，将开口油桶置于冷却器下部，拧开冷却器底部放油塞螺栓放油，然后打开上部放气塞，加快放油速度，开口筒中油用滤机抽至油罐。

（2）拆除冷却器后放尽剩油，并用盖板密封。

（3）准备安装的冷却器从包装箱内吊出时，要平吊，即吊四个吊拌。然后平放在离地面不低于 500mm 的架子上，以便于清洗处理和起吊，对于潜油泵已装在冷却器上运输的冷却器，在起立时不能使潜油泵受力。风冷却器吊装时，要用两副吊钩起立，确保冷却器油从平放状态平稳过渡到垂直状态。

（4）强迫油循环风冷却器安装前要进行外观检查，表面清理，并应打开上、下部端盖盖板，对内部清洁进行检查，然后密封好，用合格变压器油循环清洗。可用油压或气压方法检漏，试漏标准：0.25～0.275MPa、30min 应无渗漏。对于充氮运输保管的风冷却器，要进行内部检查，确认无异物可不清洗。

（5）冷却器安装逆止阀（单相阀）时要注意安装方向，装在冷却器下部联管时箭头要指向变压器主体，装在上部联管者箭头要指向冷却器。

（6）拆装运输的潜油泵安装前打开进出口封盖，拿出运输用压紧弹簧，检查清洁情况后再装在冷却器上。对于水平安装的潜油泵一定要注意放气。

（7）冷却器联管安装应参照总装图，联管上的温度计座应向上，放气塞向上。不能用联管单独支撑冷却器，装配冷却器联管时，起重机应吊住支架或拉紧螺栓后方可摘去吊绳。风冷却器与变压器本体联结时，首先将下部法兰对正，紧固件处于松弛状态，然后调整桥式起重机车和联管对正上部法兰。调整冷却器垂直和水平处于良好状态，最后上下同时紧固紧固件，固定支架、拖板及 U 形螺杆。

（8）冷却器装好后，最好与主体一并真空注油，当暴露时间不允许时也可以单独注油，单独注油时打开冷却器下部油门，从冷却器顶放气塞放气（包括净油器放气），气塞出油后关住气塞，然后启动潜油泵。

（9）潜油泵的转向必须正确，当泵体尾部有观察窗时，可以在泵启动时和刚刚停止时观察是否与箭头指示一致；当无观察窗时，可通过泵达到额定转数时，油流继电器能否指到红区，即标准流量处，如只能达到一半以下，而且指针颤动，则潜油泵转动方向反了，风扇是从冷却器向主体外侧吹风。

3. 强油水冷却器的更换

（1）拆下差压继电器、油流继电器，关闭进水阀，放出存水，再关闭进油阀打开出油阀，放出冷却器本体油。

（2）拆除水、油联管，拆下上盖，松开本体和水室间的联结螺栓，吊出冷却器本体。

（3）水冷却器在安装前，必须进行密封试验，试漏标准：0.4MPa、30min 无渗漏或遵制造厂要求进行。

（4）拆装运输的潜油泵安装前打开进出口封盖，拿出运输用压紧弹簧，检查清洁情况后再装在冷却器上。对于水平安装的潜油泵一定要注意放气。

（5）冷却器联管安装应参照总装图，联管上的温度计座应向上，放气塞向上。不能用联管单独支撑冷却器，装配冷却器联管时，起重机应吊住支架或拉紧螺栓后方可摘去吊绳。

（6）冷却器带有净油器时，净油器的进出口切不可装反，应严格按图纸，冷却器用净油器上部为向净油器进油口，下部为出油口。

（7）冷却器装好后，最好与主体一并真空注油，当暴露时间不允许时也可以单独注油，单独注油时打开冷却器下部油门，从冷却器顶放气塞放气（包括净油器放气），气塞出油后关住气塞，然后启动潜油泵。

（8）潜油泵的转向必须正确，当泵体尾部有观察窗时，可以在泵启动时和刚刚停止时观察是否与箭头指示一致；当无观察窗时，可通过泵达到额定转数时，油流继电器能否指到红区，即标准流量处，如只能达到一半以下，而且指针颤动，则潜油泵转动方向反了，风扇是从冷却器向主体外侧吹风。

（三）变压器油泵的更换

（1）在更换油泵前，应验电检查确认油泵电源应拉开，检查是否悬挂"禁止合闸，有人工作"警示牌。

（2）关闭油泵进出口阀门，拧开油泵放油孔，并回收好油泵和管道内剩油，以防止污染环境。如果阀门关不严，就不能更换油泵，这时也可以将冷却器上面一只油阀关闭，如果还是关不严，就要对变压器采取抽真空后，更换油泵。如果在更换油泵时，发现阀门关不严或失灵，在条件允许下和无备品备件时，就用真空泵对变压器抽真空（应以阀门处渗油但不漏油为宜），并在检修报告中记录好不良阀门，以便在今后变压器大修时更换新阀门。

（3）更换油泵时应使用专用工具，拆除油泵接线、油泵进出口法兰螺栓，将油泵拆下。

（4）更换新油泵，调换油泵密封床，注意密封床要方正，油泵进出口法兰螺栓要从对角线的位置起，依次一点一点地紧固。

（5）更换好油泵后，应清洁油泵，清洗工作现场，仔细接好接线，应可靠，注意油泵接线盒和电缆接口密封应良好。

（6）对油泵和管道放气注满油，应先打开油泵放气阀，再略打开油泵出油阀，待管道和油泵内气排出后，关闭油泵放气阀，随后打开油泵的出油阀。注意蝶阀打开后，应检查蝶阀杆固定锁牢，以防止在运行中蝶阀自动关闭，造成油回路故障。

（7）检查油泵本体、放油孔、各平面接口及油泵进出法兰处应无渗漏油。

（8）对油泵进行调试时，要与相关班组和施工人员协调并做好相应的安全措施。检查油泵转动方向应正确，供油量应正常，观察油流继电器指示指针应指在油流动位置且无跳动。油泵运转时应平稳，无振动，无定、转子碰擦声响，无异常声响。

（9）在工作结束时，要通知运行人员对主变压器气体继电器进行放气，并要求主变压器气体继电器跳闸信号改为报警信号运行，油泵开始运行计时24h后，方可恢复主变压器气体继电器从报警信号改为跳闸信号。

（四）变压器风扇的更换

（1）在更换风扇前，应验电检查确认风扇电源拉开，检查是否悬挂"禁止合闸，有人工作"警示牌。

（2）在调换风扇使用梯子时，应用绳子将梯子扎牢，有专人扶好梯子配合，登高超过1.5m以上应使用安全带，使用工具不得上下抛掷，应使用工具袋。

（3）拆开风扇防护罩，拆卸风叶，拆去风扇电动机接线和电动机固定螺栓，用专用滑轮和绳子将电动机扎牢并吊下，再将新电动机调换上。

（4）将换上的电动机调整同心度，左右间隙不对，可直接移动电动机，高低不对可调整底脚垫片，调整好电动机同心度后，紧固电动机底脚螺栓，并接好电动机接线。注意电动机接线时，要检查电动机引线各桩头螺栓应紧固，接线盒应密封好，可用密封胶进行密封。

（5）装上风扇叶子，螺栓应均匀紧固，并检查风叶与风筒间隙上下左右应相等，最后装上风扇护罩，拆除工作用梯子。

（6）对风扇进行调试时，要与相关班组和施工人员协调好，并做好相应的安全措施。合上冷却风扇电源，检查风扇转向应正确。

（7）对风扇测量三相运行电流，并检查三相运行电流应基本平衡。

（五）变压器油流继电器的更换

（1）在调换前首先要验电确认冷却系统电源已经切断，并检查是否悬挂"禁止合闸，有人工作"警示牌。

（2）油流继电器两侧阀门应关闭，将油流继电器四只螺栓松开，放出剩油，并回收好剩油。如果阀门关不严，就不能更换油流继电器，这时也可以将冷却器上一只油阀关闭，对变压器采取抽真空后，直至阀门渗漏明显改善时，维持真空并且更换油流继电器。

（3）将油流继电器接线拆下，并做好记录，更换新油流继电器时，要换上新密封圈，并且要放正，四只紧固件要对角线方向敲紧，分四次敲紧，不能一次性敲紧，也不能敲得太紧，以防止油流继电器本体损坏。

（4）油流继电器接线时，要按记号接好，接线应可靠，并用2500V绝缘电阻表检测，绝缘应良好，用万用表检测接线应正确，一副动断触点和一副动合触点要按分控电气接线图接正确。对油流继电器进行充油放气，应先打开放气阀，然后打开油泵进油阀，待油流继电器及管道内空气全部排除后，再打开油泵出油阀，检查所有关闭过的阀门应在打开位置，检查阀门应有止动装置且可靠。

（5）启动油泵检查油流继电器指针应指在流动位置且无晃动，检查冷却器工作信号灯应亮，其他冷却器放至备用状态应无启动。停用油泵时，油流继电器指针应指在停止位置。

（6）在调试油流继电器时，检查油流继电器指针应平稳，无晃动且灵敏，指针指示应在各自区域内，各处无渗漏油，接线和其他部位密封应可靠良好，各发出信号应正确。

（六）变压器储油柜的更换

1. 胶囊式储油柜

（1）打开储油柜安装法兰盖板和储油柜集污盒放油螺栓，用油盘接住储油柜内残油并检查是否有凝露水珠。

（2）放出储油柜内的存油，取出胶囊，倒出积水，清扫储油柜。

（3）检查胶囊的外观和密封性能，进行气压试验，压力为 0.02～0.03MPa，时间 12h，应无渗漏。

（4）清洁储油柜内壁，所有导气联管、导油管路内壁应用清洁白布绑在金属线上反复拉擦。

（5）用白布擦净胶囊，从端部将胶囊放入储油柜，防止胶囊堵塞气体继电器联管，联管口应有挡罩，如没有应加焊。

（6）将胶囊挂在挂钩上，连接好引出口。更换密封胶囊，装复盖板。

（7）用透明软管校核油位正常。

2. 隔膜式储油柜

（1）拆下各部联管（吸湿器、注油管、排气管、气体继电器联管等），清扫干净，妥善保管，管口密封。

（2）拆下指针式油位计连杆，卸下指针式油位计。

（3）分解中节法兰螺栓，卸下储油柜上节油箱并取出隔膜，清洁储油柜下节油箱。

（4）清洁储油柜上、下节油箱及更换密封胶垫。

（5）将隔膜平铺在储油柜下节油箱上，安装储油柜上节油箱，安装中节法兰螺栓。安装油位计和连杆。

（6）充油进行密封试验，压力 0.02～0.03MPa，时间 12h。

（7）用透明软管校核油位正常。

（七）变压器非电量保护装置的更换

1. 铁磁式油位计

铁磁式油位计是以储油柜隔膜或胶囊为感受元件的，再通过一对磁铁等传动机构使指针转动，间接显示出油位。这里介绍在隔膜式储油柜中的更换步骤。

（1）先打开储油柜手孔盖板，卸下开口销，拆除连杆与密封隔膜相联结的绞链，从储油柜上整体拆下铁磁式油位计。

（2）将需要更换的铁磁式油位计伸入柜中，其连杆用绳绑在柜顶内壁的钩环上，而不与隔膜相连，并用 WYJBX 电缆线进行插头焊接，按电路图引出高、低油位报警信号。

（3）安装时要用手连续将隔膜上下移动多次，检查表针的转动，刻度为 0 和 10 的最低和最高油位报警应正确。

（4）待变压器真空注油结束后，安装气体继电器，并从油箱上的油门或柜上的注放油管注油至正常油位。

（5）变压器注满油静置结束后，再从视察窗打开隔膜上的放气塞，有油溢出后，再正式把连杆与隔膜相连。

（6）根据油位指示牌上的油位指示曲线，可确定油位计指针的位置。

2. 压力释放阀

（1）在更换前应注意：切断相应回路电缆的电源，拆前应注意妥善保护和防止工作时损坏电缆，接线头用塑料薄膜包扎，做好标记，标号套应完整无缺少。

（2）从变压器油箱上拆下压力释放阀，清扫护罩和导流罩。

（3）压力释放阀均经过严格的出厂检验，安装时应先查看校验合格证书。

（4）将压力释放阀安装在联结用的法兰上，注意检查联结用胶圈。

（5）大型变压器压力释放阀附有专用升高座和蝶阀及护罩，护罩上喷油网要向变压器的外侧，护罩上开口要对准指示杆，不要影响指示杆活动。

3. 气体继电器

（1）在更换前应注意：切断相应回路电缆的电源，拆前应注意妥善保护和防止工作时损坏电缆，接线头用塑料薄膜包扎，做好标记，标号套应完整无缺少。

（2）关闭联管上的阀门，使储油柜与变压器本体油路隔断，松开联结螺栓，将气体继电器拆下。

（3）气体继电器均经过严格的出厂检验，安装时应先查看校验合格证书。

（4）气体继电器先装两侧联管，联管与油箱顶盖间的联结螺栓暂不完全拧紧，此时将气体继电器安装其间，用水平尺找准位置并使入出口联管和气体继电器三者处于同一中心位置。

（5）气体继电器应保持水平位置；联管朝向储油柜方向应有 1%～1.5%的升高坡度；联管法兰密封胶垫的内径应大于管道的内径；气体继电器至储油柜间的阀门应安装于靠近储油柜侧，阀的口径应与管径相同，并有明显的"开""闭"标志。

（6）复装完毕后打开联管上的阀门，使储油柜与变压器本体油路连通，打开气体继电器的放气塞放气。

（7）气体继电器的安装应使箭头朝向储油柜，继电器的放气塞应低于储油柜最低油面 50mm，并便于气体继电器的抽芯检查。

（8）气体继电器与主体导油管连接处需加真空蝶阀，这个阀应按图纸要求先固定在导油管的法兰上压紧密封好。

（9）连接二次引线，并做传动试验。

4. 玻璃温度计和压力式温度计

（1）在更换前应注意：切断相应回路电缆的电源，拆前应注意妥善保护和防止工作时损坏电缆，接线头用塑料薄膜包扎，做好标记，标号套应完整无缺少。

（2）拆卸时，拧下密封螺母，连同温包一并取出，然后将温度表从油箱上拆下，金属细管盘好，细管的弯曲半径不小于 75mm，不得有扭曲、损伤和变形，包装好送校。

（3）玻璃温度计装前先将温度计座中装入变压器油，然后将橡胶密封环套在温度计上，将温度计插入座内，封环封在座口，使温度计刻度朝向梯子以便观察。然后护管固定在温度计上，顶部盖上罩，护管开口对正温度计刻度以便观察。

（4）压力式温度计采用气体（液体）膨胀的温度计毛细管安装时其弯曲半径不小于 75mm，不得扭曲、损伤和变形，安装前温度计要经过校验。

（5）将温度控制器安装于变压器箱盖上的测温座中。座中预先注入适量变压器油，将座拧紧、不渗油。

（6）将温度计固定在油箱座板上，其出气孔不得堵塞，并防止雨水浸入，金属细管应盘好妥善固定。

5. 电阻温度计

（1）在更换前应注意：切断相应回路电缆的电源，拆前应注意妥善保护和防止工作时损坏电缆，接线头用塑料薄膜包扎，做好标记，标号套应完整无缺少。

（2）拆卸时，拧下密封螺母，然后将温度计从油箱上拆下，包装好送校。

（3）电阻温度计安装前要求同指示仪表共同检测合格，指示仪表可供多支电阻测温元件共用。

（4）安装前温度计要经过校验，经校验合格，电阻温度计安装于变压器箱盖上的测温座中。座中预先注入适量变压器油，将电阻温度计座密封拧紧、不渗油。

6. 速动油压继电器（突发压力继电器）（常用于 220kV 及以上变压器油箱保护及 ABB 开关附件）

（1）在更换前应注意：切断相应回路电缆的电源，拆前应注意妥善保护和防止工作时损坏电缆，接线头用塑料薄膜包扎，做好标记，标号套应完整无缺少。

（2）拆卸时，拧下螺母，然后将压力继电器从法兰上拆下，包装好送校。

（3）压力继电器应从包装箱中取出，并检查外观无破损，电缆密封套已固定。

（4）用 O 形密封圈、四个 M10 螺栓、垫圈和螺母将压力继电器安装到法兰上。

（5）将阀杆置于试验位置，从压力继电器的试验接头上将帽盖拆下，然后连接气泵和压力计，升压至压力继电器跳闸。读出压力值并与指示牌上所示的压力之对照。

（6）当压力下降时，检查报警信号是否消失。

（7）检查后，将阀杆转回到运行位置并把帽盖安装到试验接头上。

（八）变压器吸湿器的更换

（1）将吸湿器从变压器上卸下，倒出内部吸附剂，检查玻璃筒是否破损。

（2）将干燥的吸附剂装入吸湿器内，并在顶盖下面留出 1/6～1/5 高度的空隙。

（3）更换密封垫。

（4）将集油杯拧下，卸除密封垫圈，按油面线高度在集油杯内注入变压器油后拧上。

（5）将吸湿器从变压器上卸下的四个螺栓装到呼吸管法兰上。吸湿器法兰螺栓要从对角线的位置起，依次一点一点地紧固。

（6）检查密封良好，无渗漏。

五、注意事项

（1）应对本体及附件锈蚀部位进行除锈补漆，补漆前的除锈务必彻底。

（2）变压器应无渗漏油现象，储油柜及充油套管油位正常。

（3）事故排油设施应完好，所有阀门处于开启状态。

（4）变压器套管外观清洁，相色标志正确。小车的制动装置应牢固。

（5）铁芯必须保证一点接地，铁芯、绕组绝缘电阻应无异常。

（6）呼吸器油位正常，干燥剂（硅胶）颜色正常。

（7）无励磁分接开关三相指示位置一致，有载分接开关顶盖上的快速机构位置指示与操动箱显示器位置应一致。同时手动操作检查开关所有挡数，机械限位应正常。

（8）变压器带电部位对地的外部空间距离应满足表 15-5-2 的规定（测量时，三相大电流套管上部接线板装配位置朝向应一致）。

表 15-5-2 空气中套管绝缘距离参考值 （mm）

电压等级 （kV）	套管之间距离 （正常值/最小值）	套管对地距离 （正常值/最小值）	电压等级 （kV）	套管之间距离 （正常值/最小值）	套管对地距离 （正常值/最小值）
6	150/80	150/80	110	1000/840	1050/880
10	200/110	200/110	154	1380	1430
20	—/150	—/150	220	2000/1700	2100/1750
35	400/300	400/315	330	—	—
66	600/570	650/590	500	—	—

（9）所有控制、信号接线联结紧固，无松动脱落；电流互感器二次闭合回路和它的接地端头联结应正确。

（10）所有装置排气（气体继电器、套管、电缆盒、有载分接开关顶部、泵、冷却器、散热器、升高座、管路等）。拧松放气塞放气，当冒油时快速拧紧，放气完毕。

（11）变压器油击穿电压、水分含量测试结果合格。

（12）填写小修记录。包括站名、变压器编号、铭牌、小修项目、更换部件及检修日期、环境温度、变压器温度等，并注明检修人员。

（13）工作完成后，应做到"工完、料尽、场地清"，才可以交工作票，退出检修现场。

六、检修报告的填写

1. 基本要求

检修报告应结论明确。检修施工的组织、技术、安全措施、检修记录表以及修前、修后各类检测报告附后。各责任人及检查、操作人员签字齐全。

2. 主要内容

内容应包括变电站名称，被检变压器的设备运行编号、产品型号、制造厂、出厂时间、投运时间、历次检修经历、本次检修地点、检修原因、主要内容、检修时段、检修工时及费用情况、完成情况综述（包括增补内容及遗留内容，验收人员，验收时间及验收意见，检修后的设备及工程质量评价，以及对今后运行所作的限制或应注意事项等）。最后还应注明报告的编写、审核及批准人员。

【思考与练习】

1. 简述穿缆式油纸电容套管的更换步骤和注意事项。

2. 在运行中应怎样更换变压器的潜油泵？

第十六章

变压器故障处理

▲ 模块 1　变压器及组部件常见缺陷和故障检查与处理
（Z15H4001Ⅲ）

【**模块描述**】本模块介绍了变压器渗漏油、铁芯多点接地、油位异常、绕组直流电阻不平衡率超标、受潮等缺陷和故障的分析处理，通过处理方法介绍、案例分析，掌握变压器及组部件常见缺陷和故障的检查及处理方法。

【**模块内容**】

一、变压器及组部件常见缺陷和故障检查与处理

（一）变压器渗漏油的检查与处理

1. 渗漏油的类型

（1）密封件渗漏油。

（2）焊缝渗漏油。

2. 渗漏油的原因

（1）密封件质量不符合使用要求。

（2）密封件损坏或老化。

（3）密封件选用尺寸不当或位置不正。

（4）在装配时，对密封垫圈过于压紧，超过了密封材料的弹性极限，使其产生永久变形（变硬）而起不到密封作用或套管受力时使密封件受力不均匀。

（5）密封面不清洁（如焊渣、漆瘤或其他杂物）或凹凸不平，密封垫圈与其接触不良，导致密封不严，如套管 TA 的二次出线处。

（6）在装配时，密封件没有压紧到位而起不到密封作用。

（7）密封环（法兰）装配时，将每个螺栓一次紧固到位，造成密封环受力不均而渗油。

（8）焊缝出现裂纹或有砂眼。

（9）内焊缝的焊接缺陷，油通过内焊缝从螺孔处渗出。

（10）焊接较厚板时没有坡口或坡口不符合焊接要求，有假焊现象。

（11）平板钻透孔焊螺杆时，背面焊接不好造成渗漏油。

（12）非钻透平板发生钻透现象。

（13）箱盖或法兰在装配时与连接件间产生应力而翘曲变形，出现密封不严。

3．渗漏油的处理

（1）密封件渗漏油的处理方法。

1）由于密封件原因引起的渗漏油，一般采用更换密封件的方法进行处理。

2）更换的密封件材料应选用丁腈橡胶。

3）更换的密封件尺寸与原密封槽和密封面的尺寸应相配合，清洁密封件并检查应无缺陷，矩形密封件的压缩量应控制在正常范围的 1/3 左右，圆形密封件的压缩量应控制在正常范围的 1/2 左右。

4）在更换新的密封件前，所有大小法兰的密封面和密封槽均应清除锈迹和修磨凸起的焊渣、漆膜等杂质，以及补平砂孔沟痕，要保证密封面平整光滑清洁。

5）对于无密封槽的法兰，密封件安装过程中要用密封胶把密封件固定在法兰的密封面上。

6）所有法兰、盖板装配时，紧固螺栓、螺母不得一次完成紧固，应按图 16-1-1～图 16-1-3 所示顺序均匀地循环紧固，至少循环 2～3 次及以上，特别是最后一次紧固应用手动完成。

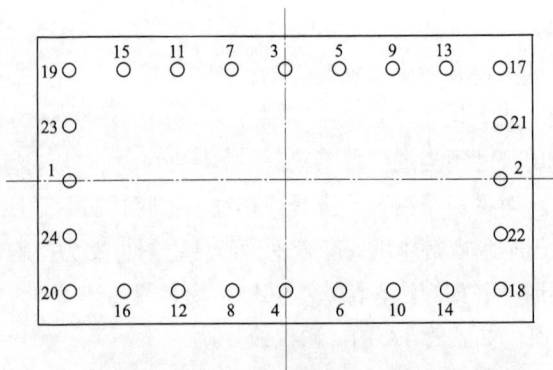

图 16-1-1　长方形盖板紧固螺栓顺序

（2）焊缝渗漏油的处理方法。

1）对因焊接或钢材本身缺陷造成的渗漏油，可使用带油补焊的方法进行处理。

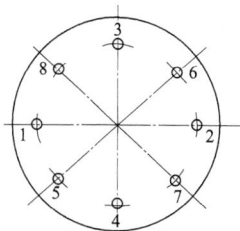

图 16-1-2 圆形法兰密封紧固螺栓顺序

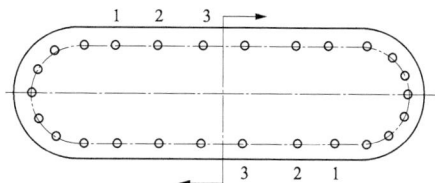

图 16-1-3 箱沿密封紧固螺栓顺序

2）补焊前后均应采油样做油的色谱分析，以免误认为可燃性气体含量增高是变压器故障所引起的。

3）清除焊缝渗漏处表面的污物、油迹、水分、锈迹等。

4）补焊点应在油面 100mm 以下。

5）使变压器内油面处于箱顶以下 100～150mm。

6）利用箱顶上的阀门接好真空管道进行抽真空，并维持真空度为 0.05MPa。

7）在持续真空下，选用合适的焊条，以电弧焊方式进行补焊，焊条采用 ϕ3.2 及以下焊条。

8）补焊时应由上往下运焊，要在引弧后一次快速焊死漏处，焊接速度要快，一般点焊时间控制在 6s 以内。

9）因加强筋盖住了下面焊缝，处理时就要把部分加强筋挖孔进行焊缝、漏点补焊。

10）准备好合适的消防器材，施工场地附近地面不能有易燃物，易溅进火花处用铁板挡好。

11）补焊完毕后仍需持续 0.05MPa 真空 30min。

12）如渗漏点在油箱顶部，则在本体储油柜的吸湿器联管处抽真空，使油箱内真空度均匀提升到 0.035～0.04MPa 进行带油补焊，补焊完毕后仍需持续 0.035～0.04MPa 真空 30min。

（3）法兰螺孔渗漏油的处理方法。

1）适用于变压器套管升高座、人孔、手孔等处法兰，由于内圈焊接有砂眼、裂纹，致使绝缘油通过螺孔渗漏，对于这种渗漏油可采取在螺孔内垫密封橡胶头的办法进行处理。

2）变压器套管升高座、人孔、手孔等处法兰的螺孔一般为 M12 的螺孔，采用 ϕ10 的密封胶条。

3）测量螺孔的长度，将橡胶圆条切成长度为 1/2 螺孔长度的密封橡胶头，密封橡胶头的两端面应平整、水平，在所有螺孔中垫入密封橡胶头。

4）更换法兰的密封垫圈，盖上盖板，用全螺纹的 M12 螺柱替代原来的 M12 螺栓，将螺孔内的密封胶条压紧，再拧上 M12 螺母，将盖板压紧。

（4）散热器焊缝渗漏油的处理方法。

1）采用带油补焊的方法进行处理。

2）关闭散热器上下阀门，使散热器中的油与油箱内的油隔断。

3）从散热器下部的放油塞放出一部分油后关闭放油塞。

4）利用散热器上部的放气塞抽真空，并维持真空度为 0.05MPa。

5）在持续真空下，选用合适的焊条，以电弧焊方式进行补焊。

6）补焊结束后，打开散热器下部阀门，使油箱内的油进入散热器，待散热器上部放气塞出油立即关闭放气塞。

7）打开散热器上部阀门，使散热器可正常运行。

（二）变压器铁芯多点接地故障的检查与处理

1. 故障的原因

（1）箱顶上运输用的定位件没有翻转过来或被拆除掉。

（2）硅钢片翘曲触及夹件等结构件。

（3）穿芯螺栓绝缘套过短或破损使穿芯螺栓与硅钢片短接。

（4）油箱底部有异物，使硅钢片与油箱短路。

（5）铁芯绝缘受潮，有油泥或损伤。

（6）铁芯接地引线过长且未采取绝缘包扎措施。

2. 故障的现象

（1）色谱异常。

（2）运行中用钳形电流表测量变压器铁芯接地电流，接地电流大于 100mA。

（3）停电时，用绝缘电阻表测量铁芯绝缘电阻较低（如几千欧姆）或为零。

3. 故障的处理

（1）变压器无法停电检修，若接地电流大于 300mA 时，应采取加限流电阻的方法进行限流至 100mA 以下，并适时安排停电处理。

（2）电容放电法。

1）铁芯绝缘电阻较低（如几千欧姆），可在变压器充油状态下采用电容放电方法进行处理。

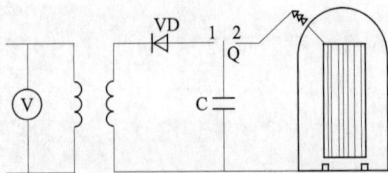

图 16-1-4　电容充放电电路

2）采用电容放电冲击法排除，电容充放电电路如图 16-1-4 所示，电容 C 约为 50μF，直流电压发生器输出电压约为 1000V。

3）首先合双向开关 Q 到 1 侧，对电容 C 充电，充电后快速把开关 Q 合到 2 侧，对变压器故障点放电,反复进行几次,故障即可消除。

4)检查油箱顶盖上运输用的定位钉应翻转过来或拆除掉,否则易导致铁芯与箱壳相碰。如定位钉与油箱绝缘,则不需翻转过来或拆除掉。检查定位钉与油箱间的绝缘应无损坏,否则也应拆除。

5)若不能消除故障,则应进入油箱或吊芯检修。

（三）变压器套管上部接线板发热故障的检查与处理

1. 故障的原因

套管导电杆和接线板接触不良。

2. 故障的现象

运行中用红外热像仪检测变压器套管导接线板温度明显偏高。

3. 故障的处理

（1）变压器停电检修时,拆下套管上部的接线板,检查套管导电杆表面应无损坏,否则应处理,严重时应更换。

（2）清洁套管导电杆表面及接线板。

（3）在套管导电杆表面涂导电脂,重新安装接线板。

（四）变压器本体储油柜油位异常故障的检查与处理

1. 故障的原因

（1）储油柜的吸湿器堵塞。

（2）储油柜的胶囊袋或隔膜损坏。

（3）管式油位计的小胶囊袋输油管堵塞。

（4）储油柜存在大量气体。

（5）指针式油位计失灵。

2. 故障的现象

（1）变压器本体储油柜油位计油位显示异常升高或降低。

（2）用红外热像仪测量的实际油位与油位计显示不符。

3. 故障的处理

（1）检查储油柜的吸湿器应无堵塞,否则检修或更换吸湿器。

（2）储油柜胶囊袋损坏处理方法。

1)关闭储油柜与本体间的蝶阀,打开储油柜顶部的放气塞,从储油柜的放油管放尽储油柜内的变压器油。

2)打开储油柜的盖板,更换胶囊袋。

3)密封储油柜盖板,由储油柜的注油管对储油柜注油。

4)储油柜排气,打开储油柜与本体间的蝶阀。

（3）储油柜隔膜损坏处理方法。

1）关闭储油柜与本体间的蝶阀，打开储油柜顶部的盖板，拉出隔膜上的密封塞。

2）将储油柜内的变压器油放至储油柜中部法兰以下 50mm 即可。

3）拆除上、下部储油柜间的螺栓，吊起上部储油柜，更换储油柜的隔膜。

4）安装上部储油柜，紧固上、下部储油柜间的螺栓，由储油柜的注油管对储油柜注油。

5）储油柜排气，打开储油柜与本体间的蝶阀。

（4）管式油位计的小胶囊袋输油管堵塞处理方法。

1）关闭储油柜与本体间的蝶阀，打开储油柜顶部的放气塞，放尽储油柜内的变压器油。

2）打开小胶囊室的盖板，拔出小胶囊袋与管式油位计连接的输油管。

3）在输油管中塞入一段弹簧以防止输油管弯折堵塞油路，弹簧的外径小于输油管内径 2mm，弹簧应伸入小胶囊袋内 10mm，并在小胶囊袋输油管根部用蜡线绑扎固定。

4）复装小胶囊输油管及小胶囊室的盖板，由储油柜的注油管对储油柜注油。

5）储油柜排气，打开储油柜与本体间的蝶阀。

（5）胶囊式储油柜排气处理方法。

1）对本体储油柜进行排气：拆下本体储油柜的吸湿器，防止吸湿器损坏，将空压泵与储油柜的吸湿器联管连接，启动空压泵加压至 0.025～0.03MPa，直至储油柜放气阀出油。

2）对于采用管式油位计的储油柜，应用密封件密封管式油位计上部进气孔，以防止管式油位计内的绝缘油溢出。

3）打开散热器或冷却器与本体间的阀门，打开升高座导油管、充油瓷套管、冷却器等附件最高位置放气塞进行排气，出油后即旋紧放气塞，并对气体继电器放气。

（6）隔膜式储油柜排气处理方法。

1）打开储油柜顶部的盖板，拉出隔膜上排气孔的密封塞。

2）用手不断将隔膜内的空气从排气孔排出，排尽隔膜内的空气后回装密封塞。

（五）变压器绕组直流电阻不平衡率超标故障的检查与处理

1. 故障的原因

（1）引线连接不紧密。

（2）分接开关触头接触不良或烧毁。

（3）引线电阻的差异较大。

（4）绕组并联导线断股。

（5）引线焊接松脱、虚焊、假焊。

2. 故障的现象

变压器绕组直流电阻不平衡率超标，不包括由于变压器结构原因引起绕组直流电阻不平衡率超标。变压器绕组直流电阻不平衡率的判断标准：① 1.6MVA 以上变压器，各相绕组电阻相互间的差别不应大于三相平均值的 2%；无中性点引出的绕组，线间差别不应大于三相平均值的 1%。② 1.6MVA 及以下的变压器，相间差别一般不大于三相平均值的 4%，线间差别一般不大于三相平均值的 2%。③ 与以前相同部位测得值比较，其变化不应大于 2%。

3. 故障的处理

（1）检查引线接线片和套管接线板间的联结是否紧密，有无过热性变色和烧损情况，如有应进行处理。

（2）拧开引线接线片和套管接线板间的紧固螺母。

（3）清除引线接线片和套管接线板表面的氧化层。

（4）清除氧化层要做好防范措施，防止金属屑落入变压器中。

（5）锁紧引线接线片与套管接线板间紧固螺母，使其接触良好。

（6）如有低压套管手孔盖板，可通过手孔进行检修。

（7）检查分接引线接线片与分接开关触头连接有无松动、有无过热性变色和烧损情况，如有应进行以下处理。

1）拆开已松动的分接开关接线片，用砂纸清除分接引线接线片与分接开关触头表面的氧化层。

2）正确紧固分接引线接线片与分接开关触头，使其接触良好。

（8）检查分接开关动静触头接触应良好，否则进行检修。触头有氧化膜则来回切换开关以除去氧化膜。

（9）引线电阻的差异较大、绕组断股、虚焊等故障应进厂检修。

（六）变压器冷却器故障的检查与处理

1. 故障的原因

（1）冷却器的风扇、潜油泵、油流继电器故障。

（2）风冷控制箱故障造成冷却器停运。

（3）风冷却器散热器风道间有堵塞。

2. 故障的现象

（1）冷却器的风扇、潜油泵故障停运。

（2）油流继电器不能正确指示油流方向。

（3）油温异常升高。

3．故障的处理

（1）主变压器不停电更换故障潜油泵。

1）在更换潜油泵前，关闭潜油泵进出口阀门，拧开潜油泵放油孔，将潜油泵及管道内的剩油放入油桶中。如果潜油泵进出口阀门关不严，则不能不停电更换潜油泵，只能在变压器停电检修时采取抽真空的方式更换潜油泵。

2）更换潜油泵时应使用专用工具拆除潜油泵接线、潜油泵进出口法兰螺栓，将潜油泵拆下。

3）更换新的潜油泵，调换潜油泵密封件，潜油泵进出口法兰螺栓要从对角线的位置依次紧固，紧固顺序如图 16-1-2 所示。

4）更换好潜油泵后，复装潜油泵接线，保证潜油泵接线盒和电缆接口密封良好。

5）打开潜油泵进出口阀门对潜油泵和管道放油注满油，应先打开潜油泵放气阀，再略微打开潜油泵出油阀，使变压器油缓慢注入潜油泵和管道内，待放气阀出油后，关闭放气阀，随后打开潜油泵的出油阀和进油阀，注意阀门打开后应检查蝶阀杆固定锁牢，以防止在运行中阀门自动关闭，造成油回路故障。

6）检查潜油泵本体、放油孔、各平面接口及潜油泵进出口法兰应无渗漏油。

（2）主变压器不停电更换故障风扇。

1）在更换风扇前，应检查确认风扇电源拉开，拉开风扇控制回路小开关和熔丝。

2）拆开风扇防护罩，拆卸风叶，拆去风扇电动机接线和电动机固定螺栓，用专用滑轮和绳子将电动机扎牢并吊下，再将新电动机调换上。

3）调整电动机的同心度，左、右间隙不对时可直接移动电动机，高低不对时可调整底脚垫片。调整好电动机同心度后，紧固电动机底脚螺栓，并接好电动机接线，检查电动机引线各桩头螺栓应紧固，接线盒应密封好，可用密封胶进行密封。

4）装上风扇叶子，螺栓应均匀紧固，并检查风叶与风筒间隙上下左右应相等，最后装上风扇护罩。

5）合上冷却风扇电源，检查风扇转向应正确。

6）测量风扇三相电压，偏差应在 380V（±5%）以内。

7）测量风扇三相电流应基本平衡，三相电流差值不超过平均值的 10%，三相电流值不超过电动机额定电流值。

（3）主变压器不停电更换故障油流继电器。

1）在更换前首先要将冷却系统切换开关放至停用并拉开电源空气开关、控制回路小开关和熔丝。

2）关闭油流继电器两侧阀门，松开油流继电器的 4 个螺栓，将油流继电器内的剩油放入油桶中。如果油流继电器两侧阀门关不死，则不能不停电更换，只能在变压器停电检修时采取抽真空更换油流继电器。

3）将油流继电器接线拆下，并做好记录，更换油流继电器及密封件，油流继电器螺栓要从对角线位置依次紧固。

4）按拆卸时的记号接好油流继电器接线，用万用表检测接线应正确，用绝缘电阻表检测绝缘应良好，一副动断触点和一副动合触点要按分控电气接线图接正确。

5）先打开油流继电器的放气阀，再打开油泵进油阀使变压器油进入油流继电器及管道，待放气阀出油后立即关闭放气阀，然后打开油泵出油阀，检查所有关闭过的阀门应在打开位置，检查阀门应有止动装置且可靠。

6）启动潜油泵，检查油流继电器指针应指在流动位置且无晃动，检查冷却器工作信号灯应亮，检查应无渗漏油，检查其他放至备用状态的部件应无启动。停用潜油泵时，油流继电器指针应指在停止位置。

（4）风冷控制箱常见故障的处理方法。

1）风冷控制箱常见故障为热继电器动作或空气开关跳闸，热继电器一般用作过载和缺相保护，空气开关一般用作短路保护。

2）将自动投入运行的备用冷却器组改投到"运行"位置。

3）如果是空气开关跳闸，应检查回路中有无短路故障点，可将故障冷却器组投"停用"位置，重新合上空开，若再次跳闸，则说明从空气开关到冷却器组控制箱之间的电缆有故障。若空气开关合上后未再次跳闸，则说明冷却器组控制箱及电动机之间的回路有问题。

4）如果是热继电器动作，可在恢复热继电器位置时，弄清是潜油泵电动机还是风扇电动机过载。再次短时投入冷却器组，观察油泵和风扇的电动机，并作如下处理：

a. 整组冷却器组不启动，应检查三相电压是否正常，是否缺相。

b. 若潜油泵过载，应稍等片刻，再恢复热继电器位置。

c. 若发现某个风扇声音异常，摩擦严重，可在控制箱内将故障风扇的电动机端子接线取下，恢复热继电器位置，然后试投入该冷却器组。

d. 如果气温很高，可能引起热继电器动作，可打开控制箱门冷却片刻，再次投入。

e. 若潜油泵声音异常，冷却器组不能继续运行，应更换潜油泵。

f. 检查热继电器 RJ 触点接触情况，如果热继电器损坏，应由检修人员及时更换。

（5）检查风冷却器散热器风道间有无隙堵塞，如有应用高压水枪（水压一般为 3～5bar）清洗冷却器组管，清洗工艺如下：

1）清洗前，使冷却器停止运行，拆下风扇保护罩和风扇叶片，这样冷却器的前后都能彻底清洗。

2）用吸尘器在进风侧从上至下吸掉灰尘、杂物。

3）用高压水枪冲洗，由出风侧往进风侧方向冲洗，勿使杂物进入中间管族，以免落入死区。

（七）吸湿器故障的检查与处理

1. 故障的原因

（1）吸湿器滤网堵塞或封盖没打开。

（2）吸湿器油杯内变压器油不足。

2. 故障的现象

（1）变压器储油柜油位计显示异常。

（2）吸湿器内硅胶快速受潮变色，或从上至下变色。

3. 故障的处理

（1）吸湿器滤网检查和处理方法。

1）缓慢打开吸湿器，防止放出残气时引起气体继电器动作。

2）将吸湿器内的硅胶倒出。

3）检查吸湿器底部的滤网有无堵塞现象，如有则进行检修或更换。

4）在吸湿器中倒入合格的硅胶。

（2）检查吸湿器底部油杯内的油位应高于呼吸口，否则应添加变压器油。

（八）变压器受潮故障的检查与处理

1. 故障的原因

变压器进水受潮；检修时的温度、湿度及暴露时间不符合标准，同时抽真空、干燥时间不够。

2. 故障的现象

（1）变压器油中含水量超标。

（2）绕组对地绝缘电阻下降。

（3）泄漏电流增大。

（4）变压器介质损耗因素增大。

（5）变压器油耐压下降。

3. 故障的处理

（1）查各联结部位是否有渗漏，如有按渗漏油整治进行检修。

（2）检查储油柜的胶囊或隔膜有无水迹和破损，如有应进行处理。

（3）检查套管尤其是穿缆式高压套管的顶部连接帽密封情况，如有渗漏应进行处理。

1）拧开高压套管顶部连接帽，用钢丝刷和无绒白布清洁法兰密封面。

2）更换密封垫圈，重新装配套管顶部将军帽，使其密封良好。

（4）必要时采用热油循环对器身进行干燥处理。

1）关闭冷取器与本体之间的阀门，将油从油箱的下部抽出，经真空滤油机加热、脱气后，再从油箱上部送回油箱，这样周而复始进行循环。

2）油的温度控制在 80℃±5℃。

3）热油循环整个过程的时间很长，时间的长短取决于油中的气体及水分的含量是否达到运行要求。

4）处理后应加强运行监视。

二、案例分析

（一）案例 1：变压器渗漏油案例分析

某电力公司 31.5MVA、110kV 主变压器进行油箱渗漏油的带油补焊后，第二年色谱检查分析异常。从特征气体的规律和 IEC 三比值法分析属放电兼过热性故障，色谱分析数据见表 16-1-1。

表 16-1-1　　　　　　　　　　色 谱 分 析 数 据　　　　　　　　　　（μL/L）

项　　目	氢气	甲烷	乙烷	乙烯	乙炔	总烃	判断
第一年周期试验	14.67	3.68	10.54	2.71	0.20	17.09	正常
补焊后一周后	14.2	4.40	13.96	2.48	0.17	21.21	正常
第二年周期试验	97.9	103.3	31.6	131.3	19.7	285.8	放电兼过热

1. 原因

表 16-1-1 数据反映变压器存在放电兼过热故障，经复测无误，但变压器运行一直正常，停电进行电气试验，结论也正常完好。查看检修记录，记载着上一年因三处渗油而带油补焊，一处为散热器上部约 3cm 缝隙，另两处为箱罩上部 2cm 和 4cm 接头处，补焊时的温度达 1000℃，油遇高温裂化分解产生大量特征气体。补焊后的一周色谱分析，其目的是查补焊后油中气体上升情况，但未能如实反映出来，原因可能包括如下两个方面：

（1）所焊之处可能大致为"死区"，虽运行一周，油借自身的上下层温差进行循环（该变压器没有强迫油循环系统），温差不大，循环不快，时间短，特征气体难以均匀分布于油中。

（2）取样或操作上的技术问题，如取样前放油冲洗量不够等。所以补焊一周后取油样进行色谱分析未能发现问题。运行一年后，因补焊产生的气体仍在油中，可能因当时未脱气处理，加之该主变压器储油柜为气囊式充氮保护，油中气体无法自行散发出去。因此判断特征气体为补焊所致。

2. 解决方法

变压器停电后进行真空脱气处理，经脱气处理后监督跟踪分析，由起初一个月两次的跟踪分析，经三个月后无明显变化，而逐步改为一个月一次、两个月一次、三个月一次，至正常周期一年一次，正常运行至今，证实了分析判断的正确性。

3. 防范措施

（1）变压器带油补焊，需进行抽真空补焊。

（2）在持续真空下，选用合适的焊条，以电弧焊方式进行补焊，焊条采用 $\phi 3.2$ 及以下焊条。

（3）补焊时应由上往下运焊，要在引弧后一次快速焊死漏处，焊接速度要快，一般点焊时间控制在 6s 以内。

（4）补焊完毕后仍需持续真空 30min 以上。

（二）案例 2：有载分接开关渗油故障案例分析

某电力公司 110kV 主变压器本体油中溶解的 C_2H_2 含量偏高，见表 16-1-2，该变压器已运行 15 年。

表 16-1-2　　　　　色　谱　试　验　数　据　　　　　（μL/L）

试验时间	H_2	CH_4	C_2H_6	C_2H_4	C_2H_2	总烃	CO	CO_2
2008-5-19	29.0	17.9	3.7	8.2	4.4	34.1	669	4727
2008-1-17	20.0	16.4	3.3	7.4	3.10	30.2	593	4013
2007-8-7	26.0	16.3	3.4	7.4	2.40	29.5	658	4357
2007-7-4	27.0	17.5	3.3	7.5	2.60	30.9	673	4699
2007-6-7	22.0	18.0	3.5	8.2	2.60	32.3	673	4458
2007-3-13	26.0	15.2	2.9	6.7	2.40	27.2	680	4225
2007-2-8	19.0	14.6	3.0	7.1	2.10	26.8	640	4199
2007-1-10	21.0	15.1	2.9	6.5	1.60	26.1	671	4244
2006-8-15	20.0	16.0	3.4	7.1	0.90	27.4	683	4802
2006-7-12	26.0	15.1	3.1	6.9	1.00	26.1	694	4703
2006-1-23	21.0	13.0	2.5	5.5	0.80	21.8	593	3702
2005-7-28	24.0	16.5	2.9	6.5	0.60	26.5	651	4484
2005-4-14	22.0	12.5	2.3	5.8	0.60	21.2	629	3456
2004-10-14	28.0	13.8	2.5	6.1	0.00	22.4	732	4307

1. 原因

该开关是国产组合式有载分接开关，根据该开关的资料可知，切换开关的油室采用绝缘纸筒制成。从色谱试验结果看，仅乙炔含量偏高，其他气体没有明显变化，见表 16-1-2。根据运行经验，该开关经长期运行后绝缘纸筒可能变形而发生渗漏致使变压器本体油中乙炔含量偏高。

2. 解决方法

（1）有载分接开关进行吊芯检修，抽尽有载分接开关油室内的绝缘油并将油室清洁干净，对油室进行试漏。

（2）对变压器施加 0.035～0.04MPa 的压力，维持 3min 后即发现有载分接开关油室底部轴封处有渗油现象（如图 16-1-5 所示），致使运行中有载分接开关油室内的绝缘油进入变压器本体。

（3）用真空滤油机将变压器内的绝缘油抽尽，抽油的同时注入干燥空气（露点≤40℃），真空滤油机抽油的同时已对变压器油进行脱气。

（4）更换有载分接开关油室轴封处的密封圈。

图 16-1-5　油室底部轴封渗漏

（5）对变压器进行真空注油，由于变压器底部有少许绝缘油无法抽尽，变压器真空注油后变压器内绝缘油仍有 0.4μL/L 的乙炔。由于变压器绝缘吸附的绝缘油中仍含有较高的乙炔，变压器运行一段时间后，变压器油的乙炔含量将会有所升高但会逐步稳定。

（6）建议该变压器在投运后一个月内每星期对其进行绝缘油色谱试验，对油中乙炔含量持续跟踪直至稳定。

3. 防范措施

有载分接开关油室采用绝缘板材料，绝缘板材料在油中长期浸泡容易发生变形，该开关已运行约 15 年，其他密封部位仍有可能发生渗漏，建议更换该有载分接开关以解决有载分接开关与本体连通的缺陷。

（三）案例 3：分接开关触头接触不良案例分析

某电厂 240MVA、220kV 主变压器（SFP-24000/220）自投运以来，其内部产气速率较高，经常发生轻瓦斯动作，每年都需要进行脱气处理。经吊罩大修，清除了变压器内部的油泥杂质，并用油冲洗，更换了变压器内部部分密封件，该变压器在随后两年中内部产气速率明显下降，乙炔含量一直维持在 1μL/L 以下。

然而，在两年后对该变压器的色谱分析中，乙炔含量升至 5.9μL/L，氢由 8 月的

66μL/L 下降至 53μL/L，乙烯由 35μL/L 上升至 44μL/L，其他气体含量没有明显变化。但是分析认为故障性质还不明显，同时考虑到色谱试验结果有分散性，决定不急于将该主变压器退出运行，而继续运行加强监视。不到十天，再次取样进行分析，乙炔含量由 5.9μL/L 下降到 1.3μL/L，氢含量由 54μL/L 下降至 43μL/L，乙烯含量由 39μL/L 下降至 26μL/L，其他气体含量下降较小。在 1～2 个月内继续取样分析，其气体含量基本不变。当时曾怀疑主变压器乙炔含量是否可能由潜油泵的轴承损坏而引起，因此对每台潜油泵分别取样进行色谱分析，其气体含量与变压器本体取样结果相同，排除了潜油泵轴承损坏的可能性。

1. 原因

经对照分析，发现乙炔含量与负荷大小有关，见表 16-1-3。

表 16-1-3　　　　　　　　乙炔含量与主变压器负荷大小的关系

主变压器负荷（MVA）		色谱分析		主变压器负荷（MVA）		色谱分析	
平均负荷	最大负荷	乙炔含量（μL/L）	取样时间	平均负荷	最大负荷	乙炔含量（μL/L）	取样时间
180	240	—	—	110	180	5.5	10:30
160	240	6.5	9:30	80	120	4.2	10:00
120	180	5.8	21:30	60	150	3.3	9:30
170	200	—	—				

通过两三个月的跟踪观察，肯定了乙炔含量与该变压器所带负荷大小有直接关系，而发生乙炔的最大可能部位是 220kV 分接开关。为了确定变压器内部故障的性质，采用 AE-PD-4 型超声波局部放电测试仪器进行放电超声波定位测量。在探测过程中，当变压器负荷改变时，放电信号的幅值随之改变，并发现 220kV 分接开关在负荷增加到 80MVA 以上时，荧光屏上出现十分明显的电弧放电脉冲，而在负荷下降到 60MVA 以下时则完全消失。超过超声波局部放电测量，判断该主变压器的故障是 A 相分接开关局部接触不良，在负荷电流大的情况下出现电弧放电。

2. 解决方法

变压器停电检修，将该主变压器的油放完后，从人孔进入检查，果然发现 A 相选择开关最上面的一个动触头上部有一个黄豆大的烧伤痕迹，用干布将其擦净并转动了位置。在大修之后，再对该变压器进行色谱跟踪分析，没有再发现乙炔含量，说明该故障已被确认和处理。

（四）案例 4：变压器绕组直流电阻不平衡率超标分析

某电力公司一台 SSZ9-63000/110 主变压器采用组合式有载分接开关，该开关吊芯检修后，开关切换波形正常，但直流电阻试验不合格，直流电阻值见表 16–1–4。

表 16–1–4　　　　　　　　直 流 电 阻 值　　　　　　　　（Ω）

分　接	A–O	B–O	分　接	A–O	B–O
1	0.287 5	0.287 3	10	0.251 4	0.251 6
2	0.282 4	0.282 2	11	0.257 1	0.255 5
3	0.284 4	0.286 1	12	0.262 8	0.262 0
4	0.276 7	0.273 5	13	0.273 4	0.278 5
5	0.279 7	0.282 2	14	0.270 4	0.271 6
6	0.261 9	0.262 6	15	0.279 3	0.281 6
7	0.258 5	0.261 8	16	0.281 9	0.282 0
8	0.253 1	0.251 7	17	0.287 8	0.287 6
9（a，b，c）	0.245 0	0.244 2			

1. 原因

检查试验接线回路无接触不良现象，对该有载分接开关再次吊芯，测量切换开关动触头与中性点触头间的电阻，最大电阻值 257μΩ，最小电阻值 51μΩ，符合要求。由此可见，有载分接开关的切换开关状态良好。

从有载分接开关的接线图分析，从分接 1 切换到分接 9，直流电阻值应有规律地递减，而从分接 9 切换到分接 17，直流电阻值应有规律地递增，差值为 5～6mΩ（环境温度约 3℃）。从表 16–1–4 的数据来看，分接 3 的直流电阻值大于分接 2 的直流电阻值，分接 5 的直流电阻值大于分接 4 的直流电阻值，对应的分接 13 的直流电阻值也大于分接 14 的直流电阻值，存在明显缺陷，基本确定有载分接开关的选择开关存在接触不良的现象。

2. 解决方法

（1）放尽变压器油，打开人孔，钻芯检查有载分接开关。

（2）重新紧固切换开关绝缘筒外侧的三相输出端子引线和中性点输出端子引线，测量 A 相分接 1 到分接 9 的直流电阻，分接 3 的直流电阻值仍然大于分接 2 的直流电阻值，分接 5 的直流电阻值仍然大于分接 4 的直流电阻值。

（3）重新紧固选择开关三相引线（见图 16–1–6 中"Ⅰ"处），发现该处紧固引线的 6 个内六角螺栓都有松动现象，重新紧固。测量 A 相分接 1 到分接 9 的直流电阻，直流电阻值已满

图 16–1–6　组合式
有载分接开关

足从分接 1 到分接 9 递减的规律，但差值变化很大。

（4）从该有载分接开关的结构来看，选择开关各部件中可能影响变压器直流电阻的就剩下选择开关的动、静触头的接触电阻，从以上情况分析，选择开关的动、静触头可能存在氧化现象，因此对所有的静触头进行表面处理。

（5）选择开关静触头表面处理后，复测直流电阻值，符合要求。

3. 防范措施

图 16-1-6 中"Ⅰ"处三相引线的 6 个内六角螺栓在有载分接开关的制造厂已安装完毕，变压器制造厂应在装配有载分接开关时再次紧固 6 个内六角螺栓。

（五）案例 5：变压器铁芯多点接地故障案例分析

某 20 000kVA、35kV 主变压器轻瓦斯动作频繁，每运行一周左右，气体继电器内就积聚约 2/3 容积的气体。主变压器温升较正常时偏高，但电气试验未发现绝缘不良或受潮。经采用集气袋收集气体继电器中的气体，并进行变压器油色谱分析，其结果见表 16-1-5。

表 16-1-5　　　　　　　　色 谱 试 验 数 据　　　　　　　　（µL/L）

气体	H_2	CH_4	C_2H_6	C_2H_4	C_2H_2	总烃	CO	CO_2
含量	60	139	21	430	4.6	594.6	35	711

1. 原因

色谱反映出 CH_4、C_2H_4 超标，总烃超标，C_2H_2 已接近注意值 5µL/L，H_2 及 C_2H_6 都有明显增长，但 CO、CO_2 增长不明显，说明故障点不是固体绝缘材料分解而致。

集气袋里面的气体易燃，更说明此主变压器存在故障，不是油中溶解的空气因天气变热而析出那么简单。

采用三比值编码法判断：

$$\frac{C_2H_2}{C_2H_4} = \frac{4.6}{430} < 0.1，编码为0$$

$$1 < \frac{CH_4}{H_2} = \frac{139}{60} < 3，编码为2$$

$$\frac{C_2H_4}{C_2H_6} = \frac{430}{21} > 3，编码为2$$

三比值编码组合为 0、2、2，且有乙炔（C_2H_2）产生，说明此主变压器内部可能存在 1000℃以上高温点，由于 CO、CO_2 不多，估计高温点属裸金属过热，或为接头接触不良，或为铁芯多点接地环流发热。

2. 解决方法

经吊芯检查，接线头及分接开关均接触良好，无过热现象。用 2500V 绝缘电阻表测铁芯对地绝缘（接地铜片已解）发现铁芯仍接地，经进一步摇测上、下铁芯的夹件，穿芯螺杆，底部垫脚对铁芯的绝缘，发现底部垫脚对铁芯的绝缘电阻很低，引起铁芯两点接地，产生铁芯与外壳间的环流，造成高温发热。更换绝缘垫脚，并用真空滤油机对变压器油脱水脱气处理。投运后运行正常。

【思考与练习】

1. 在对变压器进行补焊时，为什么要抽真空？
2. 简述变压器绕组直流电阻不平衡率的判断标准。
3. 简述在变电站现场处理变压器绝缘受潮的方法。

◢ 模块 2　各种风冷控制回路维修及消缺（Z15H4002Ⅲ）

【模块描述】 本模块包含变压器各类风冷控制系统的工作原理、维护及故障处理方法。

【模块内容】

随着电网智能化的推广，变压器的控制部分也出现由传统的电磁式向 PLC 控制的智能化方向发展，故障自诊断、远方通信等一系列技术应用于变压器冷却器控制柜，其优越性在实际的运行中得到肯定，为智能化无人值守变电站竭力领航。

JY-SBQF 系列变压器风冷控制柜主要适用于各电压等级的变电站、发电厂（主变压器、高压厂用变压器、启动备用变压器）等；采用人性化智能设计，为了给设备元件提供一个好的运行条件，在控制柜内加装了温湿度控制器，对箱体内部的温湿度状况进行实时监测，自动除潮，以提高完全适应户外变压器恶劣环境的高可靠要求；性能稳定，操作方便、安全可靠，符合《电力变压器运行规程》，可直接代替传统的继电式强迫油和自然油循环的风冷控制装置。

一、风冷控制柜原理

（一）原理简述

风冷控制柜采用可编程控制器（OMRON、SIMENS 等）作为主要的控制核心，触摸屏作为人机界面，交流接触器作为功率执行元件，断路器、相序缺相继电器作为保护元件，通过触摸屏设置运行参数，根据顶层油温和运行负荷信号投入和退出相应模式的冷却风扇，将运行中的故障信息通过通信口和故障触点远传，同时将信息整理存储于触摸屏，可以借助"故障分析"选项查明具体的故障原因、时间，也可定时自动轮换工作电源和冷却器运行模式。实现了控制自动化、状态信息化、显示与操作人性化。

风冷控制柜分"手动"和"自动"两种工作模式，手动状态是不受 PLC 控制而工作的；自动状态是通过 PLC 可编程控制器模块来控制实现智能自动化的，在启动方式上采用了逐台延时启动（可通过触摸屏设置时间），很好地避免了因Ⅰ段、Ⅱ段电源备自投时出现瞬间启动数台冷却器而导致气体继电器动作的情况。

风冷控制柜上设有"实验"和"工作"位置，"实验"位置不受三侧开关位置状态限制，控制柜可在三侧未投的情况下工作（用于调试）；"工作"位置情况下三侧开关必须任意合上一侧控制柜才能正常工作（常闭触点串在一起）。

（二）强迫油循环风冷控制柜工作原理

（1）冷却器采用独立的双电源供电，并可自动投切，当工作电源故障时，自动投入备用电源，并发出"Ⅰ段或Ⅱ段"电源故障的远方信号，同时控制柜上对应电源故障指示灯点亮，就近显示故障内容，故障消除后，备用电源退出，工作电源投入，故障指示灯熄灭信号消失，同时保存故障记录。

（2）当运行中的变压器上层油温高于 55℃（用户整定）或变压器过负荷 70%（负荷用户整定）时，"辅助"状态冷却器逐台延时投入运行，当温度降至 45℃，"辅助"状态的冷却器退出运行。如运行中"工作"或"辅助"状态的任何一组发生故障，"备用"冷却器投入运行，同时发出"冷却器故障"的远方信号，就近显示故障内容且冷却器故障指示点亮；修复故障，"备用"状态冷却器退出运行，故障指示灯熄灭信号消失，同时保存故障记录。

（3）变压器在运行时，Ⅰ、Ⅱ段电源消失或所有冷却器退出运行，此时发出"冷却器全停"故障的远方信号，同时启动 20min 和 60min 延时跳闸，此时变压器允许带额定负载运行 20min，如 20min 后顶层油温尚未达到 70℃（用户整定），则允许上升到 70℃，但在这种状态下运行的最长时间不得超过 1h，即 20min 后主变压器上层油温高于 70℃时（用户整定），发跳闸出口信号；当主变压器上层油温低于 70℃时（用户整定），60min 后发跳闸出口信号；

（4）电动机运行在 60℃～70℃环境温度下极易造成"工作"组风扇电动机轴承油脂过早劣化，造成此组风扇电动机经常烧毁。为了避免不必要的损失，对冷却器运行模式增加了定时轮换的功能，可在触摸屏上设置时间，定时自动轮换冷却器运行模式，令每组冷却器交替运行在"工作"模式（1—2—3，2—3—1 的轮换模式）。

（三）自然油循环风冷控制柜工作原理

（1）冷却器采用独立的双电源供电，并可自动投切，当工作电源故障时，自动投入备用电源，并发出"Ⅰ段或Ⅱ段"电源故障的远方信号，同时控制柜上对应电源故障指示灯点亮，就近显示故障内容，故障消除后，备用电源退出，工作电源投入，故障指示灯熄灭信号消失，同时保存故障记录。

（2）运行中的变压器当上层油温高于 55℃时，处于"等待 1"（触摸屏中设置）状态的风机相继延时启动，当温度降至 45℃，"等待 1"状态的风机退出运行。当变压器上层油温高于 65℃时，处于"等待 2"（触摸屏中设置）状态的风机相继延时启动，当温度降至 55℃时，"等待 2"状态的风机退出运行。当主变压器负荷高出 70%时（用户整定），处于"等待 1""等待 2"状态的风机相继延时启动，如果风机在工作状态中任何一组发生故障，处于"备用"状态的风机投入运行，同时发出"风机故障"的远方信号，就近显示故障内容。修复故障后，"备用"状态风机退出运行，故障信号消失，同时保存故障记录；有时模式为等待和辅助，其工作状态如上。

（3）变压器运行时，Ⅰ、Ⅱ段电源消失或所有冷却风扇应到达运行温度时却未运行，此时发出"风冷全停故障"远方信号的同时，启动 20min 和 60min 延时跳闸，此时变压器允许带额定负载运行 20min，如 20min 后顶层油温尚未达到 70℃（用户整定），则允许上升到 70℃，但在这种状态下运行的最长时间不得超过 1h，即 20min 后主变压器上层油温高于 70℃时（用户整定），发跳闸出口信号；当主变上层油温低于 70℃时（用户整定），60min 后发跳闸出口信号。

（4）电动机运行在 60℃～70℃环境温度下极易造成风扇电动机轴承油脂过早劣化，造成风扇电动机经常烧毁。为了避免不必要的损失，对冷却器运行模式增加了定时轮换功能，可在触摸屏上设置时间，定时自动轮换冷却器运行模式，令每组冷却风扇交替运行在"等待 1""等待 2""备用"的状态。

二、风冷控制柜常见故障处理

（一）风冷控制柜在"实验"位置可以正常工作，在"工作"位置不能正常工作

解析：首先确认三侧开关位置的状态，"工作"位置情况下三侧开关必须任意合上一侧控制柜才能正常工作（常闭触点串在一起），即回路为开路。

（二）手动装状态下控制柜可以正常工作，自动状态下控制柜无法正常工作

解析：手动状态能正常工作，可以判断电气回路没问题，接下来就分析自动回路部分，先观察相序继电器是否正在工作，如工作灯不亮可确定为相序接错，相序互换一下即可。

（三）如可以在远方控制启停冷却器的控制柜，接好线后无法正常启停

解析：手动实验整个回路是否能正常工作，如能正常工作先将外部启停信号线解除，用短接线模拟调试柜子，如正常，可查外部回路线有没有触点取错或电缆是否做屏蔽。因在以往的现场服务中就出现过因电缆屏蔽未做而出现信号干扰。

（四）风冷控制柜启动时只能一半冷却器工作

解析：为了便于检修，在设计柜子时装有母联隔离开关，正常柜子在运行时其母

联隔离开关是合着的，一但断开只有一半冷却器"工作"。

三、风冷控制柜的日常运维检修

（1）为防止非工作人员人为改写内部参数，触摸屏的参数设置部分设有操作权限保护，权限密码随柜子资料可由工作人保管，以便于定期对冷却器运行状态和故障记录等相关内容进行查阅。

（2）可在控制柜自动工作状态下定期巡检，确保远传信号的实时反馈。

（3）触摸屏为可编程控制器的人机界面，可直接反映设备的工作状况，对冷却风扇运行模式进行分配，对冷却风扇全停延时跳闸时间进行设置，对冷却风扇运行模式自动转换时间进行设置，对一电源和二电源自动轮换时间进行设置，触摸屏内部存储与设备运行有关的参数，所以触摸屏的断电不影响 PLC 的正常工作。就如 PC 机的显示器一样，如果触摸屏出现死机故障，可以带电拔出触摸屏后边的绿色电源端子，再插上，完成重新上电，故障排除。

（4）工作人员可根据主变压器在不同时间段运行负荷的情况，通过触摸屏对冷却风扇运行模式进行"等待 1""等待 2""备用""停止"（自然有循环）或"工作""辅助""备用""停止"（强迫油循环）状态分配。冷却风扇模式定时轮换的规律为：$n \rightarrow 1 \rightarrow 2 \rightarrow \cdots \rightarrow n-1$，如果有一组或几组为"停止"状态时，则轮换时将此跳过。

（5）主变压器运行时，可以更换 I 段或 II 段电源的主交流接触器，此时检修人员可以通过拉开联络开关（开关不允许带负荷拉开），手动指定 I 段或 II 段电源工作，来实现部分冷却器的运行及柜内冷却器控制回路的维护检修工作。

（6）柜内器件中公用线的配线是按照从始端开始又到始端结束的原则进行的，也就是说带电更换器件时，不会由于一个器件的解除而导致所有冷却器全停。

（7）主变压器处于正常运行时不允许长时间的自动与手动交叉运行。

四、变压器（电抗器）设备二次回路和控制箱运行维护

（1）控制箱内的端子应符合继电保护的要求，交、直流回路和信号端子按规定分开。

（2）变压器上的二次电缆应选用符合有关规定的屏蔽电缆。电缆的规格、绝缘及布置应满足设计和运行的要求。

（3）强油循环风冷变压器冷却器控制箱必须满足下列规定：

1）冷却器应采取各自独立的双电源供电，并能自动切换。当工作电源故障时，自动投入备用电源，并发出音响灯光信号。

2）冷却装置能按照变压器上层油温值或运行电流自动投切。

3）工作或辅助冷却器故障退出后，应自动投入备用冷却器。

4）冷却系统的油泵、风扇等应有过负载、短路及缺相保护。

5）油浸风冷变压器的控制箱必须满足当上层油温达到 55℃或运行电流达到规定值时，自动投入风扇；当油温降低至 45℃，且运行电流降到规定值时，风扇退出运行。

6）变压器控制箱应符合有关防腐标准，外壳采用不锈钢，防护等级不低于 IP54。

7）变压器控制箱内必须安装温度、湿度的控制元件。

五、变压器冷却系统保护装置运行维护

（1）每组风扇和油泵应设一公用的断路器用于短路保护（也用于独立电动机的过载保护）和一个电磁型电流接触器。

（2）每个接触器的线圈回路应用一独立的电磁型断路器保护。

（3）强油风冷变压器的冷却装置应能保证有一组冷却器具有独立的动力电源，以避免出现因直流电源故障而引起的冷却装置全停。

（4）每个电动机应设一过载保护装置（手动复位型）。

（5）装设两个或更多各自独立的冷却器电源，备用电源具有自动投入装置。应定期检查这些电源并检验自动装置的可靠性。

（6）有人值班变电所，强油风冷变压器的冷却装置全停，宜投信号。无人值班变电所，条件具备时宜投跳。

六、强油循环变压器冷却器运行方式优化调整

为保证强油循环变压器冷却系统的安全运行，避免发生油泵启动设置不合理，油流扰动过大造成油流保护误动，特别是针对部分采用片散集中布置、片散与本体分体布置的变压器，存在油泵数量少、流量大、扬程远，大功率油泵启动时油流较大的情况，开展强油循环变压器冷却器运行方式集中优化调整工作。

（一）冷却方式分类

根据主变压器冷却方式以及油泵运行特点，将强油循环变压器分为三类：一是采用片散，有自冷能力，且正常方式分主、备油泵；二是采用片散，有自冷能力，且正常方式下油泵全部运行；三是采用多组冷却器无自冷能力的强迫油循环变压器。

（二）运行方式调整优化内容

1. 第一类变压器优化

（1）严禁主、备用油泵同时启动和运行，在控制回路上实现两个油泵互锁，当主油泵不论何种原因判为"油泵故障"时，都在主油泵退出运行后延时投入备用油泵。

（2）在发生冷却器全停启动应急回路时，仅投入备用油泵，防止所有油泵都投入运行。

（3）主、备油泵的启动延时时间通过负荷开关硬件设置，分别设定为 3min 和 6min。

2. 第二类变压器优化

此类变压器要求油温、负荷达到条件后油泵全部投入运行，无主、备油泵区分。在设置油泵运行方式时，将各台油泵设定为按顺序启动，启动间隔时间设定为 3min，以减小油泵开启时油流扰动。

3. 第三类变压器优化

（1）各组冷却器油泵按顺序延时启动，第 1 组启动延时设置为 65s，此后各组冷却器启动延时均设定为 65s，以减小油泵开启时油流扰动。

（2）日常运行方式一组冷却器投备用（辅助）位置，工作、备用（辅助）冷却器按季节轮换。

（三）冷却器运行方式优化调整和排查工作

如涉及启停油泵，可以提前申请短时停用本体重瓦斯保护和冷却器全停保护。

（四）未完成优化前的运行保障措施

第一类变压器：平时运行方式下拉备用油泵空开电源，"冷却控制方式选择开关"设定在"自动"位置。当出现冷却器故障告警信息，运行人员到现场后，如确有"油泵故障"信号，切除主油泵空开，5min 后投入备用油泵电源，并通知检修单位消缺。

【思考与练习】

1. 冷却风扇为什么要定时轮换运行？
2. 强油循环风冷变压器冷却器控制箱必须满足哪些规定？
3. 为什么要进行强油循环变压器冷却器运行方式优化调整？

◢ 模块 3 非电量保护原理及维修（Z15H4003Ⅲ）

【模块描述】本模块包含变压器各非电量保护的原理及非电量保护各组部件的检修项目与故障处理方法。

【模块内容】

变压器是变电站的重要电气设备之一，它的安全运行直接关系到整个电力系统连续稳定的运行。特别是大型电力变压器，由于其造价昂贵，结构复杂，一旦因故障而遭到损坏，其修复难度大，时间也很长，在经济上要遭受很大损失。因此，必须根据变压器的容量和重要程度装设性能良好、动作可靠的保护装置。变压器非电量保护是变压器众多保护中不可缺少的一部分。变压器非电量保护包括气体（油流）继电器、温度表（计）、油位表（计）、压力释放装置、突变压力继电器。

一、气体继电器

（一）气体继电器保护的基本工作原理

反映故障时气体数量和油流速度的保护称为气体继电器保护。当变压器内部故障时，故障点局部高温使变压器油温升高，体积膨胀，油内空气被排出而形成上升气体。若故障点产生电弧，则变压器油和绝缘材料将分解出大量气体，这些气体自油箱流向储油柜。故障程度越严重，产生气体越多，流向储油柜的油流速度越快。由于气体数量和油流速度能直接反映变压器故障性质和严重程度，故产生少量气体和气流速度较小时，轻瓦斯动作于信号；故障严重，油流速度高时，重瓦斯保护瞬时作用于跳闸。

气体继电器是构成瓦斯保护的主要元件，它安装在油箱与储油柜的联管中部，这样油箱内气体必须通过气体继电器才能流向储油柜。为了使气体顺利地流向储油柜，老式变压器要求油箱与联管都要有一定的倾斜度，其中油箱要求有 1%～1.5%的倾斜度，联管要求有 2%～4%的倾斜度。新型的变压器在容易聚集气体的地方（如套管升高座等）装有集气分管，各集气分管都接入集气总管，然后将集气总管接到气体继电器前端的联管上。这样，只要集气管和联管有一定倾斜度，气体就能流入储油柜，所以油箱就没有倾斜度方面的要求了。

目前，国内采用开口杯挡板式气体继电器，其结构如图 16-3-1 所示，气体继电器保护原理接线图如图 16-3-2 所示。

气体继电器的工作原理如下：

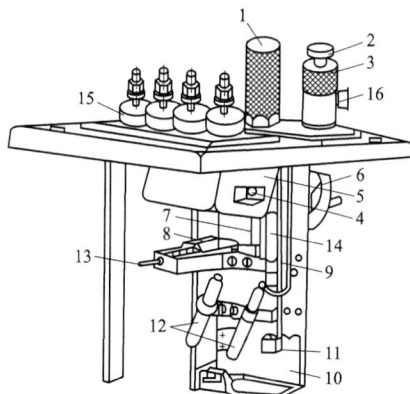

图 16-3-1　气体继电器结构

1—探针；2—顶丝；3—放气塞；4—磁铁；5—开口杯；6—平衡锤；7—指针；8—开口销；
9—弹簧；10—挡板；12、14—干簧触点；13—调节杆；15—套管；16—排气口

（1）正常工作时，开口杯 5 中充满了油，由于开口杯自身重力产生的力矩小于平衡锤 6 产生的力矩，所以开口杯向上顶，干簧触点 5 断开。

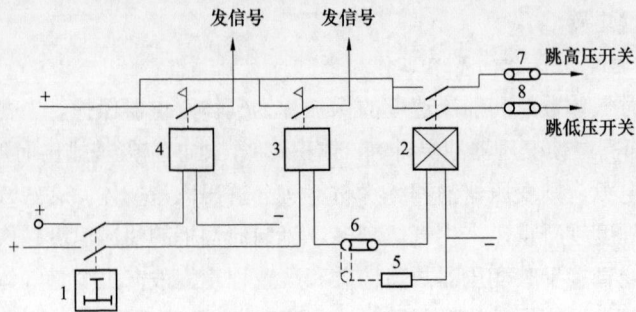

图 16-3-2　气体继电器保护原理接线图

1—气体继电器；2—出口中间继电器；3—重瓦斯信号继电器；4—轻瓦斯信号继电器；
5—重瓦斯试运回路电阻；6—切换片；7、8—连接片

（2）当变压器油箱内部发生轻微故障时，少量气体将集聚在继电器的顶部，使继电器内的油面下降，开口杯露出油面，由于开口杯自身重量加上杯内油的重量所产生的力矩大于平衡锤产生的力矩，因此开口杯向下转动，当固定在开口杯上的磁铁随开口杯下降到接近干簧触点时，该触点闭合发出轻瓦斯动作信号。

（3）当油箱内部发生严重故障时，就会产生大量的气体并伴随着油流冲击挡板10。当油流速度达到继电器的整定值时，挡板被冲到一定的位置，固定在挡板上的磁铁11就接近于干簧触点13，使该触点闭合。

（二）气体继电器保护的整定及安装调试

1. 气体继电器整定校验

新投运或大修主变压器投运之前，其气体（油流）继电器应送到校验机构进行校验。

送检单位必须提供被送检气体（油流）继电器的详细信息资料，包括气体（油流）继电器的详细铭牌参数、所安装的变压器或有载分接开关的详细参数。

气体（油流）继电器的流速整定值检测应参考市供电公司提供的定值单，流速整定值的误差应在±15%范围内。超过此范围的进口继电器视为不合格，超过此范围的国产 QJ 继电器应进行校准。

省电试院或具备校验能力的市供电公司为气体（油流）继电器的校验机构，应按照省公司有关气体（油流）继电器检验标准进行校验。

对于 QJ 系列气体（油流）继电器，校验一般包括功能检测和整定值校准；对于进口的气体继电器，校验按照产品说明书进行，原则上只进行功能检测，不进行整定值校准。气体（油流）继电器的校验应采用相应口的流速台进行检测，不宜用流速尺进行检测。

（1）轻瓦斯保护的整定。轻瓦斯动作值的大小用气体容量大小表示。一般轻瓦斯保护的气体容积范围为 250～300cm³；气体容量的调整可通过改变重锤的力臂长度来实现。

（2）重瓦斯保护的整定。重瓦斯保护动作值的大小用油流速度大小表示。对油流的一般要求：自冷式变压器为 0.8～1.0m/s；强油循环变压器为 1.0～1.2m/s；120MVA以上变压器为 1.2～1.3m/s。

2. 安装调试

气体（油流）继电器存放时，应水平放置于干燥清洁场所，两端密封，防止灰尘和异物进入；铭牌、接线端子应涂抹防锈油保护。

气体（油流）继电器运输前，应将继电器的活动部件固定牢靠，选用避震性能好的车辆进行运输（不得使用抗震性能差的卡车运输）；在搬运过程中，应轻拿轻放。如有特殊的运输要求，在包装箱上必须有明显标注。

气体（油流）继电器的送检运输应单台包装，新的气体（油流）继电器应用原包装。包装材料应具有防潮防震功能。

气体（油流）继电器安装前，应检查继电器的完好性，并进行触点动作试验。

气体（油流）继电器及相关连接件应严格按照变压器安装说明书进行安装，防止异常震动和压力的发生。对浮球式气体（油流）继电器，应检查浮球耐受真空压力要求，如不能承受变压器抽真空要求，则应在变压器完成真空注油后再进行安装。

气体（油流）继电器安装时，在继电器外壳上应清晰标出能耐久又不易腐蚀的编号、定值标志；同时在外壳上以"箭头"标志正向油流方向；在信号与跳闸两组触点的端子处，应分别以"信号"和"跳闸"字样标志。

气体（油流）继电器现场安装后，应由工程安装、调试单位共同进行特性试验以及整组传动试验，以验证其功能及回路的正确性，逐项试验全部合格后方可移交。

（三）气体继电器的检修

气体继电器的检修工艺和质量标准见表 16-3-1。

表 16-3-1　　　　　　　　　气体继电器的检修工艺和质量标准

序号	检修工艺	质量标准
1	将气体继电器拆下，检查容量器、玻璃窗、放气阀门、放油塞、接线端子盒、小套管等是否完整，接线端子及盖板上箭头标示是否清晰，各接合处是否渗漏油	继电器内充满变压器油，在常温下加压 0.15MPa，持续 30min 无渗漏
2	气体继电器密封检查合格后，用合格的变压器油冲洗干净	内部清洁无杂质

续表

序号	检修工艺	质量标准
3	气体继电器应由专业人员检验，动作可靠，绝缘、流速检验合格	自冷式变压器为 0.8～1.0m/s；强油循环变压器为 1.0～1.2m/s；120MVA 以上变压器为 1.2～1.3m/s
4	气体继电器联结管径应与继电器管径相同，其弯曲部分应大于 90°	对 8000kVA 及以上变压器联结径为 ϕ80，6300kVA 以下变压器联结径为 ϕ50
5	气体继电器先装两侧连管，连管与阀门、连管与油箱顶盖间手工艺联结螺栓暂不完全拧紧，此时将气体继电器安装于其间，用水平尺找准位置并使入、出口连管和气体继电器三者处于同一中心位置，后再将螺栓拧紧	气体继电器应保持水平位置，连管朝油柜方向应有 1%～1.5%的升高坡度，连管法兰密封胶垫的内径应大于管道的内径；气体继电器至储油柜间的阀门应安装于靠近储油柜侧，阀的门径应与管径相同，并有明显的"开""闭"标志
6	复装完毕后打开连管上的阀门，使储油柜与变压器本体油路连通，打开气体继电器的放气塞排气	气体继电器的安装，应使箭头朝向储油柜，继电器的放气塞低于储油柜最低油面 50mm，并便于气体继电器的抽芯检查
7	连接气体继电器的二次引线，并做传动试验	二次线采用耐油电缆，并防止进水受潮，气体继电器的轻、重瓦斯保护动作正确

气体继电器故障主要是发生误动作，其原因如下：

（1）二次回路绝缘不良。气体继电器顶盖积有水，将出线端子短接；二次回路绝缘破坏，造成回路被短接，使继电保护误动作。

（2）气体继电器的动作整定值过低。气体继电器的动作整定值过低，可能会造成气体继电器误动作。特别对强油循环的变压器，油泵的开停都会在气体继电器内产生一定的油流，若动作整定值过低，可能会发生变压器误跳闸。

（3）发生穿越性故障。系统内发生短路故障时，强大的短路电流流过变压器内部，短路电流的冲击（动、热两方面）可能使气体继电器误动作。

（4）变压器呼吸器堵塞、突然畅通会造成气体继电器动作。

（四）变压器安装、试验完毕后的验收

（1）检查本体及有载分接开关气体继电器安装使用说明书及试验合格证。

（2）检查气体继电器是否已解除运输用的固定，继电器应水平安装，其顶盖上标志的箭头应指向储油柜，其与连通管的联结应密封良好，连通管应有 1%～1.5%的升高坡度。

（3）集气盒内应充满变压器油，且密封良好。

（4）气体继电器应具备防潮和防进水的功能，如不具备应加装防雨罩。

（5）轻、重瓦斯触点动作正确，气体继电器按 DL/T 540—2013《气体继电器检验规程》校验合格，动作值符合整定要求。

（6）气体继电器的电缆应采用耐油屏蔽电缆，电缆引线在继电器侧应有滴水弯，电缆孔应封堵完好。

（7）观察窗的挡板应处于打开位置。

（五）气体继电器的运行维护

（1）新安装的气体继电器及其保护回路，在绝缘检查合格后，对全部连接回路应用工频电压 1000V 进行持续 1min 的介质强度试验。全部试验（含流速、容积、绝缘）合格后，变压器方能投入运行。变压器冲击合闸试验时，必须投入气体继电器保护。

（2）已运行的气体继电器及其保护回路，可结合停电预防性试验进行全部检验。全检时也可用检验合格的备品继电器替换，但必须注意检验日期和运输途中的安全可靠性。

（3）已运行的气体继电器应每 2～3 年开盖一次，进行内部结构和动作可靠性检查。对保护大容量、超高压变压器的气体继电器，更应加强其二次回路维护工作。

（4）气体继电器的布置和设置应符合即便在变压器运行时也易于检查、检修和替换，且在地震系数为水平 0.3g 时不误动。

（5）不应采用较少瓦斯气体能直接引起重瓦斯误动作的继电器。

（6）气体继电器有两副触点，彼此间完全电气隔离，一套用于轻瓦斯报警，另一套用于重瓦斯跳闸。

二、温度计

温度是反映变压器运行状况的重要参数之一，一般变压器都有 2 个或以上的位置来反映变压器的温度，必须确保各个温度值的一致性。目前有许多运行的变压器的现场温度计和监控系统的温度值相差很大，影响了温度监视的真实性，因此必须做好温度的校核和比对工作。考虑到绕组温度是间接测量所得，相对油面温度误差更大，建议只作为参考。按几个表计正确度考虑最大误差约 3K，再考虑读表误差，故提出 5K。

为了监视变压器的运行温度，变压器需要安装温度计。按测量温度的部位不同，有测量上层油温的温度计和测量绕组温度的温度计。其中用于测量上层油温的温度计有玻璃温度计、压力温度计和电阻温度计三种。所有温度计的测温元件都应放入箱盖上的温度计座内，并在温度计座内注入变压器油，然后进行密封处理。

（一）分类和结构

（1）玻璃温度计。箱盖上的温度计座可以放入玻璃温度计，以观察上层油温。玻璃温度计较准确，但观察不方便，一定要爬到箱盖附近才能观察到温度值，尤其是运行中的变压器，在观察温度时还要注意安全距离，避免触电。所以玻璃温度计安装在低压侧，且只在小型变压器中才使用。

（2）压力式温度计。压力式温度计又称信号温度计，它由一个带有电触点的温度计、温包和连接两者的毛细管等组成。其中温度计内的活塞、温包及毛细管共同构成一个密闭系统，系统内充氯甲烷（或丙酮、乙醚）蒸发液。温包放入变压器箱盖上的温度计座内，充入变压器油后进行密封。当变压器上层油温上升时，蒸发液产生饱和蒸汽压力增大，经毛细管传递至温度计内的活塞，活塞的推动杆被蒸汽压力推动，并推动温度计内的传动机构带动指针向顺时针方向转动。当变压器上层油温下降时，蒸发液的蒸汽压力下降，活塞内的压力也下降，推动杆在回复弹簧作用下慢慢收回，经传动机构带动指针向逆时针方向转动。由于蒸汽压力与温度之间有对应关系，从而达到指示温度的目的。

推动杆在推动传动机构的同时，也驱动温度计内的微动开关，当达到整定温度时，使其电触点接通或断开，用于控制冷却系统的投入或退出。

（3）电阻式温度计。电阻式温度计是供远方监视变压器上层油温用的。其铜电阻元件装在注有油的温度计座内，而温度指示调节仪（比率计）安装在远离变压器的控制室内，如图 16-3-3 所示。当铜电阻元件的电阻值 R_t 随油温变化时，破坏了比率计电桥的平衡，表头中 x_1 和 x_2 绕组的电流比变化，指针就可直接指示出变压器的油温。

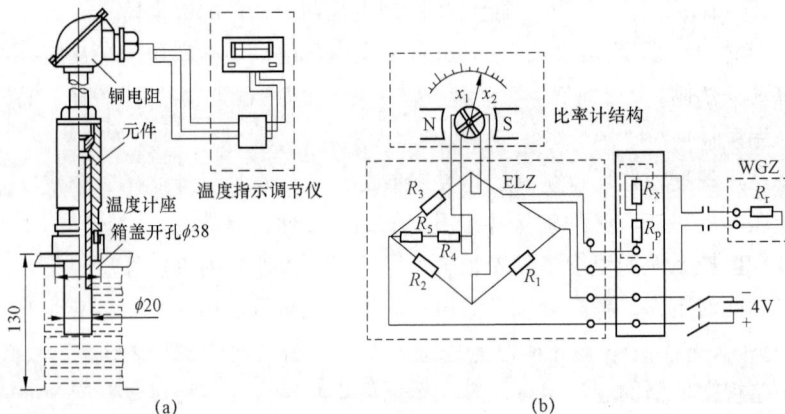

图 16-3-3　电阻式温度计
(a) 结构图；(b) 原理图

（4）绕组温度计。为了间接测量变压器绕组最热部分温度，可采用 WTYK-4 型模拟温度控制器，如图 16-3-4 所示。它增设的电流匹配器用来调整流入温度计中的电流互感器的二次电流，使指示仪表中的电热元件加热，增大指针的位移。此增量模拟绕组最热部分针对上层油的温升，所以能反映出绕组最高温度。这种温度计有 4 个控制开关；1、2 号控制冷却装置，3 号用于报警，4 号用于跳闸。

（5）温度计的检修、安装及试验完毕后测温装置的验收。

1）温度计校验合格，报警触点、风扇选动触点（起动和返回）整定正确，动作可靠。

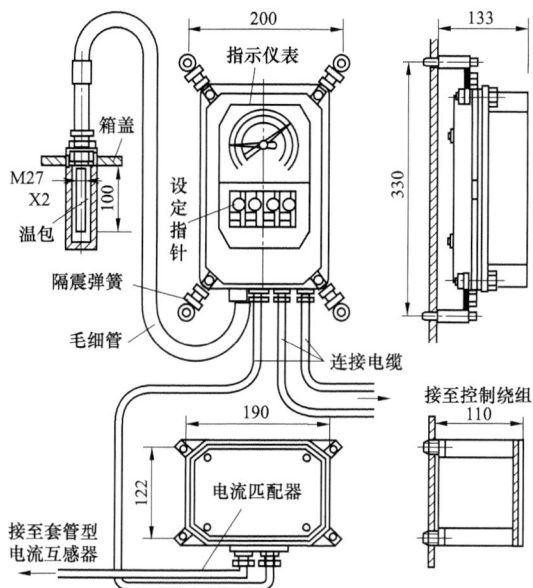

图 16-3-4　绕组温度计的结构

2）就地和远方温度计指示值应一致。

3）温度计内应无水气，螺栓、触点无锈蚀，触点和端子绝缘电阻应大于 0.5MΩ。

4）温度计座内应清洁、注满变压器油，测温元件插入后塞座拧紧，要有防雨措施，密封无渗漏。闲置的温度计座也应注满变压器油密封，不得进水。

5）毛细管盘的弯曲半径不少于 50mm，并不得扭曲、损伤和变形。

6）记忆最高温度的指针应与指示实际温度的指针重叠。

（二）温度计的常见故障

（1）温度计座内缺油或未盛油。

（2）毛细管由于拆、弯造成堵塞。

（3）温度计指示温度不准确。

（三）变压器安装、试验完毕后测温装置的验收

（1）温度计动作触点整定正确、动作可靠。

（2）就地和远方温度计指示值应一致。

（3）顶盖上的温度计座内应注满变压器油，密封良好；闲置的温度计座也应注满变压器油密封，不得进水。

（4）膨胀式信号温度计的细金属软管（毛细管）不得有压扁或急剧扭曲，其弯曲半径不得小于 50mm。

（5）记忆最高温度的指针应与指示实际温度的指针重叠。

（四）温度计（测温装置）运行维护

（1）变压器投运前和停电进行预防性试验时需对温度计进行校验。温度计量精度应满足有关标准或产品技术规范的要求，温度触点的绝缘电阻不小于 20MΩ。

（2）温度计安装时温包应全部插入有油的套筒内，套筒应密封良好。变压器投入运行后就地温度计与远方温度指示应基本一致，如二者差异较大应查明原因。

（3）用油面温度计和负荷电流两个参数控制风扇和油泵的启停，任何一个参数大于某一数值时即启动风扇或油泵，两个参数均小于另一数值时方停用风扇或油泵。对无人值班变电所，冷却装置启停应结合油温、负荷、冷却方式来确定。

（4）变压器应装设温度保护，当变压器运行温度过高时，应通过上层油温和绕组温度并联的方式分两级（即低值和高值）动作于信号，且两级信号的设计应能让变电站值班员能够清晰辨别。

（5）变压器投入运行后现场温度计指示的温度、控制室温度显示装置显示的温度、监控系统的温度三者基本保持一致，相差一般不超过 5℃。

（6）绕组温度计投信号，在运行中仅作参考。

三、油位计

（一）油位计的结构

油位计用于监视变压器的油面高度，结构可分为板式油位计、管式油位计及磁力式油位计等。

1. 板式油位计

板式油位计只是在小型的配电变压器上才使用。板式油位计安装在储油柜的端面上，有机玻璃板与反光镜之间的油道与储油柜相通。这种油位计结构简单，以油位计的反光镜显示油位，故油位指示不够清楚，有机玻璃板容易开裂。

2. 管式油位计

小型变压器上使用的小型管式油位计是一根固定在储油柜端面上玻璃管，玻璃管的上、下端分别与储油柜的上部和下部相通。根据连通管的原理，用玻璃管中的油位指示储油柜内部的油位。这种结构由于玻璃管中的油受阳光照射容易劣化，从而影响变压器内部的油质。

胶囊式储油柜多采用大型管式油位计，为了避免阳光对变压器内部油的影响，用小胶囊来隔离油位计与储油柜之间的油。其中，小胶囊中的油与油位计相通，仅起到指示油位的作用。借助于储油柜油面高低变化产生对小胶囊压力的变化，间接地转换成油位计油位的高低。

3. 磁力式油位计

磁力式油位计以储油柜隔膜为感受元件，其连杆与隔膜上支板绞链连接，连杆的另一端与表体的传动机构相连，如图 16-3-5 所示。由于隔膜随油面作垂直升降，通过连杆把油面上下位移变成连杆绕固定轴的角位移，再通过齿轮副、磁偶（一对磁铁）等传动机构使指针转动，从而间接显示出油位。磁力式油位计还带有刻度 0 和 10 的最低和最高油位报警指示装置。

磁力式油位计的另一种形式是浮球式传动机构，将油中浮球随油面的上下变化，转换成指针转动。适用于胶囊式储油柜油位指示，这种结构的表盘安装在储油柜的底部。

图 16-3-5　磁力式油位计的结构

（二）磁力式油位计的检修

磁力式油位计的检修工艺和质量标准见表 16-3-2。

表 16-3-2　　　　　　　　　磁力式油位计的检修工艺和质量标准

序号	检修工艺	质量标准
1	打开储油柜手孔盖板，卸下开口销，拆除连杆与密封隔膜相连的绞链，从储油柜上整体拆下磁力式油位计	注意不得损坏连杆
2	检查传动机构是否灵活，有无卡轮、滑齿现象	传动齿轮无损坏，转动灵活
3	检查主动磁铁、从动磁铁是否耦合和同步，指针是否与表盘刻度相符，否则应调节后紧固螺栓锁紧，以防松脱	连杆摆动 45° 时指针应旋转 270°，从 "0" 位置指示到 "10" 位置，传动灵活，指示正确
4	检查限位报警装置动作是否正确，否则应调节凸轮或开关位置	当指针在 "0" 最低油位和 "10" 最高油位时，分别发出信号
5	更换密封胶垫进行复装	密封良好无渗偏

（三）油位计的运行维护

变压器油位保护投信号。新变压器投运前和停电进行预防性试验时需进行油位过高和过低保护的模拟传动试验和触点绝缘电阻测试。

四、压力释放阀的检修

（一）压力释放阀的结构

目前已替代安全气道，普遍装置于大中型变压器上。压力释放阀有一金属膜盘，正常时受弹簧压力紧贴在阀座上。变压器发生故障并使油箱内压力增加，当箱内的压力超过压力释力阀弹簧的压力时，金属膜盘就被顶起，变压器油可在膜盘和阀座之间

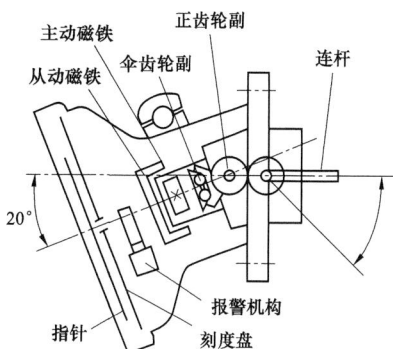

喷出，从而起到释放油箱内超常压力、保护油箱的作用。当油箱内的压力被迅速释放掉后，内部压力降低，金属膜盘在弹簧作用下回位，并重新密封油箱。要求压力释放阀的开启时间不大于 2ms。压力释放阀在动作时，上方的标志杆被顶出作为机械信号，同时带动微动开关动作，可发生动作信号。

为了使油箱内的压力迅速释放，对油量大于 31.5t 的变压器，可在油箱的两端箱盖上装两只压力释放阀。

（二）压力释放阀的检修

压力释放阀的检修工艺及质量标准见表 16-3-3。

表 16-3-3　　　　　　　　压力释放阀的检修工艺及质量标准

序号	检修工艺	质量标准
1	从变压器油箱上拆下压力释放阀	拆下零件妥善保管，孔洞用盖板封好
2	清扫护罩和导流罩	清除积尘，保持清洁
3	检查各部连接螺栓及压力弹簧	各部连接螺栓及压力弹簧应完好，无锈蚀，无松动
4	进行动作试验	开启和关闭压力应符合规定
5	检查微动开关动作是否正确	触点接触良好，信号正确
6	更换密封胶垫	密封良好不渗油
7	升高座如无放气塞应增设	防止积聚气体因温度变化发生误动
8	检查信号电缆	应采用耐油电缆

（三）压力释放阀的常见故障

（1）动作不正确。表现在变压器内部产生突发性故障时，压力释放阀该动作时不动作；而变压器内部无故障时，压力释放阀不该动作时却动作。另外，压力释放阀的微动开关由于进水等原因，造成误发信。

（2）动作后渗漏油。

（四）变压器安装、试验完毕后压力释放阀的验收

（1）压力释放阀及导向装置的安装方向应正确；阀盖和升高座内应清洁，密封良好。

（2）压力释放阀的触点动作可靠，信号正确，触点和回路绝缘良好。

（3）压力释放阀的电缆引线在继电器侧应有滴水弯，电缆孔应封堵完好。

（4）压力释放阀应具备防潮和防进水的功能，如不具备应加装防雨罩。

（5）压力释放阀应具备出厂合格证及动作试验报告。

（五）压力释放阀的运行维护

（1）变压器出厂前和必要时需对压力释放阀进行校验，动作压力应满足有关标准

或产品技术规范的要求，开关触点间应能承受 2000V/min 的工频电压而不发生闪络或击穿。

（2）压力释放阀须有足够的数量和合理的动作压力。

（3）压力释放阀的信号触点应密封良好，做好防雨防潮措施。

（4）变压器的压力释放阀触点宜作用于信号。

（5）定期检查压力释放阀的阀芯、阀盖是否有渗漏油等异常现象。

（6）定期检查释放阀微动开关的电气性能是否良好，连接是否可靠，避免误发信。

（7）采取有效措施防潮防积水。

（8）结合变压器大修应做好压力释放阀的校验工作。

（9）释放阀的导向装置安装和朝向正确，确保油的释放通道畅通。

（10）运行中的压力释放阀动作后，应将释放阀的机械电气信号手动复位。

五、突变压力继电器

当变压器内部发生故障，油室内压力突然上升，压力达到动作值时，油室内隔离波纹管受压变形，气室内的压力升高，波纹管位移，微动开关动作，可发出信号并切断电源使变压器退出运行。突变压力继电器动作压力值一般为 $25 \times (1 \pm 20\%)$ kPa。当无法确认突变压力继电器性能是否良好时，此继电器宜投信号。

突变压力继电器通过一蝶阀安装在变压器油箱侧壁上，与储油柜中油面的距离为 $1 \sim 3m$。装有强油循环的变压器，继电器不应装在靠近出油管的区域，以免在启动和停止油泵时，继电器出现误动作。

突变压力继电器必须垂直安装，放气塞在上端。继电器正确安装后，将放气塞打开，直到少量油流出，然后将放气塞拧紧。

应选用质量稳定、具有良好运行业绩的突变压力继电器，变压器投运前和停电进行预防性试验时需对保护回路进行传动试验，传动信号直接来自突变压力继电器的内部触点。突变压力继电器宜投信号。

【思考与练习】

1. 油浸式变压器非电量保护主要包括什么？

2. 气体继电器常见的故障有哪些？

3. 温度计运行管理有什么要求？

模块 4　在线滤油相关回路、电路维修及消缺（Z15H4004Ⅲ）

【模块描述】 本模块包含变压器有载分接开关在线滤油的原理及其检修项目与故障处理方法。

【模块内容】

有载分接开关在线滤油装置已被证明对改善有载分接开关的工作环境和延长检修周期有较大的作用，尤其对提高绝缘油的击穿耐压和清洁度效果明显，已被各供电局广泛接受。

在线净油的启动方式可手动、定时及联动。实践证明有载分接开关每次动作切换时自动启动在线净油装置并能持续过滤一段时间，如 30min，以确保每次切换动作产生的游离等杂质能在悬浮状态时及时过滤排除干净，不至于沉积到筒底而无法排除。为此，滤油装置应优先采用联动滤油方式；对于动作次数较少或不动作的有载分接开关，可设置为定时滤油方式。

滤油装置的进出油管只能与分接开关头部法兰的抽油弯管 S、注油弯管 Q 相连接，不允许通过有载分接储油柜及有载分接气体继电器形成循环回路。已有实例证明，通过有载分接气体继电器形成循环回路进行滤油时，易造成气体继电器动作。

一、有载分接开关在线滤油装置操作方法、程序及注意事项

（一）运行维护

（1）滤油机的设备操作、巡视归口为各运行部门；滤油机新投运及检修后运行人员要进行验收，确认设备电源、信号、工作状态及试运行均无异常。

（2）在滤油机新投入运行的三天内应每日检查一次，正常运行时结合变压器巡视开箱检查。主要检查系统是否渗漏，运行是否正常，温控器工作是否正常。

（3）滤油机运行采用自动投切方式，滤油机应能按下列方式进行滤油，各种滤油方式应是可切换设置的。

1）从有载分接开关引取有源或无源触点信号，每次开关动作后即进行一次设定时间滤油；

2）可设定从 1h 及以上周期内定时滤油；

3）可根据开关动作次数设定滤油机动作周期；

4）可采用手动方式投入切除滤油机。

滤油时间应根据变压器有载分接开关油量计算，即按理论上进行一遍过滤的时间进行设定。

（4）当有载分接开关进行切换时，允许进行滤油操作，且不需要停用有载分接开关气体继电器保护及电压无功控制装置。

（5）运行人员在巡视中，如发现有异常的运转声或渗油时，应立即切除滤油机电源，关闭有载分接开关进、出油管阀门并报重要缺陷检修。

（6）当滤油机压差报警装置报警时，应停用滤油机并报重要缺陷。报警信号宜接入变电所监控系统。

（二）安装、检修要求

（1）滤油机的配合安装、检修、滤芯等部件材料更换工作由各检修部门负责。

（2）根据变压器设备实际情况并充分考虑到变压器运行时振动对滤油机的影响，滤油机应安装在本体或靠近有载分接开关油管位置的平整基础上，检修部门应首先确认有载分接开关内的吸油管是否已正确安装，连接管路不得在开关进出油管上形成附加的应力。

（3）滤油机使用的 380V 三相电源统一从有载分接开关操作机构箱内引取，如机构箱没有电源保护开关的，要求在滤油机电路中加装电源保护。

（4）滤油机的加装、检修、更换滤芯和部件在不停电状况下进行。检修完毕后要在滤油机内部进行循环、补油、放气，投入运行时应短时退出有载分接开关气体继电器跳闸连接片，并将有载分接开关控制方式切换到"就地"，滤油一个循环无异常后恢复。

（5）滤油机故障及滤芯失效应及时处理。

（6）对于移动式有载分接开关在线滤油机要在尚未加装固定滤油机的变压器上轮替使用，设定滤油方式与固定式相同。使用时要做好滤油机的防水、防护工作。

（7）装有在线滤油机的变压器有载分接开关油的耐压、含水量测试取样一律从滤油机管路上的取样阀抽取，试验周期为每半年一次。投运三天要分别从滤芯进出油口取样进行微水、耐压测试，比较滤油机使用效果。

（8）按此要求操作有载分接开关滤油机的变压器，可不再定期更换变压器油。开关检修时必须更换开关绝缘油，并进行筒体清洗。

二、有载分接开关在线滤油机的运行注意事项

（1）关于在线滤油机动作设置，四种方法各有利弊，理想状况应是根据每台有载分接开关的工作状况、切换拉弧严重程度、密封性、操作频度、开关结构形式等因素综合考虑确定。

（2）有载分接开关在线滤油机在进行检修或滤芯更换后投运时是否必须退出主变压器有载分接开关气体继电器保护，可以从两个方面考虑解决：① 控制滤油机的进出口油的流速，选择与气体继电器整定值相配合的设备，保证躲过气体继电器动作值；② 滤油机内部设置缓冲回路平衡油泵启动时的冲力。

三、有载分接开关在线滤油装置运行维护管理

（1）运行单位应将滤油装置视为变压器的附件之一，定期对其进行巡视、维护。对于刚刚投入运行的滤油装置宜增加巡视次数。

（2）滤油装置的工作方式主要有三种，即联动、定时、手动滤油。手动一般在调试时使用；为了将有载分接开关拉弧后产生的游离碳及时去除，宜采用联动滤油方式；

对于动作次数较少或不动作的有载分接开关，可设置为定时滤油方式。

（3）滤油装置的进、出油管只能与分接开关头部法兰的抽油弯管 S、注油弯管 Q 相连接，不允许通过有载分接开关的储油柜及气体继电器形成循环回路。进出油管应分别装有球阀，正常运行时 2 只阀门必须处于"打开"位置。

（4）管道连接完毕后，应启动滤油装置使绝缘油循环，并将油路中的残留空气排尽。

（5）当滤油装置处于滤油过程中时，有载分接开关可照常操作。

（6）对已运行的变压器有载分接开关加装滤油装置，若有必要需在变压器油箱上焊接的，应尽量考虑焊在加强筋上，并建议在变压器恢复运行时对变压器本体绝缘油进行油色谱跟踪分析，着重检查 C_2H_2 含量。

（7）当发现滤油装置有渗漏油、声音异常、电源异常、发报警信号等情况时，应及时向上级主管部门汇报和处理。

（8）当滤芯失效报警并确认失效后，应及时更换滤芯；当压力表显示的压力超过厂家的规定值时也应更换滤芯，除水滤芯经高温干燥后可考虑再利用。

（9）对已安装滤油装置的有载分接开关，每天的动作次数可以放宽。

（10）滤芯备品必须使用原配滤芯，保存和更换时不允许将滤芯长时间暴露在空气中，以免受潮。

四、故障处理方法

（一）滤芯失效

滤芯失效表现为滤油机启动运行但绝缘油的耐压及有的颜色没有改变，有时新补充的油经过在线滤油机后耐压降低。滤芯阻塞失效，其压差继电器动作，装置灯光显示并停机，同时集控中心微机屏幕显示"滤芯失效"，"装置动作"信号消失。

根据需要可不停电更换滤芯，如阻塞或寿命终止的滤芯、受潮失效的滤芯。受潮滤芯在（90±5）℃烘箱内干燥 2～4h 后可继续投入使用。

（二）集控中心遥控有载分接开关切换动作时，在线净油装置不自动启动

在线滤油装置电源具有缺相、反相及过载熔丝保护，检查这些部位是否正常，在线滤油控制回路是否存在故障，电机是否正常，信号是否有传输的监控等，查到问题及时消除。

（三）在线滤油机动作时轻瓦斯动作

可能是闭合循环回路油中残留空气。可利用有载分接开关储油柜对该装置油压差产生的静压力，从在线净油装置顶部的放气溢油阀排尽油中残留空气。

（四）渗漏油

认真查找渗漏原因，可能是阀门开启不正确、密封垫质量不好，法兰不紧固、密

封不良、部件存在沙眼等，应及时消除。

【思考与练习】

1. 变压器有载开关在线路由装置工作时有载开关轻瓦斯动作报警怎么处理？
2. 在线滤油机更换滤芯时的注意事项是什么？

模块5　变压器消防（充氮灭火）相关知识及要求（Z15H4005Ⅲ）

【模块描述】本模块包含变压器消防（充氮灭火）相关知识及要求，掌握该设备维护及检修技能。

【模块内容】

电力油浸变压器消防的灭火介质和系统形式较多。通常采用水喷雾灭火系统、中低压细水雾灭火系统、合成泡沫灭火系统等，但它们均是当变压器发生火灾后才动作的灭火设施，做不到"预防为主"，而排油注氮装置是一种"预防为主、防消结合"的消防设施，具有经济、有效、适用的特点，目前已成为替代其他灭火设施的重要手段。该产品自1989年由法国引进，在我国已有16年的运行历史。国内很多企业在原有产品基础上，各自研制开发出很多新型产品：保定力成的LCH-NBM、天威卓创BMH-1A等排油—注氮式变压器灭火装置。新装置去掉了传统产品电磁机构和重锤连动的操动机构，改用了全新的机电一体操动机构，具有动作准确、可靠的优点，有效避免了传统产品由于电磁机构拉杆轨道的腐蚀而造成重锤卡死致使装置出现拒动、误动的产品缺陷；同时还有效避免了原产品动作后无法继续使用，必须更换装置本身的部分元器件的缺陷，大大降低了产品的维护、保养等费用，使用寿命大大延长。

一、充氮灭火装置工作原理及结构

当变压器发生火灾时，如本装置处于自动运行状态，则在接收到重瓦斯及火灾探测器动作信号后立即启动；如本装置处于手动运行状态，则在观察到火灾时，按手动启动按钮后立即启动。本装置启动后，首先排出变压器油箱顶部部分热油，释放压力，防止二次燃爆；同时切断储油柜至油箱的补油回路，防止火上浇油；排油数秒后，氮气从油箱底部注入搅拌，强制热冷油的混合，进行热交换，使油温降到闪点以下，同时充分稀释空气中的含氧量，达到迅速灭火的目的。之后连续充氮气10min以上，使变压器充分冷却，防止复燃。

（一）装置结构

排油—注氮式变压器灭火装置即为防止火灾危险的产生而开发的成套灭火装置。此灭火装置不适用于变压器油箱外部和分接开关箱内部火源的灭火。排油—注氮式变压器灭火装置（图 16-5-1）由灭火箱、氮气瓶、开启阀、注氮管路、快速排油阀、探测器、断流阀和控制箱等组成。

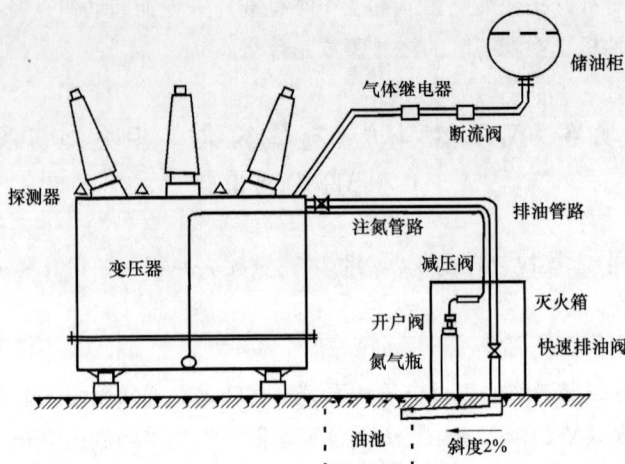

图 16-5-1 排油—注氮式变压器灭火装置在变压器上的安装简图

（二）排油注氮式变压器灭火装置电路图（以天威卓创 BMH-1A 型为例，如图 16-5-2 所示）

当变压器内部发生故障，油箱内部压力急剧增加，引起气体继电器跳闸 K1 触点动作，若变压器油起火时，探测器的感温元件熔断，触头接通，继电器 K2 线圈带电，不延时常开触点闭合，同时变压器三侧断路器跳闸，电磁机构动作。重锤把快速排油阀打开开始排油。在 K2 整定延时过后，延时常开触头接通，K3 继电器线圈通电，常开触点闭合，开启阀把氮气瓶打开，氮气通过减压阀，注氮管路进入油箱底部，迫使油箱内部变压器油循环，使油箱下部较低温度的油和顶层高温油混合，可消除热油层，从而使表层油温降到燃点之下，从而阻止油箱内部起火。断流阀的作用是防止储油柜中的油浇到初燃的火上，加剧火势。

二、变压器消防（充氮灭火）装置的特点及优点

（1）以防为主，防消结合。可以有效防止油浸变压器爆裂所产生的火灾，避免重大损失，利于变压器安全运行。

（2）不用水或泡沫等灭火介质，免除了消防排水设计和相关设施。

（3）属环保产品，该设施不对环境和变压器本身造成任何污染。

（4）造价低，运行管理简单、维护方便。

（5）本装置需有两个信号发生，与逻辑后立即灭火，排除误动的可能，灭火时间短。

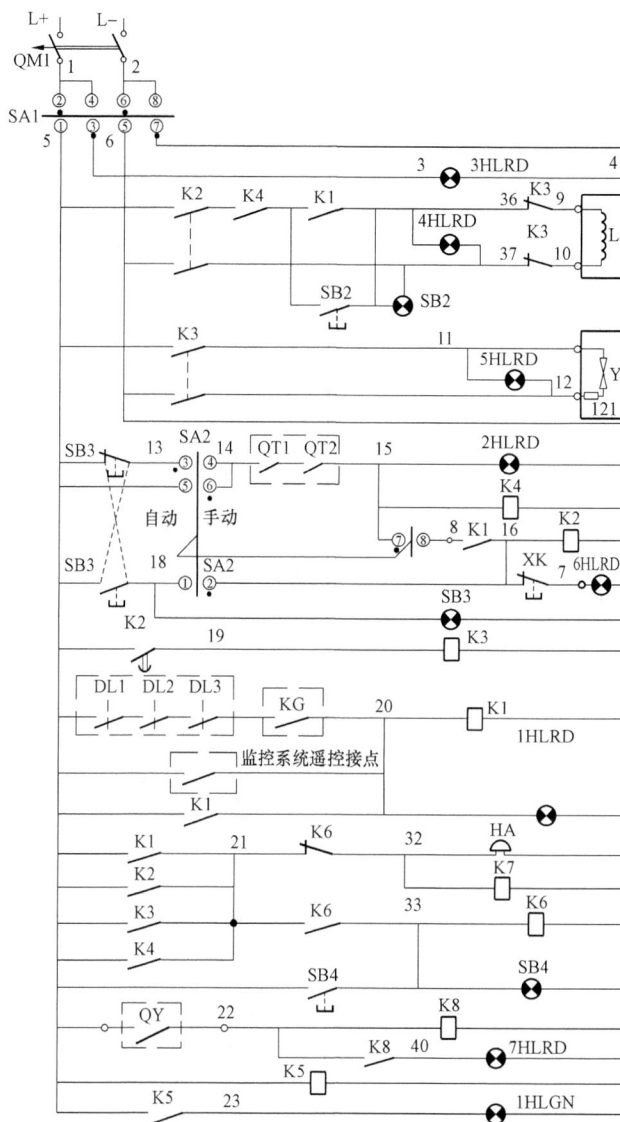

图 16-5-2 排油注氮式变压器灭火装置电路图

（6）限制内部故障引起火灾的损坏范围，减少变压器火灾造成的损失。

（7）结构紧凑，易于安装，维护方便，连续自动监测。

（8）不受水源等地理环境限制，不会冻冰、阻塞；有效解决了我国华北、西北、东北等三北地区，因水资源缺乏而形成的"以水定所"的被动局面。

三、主要部件的安装位置及作用

（1）控流阀：安装在气体继电器与储油柜之间的水平管道上，可在变压器油箱破裂溢油或发生火灾排油时自动切断补油管道。

（2）火灾探测器：安装在变压器油箱顶部易着火部位，着火时发出触点信号。

（3）消防柜：安装在变压器附近，是排油充氮的执行部件。

（4）电气控制箱（柜）：安装控制室内，提供工作状态信号指示、报警信号输出及启动控制。

四、安装

（一）基础准备

在地平面下设一个混凝土结构的油池以接灭火装置动作时排出来的油，其容积取决于排油量的多少。

灭火箱应用地脚螺栓固定于适当位置，使其与变压器之间的排油管路水平长度不超过 9m，固定灭火箱的基础必须水平，以防止灭火箱变形，影响关门，或者造成快速排油阀打不开。

灭火装置的控制箱应安装在主控室，用于显示灭火装置的工作状态和对灭火装置进行远距离控制，从灭火箱到主控室应设置电缆通道。

若从变压器到灭火箱之间的管路太长，为避免引起较大变形，应在管路中间部位设置一个支柱，应建防火墙保护灭火箱，该防火墙不能妨碍管路通道，不能引起管道变形。

（二）排油注氮管路的安装

首先用地脚螺栓把灭火箱安装就位，把管路进口处的保护盖拆除，按排油注氮管路制造厂供给的灭火装置安装图安装。管路和灭火箱连接不应受任何不正常的外力，排油管应有向下 1% 的斜度。

（三）控流阀（断流阀、关闭阀）的安装及注意事项

控流阀安装于气体继电器与储油柜之间的水平管道上，建议用波纹管与气体继电器连接（如图 16-5-3A、图 16-5-3B 所示）。

连接方式均为法兰式。控流阀在现场安装，最好是在变压器出厂前试安装。

注意事项：控流阀是本装置重要部件，安装中必须小心轻放，严禁提拎操作手柄；安装时阀体必须水平安装，接线盒朝上，红色箭头指向气体继电器，手柄处在"手动关闭状态"（如图 16-5-4A 所示）；非调试运行时，禁止变动手柄位置；雨天禁止打

开接线盒进行安装：变压器注油时，将控流阀手柄置于"手动打开"位置（如图 16-5-4B 所示），并锁定；运行时，将控流阀手柄置于"运行"位置（如图 16-5-4C 所示），并锁定。

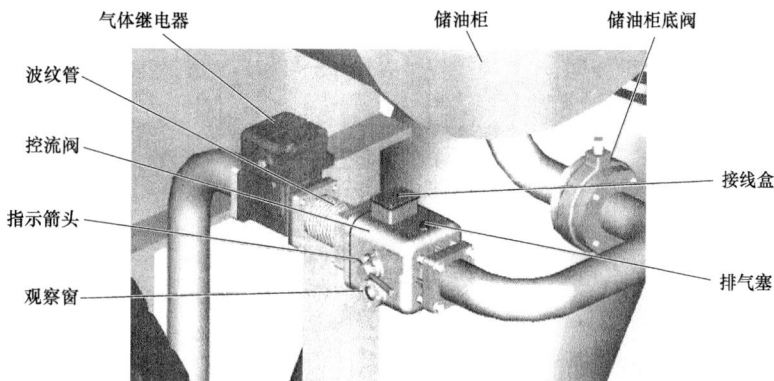

图 16-5-3A 控流阀安装位置（一）

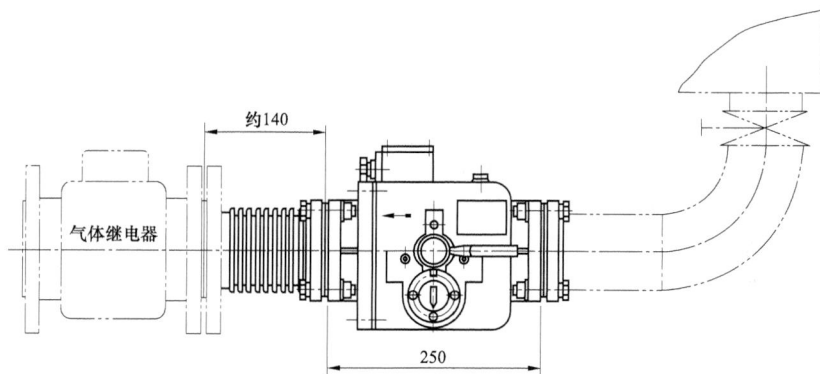

图 16-5-3B 控流阀安装位置（二）

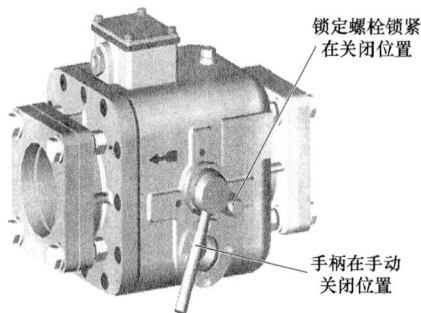

图 16-5-4A 控流阀手动开关位置（一）

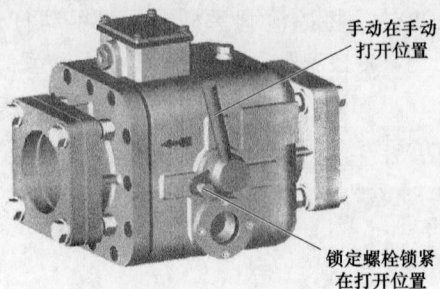

手动在手动
打开位置

锁定螺栓锁紧
在开启位置

在变压器上安装
就位后，为避免
在储油柜向油箱
大流量补油时引
起控流阀自动关
闭而影响补油操
作，应事先将手
柄按逆时针方向
扳到"手动打开"
位置，并锁紧。

图 16-5-4B 控流阀手动开关位置（二）

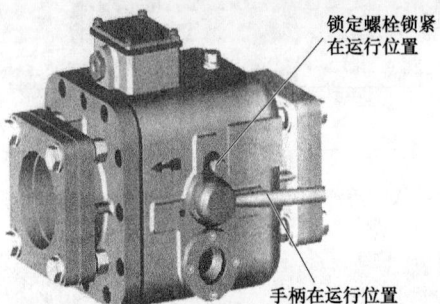

锁定螺栓锁紧
在运行位置

手柄在运行位置

在确认不再进行排油
（或补油）操作后，
必须将操作手柄按顺
时针方向扳到"运行"
位置，并锁紧。

图 16-5-4C 控流阀手动开关位置（三）

（四）探测器的安装（如图 16-5-5 所示）

变压器厂在变压器顶盖最易引起火灾的地方（如套管、防爆阀或释压阀等）焊接

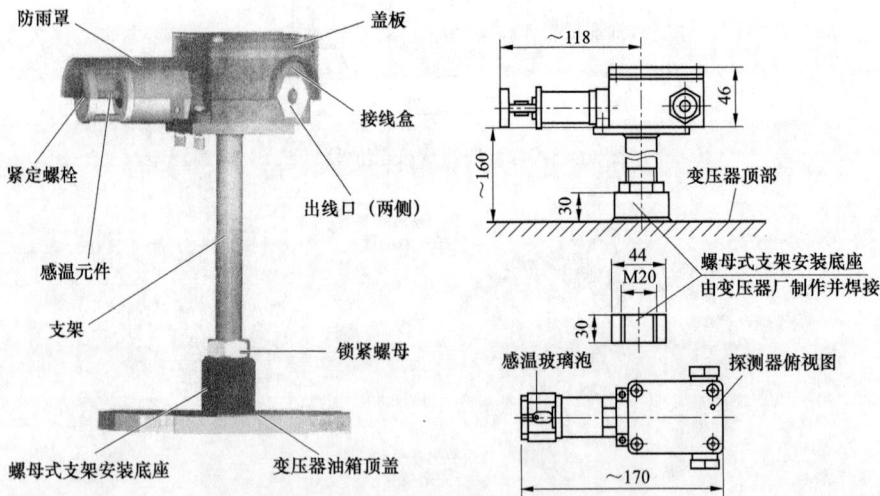

防雨罩

盖板

接线盒

紧定螺栓

出线口（两侧）

感温元件

支架

锁紧螺母

螺母式支架安装底座

变压器油箱顶盖

~118

46

~160

30

变压器顶部

44

M20

30

螺母式支架安装底座
由变压器厂制作并焊接

感温玻璃泡

探测器俯视图

~170

图 16-5-5 探测器螺母安装施工图

好安装底座，用于固定火灾探测器支架，火灾探测器平卧在支架上用螺栓固定。一般而言，大中型三相变压器的每个套管之间及释压阀或防爆阀附近应至少安装一个火灾探测器。

注意事项：必须密封防水，雨天禁止施工；接线后应按对角顺序拧紧板螺钉，务必盖上防雨罩。

接线要通过变压器端子箱接线到控制箱，各探测器之间必须相互并联接线，连接探测器的电缆应采用高温阻燃电缆，探测器进线口应防止雨水进入。接线参见图 16-5-6。4 只探测器为一组，连接方式为并联，然后再串联后进控制箱端子。

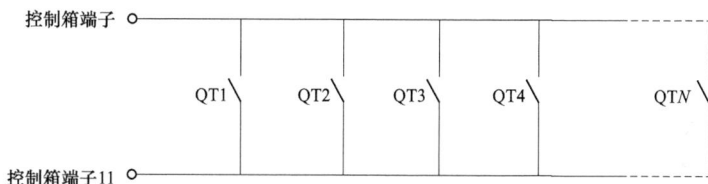

图 16-5-6 探测器接线图

（五）控制屏（箱）的安装

1. 控制屏的安装

控制屏应安装在主控室的成套柜的导轨上。

2. 控制箱的安装

控制箱应安装在主控室内便于观察和操作的位置，在控制箱面板上有 12 个信号灯，用于指示灭火装置的工作状态，另外有两个转换用于控制灭火装置，按转换 SA1 可以使灭火装置退出工作，转换 SA2 使灭火装置处于自动工作状态；灯钮 SB3 的作用是当发生火灾时，万一气体继电器、断路器跳闸、探测器由于某种原因没有动作，这时闭合该按钮短接三个探测系统实现灭火，同时发出信号。如手动灭火按钮 SB3 不起作用，说明气体继电器、断路器跳闸触点不可靠，再按紧急解锁按钮解锁，或按下遥控按钮，开始手动灭火。

注意：按钮 SB3 应置于断开位置，且必须小心不能随意闭合，只有在调试或需要灭火时方可按规定操作。

3. 灭火箱的安装

把氮气瓶固定在固定夹中；减压阀联管与氮气瓶出口接牢，中间用密封件（尺寸 $\phi13/\phi7\times8$）密封；关闭排油阀，使阀杆支撑在电磁机构轴端的斜面上，重锤悬挂在阀杆端部，拧下氮气瓶顶部接头，放入电爆管，再用螺母压紧，开启阀引线在最终投运前连接。灭火箱应可靠接地，接地螺栓为 M12。

五、装置启动前的准备工作

在装置投运前应进行下列检查：

（1）所有管道螺栓已紧固，垫圈密封良好；

（2）打开下部排油管检查孔，检查排油阀的密封性；

（3）所有电缆接线正确，接头及端子均坚固，接触良好；

（4）探头引线处，开关及接线盒盖密封完好；

（5）"断电/通电"按钮拧到"断电"位置，手动灭火按钮拧到断电位置（手动灭火位置为信号灯指示，不是按钮指示）；

（6）使用电压：DC 220V。

注意事项：

（1）调试实验时，不能随意进行打开氮气阀操作，即使在氮气瓶关闭的情况下亦如此。试验重锤动作时，必须卸下氮气瓶上的电爆管，投入运行时必须装上。

（2）为了保证安全，在正式运行之前不要打开氮气瓶主阀。

（3）如本装置退出运行，除切断电源外，必须将蝶阀装置机械锁定并关闭氮气瓶主阀。

六、灭火装置调试

在灭火装置安装完毕投入使用前，应对灭火装置进行如下调试：

（1）关闭变压器至灭火箱的排油和注氮管路上的蝶阀；

（2）拆除灭火装置中端子 31 和 32 与开启阀的连接线；

（3）控制电源为双直流 DC 220V；

（4）检查排油阀指示牌是否正确；

（5）检查安全阀气孔是否堵塞；

（6）接通双电源开关 1ZK、2ZK，直流电源信号灯 9HLRD 和 10HLRD 亮；

（7）开关 QM1 接通，系统接入；

（8）旋转开关 SA1 在断开位置，控制箱的断电信号灯 3HLRD 亮；

（9）旋转开关 SA1 在接通位置，控制箱信号灯 IHLGN 亮；

（10）旋转开关 SA2 在自动位置，短接控制箱端子 9 和 10，探测器信号灯 2HLRD 亮，HA 报警；短接控制箱端子 7 和 8，气体继电器信号灯 1HLRD 亮，HA 报警（同时必须短接断路器触点）。灭火箱中电磁机构吸引支持杆撤回，信号灯 4HLRD 亮，HA 报警，排油阀在重锤的作用下自动打开，控制箱中的继电器达到规定的延时时间后，信号灯 5HLRD 亮，HA 报警，端子排 31 和 32 具有直流 24V 以上电源。

（11）拆除短线的试验线，并使中间继电器 K1 复位；

（12）关闭灭火箱中的排油阀，使阀杆支撑在电磁机构轴端的斜面上，重锤挂在杆端部；

（13）接通开关 SA2，信号灯 6HLRD 亮，按下 SB3 亮，其余指示动作情况同第（10）条；

（14）接通开关 QM2，加热器信号灯 8HLRD 亮，加热器自动工作；

（15）检查端子 31 和 32 之间的电阻应不小于 1W/64Ω。

满足上述试验，说明灭火装置是正常的。然后，断开开关 SA2，并使中间继电器 K1 复位，关闭排油阀；打开变压器油箱至灭火装置的排油和注氮管路上的蝶阀，管路上的放气塞用于排放管路中的气体；把开启阀的引线接到端子 31 和 32。

在调试过程中电磁机构连续通电时间小于 30s。

至此，灭火装置调试完毕。

七、检修规定

灭火装置在正常工作期间一直经受着严重的气候条件影响，为使其始终保持良好的灭火性能，每年应进行一次常规检查，通过一系列的检查试验来发现可以影响灭火装置正常工作的危害。

（1）关闭灭火装置：把控制箱电源按钮置于断开位置，信号灯 3HLRD 亮；把氮气瓶开启阀引线与端子 31 和 32 断开；把重锤从阀杆上取下。

（2）检查密封情况，如有渗漏，应进行处理。

（3）检查润滑电磁机构的拉杆与轴承。

（4）检查探测器状况。

（5）检查氮气瓶中氮气压强，应不小于 13MPa，不应大于 15MPa（20℃时）。

（6）对电气系统进行检查。

（7）氮气瓶的电爆管每五年更换一次。

八、灭火装置灭火后的恢复

灭火装置一旦投入灭火，其中的部分零部件将损坏，必须进行更换后，才能继续使用，一般需要做如下工作：更换部分探测器的感温元件，严重的需要换探测器；易熔件 140℃熔断；更换变压器上烧坏的控制导线；对关闭阀进行检查，如有烧坏的密封垫等应更换；更换氮气瓶的电爆管；氮气瓶再充氮；对灭火装置进行一次全面检查，并调试。

九、维护

（一）本装置日常维护检修规程

检修时，必须拆除电爆管座连线，卸掉重锤，调试过程中禁止扳动摆杆，以防排油和注氮。正常运行时，每周监视氮气瓶气压，气压表指示值不能连续降低，压力表降低到 10MPa 以下时应补气，发现易熔件变形及时和厂家联系更换，电气动作试验顺序如下：

（1）关闭变压器至灭火箱的排油和注氮管路上的蝶阀；

（2）拆除灭火装置电爆管的连接线；

（3）控制电源为双直流 220V；

（4）控流阀运行时必须打开，以保油路正常。

（二）本装置故障及误动作的处理

排油注氮灭火系统常见故障、误动作的原因和处理方法见表 16-5-1。

表 16-5-1　　排油注氮灭火系统常见故障、误动作的原因和处理方法

常见故障	原　因	处理方法
排油阀漏油	排油阀关闭不到位	打开排油阀观察孔盲孔板，用操动手柄微调排油阀操动机构，再观察有无漏油
氮气瓶压力下降	氮气瓶闭锁头与各管接头为旋紧或密封不当；高压金属铜管接头橡胶圈未压紧	旋紧各接头
油塞、气塞漏油	油塞、气塞胶圈为压紧或损坏	旋紧各接头或更换胶圈

【思考与练习】

1. 控流阀在安装时的注意事项有哪些？

2. 充氮灭火装置日常维护检修工作有哪些？

3. 测温探头的接线方式及安装注意事项有哪些？

▲ 模块 6　变压器（电抗器）事故类型和现象（Z15H4006Ⅲ）

【模块描述】 本模块介绍了变压器类设备的事故类型和现象，通过本模块学习，熟悉变压器类设备的故障现象和类型。

【模块内容】

变压器存在的故障，无论是热性的或是电性的，也无论是内部的还是外部的，都是引发变压器事故的隐患，这一点是人们的共识，因为有许多事故教训足以证明。

变压器故障的种类很多，一般来说，常见故障分类如图 16-6-1 所示。

本文着重按变压器故障发生的部位进行分析。

一、变压器的主要外部故障

变压器的主要外部故障包括：变压器油箱及其附件焊接不良，密封不良，造成渗漏油故障；冷却系统包括油泵、风扇、控制设备等的故障；分接开关传动装置及其控制设备的故障；其他附件如套管、储油柜、测温元件、净油器、吸湿器、油位计及气

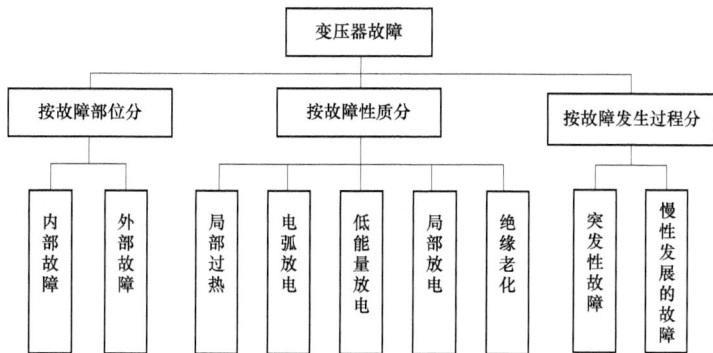

图 16-6-1　常见故障分类

体继电器和压力释放阀等的故障。这里必须强调的是，这些故障如不及时处理也可能发展成变压器内部故障。

　　变压器的许多外部故障是可以在现场通过对可见部分的巡视观察发现的。即使是内部故障，也有某些前驱现象反映于外部可见的某种异常现象。

　　运行巡视检查主要是维护人员通过感官，即视觉、听觉、触觉和嗅觉来感知设备的状态。有时可以据此直接识别设备存在的某些异常。有时则可以借助检测装置来确证感官发现的异常是否确实存在故障。

　　1. 温度异常

　　现象：测温元件测量值超过规定的允许值，或者温度在允许范围内，但据当时负荷和环境温度判断，认为温度值不正常。

　　对变压器的日常巡视和检查最重要的是监视各部的油温，以及时发现在正常负荷和正常冷却状况下变压器可能出现的油温升高的异常状态，并分析其原因和尽快采取相应的处理措施。

　　2. 声音异常

　　现象：正常运行中变压器发出的是持续均匀的有节律的"嗡嗡"声，如果变压器运行异常，往往可以听到相应的异常声音。例如过负荷时发出很高的沉闷的"嗡嗡"声；内部接触不良或放电时，可能听到"吱吱"声或"噼啪"声；箱体内部有金属异物或个别金属结构件松动时，可听到强烈且不均匀的噪声；或有近似锤击和"吹风"声；高压套管表层脏污，釉质脱落或有裂纹时，会产生"吱吱"的放电声；铁芯的接地线开断时，会产生劈裂响声；分接开关接触不良、触头烧坏、触头间短路、触头对地放电，可能在油箱上有"吱吱"放电声等。

　　3. 油位异常变化

　　现象：变压器正常运行时变压器油位异常上升或下降；用红外热像仪测量的实际

油位与油位计显示不符。

检查变压器本体和有载分接开关的油位是否正常，变压器有无渗漏油等。正常油位在夏季高峰负荷时，不得超过最高温度标志刻度，否则应适当放油。冬季或低负荷时，油位不得降至低温标志刻度以下，否则应该适当补油。油位不正常应查明原因，例如，油位太高，是否过负荷或冷却风扇未投入，而油位太低，是否变压器有渗漏油缺陷等。同时，要注意假油位问题，例如老式油保护装置，由于胶囊口与安全气道、油位计和吸湿器连通，当胶囊堵死储油柜通往本体油箱的管口，或者吸湿器因硅胶受潮结块而堵死时，均有可能出现假油位的异常现象。

4. 漏磁引起油箱、箱盖等发热

现象：箱沿或套管升高座螺母处于漏磁场中而发热时，可能发现螺母及其周围油漆变色，晚上甚至可见螺栓和螺母灼红，变压器油箱温度最高处往往是在箱体与绕组或导体的距离最近之处。

5. 变压器渗漏油

现象：大量的渗漏会造成油位下降，浮球式气体继电器动作，如不及时处理可能造成变压器内部故障。轻微渗漏油时，渗漏部位会附着油灰。

箱沿、套管升高座或其他零部件结合处密封不良，或焊件焊接不良，铸件、套管存在砂眼、裂纹等缺陷时，均有可能观察到渗漏油现象。

变压器出现渗漏油的危害是极大的，具体表现为：

（1）变压器渗漏油现象不仅严重影响外观，而且会因变压器需停运排除渗漏而造成经济损头。若变压器地面基础上油迹较多时，还可能成为引发火灾的隐患。

（2）渗漏油会严重干扰运行维护人员对变压器储油柜内的密封状况和油位计指示的正确性监视和判断。

（3）因渗漏而使油位降低后，可能使带电接头、开关等处在无油绝缘的状况下运行，从而导致击穿、短路、烧损，甚至引起设备爆炸。

（4）变压器渗漏油后，会使全密封变压器丧失密封状态，易使油纸绝缘遭受外界的空气、水分的入浸而使绝缘性能降低，加速绝缘的老化，影响变压器的安全、可靠运行。例如，某变压器因渗漏油而泄入潮气，致使绝缘油中含水量高达 $55\mu L/L$，其击穿电压降低至 25kV，绕组绝缘电阻明显降低，结果不得不停运滤油和进行干燥处理，历时一个月，造成严重的经济损失。

此外，当储油柜顶部放气塞、套管导电头等部位出现密封损坏，或者储油柜头部及其联管存在砂眼时，因部位较高，即使可能不会出现渗漏油现象，也可能进入雨水、潮气，导致绝缘性能变坏，甚至造成绝缘击穿、绕组烧毁事故。

（5）渗漏油使油位降低，将引起气体继电器动作，特别是在温度降低时可能使变压器内部形成减压空腔，从而吸入大量空气而引起轻瓦斯继电器报警，这会使运行维护人员误判为变压器发生了内部故障。

6. 变压器套管上部接线板发热

现象：运行中用红外热像仪检测变压器套管导接线板温度明显偏高，接线板变色，油箱近区出现异味，测温蜡片脱落。

当套管端子的紧固件松动时，可能过热严重时会引起变色，并可闻到异常气味，如套管发生污闪时有强烈的臭氧气味，日常巡视时均应予以注意。

7. 变压器冷却器故障

现象：油温异常升高；冷却器的风扇、潜油泵故障停运；油流继电器指向"停"方向。

电力变压器正常运行损耗产生的热量是随变压器油通过本体和散热器扩散到大气中，冷却器油泵损坏影响油流速度、散热管附着灰尘等杂物影响热量扩散、风扇电机损坏影响热量散发速度、油的循环通路堵塞影响油的循环等都会引起电力变压器的运行温度异常升高，特别是冷却系统失去电源而停止工作，会使电力变压器运行温度急剧升高，造成变压器损坏或退出运行。

8. 吸湿器异常

现象：变压器储油柜管式油位计显示异常；吸湿器内硅胶快速受潮变色，或从上至下变色。

吸湿器内的硅胶宜采用同一种变色硅胶。当较多硅胶受潮变色时，需要更换硅胶。对单一颜色硅胶，受潮硅胶不超过 2/3。运行中应监视吸湿器的密封是否良好，当发现吸湿器内的上层硅胶先变色时，可以判定密封不好。注入吸湿器油杯的油量要适中，过少会影响净化效果，过多会造成呼吸时冒油。

在设备运行过程中应注意对变压器的组件进行巡视和检查。变压器故障有许多发生在组件方面，由于组件的检测手段有限，多依赖于人的感官发现故障，所以，日常巡视时加强对组件的检查是极为重要的。

二、变压器的内部故障

1. 磁路中的故障

磁路中的故障即在铁芯、轭扼及夹件中的故障，其中最多的是铁芯多点接地故障。故障现象如下。

（1）发生铁芯接地故障的变压器油色谱通常有以下特征：总烃含量超过规定的注意值 $150\mu L/L$，其中乙烯（C_2H_4）和甲烷（CH_4）占较大比重，乙炔（C_2H_2）含量低或没有变化，即不到导则规定注意值（$5\mu L/L$）。

从导则推荐的判断故障性质的三比值法分析，特征气体的比值编码一般为 0、2、

2；故障性质为"高于 700℃高温过的热故障"。

故障点估算温度时一般为 700～1000℃，故障点估算温度通常采用日本月岗淑郎等人推荐的经验公式：

$$T=322\lg（C_2H_4/C_2H_6）+525（℃）\qquad\qquad(16-6-1)$$

总烃产气速率常超过"规程"规定的注意值，其中 C_2H_2 产气速率急剧上升。

C_2H_4 及烯烃含量很高，CO 变化很少或不变化，但有时色谱分析中出现 C_2H_2 时，可能反映间隙型接地故障。

（2）发生铁芯多点接地的变压器接地电流将明显增大。停电检查时可直接测铁芯对地绝缘电阻。运行检查时，在变压器铁芯外引接地套管的接地引下线上，用钳形电流表测量引线是否有电流变化，也可以在接地开关处接入电流表或串接地故障指示器。正常情况此电流很小，为 mA 级（一般小于 0.3A），当存在多点接地后，其值决定于故障点与正常接地点的相对位置，即短路磁通电动势的大小。最大电流可达数百安，同时与变压器所带负荷情况有关，使用钳形电流表测量时应当注意，由于变压器油箱壁的周围存在漏磁通，会使测量结果产生很大误差，往往造成误判断。因此，测量位置应选择在变压器油箱壁高度的 1/2 处，该处的漏磁通较小且与接地引下线平行。或者进行两次测量，第一次将钳形电流表紧靠被测接地引下线边缘，但并不钳住接地引线，读取漏磁通干扰电流。第二次钳入接地线，该电流读数为铁芯接地电流和漏磁通干扰电流之和。两次读数之差约为实际铁芯接地电流。

2. 绕组故障

绕组故障包括在线段，纵绝缘和引线中的故障，如绝缘击穿、断线和绕组匝、层间短路及绕组变形等。

运行中的电力变压器，不管是绕组自身的层间绝缘、匝间绝缘，还是绕组及引线对各类金属件的绝缘一旦损坏，就会出现绕组短路，相当于所在相的线圈匝数减少，在该绕组内部就会形成一个闭合的电流环，通过强大的短路电流，产生附加损耗和热量，这不仅引起电力变压器温度异常升高，而且三相电压输出不平衡，运行噪声增大。变压器油色谱数据异常变化。停电测量短路绕组的直流电阻变小，三相直流电阻不平衡，低电压阻抗数据异常，绕组频响波形发生明显的变化。情况严重时会造成变压器烧坏，会引起气体继电器、主变压器差动保护、过流保护、压力施放阀等相关保护动作。

3. 绝缘系统中的故障

绝缘系统中的故障即在绝缘油和主绝缘中的故障，如绝缘油异常、绝缘系统受潮、相间短路、围屏树枝状放电等。

4. 结构件和组件故障

结构件和组件故障如内部装配金具和分接开关、套管、冷却器等组件引起的故障。

变压器的内部故障，就其故障现象来看，主要有热性故障和电性故障。至于机械性故障，除因运输不慎受振，使此紧固件松动，绕组位移或引线损伤等之外，也可能由于电应力的作用，如过励磁振动而造成，但最终仍将以热性或电性故障形式表现出来。变压器内部进水受潮也是一种内部潜伏性故障，除非早期发现，否则最终也会发展成电性故障，甚至造成事故。

据不完全统计，在利用油中溶解气体分析检出的 359 台故障变压器中，过热性故障为 226 台，占总故障台数的 63%；高能量放电故障为 65 台，占故障总台数的 18.1%；过热兼高能放电故障为 36 台，占故障总台数的 110%；火花放电故障为 25 台，占故障总台数的 7%；其余 7 台为受潮或局部放电故障，占故障总台数的 1.9%。

DL/T 596—1996《电力设备预防性试验规程》中规定的各种检测项目是发现变压器内部故障的必要手段，但是，这些检测手段对于判断设备内部状态的有效性是不同的，往往需要根据各项检测数据予以综合诊断。然而，实践证明，油中溶解气体分析对于诊断变压器内部故障是比较有效的，加之它不需要变压器停电，分析周期比其他检测项目短，并可灵活缩短周期追踪分析，因此，人们在综合诊断时，一般是以油中溶解气体分析（DGA）检测数据为主，以其他相应项目的检测数据为辅，来制定综合诊断程序。这可以最大限度地发现和确诊变压器内部早期故障。

众所周知，传统的检修制度是预防性检修，这是按计划以运行时间为基准的定期检修，不论设备内部状态如何，到期必修。与此相应的检测手段就是传统的预防性试验。

状态检修是以设备内部状态预知为基准的响应性检修，状态好就不修，即该修必修。设备内部状态预知主要是依据在线连续监测或不停电非连续取油样检测，也就是说设备不停电检测（在线监测或取油样检测）是状态检修的主要决策基础。当然，设备停运时的检测作为辅助判据，也是其内部状态诊断的综合判据之一。

当前国内已不再以单项检测数据为依据来判定内部状态，而是对停电试验、不停电试验和在线连续监测采集的各种动态数据和设备固有的静态数据，如铭牌、出厂和交接试验数据等进行综合分析，从而全面地掌控设备的内部状态。对某些状态异常的设备进行综合诊断，确诊其产生异常的原因、严重程度和发展趋势，并提出相应的维修处理措施。

5. 变压器绕组直流电阻不平衡率超标

故障特征：变压器绕组直流电阻不平衡率超标，不包括由于变压器结构原因引起的绕组直流电阻不平衡率超标。

变压器绕组直流电阻不平衡率的判断标准如下：

（1）1.6MVA 以上变压器，各相绕组电阻相互间的差别不应大于三相平均值的

2%，无中性点引出的绕组，线间差别不应大于三相平均值的 1%。

（2）1.6MVA 及以下的变压器，相间差别一般不大于三相平均值的 4%，线间差别一般不大于三相平均值的 2%。

（3）与以前相同部位测得值比较，其变化不应大于 2%。

6. 变压器绝缘受潮

变压器绝缘受潮的故障特征如下：

（1）变压器油中含水量超标。

（2）绕组对地绝缘电阻下降。

（3）泄漏电流增大。

（4）变压器介质损耗因素增大。

（5）变压器油耐压下降。

【思考与练习】

1. 变压器故障按故障发生过程可分为哪两种？

2. 变压器冷却器故障的现象有哪几种？

3. 请写出变压器绕组直流电阻不平衡率的判断标准。

▲ 模块 7　变压器（电抗器）事故处理方法（Z15H4007Ⅲ）

【模块描述】 本模块介绍了变压器设备的事故处理方法，通过本模块学习，掌握变压器设备事故处理方法，保证设备安全。

【模块内容】

变压器设备故障、缺陷较多，针对变压器可能出现的问题提出适当的处理方法。

一、缺陷处理方法

（一）冷却装置缺陷的处理

（1）变压器冷却装置异常，使油温升高超过制造厂规定或油浸式变压器顶层油温一般限制，应做进一步检查处理。

（2）散热器出现渗漏油时，应采取堵漏油措施。如采用气焊或电焊，要求焊点准确，焊缝牢固，严禁将焊渣掉入散热器内。

（3）当散热器表面油垢严重时，应清扫散热器表面，可用金属去污剂清洗，然后用水冲净晾干，清洗时管接头应可靠密封，防止进水。

（4）散热器密封胶垫出现渗漏油时，应及时更换密封胶垫，使密封良好，不渗漏。

（5）风冷装置电动机出现故障不能正常运转时，应检查电动机电气回路及电动机本体，必要时更换电动机等有关附件。

（6）强油风冷却器表面污垢严重时，应用高压水（或压缩空气）吹净管束间堵塞的杂物，若油垢严重可用金属刷擦洗干净，要求冷却器管束间洁净、无杂物。

（7）强油冷却系统全停时，应立即查明原因，紧急恢复冷却系统供电，同时注意变压器上层油温不得超过 75℃，并立即向上级汇报。

（8）强油风冷变压器发生轻瓦斯频繁动作发信时，应注意检查强油冷却装置油泵负压区渗漏。

（9）强油冷却装置运行中出现过热、振动、杂音及严重渗漏油、漏气等现象时，应及时更换或检修，如发现油泵轴承或叶片磨损严重时，应对变压器进行吊罩检查，变压器内部要求用油冲洗，保证变压器内部干净。

（二）异常声音的处理

（1）变压器声响明显增大，内部有爆裂声时，应立即查明原因并采取相应措施，如对变压器进行电气、油色谱、绕组变形测试等试验检查。有条件者可进行变压器空载、负载试验，必要时还应对变压器进行吊罩检查。

（2）若变压器响声比平常增大而均匀时，应检查电网电压情况，确定是否为电网电压过高引起，如中性点不接地电网单相接地或铁磁共振等；另外，也可能是变压器过负荷、负载变化较大（如大电机、电弧炉等）、谐波或直流偏磁作用引起。

（3）声响较大且嘈杂时，可能是变压器铁芯、夹件松动的问题，此时仪表一般正常，变压器油温与油位也无大变化，应将变压器停运，进行检查。

（4）音响夹有放电的"吱吱"声时，可能是变压器器身或套管发生表面局部放电。若是套管的问题，在气候恶劣或夜间时，可见到电晕或蓝色、紫色的小火花，应先清除套管表面的脏污，再涂 RTV 涂料或更换套管。如果是器身的问题，把耳朵贴近变压器油箱，则可能听到变压器内部由于有局部放电或电接触不良而发出的"吱吱"声或"噼啪"声，此时应停止变压器运行，检查铁芯接地或进行吊罩检查。

（5）若声响中夹有水的沸腾声，可能是绕组有较严重的故障或分接开关接触不良而局部严重过热引起，应立即停止变压器的运行，进行检修。

（6）当响声中夹有爆裂声时，既大又不均匀，可能是变压器的器身绝缘有限击穿现象，应立即停止变压器的运行，进行检修。

（7）当响声中夹有连续的、有规律的撞击或摩擦声时，可能是变压器的某些部件因铁芯振动而造成机械接触。如果是箱壁上的油管或电线处，可增加距离或增强固定来解决。另外，冷却风扇、油泵的轴承磨损等也发出机械摩擦的声音，应确定后进行处理。

（三）压力释放阀冒油的处理

（1）压力释放阀冒油而变压器的气体继电器和差动保护等电气保护未动作时，应立即取变压器本体油样进行色谱分析，如果色谱正常，则怀疑压力释放阀动作是其他原因引起。

1）检查变压器本体与储油柜连接阀是否已开启、吸湿器是否畅通、储油柜内气体是否排净，防止由于假油位引起压力释放阀动作。

2）检查压力释放阀的密封是否完好，必要时更换密封胶垫。

3）检查压力释放阀升高座是否设放气塞，如无应增设，防止积聚气体因气温变化发生误动。

4）如条件允许，可安排时间停电，对压力释放阀进行开启和关闭动作试验。

（2）压力释放阀冒油，且气体保护动作跳闸时，在未查明原因、故障未消除前不得将变压器投入运行。若变压器有内部故障的征象时，应做进一步检查。

（四）油温异常升高的处理

（1）变压器油温异常升高。

1）应通过比较安装在变压器上的几只不同温度计读数，并充分考虑气温、负荷的因素，判断是否为变压器温升异常。

2）变压器油温异常升高应进行以下检查工作：

a. 检查变压器的负载和冷却介质的温度，并与在同一负载和冷却介质温度下正常的温度核对；

b. 核对测温装置准确度；

c. 检查变压器冷却装置或变压器室的通风情况；

d. 检查变压器有关蝶阀开闭位置是否正确，检查变压器油位情况；

e. 检查变压器的气体继电器内是否积聚了可燃气体；

f. 检查系统运行情况，注意系统谐波电流情况；

g. 进行油色谱试验；

h. 必要时进行变压器预防性试验。

3）若温度升高的原因是冷却系统的故障，且在运行中无法修复，应将变压器停运修理；若不能立即停运修理，则应按现场规程规定调整变压器的负载至允许运行温度的相应容量，并尽快安排处理。

4）若经检查分析是变压器内部故障引起的温度异常，则立即停运变压器，尽快安排处理。

5）若由变压器过负荷运行引起，在顶层油温超过 105℃时，应立即降低负荷。

（2）在正常负载和冷却条件下，变压器油温不正常并不断上升，且经检查证明温度指示正确，则认为变压器已发生内部故障，应立即将变压器停运。

变压器在各种超额定电流下运行，且温度持续升高，应及时向调度汇报，顶层油温不应超过 105℃。

（3）变压器的很多故障都有可能伴随急剧的温升，应检查运行电压是否过高、套管各个端子和母线或电缆的连接是否紧密，有无发热迹象。冷却风扇和油泵出现故障、温度计损坏、散热器阀门没有打开等均有可能导致变压器油温异常。

（五）套管渗漏、油位异常和末屏有放电声的处理

（1）套管严重渗漏或瓷套破裂时，变压器应立即停运。更换套管或消除放电现象，经电气试验合格后方可将变压器投入运行。

（2）套管油位异常下降或升高，包括利用红外测温装置检测油位，确认套管发生内漏（即套管油与变压器油已连通），应安排吊套管处理。当确认油位已漏至金属储油柜以下时，变压器应停止运行，进行处理。

（3）套管末屏有放电声时，应将变压器停止运行，并对该套管做试验，确认没有引起套管绝缘故障，对末屏可靠接地后方可将变压器恢复运行。

（4）大气过电压、内部过电压等，会引起瓷件、瓷套管表面龟裂，并有放电痕迹。此时应采取加强防止大气过电压和内部过电压的措施。

（六）油位不正常的处理

（1）当发现变压器的油面较当时油温所应有的油位显著降低时，应查明原因，并采取措施。

（2）当油位计的油面异常升高或呼吸系统有异常，需打开放气或放油阀时，应先将重瓦斯改接信号。

（3）变压器油位因温度上升有可能高出油位指示极限，经查明不是假油位所致时，则应放油，使油位降至与当时油温相对应的高度，以免溢油。

（4）油位计带有小胶囊时，如发现油位不正常，先对油位计加油，此时需将油表呼吸塞及小胶囊室的塞子打开，用漏斗从油表呼吸塞处缓慢加油，将囊中空气全部排出，然后打开油表放油螺栓，放出油表内多余油量（看到油表内油位即可），关上小胶囊室的塞子，注意油表呼吸塞不必拧得太紧，以保证油表内空气自由呼吸。

（七）轻瓦斯动作的处理

（1）轻瓦斯动作发信时，应立即对变压器进行检查，查明动作原因，是否因积聚空气、油位降低、二次回路故障或是变压器内部故障引起。如气体继电器内有气体，则应记录气体量，观察气体的颜色及试验是否可燃，并取气样及油样做色谱分析，根据有关规程和导则判断变压器的故障性质。

若气体继电器内的气体为无色、无臭且不可燃，色谱分析判断为空气，则变压器可继续运行，并及时消除进气缺陷。

若气体是可燃的或油中熔解气体分析结果异常，应综合判断确定变压器是否停运。

（2）轻瓦斯动作发信后，如一时不能对气体继电器内的气体进行色谱分析，则可按以下方法鉴别：

1）无色、不可燃的是空气。

2）黄色、可燃的是木质故障产生的气体。

3）淡灰色、可燃并有臭味的是纸质故障产生的气体。

4）灰黑色、易燃的是铁质故障使绝缘油分解产生的气体。

（3）如果轻瓦斯动作发信后经分析已判为变压器内部存在故障，且发信间隔时间逐次缩短，则说明故障正在发展，这时应最快将该变压器停运。

（4）检查其他保护装置动作信号情况、二次回路及直流系统情况。

（5）检查气体继电器是否有缺陷。

（八）油色谱异常的处理

（1）变压器本体油中气体色谱分析超过注意值时，应进行跟踪分析，根据各特征气体和总烃含量的大小及增长趋势，结合产气速率综合判断，必要时缩短跟踪周期。

（2）不同的故障类型产生的主要特征气体和次要特征气体见表 16-7-1。

表 16-7-1　　　　　　　　　　不同故障类型产生的气体

故障类型	主要气体组分	次要气体组分
油过热	CH_4，C_2H_4	H_2，C_2H_6
油和纸过热	CH_4，C_2H_4，CO，CO_2	H_2，C_2H_6
油纸绝缘中局部放电	H_2，CH_4，CO	C_2H_2，C_2H_6，CO_2
油中火花放电	H_2，C_2H_2	
油中电弧	H_2，C_2H_2	CH_4，C_2H_4，C_2H_6
油中纸中电弧	H_2，C_2H_2，CO，CO_2	CH_4，C_2H_4，C_2H_6

注　进水受潮或油中气泡可能使氢含量升高。

在变压器里，当产气速率大于溶解速率时，会有一部分气体进入气体继电器或储油柜中。当变压器的气体继电器内出现气体时，分析其中的气体，同样有助于对设备的状况做出判断。分析溶解于油中的气体，能尽早发现变压器内部存在的潜伏性故障，并随时监视故障的发展状况。

（3）根据油色谱含量情况，运用 GB/T 7252—2016《变压器油中溶解气体分析和判断导则》，结合变压器历年的试验（如绕组直流电阻、空载特性试验、绝缘试验、局部放电测量和微水测量等）的结果，并结合变压器的结构、运行、检修等情况进行综合分析，判断故障的性质及部位。根据具体情况对设备采取不同的处理措施（如缩短试验周期、加强监视、限制负荷、近期安排内部检查或立即停止运行等）。

（4）在某些情况下，有些气体可能不是设备故障造成的，如油中含有水，可以与铁作用生成氢；过热的铁芯层间油膜裂解也可生成氢；新的不锈钢也可能在加工过程中或焊接时吸附氢而又慢慢释放至油中；在温度较高、油中有限溶解氧时，设备中某些油漆（醇酸树脂），在某些不锈钢的催化下，甚至可能产生大量的氢；有些油初期会产生氢气（在允许范围内）以后逐步下降。应根据不同的气体性质分别给予处理。

（5）当油色谱数据超过注意值时，还应注意排除有载调压变压器中切换开关油室的油向变压器本体油箱渗漏，或选择开关在某个位置动作时，悬浮电位放电的影响；设备曾经有过故障，而故障排除后绝缘油未经彻底脱气，部分残余气体仍留在油中；设备带油补焊；原注入的油中就含有某些气体等可能性。

（九）内部过热性缺陷的处理

（1）通过 GB/T 7252—2016 分析判断变压器内部存在过热性故障时，应加强对该变压器油的色谱跟踪分析，根据气体各组分含量的注意值或气体增长率的注意值，决定变压器是否马上停止运行。

（2）若经色谱分析判断故障类型为过热，一般有分接开关接触不良、引线接头螺栓松动或接头焊接不良、涡流引起铜过热、铁芯漏磁、局部短路、层间绝缘不良、铁芯多点接地等故障存在。此时还应注意 CO 和 CO_2 的含量及 CO_2/CO 值，如判断过热涉及固体绝缘，变压器应及早停运处理。应采取加强油色谱跟踪、调整变压器负载、开展电气绝缘试验和铁芯的绝缘电阻及绕组直流电阻等试验，直至安排变压器进行吊罩或吊芯检查，以查找变压器内部过热性故障并处理。

（十）内部放电性缺陷的处理

（1）若经色谱分析判定变压器内部存在放电性缺陷，首先应判定是否涉及固体绝缘，有条件时可进行局部放电的超声波定位检测，初步判断放电部位。如果放电涉及固体绝缘，变压器应及早停运进行其他检测和处理。

（2）若在判断变压器存在放电性缺陷的同时，发现变压器存在受潮或进空气等缺陷，在判明未损伤变压器绝缘的前提下，应首先对变压器进行干燥和脱气处理。

（3）不涉及固体绝缘的放电，可能来自悬浮放电、接触不良和磁屏蔽的放电等，应区别放电程度和发展速度，决定停电处理的时机。

（4）若经色谱分析判断变压器故障类型为电弧放电兼过热，一般故障表现为线圈匝间、层间短路，相间闪络、分接头引线间油隙闪络、引线对箱壳放电、线圈熔断、分接开关飞弧、因环路电流引起电弧、引线对接地体放电等。对于这类放电，一般应立即安排变压器停运，进行其他检测和处理。

（十一）有载分接开关缺陷的处理

（1）有载分接开关与电动机构分接位置不一致时，故障原因一般为分接开关与电动机构连接错误、连杆松动或脱落，应查明原因并进行联结校验。

（2）当全部分接位置的电动机构与远方控制分接位置指示不一致时，一般为电动机构内的位置转换器与分接开关的位置错位，排除方法为对电动机构的位置转换器与分接开关的实际位置进行校验，使远方控制分接位置与分接开关的实际位置相一致。

（十二）油色谱在线测量装置（若有）报警的处理

（1）装有本体油色谱在线监测装置的变压器（包括单组分和多组分），当在线监测装置报警时，应及时查明报警的原因，排除装置误报警的可能，尽快离线取油样进行色谱分析比较，判别变压器本体是否存在缺陷。若二者基本一致时，应查在线监测装置历史数据记录，何时发生气体含量增长，增长速率如何，最后作出变压器进一步处理的决定。

（2）在线监测装置报警并通过油色谱分析比较已判定变压器内部存在缺陷时，应根据气体成分作出不同的管理和处理，可参照第三十二条"油色谱异常的处理"要求进行。

（十三）变压器铁芯缺陷的处理

（1）变压器铁芯绝缘电阻与历史数据相比较低时，首先应区别是否因受潮引起。如果排除受潮，则一般为变压器铁芯周围存在悬浮游丝。在变压器未放油的情况下，可考虑采取低压电容放电的形式对变压器铁芯进行放电，将铁芯周围悬浮游丝烧断，恢复变压器铁芯绝缘。

（2）如果变压器铁芯绝缘电阻低的问题一时难以处理，不论铁芯接地点是否存在电流，均应串入电阻，防止环流损伤铁芯。有电流时，宜将电流限制在 100mA 以下。

（3）变压器铁芯多点接地，并采取了限流措施，仍应加强对变压器本体油的色谱跟踪，缩短色谱监测周期，监视变压器的运行情况。

（十四）其他缺陷的处理

变压器的缺陷多种多样，变压器的故障和缺陷都伴随着一些体表现象的变化，应根据变压器的声音、振动、气味、颜色、负荷、温度及其他现象对变压器缺陷作出初步判断，并对绝缘油及电气量测试作出综合分析，才能较为准确地找出故障原因，判明缺陷的性质，提出较完备的处理办法。

二、事故和故障处理

（一）差动保护动作处理

（1）差动保护动作时，在查明原因消除故障之前不得将变压器投入运行。

（2）差动保护动作时，变电运行人员应进行的工作：

1）应进行的检查工作如下：

a. 检查保护装置（包括气体继电器和压力释放阀）的动作信号情况和直流系统情况；

b. 察看其他运行变压器及各线路的负荷情况；

c. 检查故障录波器的动作情况；

d. 检查现场一次设备（特别是变压器差动范围内设备）有无着火、爆炸、喷油、放电痕迹、导线断线、短路、小动物爬入引起短路等情况。

2）变压器跳闸后，应立即停油泵。

3）应立即将情况向调度及有关部门汇报。

4）应根据调度指令进行有关操作。

5）现场有明火等特殊情况时，应进行紧急处理。

（3）差动保护动作后，调度及有关部门管理人员应进行的工作如下：

1）调度员应根据系统的负荷情况，及时转移或切除部分负荷，合理安排系统运行方式。

2）调度员应及时将情况汇报给有关职能管理部门。

3）生技部门应根据具体情况，及时组织有关专业人员到现场，进行检查分析，查明原因，安排处理。

4）如排除变压器内部故障，差动保护动作原因分析清楚，且设备具备投运条件后，应按有关规定汇报处理情况，安排复役。事后，有关技术人员应编写事故（故障）分析报告。

（4）差动保护动作后，检修人员应进行以下工作：

1）应进行的检查工作。

a. 检查、分析故障录波器数据；

b. 检查保护动作信号及数据记录情况、二次回路情况、直流系统情况；

c. 检查差动范围内导线、铝排有无断线、短路，设备绝缘子表面有无闪络痕迹；

d. 变压器的气体继电器内是否积聚了可燃气体。

2）需进行的试验工作。

a. 变压器的油色谱试验；

b. 必要时进行变压器差动保护的传动试验和有关中间继电器的动作试验；

c. 必要时进行变压器的有关试验；

d. 必要时进行差动范围内的其他设备的试验。

3）对检查处理的情况向有关领导和专业人员汇报。

（二）重瓦斯动作处理

（1）重瓦斯保护动作时，在查明原因消除故障之前不得将变压器投入运行。

（2）重瓦斯保护动作时，变电运行人员应进行以下工作：

1）应进行的检查工作。

a. 检查其他保护装置动作信号情况，一、二次回路情况，直流系统情况；

b. 察看其他运行变压器及各线路的负荷情况；

c. 检查变压器有无着火、爆炸、喷油、漏油等情况；

d. 检查气体继电器内有无气体积聚；

e. 检查变压器本体及有载分接开关油位情况。

2）变压器跳闸后，应立即停油泵，并进行油色谱分析。

3）应立即将情况向调度及有关部门汇报。

4）应根据调度指令进行有关操作。

5）现场有着火等特殊情况时，应进行紧急处理。

（3）重瓦斯保护动作时，调度及有关部门管理人员应进行的工作如下：

1）调度员应根据系统的负荷情况，及时转移或切除部分负荷，合理安排系统运行方式。

2）调度员应及时将情况汇报给有关职能管理部门。

3）运检部门应根据具体情况，及时组织有关专业人员到现场，进行检查分析，查明原因，安排处理。

4）故障处理结束、设备具备投运条件后，应按有关规定汇报处理情况，安排复役。事后，有关技术人员应编写事故（故障）分析报告。

（4）重瓦斯保护动作时，检修人员应进行以下工作：

1）应进行的检查工作。

a. 检查、分析故障录波器数据；

b. 检查保护动作信号及数据记录情况、二次回路情况、直流系统情况；

c. 检查气体继电器接线盒内有无进水受潮或异物造成端子短路；

d. 检查变压器外观情况；

e. 检查变压器的气体继电器内是否积聚了可燃气体；

f. 检查变压器油位情况和渗漏油情况。

2）需进行的试验工作。

a. 变压器的油色谱试验；

b. 变压器重瓦斯保护的传动试验，有关中间继电器的动作试验，二次绝缘电阻试验；

c. 变压器的其他试验；

d. 气体继电器的校验。

3）经确认是二次接点受潮等引起的误动，故障消除后向上级主管部门汇报，可以复役。

4）经确认是变压器内部故障引起变压器重瓦斯保护时，对检查出的问题进行处理，合格后向上级主管部门汇报，可以复役。

5）对检查出的其他问题按有关规定进行处理，合格后向上级主管部门汇报。

（三）套管爆炸处理

1. 套管发生爆炸时，变电运行值班人员应进行的工作

（1）首先应检查变压器各侧开关是否已跳闸，否则应手动拉开故障变压器各侧开关，并立即停油泵。

（2）应进行的检查工作：

1）检查保护装置动作情况；

2）查看其他运行变压器及各线路的负荷情况；

3）检查变压器有无着火等情况，检查消防设施是否启动；

4）检查套管爆炸引起其他设备的损坏情况。

（3）现场有着火情况时，应先报警并隔离变压器，迅速采取灭火措施。处理事故时，首先应保证人身安全。注意油箱爆裂情况。

（4）应立即将情况向调度及有关部门汇报。

（5）应根据调度指令进行有关操作。

（6）若检修人员不能立即到达现场，必要时在做好安全措施后，采取措施以避免雨水或杂物进入变压器内部。

2. 套管发生爆炸时，调度及有关部门管理人员应进行的工作

（1）调度员应根据系统的负荷情况，及时转移或切除部分负荷，合理安排系统运行方式。

（2）调度员应及时将情况汇报给有关职能管理部门。

（3）运检部门应根据具体情况，及时组织有关专业人员到现场进行检查分析，查明原因，安排处理。

（4）故障处理结束、设备具备投运条件后，应按有关规定汇报处理情况，安排复役。事后，有关技术人员应编写事故（故障）分析报告。

3. 套管发生爆炸时，检修人员应进行的工作

（1）应进行的检查工作：

1）检查保护动作信号情况和故障录波器数据情况；

2）检查变电站其他设备有无闪络现象；

3）检查套管爆炸引起其他设备的损坏情况。

（2）需进行的试验工作：

1）其他相套管（电容型）的绝缘电阻、介质损耗因数、电容量测试；

2）变压器的油色谱、直流电组、绝缘电阻、绝缘油试验、电压比、变压器绕组变形测试。

（3）更换套管及其他破损设备。

（4）更换工作完成后，按电力设备预防性试验规程要求进行试验，并向上级主管部门汇报。

（四）变压器起火处理

（1）变压器起火时，立即拉开变压器各侧电源。

（2）立即切除变压器所有二次控制电源。

（3）立即向消防部门报警。

（4）确保人身安全的情况下采取必要的灭火措施。

（5）应立即将情况向调度及有关部门汇报。

（6）变电运行值班人员应进行以下工作：

1）变压器起火时，首先应检查变压器各侧开关是否已跳闸，否则应立即手动拉开故障变压器各侧开关，立即停运冷却装置，并迅速采取灭火措施，防止火势蔓延。必要时开启事故放油阀排油。处理事故时，首先应保证人身安全。

2）应进行的检查工作：

a. 检查保护装置动作信号情况；

b. 察看其他运行变压器及各线路的负荷情况；

c. 检查变压器起火是否对周围其他设备有影响。

（五）冷却器全停故障处理

（1）冷却器全停变压器运行的一般规定。

1）油浸（自然循环）风冷变压器，风扇停止工作时，允许的负载和运行时间，应按制造厂的规定。

2）强油循环风冷和强油循环水冷变压器，当冷却系统故障切除全部冷却器时，允许带额定负载运行 20min。如 20min 后顶层油温尚未达到 75℃，则允许上升到 75℃，但这种状态下运行的最长时间不得超过 1h。

（2）发生冷却器全停时，变电运行值班人员应进行的检查和处理工作如下。

1）检查故障变压器的负荷情况，密切注意变压器绕组温度、上层油温情况。

2）立即检查工作电源是否缺相，若冷却装置仍运行在缺相的电源中，则应断开连接。

3）立即检查冷却控制箱各负荷开关、接触器、熔断器、热继电器等工作状态是否正常，若有问题，立即处理。

4）立即检查冷却控制箱内另一工作电源电压是否正常，若正常，则迅速切换至该工作电源。

5）若冷却控制箱电源部分已不正常，则应检查所用电屏负荷开关、接触器、熔断器，检查所用变高压熔断器等情况，对发现的问题做相应处理。

6）检查变压器油位情况。

（3）变电运行值班人员应及时将情况向调度及有关部门汇报。

（4）变电运行值班人员应根据调度指令进行有关操作。

（5）发生冷却器全停时，调度应及时了解故障变压器的运行情况及缺陷消除情况，合理安排运行方式，必要时转移或切除部分负荷，以降低故障变压器的温升，同时，做好退出该变压器运行的准备。

（6）若变电运行值班人员不能消除缺陷，则应及时通知检修人员安排处理。

（7）检修人员应根据具体情况检查控制箱内各元器件及控制回路、油泵及风扇情况、电源电缆连接情况、所用电屏各元器件及回路情况、所用变压器运行情况等。

（六）事故过负荷跳闸处理

1. 变压器事故过负荷跳闸后，变电运行值班人员应进行的工作

（1）应进行的检查工作：

1）检查保护装置动作信号情况、故障录波器动作情况、直流系统情况；

2）察看其他运行变压器及各线路的负荷情况；

3）监视变压器的现场及远方油温情况；

4）检查变压器的油位是否过高；

5）检查变压器有无着火、喷油、漏油等情况；

6）检查气体继电器内有无气体积聚，检查压力释放阀有无动作。

（2）变压器跳闸后，应使冷却系统处于工作状态，以迅速降低变压器的油温。

（3）应立即将有关情况向调度及有关部门汇报。

（4）应根据调度指令进行有关操作。

2. 变压器事故过负荷跳闸后，调度人员应进行的工作

（1）调度员应根据系统的负荷情况，及时转移或切断部分负荷，合理安排系统运行方式。

（2）调度员应及时将情况汇报给有关职能管理部门。

（3）及时了解变压器油温等情况，做好变压器复役的准备。

3. 变压器跳闸后，检修人员应及时进行变压器油色谱分析等试验

4. 经检查变压器情况正常后，可安排变压器投入运行

（七）有载分接开关重瓦斯动作跳闸处理

（1）有载分接开关重瓦斯保护动作时，在查明原因消除故障之前不得将变压器投

入运行。

（2）有载分接开关重瓦斯保护动作时，变电运行值班人员应进行以下工作：

1）应进行的检查工作。

a. 检查各保护装置动作信号情况、直流系统情况、故障录波器动作情况；

b. 察看其他运行变压器及各线路的负荷情况；

c. 检查变压器有无着火、爆炸、喷油、漏油等情况；

d. 检查有载分接开关及本体气体继电器内有无气体积聚；

e. 检查变压器本体及有载分接开关油位情况。

2）应立即将情况向调度及有关部门汇报。

3）应根据调度指令进行有关操作。

4）现场有着火等特殊情况时，应进行紧急处理。

（3）有载分接开关重瓦斯保护动作时，调度及有关部门管理人员应进行以下工作：

1）调度员应根据系统的负荷情况，及时转移或切断部分负荷，合理安排系统运行方式。

2）调度员应及时将情况汇报给有关职能管理部门。

3）技术部门应根据具体情况，及时组织有关专业人员到现场，进行检查分析，查明原因，安排处理。

4）故障处理结束、设备具备投运条件后，应按有关规定汇报处理情况，通知调度部门安排复役。事后，有关技术人员应编写事故（故障）分析报告。

（4）有载分接开关重瓦斯保护动作时，检修人员应进行以下工作：

1）应进行的检查工作。

a. 检查保护动作情况；

b. 检查直流及有关二次回路情况；

c. 检查有载分接开关气体继电器接线盒内有无进水受潮或异物造成端子短路；

d. 检查有载分接开关油位情况。

2）应进行的检修试验工作。

a. 变压器的油色谱试验；

b. 变压器有载分接开关重瓦斯保护的传动试验，有关中间继电器的动作试验；

c. 变压器直流电组、绝缘电阻、有载分接开关绝缘油击穿电压及微水试验，有载分接开关气体继电器油色谱试验（若有），有载分接开关的吊芯检查和特性试验；

d. 有载分接开关气体继电器的校验。

3）对检查处理的情况向上级主管部门汇报。

（八）其他事故与故障处理

（1）本体严重漏油管理和处理要求如下：

1）变压器本体严重漏油，使油面下降到低于油位计的指示限度时，变压器应立即停运，检查变压器漏油点并消除，补充油使之达到正常值后方可将变压器投入运行。

2）变压器本体严重漏油，油位尚处在正常范围内时，应检查油箱是结构性渗漏油还是密封性渗漏油。

a. 结构性渗漏油的处理方法一般是补焊。油箱上部渗漏时，只需排出少量油即可处理；油箱下部渗漏时，可带油处理，但带油补焊应在漏油不显著的情况下进行，否则应采取抽真空或排油法去除油气混合物并在油箱内造成负压后补焊。

b. 密封性渗漏油的处理方法是更换质量合格的密封胶垫，密封胶垫的安装应符合工艺质量要求。

（2）变压器内部故障压力升高引起渗漏油情况，此时应查明变压器内部故障的原因，待故障消除试验合格后变压器方可投入运行。

【思考与练习】

1. 变压器铁芯缺陷的处理方法是什么？

2. 套管发生爆炸时，检修人员应做哪些工作？

3. 有载分接开关重瓦斯保护动作时，检修人员应进行的工作有哪些？

▲ 模块 8　变压器故障分析及故障处理案例（Z15H4008Ⅲ）

【模块描述】本模块介绍了变压器的事故处理案例，通过本模块的学习，熟悉变压器类设备的故障现象。

【模块内容】

一、变压器渗漏油案例分析

案例：某电力公司 31.5MVA、110kV 主变压器进行油箱渗漏油的带油补焊后，第二年色谱检查分析异常。从特征气体的规律和 IEC 三比值法分析属放电兼过热性故障，色谱分析数据见表 16-8-1。

表 16-8-1　　　　　　　　色谱分析数据对比　　　　　　　（μL/L）

	氢气 （H_2）	甲烷 （CH_4）	乙烷 （C_2H_6）	乙烯 （C_2H_4）	乙炔 （C_2H_2）	总烃 （C_1+C_2）	判断
第一年周期试验	14.67	3.68	10.54	2.71	0.20	17.09	正常
补焊后一周后	14.2	4.40	13.96	2.48	0.17	21.21	正常
第二年周期试验	97.9	103.3	31.6	131.3	19.7	285.8	放电兼过热

表 16-8-1 中数据反映变压器存在放电兼过热故障，经复测无误，但变压器运行一直正常，进行电气试验，结论也正常完好。查看检修记录，记载着上一年因三处渗油而带油补焊，一处为散热器上部约 3cm 缝隙。另两处为箱罩上部 2cm 和 4cm 接头处。补焊时的温度达千摄氏度，油遇高温裂化分解产生大量特征气体，补焊后的一周色谱分析，其目的是查补焊后油中气体上升情况，但未能如实反映出来，原因可能是：

（1）所焊之处，可能大致上为"死区"，虽运行一周，油借自身的上下层温差进行循环（该变压器没有强迫油循环系统），温差不大，循环不快，时间短，特征气体难以均匀分布于油中。

（2）取样或操作上的技术问题，如取样前放油冲洗量不够等。所以补焊一周后取油样进行色谱分析未能发现问题。

运行一年后，因补焊产生的气体仍在油中，可能因当时未脱气处理，加之该主变压器储油柜为气囊式充氮保护，油中气体无法自行散发出去。因此判断特征气体为补焊所致。经油脱气处理后监督跟踪分析，由起初一个月两次的跟踪分析，经三个月后无明显变化，而逐步改为一月一次、二月一次、三月一次，至正常周期一年一次，正常运行至今，证实了分析判断的正确性。

二、有载开关渗油故障案例分析

案例： 某电力公司 110kV 主变压器本体油中溶解的 C_2H_2 含量偏高，见表 16-8-2，该变压器已运行 15 年。

表 16-8-2　　　　　　　　色 谱 试 验 数 据　　　　　　　（μL/L）

试验时间	H_2	CH_4	C_2H_6	C_2H_4	C_2H_2	总烃	CO	CO_2
2008-5-19	29.0	17.9	3.7	8.2	4.4	34.1	669	4727
2008-1-17	20.0	16.4	3.3	7.4	3.10	30.2	593	4013
2007-8-7	26.0	16.3	3.4	7.4	2.40	29.5	658	4357
2007-7-4	27.0	17.5	3.3	7.5	2.60	30.9	673	4699
2007-6-7	22.0	18.0	3.5	8.2	2.60	32.3	673	4458
2007-3-13	26.0	15.2	2.9	6.7	2.40	27.2	680	4225
2007-2-8	19.0	14.6	3.0	7.1	2.10	26.8	640	4199
2007-1-10	21.0	15.1	2.9	6.5	1.60	26.1	671	4244
2006-8-15	20.0	16.0	3.4	7.1	0.90	27.4	683	4802
2006-7-12	26.0	15.1	3.1	6.9	1.00	26.1	694	4703
2006-1-23	21.0	13.0	2.5	5.5	0.80	21.8	593	3702
2005-7-28	24.0	16.5	2.9	6.5	0.60	26.5	651	4484
2005-4-14	22.0	12.5	2.3	5.8	0.60	21.2	629	3456
2004-10-14	28.0	13.8	2.5	6.1	0.00	22.4	732	4307

1. 原因分析

（1）该开关是国产组合式有载开关，根据该开关的资料可知，切换开关的油室采用绝缘纸筒制成。

（2）从色谱试验结果看，仅乙炔含量偏高，其他气体没有明显变化，见表16-8-2。

（3）根据运行经验，该开关经长期运行后绝缘纸筒可能变形而发生渗漏，致使变压器本体油中乙炔含量偏高。

2. 检查处理措施

根据上述分析采取如下检查步骤：

（1）有载开关进行吊芯检修，抽尽有载开关油室内的绝缘油并将油室清洁干净，对油室进行试漏。

（2）对变压器施加 0.035～0.04MPa 的压力，维持 3min 后即发现有载开关油室底部轴封处有渗油现象（如图 16-8-1 所示），致使运行中有载开关油室内的绝缘油会进入变压器本体。

图 16-8-1　油室底部轴封渗漏

（3）用真空滤油机将变压器内的绝缘油抽尽，抽油的同时注入干燥空气（露点≤-40℃），真空滤油机抽油的同时已对变压器油进行脱气。

（4）更换有载开关油室轴封处的密封圈。

（5）对变压器进行真空注油，由于变压器底部有少许绝缘油无法抽尽，变压器真空注油后变压器内绝缘油仍有 0.4μL/L 的乙炔。由于变压器绝缘吸附的绝缘油中仍含有较高的乙炔，变压器运行一段时间后，变压器油的乙炔含量将会有所升高但会逐步稳定。

（6）建议对该变压器在投运后一个月内每星期进行绝缘油色谱试验，对油中乙炔含量持续跟踪直至稳定。

（7）有载开关油室采用绝缘板材料，绝缘板材料在油中长期浸泡容易发生变形，该开关已运行约 15 年，其他密封部位仍有可能发生渗漏。建议更换该有载开关以解决有载开关与本体连通的缺陷。

三、分接开关触头接触不良案例分析

案例： 某电厂 240MVA、220kV 主变压器（SFP-24000/220）自投运以来其内部产气速率较高，经常发生轻瓦斯动作，每年都需要进行脱气处理。经吊罩大修，在变压器内部清除了油泥杂质，并用油冲洗，在变压器内部更换了部分密封件，该变压器在随后 2 年中内部产气速率明显下降，乙炔含量一直维持在 1μL/L 以下。

然而，在 2 年后对该变压器的色谱分析中，乙炔含量升至 509μL/L，氢由 8 月的 66μL/L 下降至 53μL/L，乙烯由 35μL/L 上升至 44μL/L，其他气体含量没有明显变化。但是分析认为故障性质还不明显，同时考虑到色谱试验结果有分散性，决定不急于将该主变压器退出运行，而继续运行加强监视。不到十天，再次取样进行分析，乙炔含量由 5.9μL/L 下降到 1.3μL/L，氢由 54μL/L 下降至 43μL/L，乙烯由 39μL/L 下降至 26μL/L，其他气体含量下降较小。在 1～2 个月内继续取样分析，其气体含量基本不变。当时曾怀疑主变压器乙炔含量是否可能由潜油泵的轴承损坏而引起的，因此对每台潜油泵分别取样进行色谱分析，其气体含量与变压器本体取样结果相同，排出了潜油泵轴承损坏的可能性。

经对照分析，发现乙炔含量与负荷大小有关，见表 16-8-3。

表 16-8-3　　　　　　　　乙炔含量与主变压器负荷大小的关系

主变压器负荷（MVA）		色 谱 分 析		主变压器负荷（MVA）		色 谱 分 析	
平均负荷	最大负荷	乙炔含量（μL/L）	取样时间	平均负荷	最大负荷	乙炔含量（μL/L）	取样时间
180	240			110	180	5.5	10：30
160	240	6.5	9：30	80	120	4.2	10：00
120	180	5.8	21：30	60	150	3.3	9：30
170	200						

通过两三个月的跟踪观察，肯定了乙炔含量与该变压器所带负荷大小有直接关系，而发生乙炔的最大可能部位是 220kV 分接开关。为了确定变压器内部故障的性质，采用 AE-PD-4 型超声波局部放电测试仪器进行放电超声波定位测量。在探测过程中，当变压器负荷改变时，放电信号的幅值随之改变，并发现 220kV 分接开关在负荷增加

到 80MVA 以上时，荧光屏上出现十分明显的电弧放电脉冲，而在负荷下降到 60MVA 以下时则完全消失。超过超声波局部放电测量，判断该主变压器的故障是 A 相分接开关局部接触不良，在负荷电流大的情况下出现电弧放电。

在大修中，将该主变压器的油放完后，从人孔进入检查，果然发现 A 相选择开关最上面的一个动触头上部有一黄豆大的烧伤痕迹，用干布将其擦净并转动了位置。在大修之后，再对该变压器进行色谱跟踪分析，没有再发现乙炔含量，说明该故障已被确认和处理。

四、变压器绕组直流电阻不平衡率超标分析

案例： 某电力公司一台 SSZ9-63000/110 主变压器采用组合式有载开关，该开关吊芯检修后，开关切换波形正常，但直流电阻试验不合格，直流电阻值见表 16-8-4。从有载开关的接线图分析，从分接 1 切换到分接 9，直流电阻值应有规律地递减，而从分接 9 切换到分接 17，直流电阻值应有规律地递增，差值为 5～6mΩ（环境温度约 3℃）。从表 16-8-4 的数据来看，分接 3 的直流电阻值大于分接 2 的直流电阻值，分接 5 的直流电阻值大于分接 4 的直流电阻值，对应的分接 13 的直流电阻值也大于分接 14 的直流电阻值，存在明显缺陷。

表 16-8-4　　　　　　　　　　直 流 电 阻 值　　　　　　　　　　（Ω）

分接	A-O	B-O	分接	A-O	B-O
1	0.287 5	0.287 3	10	0.251 4	0.251 6
2	0.282 4	0.282 2	11	0.257 1	0.255 5
3	0.284 4	0.286 1	12	0.262 8	0.262 0
4	0.276 7	0.273 5	13	0.273 4	0.278 5
5	0.279 7	0.282 2	14	0.270 4	0.271 6
6	0.261 9	0.262 6	15	0.279 3	0.281 6
7	0.258 5	0.261 8	16	0.281 9	0.282 0
8	0.253 1	0.251 7	17	0.287 8	0.287 6
9（a，b，c）	0.245 0	0.244 2			

1. 原因分析

（1）检查试验接线回路无接触不良现象。

（2）对该有载开关再次吊芯，测量切换开关动触头与中性点触头间的电阻，最大电阻值 257μΩ，最小电阻值 51μΩ，符合要求。由此可见，有载开关的切换开关状态良好。

（3）切换开关经吊芯检修状态良好，需钻芯检查有载开关，重点检查以下部件：

图 16-8-2 组合式有载开关

1）检查切换开关绝缘筒外三相输出端子引线和中性点输出端子引线的紧固情况。

2）检查选择开关三相引线的紧固情况（见图 16-8-2 "Ⅰ"处）。

3）检查选择开关静触头（见图 16-8-2 "Ⅱ"处）应无氧化现象。

2. 检查处理措施

（1）放净变压器油，打开人孔，钻芯检查有载开关。

（2）重新紧固切换开关绝缘筒外侧的三相输出端子引线和中性点输出端子引线，测量 A 相分接 1 到分接 9 的直流电阻，分接 3 的直流电阻值仍然大于分接 2 的直流电阻值，分接 5 的直流电阻值仍然大于分接 4 的直流电阻值。

（3）重新紧固选择开关三相引线（见图 16-8-2 中"Ⅰ"处），发现该处紧固引线的 6 个内六角螺栓都有松动现象，重新紧固。测量 A 相分接 1 到分接 9 的直流电阻，直流电阻值已满足从分接 1 到分接 9 递减的规律，但差值变化很大，最小差值仅 2mΩ。

（4）从该有载开关的结构来看，选择开关各部件中可能影响变压器直流电阻的就剩下选择开关的动静触头的接触电阻，从以上情况分析，选择开关的动静触头可能存在氧化现象，因此对所有的静触头进行表面处理。

（5）选择开关静触头表面处理后，复测直流电阻值，符合要求。

五、变压器铁芯多点接地故障案例分析

案例： 某 2000kVA、35kV 主变压器轻瓦斯动作频繁，每运行一周左右，气体继电器内就积聚约 2/3 容积的气体。主变压器温升较正常时偏高，但电气试验未发现绝缘不良或受潮。经采用集气袋收集气体继电器中的气体，并进行变压器油色谱分析，其结果见表 16-8-5。

表 16-8-5　　　　　　　　色 谱 试 验 数 据　　　　　　　　（μL/L）

H_2	CH_4	C_2H_6	C_2H_4	C_2H_2	C_2+C_1	CO	CO_2
60	139	21	430	4.6	594.6	35	711

1. 原因分析

（1）色谱反映出甲烷（CH_4）、乙烯（C_2H_4）超标，总烃（C_1+C_2）超标，乙炔（C_2H_2）已接近注意值 5μL/L，氢（H_2）及乙烷（C_2H_6）都有明显增长，但 CO、CO_2 增长不明

显，说明故障点不是固体绝缘材料分解而致。

（2）集气袋里面的气体易燃，更说明此主变压器存在故障，不是油中溶解的空气因天气变热而析出那么简单。

采用三比值编码法判断：

$\dfrac{C_2H_2}{C_2H_4} = \dfrac{4.6}{430} < 0.1$，编码为0，$\dfrac{CH_4}{H_2} = \dfrac{139}{60}$，其值在1～3之间，编码为2；$\dfrac{C_2H_4}{C_2H_6} = \dfrac{430}{21} > 3$，编码为2。

三比值编码组合为 0、2、2，且有乙炔（C_2H_2）产生，说明此主变压器内部可能存在 1000℃ 以上高温点，由于 CO，CO_2 不多，估计高温点属裸金属过热，或为接头接触不良，或为铁芯多点接地环流发热。

2. 检查处理措施

经吊芯检查，接线头及分接开关均接触良好，无过热现象。用 2500V 绝缘电阻表测铁芯对地绝缘（接地铜片已解）发现铁芯仍接地，经进一步摇测上下铁芯的夹件、穿芯螺杆、底部垫脚对铁芯的绝缘，发现底部垫脚对铁芯的绝缘电阻很低，引起铁芯两点接地，产生铁芯与外壳间的环流造成高温发热。更换绝缘垫脚，并用真空滤油机对变压器油脱水脱气处理。投运后运行正常。

六、短路故障案例

（一）变压器多次过流重合动作绕组变形

案例： 某 31.5MVA、110kV 变压器（SFSZ8-31500/110）发生短路事故，重瓦斯保护动作，跳开主变压器三侧开关。返厂吊罩检查，发现 C 相高压绕组失圆，C 相中压绕组严重变形，并挤破围板造成中、低压绕组短路；C 相低压绕组被烧断二股；B 相低压、中压绕组严重变形；所有绕组匝间散布很多细小铜珠、铜末；上部铁芯、变压器底座有锈迹。

事故发生的当天有雷雨。事故发生前，曾多次发生 10kV、35kV 侧线路单相接地。13 时 40 分 35kV 侧过流动作，重合成功；18 时 44 分 35kV 侧再次过流动作，重合闸动作，同时主变压器重瓦斯保护跳主变压器三侧开关。经查 35kV 侧距变电站不远处 B、C 相间有放电烧损痕迹。

1. 原因分析

根据国家标准 GB 1094.5—2016《电力变压器　第 5 部分：承受短路的能力》规定 110kV 电力变压器的短路表观容量为 800MVA，应能承受最大非对称短路电流系数约为 2.55。该变压器编制的运行方式如下：电网最大运行方式 110kV 三相出口短路的短路容量为 1844MVA；35kV 三相出口短路为 365MVA；10kV 三相出口短路为

225.5MVA。

事故发生时，实际短路容量尚小于上述数值。据此计算变压器应能承受此次短路冲击。事故当时损坏的变压器正与另一台 31500/110 变压器并列运行，经受同样短路冲击，而另一台变压器却未损坏。因此事故分析认为导致变压器 B、C 相绕组在电动力作用下严重变形并烧毁，由于该变压器存在以下问题：

（1）变压器绕组松散。高压绕组辐向用手可摇动 5mm 左右。从理论分析可知，短路电流产生的电动力可分为辐向力和轴向力。外侧高压绕组受的辐向电磁力，从内层至外层呈线性递减，最内层受的辐向电磁力最大，两倍于绕组所受的平均圆周力。当绕组卷紧时，内层导线受力后将一部分力转移到外层，结果造成内层导线应力趋向减小，而外层导线应力增大，内应力关系使导线上的作用力趋于均衡。内侧中压绕组受力方向相反，但均衡作用的原理和要求一致。绕组如果松散，就起不到均衡作用，从而降低了变压器的抗短路冲击的能力。

外侧高压绕组所受的辐向电动力使绕组导线沿径向向外胀大，受到的是拉张力，表现为向外撑开；内侧中压绕组所受的辐向电动力使绕组导线沿径向向内压缩，受到的是压力，表现为向内挤压。这与该变压器的 B、C 相高、中压绕组在事故中的结果一致。

（2）经吊罩检查发现该变压器撑条不齐且有移位、垫块有松动位移。这样大大降低了内侧中压绕组承受辐向力和轴向力的能力，使绕组稳定性降低。从事故中的 C 相中压绕组辐向失稳向内弯曲的情况，可以考虑适当增加撑条数目，以减小导线所受辐向弯曲应力。

（3）绝缘结构的强度不高。由于该变压器中、低压绕组采用的是围板结构，而围板本身较软，经真空干燥收缩后，高、中、低绕组之间呈空松的格局，为了提高承受短路的能力，宜在内侧绕组选用硬纸筒绝缘结构。

2. 处理措施

这是一起典型的因变压器动稳定性能差而造成的变压器绕组损坏事故，应吸取的教训和相应措施包括：

（1）在设计上应进一步寻求更合理的机械强度动态计算方式；适当放宽设计安全裕度；内绕组的内衬，采用硬纸筒绝缘结构；合理安排分接位置，尽量减小安匝不平衡。

（2）制造工艺上可从加强辐向和轴向强度两方面进行，措施主要有：采用立式绕线机绕制绕组，采用先进自动拉紧装置卷紧绕组；牢固撑紧绕组与铁芯之间的定位，采用整体套装方式；采用垫块预密化处理、绕组恒压干燥方式；绕组整体保证高度一致和结构完整；强化绕组端部绝缘；保证铁轭及夹件紧固。

（3）要加强对大中型变压器的质量监制管理，在订货协议中应强调对中、小容量的变压器在型式试验中做突发短路试验，大型变压器要做缩小模型试验，提高变压器的抗短路能力，同时加强变电站 10kV 及 35kV 系统维护，减少变压器遭受出口短路冲击几率。

（二）变压器出口近区短路绕组变形烧毁

案例： 某电厂 500MVA、24kV 厂用变压器（SFF7-50000/24）因外部近区短路造成厂用变压器差动、瓦斯、压力释放等保护动作，厂用变压器发生严重损坏，发生发电机组被迫停机事故。

现场检查发现该 8 号厂用变压器外壳四周明显外鼓，焊接处多处漏油，变压器下部大法兰与箱壁焊接处油漆剥落。由于发生事故时喷油严重，估计变压器内部基本处于无油状态。事故后对此厂用变压器进行了频响法变压器绕组变形测试（测试结果如图 16-8-3、图 16-8-4 所示），与原始测试结果比较表明，该变压器二次绕组二段变形最严重，一次绕组次之。

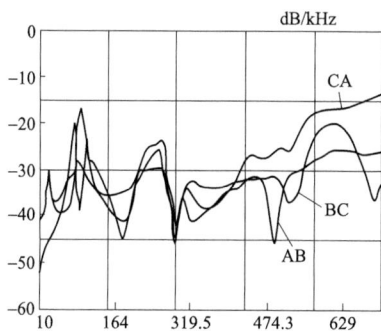

图 16-8-3　高压侧频响曲线　　　图 16-8-4　低压侧频响曲线

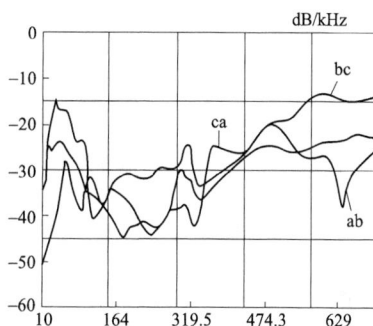

吊罩吊芯检查结果：

低压侧二段：a、b 二相第一、第二段铜线散开，A 相低压侧位移的 15mm；c 没有散开，位移 2～8mm；a、b 二相围屏下部二层全部散开，第三层向上有位移；a、b 相垫块有位移。

高压侧二段：B 相下部导线位移；A 相下部压板出口有三饼移出；B 相高压引出线烧断；B、C 相的下夹件表面有约 450mm 电弧烧伤痕迹；油箱内油发黑，到处是铜末。铁芯下部约有 6 处被电弧烧伤的痕迹，深度约 5m，长度约 150mm。

1. 原因分析

造成事故的原因是该厂用变压器低压侧 6kV 凝结水泵开关柜 A 相动静触头严重接触不良，产生电弧，电弧烧穿隔离套筒，引起空气电离，逐步发展成 A、B 相间短路，

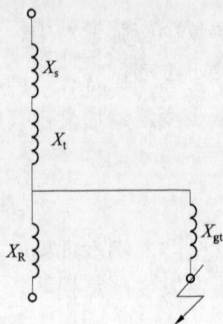

图 16-8-5　三相短路稳态
电流计算电气原理图

X_s—系统短路阻抗（除 7 号及 8 号机外）;

X_t—8 号主变压器短路阻抗;

X_R—8 号发电机短路阻抗;

X_{gt}—8 号厂变压器短路阻抗

并迅速发展致使三相短路。三相短路稳态电流计算电气原理图如图 16-8-5 所示。

假设基准容量为 100MVA，则：

$$X_s = 0.016\,25$$

$$X_1 = 0.035 \quad (U_k = 14\%, \; 400\text{MVA})$$

$$X_g = 0.056\,7 \quad (X_d^n = 0.22, \; 330\text{MVA}, \; \cos\phi = 0.85)$$

$$X_{gt} = 0.38 \quad (U_k = 19\%, \; 50\text{MVA})$$

24kV 侧基准电流为 2405.6kA；

6.3kV 侧基准电流为 9164kA；

计算得：流过厂用变压器高压侧的短路电流为 5.91kA；

流过厂用变压器低压侧的短路电流为 22.52kA。

以上计算的仅仅是稳态电流，真正对变压器的动稳定产生威胁的主要是短路时暂态电流的峰值，例如当低压出口三相短路时，流过变压器高、低压侧的短路电流比正常电流大得多，因此产生的电动力也大大增加。

2. 处理措施

通过这次事故教训应采取的相应措施包括以下几点：

（1）加强低压出口配套设备的改进及管理。

（2）选用动稳定性好的变压器，并优先选用已通过突发短路试验的变压器，进一步提高厂用变压器的抗短路能力。对新订货的变压器，虽然国标 GB 1094 对系统短路容量有明确的规定，但针对厂用变压器的特殊重要地位，用户可适当提高短路容量的要求。拟选用的变压器，不管是否通过突发短路试验，用户皆应要求制造厂家提供短路电动力的计算报告单，该计算报告单内容一般应包括短路电流和短路应力及耐受强度的计算等。绕组导线应力和垫块承受压力等是通常的验算项目，计算的重点是低压绕组的机械失稳，而机械失稳计算的安全系数以 1.8～2.0 为宜。

（3）加强继电保护管理，提高保护动作的正确性。针对厂用电系统的特殊性，其承受短路冲击的可能性比较大，尤其对大容量机组的高压厂用变压器来说，所承受的短路电流也比较大，即使保护动作正确，由于保护时间的级差问题，动作时间相对较长（大于 1.3s），变压器能否承受多次的短路冲击而不留下不可恢复的机械变形是值得怀疑的。所以为了高压厂用变压器的安全，很有必要增加 6kV 厂用电的母线保护，以缩短过流保护动作时间。

（三）变压器绕组引线短路事故

案例：某 240MVA 220kV 进 9 变压器（TDQ315P22W9K-99）属三绕组五柱铁芯式结构。在正常运行的情况下突发内部故障，主变压器重瓦斯及差动保护均动作，事故发生时系统无任何操作，从而排除了任何过电压发生和影响的可能，

事故发生后现场检查：故障录波图上发现有两次短路故障。第一次为 A、C 相，经 4～5 个图波。第二次故障为三相故障。绝缘油色谱分析乙炔与总烃急剧上升，色谱数据见表 16-8-6。

表 16-8-6　　　　　　　色 谱 试 验 数 据　　　　　　（μL/L）

时间	C_2H_2	CH_4	C_2H_6	C_2H_4	H_2	C_1+C_2	CO	CO_2
事故前三个月	0.6	49	9	7	625	65.6	560	1528
事故当天	81	115	11	55	707	2626	673	1564

上述数据反映出变压器内部发生了电弧性故障，对变压器抽油后开盖检查，发现箱底有部分散落烧焦的绝缘纸，内部故障已较严重，所以返厂进行解体检查。该变压器的 35kV 绕组引线部位示意如图 16-8-6 所示，图中 35kV 绕组制造厂标志为 3U、3V、3W，分别代表 35kV 的 a、b、c 相的引出线。三角形内部连线 3.1.U、3.1.V、3.1.W 均用 ϕ22mm 圆铜棒（外包厚 3mm 纸）。考虑到电流较大，引至出线套管的 3U、3V、3W 用 2×ϕ18mm 圆铜棒并联连接（同样包厚 3mm 纸）。

引线棒均并在一起走线，因相间距离较长，引线也很长，中间采用外包纸后，再用 U 字形木夹固定，因 U 字形木夹的空隙是固定的，引线不可能被压得很紧，故障部位在虚线框内（见图 16-8-6 中的 S-S 剖视图）。由于 3.1.U 与 3.1.W 外径为 ϕ28mm，而 3U、3V 外径为 ϕ24mm，为使厚 2mm 纸能包紧并呈矩形以便夹紧，在 3U 与 3V 引线间再垫以厚 8mm 的木夹板。第一次故障闪络发生在 3.1.V 与 3.1.W 之间，厚 3m 纸包绝缘击穿，铜棒引线被烧深度约占 1/2 直径（即为 a、c 相间闪络短路）。紧接着发生第二次故障闪络，在 3U 与 3V 间短路，随即发展成为三相短路故障，与故障录波器的记录完全一致。同样，3U 与 3V 铜棒引线绝缘击穿，铜棒烧伤深度略小，但也较深。故障点剥去纸绝缘检查，发现仅闪络点有发黑，故障点两端铜表面仍光亮清洁，但铜棒 3.1.W 有炭黑沿铜棒表面向两端渗透伸展几乎到头。

1. 原因分析

事故发生当时无任何操作，天气又好，又是全部电缆进线的变电站，排除了大气过电压的可能。在剥离闪络点的绝缘纸时，也未曾在纸表面发现有树枝状放电痕迹或由于放电引起的蜡状结晶体，说明变压器在运行中不可能有局部放电。故障点位于圆

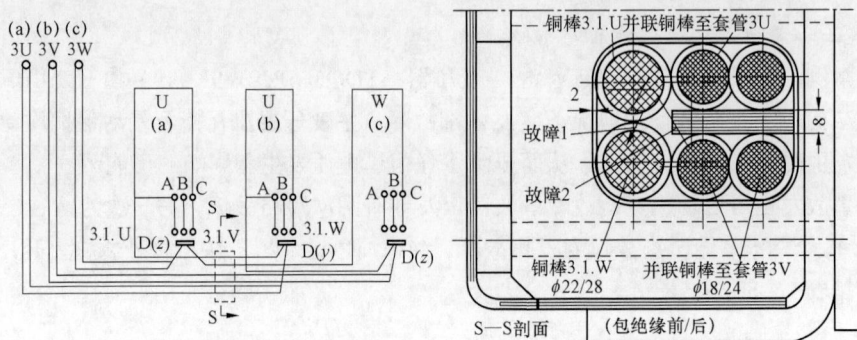

图 16-8-6 35kV 绕组引线故障部位及剖视图

形铜棒外包厚 3mm 绝缘纸的均匀电场，正常电压下不可能击穿。因此可以认为，形成故障击穿是由于铜棒间电动力发生振动，相互摩擦。由于 3.1.W 铜棒机械谐振的振幅较大，在 3 年运行中长期摩擦而使纸包绝缘磨薄，最终在正常运行电压下发生击穿（即 3.1.U 与 3.1.W 间铜棒正好并在一起）。由于电弧引发烧穿邻近 3U 与 3V 绝缘，导致发生第二次故障闪络。

由 S-S 剖视图可见，3.1.U 及 3.1.W 正常运行电流为三角形内相电流 i_a 与 i_c，而 3U 与 3V 为线电流 I_A 与 I_B。由于是低压绕组，相电流与线电流均较大（线电流额定值接近 2kA），故障点 6 根铜棒被 U 字形木夹固定在一起，离此木夹很远处两端均为悬空直线结构，在复杂的电动力作用下，其机械结构参数完全有发生机械谐振的可能性，这类谐振有时间效应与运行中不易觉察的特点。

事故的原因是 35kV 绕组增设分接开关后，结构上采用 8 只并联绕组，致使引线结构大为复杂，制造厂设计时采用了不合理的引线、走线方式，电流又较大，致使电动力大为增加，在夹紧处绝缘又相互直接摩擦，最终导致绝缘击穿事故。

2. 处理措施

修补修理或更换绕组。

（四）变压器受雷击短路绕组变形

案例：某 50MVA，110kV 主变压器（SFSZ8-50000/110）因遭受雷击引起 110kV 升压站 B、C 相间瞬间短路，B 相 CVT 爆炸，变压器零序、距离 I 段保护、重瓦斯保护正确动作。

测量分析与检查：起初怀疑 110kV 绕组有严重变形损伤，经直流电阻、绝缘电阻试验不能判明故障相，进行空载激励试验发现 B 相励磁电流较大，怀疑故障在 110kV 绕组。后来应用 BPTC II 型绕组特性测试仪进行变形分析，35kV 绕组相关系数小于 0.902（见表 16-8-7）。

根据绕组变形特性测试的相关系数,可以判明故障在 35kV 绕组,B 相变形最严重,A、C 相也有轻微变形,故障时频响特性曲线如表 16-8-7、图 16-8-7 所示。

解体检查证实,110kV 绕组完好,35kV 绕组匝间短路,2、3 抽头击穿。从上至下 8~34 饼弧光灼伤。绕组变形情况是:第 15 饼辐向多处内鼓 1 股;第 16 饼辐向多处呈波纹形,辐向内鼓最大位移 3cm;第 17 饼辐向内鼓 5 股,最大位移 3cm;第 21 饼 11 处 2 股辐向内鼓位移 1cm;第 18 饼辐向内鼓 2 处。通过对主变压器进行大修,更换了三相 35kV 绕组,再次用仪器进行变形检测,相关系数大于 0.99,频谱特性正常(如表 16-8-8、图 16-8-8 所示)。

表 16-8-7 故 障 后 的 相 关 系 数

相别 \ 电压(kV)	110	35	10
A、B	0.978	0.808	0.906
A、C	0.997	0.899	0.944
B、C	0.979	0.902	0.908

表 16-8-8 频谱特性正常时相关系数

相别 \ 电压(kV)	110	35	10
A、B	0.997	0.997	0.986
A、C	0.961	0.993	0.984
B、C	0.955	0.995	0.990

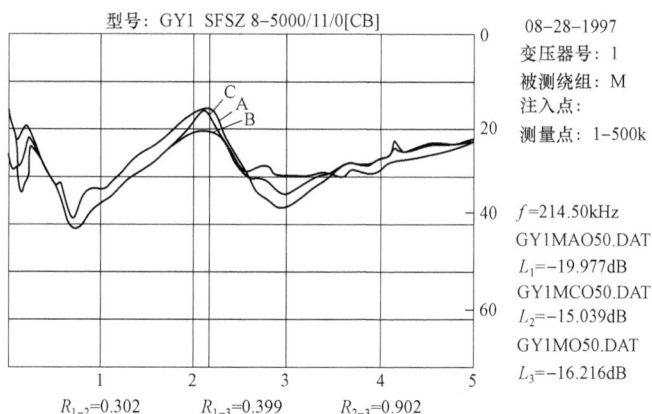

型号:GY1 SFSZ 8-5000/11/0[CB]

08-28-1997
变压器号:1
被测绕组:M
注入点:
测量点:1-500k

f=214.50kHz
GY1MAO50.DAT
L_1=-19.977dB
GY1MCO50.DAT
L_2=-15.039dB
GY1MO50.DAT
L_3=-16.216dB

R_{1-2}=0.302 R_{1-3}=0.399 R_{2-3}=0.902

图 16-8-7 主变压器 35kV 绕组故障后的频响特性曲线

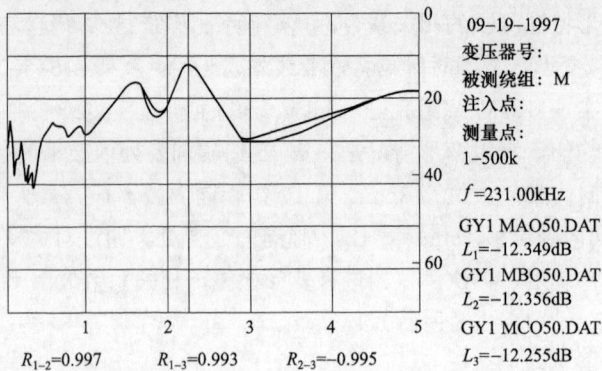

图 16-8-8 主变压器 35kV 绕组修复后的频响特性曲线

七、放电故障案例

（一）变压器局部放电故障

案例 1：某 63MVA、220kV 变压器在进行 1.5 倍电压局部放电试验时，有放电声响，放电量达 4000～5000pC，改为匝间 1.0 倍电压，线端 1.5 倍电压的支撑法试验时，无放电声响，放电量也降为 1000pC 以下。拆开变压器检查，发现沿端部绝缘角环有树枝状放电痕迹，系绝缘角环材质不良所致。沿固体绝缘表面的局部放电，以电场强度同时有切线和法线分量时最严重。试验中改为支撑法后，匝间电压下降，减少了电场强度的切线分量，所以局部放电量下降。

案例 2：某 260MVA、220W 变压器，运行中发生了高压绕组相间围屏树枝状放电的击穿事故，事故前五天和前五月的油色谱分析见表 16-8-9。

表 16-8-9 色谱试验数据 （×10^{-6}）

时间 \ 气体	H_2	C_2H_2	C_1+C_2	CO	CO_2
前五月	23	0.4	22	550	6520
前五天	106	1.3	134.3	1003	6930

事故前五天的油色谱分析数据十分宝贵，对比五个月前的数据，总烃（C_1+C_2）增加的 110×10^{-6}，乙炔（C_2H_2）增加 0.9×10^{-6}，一氧化碳（CO）增加一倍。这种乙炔和总烃少量增长，但一氧化碳明显的增加，说明放电涉及固体绝缘，情况比较严重，五天后即发生击穿，击穿时，轻、重瓦斯保护同时动作.无其他特殊先兆。

案例 3：某 120MVA、220kV 变压器油中乙炔成分异常，且其体积分数超过注意值标准（×10^{-6}），为：氢气（H_2）59；总烃（C_1+C_2）37.1；乙炔（C_2H_2）12.7；一氧

化碳（CO）350；二氧化碳（CO_2）1030。

测量局部放电，B 相达 5000pC（1.5 倍电压下），吊罩发现强油风冷却器内的大量铁锈进入变压器绝缘和绕组中，变压器返厂彻底清除铁锈并更换了高压绕组后恢复正常。

1. 原因分析与诊断

局部放电故障可能发生在任何电场集中或绝缘材质不良的部位，如高压绕组静电屏出线、高电压引线、相间围屏以及绕组匝间等处。严格说，变压器内部总存在程度不同的局部放电。这种一时尚未贯通电极的放电，如果涉及固体绝缘，严重时会在绝缘上留下痕迹，并最终发展为电极间的击穿，对于严重的局部放电故障，有时发展为击穿的时间短，给及时诊断带来困难，并且局部放电时，油色谱分析的特征往往不明显，这也是目前变压器故障诊断的难题之一。

2. 试验方法

油色谱分析。放电故障总伴随有 C_2H_2 和 H 的成分增加，如果 C_2H_2 占总烃较大比例（例如 30%及以上），或 C_2H_2 达数十微升/升，而变压器仍能运行（或轻瓦斯保护动作），一般可判断为电位悬浮放电。如果 C_2H_2 和 H_2 的成分增长，并伴随一氧化碳增加，应怀疑存在涉及纸绝缘的局部放电，必须迅速查明原因，及时处置。

局部放电测试包括电气法和超声波法，测试应尽量按国家标准规定的加电方法，使变压器主绝缘和纵绝缘均承受较高的电压，使放电缺陷明显地暴露出来，超声波法可以帮助确定放电的位置，是很有前途的试验手段，只是目前测试仪器的性能尚不满意，限制了使用范围。

3. 检查方法

为了准确的诊断，除熟练掌握有关试验方法和判断标准外，还需要对变压器结构有充分的了解。通过各种试验手段并进行初步分析判断后应查找故障部位。首先对变压器附件，如冷却器和套管等仔细检查，确定其可能存在的故障。对变压器本体（包括分接开关）的检查主要有两种方法：放油进箱检查和吊罩检查。放油进箱检查省时省力，是优先考虑采取的检查步骤；缺点是对进箱检查人员技术素质要求高，而且有些部位也不容易检查到。怀疑电力变压器的局部放电故障，可能是因为运行中的色谱分析异常或轻瓦斯保护动作，也可能是因其他预试中的结果超标。但局部放电故障与击穿故障是有根本区别的，击穿故障是电极之间（例如高压对地或相间等）的击穿，已造成变压器绝缘的严重损坏；而局部放电故障是一种可能发展为击穿，但尚未贯通电极的放电故障，因此对这类故障的有效诊断十分有意义。

（二）变压器悬浮放电故障

1. 套管均压球未拧紧造成变压器内部悬浮放电故障

某 150MVA、220kV 变压器运行中轻瓦斯保护动作，油色谱分析见表 16-8-10。

表 16-8-10　　　　　　　　色谱试验数据（×10⁻⁶）

气体组分	氢（H_2）	乙炔（C_2H_2）	总烃×10⁻⁶	一氧化碳（CO）	二氧化碳（CO_2）
含量（μL/L）	41.7	51.1	84	285	2035

原因分析与检查。油色谱分析乙炔含量大大超标，特征处处反映变压器内部有严重的放电故障。通过放油后进入变压器油箱检查，发现 220kV C 相套管均压球严重松动，均压球与套管连接的螺纹上积有大量游离碳。该变压器 220kV 套管均压球处结构较特殊，外包一碗形绝缘件。均压球未拧紧，又有碗形绝缘件的支持，因此，变压器振动时，均压球发生悬浮电位放电。由于放电发生在均压球与套导杆之间，油色谱分析的一氧化碳和二氧化碳含量并不增大。

2. 分接开关紧固螺栓接地线断裂造成悬浮放电故障

某 31.5MVA、110kV 变压器运行中油色谱分析有乙炔出现且数值偏高，见表 16-8-11。

表 16-8-11　　　　　　　　色 谱 试 验 数 据

气体组分	氢（H_2）	乙炔（C_2H_2）	总烃×10⁻⁶	一氧化碳（CO）	二氧化碳（CO_2）
含量（μL/L）	89.1	3.83	14.4	253	403

经吊罩发现，无载分接开关的铁质紧固螺栓（分接开关紧固在绝缘支架上）的接地线断裂，属悬浮电位放电。

原因分析与检查：可能在变压器内处于高电位的金属部件发生悬浮放电，如调压绕组，当有载分接开关转换极性时短暂电位悬浮，套管均压球和无载分接开关拨叉等电位悬浮。处于地电位的部件，如硅钢片磁屏蔽和各种紧固用金属螺栓等，当与地的连接松动、脱落时，也会导致电位悬浮放电。一般来说，悬浮放电不致很快引起绝缘击穿，主要反映在油色谱分析异常、局部放电量增加或轻瓦斯动作，比较容易被发现和处理。上述变压器经处理后投入运行，跟踪监测油色谱分析正常。

（三）变压器合闸时钟罩对底盘放电

案例： 某 31.5MVA、110kV 变压器在吊罩检修完成后，进行空载合闸充电时。出现钟罩对底盘火花放电的现象，尽管多有先例，但在变压器安全运行上是不允许的。

钟罩式变压器经吊罩检修恢复后，空载合闸充电时，发生钟罩对底盘火花放电的情况其他地区亦有发生，多年来电力系统对此没有形成简便实用的有效防范措施，也没能引起足够的重视，从而影响了变压器运行现场的安全性。

1. 原因分析

电力变压器空载合闸过程主要表现为主磁通变化的过渡过程。合闸时如果电压瞬时值高、铁芯饱和、铁芯剩磁等因素，使暂态下的主磁通可达到 $2\phi\max+\phi3$，甚至更高（$\phi\max$ 稳态磁通最大值；$\phi3$ 铁芯剩磁）。与此相应，变压器暂态过程中的漏磁通 $\phi0$ 亦可成倍增大，成为不能忽略的能量；同时，暂态过程中出现的较强的高次谐波也产生一定的影响。这样，钟罩与底盘不仅共同构成了变压器的储油容器，同时还共同构成漏磁通的主要路径。

当以漏磁通为主的磁通势要在变压器铁壳中储能，其电动势一般呈弥漫状均匀分布，对地产生电位差，并且通过外壳与地网引接体以及基础对地扩散泄放电荷。变压器合闸充电时，储能成倍增加。

由于钟罩与底盘法兰连接处是两导体导通薄弱处，吊罩检修组装后，螺杆、螺母、螺孔法兰间有油膜、气隙甚至油漆，形成电阻，储能电荷不能弥漫而均匀导通，钟罩与底盘产生电位差击穿放电。

2. 措施

（1）首先应将法兰周边和紧固螺杆螺母垫圈上沾染的变压器油及油漆除尽洗净，然后再紧固，所有螺栓紧固力要均匀良好，形成今后正常运行时均匀导电的条件。

（2）变压器外壳与地网的连接应符合要求，接地要可靠。

（3）合闸充电前，可利用变电站备存的接地线（软铜线）塞入上下法兰间，使其导通良好，变压器正常运行后拆除。

经实践取得较好的效果，且简便易行。

（四）围屏爬电故障

案例： 某 360MVA，363kV 主变压器（SSP-360000/363）投运后色谱分析反映出乙炔等气体含量逐渐增大，并超过规程注意值标准，见表 16-8-12。

表 16-8-12　　　　　　　　色 谱 分 析 数 据

	日期	H_2	CO_2	CO	CH_4	C_2H_6	C_2H_4	C_2H_2	总烃
第一年	7月4日	18	449	57	20	4	40	7	71
	9月25日	79	1234	290	18	7	71	8	104
	12月24日	101	1463	426	57	13	114	12	196
第二年	1月28日	141	1558	513	131	13	139	19	302
	3月4日	134	1595	519	137	13	146	19	315
	3月12日	218	1721	835	195	35	217	33	480

原因分析与检查。利用三比值法对故障性质进行判断，历次采样的三比值编码为 1、0、2 或 1、2、2，可判定变压器内部存在高能放电故障。分析 CO 与 H_2，和 C_2H_2

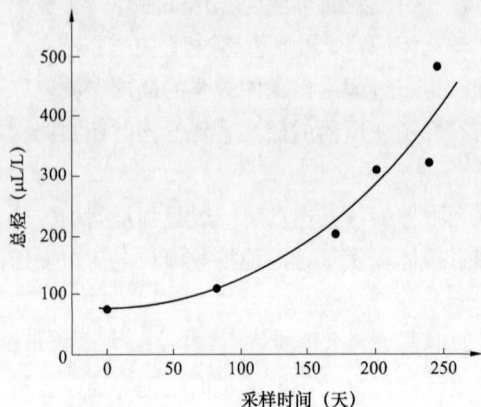

图 16-8-9　故障变压器的总烃增长模型

的气体增长相关性，可见 CO 与 H_2 和 C_2H_2 都是显著相关的，即 CO 与故障特征气体伴随增长，据此可以断定故障是涉及固体绝缘的。进一步对故障点的发展趋势进行估计，其增长模型如图 16-8-9 所示。

由图 16-8-9 可见，该变压器在较短的时间里产气速率呈明显的增长趋势，是一种发展迅速的故障。反映出故障功率及故障所涉及的面积在不断变大。经吊芯检查发现，高压绕组与低压绕组间围屏有 7 层存在不同程度的烧伤、穿孔、爬电等明显的树枝状放电痕迹，属围屏爬电绝缘烧伤故障，与分析结果相符。

（五）变压器绕组匝间击穿事故

案例：某 50MVA、220kV 变压器（SFPFZ-50000/220）低压为双分裂绕组结构；投运时 220kV 侧首先合闸，但差动、重瓦斯动作，经取油样色谱分析，C_2H_2 高达 82μL/L，色谱分析数据见表 16-8-13。

表 16-8-13　　　　　　色 谱 分 析 数 据　　　　　　　　（μL/L）

气体	氢气 (H_2)	甲烷 (CH_4)	乙烯 (C_2H_4)	乙烷 (C_2H_6)	乙炔 (C_2H_2)	总烃	一氧化碳 (CO)	二氧化碳 (CO_2)
含量	29.0	26.3	27.0	1.8	82.4	137.5	522.9	098.3

原因分析与处理。故障后的电气试验，低压绕组的直流电阻 R 变化数据见表 16-8-14。

表 16-8-14　　　　　　低压绕组直渡电阻值　　　　　　　　（Ω）

绕组	ab	bc	ca	ΔR（%）
低压一	0.004 099	0.004 139	0.004 105	0.97
低压二	0.004 273	0.004 256	0.004 452	4.5

从表 16-8-14 数据初步确定低压绕组二 a 相故障。经吊罩检查，沿该绕组油道内侧匝间分别在第 5 饼与 14 饼及第 16 饼与 16 饼间绝缘烧损露铜，由下往上第 10 饼处共 12 股并绕导线中一股烧断如图 16-8-10 所示，使直流电阻增大。

从该变压器分裂绕组的结构可以看出，油道两侧相邻匝间电压比较高，如以绕组总匝数为 25 匝计算，正常运行时，图中 5 饼与 6 饼间的电压约为匝电压的 19 倍。若匝间绝缘薄弱，或存在薄弱点（如导线有毛刺等），则在过电压作用下极易发生匝间击穿。因此，制造厂更换了所有低压绕组。

八、过热故障案例

（一）变压器绝缘受潮过热

案例： 某 240MVA、220kV 主变压器（SFPS7-240000/220）在周期性油色谱分析中发

图 16-8-10　绕组损坏部位及
排列结构示意图

现氢气、乙炔含量有增大趋势。经跟踪监测，H_2 含量为 30.1μL/L，而 C_2H_2 含量为 5.2μL/L，已超过正常注意值。两天后停电检修，检修前 H_2 含量达 43.6μL/L，C_2H_2 含量达 10.9μL/L，色谱变化情况见表 16-8-15，绝缘介质损耗 tanδ%变化见表 16-8-16。

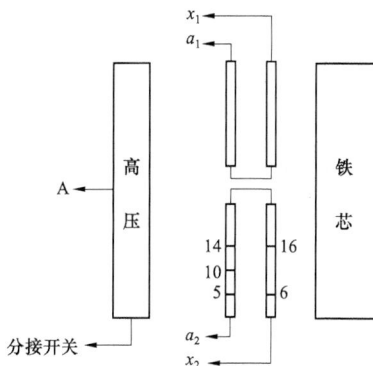

表 16-8-15　　　　　　　　　　色 谱 试 验 数 据　　　　　　　　　　（μL/L）

气体 时间	氢气 （H_2）	乙炔 （C_2H_2）	甲烷 （CH_4）	乙烷 （C_2H_6）	乙烯 （C_2H_4）	总烃 （C_1+C_2）	一氧化碳 （CO）	二氧化碳 （CO_2）
前五天	30.1	5.2	17.1	2.2	5.5	30	596	1186
前二天	49.9	10.2	23.6	2.8	6.2	42.8	654	1393
检修前	43.6	10.9	20.1	3.2	7.2	41.4	668	1424
检修后	0	0.17	1.2	0.1	0.11	1.58	26	62

表 16-8-16　　　　　　　　　　tanδ% 对 比

测试绕组	正常时	色谱异常时	检修后
高压	<0.1	1.5	<0.1
中压	<0.1	1.75	<0.1
低压	<0.61	1.7	<0.1

停电检修放油后的重点检查项目：绕组压板、压钉有无松动，位置是否正常；铁芯夹件是否碰主变压器油箱顶部或油位计座套；有无金属件悬浮高电位放电；临近高电场的接地体有无高电位放电；引线和油箱升高座外壳距离是否符合要求，焊接是否良好；油箱内壁的磁屏蔽绝缘有无过热；中压侧分接开关接触是否良好。

检查中发现：中压侧油箱上的磁屏蔽板绝缘多块脱落；中压侧 B 相引线靠近升高

座处白布带脱落且绝缘有轻微破损；B 相分接开关操作杆与分接开关连接处有许多炭黑。

1. 原因分析

规程规定 220kV 变压器 20℃时 $\tan\delta\%$ 不得大于 0.8，且一般要求相对变化量不得大于 30%，根据表 16-8-14 数据反映变压器绝缘受潮。

按照 GB 7252—1987《变压器油中溶解气体分析和判断导则》推荐的三比值法：$C_2H_2/C_2H_4=10.5/7=1.5$；编码为 1；$CH_4/H_2=21/32.6=0.644$；编码为 0；$C_2H_4/C_2H_6=7/3=2.33$；编码为 1。组合编码为 1、0、1，对应的故障性质为主变压器内部有绝缘过热或低能放电现象。

H_2、C_2H_2 含量高的可能原因：

（1）主绝缘慢性受潮。主绝缘受潮后，绝缘材料含有气泡，在高电压强电场作用下将引起电晕而发生局部放电，从而产生 H_2；在高电场强度作用下，水和铁的化学反应也能产生大量的 H_2，使 H_2 在总烃含量中所占比重大。主绝缘受潮后，不但电导损耗增大，同时还会产生夹层极化，因而介质损耗大大增加。

（2）磁屏蔽绝缘脱落后的影响。正常时，高、中压绕组的漏磁通主要有三条路径：一是经高、中压绕组—磁屏蔽板闭合；二是经高、中压绕组—油箱—高、中压绕组闭合；三是经高、中压绕组—油箱—磁屏蔽板—高、中压绕组闭合，并在箱壳和磁屏蔽板中感应电势。磁屏蔽板的绝缘脱落后，将使磁屏蔽一点或多点接地，从而形成感应电流闭合回路导致发热，如果绝缘脱落后，磁屏蔽板和箱壳的接触不好，还有可能形成间隙放电或火花放电。

（3）B 相引线的白布带脱落和绝缘有碰伤痕迹，可能发生对套管升高座放电。

（4）中压侧 B 相分接开关与操动杆接触不良，可能会产生悬浮电位放电。变压器运行时出现内部故障的原因往往不是单一的，在存在热点的同时，有可能还存在局部放电，而且热点故障在不断地发展成局部放电，由此又加剧了高温过热，形成恶性循环。

2. 处理

对 B 相引线绝缘加固，加强磁屏蔽绝缘，检修调整分接开关，同时对主变压器本体主绝缘加热抽真空干燥。具体措施是用履带式加热器在主变压器底部加热，主变压器顶部及侧面用硅酸铝保温材料保温，主变压器四周用尼龙布拉成围屏，以保证主变压器底部不通风，以达到进一步保温的目的。加热器加热时，使主变压器外壁温度保持在 60℃～70℃，加热 72h 后，采用负压抽真空（抽真空时加热不中断），抽真空后，继续加热 24h，再抽真空，这样反复 3～4 次以后，再做分质损耗试验，试验结果合格。同时，进油时对油中气体经真空脱气，色谱分析正常，各项试验数据全部合格，变压器投入后运行正常。

（二）裸金属过热故障

案例：某 31.5MVA、110kV 有载调压变压器（XFSZ8-31500/110）在对其本体油样做定期色谱试验时，发现其总烃含量高达 338μL/L。因不合乙炔，决定继续跟踪，观察故障发展趋势，以便作出准确判断。跟踪数据见表 16-8-17。

表 16-8-17 色 谱 试 验 数 据 （μL/L）

时间	甲烷（CH_4）	乙烷（C_2H_6）	乙烯（C_2H_4）	乙炔（C_2H_2）	总烃（C_1+C_2）	氢气（H_2）	一氧化碳（CO）	二氧化碳（CO_2）
1997-12-16	99.2	35.9	202.9	0	338	68	855	47.6
1997-12-26	109.2	39.1	211.5	0	359.9	63	827	4684
1998-1-4	149.6	57.5	276.0	0	483.1	63	715	4238
1998-1-8	160.3	63.1	303.7	0.1	527.2	72	768	4194

1. 原因分析

从几次跟踪分析的数据（见表 16-8-18）可以看出：

表 16-8-18 三 比 值 分 析

特征气体的比值	比值范围编码		
	C_2H_2/C_2H_4	CH_4/H_2	C_2H_4/C_2H_4
<0.1	0	1	0
0.1~1	1	0	0
1~3	1	2	1
>3	2	2	2

（1）根据三比值法的编码规则（见表 16-8-18）可知，分析结果的三比值编码为 0、1、2，即为高于 700℃的高温热故障。

（2）在试验的误差范围内，油中的 CO 及 CO_2 含量并未发生变化。若发热部位涉及绕组的纸绝缘，油中 CO、CO_2 的含量会迅速增加，所以初步判断发热部位为裸金属。

（3）从总烃产气率来看，故障发展得越来越快，远远超过密封式变压器 0.5mL/h 的注意值；12 月 16 日至 12 月 26 日期间的平均产气率为 1.62mL/h，12 月 16 日至次年元月 4 日期间的平均产气率为 10.15mL/h，元月 4 日至元月 8 日期间的平均产气率

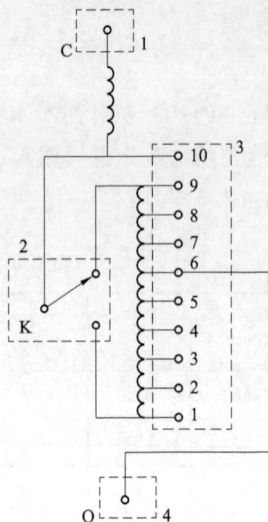

图 16-8-11 高压绕组示意图

为 8.17mL/h，且已经产生了微量的 C_2H_2，决定立即停电拉查。

（4）查找铁芯是否多点接地或内部环流较大而发热。解开铁芯接地点，用 2500V 绝缘电阻表测得铁芯对地绝缘为 1000MΩ；变压器空载时，铁芯接地点流过的电流为 0.1A，初步排除了铁芯故障的可能。

（5）查找是否绕组部分发热。对变压器做直流电阻试验，发现高压侧的直流电阻的不平衡系数超标，高达 5.5%。但 CO 与 AO、BO 直流电阻平均值之差是一个常数，大约为 41MΩ。

对照高压绕组示意图（如图 16-8-11 所示）分析，其虚线部分表示绕组中的裸金属部分。部位 1 为高压套管的引线，部位 2 为极性开关，部位 3 为选择开关及其切换部分，部位 4 为中性点引线。

首先排除部位 3 发生故障的可能。因为如果其中一个或几个分接头接触不良，不应该每一挡都相差 41MΩ；接着排除了部位 2，因为若 K 点接触不良，只会导致 1～8 挡和 12～19 挡直流电阻超标，而 10 挡脱离 K 点，不会导致 10 挡的直流电阻与 A、B 两相也相差 40MΩ。因此可以认定故障在部位 1 或部位 4。

2. 处理

将变压器油箱内的油抽干，派人从人孔钻入检查，发现高压侧 C 相引线在应力锥与高压套管尾端的均压环处打了一个结，造成引线与均压环接触不良，发热并烧断 12 股，断股处有明显的灼伤痕迹，与化学分析结果—高温过热性故障相吻合。将其包扎好后重新测量直流电阻，三相不平衡系数只有 0.2%。至此，整个故障分析处理完毕，该变压器投运后至今运行正常。

变压器内部故障依靠电气试验和化学分析相结合判断过热性故障，进行综合分析诊断，准确、灵敏而可靠。

（三）铝线焊接不良引起固体绝缘过热

案例： 某 120MVA、110kV 主变压器（SFPL-120000/110）油色谱分析乙炔含量已达 5.27μL/L。之后逐步递增，至 8 月 28 日，乙炔含量为 7.3μL/L，总烃含量由 6 月 11 日的 95.74μL/L 增至 182.17μL/L，均超过预试规程 DL/T 596—1996 中的注意值，油色谱分析数据见表 16-8-19。

表 16-8-19　　　　　　　　　　色 谱 分 析 数 据　　　　　　　　　（μL/L）

时间	氢 （H$_2$）	甲烷 （CH$_4$）	乙烷 （C$_2$H$_6$）	乙烯 （C$_2$H$_4$）	乙炔 （C$_2$H$_2$）	一氧化碳 （CO）	二氧化碳 （CO$_2$）	总烃 （C$_1$+C$_2$）
06-11	0	1618	10.26	63.76	5.27	141.69	2096.6	95.74
06-14	0	15.65	11.99	63.21	6.05	153.05	2284.45	96.9
07-07	147.2	20.7	10.9	76	6	220.8	2047.8	113.6
07-28	45.3	32.4	14.8	97.1	6	392.3	3816.5	150.3
08-08	24.5	37.9	15.8	111.1	7.03	353.1	5929.7	171.9 1
08-28	15.3	35.49	20.5	118.43	7.3	421.87	4769.6	182.17

根据表 16-8-19 数据 6~8 月内，油中 H$_2$ 含量虽有增长，但变化不显著。C$_2$H$_2$ 含量虽然增长，但较有规律，无突变。总烃含量在 7 月 2 日之前合格。而 CO、CO$_2$ 含量随时间推移，增长剧烈，不成比例。因此，用特征气体法判定变压器内部故障属于固体绝缘局部过热。

1. 原因分析

由于各种气体之间的比例关系理论上与故障点的温度有关，所以利用三比值法可以准确地判断故障的性质。按三比值法对此变压器的诊断结果见表 16-8-20。

表 16-8-20　　　　　　　　　三比值法诊断故障数据

日期	C$_2$H$_2$/C$_2$H$_4$	CH$_4$/H$_2$	C$_2$H$_4$/C$_2$H$_6$	故障特点
6-11	0	2	2	高于 700℃ 的热故障
6-14	0	2	2	高于 700℃ 的热故障
7-07	0	0	2	高温范围内的过热
7-28	0	0	2	高温范围内的过热
8-18	0	2	2	高于 700℃ 的热故障
8-28	0	2	2	高于 700℃ 的热故障

由表 16-8-20 可看出，故障性质为引线接头焊接不良和铁芯多点接地产生环流或主磁通及漏磁通在某些部件上引起涡流发热。

由于故障点的功率与产气量之间是相关的，因此据相对产气速率公式为

$$\gamma_t = \frac{C_{i2} - C_{i1}}{C_{i1} \cdot \Delta t} \times 100\% \qquad (16-8-1)$$

式中　γ_t——相对产气速率，%/月；

C_{i1}——第 1 次取样测得油中某气体含量，μL/L；

C_{i2}——第 2 次取样测得油中某气体含量，$\mu L/L$；

Δt——两次取样间隔中的实际运行时间，月。

分别计算 6 月 11 日至 7 月 7 日及 7 月 28 日至 8 月 28 日的总相对产气速率为 18.7%/月和 21.2%/月。预试规程中规定：相对产气速率大于 10%/月，则认为设备有异常。计算结果表明故障程度严重，具有进一步突变和恶化的可能。

2. 处理

根据上述测试分析结果，进行吊罩检查。吊罩后发现主变压器高压侧 C 相引出线绝缘和中性点绝缘包扎部分出现严重的过热痕迹。以连接点为圆心，35mm 为半径范围内，外包白布带已局部炭化。剖开绝缘后，发现铝线焊接不良，造成局部固体绝缘过热，同时，铁芯在电气试验中发现铁芯穿芯螺栓接地。经过对故障点重新焊接和绝缘包扎，包括铁芯穿芯螺栓的绝缘处理，投运后油色谱跟踪检查数据均在合格范围内。

（四）变压器电容套管热击穿爆炸事故

案例：某水电厂 60MVA、210kV 单相主变压器（DFL3—60000/220）更换 220kV和 110kV 电容套管投运 4 年后，A 相高压套管突然爆炸起火。爆炸前三个月，三相高压套管介质损耗试验 $\tan\delta\%$ 正常，且 4 年来没有变化，电容量变化也不大。爆炸前一年套管油色谱分析 CH_4、C_2H_2 和 H_2 三个指标均未超标，但 A、B 两相 H_2 较投运前增长，CH_4 也有增加，其中 A 相套管油色谱分析数据（见表 16-8-21）。

表 16-8-21　　　　　　　　色 谱 试 验 数 据

气体　含量（μL/L）	氢气（H_2）	甲烷（CH_4）	乙炔（C_2H_2）
投运前	1.75	4.49	0
爆炸前一年	104	29	0
标准	500	100	1

原因分析与检查：套管爆炸事故的前一天，该厂 220kV 出线遭受两次雷击，但主变压器避雷器的计数器未动作。事故后对该套管进行解体检查：上瓷套炸碎，下瓷套完好，末电屏连接良好。电容芯的中部位置处（在末电屏焊点以上 14cm 处）有两个孔（如图 16-8-12 所示）；一个孔外形 $80\times30mm^2$，深达中心铜管，还有三层绝缘纸完好；另一孔外形 $40\times10mm^2$，尚存较厚的绝缘纸，两孔呈内大外小的形状，且在同一水平线上。孔边的绝缘纸已烧焦，但中心铜管无电弧痕迹，说明不像电击穿，而是一种热击穿。

事故后制造厂来人实地调查，分析认为该电容套管芯子由于在卷制时已存在着局部薄弱环节，且在事故前一天，遭受雷击过电压，局部电容屏间发生击穿，经一天时间的积累，进一步恶化，电容屏间的热击穿产生的气化压力，使上瓷套炸裂。由于套管内的压力突然被释放，故障处的纸绝缘向外"放炮"，炸成孔洞，类似爆竹爆炸，由于电气保护跳闸在先，虽然孔洞几乎已经贯通，但尚不可能产生电弧。

该变压器放在掩体内，不受雨水侵袭，运行条件较好。因此，今后线路遭受雷击之后，应注意对电气设备加强巡回检查和运行分析，及时发现隐患，降低事故的发生率。

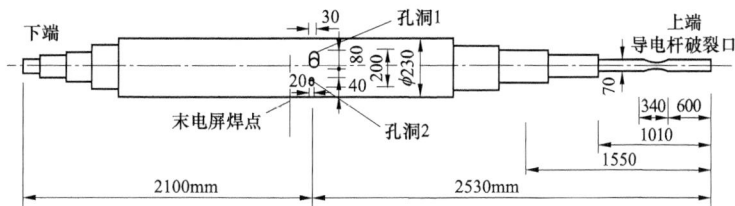

图 16-8-12　220kV 套管电容芯子

（五）变压器铜辫松动引起过热故障

案例：某变电站 6300kVA、35kV 主变压器（SZB-6300/35）油色谱化验时，发现伴有 C_2H_2 含量出现，总烃含量这 151.61μL/L，其中 C_2H_4 含量高于 CH_4 含量，初步判断为变压器有内部过热现象。于是决定跟踪监视油质情况，先后进行了六次测试，数据变化不大，但在 11 月 18 日的油色谱化验中，总烃的体积分数达到 $850.08×10^{-6}$（见表 16-8-22），根据三比值法分析结果为 0、2、1，故障性质为 300℃～700℃中等温度范围的热故障，经分析可能是变压器接头接触不良或变压器铁芯中有热点或铁芯短路等原因所致。

表 16-8-22　　　　　　　　　　色　谱　试　验　数　据

气体 含量（μL/L）	氢气 （H_2）	甲烷 （CH_4）	乙烷 （C_2H_6）	乙烯 （C_2H_4）	乙炔 （C_2H_2）	总烃 （C_1+C_2）	一氧化碳 （CO）	二氧化碳 （CO_2）
9-28	31.08	57.94	37.45	121.02	1.57	217.98	173.92	1250.76
11-18	29.48	334.66	227.20	283.25	4.99	850.10	865.08	1479.80

原因分析与处理：首先在检测电气回路时，发现变压器低压侧三相直流电阻值分别为 ab：0.088 25Ω，bc：0.088 35Ω，ca：0.075 082Ω，三相不平衡误差为 15.71%，大大超过部颁标准（≤2%），换算成星形接线，三相电阻分别为 a 相：0.078 98Ω，b 相：0.092 94Ω，c 相：0.079 07Ω，判定故障点在低压侧 b 相和 c 相上。于是吊芯处理，看到低压侧 b 相桩头（内侧）螺丝、铜棒已发热烧黑（上面有焦炭），铜辫松动严重，

c 相铜辫也稍有松动，和色谱分析情况一致。直接夹在铜辫上测绕组直流电阻值分别为 ab：0.073 8Ω，bc：0.073 8Ω，ca：0.074 0Ω，完全符合部颁规程要求，从而确定该过热现象是铜辫松动所致。

将低压套管和铜棒拆下，进一步检查发现套管内侧固定铜棒的大气体垫片可以转动，不能卡住铜棒，所以在套管桩头外侧紧引线时，就可能带动铜棒转动，固定铜辫的螺丝跟着转，铜辫松动，接触电阻变大，引起过热。

通过对低压侧三相铜棒全部进行加固，将大气体垫片铆在铜棒上，防止了这种现象再次发生，重测低压侧三相电阻值分别为 ab：0.074 08Ω，bc：0.074 211Ω，ca：0.074 21Ω，三相电阻不平衡误差为 0.17%，已完全符合标准要求。同时检测了该变压器的铁芯绝缘状况，发现无多点接地现象，目前该变压器已恢复投运，运行正常：

（六）穿缆引线烧损事故

案例：某 31.5MVA、110kV 有载调压主变压器油色谱检查分析总烃超标，高达 1100μL/L 以上，跟踪检测居高不下，见表 16-8-23。

表 16-8-23　　　　　　　　　　色 谱 分 析 数 据　　　　　　　　　　（μL/L）

试验日期	氢气 (H_2)	一氧化碳 (CO)	二氧化碳 (CO_2)	甲烷 (CH_4)	乙烷 (C_2H_6)	乙烯 (C_2H_4)	乙炔 (C_2H_2)	总烃 (C_1+C_2)
4-10	0	84	1114	200	222	826		1248
6-12	0	108	1075	179	189	137	0	1405
7-04	14	138	1193	221	199	804	0	1227
9-19	3	396	2256	198	191	701	0	1093

由各次的色谱分析进行三比值法对照（C_2H_2/C_2H_4，CH_4/H_2，C_2H_4/C_2H_6）编码均为 0、2、2，故障属高于 700℃高温范围的过热性故障。而油中分解气体无 C_2H_2 和 H_2，所以不属于放电性过热和油纸过热，初步判断应为裸导体接触性过热或铁芯局部过热。

1. 原因分析

根据色谱分析其故障特征的可能范围如下：

（1）引线部分故障。穿缆引线绝缘损坏与套管中的铜管内壁接触，造成等电位分流过热。

（2）有载调压开关故障。调压开关本身接触不良或与绕组尾线连接松动，但这种可能性不大，因该主变压器测量直流电阻正常。

（3）铁芯多点接地。铁芯的穿芯螺杆绝缘损坏，螺母松落触及铁芯，杂质在大电流冲击下移动，木垫块受潮或表面有大量油泥等原因，造成铁芯的稳态或暂态多点接地故障。这种故障在变压器停运状态下从顶部的接地小套管处用绝缘电阻表测量铁芯对地的绝缘电阻正常。

（4）铁芯层间短路。硅钢片片间绝缘损坏，产生涡流或环流。这种故障可用测量变压器空载损耗的办法查出。

2. 处理

根据上述分析决定停电检查，首先解开接地小套管的接地扁铁，用 1000V 绝缘电阻表测试正常，排除了铁芯多点接地的故障。之后对变压器放油，当油放至分接开关窥视孔以下时，打开窥视孔，检查分接开关的选择部分接触良好。然后拆除套管进行检查，当吊出 B 相高压套管时，发现套管钢管内壁下端口有烧焦的黑迹，呈椭圆形状，面积约 2cm×1cm，端口有毛刺且较锋利。再检查穿缆引线，发现引线与端口接触处的白纱带散股脱落，引线烧断 2 股，且上面留有大量烧焦的黑迹和积碳。据此，断定变压器内部过热性故障系由此引起。

该变压器曾发生过几次近区出口短路故障，短路电动力使引线与铜管下部锋利的端口摩擦，白纱带磨破散股，引线与铜管接触，产生等电位分流。因其接触电阻较大，所以产生高温过热，致使引线烧伤，总烃超标。

大型变压器穿缆引线烧伤故障，如不及时处理，会使故障程度加重，甚至烧断整根引线造成事故这种故障概率小，平时对主变压器的故障分析很少注意到。其特点是 C_2H_2 为 0 或很小.总烃增长不快，三比值编码为 0、2、2 的高温过热故障，高压试验、直流电阻测量和其他试验都难以发现。

故障处理后主变压器投入运行正常，投运后于第 3 天和第 15 天，分别取油样再次进行色谱分析，总烃值分别是 62μL/L 和 88μL/L，符合要求，数据见表 16-8-24。

表 16-8-24　　　　　　　　　　处理故障后测试数据　　　　　　　　　　（μL/L）

试验日期	氢气 (H_2)	一氧化碳 (CO)	二氧化碳 (CO_2)	甲烷 (CH_4)	乙烷 (C_2H_6)	乙烯 (C_2H_4)	乙炔 (C_2H_2)	总烃 (C_1+C_2)
投运后第 3 天	0	20	500	5	16	11	0	62
投运后第 15 天	0	53	522	8	21	59	0	88

（七）同时发生的裸金属过热与绝缘材料过热

案例：某 31.5MVA、110kV 主变压器（SFSZ8-31500/110）投运后油色谱分析甲烷、乙烷变化速率较大，CO 与 CO_2 变化增长也很快，色谱分析的气体组分变化见表 16-8-25。

根据色谱分析初步判断变压器内部有潜伏性故障。

表 16-8-25　　　　　　　色 谱 分 析 数 据　　　　　　　（μL/L）

试验日期	甲烷（CH₄）	乙烷（C₂H₆）	乙烯（C₂H₄）	乙炔（C₂H₂）	总烃（C₁+C₂）	一氧化碳（CO）	二氧化碳（CO₂）
6-25	0.39	0	0	0	0.39	16.7	152.15
7-6	11.9	4.6	467	0	63.2	77.7	333.5
8-18	37.6	11.3	70.8	0	119.7		
8-19	61	16.4	67.6	0	145	174.3	504.5
9-3	59	15.9	111.1	0	186.5	262.2	764.9

原因分析与处理：裸金属过热使其周围的绝缘油分解，产生的气体主要有 O_2、H_2 和可燃性烃类气体，如 CH_4、C_2H_6、丙烷、C_2H_4、丙烯等，此类故障一般不含或仅含微量 C_2H_2。产生这一类故障的原因：分接开关接触不良，引线和分接开关处焊接不良，变压器引线与套管引出线接触不良产生过热以及铁芯的多点接地故障。

纸板和木块等固体绝缘材料受热分解时产生的气体主要是 CO 和 CO_2，这类故障主要原因：变压器长期过负荷，铁芯过热或裸金属体过热，而使邻近的固体绝缘材料局部受热。

1. 经检查发现造成总烃气体成分增大的原因

（1）35kV 的 B 相套管接线片与套管桩头之日连接不紧，接线片侧有挂锡现象。

（2）调压开关桩头松动，周围绝缘材料局部发热。

检修处理后，测量铁芯对地绝缘电阻为 1500MΩ（2500V 绝缘电阻表），没有发现铁芯有接地现象，对绕组进行直流电阻测量，也没有发现问题，注新油后投运，经色谱分析总烃变化正常，数据见表 16-8-26。

表 16-8-26　　　　　　　色 谱 分 析 数 据　　　　　　　（μL/L）

时间	甲烷（CH₄）	乙烷（C₂H₆）	乙烯（C₂H₄）	乙炔（C₂H₂）	总烃（C₁+C₂）
9-29	0.9	0	3.1	0	4
10-6	7.9	4.7	11.1	0	23.7
10-16	6.4	2.3	11.7	0	20.4
11-17	18.4	5.6	26.0	0	50
12-11	13.4	5.4	21.1	0	39.9

2. 造成 CO 和 CO_2 变化速率加快的原因

（1）根据制造厂提供的数据，硅钢片所选用的磁通密度偏高，铁芯容易发热。

（2）铁芯制造过程中，由于工艺等存在一些缺陷，如硅钢片加工尺寸和叠片尺寸都存在一些误差，从而影响磁通分布。

（3）电压的正常波动范围为额定电压的+7%～－7%，但是当电压的变化达到额定压的+7%时，硅钢片的磁通密度也要相应增加7%，可能发生磁饱和，因此铁芯加剧热，从而导致铁芯周围的一些绝缘材料产生更多的 CO 和 CO_2。因此，该变压器应防止工频电压升高，同时要控制负荷，避免满载或过载运行。

（八）变压器引出电缆安装不良引起内部过热故障

案例：某 120MVA、220kV 变压器（SFPS–120000/220）色谱分析发现异常，总烃大幅度上升，绝对产气速率达 3.0mL/h，三比值判断 0，2，2，为高于 700℃ 的高温发热，色谱数据见表 16–8–27。

外部检查试验未见异常，在变压器放油后，进入箱体检查，发现 A 相电缆靠近套管下端均压球处的白纱带存在细微的炭化痕迹，扯动电缆观察伸入均压球内的部分，发现电缆表面发黑，白纱带完全炭化。

在吊出套管、TA 连同升高座后，进一步检查发现电缆存在两处烧伤，一处烧伤 4 股，共烧断 24 根细铜线（长度约 15cm，深度约 4mm）；另一处烧伤 1 股，共烧断 11 根细铜线（长度约 10cm，深度约 2mm）。电缆总股数为 26，每股含 19 根直径为 0.9mm 的细铜线，电缆总导电截面 314.1mm² 中有导电截面 22.25mm² 被烧断。

表 16–8–27　　　　　　**色 谱 分 析 数 据**　　　　　　（μL/L）

取样日期	氢气 (H₂)	氧气 (O₂)	一氧化碳 (CO)	二氧化碳 (CO₂)	甲烷 (CH₄)	乙烯 (C₂H₄)	乙烷 (C₂H₆)	乙炔 (C₂H₂)	总烃
7–3	0	2068	274	1547	17	53	8	0	78
11–20	19	10 216	560	1928	84	120	37	0	241

原因分析与处理：在变压器内复查故障点时，发现电缆安装严重错误，如图 16–8–13 所示。

正确安装应是应力锥轴线与套管内铜管的轴线同心，电缆应沿此穿入套管内，如图 16–8–14 所示。图 16–8–13 中绝缘抱箍安装工艺不到位，导致安装后电缆与均压球及铜管壁受力接触。由于 1999 年上半年 110kV 线路曾多次发生近距离短路，较大的电动力引起受力接触部位摩擦，使绝缘层受到损伤。7、8 月高温、大负荷季节，由于变压器运行中的振动和其他原因，导致薄绝缘层磨破，电缆内导体直接和均压球及铜管接触。由于电缆上端的紫铜杆是和铜管上端部通过其他部件紧密接触的，便形成如图 16–8–15 所示的简化等效电路。

图 16–8–15 中 1、2 段及 3、4 段为铜管等效导电回路，A5 段为电缆等效导电回路，Rl 和 R2 分别表示 A、B 两点的接触电阻，这样电缆和铜管就形成了一个完整的由 A

向 5 的复合导电回路，于是出现下面两种情况：

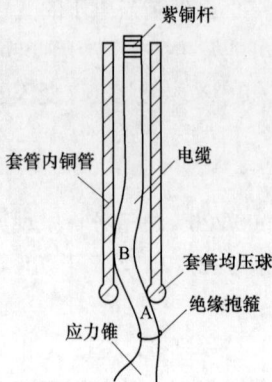

图 16-8-13　故障点处电缆安装图

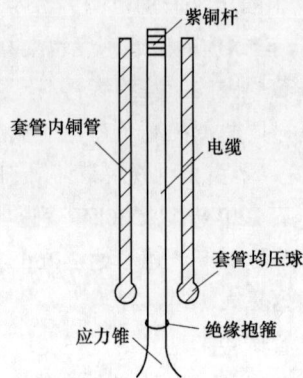

图 16-8-14　正确的电缆安装图

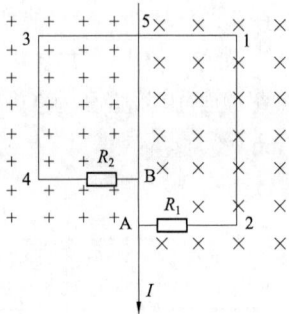

图 16-8-15　电流分布简化等效电路图

（1）"集肤效应"引起分流。由于铜管成了这个复合结构"导体"的外表层，因此在"集肤效应"作用下，很大一部分负荷电流会经过铜管 1、2 及铜管 3、4 流出。

（2）"涡流效应"产生环流。正常情况下，由于电缆 A、B 处均有白纱带绝缘，而一旦白纱带被破坏，则可在回路 1、A、2、5 及回路 B、4、3、5 中产生两个环流。

上述两种电流的大小均与磁场强度，即与负荷电流有关。由于 A、B 两点存在一定的接触电阻，在夏季相对大负荷季节，在环流电流与分流电流作用下，过大的电流会引起这两点高温过热，导致引线烧伤，附近白纱带炭化，绝缘油大量分解，油中总烃值增大甚至超标。另外电缆引线震动、接触不好，也会产生电弧，造成引线烧坏。经绝缘处理后使应力锥轴线与铜管同心，保证运行中电缆在铜管内径向不受力，不致绝缘再次被破坏。

（九）变压器绕组变形油道堵塞绝缘过热

案例： 某局 110kV 变电站 1 号主变压器 1998 年 5 月预试中发现油中总烃含量超过注意值，经进行吊罩检查，但表能发现故障点，然后对该主变压器进行色谱追踪监测，在 1998 年 11 月 17 日以前，偶有几次总烃略高于国标注意值，但从 1998 年 11 月 24 日起，总烃一直超标，且有明显增大趋势，追踪分析结果见表 16-8-28。

表 16-8-28   色 谱 跟 踪 数 据   (μL/L)

取油日期	甲烷 (CH_4)	乙烷 (C_2H_6)	乙烯 (C_2H_4)	乙炔 (C_2H_2)	总烃 (C_1+C_2)	氢气 (H_2)	一氧化碳 (CO)	二氧化碳 (CO_2)	备注
1997-12-26	1.9	0	1.5	0	6.4	23.71	140.0	1198.3	投运一天后
1998-5-20	73.9	25.0	152.2	0	252.3	73.8	409.9	2686.8	1998年预试
1998-7-28	1.2	0.8	2.1	0	4.1	15.8	9.0	5343	大修后投运前
1998-11-30	90.6	26.8	175.1	0	292.5	162.4	390.7	2541.4	追踪
1998-12-16	65.4	35.8	191.0	0	285.4	92.8	357.2	3698.2	追踪
1998-12-22	68.9	43.0	209.7	0	321.6	93.0	484.8	3727.6	追踪
1999-1-14	69.4	40.8	203.3	0	313.5	94.6	515.2	3979.3	追踪
1999-2-21	103.5	43.2	237.1	0	386.8	97.4	602.3	4227.2	追踪

原因分析与检查。色谱分析表明变压器存在绝缘局部过热故障,采用三比值法可基本判定故障为绝缘局部过热或磁回路故障,见表 16-8-29。

表 16-8-29   按 IEC 三比值法分析

试验日期	编码代号	故障性质判断	
		IEC 三比值法	改良 IEC 三比值法
1998-5-20	0、2、2	高于 700℃的高温范围热故障	高温局部过热
1998-11-30	0、2、2	高于 700℃的高温范围热故障	高温局部过热
1998-12-16	0、2、2	高于 700℃的高温范围热故障	高温局部过热
1998-12-22	0、2、2	高于 700℃的高温范围热故障	高温局部过热
1999-1-14	0、2、2	高于 700℃的高温范围热故障	高温局部过热
1999-2-21	0、2、2	高于 700℃的高温范围热故障	高温局部过热

根据油色谱分析数据中的总烃含量较高,CH_4 和 C_2H_4 是气体主要成分、未见 C_2H_2 成分变化,表明变压器存在绝缘局部过热故障。通过对变压器运行情况分析,确定油中气体来源于故障点,排除了气体的其他来源。

为确定故障性质,厂方于 1999 年 4 月对该变压器在停电后,进行各项电气试验,包括高压出厂试验,各种试验结果都无故障显示,说明电路本身无故障。

由以上分析结果可基本判断变压器存在绝缘局部过热或磁回路故障,由于第一次吊罩未能找到故障点，认为故障在绕组围屏内部或铁芯中下部，将该变压器再次吊罩进行详细检查发现：

（1）B 相低压绕组最下部两饼变形，导线向内收缩，匝间垫条脱落，油道严重阻塞；

（2）B 相低压绕组最下一饼、下数第十七饼导线变形，油道挤死；

（3）B 相调压绕组斜端圈下部第二循环匝的导线倒摆。

对 A、C 两相各绕组以及铁芯检查（包括把铁芯从箱底吊出），均未发现其他故障点。至此，确定故障的来源是部分线匝间油道堵塞、固体绝缘散热不良而造成变压器局部绝缘过热，引起油中溶解气体异常。

色谱分析与吊罩检查结果发现的局部绕组变形、油道堵塞、固体绝缘散热不良的缺陷情况基本相吻合。

【思考与练习】

1. 主变压器直流电阻不平衡率超标一般有哪些原因？

2. 针对主变压器绝缘受潮过热的情况应如何处理？

3. 针对变压器合闸时钟罩对底盘放电的情况，应采取哪些措施？

▶ 模块 9 变压器类设备的反事故措施（Z15H4009Ⅲ）

【模块描述】本模块介绍了变压器类设备的反事故措施，通过本模块学习，熟悉变压器类设备的反事故措施

【模块内容】

一、防止大型变压器损坏事故的措施

为防止大型变压器损坏事故，保障电网安全、稳定运行，应严格执行国家电网公司《预防 110（66）kV～500kV 油浸式变压器（电抗器）事故措施》（国家电网〔2004〕641 号）、《110（66）kV～500kV 油浸式变压器（电抗器）监督规定》（国家电网生技〔2005〕174 号）等有关规定，并结合电网运行实际，应认真贯彻落实《国家电网公司十八项电网重大反事故措施（修订版）》（国家电网生〔2012〕352 号）（以下简称国网十八项反措）要求。

（一）防止变压器出口短路事故的措施

（1）加强变压器选型、订货、验收及投运的全过程管理。应选择具有良好运行业绩和成熟制造经验生产厂家的产品。240MVA 及以下容量变压器应选用通过突发短路试验验证的产品；500kV 变压器和 240MVA 以上容量变压器，制造厂应提供同类产品突发短路试验报告或抗短路能力计算报告，计算报告应有相关理论和模型试验的技

术支持。

（2）在变压器设计阶段，运行单位应取得所订购变压器的抗短路能力计算报告及抗短路能力计算所需详细参数，并自行进行校核工作。220kV 及以上电压等级的变压器都应进行抗震计算。

制造厂应根据 GB 1094.5 要求提交变压器抗突发短路核对计算报告，运行单位核对并备案存档。220kV 及以上电压等级的变压器的抗震计算由制造厂提交运行单位。

（3）220kV 及以上电压等级变压器须进行驻厂监造，110（66）kV 电压等级的变压器应按照监造关键控制点的要求进行监造，有关监造关键控制点应在合同中予以明确。监造验收工作结束后，监造人员应提交监造报告，并作为设备原始资料存档。

（4）变压器在制造阶段的质量抽检工作，应进行电磁线抽检；根据供应商生产批量情况，应抽样进行突发短路试验验证。

（5）为防止出口及近区短路，变压器 35kV 及以下低压母线应考虑绝缘化；10kV 的线路、变电站出口 2km 内宜考虑采用绝缘导线。

（6）全电缆线路不应采用重合闸，对于含电缆的混合线路应采取相应措施，防止变压器连续遭受短路冲击。

（7）应开展变压器抗短路能力的校核工作，根据设备的实际情况有选择性地采取加装中性点小电抗、限流电抗器等措施，对不满足要求的变压器进行改造或更换。

应开展变压器抗短路能力的校核工作，当系统短路容量超过变压器设计值时，应调整系统运行方式或采取加装限流电抗器等限制短路电流措施。

（8）当有并联运行要求的三绕组变压器的低压侧短路电流超出断路器开断电流时，应增设限流电抗器。

（二）防止变压器绝缘事故的措施

1. 设计阶段应注意的问题

工厂试验时应将供货的套管安装在变压器上进行试验；所有附件在出厂时均应按实际使用方式经过整体预装。

出厂局部放电试验测量电压为 $1.5U_m/\sqrt{3}$ 时，220kV 及以上电压等级变压器高、中压端的局部放电量不大于 100pC。110（66）kV 电压等级变压器高压侧的局部放电量不大于 100pC。330kV 及以上电压等级强迫油循环变压器应在油泵全部开启时（除备用油泵）进行局部放电试验。

生产厂家首次设计、新型号或有运行特殊要求的 220kV 及以上电压等级变压器在首批次生产系列中应进行例行试验、型式试验和特殊试验（承受短路能力的试验视实际情况而定），当一批供货达到 6 台时应抽 1 台进行短时感应耐压试验（ACSD）和操作冲击试验（SI）。

500kV 及以上并联电抗器的中性点电抗器出厂试验应进行短时感应耐压试验（ACSD）。

500kV 变压器，特别是在接地极 50km 内的单相自耦变压器，应在规划阶段提出直流偏磁抑制需求，重点关注 220kV 系统与 500kV 系统间的直流分布。

2. 基建阶段应注意的问题

（1）新安装和大修后的变压器应严格按照有关标准或厂家规定进行抽真空、真空注油和热油循环，真空度、抽真空时间、注油速度及热油循环时间、温度均应达到要求。对采用有载分接开关的变压器油箱应同时按要求抽真空，但应注意抽真空前应用连通管接通本体与开关油室。为防止真空度计水银倒灌进设备中，禁止使用麦氏真空度计。

新安装和大修后的变压器采用真空注油的作用是脱去器身和油中的空气和水分。DL/T 573—2010《电力变压器检修导则》规定：220kV 及以上的变压器、电抗器必须采用真空注油，其他变压器有条件时宜采用真空注油。但从保证安装、检修质量的角度，以及采用板式滤油机注油情况看，110kV 及以上变压器应采用真中注油工艺，其他变压器可视具体情况而定。

通常通过试抽真空检查油箱的强度，局部弹性变形以不超过箱壁厚度的 2 倍为限度，并检查真空系统的严密性。为防止有载开关损坏，抽真空时有载分接开关与本体应安连通管，以便与本体等压。真空注油应按下述方法进行，若制造厂有规定，则应按制造厂规定要求进行。

以均匀的速度抽真空，达到指定真空度并保持 2h 后，开始向变压器油箱内注油，注油过程应保持真空，注入油温度宜略高于器身温度。以 3～5t/h 的速度将油注入变压器距箱顶约 200mm 时停止，并继续抽真空，保持时间：110kV 不得少于 2h；220kV 不得少于 4h。变压器抽真空的极限允许值：35kV 变压器容量为 4000～31 500kVA；110kV 变压器容量为 16 000kVA 及以下不超过 0.051MPa，110kV 变压器容量为 20 000kVA 及以下不超过 0.035 1MPa；220～330kV 变压器不超过 133.3Pa。

变压器经真空注油后再进行二次补油时，必须经由储油柜注油管注入，严禁由下部油门注油，以免水分（因不停抽真空）、杂质等被直接带入变压器绕组和造成假油位。变压器补油后，为使残留气泡溶于油中，以免造成局部放电，变压器应有一定的静止时间。

（2）对于分体运输、现场组装的变压器有条件时宜进行真空煤油气相干燥。

（3）装有密封胶囊、隔膜或波纹管式储油柜的变压器，必须严格按照制造厂说明书规定的工艺要求进行注油，防止空气进入或漏油，并结合大修或停电对胶囊和隔膜、波纹管式储油柜的完好性进行检查。

胶囊式储油柜补油时，应首先进行胶囊排气（其步骤为先打开储油柜上部排气孔，由注油管将油注满储油柜，直至排气孔出油，再关闭注油管和排气孔），再从变压器下部油门排油，空气经吸湿器自然进入储油柜胶囊内部，直至油位计指示正常油位为止。

隔膜式储油柜注油前应首先将磁力油位计调整至零位，再打开隔膜上的放气塞，将隔膜内的气体排除，关闭放气塞。然后由注油管向隔膜内注油，达到比指定油位稍高时，再次打开放气塞，充分排除隔膜内的气体，直到向外溢油为止，经反复调整达到指定的油位。变压器的油位应按变压器铭牌处的油温—油位曲线确定。为避免运行中温度上升时喷油或引起重瓦斯保护误动作，注油时应防止进入空气或隔膜内的气体未排净而出现假油位现象。

变压器安装注油后，应进行密封检查，其目的主要是考核箱及附件的密封性能，一般可用 $0.3 \sim 0.5 \text{kg/cm}^2$ 的氮气压力从储油柜呼吸器经减压阀通入，维持 24h，检查变压器本体及其附件应无渗漏油。变压器补油后，为使残留气泡溶于油中，以免造成局部放电，变压器应有一定的静止时间。按运行规程要求各电压等级的变压器在投运前静止时间不应少于以下规定：110kV 及以下为 24h；220kV 及以下为 48h；500kV 及以下为 72h。对强油循环变压器，投运前应开启油泵，使油循环后将气体排尽。

（4）充气运输的变压器运到现场后，必须密切监视气体压力，压力过低时（低于 0.01MPa）要补干燥气体，现场放置时间超过 3 个月的变压器应注油保存，并装上储油柜和胶囊，严防进水受潮。注油前，必须测定密封气体的压力，核查密封状况，必要时应进行检漏试验。为防止变压器在安装和运行中进水受潮，套管顶部将军帽、储油柜顶部、套管升高座及其连管等处必须密封良好。必要时应测漏点。如已发现绝缘受潮，应及时采取相应措施。

（5）变压器新油应由厂家提供新油无腐蚀性硫、结构簇、糠醛及油中颗粒度报告。500kV 变压器新油应由变压器制造厂提供新油无腐蚀性硫、结构簇、糠醛及油中颗粒度报告。

（6）110（66）kV 及以上变压器在运输过程中，应按照相应规范安装具有时标且有合适量程的三维冲击记录仪。主变压器就位后，制造厂、运输部门、用户三方人员应共同验收，记录纸和押运记录应提供给用户留存。

变压器的运输和安装应按制造厂有关规定执行，应采用可靠的防止设备运输撞击的措施。为了监测变压器在运输中发生冲撞而对变压器造成损伤的程度，应按相关规范要求安装具有时标且有合适量程的三维冲撞记录仪，冲击记录要作为现场交接的内容之一。设备到达目的地后，要求制造厂、运输部门和用户三方人员应共同验收，记录纸和押运记录应提供给用户留存。允许的加速度指标应在订货合同中予以明确，以便验收时检查。冲击记录超过允许值时，应联系质检部门，在制造厂确认的基础上进行必要的检查和处理，直至返厂检修。变压器内部检查的内容，一般包括器身紧固装置、铁芯、绕组、绝缘件、油箱磁屏蔽等。必要时可进行绕组变形测试等试验。

对三维冲撞记录仪的要求：三维冲撞记录仪应经有关单位检验合格有效，避免因为安装不合格的三维冲撞记录仪使记录结果不能真实反映变压器在运输过程中的实际情况。

安装范围：本条文仅提到在大型变压器（一般指 220kV 及以上电压等级或 120MVA 及以上容量的变压器上）安装。应当指出，对于运输路况较复杂，特别是安装运行在山区、道路崎岖的 35kV 及以上变压器，受现场检修条件所限，为了在现场尽量不吊芯或吊罩（对于全密封变压器规定不吊芯或吊罩），应按要求安装三维冲撞记录仪，并有专人押送。

允许的加速度标准：《国家电网公司物资采购标准 交流变压器卷（2009 年版）》第 2.2.5 条规定：变压器在运输中应装三维冲撞记录仪。变压器运输中当冲撞加速度不大于 $3g$ 时，器身应无任何松动、位移和损坏。

国家电网有限公司《110（66）kV～500kV 油浸式变压器（电抗器）运行规范》规定：设备在运输及就位过程中受到的冲击值，应符合制造厂规定，一般小于 $3g$（g 为重力加速度，$1g=9.8 \mathrm{m/s^2}$），并作为不吊罩的依据。

其实，该标准是针对制造厂一家提出的变压器应能耐受 $3g$ 加速度的冲撞要求而制定的，即变压器在遭受 $3g$ 的冲撞加速度下不发生损坏，然而现场验收时也以记录不超过 $3g$ 即为合格，并不宜掌握。因为出厂试验未进行 $3g$ 的冲撞试验，并不能保证运输过程中只要不超过 $3g$ 的标准就证明变压器无问题。对于地震烈度为 9 度时的地面水平加速度抗震设计值为 $0.5g$，地面垂直加速度为 $0.25g$，相比运输中 $3g$ 的标准难以想象。运输中真正超过这个限值的情况比较罕见，这只是一个经验值，适应于某些极限情况，例如设备原来处于静止状态下突然遭遇剧烈撞击。因此应当针对不同运输条件制定具体的要求，有利于保证变压器在运输过程中不发生意外损坏，也更切合实际。为保险起见，制造厂家一般在设备出厂时，在上铁轭两端加装两个定位装置，以确保器身在运输过程中不发生位移。

（7）110（66）kV 及以上电压等级变压器在出厂和投产前，应用频响法和低电压短路阻抗测试绕组变形以留原始记录；低电压阻抗出厂试验应按单相测量法进行。110（66）kV 及以上电压等级的变压器在新安装时应进行现场局部放电试验；对 110（66）kV 电压等级变压器在新安装时应抽样进行额定电压下空载损耗试验和负载损耗试验现场局部放电试验验收，应在所有额定运行油泵（如有）启动以及工厂试验电压和时间下，220kV 及以上变压器放电量不大于 100pC（国网十八项反措条文 9.2.2.7）。

运行阶段应注意的问题：

加强变压器运行巡视，应特别注意变压器冷却器潜油泵负压区出现的渗漏油。对发现的负压区渗漏（运行时不渗漏、停运时渗漏）现象，应联系变压器厂进行处理。

对运行年限超过 15 年储油柜的胶囊和隔膜应更换。胶囊和隔膜材料运行中容易出现老化龟裂现象，因此隔膜式储油柜应进行改造，对运行超过 15 年的胶囊式储油柜，应加强绝缘油微水、含气量等试验，异常时应进行胶囊更换或储油柜整体更换。

运行超过 20 年的薄绝缘、铝线圈变压器，不宜对本体进行改造性大修，也不宜进行迁移安装，应加强技术监督工作并逐步安排更新改造。

220kV 及以上电压等级变压器拆装套管或进人后，应进行现场局部放电试验。220kV 及以上电压等级变压器拆装套管或进人后，现场工作涉及内部绝缘时，应根据内部工作情况决定是否进行现场局部放电试验，但试验电压不宜超过 $1.3U_{\mathrm{m}}/\sqrt{3}$ ，且不宜施加激发电压。

按照 DL/T 393—2010《输变电设备状态检修试验规程》开展红外检测，新建、改扩建或大修后的变压器（电抗器），应在投运带负荷后不超过 1 个月内（但至少在 24h 以后）进行一次精确检测。220kV 及以上电压等级的变压器（电抗器）每年在季节变化前后应至少各进行一次精确检测。在高温大负荷运行期间，对 220kV 及以上电压等级变压器（电抗器）应增加红外检测次数。精确检测的测量数据和图像应存入数据库。

红外检测变压器箱体、储油柜、套管、引线接头及电缆等，掌握设备在正常运行状态下的发热规律及其表面温度场的分布和温升状况，以此为根据结合设备结构及热能传导的途径，分析设备缺陷及故障状态的热场及温升，既要注意温度的大小，也要注意温差规律，再参考其他检测结果，就能较好地对设备有无内部或外部故障进行分析判断。测量时应记录环境温度、负荷大小、冷却装置开启组数，分析时应注意这些影响因素。设备正常状态时红外热像图显示应无异常温升、温差和/或相对温差。其诊断分析方法应按照 DL/T 664—2008《带电设备红外诊断应用规范》进行。

采用红外成像技术可以有效地发现变压器运行中所存在的缺陷和问题，包括电流致热型、电压致热型和综合致热型故障。例如套管连接不良、套管介质损耗因数升高、缺油、涡流损耗引起箱体局部过热、油路堵塞等。由变压器内部磁通泄漏，在其外壳上产生涡流损耗而局部过热，它们的热像特征是以漏磁通穿过壳体而形成环流的区域为中心的热场分布的；变压器冷却系统中阻塞故障可在热像图下直观显示，受阻两侧温度场明显有异；套管缺油故障时，红外热谱图可看到在该设备外壳表面有一明显的程度不一的温度梯度。为有效发现变压器内部过热缺陷，现场变压器红外检测宜采用精确测试方法进行。

铁芯、夹件通过小套管引出接地的变压器，应将接地引线引至适当位置，以便在运行中监测接地线中是否有环流，当运行中环流异常变化，应尽快查明原因，严重时应采取措施及时处理。

220kV 及以上油浸式变压器（电抗器）和位置特别重要或存在绝缘缺陷的 110（66）kV 油浸式变压器宜配置多组分油中溶解气体在线监测装置；且每年在进入夏季和冬季用电高峰前分别进行一次与离线检测数据的比对分析，确保检测准确。

对地中直流偏磁严重的区域，在变压器中性点应采用相同的限流技术。

（三）防止变压器保护事故的措施

1. 基建阶段应注意的问题

新安装的气体继电器必须经校验合格后方可使用；气体继电器应在真空注油完毕后再安装；气体保护投运前必须对信号跳闸回路进行保护试验。

新安装的气体继电器应能承受全真空要求，必须经校验合格后方可使用；气体保护投运前必须对信号跳闸回路进行保护试验。

变压器本体保护应加强防雨、防震措施，户外布置的压力释放阀、气体继电器和油流速动继电器应加装防雨罩。

变压器本体保护宜采用就地跳闸方式，即将变压器本体保护通过较大启动功率中间继电器的两副触点分别直接接入断路器的两个跳闸回路，减少电缆迂回带来的直流接地、对微机保护引入干扰和二次回路断线等不可靠因素。

2. 运行阶段应注意的问题

变压器本体、有载分接开关的重瓦斯保护应投跳闸。若需退出重瓦斯保护，应预先制定安全措施，并经总工程师批准，限期恢复。

气体继电器应定期校验。当气体继电器发出轻瓦斯动作信号时，应立即检查气体继电器，及时取气样检验，以判明气体成分，同时取油样进行色谱分析，查明原因及时排除。

压力释放阀在交接和变压器大修时应进行校验。压力释放阀交接时应检查检验报告，变压器大修时应更换压力释放阀。

运行中的变压器的冷却器油回路或通向储油柜各阀门由关闭位置旋转至开启位置时，以及当油位计的油面异常升高或呼吸系统有异常现象，需要打开放油或放气阀门时，均应先将变压器重瓦斯保护停用。

变压器运行中，若需将气体继电器集气室的气体排出时，为防止误碰探针造成气体保护跳闸，可将变压器重瓦斯保护切换为信号方式；排气结束后，应将重瓦斯保护恢复为跳闸方式。

（四）防止分接开关事故的措施

1. 无载开关

无励磁分接开关在改变分接位置后，必须测量使用分接的直流电阻和变比；有载分接开关检修后，应测量全程的直流电阻和变比，合格后方可投运。

变压器绕组直流电阻的检测是一项很重要的试验项目，它在 DL/T 596—1996《电力设备预防性试验规程》的试验次序排在变压器试验项目的第二位。规程规定它是变压器大修时、无载开关调级后、变压器出口短路后和 1～3 年一次等必试项目。在变压器所有试验项目中是一项较为方便而有效的考核绕组纵绝缘和电流回路连接状况的试验，它能够反映绕组匝间短路、绕组断股、分接开关接触状态以及导线电阻的差异和触头接触不良等缺陷故障，也是判断各相绕组直流电阻是否平衡、调压开关挡位是否正确的有效手段。长期以来，绕组直流电阻测量一直被认为是考查变压器纵绝缘的主要手段之一，从 1985 年水电部制订的《电气设备预防性试验规程》，到 1996 年电力部制订的 DL/T 596—1996《电力设备预防性试验规程》，该项内容没有变化，也说明这一判断标准符合实际情况要求。

无励磁分接开关在运行中不能进行经常性切换操作，有些挡位长期得不到切换，偶尔分接变换位置后可能出现动、静触头接触不良，也会使其触头表面腐蚀、氧化或因触头之间的接触压力下降使接触电阻增大，进而形成变压器的过热性故障。

当怀疑无励磁分接开关存在问题时，测量直流电阻仍然是非常必要的。当改变无励磁分接开关的分接位置后，进行直流电阻和变比测量检查分接触点接触和挡位的正确性相对容易，测试结果也更直观、准确。长时间使用的分接开关触点，由于电流、热和化学等因素的作用，会产生氧化膜，使接触状态变差，通过转动触点，有利于磨掉氧化膜。长期以来通过测量直流电阻发现了许多无励磁分接开关故障，避免了很多事故。

安装和检修时应检查无励磁分接开关的弹簧状况、触头表面镀层及接触情况、分接引线是否断裂及紧固件是否松动。

2. 有载开关

新购有载分接开关的选择开关应有机械限位功能，束缚电阻应采用常接方式。

有载分接开关在安装时应按出厂说明书进行调试检查。要特别注意分接引线距离和固定状况、动静触头间的接触情况和操动机构指示位置的正确性。新安装的有载分接开关，应对切换程序与时间进行测试。

加强有载分接开关的运行维护管理。当开关动作次数或运行时间达到制造厂规定值时，应进行检修，并对开关的切换程序与时间进行测试。

（五）防止变压器套管事故的措施

新套管供应商应提供型式试验报告。

检修时当套管水平存放、安装就位后，带电前必须进行静放，其中 500kV 套管静放时间应大于 36h，110～220kV 套管静放时间应大于 24h。

如套管的伞裙间距低于规定标准，应采取加硅橡胶伞裙套等措施，防止污秽闪络。在严重污秽地区运行的变压器，可考虑在瓷套涂防污闪涂料等措施。

作为备品的 110（66）kV 及以上套管，应竖直放置。如水平存放，其抬高角度应符合制造厂要求，以防止电容芯子露出油面受潮。对水平放置保存期超过一年的 110（66）kV 及以上套管，当不能确保电容芯子全部浸没在油面以下时，安装前应进行局部放电试验、额定电压下的介损试验和油色谱分析。

油纸电容套管在最低环境温度下不应出现负压，应避免频繁取油样分析而造成其负压。运行人员正常巡视应检查记录套管油位情况，注意保持套管油位正常。套管渗漏油时，应及时处理，防止内部受潮损坏。

加强套管末屏接地检测、检修及运行维护管理，每次拆接末屏后应检查末屏接地状况，在变压器投运时和运行中开展套管末屏接地状况带电测量。

变压器投运前应确认末屏接地状况良好，运行中有条件宜开展套管末屏接地状况带电测量。

（六）采取措施保证冷却系统可靠运行

设计阶段应注意：优先选用自然油循环风冷或自冷方式的变压器。潜油泵的轴承应采取 E 级或 D 级，禁止使用无铭牌、无级别的轴承。对强油导向的变压器油泵应选用转速不大于 1500r/min 的低速油泵。对强油循环的变压器，在按规定程序开启所有油泵（包括备用）后整个冷却装置上不应出现负压。强油循环的冷却系统必须配置两个相互独立的电源，并采用自动切换装置。变压器冷却系统的工作电源应有三相电压监测，任一相故障失电时，应保证自动切换至备用电源供电。

变压器内部故障跳闸后，应自动切除油泵。冷却器接触器容量应按电机额定电流的 1.5 倍进行配置。强油循环结构的潜油泵启动应逐台启用，延时间隔应在 30s 以上，以防止气体继电器误动。

新建或扩建变压器一般不采用水冷方式。对特殊场合必须采用水冷却系统的，应采用双层铜管冷却系统。

运行阶段应注意：强油循环冷却系统的两个独立电源的自动切换装置，应定期进行切换试验，有关信号装置应齐全可靠；对于盘式电机油泵，应注意定子和转子的间隙调整，防止铁芯的平面摩擦。运行中如出现过热、振动、杂音及严重漏油等异常时，应安排停运检修；为保证冷却效果，管状结构变压器冷却器每年应进行 1～2 次冲洗，并宜安排在大负荷来临前进行；对目前正在使用的单铜管水冷却变压器，应始终保持油压大于水压，并加强运行维护工作，同时应采取有效的运行监视方法，及时发现冷却系统泄漏故障。

（七）预防变压器火灾事故

按照有关规定完善变压器的消防设施，并加强维护管理，重点防止变压器着火时的事故扩大。

新建变电站的变压器固定式灭火装置应同时具备自动、手动、远程遥控和应急机械操作方式，对不具备条件的运行变压器应逐步进行改造。

采用排油注氮保护装置的变压器应采用具有联动功能的双浮球结构的气体继电器。

排油注氮保护装置应满足：

（1）排油注氮启动（触发）功率应大于 220V×5A（DC）；

（2）注油阀动作线圈功率应大于 220V×6A（DC）；

（3）注氮阀与排油阀间应设有机械连锁阀门；

（4）动作逻辑关系应满足本体重瓦斯保护、主变压器断路器开关跳闸、油箱超压开关同时动作时才能启动排油充氮保护。

水喷淋动作功率应大于 8W，其动作逻辑关系应满足变压器超温保护与变压器断路器开关跳闸同时动作。

变压器本体储油柜与气体继电器间应增设逆止阀，以防储油柜中的油下泄而造成火灾扩大。现场进行变压器干燥时，应做好防火措施，防止加热系统故障或绕组过热烧损。应结合例行试验检修，定期对灭火装置进行维护和检查，以防止误动和拒动。

二、防止互感器损坏事故的措施

为防止互感器损坏事故，应严格执行国家电网有限公司《预防 110(66)kV～500kV 互感器事故措施》（国家电网生〔2004〕641 号）、《110（66）kV～500kV 互感器技术监督规定》（国家电网生技〔2005〕174 号）、《预防倒立式 SF_6 电流互感器事故措施》（国家电网生技〔2009〕80 号）、《预防油浸式电流互感器、套管设备故障补充措施》（国家电网生技〔2009〕819 号）等有关规定，并提出以下重点要求：

（一）防止各类油浸式互感器事故

1. 设计阶段应注意的问题

油浸式互感器应选用带金属膨胀器微正压结构形式。

所选用电流互感器的动热稳定性能应满足安装地点系统短路容量的要求，一次绕组串联时也应满足安装地点系统短路容量的要求。

电容式电压互感器的中间变压器高压侧不应装设 MOA。

2. 基建阶段应注意的问题

110（66）～500kV 互感器在出厂试验时，应按照各有关标准、规程的要求逐台进行全部出厂试验，包括高电压下的介损试验、局部放电试验、耐压试验，局部放电试验的测量时间延长到 5min。

对电容式电压互感器应要求制造厂在出厂时进行 $0.8U_{1n}$、$1.0U_{1n}$、$1.2U_{1n}$ 及 $1.5U_{1n}$ 的铁磁谐振试验（注：U_{1n} 指额定一次相电压，下同）。

电磁式电压互感器在交接试验时，应进行空载电流测量。励磁特性的拐点电压应大于 $1.5U_m/\sqrt{3}$（中性点有效接地系统）或 $1.9U_m/\sqrt{3}$（中性点非有效接地系统）。

电流互感器的一次端子所受的机械力不应超过制造厂规定的允许值，其电气连接应接触良好，防止产生过热故障及电位悬浮。互感器的二次引线端子应有防转动措施，防止外部操作造成内部引线扭断。

已安装完成的互感器若长期未带电运行（110kV 及以上大于半年；35kV 及以下一年以上），在投运前应按 DL/T 393—2010《输变电设备状态检修试验规程》进行例行试验。

在交接试验时，对 110（66）kV 及以上电压等级的油浸式电流互感器，应逐台进行交流耐受电压试验，交流耐压试验前后应进行油中溶解气体分析，其间需开展一次微水测试。油浸式设备在交流耐压试验前要保证静置时间，110（66）kV 设备静置时间不小于 24h、220kV 设备静置时间不小于 48h、330kV 和 500kV 设备静置时间不小于 72h。

对于 220kV 及以上等级的电容式电压互感器，其耦合电容器部分是分成多节的，安装时必须按照出厂时的编号以及上下顺序进行安装，严禁互换。

电流互感器运输应严格遵照设备技术规范和制造厂要求，220kV 及以上电压等级互感器运输应在每台产品（或每辆运输车）上安装冲撞记录仪，设备运抵现场后应检查确认，记录数值超过 5g 的，应经评估确认互感器是否需要返厂检查。

电流互感器一次直阻出厂值和设计值无明显差异，交接时测试值与出厂值也应无明显差异，且相间应无明显差异。

3. 运行阶段应注意的问题

事故抢修安装的油浸式互感器，应保证静放时间，其中 500kV 油浸式互感器静放时间应大于 36h，110～220kV 油浸式互感器静放时间应大于 24h。

对新投运的 220kV 及以上电压等级电流互感器，1～2 年内应取油样进行油色谱、微水分析；对于厂家明确要求不取油样的产品，确需取样或补油时应由制造厂配合进行。

互感器的一次端子引线连接端要保证接触良好，并有足够的接触面积，以防止产生过热性故障。一次接线端子的等电位连接必须牢固可靠。其接线端子之间必须有足够的安全距离，防止引线线夹造成一次绕组短路。

老型带隔膜式及气垫式储油柜的互感器，应加装金属膨胀器进行密封改造。现场密封改造应在晴好天气进行。对尚未改造的互感器应每年检查顶部密封状况，对老化的胶垫与隔膜应予以更换。对隔膜上有积水的互感器，应对其本体和绝缘油进行有关试验，试验不合格的互感器应退出运行。绝缘性能有问题的老旧互感器，退出运行不再进行改造。

对硅橡胶套管和加装硅橡胶伞裙的瓷套，应经常检查硅橡胶表面有无放电现象，如果有放电现象应及时处理。

运行人员正常巡视应检查记录互感器油位情况。对运行中渗漏油的互感器，应根据情况限期处理，必要时进行油样分析，对于含水量异常的互感器要加强监视或进行油处理。油浸式互感器严重漏油及电容式电压互感器电容单元渗漏油的应立即停止运行。

应及时处理或更换已确认存在严重缺陷的互感器。对怀疑存在缺陷的互感器，应缩短试验周期进行跟踪检查和分析查明原因。对于全密封型互感器，油中气体色谱分析仅 H_2 单项超过注意值时，应跟踪分析，注意其产气速率，并综合诊断：如产气速率增长较快，应加强监视；如监测数据稳定，则属非故障性氢超标，可安排脱气处理；当发现油中有乙炔时，按状态检修规程规定执行。对绝缘状况有怀疑的互感器应运回试验室进行全面的电气绝缘性能试验，包括局部放电试验。

如运行中互感器的膨胀器异常伸长顶起上盖，应立即退出运行。当互感器出现异常响声时应退出运行。当电压互感器二次电压异常时，应迅速查明原因并及时处理。压力变压器有异常可能发展成故障时，不得采用近控方法拉开压力变压器一次开关，不得将压力变压器次级与正常运行压力变压器次级并列，不得将该压力变压器所在母线的母差保护停用或改单母方式。

当采用电磁单元为电源测量电容式电压互感器的电容分压器 C1 和 C2 的电容量和介损时，必须严格按照制造厂说明书规定进行。

根据电网发展情况，应注意验算电流互感器动热稳定电流是否满足要求。若互感器所在变电站短路电流超过互感器铭牌规定的动热稳定电流值时，应及时改变变比或安排更换。

严格按照 DL/T 664—2008《带电设备红外诊断应用规范》的规定，开展互感器的精确测温工作。新建、改扩建或大修后的互感器，应在投运后不超过 1 个月内（但至少在 24h 以后）进行一次精确检测。220kV 及以上电压等级的互感器每年在季节变化前后应至少各进行一次精确检测。在高温大负荷运行期间，对 220kV 及以上电压等级互感器应增加红外检测次数。精确检测的测量数据和图像应存入数据库。

加强电流互感器末屏接地检测、检修及运行维护管理。对结构不合理、截面偏小、强度不够的末屏应进行改造；检修结束后应检查确认末屏接地是否良好。

（二）防止 110kV（66kV）～500kV SF$_6$ 绝缘电流互感器事故

1. 设计阶段应注意的问题

应重视和规范气体绝缘的电流互感器的监造、验收工作。如具有电容屏结构，其电容屏连接筒应要求采用强度足够的铸铝合金制造，以防止因材质偏软导致电容屏连接筒移位。加强对绝缘支撑件的检验控制。

2. 基建阶段应注意的问题

出厂试验时各项试验包括局部放电试验和耐压试验必须逐台进行；制造厂应采取有效措施，防止运输过程中内部构件震动移位。用户自行运输时应按制造厂规定执行。10kV 及以下互感器推荐直立安放运输，220kV 及以上互感器必须满足卧倒运输的要求。运输时 110（66）kV 产品每批次超过 10 台时，每车装 10g 振动子 2 个，低于 10 台时每车装 10g 振动子 1 个；220kV 产品每台安装 10g 振动子 1 个；330kV 及以上每台安装带时标的三维冲撞记录仪。到达目的地后检查振动记录装置的记录，若记录数值超过 10g 一次或 10g 振动子落下，则产品应返厂解体检查。

运输时所充气压应严格控制在允许的范围内。进行安装时，密封检查合格后方可对互感器充 SF$_6$ 气体至额定压力，静置 24h 后进行 SF$_6$ 气体微水测量。气体密度表、继电器必须经校验合格。气体绝缘的电流互感器安装后应进行现场老炼试验。老炼试验后进行耐压试验，试验电压为出厂试验值的 80%。条件具备且必要时还宜进行局部放电试验。

3. 运行阶段应注意的问题

运行中应巡视检查气体密度表，产品年漏气率应小于 0.5%，若压力表偏出绿色正常压力区时，应引起注意，并及时按制造厂要求停电补充合格的 SF$_6$ 新气。一般应停电补气，个别特殊情况需带电补气时，应在厂家指导下进行。补气较多时（表压小于 0.2MPa），应进行工频耐压试验。

交接时 SF$_6$ 气体含水量小于 250μL/L。运行中不应超过 500μL/L（换算至 20℃），若超标时应进行处理。

设备故障跳闸后，应进行 SF$_6$ 气体分解产物检测，以确定内部有无放电。避免带故障强送再次放电。

对长期微渗的互感器应重点开展 SF$_6$ 气体微水量的检测，必要时可缩短检测时间，以掌握 SF$_6$ 电流互感器气体微水量变化趋势。

【思考与练习】

1. 充气运输的变压器运到现场后注油前必须做哪些措施防止变压器受潮？
2. 变压器经真空注油后再进行二次补油时，必须经什么部位补油，为什么？
3. 防止变压器出口短路事故的措施有哪些？
4. 防止变压器套管事故的措施有哪些？

第五部分

互感器检修

第十七章

互感器的日常运行维护

▲ 模块 1　互感器基本结构和原理（Z15I3001 I）

【模块描述】本模块介绍了电压互感器、电流互感器的分类、结构和基本原理以及新型互感器的基本结构，通过概念介绍、原理讲解，掌握常用互感器的结构和原理，了解新型互感器的一般知识。

【模块内容】

一、互感器的分类及作用

1. 互感器的分类

互感器按性质主要分为电压互感器和电流互感器两大类。也有把电压互感器和电流互感器合并形成一体的互感器，称为组合式互感器。

2. 互感器的作用

互感器是一种利用电磁原理进行电压、电流变换的变压器类设备（光电互感器除外），在电力系统广泛使用。互感器与测量仪表和计量装置配合，可以测量一次系统的电压、电流和电能；与继电保护和自动装置配合，可以对电网各种故障进行电气保护以及实现自动控制。其作用归纳为以下几点：

（1）将一次系统的电压或电流信息准确地传递到二次设备。

（2）将一次系统的高电压或大电流变换为二次侧的低电压或小电流，使二次设备装置标准化、小型化，并降低了对二次设备的绝缘要求。

（3）由于互感器一、二次之间有足够的绝缘强度，能使二次设备和工作人员与一次系统设备在电方面很好地隔离，从而保证了二次设备和工作人员的人身安全。

二、电压互感器

电压互感器是将一次系统的高电压变换成标准低电压（100V 或 $100/\sqrt{3}$ V）的电器。

（一）电压互感器的特点

电压互感器与变压器有所不同，它是一种特殊的变压器，其主要功能是传递电压信息，而不是输送电能。其特点归纳为以下几点：

（1）电压互感器的二次负载是一些高阻抗的测量仪表和继电保护的电压绕组，二次电流很小，因而内阻抗压降很小，相当于变压器空载运行，所以二次电压基本上就等于二次电动势。

（2）电压互感器二次绕组不能短路运行。因为电压互感器内阻抗很小，短路时二次侧产生的电流很大，会有烧坏电压互感器的危险。

（3）二次侧绕组必须一端接地。因为电压互感器一次侧与高压直接连接，若运行中互感器一、二次绕组之间的绝缘被击穿，高压电即会窜入二次回路，危及二次设备和工作人员的人身安全。

（二）电压互感器的分类

电压互感器的种类很多，分类方法也很多，主要有以下几种分类方法：

（1）按相数分，有单相电压互感器和三相电压互感器。

（2）按绕组数分，有双绕组电压互感器、三绕组电压互感器及四绕组电压互感器。

（3）按绝缘介质分，有干式电压互感器、浇注式电压互感器、油浸式电压互感器和气体绝缘电压互感器。

（4）按结构原理分，有电磁式电压互感器和电容式电压互感器两种，电磁式电压互感器又分为单级式和串级式。

（5）按使用条件分，有户内型电压互感器和户外型电压互感器。

（三）电压互感器的结构

电压互感器按其结构原理分为电磁式电压互感器和电容式电压互感器。

1. 电磁式电压互感器的结构

电压互感器以电磁感应为其工作原理的均称为电磁式电压互感器。按其绝缘介质不同，可分为干式及浇注式电压互感器、油浸式电压互感器、SF_6 气体绝缘电压互感器等。这些电压互感器虽然采用的绝缘介质不同，但总体结构相似，其主要部件均有铁芯、绕组组成的器身，绝缘套管及零部件等。

（1）电磁式电压互感器的铁芯。电磁式电压互感器最常采用的铁芯材料为冷轧硅钢片，常用的结构形式是叠片铁芯。近年来卷铁芯在较低电压等级的电压互感器上得到广泛应用。电压互感器铁芯结构如图 17-1-1 所示。

（2）电磁式电压互感器的绕组。电磁式电压互感器绕组的结构大多数采用同心圆筒式，少数电压较低的互感器如干式或浇注式电压互感器采用同心矩形筒式。绕组导线类型根据互感器的绝缘介质对导线本身绝缘的相容性而有所不同。为了改善电场分布，一般在一次绕组首尾端分别加静电屏，绕组分段或绕制成宝塔形，并辅以甬环、端圈、隔板以加强绝缘。

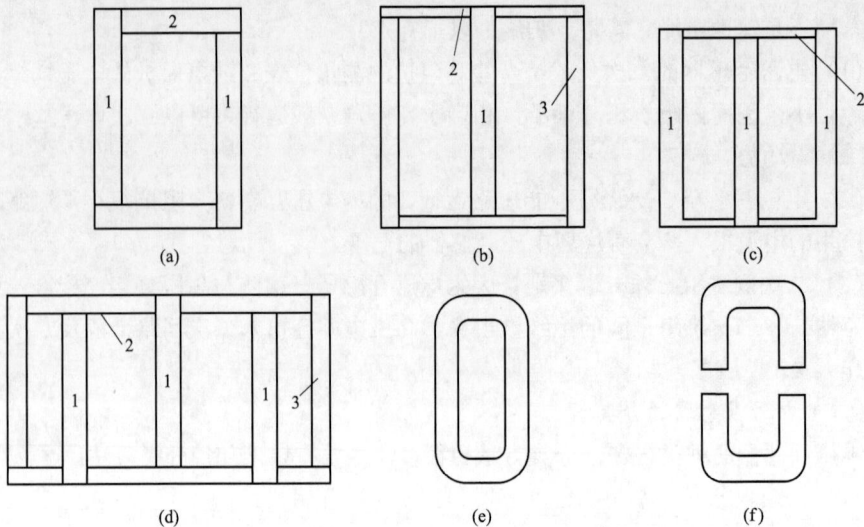

图 17-1-1　电压互感器铁芯结构

（a）单相双柱式；（b）单相三柱式；（c）三相三柱式；（d）三相五柱式；（e）矩形卷铁芯；（f）C 形铁芯

1—铁芯柱；2—主铁轭；3—旁铁轭

（3）浇注式电压互感器的结构。浇注绝缘有其独特的电气性能和机械性能，具有防火、防潮、寿命长、制造简单、结构紧凑、维护方便等优点。该类结构用于 35kV 及以下电压互感器。

浇注式电压互感器可分为全封闭（或称为全浇注）和半封闭（或称为半浇注）两种结构。全封闭浇注式电压互感器如图 17-1-2 所示。

全封闭浇注式电压互感器是将一、二次绕组、绕组引线及其端子，加上铁芯全部用混合胶浇注成一体，然后将浇注体与底座组装在一起。其特点是结构紧凑，但浇注比较复杂，同时铁芯缓冲设置也比较麻烦。

半封闭浇注式电压互感器是预先将一、二次绕组、绕组引线及其端子用混合胶浇注成一个整体，然后将浇注体和铁芯、底座等组装在一起。其特点是浇注简单、制造容易，缺点是结构不够紧凑、铁芯外露易锈蚀。

浇注式电压互感器的铁芯一般用旁轭式，也有采用 C 形铁芯的。一次绕组为分段式，二次绕组为圆筒式，绕组同心排列，导线采用高强度漆包线。层间和绕组间绝缘均用电缆纸或复合绝缘纸。为了改善绕组在冲击电压作用时的初始电压分布，降低匝间和层间的冲击梯度，一次绕组首、末端均设有静电屏。

（4）油浸式电压互感器的结构。油浸式电压互感器分为单级式和串级式两种。单级式电压互感器的一次绕组和二次绕组全部套在一个铁芯上，其制造工艺较为复杂，

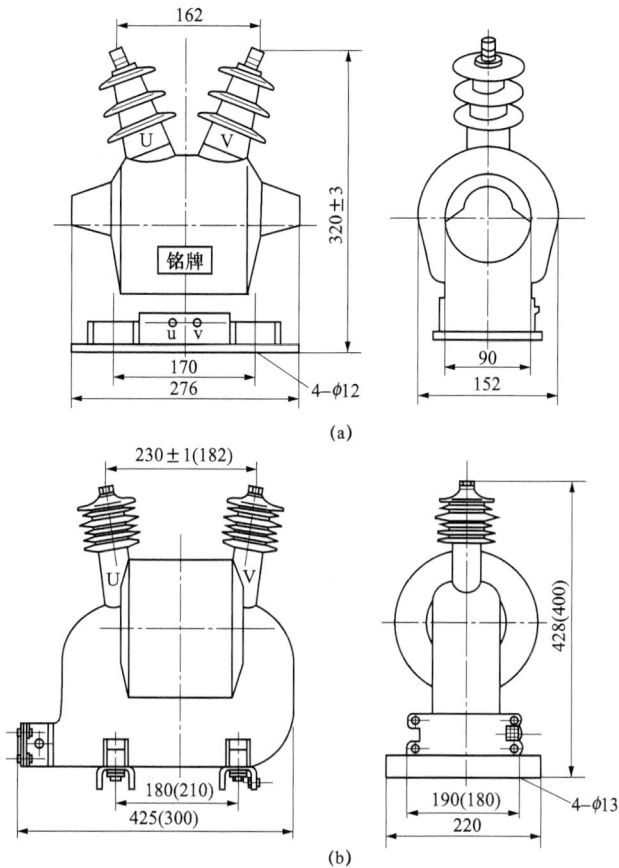

图 17-1-2 全封闭浇注式电压互感器

（a）JDZ12-10 型户内式产品；（b）JZW-12 型户外式产品

多用于 110kV 电压等级及以下。串级式电压互感器的一次绕组分别套在几个铁芯上，一次绕组分成匝数接近相等的几个绕组，然后串联起来，只有最下面一个绕组带有二次绕组，多用于 110kV 电压等级及以上。

1）单级式电压互感器的结构。35kV 户外油浸式电压互感器均为单级式，其结构与小型变压器很相似。由铁芯和绕组组成的器身置于油箱内，一次绕组高压引线通过高压套管引出。35kV 油浸式电压互感器的结构如图 17-1-3 所示，其中图 17-1-3（a）为接地电压互感器，一次绕组的 A 端接高压，N 端接地，所以只需要一个高压套管；图 17-1-3（b）为不接地电压互感器，一次绕组的两个出线端均接高压，所以用两个高压套管。这两种产品的油箱很相似，均采用了圆形结构，用油量少，储油柜容积也很小，直接装在高压套管顶部。

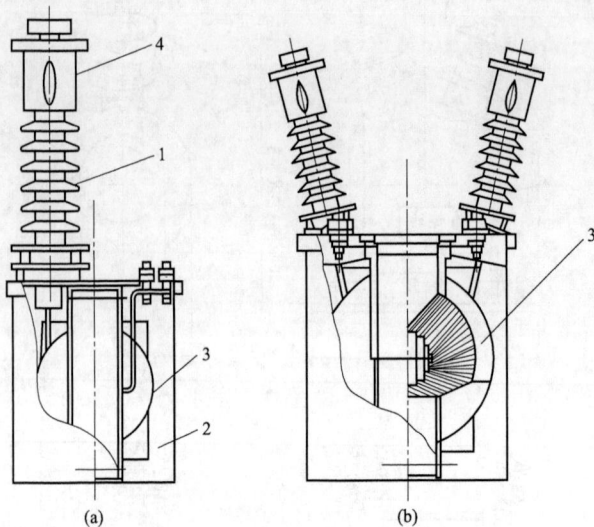

图 17-1-3　35kV 油浸式电压互感器的结构

（a）35kV 接地电压互感器；（b）35kV 不接地电压互感器

1—瓷套；2—底座；3—绕组；4—储油柜

35kV 电压互感器的铁芯一般采用单相三柱式。而 110kV 及以上单级式电压互感器铁芯一般采用双柱式，铁芯均采用一点接地，二次绕组布置在靠近铁芯处，在二次绕组上绕上适当的绝缘后再绕一次绕组。

2）串级式电压互感器的结构。串级式电压互感器由底座、器身、瓷套、储油柜等部分组成，瓷套既做外绝缘，又做油箱用。

串级式电压互感器的铁芯采用双柱式，110kV 互感器为一个铁芯，220kV 互感器为两个铁芯。一次绕组 110kV 分成二级，有两个一次绕组，220kV 分成四级，有四个一次绕组。不论 110kV 或者 220kV 互感器，只有最下面一个绕组带有二次绕组。

110、220kV 串级式电压互感器绕组连接原理如图 17-1-4 所示。两级串级式电压互感器的器身结构如图 17-1-5 所示。220kV 串级式电压互感器的器身结构如图 17-1-6 所示。四级串级式电压互感器绕组连接原理如图 17-1-7 所示。

为了使上下两铁芯安匝数相等，以减少漏磁通，同一铁芯上下两个一次绕组在运行中所分配的电压相同，故在上、下两铁芯柱上还绕有平衡绕组，并与铁芯同电位。串级式电压互感器的铁芯是带有电位的，因而要用绝缘支架支撑在瓷箱内，绝缘支架的材质既要有良好的绝缘性能，又要有很高的机械强度。四级串级式电压互感器除了

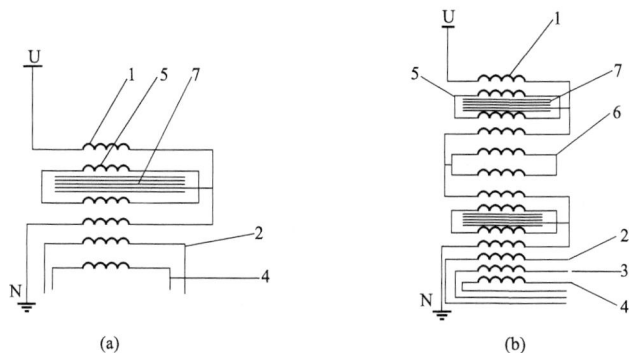

图 17-1-4　110、220kV 串级式电压互感器绕组连接原理

（a）110kV 互感器；（b）220kV 互感器

1—一次绕组；2—测量二次绕组；3—保护二次绕组；4—剩余电压绕组；

5—平衡绕组；6—连耦绕组；7—铁芯

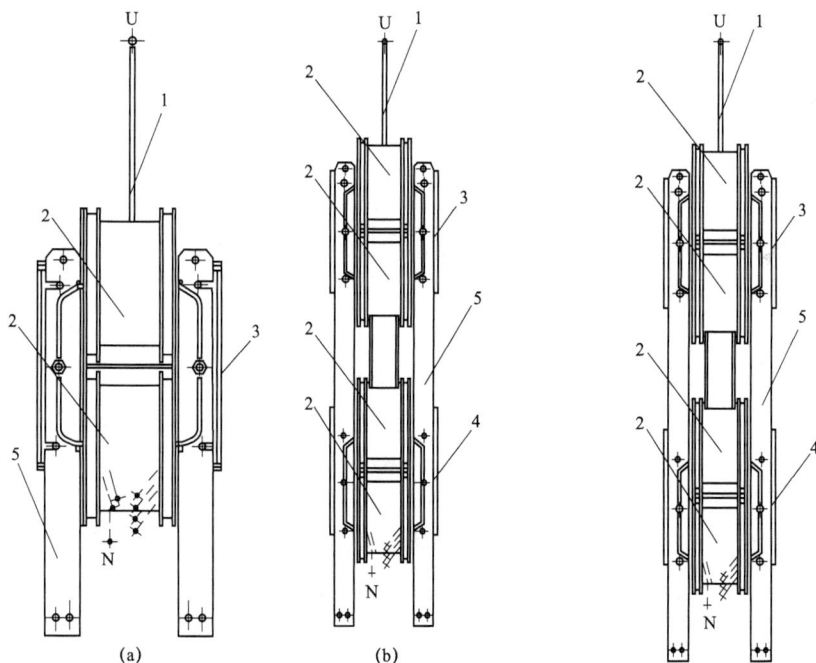

图 17-1-5　两级串级式电压互感器的器身结构

1—上绕组；2—铁芯；3—平衡绕组；

4—绝缘隔板；5—下绕组

图 17-1-6　220kV 串级式
电压互感器的器身结构

1—引线；2—绕组；3—上铁芯；

4—下铁芯；5—绝缘支架

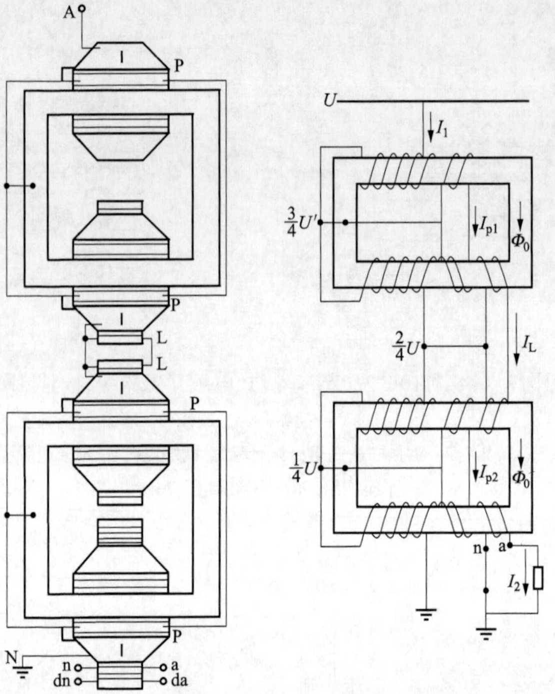

图 17-1-7　四级串级式电压互感器绕组原理

在每个铁芯的上、下铁芯柱上绕有平衡绕组外，上、下两个铁芯之间还绕有连耦绕组，其作用是保持上、下两铁芯的磁通势平衡并传递能量。

串级式电压互感器的穿芯螺杆，不仅要承担夹紧铁芯的任务，而且要承担夹紧固定绝缘支撑板的任务。由于串级式电压互感器的铁芯是处在高电位下工作的，所以穿芯螺杆与铁芯等电位。又由于穿芯螺杆要穿过铁芯，所以只能有一点与铁芯连接，否则将成为铁芯上的短路环面增大铁芯损耗，甚至烧毁铁芯。

（5）SF$_6$ 气体绝缘电压互感器的结构。SF$_6$ 气体是一种惰性气体，绝缘性能良好，不易燃，灭弧能力强，是一种良好的绝缘介质。SF$_6$ 气体绝缘电压互感器有两种结构，一种是独立式，另一种是 GIS 配套使用的组合式，其结构分别如图 17-1-8、图 17-1-9 所示。SF$_6$ 气体绝缘电压互感器采用单相双柱式铁芯，器身结构与油浸单级式电压互感器相似。

与组合式 SF$_6$ 气体绝缘电压互感器相比，独立式 SF$_6$ 气体绝缘电压互感器主要增加了高压引出线部分，包括一次绕组高压引出线、高压瓷套及其夹持件等。下部外壳与高压瓷套分为统仓结构和隔仓结构。统仓结构是高压瓷套与外壳相通，SF$_6$ 气体从一个充气阀注入后即可充满互感器内部；隔仓结构是通过绝缘子把外壳与高压瓷套隔离

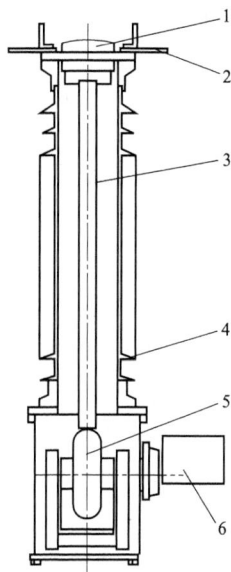

图 17-1-8 独立式 SF_6 气体绝缘
电压互感器结构

1—防爆片；2—一次出线端子；

3—高压引线；4—瓷套；

5—器身；6—二次出线

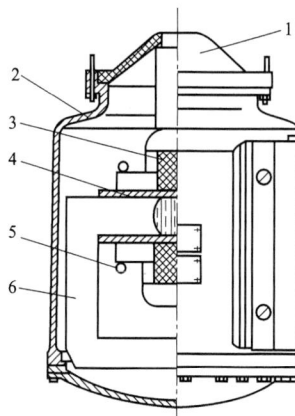

图 17-1-9 组合式 SF_6 气体绝缘
电压互感器结构

1—盒式绝缘子；2—外壳；3—一次绕组；

4—二次绕组；5—电屏；6—铁芯

开，使气体互不相通。因而隔仓结构需装设两套吸附剂、防爆片以及其他附设装置，如充气阀、压力表等。

2. 电容式电压互感器的结构

电容式电压互感器简称 CVT，其主要由电容分压器和电磁单元两部分组成，电磁单元则由中间变压器、补偿电抗器及限压装置、阻尼装置等组成。

按照电容分压器和电磁单元的不同组装方式，可分为叠装式（又称一体式）和分装式（又称分体式）两大类。目前国内常见的大都采用叠装式结构，其典型结构如图 17-1-10 所示，电容分压器叠装在电磁单元油箱之上，它的下节端盖上有一个中压出线套管和一个低压端子出线套管，伸入电磁单元内部与电磁单元相连。

电容式电压互感器有以下特点：

（1）除具有电磁式电压互感器的全部功能外，同时可兼做载波通信的耦合电容器。

（2）绝缘可靠性高。耦合电容器耐雷电冲击能力强。

（3）不存在电磁式电压互感器与断路器断口电容的串联铁磁谐振。

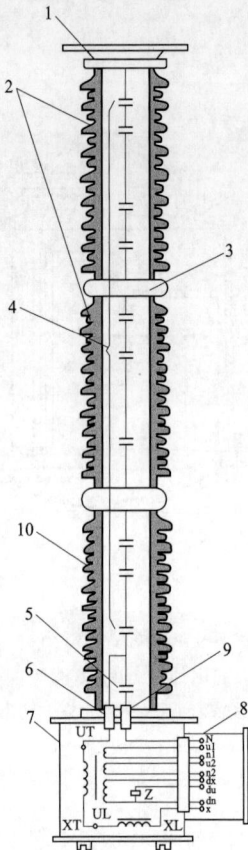

图 17-1-10　电容式电压互感器结构

1—防晕环；2—瓷套管；3—屏蔽罩；4—高压电容 C1；
5—中压电容器 C2；6—中压套管；7—电磁单元油箱；
8—二次接线端子盒；9—低压套管；10—分压电容器；
UT～XT—中间变压器一次绕组；
UL～XL—补偿电抗器绕组；Z—阻尼器

（4）价格比较低，电压等级越高越有优势。

（四）电压互感器的基本原理

1. 电磁式电压互感器的基本原理

电磁式电压互感器是一种特殊变压器，其工作原理与变压器相同。电磁式电压互感器实际上就是一种小容量、大电压比的降压变压器，它的一次绕组与电源、二次绕组与负载都遵守并联接线原则。电压互感器的容量很小，接近于变压器空载运行情况，运行中电压互感器一次电压不会受二次负荷的影响，二次电压在正常使用条件下实质上与一次电压成正比。

串级式电压互感器，就是把一次绕组分成匝数相等的 n 个部分，每一个等分匝数制成的一个绕组分别套在各自的铁芯柱上，构成串级中的一级，再将各级绕组串联起来，U 端接高压，N 端接地。110kV 串级式电压互感器一般设一个闭路铁芯分成两个绕组串联（两级），220kV 一般设两个闭路铁芯分成四个绕组串联（四级），二次绕组都绕在最末一级的铁芯柱上。

两级串级式电压互感器内部磁通势平衡示意图如图 17-1-11 所示，反映了两级串级式电压互感器的内部电磁关系。在空载时，二次绕组开路，一次绕组内只流过励磁电流 I。由于各级一次绕组相同，铁芯也相同，上、下铁芯柱主磁通 Φ_0 也相等，因而在各级绕组中感应的电动势相等，因两个平衡绕组匝数相等且反极性串联，其感应电动势大小相等相位相反，故平衡绕组回路电流为零。一次电压均匀分配在上、下铁芯柱的一次绕组上，当二次绕组接上负载时，二次电流 I_2 产生的磁通势 I_2N_2 对下铁芯中主磁通 Φ_0 有去磁作用，故一次电流将增加一个负荷分量电流来维持其主磁通 Φ_0 不变。这个负荷分量电流产生的磁通势为 I_2N_2 与二次磁通势大小相等，相位相反。由于负荷电流磁通势的漏磁通造成上、下铁芯柱中的磁通大小不一，将使上铁芯柱平衡绕组的电动势大于下铁芯柱平衡绕组的电动势，平衡绕组回路中便有差流出现。这个电流在上铁芯柱平衡绕组中产生的磁通势与上铁芯柱一次绕组负荷电流产生的磁通势平衡，而下铁芯绕组中产生的磁通势与下铁芯柱一次绕组负荷电流产生的磁通势方向相同，两者之和与二次绕的磁通势平衡。从而使上、下铁芯柱的磁通势达到基本平衡，进而整个铁芯的磁通势基本平衡，这样就保证了正确的电压变换关系。

对于四级串级式电压互感器，其内部磁通势平衡示意如图 17-1-12 所示。在相邻两铁芯之间还必须设置连耦绕组。当二次绕组带上负荷后，二次绕组电流所产生的磁

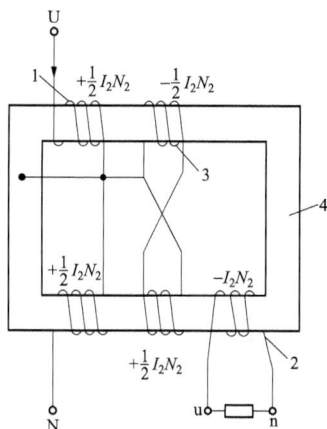

图 17-1-11　两级串级式电压互感器
内部磁通势平衡示意图
1——一次绕组；2——二次绕组；
3——平衡绕组；4——铁芯

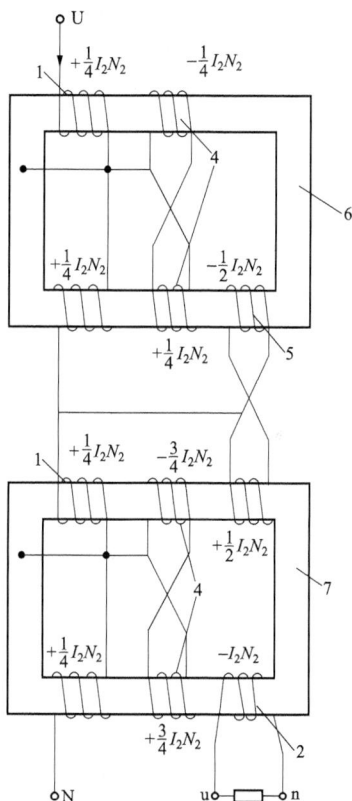

图 17-1-12　四级串级式电压互感器内部磁
通势平衡示意图
1——一次绕组；2——二次绕组；3——剩余电压绕组
（未画出）；4——平衡绕组；5——连耦绕组；
6——上铁芯；7——下铁芯

通势 I_2N_2 只作用于下铁芯的下芯柱上，而一次绕组负荷电流所产生的磁通势 I_2N_2 却均匀分布在四个芯柱上，上两级磁通势增加将使上铁芯中主磁通增加，而在下铁芯上，由于二次磁通势大于一次磁通势，下铁芯中主磁通将减少，因此出现上、下铁芯中磁通大小不等的情况。这时，两铁芯上彼此极性串联连接的连耦绕组回路中将出现差流，这个差流所产生的磁通势与上铁芯一次绕组负荷电流的磁通势相反，使上铁芯去磁；差电流所产生的磁通势与下铁芯一次绕组负荷电流的磁通势方向相同，使下铁芯助磁，从而使上、下两个铁芯间达到磁通势平衡，从而保持主磁通 $\varPhi_0$ 基本不变。

从能量传递的关系来说，上铁芯连耦绕组经磁耦合接收上铁芯一次绕组的能量，再经过电耦合传递到下铁芯的连耦绕组，然后通过磁耦传递给二次绕组，维持各铁芯磁通势平衡，最终使各铁芯上一次绕组的能量传递到二次绕组中。

2. 电容式电压互感器的基本原理

电容式电压互感器由电容分压单元和电磁单元两部分组成。如图 17-1-13 所示，电容式电压互感器是通过电容分压单元获得系统电压的分压，再通过电磁单元实现一、二次的隔离和电压的变换，即由系统一次电压 U_p 分压为中压 U_m，再由 U_m 变换为二次侧电压 U_b。

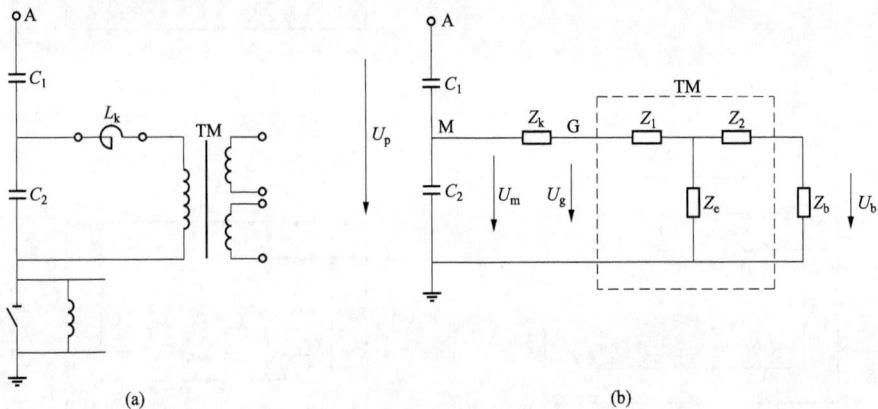

图 17-1-13　电容式电压互感器原理接线及等效电路
（a）原理接线；（b）等效电路

C_1、C_2—由耦合电容器组成的分压器；L_k—电抗器；TM—电磁式中间变压器；Z_b—中间变压器的二次负载；Z_k—电抗器阻抗；Z_e—中间变压器励磁阻抗；Z_1—中间变压器一次绕组阻抗；Z_2—中间变压器二次绕组阻抗；U_p—电容分压电压，归算到中间变压器输入端的电压；U_m—M 点的电压；U_g—中间变压器一次侧电压；U_b—中间变压器二次侧电压

设计时，使分压电容与电抗器符合串联谐振条件，并使其电阻很小，则

$X_k = \dfrac{1}{j\omega(C_1+C_2)}$，$r_k \approx 0$，因而中间变压输入电压 $U_p = C_1/(C_1+C_2)$，$U_p = U_m$，中间变压器输入电压 U_p 仅与分压电容有关。这样，电容式电压互感器即成为输入电压为 U_p 的电磁式电压互感器。

电容式电压互感器与电磁式电压互感器的不同点在于：

（1）通过电容分压器接入，对电力系统呈容性。

（2）为了提高准确度，接入补偿电抗（可接在电容分压器和中间变压器之间，也可布置在中间变压器的接地端），使互感器接近串联谐振。

（3）为了消除和限制暂态过程中铁芯饱和产生分次谐振，进而造成补偿电抗器和中间变压器过电压，需采取阻尼措施。

（五）电压互感器型号、铭牌及主要技术参数

1. 电压互感器的型号

电压互感器产品型号均以汉语拼音字母表示，如图 17-1-14 所示。

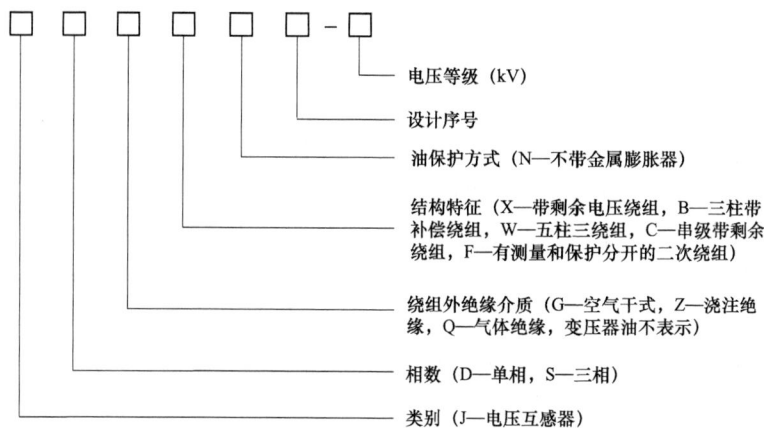

图 17-1-14　电压互感器产品型号说明

2. 铭牌

所有电压互感器的铭牌至少应标出下列内容：

（1）国名。

（2）制造厂名（不以工厂所在地为厂名者，应同时标出地名）。

（3）互感器名称。

（4）互感器型号。

（5）标准代号。

（6）额定一次电压、二次电压和剩余电压绕组额定电压。

（7）额定频率及相数。

（8）设备种类：户内或户外，如果互感器允许使用在海拔高于 1000m 的地区，还应标出其允许使用的海拔。

（9）当有两个分开的二次绕组时，其标志应指明每个二次绕组的额定电压，输出范围（VA）和相应准确度等级。

（10）设备最高电压。

（11）额定绝缘水平。

（12）额定电压因数及其相应的额定时间。

（13）绝缘耐热等级（A 级绝缘可以不标出）。

（14）带有一个以上二次绕组的互感器，应标明每一绕组用途和其相应的端子。串级式或某些特殊结构的互感器应标明其原理接线图。

（15）互感器的总质量和油浸式互感器的油重（kg）。

（16）出厂序号。

（17）制造年月。

3. 主要技术参数及要求

（1）设备的额定电压及额定一次电压。设备的额定电压与电压互感器运行的系统额定电压相同。电压互感器的额定一次电压是指运行时一次绕组所承受的电压。用在相与相之间的单相电压互感器及三相电压互感器，其额定一次电压与设备额定电压相同；用在相与地间的电压互感器，其额定一次电压为设备额定电压值的 $1/\sqrt{3}$。

（2）额定二次电压。额定二次电压是作为互感器性能基准的二次电压值。对于三相电压互感器及相与相间连接用的电压互感器，其额定二次电压为 100V；对于相对地连接的电压互感器，其额定二次电压为 $100/\sqrt{3}$ V。

用于接地保护的电压互感器，其剩余电压绕组的额定电压视互感器所接系统状况而定，对于中性点有效接地系统为 100V，对于中性点非有效接地系统为 $100/\sqrt{3}$ V。这是由于在系统发生单相接地故障时，其开口三角电压必须保证 100V。

（3）额定输出或额定负载。互感器的额定输出，按互感器二次绕组所带的计量、测量、保护装置的实际负荷提出，按国家标准规定的额定输出标准值确定。按国家标准规定，二次负荷电压互感器测量误差极限在额定输出的 25%～100%范围内，因此选择额定输出时，只要略大于实际负荷即可，一般裕度系数为 1.3～1.5。如果额定输出选择过大，实际负荷就可能小于 25%，误差值将不能保证在规定的范围内。

（4）准确度等级及误差限值。误差性能是电压互感器的主要技术要求，以准确度等级衡量其优劣。电压互感器和变压器一样，一次电压变换到二次电压时，由于励磁电流和负载电流在绕组中产生压降，因而二次电压折算到一次侧与一次电压比较，大小及相位均有差别，即互感器出现了误差。数量上的误差称为电压误差，相位上的差别称为相位差。

测量、计量电压互感器的准确度等级，以该准确度等级在额定电压下规定的最大允许电压误差的百分数标称。测量、计量用电压互感器的标准准确度等级有 0.1、0.2、0.5 级。保护用电压互感器的准确度等级，以该准确度等级在 5% 额定电压到额定电压因数相对应的电压范围内最大允许电压误差的百分数标称，其后标以字母"P"（表示保护级），保护用电压互感器的标准准确度等级为 3P 和 6P。电压互感器各标准准确度等级的误差限值见表 17-1-1。

表 17-1-1　　　　　　　电压互感器各标准准确度等级的误差限值

电压互感器	准确度等级	电压误差（%）	相位差（′）	保证误差条件	
				电压范围	二次负载范围
测量用	0.1 0.2 0.5	±0.1 ±0.2 ±0.5	±5 ±10 ±20	$(0.8 \sim 1.2) \, U_{1N}$	$(0.25 \sim 1.0) \, S_{2N}$
保护用	3P 6P	±3.0 ±6.0	±120 ±240	$(0.05 \sim K) \, U_{1N}$	$(0.25 \sim 1.0) \, S_{2N}$

注　U_{1N}—额定电压；S_{2N}—二次负荷；K—额定电压系数（1.2、1.5、1.9）。

（5）额定电压因数。额定电压因数是在规定时间内能满足互感器温升要求及准确度等级要求的最大电压与额定一次电压的比值，它与系统最高电压及接线方式有关，其标准值见表 17-1-2。

表 17-1-2　　　　　　　　电压互感器额定电压因数标准值

额定电压因数	额定时间	适用范围
1.2	连续	任一地网
1.5	30s	110~500kV 中性点有效接地系统的相对地之间
1.9	80h	66kV 中性点非有效接地系统的相对地之间

（6）电压互感器的接线方式。

1）单相接线。这种接线只需要一台单相电压互感器就可以，可接入电压表、频率表的电压绕组和电压继电器等。

2）VV 接线。这是用两台单相电压互感器连接而成，VV 接线可以测出三个线电压，适用于中性点不直接接地系统中只需测量线电压而不测量相电压的场合。其接地如图 17-1-15 所示。

3）Yyn 接线。这种接线可以用三台单相全绝缘的电压互感器连接而成，用于中性点不直接接地系统，其接线如图 17-1-16 所示。它可以满足仪表和继电保护装置需要接线电压和相电压的要求。

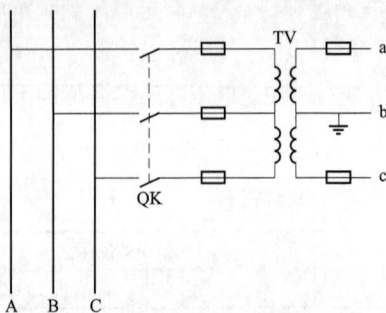

图 17-1-15　VV 接线图　　　　　　图 17-1-16　Yyn 接线图

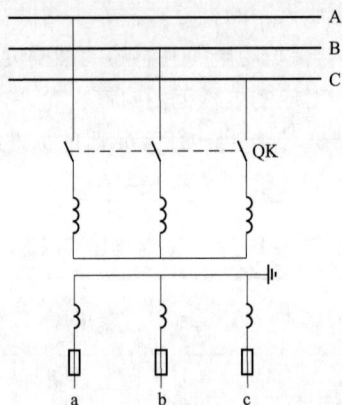

由于此种接线一次侧中性点不接地，当系统发生单相接地时，接地相虽然对地电压为零，但中性点的电压仍为相电压，这时施加于一次绕组的电压并没有改变，二次相电压也未改变，因而反映不出系统接地故障。

4）YNynd 开口接线。这种接线采用三台单相三绕组电压互感器或三相三绕组五柱式电压互感器连接而成，其二次绕组可以测量线电压和相电压，并且接线开口三角形的零序电压绕组不能进行绝缘监视和供单相接地保护使用，其接线如图 17-1-17 所示。

三、电流互感器

电流互感器是一种专门用于变换电流的特种变压器，其基本原理与变压器没有多大的差别，它的一次绕组匝数很少，与线路串联；二次绕组匝数很多，与仪表及继电保护装置的电流线圈相串联。

1. 电流互感器的特点

电流互感器与变压器有所不同，具有以下特点：

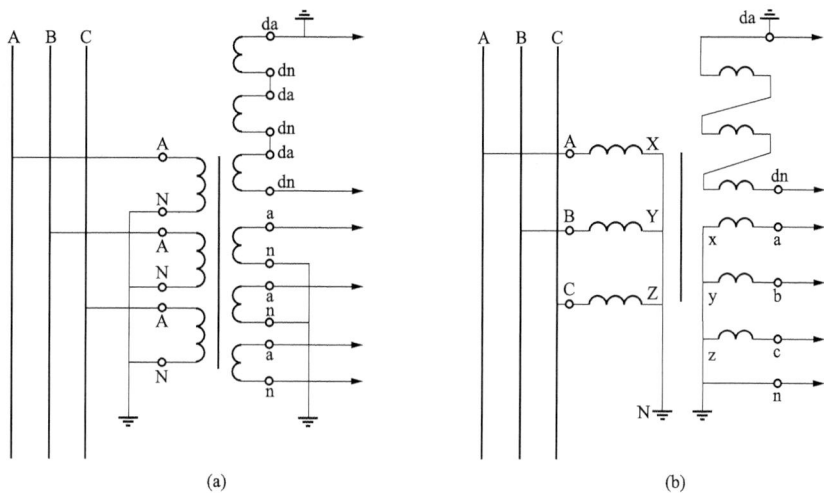

图 17-1-17　YNynd 开口接线图

（a）三台单相电压互感器；（b）三相五柱式电压互感器

（1）电流互感器二次回路负载阻抗很小，相当于变压器的短路运行。一次电流由线路的负载决定，不由二次电流决定。因而，二次电流几乎不受二次负载的影响，只随一次电流的变化而变化。

（2）电流互感器二次绕组不允许开路运行。因为二次电流对一次电流产生的磁通有去磁作用，如果二次开路，则一次电流全部作为励磁用，铁芯过饱和，二次绕组开路两端产生很高的电动势，从而产生高的电压，同时铁损也增加，有烧毁互感器的可能。

（3）电流互感器二次侧一端必须接地，以防止一、二次绕组之间绝缘击穿时危及仪表和人身安全。电流互感器二次绕组只允许有一点接地，否则在两接地点间形成分流回路，影响装置正确动作。

2. 电流互感器的分类

（1）按使用条件分，有户内型电流互感器和户外型电流互感器。

（2）按绝缘介质分，有干式电流互感器、浇注式电流互感器、油浸式电流互感器和气体绝缘电流互感器。

（3）按安装方式分，有贯穿式电流互感器、支柱式电流互感器、套管式电流互感器和母线式电流互感器。

（4）按一次绕组匝数分，有单匝式电流互感器和多匝式电流互感器。

（5）按电流比变换分，有单电流比电流互感器、多电流比电流互感器和多个铁芯电流互感器。

（6）按二次绕组所在位置分，有正立式电流互感器和倒立式电流互感器。

（7）按保护用电流互感器技术性能分，有稳定特性型电流互感器和暂态特性型电流互感器。

（8）按电流变换原理分，有电磁式电流互感器和光电式电流互感器。

3. 电流互感器的结构

目前我国主要生产和使用的是电磁式电流互感器。按其主绝缘划分有干式、浇注式、油纸绝缘式和 SF_6 气体绝缘式等多种，其结构有很大的不同。

（1）电流互感器铁芯。电流互感器的铁芯材料一般采用冷轧硅钢片、坡莫合金和铁基超微晶合金等。硅钢片应用普遍，价格也较低廉，适用于保护级和一般测量级铁芯；坡莫合金和铁基超微晶合金铁芯，价格较高，具有初始磁导率高、饱和磁密低的特点，只宜用于要求测量精度较高、仪表保安系数要求严格的测量铁芯。

电流互感器常用的铁芯结构有叠片铁芯、卷铁芯、开口铁芯等。其形式如图 17-1-18 所示。

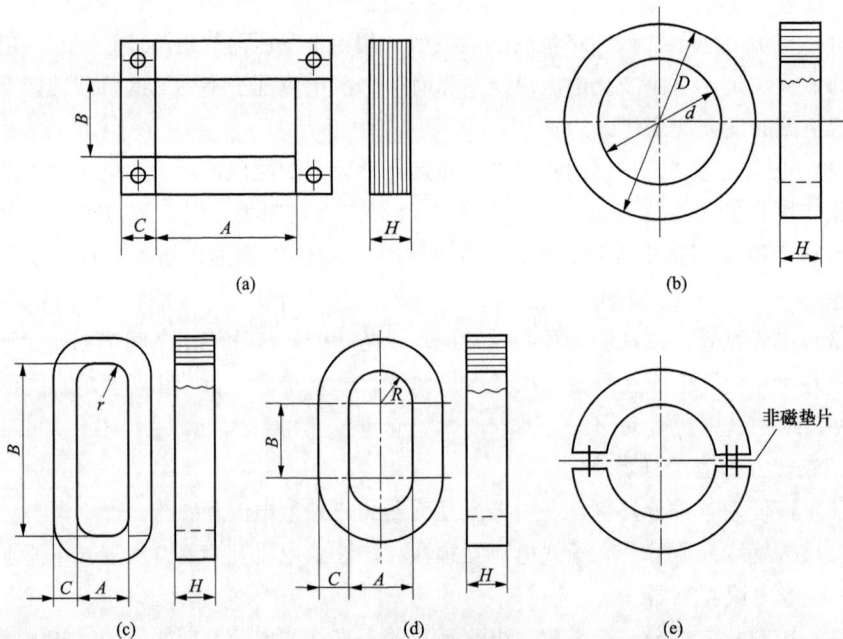

图 17-1-18　电流互感器铁芯形式

（a）叠片铁芯；（b）圆环形卷铁芯；（c）矩形卷铁芯；（d）扁圆形卷铁芯；（e）开口卷铁芯

（2）电流互感器绕组。绕组分一次绕组和二次绕组，都用钢导体制成。一次绕组通常用铜母线、铜棒、铜管、圆铜线、扁铜线、软铜带或软电缆等制成。一次绕组根据铁芯和绝缘结构可绕成圆形、矩形、U 形、吊环形，如图 17-1-19 所示。高压电流互感器常见一次绕组形状如图 17-1-20 所示。一次绕组可由相同的几段组成，通过段间的串、并联实现电流比的变换。当一次绕组由两段组成时，可通过串、并联改变实现两种变比；当一次绕组由四段组成时，可通过串、并联及串合改变实现三种变比。也可以通过一次绕组抽头的调整实现电流比的变换。

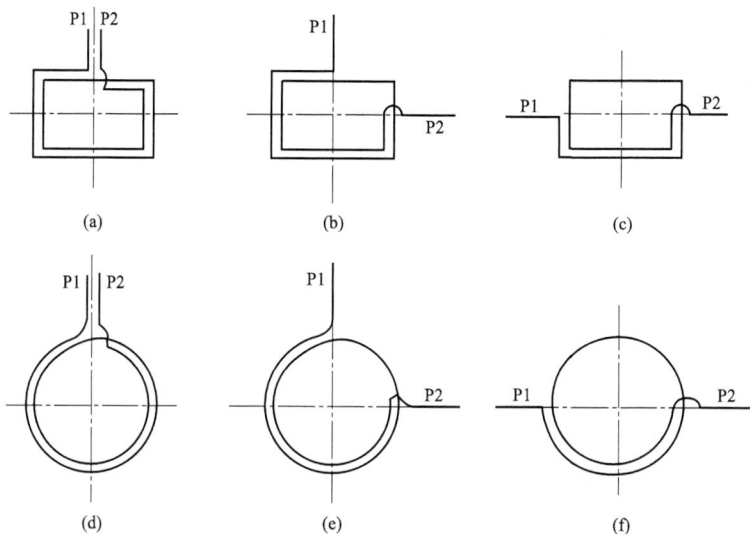

图 17-1-19　一次绕组形状及出线方式

（a）、（b）、（c）矩形；（d）、（e）、（f）圆形

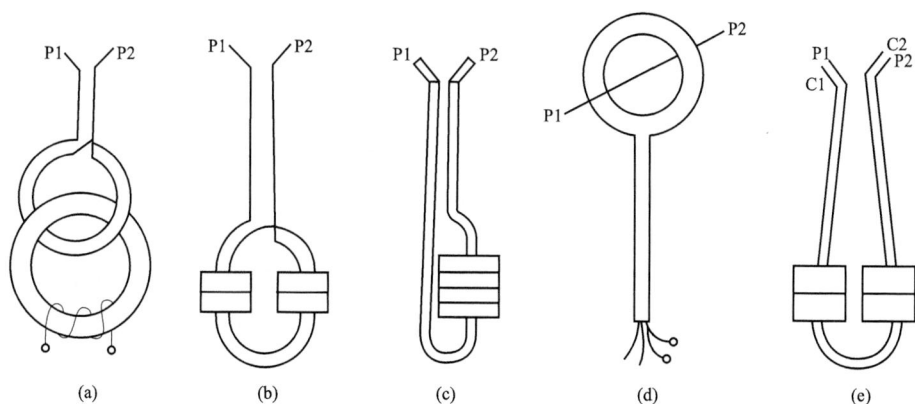

图 17-1-20　高压电流互感器常见一次绕组形状

（a）、（d）吊环形；（b）圆形；（c）、（e）U 形

二次绕组都采用圆铁线，导线截面应满足误差要求、温升要求以及机械强度的要求。二次绕组分矩形绕组和环形绕组两种，矩形绕组用于叠片铁芯，环形绕组用于卷铁芯。

（3）浇注式电流互感器。由树脂、填料、固化剂等按一定比例混合，浇注到装有互感器一、二次绕组及其附件的模具内，固化成型后即成为浇注式电流互感器。浇注式电流互感器又分为半浇注（或称半封闭）和全浇注（或称全封闭）两种。半浇注结构是将互感器的电气回路，即一、二次绕组及其引线、引线端子用环氧树脂混合胶浇注成一个整体，再将这个整体与铁芯、底座等组装在一起。半浇注电流互感器采用叠片铁芯，铁芯表面要进行防锈处理，半浇注式电流互感器只能用于户内。半浇注式电流互感器如图 17-1-21 所示。

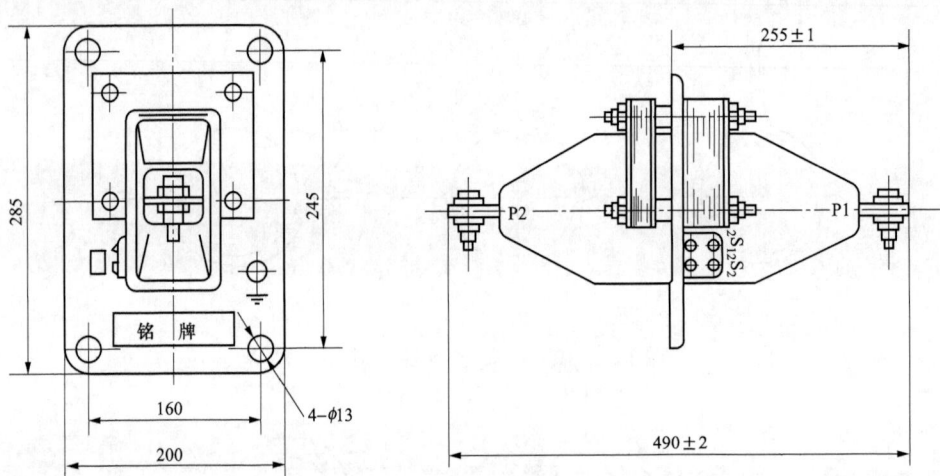

图 17-1-21　半浇注式电流互感器

全浇注结构是将电流互感器的电回路、磁回路包括一、二次绕组及其引线、铁芯等全部用环氧树脂混合胶浇注成一个整体，再将整体与底座等组装在一起，如图 17-1-22 所示。全封闭电流互感器多采用环形铁芯。

户外型浇注式电流互感器只采用全浇注结构，内部绝缘结构与户内型全浇注式电流互感器大致相同。户外型浇注式电流互感器如图 17-1-23 所示。外绝缘浇注成一个真空的圆柱体，并从一次绕组引线端子到底座之间浇注出适用于户外绝缘要求的伞裙，以满足不同污秽等级环境条件要求。

（4）油浸式电流互感器。油浸式电流互感器基本结构由底座、器身、储油柜和瓷套四大组件组成。瓷套是互感器的外绝缘，并兼做油的容器。66kV 及以上电流互感器

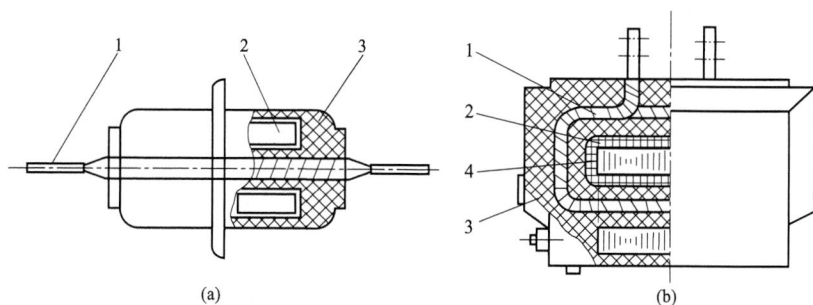

图 17-1-22 全浇注绝缘电流互感器

（a）单匝贯穿式；（b）支柱式

1——一次绕组；2—二次绕组；3—树脂混合料；4—铁芯

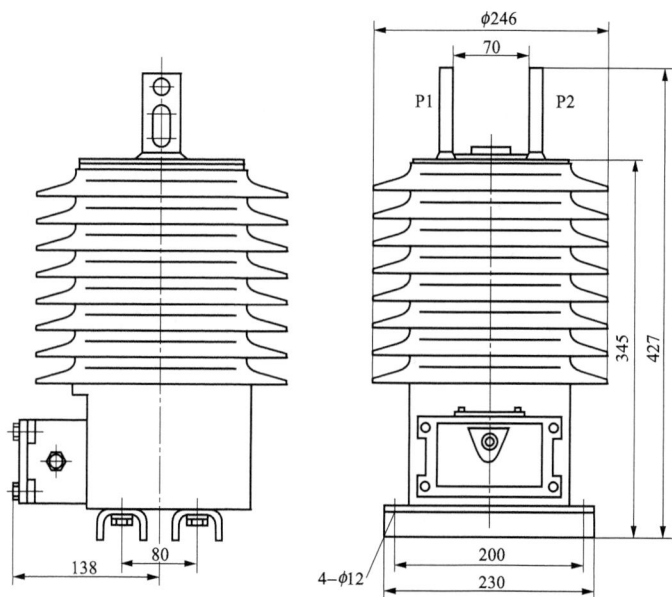

图 17-1-23 户外型浇注式电流互感器

的储油柜上装有串、并联接线装置，用于改变一次绕组的匝数。

　　油浸式电流互感器按主绝缘结构不同，可以分为纯油纸绝缘的链形结构和电容油纸绝缘结构两种。链形绝缘结构电流互感器，其一次绕组和二次绕组构成互相垂直的圆环，像两个链环，其主绝缘是纯油纸绝缘。各个二次绕组分别绕在不同的圆形铁芯上，将几个二次绕组合在一起，装好支架，用电缆纸带包扎绝缘，然后绕一次绕组并包扎好绝缘，如图 17-1-24 所示。

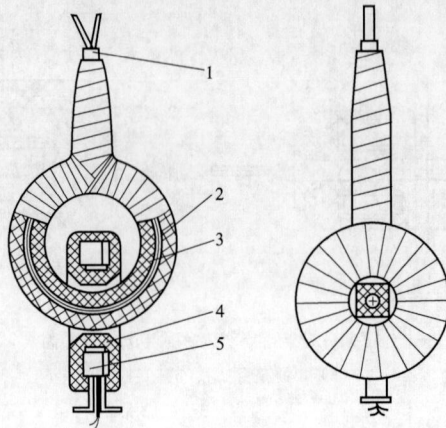

图 17-1-24　链形绝缘结构电流互感器

1—一次引线支架；2—主绝缘Ⅰ；3—一次绕组；4—主绝缘Ⅱ；5—二次绕组装配

电容式绝缘结构电流互感器，一次绕组有 U 形、吊环形（正立式和倒立式）两种。主绝缘包在一次绕组（或二次绕组）上，在绝缘中沿一次绕组到二次绕组方向设置若干电屏，靠近一次绕组的为高电屏，靠近二次绕组的为地电屏，高、地电屏之间为中间电屏，如图 17-1-25 所示。

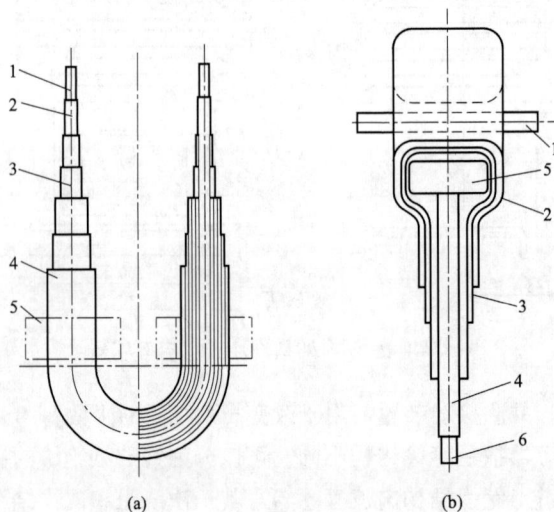

图 17-1-25　电容式绝缘结构电流互感器

（a）U 形电容式绝缘；（b）吊环形（倒立式）电容式绝缘

1—一次导体；2—高压电屏；3—中间电屏；4—地电屏；5—二次绕组；6—支架

电容式绝缘结构电流互感器又分为正立式和倒立式两种。电流互感器的二次绕组处于下部油箱中，主绝缘置于一次绕组或一、二次绕组上，这种结构称为正立式；带有主绝缘的二次绕组处于互感器上部的电流互感器称为倒立式。

倒立式电流互感器与正立式电流互感器比较有许多优点：① 当一次电流较大时，容易解决温升及短路电动力问题；② 当一次电流较小时，容易实现高准确度，且可以满足大的短路电流的要求；③ 外绝缘瓷套径向尺寸小，制造工艺性较好；④ 不存在 U 形电流互感器一次绕组处在油箱底部部分的绝缘容易受潮的薄弱环节，运行可靠性高。但同时存在质量集中于头部，重心高，抗震性能差，价格高于正立式电流互感器的缺点。

（5）SF_6气体绝缘电流互感器。SF_6气体绝缘电流互感器分独立式和套装式两类。独立式即单独安装使用，如图 17-1-26 所示；套装式即与其他变电装置配套使用，如图 17-1-27 所示，如GIS 等。独立式 SF_6 气体绝缘电流互感器大都采用倒立式结构。

独立式 SF_6 气体绝缘电流互感器为了防爆，在产品头部外壳的顶部装有防爆片，爆破压力一般取 0.7～0.8MPa。为了监视 SF_6 气体压力是否符合技术要求，在底座设有阀门和 SF_6 气体压力表及密度继电器，当 SF_6 漏气量达到一定程度、内部压力达到报警压力时，发出补气信号。

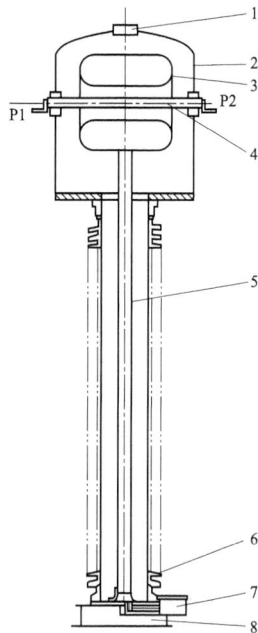

图 17-1-26　倒立式 SF_6 气体绝缘
电流互感器结构

1—防爆片；2—壳体；3—二次绕组及屏蔽筒；
4—一次绕组；5—二次出现管；6—套管；
7—二次端子盒；8—底座

4. 电流互感器的基本原理

电流互感器的基本原理与变压器没有多大的差别，是一种专门用于变换电流的特种变压器，也称为变流器。它的一次绕组匝数很少，与线路串联；二次绕组外部回路串接有测量仪表、继电保护、自动装置等二次设备。由于二次侧各类阻抗很小，正常运行时二次接近于短路状态。二次电流 I_2 在正常使用条件下实质上与一次电流成正比，二次负荷对一次电流不会影响，其工作原理如图 17-1-28 所示。

根据变压器工作理，当 I_1 流过互感器匝数为 N_1 的一次绕组时，将产生一次磁通势 $I_1 N_1$，一次磁通势又叫一次安匝。同理二次电流 I_2 与二次绕组匝数 N_2 的乘积为二次磁通势 $I_2 N_2$，又叫二次安匝。一次磁通势与二次磁通势的相量和即为励磁磁通势，

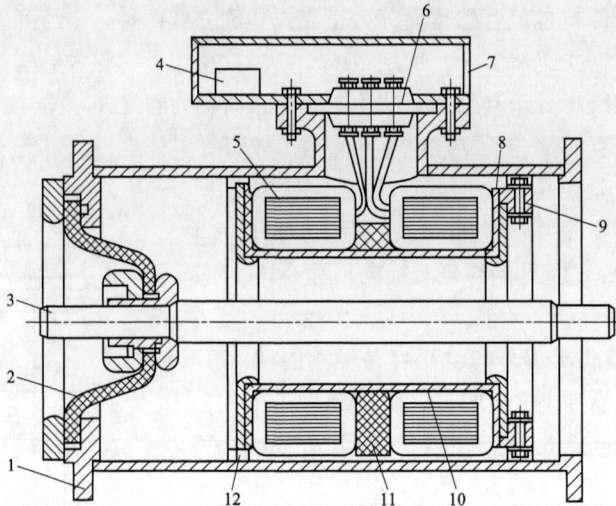

图 17-1-27 套装式 SF$_6$ 气体绝缘电流互感器结构

1—GIS 外壳；2—盆式绝缘子；3—一次导体；4—二次接线柱；5—二次绕组和铁芯；6—二次小瓷套；
7—二次接线盒；8—玻璃胶布垫；9—止推螺栓；10—圆筒；11—玻璃胶布垫；12—黄铜止推垫圈

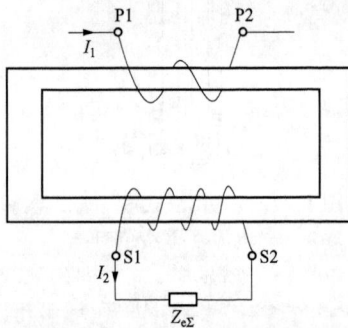

图 17-1-28 电流互感器的工作原理

$\dot{I}_1 N_1 + \dot{I}_2 N_2 = \dot{I}_0 N_1$，这就是电流互感器的磁通势平衡方程。当忽略励磁电流时，磁通势平衡方程化简为

$$\dot{I}_1 N_1 = \dot{I}_2 N_2 \qquad (17\text{-}1\text{-}1)$$

若以额定值表示，有

$$\dot{I}_{1N} N_2 = \dot{I}_{2N} N_2 \qquad (17\text{-}1\text{-}2)$$

则额定电流比为

$$K_N = I_{1N}/I_{2N} = N_2/N_1 \qquad (17\text{-}1\text{-}3)$$

5. 电流互感器型号、铭牌及主要技术参数

（1）电流互感器型号说明如图 17-1-29 所示。

（2）铭牌。所有电流互感器的铭牌至少应标出下列内容：

1）国名。

2）制造厂名（不以工厂所在地名为厂名者，应同时标出地名）。

3）互感器名称。

4）互感器型号。

5）标准代号。

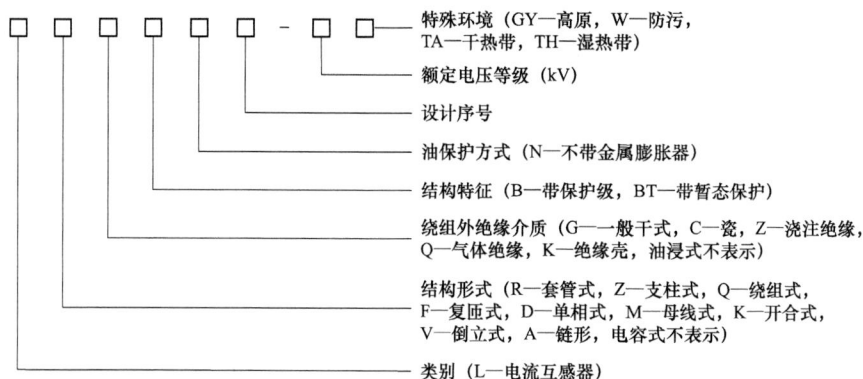

图 17-1-29　电流互感器型号说明

6）额定一次和二次电流（A）。一般表示为：额定一次电流/额定二次电流；当一次绕组为分段式，通过串、并联得到几种电流比时表示为：一次绕组段数×一次绕组每段的额定电流/额定二次电流，例如 2×600/5A。当二次绕组具有抽头，以得到几种电流比时，应分别标出每一对二次出线端子及其对应的电流比，例如 S1-S2，200/5A；S1-S3，300/5A。

7）额定频率及相数。

8）设备种类：户内或户外，如果允许使用在海拔高于 1000m 的地区，还应标出其允许使用的最高海拔。

9）额定输出及其相应准确度等级，以及有关的其他附加性能数据。

10）设备最高电压。

11）额定绝缘水平。

12）额定短时电流：应分别标出额定短时热电流（kA）和额定动稳定电流（峰值，kA）。

13）绝缘耐热等级（A 级绝缘不标出）。

14）带有两个二次绕组的互感器，应标明每一绕组的用途和其相应的端子。

15）互感器的总质量和油浸式互感器的油重（kg）。

16）二次绕组排列示意图（U 形，电容式结构）。

17）出厂序号。

18）制造年月。

（3）电流互感器标志。接线端子必须有标志，标志应位于接线端子表面或近旁且应清晰牢固。标志由字母或数字组成，字母均为大写印刷体。

如图 17-1-30 所示，标志内容如下：

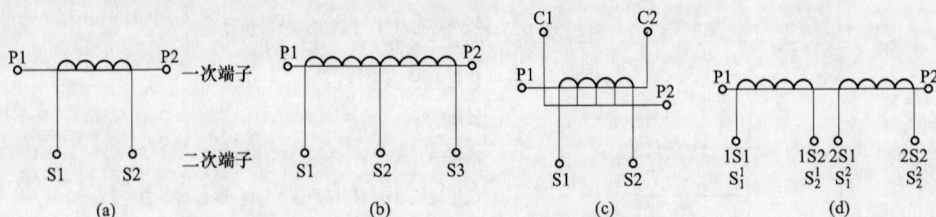

图 17-1-30 电流互感器绕组接线标志

（a）单电流互感器；（b）互感器二次绕组有中间抽头；（c）互感器一次绕组分两组，可以串联或并联；
（d）互感器有两个二次绕组，各有其铁芯（二次绕组有两种标志方法）

1）一次端子：P1、P2；

2）一次绕组分段端子：C1、C2；

3）二次端子：S1、S2（单变比）。S1、S2（中间抽头）、S3（多电流比），如互感器有两个及以上二次绕组，各有其铁芯，则可表示为 1S1、1S2、2S1、2S2 和 3S1、3S2 等。

P1、S1、C1 在同一瞬间具有同一极性。

（4）电流互感器主要技术参数。

1）额定电压。电流互感器的额定电压是指一次绕组所接线路的线电压。它是标志一次绕组对二次绕组及地的绝缘水平的基准技术数据。

2）额定一次电流。它是决定互感器误差性能和温升的一个技术要求，它取决于系统的额定电流。额定一次电流可用下式选择

$$I_r \geqslant K I_L \qquad (17-1-4)$$

式中　I_r——互感器额定一次电流；

　　　I_L——电气设备额定一次电流和电器元件的最大负荷电流；

　　　K——可靠系数，一般可取 1.2～1.5，对于直接动的发电机一般取 1.5～2.0，对于 S 级电流互感器可取 3～5。

3）额定二次电流。额定二次电流的标准为 1A 和 5A，它取决于二次设备的标准化。

4）额定电流比。额定一次电流与额定二次电流之比，一般不以其比值表示，而是写成比式。

5）额定连续热电流，是指一次绕组连续流过而不使互感器温升超过规定限值的电流。通常额定一次电流即是额定连续热电流，某些情况下，额定连续热电流大于额定一次电流。

6）额定负载。是规定互感器准确度等级的二次回路阻抗，以伏安表示，它是二次

回路在规定功率因数和额定二次电流下所吸取的视在功率。

7）准确度等级及误差限值。电流互感器的准确度以标准准确度等级来表征,对应不同的准确度等级有不同的误差要求.测量用电流互感器的标准准确度等级有0.1、0.2、0.5、1、3、5级,对于特殊要求的还有0.2S级和0.5S级。保护用电流互感器的标准准确度等级有5P级和10P级。电流互感器各标准准确度等级所对应的条件及误差限值见表17-1-3。

表 17-1-3　　电流互感器各标准准确度等级所对应的条件及误差限值

准确度等级	额定电流百分数（%）	误 差 限 值		保证误差的二次负荷范围
		电流误差（%）	相位差（′）	
0.1	5	±0.4	±15	（25%～100%）S_{2N}
	20	±0.2	±8	
	100～120	±0.1	±5	
0.2	5	±0.75	±30	（25%～100%）S_{2N}
	20	±0.35	±15	
	100～120	±0.2	±10	
0.5	5	±1.5	±90	
	20	±0.75	±45	
	100～120	±0.5	±30	
1	5	±3	±180	
	20	±1.5	±90	
	100～120	±1.0	±60	
3	50～120	±3.0	不规定	（50%～100%）S_{2N}
5	50～120	±5.0	不规定	（50%～100%）S_{2N}
0.2S	1	±0.75	±30	
	5	±0.35	±15	
	20	±0.2	±10	
	100～120	±0.2	±10	（25%～100%）S_{2N}
0.5S	1	±1.5	±90	
	5	±0.75	±45	
	20	±0.5	±30	
	100～120	±0.5	±30	

6. 电流互感器的接线方式

（1）单相接线。如图 17-1-31 所示为单相互感器测量一相电流时的接线,常用于测量一次侧三相负荷不平衡度较小的对称负荷。

（2）星形接线。如图 17-1-32 所示为三台电流互感器的星形接线,是最常见的接线方式,能测量三相中任何一相电流。在保护装置中,能反应相间短路,也能反应单相接地短路,对于中性点有效接地系统、中性点非有效接地系统或三相四线制的低压系统均可采用。

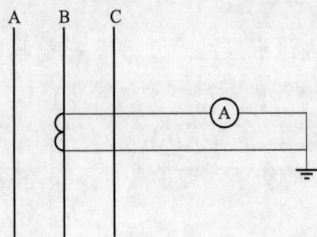

图 17-1-31 电流互感器单相接线

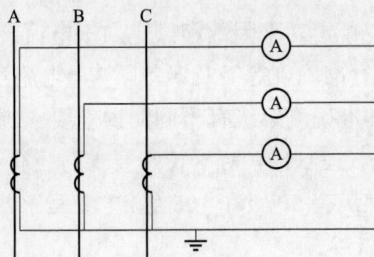

图 17-1-32 三台电流互感器星形接线

（3）不完全星形接线。如图 17-1-33 所示，为两台电流互感器不完全星形接线，可测量中性点不接地系统的三相电流。在保护装置中，能反应各种相间短路，但在没有电流互感器一相发生对地短路时，保护装置不会动作。此种接线常用于 10～35kV 中性点不接地系统。

（4）两相差接线。如图 17-1-34 所示为两台电流互感器两相差接线，这种接线适用于三相三线制电路，正常时流过二次负荷的电流是两相电流之差，一般可用于 10kV 用户的保护回路。在保护装置中，它能反应各种相间短路，但在没有电流互感器一相发生对地短路时，保护装置不会动作。

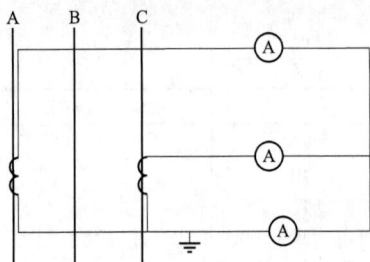

图 17-1-33 两台电流互感器不完全星形接线

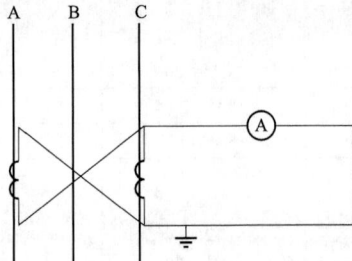

图 17-1-34 两台电流互感器两相差接线

（5）三角形接线。如图 17-1-35 所示为三台电流互感器三角形接线，这种接线常用于接线组别为 Yd11 的变压器差动保护回路中，它能反应相间和匝间短路。

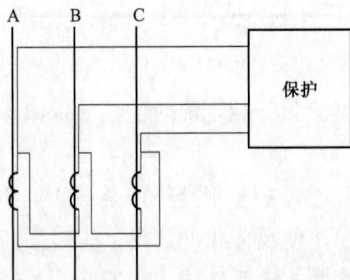

图 17-1-35 三台电流互感器三角形接线

四、新型互感器简介

1. 光电式互感器

与传统电磁式互感器利用电磁耦合原理，采用金属导体传递电流或电压信息不同，光电式互感器是利用光电子技术和电光调制原理，用玻璃光纤来传递电流和电压信息的一种新型互感器。与电磁式互感器相比，光电式互感器有如下特点：

（1）无铁芯，不存在磁饱和问题，且电流越大，准确度越高。

（2）绝缘结构简单，可靠性高。

（3）动态响应好，可以满足暂态保护特性的需求。

（4）装置简单、轻便，易于安装，维护方便。

（5）抗电磁干扰能力强，便于远距离传输信息。

（6）实现了无油化，消除了充油装置可能造成的燃、爆危险。

光电式互感器分为光电式电压互感器和光电式电流互感器。

（1）光电式电压互感器。光电式电压互感器分为有源型和无源型两种。

有源型是高压侧通过采样后将电压信号传递到发光二极管变成光信号，经光纤传递到低压侧，再经逆变换成电信号后放大输出。由于二极管的发光强度与施加电压成正比，故信号输出也与施加电压成正比。

无源型是利用某些晶体（如常用的 BGO）的普克尔斯光电效应，电—光电压变换原理如图 17-1-36 所示，图中 DOIU 为数字光电接口装置。波长为 λ、强度为 P_0 的偏振光，在电场作用下，晶体输出光强度 P 随加在晶体上的电场强度（即电压）的变化而变化，因此只要测出输出光强度，便可得到被测电压。

无源型光电式电压互感器结构框图如图 17-1-37 所示。

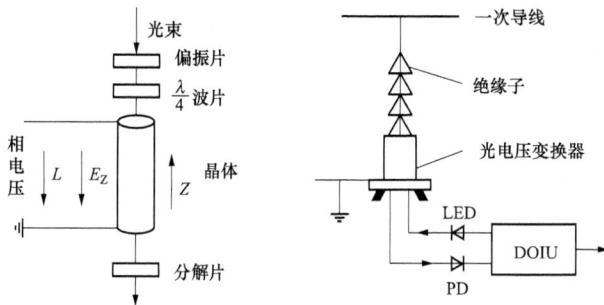

图 17-1-36 电—光电压变换原理

如高压是由电容分压器按一定电压比降低到光纤电压传感器所能承受的较低电压，称为电容分压型；如高压直接加在普克尔斯晶体上，则称为无分压型。

（2）光电式电流互感器。光电式电流互感器分为有源型电流互感器、无源型电流互感器和完全光纤型电流互感器三种。

有源型电流互感器高压侧电流信号通过采样线圈（罗戈夫斯基线圈）、积分环节、A/D 转换将信号变成光信号，由纤传递到低压侧，再进行变换成电信号放大输出。

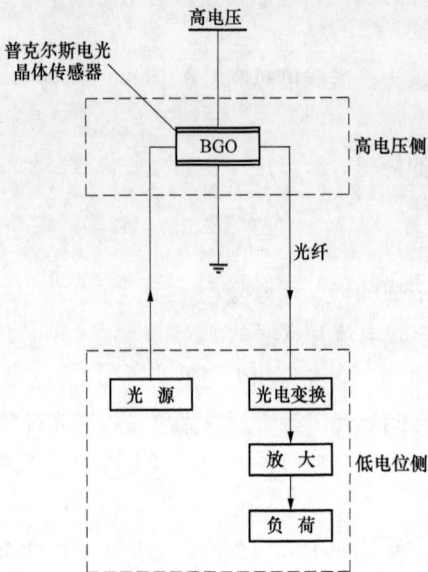

图 17-1-37　无源型光电式电压互感器
结构框图

无源型电流互感器，传感器部分一般用法拉第磁光效应原理制成，即线性偏振光通过磁光晶体材料（如铅玻璃）时在外界磁场作用下产生偏振面旋转，其旋转角度 ψ 与磁场强度成正比。通过偏振检测系统，将磁光效应转化为光强信号，那么输出光强正比于磁场强度（即电流大小），因而只要测得输出光强即可得出一次电流大小。

全光纤型实际上是无源型，只是传感头是由特殊结构的光纤在被测电流的导体上绕制而成。该特殊结构的光纤制造困难，且价格昂贵，质量难以保证。

2. 其他类型互感器

（1）电阻、电容分压型电压变换器。电阻、电容分压型电压变换器如图 17-1-38 所示。与常规电容式电压互感器原理相同，不同的是其额定容量是毫瓦级，二次输出电压不超过 ±5V，因此要求 R_1（或 Z_{C1}）应达到数兆欧级以上，而 R_2（或 Z_{C2}）应在千欧数量级，其空载变比为 $K_2=R_2/(R_1+R_2)$ 或 $K_2=C_1/(C_1+C_2)$，只有负载阻抗 Z_{R2}（或 Z_{C2}）时才能满足精度要求，并需要进行屏蔽。

（2）微型电流互感器和罗戈夫斯基电流变换器。微型电流互感器是带铁芯的小信号电流互感器，罗戈夫斯基电流变换器是缠绕在非磁性材料小截面芯子的线圈，它们的工作原理都是电磁感应原理，等效电路如图 17-1-39 所示。

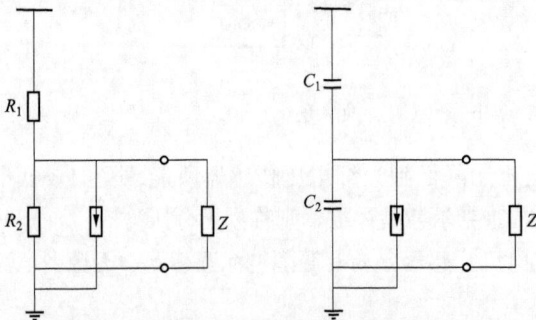

图 17-1-38　电阻、电容
分压型电压变换器

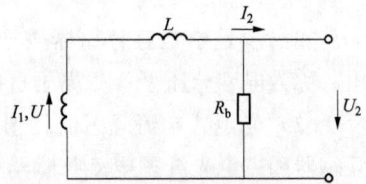

图 17-1-39　微型电流
互感器等效电路

在微型电流互感器中 $R_b=1$，其输出电压 $U_2=I_2R_b$，与一次电流 I_1 成正比，而在罗戈夫斯基变换器中，U_2 与一次电流的积分成正比，根据输出的积分才能算出一次电流。

两者与常规电流互感器的不同之处是输出仅为电压信号，功率为毫瓦级。在小量程范围内能高精度测量正常运行电流，用于电能量计量。在故障情况下其输出可现短路电流，从静态到暂态能实现线性测量。

3. 数字光电测量系统

新型电压和电流变换器与常规的电流和电压互感器不同，它的输出不能直接用于控制和保护装置，需经过数字信号处理后才能作为二次系统设备装置的输入信号。新型电压、电流变换器和数字光电接口装置（DOIU）构成数字光电测量系统。

（1）以电阻、电容电压变换器，微型电流互感器和罗戈夫斯基线圈，构成数字量测系统，如图 17–1–40 所示。

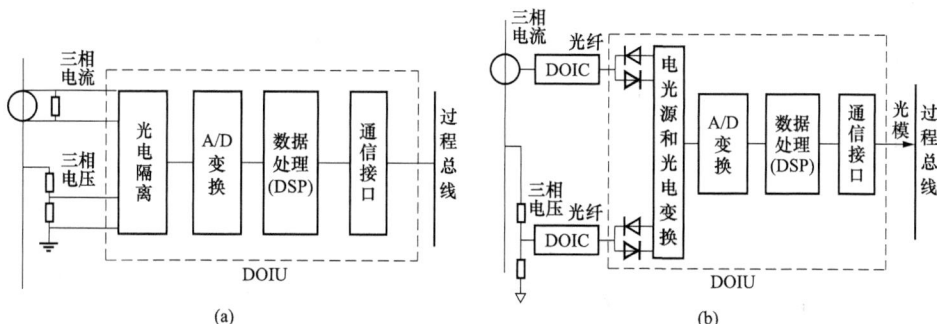

图 17–1–40　混合式数字量测系统结构

（a）用于 GIS；（b）用于户外架空线路

（2）以光电电压和电压互感器构成的数字光电量测系统如图 17–1–41 所示。

以新型电压和电流变换器为基础构成的数字光电量测系统，与常规的电压和电流互感器相比具有明显的优越性，主要表现在以下几方面：

（1）从静态到暂态量测具有几乎同样的量测精度，满足 IEC 标准中 0.2 的精度要求，并且可以同时用于量测、计量、控制、保护和故障。

（2）频带宽，动态响应快。

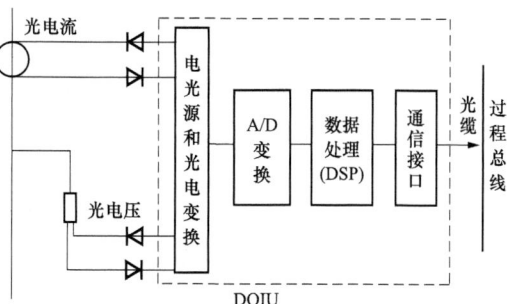

图 17–1–41　数字光电量测系统

（3）无磁饱和及剩磁引起的二次输出畸变问题，在故障情况下真实再现高压一次电压和电流特性。

（4）结构紧凑，体积小，质量轻，成本低。

（5）抗电磁干扰能力强。

【思考与练习】

1. 画出互感器常用铁芯的结构示意图。

2. 何为串级式电压互感器？其有何特点？

3. 光电互感器有什么特点？

模块 2 SF₆ 气体绝缘互感器外观检查、检漏和补气的方法（Z15I3001 I）

【模块描述】本模块介绍了 SF_6 气体绝缘互感器外观检查项目、检漏及补气方法，通过工艺要求介绍，掌握 SF_6 气体绝缘互感器检查及补气技能。

【模块内容】

一、SF₆ 气体的基本特性

（1）SF_6 气体是优良的灭弧绝缘介质，它在通常状态下是一种无色、无味、无毒、不燃、化学性质稳定的气体。

（2）SF_6 分子量较大，是氮气（N_2）的 5.2 倍，因而它的密度约为空气的 5.1 倍。

（3）SF_6 的临界压力、临界温度都很高，故能压缩液化，通常以液态钢瓶运输。

（4）SF_6 在水中的溶解度很低。

（5）SF_6 气体的化学性质非常稳定，在常温甚至较高的温度下，一般不会发生化学反应。

（6）SF_6 气体的热传导性较差，但其比热容是空气的 3.4 倍，因而实际热能力比空气好。

（7）SF_6 气体是负电性气体，所谓负电性就是分子容易吸收自由电子形成负离子的特性。SF_6 气体的这一特性是它成为优良的绝缘与灭弧介质的重要原因之一。

（8）SF_6 气体是一种高绝缘强度的气体介质，在均匀电场下，SF_6 气体的绝缘强度为同一气压下空气的 2.5～3 倍，3 个大气压下的 SF_6 气体的绝缘强度与变压器油相当。

二、SF₆ 互感器外观检查项目

（1）设备外观完整无损。

（2）一、二次引线接触良好，触头无过热，各连接引线无发热、变色现象。

（3）外绝缘表面清洁、无裂纹及放电现象，复合绝缘套管表面无老化迹象，憎水性良好。

（4）金属部位无锈蚀，底座、支架牢固，无倾斜变形。

（5）无异常振动、异常声响及异味。

（6）气体压力表指示是否在正常范围，有无漏气现象，密度继电器、防爆片是否正常。

（7）各部位接地可靠。

三、SF₆互感器检漏的方法

SF₆互感器最基本的条件是具有良好的密封性能，要求对于SF₆电压互感器，在环境温度20℃的条件下，互感器内部SF₆气体为额定压力时的年漏气率不大1%；对于SF₆电流互感器，年漏气率应不大于0.5%。其原因如下：

（1）SF₆互感器是以该气体为绝缘介质，为了保证设备的安全可靠运行，就必须要求不能漏气。

（2）密封结构越好，SF₆气体泄漏量就越小，同时产品外部水蒸气往内部渗透量也越小，产品所充SF₆气体的含水量的增长也就越慢，因而必须要求漏气量越小越好。

下面介绍几种较为常用的SF₆气体检漏的方法：

1. 检漏仪检漏

使用灵敏度不低于1×10^{-8}cm³/s并经校验合格的SF₆气体检漏仪，根据现场条件，对互感器密封面、管路连接处、密度继电器接头处，以及其他怀疑的地方进行检漏。这种方法简便，易于查找比较明显的泄漏缺陷，但检测结果与检测人员的检测技术和仪器的灵敏度有关，检测时要耐心细致。

2. 扣罩法

采用一个封闭罩收集泄漏气体，其方法是：SF₆互感器充至额定压力后，扣罩24h，然后采用灵敏度不低于1×10^{-8}cm³/s并经校验合格的SF₆气体检漏仪测定罩内SF₆气体的浓度（视被检测设备的大小测试2～6个点，通常是罩的上、下、左、右、前、后共6个点），根据罩内泄漏气体的浓度、封闭罩的容积与被测互感器的体积之差、温度、绝缘压力等，可以计算出年漏气率。由于漏出的SF₆气体在扣罩内不可能均匀分布，检测结果还是有一定的误差。

3. 局部包扎法

原理与扣罩法基本相同，其方法是用约0.1mm厚的塑料薄膜，按设备的几何形状围一圈半，用胶带沿边缘贴密封，塑料薄膜与被测设备之间应保持一定的空隙，一般为5mm左右，经过一段时间后测定包扎腔内SF₆气体的浓度，来进行泄漏判断。

4. 挂瓶法

挂瓶法适用于法兰面有双道密封槽的情况。在双道密封圈之间有一个检测孔，将

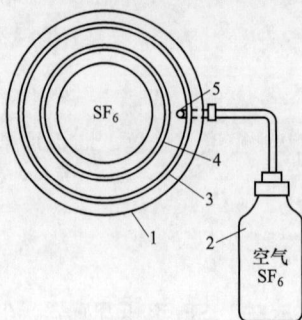

图 17-2-1　挂瓶检漏法连接示意图

1—法兰；2—检漏瓶；3—外层密封圈；

4—内层密封圈；5—与外部相同的孔

SF_6 互感器充至额定压力后，取掉检测孔的螺塞 24h，用软胶管分别联结检测孔和挂瓶，过一定的时间后取下挂瓶，用灵敏度不低于 $1×10^{-8} cm^3/s$ 并经校验合格的 SF_6 气体检漏仪测定挂瓶内 SF_6 气体的浓度，根据挂瓶内 SF_6 气体的浓度、挂瓶的体积、挂瓶时间、环境绝对压力等，可计算出密封面的年漏气率。挂瓶检漏法连接如图 17-2-1 所示。

四、SF_6 互感器补气的方法

1. SF_6 互感器补气的注意事项

（1）SF_6 电压互感器要求 SF_6 气体含水量小于等于 $200μL/L$，年漏气率小于等于 1%。

（2）SF_6 互感器要求 SF_6 气体含水量小于等于 $250μL/L$，年漏气率小于等于 0.5%。

（3）SF_6 气体绝缘互感器应在运输压力下运行，如运输压力低于额定压力，则到达现场后应及时补气，并重新加电进行耐压试验。

（4）SF_6 气体绝缘互感器当表压低于 0.35MPa 或指示偏出绿色正常压力区时，控制补气速度约为 0.1MPa/h。个别特殊情况需要带电补气时，应在厂家指示下进行。

（5）要特别注意充气管路的除潮干燥，以防止充气 24h 后检测到的气体含水量超标。

（6）补气较多时（表压力小于 0.2MPa），应进行工频耐压试验（试验电压为出厂试验值的 85%）。

（7）SF_6 互感器的充气及补气工作应由经培训的专业人员进行。

2. 使用 SF_6 气体处理装置进行补气的操作方法

SF_6 气体处理装置工作系统如图 17-2-2 所示。

（1）SF_6 互感器气体压力降低需要补气时，首先将该互感器停电并做好相应的安全措施，查找气体压力降低的原因，查找渗漏，并对该互感器进行气体水分含量测试，补充的气源同样要进行补前水分含量测试。

（2）将 SF_6 气体处理装置本身的管道、元件都抽真空，直到满足要求为止，以保证装置内没有水分、杂物。操作时，启动（Ⅰ）真空泵，打开阀门 V3、V4、V5，此时处理装置上的所有元件、管道、阀门、表计都在抽真空。

（3）用高压软管将 SF_6 互感器与气体处理装置可靠连接。开始时，利用储气罐的压力向互感器充气，此时依次打开阀门 V8、V3、V5，使 SF_6 气体通过换热器、吸附器补向互感器。当储气罐的压力与互感器气体压力平衡，仍未达到额定压力时，可经压缩机向互感器补气，此时关闭阀门 V3，打开阀门 V2，启动压缩机。SF_6 气体从储气罐经阀门 V8、V2，经过过滤器、压缩机、换热器、吸附器到阀门 V5 补向互感器。

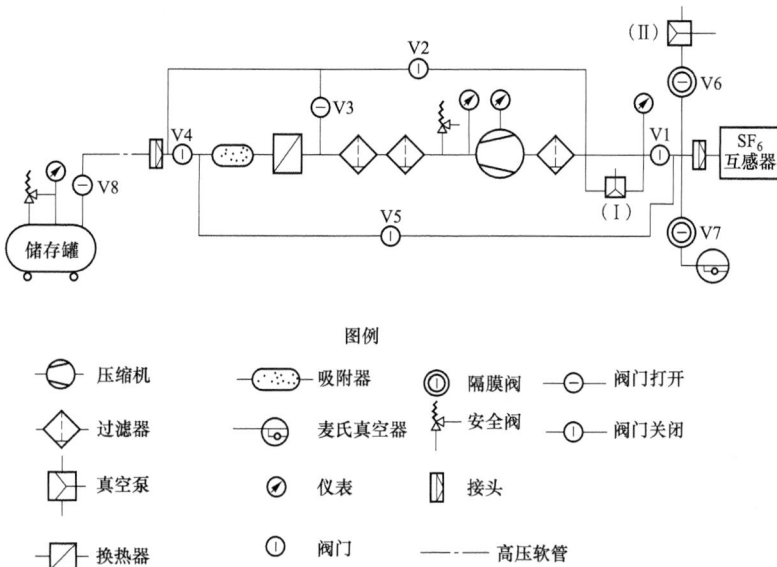

图例

压缩机	吸附器	隔膜阀	阀门打开	
过滤器	麦氏真空器	安全阀	阀门关闭	
真空泵	仪表	接头		
换热器	阀门	高压软管		

图 17-2-2　SF₆ 气体处理装置工作系统图

（4）补气到额定压力后，静止 12～24h 后，再对互感器内部的气体进行含水量测试，使其满足要求。

【思考与练习】

1. 简述 SF₆ 互感器常用的检漏方法。

2. 简述 SF₆ 互感器补气注意事项。

模块 3　检查气体压力表、密度继电器（Z15I3002 Ⅰ）

【模块描述】本模块介绍了 SF₆ 气体绝缘互感器常用压力表、密度继电器的结构、原理及技术要求，通过概念介绍，掌握 SF₆ 气体绝缘互感器常用压力表、密度继电器的使用要求。

【模块内容】

SF₆ 互感器用 SF₆ 气体作为主绝缘，其对密封性能要求很高，SF₆ 互感器应配有压力表和密度继电器（或带压力指示的密度继电器）来监测气体运行。

一、SF₆ 气体压力表的一般技术要求

（1）压力表各部件应装配牢固，不得有影响计量性能的锈蚀、裂纹、孔洞等缺陷。

（2）压力表的表盘分度数字及符号应完整、清晰。

（3）压力表的指针应伸入所有分度线内，其指针指示端宽度应不大于最小分度间隔的 1/5。

（4）压力表有封印装置，在不损坏封印的情况下，应不能触及内部机件。

（5）SF_6 气体压力表，一般是弹簧式压力表，其准确度等级为 0.1 级，最大允许误差为 ±1%。

（6）不带温度补偿的 SF_6 气体压力表应给出 SF_6 气体压力—温度曲线，以便进行压力修正。

（7）SF_6 气体压力表的校验周期为 1～3 年或大修后。

二、SF_6 气体密度继电器

所谓密度，是指某一特定物质在某一特定条件下单位体积的质量。SF_6 互感器中的 SF_6 气体密封在一个固定不变的容器内，它具有一定的密度值，尽管 SF_6 气体的压力随着温度的变化而变化，但是 SF_6 气体的密度始终不变。因为 SF_6 气体的绝缘性能在很大程度上取决于 SF_6 气体的纯度和密度，因而对 SF_6 气体纯度和密度的监视尤为重要。标准规定，SF_6 气体绝缘互感器应装设压力表和密度继电器。压力表是起监视作用的，密度继电器是起控制和保护作用的。

1. SF_6 气体密度继电器的结构及工作原理

SF_6 气体密度继电器使用比较广泛，它的结构形式也比较多，下面列举几例介绍其结构和工作原理。

（1）SF_6 气体密度继电器之一。如图 17-3-1 所示，该种密度继电器主要由五部分组成，即外壳、电触点、基准 SF_6 气室、波纹管、与 SF_6 连通的气室等。

该种密度继电器的工作原理是以密封在基准气室内的 SF_6 气体的状态为基准，使与设备连通的气室中的 SF_6 气体的状态与之比较。当这两个气室的压力相同时，气体压力对波纹管产生的作用相互抵消，电触点的位置保持不变。当 SF_6 设备气体泄漏，使气室 5 内 SF_6 气体的密度减小，因而压力降低，这时两个气室的平衡被打破，使波纹管的端面和带动电触点的连杆向下产生位移，当漏气到一定程度时，就会使电触点不同功能的触点闭合，发出不同的指令或信号，实现其功能。

（2）SF_6 气体密度继电器之二。如图 17-3-2 所示，该种密度继电器主要由 2 个波纹管、标准 SF_6 气体包、微动开关电触点、轴、杠杆等组成。

这种密度继电器的工作原理：它以密封在波纹管 1 外侧的与设备中 SF_6 气体连通的 SF_6 气体的状态，通过以轴 5 为支撑点的杠杆 6，与密封在波纹管 2 外侧的标准 SF_6 气体包 3 相比较，带动微动开关电触点 4 动作，实现其发信号和闭锁功能。

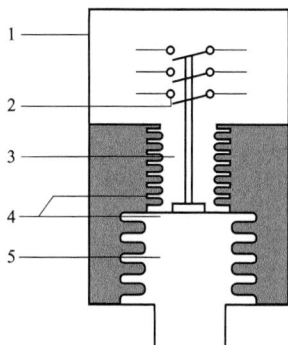

图 17-3-1　SF$_6$ 气体密度继电器
1—外壳；2—电触点；3—基准 SF$_6$ 气室；
4—波纹管；5—与 SF$_6$ 连通的气室

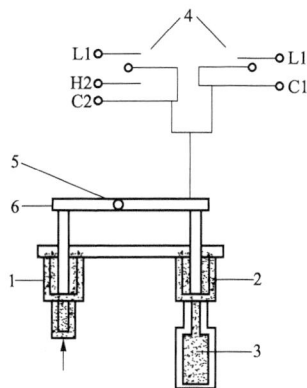

图 17-3-2　SF$_6$ 气体密度继电器
1、2—波纹管；3—标准 SF$_6$ 气体包；
4—微动开关电触点；5—轴；6—杠杆

2. SF$_6$ 气体密度继电器的一般使用注意事项

（1）上述两种 SF$_6$ 气体密度继电器，不论其结构原理怎样不同，它们都只能够补偿由于环境温度变化带来的压力变化，而不能补偿设备内部温升带来的变化。

（2）SF$_6$ 气体密度继电器，只有在 SF$_6$ 设备退出运行，而且在设备内外温度达到平衡时，才能准确测量出 SF$_6$ 气体的密度。

（3）实际工程中，使用的都是压力单位 MPa，而不是使用密度的单位。

（4）SF$_6$ 气体密度继电器的校验周期一般为 1～3 年、大修后或必要时。

【思考与练习】

1. 简述 SF$_6$ 气体压力表一般检查的注意事项。

2. 简述 SF$_6$ 气体密度继电器的作用。

第十八章

互感器的检修和改造

模块 1 金属膨胀器的用途和结构（Z15I2001Ⅱ）

【模块描述】本模块介绍了金属膨胀器的基本作用及常见结构，通过概念描述、结构形式介绍，掌握互感器用金属膨胀器的结构和用途。

【模块内容】

一、金属膨胀器的作用

金属膨胀器安装在高压互感器顶部，作为互感器全密封油保护装置，它的主要作用如下：

（1）使互感器内的绝缘油可靠地与外部环境隔离，防止变压器油受潮与老化。

（2）调节由于温度变化引起互感器内部绝缘油体积的热胀冷缩，保证互感器主绝缘始终浸在绝缘油中，并在正常运行条件下器身保持一定微正压。

（3）可以释放因过热、局部放电等缓慢故障而产生的积累压力，起到一定的防爆作用。

二、金属膨胀器的结构

金属膨胀器是 0.3～0.5mm 厚的不锈钢薄板制成的容积可变化的容器，按其结构可分为波纹式、盒式和串组式三大类。

图 18-1-1 PB 型波纹式膨胀器结构示意图
1—注油阀；2—油位指示盘；3—本体；
4—外罩；5—底盘

1. 波纹式膨胀器

如图 18-1-1 所示，PB 型波纹式膨胀器由若干个波纹片的内外圆串焊组成，波纹片用不锈钢板冲压而成，按其形状可分为正弦波形、锯齿波形及密纹波形。波纹式金属膨胀器一般不适用于放倒运输的互感器。

2. 盒式膨胀器

盒式膨胀器由若干个固定在骨架上

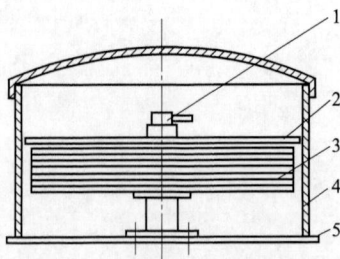

的膨胀盒组成，膨胀盒由不锈钢板压成波纹的两膜片焊接而成，各膨胀盒之间有联管相通。由于使用上的需要，盒式膨胀器有内充油式和外充油式之分，如图 18-1-2 所示。内充油式的盒外为空气，盒内通过联管与互感器油相通，适用于电流较大、发热量较多的互感器。盒式膨胀器焊缝较少，工艺较简单，结构适用于放倒运输的互感器。

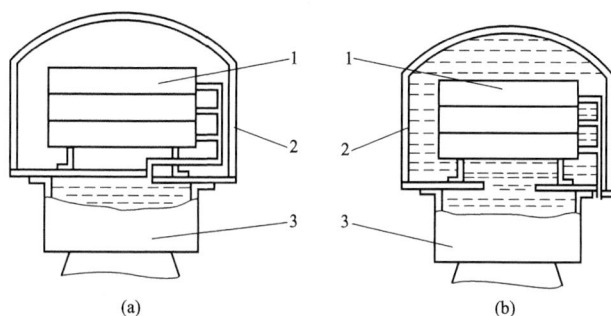

图 18-1-2　盒式金属膨胀器结构示意图

（a）内充油式；（b）外充油式

1—膨胀器；2—外罩；3—互感器器身

3. 串组式膨胀器

PC 型串组式膨胀器如图 18-1-3 所示，在若干个膨胀盒中央，用弹性波纹管串联而成，它集波纹式和盒式膨胀器的优点于一体。

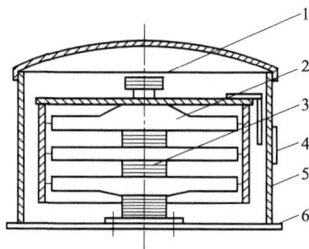

图 18-1-3　PC 型串组式膨胀器结构示意图

1—注油阀；2—膨胀盒；3—波纹导油管；4—油温度压力指示计；5—外罩；6—底板

金属膨胀器型号说明如图 18-1-4 所示。

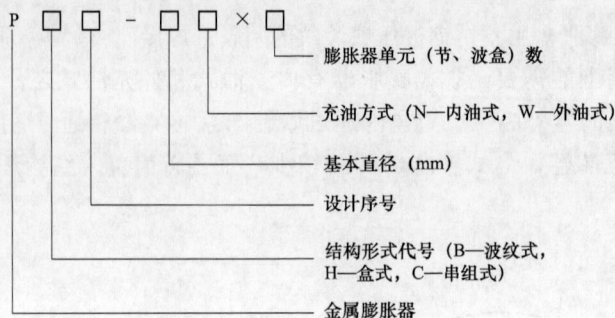

图 18-1-4 金属膨胀器型号说明

【思考与练习】

1. 互感器用金属膨胀器的作用是什么？
2. 简述互感器用金属膨胀器的结构及其特点。

▲ 模块 2 金属膨胀器的补油方法及油位计算（Z15I2001Ⅱ）

【模块描述】 本模块介绍了金属膨胀器的补油方法和油位计算，通过工艺要求及计算方法的介绍，掌握金属膨胀器真空补油工艺，了解油位计算方法。

【模块内容】

一、金属膨胀器补油方法

按图 18-2-1 接好管路，按膨胀器使用说明书对膨胀器真空补油，其步骤如下：

（1）将膨胀器顶部的真空注油阀接入注油系统。

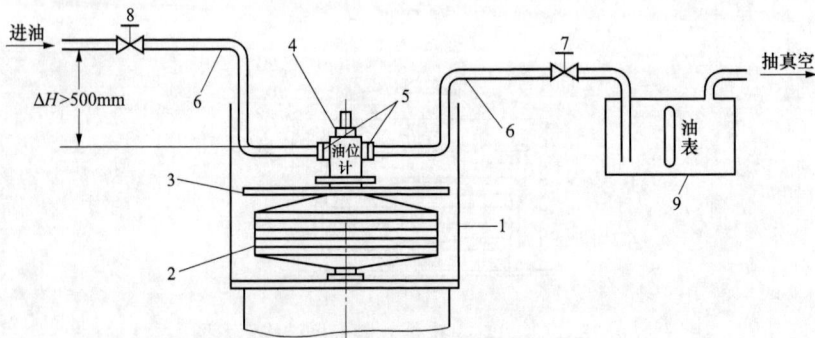

图 18-2-1 膨胀器注油示意图

1—外罩；2—膨胀器本体；3—导向圆盘；4—抽注罩；5—软管接头；6—胶管；
7、8—阀门；9—油气分离器（容积 10dm³ 以上）

（2）对膨胀器预抽真空 0.5h，残压不大于 133Pa。

（3）用真空注油设备对膨胀器补油到略高于正常油位，排除残存气体，复原。

（4）拆除注油系统，安装膨胀器外罩上盖。

（5）互感器静置 24h，取油样进行相关试验。

补注的油是经真空脱气处理合格的绝缘油，严禁注入互感器内不同牌号的绝缘油。本工艺仅适用于互感器因渗漏或取油样后，膨胀器油位不足，但器身尚未露出油面的补油。

二、部分金属膨胀主要参数

表 18-2-1～表 18-2-3 所列参数根据部分厂家样本摘录，仅供参考。

表 18-2-1 波纹式膨胀器的主要技术参数

型 号	外径（mm）	额定节距（mm）	有效容积（cm³）
PB380	380	8.5	640
PB480	480	17	2300
PB600	600	10.7	2400

表 18-2-2 盒式膨胀器的主要技术参数

型 号	外径（mm）	额定节距（mm）	有效容积（cm³）
PH340	340	25	1250
PH430	430	34	3000
PH600	600	54	7500

表 18-2-3 串组式膨胀器的主要技术参数

型 号	外径（mm）	膨胀高度（mm）	有效容积（cm³）
PC450	450	20	3500
PC600	600	20	6500

三、油位线的定位

互感器在工作温度范围内的油位线，由互感器油量、膨胀特性及温度范围所决定，一般厂家在配套外罩时已予考虑。

1. 油位差的计算

最高温度与最低温度油位的高度差，称为油位差 H，H（cm）可由式（18-2-1）计算

$$H = \frac{G(1/\rho)\alpha\Delta T}{V/t} \tag{18-2-1}$$

式中　G——总油量，g；

　　　ρ——油密度，取 $0.9g/cm^3$；

　　　α——油体积膨胀系数，取 $7\times10^4/℃$；

　　ΔT——油温变化范围，℃；

　　　V——膨胀器的有效容积，cm^3；

　　　t——膨胀器额定节距，mm。

2. 油位高度的计算

某温度下油位最低油位线的高度就是该温度下的油位高度 h，h（cm）可由式（18-2-2）计算

$$h = \frac{T-T_1}{T_2-T_1}H \tag{18-2-2}$$

式中　T_1——最低油温，一般取 30℃；

　　　T_2——最高油温，一般取 70℃；

　　　T——要求油位油温，℃；

　　　H——油位差，cm。

【思考与练习】

1. 画出互感器用金属膨胀器补油示意图。

2. 简述互感器用金属膨胀器的补油方法。

▶ 模块 3　回收气体绝缘互感器 SF₆ 气体（Z15I2003Ⅱ）

【模块描述】本模块介绍了 SF_6 气体回收装置的主要功能、结构及 SF_6 气体回收的操作方法，通过概念描述、操作过程介绍，掌握 SF_6 气体回收方法。

【模块内容】

众所周知，SF_6 气体的物理和化学性质是非常稳定的，如果向大气中排放的 SF_6 气体长期存在，将会产生温室效应。从保护环境和人身健康的理念出发，要做好 SF_6 气体的回收处理工作，不允许向大气排放。特别是经过放电和电弧的作用，部分 SF_6 气体将进行分解，成为各种有毒气体和灰色粉状固体分解物。尽管有吸附剂的吸附作用，但是还是有相当大的毒性和腐蚀作用。因此，当对 SF_6 互感器进行检修和报废处理时，操作人员应严格按照有关规定和操作程序进行操作。

SF_6 互感器大修和报废时，应使用专门的 SF_6 气体回收装置，将互感器内的 SF_6 气

体进行过滤、净化、干燥处理，达到新气体标准后，可以重新使用。这样既节省了资
金，又减少了对环境的污染。

一、SF₆气体回收装置的主要结构

SF₆气体回收装置主要由气体回收系统、充气系统、抽真空系统、储气罐、控制系
统等组成。

二、SF₆气体回收装置的主要功能

（1）对装置本身的储气罐和管路系统抽真空，并进行真空测量。

（2）对SF₆气体绝缘电器抽真空及进行真空测量。

（3）从SF₆气体绝缘电器中回收气体并加以储存及进行残压测量。

（4）对SF₆气体绝缘电器充气至额定工作压力。

（5）滤除及吸附SF₆气体中的杂质及水分等，净化SF₆气体。

三、SF₆气体回收的操作方法

SF₆气体处理装置工作系统如图18-3-1所示，使用SF₆气体处理装置对互感器内
SF₆气体回收操作方法如下：

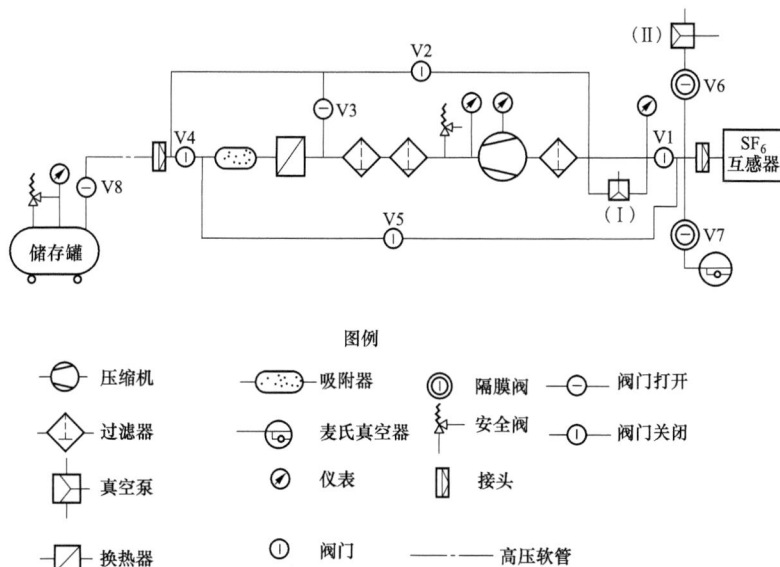

图例

图 18-3-1　SF₆气体处理装置工作系统

（1）首先用高压软管将回收装置与互感器可靠连接。

（2）启动（Ⅰ）真空泵，打开阀门 V3、V4、V5，此时处理装置上的所有元件、管
道、阀门、表计都在抽真空，直到真空度满足要求为止。

（3）启动 SF_6 气体处理装置的压缩机，开启 SF_6 设备排气阀门，打开处理装置阀门 V1、V4、V8，使 SF_6 气体通过过滤器、压缩机、换热器、吸附器等，经过阀门 V4、V8 进入储气罐。

（4）当压缩机进气口压力低于 0.05MPa 或达到所要回收终压时，依次关闭 SF_6 设备排气阀门，V1、V4、V8 压缩机电源，回收结束。

【思考与练习】

1. 简述 SF_6 气体回收装置系统的组成。

2. 简述 SF_6 气体回收装置的主要功能。

第十九章

互感器大修、更换技能及验收

模块 1　互感器检修、更换质量标准（Z15I1001Ⅱ）

【模块描述】本模块介绍了互感器大修、小修的项目、内容、质量标准以及互感器更换的注意事项，通过概念描述、工艺要求介绍，掌握互感器检修工艺流程及质量要求。

【模块内容】

一、互感器检修分类及周期

1. 互感器检修的分类

互感器检修应贯彻以预防为主、诊断检修相结合的原则，分为小修、大修和临时性检修。

（1）互感器小修。一般指对互感器不解体进行的检查与修理，在现场进行。

（2）互感器大修。一般指对互感器解体，对内外部件进行的检查和修理。对于220kV 及以上互感器宜在修试工厂和制造厂进行；SF_6 互感器不允许现场解体，如有必要应返厂修理；浇注式互感器无大修；电容式电压互感器电容器部分不能在现场检修或补油，必要时应返厂修理。

（3）互感器临时性检修。一般指针对发现的异常现象进行的临时性检查与修理。

2. 互感器检修周期

（1）互感器小修周期。结合预防性试验和实际运行情况进行，1～3 年一次。

（2）互感器大修周期。根据互感器预防性试验、在线监测结果进行综合分析判断，认为必要时进行。

（3）互感器临时性检修周期。视运行中发现缺陷的严重程度进行。

二、互感器检修的基本要求

1. 检修人员的要求

（1）检修人员应熟悉电力生产的基本过程及互感器工作原理和结构，掌握互感器的检修技能，并通过年度《国家电网公司电力安全工作规程》考试。

（2）工作负责人应取得变电检修专业高级工以上技能鉴定资格，工作成员应取得变电检修或油务工作或电气试验专业中、初级工以上技能鉴定资格。

（3）现场起重工、电焊工持证上岗。

（4）对参加检修工作的人员应合理分工，一般要求工作负责人 1 人，工作班成员 3～4 人。

2. 工艺的基本要求

（1）互感器拆卸、安装过程中要求在无大风扬沙及其他污染的晴天进行，空气相对湿度不超过 80%；解体检修应在无尘且密封良好的专用检修间进行。

（2）器身暴露在空气中的时间应不超过如下规定：空气相对湿度小于等于 65% 时，器身暴露在空气中的时间应不大于 8h；空气相对湿度在 65%～75% 之间时，器身暴露在空气中的时间应不大于 6h。

（3）检修场地周围应无可燃爆炸性气体、液体或引燃火种，否则应采取有效的防范措施和组织措施。

（4）在现场进行互感器的检修工作，需做好防雨、防潮、防尘和消防措施，同时应注意与带电设备保持足够的安全距离，准备充足的施工电源及照明，安排好储油容器、拆卸附件的放置地点和消防器材的合理布置等。

（5）设备检修应停电，在工作现场布置好遮栏等安全措施。

（6）最大限度地减少对土地及地下水的污染，同时应最大限度地减少固体废弃物对环境的污染。

3. 检修前的准备

（1）检修前评估。检修前查阅档案，了解互感器的工作原理、结构特点、性能参数、运行年限、例行检查和定期检查及历年检修记录，曾发生的缺陷和异常情况及同类产品的障碍或事故情况等，用来确定修理的范围及目标。

（2）制定检修方案。

（3）准备好主要施工器具、合格的材料及备品备件。

三、互感器小修内容及质量要求

1. 电磁式电压互感器和电流互感器小修的内容及质量要求

（1）金属膨胀器的检查。

1）检修内容：渗漏、油位指示、压力释放装置、固定与连接、外观。

2）检查方法：目测、用力矩扳手试紧。

3）质量要求：

a. 膨胀器密封可靠，无渗漏，无永久变形。

b. 油位指示或油温压力指示机构灵活，指示正确。

c. 盒式膨胀器的压力释放装置完好正常，波纹膨胀器上盖与外罩连接可靠，不得锈蚀卡死，保证膨胀器内压力异常增高时能顶起上盖。

d. 各部螺栓紧固，盒式膨胀器的本体与膨胀器连接管路畅通。

e. 无锈蚀，漆膜完好。

（2）储油柜的检查。

1）检修内容：油位计、渗漏、橡胶隔膜、吸湿器、引线、外观。

2）检查方法：目测、用力矩扳手试紧。

3）质量要求：

a. 油位计完好。

b. 各部密封良好，无渗漏。

c. 隔膜完好，无外渗油渍。

d. 吸湿器完好无损。硅胶干燥，油杯中油质清洁，油量正常。

e. 一次引接线连接可靠。

f. 无锈蚀。

（3）瓷套的检查。

1）检修内容：外观。

2）检查方法：目测。

3）质量要求：

a. 检查瓷套有无破损、裂痕、掉釉现象。瓷套破损可用环氧树脂修补裙边小破损，或用强力胶粘接修复碰掉的小瓷块。如瓷套径向有穿透性裂纹，外表破损面超过单个伞裙 10%，或破损总面积虽不超过单个伞裙 10%但同一方向破损伞裙多于两个的，应更换瓷套。

b. 检查增爬裙的黏着情况及憎水性。若有黏着不良，应补粘牢固；若老化失效应予更换。

c. 检查防污涂层的憎水性，若失效应擦净重新涂覆。

（4）油箱底座的检查。

1）检修内容：外观、渗漏、二次部分、放油阀。

2）检查方法：目测、用力矩扳手试紧。

3）质量要求：

a. 铭牌、标志牌完备齐全。外表清洁、无积污、无锈蚀，漆膜完好。

b. 各部密封良好，无渗漏，螺栓紧固。

c. 二次接线板应完整、绝缘良好、标志清晰，无裂纹、起皮、放电、发热痕迹。

d. 小瓷套应清洁、无积污、无破损渗漏、无放电烧伤痕迹。

e. 油箱式电压互感器的末屏、电压互感器的 N（X）端引出线及互感器二次引线的接地端，应与底箱接地端子可靠连接。

f. 膜片完好，密封可靠。

g. 密封良好，油路畅通、无渗漏。

（5）绝缘电阻测试。

1）检修内容：＞1000MΩ。

2）检查方法：用 2500V 绝缘电阻表测量。

3）质量要求：数值比较低于 1000MΩ，可能是绕组受潮、变压器油含水量高，如换油后绝缘电阻仍然低则应干燥绕组。

2. 电容式电压互感器小修的内容及质量要求

（1）分压电容器的检查。

1）检修内容：参照油浸式互感器瓷套检查的方法检查电容器本体密封情况。

2）检查方法：目测。

3）质量要求：参照油浸式互感器瓷套检查质量要求。分压电容器应密封良好，无渗漏。

（2）电磁单元油箱和底座的检查。

1）检修内容：参照油浸式互感器箱和底座检查的方法检查油位，必要时按工艺要求补油。

2）检查方法：目测。

3）质量要求：参照油浸式互感器油箱和底座检查质量要求。油箱油位应正常。

（3）单独配置阻尼器的检查。

1）检修内容：对单独配置的阻尼器进行检查清扫，紧固各部螺栓。

2）检查方法：目测。

3）质量要求：阻尼器外观完好，接线牢靠。

（4）外表面的检查。

1）检修内容：清洁度。

2）检查方法：目测。

3）质量要求：外面应洁净、无锈蚀，漆膜完整。

3. SF_6 互感器小修的内容及质量要求

SF_6 互感器用 SF_6 气体作为主绝缘，互感器为全封闭式，气体密度由密度继电器监控，压力超过限值可通过防爆膜或减压阀释放。SF_6 互感器对密封性能要求很高，检修时除更换一些易于装配的密封件外，不允许对密封壳解体，必要时返厂修理。

（1）更换防爆片应在干燥、清洁的室内进行，更换前应将 SF_6 气体全部回收，然后用干燥的氮气对残余 SF_6 气体置换若干次，并经吸附剂处理后放置在安全地方。

（2）回收的 SF_6 气体应进行含水量试验，当含水量超出 $500\mu L/L$（20℃）时，要进行脱水处理。

（3）清除复合绝缘套管的硅胶伞裙外表积污，一般用肥皂水或酒精控洗，严禁用矿物油、甲苯、氯仿等化学药品。

（4）检查一次引线连接，如过热，应清除氧化层，涂导电膏或重新紧固。

（5）检查气体压力表和 SF_6 密度继电器应完好，如有破损应更换新品，SF_6 气体压力低于规定值时应补气。

四、互感器大修内容及质量要求

（一）电磁式电压互感器和电流互感器大修的内容及质量要求

1. 外部检修内容及质量要求

（1）瓷套的检修。

1）检修内容：清除外表积污；修补破损瓷裙；在污秽地区若爬距不够，可在清扫后涂防污闪涂料或加装硅橡胶增爬裙；查防污涂层的憎水性，若失效应擦净重新涂覆，增爬裙失效时应更换。

2）检查方法：目测。

3）质量要求：

a. 瓷套外表清洁、无积污。

b. 瓷套外表修补良好。如瓷套径向有穿透性裂纹，外表破损面超过单个伞裙 10%，或破损总面积虽不超过单个伞裙 10% 但同一方向破损伞裙多于两个的，应更换瓷套。

c. 检查增爬裙的黏着情况及憎水性。若有黏着不良，应补粘牢固；若老化失效应予更换。

d. 检查防污涂层的憎水性，若失效应擦净重新涂覆。

e. 涂料及硅橡胶增爬裙的憎水性良好。

（2）渗漏油的检查。

1）检修内容：储油柜、瓷套、油箱、底座有无渗漏；检查油位计、瓷套的两端面、一次引出线、二次接线板、末屏及监视屏引出小瓷套、压力释放阀及防油阀等部位有无渗漏。

2）检查方法：目测。

3）质量要求：各组件、部件应无渗漏，密封件中尺寸规格与质量符合要求，无老化失效现象；密封部位螺栓紧固。

（3）油位或盒式膨胀器的油温压力指示的检查。

1）检修内容：油温压力指示是否正确。

2）检查方法：目测。

3）质量要求：油位指示值应与环境温度相符。

（4）二次接线板的检查。

1）检修内容：二次接线板的绝缘、外观接地端子是否可靠接地。

2）检查方法：目测，用 2500V 绝缘电阻表测量。

3）质量要求：

a. 二次接线板应完整，绝缘良好，标志清晰，无裂纹、起皮、放电、发热痕迹。小瓷套应清洁、无积污，无破损渗漏，无放电烧伤痕迹。

b. 油浸式电流互感器的末屏，电压互感器的 N（X）端引出线及互感器二次引线的接地端，应与接地端子可靠连接。

（5）接地端子的检查。

1）检修内容：发现接触不良应清除锈蚀后紧固。

2）检查方法：目测、用力矩扳手试紧。

3）质量要求：接地可靠，接地线良好。

2. 器身大修的内容及质量要求

（1）器身是否清洁的检查。

1）检修内容：检查绕组、铁芯、绝缘支架等表面有无油垢、金属粉末及非金属颗粒等物。可用海绵泡沫塑料块清除或用合格变压器油冲洗。

2）检查方法：目测。

3）质量要求：器身表面清洁，无油污、金属粉末及非金属颗粒等异物。

（2）绕组外包布带的检查。

1）检修内容：发现破损或松包，应予修整或用烘干的直纹布带重新半叠包绕扎紧。

2）检查方法：目测、用手指按压。

3）质量要求：绕组外包布带应完好扎紧，无破损或松包现象。

（3）绕组端环、角环等端绝缘物及绕组表面绝缘的检查。

1）检修内容：发现过热或电弧放电痕迹，应查明原因进行处理；若发现端绝缘受潮变形，应干燥处理或予以更换。

2）检查方法：目测。

3）质量要求：绕组表面绝缘、端绝缘应完好无损，绝缘状况良好，无受潮、绝缘老化及放电现象。

（4）电磁式电压互感器上下绕组的绝缘隔板的检查。

1）检修内容：发现位移应调整后固定，若受潮、损坏或变形，则应干燥处理或予以更换。

2）检查方法：目测。

3）质量要求：绝缘隔板应完好无损，绝缘状况良好，无位移、变形或折断。

（5）一、二次绕组，剩余绕组的引线及平衡绕组连接的检查。

1）检修内容：检查焊接是否牢靠，发现脱焊、断线等现象，应重新焊牢。

2）检查方法：目测。

3）质量要求：各绕组连线及引线应焊接牢靠，无断线、脱焊等现象。

（6）一、二次绕组，剩余绕组的引线及平衡绕组的外包绝缘层的检查。

1）检修内容：发现引线外包绝缘层松脱或破损时，应用电工绸布带、皱纹纸包扎后，再用直纹布带扎紧。

2）检查方法：目测、用手指按压。

3）质量要求：各引线外包绝缘层应完好，无破损、松脱现象。器身绝缘无过热或放电痕迹。

（7）一次上、下绕组的连线及平衡绕组与铁芯的等电位连接的检查。

1）检修内容：检查连接是否可靠。

2）检查方法：目测、用力矩扳手试紧。

3）质量要求：一次上、下绕组的连线及平衡绕组与铁芯等电位连接可靠。

（8）器身绝缘支架绝缘是否完好的检查。

1）检修内容：发现受潮、变形、起层、剥离、开裂或放电痕迹应予更换；若绝缘支架与铁芯连接松动，应拧紧螺母予以紧固。

2）检查方法：目测、用手轻轻晃动支架。

3）质量要求：绝缘支架应无受潮、变形、起层、剥离、开裂或放电痕迹；绝缘支架与铁芯连接牢靠。

（9）铁芯的检查。

1）检修内容：检查铁芯是否完好，有无铁锈，若发现铁芯叠片不规整，硅钢片有翘边，可用木槌或铜锤锤打平整；若叠片不紧密，应拧紧夹件螺栓将其夹紧；铁芯外表锈蚀应擦除；如果发现铁芯有过热或电弧烧伤，则应查明原因进行处理。

2）检查方法：目测。

3）质量要求：铁芯叠片平整、紧密，硅钢片绝缘漆膜良好，无脱漆及锈蚀现象；铁芯无过热、电弧烧伤痕迹。

（10）测量穿芯螺杆对铁芯绝缘的检查。

1）检修内容：检查绝缘是否良好，若发现绝缘不良，应检查穿芯螺杆的绝缘套管及绝缘层是否良好，不良者应予更换。

2）检查方法：用 1000V 绝缘电阻表测量。

3）质量要求：穿芯螺杆应紧固，其绝缘套管及绝缘垫片应完好无损，绝缘电阻大于 1000MΩ。

（11）铁芯与穿芯螺杆连接片的检查。

1）检修内容：连接片与铁芯只有一点连接。如果发现铁芯连接片横搭在铁芯上，硅钢片多点短接，则应用绝缘纸板将其隔离，若连接片松动，应重新插好。

2）检查方法：目测。

3）质量要求：铁芯连接片应可靠插接，保证铁芯与穿芯螺杆仅一点连接，连接片不得将硅钢片多片短接。

（12）油浸式互感器接地的检查。

1）检修内容：铁芯处于地电位的油浸式互感器应保证铁芯一点可靠接地。检查内容及处理方法同上。

2）检查方法：目测。

3）质量要求：油浸式互感器的铁芯连接片应可靠插接，并保证铁芯一点接地。

3. 零部件的检修及质量要求

（1）小瓷套管的检修。

1）检修内容：互感器一次、二次引出，末屏与监测屏引出以及一次 N 端引出的小瓷套若无渗漏，则不必拆卸，如渗漏应按以下步骤检修：

a. 如有脏物应清擦干净。

b. 更换破损压裂的小瓷套。

c. 更换老化失效的密封圈。

d. 紧固引出导电杆的螺母。

2）检查方法：目测、用力矩扳手试紧。

3）质量要求：

a. 小套管表面清洁无脏物。

b. 瓷件完好无破损。

c. 密封可靠，无渗漏油。

d. 导杆螺母紧固不松动。

（2）金属膨胀器的检修。

1）检修内容：参照小修部分。

2）检查方法：与小修相同。

3）质量要求：参照小修部分。

（3）储油柜的检修。

1）检修内容：参照小修部分。

2）检查方法：与小修相同。

3）质量要求：参照小修部分。

（4）油箱、底座的检修。

1）检修内容：除参照小修部分外，还有以下检测项目：

a. 检查焊缝，若发现渗漏点应认真查找并补焊。

b. 检查内腔是否清洁，若有脏物应先清理，再用热水清洗后烘干；若内壁绝缘漆涂层脱落，应用耐油绝缘漆补漆。

2）检查方法：目测、手试。

3）质量要求：除参照小修部分外，尚有以下要求：

a. 油箱与底座的接缝焊接可靠，无渗漏油。

b. 内腔清洁，绝缘涂层良好。

（5）二次接线板的检查。

1）检修内容：

a. 检查二次端子有无渗透漏，如发现渗漏可拧紧导电杆螺母，更换失效密封圈。

b. 检查二次接线板上的接线标志，如发现短缺应补全。

c. 检查二次接线板表面是否有脏污及受潮，如有脏污应清擦干净，如受潮应做干燥处理，如端子间有放电烧伤痕迹，可刮掉后再用环氧树脂修补。

2）检查方法：目测、用力矩扳手试紧。

3）质量要求：

a. 二次导电杆处无渗漏。

b. 接线标志牌完整，字迹清晰。

c. 二次接线板清洁，无受潮、无放电烧伤痕迹。

（6）瓷套的检查。

1）检修内容：

a. 检查外表，瓷套清擦及修补参照小修部分。

b. 检查内腔是否清洁，若有脏污应先清理，再用热水清洗后烘干。

c. 检查防污闪涂料的憎水性，大修时应擦除重涂。

d. 检查增爬裙的黏着情况及憎水性。若发现黏着不良，应补粘牢固；苦老化失效应更换。

2）检查方法：目测、手试。

3）质量要求：

a. 瓷套外表清洁完好，瓷套修补质量标准与小修相同。

b. 瓷套内腔应清洁干燥。

c. 涂料憎水性良好。

（7）压力释放器的检修。

1）检修内容：

a. 换破裂的压力释放器的防爆膜。

b. 若有渗漏，可拧紧螺栓或更换老化失效的密封圈。

2）检查方法：目测。

3）质量要求：

a. 防爆膜片完好无损。

b. 密封可靠、无渗漏。

（8）放油阀的检修。

1）检修内容：

a. 修理渗漏油缺陷。

b. 加装密封取油样的取样阀。

2）检查方法：目测。

3）质量要求：

a. 无渗漏。

b. 满足密封取油样的要求。

（9）加装膨胀器密封改造。

1）检修内容：详见 DL/T 727—2000《互感器运行检修导则》附录 B。

2）质量要求：盒（节）数正确，无渗漏，油位或温度压力指示正确。

（二）电容式电压互感器大修的内容及质量要求

1. 外部大修内容及质量要求

（1）瓷套的检修。

1）检修内容：参照油浸式互感器。

2）检查方法：参照油浸式互感器。

3）质量要求：参照油浸式互感器。

（2）电磁单元渗漏的检修。

1）检修内容：检查互感器电磁单元及油位计、中压套管、二次接线板、防油阀等密封部位。如有渗漏可参照油浸式互感器渗漏方法排除。

2）检查方法：目测、用力矩扳手试紧。

3）质量要求：油箱及结合处无渗漏。

（3）分压电容器油压指示的检查。

1）检修内容：对于有油压指示的分压电容器，观察油压是否在规定的温度标线上。

对于用其他方法测量油压的电容器，应按规定测量油压，如油压过低，应与制造厂联系补油。

2）检查方法：目测。

3）质量要求：油压符合规定。

（4）互感器铭牌及接线标志的检查。

1）检修内容：互感器的铭牌及接线标志如有缺损应补全。

2）质量要求：铭牌及标志齐全清晰。

2. 电磁单元大修内容质量要求

（1）中压变压器一、二次绕组的检查。

1）检修内容：若有脏污应擦除干净；若外包布带松开应修整严实；若有放电痕迹应查明原因并用新布带重新包覆。

2）检查方法：目测。

3）质量要求：绕组表面清洁，无变形、位移；引线长短适宜，无扭曲；接头表面平整、清洁、光滑、无毛刺。

（2）阻尼器的检查。

1）检修内容：若发现部件有损坏应予更换。

2）检查方法：试验。

（3）避雷器或放电间隙的检查。

1）检修内容：若有损坏应更换。

2）检查方法：试验、测量。

（4）补偿电抗器的检查。

1）检修内容：有放电痕迹应查明原因并用新布带重新包覆。

2）检查方法：目测。

3）质量要求：绕组表面清洁、无变色，无放电过热痕迹，铁芯坚固严实、无松动。

（5）二次接线板的检查。

1）检修内容：是否密封、清洁，有无放电痕迹，必要时应修复。轻微放电炭化点可刮除，严重时更换。

2）检查方法：目测。

3）质量要求：密封良好、无渗漏，表面清洁，绝缘表面良好。

（6）油箱的检查。

1）检修内容：如焊缝渗漏应补焊，若有脏污应清洗干净，如有锈蚀、漆脱落应补漆。

2）检查方法：目测、手试。

3）质量要求：内部清洁，无锈蚀、无渗漏、无油腻沉积，漆膜完好。

3. 电磁单元绝缘油要求

电磁单元绝缘油要求见表 19-1-1。

表 19-1-1   **电磁单元绝缘油要求**

绝缘介质	击穿电压（kV/2.5mm）	酸值（mgKOH/g）	介质损耗因数（90℃）
变压器油	>45	<0.015	<0.005
十二烷基苯	>60	<0.015	<0.001 3

五、互感器大修关键工序质量控制

1. 解体

（1）起吊互感器时，应使用强度足够的尼龙绳，避免损伤外绝缘。

（2）互感器的解体应在清洁无尘的室内进行，避免污染器身。

（3）各附件及零件应做好定位标记，以便按原位装复。

（4）拆卸的附件及零件注意密封保存，防止受潮、污染。

2. 检查

（1）检查时切勿将金属物遗留在器身内，不得破坏或随意改变绝缘状态。

（2）所有紧固件应用力矩扳手或液压设备进行定量紧固控制。

（3）专用工具应由专人保管，完工后须清点，如有缺漏应查明原因。

（4）对检修前确定的检修内容认真排查，确保缺陷消除。

（5）应进行检修前后相关的电气试验，以便检验检修质量。

（6）对所有的附件，均要进行检查和测试，只有达到技术标准要求后才能装配。对不合格附件，如经检修仍不能达到技术标准要求，要更换成合格品。

3. 抽真空

根据互感器暴露空气时间，对互感器进行预抽真空，110kV（66kV）1h，220kV 以上 6h。真空残压不大于 133Pa。

（1）注油时应核对油的牌号是否相同，各油化及电气指标是否达到要求。

（2）真空注油时，不宜采用麦氏真空计，以防水银吸入互感器内部。

（3）真空注油时，应采用透明管，并加装止回阀。

（4）真空注油，直到油面浸没器身 10cm 左右，进行真空浸渍脱气，真空残压不大于 133Pa，110kV（66kV）互感器 8h，220kV 及以上 16h。

（5）卸下临时盖板装上膨胀器，接入补油系统，抽真空 30min，残压不大于 133Pa，然后将油补至规定的温度压力指针位置。

4. 干燥

（1）干燥前放尽绝缘油，合上加热电源，使器身温度均匀升至 70℃。

（2）合上真空泵电源开关，启动真空泵，均匀提高瓷套内的真空度，升到 53kPa 时维持 3h，继续升至 80kPa 维持 3h，最后升至真空残压不大于 133Pa，进行高真空阶段，直到干燥结束。

（3）监控绕组温度不得超过 80℃。

（4）干燥终止后，应使器身在 40℃ 左右进行真空注油，注油前应放尽干燥过程中从绝缘纸层中逸出的绝缘油，真空注油要符合要求。

（5）测量绝缘电阻、介质损耗因数，结果应符合 DL/T 596—1996 的要求。

（6）真空泵可选用 2X–2 型或 2X–4 型旋片式真空泵，真空管路应选用真空胶管。

（7）抽真空操作程序应先开泵再开启阀门，停止时应先关阀门再停泵。真空泵应有电磁阀以防泵油回抽。

（8）高真空阶段应采用麦氏真空计测量，低真空时用指针式真空表即可。

5. 装配

（1）装配前应确认所有附件、零件均符合技术要求，彻底清理，使外观清洁、无油污和杂物，并用合格的变压器油冲洗与油直接接触的附件、零件。

（2）装配时，应按图纸装配，确保电气距离符合要求，各附件装配到位，固定牢靠。同时应保持油箱内部清洁，防止有杂物掉入油箱内，如有任何东西可能掉入油箱内，都应报告并保证排除。

（3）电容式电压互感器装配完后，需要进行准确度测量，测量按照 GB/T 4703—2007《电容式电压互感器》的规定进行。如测量结果不能满足相应准确等级的要求，可通过调整中压变压器和补偿电抗器的分接头来满足。

（4）对于更换过阻尼元件的电容式电压互感器，应进行铁磁谐振调试，按 GB/T 4703—2007 的要求进行。如测量结果不能满足铁磁谐振特性要求，应调整阻尼元件参数直至满足为止。

（5）结合本体检修更换所有密封件。

（6）所有连接或紧固处均应用锁母紧固。

（7）装配后，应及时清理工作现场，清洁油箱及附件。

6. 绝缘油处理

（1）禁止注入互感器内不同牌号的变压器油。

（2）注入互感器内的变压器油，通过真空滤油机进行再生处理，予以脱气、脱水和去除杂质，其质量应符合 GB/T 7595—2008《运行中变压器油质量》的规定。

（3）注油后，应从互感器底部的放油阀取油样，进行油简化分析、电气试验、气体色谱分析及微水试验。

（4）现场应准备充足清洁的变压器油储存容器。

7. 注油

（1）根据地区最低温度，选用不同牌号的变压器油，但不得使用再生油。检修后注入变压器内的变压器油，其质量应符合相关标准。

（2）真空注油时，应尽量避免使用麦氏真空表，以防麦氏真空表中的水银吸入互感器本体。

（3）真空注油时应采用透明管，防止管道破损吸入杂物进箱体，应在箱体接口处加装止回阀等措施。

（4）真空注油过程，应避免在雨天进行，其真空度、持续时间、注油速度等应严格按照制造厂的要求进行。

（5）对于有油压指示的分压电容器测量电压，如油压过低，应与制造厂联系补油。

（6）电磁单元浸渍处理后，应尽快装配，绝缘油应符合要求。

8. 补漆

（1）互感器喷漆部位：膨胀器外罩及上盖、储油柜、油箱、底座等金属部件的外表面。

（2）喷漆前先用金属清洗剂清除表面油垢及污秽。

（3）对漆膜脱落裸露的金属部分，先除锈后补涂防锈底漆。

（4）喷漆前应遮挡瓷表面、油位计、铭牌、接地标志等不应喷漆的部位。

（5）为使漆膜均匀，应采用喷涂的方法，喷枪气压控制在 0.2～0.5MPa 之间。

（6）先喷底漆，漆膜后度为 0.05mm 左右，要求光滑，无流痕、垂珠现象。待底漆干后，再喷涂面漆。若发现斑痕、垂珠，可清除磨光后再补喷。

（7）若原有漆膜仅少量部分脱落，经局部处理后，可直接喷涂面漆一次。

（8）漆膜干后应不黏手，无皱纹、麻点、气泡和流痕，漆膜黏着力、弹性及坚固性应满足要求。

六、互感器更换注意事项

（1）个别互感器在运行中损坏需要更换时，应选用电压等级、变比与原来相同，极性正确，伏安特性或励磁特性相近的互感器，并经试验合格。

（2）因变比变化而需要整组更换电流互感器时，还应注意重新审核保护定值以及计量、仪表倍率。

（3）整组更换电压互感器时，还应注意如二次与其他互感器需要并列运行的，要检查接线组别并核对相位。

（4）更换二次电缆时，应考虑截面、芯数等必须满足要求，并对新电缆进行绝缘电阻测定，更换后应进行必要的核对，防止接错线。

七、电流互感器一次变比调整

电流互感器一次变比调整就是改变一次绕组段间的串、并联关系，从而实现电流比的变换。

1. 几种常见型号电流互感器一次绕组连接示意图

（1）LJW-10（12）电流互感器一次绕组连接示意图，如图19-1-1所示。

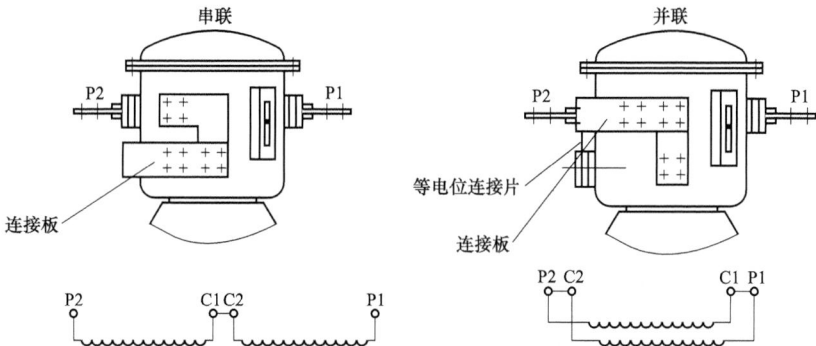

图 19-1-1　LJW-10（12）电流互感器一次绕组连接示意图

（2）LAB6-35（40.5）电流互感器一次绕组连接示意图，如图19-1-2所示。

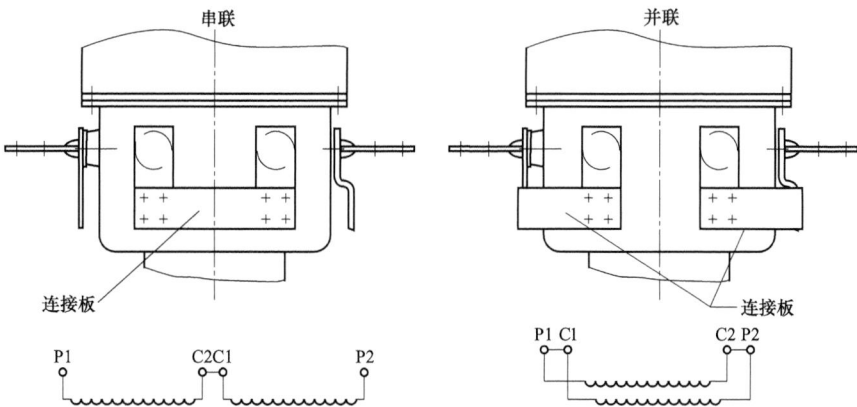

图 19-1-2　LAB6-35（40.5）电流互感器一次绕组连接示意图

（3）LB7-110（126）电流互感器一次绕组连接示意图，如图19-1-3所示。

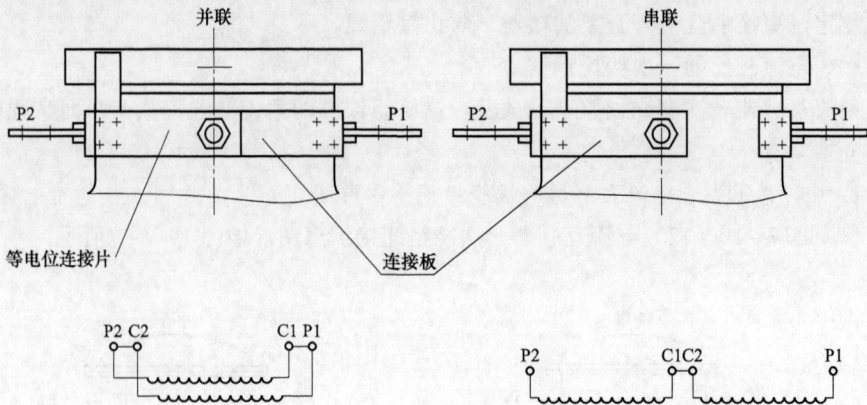

图 19-1-3　LB7-110（126）电流互感器一次绕组连接示意图

（4）LB7-220（252）电流互感器一次绕组连接示意图，如图 19-1-4 所示。

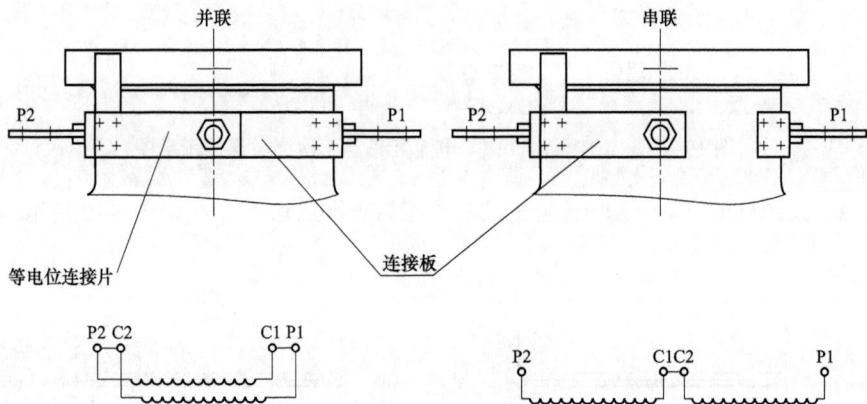

图 19-1-4　LB7-220（252）电流互感器一次绕组连接示意图

2. 电流互感器一次变比调整注意事项

（1）电流互感器一次变比调整进行换接时，必须按厂家产品说明书示意的连接方式进行相应的换位。

（2）电流互感器一次变比调整进行换接时，必须使用产品出厂时附带的专用等电位连接片，不用的等电位连接片应妥善保管。

（3）电流互感器一次变比调整换接后，必须经变比试验合格满足要求，才能投入运行。

（4）电流互感器一次变比调整时，还应注意保护定值的重新审定，以及对计量、仪表倍率的相应调整。

【思考与练习】

1. 简述互感器检修工艺的基本要求。
2. 简述互感器更换应注意的基本事项。
3. 简述如何进行互感器检修前的准备。

模块 2　互感器干燥方法和要求（Z15I1003Ⅱ）

【模块描述】本模块介绍了互感器器身干燥的热油循环干燥法、罐内真空干燥法、短路真空干燥法，通过工艺要求介绍，掌握互感器干燥的常用方法。

【模块内容】

互感器器身干燥可结合现场条件及受潮情况，采用热油循环、短路真空及罐内真空干燥等方法进行。重点是正确掌握干燥处理的三要素，即真空度、温度和时间。

一、热油循环干燥法

热油循环干燥是采用具有过滤、加热和真空雾化脱气等功能的真空滤油机，将处理合格的热油注入互感器进行循环，以达到干燥的目的。其操作方法如下：

（1）准备好真空滤油机和足量同型号的绝缘油。

（2）开启真空滤油机，将足量的绝缘油处理合格待用，油温控制在（75±5）℃。

（3）打开互感器放油阀，将油放尽。

（4）拆下互感器上盖及膨胀器，装上焊有注油接头的临时盖板。

（5）接好注油管路及回油管路，从互感器上部进油，底部放油阀回油。

（6）打开互感器注油阀，注入（75±5）℃的合格油，注满后加热器身一定时间，然后打开回油阀，将油全部排出，重复循环多次直到干燥合格。

（7）按真空注油回注合格绝缘油。

二、罐内真空干燥法

罐内真空干燥是利用加热真空罐对互感器身进行加热除潮，再用真空泵将罐内潮气排出，提高器身的干燥水平，达到除潮干燥目的。其操作方法如下：

（1）准备工作。真空干燥罐清擦干净后，加温到 80℃，保持 1h，排出罐内潮气。互感器身用合格绝缘油冲洗后入罐，器身与真空罐的热源距离大于 200mm，接好罐内上、中、下三处及器身电阻温度计和测量绝缘电阻的引线，并记录产品型号、入罐时间、温度及绝缘电阻。

（2）预热。支起罐盖留一缝隙，以便预热时潮气逸出。打开加热的蒸汽阀门（或涡流加热时合上电源）使罐内温度在 4h 左右平均升到（75±5）℃，预热 12h。预热阶段应控制罐壁温度不超过 120℃，器身温度不超过 80℃。

（3）真空干燥。预热结束后，维持器身温度（75±5）℃，开始抽真空，使真空度均匀提高，残压达到 53kPa 后，维持 3h，破真空 15min 后，均匀提高到 80kPa，维持 3h，再破真空 15min，继续提高真空度，真空残压不大于 133Pa，直到干燥结束。干燥中每 2h 测量一次绝缘电阻，若 110kV 及以下互感器连续 6h、220kV 互感器连续 12h 绝缘电阻稳定不变，且无冷凝水析出，即认为干燥结束。

（4）真空浸渍。真空干燥结束后，关闭热源，继续抽真空保持罐内残压不大于 133Pa。向罐内注入油温为 60℃的合格绝缘油，油面应高出器身 10cm，继续抽真空保持残压不大于 133Pa，进行真空浸渍 6h。浸渍结束，破真空后将罐内油抽出放尽，待器身温度降至 40℃以下，即可开罐吊出器身装配；若浸渍结束后不能接着立即装配，则暂不放油，器身应继续浸没油中，切断热源，保持罐内真空度不低于 80kPa 即可。

三、短路真空干燥法

短路真空干燥法是将互感器一次绕组短路，然后在二次绕组施加一定的电压，使绕组发热将潮气排出，经抽真空将潮气排出互感器使其干燥。该方法的具体工艺要点如下：

（1）互感器放尽绝缘油。但有些制造厂认为，应在产品充满油的情况下进行通电加热，以便观察产品的温升情况。这对于 220kV 及以上电流互感器尤为重要，因为这些产品的绝缘都比较厚，在无油状态下，传导作用差，即使从外部看来温度较低而内部绝缘可能因过热老化，甚至被烧焦。因此，最好是先在带油状态下对产品通电加热，待温度上升趋于稳定后，再放掉产品内部的油进行无油干燥。

（2）将电流互感器的一次绕组、电压互感器的一次绕组及剩余绕组各自短路，然后在二次绕组施加一定的电压。

（3）绕组短路加热干燥到 80℃时抽真空，注意按工艺要求结合破真空分阶段提高真空度。

（4）监控绕组温度不得超过 80℃。

【思考与练习】

1. 简述互感器热油循环干燥法的主要操作步骤。
2. 简述互感器罐内真空干燥法的工艺要点。

▲ 模块 3　互感器验收（Z15I1002Ⅱ）

【模块描述】本模块包含互感器的验收规范和验收标准，通过本模块的学习，掌握变压器的验收内容和要求。

【模块内容】

一、新设备验收的项目及要求

（1）产品的技术文件应齐全。

（2）互感器器身外观应整洁，无锈蚀或损伤。

（3）包装及密封应良好。

（4）油浸式互感器油位正常，密封良好，无渗油现象。

（5）电容式电压互感器的电磁装置和谐振阻尼器的封铅应完好。

（6）气体绝缘互感器的压力表指示正常。

（7）本体附件齐全无损伤。

（8）备品备件和专用工具齐全。

二、互感器安装、试验完毕后的验收

（一）一般要求

（1）一、二次接线端子应连接牢固，接触良好，标志清晰。

（2）互感器器身外观应整洁，无锈蚀或损伤。

（3）互感器基础安装面应水平。

（4）建筑工程质量符合国家现行的建筑工程施工及验收规范中的有关规定。

（5）设备应排列整齐，同一组互感器的极性方向应一致。

（6）油绝缘互感器油位指示器、瓷套法兰连接处、放油阀均应无渗油现象。

（7）金属膨胀器应完整无损，顶盖螺栓紧固。

（8）油位正常，符合厂家油位温度曲线要求。

（9）一次导电接头均使用 8.8 级热镀锌螺栓紧固。

（10）电容式电压互感器必须根据产品成套供应的组件编号进行安装，不得互换。各组件连接处的接触面，应除去氧化层，并涂以电力复合脂。

（11）具有均压环的互感器，均压环应安装牢固、水平，且方向正确。具有保护间隙的，应按制造厂规定调好距离。

（12）设备安装用的紧固件，除地脚螺栓外应采用镀锌制品并符合相关要求。

（13）互感器的变比、分接头的位置和极性应符合规定。

（14）气体绝缘互感器的压力表压力值正常。

（15）互感器的下列各部位应接地良好：

1）电压互感器的一次绕组的接地引出端子应接地良好。电容式电压互感器的低压端接地（或接载波设备）良好。

2）电容型绝缘的电流互感器，其一次绕组末屏的引出端子、铁芯接地端子、互感器的外壳应接地良好。

3）备用的电流互感器的二次绕组端子应先短路后接地。

（二）交接试验项目齐全，试验结果符合要求（根据不同设备选择以下试验项目）

（1）绝缘电阻测量。

（2）绝缘介质损耗因数测量。

（3）绝缘油的试验。

（4）油中溶解气体的色谱分析。

（5）交流耐压试验。

（6）空载电流测量。

（7）误差的测量。

（8）局部放电测量。

（9）密封检查。

（10）电容式电压互感器中间电磁单元的试验。

（11）电容式电压互感器分压器的试验。

（12）SF_6 气体的含水量测量。

（13）SF_6 气体的泄漏试验。

（14）SF_6 气体的密度继电器检验。

（15）SF_6 气体的压力表校验及监视。

（三）竣工资料应完整无缺

（1）互感器订货技术合同。

（2）产品合格证明书。

（3）安装使用说明书。

（4）出厂试验报告。

（5）安装、试验调试记录。

（6）交接试验报告。

（7）变更设计的技术文件。

（8）备品配件和专用工具。

（9）监理报告。

（10）安装竣工图纸。

（四）验收和审批

1. 互感器整体验收的条件

（1）互感器及附件已安装调试完毕。

（2）交接试验合格，施工图、竣工图、各项调试或试验报告、监理报告等技术资料和文件已整理完毕。

（3）施工单位自检合格，缺陷已消除。

（4）场地已清理干净。

2. 互感器整体验收的要求和内容

（1）项目负责单位应在工程竣工前十五天通知有关单位准备工程竣工验收，并组织相关单位、监理单位配合。

（2）验收单位应组织验收小组进行验收。在验收中检查发现的施工质量问题，应以书面形式通知相关单位并限期整改。验收合格后的工程或设备方可投入生产运行。

（3）在投产设备保质期内发现质量问题，应由建设单位负责处理。

3. 审批

验收结束后，将验收报告交启动委员会审核批准。

三、检修后设备的验收

（一）验收的项目和要求

（1）所有缺陷已消除并验收合格。

（2）一、二次接线端子应连接牢固，接触良好。

（3）油浸式互感器无渗漏油，油标指示正常。

（4）气体绝缘互感器无漏气，压力指示与规定相符。

（5）极性关系正确，电流比换接位置符合运行要求。

（6）三相相序标志正确，接线端子标志清晰，运行编号完备。

（7）互感器需要接地的各部位应接地良好。

（8）金属部件油漆完整，整体擦洗干净。

（9）预防事故措施符合相关要求。

（二）试验项目（根据检修内容选择以下试验项目）

（1）绝缘电阻测量。

（2）绝缘介质损耗因数测量。

（3）绝缘油的试验。

（4）油中溶解气体的色谱分析。

（5）交流耐压试验。

（6）空载电流测量。

（7）误差的测量。

（8）局部放电测量。

（9）密封检查。

（10）极性检查。

（11）电容式电压互感器中间电磁单元的试验。

（12）电容式电压互感器分压器的试验。

（13）SF_6 气体的含水量测量。

（14）SF_6 气体的泄漏试验。

（15）SF_6 气体的密度继电器检验。

（16）SF_6 气体的压力表校验及监视。

（三）竣工资料

（1）缺陷检修记录。

（2）缺陷消除后质检报告。

（3）检修报告。

（4）各种试验报告。

（四）验收和审批

1. 互感器整体验收的条件

（1）互感器及附件已检修调试完毕。

（2）交接试验合格，各项调试或试验报告等技术资料和文件已整理完毕。

（3）施工单位自检合格，缺陷已消除。

（4）场地已清理干净。

2. 互感器整体验收的内容要求

（1）项目负责单位应提前通知验收单位准备工程竣工验收并组织检修单位配合。

（2）验收单位应组织验收小组进行验收。在验收中检查发现的施工质量问题，应以书面形式通知有关单位并限期整改。验收合格后的工程或设备方可投入生产运行。

3. 审批

验收结束后，将验收报告报请设备主管部门审核批准。

四、投运前设备的验收内容。

（一）一般要求

（1）构架基础符合相关基建要求。

（2）设备外观清洁完整无缺损。

（3）一、二次接线端子应连接牢固，接触良好。

（4）油浸式互感器无渗漏油，油标指示正常。

（5）气体绝缘互感器无漏气，压力指示与规定相符。

（6）极性关系正确，电流比换接位置符合运行要求。

（7）三相相序标志正确，接线端子标志清晰，运行编号完备。

（8）互感器需要接地的各部位应接地良好。

（9）反事故措施符合相关要求。

（10）保护间隙的距离应符合规定。

（11）油漆应完整，相色应正确。

（12）验收时应移交详细技术资料和文件。

（13）变更设计的证明文件。

（14）制造厂提供的产品说明书、试验记录、合格证件及安装图纸等技术文件。

（15）安装技术记录、器身检查记录、干燥记录。

（16）竣工图纸完备。

（17）试验报告并且试验结果合格。

（二）互感器投运前验收的条件

（1）互感器及附件工作已结束，人员已退场，场地已清理干净。

（2）各项调试、试验合格。

（3）施工单位自检合格，缺陷已消除。

（三）互感器投运前验收的内容

（1）项目负责单位应通知运行维护单位进行验收并组织相关单位配合。

（2）在验收中检查发现缺陷，应要求相关单位立即处理，验收合格后方可投入生产运行。

【思考与练习】

1. 简述新设备验收的项目及要求。

2. 简述互感器的试验项目。

3. 简述互感器整体验收的条件。

第二十章

互感器的事故处理

◤ 模块 1 互感器常见故障缺陷及原因（Z15I4001 Ⅱ）

【模块描述】本模块介绍了互感器常见故障、缺陷的原因分析以及处理方法，通过原因分析和处理方法的介绍，掌握互感器常见故障缺陷的判断及处理。

【模块内容】

一、互感器常见缺陷的分类

互感器缺陷常指互感器任何部件的损坏、绝缘不良或不正常的运行状态，分为危急缺陷、严重缺陷和一般缺陷。

1. 危急缺陷

危急缺陷指设备发生了直接威胁安全运行并需立即处理的缺陷，否则随时可能造成设备损坏、人身伤亡、大面积停电和火灾等事故，主要包括以下情况。

（1）设备漏油，从油位指示器中看不到油位。

（2）设备内部有放电声响。

（3）主导流部分接触不良，引起发热变色。

（4）设备严重放电或瓷质部分有明显裂纹。

（5）绝缘污秽严重，有污闪可能。

（6）电压互感器二次电压异常波动。

（7）设备的试验、油化验等主要指标超过规定不能继续运行。

（8）SF_6 气体压力表指示为零。

2. 严重缺陷

严重缺陷为缺陷有发展的趋势，但可以采取措施坚持运行，列入月计划处理，不致造成事故者。包括以下情况：

（1）设备漏油。

（2）测量设备内部异常发热。

（3）工作、保护接地失效。

（4）瓷质部分有掉瓷现象，不影响继续运行。

（5）充油设备中有微量水分，呈现淡黑色。

（6）二次回路绝缘下降，但下降不超过 30%。

（7）SF_6 气体压力表指针在红色区域。

3. 一般缺陷

一般缺陷是指上述危急、严重缺陷以外的设备缺陷，指性质一般、情况较轻、对安全运行影响不大的缺陷。包括下列情况。

（1）储油柜轻微渗油。

（2）设备上缺少不重要的部件。

（3）设备不清洁，有锈蚀现象。

（4）二次回路绝缘有所下降。

（5）非重要表计指示不准。

（6）其他不属于危急、严重的设备缺陷。

发现危急和严重缺陷，运行人员必须立即向有关部门汇报，密切监视发展情况，必要时可迅速将有缺陷的设备退出运行。出现一般缺陷，运行人员将缺陷内容记入相关记录，由负责人汇总按月度汇报。一般缺陷可在一个检修周期内结合设备检修、预试等停电机会进行消缺。

二、互感器常见缺陷原因及处理

1. 互感器进水受潮

（1）主要现象。绕组绝缘电阻下降，介质损耗超标或绝缘油微水超标。

（2）原因分析。产品密封不良，使绝缘受潮，多伴有渗漏油或缺油现象，以老型号互感器为多，通过密封改造后，这种现象大为减少。

（3）处理办法。应对互感器进行器身进行干燥处理，如轻度受潮，可用热油循环干燥处理，严重受潮者，则需进行真空干燥。对老型号非全密封结构互感器，应进行更换或加装金属膨胀器。

2. 绝缘油油质不良

（1）主要现象。绝缘油介质损耗超标，含水量大，简化分析项目不合格，如酸值过高等。

（2）原因分析。原制造厂油品把关不严，加入了劣质油；或运行维护中，补油时未做混油试验，盲目补油。

（3）处理办法。新产品返厂更换处理。如是投运多年的老产品，可根据情况采用换油或进行油净化处理。

3. 绝缘油色谱超标

（1）主要现象。设备运行中氢气或甲烷单项含量超过注意值，或者总烃含量超过注意值。

（2）原因分析。对于氢气单项超标可能与金属膨胀器除氢处理或油箱涤化工艺不当有关，如果试验数据稳定，则不一定是故障反映，但当氢气含量增长较快时，应予注意。甲烷单项过高，可能是绝缘干燥不彻底或老化所致。对于总烃含量高的互感器，应认真分析烃类气体成分，对缺陷类型进行判断，并通过相关电气试验进一步确诊。当出现乙炔时应予高度重视，因为它是反映放电故障的主要指标。

（3）处理办法。首先视情况补做相关电气试验，进一步判断缺陷性质。如判断为非故障原因，可进行换油或脱气处理。如确认为绝缘故障，则必须进行解体检修，或返厂处理或更换。

三、电磁式电压互感器常见故障的处理

1. 谐振故障

（1）故障现象。中性点非有效接地系统中，三相电压指示不平衡。一相降低（可为零）而另两相升高（可达线电压），或指针摆动，可能是单相接地故障或基频谐振。如三相电压同时升高，并超过线电压（指针可摆到头），则可能是分频或高频谐振。中性点有效接地系统，母线倒闸操作时，出现相电压升高并以低频摆动，一般为串联谐振现象。

（2）故障处理。操作前应有防谐振预案，准备好消除谐振措施。操作过程中，如发生电压互感器谐振，应采取措施破坏谐振条件以消除谐振。在系统运行方式和倒闸操作中，应避免用带断口电容的断路器投切带有电磁式电压互感器的空母线，运行方式不能满足要求时，应采取其他措施，例如更换为电容式电压互感器。对电容式电压互感器应注意可能出现自身铁磁谐振，安装验收时对速饱和阻尼方式要严格把关，运行中应注意对电磁单元进行认真检查，如发现阻尼器未投入或出现异常，互感器不得投入运行。

2. 二次电压降低

（1）故障现象。二次电压明显降低，可能是下节绝缘支架放电、击穿或下节一次绕组匝间短路。

（2）故障处理。这种互感器的严重故障，从发现到互感器爆炸时间很短，应尽快汇报调度，采取停电措施，在此期间不得靠近异常互感器。

四、电容式电压互感器二次电压异常的主要原因及处理

（1）二次电压波动。引起的主要原因可能为：二次连接松动，分压器低压端子未接地或未接载波线圈，电容单元被间断击穿，铁磁谐振。

（2）二次电压低。引起的主要原因可能为：二次接触不良，电磁单元故障或电容单元 C2 损坏。

（3）二次电压高。引起的主要原因可能为：电容单元 C1 损坏，分压电容接地端未接地。

（4）开口三角电压异常升高。引起的主要原因为某相互感器电容单元故障。

（5）二次无电压输出。引起的主要原因为一次接线端子绝缘不良或直接碰及油箱。

上述异常的处理办法：在确保安全的条件下进行带电检查，必要时停电进行相关电气试验检查，判断引起异常的原因，针对异常原因进行相关处理，必要时进行更换。

五、电流互感器带电异常的处理

（1）电流互感器过热。可能是一次端子内外接头松动，一次过负荷或二次开路。应立即停运，经相关检查、试验，查找过热原因，并进行消除，必要时进行更换、增大变比。

（2）电流互感器产生异常声响。可能是有电位悬浮、末屏开路及内部绝缘损坏，二次开路，铁芯或零件松动。应立即停运，经相关检查、试验，查找原因，必要时进行更换。

六、互感器 SF_6 气体含水量超标处理

运行中应监测互感器 SF_6 气体含水量不超过 300μL/L，若超标应尽快退出运行，并通知厂家处理。如进行脱水处理，其方法如下：

（1）准备好干燥的 SF_6 气体和回收气体的容器。

（2）将气体回收处理装置接入互感器本体上的自密封充气接头，回收互感器内的 SF_6 气体。

（3）对互感器内部残存气体清理，将真空泵连接到互感器本体上的自密封充气接头，抽真空残压 133Pa，持续 0.5h，然后用干燥氮气多次冲洗，残余气体应经过吸附剂处理后排放到不影响人员安全的地方。

（4）将互感器内吸附剂取出，递入干燥箱内进行干燥处理，在 450℃～550℃温度下干燥 2h 以上，为了防止吸潮，应在 15min 内尽快将干燥好的吸附剂装入互感器内。

（5）对互感器进行真空检漏，抽真空到残压约 133Pa，立即关闭气体出口阀门，保持 4h 再测量互感器残压，起始压力与最终压力差不得超过 133Pa，如不符合要求，则说明互感器存在泄漏应予处理。

（6）向互感器充 SF_6 气体，逐渐打开气体回收处理装置的阀门，缓慢地充入经处理合格的 SF_6 气体，直至达到额定压力，静置 24h 后进行 SF_6 气体含水量测量，直至合格。

【思考与练习】

1. 简述互感器受潮的原因及处理方法。

2. 简述电磁式电压互感器谐振故障的现象及处理方法。

第六部分

其他变电设备检修

第二十一章

其他高压电器的检修、维护

模块 1　氧化锌避雷器的检修和常见故障处理（Z15J1001 Ⅱ）

【模块描述】本模块包含氧化锌避雷器检修的作业流程、工艺要求及常见故障处理。通过知识要点讲解、典型案例分析、操作技能训练，掌握氧化锌避雷器的基本结构、修前准备、危险点预控、作业步骤、工艺要求、质量标准及常见故障处理方法等操作技能。

【模块内容】

一、作业内容

（1）原氧化锌避雷器的拆除。

（2）新氧化锌避雷器的安装。

（3）氧化锌避雷器整体更换后的试验。

二、作业中的危险点分析及控制措施

作业中的危险点分析及控制措施见表 21-1-1。

表 21-1-1　　　　　　　　作业中的危险点分析及控制措施

序号	危险点	控　制　措　施
1	人身触电	（1）接低压电源应由两人进行，一人监护，一人操作。 （2）检修电源必须带有漏电保护器，移动电具金属外壳必须可靠接地。 （3）搬运长物应放倒搬运。 （4）起重机、斗臂车进入现场应有专人监护、引导，按照制定路线行走，工作前应划定吊臂和重物的活动范围和回转方向，确保与带电体的安全距离。起重机、斗臂车外壳应可靠接地。 （5）避雷器引线拆接时应用牢靠的绳索系好拴牢，并与带电体保持安全距离，防止引流线脱落摆动引起放电和人身触电。 （6）在强电场下工作，工作人员应加装临时接地线或使用保安地线
2	误入带电设备	（1）检修地点与相邻带电间隔必须围栏明显隔离，并悬挂"止步，高压危险"标示牌，标示牌应面对检修设备。 （2）检修中断每次重新开始工作前，应认清工作地点、设备名称和编号，严禁无人监护单人工作

续表

序号	危险点	控 制 措 施
3	高空摔跌	（1）避雷器拆接引流线应使用人字梯，梯子应绑牢，防滑；梯上有人，严禁攀爬避雷器瓷套。 （2）登高时严禁手持任何工具，或利用梯子运送重物。 （3）梯子与地面的夹角应为 60°。 （4）正确使用安全带，禁止低挂高用。 （5）不准将安全带悬挂在避雷器支持绝缘子上或均压环上
4	零部件跌落打击	（1）零部件应用绳子和工具袋上下传递，严禁抛掷。 （2）不准在构架上放置物体和工器具。 （3）吊运材料必须专人监护，上下呼唱，确认吊物下方人员全部撤离方可起吊。 （4）拆装避雷器必须用起重机或专用吊具系好、吊稳，且有专人指挥吊运。吊绳应有足够的承载力
5	机械伤害	使用切割机、焊机、磨光机、弯板机、冲孔机等机械应穿防护服、配灭火器、戴防护手套等

三、检修作业前的准备

1. 检修前技术资料的准备

（1）避雷器整体或元件更换。

1）总装图、基础图、安装使用说明书。

2）避雷器的安装地点及安装高度。

3）避雷器安装地点周围的电气设备分布状况、安装高度及在检修工作中是否带电。

（2）连接部位的检修。

1）缺陷记录。

2）连接部位的连接方式及受力状况，金属材料的名称及性能特性。

3）若为螺栓连接，螺孔的数量、内径、深度及螺纹参数。

4）引流线连接部位检修时，避雷器安装地点周围的电气设备分布状况、安装高度及在检修工作中是否带电。

（3）外绝缘的处理。

1）设备外表面污秽积聚物的特点。

2）如需作涂敷 RTV 涂料的工作，所用 RTV 涂料的使用说明书。

（4）放电动作计数器及在线监测装置的检修。

1）缺陷记录。

2）备品的安装图、安装使用说明书，连接材料及安装参数。

（5）绝缘基座的检修。

1）缺陷记录。

2）绝缘基座外表面污秽积聚物的特点。

3）备品的安装图、基础图、安装使用说明书。

（6）引流线及接地装置的检修。

1）缺陷记录。

2）引流线的型号或接地装置的规格。

3）连接参数。

4）变电站地网图。

2. 检修方案的确定

检修前，检修部门应根据检修内容进行详细、全面的调查分析，编制作业指导书或拟定好检修方案。

3. 工器具、材料、试验仪器的准备

（1）检修工作开始前，检修部门应根据检修批准后的检修方案进行人员、工器具、材料、备品、备件的准备。

（2）工器具、材料、备件应按实际需要量进行准备并适当留有裕度。

4. 检修人员的准备

（1）检修人员应熟悉电力生产的基本过程和避雷器工作原理及结构，掌握避雷器的检修技能，并通过年度《国家电网公司电力安全工作规程》考试。

（2）检修人员必须具备电气一次设备的检修资质并熟悉检修方案。检修工作中至少应有一名检修人员具有担任工作负责人的资格并应有避雷器设备检修的工作经验。设备需要吊装时，起重工必须有资质证书并应具有相关的工作经验或经历。

5. 检修环境（场地）的要求

（1）应选择良好的检修场地，周围应无可燃或爆炸性气体、液体，或引燃火种，否则应采取有效的防范措施和组织措施。

（2）必要时需做好防雨、防潮、防尘和消防措施，同时应注意与带电设备保持足够的安全距离，准备充足的施工电源，大型机具、拆卸组部件的放置地点和合理布置等。

四、检修作业前的检查和试验

（1）检查避雷器外部瓷套是否完整，检查瓷套表面有无闪络痕迹。必要时必须进行超声波探伤试验，如有破损和裂纹者以及超声波探伤试验不合格者不能使用。

（2）检查密封是否良好，配电用避雷器顶盖和下部引线的密封若是脱落或龟裂，应将避雷器拆开干燥后再装好。高压用避雷器若密封不良，应进行修理。

（3）检查引线有无松动、断线或断股现象。

（4）摇动避雷器检查有无响声，如有响声表明内部固定不好，应予以检修。

（5）对有放电计数器的避雷器，应检查外壳有无破损、计数器动作是否可靠，并记录下相应底数。

（6）避雷器各节的组合及导线与端子的连接，对避雷器不应产生附加应力。

（7）垂直安装的每个元件的中心轴线和安装点中心线垂直偏差不应大于该元件高度的 1.5%。

（8）均压环应水平安装，不应歪斜。

（9）氧化锌避雷器应在检修前测量其直流 1mA 电压和 75%直流 1mA 电压下的泄漏电流，测试数据满足规程要求。

五、氧化锌避雷器更换作业步骤及质量标准

由于目前各电力公司绝大多数检修单位不具备氧化锌避雷器现场的拆解、内部受潮元件、阀片的处理更换以及更换后的烘干密封等技术条件和手段，所以，目前氧化锌避雷器一经检查试验不合格，就予以更换。因此在这里仅介绍氧化锌避雷器的拆除和安装作业流程及工艺。

1. 原避雷器的拆除

（1）拆下避雷器引流线必须固定绑扎牢靠，并与周围带电体保持安全距离（使用人字梯或斗臂车，视现场情况而定），一人进行拆线，一人监护，两人扶梯，两人负责地面工作。人力的安排视现场实际情况确定。

（2）拆除均压环，放置在预定地点，如均压环较重，应使用吊具，严防发生坠落或伤人。

（3）拆除计数器，放置在预定地点。

（4）固定吊装工具，可使用拔杆或起重机，最好使用起重机，将绳套系好避雷器并用吊具轻微调紧。

（5）拆下底座和避雷器之间的紧固螺栓，用吊具将避雷器轻轻吊起并缓慢吊至事先规划好的地面位置上。起吊过程应设专人监护，呼应一致，吊臂下严禁有人工作或穿越，起吊时尽可能降低起吊高度，多节避雷器应从上至下逐节拆除。

（6）拆除避雷器基座并放置预定位置。

2. 新避雷器的安装

（1）避雷器安装前检查。

1）避雷器更换前应先检查备品包装是否受潮，对照包装清单检查备品附件是否缺少或损坏，检查避雷器的外观和铭牌是否缺少或损坏，压力释放板是否完好无损，铭牌与所需更换的避雷器是否一致。说明书、试验报告、合格证等出厂资料完整。

2）瓷件应无裂纹、破损，瓷套与铁法兰间黏合应牢固，法兰泄水孔也应通畅。

3）避雷器各节和计数器按照 DL/T 596—2005《电力设备预防性试验规程》要求

经试验合格，底座应良好。

4）金属氧化物防爆片应完整无损，金属氧化物避雷器的安全装置应完整无损。

（2）安装新避雷器基座。按照避雷器使用安装说明书或总装图的要求安装好新避雷器基座，如新基座和原基础不对应，根据现场实际情况可在原基础上按照新基座固定螺栓孔距重新打孔，或者按照新基座和旧基础固定螺栓孔距加工槽钢进行过渡，确保新避雷器安装合适到位。

（3）将避雷器吊至避雷器基座。用吊绳系好避雷器，用吊具将避雷器轻轻吊起并缓慢吊至避雷器基座上。注意事项同拆除旧避雷器，但安装时应从下到上逐节安装。

1）穿上紧固螺栓，并用扳手进行紧固。

2）安装计数器并确保计数器上、下引线连接牢固。

3）安装均压环。仅适用于 220kV 及以上避雷器。

（4）连接上引流线。如果原引流线夹连接螺栓孔距和新避雷器不一，可更换线夹并重新打孔确保引流线连接牢固。

3. 避雷器整体更换后的试验

（1）无间隙金属氧化物避雷器整体更换后应进行的试验项目包括：绝缘电阻测量、运行电压下的全电流和阻性电流试验、直流参考电压试验、0.75 倍直流参考电压下的漏电流试验、复合外套外观和憎水性检查、放电计数器动作试验等。

（2）带串联间隙金属氧化物避雷器整体更换后应进行的试验项目包括：复合外套及支撑件外观和憎水性检查、直流 1mA 参考电压试验、0.75 倍直流 1mA 参考电压下漏电流试验、支撑件工频耐受电压试验、间隙距离检查、绝缘电阻测量等。

（3）避雷器放电计数器动作试验。

（4）避雷器绝缘基座绝缘电阻试验。

（5）避雷器接地装置接地连通情况检查。可以使用万用表电阻挡测量避雷器接地引下线与其他电气设备接地引下线间的电阻，也可采用其他有效检查接地连通情况的测试仪器进行测量。

4. 质量标准

（1）避雷器组装时，其各节位置应符合产品出厂标志的编号。

（2）各连接处的金属接触面应除去氧化膜及油漆，并涂一层中性凡士林或复合脂。

（3）垂直安装，每个元件的中心轴线和安装点中心线垂直偏差不应大于该元件高度的 1.5%。如果歪斜，可在法兰间加金属片校正，并将其缝隙用腻子抹平后涂漆处理。均压环应水平安装，不应歪斜。

（4）放电记录器应密封良好，动作良好，将其串联接在接地引线的回路里。

（5）避雷器上端子应与被保护装置或线路的相线连接，可用铝导线和铝排，避雷器引线的连接不应使端子受到超过允许的外加应力。接地端子下端用不小于 16mm² 的裸铜线和接地引线可靠连接。垫圈、螺母、弹簧垫圈应使用与避雷器配套供应的紧固件。

（6）计数器安装前，检查它与所安装的避雷器是否匹配，额定电压、型号是否符合设计要求。检查外壳有无破损、计数器动作是否可靠，并记录下相应底数，用放电计数器测试仪模拟避雷器放电，证明其动作确实可靠后方可安装使用。安装时，应轻拿轻放，以免损坏玻璃罩，将计数器的进线端子与避雷器的接线端相连，本身的底座接地线可接在安装板上，接地螺栓连接紧密，并固定牢固；三相应面向一致，一般是面向巡视侧。

（7）如果对外绝缘涂敷 RTV 涂料，则应在外表面清扫干净后方可进行。涂敷工作不应在雨天、风沙天气及环境温度低于 0℃时进行。涂敷方法可参照 RTV 涂料使用说明书。涂敷工作完成后，在涂层未干前（一般为涂料涂敷后 15min 内）不可践踏、触摸，也不可送电。

（8）所有试验项目合格。

六、收尾、验收

全部工作完毕后，应进行现场清理，并由工作负责人进行预验收，无问题后按照本单位有关规定申请正式验收，验收合格并经相关人员签字确认后，全部检修人员撤离工作现场并结束工作票。最后在规定的时间内向上级部门或运行单位提交检修安装的相关资料。

七、氧化锌避雷器常见故障处理

1. 氧化锌避雷器常见故障类型及其危害

氧化锌避雷器常见故障类型主要有受潮、参数选择不当、结构设计不合理、操作不当、老化。这些故障轻则会造成避雷器绝缘下降、老化加快，重则会引起避雷器在运行电压下或过电压下爆炸损坏而危及系统安全运行。

2. 氧化锌避雷器常见故障原因

（1）避雷器密封不良或漏气，使潮气或水分侵入。主要原因如下：

1）金属氧化物避雷器的密封胶圈永久性压缩变形的指标达不到设计要求，装入金属氧化物避雷器后，易造成密封失效，使潮气或水分侵入。

2）金属氧化物避雷器的两端盖板加工粗糙、有毛刺，将防爆板刺破导致潮气或水分侵入。有的金属氧化物避雷器的端盖板采用铸铁件，但铸造质量极差、砂眼多，加工时密封槽因此而出现缺口，使密封胶圈装上后不起作用。潮气或水分由缺口侵入。

3）组装时漏装密封胶圈或将干燥剂袋压在密封圈上，或是密封胶圈位移，或是没有将充氮气的孔封死等。

4）装氮气的钢瓶未经干燥处理，就灌入干燥的氮气，致使氮气受潮，在充氮时将潮气带入避雷器中。

5）瓷套质量低劣，在运输过程中受损，出现不易观察的贯穿性裂纹，致使潮气侵入。

6）总装车间环境不良，或是经长途运输后，未经干燥处理而附着有潮气的阀片和绝缘件装入瓷套内，使潮气被封在瓷套内。

上述几种途径受潮所产生的结果是相同的。从事故后避雷器残骸可以看出，阀片没有通流痕迹，阀片两端喷铝面没有发现大电流通过后的放电斑痕。而在瓷套内壁或阀片侧面却有明显的闪络痕迹，在金属附件上有锈斑或锌白，这就是金属氧化物避雷器受潮的证明。

（2）参数选择不当原因。近年来在 3～66kV 中性点不接地或经消弧线圈接地系统中的金属氧化物避雷器，在单相接地或谐振过电压下动作损坏较多。分析认为造成金属氧化物避雷器动作时损坏的主要原因是对其额定电压和持续运行电压的取值偏低。

金属氧化物避雷器的额定电压是表明其运行特性的一个重要参数，也是一种耐受工频电压的能力指标。在 GB 11032—2000《交流无间隙金属氧化物避雷器》中对它的定义为"施加到避雷器端子间最大允许的工频电压有效值"。众所周知，金属氧化物避雷器的阀片耐受工频电压的能力是与作用电压的持续时间密切相关的。在定义中未给出作用电压的持续时间，所以不够严密，并且取值也偏低。

持续运行电压也是金属氧化物避雷器的重要特性参数，该参数的选择对金属氧化物避雷器的运行可靠性有很大的影响。GB 11032—2000 对持续电压的定义为"在运行中允许持久地施加在避雷器端子上的工频电压有效值"。它应覆盖电力系统运行中可能持续地施加在金属氧化物避雷器上的工频电压最高值。但是，在 GB 11032—2000 中，把持续运行电压等同于系统最高运行相电压，显然是偏低的。

（3）结构设计不合理原因。

1）有些避雷器厂家片面追求体积小、重量轻，造成瓷套的干闪、湿闪电压太低。

2）固定阀片的支架绝缘性能不良，有的甚至用青壳纸卷阀片，复合绝缘的耐压强度难以满足要求。

3）阀片方波通流容量较小，使用在某些场合不配合。

（4）操作不当原因。运行部门操作不当也是造成金属氧化物避雷器损坏或爆炸的一个原因。操作人员误操作，将中性点接地系统变为局部不接地系统，致使施加到某台金属氧化物避雷器两端的电压大大超过其持续运行电压。例如某地区有两个变电站发生的两起事故就属于操作不当引起的。当时在变压器与系统分开、中性点不接地的情况下，没有合中性点接地开关就进行系统操作，导致金属氧化物避雷器损坏。

（5）老化问题原因。运行统计表明，国产金属氧化物避雷器由于老化引起的损坏极少，而进口金属氧化物避雷器，爆炸的主要原因是阀片的质量差、老化特性不好；另外一个原因是阀片的均一性差，使电位分布不均匀，运行一段时间后，部分阀片首先劣化，造成避雷器参考电压下降，阻性电流和功率损耗增加，由于电网电压不变，则金属氧化物避雷器内其余正常的阀片因荷电率（荷电率为金属氧化物避雷器最大运行相电压的峰值与其直流参考电压或工频参考电压峰值之比）增高，负担加重，导致老化速度加快，形成恶性循环，最终导致该金属氧化物避雷器发生热崩溃。

3. 氧化锌避雷器故障预防措施

（1）提高产品质量，高度重视金属氧化物避雷器的结构设计、密封、总装环境等决定质量的因素。

（2）正确选择金属氧化物避雷器，这是保证其可靠运行的重要因素。对金属氧化物避雷器的选择和应用曾有不少争议，现虽有了 GB 11032—2000 标准，但有的问题并没有完全统一和解决。为保证运行在中性点不接地系统中的金属氧化物避雷器不击穿、不爆炸，在 GB 11032—2000 中采用了提高工频电压耐受时间和直流 1mA 电压的方法，但其他参数如 U_R、U_C 还有待提高，使用条件还有待完善。

（3）加强监测，及时检出金属氧化物避雷器的缺陷。加强监测是保证金属氧化物避雷器安全、可靠运行的重要措施之一。根据规程规定，新投入运行的 110kV 及以上者，投运 3 个月后测量一次运行电压下的交流泄漏电流，以后每半年一次；运行一年后，每年雷雨季节前一次。

八、氧化锌避雷器故障处理案例

某变电站 220kV 1 号主变压器间隔设备检修完毕投运时，变压器保护动作，经检查高压侧 U 相避雷器下端压力释放防爆膜胀开，判断为避雷器在合空载变压器产生的过电压下发生故障损坏，是造成本次变压器投运不成功的主要原因。

1. 原因分析

故障避雷器运行记录表明自运行以来均没有动作过，在本次主变压器操作过程中也没有动作，可以排除避雷器运行以来吸收冲击大电流或工频大电流累积作用的影响。此外避雷器全电流在线检测数据及避雷器预防性试验数据正常，说明避雷器故障前没有明显异常。

从解体情况看，避雷器各密封部位无明显异常，因此避雷器密封不良受潮导致本次故障的可能性不大。

如图 21-1-1 所示，从阀片损坏情况看，阀片绝大部分被电流击穿、开裂，开裂阀片的开裂面大部分有明显工频电流击穿和流通痕迹，只有少数阀片外观结构基本完好。但检查阀片上下端面发现部分阀片内部有裂纹或存在电流击穿点，可见避雷器故障放电不是阀片沿面闪络造成的，而是因阀片老化损坏内部击穿放电造成的。这进一步排除了避雷器受潮导致故障的可能性。因此避雷器因部分阀片老化本身存在缺陷导致避雷器不能承受正常合空载变压器操作而产生的暂态电压而发生热崩溃是避雷器故障放电的根本原因。

从解体后各结构部件绝缘电阻测试结果看，绝缘杆表面遭受电弧作用后绝缘状态良好，绝缘筒内外表面遭受电弧和烟

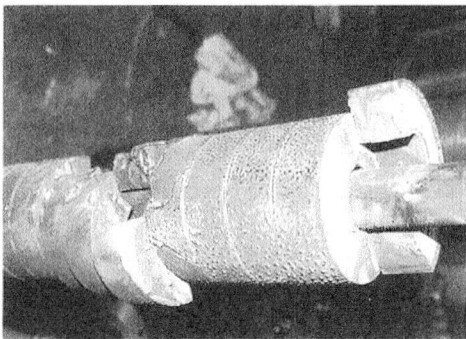

图 21-1-1 避雷器解体阀片损坏情况

熏后绝缘尚可，可排除绝缘杆首先内部绝缘击穿或沿面闪络导致避雷器损坏的可能性，也可排除绝缘筒首先损坏的可能性。而阀片绝缘电阻测试为零值，更证明了阀片经受内部电流击穿或外部绝缘层电弧破坏导致避雷器完全损坏。从上述分析可知避雷器损坏的原因是避雷器部分阀片老化，避雷器本身存在缺陷，在合空载变压器操作中不能承受或吸收正常暂态能量而出现热崩溃，最终导致避雷器阀片击穿损坏。

2. 处理方法

对避雷器进行整组更换。

3. 防范措施

（1）订货时高度重视金属氧化物避雷器的内在品质，综合考虑结构设计、密封、总装环境等决定质量的因素，优先选用信得过、经得起运行考验的厂家的优质产品。

（2）合理选型。一是避雷器应有必要的保护水平；二是避雷器应有足够的使用寿命。对于能够满足绝缘配合要求的，尽量选择较高的额定电压以延缓避雷器的老化过程，提高其工作可靠性。这是保证其可靠运行的重要因素。

（3）加强监测，积极开展红外测温、避雷器运行电压下阻性电流和有功损耗的在线监测，及时检出金属氧化物避雷器的缺陷，是保证金属氧化物避雷器安全、可靠运行的重要措施之一。

【思考与练习】

1. 氧化锌避雷器检修作业前的检查和试验项目有哪些？

2. 简述新氧化锌避雷器安装步骤。

3. 氧化锌避雷器整体更换后的试验项目有哪些？

4. 氧化锌避雷器常见故障类型有哪些？

5. 如何采取措施来预防氧化锌避雷器发生故障？

▶ 模块 2 耦合电容器的检修和常见故障处理（Z15J1002Ⅱ）

【模块描述】本模块包含耦合电容器检修的作业流程、工艺要求及常见故障处理。通过知识要点讲解、典型案例分析、操作技能训练，掌握耦合电容器的基本结构、修前准备、危险点预控、作业步骤、工艺要求、质量标准及常见故障处理方法等操作技能。

【模块内容】

一、作业内容

（1）原耦合电容器的拆除。

（2）新耦合电容器的安装。

二、作业中的危险点分析及控制措施

作业中的危险点分析及控制措施见表 21-2-1。

表 21-2-1 作业中的危险点分析及控制措施

序号	危 险 点	控 制 措 施
1	人身触电	（1）接低压电源应由两人进行，一人监护，一人操作。 （2）检修电源必须带有漏电保护器，移动电具金属外壳必须可靠接地。 （3）搬运长物应放倒搬运。 （4）起重机、斗臂车进入现场应有专人监护、引导，按照指定路线行走，工作前应划定吊臂和重物的活动范围和回转方向，确保与带电体的安全距离。起重机、斗臂车外壳应可靠接地。 （5）耦合电容器引线拆接时应用牢靠的绳索系好拴牢，并与带电体保持安全距离且可靠接地，防止引流线脱落摆动引起放电和人身触电。 （6）在强电场下工作，工作人员应加装临时接地线或使用保安地线
2	误入带电设备	（1）检修地点与相邻带电间隔必须用围栏明显隔离，并悬挂"止步，高压危险"标示牌，标示牌应面对检修设备。 （2）检修中断每次重新开始工作前，应认清工作地点、设备名称和编号，严禁无人监护单人工作
3	高空摔跌	（1）耦合电容器拆接引流线应使用人字梯，梯子应绑牢，防滑；梯上有人，严禁攀爬耦合电容器瓷套。 （2）登高时严禁手持任何工具，或利用梯子运送重物。 （3）梯子与地面的夹角应为 60°。 （4）正确使用安全带，禁止低挂高用。 （5）不准将安全带悬挂在耦合电容器支持绝缘子上或均压环上
4	零部件跌落打击	（1）零部件应用绳子和工具袋上下传递，严禁抛掷。 （2）不准在构架上放置物体和工器具。 （3）吊运材料必须专人监护，上下呼唱，确认吊物下方人员全部撤离方可起吊。 （4）拆装耦合电容器必须用起重机或专用吊具系好、吊稳，且有专人指挥吊运。吊绳应有足够的承载力
5	机械伤害	使用切割机、焊机、磨光机、弯板机、冲孔机等机械应穿防护服、配灭火器、戴防护手套等

三、检修作业前的准备

1. 检修前技术资料的准备

（1）电容器整体或元件更换。

1）总装图、基础图、安装使用说明书，出厂试验报告。

2）电容器的安装地点及安装高度。

3）电容器安装地点周围的电气设备分布状况、安装高度及在检修工作中是否带电。

（2）连接部位的检修。

1）缺陷记录。

2）连接部位的连接方式及受力状况，金属材料的名称及性能特性。

3）若为螺栓连接，螺孔的数量、内径、深度及螺纹参数。

4）引流线连接部位检修时，电容器安装地点周围的电气设备分布状况、安装高度及在检修工作中是否带电。

（3）外绝缘的处理。

1）设备外表面污秽积聚物的特点。

2）如需作涂敷 RTV 涂料的工作，所用 RTV 涂料的使用说明书。

（4）引流线及接地装置的检修。

1）缺陷记录。

2）引流线的型号或接地装置的规格。

3）连接参数。

4）变电站地网图。

2. 检修方案的确定

检修前，检修部门应根据检修内容进行详细、全面的调查分析，编制作业指导书或拟订检修方案。

3. 工器具、材料、试验仪器的准备

（1）检修工作开始前，检修部门应根据检修批准后的检修方案进行人员、工器具、材料、备品、备件的准备。

（2）工器具、材料、备件应按实际需要量进行准备并适当留有裕度。

4. 检修人员的准备

（1）检修人员应熟悉电力生产的基本过程和耦合电容器工作原理及结构，掌握耦合电容器的检修技能，并通过年度《国家电网公司电力安全工作规程》考试。

（2）检修人员必须具备电气一次设备的检修资质并熟悉检修方案。检修工作中至少应有一名检修人员具有担任工作负责人的资格并应有耦合电容器设备检修的工作经验。设备需要吊装时，起重工必须有资质证书并应具有相关的工作经验或经历。

5. 检修环境（场地）的要求

（1）应选择良好的检修场地，周围应无可燃或爆炸性气体、液体或引燃火种，否则应采取有效的防范措施和组织措施。

（2）应选择良好天气进行，必要时需做好防雨、防潮、防尘和消防措施，同时应注意与带电设备保持足够的安全距离，准备充足的施工电源，大型机具、拆卸组部件的放置地点和合理布置等。

四、检修作业前的检查和试验

（1）检查耦合电容器外部瓷套是否完整，检查瓷套表面有无闪络痕迹。必要时必须进行超声波探伤试验，如有破损和裂纹者以及超声波探伤试验不合格者应立即更换。

（2）检查密封是否良好，是否存在渗漏油，若密封不良，应进行修理。

（3）检查引线有无松动、断线或断股现象。

（4）检查末屏是否接地良好或有放电痕迹。

（5）耦合电容器各节的组合及导线与端子的连接，对耦合电容器不应产生附加应力。

（6）垂直安装的每个元件的中心轴线和安装点中心线垂直偏差不应大于该元件高度的 1.5%。

（7）耦合电容器应在检修前测量其绝缘电阻、电容量、介质损耗，测试数据应满足规程要求。

五、耦合电容器的更换作业步骤及质量标准

由于目前各电力公司绝大多数检修单位不具备耦合电容器现场的拆解、内部受潮元件、阀片的处理更换以及更换后的烘干密封等技术条件和手段，所以，目前耦合电容器一经检查试验不合格，就予以更换。因此在这里仅介绍耦合电容器的拆除和安装工作流程及工艺。

1. 原耦合电容器的拆除

（1）拆下耦合电容器引流线并固定绑扎牢靠（使用人字梯或斗臂车，视现场情况而定），一人进行拆线，一人监护，两人扶梯，两人负责地面工作。人力的安排视现场实际确定。

（2）固定吊装工具，可使用拔杆或起重机，但最好用起重机，将绳套系好耦合电容器并用吊具轻微调紧。

（3）拆下底座和耦合电容器之间的紧固螺栓以及与滤波器引线，用吊具将耦合电容器轻轻吊起并缓慢吊至事先规划好的地面位置上。起吊过程应设专人监护，呼应一致，吊臂下严禁有人工作或穿越，起吊时尽可能降低起吊高度，多节耦合电容器应从上至下逐节拆除。

2. 新耦合电容器的安装

（1）耦合电容器安装前检查及标准。

1）说明书、试验报告、合格证等出厂资料完整。

2）瓷件应无裂纹、破损并经超声波探伤试验合格，瓷套与铁法兰间黏合应牢固。

3）耦合电容器各节经试验合格。

（2）检查核实耦合电容器基座安装尺寸和原基础是否合适并采取合理措施，保证新耦合电容器能在原基础上安装合适到位。耦合电容器基座一般经过槽钢坐落在构架上。一般情况下，新耦合电容器基座的安装尺寸和原构架是不对应的，此时可根据现场实际情况在原构架槽钢上按照新基座固定螺栓孔距重新打孔，如果差距较大也可按照新基座和原构架固定螺栓孔距加工槽钢进行过渡，确保新耦合电容器能在原基础上安装合适到位。

（3）用吊绳系好耦合电容器，用吊具将耦合电容器轻轻吊起并缓慢吊至耦合电容器基座上。注意事项同拆除旧耦合电容器，但多节耦合电容器安装时应从下到上逐节安装。

（4）穿上紧固螺栓，并用扳手进行紧固。

（5）接上引流线及末屏和滤波器引线。

（6）进行耦合电容器本体清洁。

3. 质量标准

（1）各连接处的金属接触面应除去氧化膜及油漆，并涂一层中性凡士林或复合脂。

（2）垂直安装，每个元件的中心轴线和安装点中心线垂直偏差不应大于该元件高度的1.5%。如果歪斜，可在法兰间加金属片校正，并将其缝隙用腻子抹平后涂漆处理。均压环应水平安装，不应歪斜。

（3）垫圈、螺母、弹簧垫圈应使用与耦合电容器配套供应的紧固件。

（4）本体、末屏绝缘电阻、各节电容量符合试验规程要求。

六、收尾、验收

全部工作完毕后，应进行现场清理，并由工作负责人进行预验收，无问题后按照本单位有关规定申请正式验收，验收合格并经相关人员签字确认后，全部检修人员撤离工作现场并结束工作票。最后在规定的时间内向上级部门或运行单位提交检修安装的相关资料。

七、耦合电容器常见故障处理

1. 耦合电容器的常见故障类型及其危害

耦合电容器常见故障类型主要有电容芯受潮、密封不良、结构设计不合理、内部元件制造缺陷、绝缘浸渍剂成分不当等。这些故障轻则会造成耦合电容器绝缘下降、渗漏严重、内部放电、电容击穿短路，重则会引起耦合电容器在运行电压下爆炸损坏而危及系统安全运行。

2. 耦合电容器常见故障原因

（1）电容芯子受潮。有的厂家对电容芯子烘干不好，残留较多的水分；有的厂家元件卷制后没有及时转入压装车间压装，造成元件在空气中滞留时间太长，使电容芯子受潮，形成隐患。

（2）密封不良。首先是橡胶密封垫质量不佳，它的油泡溶胀率达不到要求；其次是密封性检查不严；再次是在装配时螺栓紧固不当或经长途运输而松动，从而使密封失效，导致渗漏油，影响绝缘性能。

（3）结构设计不合理。有的出厂成品不能保证在运行温度下恒正压；有的不装或少装扩张器；有的在常压下注油，因而出现负压，容易受潮。

（4）夹板在制造和加工时有缺陷。现场解剖发现，采用环氧玻璃丝板或酚醛布板作为底衬热压成型时，浸渍性差、黏结力差，容易形成气隙，或在割制加工中严重受潮，这些原因都可能使夹板在运行电压下发生局部放电，从而降低夹板的绝缘性能。夹板缺陷是耦合电容器事故的一个很重要原因。

（5）现用的电容器油所含芳香烃成分偏少。电容器油在高电场作用下发生局部放电时，由于离子撞击作用使油分解而析出气体（主要是氢气），同时生成固体蜡状物（X蜡）。而芳香烃是环状结构的不饱和烃，它可与电容器油中析出的氢气结合，防止气体析出。但由于油中含芳香烃较少，致使气体吸收不掉，这就加剧了局部放电，逐渐使介质老化，以致破坏。

（6）元件开焊。耦合电容器由约 100 个元件串联组成，焊头很多、如果有虚焊或脱焊现象时，在运行电压作用下会打火，使油质劣化、介质被腐蚀，造成事故。

另外，在运输过程中，如将设备卧倒放置，往往容易发生元件错位，这也有可能造成类似开焊的缺陷。

（7）设备引线有放电现象。早期产品引线未包绝缘，可能与处于悬浮电位的扩张器放电。应当指出，DL/T 596—2005《电气设备预防性试验规程》规定的试验项目对检出耦合电容器缺陷的效果不够理想。这是因为：

1）正常测量绝缘电阻对检出绝缘缺陷或开焊的效果不好。对于电容元件间的开焊或未焊，一般认为可用绝缘电阻表在测试过程中是否有充电过程或放电时是否有放电声作出判断，但由于耦合电容器由约 100 个的元件串联组成，元件间的连接片间隙很小，绝缘电阻表的电压又高，因此，在充放电过程中均因间隙发生稳定火花放电而难以反映出来。

对于电容元件受潮或局部缺陷，因在串联回路中尚有部分完好的元件，所以也很难发现。如某台耦合电容器已严重受潮，其绝缘电阻尚有 750MΩ。

2）测量电容值对检出受潮和缺油的可能性不大。据报道，对发生事故的耦合电容器，其电容量的变化均在合格的范围内；个别元件击穿所占元件总数的比例也很小。所以在实践中，用电容值的偏差不超过（+10%～5%）标称值的标准来检出受潮和缺陷的可能性不大。另外，测量结果的准确性还受多种因素的影响，例如标准电容器受潮、外界强烈的电场干扰、电桥的接线方式、电桥的精度等，这些都影响检出效果。

3）测量介质损耗因数也难以检出绝缘缺陷。由于耦合电容器是由 100 个左右的电容元件串联而成，测量整体的介质损耗因数不能反映个别元件介质损耗因数的变化。

3. 耦合电容器常见故障的预防措施

（1）提高产品质量，消除先天性缺陷。

（2）应按规定的周期进行渗漏油检查，发现渗漏油时停止使用。

（3）应按规定的周期测量电容值、$\tan\delta$、相间绝缘电阻、低压端对地绝缘电阻。测量结果应符合 DL/T 596—2005 要求。

（4）积极开展新的测试项目，如带电测量电容电流、局部放电、交流耐压试验和色谱分析等。色谱数据分析应以特征气体含量分析为主，其注意值可参考互感器和套管的注意值。

（5）对新装的耦合电容器应选用"在运行温度下始终保持正压力"的产品。

（6）建议制造厂在电容器上加装油位指示器、压力释放装置，对扩张器、销子作等电位连接。出厂试验增加"局部放电测量"数据。

八、耦合电容器故障处理案例

某供电公司一台 OY110/$\sqrt{3}$ –0.006 6，出厂试验 C=0.006 48μF，$\tan\delta$=0.18%，在正常停电试验时发现耦合电容器底部大量渗油，测试 C=6342pF，$\tan\delta$=8.5%，从试验结果和外观检查认为：电容器底部密封不严导致漏油、内部受潮或有放电性故障。

1. 案例分析

（1）解体检查：油全部漏光，内部下底盘上面有水锈痕迹；上端引线已经大部分断裂；最上边三个电容元件边缘有烧损现象。

（2）原因分析。耦合电容器系全密封产品，这种产品的结构是既无放油阀，又无油位指示器，完全是靠上、下法兰间的橡皮垫圈密封，随着时间的推移，由于材料或工艺上的原因，有可能出现密封不良。从理论分析可知，当耦合电容器油全部漏光后，其间介质则由油变为空气，因此其电容量应有所下降，试验数据也证明了这一结论。但由于油量对耦合电容器总体电容量影响甚微，所以往往在试验中已被测量电容器的误差所掩盖，而无法分析出内部是否无油或缺油。

由此可见，耦合电容器的密封破坏是一个值得重视的问题。密封破坏后，内部油会部分或全部流失，芯子容易进水受潮，尽管耦合电容器的设计场强远较一般并联电容器低，留有很大裕度，但其运行多在 110kV 及以上高压系统，当系统内出现过电压时，也十分易于引起这类设备运行中的爆炸事故。

2. 解决措施

进行更换。

3. 防范措施

（1）运行中的耦合电容器应注意检查有无渗漏油，对有渗漏油的设备应退出运行，进行处理，必要时进行更换。

（2）加强技术监督。

1）红外热像可发现设备缺油、整体受潮、介质损耗增大等故障，应在运行中加强红外测温工作。

2）按规定的周期测量电容值、$\tan\delta$、相间绝缘电阻、低压端对地绝缘电阻。测量结果应符合 DL/T 596—2005 要求。

3）积极开展新的测试项目，如带电测量电容电流、局部放电、交流耐压试验和色谱分析等。色谱数据分析应以特征气体含量分析为主，其注意值可参考互感器和套管的注意值。

【思考与练习】

1. 耦合电容器检修作业前的检查和试验项目是什么？

2. 简述耦合电容器的安装步骤。

3. 耦合电容器常见故障类型有哪些？

4. 预防耦合电容器发生故障所采取的措施有哪些？

模块 3　电力电容器的检修和常见故障处理（Z15J1003Ⅱ）

【模块描述】本模块包含电力电容器检修的作业流程、工艺要求及常见故障处理。通过知识要点讲解、典型案例分析、操作技能训练，掌握电力电容器的基本结构、修前准备、危险点预控、作业步骤、工艺要求、质量标准及常见故障处理方法等操作技能。

【模块内容】

一、作业内容

（1）分散式电容器的检修。

（2）集合式电容器的检修。

二、作业中的危险点分析及控制措施

作业中的危险点分析及控制措施见表 21-3-1。

表 21-3-1　　　　　　　　作业中的危险点分析及控制措施

序号	危险点	控 制 措 施
1	人身触电	（1）接低压电源应由两人进行，一人监护，一人操作。 （2）检修电源必须带有漏电保护器，移动电具金属外壳必须可靠接地。 （3）搬运长物应放倒搬运。 （4）起重机、斗臂车进入现场应有专人监护、引导，按照指定路线行走，工作前应划定吊臂和重物的活动范围和回转方向，确保与带电体的安全距离。起重机、斗臂车外壳应可靠接地。 （5）对电容器检查前必须将电容器两相可靠接地或充分放电，对分散式电容器应逐个放电，避免电容器存留电荷伤人
2	误入带电设备	（1）检修地点与相邻带电间隔必须用围栏明显隔离，并悬挂"止步，高压危险"标示牌，标示牌应面对检修设备。 （2）检修中断每次重新开始工作前，应认清工作地点，设备名称和编号，严禁无人监护单人工作
3	高空摔跌	（1）使用梯子应绑牢，防滑；梯上有人。 （2）登高时严禁手持任何工具，或利用梯子运送重物。 （3）梯子与地面的夹角应为 60°。 （4）正确使用安全带，禁止低挂高用
4	零部件跌落打击	（1）零部件应用绳子和工具袋上下传递，严禁抛掷。 （2）不准在构架或引流母排上放置物体和工器具。 （3）吊运材料必须专人监护，上下呼唱，确认吊物下方人员全部撤离方可起吊。 （4）拆装电容器必须用起重机或专用吊具系好、吊稳，且有专人指挥吊运，吊绳应有足够的承载力
5	机械伤害	使用切割机、焊机、磨光机、弯板机、冲孔机等机械应穿防护服、配灭火器、戴防护手套等

三、检修作业前的准备

1. 检修前技术资料的准备

（1）电容器整体或元件更换。

1）总装图、基础图、安装使用说明书，出厂试验报告。

2）电容器的安装地点及安装高度。

3）电容器安装地点周围的电气设备分布状况、安装高度及在检修工作中是否带电。

（2）连接部位的检修。

1）缺陷记录。

2）连接部位的连接方式及受力状况，金属材料的名称及性能特性。

3）若为螺栓连接，螺孔的数量、内径、深度及螺纹参数。

4）引流线连接部位检修时，电容器安装地点周围的电气设备分布状况、安装高度及在检修工作中是否带电。

（3）外绝缘的处理。

1）设备外表面污秽积聚物的特点。

2）如需作涂敷 RTV 涂料的工作，所用 RTV 涂料的使用说明书。

（4）引流线及接地装置的检修。

1）缺陷记录。

2）引流线的型号或接地装置的规格。

3）连接参数。

4）变电站地网图。

（5）绝缘油的补充或更换。

1）缺陷记录。

2）油化验报告。

2. 检修方案的确定

检修前，检修部门应根据检修内容进行详细、全面的调查分析，编制作业指导书或拟订检修方案。

3. 工器具、材料、试验仪器的准备

（1）检修工作开始前，检修部门应根据检修批准后的检修方案进行人员、工器具、材料、备品、备件的准备。

（2）工器具、材料、备件应按实际需要量进行准备并适当留有裕度。

4. 检修人员的准备

（1）检修人员应熟悉电力生产的基本过程及电容器工作原理及结构，掌握电容器的检修技能，并通过年度《国家电网公司电力安全工作规程》考试。

（2）检修人员必须具备电气一次设备的检修资质并熟悉检修方案。检修工作中至少应有一名检修人员具有担任工作负责人的资格并应有电容器设备检修的工作经验。设备需要吊装时，起重工必须有资质证书并应具有相关的工作经验或经历。

5. 检修环境（场地）的要求

（1）检修场地可以设置在设备运行现场，也可设置在检修间内进行，具体应视检修项目及其实施的可行性来确定，同时应根据场所的具体情况做好防火、防雨、防潮、防尘、防摔落、防触电等措施。储油容器、大型机具、拆卸组部件和消防器材应合理布置。

（2）应选择良好的检修场地，周围应无可燃或爆炸性气体、液体，或引燃火种，否则应采取有效的防范措施和组织措施。

（3）应选择良好天气进行，必要时需做好防雨、防潮、防尘和消防措施。

四、检修作业前的检查和试验

（1）检查电力电容器外部瓷套是否完整，检查瓷表面有无闪络痕迹。如有破损和裂纹者应立即更换。

（2）检查密封是否良好，是否存在渗漏油、膨胀、鼓肚现象，若密封不良，应进行修理。

（3）检查引线有无松动、断线或断股现象。

（4）电容器组的接线正确，电压应与电网额定电压相符合。

（5）电力电容器各节的组合及导线与端子的连接，对电力电容器不应产生附加应力。

（6）新装电容器组投入运行前按其交接试验项目试验，应符合 GB 50150—2006《电气装置安装工程 电气设备交接试验标准》的要求。

（7）电容器组三相间容量应平衡，其误差不应超过一相总容量的 5%。

（8）各接点应该接触良好，外壳及构架接地的电容器组与接地网连接应牢固可靠。

（9）放电电阻的阻值和容量应符合规程要求，并经试验合格。

（10）与电容器组连接的电缆、断路器、熔断器等电气元件应完好并经试验合格。

（11）检查电容组安装处通风设施是否合乎规程要求。

（12）集合式电容器还应进行油化验，测试数据满足规程要求。

五、电力电容器的检修作业步骤及质量标准

1. 分散式电容器的检修

（1）电容器逐个放电。

（2）检查各个电容器，箱壳上面的漏油，可用锡铅焊料修补。

（3）套管焊缝处漏油，可用锡铅焊料修补，但应注意烙铁不能过热，以免银层脱焊。

（4）更换损坏的熔断器。

（5）电容器发生对地绝缘击穿，电容器的损失角正切值增大，箱壳膨胀及开路等故障需要在有专用修理电容器设备的工厂中才能进行修理或更换。

（6）分散式电容器单个电容器损坏，如电容量超标、渗漏严重、鼓肚、膨胀、绝缘下降时必须更换。

（7）检查引线是否连接牢靠、平整，有发热时进行处理。

（8）检修完毕后试验。

2. 集合式电容器的检修

（1）坚固化电容器。将箱盖与箱壳的橡皮密封改为电焊焊封，在应有的寿命内，一次用完为止，中间不考虑大修。内部故障必须返厂检修。

（2）非坚固化带有储油柜和呼吸器的集合式电容器。存在下列缺陷的，可在现场处理：

1）箱体有砂眼、密封不良、渗漏油等缺陷，可采取补焊或更换密封垫处理。

2）绝缘冷却油每年取油样进行试验，其击穿电压应不低于 35kV/2.5mm，达不到耐压要求的，可用滤油机进行循环过滤处理，或用合格的变压器油更换。

3）套管开裂损坏的，可更换同类型的套管。

（3）对于箱体内电容单元损坏造成电容量超标的电容器。应通知厂家订购同类型电容单元进行更换，吊芯检查更换电容单元必须在厂家派人协助下修理。具体步骤如下：

1）电容器两相短接对地充分放电。

2）拆除电容器引流线。

3）电容器放油至合适位置。放出的油应储存在专用的油桶中，密封良好，防止受潮。

4）松开大盖螺栓。

5）吊出电容芯子，放置在预定的铺有干净塑料布的位置。起吊过程应设专人监护，呼应一致，吊臂下严禁有人工作或穿越，起吊时尽可能降低起吊高度。

6）对电容单元逐个放电检查电容单元是否有渗漏、变形、鼓肚等现象。

7）用电容表测试电容单元，找到损坏的电容单元并更换。

8）检查引线是否连接牢靠、平整，有发热时进行处理。

9）测量相间电容量偏差符合要求。

10）对电容单元逐个用干净白布清擦表面脏污。

11）更换新密封垫。

12）安装电容芯子。

13）上紧大盖螺栓，应对角逐个上紧，严格控制工艺，防止出现压力不均现象。

14）充入合格的油。

15）试验合格。

16）恢复引线。对各接线板接触面充分打磨并涂电力复合脂，确保连接牢靠。

17）清洗电容器本体，必要时进行补漆。

3. 质量标准

（1）三相电容量的差值宜调配到最小，其最大值与最小值的差，不应超过三相平均电容值的 5%；设计有要求时，应符合设计的规定。

（2）电容器构架应保持其应有的水平及垂直位置，固定应牢靠，油漆应完整。

（3）电容器的配置应使其铭牌面向通道一侧，并有顺序编号。

（4）电容器端子的连接线应符合设计要求，接线应对称一致、整齐美观，母线及分支线应标以相色。

（5）电容器的连接导线宜用软导线，以防热胀冷缩瓷套受力与箱体开焊，渗漏浸渍剂。

（6）凡不与地绝缘的每个电器的外壳及电容器构架均应接地，凡与地绝缘的电容器的外壳均应接到固定的电位上。

六、收尾、验收

全部工作完毕后，应进行现场清理，并由工作负责人进行预验收，无问题后按照本单位有关规定申请正式验收，验收合格并经相关人员签字确认后，全部检修人员撤离工作现场并结束工作票。最后在规定的时间内向上级部门或运行单位提交检修安装的相关资料。

七、电力电容器的故障处理

1. 并联电容器运行中常见的故障及危害

并联电容器常见的故障主要有渗漏油、外壳膨胀变形、温度过高、外绝缘闪络、异常声响、额定电压选择不当等，其主要危害为电容器绝缘下降、电容击穿、保护动作，无功投入不足，甚至爆炸起火危及系统安全运行。

2. 并联电容器常见故障的原因

（1）渗、漏油。它是一种常见的异常现象，主要原因：出厂产品质量不良；运行维护不当；长期运行缺乏维修，以导致外皮生锈腐蚀而造成电容器渗、漏油。处理：若外壳渗、漏油不严重可将外壳渗漏处除锈、焊接、涂漆。

（2）电容器外壳膨胀，说明内部已出现严重的绝缘故障，应更换电容器。

（3）电容器温升高，应改善通风条件。如其他原因，应查明原因进行处理。如系电容器的问题应更换电容器。

（4）电容器绝缘子表面闪络放电。其原因是瓷绝缘有缺陷、表面脏污，应定期检查，清理脏污，对分散式电容器，套管绝缘不能恢复时应更换电容器单元。

（5）异常声响。电容器在正常情况下无任何声响，发现有放电声或其他不正确声音，说明电容器内部有故障，应立即停止电容器运行，进行检修或更换电容器。

（6）电容器额定电压选择不当。并联电容器一般都带有串联电抗器，由于电抗器电压和电容器电压相位相反，在母线电压一定的情况下，会造成电容器相间电压增大，因此在电容器选型订货时，必须按照串联电抗率选择合适额定电压的电容器。如果电容器额定电压选择较低，则由于电容器过压能力较弱，势必大大缩短电容器的使用寿命。

3. 并联电容器异常及预防措施

（1）投入电容器组时产生的涌流。并联电容器组投入时，不仅会产生过电压，同时产生幅值很大、频率很高的涌流。在电网中，为了调节无功功率，有时将电容器分组，每组电容器由一台断路器控制。在电容器上串联电抗器可以限制涌流。

（2）投入电容器引起瞬间过渡电压下降。

1）故障原因分析。当无电压的并联电容器投入电路中的瞬间（$t=0$），电容器的电抗值近似为零，与电容器连接的母线电压降低值将取决于电源侧的电抗和电容器串联的电抗的比例。

2）防止措施。一般在投入并联电容器时，希望过渡电压值限制在 5%～10%，其串联电抗器的规格应根据所允许的瞬间过渡电压降低值来决定，应采用电抗值不变的空心电抗器。

（3）由系统中的高次谐波电压、电流引起的异常处理。

1）故障原因分析。在无串联电抗器的情况下，将电容器投入运行，回路中的 5 次谐波电压将增大，与谐波电流和基波电流相叠加，引起异常过电流。

2）防止措施。主要是在电容器中串联 6% 的电抗器，此时，对 5 次以上的谐波电容器电路的阻抗必然为感性的，这样使 $E_0 > U_N$，即 5 次谐波波电压减小。

（4）高次谐波引起的谐振过电压。

1）故障原因分析。配电网络的阻抗和电容器组的电容器可以看成一个 RLC 串联电路，这个电路产生串联谐振。

2）防止措施。若安装地点运行电压不高，但过电流严重，则主要考虑波形畸变问题。在电容器回路中串联电抗器，电抗器感抗值选择应该在任一谐波下均使电容器回路的总电抗为感性而不为容性，从根本上清除谐波谐振的可能性；采取必要的分组方式，可避免分组电容器投到谐振点上，同时也可避免出现过大的谐波电流放大倍数。

（5）切断电容器组引起的异常处理。并联电容器运行时，通常分成几组，根据无功负荷的大小或电压的高低，决定投切的组数，并联电容器组切除时常出现过电压。我国 10～63kV 系统为中性点不接地的小电流接地系统，无功补偿用的电容组均采取中性点绝缘的形式。运行经验证明，在切断电容器组时会产生重燃过电压而引起事故。主要限制措施为：

1）采用无重燃断路器。由于切断电容器组的过电压是由断路器重燃引起的，所以采用无重燃断路器是一项有效的措施。

2）装设金属氧化物电容器。这是我国使用最多的降压措施。

3）装设阻容限压器。其中电容约 0.5μF，电阻 R 为数百欧姆至数千欧姆。

4）断路器加装并联电阻。

5）在电抗器两端并联过电压保护器。

6）采用 SF_6 断路器。

4. 并联电容器过负荷的处理

（1）引起并联电容器过负荷的原因。

1）实际运行电压高于电容器的额定电压。

2）谐波电压所引起的过电流。

（2）防止措施。

1）对过电压引起的过负荷应采取措施降低连接电容器的母线电压，如调整变压器的分接头等。若电压波动幅值较大，可装设按电压自动投切电容器的装置。

2）若电容器安装地点运行电压并不高，但电容器过电压严重，则须考虑供电网络高次谐波的影响。

八、电力电容器故障处理案例

某变电站 10kV 2 号电容器组（型号 BFF6-10.5/$\sqrt{3}$ -334-1W），投运时间不长，就多次发生电容单元损坏，不平衡电流保护动作，导致该站无功投入不足。

1. 原因分析

（1）电容器制造质量差。该站选用的电容器为国内某大型电容器厂家产品，且在该供电公司运行有数十套之多，故障率极低，经得起运行考验。因此产品质量原因可以基本排除。

（2）电容器频繁投切产生过电压的危害。由于电容器投切比较频繁，在频繁过电压的作用下，电容器的局部放电不断得到激发而加剧，其结果必然对绝缘介质的老化和电容量的衰减起促进作用，一般认为电压升高 10%，电容器寿命缩短一半。

GB/T 12747.1—2004《标称电压 1kV 及以下交流电力系统用自愈式并联电容器安装和运行导则》中规定电容器操作每年不超过 5000 次，原因是投入电容器所产生的过电压虽然是瞬间的，但由于过电压对绝缘介质积累效应，会加速绝缘介质的老化，逐步发展到电击穿甚至爆炸。但根据该电容器投运时间不长、操作次数不多且过电压测试数据显示未出现较重过电压的事实，可以排除此原因。

（3）高次谐波的危害。谐波能导致系统运行电流、电压正弦波形畸变，加速绝缘介质老化，降低设备使用寿命或因长期过热而损坏，特别是当高次谐波发生谐振时，最易使电容器过负荷、过热、振动，甚至损坏。检查系统电压质量测试数据，发现谐波分量较低，未出现较严重的 3 次、5 次及以上谐波分量，同时邀请电科院测试电容器投运涌流倍数最大为 9 倍的额定电流，因而此原因也不成立。

（4）设计不合理、选型不当。由于电容器过电压能力较低，且一般情况下都带有串联电抗器，串联电抗器和电容器的电压相位相反，母线电压和电容器电压及电抗器电

压的关系为 $U_C=U_N+U_L$，可见电抗器起到了抬高电容器相间电压的作用，抬高电压的数值取决于电抗率的大小。此案例中，母线电压为 10kV，电容器的额定电压为 $10.5/\sqrt{3}$ kV，串联电抗率 12%，实际运行中长期加在电容器相间电压为 $11.2/\sqrt{3}$ kV，可见电容器额定电压选择较低，是造成电容器频繁损坏的主要原因。同时，由于系统中谐波含量较少，但设计时选用 12%电抗率的串联电抗器，因此电抗器的电抗率选择也不合适。

2. 处理措施

根据原因分析，一是将原电容器更换为额定电压 $11.5/\sqrt{3}$ kV 的电容器，二是根据系统实际谐波分量较小的实测结果，将电抗器更换为 1%电抗率的电抗器。最后考虑经济性，选择第二种方案更换电抗器后，电容器运行恢复正常。

3. 预防措施

（1）加强变电站无功补偿装置的设计和选型。一是避免电抗器电抗率选择不当；二是根据所配电抗器电抗率的大小正确选择电容器额定电压，防止电容器额定电压选择较低造成运行中电容器频繁损坏事故。

（2）减少投切次数。采取电容器组循环投切，同时延长自动补偿装置控制器的延时时间间隔，从而减少投切次数，使得每组电容器操作每年不超过 5000 次。

（3）加强对电网高次谐波成分的管理。采取加装串联电抗器或滤波装置的办法对谐波加以抑制，提高电网供电质量。

【思考与练习】

1. 电力电容器检修作业前的检查与试验项目有哪些？

2. 简述分散式电容器的检修步骤。

3. 简述集合式电容器的检修步骤。

4. 并联补偿电容器常见的故障主要有哪些？

5. 并联补偿电容器异常现象有哪些？如何进行处理？

▲ 模块4 高压电容器的运行与维护（Z15J1004Ⅱ）

【模块描述】本模块包含高压电容器组的运行要求、投切原则、常见异常与处理及其巡视检查等知识。通过对知识的讲解，掌握高压电容器的主要技术参数、接线及运行方式、运行操作及注意事项、异常及事故处理、巡视检查等知识。

【模块内容】

一、高压电容器组的运行要求

（一）运行温度

温度包括环境温度、电容器内部温度。

1. 环境温度

电容器和其他的电气设备不同，它通常都在满负荷下较长时间运行，而其他电气设备则负荷随时变化，温升也随之增高或降低。因此电容器制造设计的运行温升要较其他电气设备的温度低。电容器运行时的冷却空气温度即在电容器组的最热区域中两台电容器中间的空气温度应不超过表 21-4-1 所列各温度类别的最高环境温度。

表 21-4-1 高压电容器环境温度要求 （℃）

温升等级 \ 温度	最高	24h 平均温度	年平均最高温度
A	40	30	20
B	45	35	25
C	50	40	30
D	55	45	35

2. 电容器内部温度

这个温度决定于电容器的有功损耗。电容器的有功损耗决定于电容器的介质损耗 $\tan\delta$。电容器的介质损耗 $\tan\delta$ 越大，有功的损耗就越大，电容器的温升就越高。如膜纸复合电容器 $\tan\delta$ 为 0.06%～0.08%，全膜电容器 $\tan\delta$ 为 0.02%。膜纸复合电容器的有功损耗是全膜电容器的 3～4 倍。所以在同样的运行条件下，膜纸复合电容器要比全膜电容器的故障要高。

3. 降低运行温度的措施

（1）在高温地区尽量采用全膜电容器；

（2）在日照强烈的地方及高温地区应选用较高一级温度类别的产品；

（3）户外安装的电容器应注意尽量使电容器的小面朝向太阳直射时间较长的方向；户内安装的电容器，房屋应宽敞，进通风口要合理，尽量不要靠墙安装。必要时强制通风措施。

（二）运行电压

电容器在运行中可以承受的过电压倍数与持续时间成反比，见表 21-4-2。

表 21-4-2 电容器过电压倍数与持续时间关系表

过电压倍数	持续时间	说　明
1.05	连续	
1.10	每 24h 中 8h	指长期过电压的最高值应不超过 1.10
1.15	每 24h 中 30min	系统电压调整与波动

续表

过电压倍数	持续时间	说　明
1.20	5min	轻负荷时电压升高
1.30	1min	

（三）运行电流

运行电流可以分为额定电流和允许稳态过电流。电容器应能在有效值为 $1.3I_N$ 的稳定电流下运行。这种过电流是过电压和高次谐波造成的，对于具有最大电容正偏差的电容器，这个过电流允许达 $1.43I_N$，过电流性能主要是限制谐波产生的过电流。因为工频电流已经由工频过电压所限制，如 $1.3I_N$ 过电流中，工频过电流不得超过 $1.1I_N$，其余电流是谐波电流，该电流是工频电流和高次谐波电流的合成电流。由于要求工频电压不得超过 $1.1U_N$，此时对应的高次谐波电流不超过 $0.69I_N$。

在实际的供电网络中，运行电压的升高和电源电压中的谐波往往是同时存在的。如果要求电容器的实际无功功率不超过额定无功功率 Q 的 1.35 倍运行，而电容器设计是按 1.44 倍额定容量设计的，热稳定也按这个要求进行，因为电容器是有一定安全裕度的。

二、高压电容器组的投切原则

电容器组的投切应根据系统的无功潮流和电压情况来决定，分组电容器投切时，不得发生谐振（尽量在轻负荷时切出）；采用混装电抗器的电容器组应先投电抗值大的，后投电抗值小的，即先投谐波次数较低的，后投谐波次数较高的。切时与之相反，投切一组电容器引起母线电压变动不宜超过 2.5%。在出现保护跳闸或因环境温度长时间超过允许温度以及电容器大量渗油时禁止合闸，电容器温度低于下限温度时避免投入操作。电容器组开关跳闸后，故障原因未查清前不得投入装置。

电容器停用时，应先拉开断路器，再拉开电容器侧隔离开关，后拉开母线侧隔离开关，投入时顺序与此相反。电容器组的断路器第一次合闸不成功，必须待 5min 后再进行第二次合闸，事故处理亦不得例外。全站停电及母线系统停电操作时，应先拉开电容器组断路器，再拉开各馈线的出线断路器，恢复供电时则反之。

禁止空母线带电容器组运行，变电站全站停电或接有电容器的母线失电压时，应先打开该母线上的电容器组断路器，再拉开线路断路器，来电后根据母线电压及系统无功功率补偿情况最后决定投入电容器组。

三、高压并联电容器常见异常处理

（1）外壳鼓肚变形。

产生原因：介质内产生局部放电，使介质分解而析出气体；部分元件击穿或极对外壳击穿，使介质析出气体。

处理方法：立即将其退出运行。

（2）渗漏油。

产生原因：搬运时直接搬瓷套，使法兰焊接脱银，出现裂缝；接线时拧螺栓过力，瓷套脱银；产品制造缺陷；温度急剧变化；漆层脱落，外壳锈蚀。

处理方法：改进接地方法，消除接线应力，接线时勿搬瓷套，勿用猛力拧螺帽；防曝晒，加强通风；及时除锈、补漆。

（3）温度过高。

产生原因：环境温度过高，电容器布置过密；高次谐波电流超标影响；频繁切电容器组，反复受过电压作用；介质老化，损耗不断增大。

处理方法：改善通风条件，增大电容器间距；加装串联电抗器；采取措施，限制操作过电压及涌流幅值；及时更换缺陷电容器。

（4）壳体爆裂。

产生原因：内部发生极间、极对壳击穿，而保护又设置错误；熔断器质量不好，拒动，工频能量进入引起外壳爆裂。

处理方法：立即断电，用沙子、灭火器灭火；检查保护，更换合格的外熔断器。

（5）单台熔丝熔断。

产生原因：过电流；电容器内部短路；外绝缘故障。

处理方法：严格控制运行电压；限制高次谐波；测量绝缘；对于双极、对地绝缘电阻不合格或交流耐压不合格的电容及时更换，投入后继续熔断，则退出该电容器；查明原因，更换外熔断器。

四、高压并联电容器的巡视检查

电容器组在运行中应定期巡视，有人值班变电站每日不少于一次，无人值班变电站每周不少于一次。

巡视检查的项目如下：

1. 外观检查

检查电容器的外熔断器是否动作，套管是否清洁，外壳是否膨胀，油箱各部位是否渗油，有无异声，引线连接各处有无脱落或断线，各接触点有无发热变色现象，各处母线有无烧伤过热现象，支持绝缘子是否清洁，接地线的连接状况及室内通风情况。

仪表指示：检查电流表、电压表和温度计的指示，各种表计应在所标红线的允许范围内。

2. 检查附属设备

包括开关、互感器、串联电抗器、放电绕组、避雷器、继电保护装置和自动投切装置的运行情况，定期检查避雷器动作指示。如因操作电容器组引起避雷器多次动作时，应检查避雷器参数是否合适、开关重击穿与否或弹跳情况。

3. 巡视中发现问题应做好记录

巡视发现重大问题应汇报当值调度员，及时组织力量解决。熔断器在运行中发生熔断，初步认定电容器电容量无变化时，可以更换相同规格的熔断器再送一次，如果再次熔断，必须经过试验鉴定，确认电容器无异常时才可更换熔丝再投。

4. 巡视要求

正常巡视周期：多班制的变电站除交接班巡视外，每 4h 巡视一次；两班制变电站，每值各巡视一次；无人值班变电站每周定期巡视一次；当班值班长，当值期间巡视一次；变电站站长每周巡视一次，每星期夜间熄灯巡视一次。

巡视项目如下：

（1）检查瓷套绝缘有无破损裂纹、放电痕迹，表面是否清洁；

（2）母线及引线是否过紧过松，设备连接处有无松动、过热；

（3）设备外表涂层是否变色、变形，外壳有无鼓肚、膨胀变形，接缝有无开裂、渗漏油现象，外壳温度应不超过 50℃；

（4）电容器编号是否正确，各接头有无发热现象；

（5）熔断器、放电回路完好，接地装置、放电回路是否完好；接地引线有无严惩锈蚀断股，熔断及指示灯是否完好；

（6）电容器干净整洁，照明通风良好，室温不超过或低于电容器温度类别的上下限温度，门窗关闭严密；

（7）电抗器附近无磁铁、杂物存在，油漆无脱落，线圈无变形，无放电及焦味，油浸电抗器应无渗漏油；

（8）电缆挂牌是否齐全、内容是否正确、字迹是否清楚，电缆外皮有无损伤，支撑是否牢固，电缆和电缆头有无渗油漏胶，有无火花放电等现象。

5. 特殊巡视周期

环境温度超过规定温度时应采取降温措施，并应每 2h 巡视一次；对于户外布置的电容器组，雨雾天、雪天应每 2h 巡视一次，狂风、暴雨、雷电、冰雹之后应立即巡视一次，设备投入运行后的 72h 内，每 2h 巡视一次，无人值班变电站每 24h 巡视一次。

巡视项目如下：

（1）雷、雾、雪、冰雹天气应检查瓷绝缘有无破损裂纹、放电现象，表面是否清洁，冰雪融化后有无悬挂冰柱，接头有无发热，建筑物及设备构架有无下沉倾斜、积水、房屋漏水，大风后检查设备和导线上有无悬挂物，有无断线。

（2）大风后检查母线及引线是否过紧、过松，设备连接处有无松动过热现象。

（3）雷电后应检查瓷绝缘有无破损、放电痕迹。

（4）环境温度超过或低于规定温度时，检查示温蜡片是否齐全、熔化。

（5）断路器故障跳闸后应检查电容器有无烧伤、变形、位移等，导线有无短路，电容器温度外壳有无异常。熔断器、放电回路、电抗器、电缆、避雷器是否完好。

（6）系统异常（如振荡、接地、低周或铁磁谐振）运行消除后，应检查电容器有无放电、温度、声响，外壳有无异常。

（7）电容器断路器故障跳闸后，应立即对电容器组的断路器保护装置、电容器、电抗器、放电线圈、电缆等设备进行全面检查，系统接地、谐振异常运行时，应增加巡视次数。

【思考与练习】

1. 电容器组在投切时，应先投串联电抗率小的组别吗？为什么？

2. 造成电容器过热的主要原因有哪些？

3. 全膜结构的电容器相比膜纸复合的电容器有哪些优点？

◢ 模块 5　高压电抗器的检查、维护（Z15J1005Ⅱ）

【模块描述】本模块介绍了电抗器的基本结构、工作原理以及电抗器检修项目、周期及质量标准，通过原理讲解、工艺要求介绍，掌握电抗器的检查、维护的内容和要求。

【模块内容】

一、电抗器基本结构和原理

（一）电抗器的基本结构

1. 空心式电抗器

空心式电抗器的结构形式多种多样。如用混凝土将绕好的电抗器绕组装成一个牢固的整体，则称为水泥电抗器；如用绝缘压板和螺杆将绕好的绕组拉紧，则称为夹持式空心电抗器；如将绕组用玻璃丝包绕成牢固整体，则称为绕包式空心电抗器。空心电抗器通常是干式的，也可以是油浸式结构。

（1）水泥电抗器。它是一个无导磁材料的空心电感线圈。电抗器的绕组是用导线在同一平面上绕成螺线形的饼式线圈叠成，沿线圈圆周均匀对称的位置上设有支架并浇灌混凝土成为混凝土支柱作为管架，将饼式线圈固定在管架上。

（2）干式空心电抗器。干式空心电抗器的优点：维护简单，运行安全；无导磁材料，不存在铁磁饱和，电感值不会随电流变化而变化；线性度好；采用铝合金星形吊臂结构，机械强度高，涡流损耗小，可满足绕组分数匝的要求；所有接头全部焊接到上、下吊架的铝接线臂上，一般不用螺栓连接，以保证绕组的高度可靠性；并可避免油浸式电抗器漏油、易燃等缺点。

其结构是：

1）线圈的导线截面可分成许多绝缘的小截面铝导线（$\phi 2 \sim \phi 4$），多股导线平行绕制可以进一步降低匝间电压；匝间绝缘强度高，可降低由谐波引起的涡流和漏磁损耗，具有高品质因数。

2）采用多层并联绕组结构，层间有通风道，线圈层间采用聚酯玻璃纤维引拔棒作为轴向散热气道，对流自然，冷却散热好，由于电流分布在各层，更能满足动、热稳定的要求。

3）根据需要，电抗器绕组的电感可以做成带抽头可调或者连续可调，电感的变化可达 ±5% 或更大，绕组外部由环氧树脂浸透的玻璃纤维包封整体高温固化，整体性强，噪声水平低于 60dB，机械强度比铝、铜高几倍，可耐受大短路电流的冲击。

4）电抗器外表面涂以三层特殊抗紫外线、抗老化的硅有机漆，能承受户外恶劣的气象条件，使用寿命可达 30 年。

2. 铁芯式电抗器

铁芯式电抗器也有单相与三相、油浸式与干式之分。铁芯带气隙是铁芯电抗器铁芯式的特点。由于衍射磁道包括很大的横向分量，它将在铁芯和绕组中引起极大的附加损耗。因此，为减小衍射磁通，需将总气隙用硅钢片卷成的铁饼划分为若干个小气隙，铁饼的高度通常为 50～100mm，视电抗器的容量大小而定，与铁轭相连的上、下铁芯柱的高度应不小于铁饼的高度。铁芯柱气隙是靠垫在铁饼间的绝缘垫板形成的，绝缘垫板的材质可选用绝缘纸板、玻璃布板、石板等。由于各个铁饼被绝缘垫板隔开，所以必须把它们用接地片连接起来，并把它们连接在下部铁芯柱上，上部铁芯柱与上端第一个铁饼之间不用接地片连接，便于调节气隙大小时拆卸上部铁芯。为了使带气隙的铁芯形成一个牢固的整体，可以采用拉螺杆结构将上、下铁轭夹件拉紧，为了使铁饼形成一个整体，通常采用穿芯螺杆结构。铁芯式电抗器的铁芯结构如图 21-5-1 所示。

较大容量的铁芯电抗器，为了减少气隙处横向磁通在铁饼中所引起的附加损耗，通常采用辐射形铁芯，如图 21-5-2 所示。电抗器绕组、器身绝缘、引线及外壳等结构与电力变压器基本相同。

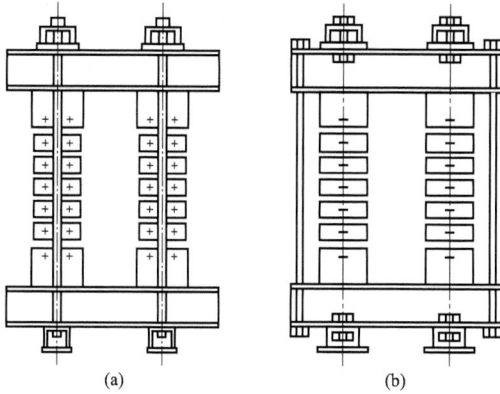

图21-5-1 铁芯式电抗器的铁芯结构

（a）拉紧螺杆穿过铁柱与绕组之间；（b）拉紧螺杆位于绕组外面

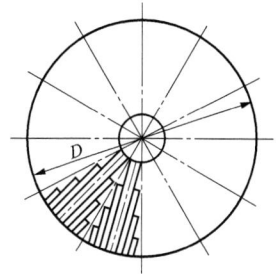

图21-5-2 辐射形铁芯
电抗器结构

3. 饱和电抗器与自饱和电抗器

（1）饱和电抗器。

1）单相饱和电抗器的两个铁芯如图21-5-3（a）和图21-5-3（b）所示排列。

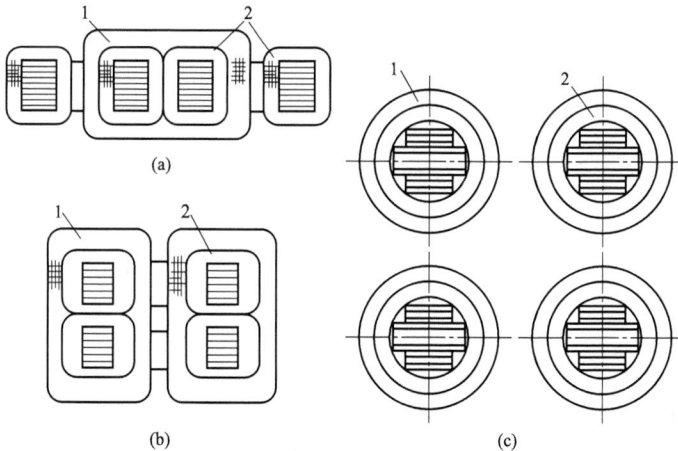

图21-5-3 单相双铁芯饱和电抗器的铁芯和绕组布置

（a）铁芯并列与绕组布置；（b）铁芯双叠与绕组布置；（c）各自铁芯与绕组布置

1—直流绕组；2—交流绕组

图 21-5-3（a）和图 21-5-3（b）中，在两个铁芯的相邻铁柱上绕一个公共的直流绕组，这样可比图 21-5-4 中双铁芯饱和电抗器的两个分开的直流绕组省

铜。但大容量饱和电抗器为了制造方便，有时每个铁芯仍有各自的直流绕组，如图 21-5-3（c）所示。

此时，为了减小单个直流绕组的基波感应电动势，两个铁芯的相邻铁柱上的直流绕组可以分层交叉串联。

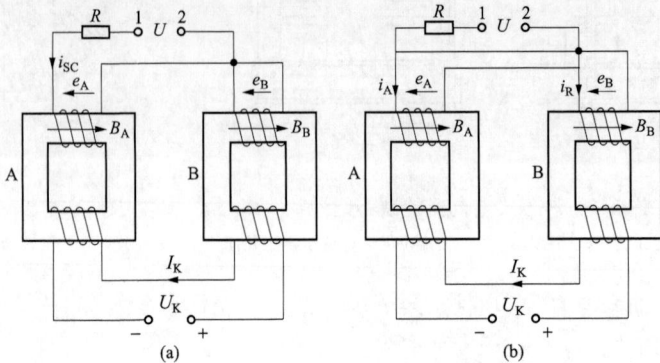

图 21-5-4　双铁芯饱和电抗器原理
(a) 两交流绕组串联；(b) 两交流绕组并联

根据饱和电抗器的性能要求，铁芯的 B-H 曲线希望在饱和以前尽量陡、饱和以后尽量平，为此，最好采用冷轧硅钢片的卷铁芯，但大型铁芯一般仍用叠积式。

2）三相饱和电抗器结构如图 21-5-5 所示。六铁芯式三相饱和电抗器由三个单相双铁芯饱和电抗器组成，三铁芯式三相饱和电抗器由三个单相单铁芯饱和电抗器构成。每个铁芯为单柱旁轭式，三个铁芯中磁通的波形相同而相位彼此相差 120° 电角度，由此引起的控制绕组中的基波感应电动势互相抵消，只剩下三次谐波。为削弱三次谐波对控制回路的影响，也可加设一个包绕三个铁芯的短路绕组，使三次谐波电流能在其中流通。

（2）自饱和电抗器。自饱和电抗器结构如图 21-5-6 所示。自饱和电抗器的铁芯采用冷轧硅钢片卷成环形铁芯卷后退火，为了散热和制造方便，铁芯是分断的，多个铁芯叠在一起。因电流大，所以交流绕组是用铜管做成单匝贯通式。如果交流绕组是多匝的，则采用铜排绕制而成，有时还设偏移绕组。偏移绕组的磁通势方向与交流绕组同向而与控制绕组反向，其目的是减小最小压降和改善控制特性。

（二）电抗器的原理、用途及分类

电抗器在电路中是用作限流、稳流、无功补偿、移相等的一种电感元件。

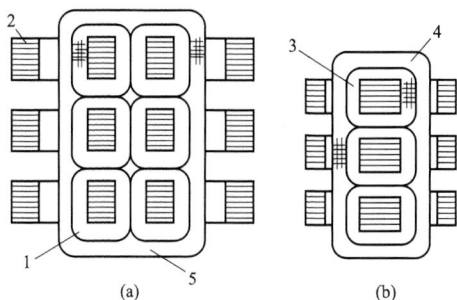

图 21-5-5 三相饱和电抗器结构示意图
（a）六铁芯式；（b）三铁芯式
1、3—交流绕组；2—铁芯；4、5—直流绕组

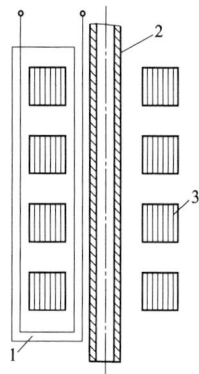

图 21-5-6 自饱和电抗器
结构示意图
1—直流控制绕组；2—交流工作绕组；
3—铁芯

从用途上看,其主要可分为两种:① 限流电抗器,用于限制系统的短路电流;② 补偿电抗器,用于补偿系统的电容电流。

按电抗器的结构类型可分为三大类:① 带铁芯的电抗器,称为铁芯电抗器;② 不带铁芯的电抗器,称为空心电抗器;③ 除交流工作绕组外还有直流控制绕组的电抗器,称为饱和电抗器与自饱和电抗器。

电抗器的接线方式又分串联和并联两种。串联连接电抗器的作用是电网发生短路故障时限制短路电流不超过一定的限值,以减轻相应输配电设备的负担,从而可以选择轻型电气设备,节省投资。在母线上装设并联连接电抗器,当发生短路故障时,电压降主要发生在电抗器上,起无功补偿作用,这样使母线保持一定的电压水平。

下面列举常见的几种电抗器:

（1）限流电抗器（XKK）。串联连接在系统上,在系统发生故障时用以限制短路电流,将短路电流降低至其后接设备允许的容许值。

（2）串联电抗器（CKK、CKKT）。它在并联补偿电容器装置中与并联电容器串联连接,用以抑制高次谐波,减少系统电压波形畸变和限制电容器回路投入时的冲击电流。

（3）并联电抗器（BKK）。它并联连接在 220kV 及以上变电站低压绕组侧,用于长距离轻负载输电线路的电容无功补偿。

（4）滤波电抗器（LKK、LKKT、LKKDT）。它与并联电容器组串联使用,组成谐振回路,滤除指定的高次谐波。

（5）中性点接地限流电抗器（ZJKK）。它是接在系统中性点和地之间，用于将系统接地故障时相对地电流限制在适当数值的单相电抗器。

（6）阻尼电抗器（ZKK）。它与电容器串联，专门用来限制电容器组投入交流电网时的涌流。

（7）分裂电抗器（FKK）。在配电系统中，正常运行时分裂电抗器电感很低，一旦出现故障，则对系统呈现出较大的阻抗，以限制故障电流。这种电抗器使用在所有情况下保持隔离的两个分离馈电系统。

（8）均荷电抗器（JKK）。用于平衡并联电路的电流。

（9）防雷线圈（FLQ）。它是小容量变电站雷电防护特种电抗器绕组，与电力线路串联连接于变电站线路入口，用以降低雷电侵入波陡度，限制雷电流幅值，同时还兼有限制短路电流的作用。

（三）电抗器各种标志的意义和识别方法

电抗器产品型号字母代表含义见表 21-5-1。

表 21-5-1 电抗器产品型号字母代表含义

序号	分　类	含　义	代表字母
1	类型	"并"联电"抗"器	BK
		"串"联电"抗"器	CK
		"分"裂电"抗"器	FK
		"滤"波电"抗"器（调谐电抗器）	LK
		中性点"接"地电"抗"器	JK
		"限"流电"抗"器	XK
		接地变压器（中性点耦合器）	DK
		"平"波电"抗"器	PK
		"消""弧"线圈	XH
2	相数	"单"相	D
		"三"相	S
3	绕组外绝缘介质	变压器油	—
		空气（"干"式）	G
		浇注"成"型固体	C
4	冷却装置种类	自然循环冷却装置	—
		"风"冷却装置	F
		"水"冷却装置	S
5	油循环方式	自然循环	—
		强"迫"油循环	P

序号	分　类	含　义	代表字母
6	结构特征	铁芯 "空"心	— K
7	绕组导线材质	铜 "铝"	— L

电抗器的铭牌上标示出它的额定电压、各分接头的额定电流、额定容量、油面温升、工作时限等参数。

电抗器型号组成如下所示：

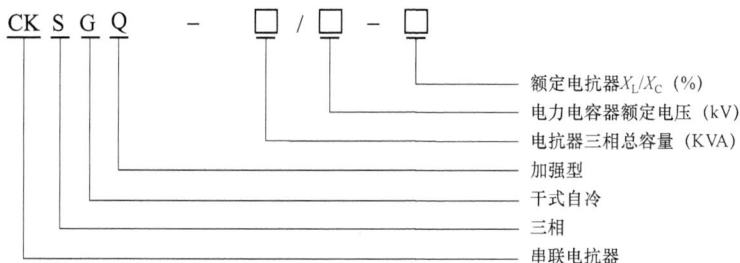

CK S G Q　-　□／□-□

——— 额定电抗器X_L/X_C（%）
——— 电力电容器额定电压（kV）
——— 电抗器三相总容量（KVA）
——— 加强型
——— 干式自冷
——— 三相
——— 串联电抗器

二、电抗器的检修

（一）油浸式电抗器的检修

油浸式电抗器的检修参照油浸式变压器的检修。

（二）干式电抗器的检修

1. 检修周期

干式电抗器的检修周期取决于干式电抗器的性能状况、运行环境，以及历年运行状况和预防性试验等情况。根据干式电抗器的结构特点，本模块所指的检修是电抗器在运行现场的小修和故障处理。若电抗器存在严重故障或产品质量问题，在现场无法处理时，应更换或返厂处理。

2. 检修评估

（1）检修前评估。检修前评估的目的是确定检修性质和范围，干式电抗器有无修复的价值。

1）检修前查阅档案，了解干式电抗器的结构特点、性能参数、运行年限、例行检查、定期检查、历年检修记录、曾发生的缺陷和异常（事故）情况及同类产品的障碍或事故情况。

2）评估现场检修对消除干式电抗器缺陷的可能性。

（2）检修后评估。检修后评估的目的是确定检修的质量、能否安全投入运行，以及应该注意的问题。

根据检修时发现的异常情况及处理结果，应对干式电抗器进行检修评估，并对今后设备的运行做出相应的规定。评估内容如下：

1）检修是否达到预期目的。

2）检修质量的评估。

3）检修后如果仍存在无法消除的缺陷，应对今后的设备运行提出限制，并纳入现场运行规程和例行检查项目。

4）确定下次检修性质、时间和内容。

3. 检修人员的要求

（1）检修人员应熟悉电力生产的基本过程及干式电抗器工作原理和结构，掌握干式电抗器的检修技能，并通过年度《国家电网公司电力安全工作规程》考试。

（2）工作负责人应取得变电检修专业高级工及以上技能鉴定资格。

（3）现场起重工、电焊工应持证上岗。

4. 检修现场的要求

（1）检修场地周围应无可燃或爆炸性气体、液体或引燃火种，否则应采取有效的防范措施和组织措施。

（2）在现场进行干式电抗器的检修工作应注意与带电设备保持足够的安全距离，准备充足的施工照明和检修试验电源，安排好拆卸附件的放置地点等。

（3）检修设备应停电，在工作现场布置好遮栏等安全措施。

5. 检修前的准备

主要强调检修工作之前要认真编制详细的检修方案，其中有组织措施、技术措施以及安全措施等，同时准备好检修用的施工设备及材料。

（1）检修作业指导书的准备。检修前应编制完善的检修作业指导书，其中包括检修的组织措施、技术措施和安全措施。主要内容如下：

1）准备工作安排，包括停电申请、工作票等。

2）人员要求及分工。

3）作业流程图，应体现施工项目及进度。

4）消缺项目、检修项目和质量标准。

5）特殊项目的施工方案。

6）试验项目及标准。

7）危险点分析、安全控制措施及注意事项。

8）施工工具明细表、备品备件明细表、材料明细表。

9）图纸资料，包括设备主要技术参数。

10）各种记录表格。

（2）工器具的准备。现场检修应具备充足的合格材料和完备的工器具及测试设备，开工前3天应按作业指导书上的明细表进行清理。以下内容供参考：

1）备品备件：如螺栓、螺钉。

2）材料：生产用汽油、砂布、白布、尼龙刷、酒精等，导电脂、焊接材料、环氧树脂胶。若需要涂喷，应提前准备相应的喷涂材料。

3）工器具：

a. 专用工、器具，如力矩扳手、各种规格的扳手等。

b. 气割、氧焊设备，电焊设备，空压机，冲洗设备等。

c. 安全带、梯子、接地线、水平尺。

d. 测试设备，如直流电阻测试仪、绝缘电阻表、工频试验耐压设备等。

6. 干式电抗器小修项目及质量要求

本模块所提出的检修项目是干式电抗器在正常工作条件下应进行的检修工作。

（1）不停电时干式电抗器的检查项目和质量要求。

1）检查表面脏污情况及有无异物。要求外观完整无损，外包封表面清洁、无裂纹、脱落现象，无爬电痕迹，无动物巢穴等异物；支柱绝缘子金属部位无锈蚀，支架牢固，无倾斜变形；基础无塌陷、混凝土脱落情况。

2）检查表面是否明显变色，外观引线、接头应无过热、变色。

3）声音是否正常，应无异常振动和声响。

4）各部件有无过热现象，用红外测温应无过热现象。

（2）停电时干式电抗器检修项目和质量要求。

1）检查导电回路接触是否良好，测量绕组直流电阻，与出厂或历史数据比较，并联电抗器变化不得大于1%，串联电抗器（非叠装的）变化不得大于2%。

2）检查绝缘性能是否良好，绝缘电阻不能低于2500MΩ。

3）检查电抗器上、下汇流排应无变形、裂纹现象。

4）检查电抗器绕组至汇流排引线是否存在断裂、松焊现象。

5）检查电抗器包封与支架间紧固带是否有松动、断裂现象，应不存在松动、断裂现象。

6）检查接线桩头应接触良好，无烧伤痕迹，必要时进行打磨处理，装配时应涂抹适量导电脂。

7）检查紧固件应紧固无松动现象。

8）检查器身及金属件应无变色、过热现象。

9）检查防护罩及防雨隔栅有无松动和破损。

10）检查支柱绝缘及支柱是否紧固并受力均匀。支柱绝缘应良好，支柱应紧固且受力均匀。

11）检查通风道及器身的卫生。必要时用内窥镜检查，通风道应无堵塞，器身应卫生，无尘土、脏物，无流胶、裂纹现象。

12）检查电抗器包封间导风撑条是否完好牢固。

13）检查表面涂层有无龟裂脱落、变色，必要时进行喷涂处理。

14）检查表面憎水性能，应无浸润现象。

15）检查铁芯有无松动及是否有过热现象。

16）检查绝缘子是否完好和清洁，绝缘子应无异常情况且干净。

7. 干式电抗器表面涂层处理

涂层处理采用喷涂方法，喷涂技术要求及施工步骤如下：

（1）喷涂前的准备工作。

1）用粗砂布或尼龙丝刷由上而下将电抗器内、外包封表面打磨一遍，清除已粉化的涂层，然后用高压风吹净。

2）使用除漆剂清除表面残余防紫外线油漆（或 RTV 胶），用浸了无水乙醇的白布将绕组内、外擦干净。

3）检查电抗器表面是否有树枝状爬电现象，若有则用工具将树枝状爬电条纹缝内炭化物清除干净，然后用环氧树脂胶注入绕组表面裂痕内并抹平。

4）在喷涂前再次将绕组内、外表面清抹干净，准备喷涂。

（2）喷涂步骤（喷涂的气象条件是不下雨）。

1）在电抗器表面及通风道内喷涂一层专用底漆，晾干一天。

2）在电抗器表面喷涂一层专用偶联剂进行表面活化处理，并晾干。

3）喷涂 RTV 涂料，应喷涂三遍，喷涂第一遍后，相隔 2h 以上再喷涂第二遍，喷涂第二遍后，相隔 3h 以上再喷涂第三遍。涂料喷涂应均匀，无流痕、垂珠现象。

（三）电抗器的故障缺陷处理

1. 电抗器局部发热的处理

若发现电抗器有局部过热现象，则应减少该电抗器的负荷并加强通风，必要时可采取临时措施，加装强力风扇吹风冷却，待有机会停电时，再进行消除缺陷的工作。

2. 电抗器支持绝缘子破裂等故障的处理

发现水泥电抗器支柱损伤，支持绝缘子有裂纹、绕组凸出和接地时，应启用备用电抗器或断开线路断路器，将故障电抗器停用，进行修理，待缺陷消除后再投入运行。

3. 电抗器水泥支柱烧坏故障

发现某电抗器水泥支柱和引线支持绝缘子断裂以及电抗器部分绕组烧坏等现象时，应首先检查继电保护是否动作，如保护未动作，则应立即手动断开电抗器的电源，停用故障电抗器。此时，如有备用电抗器，则将备用电抗器投入运行；如无备用电抗器，应通知检修人员进行抢修，修好后再投入运行。

（四）检修报告的编写

1. 基本要求

检修报告应结论明确。检修施工的组织措施、技术措施、安全措施、检修记录表以及修前、修后各类检测报告附后，各责任人及检修人员签字齐全。

2. 主要内容

检修报告的内容包括变电站名称、设备运行编号、产品型号、制造厂、出厂编号、出厂时间、投运时间、检修原因、缺陷处理情况、验收结论、验收人员、验收时间以及对今后运行所作的限制或应注意的事项等。最后还应注明报告的编写、审核及批准人员。

【思考与练习】

1. 概述电抗器分类。

2. 停电时干式电抗器检查的主要项目有哪些？

模块 6　消弧线圈、接地变压器及调谐装置的检查、维护（Z15J1006Ⅱ）

【模块描述】本模块介绍了消弧线圈和接地变压器的基本结构、工作原理及检查维护，通过原理讲解、工艺要求介绍，熟悉消弧线圈和接地变压器的结构特点，掌握消弧线圈和接地变压器检修、更换的项目、周期及质量标准。

【模块内容】

一、消弧线圈、接地变压器基本结构和原理

（一）消弧线圈基本结构和原理

1. 消弧线圈的结构和接线

（1）消弧线圈的结构。消弧线圈的铁芯和电感线圈浸在绝缘油中，外形与单相变压器相似，外壳上有储油柜和温度计，大容量消弧线圈还设有散热器、呼吸器及气体继电器。消弧线圈可做成内铁型，也可做成外铁型。其内部结构是一个带有铁芯的电感线圈，但线圈的电阻很小，电抗很大。因为铁芯柱有很多间隙，间隙沿着整个铁芯分布，所以间隙中填着绝缘纸板，如图 21-6-1 所示。采用带间隙的铁芯是为了防止磁

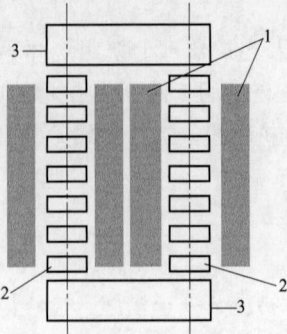

图 21-6-1　消弧线圈带间隙的铁芯断面

1—线圈；2—有间隙的铁芯；3—铁轭

饱和，能得到较大的电感电流，并使电感电流与所加的电压成正比，以便减少高次谐波的分量，获得一个比较稳定的电抗值，并使消弧线圈保持有效的消弧作用。

在消弧线圈铁芯上设有层式结构的主线圈，每个芯体上的线圈分成几个部分。铁芯上还设有电压测量线圈，它的电压是随不同分接头位置而变化的，它和主线圈都有分接头接在分接开关上，以便在一定的范围内分级调节电感的大小。

（2）消弧线圈的接线。装设在变电站内的消弧线圈的接线如图 21-6-2 所示。图 21-6-2 中，隔离开关接到变压器的中性点上，为了测量消弧线圈动作时的补偿电流，在消弧线圈主线圈 XQ 回路上装有电压互感器 TV，在中性点的接地端装有电流互感器 TA，并在 TV 和 TA 的二次侧装有电压表和电流表，用于测量系统单相接地时消弧线圈的端电压和补偿电流。另外，在电压互感器二次侧上还装有电压继电器，当有事故动作后中间继电器触点闭合，一方面使中央警告信号装置动作；另一方面使消弧线圈盘上的信号灯亮，提醒值班人员注意。此时消弧线圈、隔离开关旁边的信号灯亮，表示系统

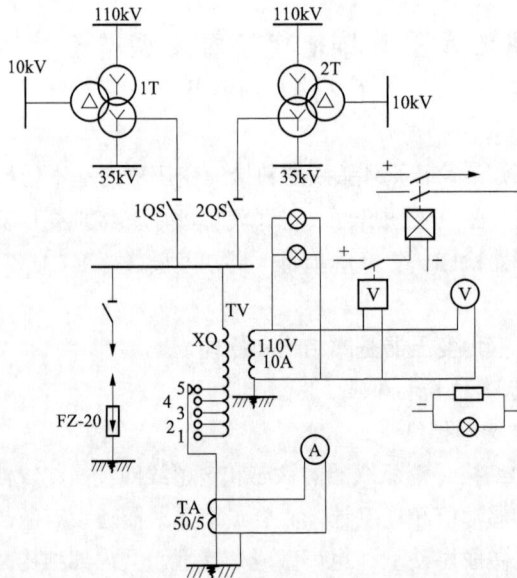

图 21-6-2　消弧线圈的接线

中有接地，或者中性点对地电压偏移很大，不允许操作消弧线圈的隔离开关。为防止大气过电压损坏消弧线圈，消弧线圈旁还接有避雷器。

2. 消弧线圈的原理

在中性点不接地的电力系统中，当发生单相接地故障时，有接地电容电流流过接地故障点，引起弧光放电；若接地电容电流超过规定数值，则电弧不能自行熄灭，引发弧光短路或谐振过电压，烧坏电气设备，威胁系统安全运行。为此，在系统中性点与大地之间接一个具有铁芯的可调电感线圈，如图 21-6-3（a）所示。

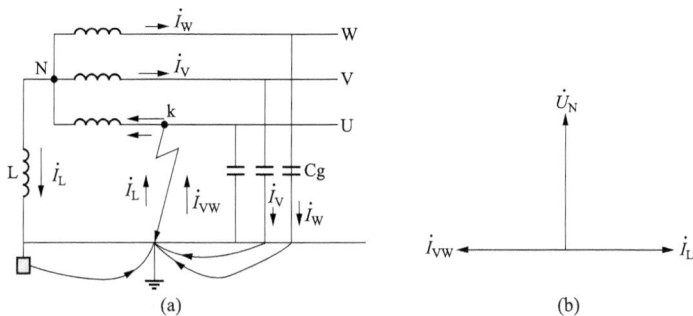

图 21-6-3　消弧线圈接地系统单相接地原理
（a）电路图；（b）相量图

正常运行情况下，三相系统平衡，变压器中性点 N 的电位为零，消弧线圈中没有电流流过。当某点（如 U 相 k 点）发生金属性接地时，U 相电压变为零，中性点电压变为 $-\dot{U}_U$，于是消弧线圈中产生电感电流 $\dot{I}_L$，其相位滞后于 $\dot{U}_N 90°$；同时，V、W 相电容电流之和 $\dot{I}_{VW}$ 经接地点流回电源中性点，其相位超前于 $\dot{U}_N 90°$。这样，接地点通过的故障电流为两者相量和，如图 21-6-3（b）所示。

通过合理选择消弧线圈分接头，可使接地点的电流变得很小，则接地点不致产生电弧以及由电弧所引起的危害。

在中性点不接地的电网中，当电网发生单相接地时，补偿电网内总电容电流的电气设备称为消弧线圈。中性点经消弧线圈接地的电网，称为补偿电网。

消弧线圈是用来补偿中性点不接地系统发生对地故障时产生的容性电流的单相电抗器。消弧线圈在三相系统中接在电力变压器或接地变压器的中性点与大地之间。消弧线圈的电感可以是分级可变的，也可以是连续可变的，在规定的变化范围内可与网络的电容相协调。消弧线圈可提供一个二次线圈，供连接负载电阻用，或提供一个测量用的辅助线圈。

为了改变消弧线圈的电抗值，消弧线圈设有 5～9 个分接头，通过分接开关实现分接头切换，以选择适应不同网络电容电流的电抗值。

按调节电感（抗）的方法不同，可将消弧线圈分为以下三类：

（1）调节分接头式。通过改变消弧线圈的匝数（分接头），调节消弧线圈的电抗值。缺点是电感不能平滑调节，达不到最佳补偿状态。

（2）调气隙式。电感可以连续调节，线性度好，但需较为精密的机械传动装置，响应速度慢，且噪声大。

（3）直流助磁式。通过调节直流励磁电流的大小，改变铁芯的交流等效磁导，实现电感的连续调节。其优点是无传动装置，电感调节范围大，响应速度快。缺点是直流励磁电源容量大，结构复杂，谐波较大，造价也高。

目前电力系统中应用最多的仍是调节分接头式，按其分接头切换方式的不同又有两种调匝式消弧线圈。

1）手动切换式。手动切换式消弧线圈是在停电状态下，靠人工操作分接开关来调节分接头位置，这种类型的消弧线圈为通常使用的常规产品。

2）自动调谐式。由于手动切换式消弧线圈运行管理麻烦，系统电容电流的计算误差大，整定脱谐度大（影响补偿效果），且需停电操作。自动调谐式接地补偿装置在线测量系统电容电流的变化，依靠电动操作有载分接开关切换分接头，实现自动跟踪补偿，达到最佳补偿效果。

（二）接地变压器的基本结构和原理

1. 接地变压器的原理和作用

我国电力系统中，6、10、35kV 电网中一般都采用中性点不接地的运行方式。

电网各相导线之间及各相对地之间，沿导线全长都分布有电容。当电网中性点不是金属性接地时，发生单相接地时，接地相的对地电压为零，另外两相的对地电压值升高 $\sqrt{3}$ 倍，相电压升高并未超过按线电压设计的绝缘强度，但是会导致其对地电容增加。单相接地时，电容电流为正常运行时一相对地电容电流的 3 倍。当该电容电流较大时，较易引起间歇电弧，对电网的电感和电容的振荡回路产生过电压，其值可达 2.5～3 倍的相电压。电网电压越高，由其引起的过电压危害越大。因此只有 60kV 以下供电系统的中性点才可不接地，因为它们的单相接地电容电流不大。否则，应通过接地变压器将中性点经阻抗接地。

如变电站主变压器一侧（如 10kV 侧）为三角形或星形接线，当单相对地电容电流较大时，由于没有中性点可接地，则需要采用一台接地变压器使电网形成人为中性点，以便经消弧线圈接地，如图 21-6-4 所示。使电网具有人为中性点，这就是接地变压器的作用。

在电网正常运行时，接地变压器承受电网的对称电压，仅流过很小的励磁电流，处于空载运行状态，其中性点对地电位差为零（忽略消弧线圈的中性点位移电压），此时消弧线圈内没有电流流过。

图 21-6-4 中，若 W 相对地短路，三相不对称分解出来的零序电压在接地变压器三相绕组中产生大小相等、相位相同的零序电流，汇合后流经消弧线圈入地。其作用与消弧线圈一样，即它所产生的感性电流补偿了接地电容电流，消除了接地点的电弧。

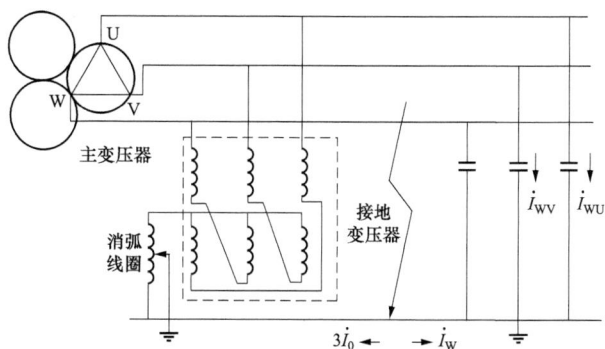

图 21-6-4　电网经人为中性点（接地变压器）接地

2. 接地变压器的主要特点

（1）这种变压器一般没有二次绕组，考虑到各铁芯柱上的磁通势平衡，绕组采用曲折形接线。由于是短时有负载运行，电流密度可选大些。

（2）这种变压器在电网正常运行时，长期处于空载状态，空载损耗应尽可能小些，在电网电压允许升高的范围内，其铁芯也要处于不饱和状态。接地变压器与消弧线圈连接使用，为了保持线性特性，也要求避免磁路饱和，所以，铁芯的磁通密度要取小些。

（3）流过这种变压器绕组的负载电流是零序电流，所以变压器的零序阻抗是较重要的，一般每相零序阻抗的不平衡度要小于 1%。

3. 接地变压器的结构特点

在结构上，曲折形连接的接地变压器通常与普通三相芯式电力变压器相同。铁芯用冷轧晶粒取向硅钢片叠成多级截面，包括铁轭和芯柱等截面，一般为三柱式铁芯，芯柱用环氧浸渍带绑扎，经烘燥后固化。铁芯外套绕组，两者之间用纸板绝缘。绕组可为圆筒式或饼式。一般每个芯柱上仅有一个一次绕组，且分为两部分，三相绕组在三个芯柱上相互构成曲折形连接。由于是短时有负载运行，绕组导线的电流密度可选大些。接地变压器在电网正常运行时，承受电网的对称电压，仅流过很小的励磁电流，处于空载运行状态。在这种情况下，仅铁损使油的温度升高。即使在电网接地故障时，有中性点电流流过主绕组，由于持续时间短，其温度升高都在允许范围内。油浸式接地变压器均为自然冷却，由油箱表面散热，通常不需或只需很少数量的散热器。干式接地变压器的结构与干式变压器相同。

变压器采用 Z 形接线的变压器，即 ZNyn11 连接的变压器，如图 21-6-5 所示。由于变压器高压侧采用 Z 形接线，每相绕组由两段组成，并分别位于不同相的两铁芯柱上，两段绕组反极性连接，两相绕组产生的零序磁通相互抵消，故零序阻抗很低，同时空载损耗也非常小，变压器容量可以 100%被利用。用普通变压器带消弧线圈时，消弧线圈容量不超过变压器容量的 20%,而 Z 形变压器则可带 90%～100%容量的消弧线圈，可以节省投资。

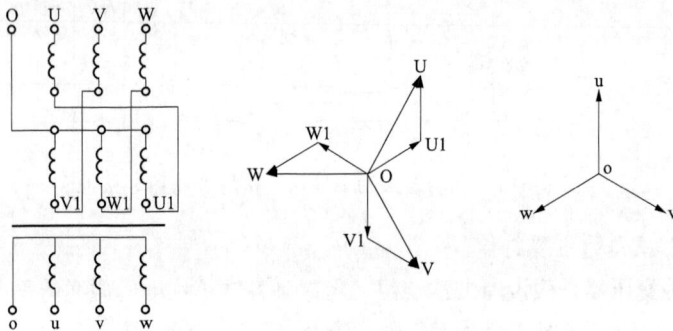

图 21-6-5　ZNyn11 连接的接地变压器接线及相量图

接地变压器除可以带消弧线圈外，也可带二次负荷，代替站用变压器。在带二次负荷时，接地变压器的一次容量应为消弧线圈与二次负荷容量之和；接地变压器不带二次负荷时，接地变压器容量等于消弧线圈容量。

二、消弧线圈、接地变压器的检修

1. 检修周期

大修：一般指将消弧线圈、接地变压器解体后，对内、外部件进行的检查和修理。

小修：一般指对消弧线圈、接地变压器不解体进行的检查与修理。

消弧线圈装置的检查周期取决于消弧线圈装置的性能状况、运行环境，以及历年运行和预防性试验等情况。所提出的检查维护项目是消弧线圈装置在正常工作条件下应进行的工作。

小修周期：结合预防性试验和实际运行情况进行，1～3 年一次。

大修周期：根据消弧线圈装置预防性试验结果进行综合分析判断，评估分析认为必要时。

2. 检修评估

（1）检修前评估。

1）检修前查阅档案，了解消弧线圈装置的工作原理、结构特点、性能参数、运行年限、例行检查、定期检查、历年检修记录、曾发生的缺陷和异常（事故）情况及同类产品的障碍或事故情况，确定是否大修。

2）现场大修对消除消弧线圈装置存在缺陷的可能性。

（2）检修后评估。根据大修时发现异常情况及处理结果，应对消弧线圈装置进行大修评估，并对今后设备的运行做出相应的规定。

1）大修是否达到预期目的。

2）大修质量的评估。

3）大修后如果仍存在无法消除的缺陷，应视缺陷严重情况，对设备今后的运行提出限制，并纳入现场运行规程和例行检查项目。

4）确定下次检修性质、时间和内容。

3. 检修人员的要求

（1）检修人员应熟悉电力生产的基本过程及消弧线圈装置的工作原理及结构，掌握消弧线圈装置的检修技能，并通过年度《国家电网公司电力安全工作规程》考试。

（2）工作负责人应取得变压器检修专业高级工以上技能鉴定资格。

（3）现场起重工、电焊工应持证上岗。

4. 检修前的准备

（1）查阅档案，了解消弧线圈装置的运行状况，完成缺陷的分类统计工作。做好现场查勘工作，进行检修工作危险点分析。

（2）编制现场检修工作的安全措施、技术措施和组织措施，组织工作班成员认真学习，并做好记录。编制消弧线圈装置大修施工进度表，绘制大修施工现场定置图。

（3）准备施工工器具、设备和所需材料。将油罐、滤油机、工器具、材料等运至作业地点，并按定置图摆放整齐，方便使用，使用合适的起重设备。

（4）办理变电第一种工作票。

（5）开工前检查现场安全措施，对危险点进行有效控制和隔离。工作班成员列队学习现场安全措施、技术措施和组织措施，危险点分析及其他注意事项。

5. 正常巡视内容和要求

（1）检查油位，应在上、下限之间，油色应透明微带黄色。

（2）检查消弧线圈外壳，各部分应无渗、漏油现象，防爆膜应完好。

（3）在正常运行中，监视上层油温，不应超过85℃。

（4）检查吸湿器硅胶潮解变色部分，不应超过总量的1/2，否则应予更换。

（5）消弧线圈的导管应完整，无破损及裂纹。

（6）消弧线圈的外壳和接地端接地应良好可靠。

（7）气体继电器内应充满油，无空气存在，否则应查明原因并将其放尽。

（8）在正常运行中，消弧线圈的绝缘电压表、补偿电流表的监视指示值应在正常范围。

干式消弧线圈及其接地变压器按照出厂要求进行。

6. 特殊巡视和要求

系统在发生单相接地时，巡视须严格按照《国家电网公司电力安全工作规程》中的规定，密切监视消弧线圈的运行，特别应监视其上层油温，检查内部有无异常及放电声，绝缘套管有无放电及破损现象，防爆膜有无破裂、向外喷油痕迹，注意接地允许运行时间不得超过 2h。

7. 小修内容及质量要求

（1）处理已发现的缺陷。

（2）外观检查铭牌、标志牌应完备齐全；外表清洁，无积污，无锈蚀，漆膜完好；油标完好；各部密封良好，无渗漏；螺栓紧固；法兰处无外渗油渍。

（3）吸湿器完好无损。硅胶干燥，油杯中油质清洁，油量正常。

（4）清扫外绝缘和检查导线接头。应清洁无杂物，一次引接线连接可靠。检查瓷套有无破损、裂痕、掉釉现象。瓷套破损可用环氧树脂修补裙边小破损，或用强力胶粘接修复碰掉的小瓷块；如瓷套径向有穿透性裂纹，外表破损面超过单个伞裙 10%，或破损总面积虽不超过单个伞裙 10%，但同一方向破损伞裙多于两个的，应更换瓷套。检查增爬裙的黏着情况及憎水性，若有爬裙黏着不良，应补粘牢固，若老化失效应予更换。检查防污涂层的憎水性，若失效应擦净重新涂覆。

（5）检修安全保护装置，包括储油柜、压力释放器（安全气道）等。压力释放装置应整体密封可靠。

（6）检修调压装置、测量装置及控制箱，并进行调试无异常。

（7）检修接地系统，接地部分应完整，接地良好可靠，标志清晰，无放电、发热痕迹。

（8）检修全部阀门和塞子，检查全部密封状态，处理渗漏油，应密封无渗漏。放油阀油路畅通，无渗漏。

（9）清扫油箱和附件，应清洁无杂物，油漆均匀，颜色统一。

（10）按有关规程规定进行测量和试验，满足规程规定。

8. 大修内容及质量要求

（1）绕组的大修内容及质量要求。

1）检查绕组无变形、倾斜、位移，辐向导线无弹出，匝间绝缘无损伤。

2）检查绕组垫块无位移、松动，排列整齐。

3）检查压紧装置无松动。

（2）引线的大修内容及质量要求。

1）检查引线排列整齐，多股引线无断股。

2）检查引线接头焊接良好，表面光滑、无毛刺，清洁。

3）检查引线外包绝缘厚度符合要求，包扎良好，无变形、脱落、变脆、破损，穿缆引线进入套管部分白纱带包扎良好。

4）检查引线与绝缘支架固定外垫绝缘纸板，引线绝缘无卡伤，引线间距离及对地距离符合要求。

5）检查引线绝缘支架无破损、裂纹、弯曲变形及烧伤痕迹，否则应予更换。绝缘支架的固定螺栓紧固，有防松螺母。

（3）铁芯的大修内容及质量要求。

1）检查铁芯外表平整无翘片，无严重波浪状，无片间短路、发热、变色或烧伤痕迹，对地绝缘良好，常温下绝缘电阻大于等于 200MΩ。

2）检查铁芯与夹件油道通畅，铁芯表面清洁，无油垢、杂物；铁芯与箱壁上的定位钉（块）绝缘良好；铁芯底脚垫木固定无松动；接地片无发热痕迹，固定良好。

（4）附件的大修内容及质量要求。

1）检查无载分接开关要求转动部分灵活，无卡塞现象，中轴无渗漏，主触头表面清洁，无烧伤痕迹。对有载分接开关参照 DL/T 574—2010《变压器分接开关运行维修导则》的规定。

2）检查油箱内部应清洁，无锈蚀、残屑及油垢，漆膜完整。箱沿平整，无凹凸，箱沿内侧有防止胶垫位移的挡圈。油箱的强度足够，密封良好，如有渗漏应进行补焊，重新喷涂漆。更换全部密封胶垫（包含散热器闸门内侧胶垫）。箱沿胶绳接头应牢固无缝隙，固定良好。

3）检查储油柜内残留空气已排除，消除假油位。储油柜油位指示器指示正确，吸湿器、排气管、注油管等应畅通。

4）检查套管瓷套外表应清洁，无裂纹、破损及放电痕迹。

5）检查本体及附件各部阀门、塞子应开闭灵活，指示正确；更换胶垫应密封良好、无渗漏。

6）检查吸湿器内外清洁，更换失效的吸附剂，呼吸管道畅通，密封油位正常。

7）检查压力释放阀（安全气道）内部清洁，无锈蚀、油垢，密封良好，无渗漏。

（5）绝缘油处理。

1）禁止将不同品牌的变压器油注入消弧线圈和接地变压器。

2）注入消弧线圈和接地变压器内的变压器油，一般通过真空滤油机进行处理，以脱气、脱水和去除杂质，其质量应符合 GB/T 7595—2008《运行中变压器油质量》的规定。

3）注油后，应从线弧线圈底部的放油阀取油样，进行绝缘油简化分析、电气试验、气体色谱分析及微水试验。

4）施工场所应准备充足清洁的变压器油储存容器。

三、消弧线圈的故障缺陷处理

（1）发现消弧线圈有局部过热时，应尽可能停用该消弧线圈。若系统原因不能停用，需加强监视，加强通风和冷却，待有机会停电时再进行处理。

（2）发现水泥支柱损伤、支柱绝缘子有裂纹、器身外壳变形和接地时，应立即停用。

（3）油浸式消弧线圈缺油时，应立即补充油。

（4）消弧线圈在系统正常运行时，一般常出现的异常是渗油或者油位偏低等，经调度的允许后，可直接拉开其隔离开关，然后进行处理。

（5）在系统发生单相接地运行时，可能出现下列故障：

1）消弧线圈温度和温升超过允许极限值且还在升高。

2）消弧线圈外壳破裂或防爆膜破裂向外喷油。

3）消弧线圈本体有强烈而不均匀的爆裂声和内部有剧烈放电声。

4）消弧线圈的绝缘子遭到损坏产生电弧现象。

5）消弧线圈的接头处熔化或发红。

出现上述现象之一时，应立即要求停用消弧线圈。

四、检修报告的编写

1. 基本要求

（1）检修报告应结论明确。

（2）检修施工的组织、技术、安全措施、检修记录应完备，相关表格以及修前、修后各类检测报告由各单位自行规定。

（3）各责任人及检查、操作人员签字齐全。

2. 主要内容

检修报告的内容包括变电站名称、设备运行编号、产品型号、制造厂、出厂编号、出厂时间、投运时间、检修原因、缺陷处理情况、验收结论、验收人员、验收时间以及对今后运行所作的限制或应注意的事项等。最后还应注明报告的编写、审核及批准人员。

【思考与练习】

1. 叙述消弧线圈的结构。
2. 概述消弧线圈的工作原理。
3. 说出消弧线圈各种不同调节电抗的方法。

第二十二章

其他高压电器的更新安装及验收

▲ 模块 1　其他高压电器的更换安装（Z15J2001Ⅱ）

【模块描述】本模块包含互感器、并联补偿电容器、电抗器的更换安装的作业流程及工艺要求。通过知识要点的归纳讲解、操作技能训练，掌握作业的危险点预控，修前准备，互感器、并联补偿电容器、电抗器的更换的步骤、工艺及质量要求等操作技能。

【模块内容】

一、作业内容

1. 互感器的更换

（1）原互感器的拆除。

（2）新互感器的安装。

2. 并联补偿电容器的更换

（1）原并联补偿电容器的拆除。

（2）新并联补偿电容器的安装。

3. 电抗器的更换

（1）原电抗器的拆除。

（2）新电抗器的安装。

二、作业中的危险点分析及控制措施

作业中的危险点分析及控制措施见表 22-1-1。

表 22-1-1　　　　　　作业中的危险点分析及控制措施

序号	危险点	控 制 措 施
1	人身触电	（1）接低压电源应由两人进行，一人监护，一人操作。 （2）检修电源必须带有漏电保护器，移动电具金属外壳必须可靠接地。 （3）搬运长物应放倒搬运。

续表

序号	危险点	控 制 措 施
1	人身触电	（4）起重机、斗臂车进入现场应有专人监护、引导，按照指定路线行走，工作前应划定吊臂和重物的活动范围和回转方向，确保与带电体的安全距离。起重机、斗臂车外壳应可靠接地。 （5）对电容器检查前必须将电容器两相可靠接地或充分放电，对分散式电容器应逐个放电，避免电容器存留电荷伤人
2	误入带电设备	（1）检修地点与相邻带电间隔必须用围栏明显隔离，并悬挂"止步，高压危险"标示牌，标示牌面应面对检修设备。 （2）检修中断每次重新开始工作前，应认清工作地点，设备名称和编号，严禁无人监护单人工作
3	高空摔跌	（1）使用梯子应绑牢，防滑；梯上有人。 （2）登高时严禁手持任何工具，或利用梯子运送重物。 （3）梯子与地面的夹角应为60°。 （4）正确使用安全带，禁止低挂高用
4	零部件跌落打击	（1）零部件应用绳子和工具袋上下传递，严禁抛掷。 （2）不准在设备顶部、构架或引流母排上放置物体和工器具。 （3）吊运材料必须专人监护，上下呼唱，确认吊物下方人员全部撤离方可起吊。 （4）拆装互感器、电容器、电抗器必须用起重机或专用吊具系好、吊稳，且有专人指吊运。吊绳应有足够的承载力。 （5）SF_6互感器严禁充气搬运、吊装

三、更换作业前的准备

1. 技术资料的准备

（1）总装图、基础图、安装使用说明书，出厂试验报告。

（2）互感器、电容器、电抗器的安装地点及安装高度。

（3）互感器、电容器、电抗器安装地点周围的电气设备分布状况及在检修工作中是否带电。

（4）连接部位的连接方式及受力状况，金属材料的名称及性能特性。

（5）若为螺栓连接，螺孔的数量、内径、深度及螺纹参数。

（6）如需作涂敷 RTV 涂料的工作，所用 RTV 涂料的使用说明书。

2. 方案的确定

检修前，检修部门应根据检修内容进行详细、全面的调查分析，编制作业指导书或拟订检修方案。

3. 工器具、材料、试验仪器的准备

（1）检修工作开始前，检修部门应根据检修批准后的检修方案进行人员、工器具、材料、备品、备件的准备。

（2）工器具、材料、备件应按实际需要量进行准备并适当留有裕度。

4. 检修人员的准备

（1）检修人员应熟悉电力生产的基本过程及互感器、电容器、电抗器工作原理及结构，掌握电容器的检修技能，并通过年度《国家电网公司电力安全工作规程》考试。

（2）检修人员必须具备电气一次设备的检修资质并熟悉检修方案。检修工作中至少应有一名检修人员具有担任工作负责人的资格并应有互感器、电容器、电抗器设备检修的工作经验。设备需要吊装时，起重工必须有资质证书并应具有相关的工作经验或经历。

5. 检修环境（场地）的要求

（1）场地设置在设备运行现场，具体应根据现场实际情况来确定，同时应注意与带电设备保持足够的安全距离，储油容器、大型机具、拆卸组部件和消防器材应合理布置。

（2）施工场地周围应无可燃或爆炸性气体、液体，或引燃火种，否则应采取有效的防范措施和组织措施。

（3）应选择良好天气进行，同时应根据场所的具体情况做好防火、防风、防雨、防潮、防尘、防摔落、防触电等措施。

四、互感器、电容器、电抗器更换作业步骤及工艺要求

1. 互感器的更换

本模块以油浸正立式互感器为例进行介绍，其外形如图 22-1-1 所示。

图 22-1-1　油浸正立式
电流互感器实体外形图

（1）原互感器的拆除。

1）拆下互感器引流线并固定绑扎牢靠（使用人字梯或斗臂车，视现场情况而定），一人进行拆线，一人监护，两人扶梯，两人负责地面工作。人力的安排视现场实际情况确定。

2）固定吊装工具，使用起重机，将绳套系好互感器吊点并用吊具轻微调紧，系绳套应采取防止互感器吊运过程中倾倒的措施。

3）拆下底座和互感器之间的紧固螺栓，用吊具将互感器轻轻吊起并缓慢吊至事先规划好的地面位置上。起吊过程应设专人监护，呼应一致，吊臂下严禁有人工作或穿越，起吊时尽可能降低起吊高度。

（2）新互感器的安装。

1）互感器安装前检查及标准。

a. 说明书、试验报告、合格证等出厂资料完整并

和订货协议要求一致。

b. 外观良好，无漏油、漏气问题，瓷件应无裂纹、破损，瓷套与铁法兰间黏合应牢固。

c. 互感器经试验合格。

2）按照互感器安装使用说明书说明将互感器一次变比按照上级部门下达的通知单调整到位。

3）检查核实互感器基座安装尺寸和原基础是否合适并采取合理措施，保证新互感器能在原基础上安装合适到位。一般情况下，新互感器基座的安装尺寸和原构架是不对应的，此时可根据现场实际情况，在原构架槽钢上按照新基座固定螺栓孔距重新打孔，如果差距较大也可按照新基座和原构架固定螺栓孔距加工槽钢进行过渡，确保新互感器能在原基础上安装合适到位。

4）用吊绳系好互感器，用吊具将互感器轻轻吊起并缓慢吊至互感器基座上。注意事项同拆除旧互感器。

5）穿上紧固螺栓，并用扳手进行紧固。

6）接上引流线。如果原引流线长度不够，应更换引流线。如果原设备线夹螺栓孔距和新互感器接线板孔距不一，可更换线夹并重新打孔确保引流线连接牢固，最好使用冷压线夹。

7）如果是 SF_6 互感器应进行充气至额定压力。

8）进行互感器本体清洁。

（3）质量标准。

1）各连接处的金属接触面应除去氧化膜及油漆，涂电力复合脂并连接牢固。

2）垂直安装，每个元件的中心轴线和安装点中心线垂直偏差不应大于该元件高度的 1.5%。如果歪斜，可在法兰间加金属片校正，并将其缝隙用腻子抹平后涂漆处理。

3）三相互感器安装后其引流线弧垂应一致并满足对周围物体安全距离的要求。

4）垫圈、螺母、弹簧垫圈应使用与互感器配套供应的紧固件。

5）外壳接地良好，符合安装图要求。

6）按照交接试验标准要求的项目和标准进行试验，并符合试验规程要求，试验数据应和出厂值无明显差别。

2. 并联补偿电容器的更换

并联补偿电容器最常见的为集合式和分散式，其实体外形如图 22-1-2 所示。对于分散式电容器，一般主要布置在户内，在绝大多数情况下仅仅是对单个损坏的电容单元的更换，工作较为简单。如果要进行整体的更换，目前也是更换为运行维护更为简单的集合式，所以本部分内容注重介绍集合式并联补偿电容器的更新安装。

图 22-1-2 电容器实体外形图

(a) 集合式电容器；(b) 分散式电容器

（1）原并联补偿电容器的拆除。

1）对电容器充分放电，放电应采用两相短接接地的方式。

2）拆下并联补偿电容器引流线并固定绑扎牢靠。1～2 人进行拆线，一人监护，两人负责地面工作。人力的安排视现场实际情况确定。

3）固定吊装工具，使用起重机，将绳套系好并联补偿电容器吊点并用吊具轻微调紧。

4）拆下底座和并联补偿电容器之间的紧固螺栓，用吊具将并联补偿电容器轻轻吊起并缓慢吊至事先规划好的地面位置上。起吊过程应设专人监护，呼应一致，吊臂下严禁有人工作或穿越，起吊时尽可能降低起吊高度。

（2）新并联补偿电容器的安装。

1）并联补偿电容器安装前检查及标准：

a. 说明书、试验报告、合格证等出厂资料完整并和订货协议要求一致。

b. 外观良好，瓷件应无裂纹、破损并经超声波探伤试验合格，瓷套与铁法兰间黏合应牢固。

c. 备品或附件等齐全完好。

d. 并联补偿电容器经电气、油化验或试验合格，温度计（密度继电器）经校验合格。

2）检查新并联补偿电容器基座固定螺栓孔距和原基础是否对应，如果不对应，应采取措施保证新并联补偿电容器能在原基础上安装合适到位。一般情况下，电容器订货时应在技术协议中明确原电容器基座的固定螺栓孔距有关尺寸，以便于厂家按照原基础的相关尺寸生产新电容器，确保新电容器能在原基础上安装合适到位，省去不必要的麻烦。但万一新旧电容器基座的固定螺栓孔距相差较大，此时必须加工合适规格的槽钢进行过渡，槽钢的长度可按新电容器和基础的实际尺寸确定合适，再按照新基座和旧基础固定螺栓孔距分别在槽钢的上下打孔，以确保新并联补偿电容器能在原基础上安装合适到位。

3）用吊绳系好并联补偿电容器吊点，用吊具将并联补偿电容器轻轻吊起并缓慢吊至并联补偿电容器基座上。注意事项同拆除旧并联补偿电容器。

4）穿上紧固螺栓，并用扳手进行紧固。

5）接上引流线。原引流线如果和新电容器不对应，应重新加工合适规格引流线，确保安全距离符合要求并连接牢靠。

6）安装温度计、储油柜呼吸器等附件。

7）如果是 SF_6 电容器，应进行充气至额定压力。

8）进行并联补偿电容器本体清洁。

（3）质量标准。

1）电容器应保持其应有的水平及垂直位置，固定应牢靠，接地良好，油漆应完整。

2）电容器的配置应使其铭牌面向通道一侧，并有运行编号。

3）电容器端子的连接线应符合设计要求，接线应对称一致、整齐美观，母线及分支线应标以相色。

4）电容器的连接导线宜用软导线，采用硬导体的应安装伸缩节，以防热胀冷缩瓷套受力与箱体开焊，渗漏浸渍剂。

5）垫圈、螺母、弹簧垫圈应使用与并联补偿电容器配套供应的紧固件。

6）外壳接地良好，符合安装图要求。

7）按照交接试验标准要求的项目和标准进行试验，并符合试验规程要求，试验数据应和出厂值无明显差别。

3. 电抗器的更换

（1）原电抗器的拆除。

1）拆下电抗器引流线并固定绑扎牢靠。1～2 人进行拆线，一人监护，一人负责地面工作。人力的安排视现场实际确定。

2）固定吊装工具，使用吊车，将绳套系好电抗器吊点并用吊具轻微调紧。

3）拆下支柱绝缘子和电抗器之间的紧固螺栓，用吊具将电抗器轻轻吊起并缓慢吊至事先规划好的地面位置上。起吊过程应设专人监护，呼应一致，吊臂下严禁有人工作或穿越，起吊时尽可能降低起吊高度。

4）三相垂直叠装应从上至下依次拆除，一字安装的电抗器可根据现场情况逐一拆除。

（2）新电抗器的安装。

1）电抗器安装前检查及标准：

a. 说明书、试验报告、合格证等出厂资料完整并和订货协议要求一致。

b. 电抗器筒壁平整光滑无掉漆、损坏；支柱绝缘子瓷件应无裂纹、破损。

c. 备品或附件等齐全完好。

d. 电抗器、支柱绝缘子经试验合格。

2）剔除基础上原电抗器地脚支铁，并将基础上预埋的地角平铁打磨平整光滑。

3）地脚安装。按电抗器总装图及产品样本有关表中瓷座中心直径栏内标出的尺寸，先在混凝土基础上预埋地脚平铁上确定电抗器吊装放置，定位后，将支柱绝缘子下端的地脚支铁与预埋地脚平铁焊牢。

4）支柱绝缘子安装。将支柱绝缘子按电抗器总装图规定的安装要求安装在地角支铁上。

5）电抗器吊装。吊装时，应使用厂家附带的专用吊杠，将吊杠穿过电抗器上、下导电臂中心轴孔，再将穿钉穿入吊杠下端穿孔内，两端露出的长度合适后可以起吊。对于质量大于 2000kg 的电抗器，则采用导电臂上的吊孔起吊。用吊具将电抗器轻轻吊起并缓慢吊至电抗器基座上，注意事项同拆除旧电抗器。

6）对准支柱绝缘子和电抗器固定螺栓孔心，穿上紧固螺栓，并用扳手进行紧固。

7）三相垂直叠装应从下至上依次安装，一字安装的电抗器可根据现场情况逐一安装。

8）进出线连接。应平整光滑，消除氧化层，涂好电力复合脂，搭接后，用规定的螺栓固紧，原引流线如果和新电容器不对应，应重新加工合适规格引流线，确保安全距离符合要求并连接牢靠。

9）进行电抗器本体清洁及引流线相色漆涂刷。

（3）质量标准。

1）电抗器应保持其应有的水平及垂直位置，固定应牢靠，油漆应完整。

2）电抗器的配置应使其铭牌面向通道一侧，并有运行编号。

3）电抗器端子的连接线应符合设计要求，接线应对称一致、整齐美观并标以相色。

4）电抗器与天棚、地面、墙壁、相邻电抗器之间的距离应满足安装图给出的距离。

5）垫圈、螺母、弹簧垫圈应使用与电抗器配套供应的紧固件。

6）在电抗器磁场影响范围内，防护围栏，接地线、基座与楼板内金属物体均不得形成闭合环路，以免造成环流损耗。

7）按照交接试验标准要求的项目和标准进行试验，并符合试验规程要求，试验数据应和出厂值无明显差别。

（4）注意事项。采用三叠安装时，考虑到三相之间互感影响及电磁力作用关系，要求一定要按产品铭牌顺序安装，首先将最下台稳好地脚后，再从下至上安装其他两台；另外，测量每相电抗值（电感值）时必须在叠装后进行。

五、收尾、验收

每种设备更新安装完毕后，应进行现场清理，并由工作负责人进行预验收，无问题后按照本单位有关规定申请正式验收，验收合格并经相关人员签字确认后，全部检修人员撤离工作现场并结束工作票，最后在规定的时间内向上级部门或运行单位提交安装的相关资料。

【思考与练习】

1. 油浸正立式互感器安装质量标准是什么？

2. 简述并联补偿电容器的安装步骤。

3. 在电抗器更新安装过程中，如何拆除旧电抗器？

4. 电抗器安装质量标准是什么？

◢ 模块 2　其他高压电器的验收（Z15J2002Ⅱ）

【模块描述】 本模块包含其他高压电器施工验收规范要求，通过图表讲解、重点归纳，达到掌握其他高压电器施工验收必要的知识和技能。

【模块内容】

本模块主要介绍互感器、电容器（电容器组）、耦合电容器、干式电抗器的验收工作。

一、作业内容

（1）互感器安装的验收检查。

（2）电容器（电容器组）的安装验收检查。

（3）耦合电容器的安装验收检查。

（4）干式电抗器的安装验收检查。

二、作业中的危险点分析及预控措施

作业中的危险点分析及控制措施见表 22-2-1。

表 22-2-1   作业中的危险点分析及控制措施

序号	危 险 点	控 制 措 施
1	防止触电危险	（1）使用梯子时与相邻带电设备保持足够安全距离。 （2）使用工作中加强监护。 （3）装拆检修电源注意接线规范，不能低压触电
2	防止高空摔跌	（1）梯子上工作必须注意"三戴"，梯子放置正确。 （2）在高处使用工具时，应用白纱带扎牢，防止碰坏瓷件。 （3）高空作业（瓷套外观检查及搭头检查等工作）时，防止高空坠落

三、其他高压电器验收作业步骤和质量标准

鉴于其他高压电器设备型号众多，新设备不断出现，且安装方式、安装条件各不相同，只能依照验收规程并结合国家电网有限公司有关技术要求进行综合描述。在本模块的附录部分，有相应的验收表格做参考，对于没有涉及的设备可以参照执行。

（一）互感器的出厂验收检查

（1）电流互感器外绝缘宜选用大小伞裙相间，要保证足够的伞距和爬电距离，以适应安装地点环境条件防雨（冰）闪和污闪的要求。

（2）电流互感器的密封性能和抗震强度应可靠，油浸式互感器应采用微正压金属膨胀器结构。

（3）电流互感器的动热稳定性能应满足安装地点系统短路容量的要求，一次绕组串联时也应满足安装地点系统短路容量的要求。

（4）电流互感器宜安装在串补平台相对低压侧。

（5）电压互感器型式和结构、外绝缘设计、密封性能和抗震强度、动热稳定性、安装和防潮是否符合相关规定。

（6）220kV 及以下电压等级电压互感器宜选用低磁密的电磁式电压互感器或电容式电压互感器，330kV 及以上电压等级宜选用电容式电压互感器。

（7）对电容式电压互感器，要求制造厂选用速饱和电抗器型阻尼器，并在出厂时进行铁磁谐振试验；在电磁单元结构中，不应采用安装避雷器的方式限制过电压。

（二）互感器的安装验收检查

安装时应进行下列检查：

（1）互感器的变比分接头的位置和极性应符合规定。

（2）二次接线板应完整，引线端子应连接牢固，标志清晰，绝缘应符合产品技术文件的要求。

（3）油位指示器、瓷套与法兰连接处、放油阀均应无渗油现象。

（4）隔膜式储油柜的隔膜和金属膨胀器应完好无损，顶盖螺栓紧固。

（5）气体绝缘的互感器应检查气体压力或密度符合产品技术文件的要求，密封检查合格后方可对互感器充 SF_6 气体至额定压力，静置 24h 后进行 SF_6 气体含水量测量并合格。气体密度表、继电器必须经核对性检查合格。

（6）互感器支架封顶板安装面应水平；并列安装的应排列整齐，同一组互感器的极性方向应一致。

（7）电容式电压互感器应根据产品成套供应的组件编号进行安装，不得互换。组件连接处的接触面，应除去氧化层，并涂以电力复合脂。

（8）具有均压环的互感器，均压环应安装水平、牢固，且方向正确。安装在环境温度 0℃ 及以下地区的均压环应在最低处打放水孔。具有保护间隙的，应按产品技术文件的要求调好距离。

（9）零序电流互感器的安装，不应使构架或其他导磁体与互感器铁芯直接接触，或与其构成磁回路分支。

（10）互感器的下列各部位应可靠接地：

1）分级绝缘的电压互感器，其一次绕组的接地引出端子、电容式电压互感器的接地应符合产品技术文件的要求。

2）电容型绝缘的电流互感器，其一次绕组末屏的引出端子、铁芯引出接地端子应符合产品技术文件的要求。

3）互感器的外壳。

4）电流互感器的备用二次绕组端子应先短路后接地。

5）倒装式电流互感器二次绕组的金属导管。应保证工作接地点有两根与主接地网不同地点连接的接地引下线。

（11）运输中附加的防爆膜临时保护措施应予拆除。

（12）电流互感器安装过程中一次端子所受的机械力不应超过制造厂规定的允许值，其电气连接应接触良好，防止产生过热故障。建议电流互感器一次引线安装完成后进行回路电阻测试，确保一次引线连接接触良好，防止产生悬浮电位放电。

（13）互感器的二次引线端子应有防转动措施，防止外部操作造成内部引线扭断。

（14）油浸式电流互感器一次直阻出厂值和设计值应无明显差异，交接时测试值与出厂值也应无明显差异，且相间应无明显差异。SF_6 电流互感器进行安装时，密封检查合格后方可对互感器充 SF_6 气体至额定压力，静置 24h 后进行 SF_6 气体微水测量。气体密度表、继电器必须经校验合格。

（15）气体绝缘的电流互感器安装后应进行现场老炼试验。老炼试验后进行耐压试验，试验电压为出厂试验值的 80%。同时应进行 SF_6 分解产物测试试验。条件具备且必要时还宜进行局部放电试验。

110kV 及以上油浸式电流互感器交接时应进行交流耐压试验，耐压前后必须取油样，并按照 DL/T 722—2014《变压器油中溶解气体分析和判断导则》的要求进行色谱分析，合格后方可投入运行。220kV 及以上 SF_6 电流互感器交接时应进行老炼及耐压试验，耐压前后必须分析 SF_6 分解产物，合格后方可投入运行。

（16）新安装 SF_6 气体绝缘互感器，密封检查合格后方可对互感器充 SF_6 气体至额定压力，静置 24h 后进行 SF_6 气体微水测量，交接时 SF_6 气体含水量小于 250μL/L，试验合格方可进行耐压试验。

（三）电容器的出厂验收检查

生产厂家应在出厂试验报告中提供每台电容器的脉冲电流法局部放电试验数据，放电量应不大于 50pC。

干式空心电抗器出厂应进行匝间耐压试验。

电容器组每相每一并联段并联总容量不大于 3900kvar（包括 3900kvar）。

出厂试验应按相关标准、规程及订货合同或协议执行，并提供完整、合格的试验报告。

（四）电容器的安装验收检查

（1）电容器支架安装应符合的规定如下。

1）金属构件无明显变形、锈蚀，油漆应完整，户外安装的应采用热镀锌支架。

2）绝缘子无破损，金属法兰无锈蚀。

3）支架安装水平允许偏差为 3mm/m。

4）支架立柱间距离允许偏差为 5mm。

5）支架连接螺栓的紧固，应符合产品技术文件要求，构件间垫片不得多于 1 片，厚度应不大于 3mm。

（2）电容器组的安装应符合的要求如下。

1）三相电容量的差值宜调配到最小，其最大与最小的差值，不应超过三相平均电容值的 5%；设计有要求时，应符合设计的规定。

2）电容器组支架应保持其应有的水平及垂直位置，无明显变形，固定应牢靠，防腐应完好。

3）电容器的配置应使其铭牌面向通道一侧，并有顺序编号。

4）电容器一次接线应正确、符合设计，接线应对称一致、整齐美观，母线及分支线应标以相色。

5）凡不与地绝缘的每个电容器的外壳及电容器的支架均应接地；凡与地绝缘的电容器的外壳均应与支架一起可靠连接到规定的电位上；与电容器围栏之间的安全距离应符合 GB 50149—2010《电气装置安装工程　母线装置施工及验收规范》的规定。

6）电容器的接线端子与连接线采用不同材料的金属时，应采取增加过渡接头的措施。

7）采用外熔断器时，外熔断器的安装应排列整齐，倾斜角度应符合设计，指示器位置应正确。

8）放电线圈瓷套应无损伤、相色正确、接线牢固美观。

9）接地开关操作应灵活。

10）避雷器在线监测仪接线应正确。

（3）对于储油柜结构的集合式并联电容器，油位应正常，其绝缘油的耐压值，应符合现行 GB 50150—2016《电气装置安装工程　电气设备交接试验标准》的规定。

（4）安装验收阶段检查设备供货单与供货合同及实物的一致性。

（5）三维冲撞记录仪记录正常。

（五）耦合电容器的安装验收检查

（1）瓷件及法兰的检查按有关要求规定进行。

（2）耦合电容器安装时，不应松动其顶盖上的紧固螺栓；接至电容器的引线不应使其端子受到过大的横向拉力。

（3）两节或多节耦合电容器叠装时，应按制造厂的编号安装。

（六）干式电抗器的出厂验收检查

（1）并联电容器组用串联电抗器的电抗率应根据系统谐波含量进行计算配置，应避免谐波放大。干式空心电抗器应安装在电容器组首端，且不采用叠装结构。

（2）室内安装时宜选用干式铁芯电抗器。

（3）并联干式电抗器额定电压应满足安装地点系统电压的要求。

（4）限流电抗器动、热稳定性能应满足安装地点最大短路容量的要求。

（5）户外并联干式电抗器应配置防雨装置。

（6）支柱绝缘子外绝缘应满足使用地点污秽等级要求。

（七）干式电抗器的安装验收检查

（1）基础检查，应符合产品技术文件要求。干式空心电抗器基础内部的钢筋制作应符合设计要求，自身没有且不应通过接地线构成闭合回路。

（2）干式空心电抗器采用金属围栏时，金属围栏应设明显断开点，并不应通过接地线构成闭合回路。

（3）干式空心电抗器线圈绝缘损伤及导体裸露时，应按产品技术文件的要求进行处理。

（4）干式空心电抗器应按其编号进行安装，并应符合下列要求：

1）三相垂直排列时，中间一相线圈的绕向应与上、下两相相反，各相中心线应一致。

2）两相重叠一相并列时，重叠的两相绕向应相反，另一相应与上面的一相绕向相同。

3）三相水平排列时，三相绕向应相同。

（5）干式空心电抗器间隔内，所有磁性材料的部件，应可靠固定。

（6）干式空心电抗器附近安装的二次电缆和二次设备应考虑电磁干扰的影响，二次电缆的接地线不应构成闭合回路。

（7）干式铁芯电抗器的各部位固定应牢靠、螺栓紧固，铁芯应一点接地。

（8）干式空心电抗器和支承式安装的阻波器线圈，其重量应均匀地分配于所有支柱绝缘子上。找平时，允许在支柱绝缘子底座下放置钢垫片，但应牢固可靠。干式电抗器上、下重叠时，应在其绝缘子顶帽上，放置与顶帽同样大小且厚度不超过 4mm 的绝缘纸垫片或橡胶垫片；在户外安装时，应用橡胶垫片。

（9）设备接线端子与母线的连接，应符合现行 GB 50149—2010《电气装置安装工程 母线装置施工及验收规范》的有关规定。当其额定电流为 1500A 及以上时，应采用非磁性金属材料制成的螺栓。

（10）干式空心电抗器的支柱绝缘子的接地，应符合下列要求：

1）上、下重叠安装时，底层的所有支柱绝缘子均应接地，其余的支柱绝缘子不接地。

2）每相单独安装时，每相支柱绝缘子均应接地。

3）支柱绝缘子的接地线不应构成闭合环路。

互感器、电容器及干式电抗器的验收表见附录一～附录六。

【思考与练习】

1. 互感器的安装验收检查主要有哪些内容？

2. 电容器的安装验收检查主要有哪些内容？

3. 电容器组的安装验收检查主要有哪些内容？

4. 耦合电容器的安装验收检查主要有哪些内容？

5. 电抗器的安装验收检查主要有哪些内容？

附录一

干式互感器的安装验收表

变电站：　　　运行名称编号：　　　型号：　　　制造厂：

施工单位：　　　验收人员：　　　验收日期：

一、设 备 验 收				
工序	检验项目		性质	质量标准	检验方法及结论
本体检查	铭牌标志			完整、清晰	观察检查
	外观		重要	完整，无损伤	
	二次接线板	引线端子		扳动检查	
		绝缘检查	重要	检查试验报告	
	变比及极性检查		重要	正确	检查试验报告
互感器安装	极性方向			三相一致	观察检查
	接线端子位置			在维护侧	
	等电位弹簧	固定	重要	扳动检查	
		与母线接触	重要		
	零序电流互感器铁芯与其他导磁体间		重要	不构成闭合磁路	观察检查
	所有连接螺栓			齐全，紧固	用扳手检查
接地	外壳接地			牢固可靠	扳动并导通检查
	电流互感器备用二次绕组接地		重要	短路后可靠接地	

二、资 料 验 收			
资 料 名 称	性质	质量标准	
安装使用说明书，图纸、出厂试验报告，维护手册等技术文件	重要	各项资料齐全	
安装、调整、试验、整定记录	重要	规范、齐全、合格	
设备缺陷通知单、设备缺陷处理记录			
专用工具、备品备件	重要	齐全	

三、验 收 总 体 意 见	
总体评价	
整改意见	
验收结论	

附录二

油浸式互感器的安装验收表

变电站：　　　　运行名称编号：　　　　型号：　　　　制造厂：

施工单位：　　　　验收人员：　　　　验收日期：

一、设 备 验 收				
工序	检 验 项 目		性质	质量标准	检验方法及结论
本体检查	铭牌标志			完整，清晰	观察检查
	瓷套外观		重要	完整，无裂纹	
	密封检查		重要	无渗漏	观察检查
	油位			正常	
	呼吸孔检查		重要	无阻塞	
	二次接线板	引线端子		连接牢固	观察检查
		绝缘检查	重要	绝缘良好	检查试验报告
	变比及极性检查		重要	正确	检查试验报告
互感器安装	极性方向			三相一致	观察检查
	隔膜式储油柜	隔膜检查	重要	完好	观察检查
		顶盖螺栓检查		齐全，紧固	用扳手检查
	电容式电压互感器	组件编号	重要	按制造厂规定	对照厂家规定检查
		组件间接触面		无氧化层，并涂有电力复合脂	观察检查
	均压环	外观检查		清洁，无损坏	观察检查
		与瓷裙间隙		均匀一致	
	所有连接螺栓			齐全，紧固	用扳手检查
接地	外壳接地			牢固可靠	扳动并导通检查
	分级绝缘及电容式电压互感器接地		重要	按制造厂规定，接地可靠	
	电容式电压互感器末屏及铁芯接地		重要	牢固，导通良好	
	电流互感器备用二次绕组接地		重要	短路后可靠接地	
其他	相色标志			齐全，正确	观察检查
二、资 料 验 收				
资 料 名 称			性质	质量标准	验收结论
安装使用说明书，图纸、出厂试验报告、维护手册等技术文件			重要	各项资料齐全	
安装、调整、试验、整定记录			重要	规范、齐全、合格	
设备缺陷通知单、设备缺陷处理记录					
专用工具、备品备件			重要	齐全	
三、验 收 总 体 意 见				
总体评价					
整改意见					
验收结论					

附录三

气体互感器安装验收表

变电站：　　　　运行名称编号：　　　　型号：　　　　制造厂：

施工单位：　　　　验收人员：　　　　验收日期：

			一、设 备 验 收	
工序	检 验 项 目	性质	质量标准	检验方法及结论
支架安装	支架安装水平误差		≤3mm	用 U 形管或水准仪检查
	支架立柱间距离	重要	≤5mm	钢卷尺测量
	底座连接		1 片垫片不大于 3mm，牢固	观察
外观检查	瓷套管		无掉瓷、无裂纹	观察
	出线铜螺丝、垫圈		齐全，连接牢固	观察
	膨胀器检查		符合规定	观察
气体压力检查	气体压力（20℃）		额定值	观察
	报警压力		制造厂规定	试验
	闭锁压力		制造厂规定	试验
出线连接检查			牢固、可靠	用扳手检查
接地检查			牢固、可靠	用扳手检查
			二、资 料 验 收	
资 料 名 称		性质	质量标准	验收结论
安装使用说明书，图纸、出厂试验报告，维护手册等技术文件		重要	各项资料齐全	
安装、调整、试验、整定记录		重要	规范、齐全、合格	
设备缺陷通知单、设备缺陷处理记录				
专用工具、备品备件		重要	齐全	
			三、验 收 总 体 意 见	
总体评价				
整改意见				
验收结论				

附录四

电容器及耦合电容器安装验收表

变电站：　　　　运行名称编号：　　　　型号：　　　　制造厂：

施工单位：　　　　验收人员：　　　　验收日期：

一、设　备　验　收				
工序	检　验　项　目		性质	质量标准	检验方法及结论
电容器安装	外观检查			完整，无损伤	观察检查
	密封检查		重要	良好，无渗漏油	
	三相电容量允许误差（无设计时）		重要	不大于三相平均电容值的5%	检查试验报告
	耦合电容器	电容器编号		按制造厂规定	对照厂家规定检查
		顶盖螺栓检查		紧固	用扳手检查
	引线与电容器端子连接			端子无过大横向拉力	观察检查
	与地绝缘的电容器外壳与固定电位连接		重要	牢固	扳动检查
	所有连接螺栓		重要	齐全，紧固	用扳手检查
其他	放电装置检查			回路正确，操作灵活	操动检查
	外壳及构架接地			牢固可靠	扳动检查

二、资　料　验　收			
资　料　名　称	性质	质量标准	验收结论
安装使用说明书，图纸、出厂试验报告，维护手册等技术文件	重要	各项资料齐全	
安装、调整、试验、整定记录	重要	规范、齐全、合格	
设备缺陷通知单、设备缺陷处理记录			
专用工具、备品备件	重要	齐全	

三、验　收　总　体　意　见	
总体评价	
整改意见	
验收结论	

附录五

电容器组安装验收表

变电站：　　　　运行名称编号：　　　　型号：　　　　制造厂：

施工单位：　　　　验收人员：　　　　验收日期：

一、设 备 验 收				
工序	检 验 项 目	性质	质量标准	检验方法及结论
支架安装	支架安装水平误差		≤3mm	用 U 形管或水准仪检查
	支架立柱间距离	重要	≤5mm	钢卷尺测量
	支架连接紧固		1 片垫片不大于 3mm	对照出厂说明书
电容器检查	电容器瓷套管		无掉瓷、无裂纹	外观检查
	电容器套管芯棒		无弯曲、无滑扣	外观检查
	电容器出线铜螺丝垫圈		齐全	外观检查
	电容器外观	重要	无变形、无锈蚀、无裂缝渗油	外观检查
	单支电容器容量检查	重要	符合出厂说明书	电容量表检测
电容器组安装	三相电容量差值	重要	≤5%。应符合设计要求	整组分相测试
	电容器支架固定及防腐	重要	固定牢固，防腐无脱落	外观检查
	电容器安装及接线		铭牌、编号在通道侧，顺序符合设计，相色完整	外观检查
	电容器接地	重要	牢靠，符合设计	用接地电阻表检查
辅助设备	熔断器安装	重要	排列整齐，倾斜角度符合设计，指示器正确	外观检查
	放电绕组	重要	放电绕组瓷套无损伤，相色正确，接线牢固美观	外观检查
	接地开关	重要	操动灵活	外观检查
	避雷器	重要	在线监测仪接线正确	外观检查
二、资 料 验 收				
资 料 名 称		性质	质量标准	验收结论
安装使用说明书，图纸、出厂试验报告，维护手册等技术文件		重要	各项资料齐全	
安装、调整、试验、整定记录		重要	规范、齐全、合格	
设备缺陷通知单、设备缺陷处理记录				
专用工具、备品备件		重要	齐全	

续表

三、验 收 总 体 意 见	
总体评价	
整改意见	
验收结论	

附录六

电抗器安装验收表

变电站： 　运行名称编号： 　型号： 　制造厂：

施工单位： 　验收人员： 　验收日期：

工序	检 验 项 目		性质	质量标准	检验方法及结论
一、设 备 验 收					
基础安装	相间中心距离误差			≤10mm	用尺检查
	预留孔中心线误差			≤5mm	
支柱绝缘子安装	外观检查		重要	清洁，无裂纹	观察检查
	瓷铁浇装连接		重要	牢固	
	找平用钢垫片检查		重要	固定	
	绝缘硬纸板或橡胶垫片（电抗器叠装时）	位置		在绝缘子顶帽上	观察检查
		大小		与顶帽相同	
		厚度		≤4mm	用尺检查
	螺栓连接			紧固	用扳手检查
电抗器安装	外观检查	混凝土支柱	重要	无损伤、裂纹	观察检查
		绕组	重要	清洁，无破损、变形	
	垂直安装三相中心线			一致	用尺检查
	绕组绕向	三相垂直排列	重要	中间相与上下两相相反	观察检查
		两相重叠，一相并列	重要	重叠两相相反，另一相与上面一相相同	
		三相水平排列	重要	三相相同	
	连接螺栓			齐全，紧固	扳动检查
	接线端子与母线连接	连接		按GB 50149—2010规定	对照规范检查
		螺栓材料	重要	非磁性金属材料（额定电流≥1500A时）	用磁铁检查
	磁性材料各部件			固定牢固	扳动检查

续表

一、设　备　验　收				
工序	检　验　项　目	性质	质量标准	检验方法及结论
支柱绝缘子接地	叠装		底层可靠接地	扳动且导通检查
	独立安装		每相均可靠接地	
	接地线连接	重要	不构成闭合环路	观察检查
其他	电抗器风道检查	重要	通畅	观察检查

二、资　料　验　收			
资　料　名　称	性质	质量标准	验收结论
安装使用说明书，图纸、出厂试验报告，维护手册等技术文件	重要	各项资料齐全	
安装、调整、试验、整定记录	重要	规范、齐全、合格	
设备缺陷通知单、设备缺陷处理记录			
专用工具、备品备件	重要	齐全	

三、验　收　总　体　意　见	
总体评价	
整改意见	
验收结论	

第二十三章

母线、接地装置检修及验收

▲ 模块 1　母线的检修（Z15J3001 Ⅰ）

【模块描述】本模块包含母线检修的作业流程及工艺要求。通过知识要点的归纳讲解、操作技能训练，掌握母线检修的修前准备、危险点预控、作业步骤、工艺要求及质量标准等操作技能。

【模块内容】

一、作业内容

1. 硬母线的检修

（1）硬母线的一般检修。

（2）硬母线的加工和安装。

2. 软母线的检修

（1）软母线的一般检修项目。

（2）软母线的安装。

3. 母线检修试验

二、作业中的危险点分析及控制措施

作业中的危险点分析及控制措施见表 23-1-1。

表 23-1-1　　　　　　　作业中的危险点分析及控制措施

序号	危险点	控制措施
1	人身触电	（1）接低压电源应由两人进行，一人监护，一人操作。 （2）检修电源必须带有漏电保护器，移动电具金属外壳必须可靠接地。 （3）搬运长物应放倒搬运。 （4）起重机、斗臂车进入现场应有专人监护、引导，按照指定路线行走，工作前应划定吊臂和重物的活动范围和回转方向，确保与带电体的安全距离。起重机、斗臂车外壳应可靠接地。 （5）在强电场下工作，工作人员应加装临时接地线或使用保安地线

续表

序号	危险点	控制措施
2	误入带电设备	（1）检修地点与相邻带电间隔必须用围栏明显隔离，并悬挂"止步，高压危险"标示牌，标示牌应面对检修设备。 （2）检修中断每次重新开始工作前，应认清工作地点，设备名称和编号，严禁无人监护单人工作
3	高空摔跌	（1）使用梯子应绑牢，防滑；梯上有人。 （2）登高时严禁手持任何工具，或利用梯子运送重物。 （3）梯子与地面的夹角应为60°。 （4）正确使用安全带，禁止低挂高用
4	零部件跌落打击	（1）零部件应用绳子和工具袋上下传递，严禁抛掷。 （2）不准在构架或引流母排上放置物体和工器具。 （3）吊运材料必须专人监护，上下呼唱，确认吊物下方人员全部撤离方可起吊。 （4）拆装绝缘子或母线必须用起重机或专用吊具系好、吊稳，且有专人指吊运，吊绳应有足够的承载力
5	机械伤害	使用切割机、焊机、磨光机、弯板机、冲孔机等机械应穿防护服、配灭火器、戴防护手套等

三、检修作业前的准备

1. 检修前技术资料的准备

（1）根据运行中发现的缺陷及上次检修的情况确定主要的检修项目。

（2）准备有关检修的技术资料报告图纸、记录上次检修报告和作业指导书等。

（3）绝缘子、金具、母线等部件的型号和规格等。

2. 工器具、材料、试验仪器的准备

（1）检修工作开始前，检修部门应根据检修批准后的检修方案进行人员、工器具、材料、备品、备件的准备。

（2）工器具、材料、备件应按实际需要量进行准备并适当留有裕度。

3. 检修环境（场地）的要求

（1）检修场地设置在运行现场，同时应注意与带电设备保持足够的安全距离，准备充足的施工电源，大型机具、拆卸组部件和消防器材应合理布置。

（2）应选择良好的检修场地，周围应无可燃或爆炸性气体、液体，或引燃火种，否则应采取有效的防范措施和组织措施。

四、检修作业前的检查和试验

（1）各连接部分是否接触良好，是否存在发热现象。

（2）检查软母线是否有断股、散股现象。

（3）检查支持绝缘子外观是否良好，是否有破损掉瓷、裂纹或放电痕迹。

（4）对母线按照每年安装位置的短路容量进行动、热稳定性校核，对不满足校核要求的应安排更换。

（5）母线绝缘子的检查可结合带电检查情况，对在运行状态下有明显异常电晕和放电现象或零值的应立即安排更换。停电检查母线绝缘子可观察其是否清洁、有裂纹、有无放电痕迹，水泥胶装处是否良好等；对绝缘电阻、污秽等级不满足要求的应予以更换或采取加大爬距的措施。

（6）用绝缘电阻表测试母线绝缘电阻或进行交流耐压试验，试验结果满足有关规程要求。

五、母线检修作业步骤及工艺要求

1. 硬母线的检修

（1）硬母线的一般检修。

1）清扫母线，清除积灰和脏污；检查相序颜色，要求颜色鲜明，必要时应重新刷漆或补刷脱漆。

2）检修母线接头，要求接头应接触良好，无过热现象。采用螺栓连接的接头，螺栓应拧紧，平垫圈和弹簧垫圈应齐全。用 0.05mm×10mm 塞尺检查，局部塞入深度不得大于 5mm；采用焊接连接的接头，应无裂纹、变形和烧毛现象，焊缝凸出成圆弧形；铜铝接头应无接触腐蚀；户外接头和螺栓应涂有防水漆。

3）检修母线伸缩节，要求伸缩节两端接触良好，能自由伸缩，无断裂现象。

4）检修绝缘子，要求绝缘子清洁完好，用绝缘电阻表测量母线的绝缘电阻应符合规定，若母线绝缘电阻较低，应找出原因并消除，必要时更换损坏的绝缘子。

5）对涂刷了 RTV 防污涂料和防污伞裙的绝缘子可不进行清扫，但必须进行憎水性试验，憎水能力下降达不到防污要求的必须进行复涂或更换防污伞裙。

6）对 110kV 以上的支柱绝缘子，应进行超声波探伤试验，试验不合格者必须更换。

7）检查母线的固定情况，要求母线固定平整、牢靠，要求螺栓、螺母、垫圈齐全，无锈蚀，片撑条均匀。

（2）硬母线的加工和安装。

1）母线的校正。母线应平直，对于弯曲不平直的母线应进行校正。校正时应采用校正机进行。若无校正机，也可用手工进行。手工校正采用平台或槽用硬质木槌敲打母线来校正，扭曲较严重的母线可在弯曲处垫上铜块或铝块用大锤敲打，如有母线校正机械应充分采用。

2）母线的下料。下料前，应到现场测出母线的实际长度。下料时，为了检修时拆卸母线，可在适当地点将母线分段，用螺栓连接，但接头不宜过多。分支线的接头及电气设备间的连接，除需要弯曲外，其余尽量少弯曲。

3）母线的弯曲。矩形母线的弯曲有三种形式：平弯（宽面方向弯曲）、立弯（窄面方向弯曲）和扭弯（麻花弯），如图 23-1-1 所示。母线弯曲需要专门的设备和工具（如母线平变机、母线立弯机等），变曲尺寸见表 23-1-2 和表 23-1-3。

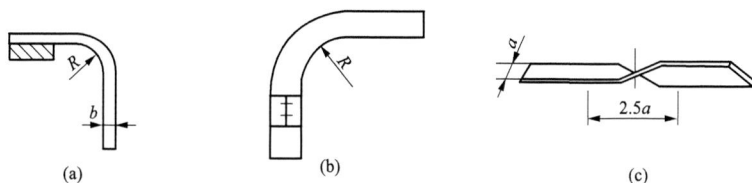

图 23-1-1　母线的弯曲形状
（a）平弯；（b）立弯；（c）扭弯

表 23-1-2　　　　　　　　　平弯时最小弯曲半径

母线尺寸（mm×mm）	最小弯曲半径		
	铜	铝	钢
50×5 以下	$2b$	$2b$	$2b$
125×10 以下	$2b$	$2.5b$	$2b$

注　表中 b 为母排厚度。

表 23-1-3　　　　　　　　　立弯最小容许弯曲半径

母线尺寸（mm×mm）	最小弯曲半径		
	铜	铝	钢
50×5 以下	a	$1.5a$	$0.5a$
125×10 以下	$1.5a$	$2a$	$2a$

注　表中 a 为母排宽度。

4）母线钻孔。母线钻孔应首先在母线上按要求画好钻孔位置，并用冲头或打孔机冲眼，孔径一般大于螺栓直径 1mm，钻好后除去孔的毛刺，使它保持光洁。

5）母线的固定。母线在绝缘子上的固结方法有三种：用螺栓直接将母线拧在绝缘子上、用夹板固定、用卡板固定，如图 23-1-2 所示。

6）母线的连接。硬母线的连接方法有螺栓连接、焊接两种，母线螺栓连接时要均匀拧紧，铝母线连接不能过分拧紧，过分拧紧易造成母线局部变形，接触面反而减少。

连接母线时应注意以下几点：

a. 母线连接要有足够的机械强度，接头的电阻小而且稳定，耐腐蚀。

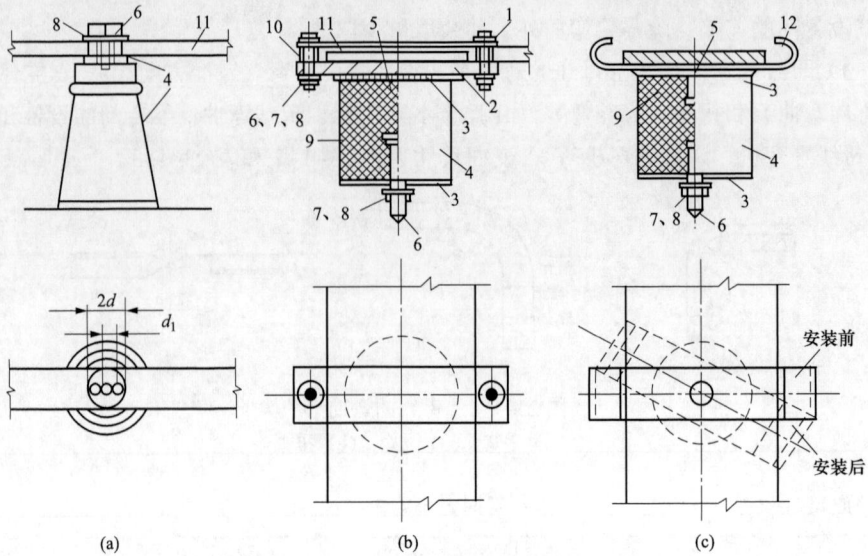

图 23-1-2　矩形母线在绝缘子上的固定方法

（a）用螺栓固定；（b）用夹板固定；（c）用卡板固定

1—上夹板；2—下夹板；3—红钢纸垫圈；4—绝缘子；5—沉头螺钉；6—螺栓；

7、9—螺母；8—垫圈；10—套筒；11—母线；12—卡板

b. 母线螺栓连接时，母线的连接部分接触面应涂一层电力复合脂，并选用镀锌螺栓，螺栓连接处加弹簧圈及平垫。母线平放时，螺栓由下向上穿。母线与户外设备端子连接时，如母线是铝质，设备端子是铜质，应使用铜铝接头，以免引起接头电化腐蚀和热弹性变形。

7）母线的焊接。铝母线焊接采用对接焊，焊前应将母线对口两侧的氧化膜刷干净，并在焊条涂上铝焊药。焊接时的注意事项如下：

a. 焊缝应高出焊口（即加强焊）。

b. 焊接进行到焊缝全长的 1/3 以后应加快焊接速度，以免温度过高使结尾端母线大片熔化。

c. 焊接过程中，如果电弧突然熄灭或因为换焊条形成重新焊接时，应从焊缝的另一端倒焊过来。若断弧时间较长，焊缝温度已降低到 100℃ 以下，则应铲除旧焊缝重焊。

d. 焊接进行到结尾时，不可收弧过早而造成缺肉，也不可收弧延迟使熔池扩大，造成空缩或凸起。

e. 焊件冷却后，需用温水清洗焊接处，清除残留的焊药，以免发生腐蚀。

f. 铝液已能与铜板表面熔合，碳精框架凹槽内填焊完后，电弧就移到铜板端头中

间的孔眼进行塞焊，塞焊填满，应立即对铜板平面进行堆焊。用大直径焊条伸入熔池，在铜板面擦刮和搅拌，使大量熔化的铝液与铜板能良好地结合，焊接完毕即拉断电弧，并立即用耙子将熔池表面的熔渣扒掉。当熔池沿框架四周开始凝固时，应再次引燃电弧，加热碳精框架，使焊缝金属均匀冷却，保证接头的完整。

8）母线相序排列。各回路的母线相序排列应一致。

9）母线涂漆。按照 U 相—黄色、V 相—绿色、W 相—红色对母线涂漆。

2. 软母线的检修

（1）软母线的一般检修项目。

1）清扫母线各部分，使母线本身清洁并且无断股和松股现象。

2）清扫绝缘子串上的积灰和脏污，更换表面发现裂纹的绝缘子。

3）对涂刷了 RTV 防污涂料的绝缘子可不进行清扫，但必须进行憎水性试验，憎水能力下降达不到防污要求的必须进行复涂。

4）绝缘子串各部件的销子和开口销应齐全，损坏者应无予更换。

5）软母线接头发热的处理。

a. 清除导线表面的氧化膜，使导线表面清洁，并在线夹内表面涂以工业凡士林或防冻油。

b. 更换线夹上失去弹性或损坏的各个垫圈，拧紧已松动的各式螺母。母线在运行一段时间以后，线夹上的螺母还会发生松动，运行中注意螺母松动情况。

c. 对接头的接触面用 0.05mm 的塞尺检查时不应塞入 5mm 以上。

d. 更换已损坏的各种母夹和线夹上钢质镀锌零件。

e. 接头检查完毕后，在接头接缝处用油膏填塞后再涂以凡士林油。

（2）软母线的安装。软母线不得有扭结、松股、断股等其他明显的损坏或严重腐蚀等缺陷，采用的金具除有质量合格证外，还应检查其规格应相符、零件配套齐全，表面应光滑，无裂纹、无伤痕、无砂眼、无锈蚀、无滑扣等缺陷，锌层不应剥落。

1）跨距测量。测量时取两侧挂线板或 U 形环的内口之间的距离。测量方法是将绝缘子、金具串组装好并垂直挂起，测量从 U 形环内侧到耐张线夹钢锚内孔处之间的距离。

2）放线与下料。导线测量后，用油漆或锯条在切割点做好标记，并用白胶布标记编号，在断口两侧各 50mm 处用细铁丝扎好，令砂轮机切割面与线股轴线垂直，切割后用锉刀修去毛刺，即可进行线夹压接工作。

3）导线压接。导线压接应按以下规定进行：

a. 检查液压设备工作应正常，压力范围与钢模和线夹的要求相匹配，钢模的内模为正六边形，六角形的对角尺寸与受压件外径相符，对边尺寸与对角尺寸比值为 0.866。

b. 用汽油清除耐张线夹各部件管内油污，清除锚孔内锌疤和铝管内外的卷边、毛刺。清洗时使用棉布，不用棉纱，防止棉线遗留。清理完后及时整理，防止再次污染。

c. 调整液压工具的压力释放阀，使压接压力与线夹要求压力相符。

d. 正式压接前，要先进行试压，取试件仔细测量耐接管、钢锚或衬管的原始长度，按压接顺序压接，分别计算各受压部件的伸长量，做好记录，以后压接预留该伸长量，试压结果应符合规定。

e. 对耐张线夹应进行拉力试验，可使用拉力机或串在吊车前钢丝绳上，按轻到重的顺序依次增加吊物质量，直到达到厂家要求的拉力为止。

f. 导线端头剥后应进行清洗，清洗长度应大于线夹长度的两倍。非防腐型钢芯铝绞线用钢丝刷清除导线表面灰尘、泥土等污垢，如有油污用汽油清洗。对防腐型钢芯铝绞线，应用白布蘸少量汽油擦净表面脂垢。钢芯用汽油清理干净。

g. 耐张线夹应先穿入铝管再穿入钢锚。穿入时，应顺纹线的纹制方向旋转推入。钢锚穿入前，应预先测量内孔的长度，以便能完全推到底，在旋入前应做检查，如有缺陷，用圆锉小心锉平。

h. 压接前再次检查压接工具，应放置平稳，使导线与压钳的钢模轴线一致，如有高度偏差和倾斜，均会造成弯曲。

i. 钢芯压接时，钢芯铝导线的钢芯直接压接钢模压接管即可。压接方向自钢模根部向端部进行。第二模压好后，用 0.02mm 精度的游标卡尺测量压接的六角形的对边尺寸，其最大允许值为 $0.866D + 0.2mm$（D 为压接管外径），如超过此值，应更换钢模重新施压。钢锚压接后，凡发现锌皮剥落伤痕和锉缝边，均必须刷防锈漆予以保护。

j. 铝管压接时，将铅管向内移出压接部位，用铜丝刷刷去该部分的氧化膜，均匀涂上一层电力复合脂。对钢芯绞线，铝管与钢衬管的间隙较大，直接压接会造成铝管压不实等缺陷，可用剥下来的铝线均匀地绕在衬管上，使其基本与铝绞线平齐。将铝管拉回压接部位，转动线夹，使两侧引流板朝向导线的凸方向，校正压钳的角度，使轴线一致即可压接。

k. 设备线夹压接时，将导线端部修整后插入线夹管内即可进行压接，其顺序为清理压接区域，涂电力复合脂，穿入压接管，对准引流板压接。

l. 压接后，应进行处理和检查。耐张线夹的铝管、钢锚压接后，用钢板尺检查其弯曲度不应大于长度的 2%，超过应校直，不得使压接管口附近导线上发生隆起和松股。耐张线夹外露钢芯的切断断口应涂防锈漆。

4）现场组装。在挂线架下按导线走向将绝缘子串、金具组装好，金具的布置应与图纸要求一致，再与耐张线夹相连接。

连接组装完成后，检查各种金具是否齐全，金具连接螺栓，检查防松帽、开口销使用是否正确，绝缘子碗口应向上，弹簧卡应齐全、无损坏。

5）架设。导线架设采用钢丝绳、卷扬机、卸卡、手拉葫芦，使用前应检查无缺陷，满足导线牵引最大负荷的要求，卷扬机应使用倒顺开关。

导线端部吊离地面、检查绑扎牢固后，即可正式起吊，如该母线与跳线、引下线连接，可一同拉起。引下线、跳线连接检查接触面连接力矩，必须符合规程要求。

6）弧垂调整及距离校验。弧垂测量应用卷尺与水准仪配合进行。将卷尺分别搭接在母线悬挂点和导线最低处，用水准仪观看零刻度，拉直卷尺，记录零刻度对应的读数，分别记为 L_H（最高点）和 L_L（最低点），导线弧垂 $f=(L_H-L_L)/2$。母线弧垂的允许偏差应价于 5%～2.5%，而且同距内三相母线的弧垂应一致，否则应调整螺栓。

导线中相线对地距离一般用竹竿划弧来检验。相线对地及相线间距离必须符合规程要求。

3. 检修后的试验

检修后用绝缘电阻表测量各相绝缘电阻满足要求，必要时对地及相间进行 1min 交流耐压试验，试验标准依照预防性试验规程进行，试验合格后方可投入运行。

4. 质量标准

（1）母线清洁无积灰和脏污；相序正确，颜色鲜明。

（2）母线接头接触良好，平垫圈和弹簧垫圈应齐全。螺栓紧固，用 0.05mm×10mm 塞尺检查，局部塞入深度不得大于 5mm；焊接连接接头无裂纹、变形和烧毛现象，焊缝凸出成圆弧形；铜铝接头无接触腐蚀；户外接头和螺栓无锈蚀。

（3）母线伸缩节两端接触良好，能自由伸缩，无断裂。

（4）绝缘子清洁完好，绝缘子串各部件的销子和开口销应齐全，无裂纹和放电痕迹，探伤试验合格；爬距满足污秽等级要求，绝缘良好；涂刷了 RTV 防污涂料和防污伞群的绝缘子憎水性满足防污要求。

（5）母线固定平整、牢靠，螺栓、螺母、垫圈齐全，无锈蚀，片间撑条均匀。

（6）软母线本身无断股和松股现象。

（7）耐压试验合格。

六、收尾、验收

检修工作完毕后，应进行现场清理，并由工作负责人进行预验收，无问题后按照本单位有关规定申请正式验收，验收合格并经相关人员签字确认后，全部检修人员撤离工作现场并结束工作票。最后在规定的时间内向上级部门或运行单位提交检修的相关资料。

【思考与练习】

1. 硬母线的一般性检修的内容是什么？

2. 硬母线在绝缘子上的固结方法有哪几种？

3. 硬母线焊接时的注意事项是什么？

4. 简述软母线的安装步骤。

5. 软母线导线压接时应按照哪些规定进行？

◢ 模块 2　接地装置的检修（Z15J3002Ⅰ）

【模块描述】本模块包含接地装置检修的作业流程及工艺要求。通过知识要点的归纳讲解、操作技能训练，掌握接地装置的修前准备、危险点预控、作业步骤、工艺要求及质量标准等操作技能。

【模块内容】

一、作业内容

（1）接地装置的检修。

1）垂直接地极的检修。

2）水平接地极的检修。

（2）接地装置出现异常现象的检修。

二、作业中的危险点分析及控制措施

作业中的危险点分析及控制措施见表 23-2-1。

表 23-2-1　　　　　　　　　作业中的危险点及控制措施

序号	危险点	控　制　措　施
1	人身触电	（1）接低压电源应由两人进行，一人监护，一人操作。 （2）检修电源必须带有漏电保护器，移动电具金属外壳必须可靠接地。 （3）搬运长物应放倒搬运。 （4）在强电场下工作，工作人员应加装临时接地线或使用保安地线。 （5）雷雨天气不准检修地网
2	误入带电设备	（1）检修地点与相邻带电间隔必须用围栏明显隔离，并悬挂"止步，高压危险"标示牌，标示牌应面对检修设备。 （2）检修中断每次重新开始工作前，应认清工作地点，设备名称和编号，严禁无人监护单人工作
3	机械伤害	使用切割机、焊机、磨光机、弯板机、冲孔机等机械应穿防护服、配灭火器、戴防护手套等

三、检修作业前的准备

1. 检修前技术资料的准备

（1）根据运行中发现的缺陷及上次检修的情况确定主要的检修项目。

（2）准备有关检修的技术资料包括地网图纸、试验报告、上次检修报告和作业指导书等。

2．工器具、材料、试验仪器的准备

准备工器具、材料、备品备件、试验仪器和仪表。

四、检修作业前的检查和试验

（1）接地线是否折断、损伤或严重腐蚀。

（2）接地支线与接地干线的连接是否牢固。

（3）接地点土壤是否因外力影响而有松动。

（4）重复接地线，接地体及其连线处是否完好无损。

（5）检查全部连接点的螺栓是否有松动，并应加以紧固。

（6）挖开接地引下线周围的地面，检查地下 0.5m 左右地线受腐蚀的程度，若腐蚀严重时应更换。

（7）检查接地线的连接卡及跨接线等的接触是否完好。

（8）人工接地体周围的地面上不应堆放及倾倒有强烈腐蚀性的物质。

五、接地装置检修作业步骤及工艺要求

1．接地装置的检修

接地极的材料一般选用结构钢，其规格尺寸见表 23-2-2，接地体不应有锈蚀，如有锈蚀应清除干净，材料的厚薄和粗细应该一致，脆性铸铁不能用。

表 23-2-2　　　　　　　　结构钢接地体的规格

材料类别		最小尺寸
角钢（厚度）（mm）		4
钢管（管壁厚度）（mm）		3.5
圆钢直径（mm）		8
扁　钢	截面面积（mm²）	48
	厚度（mm²）	4

（1）垂直接地极的检修。把接地体打入大地时，应与地面保持垂直，有效深度不低于 2m，多级接地或接地网的接地体与接地体之间在地下应保持 2.5m 以上的直线距离，接地体垂直安装如图 23-2-1 所示。

垂直接地体应采用角钢或钢管制成，下端削尖，除埋入地下长度外，应留出 100～200mm，以便接地线焊接。凡用螺栓连接的应预先钻好孔。

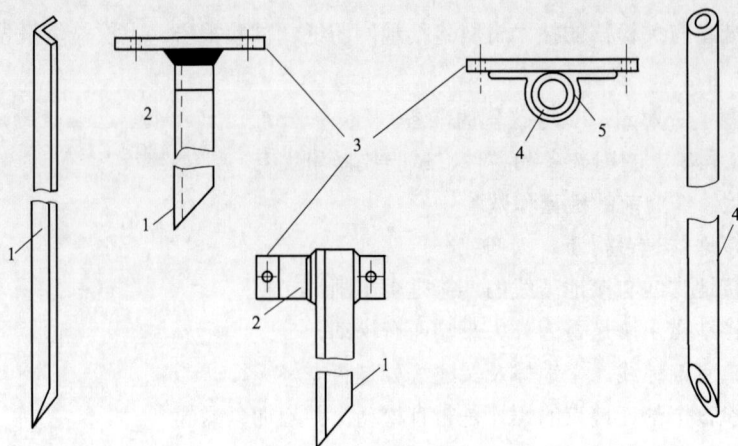

图 23-2-1　接地体垂直安装

1—角钢接地体；2—加固镶块；3—接地干线连接板；4—钢管接地体；5—骑马镶块

（2）水平接地极的检修。垂直接地极打好后，就可沿沟敷设水平接地极，要求立放接地带。因其散流电阻较小。扁钢与接地体连接要用焊接，可先在管子头部焊上一个 Ω 形卡子，如图 23-2-2 所示。然后将扁钢与卡子两端焊起来，或者直接将扁钢弯成弧形与接地体焊接。扁钢与钢管连接位置在距离接地体顶端约 100mm 处，引出线应焊接好，并露出地面 0.5m 以上。同时为防腐蚀要将引线涂漆，其他地下部分不需涂漆，但镀锌扁钢焊接部分要涂漆。接地带的连接采用搭接焊，其焊接长度必须为扁钢宽度的 2 倍，至少 3 个棱边焊接。圆钢作为接地时搭焊长度为直径的 6 倍。

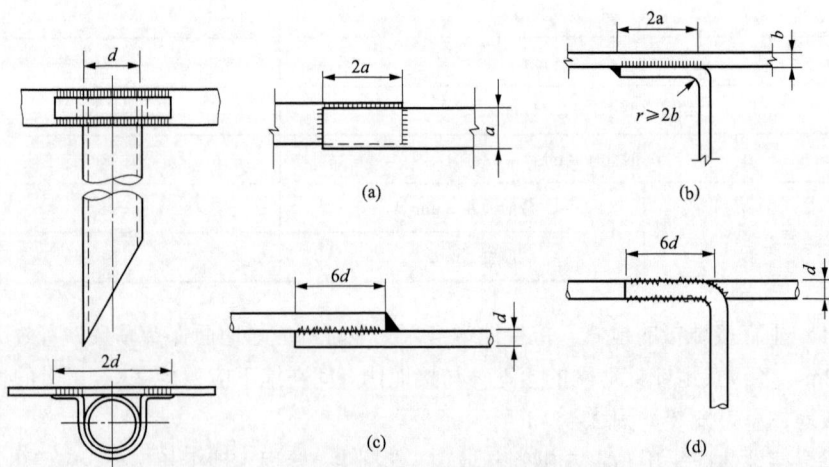

图 23-2-2　接地体焊接卡子及接地带的搭接焊

（a）扁钢直线搭接；（b）扁钢垂直分支；（c）圆钢直线搭接；（d）圆钢垂直分支

2. 接地装置出现异常现象的检修

（1）接地体的接地电阻值增大。一般是因为接地体严重锈蚀或接地体与接地干线接触不良引起的，应更换接地体或紧固连接处的螺栓或重新焊接。

（2）接地线局部电阻值增大。因为连接点或跨接过渡线轻度松散，连接点的接触面存在氧化层或污垢引起电阻值增大，应重新紧固螺栓或清洁氧化层和污垢后再拧紧。

（3）接地体露出地面。把接地体深埋，并填土覆盖、夯实。

（4）遗漏接地或接错位置。在检修中应重新安装时，应补接好或改正接线错误。

（5）接地线有机械损伤、断股或化学腐蚀现象，应更换截面积较大的镀锌或镀铜接地线，或在土壤中加入中和剂。

（6）连接点松散或脱落。发现后应及时紧固或重新连接。

3. 质量标准

（1）在接地装置检修结束后，其接地电阻测量结果应符合表23-2-3的规定。

（2）接地线无折断、损伤、开焊或严重腐蚀。

（3）接地支线与接地干线的连接牢固。

（4）重复接地线，接地体及其连线处完好无损。

（5）接地装置焊接良好，搭接面积符合要求。

（6）接地线的连接卡及跨接线等的接触完好。

（7）人工接地体周围地面上，无强烈腐蚀性的物质。

（8）接地线与用电设备压接螺栓无松动、压接不实和连接不良。

（9）接地极截面满足热稳定校验要求。

（10）地网、接地装置接地电阻值符合表23-2-3中规定值。

表 23-2-3　　　　　　　　　电力设备接地电阻容许值

接地装置种类			工频接地电阻容许值	备注
1000V 以上的高压设备	大接地短路电流系统（$I \geqslant 500A$）	一般情况	$R = 2000/I$	高土壤电阻系数地区接地电阻容许提高，但不应超过 5Ω
		$I > 4000A$	$R < 0.5\Omega$	
	小接地短路电流系统（$I < 500A$）		$R \leqslant 120/I$，一般不应大于 10Ω	高土壤电阻系数地区接地电阻容许提高，但不应超过发变电 15Ω，其余 30Ω
1000V 以下的低压设备	中性点直接接地系统	发电机、变压器的工作接地	$R \leqslant 4\Omega$	高土壤电阻系数地区接地电阻容许提高，但不应超过 30Ω
		零线上的重复接地	$R \leqslant 10\Omega$	

续表

接地装置种类			工频接地电阻容许值	备注
1000V 以下的低压设备	中性点不接地系统	一般情况	$R \leqslant 4\Omega$	高土壤电阻系数地区接地电阻容许提高，但不应超过30Ω
		发电机、变压器容量大于 100kVA 时	$R \leqslant 10\Omega$	
利用大地作导线的电力设备	永久性工作接地		$R \leqslant 50/I$	低压电网禁止使用大地作导线
	暂时性工作接地		$R \leqslant 100/I$	
保护接地避雷针			$R \leqslant 4\Omega$	

六、收尾、验收

接地装置完毕后，应进行现场清理，并由工作负责人进行预验收，无问题后按照本单位有关规定申请正式验收，验收合格并经相关人员签字确认后，全部检修人员撤离工作现场并结束工作票。最后在规定的时间内向上级部门或运行单位提交安装的相关资料。

【思考与练习】

1. 接地装置在检修作业前的检查和试验项目有哪些？
2. 垂直接地体检修工艺要求是什么？
3. 接地装置异常现象有哪些？如何进行处理？

▲ 模块 3 母线的验收（Z15J3003 Ⅰ）

【模块描述】本模块包含母线施工验收规范要求，通过图表讲解、重点归纳，掌握母线施工验收必要的知识和技能。

【模块内容】

一、作业内容

（1）母线的一般验收。

（2）硬母线安装的验收。

（3）软母线架设的验收。

（4）金属封闭母线的验收。

（5）气体绝缘金属封闭母线的验收。

二、危险点分析及控制措施

母线验收工作的危险点及控制措施见表 23-3-1。

表 23–3–1 危险点及控制措施

序号	危 险 点	控 制 措 施
1	防止触电危险	(1) 使用梯子时与相邻带电设备保持足够安全距离。 (2) 使用工作中加强监护
2	防止高空摔跌	(1) 在梯子上工作必须注意"三戴"，梯子放置正确。 (2) 在高处使用工具时，应用白纱带扎牢，防止碰坏瓷件

三、母线验收作业步骤和质量标准

因新安装的母线验收工作具有代表性，本模块重点介绍新建母线的验收工作。鉴于母线型号规格众多，且安装方式、安装条件各不相同，只能依照验收规程并结合国家电网有限公司有关技术要求进行综合描述，在本教材的《母线的检修》一章提及的知识点，本章不再赘述。在本模块的附录部分，有相应的验收表格做参考，对于没有涉及的设备可以参照执行。

（一）对母线的一般验收检查

（1）母线表面应光洁平整，不应有裂纹、褶皱、夹杂物及变形和扭曲现象。

（2）成套供应的金属封闭母线、母线槽的各段应标志清晰、附件齐全，外壳应无变形，内部应无损伤。螺栓连接的母线搭接面应平整，其镀层应均匀，不应有麻面、起皮及未覆盖部分。

（3）各种金属构件的安装螺孔，不得采用气焊或电焊割孔。

（4）金属构件及母线的防腐处理，应符合下列规定：

1）金属构件除锈应彻底，防腐漆涂刷应均匀，粘合应牢固，不得有起层、皱皮等缺陷；

2）母线涂漆应均匀，不得有起层、皱皮等缺陷；

3）室外金属构件应采用热镀锌制品；

4）在有盐雾及含有腐蚀性气体的场所，母线应涂防腐层。

（5）支柱绝缘子底座、套管的法兰、保护网（罩）等不带电的金属构件，应按现行 GB 50169《电气装置安装工程　接地装置施工及验收规范》的有关规定进行接地。接地线应排列整齐、连接可靠。

（6）母线与设备接线端子连接时，不应使接线端子承受过大的侧向应力。

（7）母线与母线、母线与分支线、母线与电器接线端子搭接，其搭接面的处理应符合下列规定：

1）经镀银处理的搭接面可直接连接。

2）铜与铜的搭接面，室外、高温且潮湿或对母线有腐蚀性气体的室内应搪锡；在干燥的室内可直接连接。

3）铝与铝的搭接面可直接连接。

4）钢与钢的搭接面不得直接连接，应搪锡或镀锌后连接。

5）铜与铝的搭接面，在干燥的室内，铜导体应搪锡；室外或空气相对湿度接近100%的室内，应采用铜铝过渡板，铜端应搪锡。

6）铜搭接面应搪锡，钢搭接面应采用热镀锌。

7）金属封闭母线螺栓固定搭接面应镀银。

（8）母线的相序排列，当设计无要求时应符合下列规定：

1）上、下布置时，交流母线应由上到下排列为 A、B、C 相，直流母线应正极在上、负极在下；水平布置时，交流母线应由盘后向盘面排列为 A、B、C 相，直流母线应由盘后向盘面排列为正极、负极。

2）由盘后向盘面看，交流母线的引下线应从左至右排列为 A、B、C 相，直流母线应正极在左、负极在右。

（9）母线标识颜色应符合下列规定：

1）三相交流母线，A 相应为黄色，B 相应为绿色，C 相应为红色；单相交流母线应与引出相的颜色相同。

2）直流母线，正极应为棕色，负极应为蓝色。

3）三相电路的零线或中性线及直流电路的接地中线均应为淡蓝色。

4）金属封闭母线，母线外表面及外壳内表面应为无光泽黑色，外壳外表面应为浅色。

（10）涂刷母线相色标识应符合下列规定：

1）室外软母线、金属封闭母线外壳、管形母线应在两端做相色标识；

2）单片、多片母线及槽形母线的可见面应涂相色；

3）钢母线应镀锌，可见面应涂相色；

4）相色涂刷应均匀，不易脱落，不得有起层、皱皮等缺陷，并应整齐一致。

（11）母线在下列各处不应涂刷相色：

1）母线的螺栓连接处及支撑点处、母线与电器的连接处，以及距所有连接处10mm 以内的地方；

2）供携带式接地线连接用的接触面上，以及距接触面长度为母线的宽度或直径的地方，且不应小于 50mm。

（12）盘柜内交、直流小母线安装应穿绝缘管。

（二）硬母线安装的验收检查

（1）硬母线的连接应符合下列规定：

1）硬母线的连接应采用焊接、贯穿螺栓连接或夹板及夹持螺栓搭接；

2）管形、棒形母线应采用专用连接金具连接；

3）管形、棒形母线不得采用内螺纹管接头或锡焊连接。

（2）管形、棒形母线的连接应符合下列规定：

1）安装前应对连接金具和管形、棒形母线导体接触部位的尺寸进行测量，其误差值应符合产品技术文件要求；

2）与管母线连接金具配套使用的衬管应符合设计和产品技术文件要求；

3）管形、棒形母线连接金具螺栓紧固力矩应符合产品技术文件要求。

（3）母线与母线或母线与设备接线端子的连接应符合下列要求：

1）母线连接接触面间应保持清洁，并应涂以电力复合脂；

2）母线平置时，螺栓应由下往上穿，螺母应在上方；其余情况下，螺母应置于维护侧，螺栓长度宜露出螺母2～3扣；

3）螺栓与母线紧固面间均应有平垫圈，母线多颗螺栓连接时，相邻螺栓垫圈间应有3mm以上的净距，螺母侧应装有弹簧垫圈或锁紧螺母；

4）母线接触面应连接紧密，连接螺栓应用力矩扳手紧固，钢质螺栓紧固力矩值应符合表23-3-2的规定，非钢质螺栓紧固力矩值应符合产品技术文件要求。

表 23-3-2　　　　　　　　　　　　钢质螺栓的紧固力矩值

螺栓规格（mm）	力矩值（N·m）	螺栓规格（mm）	力矩值（N·m）
M8	8.8～10.8	M16	78.5～98.1
M10	17.7～22.6	M18	98.0～127.4
M12	31.4～39.2	M20	156.9～196.2
M14	51.0～60.8	M24	274.6～343.2

（4）母线与螺杆形接线端子连接时，母线的孔径不应大于螺杆形接线端子直径1mm。丝扣的氧化膜应除净，螺母接触面应平整，螺母与母线间应加铜质搪锡平垫圈，并应有锁紧螺母，但不得加弹簧垫。

（5）母线在支柱绝缘子上固定时应符合下列要求：

1）母线固定金具与支柱绝缘子间的固定应平整牢固，不应使其所支持的母线受到额外应力；

2）交流母线的固定金具或其他支持金具不应成闭合铁磁回路；

3）当母线平置时，母线支持夹板的上部压板应与母线保持1～1.5mm的间隙；当母线立置时，上部压板应与母线保持1.5～2mm的间隙；

4）母线在支柱绝缘子上的固定死点，每一段应设置一个，并宜位于全长或两母线伸缩节中点；

5）管形母线安装在滑动式支持器上时，支持器的轴座与管母线之间应有 1~2mm 的间隙；

6）母线固定装置应无棱角和毛刺。

（6）多片矩形母线间应保持不小于母线厚度的间隙；相邻的间隔垫边缘间距离应大于 5mm。

（7）母线伸缩节不得有裂纹、断股和褶皱现象；母线伸缩节的总截面不应小于母线截面的 1.2 倍。

（8）终端或中间采用拉紧装置的车间低压母线的安装，当设计无要求时，应符合下列规定：

1）终端或中间拉紧固定支架宜装有调节螺栓的拉线，拉线的固定点应能承受拉线张力；

2）同一档距内，母线的各相弛度最大偏差应小于 10%。

（9）母线长度超过 300~400m 而需换位时，换位不应小于 1 个循环。槽形母线换位段处可用矩形母线连接，换位段内各相母线的弯曲程度应对称一致。

（10）插接母线槽的安装应符合下列要求：

1）悬挂式母线槽的吊钩应有调整螺栓，固定点间距离不得大于 3m；

2）母线槽的端头应装封闭罩，引出线孔的盖子应完整；

3）各段母线槽外壳的连接应可拆，外壳之间应有跨接线，并应接地可靠。

（11）重型母线的安装应符合下列规定；

1）母线与设备连接处宜采用软连接，连接线的截面不应小于母线截面；

2）母线的紧固螺栓，铝母线宜用铝合金螺栓，铜母线宜用铜螺栓；紧固螺栓时应用力矩扳手；

3）在运行温度高的场所，母线不应有铜铝过渡接头；

4）母线在固定点的活动滚杆应无卡阻，部件的机械强度及绝缘电阻值应符合设计要求。

（12）铝合金管形母线的安装应符合下列规定：

1）管形母线应采用多点吊装，不得伤及母线；

2）母线终端应安装防电晕装置，其表面应光滑、无毛刺或凹凸不平；

3）同相管段轴线应处于一个垂直面上，三相母线管段轴线应互相平行；

4）水平安装的管形母线，宜在安装前采取预拱措施。

（三）软母线架设的验收

软母线不得有扭结、松股、断股、严重腐蚀或其他明显的损伤；扩径导线不得有明显凹陷和变形。同一截面处损伤面积不得超过导电部分总截面面积的 5%。

（1）采用的金具除应有质量合格证外，尚应进行下列检查：

1）规格应相符，零件配套应齐全；

2）表面应光滑，无裂纹、毛刺、伤痕、砂眼、锈蚀、滑扣等缺陷，锌层不应剥落；

3）线夹船形压板与导线接触面应光滑平整，悬垂线夹的转动部分应灵活。

（2）导线测量宜采用小张力将导线拉直测量；切断导线前，端头应加绑扎；端面应整齐、无毛刺，并应与线股轴线垂直。压接导线需要切割铝线时，不得伤及钢芯。

（3）软母线与线夹连接应采用液压压接或螺栓连接。耐张线夹压接前应对每种规格的导线取试件两件进行试压，并应在试压合格后再施工。采用液压压接导线时，应符合下列规定：

1）压接的钢模应与被压管配套，液压钳应与钢模匹配；

2）扩径导线与耐张线夹压接时，应用相应的衬料将扩径导线中心的空隙填满；

3）导线的端头伸入耐张线夹或设备线夹的长度应达到规定的长度；

4）压接时应保持线夹的正确位置，不得歪斜，相邻两模间重叠不应小于 5mm；

5）压接时应以压力值达到规定值为判断压力合格的标准；

6）压接后六角形对边尺寸应为压接管外径的 0.886 倍，当任何一个对边尺寸超过压接管外径的 0.886 倍加 0.2mm 时，应更换钢模；

7）压接管口应刷防锈漆。

（4）螺栓连接线夹应用力矩扳手紧固。螺栓应均匀拧紧，紧固 U 形螺栓时，应使两端均衡，不得歪斜；螺栓长度除可调金具外，宜露出螺母 2～3 扣。

当软母线采用钢质螺栓型耐张线夹或悬垂线夹连接时，应缠绕铝包带，其绕向应与外层铝股的绕向一致，两端露出线夹口不应超过 10mm，且端口应回到线夹内压紧。

软导线和连接线夹连接时，应符合下列规定：

1）导线及线夹接触面均应清除氧化膜，并应用金属清洗剂清洗，清洗长度不应少于连接长度的 1.2 倍，导电接触面应涂以电力复合脂；

2）室外易积水的线夹应设置排水孔。

（5）软母线和组合导线在档距内不得有连接接头，在跳线上连接应采用专用线夹；软母线经螺栓耐张线夹引至设备时不得切断，应成为一个整体。

扩径导线的弯曲度不应小于导线外径的 30 倍。

具有可调金具的母线，在导线安装调整完毕之后，应将可调金具的调节螺母锁紧。

母线弛度应符合设计要求，其允许偏差为+5%～−2.5%，同一档距内三相母线的弛度应一致；相同布置的分支线，宜有同样的弯曲度和弛度。

安装组合导线时，尚应符合下列规定：

1）组合导线的间隔金具、固定用线夹，以及所使用的各种金具应齐全；间隔金具及固定线夹在导线上的固定位置应符合设计要求，其距离偏差允许范围为±3%；安装应牢固，并应与导线垂直。

2）载流导线与承重钢索组合后，其弛度应一致；导线与终端固定金具的连接应符合有关规定。

（四）金属封闭母线的验收检查

（1）金属封闭母线的安装与调整应符合下列规定：

1）离相封闭母线相邻两相母线外壳的中心距离应符合设计要求，尺寸允许偏差为±5mm；

2）母线与设备端子的连接距离应符合设计要求；采用伸缩节连接时，尺寸允许偏差为 10mm；

3）外壳与设备端子罩法兰间的连接距离应符合设计要求；当采用橡胶伸缩套连接时，尺寸允许偏差为±10mm；

4）母线导体或外壳采用对接焊口连接方式时，纵向尺寸允许偏差为±5mm；

5）母线导体或外壳采用搭接焊接连接方式时，纵向尺寸允许偏差为±15mm；

6）离相封闭母线中的导体与外壳的同心度允许偏差为±5mm，不满足时，应通过导体支撑结构进行调整。

7）外壳短路板应按产品技术文件的要求进行安装、焊接；

8）穿墙板与封闭母线外壳间应用橡胶条密封，并应保持穿墙板与封闭母线外壳间绝缘；

9）当金属封闭母线设计有伴热装置时，伴热电缆的固定应保证与母线及外壳的电气安全距离，并应密封伴热装置在封闭母线上的孔洞；

10）调整过程中，应仔细核查支承处的标高与其他设备的安装位置，应避免对母线进行切割加工；

11）应在调整完毕后，再进行外壳的固定和母线的连接；

12）外壳封闭前，应对母线进行清理、检查、验收。

（2）金属封闭母线的螺栓连接应符合下列规定：

1）电流大于 3000A 的导体的紧固件应采用非磁性材料；

2）封闭母线与设备的螺栓连接，应在封闭母线绝缘电阻测量和工频耐压试验合格后进行。

（3）金属封闭母线的外壳及支持结构的金属部分应可靠接地，并应符合下列规定：

1）全连式离相封闭母线的外壳应采用一点或多点通过短路板接地；一点接地时，应在其中一处短路板上设置一个可靠的接地点；多点接地时，可在每处但至少在其中一处短路板上设置一个可靠的接地点。

2）不连式离相封闭母线的每一分段外壳应有一点接地，并应只允许有一点接地。

3）共箱封闭母线的外壳各段间应有可靠的电气连接，其中至少有一段外壳应可靠接地。

（4）微正压金属封闭母线安装完毕后，检查其密封性应良好。

（五）气体绝缘金属封闭母线的验收检查

（1）母线就位前，应对外壳内壁、导体表面、绝缘支撑件进行检查和清理，法兰结合面应平整、无划伤；

（2）吊装母线应使用尼龙绳或有保护外套的吊索；

（3）导体表面和母线外壳内壁应光滑无毛刺，各母线段的长度应符合产品技术文件要求；

（4）母线隔室打开后，在空气中的暴露时间应符合产品技术文件的要求；

（5）清洁母线导体部件时，应使用产品技术文件要求的清洁剂；

（6）以插接方式连接的导体，在两段母线连接时，不得损伤插接结构及插接接触面；

（7）母线导体连接后，应对连接部位的接触电阻进行测试，测试值应符合产品技术文件要求；

（8）密封垫（圈）不得重复使用，密封脂不可涂抹到密封垫（圈）内侧；

（9）母线外壳螺栓连接，应用力矩扳手对角紧固；

（10）安装调整型伸缩节时，固定伸缩节两端的连接螺杆应按产品技术文件的要求预留胀缩移动间隙；固定型伸缩节其波纹管两端的连接螺杆，则应按产品技术文件的要求将螺母拧紧；

（11）外壳接地母线的安装应符合设计和产品技术文件要求，并应无锈蚀和损伤，连接应牢靠；不同材质的接触面应涂电力复合脂；伸缩节间的接地母线跨接，不得影响伸缩节的膨胀收缩功能。

【思考与练习】

1. 硬母线加工的验收主要有哪些内容？

2. 母线的搭接面的处理有什么规定？

3. 母线标识颜色有什么规定？

4. 金属封闭母线的验收应注意什么？

附录一

矩形母线包括引下线安装验收表

变电站：　　　　运行名称编号：　　　　型号：　　　　制造厂：

施工单位：　　　　验收人员：　　　　验收日期：

	一、设备验收				

序号	工序	检验项目	性质	质量标准	验收结论
1	安全距离	室内（外）配电装置的安全净距	重要	按附表1、2的规定	
2	母线加工配置	总体外观	表面检查		光洁，完整，无裂纹	
3			外形检查		平直，无变形扭曲	
4			相色漆		按 GB 50149—2010 规定	
5			母线相序排列		按 GB 50149—2010 规定	
6			铜铝过渡接头	重要	运行温度高的场所不应有铜铝过渡接头	
7			母线及引下线切断面		断面平直，断面坡口光滑、均匀无毛刺，坡口角度满足加工工艺要求	
8		母线弯制	弯曲、扭转处部分外观	重要	无裂纹，无明显褶皱	
9			母线分支、引下线、设备连接线的弯曲弧度		对称一致、横平竖直、整齐美观	
10			同相多片母线弯曲弧度		对称一致	
11			弯曲处直角		尽量减少	
12			母线最小弯曲半径		按 GB 50149—2010 规定	
13			母线弯转长度			
14			弯曲始点至母线支持器边缘距离		≥50mm，≤0.25 倍支点间距	
15			弯曲始点至接头边缘最小距离		≥50mm	
16	母线与金具	金具安装	金具、绝缘子检查		无变形、损伤	
17			固定装置外观		无棱角、毛刺	
18			固定金具与其他支持金具	重要	不应成闭合磁路	
19			母线固定金具与支柱绝缘子间的固定		应平整牢固、母线不应受额外应力	
20		母线安装	母线平置时母线与支持器上部夹板间隙		1~1.5mm 间隙	

续表

			一、设 备 验 收			
序号	工序		检验项目	性质	质量标准	验收结论
21	母线与金具	母线安装	母线立置时上部夹板与母线的距离		1.5～2mm	
22			同相多层母线层间间隙		同母线厚度	
23			支持器夹板与接头边缘距离		≥50mm	
24	搭接	螺接面加工	螺接面	重要	平整、无氧化膜，镀银层不得锉磨，涂一薄层电力复合脂	
25			母线接头螺孔直径		宜大于螺栓直径1mm	
26			接头螺孔与螺栓配合		自由穿入	
27		搭接面	搭接面长度		按 GB 50149—2010 规定	
28			搭接面螺孔布置及规格			
29			搭接面处理			
30		搭接	紧固力矩		按附表3规定	
31			螺栓紧固后露扣长度		2～3扣	
32			相邻垫圈间隙		≥3mm	
33			螺栓穿入方向		母线平置时由下向上，其余螺母均在维护侧	
34			伸缩节安装	重要	无裂纹、断股和褶皱现象	
35			各连接部分	强制	接触良好、可靠	
36	母线与螺杆形端子连接		外观		无弹簧垫	
37			平垫圈	重要	铜质搪锡	
38			锁紧螺母		齐全、紧固	
39	支持瓷瓶		外观		清洁、无损伤	
40			固定		牢固	
41	封闭母线		支柱		安装牢固	
42			母线及引下线位置		正确	
43			每项外壳纵向间隙		分配均匀	
44			母线与外壳		应同心、无机械应力	
45			母线支持绝缘子		清洁、无遗留物	
46			母线与支持绝缘子连接，使用力矩扳手紧固	重要	按附表3规定	
47			外壳相间短路板		位置正确、连接良好	

续表

	二、资 料 验 收			
序号	资 料 名 称	性质	质量标准	验收结论
1	安装使用说明书，图纸等技术文件	重要	各项资料齐全	
2	安装、试验记录	重要	规范、齐全、合格	
3	设备缺陷通知单、设备缺陷处理记录			

三、验 收 总 体 意 见	
总体评价	
整改意见	
验收结论	

附录二

管形母线包括引下线安装验收表

变电站： 　　运行名称编号： 　　　型号： 　　　制造厂：

施工单位： 　　验收人员： 　　　验收日期：

	一、设 备 验 收					
序号	工序	检验项目		性质	质量标准	验收结论
1	铝合金管及金具	铝合金管外观检查			光洁，无裂纹	
2		铝合金管口			平整，且与轴线垂直	
3		铝合金管弯曲度			按 GB 50149—2010 规定	
4		金具检查			光洁，无损伤、裂纹	
5	管母线焊接	焊接方式		重要	氩弧焊	
6		焊口尺寸		重要	按 GB 50149—2010 规定	
7		坡口处理	两侧 50mm 范围内表面处理		清洁，无氧化膜	
8			坡口加工面	重要	无毛刺、飞边，坡口角度满足加工工艺要求	
9		对口	弯折偏移		≤0.2%	
10			中心线偏移		≤0.5mm	
11		衬管	纵向轴线位置	重要	位于焊口中央	
12			与管母线间隙		≤0.5mm	
13		焊缝检查	焊缝高度	重要	2～4mm	
14			焊缝外观		符合 DL/T 754—2001 规定	

续表

序号	工序	检验项目	性质	质量标准	验收结论
		一、设 备 验 收			
15	管母线安装	金具连接		无闭合磁路	
16		金具固定		平整，牢固	
17		焊口距支持器边缘距离		≥50mm	
18		母线与滑动式支持器轴座间隙		1～2mm	
19		伸缩节外观	重要	无裂纹断股、褶皱	
20		伸缩节连接	重要	接触良好、可靠	
21		母线终端防晕装置		表面光滑，无毛刺，封端球、盖安装满足设计要求	
22		三相母线管段轴线		互相平行	
23		均压环及屏蔽罩检查	重要	完整，无变形，且固定牢靠	
24	整体检查	带电体间及带电体对其他物体间检查		按 GB 50149—2010 规定	
25		安装后铝合金管弯曲度		按 GB 50149—2010 规定	
26		母线相色标志		齐全，正确	
27	瓷瓶	外观		清洁，无损伤	
28		固定		牢固	
29		绝缘		耐压	
30		探伤	重要	合格	
31	电气连接部分		重要	接触良好、可靠	
32	温补装置调节			位置适应	
33	放水孔			位置合适	

序号	资 料 名 称	性质	质量标准	验收结论
	二、资 料 验 收			
1	安装使用说明书，图纸、出厂试验报告等技术文件	重要	各项资料齐全	
2	安装、试验记录	重要	规范、齐全、合格	
3	设备缺陷通知单、设备缺陷处理记录			

三、验 收 总 体 意 见

总体评价	
整改意见	
验收结论	

◢ 模块 4　接地装置验收（Z15J3004Ⅰ）

【模块描述】本模块包含电气设备接地装置施工验收规范要求，通过图表讲解、重点归纳，掌握电气设备接地装置施工验收必要的知识和技能。

【模块内容】

一、作业内容

（1）变电站电气设备接地装置的验收。

（2）接地装置敷设的验收检查。

（3）接地体（线）的连接验收检查。

（4）避雷针（线、带、网）的接地验收检查。

（5）建筑物电气装置的接地验收检查。

（6）避雷器的验收检查。

（7）中性点放电间隙的验收检查。

二、作业中的危险点分析及控制措施

电气设备接地装置施工验收作业中的危险点分析及控制措施见表 23-4-1。

表 23-4-1　　　　　　　　　　危险点分析及控制措施

序号	危 险 点	控 制 措 施
1	拆、接低压电源	（1）应由两人进行，一人操作，一人监护。 （2）电源应有漏电保护器；电动工具外壳应可靠接地。 （3）螺丝刀等工具金属裸露部分除刀口外包绝缘
2	误碰带电设备	（1）运长物件，应两人放倒搬运。 （2）电焊机应可靠接地
3	现场孔洞	现场孔洞应及时封堵，或者是用牢固的木板盖住

三、作业顺序

验收工作应该按照设备管理的有关要求，明确验收职责、验收责任分工，并且对于不同类型的验收工作，按照规定进行。

（1）安装、监理单位及人员应满足相关资质要求，安装方案、技术交底记录、设计交底记录应完整齐全，其中安装方案应满足设计要求，技术交底记录、设计交底记录应符合现场实际。

（2）避雷器的出厂例行试验结果应合格，铭牌不得缺少或损坏，避雷器的压力释放板应完好无损，并应具有排水孔。

（3）设备安装全部结束，施工结束，施工单位自检合格并出具竣工报告，设备资料应齐全、完整、准确。

（4）设备台账、生产记录，运行相关规程、规定、规章、规范填写编制完成，设备验收票经上级领导审核批准，设备标示、标签正确，符合现场实际需要。

四、接地装置的验收工艺及标准

本模块重点介绍变电站新建接地装置设备的验收工作。鉴于接地装置设备型号众多，且安装方式、安装环境各不相同，只能依照验收规程进行综合描述。在本模块的附录部分，有相应的验收表格做参考，对于没有涉及的设备可以参照执行。

（一）接地装置敷设的验收检查

（1）接地体顶面埋设深度应符合设计规定。当无规定时，不应小于0.6m。角钢、钢管、铜棒、铜管等接地体应垂直配置。除接地体外，接地体引出线的垂直部分和接地装置连接（焊接）部位外侧100mm范围内应做防腐处理；在做防腐处理前，表面必须除锈并去掉焊接处残留的焊药。

（2）垂直接地体的间距不宜小于其长度的2倍，水平接地体的间距应符合设计规定，当无设计规定时不宜小于5m。

（3）接地线应采取防止发生机械损伤和化学腐蚀的措施，在与公路、铁路或管道等交叉及其他可能使接地线遭受损伤处，均应用钢管或角钢等加以保护。接地线在穿过墙壁、楼板和地坪处应加装钢管或其他坚固的保护套，有化学腐蚀的部位还应采取防腐措施，热镀锌钢材焊接时将破坏热镀锌防腐，应在焊痕外100mm内做防腐处理。

（4）接地干线应在不同的两点及以上与接地网相连接。自然接地体应在不同的两点及以上与接地干线或接地网相连接。

（5）每个电气装置的接地应以单独的接地线与接地汇流排或接地干线相连接，严禁在一个接地线中串接几个需要接地的电气装置。重要设备和设备构架应有两根与主地网不同地点连接的接地引下线，且每根接地引下线均应符合热稳定及机械强度的要求，连接引线应便于定期进行检查测试。

（6）接地体敷设完后的土沟，其回填土内不应夹有石块和建筑垃圾等，外取的土壤不得有较强的腐蚀性；在回填土时应分层夯实。室外接地回填宜有100~300mm高度的防沉层。在山区石质地段或电阻率较高的土质区段应在土沟中至少先回填100mm厚的净土垫层，再敷接地体，然后用净土分层夯实回填。

（7）明敷接地线的安装应符合下列要求：

1）接地线的安装位置应合理，便于检查，无碍设备检修和运行巡视；

2）接地线的安装应美观，防止因加工方式造成接地线截面减小、强度减弱、容易生锈；

3）支持件间的距离，在水平部分宜为 0.5～1.5m；垂直部分宜为 1.5～3m；转弯部分宜为 0.3～0.5m；

4）接地线应水平或垂直敷设，也可与建筑物倾斜结构平行敷设；在直线段上，不应有高低起伏及弯曲等现象；

5）接地线沿建筑物墙壁水平敷设时，离地面距离宜为 250～300mm；接地线与建筑物墙壁间的间隙宜为 10～15mm；

6）在接地线跨越建筑物伸缩缝、沉降缝处时，应设置补偿器。补偿器可用接地线本身弯成弧状代替。

（8）明敷接地线，在导体的全长度或区间段及每个连接部位附近的表面，应涂以 15～100mm 宽度相等的绿色和黄色相间的条纹标识。当使用胶带时，应使用双色胶带。中性线宜涂淡蓝色标识。

（9）在接地线引向建筑物的入口处和在检修用临时接地点处，均应刷白色底漆并标以黑色标识，其代号为"⏚"。同一接地体不应出现两种不同的标识。

（10）在断路器室、配电间、母线分段处、发电机引出线等需临时接地的地方，应引入接地干线，并应设有专供连接临时接地线使用的接线板和螺栓。

（11）当电缆穿过零序电流互感器时，电缆头的接地线应通过零序电流互感器后接地；由电缆头至穿过零序电流互感器的一段电缆金属护层和接地线应对地绝缘。

（12）发电厂、变电站电气装置下列部位应专门敷设接地线直接与接地体或接地母线连接：

1）发电机机座或外壳、出线柜，中性点柜的金属底座和外壳，封闭母线的外壳；

2）高压配电装置的金属外壳；

3）110kV 及以上钢筋混凝土构件支柱上电气设备金属外壳；

4）直接接地或经消弧线圈接地的变压器、旋转电机的中性点；

5）高压并联电抗器中性点所接消弧线圈、接地电抗器、电阻器等的接地端子；

6）GIS 接地端子；

7）避雷器、避雷针、避雷线等接地端子。

（13）避雷器应用最短的接地线与主接地网连接。

（14）全封闭组合电器的外壳应按制造厂规定接地；法兰片间应采用跨接线连接，并应保证良好的电气通路。

（15）高压配电间隔和静止补偿装置的栅栏门铰链处应用软铜线连接，以保持良好接地。

（16）高频感应电热装置的屏蔽网，滤波器，电源装置的金属屏蔽外壳，高频回路中外露导体和电气设备的所有屏蔽部分和与其连接的金属管道均应接地，并宜与接地干线连接。与高频滤波器相连的射频电缆应全程伴随 100mm² 以上的铜质接地线。

（17）接地装置由多个分接地装置部分组成时，应按设计要求设置便于分开的断接卡，自然接地体与人工接地体连接处应有便于分开的断接卡。断接卡应有保护措施。扩建接地网时，新、旧接地网连接应通过接地并多点连接。

（18）电缆桥架、支架由多个区域连通时，在区域连通处电缆桥架、支架接地线应设置便于分开的断接卡，并有明显的标识。

（19）保护屏应装有接地端子，并用截面面积不小于 4mm² 的多股铜线和接地网直接连通。装设静态保护的保护屏，应装设连接控制电缆屏蔽层的专用接地铜排，各屏的专用接地铜排互相连接成环，与控制室的屏蔽接地网连接。用截面面积不小于 100mm² 的绝缘导线或电缆将屏蔽电网与一次接地网直接相连。

（20）避雷引下线与暗管敷设的电缆、光缆最小平行距离应为 1.0m，最小垂直交叉距离应为 0.3m；保护地线与暗管敷设的电缆、光缆最小平行距离应为 0.05m，最小垂直交叉距离应为 0.02m。

（二）接地体（线）的连接验收检查

接地体（线）的连接应采用焊接，焊接必须牢固无虚焊。接至电气设备上的接地线，应用镀锌螺栓连接；有色金属接地线不能采用焊接时，可用螺栓连接、压接、热剂焊（放热焊接）方式连接。用螺栓连接时应设防松螺帽或防松垫片，螺栓连接处的接触面应按现行 GB 50149—2010《电气装置安装工程　母线装置施工及验收规范》的规定处理。不同材料接地体间的连接应进行处理。

（1）接地体（线）的焊接应采用搭接焊，其搭接长度必须符合下列规定：

1）扁钢为其宽度的 2 倍（且至少 3 个棱边焊接）；

2）圆钢为其直径的 6 倍；

3）圆钢与扁钢连接时，其长度为圆钢直径的 6 倍；

4）扁钢与钢管、扁钢与角钢焊接时，为了连接可靠，除应在其接触部位两侧进行焊接外，并应焊以由钢带弯成的弧形（或直角形）卡子或直接由钢带本身弯成弧形（或直角形）与钢管（或角钢）焊接。

（2）接地体（线）为铜与铜或铜与钢的连接工艺采用热剂焊（放热焊接）时，其熔接接头必须符合下列规定：

1）被连接的导体必须完全包在接头里；

2）要保证连接部位的金属完全熔化，连接牢固；

3）热剂焊（放热焊接）接头的表面应平滑；

4）热剂焊（放热焊接）的接头应无贯穿性的气孔。

采用钢绞线、铜绞线等作接地线引下时，宜用压接端子与接地体连接。

各种金属构件、金属管道、穿线的钢管等作为接地线时，连接处应保证有可靠的电气连接。

（3）沿电缆桥架敷设铜绞线、镀锌扁钢及利用沿桥架构成电气通路的金属构件，如安装托架用的金属构件作为接地干线时，电缆桥架接地时应符合下列规定：

1）电缆桥架全长不大于30m时，不应少于两处与接地下线相连；

2）全长大于30m时，应每隔20~30m增加与接地干线的连接点；

3）电缆桥架的起始端和终点端应与接地网可靠连接。

（4）金属电缆桥架的接地应符合下列规定：

1）电缆桥架连接部位宜采用两端压接镀锡铜鼻子的铜绞线跨接。跨接线最小允许截面积不小于 $4mm^2$。

2）镀锌电缆桥架间连接板的两端不跨接接地线时，连接板每端应有不少于两个有防松螺帽或防松垫圈的螺栓固定。

（5）发电厂、变电站 GIS 的接地线及其连接应符合以下要求：

1）GIS 基座上的每一根接地母线，应采用分设其两端的接地线与发电厂或变电站的接地装置连接。接地线应与 GIS 区域环形接地母线连接。接地母线较长时，其中部应另加接地线，并连接至接地网。

2）接地线与 GIS 接地母线应采用螺栓连接方式。

3）当 GIS 露天布置或装设在室内与土壤直接接触的地面上时，其接地开关、氧化锌避雷器的专用接地端子与 G1S 接地母线的连接处，宜装设集中接地装置。

4）GIS 室内应敷设环形接地母线，室内各种设备需接地的部位应以最短路径与环形接地母线连接。GIS 置于室内楼板上时，其基座下的钢筋混凝土地板中的钢筋应焊接成网，并和环形接地母线连接。

（三）避雷针（线、带、网）的接地验收检查

（1）避雷针（线、带、网）的接地除应符合本章上述有关规定外，尚应遵守下列规定：

1）避雷针（带）与引下线之间的连接应采用焊接或热剂焊（放热焊接）。

2）避雷针（带）的引下线及接地装置使用的紧固件均应使用镀锌制品。当采用没有镀锌的地脚螺栓时应采取防腐措施。

3）建筑物上的防雷设施采用多根引下线时，应在各引下线距地面1.5~1.8m处设置断接卡，断接卡应加保护措施。

4）装有避雷针的金属筒体，当其厚度不小于4mm时，可作避雷针的引下线。筒

体底部应至少有两处与接地体对称连接。

5）独立避雷针及其接地装置与道路或建筑物的出入口等的距离应大于 3m。当小于 3m 时，应采取均压措施或铺设卵石或沥青地面。

6）独立避雷针（线）应设置独立的集中接地装置。当有困难时，该接地装置可与接地网连接，但避雷针与主接地网的地下连接点至 35kV 及以下设备与主接地网的地下连接点，沿接地体的长度不得小于 15m。

7）独立避雷针的接地装置与接地网的地中距离不应小于 3m。

8）发电厂、变电站配电装置的架构或屋顶上的避雷针（含悬挂避雷线的构架）应在其附近装设集中接地装置，并与主接地网连接。

（2）建筑物上的避雷针或防雷金属网应和建筑物顶部的其他金属物体连接成一个整体。

（3）装有避雷针和避雷线的构架上的照明灯电源线，必须采用直埋于土壤中的带金属护层的电缆或穿入金属管的导线。电缆的金属护层或金属管必须接地，埋入土壤中的长度应在 10m 以上，方可与配电装置的接地网相连或与电源线、低压配电装置相连接。

（4）发电厂和变电所的避雷线线档内不应有接头。

（5）避雷针（网、带）及其接地装置，应采取自下而上的施工程序。先安装集中接地装置，后安装引下线，最后安装接闪器。

（四）建筑物电气装置的接地验收检查

按照电气装置的要求，安全接地、保护接地或功能接地的接地装置可以采用共用的或分开的接地装置。

建筑物的低压系统接地点、电气装置外露导电部分的保护接地（含与功能接地，保护接地共用的安全接地）、总等电位联结的接地极等可与建筑物的雷电保护接地共用同一接地装置。接地装置的接地电阻应符合其中最小值的要求。

（1）接地装置的安装应符合以下要求：

1）接地极的型式、埋入深度及接地电阻值应符合设计要求；

2）穿过墙、地面、楼板等处应有足够坚固的机械保护措施；

3）接地装置的材质及结构应考虑腐蚀而引起的损伤。必要时采取措施，防止产生电腐蚀。

（2）电气装置应设置总接地端子或母线，并与接地线、保护线、等电位连接干线和安全、功能共用接地装置的功能性接地线等相连接。

（3）埋入土壤内的接地线的最小截面应符合表 23-4-2 的规定。

表 23-4-2　　　　　　　　　　埋入土壤内的接地线的最小截面　　　　　　　　　　（mm²）

名　　称	铜	钢
有防腐蚀保护的（没有采用机械方法保护）	16	16
没有防腐蚀保护的	25	50

（4）等电位联结主母线的最小截面不应小于装置最大保护线截面的一半，并不应小于 6mm²。当采用铜线时，其截面不应小于 2.5mm²。当采用其他金属时，则其截面应承载与之相当的载流量。

（5）连接两个外露导电部分的辅助等电位联结线，其截面不应小于接至该两个外露导电部分的较小保护线的截面。连接外露导电部分与装置外导电部分的辅助电位联结线，其截面不应小于相应保护线截面的一半。

【思考与练习】

1. 接地网的敷设验收主要有哪些？

2. 明敷接地线的安装标准有哪些内容？

3. 接地体（线）的连接验收检查的重点是什么？

第二十四章

生产管理及 PMS 系统应用

模块 1　PMS 生产管理系统应用（Z15K4006 II ）

【模块描述】本模块包含 PMS 生产管理系统中设备缺陷管理、状态检修管理、检修工作票管理等，通过学习训练，培养熟练应用生产管理系统的能力。

【模块内容】

生产管理系统（以下简称 PMS）是电力信息集成八大业务应用系统中最为复杂的应用系统之一。建立纵向贯通、横向集成、覆盖电网生产全过程的标准化生产管理系统，对实现省网生产集约化、精细化、标准化管理，对提高电网资产管理水平具有十分重要的意义。PMS 生产管理系统涉及的范围很广，其中变电部分就包括设备管理、运行管理、缺陷管理、周期性工作管理、检修试验管理、两票管理、变电设备评估管理等重要内容。

在 PMS 生产管理系统上登录、操作的人员中包括省、市、县公司的各级领导、专职和变电运维工区的检修班组人员。在 PMS 上可以完成以下任务：

（1）建立变电设备标准库，便于规范变电各类设备的管理。

（2）建立和维护所辖电网内的变电站以及变电站内各类设备台账，如一次设备、继电保护及安全自动控制装置、直流电源、防误装置、固定电测仪表、自动化设备台账等。

（3）登记运行值班过程中的各种运行记录，并根据一定格式自动生成运行日志。

（4）登记电网运行、检修过程中发现的各种缺陷，完成发现缺陷→上报缺陷→审核缺陷→消缺任务安排→自动触发评价评估→缺陷消除→缺陷验收等缺陷流程各环节闭环管理。

（5）维护设备各类周期性工作，完成周期工作提示→加入任务池→检修计划编制→工作任务单排程→任务单分配→任务处理→修试记录登记→修试记录验收等一系列检修相关的工作。

（6）编制年度、月度检修计划、工作计划。

（7）完成工作任务单的编制、下发以及任务处理。

（8）完成停电申请单的编制及审核流程，以及停电申请单和工作任务单的关联。

（9）完成工作票的填写、签发、许可、终结等流程。

（10）完成操作票的填写、审核、执行、回退等流程。

（11）对变电设备状态进行评估评价。

本模块主要介绍 PMS 生产管理系统中变电设备检修工作所涉及的设备缺陷管理、状态检修管理、工作票管理等内容，让学员通过学习，掌握运用 PMS 生产管理系统的技能。

一、变电设备缺陷管理

PMS 生产管理系统的变电设备缺陷管理是从变电设备缺陷的产生到终结进行管理。缺陷管理的流程：登录→审核→消缺→验收。进入系统中，单击功能菜单：【缺陷管理】→【变电】→【缺陷管理】进入变电设备缺陷管理界面，可查看缺陷相关的基本信息。打开界面后，出现当前系统中缺陷一览信息。未进入流程的缺陷，可通过一览的删除按钮直接删除；进入流程处理的缺陷无法删除和修改，可通过作废功能将该缺陷作废掉，重新填写新的缺陷记录。通过鼠标选中方式，可复制缺陷内容和缺陷内容备注，如图 24-1-1 所示。

图 24-1-1　进入缺陷管理界面

单击【新增】按钮，出现"缺陷管理—新增"页面，填写相应数据。缺陷编辑时，设备名称和发现日期均是可修改的，如图 24-1-2 所示。

图 24-1-2 中，选项框"评估设备部件"可选择所选设备的部件；"评估状态量"中可根据选择的设备部件进行过滤；"评估判断依据"中只显示所选状态量相关的判断依据。在评估接口中，直接从缺陷画面的状态量获得评估扣分。

图 24-1-2　"缺陷管理—新增"页面

单击【提交】按钮，提示是否上报工区，选择"是"进入工区审核，选择"否"就是自行消缺进入消缺处理。选择"是"下一步提交工区处理人。

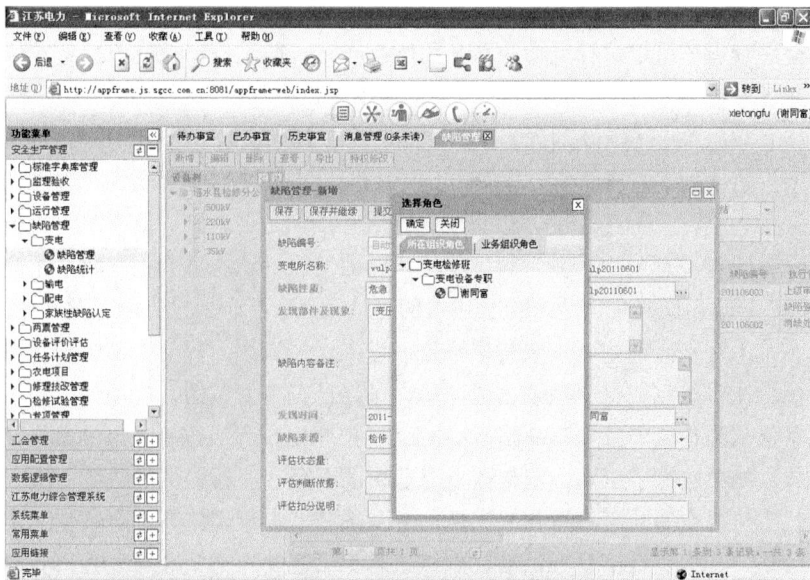

图 24-1-3　"缺陷管理—新增"中的审核人角色选择

在审核人的待办里填写审核信息，可以提交继续审核或消缺处理，如图 24-1-3、图 24-1-4 所示。

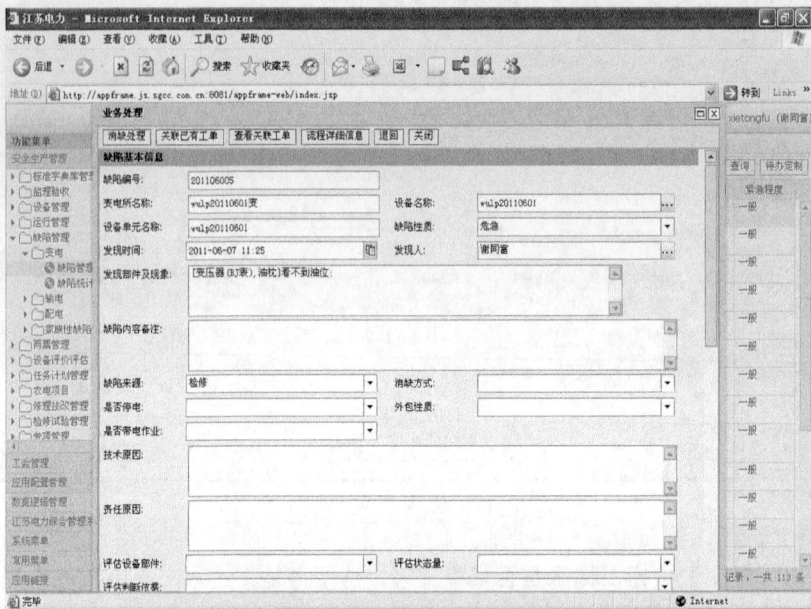

图 24-1-4 选择角色后的界面

提交继续审核可以选择到市公司下的所有人，一般运行审核完成后选检修审核。审核不通过可退回，退回之后可修改缺陷发现时间。

审核完成后单击【消缺处理】按钮，提示是否自行消缺，选择"否"，选择消缺处理人并产生消缺处理待办事宜，如图 24-1-5 所示。同时在【任务计划管理】里的【检修试验任务】里产生一张工单。触发评价评估看缺陷是否达到评估标准，根据评估结果如果设备状态没有发生改变，则自动将该评估记录的状态置为已审核，不产生评估报告。缺陷验收后同样也产生一份已审核的评估记录，不产生报告也不发起评估流程。如果状态发生变化，则同时生成初评报告，进入评估流程，提交给工区的状态检修负责人审核。在审核完成提交消缺之前，单击【选择工单】按钮，自动弹出列表画面，显示本单位来源是缺陷且没有缺陷 ID 的工单，按照电压等级排序并显示变电站及工单工作内容，如果选择了工单，则审核提交消缺，不会产生新的工单。

缺陷审核提交消缺时没有关联工单，并且选择非自行消缺，则会产生工单，之后缺陷的发现人又去进行了自行消缺，则该缺陷记录的消缺方式会被置为自行消缺，同时产生的工单的状态也会被置为完成状态，如图 24-1-6 所示。

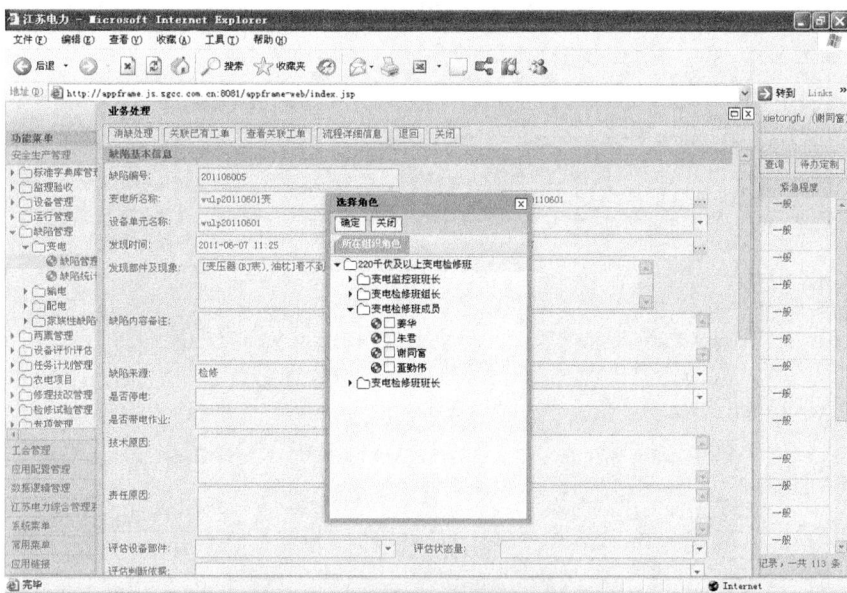

图 24-1-5　选择消缺处理人

图 24-1-6　自行消缺后置为完成状态

工单完成后，填写消缺记录并提交验收，如图 24-1-7 所示。

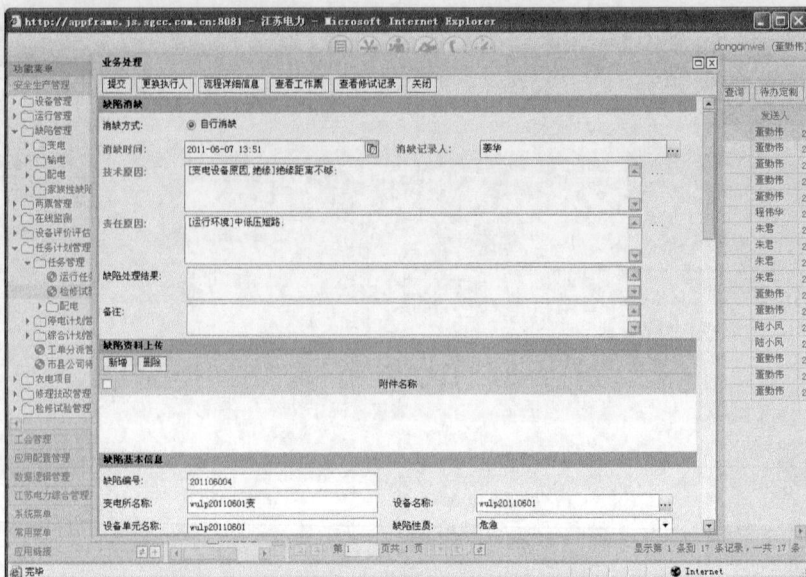

图 24-1-7　填写消缺记录

　　提交验收选择的是班组，所有班组内所有人员都可以处理验收，填写验收意见，如图 24-1-8 所示。验收通过，缺陷自动消除。

图 24-1-8　填写验收意见

验收不通过返回到审核，重新审核提交消缺，如图 24-1-9 所示。

图 24-1-9 验收不通过重新审核提交消缺

在缺陷查看页面上，可查看缺陷流程详细信息、缺陷关联工作票信息、修试记录信息以及设备台账信息，如图 24-1-10 所示。

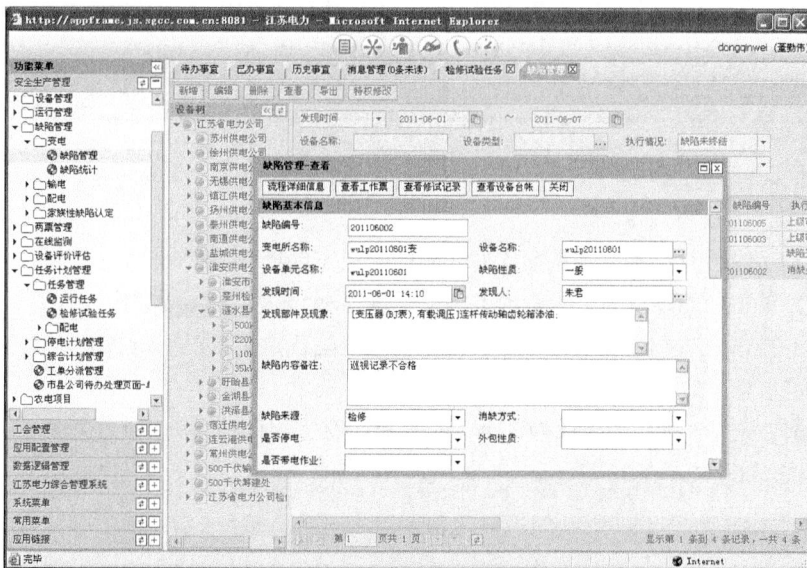

图 24-1-10 缺陷查看页面

在一览页面上，单击【特权修改】功能按钮，弹出特权修改页面，如图 24-1-11 所示。只允许修改缺陷的缺陷性质、发现部件及现象、缺陷内容备注、消缺方式、是否停电、是否带电作业、外包性质、技术原因、责任原因；设备名称不可修改。

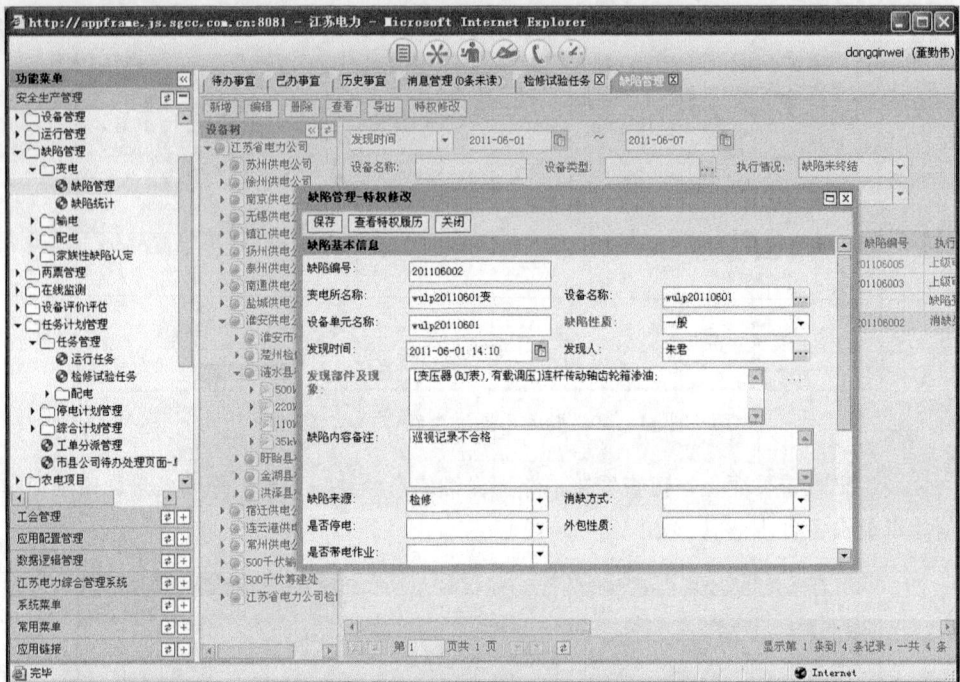

图 24-1-11 "缺陷管理—特权修改"界面

1. 家族性缺陷认定

（1）功能：对设备认定是家族性缺陷的登录家族性缺陷信息。

（2）单击功能菜单【缺陷管理】→【家族性缺陷认定】→【家族性缺陷认定】。

（3）操作说明：进入系统中，单击家族性缺陷认定菜单，出现当前系统中家族性缺陷一览信息，如图 24-1-12 所示。

家族性缺陷新增：如果认为这个型号的设备有家族性的缺陷，就在新增画面登记，提交审核，如图 24-1-13 所示。

图 24-1-12 设备家族性缺陷一览信息

图 24-1-13 家族性缺陷新增

选择新增数据单击【认定】按钮，就认定为家族性缺陷了，状态变为审核，如图 24-1-14 所示。

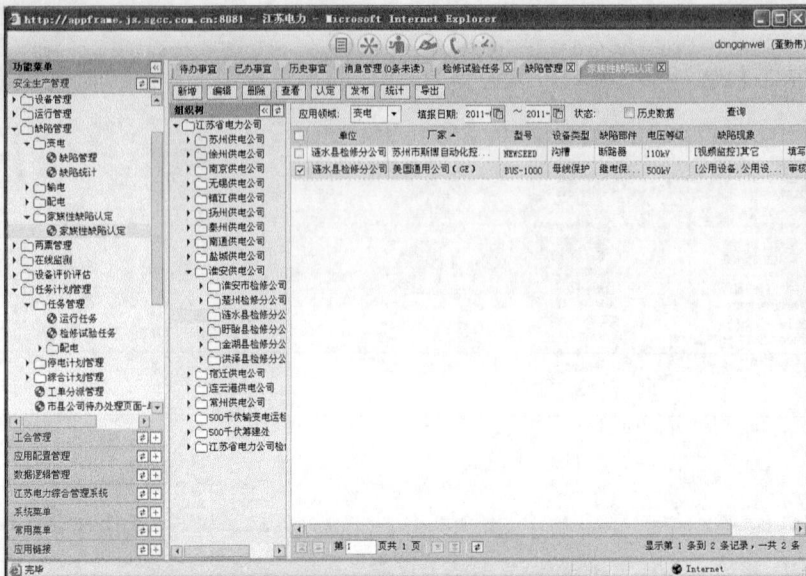

图 24-1-14 认定新增家族性缺陷后的审核状态

选择需要发布的数据单击【发布】按钮，同型号的数据都显示出来，如图 24-1-15 所示。

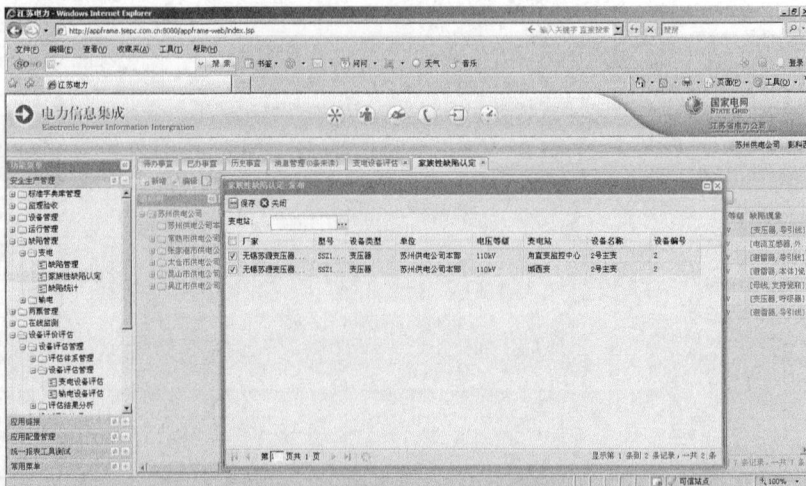

图 24-1-15 家族性缺陷认定—发布

　　单击【保存】按钮状态变为"发布"，同时在缺陷管理画面新增一条缺陷，如图 24-1-16 所示，继续缺陷流程，如图 24-1-17 所示的红色缺陷。

图 24-1-16　新增一条缺陷

图 24-1-17　继续缺陷流程

　　在"家族性缺陷认定"页面，单击【统计】按钮检索出同一型号的所有缺陷的次数汇总，如图 24-1-18 所示。

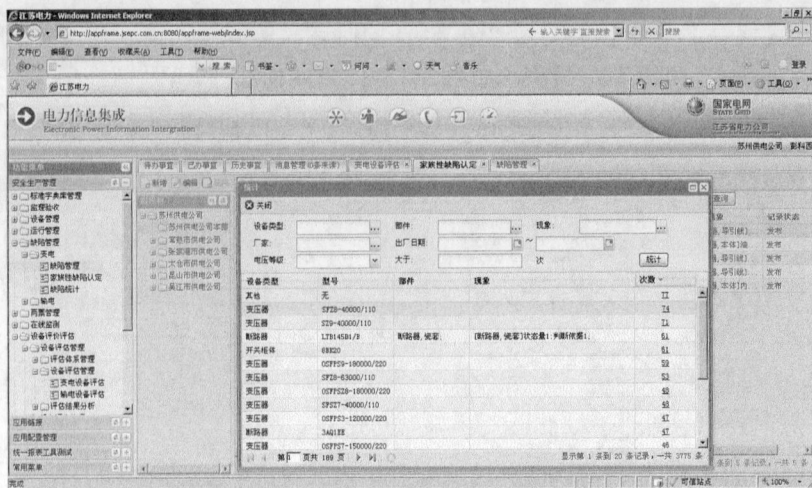

图 24-1-18 家族性缺陷统计

2. 变电缺陷统计

（1）功能：对缺陷进行统计分析。

（2）点击功能菜单【缺陷管理】→【变电】→【缺陷统计】。

（3）操作说明：输入一定的条件，单击【查询】，检索出所有满足条件的缺陷，单击蓝色数字可以查看详细信息，如图 24-1-19 所示。

图 24-1-19 缺陷统计

二、变电设备评估

变电设备评估是根据评估标准、评估周期，对变电设备评估记录进行评估审核的操作过程。在 PMS 系统的变电设备评估操作流程中，班组人员新增一条设备评估记录，需根据运行、检修、油务、试验的分数，产生相应的评估结果，生成评估报告，提交审核后，经过工区审核、检修状态负责人会签、县检修分公司生技部审核、县检修分公司生技部状态检修负责人审核、市公司生技部审核后流程结束。

1. 评估范围设定

评估前首先要按照设备特定类型对需要评估的设备进行初始化，设备的首次初始化由系统在设备信息中读取，需人工确认保存一次。设备不进行初始化设定，不可以进行评估。当对设备进行新增、变更、退役操作时，需要人工进行设备信息初始化工作，包括增加、修改、删除等。

单击功能菜单【设备评价评估】→【设备评估管理】→【评估体系管理】→【变电评估范围设定】；选择单位、电压等级、设备类型等；单击查询，出现设备列表清单。设备初始化的基本属性取自设备台账信息。对于未初始化的设备，单击【查询】按钮，设备的基本信息都会从关联设备台账获取最新信息，如主变压器调压开关是有载还是无载、电压互感器是电磁式还是电容式等。查看设备属性是否准确，如准确，勾选设备，单击保存，该设备即被初始化。如果想将设备去初始化，则将前方的勾去掉，单击保存，设备即被去初始化，则无法对该设备进行评估，如图 24-1-20 所示。

图 24-1-20 变电设备评估范围设定

2. 设备评估

在记录完缺陷以后，根据缺陷现象自动触发输变电设备实时评估。通过对这些缺陷现象关联的设备评估状态量进行扣分，从而生成设备评估记录。根据评估结果，如果设备状态没有发生改变，则系统自动将该评估记录的状态置为已审核，不产生评估报告。如果状态发生变化，则同时生成初评报告，进入评估流程，提交给工区的状态检修负责人审核。缺陷验收后同样也产生一份已审核的评估记录，不产生报告也不发起评估流程，并可以根据设备评估结果生成相应的检修策略。变电设备评估按专业划分为运行、检修、油务和试验四类，必须四个专业均进行评估扣分操作之后，才会产生评估结果。根据扣分情况以及评估结果制定检修策略，生成评估报告后提交审核。设备评估记录和检修策略可进行批量审批并人工干预。对于评估为"正常状态"的设备，不改变检修日期，正常执行任务池中检修工单，"非正常状态"的设备，根据检修策略生成临时工单，并暂停任务池中的常规停电检修工单，待临时工单完成并设备消缺后，再次触发设备评估，当设备评价为"正常状态"后，以此次临检时间为"上次检修时间"，在任务池中生成相关的修试任务工单。

评估一览画面上可通过指定设备评估结果、审核状态、评估日期、设备类型、电压等级等信息进行查询，检索指定条件下设备的评估结果。

变电设备评估操作可单击功能菜单【设备评价评估】→【设备评估管理】→【设备评估管理】→【变电设备评估】。

（1）常规方式下进行设备评估。在左侧设备树上选中变电设备评估，选择变电设备，单击【新增】，自动产生一条评估记录，并且四个专业都是未评价的状态，如图 24-1-21 所示。

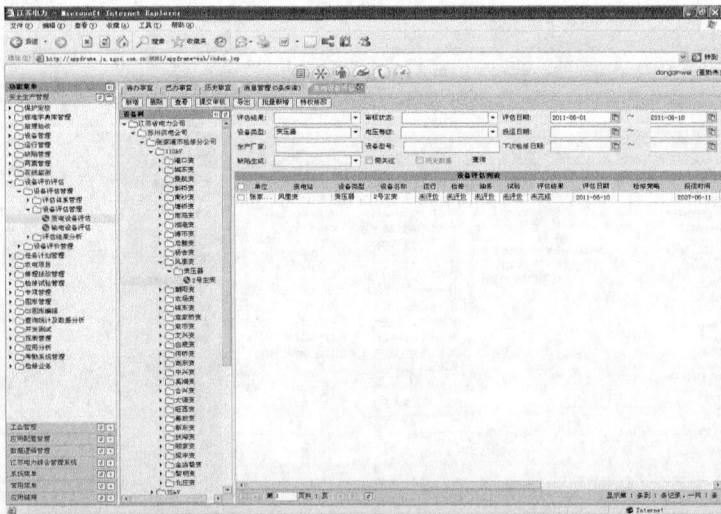

图 24-1-21 新增变电设备评估记录

选择某个未评价专业，弹出评估信息新增页面，如图 24-1-22 所示。

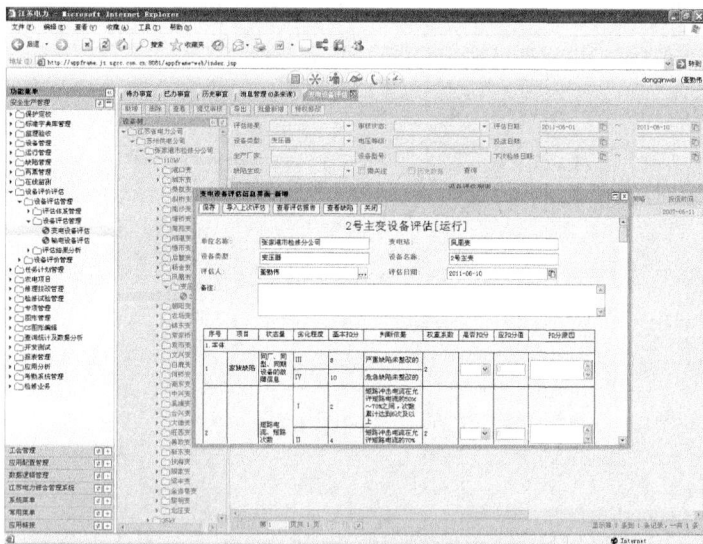

图 24-1-22 评估信息新增页面

选择相应状态量进行扣分，说明扣分原因，点击【保存】，评估结果自动算出，即可新增一条评估记录该专业评估操作完成。待四个专业均评估完成后，会自动产生评估结果，如图 24-1-23 所示。

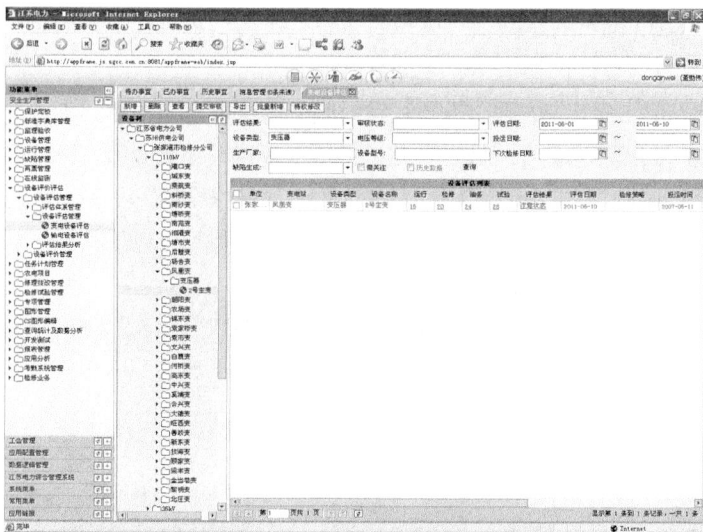

图 24-1-23 评估结果显示

　　评估记录提交审核前，必须生成经评估报告，制定检修策略。单击上图评估结果"注意状态"链接，可查看总的扣分情况，如图 24-1-24 所示。

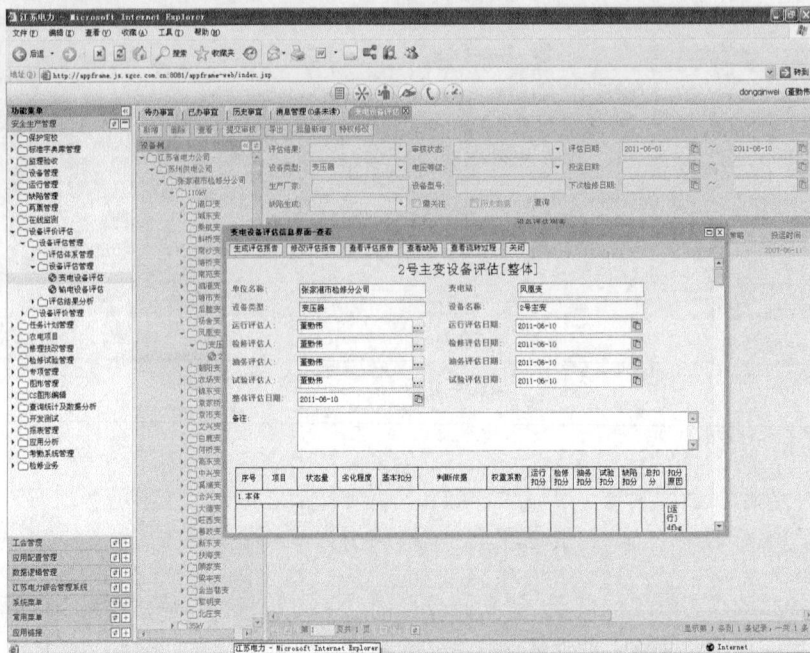

图 24-1-24　查看评价扣分情况

　　单击【生成评估报告】按钮，弹出设备评估报告维护界面，可对系统自动生成的评估初评报告进行操作，如图 24-1-25 所示。

　　维护检修策略等相关信息，需要注意的是必须维护下次检修日期；单击【保存】按钮，则评估报告保存成功。此后可对该报告进行修改和查看等（下次检修日期的初期默认值是设备周期维护中修试项目为预试的下次检修日期，可手动修改）。从设备取得上次检修日期时，若从设备本身没有取得上次检修日期，则取得其组设备的上次检修日期，若再取不到则取得投运日期。

　　导入上次评估：将该设备的最近一次评估记录的数据导入新增的这条评估记录中来。如果新增的这条评估记录是该设备的首次评估，单击【导入上次评估】时，提示"无上次评估记录"。

　　修改评估报告：修改设备已生成的评估报告。

　　查看评估报告：查看设备已生成的评估报告。

　　查看缺陷：查看该设备的缺陷履历。

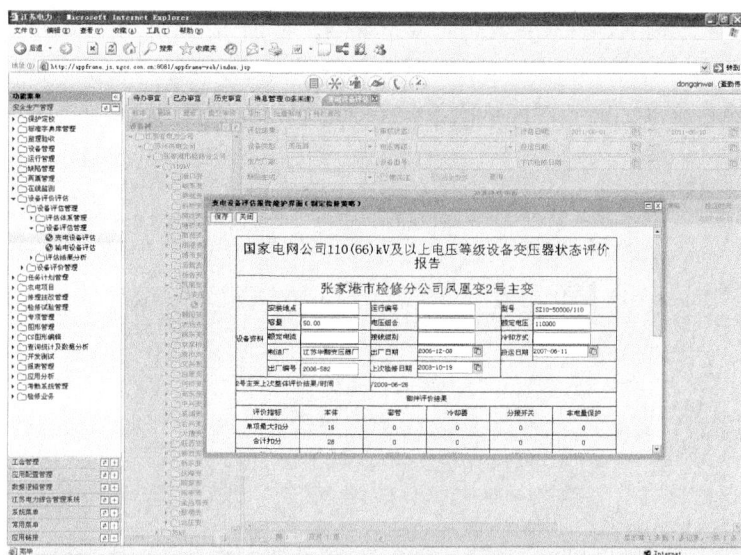

图 24-1-25　生成评估报告

对于未提交的评估记录，可进行编辑、删除、查看等操作。对于同厂家、同型号、同批次的设备，还可以进行批量操作，单击变电设备评估画面的【批量新增】，变电设备评估批量新增画面弹出，可对设备进行过滤后（独立设备、组设备、从设备），选择多条设备，单击【批量新增】，则新增了多个设备的评估记录，如图 24-1-26 所示。

图 24-1-26　批量新增评估记录

（2）缺陷方式下进行设备评估。根据缺陷新增画面中的"设备部件""状态量""判断依据"这三个选项，直接与评估状态量关联，对设备进行自动评估。缺陷库信息与评估导则内容已一一对应，此部分系统已固化，不需用户操作，如图 24-1-27 所示。

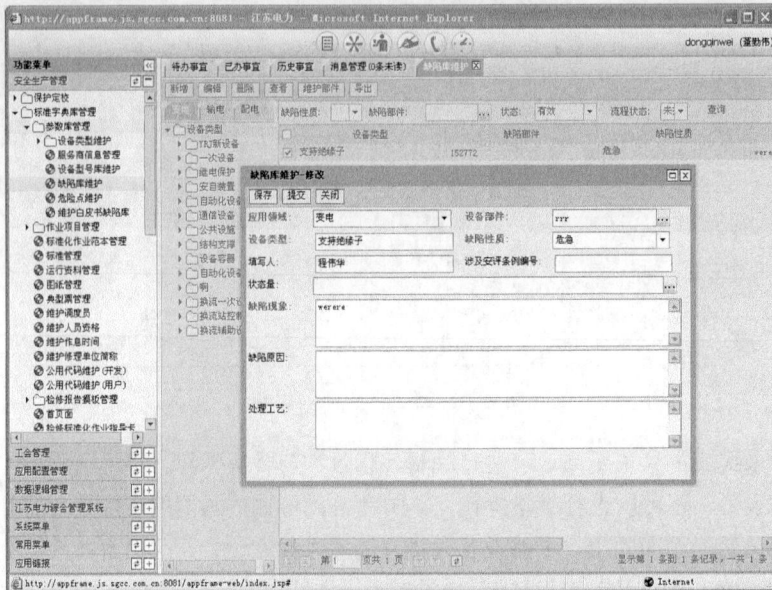

图 24-1-27　缺陷方式下进行设备评估

缺陷处在由审核到消缺处理流程时，调用缺陷接口，根据缺陷传入的状态量扣分值与当前扣分表对应状态量的扣分值比较，取较大的值更新当前扣分表中的应扣分值。并根据检索出该设备在当前扣分表中所有项目的扣分重新计算其状态，并生成评估记录，如图 24-1-28 所示。根据评估记录的评估结果判断是否生成评估报告以及是否进入流程处理。

若设备处在完成消缺到缺陷验收流程时，系统将自动触发评估记录，根据缺陷传入的状态量，找到当前扣分表中对应的状态量，并更新其应扣分值为"0"。根据检索出该设备在当前扣分表中所有项目的扣分重新计算其状态，并生成评估记录。如此，系统可对同一设备进行多次评估，系统中始终保持一条最新的评估记录。

设备完成评估后，单击上端的【生成评估报告】，评估报告画面弹出，可对系统自动生成的评估初评报告进行操作，如图 24-1-29 所示。单击【保存】，生成评估报告，此后可对该报告进行修改和查看等（下次检修日期的初期默认值是设备周期维护中修试项目为预试的下次检修日期，并且可手动修改）。

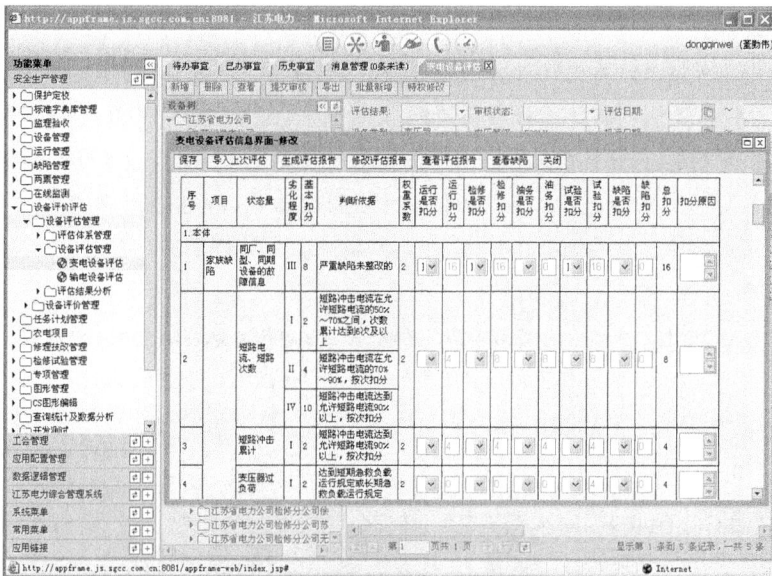

图 24-1-28 状态量扣分值比较

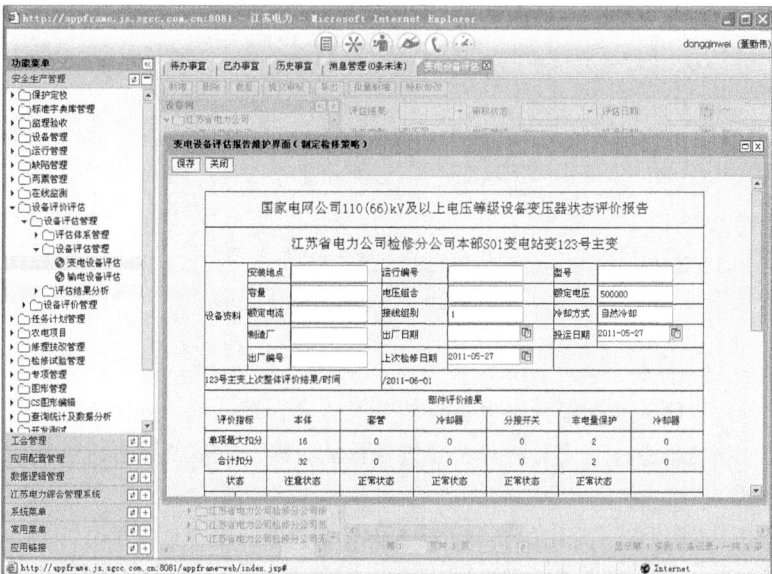

图 24-1-29 生成评估报告

在生成评估报告后可提交审核,审核的流程分为县公司流程和市公司本部流程两种。

　　大多数变电设备在评估周期内（如 12 个月）应运行正常，无缺陷触发的评估记录，总体评估应为"正常状态"。但如何方便地对该类设备进行批量处理呢，可以单击左树中的【变电设备评估到期处理】，如图 24-1-30 所示。选择单位、设备类型及评估日期，单击查询，可检索出所有"评估日期"前需进行评估的设备列表，默认全部勾选，单击【处理】则可生成一条该设备的评估记录及评估报告（评估报告复制上次的报告，若该评估为首次记录，即生成正常报告）。批量完成设备评估后，单击【提交审核】进入审核流程。

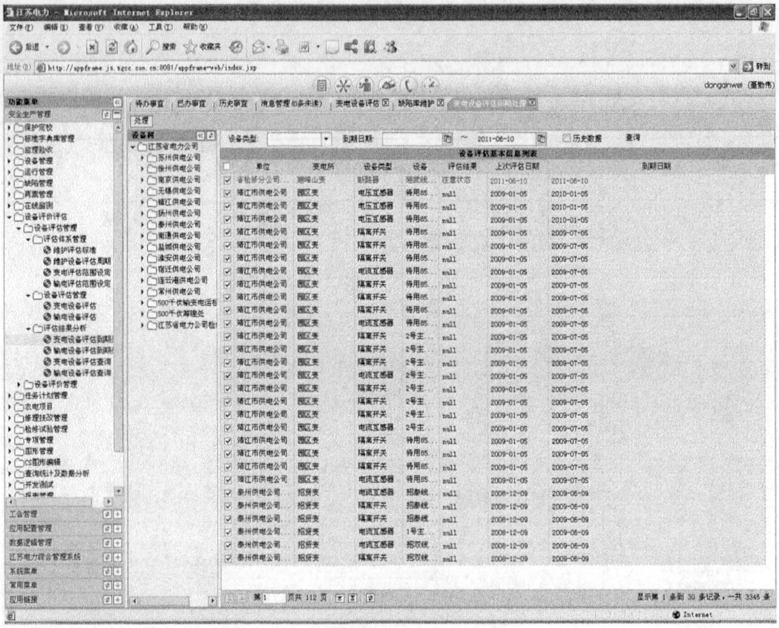

图 24-1-30　变电设备评估到期的批量处理

3. 评估结果分析

　　功能说明：用来实现输变电设备评估情况综合查询、统计分析、初评报告汇总及审核后专业报告汇总。查询分析可按照设备评估时段、评估结果、检修策略、电压等级等条件操作。

　　功能菜单：【设备评价评估】→【设备评估管理】→【评估结果分析】→【变电设备评估查询】，如图 24-1-31 所示。

　　操作说明：按照单位、评估时间段、评估结果、设备类型、电压等级、检修策略等自由组合，进行综合查询。在设备评估查询中能够查询退役或报废的设备评估报告，有利于对生产设备历史档案的保存及查阅。

图 24-1-31　评估结果查询

若要查知设备健康状况，可针对单位，电压等级，变电站或变电站下的设备类型进行评估统计分析，生成饼图模型，如图 24-1-32 所示。

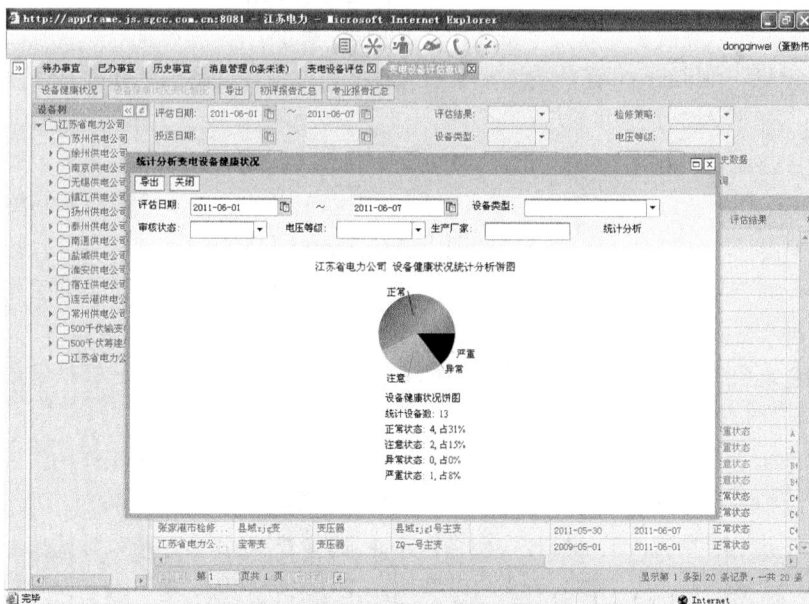

图 24-1-32　评估统计分析

针对具体设备，还可以列出其评估履历，并将查询结果导出到 Excel 表中，对所有已完成初评的设备情况进行统计汇总，如本周期内共完成评价设备数量、四状态设备分别占总量的百分比、各状态设备清册等，清册内容包括单位、变电站、设备类型、设备名称、设备型号、投运日期、评估日期、评估结果、检修策略建议、上次检修日期、建议下次检修日期等。

三、变电设备检修工作票管理

1. 工单任务的建立

在 PMS 生产管理系统中，变电设备检修工作票开具之前，需在系统中先新增检修试验任务工单或建立月度综合检修计划，界面如图 24-1-33 所示。具体操作如下：

单击功能菜单：【任务计划管理】→【任务管理】→【检修试验任务】。在变电站树中选中一个变电站，单击【新增】功能按钮，填写工单的基本信息，单击【保存】功能按钮，新增成功。

单击功能菜单：【任务计划管理】→【综合计划管理】→【月度综合检修计划】。进入月度综合检修计划画面，在变电站树中选中一个变电站，选中刚才新增的工单，单击【∨】功能按钮；填写相关信息后，单击【保存并提交】功能按钮，新增画面关闭，回到一览画面。

在检修计划和工单建立后，接下来是对工单进行排程管理。单击功能菜单：【任务计划管理】→【工单分派管理】，在年度、月度综合查询条件画面中找出之前建立的检修计划。选择这条检修计划，单击【新增】按钮，进入工单分派管理新增画面。填写工作负责人、执行部门和工作内容后单击保存按钮，生成一条工单分派管理记录。

2. 工作票的签发

从待办事宜中处理工单排程，开变电设备检修工作票，然后填写提交，进入检修工作票的工作流程，经过签发、会签、接受工作票、许可开工、实施，最后终结工作票。在变电一种或二种工作票一览画面上，可查询处于各个时间段，各种执行状态的票信息，选中某一条记录，在下部列表中会自动显示出该票的工作地点和工作内容，同时通过单击方式选中上述内容进行复制操作。操作过程如下：

先登录系统，此时登录用户为工单中的开票人，在待办事宜中选择一工单排程，单击【处理】功能按钮，出现如图 24-1-33 的对话框。

在选择工作票种类对话框中选"变电一种工作票"或"变电二种工作票"，单击【提交】功能按钮，打开变电一种工作票或第二种工作票的新增页面，单位、工作负责人和工作任务三项内容从工单排程自动带入，计划开始时间和计划结束时间从主工单包自动带入。单位是通过工作负责人自动获取；工作内容只从工单带入。如果想修改工作内容，就在工作票填写的时候再手动修改。

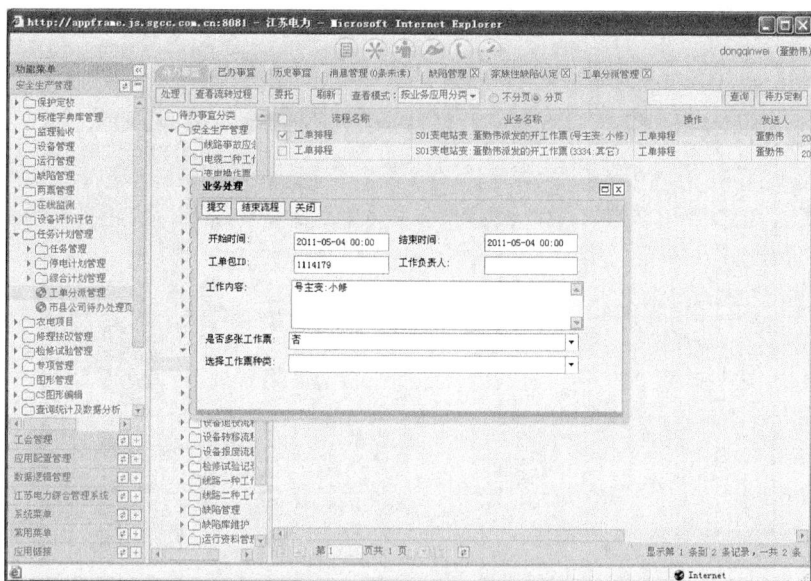

图 24-1-33　PMS 系统中工作票签发登录与处理

在新增的页面里填写上变电所、工作班人员、计划开始结束时间和安全措施，单击【保存】功能按钮，如图 24-1-34 所示。

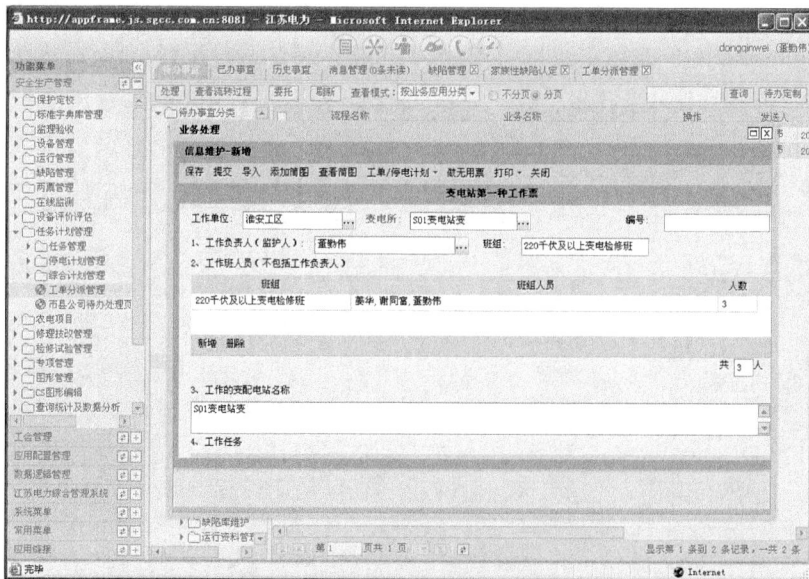

图 24-1-34　在新增页面里维护信息

单击【提交】功能按钮，指定签发人员，在该人员的待办事宜中产生的流程步骤为需签发的变电一种工作票记录或变电二种工作票，如图 24-1-35 所示。

图 24-1-35 指定签发人的工作票记录列表

3. 接受工作票

工作票签发后单击【提交】后自动发送给操作班人员、签发人和负责人，如图 24-1-36 所示。

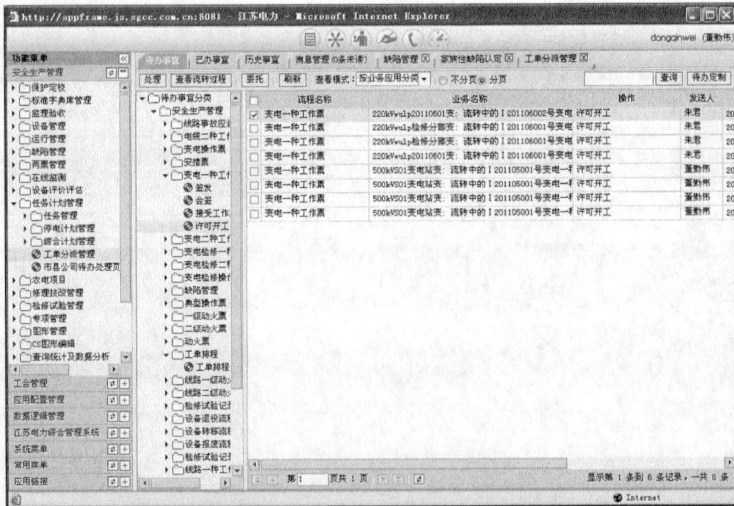

图 24-1-36 接受工作票

运行操作班人员单击【安措票＞装安措】功能按钮，弹出"安措票—新增"界面，如图 24-1-37 所示。变电站、工作票号、收到时间、工作票签发人、收票人以及操作任务的内容，由工作票自动带入，填好其他字段相关信息后单击【保存并提交】按钮，生成一张装安措票并进入流转过程。

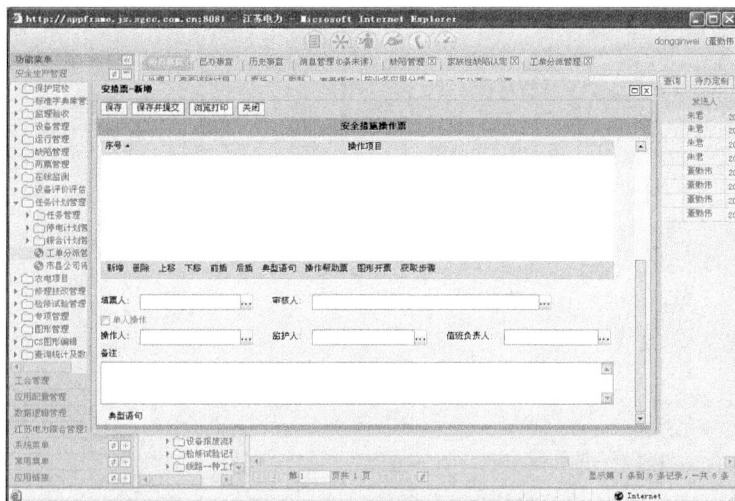

图 24-1-37　安措票—新增页面

运行操作班人员将安措票审核完毕后，在待办事宜中选择产生流程步骤为审核安措票的安措票记录，单击【处理】功能按钮，弹出安措票审核画面，如图 24-1-38 所示。

图 24-1-38　安措票审核页面

运行操作班人员完成所有安全措施后，在系统中填写工作许可人和许可时间，单击【提交】功能按钮，自动发送给操作班人员、签发人和负责人。单击【许可开工】功能按钮，弹出开工令画面，填写开工内容，单击【确定】功能按钮，该工作票生成了开工令，如图 24-1-39 所示。

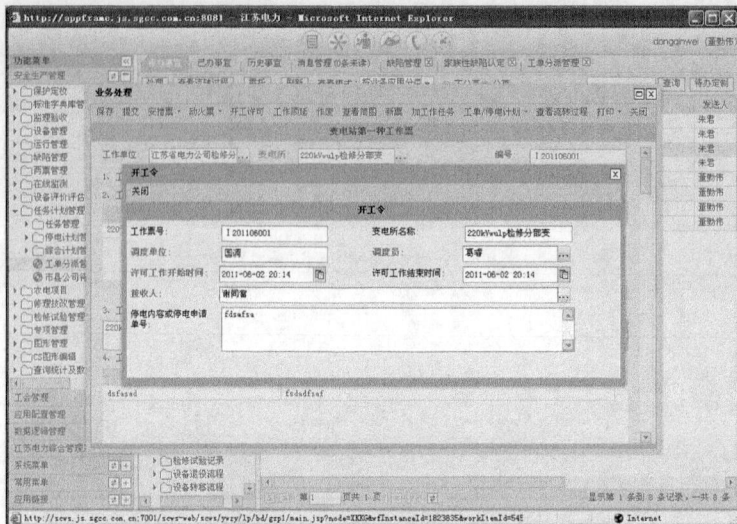

图 24-1-39　生成开工令单

4. 工作票实施

（1）单击【人员变动>人员变动】功能按钮，弹出工作人员变动画面，填写变动时间，离去和新加入人员，单击【确定】功能按钮，新增的人员变动信息在工作人员变动情况列表中表示出来。

（2）单击【人员变动>负责人变动】功能按钮，弹出变电一、二种工作票负责人变动画面，填写新的工作负责人以及变动时间，单击【确定】功能按钮，新增的负责人变动信息在工作负责人变动情况中表示出来。

（3）单击【延期】功能按钮，弹出变电一种工作票、变电二种工作票工作延期画面，填写延期相关信息，单击【确定】功能按钮，新增的延期信息在工作票延期中表示。

（4）单击【间断】功能按钮，弹出工作票间断重许画面，填写工作间断信息，单击【确定】功能按钮，间断信息在每日开工和收工时间列表的收工部分中表示，同时画面上所有项目都不能操作，间断按钮变成重许按钮，工作流程不能继续进行。

（5）单击【相关记录>设备修试】功能按钮，弹出工作票的检修记录一览画面，如图 24-1-40 所示，可新增，编辑和查看关联的检修记录。

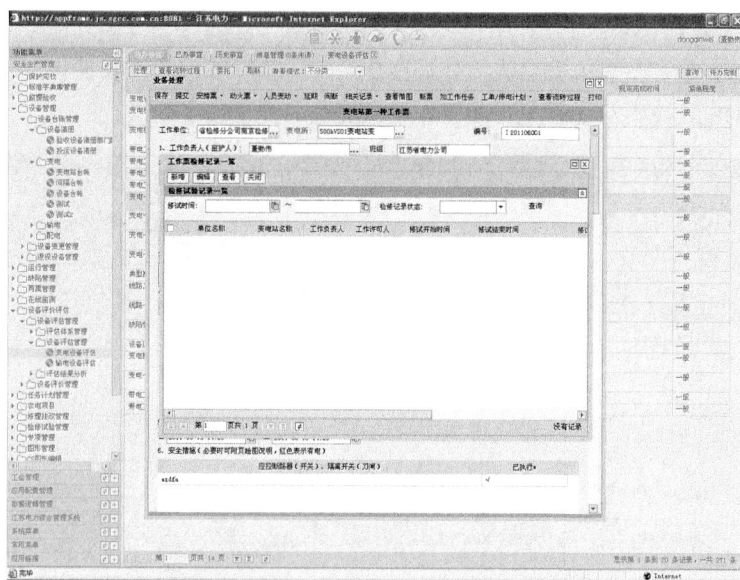

(a)

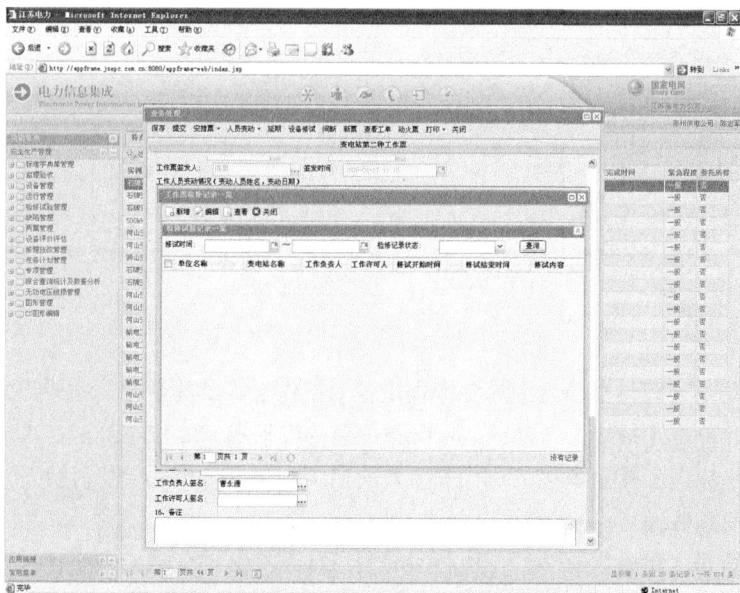

(b)

图 24-1-40　工作票的检修记录页面
（a）第一种工作票的检修记录；（b）第二种工作票的检修记录

（6）填写工作终结时间和工作终结许可人姓名，单击【提交】功能按钮，自动发送给操作班人员，签发人和负责人，如图 24-1-41 所示。以上人员的待办事宜中产生流程步骤为工作票终结的变电一种工作票或变电二种工作票记录。

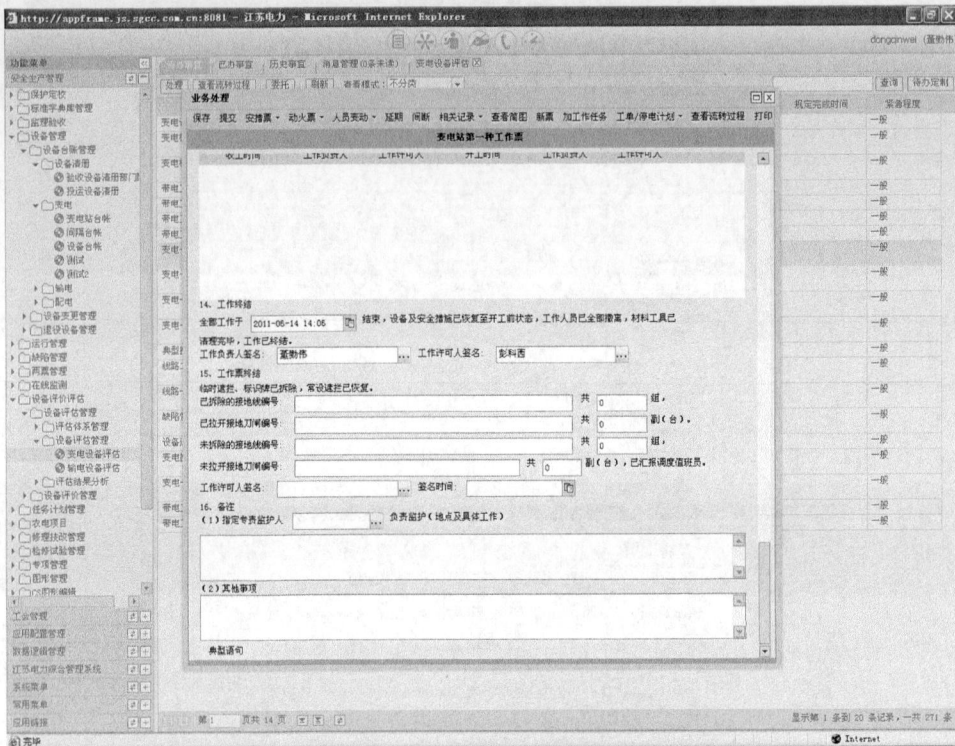

图 24-1-41 工作终结的填写

5. 工作票终结

（1）单击处理待办事宜中产生流程步骤为工作票终结的变电一种票记录；若拆安措未审核，单击【报竣工】功能按钮时报信息为安措票未完成。此时，单击处理待办事宜中产生流程步骤为审核或执行安措票的记录，填好操作人、值班负责人及操作时间等相关信息后提交。

（2）再进入待办事宜中产生流程步骤为工作票终结的变电一种票记录的界面，单击【报竣工】功能按钮，弹出报竣工画面，填写调度信息以及汇报信息，单击【确定】功能按钮，报竣工完成。

（3）填写工作票终结的许可人姓名以及许可时间，单击【提交】功能按钮，工作票流转结束，工作票状态被更新成已终结，待办事宜中记录不再表示。

（4）变电二种工作票在填写工作终结时间和工作终结许可人姓名后，单击【提交】功能按钮，弹出是否需要报竣工的选择画面，选择"是"，弹出报竣工画面，报竣工完成，工作票流转结束，见图 24-1-42。

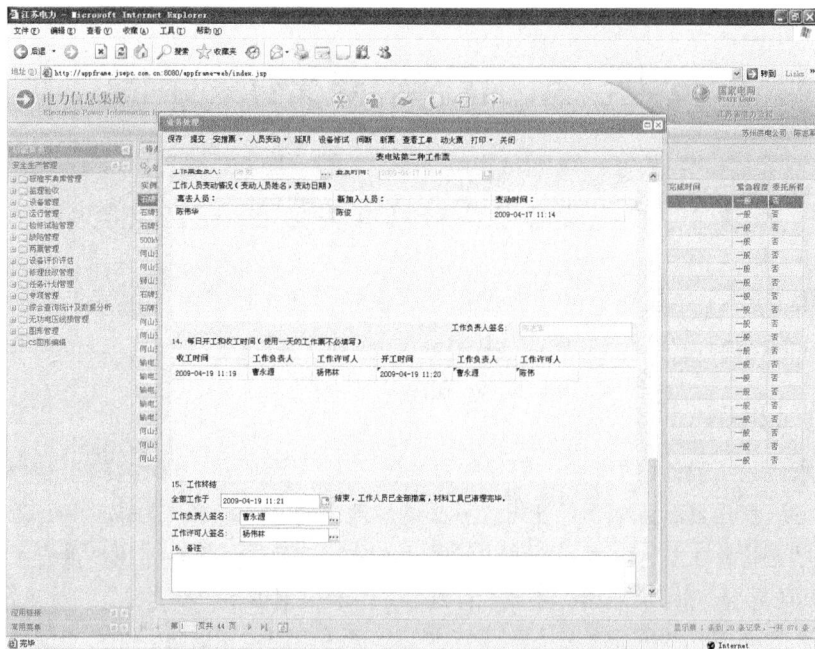

图 24-1-42　变电第二种工作票终结

第二十五章

变电设备的状态检修及有关标准

▲ 模块 1　变电设备状态检修有关标准（Z15B8009Ⅲ）

【模块描述】本模块包含变电设备状态检修管理、技术、工作标准，通过要点讲解、重点归纳，掌握变电设备及其附属设备的状态检修管理标准、技术标准和工作标准。

【模块内容】

随着电力工业的发展，电力系统的检修模式也在逐渐发生变化，各单位对断路器、隔离开关、变压器、互感器等变电设备都逐步地实施状态检修，为规范和有效开展变电设备状态检修工作，必须遵循变电设备状态检修的有关标准，常见标准有国家电网有限公司的状态检修导则和设备评价标准等。由于根据设备分类，导则和标准比较多，本模块主要介绍一些通用的状态检修标准，学员在学习、实践过程中可查阅并运用具体设备的有关标准。

一、实施变电设备状态检修的标准要求

根据国家电网公司状态检修导则中的要求，状态检修应遵循"应修必修，修必修好"的原则，依据设备状态评价的结果，考虑设备风险因素，动态制定设备的检修计划，合理安排状态检修的计划和内容。状态检修工作内容包括停电、不停电测试和试验以及停电、不停电检修维护工作。状态评价应实行动态化管理。每次检修或试验后应进行一次状态评价。

新投运设备投运初期按国家电网有限公司《输变电设备状态检修试验规程》规定（110kV 的新设备投运后 1～2 年，220kV 及以上的新设备投运后 1 年），应安排例行试验，同时还应对设备及其附件（包括电气回路及机械部分）进行全面检查，收集各种状态量，并进行一次状态评价。对于运行 20 年以上的设备，宜根据设备运行及评价结果，对检修计划及内容进行调整。

二、变电设备状态检修的分类标准

要确定变电设备状态检修如何实施，首先必须将设备状态检修进行分类，国家电

网公司状态检修导则根据变电设备检修工作性质内容及工作涉及范围，将变电设备检修分为四类：A 类检修、B 类检修、C 类检修、D 类检修。其中 A、B、C 类是停电检修，D 类是不停电检修。A 类检修是指设备整体解体性检查、维修、更换和试验；B 类检修是指局部性的检修，部件的解体检查、维修、更换和试验；C 类检修是对设备进行常规性检查、维护和试验；D 类检修是对设备在不停电状态下进行的带电测试、外观检查和维修。具体举例如下：SF_6 高压断路器的检修分类及检修项目见表 25-1-1。油浸式变压器（电抗器）的检修分类及检修项目见表 25-1-2。

表 25-1-1   **SF_6 高压断路器的检修分类及检修项目**

检修分类	检修项目
A 类检修	A.1 现场全面解体检修 A.2 返厂检修

B 类检修	B.1 本体部件更换
	   B.1.1 极柱
	   B.1.2 灭弧室
	   B.1.3 导电部件
	   B.1.4 均压电容器
	   B.1.5 合闸电阻
	   B.1.6 传动部件
	   B.1.7 支持瓷套
	   B.1.8 密封件
	   B.1.9 SF_6 气体
	   B.1.10 吸附剂
	   B.1.11 其他
	B.2 本体主要部件处理
	   B.2.1 灭弧室
	   B.2.2 传动部件
	   B.2.3 导电回路
	   B.2.4 SF_6 气体
	   B.2.5 其他
	B.3 操作机构部件更换
	   B.3.1 整体更换
	   B.3.2 传动部件
	   B.3.3 控制部件
	   B.3.4 储能部件
	   B.3.5 液压油处理
	   B.3.6 其他

续表

检修分类	检修项目
C 类检修	C.1 预防性试验，按 Q/GDW 1168—2013《输变电设备状态检修试验规程》规定进行试验 C.2 清扫、维护、检查、修理 C.3 检查项目 　　C.3.1 检查高压引线及端子板 　　C.3.2 检查基础及支架 　　C.3.3 检查瓷套外表 　　C.3.4 检查均压环 　　C.3.5 检查相间连杆 　　C.3.6 检查液压系统 　　C.3.7 检查机构箱 　　C.3.8 检查辅助及控制回路 　　C.3.9 检查分合闸弹簧 　　C.3.10 检查油缓冲器 　　C.3.11 检查并联电容 　　C.3.12 检查合闸电阻
D 类检修	D.1 瓷瓶外观目测检查 D.2 对有自封阀门的充气口进行带电补气工作 D.3 对有自封阀门的密度继电器/压力表进行更换或校验工作 D.4 防锈补漆工作（带电距离够的情况下） D.5 更换部分二次元器件，如直流空开 D.6 检修人员专业巡视 D.7 带电检测项目

表 25-1-2　　　　油浸式变压器（电抗器）的检修分类及检修项目

检修分类	检修项目
A 类检修	A.1 吊罩、吊芯检查 A.2 本体油箱及内部部件的检查、改造、更换、维修 A.3 返厂检修 A.4 相关试验
B 类检修	B.1 油箱外部主要部件更换 　　B.1.1 套管或升高座 　　B.1.2 储油柜 　　B.1.3 调压开关 　　B.1.4 冷却系统 　　B.1.5 非电量保护装置 　　B.1.6 绝缘油 　　B.1.7 其他

续表

检修分类	检修项目
B 类检修	B.2　主要部件处理 　　　B.2.1　套管或升高座 　　　B.2.2　储油柜 　　　B.2.3　调压开关 　　　B.2.4　冷却系统 　　　B.2.5　绝缘油 　　　B.2.6　其他 B.3　现场干燥处理 B.4　停电时的其他部件或局部缺陷检查、处理、更换工作 B.5　相关试验
C 类检修	C.1　按 Q/GDW 1168—2018《输变电设备状态检修试验规程》规定进行试验 C.2　清扫、检查、维修
D 类检修	D.1　带电测试（在线和离线） D.2　维修、保养 D.3　带电水冲洗 D.4　检修人员专业检查巡视 D.5　冷却系统部件更换（可带电进行时） D.6　其他不停电的部件更换处理工作

三、设备的状态检修策略

设备的状态检修是根据其状态量的评价结果评定为何种状态并进行风险评估，确定实施哪类检修，制定状态检修策略。设备状态检修导则中要求：状态检修策略既包括年度检修计划的制订，也包括试验、不停电的维护等。检修策略应根据设备状态评价的结果动态调整。

（1）年度检修计划每年至少修订一次。根据最近一次设备状态评价结果，考虑设备风险评估因素，并参考厂家的要求，确定下一次停电检修时间和检修类别。在安排检修计划时，应协调相关设备检修周期，尽量统一安排，避免重复停电。

（2）对于设备缺陷，应根据缺陷的性质，按照有关缺陷管理规定处理。同一设备存在多种缺陷，也应尽量安排在一次检修中处理，必要时，可调整检修类别。

（3）C 类检修正常周期宜与试验周期一致。不停电的维护和试验根据实际情况安排。

（4）根据设备评价结果，制定相应的检修策略，SF_6 高压断路器、变压器（电抗器）等变电设备的检修策略见表 25-1-3。

表 25-1-3　　　　　　　　　　变电设备的检修策略表

设备状态	检修策略			
	正常状态	注意状态	异常状态	严重状态
检修策略	见 1）	见 2）	见 3）	见 4）
推荐周期	正常周期或延长一年	不大于正常周期	适时安排	尽快安排

1）"正常状态"的检修策略。被评价为"正常状态"的变电设备，执行 C 类检修。C 类检修可按照正常周期或延长一年并结合例行试验安排。在 C 类检修之前，可以根据实际需要适当安排 D 类检修。

2）"注意状态"的检修策略。被评价为"注意状态"的变电设备，执行 C 类检修。如果单项状态量扣分导致评价结果为"注意状态"时，应根据实际情况提前安排 C 类检修。如果仅由多项状态量合计扣分导致评价结果为"注意状态"时，可按正常周期执行，并根据设备的实际状况，增加必要的检修或试验内容。在 C 类检修之前，可以根据实际需要适当加强 D 类检修。

3）"异常状态"的检修策略。被评价为"异常状态"的变电设备，根据评价结果确定检修类型，并适时安排检修。实施停电检修前应加强 D 类检修。

4）"严重状态"的检修策略。被评价为"严重状态"的变电设备，根据评价结果确定检修类型，并尽快安排检修。实施停电检修前应加强 D 类检修。

四、变电设备状态检修评价标准

《国家电网公司关于开展输变电设备评价工作的实施意见》中规定，输变电设备评价标准适用于系统内 110（66）～550kV 输变电设备（包括 10～66kV 干式电抗器、消弧线圈、并联电容器装置，72.5kV 及以上支柱绝缘子、直流电源系统设备）的状况评价工作。评价工作分为五个部分：① 设备投运前性能评价；② 设备运行维护情况评价；③ 设备检修情况评价；④ 设备技术监督情况评价；⑤ 设备技术改造计划制定、执行及效果评价。

（1）设备投运前性能评价，是对设备基础性能和健康水平的评价，是设备投产前各方面性能、状况的综合评价，应从设备设计、选型、监造、安装调试、交接验收等环节，按照设备质量、工艺、试验项目的要求和关键指标、重要参数进行评价。设备投运前性能评价是对设备健康水平和运行能力的基本评价，应结合新（扩）建工程输变电设备投产验收工作进行。其他各阶段设备评价工作中，均应考虑设备投运前性能评价的结果。

（2）设备运行维护情况评价，是对运行设备的健康状况的实时、动态评价，主要针对设备的日常运行情况，依据设备运行巡视、日常维护、预防性试验和设备缺陷、隐患的跟踪处理等情况，综合考虑设备性能与运行环境，电网发展的适应性，技术资料、档案的完整性、准确性对设备的当前状态进行评价。"设备运行情况评价"应结合日常运行维护工作动态进行，必要时可对某些项目或指标单独进行评价，每年或结合预防性试验进行评价总结。

（3）设备检修情况评价，是依据检修规程、导则、规范等，结合检修项目、工艺、质量、试验结果等方面的情况，对设备检修过程和设备性能恢复情况进行评价。"设备检修情况评价"应结合检修工作进行，并在设备检修完成后进行评价总结。

（4）设备技术监督情况评价，是对设备全过程技术管理工作质量的评价，包括设备预防事故措施的制定及执行情况评价；设备预防性试验、故障设备跟踪处理情况评价；对故障设备的缺陷、隐患诊断水平和测试手段的评价；在线监测、状态诊断等新技术手段应用及效果情况评价；设备检修、技术改造开展情况评价等。"设备技术监督情况评价"应结合各阶段评价工作，针对技术监督工作开展情况同步进行。

（5）设备技术改造计划制定、执行及效果评价，是结合设备技术改造工作，对技术改造依据、原则、方向及技改效果的全面评价。设备技术改造计划制定、执行及效果情况评价应在设备技术改造工作完成后进行。

输变电设备的状态检修的设备评价、评估是由生产管理部门归口管理的，但作为变电设备检修工应该了解设备状态检修的有关标准，有利于开展检修工作。国家电网公司颁布的常用变电设备状态评价标准见附录。

【思考与练习】

1. 国家电网有限公司状态检修导则中根据工作性质内容及工作涉及范围将变电设备检修分为哪几类？哪一类属于不停电工作？

2. 被评为"注意状态"的设备应推荐什么样的检修周期？哪一类检修？

3. 高压断路器的状态评价分几级？得分率在70%～90%之间且带"*"号项目合格的设备评价为哪一级？

附录一

110（66）kV～500kV SF₆高压断路器状态量评价标准

1. 评价内容

评价工作应对照有关标准和规范，从交流高压断路器设备的选型、监造、安装、验收、运行、大修、技术监督、技术改造等全过程进行评价。评价分为"设备投运前性能评价""设备运行维护情况评价""设备检修情况评价""设备技术监督情况评价"和"设备技术改造计划制定、执行及效果情况评价"五个部分内容进行。具体的评价内容详见交流高压断路器评价标准表。

2. 评价方法

2.1　评分原则

按照交流高压断路器设备历史和当前状态，以及其他同类型（或同厂家，或同时期制造）高压断路器的状况进行评价（包括有关事故通报）。

危及高压断路器安全运行，须立即进行检修和更换设备的指标为高压断路器评价的核心指标，主要包括：高压断路器的开断性能、绝缘性能、动热稳定性能、载流性能、电寿命、机械寿命、瓷套或绝缘子有裂纹等国家电网公司《高压开关设备运行规范》中规定的危急缺陷和部分严重缺陷指标。

当存在核心项目（带*号的项目）不得分时，将对该台设备具有否决作用（但仍对该设备继续进行评分）。

每部分评价时，未参加评价的项目（即无相关内容）以满分计入，减去评价扣分（每项分值扣完为止），即为该部分评价的总得分值。每次评价时对本次评价未发生变动的部分按上次评价的分数计算。

2.2　评价要求及结果

评价采取打分方式，总分 1000 分，其中"设备投运前性能评价"300 分、"设备运行维护情况评价"400 分，"设备检修情况评价"100 分，"设备技术监督情况评价"100 分、"设备技术改造计划制定、执行及效果情况评价"100 分。

高压断路器的评价按部分评价和整体评价进行。评价结论分为完好、较好、注意三级。

部分评价：应分别计算各部分的得分率，得分率在 90%及以上且带"*"号项目合格的设备评价为"完好"；得分率在 70%～90%之间且带"*"号项目合格的设备评价为"较好"；得分率在 70%以下或有带"*"号项目不合格的设备评价为"注意"。

整体评价：每个部分得分率均在 90%及以上且带"*"号项目全部合格的设备评价为"完好"；每个部分得分率均在 70%以上，但至少有一个部分得分在 90%以下，且带"*"号项目全部合格的设备评价为"较好"；只要有一个部分的得分率在 70%以下，或有带"*"号项目不合格的设备评价为"注意"。如设备未能被评为"完好"，应提出针对性的分析和处理意见。

对于核心项目不合格除了扣除该项所有分值外，还应有专题整改报告。如果评价时发现危及设备安全运行的问题，应立即提出处理意见。

对评价结果为"注意"的高压断路器应采取切实有效的整改措施避免故障的发生，同时对评价结果为"完好""较好"的高压断路器也应密切注意设备状态的变化。

3. 评价周期

3.1　对未经过本标准评价的运行中高压断路器应按本标准进行一次全面评价。

3.2　新（扩）建工程高压断路器应结合交接验收按本标准"设备投运前性能评价"部分进行评价。

3.3　对运行中的高压断路器应按本标准"设备运行情况评价""设备技术监督情况评价"内容每年或结合预防性试验进行评价。

3.4　对运行中的高压断路器检修后按本标准"设备检修情况评价"部分进行评价。

3.5　技术改造按本标准"设备技术改造计划制定、执行及效果情况评价"部分进行评价。

3.6　各单位应根据本评价标准对每台高压断路器进行自评，在各单位自评的基础上，由国家电网公司及网、省电力公司组织专家进行不定期评审。

4. SF$_6$高压断路器评价标准表

变电站　　　　　　　　　断路器

安装位置（路名）：　　　运行编号：　　　　　　型号：　　　制造厂：

额定电流：　A　　　　　额定短路开断电流：kA　出厂编号：

出厂时间：　　　　　　　投运时间：　　　　　　断路器机构型式：

（1）本体评价标准

部件	状态量	劣化程度级别	基本扣分	判断依据	权重系数	应扣分值（基本扣分×权重）
本体	累计开断短路电流值（折算后）	Ⅱ	4	小于但达到厂家规定值80%	4	
		Ⅳ	10	大于厂家规定值		
	本体锈蚀	Ⅲ	8	外观连接法兰、连接螺栓有较严重的锈蚀或油漆脱落现象	1	
	振动和声响	Ⅳ	10	设备运行中有异常振动、声响；内部及管道有异常声音（漏气声、振动声、放电声等）	4	
	高压引线及端子板连接	Ⅳ	10	引线端子板有松动、变形、开裂现象或严重发热痕迹	4	
	接地连接锈蚀	Ⅰ	2	接地连接有锈蚀或油漆剥落	1	
	接地连接松动	Ⅲ	8	接地引下线松动	4	
		Ⅳ	10	接地线已脱落，设备与接地断开		

续表

部件	状态量		劣化程度级别	基本扣分	判断依据	权重系数	应扣分值（基本扣分×权重）
本体	分、合闸位置指示		IV	10	分、合闸位置指示不正确，与当时的实际本体运行状态不相符	4	
	基础及支架	基础破损	IV	10	基础有严重破损或开裂	1	
		基础下沉	III	8	基础有轻微下沉或倾斜	4	
			IV	10	基础有严重下沉或倾斜，影响设备安全运行		
		支架锈蚀	IV	10	支架有严重锈蚀	1	
		支架松动	IV	10	支架有松动或变形	3	
	瓷套	瓷套污秽	II	4	瓷套外表有明显污秽	3	
			IV	10	瓷套外表有严重污秽		
		瓷套破损	I	2	瓷套有轻微破损	3	
			II	4	瓷套有较严重破损，但破损部位不影响短期运行		
			IV	10	瓷套有严重破损或裂纹		
		瓷套放电	I	2	瓷套外表面有轻微放电或轻微电晕	3	
			IV	10	瓷套外表面有明显放电或较严重电晕		
	均压环	均压环锈蚀	IV	10	均压环有严重锈蚀	1	
		均压环变形	I	2	均压环有轻微变形	2	
			IV	10	均压环有严重变形		
		均压环破损	I	2	均压环外观有轻微破损	3	
			IV	10	均压环外观有严重破损		
	相间连杆	相间连杆锈蚀	IV	10	相间连杆有严重锈蚀	2	
		相间连杆变形	IV	10	相间连杆明显变形	3	

续表

部件	状态量		劣化程度级别	基本扣分	判断依据	权重系数	应扣分值（基本扣分×权重）
本体	SF$_6$压力表及密度继电器	外观	Ⅲ	8	外观有破损或有渗漏油	3	
		压力表指示	Ⅳ	10	压力表指示异常	3	
	SF$_6$气体密度		Ⅰ	2	SF$_6$气体两次补气间隔大于一年且小于两年	3	
			Ⅱ	4	两次补气间隔小于一年大于半年		
			Ⅲ	8	两次补气间隔小于半年		
	SF$_6$气体湿度		Ⅱ	4	运行中微水值大于 300μL/L	3	
			Ⅲ	8	运行中微水值大于 300μL/L 且有快速上升趋势		
			Ⅳ	10	运行中微水值大于 500μL/L 且有快速上升趋势		
	主回路电阻值		Ⅰ	2	和出厂值比较有明显增长但不超过20%	4	
			Ⅱ	4	超过出厂的20%但小于50%		
			Ⅲ	8	超过出厂值的50%		
	红外测温	引线接头	Ⅱ	4	温差不超过 15K	3	
			Ⅲ	8	热点温度≥80℃或相对温差≥80%		
			Ⅳ	10	热点温度≥110℃或相对温差≥95%		
		灭弧室	Ⅱ	4	温差不超过 10K	4	
			Ⅲ	8	热点温度≥55℃或相对温差≥80%		
			Ⅳ	10	热点温度≥80℃或相对温差≥95%		
	密封件		Ⅱ	4	密封件接近使用寿命	3	
			Ⅲ	8	密封件超过使用寿命		
罐式断路器	TA 异常声响		Ⅳ	10	TA 内有异常声响	3	
	TA 二次回路绝缘电阻		Ⅲ	8	TA 二次回路绝缘电阻小于2MΩ	3	
	TA 外壳密封条		Ⅲ	8	密封条脱落	3	
	TA 外壳		Ⅲ	8	TA 外壳有变形	2	
	罐内异响		Ⅳ	10	罐内有异响	3	

续表

部件	状态量	劣化程度级别	基本扣分	判断依据	权重系数	应扣分值（基本扣分×权重）
罐式断路器	罐体加热带	IV	10	罐体加热带异常	3	
	罐体锈蚀	IV	10	罐体有较严重锈蚀	1	
	局部放电	III	8	局部放电有异常	3	
		IV	10	局部放电有异常且有增长趋势		
同厂、同型设备被通报的故障、缺陷信息		III	8	严重缺陷未整改的	2	
		IV	10	危急缺陷未整改的		

（2）操动机构评价标准

1）液压机构评价标准

部件	状态量		劣化程度级别	基本扣分	判断依据	权重	应扣分值（基本扣分×权重）
液压机构	操作次数		I	2	机械操作大于厂家规定次数的 50%且少于厂家规定次数的 80%	4	
			II	4	机械操作大于厂家规定次数的 80%且少于厂家规定次数		
			IV	10	机械操作大于厂家规定次数		
	分合闸线圈	操作电压	IV	10	分合闸脱扣器不满足下列要求：合闸脱扣器应能在其额定电压的 85%～110%范围内可靠动作；分闸脱扣器应能在其额定电源电压 65%～110%范围内可靠动作。当电源电压低至额定值的 30%时不应脱扣	3	
		直流电阻	IV	10	直流电阻与出厂值或初始值的偏差超过 20%	3	
		分合闸线圈	IV	10	线圈引线断线或线圈烧坏	4	
	机械特性	分闸时间	IV	10	不符合厂家要求	3	
		合闸时间	IV	10	不符合厂家要求	3	
		合分时间	IV	10	不符合厂家要求	3	

部件	状态量		劣化程度级别	基本扣分	判断依据	权重	应扣分值（基本扣分×权重）
液压机构	机械特性	相间合闸不同期	IV	10	相间合闸不同期大于 5ms 或符合厂家要求	3	
		相间分闸不同期	IV	10	相间分闸不同期大于 3ms 或不符合厂家要求	3	
		同相各断口合闸不同期	IV	10	同相各断口合闸不同期大于 3ms 或不符合厂家要求	3	
		同相各断口分闸不同期	IV	10	同相各断口分闸不同期大于 2ms 或不符合厂家要求	3	
	储能电机	绝缘电阻	IV	10	储能电机绝缘电阻低于 0.5MΩ（采用 500V 或 1000V 绝缘电阻表测量）	3	
		锈蚀	III	8	储能电机外壳严重锈蚀	1	
		异响	II	4	储能电机有异响	3	
		损坏	IV	10	储能电机烧损或停转	4	
	三相不一致保护		III	8	三相不一致保护功能检查不正常或不符合技术文件要求	3	
	油压力表		II	4	外观有损坏	3	
			IV	10	指示有异常		
	泵的补压时间		II	4	泵的补压时间不满足厂家技术条件要求	3	
	泵的零起打压时间		II	4	泵的零起打压时间不满足厂家技术条件要求	2	
	操作压力下降值		III	8	分闸、合闸、重合闸操作压力下降值不满足技术文件要求	3	
	液压机构压力及打压		II	4	液压机构 24h 内打压次数超过技术文件要求	4	
			III	8	液压机构 24h 内打压次数超过技术文件要求且有上升的趋势		
			IV	10	液压机构打压不停泵		
			IV	10	分闸闭锁、合闸闭锁动作		

续表

部件	状态量		劣化程度级别	基本扣分	判断依据	权重	应扣分值（基本扣分×权重）
	储气缸		Ⅲ	8	储气缸渗油，压力异常升高	3	
			Ⅲ	8	储气缸漏氮，未到报警值	3	
	动作计数器		Ⅱ	4	失灵	1	
	机构箱	密封	Ⅰ	2	机构箱密封不良	3	
			Ⅳ	10	机构箱密封不良，箱内有积水		
		变形	Ⅰ	2	机构箱有轻微变形	1	
			Ⅲ	8	机构箱有较严重变形		
		机构箱锈蚀	Ⅳ	10	机构箱有严重锈蚀	2	
液压机构	二次元件	温湿度控制装置	Ⅱ	4	温湿度控制器工作不正常，加热器不能正常启动	3	
			Ⅲ	8	温湿度控制器不正常启动，机构箱内有凝露现象		
		其他二次元件	Ⅳ	10	接触器、继电器、辅助开关、限位开关、空气开关、切换开关等二次元件接触不良或切换不到位；控制回路的电阻、电容等零件损坏	4	
	端子排及二次电缆	端子排锈蚀	Ⅲ	8	端子排有较严重锈蚀	2	
		二次电缆	Ⅲ	8	绝缘层有变色、老化或损坏等	3	
	辅助及控制回路绝缘电阻		Ⅲ	8	辅助及控制回路绝缘电阻低于2MΩ（采用500V或1000V绝缘电阻表测量）	3	
	密封件		Ⅱ	4	密封件接近使用寿命	3	
			Ⅲ	8	密封件超过使用寿命		
同厂、同型设备被通报的故障、缺陷信息			Ⅲ	8	严重缺陷未整改的	2	
			Ⅳ	10	危急缺陷未整改的		

2）弹簧机构评价标准

部件	状态量		劣化程度级别	基本扣分	判断依据	权重	应扣分值（基本扣分×权重）
弹簧机构	操作次数		Ⅰ	2	机械操作大于厂家规定次数的 50%且少于厂家规定次数的 80%	4	
			Ⅱ	4	机械操作大于厂家规定次数的 80%且少于厂家规定次数		
			Ⅳ	10	机械操作大于厂家规定次数		
	分合闸线圈	操作电压	Ⅳ	10	分合闸脱扣器不满足下列要求：合闸脱扣器应能在其额定电压的 85%～110%范围内可靠动作；分闸脱扣器应能在其额定电源电压 65%～110%范围内可靠动作，当电源电压低至额定值的30%时不应脱扣	3	
		直流电阻	Ⅳ	10	直流电阻与出厂值或初始值的偏差超过 20%	3	
		分合闸线圈	Ⅳ	10	线圈引线断线或线圈烧坏	4	
	时间特性	分闸时间	Ⅳ	10	与初始值有明显偏差或不符合厂家要求	3	
		合闸时间	Ⅳ	10	与初始值有明显偏差或不符合厂家要求	3	
		合分时间	Ⅳ	10	与初始值有明显偏差或不符合厂家要求	3	
		相间合闸不同期	Ⅳ	10	相间合闸不同期大于 5ms	3	
		相间分闸不同期	Ⅳ	10	相间分闸不同期大于 3ms	3	
		同相各断口合闸不同期	Ⅳ	10	同相各断口合闸不同期大于 3ms	3	
		同相各断口分闸不同期	Ⅳ	10	同相各断口分闸不同期大于 2ms	3	
	储能电机	绝缘电阻	Ⅳ	10	储能电机绝缘电阻低于 0.5MΩ（采用500V 或 1000V 绝缘电阻表测量）	3	
		锈蚀	Ⅲ	8	储能电机外壳严重锈蚀	1	
		异响	Ⅱ	4	储能电机有异响	3	
		损坏	Ⅳ	10	储能电机烧损或停转	4	

续表

部件	状态量		劣化程度级别	基本扣分	判断依据	权重	应扣分值（基本扣分×权重）
分合闸弹簧	弹簧锈蚀		Ⅱ	4	弹簧轻微锈蚀	1	
			Ⅳ	10	弹簧严重锈蚀		
	弹簧损坏		Ⅳ	10	弹簧脱落、有裂纹或断裂	4	
	弹簧储能		Ⅱ	4	弹簧储能时间不满足厂家要求	3	
			Ⅳ	10	储能异常		
弹簧机构操作			Ⅲ	8	弹簧机构操作卡涩	3	
三相不一致保护			Ⅲ	8	三相不一致保护功能检查不正常或不符合技术文件要求	4	
缓冲器			Ⅲ	8	油缓冲器渗漏油	3	
动作计数器			Ⅱ	4	失灵	1	
弹簧机构	机构箱	密封	Ⅰ	2	机构箱密封不良	3	
			Ⅳ	10	机构箱密封不良，箱内有积水		
		变形	Ⅰ	2	机构箱有轻微变形	1	
			Ⅲ	8	机构箱有较严重变形		
		机构箱锈蚀	Ⅳ	10	机构箱有严重锈蚀	2	
	二次元件	温湿度控制装置	Ⅱ	4	温湿度控制器工作不正常，加热器不能正常启动，机构箱内有凝露现象	3	
			Ⅲ	8	温湿度控制器不正常启动，机构箱内有凝露现象		
		其他二次元件	Ⅳ	10	接触器、继电器、辅助开关、限位开关、空气开关、切换开关等二次元件接触不良或切换不到位；控制回路的电阻、电容等零件损坏	4	
	端子排及二次电缆	端子排锈蚀	Ⅲ	8	端子排有较严重锈蚀	2	
		二次电缆	Ⅲ	8	绝缘层有变色、老化或损坏等	3	
	辅助及控制回路绝缘电阻		Ⅲ	8	辅助及控制回路绝缘电阻低于2MΩ（采用500V或1000V绝缘电阻表测量）	3	
	密封件		Ⅱ	4	密封件接近使用寿命	3	
			Ⅲ	8	密封件超过使用寿命		

续表

部件	状态量	劣化程度级别	基本扣分	判断依据	权重	应扣分值（基本扣分×权重）
同厂、同型设备被通报的故障、缺陷信息		Ⅲ	8	严重缺陷未整改的	2	
		Ⅳ	10	危急缺陷未整改的		

3）液压弹簧机构评价标准

部件	状态量		劣化程度级别	基本扣分	判断依据	权重	应扣分值（基本扣分×权重）
液压机构	操作次数		Ⅰ	2	机械操作大于厂家规定次数的 50%且少于厂家规定次数的 80%	4	
			Ⅱ	4	机械操作大于厂家规定次数的 80%且少于厂家规定次数		
			Ⅳ	10	机械操作大于厂家规定次数		
	分合闸线圈	操作电压	Ⅳ	10	分合闸脱扣器不满足下列要求：合闸脱扣器应能在其额定电压的 85%～110%范围内可靠动作；分闸脱扣器应能在其额定电源电压 65%～110%范围内可靠动作，当电源电压低至额定值的 30%时不应脱扣	3	
		直流电阻	Ⅳ	10	直流电阻与出厂值或初始值的偏差超过 20%	3	
		分合闸线圈	Ⅳ	10	线圈引线断线或线圈烧坏	4	
	时间特性	分闸时间	Ⅳ	10	与初始值有明显偏差或不符合厂家要求	3	
		合闸时间	Ⅳ	10	与初始值有明显偏差或不符合厂家要求	3	
		合分时间	Ⅳ	10	与初始值有明显偏差或不符合厂家要求	3	
		相间合闸不同期	Ⅳ	10	相间合闸不同期大于 5ms	3	
		相间分闸不同期	Ⅳ	10	相间分闸不同期大于 3ms	3	
		同相各断口合闸不同期	Ⅳ	10	同相各断口合闸不同期大于 3ms	3	
		同相各断口分闸不同期	Ⅳ	10	同相各断口分闸不同期大于 2ms	3	

续表

部件	状态量		劣化程度级别	基本扣分	判断依据	权重	应扣分值（基本扣分×权重）
液压机构	储能电机	绝缘电阻	Ⅳ	10	储能电机绝缘电阻低于 0.5MΩ（采用 500V 或 1000V 绝缘电阻表测量）	3	
		锈蚀	Ⅱ	4	储能电机外壳严重锈蚀	1	
		异响	Ⅱ	4	储能电机有异响	3	
		损坏	Ⅳ	10	储能电机烧损或停转	4	
	三相不一致保护		Ⅲ	8	三相不一致保护功能检查不正常或不符合技术文件要求	3	
	油压力表		Ⅱ	4	外观有损坏	3	
			Ⅳ	10	指示有异常		
	泵的补压时间		Ⅱ	4	泵的补压时间不满足厂家技术条件要求	3	
	泵的零起打压时间		Ⅱ	4	泵的零起打压时间不满足厂家技术条件要求	2	
	操作压力下降值		Ⅲ	8	分闸、合闸、重合闸操作压力下降值不满足技术文件要求	3	
	液压机构压力		Ⅱ	4	液压机构 24h 内打压次数超过技术文件要求	4	
			Ⅲ	8	液压机构 24h 内打压次数超过技术文件要求且有上升的趋势		
			Ⅳ	10	液压机构打压不停泵		
			Ⅳ	10	分闸闭锁、合闸闭锁动作		
	动作计数器		Ⅱ	4	失灵	1	
	机构箱	密封	Ⅰ	2	机构箱密封不良	3	
			Ⅳ	10	机构箱密封不良，箱内有积水		
		变形	Ⅰ	2	机构箱有轻微变形	1	
			Ⅲ	8	机构箱有较严重变形		
		机构箱锈蚀	Ⅳ	10	机构箱有严重锈蚀	2	
	二次元件	温湿度控制装置	Ⅱ	4	温湿度控制器工作不正常，加热器不能正常启动，机构箱内有凝露现象	3	
			Ⅲ	8	温湿度控制器不正常启动，机构箱内有凝露现象		

续表

部件	状态量		劣化程度级别	基本扣分	判断依据	权重	应扣分值（基本扣分×权重）
液压机构	二次元件	其他二次元件	Ⅳ	10	接触器、继电器、辅助开关、限位开关、空气开关、切换开关等二次元件接触不良或切换不到位；控制回路的电阻、电容等零件损坏	4	
	端子排及二次电缆	端子排锈蚀	Ⅲ	8	端子排有较严重锈蚀	2	
		二次电缆	Ⅲ	8	绝缘层有变色、老化或损坏等	3	
	辅助及控制回路绝缘电阻		Ⅲ	8	辅助及控制回路绝缘电阻低于 2MΩ（采用 500V 或 1000V 绝缘电阻表测量）	3	
	密封件		Ⅱ	4	密封件接近使用寿命	3	
			Ⅲ	8	密封件超过使用寿命		
同厂、同型设备被通报的故障、缺陷信息			Ⅲ	8	严重缺陷未整改的	2	
			Ⅳ	10	危急缺陷未整改的		

4）气动机构评价标准

部件	状态量		劣化程度级别	基本扣分	判断依据	权重	应扣分值（基本扣分×权重）
气动机构	操作次数		Ⅰ	2	机械操作大于厂家规定次数的 50%且少于厂家规定次数的 80%	4	
			Ⅱ	4	机械操作大于厂家规定次数的 80%且少于厂家规定次数		
			Ⅳ	10	机械操作大于厂家规定次数		
	分合闸线圈	操作电压	Ⅳ	10	分合闸脱扣器不满足下列要求：合闸脱扣器应能在其额定电压的85%～110%范围内可靠动作；分闸脱扣器应能在其额定电源电压 65%～110%范围内可靠动作，当电源电压低至额定值的 30%时不应脱扣	3	
		直流电阻	Ⅳ	10	直流电阻与出厂值或初始值的偏差超过 20%	3	
		分合闸线圈	Ⅳ	10	线圈引线断线或线圈烧坏	4	
	时间特性	分闸时间	Ⅳ	10	与初始值有明显偏差或不符合厂家要求	3	
		合闸时间	Ⅳ	10	与初始值有明显偏差或不符合厂家要求	3	

续表

部件	状态量		劣化程度级别	基本扣分	判断依据	权重	应扣分值（基本扣分×权重）
气动机构	时间特性	合分时间	Ⅳ	10	与初始值有明显偏差或不符合厂家要求	3	
		相间合闸不同期	Ⅳ	10	相间合闸不同期大于5ms	3	
		相间分闸不同期	Ⅳ	10	相间分闸不同期大于3ms	3	
		同相各断口合闸不同期	Ⅳ	10	同相各断口合闸不同期大于3ms	3	
		同相各断口分闸不同期	Ⅳ	10	同相各断口分闸不同期大于2ms	3	
	储能电机	绝缘电阻	Ⅳ	10	储能电机绝缘电阻低于0.5MΩ（采用500V或1000V绝缘电阻表测量）	3	
		锈蚀	Ⅲ	8	储能电机外壳严重锈蚀	1	
		异响	Ⅱ	4	储能电机有异响	3	
		损坏	Ⅳ	10	储能电机烧损或停转	4	
	三相不一致保护		Ⅳ	10	三相不一致保护功能检查不正常或不符合技术文件要求	4	
	压力表		Ⅱ	4	外观有损坏	3	
			Ⅳ	10	指示有异常		
	压力继电器		Ⅲ	8	动作值异常	2	
	气动机构压力		Ⅱ	4	气动机构24h内打压次数超过技术文件要求	4	
			Ⅲ	8	气动机构24h内打压次数超过技术文件要求且有继续上升的趋势		
			Ⅳ	10	分闸闭锁、合闸闭锁动作		
	自动排污装置		Ⅲ	8	自动排污装置失灵	3	
	压缩机		Ⅱ	4	气动机构压缩机补压超时	3	
			Ⅳ	10	润滑油乳化	3	
	加热装置		Ⅱ	4	加热装置损坏	3	
			Ⅳ	10	加热装置损坏，管路或阀体结冰		
	气水分离器		Ⅳ	10	不能正常工作	3	
	动作计数器		Ⅱ	4	失灵	1	

续表

部件	状态量		劣化程度级别	基本扣分	判断依据	权重	应扣分值（基本扣分×权重）
气动机构	机构箱	密封	I	2	机构箱密封不良	3	
			IV	10	机构箱密封不良，箱内有积水		
		变形	I	2	机构箱有轻微变形	1	
			III	8	机构箱有较严重变形		
		机构箱锈蚀	IV	10	机构箱有严重锈蚀	2	
	二次元件	温湿度控制装置	II	4	温湿度控制器工作不正常，加热器不能正常启动，机构箱内有凝露现象	3	
			III	8	温湿度控制器不正常启动，机构箱内有凝露现象		
		其他二次元件	IV	10	接触器、继电器、辅助开关、限位开关、空气开关、切换开关等二次元件接触不良或切换不到位；控制回路的电阻、电容等零件损坏	4	
	端子排及二次电缆	端子排锈蚀	III	8	端子排有较严重锈蚀	2	
		二次电缆	III	8	绝缘层有变色、老化或损坏等	4	
	辅助及控制回路绝缘电阻		III	8	辅助及控制回路绝缘电阻低于 2MΩ（采用 500V 或 1000V 绝缘电阻表测量）	3	
	密封件		II	4	密封件接近使用寿命	3	
			III	8	密封件超过使用寿命		
同厂、同型设备被通报的故障、缺陷信息			III	8	严重缺陷未整改的	2	
			IV	10	危急缺陷未整改的		

5）并联电容器评价标准

部件	状态量		劣化程度级别	基本扣分	判断依据	权重	应扣分值（基本扣分×权重）
并联电容器	瓷套	瓷套污秽	II	4	瓷套外表有明显污秽	3	
			IV	10	瓷套外表有严重污秽		
		瓷套破损	I	2	瓷套有轻微破损	3	
			II	4	瓷套有较严重破损，但破损部位不影响短期运行		

续表

部件	状态量		劣化程度级别	基本扣分	判断依据	权重	应扣分值（基本扣分×权重）
并联电容器	瓷套	瓷套破损	IV	10	瓷套有严重破损或裂纹	3	
		瓷套放电	I	2	瓷套外表面有轻微放电或轻微电晕	3	
			IV	10	瓷套外表面有明显放电或较严重电晕		
	电容器本体	电容器渗漏油	I	2	电容器有轻微渗油痕迹	4	
			III	8	电容器有较严重渗漏油痕迹		
		电容量	II	4	电容量初值差有明显变化但不超过±5%	2	
		介质损耗	II	4	介质损耗因数：10kV电压下，膜纸复合绝缘及全膜绝缘＜0.002 5 油纸绝缘＜0.005，但和上次试验值比较有明显变化	3	
			IV	10	介质损耗因数：10kV电压下，膜纸复合绝缘及全膜绝缘＞0.002 5 油纸绝缘＞0.005	3	
同厂、同型设备被通报的故障、缺陷信息			III	8	严重缺陷未整改的	2	
			IV	10	危急缺陷未整改的		

6）合闸电阻评价标准

部件	状态量		劣化程度级别	基本扣分	判断依据	权重	应扣分值（基本扣分×权重）
合闸电阻	瓷套	瓷套污秽	II	4	瓷套外表有明显污秽	3	
			IV	10	瓷套外表有严重污秽		
		瓷套破损	I	2	瓷套有轻微破损	3	
			II	4	瓷套有较严重破损，但破损部位不影响短期运行		
			IV	10	瓷套有严重破损或裂纹		
		瓷套放电	I	2	瓷套外表面有轻微放电或轻微电晕	3	
			IV	10	瓷套外表面有明显放电或较严重电晕		
	合闸电阻阻值		II	4	阻值和上次试验值比较有明显变化但不大于±5%	3	

续表

部件	状态量	劣化程度级别	基本扣分	判断依据	权重	应扣分值（基本扣分×权重）
同厂、同型设备被通报的故障、缺陷信息	Ⅲ	8	严重缺陷未整改的	2	
	Ⅳ	10	危急缺陷未整改的		

注 各单位可根据实际情况和运行经验对状态量重要性进行适当调整。

7）SF₆断路器状态评价报告推荐格式

国家电网公司
110（66）kV 及以上电压等级 SF₆ 高压断路器状态评价报告

××公司××变电站××断路器

设备资料	安装地点		运行编号		型号	
	制造厂		额定电压		额定电流	
	额定短路开断电流		机构型式		出厂编号	
	出厂日期		投运日期		上次检修日期	

部件评价结果

评价指标	本体	操动机构	合闸电阻	并联电容
单项最大扣分				
合计扣分				
状态				

评价结果：

□正常状态　□注意状态　□异常状态　□严重状态

扣分状态量状态描述	主要扣分情况： 描述重要状态量扣分项情况，如一般状态量评价为最差状态时，也应描述；
检修策略	

评价时间：　　年　　月　　日

评价人：	审核：

上述诊断结果、扣分状态量状态描述如报告篇幅不够，可用附录说明。

附录二

110（66）kV～500kV 变压器（电抗器）状态量评价标准

1. 评价内容

评价工作应对照国家有关标准和规范，从变压器（电抗器）及其组附件的安全性、负载能力、噪声环保适应性和经济性方面进行评价。评价分为"设备投运前性能评价""设备运行维护情况评价""设备检修情况评价""设备技术监督情况评价"和"设备技术改造计划制定、执行及效果情况评价"五个部分内容进行。具体的评价内容详见 110（66）kV～500kV 油浸式变压器评价标准表、500（330）kV 油浸式并联电抗器评价标准表。

2. 评价方法

2.1 按照本变压器（电抗器）历史和当前状态，以及其他同类型（或同厂家，或同时期制造）变压器的状况进行评价（包括有关事故通报）。

2.2 按照变压器（电抗器）巡视、停电和带电（包括在线）检测，以及维护检修等结果进行当前状况的评价。

2.3 评价通过查阅有关资料和现场查看等方法进行，各单位可根据具体情况选择相应的评价项目进行评价。

2.4 评分原则。评价采取打分方式，总分 1000 分，其中"设备投运前性能评价""设备运行维护情况评价"各 300 分；"设备检修情况评价"200 分；"设备技术监督情况评价"和"设备技术改造计划制定、执行及效果情况评价"各100 分。

每部分评价时，无相关评价内容的项目以满分计入，各部分总分减去评价扣分（每项分值扣完为止），即为该部分评价的总得分值。

2.5 评价要求及结果。变压器（电抗器）的评价按部分评价和整体评价进行。评价结论分为完好、较好、注意三级。

各单位可根据具体情况选择评价内容的五部分中相应部分进行评价，给出评价分值、评价结论和整改措施等。110（66）kV～500kV 油浸式变压器评价标准表和 500（330）kV 油浸式并联电抗器评价标准表中涉及变压器（电抗器）安全性、负载能力和环保适应性等项目为核心指标，以"*"号标记，属于评价中的重点。

部分评价：应分别计算各部分的得分率，得分率在 90% 及以上且带"*"号项目合格的设备评价为"完好"；得分率在 70%～90% 之间且带"*"号项目合格的设备评价为"较好"；得分率在 70% 以下或有带"*"号项目不合格的设备评价为"注意"。

整体评价：每个部分得分率均在 90% 及以上且带"*"号项目全部合格的设备评价

为"完好";每个部分得分率均在 70%以上,但至少有一个部分得分在 90%以下,且带"*"号项目全部合格的设备评价为"较好";只要有一个部分的得分率在70%以下,或有带"*"号项目不合格的设备评价为"注意"。如设备未能被评为"完好",应提出针对性的分析和处理意见。

对于核心项目不合格除了扣除该项所有分值外,还应有专题整改报告。如果评价时发现危及设备安全运行的问题,应立即提出处理意见。

对评价结果为"注意"的变压器(电抗器)应采取切实有效的整改措施避免故障的发生,同时对评价结果为"完好""较好"的变压器(电抗器)也应密切注意设备状态的变化。

3. 评价周期

3.1 对未经过本标准评价的运行中变压器(电抗器)应按本标准进行一次全面评价。

3.2 新(扩)建工程变压器(电抗器)应结合交接验收按本标准"设备投运前性能评价"部分进行评价。

3.3 对运行中的变压器(电抗器)应按本标准"设备运行情况评价""设备技术监督情况评价"内容每年或结合预防性试验进行评价。

3.4 对运行中的变压器(电抗器)检修后按本标准"设备检修情况评价"部分进行评价。

3.5 技术改造按本标准"设备技术改造计划制定、执行及效果情况评价"部分进行评价。

3.6 各单位应根据本评价标准对变压器(电抗器)进行自评,单相变压器的每相均应视为独立的评价单元。在各单位自评的基础上,由国家电网公司及网、省电力公司组织专家进行不定期评审。

4. 变压器(电抗器)本体状态量评价标准表

单位名称: 变电所名称: 变压器运行编号: 投运时间: 制造厂家:

厂序号: 型号: 额定容量: 额定电压组合: 阻抗电压:

调压方式: 冷却方式:

序号	状态量		劣化程度	基本扣分	判断依据	权重系数	扣分值(应扣分值×权重)	备注
	分类	状态量名称						
1	家族缺陷	同厂、同型、同期设备的故障信息		8	严重缺陷未整改的	2		*对家族性缺陷的处理应根据实际情况确定
				10	危急缺陷未整改的	2		

续表

序号	状态量 分类	状态量 状态量名称	劣化程度	基本扣分	判断依据	权重系数	扣分值（应扣分值×权重）	备注
2		短路电流、短路次数		2	短路冲击电流在允许短路电流的 50%～70%，次数累计达到 6 次及以上			按本表要求安排测试时，本项不扣分；测试结果按相关项目（色谱、频率响应、短路阻抗、绕组电容量等）标准扣分
				4	短路冲击电流在允许短路电流的 70%～90%，按次扣分			
				10	短路冲击电流达到允许短路电流 90%以上，按次扣分			
3		短路冲击累计		2	短路冲击电流达到允许短路电流 90%以上，按次扣分	2		短路冲击的持续时间每超过 0.5s（查标准），应增加一次统计次数
4		变压器过负荷	I	2	达到短期急救负载运行规定或长期急救负载运行规定	2		过负荷规定参见《运行规范》全名
5		过励磁	I	2	达到变压器过励磁限值	2		具体限值根据变压器过励磁特性确定
6	运行巡检	储油柜密封元件（胶囊、隔膜、金属膨胀器）	II	4	金属膨胀器有卡滞、隔膜式储油柜密封面有渗油迹	4		
			IV	10	金属膨胀器破裂、胶囊、隔膜破损			
7		本体储油柜油位	I	4	油位异常；过高或过低	2		
8		渗油	I	2	有轻微渗油，未形成油滴，部位位于非负压区	2		
9		漏油	II	4	有轻微渗漏（但渗漏部位位于非负压区），不快于每滴 5s	4		
			IV	10	渗漏位于负压区或油滴速度快于每滴 5s 或形成油流			
10		噪声及振动	I	2	噪声、振动异常，绝缘油色谱正常	4		查阅变压器运行巡视记录或缺陷分析报告；根据国家电网公司《110(66)kV～500 浸式变压器（电抗器）运行规范》第二十六条 异常声音的处理
			II	4	噪声、振动异常，绝缘油色谱异常			

续表

序号	状态量		劣化程度	基本扣分	判断依据	权重系数	扣分值（应扣分值×权重）	备注
	分类	状态量名称						
11	运行巡检	表面锈蚀	I	2	表面漆层破损和轻微锈蚀	1		
			III	8	表面锈蚀严重			
12		呼吸器	II	4	吸湿器油封异常，或呼吸器呼吸不畅通，或硅胶潮解变色部分超过总量的 2/3 或硅胶自上而下变色	2		
			IV	10	呼吸器无呼吸			
13		运行油温	III	8	顶层油温异常	3		
14		压力释放阀	IV	10	动作（周围有油迹）	4		
15		瓦斯继电器	II	4	（轻瓦斯）发信，但色谱分析无异常*	4		*在排除二次原因后，应进行油色谱分析，或检查渗漏（尤其负压区）
			IV	10	轻瓦斯发信，且色谱异常或重瓦斯动作			
16	试验	绕组直流电阻	IV	10	1.各相绕组相互间的差别大于三相平均值的 2%，无中性点引出线的绕组，线间偏差大于三相平均值的 1%；2. 与以前相同部位测得值折算到相同温度其变化大于 2%；3. 三相间阻值大小关系与出厂不一致	3		关注色谱变化、短路情况、分接开关以及套管连接，操作分接开关，测量不同分接电阻值，区分是否为分接连线问题
17		绕组介质损耗因数	I	2	介质损耗因数未超标准限值；但有显著性差异	3		异常时关注变压器本体及各部件渗漏、绝缘油试验情况。
			III	8	介质损耗因数超标、电容量无明显变化			
18		电容量	IV	10	绕组电容变化＞5%	4		
19		铁芯绝缘	I	2	铁芯多点接地，但运行中通过采取限流措施，铁芯接地电流一般不大于 0.1A	2		关注绝缘油色谱。异常时，如产期速率大于 10%/月，为紧急缺陷
			II	4	铁芯接地电流在 0.1～0.3A			
			IV	10	铁芯接地电流超过 0.3A			

续表

序号	状态量 分类	状态量 状态量名称	劣化程度	基本扣分	判断依据	权重系数	扣分值（应扣分值×权重）	备注
20		绕组频率响应测试	IV	10	绕组频响测试反映绕组有变形	3		绕组频谱、短路阻抗异常时，应结合色谱分析、绕组电容量以及变压器短路情况综合考虑
21		短路阻抗	I	2	1. 短路阻抗与原始值的有差异，但偏差小于 2%	3		
			II	4	2. 短路阻抗与原始值的差异＞2%，但小于 3%			
			IV	10	3. 短路阻抗与原始值的差异＞3%			
22		泄漏电流	II	4	历次相比变化 30%～50%	1		异常时应同时关注含气量、微水含量、变压器密封情况
			IV	10	历次相比变化大于 50%			
23		绕组绝缘电阻、吸收比或极化指数	IV	10	绝缘电阻不满足规程要求	2		
24		油介质损耗因数（tgδ）	II	4	110～220kV 变压器 $\tan\delta \geqslant 4\%$；330kV 及以上变压器 $\tan\delta \geqslant 2\%$	3		
25		油击穿电压	II	4	110（66）～220kV 变压器≤35kV 330kV 及以上变压器≤50kV	3		
26	试验	水分	II	4	110（66）kV 变压器≥35mg/L 220kV 变压器≥25mg/L 330kV 及以上变压器≥15mg/L	3		注意取样温度
27		油中含气量	II	4	500kV 变压器油中含气量（体积分数）大于 3%	2		超过时，注意检查变压器密封情况
28		绝缘纸聚合度	IV	10	绝缘纸聚合度≤250	3		
29		红外测温	II	4	油箱红外测温异常	3		
30		油中溶解气体分析	总烃 II	4	总烃含量大于 150μL/L	3		色谱按评价标准最高扣分仅扣分一次
			总烃 III	8	产气速率大于 10%/月			
			总烃 IV	10	总烃含量大于 150μL/L，且有增长趋势，但产气速率大于 10%/月			
			C_2H_2 II	4	乙炔含量大于注意值	4		
			CO、CO_2 II	4	CO 含量有明显增长	2		
			H_2 II	4	H_2 含量大于 150μL/L，	2		
31		变压器中性点直流电流测试		0	中性点直流电流＜1A	3		
				8	中性点直流电流＞3A			

（1）变压器套管状态量评价标准

序号	评价状态量		劣化程度	基本扣分	判断依据	权重系数	扣分值（应扣分值×权重）	备注
	分类	状态量名称						
32	运行巡视	外绝缘	IV	10	外绝缘爬距不满足要求，且未采取措施	3		
33		外观	I	2	瓷件有面积微小的脱釉情况或套管有轻微渗漏	4		
			IV	10	套管出现严重渗漏			
34		油位指示	IV	10	油位异常	3		
35	试验	绝缘电阻	I	2	主屏＜10 000MΩ 或末屏＜1000MΩ	3		
36		介损	III	8	介损值达到标准限值的 70%，且变化大于 30%	3		
			IV	10	介损超过标准要求			
37		电容量	III	8	与出厂值或前次试验值相比，偏差达于 5%	4		
38		油中溶解气体分析	总烃	II	4	总烃含量大于 150μL/L	3		色谱按评价标准最高扣分只扣一次
			总烃	III	8	产气速率大于 10%/月			
			总烃	IV	10	总烃含量大于 150μL/L，且有增长趋势，但产气速率大于 10%/月			
			C_2H_2	II	4	乙炔含量大于注意值	4		
			CO、CO_2	II	4	CO 含量有明显增长	2		
			H_2	II	4	H_2 含量大于 150μL/L	2		
39		红外测温	IV	10	接头发热或套管本体温度分部异常	3		参见 DL/T–664—1999

（2）冷却（散热）器系统状态量评价标准

序号	评价状态量		劣化程度	基本扣分	判断依据	权重系数	扣分值（应扣分值×权重）	备注
	分类	状态量名称						
40	运行巡检	电机运行	I	2	风机运行异常	2		
			IV	10	油泵、水泵及油流继电器工作异常			
41		冷却装置控制系统	IV	10	冷却器控制系统异常	2		

续表

序号	评价状态量		劣化程度	基本扣分	判断依据	权重系数	扣分值（应扣分值×权重）	备注
	分类	状态量名称						
42	运行巡检	冷却装置散热效果	Ⅰ	2	冷却装置表面有积污，但对冷却效果影响较小	3		
			Ⅳ	10	冷却装置表面积污严重，对冷却效果影响明显			
43		水冷却器（如有）	Ⅳ	10	冷却水管有渗漏	4		
44		渗油	Ⅰ	2	有轻微渗油，未形成油滴，部位位于非负压区	2		
45		漏油	Ⅳ	10	渗漏位于负压区或油滴速度快于每滴5s或形成油流	4		
			Ⅰ	2	有轻微渗油，未形成油滴，部位位于非负压区			

（3）变压器分接开关状态量评价标准

1）有载分接开关状态量评价标准

序号	状态量		劣化程度	基本扣分	判断依据	权重系数	扣分值（应扣分值×权重）	备注
	分类	状态量名称						
46	巡行	油位	Ⅱ	4	油位异常	3		
47		呼吸器	Ⅱ	4	吸湿器油封异常，或呼吸器呼吸不畅通，或硅胶潮解变色部分超过总量的2/3或硅胶自上而下变色	2		
			Ⅳ	10	呼吸器无呼吸			
48		分接位置	Ⅳ	10	有载分接开关的分接位置异常	4		
49		渗漏	Ⅰ	2	有轻微渗漏	3		
			Ⅳ	10	渗漏严重			
50	运行巡检	切换次数	Ⅳ	10	分接开关切换次数超过厂家规定检修次数未检修	3		制造厂检修周期规定：次数、时间
51		与前次检修间隔	Ⅳ	10	超出制造厂规定检修时间间隔	3		
52		在线滤油装置	Ⅱ	4	在线滤油装置压力异常	3		
			Ⅳ	10	未按制造厂规定维护			

续表

序号	状态量		劣化程度	基本扣分	判断依据	权重系数	扣分值（应扣分值×权重）	备注
	分类	状态量名称						
53	运行巡检	传动机构	Ⅳ	10	电机运行异常或传动机构传动卡涩	4		
54		限位装置失灵	Ⅳ	10	装置失灵	4		
55		滑挡	Ⅳ	10	滑挡	3		
56		控制回路	Ⅳ	10	控制回路失灵，过流闭锁异常	3		
57	试验	动作特性	Ⅳ	10	动作特性试验不合格	4		
58		油耐压	Ⅳ	10	不合格	3		

2）无励磁分接开关状态量评价标准

序号	状态量		劣化程度	基本扣分	判断依据	权重系数	扣分值（应扣分值×权重）	备注
	分类	状态量名称						
59	运行巡检	操作机构及挡位指示	Ⅱ	4	档位指示模糊或机械闭锁不可靠	2		

（4）变压器非电量保护状态量评价标准

序号	状态量		劣化程度	基本扣分	判断依据	权重系数	扣分值（应扣分值×权重）	备注
	分类	状态量名称						
60		温度计	Ⅱ	4	温度计指示异常，二次回路绝缘电阻不合格	1		
61		油位指示计	Ⅱ	4	油位计指示异常	1		
62	试验、巡检	压力释放阀	Ⅲ	8	有渗漏、发生过误动扣分，二次回路绝缘电阻不合格	2		
63		气体继电器	Ⅲ	8	气体继电器有渗漏油现象，二次回路绝缘电阻不合格	3		
64		温度计、分接开关位置等远方与就地指示一致性	Ⅱ	4	偏差超过规定限值	2		

注　此处仅评装置，动作及指示情况在本体部分评价。

5. 缺陷诊断
（1）各类缺陷的相关状态量

变压器缺陷	缺陷诊断的方法和内容	诊断的关键点
绝缘受潮	色谱分析、绝缘电阻吸收比和极化指数，介质损耗，油含水量、含气量、击穿电压和体积电阻率，局部绝缘的介质损耗测试，铁芯绝缘电阻和介质损耗	绝缘的介质损耗升高、绝缘油含水量
铁芯过热	油色谱（CO 和 CO_2 增长不明显），铁芯外引接地处电流，空载试验，铁芯绝缘电阻和介损	测试铁芯外引接地电流，确认是否多点接地；不能排除铁芯段间短路；
磁屏蔽放电和过热	油色谱（总烃升高，早期乙炔比例较高，后期以总烃为主），测试局部放电的超声波，排除电流回路过热	局部放电的超声波测量值与负荷电流密切有关
零序磁通引起铁芯夹件过热	油色谱（CO 和 CO_2 增长不明显），铁芯外引接地处电流，空载试验，铁芯绝缘电阻和介损	在排除铁芯多点接地和段间短路后，对于全星形或带稳定绕组的全星形变压器要注意
电流回路过热	油色谱（注意 CO 和 CO_2 的增长是否明显），绕组直流电阻，低电压短路试验	绕组直流电阻增大
无载分接开关放电和过热	油色谱（CO 和 CO_2 增长不明显，有时乙炔比例较高），绕组直流电阻，测试局部放电超声波	局部放电的超声波值高与分接开关的位置相关；绕组直流电阻增大
绕组变形	油色谱，低电压空载和短路试验，变比，频响试验，绕组绝缘介质损耗和电容量测试	绕组短路阻抗或频响变化和电容量测试
绕组匝层间短路	油色谱，低电压空载和短路试验，变比，绕组直流电阻试验	低电压空载和短路试验，变比测试
局部放电	油色谱，绕组直流电阻，变比，低电压空载和短路试验，油的全面试验，包括带电度、含气量和含水量等，运行中局部放电超声波测量，现场局部放电试验	先确认是否油流放电；运行中局部放电超声信号强度是否与负荷密切有关；现场局部放电施加电压不宜超过额定电压
油流放电	绕组中性点油流静电电流，油色谱、带电度、介质损耗、含气量、体积电阻率和油中含铜量等测试，额定电压下的局部放电（包括超声波测试）	油带电度等特性试验，油流带电试验
电弧放电	油色谱，绕组直流电阻，变比，低电压空载和短路试验	是否涉及固体绝缘
悬浮放电	油色谱，绕组直流电阻，变比，低电压空载和短路试验，电压不高的感应和外施电压下局部放电试验，运行中局部放电超声波测量	是否涉及固体绝缘；是否与负荷密切有关
绝缘老化	油色谱，油中糠醛、介质损耗、含气量和体积电阻率测试，绕组绝缘电阻和介损	油中糠醛、聚合度
绝缘油劣化（区别受潮）	油色谱，油介质损耗、含水量、击穿电压、含气量和体积电阻率测试，绕组绝缘电阻和介损（绕组间和对地分别测试），铁芯对地绝缘电阻和介损	涉及固体绝缘多的介质损耗大，而涉及绝缘油多的介质损耗小，特别是铁芯对地介质损耗小，可判断油劣化
变压器轻瓦斯频繁动作（冷却器进空气）	油和气体气色谱	油和气体气色谱正常，仅氢气稍高

（2）缺陷原因的分析判断

1）过热性缺陷原因分析判断

序号	状态量描述	停电测试项目	缺陷原因判断
1	C_2H_6、C_2H_4 增长较快可能有 H_2 和 C_2H_2，CO 和 CO_2 增长不明显	空载损耗试验异常增大；1.1 倍过励磁试下平油色谱有明显的增长	铁芯短路
2	C_2H_6、C_2H_4 增长较快可能有 H_2 和 C_2H_2，CO 和 CO_2 增长不明显	运行中用钳形电流表测量铁芯接地电流，大于 100mA；停电检测铁芯绝缘电阻，绝缘电阻较低（如几千欧）	铁芯多点接地
3	C_2H_6 和 C_2H_4 增长较快，CO 和 CO_2 增长不明显	直流电组比上次测试的值有明显的变化	导电回路接触不良
4	油中 C_2H_4、CO、CO_2 含量增长较快	分相低电压下的短路损耗明显增大	多股导线间短路
5	故障特征是低温过热逐渐向中温至高温过热演变，且油中 CO、CO_2 含量增长较快	1.1 倍的过电流会加剧它的过热，油色谱会有明显的增长	油道堵塞
6	油中 C_2H_6、C_2H_4 含量增长较快，有时会产生 H_2 和 C_2H_2	红外测温检查套管连接接头有否高温过热现象	导电回路分流
7	色谱呈现高温过热特征，总烃增长较快	直流电阻不稳定，并有较大的偏差；在较低的电压励磁下，也会持续产生总烃	结构件或磁屏蔽短路
8	色谱呈现高温过热特征，总烃增长较快	1.1 倍的过电流会使油色谱会有明显的增长	漏磁回路的涡流绕组连接（或焊接）部分接触不良

2）放电性缺陷原因分析判断

序号	状态量描述	辅助判断方法或停电测试项目	缺陷原因判断
1	色谱呈现高能放电特征，乙炔增长速度快	放低有载开关油位，停止调压，色谱特征气体不再增长；有载分接开关储油柜中的油位异常升高或持续冒油，或与主储油柜的油位趋于一致	有载分接开关泄漏
2	有少量 H_2、C_2H_2 产生，总烃稳步增长趋势	局部放电量超标	悬浮电位接触不良
3	C_2H_2 单项增高，油中带电度超出规定值	逐台开启油泵，测量中性点的静电感应电压或泄漏电流，如长时间不稳定或稳定值超出规定值，则表明可能发生了油流带电现象	油流带电
4	具有局部放电，这时产生主要气体 H_2 和 CH_4	油中金属微量测试若铁含量较高，表明铁芯或结构件放电，若铜含量较高，表明绕组或引线放电，局部放电超标	金属尖端放电
5	低能量密度局部放电，产生主要气体是 H_2 和 CH_4。油中含气量过大	检查气体继电器内的气体，取气样分析，如主要是氧和氮，表明是气泡放电	气泡放电
6	具有高能量电弧放电特征，主要气体是 H_2 和 C_2H_2	绝缘电阻会有下降的可能，油中金属铜微量测试可能偏大，局部放电量测试超标	分接开关拉弧、绕组或引线绝缘击穿
7	以 C_2H_2 为主，且通常 C_2H_4 含量比 CH_4 低	与变压器负荷电流密切相关，负荷电流下降，超声波值减小	油箱磁屏蔽接触不良

3）绝缘受潮缺陷分析判断

序号	状态量描述	辅助判断方法或停电测试项目	缺陷原因判断
1	单 H_2 增长较快，油中含水量超标，油耐压下降，部件存在渗漏情况	绝缘电阻下降；泄漏电流增大；变压器本体介质损耗因数增大	外部进水，绝缘受潮

4）绕组变形缺陷分析判断

序号	状态量描述	辅助判断方法或停电测试项目	故障原因判断
1	阻抗增大，频响试验异常，电容量有变化，色谱异常	在相同电压和负荷电流下，变压器的噪声或振动变大，运行中出口或近区短路情况	短路冲击后，绕组发生严重变形

6. 变压器（电抗器）状态评价报告推荐格式

国家电网公司

110（66）kV 及以上电压等级设备油浸式变压器（电抗器）状态评价报告

××公司××变电站××变压器（电抗器）

设备资料	安装地点		运行编号		型号	
	容量		电压组合		额定电压	
	额定电流		接线组别		冷却方式	
	制造厂		产日期		投运日期	
	出厂编号					

变压器（电抗器）上次整体评价结果/时间	—

部件评价结果

评价指标	本体	套管	分接开关	冷却系统	非电量保护
状态定级					
分值					
诊断试验情况　待分析状态量					—
诊断结果					—

变压器（电抗器）整体评价结果（诊断后）：

□正常状态　□注意状态　□异常状态　□严重状态

扣分状态量状态描述	主要扣分情况： 描述重要状态量扣分项情况，如一般状态量评价为最差状态时，也应描述；
处理建议	

评价时间：　　　年　　月　　日

评价人：	审核人：

上述诊断结果、扣分状态量状态描述如报告篇幅不够，可用附录说明。

第二十六章

变压器、电抗器的试验标准

▲ 模块 1　变压器试验的基本知识（Z15K1001 Ⅱ）

【模块描述】本模块介绍变压器试验的分类及变压器工厂试验、交接试验、预防性试验的试验目的、一般要求，通过概念介绍，了解变压器试验的基本知识。

【模块内容】

变压器试验的目的是检验变压器性能是否符合有关标准、是否符合运行条件，发现可能存在的缺陷，保证安全运行；同时通过试验，对试验数据进行分析，可以找出改进设计，提高施工工艺。

变压器从制造开始，要进行一系列试验。这些试验包括：在制造时对原材料的试验、制造过程的中间试验、产品的定性及出厂试验、在使用现场安装后的交接试验、使用中为维护运行而进行的绝缘预防性试验等。根据变压器在使用中各阶段试验性质的不同，可以做以下分类：

1. 变压器在制造厂的三种试验

（1）例行试验：每台变压器都要承受的试验。试验项目有绕组电阻测量、电压比测量和联结组标号检定、短路阻抗和负载损耗测量、空载电流和空载损耗测量、绕组对地绝缘电阻和（或）绝缘系统电容的介质损耗因数的测量、绝缘例行试验、有载分接开关试验、绝缘油试验。

（2）型式试验：在一台有代表性的变压器上所进行的试验，以证明被代表的变压器也符合规定要求（但例行试验除外）。试验项目有温升试验和绝缘型式试验。

（3）特殊试验：除例行试验和型式试验外，按制造厂和用户协议所进行的试验。试验项目有绝缘特殊试验、绕组对地和绕组间的电容测定、暂态电压传输特性测定、三相变压器零序阻抗测量、短路承受能力试验、声级测定、空载电流谐波测量、风扇和油泵电机所吸取功率测量。

2. 在使用现场安装后的四种试验

（1）交接试验。

（2）预防性试验。

（3）检修试验。

（4）故障试验。

试验项目按其作用、要求及所反映缺陷情况不同可分为绝缘试验和特性试验两种：一种是反映绝缘性能的试验——绝缘试验，如绝缘电阻和吸收比试验、测量介质损失角正切值试验、泄漏电流试验、变压器油试验及工频耐压和感应耐压试验，对 U_m 不小于 220kV 的变压器还做局部放电试验，U_m 不小于 300kV 在线端应做全波及操作波冲击试验；另一种试验是特性试验，通常把绝缘以外的试验统称为特性试验，这类试验主要是对变压器的导电性能、各种参数等进行测量，有了这些数据，能对这台变压器的性能有全面了解，如变比、接线组别、直流电阻、空载、短路、温升及突然短路试验。

3. 变压器试验一般要求

根据有关标准，变压器试验的一般要求有：

（1）标准中规定的常温范围为 10℃～40℃。

（2）在进行与温度及湿度有关的试验时，应同时测量被测设备周围的温度及湿度。绝缘试验应在良好的天气且被测设备及仪器周围温度不宜低于 5℃，空气的相对湿度不宜高于 80% 的条件下进行。对于不满足上述温度、湿度条件下测得的试验数据，应进行综合分析，以判断电气设备是否可以投入运行。

（3）对于油浸式变压器，应将上层油温作为测试温度。

（4）在进行绝缘试验时，非被试绕组应予短路接地

（5）用于极化指数测量时，绝缘电阻表短路电流不应低于 2mA。

一、绕组绝缘电阻和吸收比或极化指数试验

在直流电压作用下，绝缘介质内有一定的电流流过，通过反映该电流的大小，从而测量出绝缘电阻的大小，绝缘电阻的大小能反映绝缘的优劣。

测量电气设备的绝缘电阻，是检查设备绝缘状态最简便和最基本的方法。在现场普遍用绝缘电阻表测量绝缘电阻。绝缘电阻值的大小常能灵敏地反映绝缘情况，能有效地发现设备局部或整体受潮和脏污，以及绝缘击穿和严重过热老化等缺陷。

用绝缘电阻表测量设备的绝缘电阻，由于受介质吸收电流的影响，绝缘电阻表指示值随时间逐步增大，通常读取施加电压后 60s 的数值或稳定值，作为工程上的绝缘电阻值。

测量绕组连同套管一起的绝缘电阻和吸收比或极化指数，对检查变压器整体的绝缘状况具有较高的灵敏度，能有效地检查出变压器绝缘整体受潮或老化、部件表面受潮或脏污，以及贯穿性的集中缺陷。

1. 测量方法和步骤

测量绝缘电阻最常用的测量仪表是绝缘电阻表，绝缘电阻表电压通常有 100、250、500、1000、2500、5000、10 000V 等多种，也有可连续改变输出电压的，应按照《电气设备预防性试验规程》的有关规定选用适当的电压。

测量变压器绕组绝缘电阻时，应采用 2500V 或 5000V 绝缘电阻表，依次测量各绕组对地和其他绕组间绝缘电阻值，被试绕组各引线端应短接绝缘电阻表的"L"端，其余非试绕组都短路接地后与绝缘电阻表的"E"端相连。采用这种接线方式的主要目的是测出被试部分对接地部分和不同电压部分间的绝缘状态，且能避免各绝缘中剩余电荷造成的测量误差。

（1）选择绝缘电阻表。通常绝缘电阻表按其额定电压分为 500、1000、2500、5000V 几种，应根据被试设备的额定电压来选择绝缘电阻表，绝缘电阻表的额定电压过高，可能在测试中损坏被试设备绝缘。一般来说，额定电压为 1000V 以下的设备，选用 1000V 的绝缘电阻表；额定电压为 1000V 及以上的设备，则用 2500V 绝缘电阻表。

（2）检查绝缘电阻表。使用前应检查绝缘电阻表是否完好。检查方法：先将绝缘电阻表的接线端子间开路，按绝缘电阻表额定转速（约 120r/min）摇动绝缘电阻表手柄，观察表计指针，应该指向"∞"；然后将线路和地端子短路，摇动手柄，指针应该指向"0"。如果绝缘电阻表的指示不对，则需调换或修理后再使用。

（3）对被试设备断电和放电。对运行中的设备进行试验前，应确保该设备已断电，而后还应对地充分放电。对电容量较大的被试设备（如发电机、电缆、大中型变压器、电容器等），放电时间不少于 2min。

（4）接线。按前述的接线方法进行接线。接线中，由绝缘电阻表到被试物的连线应尽量短，线路与接地端子的连线间应相互绝缘良好。接线方法如图 26-1-1 所示。

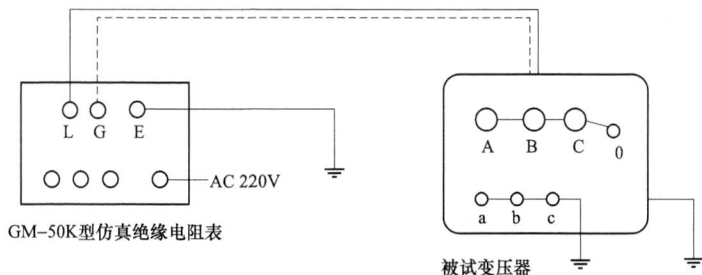

图 26-1-1　绝缘电阻表的接线

（5）摇测绝缘电阻和吸收比。保持绝缘电阻表额定转速，均匀摇转其手柄，观察绝缘电阻表指针的指示，同时记录时间。分别读取摇转 15s 和 60s 时的绝缘电阻 R_{60}

和 R_{15}。如前所述，R_{60}/R_{15} 的比值即为被试物的吸收比。通常以 R_{60} 作为被试物的绝缘电阻值。读数完毕以后，应先将绝缘电阻表线路端子的接线与被试物断开，然后再停止摇转；若线路端子接线尚未与被试物断开就停止摇转，有可能由于被试物电容电流反充电而损坏绝缘电阻表。在试验大容量设备时更要注意这一点。

（6）对被试物放电。测量结束后，被试物对地还应进行充分放电，对电容量较大的被试设备，其放电时间同样不应少于 2min。

（7）记录。记录的内容包括被试设备的名称、编号、铭牌规范、运行位置，被试绝缘的温度，试验现场的湿度以及摇测被试设备所得的绝缘电阻值和吸收比值等。

测量的顺序和具体部位见表 26-1-1。

表 26-1-1　　　　　　　　测量变压器绕组绝缘电阻顺序和部位

序号	双绕组变压器		三绕组变压器	
	被试绕组	接地绕组	被试绕组	接地绕组
1	低压	外壳及高压	低压	外壳、高压及中压
2	高压	外壳及低压	中压	外壳、高压及低压
3	—	—	高压	外壳、中压及低压
4	高压及低压	外壳	高压及中压	外壳及低压
5			高压、中压及低压	外壳

注　表中序号为 4 和 5 的项目，只对 15 000kVA 及以上的变压器进行测定。

2. 吸收比、极化指数

变压器绝缘电阻取决于变压器纸和油的状况，还取决于结构尺寸，并随时间增加而增大，因此单纯的绝缘电阻值不是判别绝缘状况的理想指标。实测表明，用吸收比和极化指数更能反映变压器的绝缘受潮情况。

吸收比 K_1 为 60s 绝缘电阻值 R_{60s} 与 15s 绝缘电阻值 R_{15s} 之比值，即

$$K = \frac{R_{60s}}{R_{15s}}$$

吸收比在一定程度上反映了绝缘是否受潮。

对于大容量和吸收过程较长的变压器、发电机、电缆等，有时 R_{60s}/R_{15s} 吸收比值尚不足以反映吸收的全过程，可采用较长时间的绝缘电阻比值，即 10min（R_{10min}）和 1min（R_{1min}）时绝缘电阻的比值 P，称作绝缘的极化指数。

极化指数为 10min 绝缘电阻值与 1min 绝缘电阻值之比，可写成

$$P = \frac{R_{10\min}}{R_{1\min}}$$

在工程上，绝缘电阻和吸收比（或极化指数）能反映发电机或油浸变压器绝缘的受潮程度。绝缘受潮后吸收比值（或极化指数）降低，因此它是判断绝缘是否受潮的一个重要指标。

应该指出，有时绝缘具有较明显的缺陷（例如绝缘在高压下击穿），吸收比值仍然很好。这是因为随着变压器电压的提高、容量的增大，在吸收比测量中出现绝缘电阻高、吸收比反而不合格的不合理现象，这是因为变压器干燥工艺的提高，油纸绝缘材料的改善，变压器大型化，吸收过程明显变长，出现绝缘电阻提高、吸收比小于 1.3 的情况，可以用极化指数来判断变压器绝缘是否受潮。

3. 试验结果的判断分析

根据测得的绝缘电阻值，可以初步估计设备的绝缘状况，通常也可决定是否能继续进行其他施加电压的绝缘试验项目等。

影响变压器绝缘电阻的因素较多，其数据分散性较大，因而判断绝缘电阻是否合格主要采取比较法，即将测量结果与有关规程的数据、本变压器出厂数据及历次测量数据进行比较。由于绝缘电阻与温度有关，所以比较分析时，必须将测量数据和比较数据换算到同一温度下才能比较。

（1）与规定的参考值比较。绝缘电阻的参考值见表 26–1–2，它是对大量变压器的统计结果，不能作为绝缘电阻值是否合格的判据，但是 500kV 变压器绝缘电阻在 200℃ 时不得低于 2000MΩ，其他电压等级的变压器绝缘电阻原则上不低于表 26–1–2 所示的参考值。

表 26–1–2　　　　　　　　　变压器绝缘电阻参考值　　　　　　　　　（MΩ）

高压绕组电压等级（kV） ＼ 上层油温（℃）	10	20	30	40	50
3～10	450	300	200	130	90
20～35	600	400	270	180	120
66～220	1200	800	540	360	240

（2）与历次试验数据比较。交接试验时绝缘电阻不应低于出厂值的 70%，运行中或检修后的变压器绝缘电阻的判断标准，是与历次（特别前一次）试验数据进行比较，只要无明显变化，便可以认为绝缘电阻数据合格。

（3）吸收比和极化指数的判断。

1）规程规定，变压器吸收比（10～300℃范围）不低于 1.3 或极化指数不低于 1.5，认为符合要求。

2）110kV 及以下变压器一般考核吸收比，220kV 及以上变压器一般考核极化指数。当 110kV 变压器绝缘电阻高，但吸收比低时，可用极化指数考核变压器是否受潮。

3）当变压器绝缘电阻很高（10 000MΩ）时，可不考虑吸收比和极化指数。

4. 注意事项

（1）对新注油的变压器，应静放一段时间后测量，大型变压器需静放 24h，小型变压器静放 6h。

（2）测量温度以上层油温为准，并尽量在油温低于 500℃时测量。不同温度下的绝缘电阻值一般可按式（26-1-1）换算到相同温度（一般换算到200℃）的绝缘电阻。吸收比和极化指数不进行温度换算。

$$R_2 = R_1 \times 1.5^{(t_1-t_2)/10} \qquad (26-1-1)$$

式中 R_1、R_2——分别为在温度 t_1、t_2 时的绝缘电阻。

一般应在空气相对湿度不高于 80%的条件下进行试验，在相对湿度大于 80%的潮湿天气，电气设备引出线瓷套表面会凝结一层极薄的水膜，造成表面泄漏通道，使绝缘电阻明显降低。此时，应在引出线瓷套上装设屏蔽环（用细铜线或细熔丝紧扎 1～2圈）接到绝缘电阻表屏蔽端子。

（3）每次测量后要充分放电。若试品在上一次试验后，接地放电时间 t 不充分，绝缘内积聚的电荷没有放净，仍积滞有一定的残余电荷，会直接影响绝缘电阻、吸收比和极化指数值。

5. 铁芯的绝缘电阻

（1）试验目的。铁芯的绝缘电阻反映铁芯与地电位的金属件之间的绝缘情况，包括铁芯与油箱、穿心螺栓、上下夹件、绑扎钢带、钢压板、磁屏蔽等之间的绝缘，从而判断铁芯与这些部件之间的绝缘是否劣化或短路，反映出铁芯是否存在多点接地现象。

（2）测量方法。

1）运行中铁芯外引接线中的环流，一般不大于 0.1A。

2）测得的绝缘电阻与历次测量数据相比无显著差别，则认为铁芯对地绝缘良好。若绝缘电阻下降较多，则说明铁芯对地绝缘下降；若绝缘电阻为零，则说明存在铁芯多点接地现象。

另外，在变压器吊心过程中，除了测量铁芯对地绝缘外，还应该测量穿心螺栓、夹件、钢压板、磁屏蔽等之间的绝缘电阻，220kV 及以上变压器，它们之间的绝缘电阻一般不低于 500MΩ，其他自行规定，若连接片不能拆开，则可不进行测量。

二、绕组泄漏电流试验

在直流电压作用下，绝缘介质内有一定的电流流过，通过测量该泄漏电流的大小，能反映绝缘的优劣。

测量泄漏电流的作用与测量绝缘电阻相似，但由于试验电阻的测量仪表灵敏度高，相比之下更灵敏、更有效，特别是在发现套管裂纹等缺陷上更是如此。

1. 试验方法和步骤

测量泄漏电流试验是将各自电压等级绕组的引出线短接，被试电压等级绕组上加试验电压，非试电压等级绕组接地，测量顺序和所加试验电压分别见表 26-1-3、26-1-4。

表 26-1-3　　　　　　　　　测 量 顺 序 和 部 位

序号	双绕组变压器		三绕组变压器	
	被试绕组	接地绕组	被试绕组	接地绕组
1	高压	外壳及低压	高压	外壳、中压及低压
2	低压	外壳及高压	中压	外壳、高压及低压
3	—	—	低压	外壳、高压及中压

表 26-1-4　　　　　　　　　泄 漏 电 流 试 验 电 压

绕组额定电压（KV）	3	6～10	20～35	66～330	500
试验电压（KV）	5	10	20	40	60

（1）试验接线。泄漏电流的试验接线方式有很多种，但按微安表所处位置的不同可以分为两种：微安表处于低压侧和微安表处于高压侧。

图 26-1-2 所示为微安表处于低压侧的试验接线。图中：μA 为微安表；被试品为电动机绕组的绝缘。这种微安表处于低压侧的接线方式，在进行试验时，读数方便。但是，由于电路的高压引线等对地的杂散电流（泄漏电流、电晕电流）i_1 以及高压试验变压器对地的

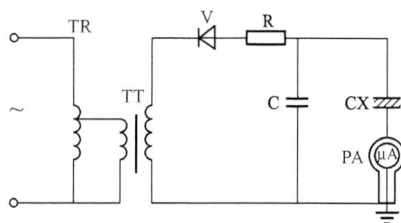

图 26-1-2　微安表处于低压侧的试验接线
TR—自耦调压器；TT—试验变压器；V—二极管；
R—保护电阻；C—稳压电容；PA—微安表；CX—被试品

泄漏电流 i_2 等都经过微安表，使微安表的读数中包含了被试绝缘泄漏电流以外的电流，造成测量的误差。虽然可以采用接入被试品前后在同一数值试验电压下读取两次泄漏电流值，然后用两次读数之差求得被试绝缘的泄漏电流，但是也还存在一定的误差。因此，在实际测试中，如果被试品一端不直接接地，则微安表可接在被试品与地之间，上述误差即可消除。

如果被试品一端已直接接地，则可采用微安表处于高压侧的接线方式。

图 26-1-3 所示为微安表处于高压侧的试验接线。这种接线中，高压试验变压器对地的泄漏电流 i_2 不经过微安表；如果微安表以及从微安表到被试品一段引线采用屏蔽措施（微安表采用屏蔽罩，高压引线采用屏蔽线，图中均用虚线画出），则高压引线的杂散电流也不经过微安表，微安表所指示的即为流经被试绝缘的泄漏电流。所以

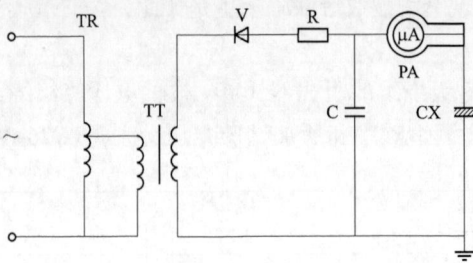

图 26-1-3　微安表处于高压侧的试验接线
TR—自耦调压器；TT—试验变压器；V—二极管；R—保护电阻；C—稳压电容；PA—微安表；CX—被试品

用这种接线测量比较准确。采用这种接线的缺点：读数不方便；微安表必须有足够的绝缘，而且操作人员在试验过程中调整微安表的量程时，应采取相应的绝缘安全措施（如用绝缘棒），所以操作比较麻烦。

（2）试验步骤。

1）确定试验电压值。根据被试设备绝缘的情况，按照有关标准的规定，确定试验中应施加的直流试验电压值。

2）选择试验设备及试验接线方式。根据试验电压的大小、现有试验设备的条件，选择合适的试验设备及试验接线方式，并正确绘出试验接线图。

3）现场布置和接线。对选择好的试验设备，结合试验现场情况，进行合适的布置，然后按接线图进行接线（如图 26-1-4 所示）。接线完毕，应由第二人认真检查各试验设备的位置、量程是否合适，调压器指示应在零位，所有接线应正确无误。

4）逐级升压和读取泄漏电流值。可按直流试验电压值的 25%、50%、75%、100% 等几个阶段逐级升压，每升高到一级电压时，停留一定时间（通常为 1min），待微安表指示稳定后，读取此级电压下的泄漏电流值。当电压升高到直流试验电压全值时，持续时间不得超过直流耐压规定的时间。对试验变压器大电容的被试品，电压的升高应以均匀缓慢的速度进行，以免充电电流过大，损坏试验设备。

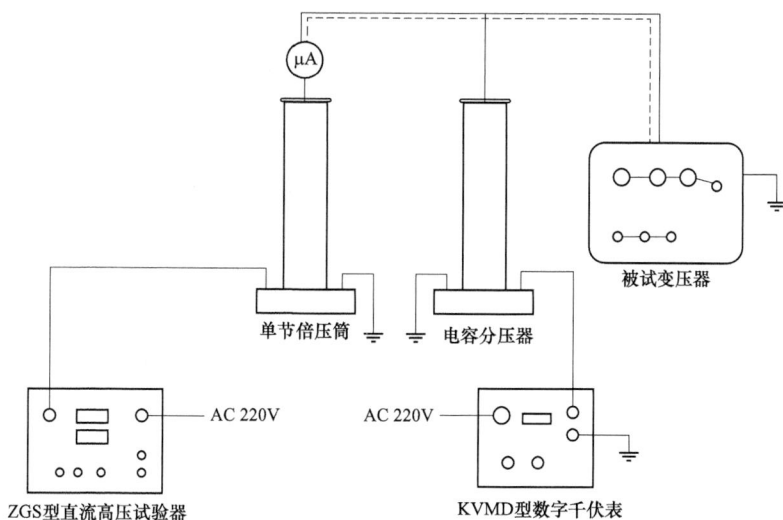

图 26-1-4 现场布置和接线

5）降压、断电及放电。上述试验结束后，应迅速降低电压到零，再切断电源，而后将被试物对地充分放电，对电容较大的被试物，放电时间不应少于 2min。

在施加电压过程中，若发生击穿、闪络现象或微安表指示大幅度摆动等异常情况，应该立即降低电压到零，断开电源，充分放电，而后分析查明原因。

6）整理记录并绘制电流电压关系曲线。记录的内容包括被试设备的名称、编号、铭牌规范、运行位置，被试绝缘的温度，试验现场的湿度；试验过程中所施加的直流电压值和测量到的相应泄漏电流值。将记录整理后，还应绘制泄漏电流对所施加的直流电压关系曲线。

测量时，采用直流负极性电源加压到试验电压，待 1min 后读取微安表的电流值即为测得的泄漏电流值，为了使测量结果准确，应采用微安表处于高压侧的接线方式，并同时记录上层油温。当需要对未注油的变压器进行泄漏电流试验时，试验电压应为规定值的 50%。

2. 试验结果的判断分析

因为泄漏电流值与变压器的绝缘结构、温度等因素有关，所以规程中也没有明确参考值，在判断中主要强调相互比较。

（1）与历次试验数据比较。每次的测量数据与历次数据相比应无显著变化，一般不大于 150%，当泄漏电流很小时（如 10μA 以下），由于受测量因素的影响，一般不做比较。

（2）与同类型变压器的泄漏电流比较。这也有助于分析测量结果。

3. 注意事项

（1）试验时应充分考虑环境对测量结果的影响，应擦干净变压器套管表面，微安表应处于高压侧。

（2）试验结束或变更接线时，应充分放电。

（3）试验时应观察泄漏电流的变化速度，并在数据基本稳定时读取泄漏电流值。

（4）一般采用负极性试验，对数据有怀疑时，可以用正极性测量比较。

消除杂散电流的方法：绝缘良好的试品，内部泄漏电流很小。因此，绝缘表面的泄漏和高压引线的杂散电流等都会造成测量误差，必须采取屏蔽措施。对处于高压的微安表及引线，应加屏蔽。试品表面泄漏电流较大时，应加屏蔽环，予以消除。

三、绕组介损试验

介质损耗因数 $\tan\delta$ 是反映绝缘性能的基本指标之一，也是反映绝缘损耗的特征参数，它可以很灵敏地发现电气设备绝缘整体受潮、劣化变质以及小体积设备贯通和未贯通的局部缺陷。它具体可以发现绝缘的下列缺陷：① 受潮；② 穿透性导电通道；③ 绝缘内含气泡的游离，绝缘分层、脱壳；④ 绝缘有脏污、劣化老化等。

介质损耗因数 $\tan\delta$ 与绝缘电阻和泄漏电流的测试相比具有明显的优点，它与试验电压、试品尺寸等因素无关，更便于判断电气设备绝缘变化情况。因此介质损耗因数 $\tan\delta$ 为高压电气设备绝缘测试的最基本的试验之一。

油纸绝缘是有损耗的，在交流电压作用下有极化损耗和电导损耗，通常用 $\tan\delta$ 来描述介质损耗的大小，且 $\tan\delta$ 与绝缘材料的形状、尺寸无关，只决定于绝缘材料的绝缘性能，所以它也作为判断绝缘状态是否良好的重要手段之一。绝缘性能良好的变压器的 $\tan\delta$ 值一般较小，若变压器存在着绝缘缺陷，则可将变压器绝缘分为绝缘完好和有绝缘缺陷两部分，当有绝缘缺陷部分的体积（电容量）占变压器总体积（电容量）的比例较大时，测量的 $\tan\delta$ 也较大，说明试验反映绝缘缺陷灵敏，反之不灵敏。所以 $\tan\delta$ 试验能较好地反映出分布性绝缘缺陷或缺陷部分体积较大的集中性绝缘缺陷，例如变压器整体受潮或老化、变压器油质劣化以及较大面积的绝缘受潮或老化等。由于套管的体积远小于变压器的体积，在进行变压器 $\tan\delta$ 试验时，即使套管存在明显的绝缘缺陷，也无法反映出来，所以套管需要单独进行 $\tan\delta$ 试验。

1. 测量方法和步骤

因变压器的外壳直接接地，所以现场测量本体介质损耗角时采用交流电桥反接法。

近些年来，国内外的仪器制造厂为了适应测量技术的发展，推出了不少新型 $\tan\delta$ 试验测量仪，这些仪器突破了传统的电桥结构方式，采用单片机和现代电子技术进行自动模/数转换和数据运算，将矢量电流技术应用于 $\tan\delta$ 值、电容量等参数的测量。新型 $\tan\delta$ 试验测量仪接线如图 26-1-5 所示。

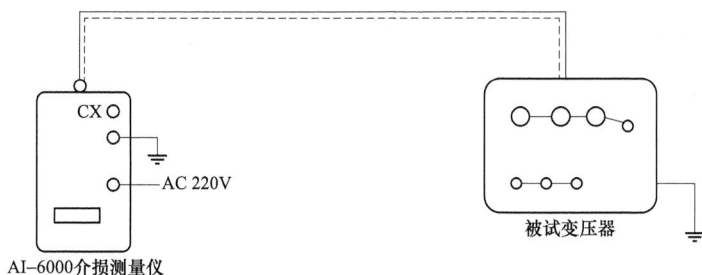

图 26-1-5 新型 $\tan\delta$ 试验测量仪接线

数字式自动介质损耗测量仪为一体化设计结构，使用方便，测量数据人为影响较小，较好的自动介质损耗测量仪测量精度及可靠性都比 QS1 型等电桥高。使用时把试验电流输出端用高压的屏蔽电缆（带插头及接线结构）与试品的高电位端相连，把测量输入端（分为"不接地试品"和"接地试品"两个输入端）用低压屏蔽电缆与试品的低电位端相连，即可实现对不接地试品或接地试品（以及具有保护的接地试品）的电容量及介质损耗值进行测量。

为避免绕组电感和励磁损耗给测量带来的误差，试验时需将测量绕组各相短路，非测量绕组各相短路接地（用 M 型介质试验器时接屏蔽）。电力变压器试验接线见表 26-1-5。

表 26-1-5　　　　　　　　　　电力变压器测量 $\tan\delta$ 试验接线

序号	双 绕 组 变 压 器		三 绕 组 变 压 器	
	加压绕组	接地部位	加压绕组	接地部位
1	低压	高压和外壳	低压	高压、中压和外壳
2	高压	低压和外壳	中压	高压 低压和外壳
3			高压	中压、低压和外壳
4	高压和低压	外壳	高压和中压	低压和外壳
5			高压、中压和低压	外壳

注　表 26-1-4 和表 26-1-5 两项只对 16 000kVA 及以上的变压器进行测定。试验时，高、中、低三绕组两端都应短接。

2. 试验结果的判断分析

（1）变压器的 $\tan\delta$ 在大修及交接时，相同温度下比较不大于出厂试验值的 1.3 倍，历年预防性试验比较，数值不应有显著变化，大修及预防性试验结果按照《规程》规定进行综合判断。

（2）200℃时，tanδ 值不应大于表 26-1-6 中所列的规程规定数值。

表 26-1-6   规程规定的 tanδ 值（200℃）

额定电压（kV）	35kV 及以下	66～220	330～500
tanδ（%）	1.5	0.8	0.6

注 同一变压器各绕组 tanδ 的要求相同。

3. 注意事项

（1）tanδ 试验反映的是变压器的整体绝缘性能，一般对判断局部绝缘缺陷是不灵敏的。

（2）测量温度以上层油温为准，尽量在油温低于 500℃时测量，并应换算到同一温度下进行比较，不同温度下的 tanδ 值一般可按式（26-1-2）换算。

$$\tan \delta_2 = \tan \delta_1 \times 1.5^{(t_2-t_1)/10} \tag{26-1-2}$$

式中 $\tan\delta_1$、$\tan\delta_2$——分别为在温度 t_1、t_2 时的介损值。

四、工频耐压试验

交流耐压试验是鉴定电气设备绝缘强度最直接的方法，它对于判断电气设备能否投入运行具有决定性的意义，也是保证设备绝缘水平、避免发生绝缘事故的重要手段。

交流耐压试验是破坏性试验。在试验之前必须对被试品先进行绝缘电阻、吸收比、泄漏电流、介质损失角及绝缘油等项目的试验，试验结果正常方能进行交流耐压试验；若发现设备的绝缘情况不良（如受潮和局部缺陷等），通常应先进行处理，再做耐压试验，避免造成不应有的绝缘击穿。

变压器工频耐压试验是在高电压下鉴定变压器绝缘强度的一种试验方法，它能反映出变压器部分主绝缘存在的局部缺陷。如绕组与铁芯夹紧件之间的主绝缘、同相不同电压等级绕组之间的主绝缘存在缺陷，引线对地电位金属件之间、不同电压等级引线之间的距离不够，套管绝缘不良等缺陷。而绕组纵绝缘（匝间、层间、饼间绝缘）缺陷、同电压等级不同相引线之间距离不够等，由于试验时这些部位处于同电位，则无法反映出这些绝缘缺陷。另外，对分级绝缘的绕组，由于中性点的绝缘水平较低，绕组工频耐压试验的试验电压决定于中性点的绝缘水平，如 110kV 绕组的中性点绝缘水平为 35kV，试验电压为 72kV。这时更多是考核绕组中性点附近对地和中性点引出线对地的主绝缘。工频耐压试验按试验方法可分为常规工频耐压试验和串联谐振耐压试验。

1. 交流试验电压的产生

工频高电压通常采用高压试验变压器来产生。对电容量较大的被试品，可以采用串联谐振回路产生高电压；对于电力变压器、电压互感器等具有绕组的被试品，可以采用 100～300Hz 的中频电源对其低压侧绕组励磁在高压绕组感应产生高压。

2. 典型工频耐压试验

（1）试验接线。交流耐压试验的接线，应根据被试品的电压、容量和现场实际试验设备条件来决定。通常试验变压器是成套设备。图 26-1-6 所示为一种典型的试验接线。

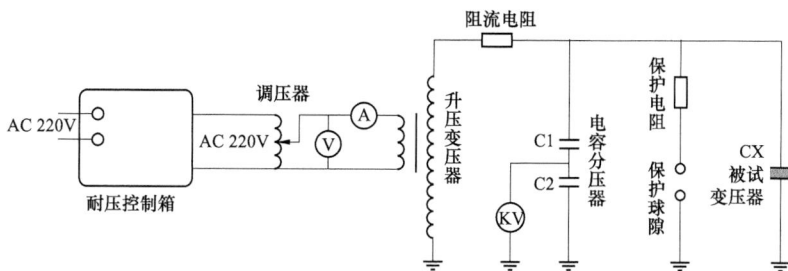

图 26-1-6　工频耐压试验接线

试验接线是将被试绕组各引出线短接后接试验电压，而非试绕组各引出端短接并与外壳连接后接地，耐压时间为 1min。为了能使试验顺利进行，必须选择正确的接线和试验设备参数。

限流电阻是限制被试变压器击穿时的短路电流及试验回路产生的过电压。如试验回路中不串入，当发生被试变压器击穿时，则相当于试验变压器在较高的输出电压下直接短路接地，将产生很大的短路电流，引起试验变压器的损坏；同时在试验的回路上产生电压振荡，产生危及试验变压器和被试变压器的过电压。一般 R1 的电阻值取 $0.1U_\text{N}$（U_N 为试验变压器高压侧的额定电压）。

保护球隙主要用来限制试验回路可能出现的过电压，保护被试设备的安全，其整定值一般调整到试验电压 115%～120%。

保护电阻直接与球隙串联，起限流和阻尼作用，在试验回路电压高于保护球隙的放电电压时，球隙被击穿，此时限制放电电流，防止烧伤球的表面，以及阻尼由于放电产生的振荡过电压。其值为试验电压乘以 0.5～1.0Ω/V。

（2）试验变压器选择。在选择试验变压器时，要求试验变压器的高压侧额定电压不低于被试变压器的最大试验电压，额定电流 I_N 不低于被试变压器的最大电容电流。通常 I_N 值应满足式（26-1-3）

$$I_\text{N} \geqslant \omega C_\text{x} U \times 10^{-6} \qquad (26-1-3)$$

式中　I_N——试验变压器高压侧的额定电流，mA；

ω ——角频率（$2\pi f$）；

C_X ——被试变压器的电容量，pF，可从 $\tan\delta$ 试验中得到；

U ——试验电压，kV。

对于试验变压器的额定容量 S_N 应满足式（26-1-4）要求

$$S_N \geqslant \omega\, C_X U U_N \times 10^{-9} \tag{26-1-4}$$

式中　S_N ——试验变压器的额定容量，kVA；

U_N ——试验变压器高压侧的额定电压，kV。

（3）容升效应及电压测量。变压器在工频耐压试验时的负载性质是容性的，实际加到被试变压器上的试验电压，不是试验变压器低压侧电压乘以变比计算出的高压侧电压，而要比从试验变压器计算出的高压侧电压高，这种电压升高现象称为容升效应。所以测量试验电压的大小不能从试验变压器低压侧测量，必须在高压侧进行直接测量，并以测量高压侧电压的峰值表为准。

3. 串联谐振耐压试验

在进行变压器交流耐压试验时，因其电容量较大，试验变压器的容量常常难以满足试验要求，现场常采用电抗器并联补偿。当参数选择适当，使两条并联支路的容抗与感抗相等时，回路处于并联谐振状态，此时试验变压器的负载最小。采用并联谐振回路应特别注意，试验变压器应加装过电流速断保护装置，因为当被试品击穿时，谐振消失，试验变压器有过电流的危险。

目前已研制出高压串联谐振成套试验装置。根据调节方式的不同，串联谐振装置分为工频串联谐振装置（带可调电抗器或带固定电抗器和调谐用电容器组，工作频率为 50Hz）和变频串联谐振装置（带固定电抗器，工作频率一般为 50～300Hz）两大类。

工频串联谐振装置所用电抗器的电感量能够连续可调，当试验电压较高时，可以做成几个电抗器串联使用。

变频串联谐振装置依靠大功率变频电源调节电源频率，使回路达到谐振，所用电抗器的电感量是固定的（不可调）。试验频率随被试品电容量不同而改变。

由于变频串联谐振装置的试验频率随不同电容量的被试品而变化，所以其使用范围受到限制。

串联谐振装置在实际使用时，试验回路调谐必须在很低的励磁电压下进行，调节电抗器电感或改变电源频率，使试品端的电压达到最大，此时，回路达到谐振状态，再按规定的升压速度升高励磁电压，使高压侧达到试验电压。耐压完毕，均匀、快速降压后，切断电源。

4. 试验步骤和注意事项

（1）由于工频耐压试验是破坏性试验，因此，必须在变压器的绝缘经过所有的非破坏性试验合格后才进行该项试验。

（2）变压器新注油或经滤油、运输，耐压试验前还应将试品静置一段时间，以排除内部可能残存的空气。静放时间：10kV 为 5～6h，35kV 为 12～16h，110kV 为 24h，220kV 为 48h。通常应在耐压试验前后测量绝缘电阻。

（3）被试绕组所有的引出线均应短接后接试验电压，非试验绕组必须短接后，再可靠接地，否则会影响试验电压的准确性，甚至可能危及被试变压器的主绝缘。

（4）接上试品，接通电源，开始升压进行试验。升压过程中应密切监视高压回路，监听被试品有何异响。升至试验电压，开始计时并读取试验电压。时间到后，降压然后断开电源。试验中如无破坏性放电发生，则认为通过耐压试验。

（5）在升压和耐压过程中，如发现电压表指针摆动很大，电流表指示急剧增加，调压器往上升方向调节，电流上升、电压基本不变甚至有下降趋势，被试品冒烟、出气、焦臭、闪络、燃烧或发出击穿响声（或断续放电声），应即停止升压，降压停电后查明原因。这些现象如查明是绝缘部分出现的，则认为变压器交流耐压试验不合格。如确定被试品的表面闪络是由于空气湿度或表面脏污等所致，应将被试品清洁干燥处理后，再进行试验。

（6）全绝缘变压器的试验电压为线端绝缘水平的试验电压，分级绝缘变压器的试验电压为中性点绝缘水平的试验电压。

（7）试验中，如发生放电或击穿时，应迅速降低试验电压，切除电源，以避免故障的扩大。如需重新进行耐压试验时，应静放一段时间后再进行加压。

（8）交流耐压试验时加至试验标准电压后的持续时间，凡无特殊说明者，均为 1min。

（9）升压必须从零（或接近于零）开始，切不可冲击合闸。升压速度在 75%试验电压以前，可以是任意的，自 75%电压开始应均匀升压，约为每秒 2%试验电压的速率升压。耐压试验后，迅速均匀降压到零（或 1/3 试验电压以下），然后切断电源。

5. 试验结果的分析判断

工频耐压试验在试验过程中没有反映试验结果的数据，主要是根据试验仪表、被试变压器有无放电声并辅以试验经验来判断。在工频耐压试验过程中，仪表指示不跳动，被试变压器无放电声音，这说明耐压试验合格。下面对试验过程中的异常情况进行分析判断。

（1）仪表指示异常。一般情况下，电流表指示突然上升，说明被试变压器已击穿。但需要说明的是试验中电流表的变化是由试验变压器的感抗和被试变压器的容抗比值决定的。当变压器击穿时，容抗与感抗之比大于 2 时，电流表指示必然上升；当比值等于 2 时，电流表没有变化；比值小于 2 时，电流表指示反而下降，这两种可能性是很小的，电流下降的情况只有在被试变压器容量很大或试验变压器容量不够时，才有可能出现。

（2）控制回路电磁开关动作。在试验变压器的控制回路装设过电流继电器，当控制回路中的电流大于过电流继电器的整定值时，继电器动作使电磁开关动作，切断试验变压器的电源。电磁开关动作的原因包括过电流继电器整定值过低、试验接线回路击穿、变压器击穿等。

（3）几种放电故障的判断。

1）油间隙击穿放电。在耐压试验的升压阶段或持续阶段，被试变压器发出清脆的"嗒、嗒"的很像金属撞击油箱的声音，一般是由于油间隙距离不够，导致油间隙击穿。重复试验时，由于油间隙的绝缘强度能自动恢复，其放电电压不会明显下降。

2）固体绝缘爬电或击穿。试验过程中，若出现"哧、哧"的放电声，电流表指示增加，这是由于固体绝缘（多数是绝缘角环）表面爬电，或绕组端部对铁轭之间的爬电。若电流表的指示突增，被试变压器发出清脆的"啪"的声响，说明固体绝缘已被击穿。重复试验时，由于固体绝缘击穿后绝缘不能恢复，击穿电压明显下降，甚至一开始加压，电磁开关就动作。

3）油中气泡放电。试验过程中出现放电声，但仪表摆动不大，重复试验时，放电声又消失了，这种现象是变压器内部气泡放电引起的，放电声消失是由于气泡击穿电，气泡逸出所致。通过真空注油、静放及充分放电，可减少或消除油中气泡。

4）悬浮金属放电。加压过程中，变压器内部有炒豆般的响声，电流表指示很稳定，这是悬浮金属放电现象。引起这类放电的原因主要是应该接地的金属件未接地，如夹件接地不良、铁芯悬浮及变压器内部金属异物等，在交流变压器电场作用下，这些不接地的金属件产生悬浮电位，并对地放电。

五、绕组直流电阻试验

直流电阻试验可以检查变压器内部导电回路的焊接或接触是否良好，引线连接是否正确等，如绕组内部导线及引线的焊接质量如何，引线与各导电部件的连接是否紧固并接触良好，有载分接开关触头接触是否良好等。在无励磁分接开关切换、有载分接开关检修以及变压器大修后要进行直流电阻试验，变压器经过出口短路或油色谱判断有故障时也要进行直流电阻试验。直流电阻试验方法较多，从理论上分为直流降压法和电桥法，实际使用中为了加快测量速度，可采用减小铁芯电感和增大回路电阻的措施。

1. 试验方法和步骤

（1）电压表—电流表法。接线方式如图 26-1-7 所示。

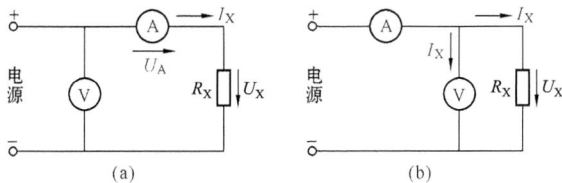

图 26-1-7　电压、电流表法接线

（a）电压表前接；（b）电压表后接

（2）平衡电桥法。应用电桥平衡的原理来测量绕组直流电阻的方法称为电桥法。常用的直流电桥有单臂电桥和双臂电桥两种，如图 26-1-8 所示。

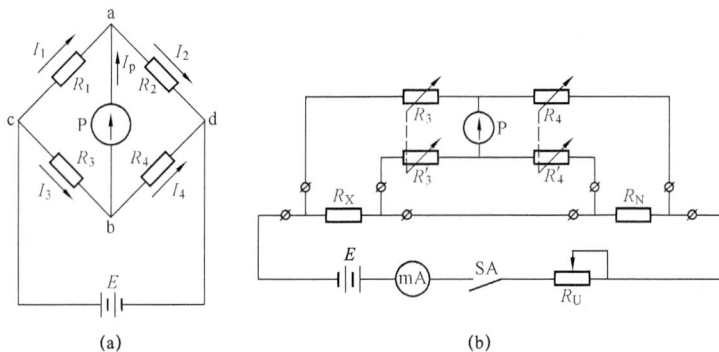

图 26-1-8　单、双臂电桥法

（a）单臂电桥的原理接线图；（b）双臂电桥的原理接线图

（3）计算机辅助测量法。计算机辅助测量（数字式直流电阻测量仪）用于直流电阻测量，尤其是测量带有电感的绕组电阻，整个测试过程由单片机控制，自动完成自检、过渡过程判断、数据采集及分析，它与传统的电桥测试方法比较，具有操作简单、测试速度快、消除人为测量误差等优点。

测量接线图如图 26-1-9 所示。

2. 试验结果的判断标准

（1）1.6MVA 以上变压器，各相绕组电阻（在同一分接位置时）相互间的差别不应大于三相平均值的 2%，无中性点引出的绕组，线电阻间的差别不应大于三相平均值的 1%。

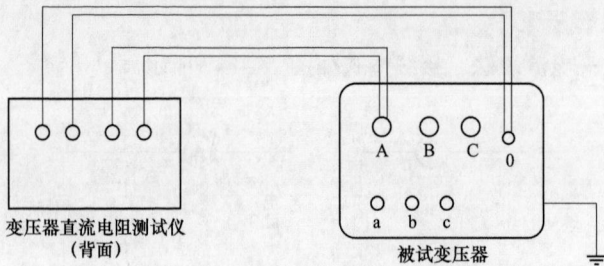

图 26-1-9　计算机辅助法测量接线

（2）1.6MVA 及以下变压器，各相绕组电阻（在同一分接位置时）相互间的差别不应大于三相平均值的 4%，无中性点引出的绕组，线电阻间的差别不应大于三相平均值的 2%。

（3）与以前相同部位测得的值比较，其变化不应大于 2%。

3. 不同温度下直流电阻的换算

不同温度下的直流电阻值必须换算到同一温度下才能进行比较，一般将其换算到 75℃下的直流电阻，换算公式见式（26-1-5）

$$R_2 = R_1 \left(\frac{T + t_2}{T + t_1} \right) \tag{26-1-5}$$

式中　R_1、R_2——分别为在温度 t_1、t_2 时的直流电阻；

　　　　T——计算常数，铜导线取 235、铝导线取 225。

4. 试验结果的分析判断

（1）某相所有分接位置上的直流电阻值都偏大，且每个分接头直流电阻的增量基本相同。这种故障情况初步可以排除分接开关方面的问题，故障范围是该相引线与基本绕组（不包括调压绕组及分接引线）导电回路上有焊接和接触不良的情况存在，具体部位可能是引线头与套管将军帽处连接时接触不良、引线头与引线焊接不良、引线有多股断裂、引线与绕组焊接不良、绕组内导线焊接不良等，其中最有可能是引线头与套管将军帽处连接时接触不良。

（2）某一个（或几个）分接位置、单数（或双数）分接位置直流电阻偏大。判断为分接开关及分接引线的导线回路上存在连接不良的问题。其中某一个（或几个）分接位置直流电阻偏大可判断故障部位为该一个（或几个）分接引线与调压绕组的焊接不良、对应的分接引线与分接开关定触头连接处的螺丝松动、对应的分接开关定触头与动触头接触不良等。单数（或双数）分接位置直流电阻偏大的情况一般发生在配有组合式有载分接开关的绕组上。以某一相单数分接位置直流电阻偏大为例说明，故障部位可能在分接开关选择器该相单数动触头的位置不正、表面脏污、触头弹簧失效、层银层脱落等造成它与每个单数定触头接触都不良；另外，切换开关该相单数的主动定触头接触不良也会造成某一相单数分接位置直流电阻偏大。

（3）低压绕组某相直流电阻偏大。造成某相直流电阻偏大的原因有两方面：一是低压绕组的引线往往长度不等，引线长，这相直流电阻自然就大一些，对于这种情况只要制造厂已说明且与该相历次数值比较没有明显增大，即可认为数据合格。二是该相导电回路中存在焊接或接触不良情况，由于低压套管采用导杆式结构，最有可能是引线与导杆连接时接触不良。

（4）可判断分接开关的接线错误。正常情况下所有分接位置的直流电阻是有规律变化的，若某相两个分接位置的直流电阻发生对调，则可判断出这两个分接位置的引线接错。

（5）能反映出有些匝间、层间和饼间短路故障。若绕组内部发生匝间、层间和饼间短路且短接的绕组匝数较多时，直流电阻就有明显的下降，但绕组短接匝数较少时，有时反应不灵敏。

六、绕组所有分接的电压比及校核三相变压器的组别或单相变压器极性试验

1. 变压比试验

变压器在空载情况下，高压绕组的电压与低压绕组的电压之比称为变压比。三相变压器的变压比通常按线电压计算。变压比试验是在变压器一侧施加电压，用仪表或仪器测量另一侧电压，然后根据测量结果计算变压比。

（1）变压比试验的目的。

1）检查变压比是否与铭牌值相符，以保证达到要求的电压变换。

2）检查分接开关位置和分接引线的连接是否正确。

3）检查各绕组的匝数比，可判断变压器是否存在匝间短路。

4）提供变压器实际的变压比，以判断变压器能否并列运行。

变压比试验的方法有双电压表法、变比电桥法和标准互感器法。一般在变压器交接试验时、分接引线拆装后和更换绕组后，需要对绕组所有分接位置进行变压比试验。

（2）试验结果的判断分析。

1）各相所有分接位置的变压比与铭牌值相比，不应有显著差别，且符合规律。

2）电压在 35kV 以下，变压比小于 3 的变压器变压比允许偏差为 ±1%；其他所有变压器：额定分接变压比允许偏差为 ±0.5%，其他分接的变压比应在变压器阻抗电压值（%）的 1/10 以内，但不得超过 ±1%。

3）变压比不合格时，最常见的故障是分接引线连接错误，由分接开关指示位置与内部引线不对应造成。

4）故障后由于匝间短路也会造成变压比改变。

2. 联结组别试验

变压器绕组的联结方式有星形、三角形的曲折星形三种，其相应的表示符号对高压绕组分别用 Y、D、Z；对中压或低压则用 y、d、z；当有中性点引线时，高压绕组用 YN、ZN，中压和低压则用 yn、zn 表示。而一台三相变压器，其绕组的联结方式、绕向以及绕组引出端的相位标志等，都会使高、低压侧相应的电压相量间的相位发生改变。不同的联结方式和相位差代表着不同的联结组别。

变压器的联结组别是并列运行的重要条件之一，如果并列运行变压器的联结组别不一致，将会在绕组内出现很大的环流，甚至烧毁变压器。因此，在出厂、交接和更换绕组后都应测量其联结组别，判断其与铭牌和顶盖上的端子标志是否相符。联结组别试验方法有直流法、双电压法和变压比电桥法等。目前常用的是变压比电桥法和变压器变比测试仪，在变压比电桥上均设置有用于不同联结组别的转换开关，可用于绕组是 Y 联结或 D 联结时联结组别的测量，当转换开关位置正确，同时变压比正确时，变压器绕组的联结组别也就正确了。即变压器在测量变压比的同时，验证了绕组联结组别的正确性。变压器变压比测试仪测量方式如图 26-1-10 所示。

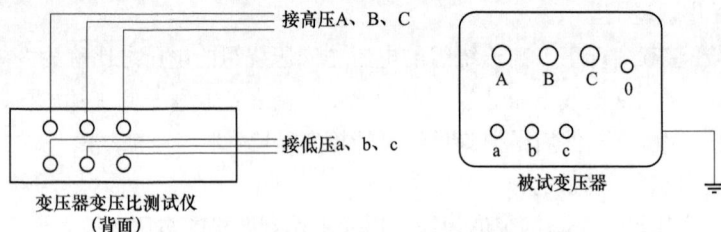

图 26-1-10　变压器变压比测试仪测量方式

七、空载电流和空载损耗试验

变压器空载试验的目的是测量铁芯中的空载电流和空载损耗，发现磁路中的局部或整体缺陷（铁芯片间短路、多点接地等），同时也能发现变压器在感应耐压试验后，绕组是否有匝间短路。当发生上述故障时，空载损耗和空载电流都会增大。

变压器在制造过程中，为了检查产品的质量，需要进行多次空载试验；现场试验条件允许的情况下，在交接试验、变压器更换绕组时，均应进行空载试验；运行中的变压器发生异常时，空载试验也是一项有效的试验方法。

1. 试验方法

变压器空载试验一般为从电压较低的绕组施加正弦波形、额定频率的额定电压，其他绕组开路的情况下测量其空载电流和空载损耗的试验。

空载试验方法有单相空载试验和三相空载试验两种。单相空载试验采用单相试验电源，适用于单相变压器试验和三相变压器的单相分相试验。三相空载试验采用三相试验电源，只适用于三相变压器。三相空载损耗试验可采用三瓦特表法或双瓦特表法（如图 26-1-11 所示）测量，三相变压器空载损耗值等于每只瓦特表所测值的代数和，其中三瓦特表法为三只表读数之和，双瓦特表法为两只表读数之和。

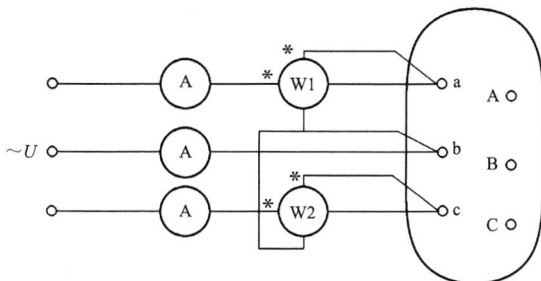

图 26-1-11　两只瓦特表、三只电流表测量

三相变压器空载试验一般采用三相空载试验，当受试验条件所限或为了查找故障相，也采用单相分相试验。分相试验时，非被试相铁芯柱上的绕组应短接，以便磁通在被试相铁芯柱上分布均匀，再把分相试验结果换算成等值的三相试验数据。

将额定频率下的额定电压（主分接）或相应分接电压（其他分接）施加于选定的绕组，其余绕组开路，但开口三角形联结的绕组（如果有）应闭合。

2. 注意事项

（1）试验应在额定分接位置下进行，施加电压要求为正弦波形额定频率的额定电压，并保持稳定，否则将产生误差。

（2）由于变压器空载试验时的功率因数很低，所以要采用低功率因数功率表。测量仪表的准确度应在 0.5 级以上，互感器的准确度应在 0.2 级以上。

（3）试验电源应有足够的容量。

（4）试验中发现试验数据超标时，应进行单相试验，以帮助查找超标的原因及部位。

3. 试验结果的判断分析

（1）影响空载数据增大的原因。

1）铁芯片间短路。当硅钢片绝缘不良、硅钢片间存在局部短路、穿芯螺栓绝缘损坏等铁芯片间短路故障，造成铁芯的损耗增加。

2）铁芯多点接地。铁芯被金属异物短接接地、铁芯夹紧结构件与铁芯之间的绝缘损坏等使铁芯多点接地，在多点接地回路中产生较大的环流，造成铁芯损耗增加。

3）铁芯接缝不严密。铁芯叠片时不严密或硅钢片松动，在铁芯接缝处出现间隙，使磁阻增大，造成空载电流增加。

4）绕组匝间或层间短路。

5）绕组并联支路短路或并联支路匝数不相等。

（2）三相变压器空载电流的分析。变压器的三相空载电流各相稍有不同，这是因为各相磁路长度不同，两边磁路对称且相等，而中间磁路较短。因此两边相的电流要比中间相的电流大，一般中间相空载电流少 20%～35%。这种相电流的不平衡关系，对于不同接线方式的绕组，其线电流关系的表现形式是不相同的。当绕组为星形联结时，由于线电流等于相电流，所以线电流关系为 $I_a=I_c<I_b$。当绕组为三角形联结时，右行三角形联结的线电流关系为 $I_a=I_b<I_c$。而左行三角形联结的线电流关系为 $I_b=I_c<I_a$。

变压器空载试验时，如果结果与以上规律不相符，或与原始值比较超标，都视为变压器存在缺陷。

（3）三相变压器空载损耗的分析。三相变压器空载试验测得的空载损耗和空载电流发现超标时，一般都用单相分相试验，以确定缺陷所在的相别，找出缺陷的原因。而对于经过校正的单相损耗数据，应符合以下两个要求。

1）POAB 与 POBC 相等。这是因 AB 相的磁路与 BC 相的磁路完全对称，其对应的损耗应相同。实测结果 POAB 与 POBC 的偏差一般在 3%以下。

2）POAC＞POAB 或 POBC。这是因为 AC 相的磁路较 AB 相或 BC 相的磁路长，通常表示成 POAC=kPOAB 或 POAC=kPOBC，式中的 k 为由变压器铁芯的几何尺寸所决定的系数，110～220kV 级的变压器一般为 1.4～1.55；35～66kV 级的变压器一般为 1.3～1.4。若测量结果不符合上述要求之一时，说明该变压器存在局部缺陷。

八、短路阻抗和负载损耗试验

变压器的短路损耗包括电流在绕组电阻上产生的电阻损耗和磁通引起的各种附加损耗，它是变压器运行的很重要经济指标之一。由于短路试验所加的电压很低，铁芯中的磁通密度很小，这时铁芯中的损耗相对于绕组中的电阻损耗可以忽略不计，所以变压器短路试验所测得的损耗可以认为就是绕组的电阻损耗。阻抗（短路）电压是变压器并联运行的基本条件之一，通常用额定电压的百分数来表示。用百分数表示的阻抗电压和短路阻抗是完全相等的。

一对绕组的短路阻抗和负载损耗测量，应在额定频率下，将近似正弦波的电压施加在一个绕组上，另一个绕组短路，其他绕组（如果有）开路，应施加相应的额定电流（或分接电流）。在受到试验设备限制时，可以施加不小于相应额定电流（或分接电流）的 50%，测得的负载损耗值应乘以额定电流（或分接电流）与试验电流之比的平方。试验应尽量快速进行，以减少绕组温升所引起的误差。顶层油与底部油温差亦应尽量小，以使平均温度测量准确。

在三绕组变压器中，应在三对不同的绕组对中进行测量，并计算出各绕组的短路阻抗和负载损耗。

短路试验的目的是测量短路损耗和阻抗电压，它的作用如下：

（1）计算变压器的效率。

（2）确定该变压器能否与其他变压器并联运行。

（3）计算变压器短路电流，确定热稳定和动稳定性能。

（4）计算变压器二次侧的电压变动。

（5）确定变压器温升试验时的温升。

（6）发现变压器在结构和制造上的缺陷。

1. 试验方法

短路试验可以采用单相短路试验和三相短路试验两种方法。单相短路试验适用于单相变压器试验和三相变压器的单相试验。三相短路试验只适用于三相变压器。三相变压器一般采用三相短路试验进行核对性或判断故障试验，若受电源条件限制，以及在制造中或运行中需要逐相检查确定故障时，可以采用单相分相试验。单相短路试验具有所需电源功率小，使用仪表少，通过各相比较容易发现故障等优点，但单相分相试验后，还需将试验结果换算为等值的三相值。

变压器三相负载损耗和阻抗电压的试验接线如图 26-1-12 所示。

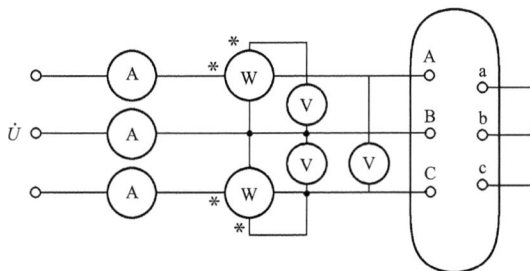

图 26-1-12　变压器三相负载损耗和阻抗电压的试验接线

短路试验一般将低压侧短路，从高压侧施加额定频率的电压，当高压侧绕组中通过的电流达到额定电流时，此时高压绕组上所加的电压就是所要测的短路阻抗电压值，所测得的损耗即为短路损耗。

2. 短路试验注意事项

（1）试验时，被试绕组应在额定分接上，要求在额定频率、额定电流下进行，若不能满足要求，则试验后应将结果换算至额定值。

（2）三绕组变压器，每次只试一对绕组，共试三次，非被试侧绕组应处于开路状态。

（3）连接短路用的导线必须有足够的截面（一般电流密度可取 $2.5A/mm^2$），并尽可能短。连接处接触必须良好。

（4）合理选择电源容量、设备容量以及仪表的准确度，一般互感器应不低于 0.2 级，表计应不低于 0.5 级。

（5）试验后应将结果换算到额定温度（750℃）。

（6）试验前应反复检查试验接线是否正确、牢固，安全距离是否足够，被试设备的外壳及二次回路是否已牢固接地。

3. 试验结果的判断分析

短路损耗包括电阻损耗和附加损耗，在短路试验中，由于电阻损耗增加使短路损耗不合格的情况甚少，大部分短路损耗不合格的原因是附加损耗增大而引起的，引起附加损耗增大的原因主要有以下两方面。

（1）变压器金属结构件中附加损耗增加。变压器铁芯夹紧结构件、油箱箱壁等由于漏磁通导致附加损耗过大和局部过热；油箱箱盖或套管法兰等附件损耗过大并发热等。

（2）绕组附加损耗增加。绕组导线的涡流损耗增大、并联导线间短路或不完全换位等，这些缺陷均可能使附加损耗增加，但具体判断为哪种缺陷，还需要与其他试验配合来确定，例如油色谱试验、直流电阻试验等。

九、局部放电测量

一般来说，局部放电产生的原因有两种：一是由于结构不合理，使绝缘内部电场分布不均匀，形成局部电场集中，在电场集中的地方，就有可能使油隙、局部固体绝缘局部放电或沿固体表面放电。二是由于制造和工艺处理不当。金属部件带有尖角、毛刺，绝缘混进杂质和局部带有缺陷，以及带有悬浮电位的金属体，这些部位的电场就要发生畸变而使电场强度升高造成局部放电；变压器油中含气量过高形成气泡，或含水量过高分解生成氢而形成气泡，由于气泡的介电系数比变压器油的介电系数低，所以气泡内的电场强度就高，在气泡内首先形成局部放电。

局部放电试验是检查变压器结构是否合理、工艺水平好坏以及变压器内部是否存在局部放电现象的重要试验手段，是保证变压器安全运行的重要指标。它作为一种考核变压器能否在工作电压下长期运行的检验方法，已被广泛地应用在高电压产品试验中。

变压器局部放电试验通常在破坏性试验完成后、现场 220kV 及以上新变压器以及查找故障等情况下进行。

一般在以下三种情况下，需要在变压器现场做局部放电试验：新安装投运时、返厂修理或现场大修后、运行中必要时。标准为测量电压为 $1.5U_m/\sqrt{3}$，自耦变中压端不大于 200pC，其他不大于 100pC。

变压器局部放电量超过标准时，确定放电部位是很重要的，这不仅有利于检修，而且可以发现绝缘弱点，对改进结构设计以及提高工艺制造水平均具有指导意义。

目前，常用的局部放电定位方法有电气法和超声波法两种。通常电气定位法只能大致确定放电源的电气位置，而不能确切地指出放电源的空间位置；超声波定位法能够确定放电源的空间位置，因此是变压器局部放电定位的主要方法，其基本原理如下：

当变压器内部发生局部放电时，不但在变压器各引出端产生高频电信号，同时会产生超声波。超声波在变压器内以球面波的方式向四周传播，只要在变压器外壳上安装高灵敏度超声传感器，就能将超声波信号转换成电信号予以显示和测量。

如果用仪器同时测量局部放电的脉冲电流信号和超声波信号并以电脉冲为触发信号，就可以得到超声波从放电源到各个传感器的传播时间，再根据超声波在油、油纸、油浸纸板及钢板等媒质中的传播速度和方向，就可以测定放电源的空间位置。

十、感应耐压试验

为考核全绝缘变压器的纵绝缘、分级绝缘变压器的主绝缘和纵绝缘，需要进行感应耐压试验。因为变压器工频耐压试验时，电压是加在被试绕组与非试绕组及接地部位（油箱、铁芯等）之间，而被试绕组的所有出线端子是短接地，因此被试绕组各点电位相应是对主绝缘进行了试验。但变压器相间（亦是主绝缘）、匝间、饼间和层间等纵绝缘却没有经受试验电压的考核。感应耐压试验是采用对变压器进行励磁，感应产生高电压，对工频耐压试验未能进行考核到的绝缘部分进行试验。对于全绝缘变压器来讲，工频耐压试验只考核了主绝缘的电气强度，而纵绝缘则由感应耐压试验进行检验。对于分级绝缘变压器，工频耐压试验只考核中性点的绝缘水平，而绕组的纵绝缘即匝间、层间和饼间绝缘以及绕组对地及对其他绕组和相间绝缘的电气强度仍需感应耐压试验进行考核。因此，感应耐压试验是考核变压器主绝缘和纵绝缘电气强度的重要手段。

1. 试验原理

感应耐压试验通常是在变压器低压绕组端子施加两倍的额定电压，其他绕组开路，其波形尽可能为正弦波，若在额定频率下，在试品一侧施加大于其额定电压的试验电压，铁芯磁通密度将与电压成正比增加，会使铁芯磁通密度过饱和，空载电流骤增，无法进行试验。

由变压器的电磁感应原理可知，感应电动势为

$$E = 4.44NfBS$$

对一台变压器而言，铁芯截面 S 和绕组匝数 N 是固定的，由此可见铁芯磁通密度与外施电压成正比，与电源频率成反比。当外施电压增大一倍时，若要保持铁芯磁通密度不变，电源频率也要相应地增大一倍。所以感应耐压试验提高试验电源频率的目的是在不使磁通密度提高的情况下提高试验电压。

当试验电源的频率等于或小于两倍额定频率时，其试验电压下的持续时间为60s。当试验电源的频率等于或大于两倍额定频率时，施加试验电压的持续时间按式（26-1-6）计算

$$试验时间 = 120 \times \frac{额定频率}{试验频率} \geqslant 15（s） \tag{26-1-6}$$

2. 感应耐压试验方法

（1）全绝缘变压器。全绝缘变压器的感应耐压试验，施加两倍及以上频率的三相电压进行试验。这种接线只能满足线间达到试验电压考核纵绝缘。三相试验电压的不平衡度宜不大于 2%。由于中性点对地的电压很低，所以对中性点和绕组还需进行一次外施高压试验以考核主绝缘。

全绝缘变压器的感应耐压试验，一般采用三相对称的交流电源，以防止三相绕组上的感应电压不对称而引起局部电压过高或过低的可能。在试品低压绕组（或其他绕组）的线端施加两倍的额定电压，其他绕组开路，应注意任一三相绕组的相间感应电压此时不得超过工频耐压时的试验电压值。被试绕组星形联结的中性点端子接地，无中性点引出或非星形联结的绕组，也应该选择合适的线端接地，以避免电位悬浮。

对全绝缘变压器的感应耐压试验是为了考核变压器相间（主绝缘）和沿着被试绕组本身的层间（对层式绕组）、饼间（饼式绕组）、匝间等纵绝缘。

（2）分级绝缘变压器。分级绝缘的变压器只能用外施电压试验其中性点绝缘，对高压（或中压）线端绝缘通常采用单相感应耐压进行试验。为此要分析产品结构，比较不同的接线方式，选用适当的分接位置，计算出线端相间及对地的试验电压，选用满足试验电压的接线。一般要借助辅助变压器或非被试相绕组支撑，对三相变压器往往要轮换三次，才能完成一台变压器的感应耐压试验。

3. 对试验结果的分析判断

在感应耐压试验电压的持续时间内，如果试验电源或被试品的电压和电流不发生变化，被试品内部没有放电声，并且感应耐压前后的空载试验数据无明显差异，则认

为被试品承受住了感应耐压试验的考核，试验合格；如果被试品内部有轻微的放电声，但在复试中消失，也视为试验合格；如果被试品内部有较大的放电声，尽管在复试中消失，应吊芯检查，寻找放电部位，采取必要措施，并根据检查结果及放电部位决定是否复试。

十一、额定电压下的空载合闸

变压器在空载合闸时，需要经历一个过渡过程，然后才能到稳定的空载运行状态。空载合闸过程主要表现为变压器磁通变化的过渡过程，在过渡过程中会产生较大的励磁涌流，励磁涌流一般认为最大可达额定电流 6～8 倍。励磁涌流的大小取决于变压器合闸时的相位以及铁芯剩磁的状态。

当励磁涌流超过继电保护的整定值时，就会引起继电保护动作。然而励磁涌流是正常现象，并非变压器内部发生故障，在这种情况下继电保护不应该误动。所以空载合闸试验能够检验继电保护装置能否躲过励磁涌流。

由于电动力的大小与电流成正比，当励磁涌流较大时，变压器绕组将承受较大的电动力。所以进行空载合闸试验可以考核变压器的机械强度。

在空载合闸试验中，需要切除空载变压器，由于空载电流很小，用断路器切除空载电流时，空载电流可以在没有过零点时就被切断，断路器发生截流现象。此时变压器电感中较大的磁场能量不能突变为零，只能转换成变压器电容中的电场能量，从而使变压器产生切除空变压器过电压，简称切空变过电压。所以在空载合闸试验中考核了变压器绝缘能否承受切空变过电压。

空载合闸要求及注意事项：

（1）交接或全部更换绕组试验时，空载合闸 5 次；部分更换绕组，空载合闸 3 次，每次合闸的间隔时间为 5min，无异常现象。

（2）励磁涌流的大小与变压器合闸时的相位有关，交接试验时，考虑到进行 5 次合闸过程中，共有 15 相次可能在不同的相角下合闸，出现较大或最大励磁涌流的概率有一定的代表性，从而能达到试验目的。

（3）每次空载合闸试验时，应仔细听变压器内部有无异常音响，并观察是否有其他不正常现象。为了便于听动静，在顶层油温不超过规定的条件下，关闭冷却器的风扇和油泵。

（4）对中性点接地的电力系统，空载合闸试验时中性点必须接地。

试验时中性点接地，中性点保持零电位，三相回路各自独立，因而分合闸产生的操作过电压较低；而中性点不接地时，中性点电位要偏移，相间相互影响，因而操作过电压比中性点接地要高。为了降低操作过电压，110kV 及以上的变压器空载合闸试验时，中性点必须接地。

（5）空载合闸宜在高压侧或中压侧加压，并在使用分接上进行。

（6）发电机变压器组中间连接无操作断开点的变压器，可不进行空载合闸试验。这种变压器的运行方式，只可能从低压侧零电压开始升压带电，而不可能低压侧带着发电机而在高压侧空载合闸带电，也就没有继电保护装置能否躲过励磁涌流的问题，所以无须进行空载合闸试验。

【思考与练习】

1. 按变压器使用中的各阶段试验性质不同，变压器可分为哪几种试验？

2. 变压器试验项目分为哪两类？各包括哪些内容？

3. 变压器大修后应进行的电气试验有哪些？

4. 配电变压器预防性试验有哪些项目？标准是什么？

▲ 模块 2　变压器试验的项目和判断标准（Z15K1002 Ⅱ）

【模块描述】本模块介绍了变压器试验的项目和判断标准，通过概念描述、原理讲解，了解变压器工厂试验的项目和判断标准，掌握变压器交接试验和预防性试验的项目、周期和判断标准，熟悉变压器状态检修试验的要求。

【模块内容】

一、变压器工厂试验项目和判断标准

（一）例行试验

1. 变压器密封试验

油箱的密封试验在装配完毕的产品上进行，可拆卸的储油柜、净油器、散热器或冷却器可单独进行。对于拆卸运输的变压器进行两次密封试验，第一次在变压器装配完毕，且装完所有充油组件后进行，第二次在变压器拆卸外部组部件、在运输状态下对变压器本体进行。

试验目的：检测变压器油箱和充油组部件本体及装配部位的密封性能，防止运行时发生渗漏油现象，以及防止变压器主体在运输时的漏气、漏油或因进水而引起变压器受潮。

试漏压力及持续时间应符合 GB/T 6451—2015《油浸式电力变压器技术参数和要求》或 GB/T 16274—1996《油浸式电力变压器技术参数和要求　500kV 级》的规定或用户要求，但最后一次补漏后的试漏时间不得少于试漏规定的总时间的 1/3，应注意油箱底部所受压力一般不要超过油箱所能承受的压力值。

判断标准：试验过程中要随时检查压力表的压力是否下降，油箱及其充油组部件表面是否渗漏油，重点检查焊缝和密封面的渗漏油情况。由于各个电压等级或同电压等级油箱结构的不同，具体的试压时间和试验压力可参照 GB/T 6451—2015 或 GB/T 16274—1996 的规定。

2. 绕组对地绝缘电阻和绝缘系统电容的介质损耗因数的测量

绕组对地绝缘电阻和绝缘系统电容的介质损耗因数的测量称为绕组的绝缘特性测量。

测量目的：在变压器制造过程中，绝缘特性测量用来确定绝缘的质量状态，发现生产中可能出现的局部或整体缺陷，并作为产品是否可以进行绝缘强度试验的一个辅助判断手段；同时向用户提供出厂前的绝缘特性试验数据，用户由此可以对比和判断运输、安装、运行中由于吸潮、老化及其他原因引起的绝缘劣化程度。

（1）绝缘电阻。电压为 35kV、容量为 4000kVA 和 66kV 及以上的变压器应提供绝缘电阻值（R_{60}）和吸收比（R_{60}/R_{15}），电压等级 330kV 及以上应提供绝缘电阻值、吸收比和极化指数（R_{10min}/R_{1min}）；测量时使用 5000V、指示量限不低于 100 000MΩ 的绝缘电阻表。其他变压器只测绝缘电阻值，测量时使用 2500V、指示量限不低于 10 000MΩ 的绝缘电阻表。

当铁芯与夹件有单独引出端子至油箱外接地时，应测量铁芯与夹件对油箱的绝缘电阻 R_{1min}。

通常在 10~40℃，相对湿度小于 85% 时测量，当测量温度不同时，按式（26-2-1）换算

$$R_2 = R_1 \times 1.5^{(t_1-t_2)/10} \tag{26-2-1}$$

式中 R_1、R_2——分别为温度在 t_1、t_2 时的绝缘电阻值。

（2）绝缘系统电容的介质损耗因数的测量。根据试品的电压等级施加相应电压，当试品额定电压为 10kV 及以上时，取 10kV；当试品额定电压低于 10kV 时，取试品的额定电压。在 10~40℃ 时，介质损耗因数的测试结果应不超过下列规定：

1）35kV 级及以下的绕组，20℃ 时，应不大于 1.5%。

2）66kV 级及以上的绕组，20℃ 时，应不大于 0.8%。

3）330kV 级及以上的绕组，20℃ 时，应不大于 0.5%。

4）当绕组温度与 20℃ 不同时，按式（26-2-2）换算

$$\tan\delta_2 = \tan\delta_1 \times 1.3^{(t_2-t_1)/10} \tag{26-2-2}$$

式中 $\tan\delta_1$、$\tan\delta_2$——分别为温度 t_1、t_2 时的 $\tan\delta$ 值。

3. 绝缘油试验

变压器的例行试验包括击穿电压测量、介质损耗因数测量、含水量及溶解气体气相色谱分析。

（1）击穿电压测量。

试验目的：变压器油的击穿电压是衡量变压器油被水和悬浮杂质污染程度的重要指标，油的击穿电压越低，变压器的整体绝缘性越差，直接影响变压器的安全运行，因此必须严格测试，并将变压器油击穿电压控制在规定范围内。

判断标准：

1）在合同没有规定时，试验结果的判定如下：

35kV 及以下变压器击穿电压≥35kV。

66～220kV 变压器击穿电压≥40kV。

330kV 变压器击穿电压≥50kV。

500kV 变压器击穿电压≥60kV。

2）在合同有特殊规定时，按合同规定判定是否合格。

（2）介质损耗因数测量。

试验目的：变压器油的介质损耗因数是衡量变压器本身绝缘性能和被污染程度的重要参数，油的损耗因数越大，变压器的整体介质损耗因数也就越大，绝缘电阻降低，油纸绝缘的寿命也会缩短，因此必须严格测试以便将油的介质损耗因数控制在较低范围内。

判断标准：

1）合同没有规定时，变压器油介质损耗因数（90℃）规定值：330kV 级及以下产品，应小于 0.010；500kV 级产品，应小于 0.007。

2）合同有规定时，按合同规定判定是否合格。

（3）含水量测定。

试验目的：水分影响油纸绝缘性能、加快油纸绝缘老化速度，为了将变压器油中含水量控制到较低范围，必须在注油前后对油中含水量进行测定。一般 66kV 级以上产品进行此项试验。

判断标准：

1）取两次平行试验结果的平均值为试验结果。

2）合同没有规定时，试验结果判定如下：

110kV 及以下变压器含水量≤20mg/L。

220kV 变压器含水量≤15mg/L。

330kV 及以上变压器含水量≤10mg/L。

（4）含气量测定。

试验目的：变压器油溶解空气的能力很强，当空气含量过高时，在注油和运行中易在油中形成气泡，导致局部放电，即使溶解的空气不产生气泡，其中的氧气也会加速油纸绝缘老化，因此变压器油中的含气量应控制在较低范围。一般330kV及以上产品进行此项试验。

判断标准：

1）取两次平行试验结果的算术平均值为测定结果，两次测定值之差应小于平均值的10%。

2）合同没有规定时，试验结果的合格判定：330～500kV变压器油中含气量≤1%。

3）合同有规定时，按合同规定判定是否合格。

（5）溶解气体气相色谱分析。

试验目的：变压器油中溶解的和气体继电器中收集的CO、CO_2、H_2、CH_4、C_2H_6、C_2H_4、C_2H_2等气体的含量，间接地反映充油设备本身的实际情况，通过对这些组分的变化情况进行分析，就可以判定设备在试验或运行过程中的状态变化情况，并对判断和排除故障提供依据。

对出厂和新投运的变压器产品，油中溶解气体组分含量应满足：

1）$H_2 < 30\mu L/L$、C_2H_2为0、总烃$< 20\mu L/L$，并在产品绝缘耐受电压试验、局部放电试验、温升试验及空载运行试验前后各组分不能明显升高。

2）如果用户有特殊要求，其结果还要符合合同规定。

4. 电压比测量和联结组标号检定

（1）电压比测量。

测量目的：验证变压器能否达到预期的电压变换效果，检查变压器分接开关内部所处位置与外部指示器是否一致及线段标志是否正确。

判断标准：

1）额定分接位置：±0.5%和实际阻抗百分数的±1/10，取其中低者。

2）其他分接位置：按合同规定，但不低于±0.5%和实际阻抗百分数的±1/10中较小者。

（2）联结组标号检定。

检定目的：检验绕组绕向，绕组的联结组及线端的标志是否正确。联结组标号是变压器并联运行的条件之一。

判断标准：与技术文件或合同规定的联结组标号相符。

5. 绕组电阻测量

测量目的：绕组直流电阻测量目的是检查线圈内部导线、引线与绕组的焊接质量，线圈所用导线的规格是否符合设计，以及分接开关、套管等载流部分的接触是否良好。负载试验、温升试验的计算也需要测量直流电阻。绕组电阻测量时必须准确记录绕组温度。

判断标准：

（1） 1600kVA 以上的变压器，各相绕组电阻相互间的差别不应大于三相平均值的 2%；无中心点引出的绕组，线间差别不应大于三相平均值的 1%。

（2） 1600kVA 及以下的变压器相间差别不大于三相平均值的 4%，线间差别不大于三相平均值的 2%。

6. 绝缘例行试验

对变压器的绝缘要求是用各种绝缘试验来验证的，绝缘试验必须在绝缘特性测量、电压比测量、油击穿电压试验的结果得到确认并满足标准规定后方可进行。如无其他特殊规定，试验应按下述顺序进行：

（1）线端的操作冲击试验（在 $U_m>170kV$ 时进行）。

1）概述。在系统中运行的电力变压器会经常遭受操作冲击电压的作用。对于电压等级较高的电力系统，为了保证系统的经济运行，采用了性能较好的避雷器，因此系统的绝缘水平有所降低。为保证在电压等级较高的电力系统中运行的电力变压器在允许的操作过电压下不发生故障，目前，对 220kV 等级及以上的电力变压器进行操作冲击电压试验。操作波电压波形如图 26-2-1 所示。

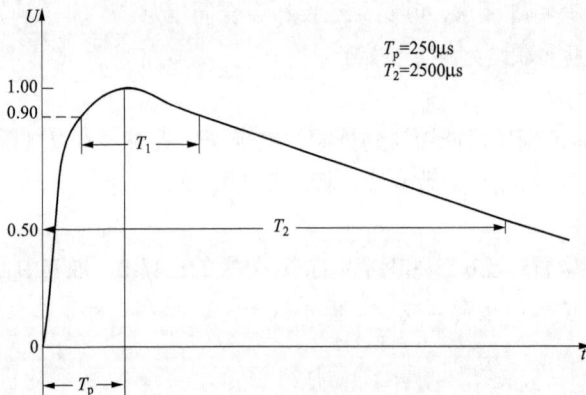

图 26-2-1 操作波电压波形

2）试验目的：操作冲击电压试验对变压器的主绝缘考核较为严格，保证在电压等级较高的电力系统中运行的电力变压器在允许的操作过电压下不发生故障。

3）判断标准：如果示波图或数字记录仪中没有指示出电压突然下降或中性点电流中断，则试验合格。

（2）线端的雷电全波（在 $U_m>72.5kV$ 时进行）。

1）概述。变压器的雷电冲击电压试验，是考核其耐受雷电过电压的绝缘性能。当雷电波进入电力系统没有发生放电或保护装置动作，即为雷电全波。雷电全波波形如图 26-2-2 所示。

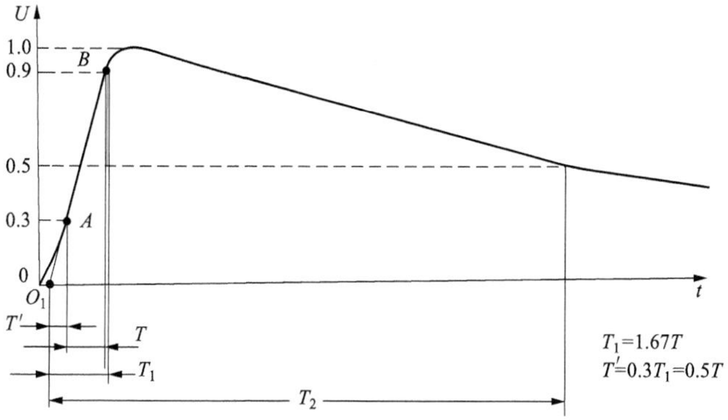

图 26-2-2 雷电全波波形

2）试验目的：雷电全波冲击试验既能考核变压器的主绝缘，又能考核变压器的纵绝缘，而且由于雷电冲击电压有很高的电压陡度，变压器线圈中的电压分布通常很不均匀，线圈端部将会产生相当大的匝间电压，因而对这一部分纵绝缘的考核是比较严格的。

3）判断标准：如果在降低的试验电压下所记录的电压和电流瞬变波形图与在全试验电压下所记录的相应的瞬变波形图无明显差异，则试验合格。

（3）外施耐压试验。

1）试验目的：主要来验证线端和中心点端子及它们所连接绕组对地及其他绕组的外施耐受强度。

2）判断标准：试验过程中，如果电压不突然下降、电流指示不摆动、没有放电声，则试验合格。

（4）短时感应耐压试验（在 $U_m \leqslant 170\text{kV}$ 时进行）。

1）试验目的：验证油浸式变压器试品每个接线端和它们连接的绕组对地及对其他绕组的耐受电压强度以及相间和被试绕组纵绝缘的耐受电压强度。

2）判断标准：

a. 高压绕组为全绝缘的变压器，$U_m < 72.5\text{kV}$ 和 $U_m = 72.5\text{kV}$ 且额定容量小于 10 000kVA 的变压器，在试验电压下不出现突然下降，电流指示不摆动，没有放电声。$U_m = 72.5\text{kV}$ 且额定容量为 10 000kVA 及以上和 $U_m > 72.5\text{kV}$ 的变压器，在 $1.3U_m\sqrt{3}$ 相对地、$1.3U_m$ 相间的试验电压不出现下降，测量端子视在电荷量的连续水平不超过 300pC，局部放电特性无持续上升趋势，在 $1.1U_m\sqrt{3}$ 电压下的视在电荷量的连续水平不超过 100pC。符合上述情况则试验合格。

b. 高压绕组为分级绝缘的变压器，在试验电压下不出现突然下降，在 $1.5U_m\sqrt{3}$ 电压相对地试验测量的视在电荷量连续水平不超过 500pC。在 $1.3U_m$ 电压相间试验测量的视在电荷量连续水平不超过 300pC。符合上述情况则试验合格。

（5）长时间感应电压试验（在 $U_m>170kV$ 时进行）。

1）试验目的：验证变压器在运行条件下无局部放电，是在瞬变过电压和连续运行电压下的质量控制。

2）判断标准：试验电压不产生突然下降，在 $1.5U_m\sqrt{3}$ 试验电压、在长期试验期间，局部放电量的连续水平不大于 500pC 或合同规定要求的量值，局部放电不呈现持续增加的趋势，在 $1.1U_m\sqrt{3}$ 电压下，视在放电量的连续水平不大于 100pC。符合上述情况则试验合格。

7. 短路阻抗和负载损耗的测量

负载损耗是一个重要的参数，它对于变压器的经济运行以及变压器本身的使用寿命都有着极其重要的意义，而短路阻抗决定了变压器在电力系统运行时对电网电压波动的影响，以及变压器发生出口短路事故时电动力的大小，同时短路阻抗还是决定变压器能否并联运行的一个必要条件。

试验目的：验证短路阻抗和负载损耗这两项指标是否在国家标准及用户要求范围内，也是一个经济运行和节能的指标，同时还可以通过试验发现绕组设计与制造及载流回路和结构的缺陷。

判断标准：按技术协议或合同规定的要求。

8. 空载电流和空载损耗的测量

试验目的：通过测量验证空载电流和空载损耗这两项指标是否在国家标准或产品的技术协议允许的范围内，以检查和发现试品磁路中的局部缺陷和整体缺陷。

判断标准：按技术协议或合同规定的要求。

9. 有载分接开关试验

试验目的：在变压器装配完成，按动作程序操作，不应发生故障。

判断标准：变压器不励磁，完成八个操作循环；变压器不励磁，且操作电压降到额定值 85%，完成一个操作循环；变压器在额定频率、额定电压下空载励磁，完成一个操作循环；将变压器一个绕组短路，并尽可能使分接绕组中的电流达到额定值，在粗调选择器或极性选择器操作位置处或中间分接每一侧的两个分接范围内，完成 10 次变换操作。

10. 辅助线路绝缘试验

试验目的：通过对辅助线路绝缘的试验，确保辅助线路的绝缘良好。

判断标准：辅助电源和控制线路的接线应承受 2kV、1min 对地的外施耐压。

（二）型式试验

1. 温升试验

试验目的：验证试品在额定工作状态下，主体所产生的总损耗与散热装置热平衡的温度是否符合有关标准的规定，并验证产品结构的合理性，发现油箱和结构件上的局部过热的程度。

判断标准：油顶层温升＜55K，绕组平均温升＜65K，结构件表面＜80K。

2. 绝缘型式试验

（1）线端的雷电全波和截波冲击试验。线端雷电全波适用于 $U_m \leqslant 72.5$kV。对各电压等级的变压器，截波冲击试验均为型式试验。

（2）对各电压等级变压器中性点雷电全波均为型式试验。

1）试验目的：变压器的雷电冲击电压试验，是考核其耐受雷电过电压的绝缘性能。当雷电波进入电力系统没有发生放电或保护装置动作，即为雷电全波；而当避雷器等保护装置动作或系统设备发生放电时，即为截波。雷电全波冲击试验和截波试验既能考核变压器的主绝缘，又能考核变压器的纵绝缘。由于雷电全波，尤其是截波有很高的电压陡度，变压器绕组中的电压分布通常很不均匀，绕组端部将会产生相当大的匝间电压，因而对这一部分纵绝缘的考核是比较严格的。雷电截波波形如图 26-2-3 所示。

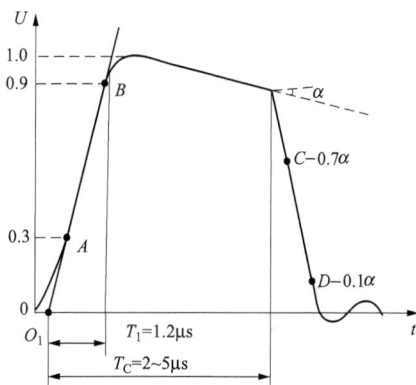

图 26-2-3　雷电截波波形

2）判断标准：如果在降低的试验电压下所记录的电压和电流瞬变波形图与在全试验电压下所记录的相应的瞬变波形图无明显差异，则试验合格。

（三）特殊试验

1. 绝缘的特殊试验

（1）长时间感应电压试验，适用于 72.5kV＜$U_m \leqslant 170$kV。

1）试验目的：验证变压器在运行条件下无局部放电，是在瞬变过电压和连续运行电压下的质量控制。

2）判断标准：试验电压不产生突然下降，试验电压在长期试验期间，局部放电量的连续水平不大于 500pC，局部放电不呈现持续增加的趋势，在 $1.1U_m\sqrt{3}$ 电压下，视在放电量的连续水平不大于 100pC。符合上述情况则试验合格。

（2）短时感应电压试验，适用于 $U_m > 170kV$。

1）试验目的：验证油浸式变压器试品每个接线端和它们连接的绕组对地及对其他绕组的耐受电压强度以及相间和被试绕组纵绝缘的耐受电压强度。

2）判断标准：在试验电压下不出现突然下降，在 $1.5U_m\sqrt{3}$ 电压下相对地试验测量的视在电荷量连续水平不超过 500pC。在 $1.3U_m$ 电压下相间试验测量的视在电荷量例行水平不超过 300pC。符合上述情况则试验合格。

2. 三相变压器零序阻抗试验

试验目的：零序阻抗是三相电流当相序为零时绕组中的阻抗。向用户提供该数据，是为了准确地计算事故状态下短路电流的零序分量，以便调整继电保护。

3. 短路承受能力试验

短路承受能力试验是模拟运行中最严酷的短路故障，即网络容量足够大，负载阻抗为零，而且在电压过零时获得最大的非对称电流。变压器绕组、分接开关、套管、引线及各机械紧固件将承受来自短路电流所产生的巨大电动力和热效应的考核。

试验目的：验证结构的合理性与运行的可靠性。

判断标准：

（1）对于容量不大于 100MVA 的变压器，试验完成，每相短路电抗值与原始值之差：对于具有圆形同心式线圈和交叠式非圆形线圈变压器为 2%，但是对于电压绕组是用金属箔绕制的且容量为 10 000kVA 及以下的变压器，如果短路阻抗为 3% 及以上的允许在 4% 以下；对于具有非圆形的同心式线圈变压器，其短路阻抗在 3% 及以上者，则允许在 7% 以下。对于容量大于 100MVA 的变压器，试验完成以欧姆表示的每相短路电抗与原始值之差不大于 1%。

（2）在外观及吊芯检查中油箱的几何形状无变形、高低压套管与分接开关无损伤、绕组和支撑件无变形、标记无明显位移、无放电痕迹、气体继电器中无气体、压力释放阀无喷油等，且例行试验复试项目，包括 100% 规定试验电压下的外施、感应及雷电冲击试验合格，则认为产品经受住了短路试验考核，试验合格。若以上任何一项超出了允许范围和规定，则试验不合格。

4. 声级测定

由于变压器的容量越来越大，电压越来越高，变压器噪声的声级和声功率级也越来越大。随着城乡用电量激增，变压器安装地点越来越靠近居民密集区域，为了保护环境不受噪声污染，必须对变压器的噪声进行控制。

测定目的：为了测定变压器在额定运行时的声级和声功率级。

由于我国变压器声级试验尚未列入出厂试验和型式试验项目，通常根据用户要求或技术协议的要求对变压器的声级进行考核。

5. 空载电流谐波测量

测量目的：通过测量空载电流的谐波构成及数值以检查铁芯的饱和程度，验证设计的合理性。

迄今为止，对谐波电流的量值和试验方法尚无标准作出相应的规定。

6. 风扇和油泵电动机所吸取功率的测量

测试被试品冷却（散热）装置风扇和油泵电动机在工作状态下所吸取的功率，向用户提供实测数据。

二、变压器交接试验的项目和判断标准

1. 测量绕组连同套管的直流电阻

测量绕组直流电阻目的：

（1）测量绕组直流电阻能发现绕组的焊头有虚焊现象、分接开关没有到位、螺栓连接接头的接触不良等现象，有助于在变压器安装时消除导电回路的缺陷。

（2）更深远的目的则是在消除导电回路的缺陷之后，准确测定变压器投运前绕组连同套管的直流电阻，作为一种比较基准，以便变压器投运后，分析其导电回路有否发生故障。

判断标准：

（1）1600kVA 以上的变压器，各相绕组电阻相互间的差别不应大于三相平均值的2%；无中性点引出的绕组，线间差别不应大于三相平均值的 1%。1600kVA 及以下的变压器相间差别不大于三相平均值的 4%，线间差别不大于三相平均值的 2%。

（2）变压器的直流电阻，与同温度下产品出厂实测值比较，相应变化不应大于 2%。

2. 检查所有分接头的变压比

检查目的：验证铭牌上标注的各分接电压比，判断电力变压器能否投入运行，特别是能否并联运行的重要依据。

判断标准：与制造厂铭牌数据或出厂实测数据相比应无明显差别［可考虑电压等级在 35kV 以下，电压比小于 3 的变压器，额定分接下电压比允许偏差不超过±1%；其他所有变压器额定分接下电压比允许偏差不超过±0.5%；其他分接的电压比应在变压器阻抗电压值（%）的 1/10 以内］且应符合电压比的规律；电压等级在 220kV 及以上的电力变压器，其电压比的允许误差在额定分接头位置时为±0.5%。

3. 检查变压器的三相接线组别和单相变压器引出线的极性

变压器并联运行时，所有变压器都需要满足以下条件：

（1）额定高、低线电压分别相等。

（2）阻抗电压相等。

（3）联结组标号相等。

在上述三个条件中，条件（1）允许略有差异，条件（2）允许有 10% 以下的偏差，而条件（3）必须绝对满足要求，否则相位不同，就会造成并联的变压器之间有电势差，产生循环在绕组中数倍于额定电流的平衡电流，出现这种现象是绝对不允许的。

判断标准：与铭牌上标注的三相接线组别和单相变压器引出线的极性相符。

4. 测量绕组连同套管的绝缘电阻、吸收比或极化指数

（1）绝缘电阻的定义。绝缘电阻值等于绝缘体上施加电压与流过绝缘体电流的比值。变压器绕组的绝缘体加直流电压后，电流是随时间变化的，因此试品的绝缘电阻也是随时间变化的。通常所说的绝缘电阻值，是指绝缘体加直流电压 60s 时测出的绝缘电阻。对于铁芯和夹件的绝缘电阻仅记录 60s 这一数据。

（2）影响绝缘电阻的因素。变压器的绝缘电阻值，与电压的作用时间、电压的高低、剩余电荷的大小、湿度和温度等因素有关，除温度的影响外，只要掌握正确的试验方法，如按照规定的加压时间、采用同类型的绝缘电阻表、增加对地的放电时间、接上屏蔽环等即可消除上述影响。

（3）吸收比的含义。绝缘电阻的实测值要受很多因素的影响，其中包括绝缘物的结构尺寸、测量温度及测试仪表等。因此仅依据绝缘电阻的绝对值，难以定出判断绝缘状况的统一标准。为了尽可能避开上述因素的影响，提出利用绝缘电阻的相对值，这便出现了吸收比。吸收比=R_{60}/R_{15}，R_{60} 与 R_{15} 分别为绝缘体加直流电压后 60s 和 15s 时测量的绝缘电阻值。

（4）极化指数的含义。鉴于现代大型电力变压器绝缘的吸收过程较长，吸收比对反映绝缘状况有其局限性，所以将绝缘电阻的测量时间由 1min 延长为 10min，并将绝缘体加压后 10min 和 1min 测出绝缘电阻值的比值，称为极化指数。极化指数可以充分反映吸收现象，因而可以作为判断绝缘状况的一个指标。

（5）分析判断。

1）由于目前的绝缘材料、绝缘结构的变化，以及真空干燥技术的进步，现代变压器的吸收过程非常缓慢，在绝缘电阻绝对值比较高的情况下，吸收比可能小于 1.3，因此在进行交接试验时，如测出吸收比小于 1.3，要与出厂试验结果进行比较，并进行综合分析，而不能简单地据此判定绝缘受潮。

2）极化指数可以充分反映吸收现象，因而可以作为判断绝缘状况的一个指标。

3）绝缘电阻不应低于产品出厂试验值的 70%。

4）变压器的电压等级为 35kV 及以上，且容量在 4000kVA 及以上时，应测量吸收比。吸收比与产品出厂值相比应无明显差别，在常温下不应小于 1.3。

5）变压器电压等级为 220kV 及以上且容量为 120 000kVA 及以上时，宜测量极化

指数。测得值与产品出厂值相比，应无明显差别。

6）电压等级 10kV 及以下采用 2500V、10 000MΩ 及以上绝缘电阻表，电压等级 10kV 以上采用 5000V、100 000MΩ 及以上绝缘电阻表。

7）当测量温度不同时，按式（26-2-3）换算

$$R_2 = R_1 \times 1.5^{(t_1-t_2)/10} \tag{26-2-3}$$

式中　R_1、R_2——温度 t_1、t_2 时的绝缘电阻值。

5. 测量绕组连同套管的直流泄漏电流

当变压器电压等级为 35kV 及以上，且容量为 8000kVA 及以上时，应测量直流泄漏电流。

（1）泄漏电流试验的特点。泄漏电流试验的原理与绝缘电阻试验完全相同。用绝缘电阻表测量绝缘电阻实际上反映的仍是泄漏电流。由于绝缘电阻表的试验电压较低（通常为 2500V 或 5000V），在某些情况下（如绝缘局部受潮、瓷质破损、脆裂等），用绝缘电阻表测量不易被发现，而进行泄漏电流试验由于试验电压远高于绝缘电阻表的试验电压，因此缺陷较容易发现。与绝缘电阻一样，所有试品均测量其 60s 泄漏电流的数值。

（2）影响泄漏电流的因素。

1）温度的影响。泄漏电流试验同绝缘电阻一样，温度对试验结果产生的影响极为显著。因此泄漏电流试验尽量结合绝缘电阻试验一起进行，避免由于温度系数换算产生误差。

2）加压速度的影响。电力变压器是具有大电容量的试品，由于存在缓慢的吸收现象，升压速度的快与慢会使读的电流值不一样。因此要求加压速度以 1～2kV/s 为宜，同时电压上升应平稳，以获得正确的试验结果。

3）表面泄漏的影响。泄漏电流可分为两种：体积泄漏电流和表面泄漏电流。表面泄漏电流决定于试品表面的情况，并不反映绝缘内部的状况，因此通常采用加屏蔽环的方法消除表面泄漏电流的影响。

4）电压的影响。不同的电压值有不同的泄漏电流，因此要根据试品电压等级确定试验电压。

（3）试验电压的标准如下：

绕组的电压等级为 6～15kV，试验电压为 10kV。

绕组的电压等级为 20～35kV，试验电压为 20kV。

绕组的电压等级为 63～330kV，试验电压为 40kV。

绕组的电压等级为 500kV，试验电压为 60kV。

（4）分析判断。泄漏电流的试验结果应与绝缘电阻试验结果结合起来判断。对一定电压等级的试品，施加相应的试验电压，良好绝缘的泄漏电流符合 $I = \dfrac{U}{R}$，I 与 U 成正比。当泄漏电流不符合 $I = \dfrac{U}{R}$，排除影响泄漏电流因素后，将试品充分放电，再次试验读取 50%、75%、100%、150%电压下的泄漏电流，泄漏电流成指数规律上升，则表明异常，绝缘局部有受潮、瓷质有破损脆裂等。

6. 测量绕组连同套管的介质损耗

当变压器电压等级为 35kV 及以上，且容量在 8000kVA 及以上时，应测量介质损耗正切值。

（1）介质损耗的物理意义。在电场的作用下，电介质中一部分电能将转变为其他形式的能量，通常转变为热能。所谓电介质损耗，是指在电场作用下，电介质内单位时间消耗的电能。如果损耗很大，会使介质温度升得很高，促使绝缘材料发热老化，如果介质温度不断上升，造成发热量大于散热量的恶性循环，从而使介质溶化、烧焦，完全丧失绝缘性能。因此介质损耗的大小是衡量绝缘性能的一项重要指标。

（2）被测绕组的相对关系和试验程序见表 26-2-1。

表 26-2-1　　　　　　　　被测绕组的相对关系和试验程序

试验程序	双绕组变压器		三绕组变压器	
	加压绕组	接地部分	加压绕组	接地部分
1	L	H，C，T	L	H，M，C，T
2	H	L，C，T	M	H，L，C，T
3	L+H	C，T	H	L，M，C，T
4	—	—	H，M	L，C，T
5	—	—	H，M，L	C，T

注　表中 L、M、H 分别表示低压、中压和高压绕组，C 表示铁芯，T 表示油箱。

试验电压：对于额定电压为 10kV 及以上的变压器绕组试验电压为 10kV，对于额定电压为 6kV 及以下的变压器绕组试验电压取被试绕组额定电压。

（3）判断标准。绕组的 $\tan\delta$ 不应大于产品出厂试验值的 130%。

7. 测量铁芯和夹件的绝缘电阻

铁芯必须为一点接地，对变压器上有专用的铁芯或夹件引出套管时，在注油前测量其对外壳的绝缘电阻。采用 2500V 绝缘电阻表测量，持续时间为 1min，应无闪络及击穿现象。

8. 绕组连同套管一起的外施交流耐压试验

外施交流耐压试验，通常是对试品施加超过工作电压一定倍数的高压，且经历一定的时间（一般为 1min），用来反映设备运行中的过电压作用，是对设备的绝缘性能进行严酷的考验。外施交流耐压试验的频率应为 45～65Hz，试验电压的波形尽可能为正弦波，试验电压值为测量电压的峰值除以 $\sqrt{2}$ 。

（1）试验标准。

1）容量为 8000kVA 以下，绕组额定电压在 110kV 以下的变压器应进行交流耐压试验。

2）容量在 8000kVA 及以上，绕组额定电压在 110kV 以下的变压器，在有试验设备时，进行交流耐压试验。

3）绕组额定电压为 110kV 及以上的变压器，其中性点应进行交流耐压试验。

上述试验耐受电压的标准应为出厂试验电压值的 80%。

（2）判断标准：一般在外施耐压持续时间内，试品不击穿以及内部不出现局部放电声为合格，反之则为不合格。在加压过程中，如发现电压表指针摆动很大，电流表指示急剧增加，调压器往上升方向调节，电流上升，电压基本不变甚至有下降趋势，被试品有冒烟、出气、焦臭、闪络、燃烧或发出击穿声（或断续放电声），应立即停止升压，降压断开电源，挂上接地线后查明原因。这些现象如查明是绝缘部分出现的，则认为被试品外施耐压试验不合格。如确定被试品的表面闪络是由于空气湿度或表面脏污等所致，应将被试品清洁干燥处理后，再进行试验。此外，还可以根据试品在耐压前后的绝缘电阻的变化来判断，如变化显著则为不合格。

9. 绕组连同套管的局部放电试验

现场局部放电试验的目的主要是验证现场安装过程是否按产品制造厂家提供的工艺规定进行及经过这个过程之后的变压器的质量状况。

（1）局部放电试验的一些规定。电压等级为 220kV 及以上的变压器必须进行局部放电试验，对于电压等级为 110kV 的变压器，当对绝缘有怀疑时，应进行局部放电试验。

（2）判断标准：试验电压不产生突然下降，试验电压在长期试验期间，局部放电量的连续水平不大于规定要求的量值，局部放电不呈现持续增加的趋势。符合上述情况者试验合格。

10. 绝缘油试验

（1）绝缘油的试验项目。对于交接试验，绝缘油应有下列项目的试验结果：凝点、水溶性酸 pH、酸值、闪点、界面张力、体积电阻率、外观检查、击穿电压、介质损耗角正切 $\tan\delta$、水分、油中含气量、油中溶解气体色谱分析。通常对凝点、水溶性值、酸值、闪点、界面张力、体积电阻率在出厂试验报告合格的情况下，可引用出厂试验数据。

（2）变压器油在注入变压器之前必须进行的试验项目及要求。

1）击穿电压。500kV 和 330kV 变压器击穿电压不小于 60kV，220kV 变压器击穿电压不小于 50kV，110kV 及以下变压器击穿电压不小于 40kV。

2）$\tan\delta$（90℃）≤0.005。

3）水分。330～500kV 变压器水分不大于 10mg/L，220kV 变压器水分不大于 15mg/L，66～110kV 变压器水分不大于 20mg/L。

4）油中含气量。330kV 和 500kV 变压器的体积分数不大于 1%。其他电压等级变压器不做规定。

5）外观检查：将油样注入试管中，在光线充足的场合观察，应透明、无杂质或悬浮物。

（3）变压器油从本体的油样阀门中取样必须进行的试验项目及要求。变压器真空注油，并按规定静置时间静置后必须进行以下试验：

1）击穿电压。500kV 变压器击穿电压不小于 60kV，330kV 变压器击穿电压不小于 50kV，60～220kV 变压器击穿电压不小于 40kV，35kV 及以下变压器击穿电压不小于 35kV。

2）$\tan\delta$（90℃）≤0.007。

3）水分。330～500kV 变压器水分不大于 10mg/L，220kV 变压器水分不大于 15mg/L，66～110kV 变压器水分不大于 20mg/L。

4）油中含气量。330kV 和 500kV 变压器的体积分数不大于 1%。其他电压等级变压器不做规定。

5）油中溶解气体色谱分析。电压等级在 66kV 及以上的变压器应在注油静止后、耐压和局部放电试验 24h 后、冲击合闸及额定电压运行 24h 后，各进行一次油中溶解气体的色谱分析，各次测得的氢、乙炔、总烃含量应无明显差别。

（4）电容型套管绝缘油试验项目和要求。套管中绝缘油应有出厂试验报告，现场可不进行试验。但当套管主绝缘的介质损耗因数超过标准规定值或与出厂试验值不相符或套管的密封已损坏，小套管的绝缘电阻不符合要求时，应进行以下项目：

1）油中溶解气体色谱分析。500kV 套管油中溶解气体组分含量：H_2 不应超过 150μL/L、总烃不应超过 10μL/L、C_2H_2 不应超过 1μL/L，其他电压等级可参考。

2）绝缘油击穿电压。15～35kV 变压器击穿电压不小于 35kV、66～220kV 变压器击穿电压不小于 40kV、330kV 变压器击穿电压不小于 50kV、500kV 变压器击穿电压不小于 60kV。

3）水分。330～500kV 变压器水分不大于 10mg/L，220kV 变压器水分不大于 15mg/L，66～110kV 变压器水分不大于 20mg/L。

11. 有载分接开关的检查和试验

有载分接开关的检查和试验项目应符合下述要求：

（1）切换开关取出时，测量过渡电阻的电阻值，测量结果与铭牌值比较无明显差别。

（2）检查切换装置在全部的切换过程中应无开路现象，电气和机械限位动作正确，全过程操作切换中可靠动作。

（3）在变压器无电压下，手动操作不少于 2 个循环，电动操作不少于 5 个循环。电动操作时电源电压为额定电压的 85% 及以上。操作无卡涩、连动程序，电气和机械限位正常。

（4）在变压器带电条件下进行有载分接开关电动操作，动作应正常。

（5）绝缘油在注入切换开关油箱前，330kV 及以上有载分接开关击穿电压不小于 60kV，220kV 有载分接开关击穿电压不小于 50kV，110kV 及以下有载分接开关击穿电压不小于 40kV。

12. 声级测量

为了验证噪声水平是否符合当地的环保要求，在交接试验时，声级测量显得尤为必要。在现场测量声级时，有两点需要注意：

（1）试验必须在现场噪声背景低于被测变压器最大噪声值的条件下进行，否则其测量的结果不能代表变压器的噪声水平。

（2）测量噪声的根本目的是检查变压器运行中的噪声是否满足当地的环境要求。因此，在交接试验中测量噪声时，不仅要按标准在离变压器轮廓 2m 处测量变压器的声级水平，还应测量敏感地点的实际噪声水平，因为被关注的主要是敏感地点的噪声，而不是变压器本身的噪声。如果变压器的噪声虽然偏高，但被关注点的噪声并不高，仍然是可以被接受的。

13. 非纯瓷套管的试验

试验目的：验证套管经过运输后的质量状况及作为运行的比较基准。

（1）绝缘电阻。采用 2500V 绝缘电阻表，测量主绝缘绝缘电阻，绝缘电阻值通常大于 10 000MΩ。采用 2500V 绝缘电阻表，测量试验小套管对法兰的绝缘电阻，绝缘电阻值不应低于 1000MΩ。同时与出厂试验值相比应无明显差别。

（2）测量主绝缘介质损耗角正切 $\tan\delta$ 和电容值，500kV 套管 $\tan\delta$ 值应小于 0.5%，500kV 以下的套管 $\tan\delta$ 应小于 0.7%。套管的 $\tan\delta$ 不进行温度的换算，但不得在低于

10℃条件下进行。电容型套管的电容值与出厂值相比应在±5%范围内。

14. 变压器绕组变形试验

（1）试验目的。变压器绕组变形试验是验证变压器在运输和安装时受到机械力撞击后，检查其绕组是否变形最直接的方法，也是为今后在运行中检验变压器受到短路电流冲击是否损伤而建立的基准。对于 35kV 及以下电压等级变压器，采用低电压短路阻抗法；对于 66kV 及以上电压等级变压器，采用频率响应法测量绕组特征图谱。

（2）试验方法简介。

1）阻抗法。通过施加较低的电压（220V 以下）、电流（5A 以下）测量变压器的阻抗或感抗，与产品出厂时的试验数据比较，来确定绕组的变形。

2）频率响应分析法。通过扫描发生器将一组不同频率的正弦波电压加到变压器绕组的一端，把所选择的变压器其他端点上得到的振幅或相位信号作为频率的函数关系（频率曲线）直接绘制出来。变压器结构固定后，它的曲线就是固定的，当变压器绕组变形后，会影响频响曲线发生的变化，利用这种变化来判断变压器的变形。

诊断时，当绕组扫频响应曲线与原始记录基本一致时，即绕组频响曲线的各个波峰、波谷点所对应的幅值及频率基本一致时，可以判定被测绕组没有变形。

绕组频响结果没有一个统一的模板，不同型号的变压器，频响曲线可能会有明显的不同，因此不存在标准的频响曲线，在分析时主要是与前次结果测试结果相比，或与同型号的测试结果相比。分析比较的重点是曲线中各个极值点对应频率和幅值的一致性，特别是 1～600kHz 的区段。

15. 穿芯式电流互感器试验

试验目的：验证出线端子位置及极性是否正确以及励磁特性曲线与产品说明书提供要求是否一致。

试验项目及要求：

（1）绝缘电阻。采用 2500V 绝缘电阻测量仪测量二次绕组之间及其对外壳的绝缘电阻，绝缘电阻不低于 1000MΩ。

（2）交流耐压试验。二次绕组之间及其对外壳的工频耐压试验电压 2kV，无闪络和击穿现象。

（3）直流电阻测量。同型号、规格、批次的二次绕组的直流电阻差异不应大于 10%。

（4）极性应与铭牌和标志相符。

（5）励磁特性曲线试验。当电流互感器为多抽头时，可在使用抽头或最大抽头测量，测量的结果应与产品出厂报告数据相符。

三、变压器预防性试验的项目、周期和要求

1. 油中溶解气体色谱分析

（1）油中溶解气体色谱分析周期。

1）220kV 及以上变压器在投运后 4 天、10 天、30 天（500kV 变压器还应增加一次在投运后 1 天）。

2）运行中 330kV 及以上变压器为 3 个月。

3）运行中 220kV 变压器为 6 个月。

4）其余 8000kVA 及以上的变压器为 1 年。

5）8000kVA 以下变压器自行规定。

（2）油中溶解气体色谱分析要求。

1）运行设备的油中 H_2 与烃类气体含量（体积分数）超过下列任何一项值时应引起注意：总烃含量大于 150μL/L、H_2 含量大于 150μL/L、C_2H_2 含量大于 5μL/L（330kV 及以上变压器为 1μL/L）。

2）烃类气体总和的产气速率大于 0.25mL/h（开放式）和 0.5mL/h（密封式），或相对产气速率大于 10%/月则认为设备有异常。

3）溶解气体组分含量有增长趋势时，可结合产气速率判断，必要时缩短周期进行追踪分析。

2. 绕组直流电阻测量

（1）绕组直流电阻测量周期。

1）1～3 年或自行规定。

2）无励磁调压变压器变换分接位置。

3）有载调压变压器的分接开关检修后。

（2）绕组直流电阻测量要求：

1）1600kVA 以上的变压器，各相绕组电阻相互间的差别不应大于三相平均值的 2%；无中心点引出的绕组，线间差别不应大于三相平均值的 1%。1600kVA 及以下的变压器相间差别不大于三相平均值的 4%；线间差别不大于三相平均值的 2%。

2）与以前相同部位测得值比较，相应变化不应大于 2%。

3）无励磁调压变压器应在使用分接锁定后测量。

3. 绕组绝缘电阻、吸收比或极化指数

（1）绕组绝缘电阻、吸收比或极化指数周期：1～3 年或自行规定。

（2）绕组绝缘电阻、吸收比或极化指数要求：

1）测量前应充分放电，套管表面应清洁、干燥。

2）测量宜在顶层油温低于 50℃时进行。

3）电压为 35kV、容量为 4000kVA 及以上的变压器测量绝缘电阻值（R_{60}）和吸收比（R_{60}/R_{15}），电压等级 66kV 及以上测量应提供绝缘电阻值、吸收比和极化指数（R_{10min}/R_{1min}）；测量时使用 5000V、指示量限不低于 100 000MΩ 的绝缘电阻表。其他变压器只测绝缘电阻值，测量时使用 2500V、指示量限不低于 10 000MΩ 的绝缘电阻表。

4）绝缘电阻换算至同一温度下，与前一次测试结果应无明显变化。

5）吸收比（10～30℃）不低于 1.3 或极化指数不低于 1.5。

6）吸收比与极化指数不进行温度换算。

7）当测量温度不同时，按式（26-2-4）换算

$$R_2 = R_1 \times 1.5^{(t_1-t_2)/10} \tag{26-2-4}$$

式中　R_1、R_2——温度 t_1、t_2 时的绝缘电阻值。

4. 绕组绝缘的介质损耗因数 $\tan\delta$

（1）绕组的 $\tan\delta$ 周期：1～3 年或自行规定。

（2）绕组的 $\tan\delta$ 要求：

1）测量宜在顶层油温低于 50℃时进行。

2）试验电压：对于额定电压为 10kV 及以上的变压器绕组试验电压为 10kV，对于额定电压为 6kV 及以下的变压器绕组试验电压取被试绕组额定电压。

3）20℃时，绕组的 $\tan\delta$：330～500kV 变压器不大于 0.6%、66～220kV 变压器不大于 0.8%、35kV 及以下变压器不大于 1.5%。同一变压器各绕组 $\tan\delta$ 的要求值相同。

4）绕组的 $\tan\delta$ 与历年的数值比较不应有显著变化（一般不大于 30%）。

5）不同温度下 $\tan\delta$ 值一般按式（26-2-5）计算

$$\tan\delta_2 = \tan\delta_1 \times 1.3^{(t_2-t_1)/10} \tag{26-2-5}$$

式中　$\tan\delta_1$、$\tan\delta_2$——温度 t_1、t_2 时的 $\tan\delta$ 值。

5. 电容型套管的 $\tan\delta$ 和电容值

（1）电容型套管的 $\tan\delta$ 和电容值周期：1～3 年或自行规定。

（2）电容型套管的 $\tan\delta$ 和电容值要求：

1）测量前应确认外绝缘表面清洁、干燥。

2）采用 2500V 绝缘电阻表测量末屏对地绝缘电阻不应低于 1000MΩ。

3）电容型套管的 $\tan\delta$ 值（在 20℃时）：20～110kV 变压器应不大于 1.0%、220～500kV 变压器应不大于 0.8%。

4）电容型套管的电容量与出厂值相比或上一次试验值的差别超出 ±5% 时，应查明原因。

5）当电容型套管末屏对地绝缘电阻小于 1000MΩ 时，应测量末屏对地的 $\tan\delta$，其值不大于 2%。试验电压应严格控制在设备技术文件许可值以下（通常为 2000V）。

6. 绝缘油试验

（1）绝缘油试验周期。

1）330kV 和 500kV 变压器油试验周期为 1 年的项目包括外观、水溶性酸 pH、酸值、水分、击穿电压、界面张力、$\tan\delta$、体积电阻率、油中含气量。

2）66～220kV 变压器油试验周期为 1 年的项目包括外观、水溶性酸 pH、酸值、击穿电压。

3）35kV 及以下变压器油试验周期为 3 年项目包括绝缘油击穿电压试验。

（2）绝缘油试验要求。

1）外观。将油样注入试管中冷却至 5℃，在光线充足的地方观察，应为透明、无杂质或悬浮物。

2）水溶性酸 pH≥4.2。

3）酸值≤0.1mgKOH/g。

4）水分。66～110kV 变压器应不大于 35mg/L、220kV 变压器应不大于 25mg/L、330～500kV 变压器应不大于 15mg/L。尽量在顶层油温高于 50℃时采样。

5）击穿电压。15kV 以下变压器击穿电压应不小于 25kV、15～35kV 变压器击穿电压应不小于 30kV、66～220kV 变压器击穿电压应不小于 35kV、330kV 变压器击穿电压应不小于 45kV、500kV 以上变压器击穿电压应不小于 50kV。

6）界面张力（25℃）≥19mN/m。

7）$\tan\delta$（90℃）。330kV 及以下变压器应不大于 0.04，500kV 变压器应不大于 0.02。

8）体积电阻率（90℃）。500kV 变压器应不小于 $1\times10^{10}\Omega\cdot m$，330kV 及以下变压器应不小于 $3\times10^{9}\Omega\cdot m$。

9）油中含气量（体积分数）≤3%。

7. 交流耐压试验

（1）交流耐压试验周期：1～5 年（10kV 及以下）。

（2）交流耐压试验的试验电压为出厂值的 80%。

8. 铁芯和夹件（有外引接电线的）绝缘电阻

（1）周期：铁芯和夹件（有外引接电线的）绝缘电阻试验周期为 1～3 年，或当油中溶解气体分析异常时测量。

（2）要求：采用 2500V 绝缘电阻表（老旧变压器用 1000V 绝缘电阻表），与上次测量结果应无明显差别。

9. 绕组泄漏电流

（1）绕组泄漏电流试验周期：1～3 年或自行规定。

（2）施加电压的要求。绕组的电压等级 6～15kV，试验电压为 10kV；绕组的电压等级 20～35kV，试验电压为 20kV；绕组的电压等级 35～330kV，试验电压为 40kV；绕组的电压等级 500kV 以上，试验电压为 60kV。读取 1min 时的泄漏电流，与上一次测试结果比较应无明显差别。

10. 有载调压装置的试验和检验

（1）周期：一年或按制造厂要求。

（2）要求（有条件时进行）：

1）范围开关、选择开关、切换开关的动作顺序应符合制造厂的技术要求，其动作角度应与出厂试验记录相符。

2）手动操作应轻松，必要时用力矩表测量，其值不超过制造厂的规定，电动操作应无卡涩，没有连动现象，电气和机械限位动作正常。

3）测量过渡电阻值，应与出厂值相符。

4）三相同步的偏差、切换时间的数值及正反相切换时间的偏差均与制造厂的技术要求相符。

5）动、静触头平整光滑，触头烧损厚度不超过制造厂的规定值，回路连接良好。

6）接触器、电动机、传动齿轮、辅助触点、位置指示器、计数器等工作正常。

7）切换开关的绝缘油应符合制造厂的技术要求，击穿电压一般不应低于 25kV。

8）二次回路的绝缘电阻不低于 1MΩ。

11. 测温装置及其二次回路试验

（1）周期：1～3 年。

（2）要求：

1）密封良好，指示正确，测温电阻值应和出厂值相符。

2）采用 2500V 绝缘电阻表测量二次回路，绝缘电阻不应低于 1MΩ。

12. 气体继电器二次回路试验

（1）周期：1～3 年（二次回路）。

（2）要求：

1）整定值符合运行要求。

2）采用 2500V 绝缘电阻表测量二次回路，绝缘电阻不应低于 1MΩ。

13. 冷却装置及其二次回路检查试验

（1）试验周期：自行规定。

（2）要求：投运后，流向、温升和声音正常，无渗漏，强油水冷却装置的检查和试验，按制造厂规定。二次回路绝缘电阻值采用 2500V 绝缘电阻表测量，绝缘电阻不低于 1MΩ。

四、关于变压器状态检修试验一些规定

长期以来，DL/T 596—2005《电力设备预防性试验规程》一直是电力生产实践中重要的常用标准。国家电网公司在 2008 年发布了 Q/GDW 168—2008《输变电设备状态检修试验规程》，对于开展状态检修的单位和设备，可执行 Q/GDW 168—2008，对于没有开展状态检修的单位和设备，仍然应执行 DL/T 596—1996 开展预防性试验。

根据 Q/GDW 168—2008 的说明，状态检修试验规程适用于电压等级 66～750kV。变压器状态检修试验分为例行试验和诊断性试验。例行试验通常按周期进行，诊断性试验只在诊断设备状态时根据情况有选择地进行。

DL/T 596—1996 主要立足于预防性试验，为现场提供试验方法、周期和判据。但在实践中暴露出了一些不足，或分析标准不明确，或试验、分析方法比较陈旧。Q/GDW 168—2008 立足于设备的安全、可靠运行，而不是简单地强调现场试验，并对试验项目的要求引入了注意值、警示值、初值等概念。注意值就是状态量达到该数值时，设备可能存在或可能发展为缺陷。警示值并不是比注意值更严的一个新的注意值，一些状态量，如绝缘电阻，其量值可能在很大范围内变化，但并不能确定设备会有缺陷；而对另一些状态量，如电容型设备的电容量、变压器绕组电阻等，2%～5%的变化往往预示着设备存在严重缺陷，对这些不应该变化的状态量，没有给出注意值，直接给出警示值，达到该数值时，表明设备已存在缺陷并有可能发展为故障。初值是指能够代表状态量原始值的试验值，可以是出厂值、交接试验值、早期试验值、设备核心部件或主体进行解体性检修之后的首次试验值等，初值差=（当前测量值−初值）/初值×100%。

（一）例行试验的项目、基准周期和要求

例行试验指为获取设备状态量，评估设备状态，及时发现事故隐患，定期进行的各种带电检测和停电试验。需要设备退出运行才能进行的例行试验称为停电例行试验。例行试验的基准周期适用于一般情况，对于停电例行试验，其周期可以依据设备状态、地域环境、电网结构等特点，在基准周期的基础上酌情延长或缩短，调整后的周期一般不小于 1 年，也不大于基准周期的 1.5 倍。

1. 红外热像检测

（1）基准周期：330kV 以上变压器，1 个月；220kV 变压器；3 个月；66～110kV 变压器，1 年。

（2）要求：检测变压器箱体、储油罐、套管、引线接头及电缆。红外热像图显示应无异常温升、温差或相对温差。

2. 油中溶解气体色谱分析

（1）基准周期。

1）新投运、对核心部件或主体进行解体性检修后重新投运的变压器在投运后 1、4、10、30 天各进行一次本项目试验。若有增长趋势，即使小于注意值，也应缩短试验周期。烃类气体含量较高时，应计算总烃的产气速率。

2）330kV 及以上变压器为 3 个月。

3）220kV 变压器为 6 个月。

4）66～110kV 变压器为 1 年。

5）当怀疑内部缺陷（如听到异常声响）、气体继电器有信号、经历了过负荷运行以及发生了出口或近区短路故障，应进行额外的取样分析。

（2）要求：

1）乙炔含量。330kV 及以上变压器不大于 1μL/L，其他变压器不大于 5μL/L（注意值）。

2）总烃含量≤150μL/L（注意值）、氢气含量≤150μL/L（注意值）。

3）总烃绝对产气速率≤6mL/D（开放式，注意值）和 12mL/D（隔膜式，注意值），或相对产气速率≤10%/月（注意值）。

3. 绕组直流电阻测量

（1）基准周期。

1）3 年。

2）无励磁调压变压器变换分接位置。

3）有载调压变压器的分接开关检修后。

4）更换套管后。

（2）要求：有中心点引出线时，应测量各个绕组的电阻；若无中心点引出线，可测量各线端的电阻，然后换算到相绕组，同一温度下各相绕组电阻的互差不大于 2%（警示值）。此外，还要求同一温度下，测量值与初值的偏差不超过±2%（警示值）。

线电阻换算为相电阻按以下两式计算：

当线圈为星形联结

$$\left. \begin{array}{l} R_{\mathrm{A}} = (R_{\mathrm{AB}} + R_{\mathrm{CA}} - R_{\mathrm{BC}}) / 2 \\ R_{\mathrm{B}} = (R_{\mathrm{BC}} + R_{\mathrm{AB}} - R_{\mathrm{CA}}) / 2 \\ R_{\mathrm{C}} = (R_{\mathrm{BC}} + R_{\mathrm{CA}} - R_{\mathrm{AB}}) / 2 \end{array} \right\} \qquad (26\text{-}2\text{-}6)$$

当线圈为三角形联结，且 A 相绕组末端接往 B 相绕组首端的情况

$$
\left.\begin{aligned}
R_A &= (R_{AB} - R_p) - R_{AC} \times R_{BC} / (R_{AB} - R_p) \\
R_B &= (R_{BC} - R_p) - R_{AB} \times R_{AC} / (R_{BC} - R_p) \\
R_C &= (R_{AC} - R_p) - R_{AB} \times R_{AC} / (R_{AC} - R_p) \\
R_p &= (R_{AB} + R_{BC} + R_{AC}) / 2
\end{aligned}\right\}
\qquad (26\text{-}2\text{-}7)
$$

当 A 相首端接往 B 相当末端时，把式（26-2-7）等式左边 R_A 改为 R_B，R_B 改为 R_C，R_C 改为 R_A。

当测量温度不同时，按式（26-2-8）换算

$$
R_2 = R_1 \times 1.5^{(t_1 - t_2)/10} \qquad (26\text{-}2\text{-}8)
$$

4. 绝缘油试验

（1）基准周期：330kV 及以上变压器为 1 年，220kV 及以下变压器为 3 年。

（2）要求：

1）击穿电压。500kV 及以上变压器不小于 50kV（警示值），330kV 变压器不小于 45kV（警示值），220kV 变压器不小于 40kV（警示值），66～110kV 变压器不小于 35kV（警示值）。

2）水分。330kV 及以上变压器不大于 15mg/L（注意值），220kV 及以下变压器不大于 25mg/L（注意值）。尽量在顶层油温高于 60℃时采样。

3）$\tan\delta$（90℃）。330kV 及以下变压器不大于 0.04（注意值），500kV 以上变压器不大于 0.02（注意值）。

4）酸值：≤0.1mgKOH/g（注意值）。

5）油中含气量（体积分数）。330kV 及以上变压器不大于 3%。

5. 套管试验

（1）基准周期：3 年。

（2）要求：

1）测量前应确认外绝缘表面清洁、干燥。

2）采用 2500V 绝缘电阻表测量末屏对地绝缘电阻不小于 1000MΩ（注意值）。

3）电容量初差值不超过 ±5%（警示值）。500kV 及以上电压等级套管的 $\tan\delta \leqslant$ 0.6%（注意值）。对其他电压等级套管，$\tan\delta \leqslant$0.7%（油浸纸，注意值）、$\tan\delta \leqslant$0.5%（聚四氟乙烯缠绕绝缘，注意值）、$\tan\delta \leqslant$0.7%（树脂浸纸，注意值）、$\tan\delta \leqslant$1.5%（树脂粘纸，注意值）。

6. 铁芯和夹件（有外引接电线的）绝缘电阻

（1）基准周期：3 年，或当油中溶解气体分析异常时测量。

（2）要求：采用 2500V 绝缘电阻。老旧变压器采用 1000V 绝缘电阻表，绝缘电阻应不小于 100MΩ（注意值）；新投运变压器绝缘电阻不小于 1000MΩ（注意值）。另外，除注意绝缘电阻的大小外，要特别注意绝缘电阻变化的趋势。

7. 绕组绝缘电阻、吸收比或极化指数

（1）基准周期：3 年。当绝缘油在例行试验中水分偏高，或者怀疑箱体密封被破坏时，应进行本项目的试验。

（2）要求：

1）测量前应充分放电，套管表面应清洁、干燥。

2）测量宜在顶层油温低于 50℃时进行。

3）测量时应使用 5000V、指示量限不低于 100 000MΩ 的绝缘电阻表。

4）绝缘电阻换算至同一温度下，与前一次测试结果应无明显变化。

5）吸收比（10～30℃）不低于 1.3 或极化指数不低于 1.5 或绝缘电阻不小于 10 000MΩ（注意值）。

6）吸收比与极化指数不进行温度换算。

7）当测量温度不同时，按式（26-2-9）换算

$$R_2 = R_1 \times 1.5^{(t_1-t_2)/10} \qquad\qquad (26\text{-}2\text{-}9)$$

式中　R_1、R_2——温度 t_1、t_2 时的绝缘电阻值。

8. 绕组绝缘的介质损耗因数 $\tan\delta$

（1）基准周期：3 年。

（2）要求：

1）测量宜在顶层油温低于 50℃且高于零度时进行，测量时记录顶层油温和空气的相对湿度。

2）试验电压：对于额定电压为 10kV 及以上的变压器绕组试验电压为 10kV，对于额定电压为 6kV 及以下的变压器绕组试验电压取被试绕组额定电压。

3）20℃时绕组的 $\tan\delta$。330kV 及以上变压器不大于 0.5%（注意值）、220kV 及以下变压器不大于 0.8%（注意值）。同一变压器各绕组 $\tan\delta$ 的要求值相同。

4）绕组的 $\tan\delta$ 与历年的数值比较不应有显著变化（一般不大于 30%）。

5）测量绕组绝缘介质损耗因数时，应同时测量电容量，若电容值发生明显变化时，应予以注意。

6）不同温度下 $\tan\delta$ 值一般按式（26-2-10）计算

$$\tan\delta_2 = \tan\delta_1 \times 1.3^{(t_2-t_1)/10} \qquad\qquad (26\text{-}2\text{-}10)$$

式中　$\tan\delta_1$、$\tan\delta_2$——温度 t_1、t_2 时的 $\tan\delta$ 值。

9. 有载调压装置的试验和检验

（1）一年检验项目包括：

1）储油罐、呼吸器和油位指示器，按其技术文件要求检查。

2）在线滤油器，按技术文件要求检查滤芯。

3）打开电动机构箱，检查是否有松动、生锈；检查加热器是否正常。

4）记录动作次数，如有可能通过操作一步再返回的方法，检查电机和计数器的功能。

（2）三年试验和检验的项目包括：

1）手动操作应轻松，必要时用力矩表测量，其值不超过制造厂的规定。

2）就地电动和远方各进行一个循环的操作，应无卡涩，没有连动现象，紧急停止功能和机械限位动作正常。

3）切换开关室绝缘油的击穿电压应符合制造厂的技术要求，一般不低于 30kV。如果装备有在线滤油器，要求油耐压不小于 40kV。不满足要求时，需要对油进行过滤处理，或者换新油。

4）在测量直流电阻前检查动作特性，测量切换时间，有条件时测量过渡电阻，电阻值的初差值不超过 ±10%。

10. 测温装置检查

（1）每三年检查一次。密封良好，指示正确，运行中温度数据合理，相互比对无异常。

（2）每六年校验一次。可与标准温度计比对或按制造商推荐的方法进行，结果应符合设备技术文件要求。测温电阻值应和出厂值相符。

（3）二次回路绝缘电阻值采用 2500V 绝缘电阻表测量，绝缘电阻不低于 1MΩ。

11. 气体继电器检查

（1）每三年检查一次气体继电器整定值。整定值应符合运行规程和设备技术文件要求，动作正确。

（2）每六年测量一次气体继电器二次回路的绝缘电阻。二次回路绝缘电阻值采用 2500V 绝缘电阻表测量，绝缘电阻不低于 1MΩ。

12. 冷却装置检查

投运后，流向、温升和声音正常，无渗漏，强油水冷却装置的检查和试验，按制造厂规定。二次回路绝缘电阻值采用 2500V 绝缘电阻表测量，绝缘电阻不低于 1MΩ。

13. 压力释放装置检查

按设备技术文件要求进行检查，应符合要求。一般要求开启压力与出厂值的标准偏差在 ±10% 之内或符合设备的技术文件要求。

（二）诊断性试验的项目和要求

诊断性试验是为了发现设备状态不良，或经受了不良工况，或受家族缺陷警示，或连续运行了较长时间，进一步评估设备状态进行的试验。

1. 空载电流和空载损耗测量

在诊断铁芯结构缺陷、匝间绝缘损坏等时进行空载电流和空载损耗测量。

判断标准：测量结果与上次相比，不应有明显差异。对单相变压器相间或三相变压器两个边相，空载电流差异不应超过 10%。

2. 短路阻抗测量

在诊断绕组是否发生变形时可进行短路阻抗测量。试验电流可用额定电流，也可低于额定值，但不应小于 5A。

判断标准：与初差值不超过 ±3%（注意值）。

3. 感应耐压和局部放电测量

验证绝缘强度或诊断是否存在局部放电缺陷时进行感应耐压和局部放电试验。在进行感应耐压之前，应先进行低电压下的相关试验，以评估感应耐压试验的风险。

判断标准：

（1）感应耐压试验值为出厂值的 80%，试验持续时间 $t=120×$额定频率/试验频率。试验中电压不出现突然下降，电流指示不摆动，没有放电声。

（2）局部放电在 $1.3U_m/\sqrt{3}$ 电压下不大于 300pC（注意值）。

4. 绕组频率响应分析

在诊断绕组是否发生变形时可进行绕组频率响应分析试验。

判断标准：当绕组扫频响应曲线与原始记录基本一致，即绕组频响曲线的各个波峰、波谷点所对应的幅值及频率基本一致时，可判断被测绕组没有变形。

5. 绕组各分接位置的电压比

对核心部件或主体进行解体性检修之后，或怀疑绕组存在缺陷时，进行绕组各分接位置的电压比。

判断标准：额定分接位置初差值不超过 ±0.5%（警示值），其他分接位置初差值不超过 ±1%（警示值）。

6. 纸绝缘聚合度的测量

在诊断绝缘老化时进行纸绝缘的聚合度测量。

判断标准：聚合度≥250。

7. 整体密封性能检查

在核心部件或主体进行解体性检修之后，或重新进行密封处理后进行整体密封性能检查，检查前应采取措施防止压力释放装置动作。

判断标准：采用储油柜油面加压法，在 0.03MPa 压力下持续 24h，无渗漏。

8. 铁芯接地电流测量

在运行条件下，测量流经接地线的电流。

判断标准：不大于 100mA，当大于 100mA 时应引起注意。

9. 声级与振动测定

当噪声异常，可定量测量变压器声级。如果振动异常，可定量测量振动水平。

判断标准：符合设备技术文件，振动波的主波峰的高度应不超过规定值，且与同型设备无明显差别。

10. 绕组的直流泄漏电流测量

怀疑绝缘存在受潮等缺陷时进行。330kV 及以下绕组，直流施加电压为 40kV；500kV 及以上绕组，直流施加电压 60kV。

11. 外施耐压试验

属诊断性试验项目。通常仅对中心点和低压绕组进行，耐受电压为出厂试验值的80%，时间为 60s。

12. 当对油质有怀疑时应进行的试验

（1）界面张力（25℃）≥19mN/m（注意值），对新投运变压器应不小于 35mN/m（注意值），低于此值应换新油。

（2）抗氧化剂含量≥0.1%（注意值）。当油变色或酸值偏高时应测抗氧化剂含量；抗氧化剂含量减少，应按规定添加新的抗氧化剂。采取上述措施前，应咨询制造商的意见。

（3）体积电阻率（90℃）。500kV 变压器不小于 $1 \times 10^{10} \Omega \cdot m$（注意值）；330kV 及以下为 $3 \times 10^{9} \Omega \cdot m$（注意值）。

（4）油泥与沉淀物≤0.02m/m（注意值）。当界面张力小于 25mN/m 时，进行本项目测量。

（5）颗粒数：330kV 以上变压器的颗粒数应不大于 1500 个/10mL。此项试验可以用来表征油的纯净度，颗粒数大于 1500 个/10mL 应予以注意，说明油受到污染。

13. 变压器套管

（1）当电容型套管末屏对地绝缘电阻小于 1000MΩ 时，应测量末屏对地的 $\tan\delta$，其值不大于 1.5%（注意值）。试验电压应严格控制在设备技术文件许可值以下（通常为 2000V）。

（2）在怀疑绝缘受潮、劣化，或者怀疑内部可能存在过热、局部放电等缺陷时进行充油套管的油中溶解气体分析。乙炔含量：220kV 及以上变压器不大于 1μL/L（注意值），其他变压器不大于 2μL/L（注意值）。氢气含量不大于 500μL/L（注意值）；甲烷含量不大于 100μL/L（注意值）。

（3）需要验证绝缘强度或诊断是否存在局部放电缺陷时，进行交流耐压和局部放电试验。交流耐压试验的电压为出厂试验值的 80%。在 $1.05U_m/\sqrt{3}$ 电压下油浸纸、复合绝缘、树脂浸渍套管的局部放电量不大于 10pC（注意值），树脂粘纸（胶纸绝缘）套管的局部放电量不大于 100pC（注意值）。

【思考与练习】

1. 220kV 以上电压等级的电力变压器为什么要做操作冲击电压试验？

2. 变压器绕组变形试验的目的是什么？简单介绍一下试验方法。

3. 现场局部放电试验的目的是什么？

4. 变压器状态检修试验中何谓例行试验？何谓诊断性试验？

▲ 模块 3 互感器试验的基本知识（Z15K1003 Ⅱ）

【模块描述】本模块介绍互感器试验的分类及几种常见电气试验基本方法，通过概念介绍，掌握互感器试验的基本知识。

【模块内容】

一、电压互感器

运行前试验分为型式试验、例行试验、特殊试验及现场交接试验。试验项目和方法如下。

1. 型式试验项目和方法

除另有规定外，所有绝缘型式试验项目应在同一台互感器上进行。

（1）温升试验：绕组温升应采用电阻法测量。绕组以外的其他部位的温升，可用温度计、热电偶法或红外测温法测量。试验中，当每小时的温升变化值不超过 1K 时，即认为电压互感器的温度已达到稳定状态。试验地点的周围温度应为 5℃～40℃。当二次绕组数量超过一个时，应在每个二次绕组上分别接有相应的额定负荷来进行本试验。

温升限值：在规定电压、额定频率和规定负荷下，负荷的功率因数为 0.8（滞后）～1 的任一数值时，互感器各绕组的温升应不超过下述规定值：

1）不论其额定电压因数和允许运行时间如何，对所有互感器均应在二次绕组接有额定负荷和剩余电压，绕组不接负荷的条件下，施加 1.2 倍额定电压连续进行试验，直到温度达到稳定。各绕组的温升应不超过 65K。

2）额定电压因数为 1.5、允许运行时间为 30s 的互感器，其在 1.2 倍额定电压下的温升试验达到稳定状态后，立即施加 1.5 倍额定电压，历时 30s，各绕组的温升应不超过 75K。

3）额定电压因数为 1.9、允许运行时间为 8h 的互感器，其在 1.2 倍额定电压下的温升试验达到稳定状态后，立即施加 1.9 倍额定电压，历时 8h，各绕组的温升应不超过 75K。

在上述各种试验条件下，互感器的铁芯及其他金属件表面、油顶层的温升应不超过 55K。

（2）雷电冲击试验：试验电压值应按设备最高电压和规定的绝缘水平，按有关规定的相应值进行。试验电压加到一次绕组的每一个线端和地之间。试验时，一次绕组接地端子（或不接地电压互感器的非被试线端）、座架、箱壳（如果有）和铁芯（如果要求接地）等均应接地。

为提高示伤能力，应补充记录其他量的波形。由制造厂自行选择，可在接地连接中接入一个适当的电流记录装置。二次绕组端子可以连在一起接地；也可接上一个适当的记录装置，以记录试验时出现在二次绕组两端上的电压波形。

（3）励磁特性测量：测量点至少包括额定一次（或二次）电压的 0.2、0.5、0.8、1.0、1.2 及相应于额定电压因数的电压值，并向运行单位提供励磁特性曲线。试验时电压施加在二次端子上，电压波形为实际正弦波。

（4）误差测定：对于测量和计量用绕组，应分别在 80%、100%、120%额定电压，额定频率，25%、100%额定负荷下测量。对于保护用绕组，应分别在 2%、5%和 100%额定电压以及额定电压乘以额定电压因数的电压下，而负荷分别为 25% 和 100%额定负荷下，且功率因数为 0.8（滞后）时进行。

（5）短路承受能力试验：进行本试验时，互感器的起始温度应为 5℃～40℃。电压互感器由一次侧励磁，二次端子短接。短路试验进行一次，持续时间为 1s。

2. 例行试验项目和方法

例行试验是每台互感器均应进行的试验。

（1）绝缘油性能试验：

（2）密封性能试验：电压互感器应具有良好的密封性能，不允许渗漏油，具体要求见表 26-3-1。

表 26-3-1　　　　　　　　油浸式电压互感器密封要求

额定电压（kV）	施加气压（MPa）	维持压力时间（h）	剩余压力（MPa）	说　明
66kV 及以上	0.05	6	0.03	不带膨胀器产品
	0.1	6	0.07	带膨胀器产品

注　1. 经表中的压力和时间试验后，产品无渗漏现象。

　　2. 带膨胀器产品气压试验后注油静放 12h 应无渗漏。

（3）出线端子标志检验：对出线端子标志的正确性应进行验证。

（4）二次绕组的工频耐压试验：二次绕组（包括剩余电压绕组）之间及对地的短时工频耐受电压为 3kV；当二次绕组分成两段或多段时，段间绝缘应能承受的额定工频耐受电压为 3kV。

（5）一次绕组的工频或感应耐压试验：对于外施耐压试验，持续时间应为 1min。对于感应耐压试验，试验电压频率可以比额定电压频率高，以免铁芯饱和。持续时间应为 1min。但是，若试验频率超过 2 倍额定频率时，其试验时间可小于 1min，并按下式计算，但最少为 15s。

$$试验时间=120×额定频率/试验频率$$

做感应耐压试验时，应是在二次绕组施加一个足够的励磁电压，使一次绕组感应出规定的试验电压值，或者应将规定的试验电压值直接加到一次绕组进行励磁。

无论用哪一种方法，均应在高压侧测量试验电压。试验时，座架、箱壳（如果有）、铁芯（如果要求接地）、每个二次绕组的一个端子和一次绕组的一个端子等均应连在一起接地。

做外施工频耐压试验，试验电压应施加到所有连在一起的一次绕组诸端子与地之间，历时 1min。试验时，座架、箱壳（如果有）、铁芯（如果要求接地）和二次绕组的全部端子等均应连在一起接地。

（6）局部放电测量。

（7）介质损耗因数测量：试验在一次绕组工频耐压试验后进行，试验可采用末端屏蔽法进行。

（8）励磁特性测量：测量点为额定一次（或二次）电压及相应额定电压因数的电压值，且在额定电压因数的相应电压下，励磁电流的测量结果与型式试验对应的测量结果不应有显著的差异。试验时电压施加在二次端子上，电压波形为实际正弦波。

（9）误差测定：对于测量和计量用绕组，应分别在 80%、100%、120%额定电压，额定频率，25%、100%额定负荷下测量。对于保护用绕组，应分别在 2%、5%和 100%额定电压以及额定电压乘以额定电压因数的电压下，而负荷分别为 25%和 100%额定负荷下，且功率因数为 0.8（滞后）时进行。

3. 特殊试验项目和方法

特殊试验及其项目是由运行单位根据设备的技术特点所提出。

（1）一次绕组的截波冲击试验：试验电压依据互感器最高电压和规定的绝缘水平有关规定选取。采用三次冲击耐受电压的试验顺序，但仅以负极性进行。

（2）机械强度试验：电压互感器应完全装配好，并以垂直方式牢固地安装在座架上。油浸式电压互感器应注满规定的绝缘油，达到工作压力后，加试验载荷并持续 60s。

4. 现场交接试验项目

现场交接试验是根据现场试验标准和预防事故措施要求进行。

（1）出线端子标志及外观检查：互感器的金属件外露表面应具有良好的防腐蚀层，产品铭牌及端子标志应符合图样要求。互感器应具有直径不小于 8mm 的接地螺栓，或其他供接地线连接用的零件。接地处应有平坦的金属表面，并在其旁标有明显的接地符号，接地零件应有可靠的防腐镀层或采用不锈钢材料。

（2）绝缘油性能试验。

（3）密封性能检查：要求无渗漏点。

（4）一次绕组的工频或感应耐压试验。

（5）二次绕组的工频耐压试验。

（6）介质损耗因数测量。

（7）励磁特性测量。

（8）误差测定。

（9）绝缘电阻测量（一次绕组对地，二次绕组对地，一、二次绕组间，二次绕组间，末屏对地）。

二、电流互感器

1. 型式试验

对每种型式互感器中的一台进行试验。

（1）短时电流试验。

（2）温升试验：试验中，当每小时温升变化值不超过 1K 时，则认为电流互感器的温度已达到稳定状态，试验时环境温度为 5℃～40℃时，试验时互感器的安放状态应接近实际运行情况。绕组温升采用电阻法测量，电阻值小的绕组可采用热电偶测量，绕组以外的其他部位可用温度计、热电偶或红外测温仪进行测量。

（3）雷电冲击试验。

（4）操作冲击试验。

（5）户外式互感器的湿试验。

（6）误差测定（包括测量级的角差、比差及一般保护级的复合误差）。

（7）暂态特性试验。

（8）绝缘油特性试验。充入电气设备的变压器油的运行可靠性取决于油的某些特性参数，因此必须具备良好的化学稳定性和介电性能。对于新油的验收应严格按有关标准方法和程序进行试验。

（9）SF_6 气体绝缘电流互感器零表压的耐受电压试验。主要检查 SF_6 气体绝缘电流互感器内部绝缘的耐电压水平，是对 SF_6 气体绝缘电流互感器的补充要求，当气体零压力时，其承受电压应为 $U_{m}/\sqrt{3}$ kV，5min。

（10）介质损耗因数和电容测量：应在一次绕组工频耐压试验后进行（除另有规定外，所有绝缘型式试验应在同一台互感器上进行）。试验电压施加在短接的一次绕组端子和地之间，末屏接电桥，二次绕组短路和金属箱壳接地。测量应在环境温度下进行，由于良好的绝缘，温度变化对介损值的影响较小，所以介损值一般不进行温度换标。对于 500kV 电容式电流互感器其介损变化增量在（0.5～1）$U_{m}/\sqrt{3}$ kV 间为 0.001，在 10～$U_{m}/\sqrt{3}$ kV 间变化增量为 0.002。

2. 例行试验

例行试验指每台互感器均应进行的试验。

（1）出线端子标志检验。

（2）二次绕组对地及绕组间工频耐压试验。

（3）二次绕组匝间耐压试验：

1）二次绕组开路，对一次绕组施加频率为 40～60Hz 的电流，当二次绕组两端电压达到 4.5kV（峰值）时，应停止增加电流并持续 60s。

2）一次绕组开路，在每个二次绕组端子间向施加规定的试验电压 4.5kV（以某适当的频率）持续 60s，只要二次电流不超额定二次电流方均根值（或扩大二次电流），试验频率不超过 400Hz，在此频率下获取的额定二次电流（或额定扩大二次电流）下的电压值低于 4.5kV，则获得的电压被认为是试验电压，若试验频率超过两倍额定频率，其试验时间可按下式计算：试验持续时间 T=60×（两倍额定频率）/试验频率（s）但 T 不能小于 15s。

（4）绝缘电阻测量：一次绕组对地，二次绕组对地，一、二次绕组间，二次绕组间，末屏对地。

（5）介质损耗因数和电容测量。

（6）一次绕组对地及二次绕组的工频耐压试验。

（7）末屏的工频耐压试验。

（8）工频耐压后介质损耗因数及电容测量。

（9）绝缘油性能试验。

（10）局部放电测量。

（11）误差测定。

（12）二次绕组伏安特性试验。出产试验应进行产品的伏安特性试验，这对于测试铁芯特性和有无匝间故障有一定效果。

（13）二次绕组直流电阻测量。

（14）密封试验。

（15）SF_6 气体含水量测量。

3. 特殊试验

运行单位根据设备的技术特点提出的试验（运行单位可根据设备的技术特点增减试验项目）。

（1）雷电截波冲击试验。

（2）机械强度试验。

（3）绝缘热稳定试验：适用于最高电压 252kV 及以上电流互感器，试验时对互感器施加额定连续热电流和 U_m/kV 直到介质损耗因数达到稳定状态为止，全部试验时间不少于 36h，达到稳定的时间至少连续 8h，试验时环境温度为 5～40℃。

（4）耐受运输的冲撞试验。由于互感器内部机械损伤如支柱绝缘开裂、屏蔽筒磨损、密封破坏等可能与运输的冲撞有关。因此，必须对互感器加以考核。

4. 现场交接试验

现场交接试验是检验互感器经过运输和现场安装后的绝缘水平和性能，与工厂例行试验大致相同。其中局部放电测量因现场干扰因数较多，必要时才进行。根据现场交接试验标准和"预防事故措施"要求进行。

（1）出线端子标志检验。

（2）密封检查。

（3）绝缘电阻测量（一次绕组对地，二次绕组对地，一、二次绕组间，二次绕组间，末屏对地）。

（4）绝缘油性能试验（必要时）。

（5）介质损耗因数和电容测量（10kV 电压下）。

（6）末屏介质损耗因数和电容测量（3kV 电压下）。

（7）二次绕组对地及绕组间工频耐压试验。

（8）二次绕组直流电阻和伏安特性测量。

（9）测量级误差测定。

（10）局部放电测量（必要时）。

（11）SF_6 气体含水量测量。

（12）SF_6 气体绝缘电流互感器补气后应进行耐压试验。

5. 工厂监造和检验

（1）运行单位根据需要派遣技术人员到互感器制造厂对设备的制造进行检验和监造，见证设备的型式试验、例行试验和特殊试验。

（2）监造内容包括原材料及外协件、外构件、零部件制造、总装配、产品试验、包装和运输。

（3）监造者应了解设备的生产信息以及同类设备在近期出现过的绝缘击穿、放电和强迫停运等严重故障情况及其相应的整改措施，提出监造中发现的问题和整改要求。

三、互感器安装运行以后的主要试验项目

1. 对于油浸式互感器主要预防性试验项目

（1）绕组及末屏的绝缘电阻。

（2）$\tan\delta$ 及电容量。

（3）油中溶解气体色谱分析。

（4）交流耐压试验。

2. 电容式电压互感器主要试验项目

（1）电压比。

（2）中间变压器的绝缘电阻。

（3）中间变压器的介质损。

（4）电容分压器的试验项目。

3. SF_6 气体绝缘互感器主要试验项目

（1）SF_6 气体的含水量测量。

（2）SF_6 气体的耐压试验。

（3）SF_6 气体的泄漏试验。

（4）SF_6 气体的密度继电器检验及监视。

（5）SF_6 气体的压力表校验及监视。

【思考与练习】

1. 画出电压互感器用直流法测极性接线图，并说明判断方法。

2. 画出电流互感器用直流法测极性接线图，并说明判断方法。

▶ 模块 4 互感器试验的项目和判断标准（Z15K1004 Ⅱ）

【模块描述】本模块介绍了互感器试验的项目和要求，通过概念描述、要点介绍，了解互感器出厂试验项目，掌握互感器预防性试验和交接试验的项目和判断标准。

【模块内容】

一、互感器出厂试验项目

互感器出厂试验是每只互感器出厂时都应经受的试验，其目的是在于检测制造中的缺陷，而且出厂报告还应随产品出厂时转交给用户。

互感器出厂试验项目很多，应按照相关国家标准、行业标准，在规定的环境条件下、试验条件下采用规定的标准仪器进行逐项试验，具体见表 26-4-1～表 26-4-3。其他特殊试验及其项目由运行单位根据设备的技术特点所提出。

表 26-4-1　　　　　　　　　电流互感器出厂试验项目一览表

序号	项目名称	试 验 类 别				备 注
		型式	出厂	特殊	附加	
1	出线端子标志检验	√	√			（1）误差试验应在序号 1～7 的试验项目之后进行。其他试验项目顺序不做规定（2）所有绝缘型式试验应在同一台互感器上进行
2	一、二次绕组直流电阻测量	√	√			
3	一次绕组段间工频耐压试验	√	√			
4	二次绕组工频耐压试验	√	√			
5	匝间耐压试验	√	√			
6	一次绕组工频耐压试验	√	√			
7	局部放电测量	√	√			
8	误差测定	√	√			
9	电容和介电损耗因数测定	√	√			
10	绝缘介质性能试验	√	√			
11	密封性试验	√	√			
12	励磁性能测定	√	√			
13	短时电流试验	√				
14	温升试验	√				
15	雷电冲击试验	√				
16	操作冲击试验	√				
17	户外产品湿试验	√				
18	机械强度试验			√		（1）误差试验应在序号 1～7 的试验项目之后进行。其他试验项目顺序不做规定（2）所有绝缘型式试验应在同一台互感器上进行
19	绝缘热稳定试验			√		
20	户内互感器凝露试验			√		
21	户内互感器污秽试验			√		
22	无线电干扰测量			√		
23	暂态互感器附加试验				√	
	A 匝比误差测定	√	√			
	B 暂态比误差和角误差测定	√	√			
	C 二次线组电阻测定	√	√			
	D 剩磁系数 Kr					
	E 二次回路时间常数 Ts 测量	√	√			
	F 根值条件下误差测量					
	G 结构系数 Fe	√				
	H 低漏磁结构验证			√		

注　"√"表示属于该实验类别，下同。

表 26-4-2　　　　　　　　电磁式电压互感器出厂试验项目一览表

序号	项目名称	试验类别			备注
		型式	出厂	特殊	
1	端子标志检验				
2	绝缘介质性能试验		√		
3	密封性试验		√		
4	一次绕组段间，接地端及端子间工频耐压试验		√		（1）误差测定应在试验项目 1、4、5、6 之后进行，其他试验项目顺序不做规定
5	一次绕组工频耐压试验		√		
6	介质损耗因数测量		√		（2）一次绕组的重复工频耐压试验宜取规定试验电压的 80%
7	局部放电测量		√		
8	励磁特性测量	√	√		（3）所有绝缘型式试验应在同一台互感器上进行
9	误差测定	√	√		
10	温升试验	√			
11	一次绕组冲击耐压试验	√			
12	短路承受能力试验	√			（1）误差测定应在试验项目 1、4、5、6 之后进行，其他试验项目顺序不做规定
13	户外互感器湿试验	√			
14	爬电比距及弧闪距离测量	√			（2）一次绕组的重复工频耐压试验宜取规定试验电压的 80%
15	户内互感器凝露试验			√	
16	户内互感器污秽试验			√	（3）所有绝缘型式试验应在同一台互感器上进行
17	无线电干扰试验			√	
18	机械强度试验			√	
19	耐振试验			√	

表 26-4-3　　　　　　　　电容式电压互感器出厂试验项目一览表

	项目名称		试验类别			备注
			型式	出厂	特殊	
电容分压器	1	外观检查			√	（1）试验项目 5、6和项目 7、8 应在项目 4 后进行；项目 3 应在项目 4 后进行。其他试验项目顺序不做规定
	2	密封性试验			√	
	3	电容值测量				
	4	短时工频耐压	√	√		（2）所有绝缘型式试验应在同一台互感器上进行
	5	电压分压比测量		√		
	6	介质损耗因数测量		√		

续表

项目名称			试验类别			备注
			型式	出厂	特殊	
电容分压器	7	局部放电测量	✓	✓		
	8	短时工频耐压（湿试）	✓			
	9	操作冲击耐压（湿试）	✓			
	10	雷电冲击耐压	✓			
	11	放电试验	✓			
	12	高频电容及等值串联电阻测量	✓			
	13	温度系数测量	✓			
	14	机械强度试验	✓			
	15	爬电比距及弧闪距离测量	✓			
	16	耐振试验		✓		（1）试验项目 5、6 和项目 7、8 应在项目 4 后进行；项目 3 应在项目 4 后进行。其他试验项目顺序不做规定
	17	无线电干扰试验		✓		
电磁单元	1	外观检查		✓		
	2	密封性试验		✓		（2）所有绝缘型式试验应在同一台互感器上进行
	3	连接载波装置保护间隙工频放电		✓		
	4	补偿电抗器应耐压		✓		
	5	补偿电抗器端子短时工频耐压		✓		
	6	互感器励磁特性测量		✓		
	7	互感器应耐压试验		✓		
	8	绝缘油性能		✓		
	9	限压器性能		✓		
	10	阻尼器短时工频耐压		✓		
	11	温升试验		✓		
	12	雷电试验		✓		
	13	工频耐压（湿试）		✓		
整体	1	外观检查		✓		
	2	出线端子标志检查		✓		试验项目 5、6 可将分压电容器和电磁单元分开，分别进行试验
	3	电容分压器低压端子工频耐压试验		✓		
	4	误差测定	✓	✓		
	5	雷电冲击	✓			

续表

项 目 名 称		试验类别			备　注
		型式	出厂	特殊	
整体	6 操作冲击	√			试验项目 5、6 可将分压电容器和电磁单元分开，分别进行试验
	7 铁磁谐振	√			
	8 短路承受能力	√			
	9 瞬变响应	√			
	10 低压端子杂散电容及电导测量	√			

二、互感器交接试验项目

互感器安装后的交接试验，应按国家标准 GB 50150—2006《电气装置安装工程电气设备交接试验标准》进行。

（1）互感器的试验项目，应包括下列内容：

1）测量绕组的绝缘电阻。

2）测量 35kV 及以上电压等级互感器的介质损耗角正切值 $\tan\delta$。

3）局部放电试验。

4）交流耐压试验。

5）绝缘介质性能试验。

6）测量绕组的直流电阻。

7）检查接线组别和极性。

8）误差测量。

9）测量电流互感器的励磁特性曲线。

10）测量电磁式电压互感器的励磁特性。

11）电容式电压互感器（CVT）的检测。

12）密封性检查。

13）测量铁芯夹紧螺栓的绝缘电阻。

（2）测量绕组的绝缘电阻，应符合下列规定：

1）测量一次绕组对二次绕组及外壳，各二次绕组间及其对外壳的绝缘电阻。绝缘电阻值不宜低于 1000MΩ。

2）测量电流互感器一次绕组段间的绝缘电阻，绝缘电阻值不宜低于 1000MΩ，但由于结构原因而无法测量时可不进行。

3）测量电容式电流互感器的末屏及电压互感器接地端（N）对外壳（地）的绝缘电阻，绝缘电阻值不宜小于 1000MΩ。若末屏对地绝缘电阻小于 1000MΩ 时，应测量

其 $\tan\delta$。

4）绝缘电阻测量应使用 2500V 绝缘电阻表。

（3）电压等级 35kV 及以上互感器的介质损耗角正切值 $\tan\delta$ 测量，应符合下列规定：

1）互感器的绕组 $\tan\delta$ 测量电压应在 10kV 测量，$\tan\delta$ 不应大于表 26-4-4 中数据。当对绝缘性能有怀疑时，可采用高压法进行试验，在（0.5～1）$U_{\mathrm{m}}/\sqrt{3}$ 范围内进行，$\tan\delta$ 变化量不应大于 0.2%，电容变化量不应大于 0.5%。

2）末屏 $\tan\delta$ 测量电压为 2kV。

表 26-4-4　　　　　　　互 感 器 电 压 等 级

额定电压（kV） 种类	20～35	66～110	220	330～500
油浸式电流互感器	2.5	0.8	0.6	0.5
充硅酯及其他干式电流互感器	0.5	0.5	0.5	—
油浸式电压互感器绕组	3	2.5		—
串级式电压互感器支架	—	6		
油浸式电流互感器末端	—	2		

（4）互感器的局部放电测量，应符合下列规定：

1）局部放电测量宜与交流耐压试验同时进行。

2）电压等级为 35～110kV 互感器的局部放电测量可按 10% 进行抽测，若局部放电量达不到规定要求应增大抽测比例。

3）电压等级 220kV 及以上互感器在绝缘性能有怀疑时宜进行局部放电测量。

4）局部放电测量时，应在高压侧（包括电压互感器感应电压）监测施加的一次电压。

5）局部放电测量的测量电压及视在放电量应满足表 26-4-5 的规定。

表 26-4-5　　　　　　　互感器局部放电测量标准

种　　类		测量电压（kV）	允许的视在放电量水平（pC）	
			环氧树脂及其他干式	油浸式和气体式
电流互感器		$1.2U_{\mathrm{m}}/\sqrt{3}$	50	20
		$1.2U_{\mathrm{m}}$（必要时）	100	50
电压 互感器	≥66kV	$1.2U_{\mathrm{m}}/\sqrt{3}$	50	20
		$1.2U_{\mathrm{m}}$（必要时）	100	50

续表

种　　类		测量电压（kV）	允许的视在放电量水平（pC）	
			环氧树脂及其他干式	油浸式和气体式
电压互感器 35kV	全绝缘结构	$1.2U_m$	100	50
		$1.2U_m/\sqrt{3}$	50	20
	半绝缘结构	$1.2U_m/\sqrt{3}$	50	20
		$1.2U_m$（必要时）	100	50

（5）互感器交流耐压试验，应符合下列规定：

1）应按出厂试验电压的 80% 进行。

2）电磁式电压互感器（包括电容式电压互感器的电磁单元）在遇到铁芯磁通密度较高的情况下，宜按下列规定进行感应耐压试验：

a. 感应耐压试验电压应为出厂试验电压的 80%。

b. 试验电源频率应为 45～65Hz，全电压下耐受时间为 60s。感应电压试验时，为防止铁芯饱和及励磁电流过大，试验电压的频率应适当大于额定频率。除另有规定，当试验电压频率等于或小于 2 倍额定频率时，全电压下试验时间为 60s；当试验电压频率大于 2 倍额定频率时，全电压下试验时间（s）为：60×2 倍的额定频率/试验频率，但不少于 15s。

c. 感应耐压试验前后，应各进行一次额定电压时的空载电流测量，两次测得值相比不应有明显差别。

d. 电压等级 66kV 及以上的油浸式互感器，感应耐压试验前后，应进行一次绝缘油的色谱分析，两次测得值相比不应有明显差别。

e. 感应耐压试验时，应在高压端测量电压值。

f. 对电容式电压互感器的中间电压变压器进行感应耐压试验时，应将分压电容拆开。由于产品结构原因现场无条件拆开时，可不进行感应耐压试验。

3）电压等级 220kV 以上的 SF_6 气体绝缘互感器（特别是电压等级为 500kV 的互感器）宜在安装完毕的情况下进行交流耐压试验。

4）二次绕组之间及其对外壳的工频耐压试验电压标准应为 2kV。

5）电压等级 110kV 及以上的电流互感器末屏及电压互感器接地端（N）对地的工频耐压试验电压标准，应为 3kV。

（6）绝缘介质性能试验，对绝缘性能有怀疑的互感器，应检测绝缘介质性能，并符合下列规定：

1）绝缘油的性能应符合表 26-4-6 中的要求。

表 26-4-6　　　　　　　　　　绝缘油性能标准

序号	项目	标 准				说　明
1	外状	透明，无杂物或悬浮物				外观目视
2	水溶性酸，pH 值	>5.4				按 GB/T 7598—2008《运行中变压器油、汽轮机油水溶性酸测定法（比色法）》中的有关要求进行试验
3	酸值	≤0.03mgKOH/g				
4	闪点（闭口）	不低于	DB-10	DB-25	DB-45	按 GB 261—2008《石油产品闪点测定法（闭口杯法）》中的有关要求进行试验
			140℃	140℃	135℃	
5	水分	500kV 电压等级≤10mg/L；220～330kV 电压等级≤15mg/L；110kV 以下电压等级≤20mg/L				按 GB/T 7600—2014《运行中变压器油水分含量测定法（库仑法）》或 GB/T 7601—2008《运行中变压器油水分测定法（气相色谱法）》中的有关要求进行试验
6	界面张力（25℃）	≥35mN/m				按 GB/T 6541—1986《石油产品油对水界面张力测定法（圆环法）》中的有关要求进行试验
7	介质损耗因数 $\tan\delta$	90℃时，注入电气设备前≤0.5%；注入电气设备后≤0.7%				按 GB/T 5654—2008《液体绝缘材料工频相对介电常数、介质损耗因数和体积电阻率的测量》中的有关要求进行试验
8	击穿电压	500kV 电压等级≥60kV；330kV 电压等级≥50kV；60～220kV 电压等级≥40kV；35kV 及以下电压等级≥35kV				（1）按 GB/T 507—2002《绝缘油 击穿电压测定法》或 DL/T 429.9—1991《电力系统油质试验方法 绝缘油介电强度测定法》中的有关要求进行试验；（2）油样应取自被试设备；（3）该指标为平板电极测定值，其他电极可按 GB/T 7595—2017《运行中变压器油质量标准》及 GB/T 507—2002 中的有关要求进行试验；（4）注入设备的新油不应低于本标准
9	体积电阻率（90℃）	≥6×10^{10}Ω·m				按 GB/T 5654—2008 或 DL/T 421—2009《绝缘油体积电阻率测定法》中的有关要求进行试验
10	油中含气量（体积分数）	330～500kV 电压等级≤1%				按 DL/T 423—2009《绝缘油中含气量测定 真空压差法》或 DL/T 450—1991《绝缘油中含气量的测定方法（二氧化碳洗脱法）》中的有关要求进行试验
11	油泥与沉淀物（质量分数）	≤0.02%				按 GB/T 511—2010《石油产品和添加剂机械杂质测定法（重量法）》中的有关要求进行试验
12	油中溶解气体组分含量色谱分析	见本标准有关内容				按 GB/T 17623—2017《绝缘油中溶解气体组分含量的气相色谱测定法》、GB/T 7252—2016《变压器油中溶解气体分析和判断导则》及 DL/T 722—2016《变压器油中溶解气体分析和判断导则》中的有关要求进行试验

2）SF_6 气体的性能应符合如下要求：SF_6 气体充入设备 24h 后取样，SF_6 气体水分含量不得大于 250μL/L（20℃体积分数）。

3）电压等级在 66kV 以上的油浸式互感器，应进行油中溶解气体的色谱分析。油中溶解气体组分含量（μL/L）不宜超过下列任一值，总烃含量不大于 $10\mu L/L$，H_2 含量不大于 $50\mu L/L$，C_2H_2 含量不大于 $0\mu L/L$。

（7）绕组直流电阻测量，应符合下列规定：

1）电压互感器。一次绕组直流电阻测量值，与换算到同一温度下的出厂值比较，相差不宜大于 10%。二次绕组直流电阻测量值，与换算到同一温度下的出厂值比较，相差不宜大于 15%。

2）电流互感器。同型号、同规格、同批次电流互感器一、二次绕组的直流电阻和平均值的差异不宜大于 10%；当有怀疑时，应提高施加的测量电流，测量电流（直流值）一般不宜超过额定电流（方均根值）的 50%。

（8）检查互感器的接线组别和极性，必须符合设计要求，并应与铭牌和标志相符。

（9）互感器误差测量应符合下列规定：

1）用于关口计量的互感器（包括电流互感器、电压互感器和组合互感器）必须进行误差测量，且进行误差检测的机构（实验室）必须是国家授权的法定计量检定机构。

2）用于非关口计量，电压等级 35kV 及以上的互感器，宜进行误差测量。

3）用于非关口计量，电压等级 35kV 以下的互感器，检查互感器变比，应与制造厂铭牌值相符。对多抽头的互感器，可只检查使用分接头的变比。

4）非计量用绕组应进行变比检查。

（10）当继电保护对电流互感器的励磁特性有要求时，应进行励磁特性曲线试验。当电流互感器为多抽头时，可在使用抽头或最大抽头测量。测量后核对是否符合产品要求。

（11）电磁式电压互感器的励磁曲线测量，应符合下列要求：

1）用于励磁曲线测量的仪表为方均根值表，若发生测量结果与出厂试验报告和型式试验报告有较大出入（大于 30%）时，应核对使用的仪表种类是否正确。

2）一般情况下，励磁曲线测量点为额定电压的 20%、50%、80%、100% 和 120%。对于中性点直接接地的电压互感器（N 端接地），电压等级 35kV 及以下电压等级的电压互感器最高测量点为 190%；电压等级 66kV 及以上的电压互感器最高测量点为 150%。

3）对于额定电压测量点（100%），励磁电流不宜大于其出厂试验报告和型式试验报告的测量值的 30%，同批次、型号、规格电压互感器此点的励磁电流不宜相差 30%。

（12）电容式电压互感器（CVT）检测，应符合下列规定：

1）CVT 电容分压器电容量和介质损耗角 $\tan\delta$ 的测量结果：电容量与出厂值比较其变化量超过（−5～+10）%时要引起注意，$\tan\delta$ 不应大于 0.5%；条件许可时测量单节电容器在 10kV 至额定电压范围内，电容量的变化量大于 1%时判为不合格。

2）CVT 电磁单元因结构原因不能将中压连线引出时，必须进行误差试验，若对电容分压器绝缘有怀疑时，应打开电磁单元引出中压连线进行额定电压下的电容量和介质损耗角 $\tan\delta$ 的测量。

3）CVT 误差试验应在支架（柱）上进行。

4）如果电磁单元结构许可，电磁单元检查包括中间变压器的励磁曲线测量、补偿电抗器感抗测量、阻尼器和限幅器的性能检查，交流耐压试验参照电磁式电压互感器，施加电压按出厂试验的 80%进行。

（13）密封性能检查，应符合下列规定：

1）油浸式互感器外表应无可见油渍现象。

2）SF_6 气体绝缘互感器定性检漏无泄漏点，有怀疑时进行定量检漏，年泄漏率应小于 1%。

（14）测量铁芯夹紧螺栓的绝缘电阻，应符合下列规定：

1）在做器身检查时，应对外露的或可接触到的铁芯夹紧螺栓进行测量。

2）采用 2500V 绝缘电阻表测量，试验时间为 1min，应无闪络及击穿现象。

3）穿芯螺栓一端与铁芯连接者，测量时应将连接片断开，不能断开的可不进行测量。

三、互感器预防性试验项目与标准

（一）电磁式电压互感器预防性试验项目、周期和要求

1. 绝缘电阻测量

（1）周期：1～3 年。

（2）要求。试验要求一般自行规定，一次绕组用 2500V 绝缘电阻表，二次绕组用 1000V 或 2500V 绝缘电阻表。

2. 介质损耗因数 $\tan\delta$（20kV 及以上）

（1）周期。

1）绕组绝缘：1～3 年。

2）66～220kV 串级式电压互感器支架：投运前、大修后或必要时。

（2）要求。

1）绕组绝缘的介质损耗因数 $\tan\delta$ 不应大于表 26–4–7 中数值。

表 26-4-7　　　　　　　　　绕组绝缘的介质损耗因数

温度（℃）		5	10	20	30	40
35kV 及以下	大修后	1%	2.5%	3%	5%	7%
	运行中	2%	2.5%	3.5%	5.5%	8%
35kV 及以上	大修后	1%	1.5%	2%	3.5%	5%
	运行中	1.5%	2%	2.5%	4%	5.5%

2）支架绝缘的介质损耗因数 $\tan\delta$ 一般不大于 6%。

3）串级式电压互感器的 $\tan\delta$ 验方法建议采用末端屏蔽法，其他试验方法与要求自行规定。

4）对 35kV 以上单级式电压互感器，厂家规定出厂值 $\tan\delta \leqslant 0.5\%$，运行中应按此掌握。

3. 油中溶解气体的色谱分析

（1）周期。

1）1～3 年（66kV 及以上）。

2）投运前。

（2）要求。

1）油中溶解气体组分含量（体积分数）超过下列任一值时应引起注意：总烃≤100μL/L；$H_2 \leqslant 150$μL/L；$C_2H_2 \leqslant 2$μL/L（110kV 及以下），1μL/L（220～500kV）。

2）新投运互感器的油中不应含有 C_2H_2。

3）全密封互感器按制造厂要求（如果有）进行。

4. 交流耐压试验

（1）周期：3 年（20kV 及以下）。

（2）要求。

1）一次绕组按出厂值的 85% 进行，出厂值不明的按表 26-4-8 中电压进行试验。

表 26-4-8　　　　　　　交 流 耐 压 试 验 电 压　　　　　　　（kV）

电压等级	3	6	10	15	20	35	66
试验电压	15	21	30	38	47	72	120

2）二次绕组之间及末屏对地为 2kV。

3）全部更换绕组绝缘后按出厂值进行。

4）串级式或分级绝缘的互感器用倍频感应耐压试验。

5）进行倍频感应耐压试验时应考虑互感器的容升电压。

6）倍频感应耐压试验前后，应检查有无绝缘损伤。

5. 局部放电测量

（1）周期。

1）投运前。

2）1～3 年（20～35kV 固体绝缘互感器）。

（2）要求。

1）固体绝缘相对地电压互感器在电压为 $1.1U_\mathrm{m}/\sqrt{3}$ 时，放电量不大于 100pC，在电压为 $1.1U_\mathrm{m}$ 时（必要时），放电量不大于 500pC。固体绝缘相对相电压互感器，在电压为 $1.1U_\mathrm{m}$ 时，放电量不大于 100pC。

2）110kV 及以上油浸式电压互感器在电压为 $1.1U_\mathrm{m}/\sqrt{3}$ 时，放电量不大于 20pC。

3）出厂时有试验报告者投运前可不进行试验或只进行抽查试验。

6. 空载电流测量

（1）周期：必要时。

（2）要求。

1）在额定电压下，空载电流与出厂数值比较无明显差别。

2）在中性点非有效接地系统的试验电压 $1.9U_\mathrm{n}/\sqrt{3}$ 下，空载电流不应大于最大允许电流。

3）在中性点接地系统试验电压 $1.5U_\mathrm{n}/\sqrt{3}$ 下，空载电流不应大于最大允许电流。

（二）电容式电压互感器预防性试验项目、周期和要求

1. 极间绝缘电阻测量

（1）周期。

1）投运后 1 年。

2）1～3 年。

（2）要求：用 2500kV 绝缘电阻表，一般不低于 5000MΩ。

2. 电容值测量

（1）周期。

1）投运后 1 年内。

2）1～3 年。

（2）要求。

1）每节不超过额定值的 5%～+10%。

2）当大于出厂值的 2%时应缩短周期。

3）一相中任意两节电容值相差不超过 5%。

3. 介质损耗因数 $\tan\delta$

（1）周期。

1）投运后 1 年内。

2）1～3 年。

（2）要求。

1）在 10kV 试验电压下，油纸绝缘不大于 0.005，膜纸复合绝缘不大于 0.002。

2）当不符合要求时可在额定电压下复测，复测值符合要求可继续运行。

4. 低压端对地绝缘电阻测量

（1）周期：1～3 年。

（2）要求：用 1000V 绝缘电阻表测量，一般不低于 100MΩ。

（三）电流互感器预防性试验项目、周期和要求

1. 绕组及末屏绝缘电阻

（1）周期。

1）投运前。

2）1～3 年。

（2）要求。

1）采用 2500V 绝缘电阻表测量。

2）绕组绝缘电阻与初始值及历次数据比较不应有显著变化。

3）电容型电流互感器末屏对地绝缘电阻一般不低于 1000MΩ。

2. 介质损耗因数 $\tan\delta$ 及电容量

（1）周期。

1）投运前。

2）1～3 年。

（2）要求。

1）主绝缘介质损耗因数 $\tan\delta$ 不应大于表 26—4—9 中的数值，且与历年数据比较，不应有显著变化。

表 26—4—9 主绝缘介质损耗因数

电压等级（kV）		20～35	66～110	220	330～500
大修后	油纸电容型	—	1%	0.7%	0.6%
	充电型	3%	2%	—	—
	胶纸电容型	0.025	0.02		

续表

电压等级（kV）		20～35	66～110	220	330～500
运行中	油纸电容型	—	1%	0.8%	0.7%
	充电型	3.5%	2.5%	—	—
	胶纸电容型	3%	2.5%	—	—

2）电容型电流互感器主绝缘电容量与初始值或出厂值差别超出–5%～+5%范围时应查明原因。

3）当电容型电流互感器末屏对地绝缘电阻小于 1000MΩ 时，应测量末屏对地 tanδ，其值不大于 0.02。

4）主绝缘 tanδ 试验电压 10kV，末屏对地 tanδ 试验电压 2kV。

5）油纸电容型 tanδ 一般不进行温度换算，当 tanδ 值与出厂值或上一次试验值比较有明显增长时，应综合分析 tanδ 与温度、电压的关系，当 tanδ 随温度明显变化或试验电压由 10kV 升到 $U_m/\sqrt{3}$ 时，tanδ 增量超过–0.3%～+0.3%不应继续运行。

6）固体绝缘互感器可不进行 tanδ 测量。

3．油中溶解气体色谱分析

（1）周期。

1）投运前。

2）1～3 年（66kV 及以上）。

（2）要求。

1）油中溶解气体组分含量（体积分数）超过下列任一值应引起注意：总径≤100μL/L；H_2≤150μL/L；C_2H_2≤2μL/L（110kV 及以下），1μL/L（220～500kV）。

2）新投入互感器的油中不应含有 C_2H_2。

3）全密封互感器按制造厂要求进行。

4．交流耐压试验

（1）周期：1～3 年（20kV 及以下）。

（2）要求。

1）一次绕组按出厂值的 85%进行，出厂值不明的按表 26–4–10 中电压进行试验。

表 26–4–10　　　　　交 流 耐 压 试 验 电 压　　　　　（kV）

电压等级	3	6	10	15	20	35	66
试验电压	15	21	30	38	47	72	120

2）二次绕组之间及末屏对地为 2kV。

3）全部更换绕组绝缘后按出厂值进行。

5. 局部放电测量

（1）周期：1～3 年（20～35kV 固体绝缘互感器）。

（2）要求。

1）固体绝缘互感器在电压为 $1.1U_\mathrm{m}/\sqrt{3}$ 时，放电量不大于 100pC；在电压为 $1.1U_\mathrm{m}$ 时（必要时），放电量不大于 500pC。

2）110kV 及以上油浸式互感器在电压为 $1.1U_\mathrm{m}/\sqrt{3}$ 时，放电量不大于 20pC。

3）试验按《互感器局部放电测量》进行。

四、关于互感器状态检修试验一些规定

长期以来，DL/T 596—2005《电力设备预防性试验规程》一直是电力生产实践中重要的常用标准。国家电网公司在 2008 年发布了 Q/GDW 168—2008《输变电设备状态检修试验规程》，对于开展状态检修的单位和设备可执行 Q/GDW 168—2008，对于没有开展状态检修的单位和设备，仍然应执行 DL/T 596—2005 开展预防性试验。

根据 Q/GDW 168—2008 的有关规定，互感器状态检修试验分为例行试验和诊断性试验。例行试验通常按周期进行，诊断性试验只在诊断设备状态时根据情况有选择地进行。

（一）例行试验

例行试验指为获取设备状态量，评估设备状态，及时发现事故隐患，定期进行的各种带电检测和停电试验，需要设备退出运行才能进行的例行试验称为停电例行试验。例行试验的基准周期适用于一般情况，对于停电例行试验，其周期可以依据设备状态、地域环境、电网结构等特点，在基准周期的基础上酌情延长或缩短，调整后的周期一般不小于 1 年，也不大于基准周期的 1.5 倍。

1. 电流互感器例行试验项目及标准

（1）红外热像检测。

1）基准周期：330kV 及以上为 1 个月，220kV 为 3 个月，110kV/66kV 为半年。

2）试验标准：检测高压引线连接处、电流互感器本体等，红外热像图显示应无异常温升、温差和（或）相对温差。检测和分析方法参考 DL/T 664—2016《带电设备红外诊断应用规范》。

（2）油中溶解气体分析。

1）基准周期：正立式不大于 3 年；倒置式不大于 6 年。

2）试验标准：乙炔含量不大于 2μL/L（110kV/66kV，注意值），1μL/L（220kV 及以上，注意值）；氢气含量不大于 150μL/L（注意值）；总烃含量不大于 100μL/L（注意值）。

取样时，需注意设备技术文件的特别提示（如有），并检查油位应符合设备技术文件之要求。制造商明确禁止取油样时，宜作为诊断性试验。

（3）绝缘电阻。

1）基准周期：3 年。

2）试验标准：一次绕组，初值差不超过 50%（注意值）；末屏对地（电容型）大于 1000MΩ（注意值）。

采用 2500V 绝缘电阻表测量。当有两个一次绕组时，还应测量一次绕组间的绝缘电阻。一次绕组的绝缘电阻应大于 3000MΩ，或与上次测量值相比无显著变化。有末屏端子的，测量末屏对地绝缘电阻。测量结果应符合要求。

（4）电容量和介质损耗因数（固体绝缘或油纸绝缘）。

1）基准周期：3 年。

2）试验标准：电容量初值差不超过 ±5%（警示值）。介质损耗因数 $\tan\delta$ 满足下列要求（注意值）：U_m 为 126kV/72.5kV 时，$\tan\delta \leqslant 0.8\%$；$U_m$ 为 252kV/363kV 时，$\tan\delta \leqslant 0.7\%$；$U_m \geqslant 550kV$ 时，$\tan\delta \leqslant 0.6\%$；聚四氟乙烯缠绕绝缘 $\tan\delta \leqslant 0.5\%$。超过注意值时，首先判断测量前应确认外绝缘表面清洁、干燥。如果测量值异常（测量值偏大或增量偏大），可测量介质损耗因数与测量电压之间的关系曲线，测量电压从 10kV 到 $U_m/\sqrt{3}$，介质损耗因数的增量应不大于 ±0.3%，且介质损耗因数不超过 0.7%（$U_m \geqslant 550kV$）、0.8%（U_m 为 363kV/252kV）、1%（U_m 为 126kV/72.5kV）。当末屏绝缘电阻不能满足要求时，可通过测量末屏介质损耗因数做进一步判断，测量电压为 2kV，通常要求小于 0.015。

（5）SF_6 气体湿度检测（SF_6 绝缘）。

1）基准周期：3 年。

2）试验标准：不大于 500μL/L（注意值）。

新投运时测一次，若接近注意值，半年之后应再测一次；新充（补）气 48h 之后至 2 周之内应测量一次；气体压力明显下降时，应定期跟踪测量气体湿度。

2. 电磁式电压互感器例行试验项目及标准

（1）红外热像检测。

1）基准周期：330kV 及以上为 1 个月，220kV 为 3 个月，110kV/66kV 为半年。

2）试验标准：检测高压引线连接处、电流互感器本体等，红外热像图显示应无异常温升、温差和（或）相对温差。检测和分析方法参考 DL/T 664—2016。

（2）绕组绝缘电阻。

1）基准周期：3 年。

2）试验标准：一次绕组，初值差不超过 50%（注意值），二次绕组不小于 10MΩ（注意值）。

一次绕组用 2500V 绝缘电阻表，二次绕组采用 1000V 绝缘电阻表。测量时，非被测绕组应接地。同等或相近测量条件下，绝缘电阻应无显著降低。

（3）绕组绝缘介质损耗因数。

1）基准周期：3 年。

2）试验标准：不大于 0.02（串级式，注意值），不大于 0.005（非串级式，注意值）。

测量一次绕组的介质损耗因数，一并测量电容量，作为综合分析的参考。测量方法参考 DL/T 474.3—2018《现场绝缘试验实施导则　介质损耗因数 tanδ 试验》。

（4）油中溶解气体分析（油纸绝缘）。

1）基准周期：3 年。

2）试验标准：乙炔含量不大于 2μL/L（注意值），氢气含量不大于 150μL/L（注意值），总烃含量不大于 100μL/L（注意值）。

取样时，需注意设备技术文件的特别提示（如有），并检查油位应符合设备技术文件的要求。制造商明确禁止取油样时，宜作为诊断性试验。

（5）SF_6 气体湿度检测（SF_6 绝缘）。

1）基准周期：3 年。

2）试验标准：不大于 500μL/L（注意值）。

新投运测一次，若接近注意值，半年之后应再测一次；新充（补）气 48h 之后至 2 周之内应测量一次；气体压力明显下降时，应定期跟踪测量气体湿度。

3. 电容式电压互感器例行试验项目及标准

（1）红外热像检测。

1）基准周期：330kV 及以上为 1 个月，220kV 为 3 个月，110kV/66kV 为半年。

2）试验标准：检测高压引线连接处、电流互感器本体等，红外热像图显示应无异常温升、温差和（或）相对温差。检测和分析方法参考 DL/T 664—2016。

（2）分压电容器试验。

1）基准周期：3 年。

2）试验标准：极间绝缘电阻不小于 5000MΩ（注意值）；电容量初值差不超过 ±2%（警示值）；介质损耗因数不大于 0.5%（油纸绝缘，注意值）或不大于 0.002 5（膜纸复合，注意值）。

在测量电容量时宜同时测量介质损耗因数，多节串联的，应分节独立测量。试验时应按设备技术文件要求并参考 DL/T 474—2018 进行。除例行试验外，当二次电压异常时，也应进行本项目。

（3）二次绕组绝缘电阻。

1）基准周期：3 年。

2）试验标准：不小于 10MΩ（注意值）。

（二）诊断性试验

诊断性试验为发现设备状态不良，或经受了不良工况，或受家族缺陷警示，或连续运行了较长时间，为进一步评估设备状态进行的试验。

1. 电流互感器诊断性试验项目及标准

（1）绝缘油试验（油纸绝缘）。

1）试验标准：视觉检查要求透明，无杂质和悬浮物。

2）500kV 及以上电流互感器绝缘油击穿电压不小于 50kV（警示值）；330kV 电流互感器绝缘油击穿电压不小于 45kV（警示值）；220kV 电流互感器绝缘油击穿电压不小于 40kV（警示值）；110kV/66kV 电流互感器绝缘油击穿电压不小于 35kV（警示值）。

3）330kV 及以上电流互感器绝缘油水分不大于 15mg/L（注意值）；220kV 及以下电流互感器绝缘油水分不大于 25mg/L（注意值）。

4）500kV 及以上电流互感器绝缘油介质损耗因数（90℃）不大于 0.02（注意值）；330kV 及以下电流互感器绝缘油介质损耗因数（90℃）不大于 0.04（注意值）。

5）电流互感器绝缘油酸值不大于 0.1mg KOH/g（注意值）。

（2）交流耐压试验。试验标准：一次绕组试验电压为出厂试验值的 80%，二次绕组之间及末屏对地试验电压为 2kV。

（3）局部放电测量。试验标准：$1.2U_m/\sqrt{3}$ 下，不大于 20pC（气体，注意值），不大于 20pC（油纸绝缘及聚四氟乙烯缠绕绝缘，注意值），不大于 50pC（固体，注意值）。

（4）电流比校核。校核标准：符合设备技术文件要求。

（5）绕组电阻测量。试验标准：与初值比较，应无明显差别。

（6）气体密封性检测（SF_6 绝缘）。试验标准：漏气量不大于 1%/年或符合设备技术文件要求（注意值）。

（7）气体密度表（继电器）校验。试验标准：校验按设备技术文件要求进行。

2. 电磁式电压互感器诊断性试验项目及标准

（1）交流耐压试验。试验标准：一次绕组试验电压为出厂试验值的 80%；二次绕组之间及末屏对地试验电压为 2kV。

（2）局部放电测量。试验标准：$1.2U_m/\sqrt{3}$ 下，不大于 20pC（气体，注意值），不大于 20pC（液体浸渍，注意值），不大于 50pC（固体，注意值）。

（3）绝缘油试验（油纸绝缘）。

1）试验标准：视觉检查要求透明，无杂质和悬浮物。

2）500kV 及以上电流互感器绝缘油击穿电压不小于 50kV（警示值）；330kV 电流互感器绝缘油击穿电压不小于 45kV（警示值）；220kV 电流互感器绝缘油击穿电压不小于 40kV（警示值）；110kV/66kV 电流互感器绝缘油击穿电压不小于 35kV（警示值）。

3）330kV 及以上电流互感器绝缘油水分不小于 15mg/L（注意值）；220kV 及以下电流互感器绝缘油水分不小于 25mg/L（注意值）。

4）500kV 及以上电流互感器绝缘油介质损耗因数（90℃）不小于 0.02（注意值）；330kV 及以下电流互感器绝缘油介质损耗因数（90℃）不小于 0.04（注意值）。

5）电流互感器绝缘油酸值不小于 0.1mg KOH/g（注意值）。

（4）SF_6 气体成分分析（SF_6 绝缘）。试验标准：SF_6 气体增含量不大于 0.1%（注意值），0.05%（新投运，注意值）；空气（$O_2 + N_2$）含量不大于 0.2%（注意值），0.05%（新投运，注意值）；可水解氟化物含量不大于 1.0μg/g（注意值）；矿物油含量不大于 10μg/g（注意值）；密度（20℃，0.101 3MPa）为 6.17g/L；SF_6 气体纯度不小于 99.8%（质量分数）；酸度不大于 0.3μg/g（注意值）。

监督杂质组分（CO、CO_2、HF、SO_2、SF_6、SOF_2、SO_2F_2）增长情况（μg/g）。

（5）支架介质损耗测量。试验标准：支架介质损耗不大于 0.05。

（6）电压比校核。校核标准：符合设备技术文件要求。

（7）励磁特性测量。试验标准：与出厂值相比应无显著改变；与同批次、同型号的其他电磁式电压互感器相比，彼此差异不应大于 30%。

（8）气体密封性检测（SF_6 绝缘）。试验标准：漏气量不大于 1%/年或符合设备技术文件要求（注意值）。

（9）气体密度表（继电器）校验。试验标准：校验按设备技术文件要求进行。

3. 电容式电压互感器诊断性试验项目及标准

（1）局部放电测量。试验标准：$1.2U_m/\sqrt{3}$ 下，不大于 10pC。

（2）电磁单元感应耐压试验。试验标准：试验电压为出厂试验值的 80%或按设备技术文件要求。若产品结构原因在现场无法拆开的可不进行耐压试验。

（3）电磁单元绝缘油击穿电压和水分测量。试验标准：绝缘油击穿电压不小于 35kV；互感器绝缘油水分不大于 25mg/L。

（4）阻尼装置检查。试验标准：符合设备技术文件要求。

【思考与练习】

1. 简述电容式电压互感器诊断性试验的项目及标准。

2. 简述 SF_6 电流互感器交接试验的项目及标准。

模块 5　电抗器和消弧线圈试验的基本知识（Z15K1005Ⅱ）

【模块描述】本模块介绍电抗器、消弧线圈试验的分类和几种常见电气试验目的，通过概念介绍，了解电抗器、消弧线圈试验的基本知识。

【模块内容】

一、电抗器、消弧线圈的试验目的及分类

电抗器、消弧线圈试验的目的是检验电抗器、消弧线圈性能是否符合有关标准、是否符合运行条件，发现可能性存在的缺陷，保证安全运行；同时通过试验，对试验数据进行分析，可以找出改进设计，提高施工工艺。

电抗器、消弧线圈从制造开始，要进行一系列试验。这些试验包括在制造时对原材料的试验、制造过程的中间试验、产品的定性及出厂试验、在使用现场安装后的交接试验、使用中为维护运行而进行的绝缘预防性试验等。按电抗器、消弧线圈在使用中各阶段试验的性质不同，有以下分类：

1. 电抗器、消弧线圈在制造厂的三种试验

（1）例行试验：每台电抗器、消弧线圈都要承受的试验。

（2）型式试验：在一台有代表性的电抗器、消弧线圈上所进行的试验，以证明被代表的电抗器、消弧线圈也符合规定要求（但例行试验除外）。

（3）特殊试验：除例行试验和型式试验外，按制造厂和用户协议所进行的试验。

2. 在使用现场安装后的四种试验

（1）交接试验。

（2）预防性试验。

（3）检修试验。

（4）故障试验。

试验项目按其作用、要求及所反映缺陷情况不同可分为绝缘试验和特性试验两种：一种是反映绝缘性能的试验——绝缘试验，如绝缘电阻和吸收比试验、测量介质损失角正切值试验、泄漏电流试验、变压器油试验及工频耐压和感应耐压试验，U_m 不小于 300kV 在线端应做全波及操作波冲击试验。另一种试验是特性试验，通常把绝缘以外的试验统称为特性试验，这类试验主要是对电抗器、消弧线圈各种参数等进行测量，有了这些数据，能对这台电抗器、消弧线圈的性能有全面了解，如变比、接线组别、直流电阻、空载、短路、温升及突然短路试验。

二、电抗器、消弧线圈几种常见电气试验的基本方法

电抗器、消弧线圈的基本试验方法同变压器。

1. 消弧线圈伏安特性试验

为使消弧线圈补偿系统的调谐正确，消弧线圈在投入运行前和大修后，须在工频电源下测量伏安特性 $U=f(I)$。根据不同的试验电源，有如下的试验方法。

（1）用发电机作为试验电源。消弧线圈容量一般都在数百千伏安以上，若无容量合适的可调试验电源时，可用适当容量的发电机作为试验电源。当消弧线圈额定电压高于发电机额定电压时，采用发电机变压器组的试验接线。

（2）用电力变压器从系统取试验电源。利用变电站内主变压器做试验电源，如做 35kV 系统消弧线圈的伏安特性，其方法为：在作较低电压下的各点时，取低一级的电压（如 10kV）做试验电源，用调整变压器的分接开关来改变电压；当分接开关已调至最高电压时，应另取同级电压（即 35kV）的相电压做试验电源，变压器的中性点应接地，同样用调整分接开关来改变电压。根据在额定频率时测得的电流和电压值，作出消弧线圈的伏安特性曲线 $U=f(I)$。

这种试验方法的缺点是不能连续调节电压，也不易达到 1.3 倍额定电压，测得的点数也有限，难以作出完整的伏安特性曲线。

（3）串联谐振法。串联谐振法是利用消弧线圈的电感和外加电容组成串联回路，并使其感抗 X_L 与容抗 X_c 匹配（$X_L=X_c$）而得到高电压和大电流。

（4）并联补偿法。并联补偿即并联谐振，用这种方法可以减少试验电源容量。测量时为了能稳定读数，又不要达到全谐振，需留一定脱谐度，一般使 I_c 比 I_L 大 5%～10%，即 $I_c=(1.05～1.1)I_L$，使并联回路呈容性负载。试验电源容量一般取消弧线圈容量的 0.1 倍。当消弧线圈电压等级较高时，需用经升压变压器升压：根据测得的电流和电压，用电流互感器 TA 的变流比和电压互感器 TV 的变压比计算消弧线圈实际的电流和电压，然后，绘制消弧线圈的伏安特性曲线 $U=f(I)$。

以上介绍了几种测量消弧线圈伏安特性的方法，使用时应根据消弧线圈的容量、试验电源和试验设备，综合考虑选择一种合适的试验接线。无论采用以上哪种试验方法，当试验电源的频率不是额定频率时，测得的消弧线圈电流都应折算为额定频率下的电流，然后根据折算后的电流和消弧线圈的电压绘制伏安特性曲线。

2. 系统中性点不对称电压的测量方法

正常运行的 35kV 及以下系统，其中性点不对称电压一般比较低（几十至几百伏），可用适当量程的电压表直接测量。为了安全起见，一般需先用同一电压等级的电压互感器接至被测变压器的中性点，并在互感器的低压侧测出电压的大概数值，证明系统没有接地故障，再用适当量程的电压表直接测量中性点的电压。为了保证安全，不得

在大风、雨雾、雷电天气时测量。万一在测量过程中发生接地故障,为防止事故扩大,可在测量引线中串入一个石英砂填充的复式熔断器。为了防止表计损坏,可并联放电间隙或真空放电管。

必要时可接入示波器观察波形,对发电机中性点电压测量尤为必要。

3. 系统中性点位移电压测量

当三相系统中性点接入导纳 Y_0(导纳 Y——阻抗 Z 的倒数)时,这时的中性点电压称为位移电压。系统中性点接入消弧线圈后的中性点电压(即位移电压)的测量方法、安全注意事项与不对称电压测量相同,但因位移电压较高,需用电压互感器测量。

4. 消弧线圈补偿系统的调谐试验

调谐试验,实际上是测量消弧线圈补偿系统的调谐曲线,调谐曲线试验是消弧线圈投入运行与系统容抗是否相适应的最实际的试验。其目的是确定消弧线圈运行挡位;测量位移电压是否符合要求;验证阻尼电阻是否符合要求。

调谐曲线的做法:将消弧线圈接入系统中性点,根据估算的系统电容电流,从远离系统谐振点的过、欠补偿两侧,调整消弧线圈的抽头(即改变消弧线圈的电流),使其逐渐逼近系统谐振点,但又不能到达系统谐振点(因为全补偿时系统中性点电压高达数千伏,甚至数十千伏,这是不允许的,试验中应特别注意,否则可能造成事故)。每调整一次消弧线圈的抽头,测量一次系统中性点的位移电压。根据所测的位移电压,和在该电压下消弧线圈伏安特性曲线对应的电流值,作出系统的调谐曲线。

调谐曲线尖峰所对应的电流值即为被试系统的电容电流。可用分网或加减线路的方法,测得各种不同运行方式下的系统调谐曲线,从而得到各种不同运行方式下的系统电容电流,以供系统在各种运行方式下正确调谐使用。

5. 消弧线圈补偿系统电容电流测量

系统电容电流 I_c 是指系统在没有补偿的情况下,发生单相接地时通过故障点的无功电流。其测量方法很多,这里介绍几种常用的方法。

(1)单相金属接地法。单相金属接地法又分投入消弧线圈补偿接地法和不投入消弧线圈法两种。

1)不投入消弧线圈补偿接地法。试验是在系统单相接地情况下进行的,当系统一相接地时,其余两相对地电压升高为线电压。因此,在测试前应消除绝缘不良问题,以免在电压升高时非接地相对地绝缘击穿,形成两相接地短路事故。为使接地断路器 QF 能可靠切除接地电容电流 I_c,需将三相触头串联使用,且应有保护。若测量过程中发生两相接地短路,则要求 QF 能迅速切断故障,其保护瞬时动作电流应整定为 I_c 的 4~5 倍。

由于这种方法在测量过程中非接地两相电压要升高,一旦发生绝缘击穿,接地断路器虽能切除短路电流，但由于没有补偿，另一接地点的电弧如不能熄灭，则可能扩大事故。同时由于单相接地产生负序分量，接地电流中将有较大的谐波分量，影响测量结果的准确度，所以一般不采用这种方法。

2）投入消弧线圈补偿接地法。中性点投入消弧线圈时，利用单相金属接地以测量系统的电容电流，这种测量方法与不投入消弧线圈时相比，有较为安全、准确的优点，但是由于仍采用单相金属接地的方法，仍存在非接地两相电压升高危及设备绝缘，产生负序电流有较大的谐波分量的缺点，所以一般也不采用这种方法。

（2）中性点外加电容法。中性点外加电容测量系统的电容电流是在系统无补偿的情况下，在变压器中性点对地接入适当的电容量，测量中性点的对地电压，然后用计算的方法间接得到系统的电容电流。外加电容一般取系统估算的对地电容 C 的 0.5、1 倍和 2 倍。在每个电容下测量一次中性点的对地电压（位移电压），根据系统的不对称电压和测得的各个位移电压来计算系统的电容电流，然后取这些电流的平均值作为该系统的电容电流。中性点外加电容法是现场常用的测量方法。

（3）中性点外加电压法。用中性点外加电压法测量系统电容电流，就是将工频电压引入系统中性点作为测量电源。外加电源的引入，其结果应使系统一相电压降低，另两相电压略有升高，若与此相反，则应改变外加电源的极性。外加电压约为系统正常运行相电压的 1/3，这样两相对地电压的升高不会危及系统绝缘。

外加电压法分投入与不投入消弧线圈两种接线。投入消弧线圈的方法，又分并联（即系统对地电容与消弧线圈并联）加压和串联（即系统对地电容与消弧线圈串联）加压两种。系统除测试外的消弧线圈应退出运行。

三、油浸式电抗器交接、大修试验项目和标准

1. 试验标准参照同电压等级变压器大修试验标准。

（1）油中溶解气体色谱分析；

（2）绕组直流电阻；

（3）绕组绝缘电阻、吸收比或（和）极化指数；

（4）绕组的 $\tan\delta$；

（5）电容型套管的 $\tan\delta$ 和电容值；

（6）绝缘油试验；

（7）铁芯（有外引接地线的）绝缘电阻；

（8）穿心螺栓、铁轭夹件、绑扎钢带、铁芯、线圈压环及屏蔽等的绝缘电阻；

（9）油中含水量；

（10）油中含气量；

（11）测温装置及其二次回路试验；

（12）气体继电器及其二次回路试验；

（13）整体密封检查；

（14）冷却装置及其二次回路检查试验；

（15）套管中的电流互感器绝缘试验。

2. 油浸式电抗器预防性试验项目和标准

标准参照同电压等级变压器预防性试验标准。

（1）油中溶解气体色谱分析；

（2）绕组直流电阻；

（3）绕组绝缘电阻、吸收比或（和）极化指数；

（4）绕组的 $\tan\delta$；

（5）电容型套管的 $\tan\delta$ 和电容值；

（6）绝缘油试验；

（7）铁芯（有外引接地线的）绝缘电阻；

（8）测温装置及其二次回路试验；

（9）气体继电器及其二次回路试验。

3. 干式电抗器试验项目及要求

干式电抗器试验项目及要求见表 26–5–1。

表 26–5–1　　　　　　　　　　　　干式电抗器试验项目及要求

序号	试验项目	要求
1	直流电阻测量	换算至同一温度下与出厂值相比串联电抗器不大于 2%、并联电抗器不大于 1%；三相间的差别不大于三相平均值的 2%
2	绝缘电阻测量（并联电抗器的径向必要时进行）	同一温度下与历年数据比较无明显变化
3	外施交流耐压试验	无闪络、击穿
4	阻抗（或电感）测量（必要时）	与出厂值比无明显变化；符合运行要求。
5	绝缘子探伤	无判废的情况
6	表面憎水性试验	无浸润现象

四、消弧线圈交接、大修试验项目和标准

（一）油浸式消弧线圈

1. 检修前的试验

（1）测量绕组连同套管的直流电阻。

（2）测量绕组连同套管的绝缘电阻及吸收比。

（3）测量 35kV 及以上消弧线圈绕组连同套管的介质损耗因数。

（4）测量 35kV 及以上消弧线圈绕组连同套管的直流泄漏电流。

（5）非纯瓷套管的试验。

（6）绝缘油试验。

2. 检修中的试验

（1）测量铁芯绝缘电阻。

（2）测量铁芯绑扎带绝缘电阻。

3. 检修后的试验

（1）测量绕组连同套管的直流电阻。

（2）测量绕组连同套管的绝缘电阻及吸收比。

（3）测量 35kV 及以上消弧线圈绕组连同套管的介质损耗因数。

（4）测量 35kV 及以上消弧线圈绕组连同套管的直流泄漏电流。

（5）非纯瓷套管的试验。

（6）绝缘油试验。

（7）绕组连同套管的交流耐压试验（大修后）。

（8）控制器模拟试验。

（二）干式消弧线圈

1. 检修前的试验

（1）测量绕组连同套管的直流电阻。

（2）测量绕组连同套管的绝缘电阻及吸收比。

（3）测量铁芯绝缘电阻。

2. 检修中的试验

测量铁芯绝缘电阻。

3. 检修后的试验

（1）测量绕组连同套管的直流电阻。

（2）测量绕组连同套管的绝缘电阻及吸收比。

（3）测量铁芯绝缘电阻。

（4）绕组连同套管的交流耐压试验（大修后）。

（5）控制器模拟试验。

（三）阻尼电阻

1. 检修前试验

（1）测量绝缘电阻。

（2）测量直流电阻。

2. 检修中试验

测量直流电阻。

3. 检修后试验

（1）测量绝缘电阻。

（2）测量直流电阻。

（3）交流耐压试验（必要时）。

（四）接地变压器。

试验项目与变压器试验项目相同。

【思考与练习】

1. 简述电抗器、消弧线圈的试验目的。

2. 电抗器、消弧线圈在制造厂和使用现场安装运行后分别有哪些试验？

3. 油浸式电抗器预防性试验项目有哪些？

4. 消弧线圈的预防性试验有哪些？

▲ 模块 6　电抗器和消弧线圈试验的项目和判断标准（Z15K1006Ⅱ）

【模块描述】本模块介绍了电抗器预防性试验、交接试验、大修试验的项目和判断标准及消弧线圈检修前后的试验项目和判断标准，通过概念描述、要点归纳，熟悉电抗器、消弧线圈试验的项目和判断标准。

【模块内容】

本模块主要介绍电抗器和消弧线圈的试验项目，试验的判断标准可参照模块 Z15K1002Ⅱ中同电压等级变压器试验的判断标准。

一、电抗器试验

1. 油浸式电抗器交接、大修试验项目

（1）油中溶解气体色谱分析。

（2）绕组直流电阻。

（3）绕组绝缘电阻、吸收比或（和）极化指数。

（4）绕组的 $\tan\delta$。

（5）电容型套管的 $\tan\delta$ 和电容值。

（6）电容型套管的末屏绝缘电阻试验。

（7）绝缘油试验。

（8）铁芯（有外引接地线的）绝缘电阻。

（9）穿芯螺栓、铁轭夹件、铁芯、线圈压环及屏蔽等的绝缘电阻。

（10）油中含水量。

（11）油中含气量。

（12）测温装置及其二次回路试验。

（13）气体继电器及其二次回路试验。

（14）整体密封检查。

（15）冷却装置及其二次回路检查试验。

（16）套管中的电流互感器绝缘试验。

2. 油浸式电抗器预防性试验项目

（1）油中溶解气体色谱分析。

（2）绕组直流电阻。

（3）绕组绝缘电阻、吸收比或（和）极化指数。

（4）绕组的 $\tan\delta$。

（5）电容型套管的 $\tan\delta$ 和电容值。

（6）电容型套管的末屏绝缘电阻试验。

（7）绝缘油试验。

（8）铁芯（有外引接地线的）绝缘电阻。

（9）测温装置及其二次回路试验。

（10）气体继电器及其二次回路试验。

3. 干式电抗器试验项目及要求

干式电抗器试验项目及要求见表 26-6-1。

表 26-6-1　　　　　　　　　　　干式电抗器试验项目及要求

序 号	试 验 项 目	要　　　求
1	直流电阻测量	换算至同一温度下与出厂值相比串联电抗器不大于 2%、并联电抗器不大于 1%；三相间的差别不大于三相平均值的 2%
2	绝缘电阻测量（并联电抗器的径向必要时进行）	同一温度下与历年数据比较无明显变化
3	外施交流耐压试验	无闪络、击穿
4	阻抗（或电感）测量（必要时）	与出厂值比无明显变化；符合运行要求
5	瓷柱式绝缘子探伤	无判废的情况
6	表面憎水性试验	无浸润现象

二、消弧线圈试验

（一）油浸式消弧线圈的试验项目

1. 检修前的试验

（1）测量绕组连同套管的直流电阻。

（2）测量绕组连同套管的绝缘电阻及吸收比。

（3）测量35kV及以上消弧线圈绕组连同套管的介质损耗因数。

（4）测量35kV及以上消弧线圈绕组连同套管的直流泄漏电流。

（5）非纯瓷套管的试验。

（6）绝缘油试验。

2. 检修后的试验

（1）测量绕组连同套管的直流电阻。

（2）测量绕组连同套管的绝缘电阻及吸收比。

（3）测量35kV及以上消弧线圈绕组连同套管的介质损耗因数。

（4）测量35kV及以上消弧线圈绕组连同套管的直流泄漏电流。

（5）非纯瓷套管的试验。

（6）绝缘油试验。

（7）绕组连同套管的交流耐压试验（大修后）。

（8）控制器模拟试验。

（二）干式消弧线圈的试验项目

1. 检修前的试验

（1）测量绕组连同套管的直流电阻。

（2）测量绕组连同套管的绝缘电阻及吸收比。

（3）测量铁芯绝缘电阻。

2. 检修后的试验

（1）测量绕组连同套管的直流电阻。

（2）测量绕组连同套管的绝缘电阻及吸收比。

（3）测量铁芯绝缘电阻。

（4）绕组连同套管的交流耐压试验（大修后）。

（5）控制器模拟试验。

（三）阻尼电阻的试验项目

1. 检修前试验

（1）测量绝缘电阻。

（2）测量直流电阻。

2. 检修后试验

（1）测量绝缘电阻。

（2）测量直流电阻。

（3）交流耐压试验（必要时）。

（四）接地变压器

接地变压器的试验项目及判断标准与变压器试验项目相同。

【思考与练习】

1. 油浸式电抗器预防性试验项目有哪些？

2. 消弧线圈的预防性试验有哪些？

▲ 模块 7 变压器油的性能及技术要求（Z15K1007Ⅱ）

【模块描述】本模块介绍了变压器油的物理、化学、电气性能指标和新变压器油、运行变压器油的技术要求，通过概念描述、要点介绍，掌握变压器油的性能及技术要求。

【模块内容】

本模块所介绍的变压器油是指具有一定抗氧化能力的、用于变压器和类似充油电气设备的矿物绝缘油。

一、变压器油的性能

1. 变压器油的物理性质

变压器油的物理性质包括密度、黏度、凝点、闪点、界面张力等。

（1）密度。单位体积油品的质量称为油品的密度，其单位为 g/cm^3 或 kg/m^3，以 ρ 表示。油品的密度受温度影响较大，温度升高，密度减小；反之，密度增大。通常情况下，变压器油的密度为 $0.8\sim0.9g/cm^3$。

（2）黏度与黏温性。黏度是表示油品在外力作用下，做相对层流运动时，油品分子间产生内摩擦阻力的性质，单位为 mm^2/s。油品的黏度随油温的升高而减小，随油温的降低而增大。各种油品在相同条件下随温度变化的程度各不相同。通常将油品随温度变化的程度，称为油品的黏温性。

对变压器来讲，变压器在运行时因自身功率损耗而发热，通常是借助油的对流循环来散热，故应选用黏温性好、凝点低的变压器油。

（3）凝点和倾点。凝点是油品在规定的条件下失去流动性时的最高温度。倾点是在试验条件下，油品能从标准容器中流出的最低温度。油品的倾点通常比凝点高 $2\sim3℃$。油品的凝点和倾点低，则其低温流动性好。

（4）界面张力。界面张力是指在油品与不相溶的另一相的界面上产生的张力，以 F 表示，单位为 N/m 或 mN/m。界面张力受温度的影响较大，通常是随着油温的升高而降低，一般在 25℃下测定油品的界面张力。通常纯净的油在水相的界面上部产生 40～50mN/m 的力，通常变压器油因受温度、氧、水分及电场等因素的影响，油质会劣化导致界面张力的降低。

（5）闪点和燃点。在规定的条件下加热油品，随着油温的升高，油蒸汽在空气中的含量达到一定浓度，当与火源接触时，则在油面上出现短暂的蓝色火焰，往往还伴有轻微的爆鸣声，此时的最低油温称为闪点。

当达到闪点后，仍继续加热，油蒸气浓度增大，当外界引火后，其火焰超过 5s 仍不熄灭，此时油品便燃烧起来，发生此现象时的最低油温即称为燃点。

变压器油的闪点如有大幅度的降低，一般可确定油中有挥发性可燃气体产生，变压器内可能有局部过热、电弧放电等故障。

2. 变压器油的化学性质

变压器油的化学性质包括酸值、水溶性酸值和氧化安定性等。

（1）酸值。酸值是指中和 1g 油中含有的酸性组分所需要的氢氧化钾毫克数，单位为 mgKOH/g。酸值的上升是油初始劣化的标志，酸性物质的存在会降低油的绝缘性能，还会促使固体绝缘材料老化和造成腐蚀，缩短设备使用寿命。

（2）水溶性酸值。水溶性酸是指油中能溶于水的无机酸、低分子的有机酸等，一般以 pH 来表示。这类低分子酸包括甲酸、乙酸等。当油中的水溶性酸含量增加（pH 降低）时，会使固体绝缘材料和金属产生腐蚀。

（3）氧化安定性。氧化安定性指标常用来预测变压器油的使用寿命。一般在变压器成品油中加入一定量的人工合成的抗氧化剂，以提高油品的抗氧化能力。

3. 变压器油的电气性能

变压器油的电气性能包括击穿电压、介质损耗因数等。

（1）击穿电压。在规定的试验条件下绝缘油发生击穿时的电压称为油的击穿电压，单位为 kV。干燥清洁的油品具有相当高的击穿电压值，一般国产油的击穿电压值都在 40kV 以上，有的可达到 60kV 以上。但当油中水分较高或含有杂质颗粒时，会降低油的击穿电压值。

（2）介质损耗因数。

1）介质损耗角。在交变电场下，电介质内流过的电流可分为两部分，无功电容电流 $\dot{i}_C$ 和有功电流 $\dot{i}_R$，其合成电流为 $\dot{i}$。由图 26-7-1 可知，电流 $\dot{i}$ 与电压 $\dot{U}$ 的相位差小于 90°。90° 与实际相角之差称为介质损失角，以 δ 表示。

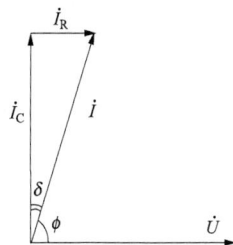

图 26-7-1 电流相量图

2）介质损耗因数。绝缘油的介质损耗与其介质损耗角正切值成正比关系，故可以用 $\tan\delta$ 表示绝缘油的介质损耗。$\tan\delta$ 又称介质损耗因数。一般来讲，新变压器油中的介质损耗因数很小，仅为 0.000 1～0.001；当油氧化或过热而引起劣化时，或混入其他杂质时，介质损耗因数也会随之增大。

二、变压器油的技术要求

1. 变压器油的使用性能要求

（1）良好的热传导性和流动性。变压器油应具有良好的热传导性和流动性，以确保变压器铁芯和绕组能得到有效冷却。

（2）良好的绝缘性。变压器油是设备中的绝缘介质，通常以击穿电压和介质损耗因数来表示变压器油的绝缘性。它应具有高的击穿电压，以防止在高电压作用下电极之间放电现象；同时介质损耗因数低的变压器油可以大幅度降低交流电改变极性时引起的能量损失。

（3）良好的氧化安定性。变压器油应具有良好的氧化安定性，可以减少储存和设备运行期间油品中酸性物质或沉淀物的出现，从而保证变压器安全运行，延长油品寿命和降低维护成本。

2. 新变压器油的质量标准

新变压器油是指未用过的，即没有与电气设备的各种材料接触过的油。我国现有变压器油标准是 GB 2536—1990《变压器油》，其技术条件详见表 26-7-1。

表 26-7-1　　　　　　变压器油技术条件（GB 2536—1990）

项目		质量指标			试验方法
牌号		10	25	45	
外观		透明、无悬浮物和机械杂质			目测[①]
密度不大于（20℃，kg/m³）		895			GB/T 1884，GB/T 1885
运动黏度（mm²/s）	40℃不大于	13	13	11	GB/T 265
	10℃不大于	—	200	—	
	30℃不大于	—	—	1800	
倾点不高于（℃）		−7	−22	报告	GB/T 3535[②]
凝点不高于（℃）		—	—	45	GB/T 510
闪点（闭口）不低于（℃）		140	140	135	GB/T 261
酸值不大于（mgKOH/g）		0.03			GB/T 264
腐蚀性硫		非腐蚀性			SH/T 0304

续表

项目		质量指标			试验方法
牌号		10	25	45	
氧化安定性⑧	氧化后酸值不大（mgKOH/g）	0.2			SH/T 0206
	氧化后沉淀不大于（%）	0.05			
水溶性酸或碱		—			GB/T 259
击穿电压④（间距 2.5mm 交货时）不小于（kV）		35			GB/T 507⑤
介质损耗因数（90℃）不大于		0.005			GB/T 5654
界面张力，不小于（mN/m）		40	40	38	GB/T 6541
水分（mg/kg）		报告			SH/T 0207

① 把产品注入 100mL 量筒中，在（20±5）℃下目测，如有争议，按 GB/T 511—2010《石油和石油产品及添加剂机械杂质测定法》测定机械杂质，含量为无。
② 新疆和大庆原油生产的变压器油在测定倾点和凝点时，允许用定性滤纸过滤。
③ 氧化安定性为保证项目，每年至少测定一次。
④ 击穿电压为保证项目，每年至少测定一次。用户使用前必须进行过滤并重新测定。
⑤ 测定击穿电压允许用定性滤纸过滤。

3. 运行中变压器油的质量标准

目前我国使用的运行中变压器油的标准是 GB/T 7595—2008《运行中变压器油质量》。该标准适用于充入电气设备的矿物变压器油在运行中的质量监督，规定了运行中变压器油应达到的质量标准和检验周期。

（1）运行中变压器油质量标准。根据变压器油的使用状态，运行中变压器油可以分为投入运行前的油和运行油两大类。新变压器油经真空脱气、脱水处理后充入电气设备（但未使用、未通电），即构成设备投入运行前的油；当变压器油充入设备中，该设备投入运行后的油，称为运行油。这两类油的控制标准详见表 26-7-2。

表 26-7-2　　　　　　　　运行中变压器油质量标准

序号	项　　目	设备电压等级（kV）	质　量　指　标		检验方法
			投入运行前的油	运行油	
1	外状	—	透明、无杂质或悬浮物		外观目视
2	水溶性酸（pH）	—	>5.4	≥4.2	GB/T 7598
3	酸值（mgKOH/g）	—	≤0.03	≤0.1	GB/T 264
4	闪点（闭口，℃）	—	≥135		GB/T 261

续表

序号	项　目	设备电压等级（kV）	质 量 指 标		检验方法
			投入运行前的油	运行油	
5	水分[①]（mg/L）	330～1000	≤10	≤15	GB/T 7600 或GB/T 7601
		220	≤15	≤25	
		≤110	≤20	≤35	
6	界面张力（25℃，mN/m）		≥35	≥19	GB/T 6541
7	介质损耗因数（90℃）	500～1000	≤0.005	≤0.020	GB/T 5654
		≤330	≤0.010	≤0.040	
8	击穿电压[②]（kV）	750～1000	≥70	≥60	DL/T 429.9[③]
		500	≥60	≥50	
		330	≥50	≥45	
		66～220	≥40	≥35	
		≤35	≥35	≥30	
9	体积电阻率（90℃，Ω·m）	500～1000	≥6×1010	≥1×1010	GB/T 5654 或DL/T 421
		≤330		≥5×109	
10	油中含气量（%，体积分数）	750～1000330～500（电抗器）	<1	≤2≤3≤5	DL/T 423 或DL/T 450、DL/T 703
11	油泥与沉淀物（%，质量分数）	—	<0.02（以下可忽略不计）		GB/T 511
12	析气性	≥500	报告		IEC 60628（A）GB/T 11142
13	带电倾向		报告		DL/T 1095
14	腐蚀性硫	—	非腐蚀性		DIN51353 或SH/T 0804、ASTMD1275 B
15	油中颗粒度	≥500	报告		DL/T 432

① 取样油温为 40～60℃。

② 750～1000kV 设备运行经验不足，本标准参考西北电网 750kV 设备运行规程提出。

③ DL/T 429.9 方法是采用平板电极；GB/T 507 是采用圆球、球盖形两种形状电极。其质量指标为平板电极测定值。

（2）运行中变压器油的检验周期和项目。

1）油中溶解气体的分析和故障诊断按照 GB/T 17623《绝缘油中溶解气体组分含

量的气相色谱测定法》和 GB/T 7252《变压器油中溶解气体分析和判断导则》执行。

2）其他项目的检验周期和检验项目见表 26-7-3。

表 26-7-3　　　　　　　运行中变压器油检验周期和检验项目

设备名称	设备规范	检验周期	检验项目
变压器、电抗器，站、厂用变压器	330～1000kV	设备投运前或大修后	1～10
		每年至少一次	1，5，7，8，10
		必要时	2，3，4，6，9，11，12，13，14，15
	66～220kV、8MVA 及以上	设备投运前或大修后	1～9
		每年至少一次	1，5，7，8
		必要时	3，6，7，11，13，14 或自行规定
	<35kV	设备投运前或大修后	自行规定
		三年至少一次	
互感器、套管	—	设备投运前或大修后	自行规定
		1～3 年	
		必要时	

注　1. 检验项目栏中的 1，2，3…为表 Z15K1007Ⅱ-2 中的项目序号。

　　2. 对于不易取样或补充油的全密封式套管、互感器设备，根据具体情况自行规定。

【思考与练习】

1. 简述变压器油物理性能的指标。

2. 简述变压器油化学性能的指标。

3. 简述变压器油电气性能的指标。

4. 新变压器油的技术要求是什么？

5. 运行变压器油的技术要求包括哪些内容？

◢ 模块 8　变压器油的老化及防治措施（Z15K1008Ⅱ）

【模块描述】本模块介绍变压器油氧化的现象和危害、影响油品氧化的因素以及常用变压器油的防劣措施，通过概念描述、要点介绍，掌握变压器油的老化及防治措施。

【模块内容】

一、变压器油氧化的现象和危害

1. 变压器油氧化的现象

在高温及金属的催化作用下，运行中的变压器油与溶解在油中的氧接触，发生氧化、裂解等化学反应，会不断变质，造成运行油质量的严重下降。通常把油质变坏的现象统称为油品的老化或劣化。

若使用的油品质量较差或运行中维护不良，油品的氧化程度将逐步加深，其外观性质明显变化，如颜色逐渐变深，透明度不断下降，油泥沉淀物增多，有腐烂、油焦气味等；其物理、化学性质也有显著的变化，如酸值明显增大，密度和黏度也有所增大，电气性能明显下降等。

2. 油品氧化的危害

绝大多数氧化产物对油品和设备都有较大危害，主要表现在以下几个方面：

（1）油中的酸性物质。油中的酸性物质降低变压器油及设备的电气性能，严重者有可能造成重大设备和人身事故。酸性物质降低绝缘材料的绝缘性能和机械强度，对金属有腐蚀作用，缩短其使用寿命，生成的金属皂化物会加速油品自身的氧化和固体绝缘材料的老化。

（2）低分子烃。溶解在油中低分子烃，会降低油的闪点，有导致设备烧毁的可能。

（3）中性物质。一部分溶解在油中的中性物质呈胶质和沥青质存在，加深油的颜色，增加油的黏度，影响油的散热作用。

（4）不溶解的油泥沉淀。沉积在变压器箱壁和散热管内的油泥，传热能力差，直接影响设备的散热，增高运行油温，并有可能堵塞油道，影响油的流通，另外如同时有炭质沉淀物，还会引起闪络，其危害更为严重。

二、影响油品氧化的因素

油品氧化除了与本身化学组成有关外，还受以下外界因素的影响。

1. 温度

油品的氧化速度随温度的升高而加快。在室温下油品氧化缓慢，若超过室温，其氧化速度将加快，超过 50～60℃后，氧化速度大为增加。

2. 氧气

氧气存在是油品氧化的根本原因。氧主要来源于变压器里的空气，在将新油注入设备时，即使采用高真空脱气法注油，也不能将油中的氧完全去除。

在油品使用中，应尽量减少油与氧的接触面，最好不与空气接触，因此 GB/T 14542—2005《运行中变压器油维护管理导则》中规定，对于高电压、大容量的电力变压器，应装设密封式储油柜等措施，以使变压器油不与空气直接接触，减缓油品的劣化。

3. 催化剂

事实表明，部分金属及其盐类等物质均能加速油品的氧化。通常将这类物质称为油品氧化的"催化剂"，对变压器油起催化作用的物质是水分和铜铁材料。

4. 电场和日光

若在油品的氧化过程中施加电压，则氧化油的沉淀物和皂化物均会增加，再分别测定油和沉淀物中的酸值时，发现电场促使油中的有机酸转变成沉淀物，所以油中酸值较小。

日光中的紫外线能加速自由基的生成，因而在日光照射下可加速其氧化反应的速度。

5. 固体绝缘材料

变压器油在使用中必然与环氧树脂、电缆纸等材料接触。经试验表明，多数绝缘材料长期与油接触时，会对油品的氧化产生不同程度的催化作用。

三、变压器油防劣措施

为了延长运行中变压器油的寿命，应有选择地采取的防劣措施；并在设备运行中，尽量避免或减少引起油质劣化的超负荷、超温运行方式；同时应采取措施定期清除油中气体、水分、油泥和杂质等。另外，还应做好设备检修时的加油、补油和设备内部清理工作。

以下就从常用的防劣措施、防劣措施的选用两方面进行介绍。

（一）变压器油常用的防劣措施

1. 在油中添加抗氧化剂

在运行的变压器油中添加抗氧化剂是一种有效的维护措施，具有操作简便、不损耗油的特点。我国的变压器油，普遍添加的抗氧化剂是 T501，它的学名是 2.6-二叔丁基对甲酚，是白色粉状晶体，油溶性好、不溶于水和碱液。

在添加 T501 时应注意以下几点：

（1）感受性试验。对来源不明的新油、再生油及老化污染情况不明的运行油应做油对抗氧化剂的感受性试验，确定该油是否适合添加和添加时的有效剂量。对感受性差的油，可将油进行净化或再生处理后，再作感受性试验。

（2）油中 T501 含量的控制。对新油、再生油，油中 T501 含量应不超过 0.30%（质量分数）；对于运行中油应不低于 0.15%，否则，应及时补加。

（3）添加方法。运行中油添加 T501 时应在变压器停运或检修时进行，添加前应清除设备内和油中的油泥、水分和杂质，添加时油的 pH 值不应低于 5.0。

添加时应采用热溶解法，将 T501 在 50℃下配制成含 5%～10%（质量分数）的油溶液，然后通过滤油机，将其加入循环状态设备内的油中并混合均匀，以防药剂过浓导致未溶解的药剂颗粒沉积在设备内。添加后，油的电气性能应合格。

（4）添加后油质的监督和维护。在加入抗氧化剂后的一段时期内，应经常监督油质的变化情况。若发现运行油混油，需及时过滤并查明原因。一年之后可按 GB/T 7595—2000《运行中变压器油质量标准》中规定的试验项目和检验周期进行油质监督。

2. 采用密封式储油柜

大容量的电力变压器中的密封式储油柜内部装有橡胶密封件，使油和空气隔离，以防外界湿气和空气进入而导致油质氧化加速与受潮，延缓了变压器油和设备中绝缘材质的老化。目前，密封式储油柜有两种结构型式——胶囊式储油柜与隔膜式储油柜。

（1）胶囊式储油柜。在变压器的储油柜内装设一个耐油的隔膜袋，袋的内腔经干燥剂过滤器与大气相通，袋的下部表面平贴油面，变压器通过气袋内部的容积空间来进行"呼吸"。

（2）隔膜式储油柜。变压器的储油柜由上下两壳体组成。壳与壳之间用法兰连接，中间装有成型的耐油隔膜，隔膜上部经过滤器（或直接）与大气相通，隔膜下面紧贴油面与空气隔绝。当油温变化时，隔膜随油位的升降而浮动，以适应变压器的"呼吸"。

（3）运行监督。

1）密封式储油柜在运行中，应经常检查柜内气室呼吸是否畅通，油位变化是否正常。如发现呼吸器堵塞或密封件油侧积存有空气，应及时排除，以防发生假油位或溢油现象。

2）装有密封式储油柜的变压器，应定期检测油质情况，特别是油中含气量和含水量的变化。如有异常，应查明原因，并对设备内的油进行真空脱气、脱水处理。

3. 充氮保护

在储油柜或油箱的上部空间内充入高纯氮气（纯度为 99.99%），使油面不与大气直接接触，从而减少氧气的侵入，所需高纯氮气由钢瓶或胶袋供应。这一措施可有效防止油质的劣化，但维护工作量大，目前国内变压器用得较少。

4. 安装净油器

吸附型净油器分为温差环流净油器（俗称热虹吸器）和强制循环净油器两种。

在变压器上部安装热净油器，内放硅胶或活性氧化铝等颗粒吸附剂，利用运行变压器油的对流作用，将油中的酸性组分、水分、油泥、沉淀等氧化产物和污染物被吸附剂吸附并过滤掉。

近年来，大中型变压器在储油柜中已安装了隔膜密封装置，油质稳定，所以净油器已逐渐退出使用。

（二）防劣措施的选用

1. 根据充油电气设备选择

根据充油电气设备的种类、型式、容量和运行方式等因素来选择。

（1）电力变压器应至少采用上述所列举的一种防劣措施；

（2）对低电压、小容量的电力变压器，应装设净油器；对高电压、大容量的电力变压器，应装设密封式储油柜；

（3）对 110kV 及以上电压等级的油浸式高压互感器，应采用隔膜密封式储油柜或金属膨胀器结构。

2. 根据防劣措施的效果选择

（1）为充分发挥防劣措施的效果，应对几种防劣措施进行配合使用并切实做好监督和维护工作。

（2）对大容量或重要的电力变压器，必要时可采用两种或两种以上的防劣措施配合使用。

四、影响油老化的其他因素及防治措施

1. 总硫含量

油中的硫除了少量硫以单质和硫化氢存在外，主要以有机硫化物的形式存在，如硫醇、硫醚、二硫醚、噻吩及其同系物等，这些硫化物的总量统称为总硫含量。油在精制（脱硫）过程中大量硫化物已被消除，但仍会有极少量的硫化物存在。因此对总硫含量的测量也是对油的精制工艺和质量的检验，特别应对产自高硫含量原油的制品提出相应的指标要求。

2. 腐蚀性硫

存在于油品中的腐蚀性硫化物（包括游离硫）称为腐蚀性硫。油品中的腐蚀性硫包括元素硫、硫化氢、低级硫醇、二氧化硫、三氧化硫、硫磺和酸性硫酸酯等。二氧化硫多数是由硫酸精制及再蒸馏时，残留的中性及酸性硫酸酯分解生成的。

由于变压器油中含硫量的多少对变压器等设备所造成的危害直到近几年才暴露，所以这方面的问题国内外的研究较少。

报告显示，过去 15 年全球有 45 台变压器因腐蚀硫导致运行变压器的故障，近年来在我国对故障变压器进行解体或吊芯检查过程中，也曾发现绕组表面存在绿色的沉积物，经初步分析确定其主要成分为 Cu_2S，是变压器油中的含硫物质与绕组材料发生反应的产物。沉积在绕组表面，会影响设备的绝缘水平，给变压器等充油电气设备的安全运行带来隐患。虽然无直接证据表明这些设备的故障是由硫化物诱发而导致的，但油品中的腐蚀性硫已逐渐引起国内外的关注。

3. 金属含量

研究发现，变压器油中的金属，特别是铜和铁，对油的氧化起催化作用，而反应所产生的大量酸性成分、氧化产物、水分等都会使油的绝缘下降、介质损耗增加；同时这些氧化产物又会腐蚀金属，使金属含量增加，加速油的氧化，如此恶性循环，油品的劣化速度将更快。如果油中金属含量过高，还会引起油流带电。

目前国家标准和行业标准对变压器油出厂和交接试验中没有油中金属含量这一指标，因此在事故后，缺少基础数据，不能对油中金属含量的变化趋势进行跟踪，给事故分析增加难度。运行中油中金属含量应与颗粒污染度一并综合考虑。

【思考与练习】

1. 变压器油物理性能的指标有哪些？
2. 变压器油化学性能的指标有哪些？
3. 变压器油电气性能的指标有哪些？
4. 新变压器油的技术要求是什么？
5. 运行变压器油的技术要求包括哪些内容？
6. 变压器油氧化后油质会有什么特征？
7. 变压器油氧化的危害是什么？
8. 影响油品氧化的因素有哪些？
9. 变压器油的防劣措施有哪些？
10. 如何添加 T501 抗氧化剂？

模块 9　变压器油的处理（Z15K1009Ⅱ）

【模块描述】本模块介绍变压器油的分类以及性能指标超极限值的原因和处理方法，通过概念介绍、缺陷分析，掌握变压器油水分、酸值、击穿电压等性能超标的原因分析和相应处理技术。

【模块内容】

一、运行变压器油的分类

1. IEC 60422—2005 运行变压器油的分类

IEC 60422—2005《电气设备中矿物绝缘油　维护和管理指南》将运行油分为"好""一般""差"三个等级。

（1）"好"等级的油处于正常状态，保持正常取样。

（2）"一般"等级的油开始劣化，需要缩短检测周期。

（3）"差"等级的油严重劣化，立即采取相应措施。

2. 我国运行中变压器油的分类概况

根据 IEC 60422—2005 的分类情况和 GB/T 7595—2017《运行中变压器油质量标准》，我国运行油可按其主要特性指标的评价，大致可分为以下三类。

（1）第一类：可满足变压器连续运行的油。此类油的各项性能指标均符合 GB/T 7595—2017 中按设备类型规定的指标要求，不需采取处理措施，而能继续运行。

（2）第二类：能继续使用但需要进行处理的油。此类油能继续使用，部分性能指标不符合 GB/T 7595—2017 标准中的要求，需要进行处理的油，处理后油的性能指标应能符合 GB/T 7595—2017 中的标准要求。

（3）第三类：待报废的油。此类油品质量很差，多项性能指标均不符合 GB/T 7595—2017 标准中的要求，从技术角度考虑应予报废的油。

为了正确地对运行中变压器油进行维护和管理，油质化验人员和管理者应掌握 GB/T 14542—2017《运行中变压器油维护管理导则》的有关要求，才能保证用油设备的安全经济要求。

二、运行中变压器油超极限值的原因和处理方法

1. 运行中变压器油超极限值处理措施

对于运行中变压器油的所有检验项目超出质量控制的极限值应进行分析，并采取相应的措施，同时应注意以下几点：

（1）对于试验结果超出了极限值范围的油品。应与以前的试验结果进行比较，如情况许可，应先进行重新取样分析以确认试验结果无误。

（2）对于快速劣化的油品。如果油质快速劣化，则应进行跟踪试验，必要时可通知设备制造商。

（3）对于某些特殊试验项目超出了极限值范围的油品。如油中溶解气体的色谱检测发现有故障存在，或击穿电压很低表明油已严重受潮或被固体颗粒严重污染，则可以不考虑其他特性项目，应果断采取措施以保证设备安全。

2. 运行中变压器油超极限值的原因和处理方法

运行中变压器油应按照检验周期进行性能检验，一般用于评价油质的项目包括水分、酸值、击穿电压、介质损耗因数、界面张力、闪点（闭口）、油中溶解气体组分含量、体积电阻率等，下面就这些项目试验结果超极限值的原因和处理方法通过表 26-9-1～表 26-9-8 分别进行介绍。

（1）水分。

表 26-9-1　　　　运行中变压器油水分超极限值的原因和处理方法

项目	设备电压等级（kV）	超极限值	可能原因	采取对策
水分（mg/kg）	≥330	>20	（1）密封不严、潮气侵入；（2）运行温度过高，导致固体绝缘老化或油质劣化	（1）检查密封胶囊有无破损，呼吸器吸附剂是否失效，潜油泵是否漏气；（2）检查运行温度是否正常；（3）采用真空过滤处理
	220	>30		
	≤110	>40		

（2）酸值。

表 26-9-2　　　　运行中变压器油酸值超极限值的原因和处理方法

项目	超极限值	可能原因	采取对策
酸值（mgKOH/g）	>0.1	（1）超负荷运行；（2）抗氧剂消耗；（3）补错了油；（4）油被污染	调查原因，增加试验次数，投入净油器，测定抗氧剂含量并适当补加，或考虑再生

（3）击穿电压。

表 26-9-3　　　　运行中变压器油击穿电压超极限值的原因和处理方法

项目	设备电压等级（kV）	超极限值	可能原因	采取对策
击穿电压（kV）	≥500	<50	（1）油中水分含量过大；（2）油中有杂质颗粒污染	检查水分含量，对大型变电设备可检测油中颗粒污染度；进行精密过滤或换油
	330	<45		
	220	<40		
	66～110	<35		
	≤35	<30		

（4）介质损耗因数。

表 26-9-4　　　运行中变压器油介质损耗因数超极限值的原因和处理方法

项目	设备电压等级（kV）	超极限值	可能原因	采取对策
介质损耗因数（90℃）	≥500	>0.020	（1）油质老化程度较深；（2）油被杂质污染；（3）油中含有极性胶体物质	检查酸值、水分、界面张力数据；查明污物来源并进行吸附过滤处理，或考虑换油
	≤330	>0.040		

（5）界面张力。

表 26-9-5　　运行中变压器油界面张力超极限值的原因和处理方法

项目	超极限值	可能原因	采取对策
界面张力（mN/m，25℃）	<19	（1）油质老化严重，油中有可溶性或沉析性油泥； （2）油质污染	结合酸值、油泥的测定采取再生处理或换油

（6）闪点（闭口）。

表 26-9-6　　运行中变压器油闭口闪点超极限值的原因和处理方法

项目	超极限值	可能原因	采取对策
闪点(闭口)(℃)	<135	（1）设备存在严重过热或电性故障； （2）补错了油	查明原因，消除故障，进行真空脱气处理或换油

（7）油中溶解气体组分含量。

表 26-9-7　　运行中变压器油溶解气体组分含量超极限值的
原因和处理方法

气体组分	设备名称	设备电压等级（kV）	超极限值（μL/L）	可能原因	采取对策
乙炔	变压器、电抗器	≥330	>1	设备存在局部过热或放电性故障	进行跟踪分析，彻底检查设备，找出故障点并消除隐患，进行真空脱气处理
		≤220	>5		
	套管	≥330	>1		
		≤220	>2		
	电流互感器	≥220	>1		
		≤110	>2		
	电压互感器	≥220	>2		
		≤110	>3		
氢	变压器、电抗器		>150		
	套管		>500		
	电流互感器		>150		
	电压互感器		>150		
总烃	变压器、电抗器		>150		
	电流互感器		>100		
	电压互感器		>100		
甲烷	套管		>100		

（8）体积电阻率。

表 26-9-8　运行中变压器油体积电阻率超极限值的原因和处理方法

项目	设备电压等级 （kV）	超极限值	可能原因	采取对策
体积电阻率 （90℃） （Ω·m）	≥500	$<1\times10^{10}$	（1）油质老化程度较深； （2）油被杂质污染； （3）油中含有极性胶体物质	检查酸值、水分、界面张力数据；查明污染物来源并进行吸附过滤处理，或考虑换油
	≤330	$<5\times10^{9}$		

三、油处理主要设备的介绍

1. 齿轮式输油泵

油泵是指依靠容积的变化来输送液体的泵，变压器油常用的油泵是齿轮式输油泵。

（1）特点与用途。泵的压力稳定，输出流量脉动小，容积效率高。适用于输送不含固体颗粒和纤维、无腐蚀性、黏度为 5～1500cst 的润滑油料或类似润滑油的其他液体，液温不超过 80℃（$1cst=10^{-6}m^2/s$）。

（2）结构。标准泵组是用弹性联轴器与三相电动机直接连接后安装在铸铁公共底盘上。主要零件包括齿轮、主动轴、从动轴以及轴承、泵体、端面盖板以及轴封装置等。齿轮均经"淬火"处理，有较高的硬度和耐磨性，与轴一同安装在轴套内。

（3）操作注意事项。

1）油泵应使用耐油管，使用前应确保管路连接紧固，油管在工作压力下避免弯折。

2）油泵应使用规定油号的工作油，使用前检查油箱内一般应保持 85%左右的油位，不足应及时补充。

3）油泵接地电源，机壳必须接地线，检查线路绝缘情况后，方可试运转。

4）油泵运转前，应将各路调节阀松开，然后开动油泵，待负荷运转正常后，再逐渐增大负荷，并注意观察压力表指针是否正常。

5）油泵不宜在超负荷下工作，安全阀须按设备额定油压调整压力，严禁任意调整。

（4）常用齿轮式输油泵规格型号。以某公司生产的 2CY 系列为例进行型号说明，如 2CY-3/2.5 型：2C—双齿轮，Y—油泵，3—流量，2.5—压力。泵的型号及主要参数见表 26-9-9。

表 26-9-9　　　　　　　　　　　齿轮式输油泵的技术规范

型　号	流量 (m³/h)	转速 (r/min)	规定压力 (MPa)	电 动 机	
				功率（kW）	型号
2CY-2.1/2.5	2.1	1420	2.5	3	Y100L2-4
2CY-3/2.5	3.0	1440	2.5	4	Y112M-4
2CY-7.5/2.5	7.5	1440	2.5	7.5	Y132M-4
2CY-12/2.5	12	1460	2.5	15	Y160L-4

2. 压力式滤油机

压力式滤油机是借助油泵压力将油通过过滤介质（一般用滤纸）以除去油中水分、油泥、游离碳、纤维及其他机械杂质，改善油的电气性能。但它不能有效地除去溶解的或胶态的杂质，也不能脱除气体。板框式压力滤油机是检修单位常用的一种滤油设备，适用于过滤含水分和杂质较少的污油。

（1）构造。压力式滤油机是由方形的滤板和滤框交替排列组成。在滤板与滤框之间夹有滤纸，然后用丝杠将滤板、滤纸与滤框压紧。

滤油机配备有齿轮泵、粗滤器、压力表、进出油道、打孔器等附件。

（2）操作注意事项。

1）在使用前过滤介质需充分烘干。过滤温度控制在 40～50℃。

2）滤油机工作时，滤板滤框的次序不能排错，左右不能上反，板框之间要压紧，保证严密不漏油。

3）滤油机工作时的压力在 200～400kPa 之间，压力的大小随着滤纸使用层数、厚度以及滤纸的污秽程度的不同而异。监督滤油机的工作状况，主要靠观察进口油压和测定滤出油的击穿电压（或含水量），如发现过滤过程中进口油压增至 500kPa 以上或滤出油的击穿电压值降低时，应停止过滤，更换滤纸。

4）当过滤含较多油泥及其他污染物的油时，需增加更换滤纸的次数，必要时，可采用预滤装置（滤网）以提高过滤效率和延长滤纸使用时间。

5）油泵进口的粗滤网，每月至少应清洗一次，压力表每年应校验一次。

6）处理超高压设备的用油时，可将压滤机与真空净油机配合使用，以提高油的净化程度。

（3）常用压力式滤油机规格型号。以某公司生产的 LY 系列为例，见表 26-9-10。

表 26-9-10   常用压力式滤油机规格型号

型 号	出力 （L/min）	压力 （MPa）	齿轮泵规格		电动机型号
			出力（L/min）	压力（MPa）	
LY-30	30	0～0.1	＞30	0.441	JO-32-4
LY-50	50	0～0.3	＞50	0.441～0.588	JO-32-4 JO$_2$-2-4T$_2$
LY-100	100	0～0.3	＞100	0.588	JO$_2$-31-4T$_2$
LY-120	120	0～0.2	＞120	0.519	JO-42-4
LY-150	150	0～0.3	＞150	0.588	JO$_2$-2-4T$_2$

3. 真空净油机

为满足高压电气设备对变压器油的质量要求，可借助真空净油机使油在真空和较高的温度下雾化，是使油干燥、提高质量的最理想的方法。适用于变压器油的脱气脱水和精密过滤。

（1）构造。由进油泵（有些真空净油机设计靠负压吸油而不配备进油泵）、加热器、过滤器、真空脱气罐、排油泵、冷凝器、真空泵、电气控制柜、测控仪表及管路系统等部件组成。

（2）工作原理。待处理的油经进油泵送入（或靠负压吸入）真空净油机系统，经加热器加热后，进入脱气罐，在一定的温度和真空条件下，使油中所含的水分蒸发，所含气体逸出，被真空泵抽出经冷凝器冷凝后排入收集器内，未凝结的水汽和气体经真空泵排出。脱气脱水后的油送入再生器或直接通过高精度过滤器，滤除颗粒杂质等后排入贮油容器内，从而达到对油品净化处理的目的。

（3）真空净油机的型号与选择。

1）真空净油机的型号和系列。

a. 真空净油机的型号以 ZJ 表示，Z 代表真空；J 代表净油机。

b. 真空净油机的系列代号用 A、B、C 表示：A 系列为双级真空净油机；B 系列为单级真空净油机；C 系列为低真空净油机。

2）真空净油机的选择。

a. 按油品的种类选择：绝缘油选择用 A 系列和 B 系列真空净油机，汽轮机油选用 C 系列真空净油机。

b. 按用油设备的电压等级选择：推荐 110kV 及以下的充油电气设备用油净化可采用单级真空净油机，220kV 及以上的充油电气设备用油净化采用双级真空净油机。

c. 按油品的数量选择：根据用油设备的油量、现场检修滤油允许的时间要求，选择与真空净油机铭牌标示流量相适应的型号，一般以过滤两个循环不超过 8h 为宜。

（4）操作注意事项。

1）在现场使用时，净油机应尽量靠近变压器或油箱，以减少管路阻力，保证进油量。

2）连接管路（包括油箱）事先应彻底清洁，管路连接紧固密封，严防管路进气和跑油，以免发生事故。

3）启动净油机时，须待真空泵、油泵及加热器运行正常并保持内部循环良好后，方可对待净化油品进行处理。

4）在处理过程中，应严格监视净油机的运行工况（如真空度、油流量、油温等），还应定期检测油品处理前后的质量，以监视净油机的净化效率。

5）待净化油中如含有大量的机械杂质和游离水分，需先用其他过滤设备充分滤除，以免影响净油机的净化效率或堵塞过滤元件。

6）冬季在户外作业时，管路、真空罐等部件应采取保温措施，避免油黏度增大而导致油泵吸入量不足。

7）真空净油机的净化效率主要取决于真空与油温，因此必须保证有足够的真空和合适的工作温度。油温一般控制在 60℃，最高不超过 90℃，以防止油质氧化或引起油中抗氧化剂的挥发损耗。

8）循环过滤次数视油中水分、含气量和净油机效率而定，一般不可少于 2～3 次。

9）真空净油机的作业现场，应同时做好防火、防爆等措施，过滤变压器油时，流速不宜过大，以避免产生静电，在变配电站内滤油时还应遵守电业安全工作规程中的有关要求。

（5）常用真空净油机的规格型号（见表 26-9-11）。

表 26-9-11　　　　　　常用真空净油机的规格型号

型号	滤油能力				工作真空度（Pa）	极限工作真空度（Pa）	备注
	油量（L/h）	处理后					
		耐压（kV）	含水量（mg/L）	B 值			
B 系列	6000	≥65	≤7	≥6	≤666	≤90	单级
A 系列	6000	≥70	≤3	≥15	≤133	≤7	双级

【思考与练习】

1. 简述运行中变压器油的分类情况。

2. 运行中变压器油水分、酸值、击穿电压等性能指标超极限值的原因和处理方法是什么？

3. 常用的油处理设备有哪些？

4. 压力式滤油机使用注意事项有哪些？

5. 如何进行真空净油机的选择？

6. 真空净油机操作注意事项有哪些？

▲ 模块 10 变压器油中溶解气体的气相色谱分析判断标准
（Z15K1010Ⅲ）

【模块描述】本模块介绍了变压器油色谱分析的基本知识，通过概念描述、故障分析方法介绍，熟悉变压器油中溶解气体的分析对象、检测周期，掌握变压器油中溶解气体故障诊断的常用方法。

【模块内容】

一、变压器油中溶解气体色谱分析简介

运用色谱技术分析变压器油中溶解气体的组分和含量，是监督充油电气设备安全运行的最有效的措施之一，能尽早发现设备内部存在的潜伏性故障，并可随时监视故障的发展状况。

1. 变压器油中溶解气体的来源

正确分析变压器油中溶解气体的来源是判断设备有无故障的重要手段，变压器油中溶解气体，主要来源于以下几个方面：

（1）空气的溶解。变压器油中溶解气体的主要成分是空气。变压器油在炼制、运输和储藏等过程中都会与大气接触，空气会溶解在油中。在 101.3kPa，25℃时，空气在油中溶解的饱和含量约为 10%（体积比）。

（2）绝缘油的分解。在热和电的作用下，绝缘油会发生氧化分解，生成氢气（H_2）和低烃类气体，如甲烷（CH_4）、乙烷（C_2H_6）、乙烯（C_2H_4）、乙炔（C_2H_2）等，也可能生成碳的固体颗粒及碳氢聚合物（X-蜡）。变压器在故障初期，所形成的气体溶解于油中；当故障能量较大时，也可能聚集成自由气体。

（3）固体绝缘材料的分解。纸、层压板或木块等固体绝缘材料分子热稳定性比油要弱，固体绝缘材料中的聚合物在温度高于 105℃时开始裂解，在高于 300℃时完全裂解和碳化，在生成水的同时，生成大量的 CO 和 CO_2 及少量烃类气体和呋喃化合物。

（4）气体的其他来源。在某些情况下，有些气体可能不是设备故障造成的，例如油中含有水，可以与铁作用生成氢；新的不锈钢中也可能在加工过程中或焊接时吸附氢而又慢慢释放到油中；某些操作也可生成故障特征气体，例如有载调压变压器中切换开关油室的油向变压器主油箱渗漏，设备油箱带油补焊，原注入的油就含有某些气体等。这些气体的存在一般不影响设备的正常运行。但当利用气体分析结果确定设备内部是否存在故障及其严重程度时，要注意加以区分。

分解出的气体形成气泡，在油中经对流、扩散，不断地溶解在油中。这些故障特征气体的组成和含量与故障的类型及其严重程度有密切关系。

2. 变压器油中溶解气体色谱分析对象

变压器油中溶解气体色谱分析对象包括 H_2、CH_4、C_2H_6、C_2H_4、C_2H_2、CO、CO_2，这些气体对判断充油电气设备内部故障有价值，称为特征气体。另外，CH_4、C_2H_6、C_2H_4 和 C_2H_2 含量的总和，称为总烃。

3. 变压器油中溶解气体色谱分析检测周期

（1）新设备及大修后的设备投运前的检测。新设备及大修后的设备投运前应至少做一次检测。如果在现场进行感应耐压和局部放电试验，则应在试验后再做一次检测。制造厂规定不取样的全密封互感器不做检测。

（2）投运时的检测。新的或大修后的变压器和电抗器至少在投运后 1 天（仅对电压 110kV 及以上的变压器和电抗器，容量在 120MVA 及以上的发电厂升压变压器）、4 天、10 天、30 天各做一次检测，若无异常，可转为定期检测。制造厂规定不取样的全密封互感器不做检测。套管在必要时进行检测。

（3）运行中的定期检测。运行中设备的定期检测周期按表 26-10-1 的规定进行。

表 26-10-1　　　　　　　　　　运行中设备的定期检测周期

设 备 名 称	设备电压等级或容量	检 测 周 期
变压器和电抗器	电压 330kV 及以上	3 个月一次
	容量 240MVA 及以上	
	所有发电厂升压变压器	
	电压 220kV 及以上	3 个月一次
	容量 120MVA 及以上	
	电压 66kV 及以上	1 年一次
	容量 8MVA 及以上	
	电压 66kV 及以下	自行规定
	容量 8MVA 及以下	
互感器	电压 66kV 及以上	1~3 年一次
套管	—	必要时

注　制造厂规定不取样的全密封互感器，一般在保证期内不做检测。在超过保证期后，应在不破坏密封的情况下取样分析。

（4）特殊情况下的检测。当设备出现异常时（如气体继电器动作，受大电流冲击或过励磁等），或对测试结果有怀疑时，应立即取油样进行检测，并根据检测出的气体含量情况，适当缩短检测周期。

二、油中溶解气体故障诊断的常用方法

正常运行下，变压器内部的绝缘材料，在热和电的作用下，会逐渐老化和分解，产生少量的各种低分子烃类气体及 CO、CO_2 等气体。在设备热和电故障的情况下也会产生这些气体。这两种气体来源在技术上不能区分，在数值上也没有严格的界限，而且与负荷、温度、油中的含气量、油的保护系统和循环系统，以及取样和测试等许多因素有关。因此在判断设备是否存在故障时，要对设备运行的历史状况、设备的结构特点和外部的环境等因素进行综合判断。在确定设备可能存在故障时，先使用油中溶解气体的含量注意值和产气速率的注意值进行故障的识别，而后运用特征气体法、三比值法等方法进行故障类型和故障趋势的判断。下面对这些油中溶解气体故障诊断的常用方法进行介绍。

1. 运行中变压器油中溶解气体组分含量注意值

根据总烃、C_2H_2、H_2 含量的注意值进行判断，见表 26-10-2。分析结果超过注意值标准的，表示设备可能存在故障。这种方法只能用来粗略地表示变压器等设备内部可能有早期故障存在。

表 26-10-2　　运行中变压器油中溶解气体组分含量注意值

设备名称		气体组分	含量（μL/L）	
			330kV 及以上	220kV 及以下
变压器、电抗器		总烃	150	150
		C_2H_2	1	5
		H_2	150	150
套管		CH_4	100	100
		C_2H_2	1	2
		H_2	500	500
设备名称		气体组分	含量（μL/L）	
			220kV 及以上	110kV 及以下
互感器	电流互感器	总烃	100	100
		C_2H_2	1	2
		H_2	150	150

设备名称		气体组分	含量（μL/L）	
			220kV 及以上	110kV 及以下
互感器	电压互感器	总烃	100	100
		C_2H_2	2	3
		H_2	150	150

注　1. 该表参照 GB/T 7252—2001《变压器油中溶解气体分析和判断导则》的有关部分。

　　2. 运行设备油中 H_2 与烃类气体的含量超过其中任何一项值时，应引起注意。

　　3. 新投运的设备应有投运前的测定数据，不应含有 C_2H_2。

　　4. 该表所列数值不适用于从气体继电器放气嘴放出的气样。

　　5. 对 330kV 及以上的电抗器，当出现小于 1μL/L C_2H_2 时也应引起注意，如气体分析虽已出现异常，但判断不至于危及绕组和铁芯安全时，可在超注意值情况下运行。

2. 设备中气体增长率注意值

产气速率与故障产生能量大小、故障部位、故障点的温度等情况有直接关系。GB/T 7252—2001《变压器油中溶解气体分析和判断导则》推荐两种方式表示产气速率，即绝对产气速率和相对产气速率。

（1）绝对产气速率。绝对产气速率是每个运行日产生某种气体组分的平均值，计算公式为

$$r_a = \frac{C_{i2} - C_{i1}}{\Delta t} \times \frac{G}{\rho} \qquad (26\text{-}10\text{-}1)$$

式中　r_a——绝对产气速率，μL/天；

　　　C_{i2}——第二次取样测得油中某气体浓度，μL/L；

　　　C_{i1}——第一次取样测得油中某气体浓度，μL/L；

　　　G——设备总油量，t；

　　　ρ——油的密度，t/m³。

变压器和电抗器绝对产气速率注意值，见表 26-10-3。

表 26-10-3　　　　　变压器和电抗器绝对产气速率注意值　　　　　（μL/天）

气体组分	开放式	隔膜式	气体组分	开放式	隔膜式
总烃	6	12	CO	50	100
C_2H_2	0.1	0.2	CO_2	100	200
H_2	5	10			

注　当产气速率达到注意值时，应缩短检测周期，进行追踪分析。

（2）相对产气速率。相对产气速率是每运行月（或折算到月）某种气体含量增加原有值的百分数的平均值，计算如式（26-10-2）。

$$r_r = \frac{C_{i2} - C_{i1}}{C_{i1}} \times \frac{1}{\Delta t} \times 100\% \qquad (26-10-2)$$

式中　r_r ——相对产气速率，%/月；

　　　C_{i2} ——第二次取样测得油中某气体浓度，$\mu L/L$；

　　　C_{i1} ——第一次取样测得油中某气体浓度，$\mu L/L$。

相对产气速率可以用来判断充油电气设备内部状况，总烃的相对产气速率大于 10% 时应引起注意。对总烃含量很低的设备不宜采用此判据。

3. 特征气体法

在运用注意值初步判断变压器内部可能存在的故障时，可以进一步采用特征气体法，对设备故障性质进行判断。不同故障类型的产气特征，详见表 26-10-4。

表 26-10-4　　　　　　　　　不同故障类型的产气特征

故障类型		主要组分	次要组分
过热	油	CH_4、C_2H_4	H_2、C_2H_6
	油+纸绝缘	CH_4、C_2H_4、CO、CO_2	H_2、C_2H_6
电弧放电	油	H_2、C_2H_2	CH_4、C_2H_4、C_2H_6
	油+纸绝缘	H_2、C_2H_2、CO、CO_2	CH_4、C_2H_4、C_2H_6
油、纸绝缘中局部放电		H_2、CH_4、CO	C_2H_2、C_2H_6、CO_2
油中火花放电		C_2H_2、H_2	—
进水受潮或油中气泡放电		H_2	—

4. 改良三比值法

改良三比值法是采用五种气体的三对比值作为判断充油电气设备故障的方法。

（1）改良三比值法的编码规则和故障类型判断方法见表 26-10-5 和表 26-10-6。

表 26-10-5　　　　　　　　　改良三比值法编码规则

气体比值范围	比值范围的编码		
	C_2H_2/C_2H_4	CH_4/H_2	C_2H_4/C_2H_6
<0.1	0	1	0
≥0.1~<1	1	0	0

续表

气体比值范围	比值范围的编码		
	C_2H_2/C_2H_4	CH_4/H_2	C_2H_4/C_2H_6
≥1～<3	1	2	1
≥3	2	2	2

表 26-10-6　　　　　　　　　故障类型的判断方法

编　码　组　合			故障类型判断
C_2H_2/C_2H_4	CH_4/H_2	C_2H_4/C_2H_6	
0	0	1	低温过热（低于150℃）
	2	0	低温过热（150～300℃）
	2	1	中温过热（300～700℃）
	0, 1, 2	2	高温过热（高于700℃）
1	1	0	局部放电
	0, 1	0, 1, 2	低能放电
	2	0, 1, 2	低能放电兼过热
2	0, 1	0, 1, 2	电弧放电
	2	0, 1, 2	电弧放电兼过热

（2）改良三比值法应用原则。

1）只有在气体各组分含量或气体增长率超过注意值，判断设备可能存在故障时，才能进一步用三比值法判断其故障的类型；对于气体含量正常的设备，三比值法没有意义。

2）跟踪过程中应注意设备的结构与运行情况，尽量在相同的负荷和温度下并在相同的位置取样。

【思考与练习】

1. 变压器油中溶解气体色谱分析对象包括哪些？

2. 简述变压器油中溶解气体色谱分析的检测周期。

3. 油中溶解气体的故障诊断的常用方法有哪些？

4. 简述运用运行中设备油中溶解气体组分含量注意值判断设备故障的方法。

5. 简述运用设备中气体增长率注意值判断设备故障的方法。

6. 简述运用改良三比值法判断设备故障的应用原则。

参 考 文 献

[1] 国家电网公司人力资源部. 变电检修. 北京：中国电力出版社，2008.

[2] 徐国政，等. 高压断路器原理与应用. 北京：清华大学出版社，2008.

[3] 上海超高压输变电公司. 变电设备检修. 北京：中国电力出版社，2008.

[4] 孙成宝. 变电检修. 北京：中国电力出版社，2003.

[5] 朱宝林. SF_6 断路器技能考核培训教材. 北京：中国电力出版社，2003.

[6] 顶毓山，金开宇. 变电检修. 北京：中国水利水电出版社，2003.

[7] 陈家斌. 电气设备安装与调试. 北京：中国水利水电出版社，2003

[8] 余虹云，李以然，蒋丽娟. 10kV 开关站运行、检修与试验. 北京：中国电力出版社，2006.

[9] 李建基. 高压断路器及其应用. 北京：中国水利水电出版社，2003.

[10] 国家电网公司. 高压开关设备管理规范. 北京：中国电力出版社，2006.

[11] 游荣文，黄逸松. 基于 SO_2、H_2S 含量测试的 SF_6 电气设备内部故障的判断. 福建电力与电工，2004，2.

[12] 周永言，姚唯，刘亚芳. 国内外高压 SF_6 断路器运行状况及维修策略综述. 电力设备，2002，3（1）.

[13] 娄银初. 断路器状态检修技术. 大众用电，2006，1.

[14] 胡晓光，孙来军. SF_6 断路器在线绝缘监测技术. 高压电器，2005，41（6）.

[15] 毕玉修. 用漏点仪现场检测 SF_6 气体湿度中异常现象分析. 江苏电机工程，2006，9.

[16] 韩玉，戚矛，杨明. ZN48-40.5 断路器出现据合现象原因分析及处理. 电工技术，2009，2.

[17] 陈家斌. SF_6 断路器实用技术. 北京：中国水利水电出版社，2004.

[18] 黎锋. SF_6 断路器的常见故障及处理方法. 广西电业，2009，3.

[19] 韩金华，张健壮. 大型电力变压器典型故障案例分析与处理. 北京：中国电力出版社，2012.

[20] 保定天威保变电气股份有限公司. 变压器试验技术. 北京：机械工业出版社，2000.

[21] 姚志松，姚磊. 中小型变压器实用全书. 北京：机械工业出版社，2007.

[22] 谢毓城. 电力变压器手册. 北京：机械工业出版社，2003.

[23] 钟洪璧，等. 电力变压器检修与试验手册. 北京：中国电力出版社，2000.

[24] 国家电网公司. 110（66）～500kV 油浸式变压器（电抗器）检修规范. 北京：中国电力出版社，2005.

［25］赵家礼. 变压器修理技师手册. 北京：机械工业出版社，2004.

［26］董其国. 电力变压器故障及诊断. 北京：中国电力出版社，2000.

［27］郭清海. 变压器检修. 北京：中国电力出版社，2005.

［28］陈敢峰. 变压器检修. 北京：中国水利水电出版社，2005.

［29］江智伟. 变电站自动化及其新技术. 北京：中国电力出版社，2006.